Witzenhausen-Institut
Neues aus Forschung und Praxis
Bio- und Sekundärrohstoffverwertung II
stofflich • energetisch

Bio- und Sekundärrohstoffverwertung II
stofflich • energetisch

Prof. Dr.-Ing. Klaus Wiemer
Dr.-Ing. Michael Kern

Redaktion: Dr.-Ing. Michael Kern
Ute Müller

Satz/Layout: Patrizia Funda
Bernd Richter

Druck: Druckhaus Göttingen

Verlag: Witzenhausen-Institut
für Abfall, Umwelt und Energie GmbH
Werner-Eisenberg-Weg 1
37213 Witzenhausen

Bio- und Sekundärrohstoffverwertung II
stofflich – energetisch
K. Wiemer, M. Kern. Witzenhausen 2007
(Witzenhausen-Institut. Neues aus Forschung und Praxis)
ISBN 3-928673-50-5

1. Auflage 2007
ISBN 3-928673-50-5

© Witzenhausen-Institut für Abfall, Umwelt und Energie GmbH
Werner-Eisenberg-Weg 1
37213 Witzenhausen

Tel: 05542/9380-0
Fax: 05542/9380-77

E-Mail: info@abfallforum.de
http://www.abfallforum.de

Gedruckt auf 100% Altpapier

Alle Rechte, insbesondere das Recht der Vervielfältigung und Verbreitung sowie der Übersetzung, vorbehalten. Kein Teil des Werkes darf in irgendeiner Form (durch Fotokopie, Mikrofilm oder ein anderes Verfahren) ohne schriftliche Genehmigung des Verlages reproduziert oder unter Verwendung elektronischer Systeme verarbeitet, vervielfältigt oder verbreitet werden.

Gliederung

I Perspektiven der Abfallwirtschaft

II Perspektiven der Bioenergienutzung

III Stoffstrommanagement, Sekundärrohstoffe und Ressourcenschutz

IV Verbringungs- und Nachweisverordnung

V Ersatzbrennstoffe – Qualität, Markt, Aufbereitung, Emissionen und Verwertung in Industrieheizkraftwerken

VI Neue Verfahren zur energetischen Verwertung von Biomasse und Ersatzbrennstoffen

VII EBS-Industrieheizkraftwerke in der Praxis

VIII Biokraftstoffe

IX Anaerobtechnik, Biogasaufbereitung und -verwertung

X Optimierte Biorohstoffverwertung

XI Bodenschutz und veterinärrechtliche Vorgaben der biologischen Abfallbehandlung/-verwertung

XII Stand der mechanisch-biologischen Abfallbehandlung

XIII MBA in der Praxis – Versicherungsschutz, Abluftbehandlung, Rottesteuerung, Zukunftsfähigkeit

XIV Klärschlammbehandlung und -verwertung

XV Zwischenlager – Technik, Brandschutz, Kosten

XVI Deponie – Rohstoffpotenzial der Zukunft

XVII Rechtliche Problemfelder der Abfallwirtschaft

Verzeichnis der Inserenten

Biokraftstoffe Hessen, Witzenhausen	(S. 380)
Werner Doppstadt Umwelttechnik GmbH, Velbert	(S. 61)
EGN Entsorgungsgesellschaft Niederrhein mbH, Viersen	(S. 122)
enertec Kraftwerke GmbH, Mühlhausen	(S. 327)
HERHOF GmbH, Solms-Niederbiel	(S. 327)
iba Ingenieurbüro für Abfallwirtschaft und Energietechnik GmbH, Hannover	(S. 752)
IGW Ingenieurgemeinschaft Witzenhausen Fricke & Turk GmbH, Witzenhausen	(S. 678)
Komptech Vertriebsgesellschaft Deutschland GmbH, Oelde	(S. 678)
FH Münster, Labor für Abfallwirtschaft, Siedlungswasserwirtschaft, Umweltchemie, Münster	(S. 509)
Lindner Recyclingtech GmbH, Spittal/Drau (A)	(S. 509)
pbo Ingenieurgesellschaft mbH, Aachen	(S. 219)
swb Erzeugung GmbH, Bremen	(S. 608)
umwelttechnik & ingenieure GmbH, Hannover	(S. 160)
Umwelttechnik Bojahr, Ravensburg-Berg	(S. 61)
VECOPLAN Maschinenfabrik GmbH, Bad Marienberg	(S. 856)
Witzenhausen-Institut für Abfall, Umwelt und Energie GmbH, Witzenhausen	(S. 16)

I Perspektiven der Abfallwirtschaft

T. Gönner
Zukünftige Schwerpunkte der Abfallwirtschaft aus der Sicht
des Landes Baden-Württemberg 19

T.-E. Junge
Abfallwirtschaftliche Perspektiven aus Sicht der
Stadt Kassel 35

P. Hoffmeyer
Perspektiven der Entsorgungswirtschaft aus Sicht
der privaten Entsorgungswirtschaft 41

R. Siechau
Perspektiven der Entsorgungswirtschaft aus Sicht der
kommunalen Entsorgungswirtschaft 45

II Perspektiven der Bioenergienutzung

A. Heinz
Bioenergie – Energiepolitische Ziele der EU 62

H. Lamp
Bedeutung und Perspektiven der Bioenergie in Deutschland 73

III Stoffstrommanagement, Sekundärrohstoffe und Ressourcenschutz

H. Bardt
Die gesamtwirtschaftliche Bedeutung von Sekundärrohstoffen 76

T. Probst
Sekundärrohstoffmarkt Deutschland –
Stoffströme – Zahlen – Perspektiven 92

G. Jung
Energie- und Ressourceneffizienz steigern durch
Stoffstrommanagement 102

H. Lotze-Campen
Welchen Beitrag kann die energetische Verwertung von
Biomasse und Reststoffen zur Verminderung des
Klimawandels leisten? 111

U. Schlotter, H. Krähling
Einfluss von Rohstoff-, Energie- und Entsorgungspreisen
auf die Ökonomie von Entsorgungsketten 118

IV Verbringungs- und Nachweisverordnung

H.-J. Knäpple
2007 – Die neue Verbringungs- und Nachweisverordnung –
Konsequenzen für die Entsorgungswirtschaft 123

S. Pawlytsch
Die neue Nachweisverordnung und das elektronische
Abfallnachweisverfahren (eANV) 136

F. J. Löbbert
ENBEX – elektronisches Dokumentenaustauschsystem für
die Entsorgungswirtschaft 145

U. Müller
Modawi – das modulare System für die digitale Abfallwirtschaft . 153

V Ersatzbrennstoffe – Qualität, Markt, Aufbereitung, Emissionen und Verwertung in Industrieheizkraftwerken

U. Lahl
Neueste Entwicklungen europäischer Emissionsgrenzwerte
einschließlich der National Emission Ceilings 161

N. Oldhafer
Was ist bei der Planung von EBS-Kraftwerken zu beachten? 177

K. J. Thomé-Kozmiensky, S. Thiel
    Anlagen zum Einsatz von Ersatzbrennstoff in der Mono- und
    Co-Verbrennung – Stand und Perspektiven 190

T. Pretz
    Aufbereitung von Haus- und Gewerbeabfällen zu
    Ersatzbrennstoffen für verschiedene Einsatzbereiche 206

K. Wengenroth
    CO_2-Emissionshandel als Chance für EBS-Industriekraftwerke .. 220

M. Beckmann, S. Ncube
    Charakterisierung von Ersatzbrennstoffen hinsichtlich
    brennstofftechnischer Eigenschaften 232

A. Selinger, C. Steiner
    Erfahrungen mit der Verwertung hochkalorischer Abfälle
    in Wirbelschichtfeuerungsanlagen in Japan 264

A. Janz, B. Bilitewski
    Verbleibender E-Schrott im Restabfall 280

VI   Neue Verfahren zur energetischen Verwertung von Biomasse und Ersatzbrennstoffen

H. Seifert, A. Hornung, F. Richter, J. Schöner, A. Apfelbacher, V. Tumiatti
    Pyrolysis of wastes and biomass 289

L. Plass, S. Reimelt
    Erzeugung von synthetischen Treibstoffen durch Vergasung
    von Biomasse 298

S. Bojanowski, E. A. Stadlbauer, S. M. Hossain, A. Fiedler
    Niedertemperaturkonvertierung von Biomasse 302

VII EBS-Industrieheizkraftwerke in der Praxis

J. Lemke
    Kraftwerk Peute 328

F. Kaiser
  Erfahrungen mit EBS-Industrieheizkraftwerken in
  Genehmigung, Bau und Betrieb
  Industrieheizkraftwerk Continental, Korbach 338

D. Lorbach
  Industrieheizkraftwerk Infraserv Höchst GmbH 348

T. Hegner, K.-H. Plepla
  EBS-Kraftwerk Pfanni, Stavenhagen 355

D. Zachäus, S. Heinemann
  EBS-Kraftwerke von BKB als Reaktion auf veränderte
  Marktbedingungen 362

VIII Biokraftstoffe

R. Winkelmann
  Kraftstoffe aus Biomasse und Reststoffen –
  Stand und Perspektiven 375

H. G. Weishaar
  Biodiesel – Wirtschaftlichkeit, Strategie und Zukunftsfähigkeit 381

L. Leible, S. Kälber, G. Kappler, S. Lange, E. Nieke, B. Fürniß
  BTL/Synthetische Kraftstoffe – Technik, Wirtschaftlichkeit
  und Zukunftsfähigkeit 392

IX Anaerobtechnik, Biogasaufbereitung und -verwertung

C. da Costa Gomez
  Aktuelle Entwicklungen der Biogasbranche in Deutschland 408

M. Buchheit
  Trockenfermentation im kontinuierlichen Pfropfenstrom am
  Beispiel der Integration einer Kompogas-Vergärungsanlage
  in das bestehende Bioabfallkompostwerk Passau 417

M. Wittmaier, G. Meisgeier
Trockenfermentation im Batchbetrieb in Saalfeld 440

A. Kanngießer
Erfahrungen mit der Einspeisung von Biogas in Erdgasnetze –
Rechtsgrundlagen und Vertragsbeziehungen 456

W. Bagin
Biogasnutzung mit Hochtemperatur-Brennstoffzelle im
Landkreis Böblingen – Erste Betriebserfahrungen 465

E. Schöttle
Nutzung von Biogas als Kraftstoff 478

K. Müller, S. Prechtl, M. Faulstich
Verfahren zur Reinigung von Biogas 487

C. Rohde, J. Jager
Milchsäurefermentation von biogenen Abfällen 497

J. Reulein, M. Wachendorf, K. Scheffer
Effizienzsteigerung in der Bioenergieerzeugung durch
Abpressen der Biomasse 504

X Optimierte Biorohstoffverwertung

W. Edelmann
Energieproduktion aus Bioabfällen – Vergären oder
Verbrennen? 510

K. Hartmann, W. Lücke, M. Nelles
Ökobilanz von Biogasanlagen mit unterschiedlichen
Inputmaterialien 521

K. Wiemer, M. Kern, T. Raussen
Bioenergietonne – Schnittstelle zwischen stofflicher und
energetischer Verwertung 526

F. Knappe, S. Krause, G. Dehoust
Abfallwirtschaftliche Biomassepotenziale – Bewertung
verschiedener Nutzungsalternativen vor dem Hintergrund
Klima- und Ressourcenschutz 547

B. Kehres
Perspektiven der stofflichen Verwertung von Bioabfällen 568

H. Schmeisky, M. Kunick
Praxisbeispiele und Perspektiven der Verwertung von
Bioabfallkomposten und Klärschlämmen sowie Holzaschen 573

S. Niessing, H. Schmeisky
Vorteile der Verwendung von Kompost bei der Begrünung
von Rückstandshalden der Sodaindustrie 585

T. Raussen, M. Kern
Standortsuche für Bioenergieprojekte 594

XI Bodenschutz und veterinärrechtliche Vorgaben der biologischen Abfallbehandlung/-verwertung

R. F. Hüttl
EU-Bodenschutzstrategie – Anforderungen und Perspektiven
für die Verwertung von Kompost und Klärschlamm 609

R. Böhm
Auswirkungen der neuen veterinärrechtlichen Vorschriften
auf die Entsorgung von Bio- und Speiseabfällen sowie
tierischer Nebenprodukte 622

XII Stand der mechanisch-biologischen Abfallbehandlung

D. Rohring
Stand und Perspektiven der mechanisch-biologischen
Abfallbehandlung in Deutschland 640

M. Greuel
MBA ZAK Kaiserslautern – erste Betriebserfahrungen mit der
mechanischen Vorbehandlung nach dem VM-Press-Verfahren ..651

G. Rettenberger
Planung, Bau und Inbetriebnahme der MBA Kahlenberg –
Vorstellung eines LIFE-Projektes 658

D. Michalski
MPS-Anlage Pankow 672

XIII MBA in der Praxis – Versicherungsschutz, Abluftbehandlung, Rottesteuerung, Zukunftsfähigkeit

E. Sittner
Richtig versichert – Anforderungen an den betrieblichen
Versicherungsschutz von mechanischen, biologischen
und thermischen Abfallbehandlungsanlagen 679

K. Ketelsen, F. Knappe, C. Cuhls, S. Bahn
Die Alternativen der Abluftbehandlung einer MBA aus
ökologischer Sicht 690

T. Turk, W. Müller, J. Hake, H. Dorstewitz
Deutsche MBA-Technologie als Exportgut für Europa? 702

B. Bilitewski, J. Wagner
Sind MBA-Anlagen zukunftsfähige Entsorgungsanlagen? 715

K. Fricke, K. Münnich, T. Bahr, R. Wallmann
Steigerung der Wettbewerbsfähigkeit von internationalen
MBA- und Kompostierungsanlagen durch den
Emissionshandel und CDM 721

F. Scholwin
Durch Prozessregelung zum Rotteerfolg – ein modellbasiertes
Regelungskonzept für biologische aerobe Abfallbehandlungs-
anlagen auf der Grundlage von Fuzzy Logic 745

XIV Klärschlammbehandlung und -verwertung

U. Jacobs
Trocknung von Klärschlämmen mit der Nutzung von Abwärme
aus Biogasanlagen bzw. Biomassekraftwerken 753

V. Schubarth, M. Schulz
Nachhaltige Klärschlammverwertung – Energie- und Nährstoffrückgewinnung mit dem Seaborne-Verfahren in Gifhorn 767

E. Hamatschek, M. Mocker, P. Quicker, R. Bogner, M. Faulstich
Kleinverbrennungsanlagen für Klärschlamm 786

K.-G. Schmelz
Entsorgungswege, Klärschlammmengen und Entsorgungskosten im europäischen Vergleich 799

C.-G. Bergs
Eckpunkte der Novelle der Klärschlammverordnung 813

XV Zwischenlager – Technik, Brandschutz, Kosten

W. Bräcker
Erfahrungen aus Brandschäden von Zwischenlagern –
Wie muss Abfall/EBS zwischengelagert werden? 822

H.-A. Krieter
Abfallzwischenlager in der Praxis – Technik, Brandschutz
und Kosten am Beispiel der Deponie "Kirschenplantage"
(Anaeroblager) 835

C. Lünig
Langzeitlagerung Salzgitter 845

XVI Deponie – Rohstoffpotenzial der Zukunft

M. Bachmann, D. Cordes
Das Rohstoffpotenzial von Altdeponien aus wirtschaftlicher
Sicht 857

N. Kloos, G. Rettenberger, J.-F. Wagner
Untersuchungen zur Verteilung des Wassers im Deponiekörper
nach Infiltration 870

XVII Rechtliche Problemfelder der Abfallwirtschaft

F. Petersen
Die Novellierung der Abfallrahmenrichtlinie –
Eckpunkte der deutschen Position 879

H. Gaßner
Chancen und Risiken bei der Rekommunalisierung von
Entsorgungsleistungen 889

A. Kersting
Kurzfristige Verbringung von Abfällen ins Ausland vor dem
Hintergrund der novellierten Verbringungsverordnung 894

E. Rindtorff
Die gewerbliche Sammlung von Abfällen aus privaten Haushaltungen: Eine Bedrohung für die öffentlich-rechtlichen
Entsorgungsträger? 906

Verzeichnis der Autoren 911

Kompetenz für Umwelt und Abfall

Witzenhausen-Institut
für Abfall, Umwelt und Energie GmbH

Das Witzenhausen-Institut ist ein renommiertes Dienstleistungsunternehmen im Umwelt- und Abfallbereich. Bekannt wurde das Institut als Veranstalter der größten deutschen Fachtagung in der Abfallwirtschaft, dem Kasseler Abfallforum.

Darüber hinaus verfügt das Witzenhausen-Institut über umfangreiches Know-how in der Abfallwirtschaft und in den Bereichen der nachwachsenden Rohstoffe sowie im Umwelt- und Qualitätsmanagement.

Witzenhausen-Institut GmbH · Werner-Eisenberg-Weg 1 · 37213 Witzenhausen ·
Telefon: 05 54 2-93 800 · info@witzenhausen-institut.de · www.witzenhausen-institut.de

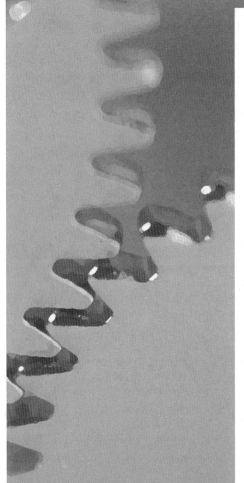

Vorwort

Die Abfallwirtschaft bleibt spannend. Zwei Jahre nach dem magischen Datum, welches die TA Siedlungsabfall gesetzt hatte, wird nach wie vor um neue Konzepte gerungen, wenn auch mit anderen Schwerpunktlegungen.

Bereits im Jahr 1995 war an dieser Stelle über die Zusammenhänge zwischen abfallwirtschaftlichem Handeln und Klimaschutz geschrieben worden, doch das keimende Pflänzchen der ganzheitlichen Betrachtung menschlichen Wirkens brauchte ein paar handfeste Katastrophen, um das Thema zu eutrophieren. Diese sind in der Zwischenzeit eingetreten und haben Themen in den Vordergrund gestellt, die zuvor unter dem Deckmantel der Nachhaltigkeit benannt, aber nicht beachtet wurden, nämlich Klimaschutz und Ressourcenschutz.

Die hohe Wertigkeit des Abfalls wird angesichts zunehmend rationeller Verfahren der Stofftrennung mehr und mehr erkennbar. Einer Gewichtstonne Abfall entspricht das Energie-Äquivalent von ca. 1,25 Barrel bzw. 200 Liter Rohöl. Bei rund 17 Millionen Tonnen Hausmüll entspricht dies dem ca. 8-fachen des Energieverbrauchs sämtlicher Stand-by und Leerlaufschaltungen von Fernsehern, Computern und Telefonen zusammengenommen, welche nach Aussagen des Umweltbundesamtes 17 Milliarden Kilowattstunden jährlich verschlingen. Dies nur um zu verdeutlichen, dass die Politik die Wertigkeit des *gesamten* Abfalls nur sehr zögerlich in den Mittelpunkt der öffentlichen Diskussion stellt, weniger bedeutsame Themen jedoch sehr wohl.

Es ist erstaunlich, dass die Jugend angesichts der Ressourcenperspektiven nicht rebelliert. Auch die Lethargie oder Unachtsamkeit maßgeblicher Entscheidungsträger gegenüber dem Ressourcenaspekt des Abfalls erstaunt. Wie anders ist es erklärlich, dass beispielsweise heute noch Tier- und Knochenmehl mit einem Phosphoranteil von mehr als 40 % verbrannt und damit vernichtet wird, obwohl es sich um einen nur noch begrenzt verfügbaren essentiellen Pflanzennährstoff handelt.

Nach Schätzungen der Bundesanstalt für Geowissenschaften und Rohstoffe beträgt die gegebene Reichweite für Rohöl ca. 40 Jahre, die für Phosphat (bei Kosten kleiner als 40 $/t), weniger als 90 Jahre. Selbst bei einer Verdoppelung der genannten Reichweiten müssen diese Prognosen beunruhigen. Zu kurz sind diese Perspektiven angesichts der Kulturgeschichte der Menschheit und der sozialen Spannungen die hierdurch, speziell ausgehend von ärmeren Ländern, hervorgerufen werden und letztlich auch uns und unsere Nachfahren betreffen.

Die drängenden Fragen des Klimaschutzes, zu dessen Entlastung die Abfallwirtschaft maßgeblich beitragen kann, sowie die angespannten Rohstoffmärkte greifen zunehmend in die Belange der Abfallwirtschaft ein. Die Wirtschaft hat erkannt, dass nicht nur im Sinne des Klima- und Ressourcenschutz gearbeitet werden kann, sondern dass hierdurch auch ein wirtschaftlich interessanter Markt entsteht.

Vergleicht man die Handelspreise für Rohöl in den letzten zehn Jahren, so lagen diese zwischen 9,17 $/Barrel im Jahr 1998 und 78,29 $/Barrel im Jahr 2006. Zurzeit liegt der Barrelpreis bei etwas über 60 $.

Es spricht vieles dafür, dass der Rohölpreis angesichts der gegebenen Randbedingungen in den nächsten Jahren weiter steigen und damit zunehmend in die Art der Abfallbewirtschaftung eingreifen wird. Das „Urban Mining", ein vom BDE geprägter Begriff, wird angesichts der aufgezeigten Perspektiven, in überschaubaren Zeiträumen zu einer sich selbsttragenden Abfallwirtschaft führen. Auf jeden Fall beeinflusst diese Perspektive bereits jetzt die fachliche Diskussion.

Der vorliegende Band greift diese Thematik auf. Abfallforum und Bioenergieforum setzen neue Schwerpunkte ohne die Fragen der Kompostierung und Deponierung außer Acht zu lassen. Im Vordergrund steht Abfall als Ressource, aus ganzheitlicher Sicht betrachtet und mit unterschiedlichen Methoden erschlossen. Stoffliche und energetische Verwertung greifen ineinander und setzen differenzierte Maßstäbe der Nachhaltigkeit und Wirtschaftlichkeit zugleich.

Die neu geführte Diskussion in der Abfallwirtschaft gewinnt zunehmend an Dynamik. Wir hoffen, dass der vorliegende Tagungsband hierzu einen wertvollen Beitrag liefert.

Witzenhausen, im April 2007

Klaus Wiemer   Michael Kern

Zukünftige Schwerpunkte der Abfallwirtschaft aus der Sicht des Landes Baden-Württemberg

Tanja Gönner

Zusammenfassung

Die Abfallwirtschaft steht in Anbetracht der Entwicklungen in der Weltwirtschaft vor neuen Herausforderungen. In den nächsten 50 Jahren müssen neun Milliarden Menschen mit Energie und Rohstoffen versorgt werden. Als rohstoffarmes Land werden wir dabei auf Dauer nur dann wettbewerbsfähig bleiben, wenn wir weiterhin die Technologieführerschaft im effizienten Umgang mit Energie und Rohstoffen innehaben. Es gilt, mit immer weniger Energie und Rohstoffen die Produktivität zu steigern, wobei die Rückführung der aus Produktion und Konsum entstandenen Abfälle in den Wirtschaftskreislauf immer wichtiger wird. Die dafür notwendigen Investitionen und Innovationen bedürfen politischer Zielvorgaben und rechtlicher Rahmensetzungen, die sowohl die ökologischen als auch die ökonomischen Belange berücksichtigen.

1 Abfallwirtschaft Stand und Perspektive

1.1 Abfallwirtschaft heute

Was können wir vorweisen?

Wir haben in Deutschland eine in mehr als drei Jahrzehnten aufgebaute, organisatorisch und technisch hoch entwickelte Abfallwirtschaft, in der rund 250.000 Menschen einen Umsatz von 50 Mrd. € erzielen. Unsere Verwertungsquoten sind mit die Höchsten in der Welt. Unser Abfallaufkommen ist mittlerweile vom Wirtschaftswachstum abgekoppelt.

Der 1. Juni 2005 stellte für die Abfallwirtschaft viel mehr dar als nur die Beendigung der Rohmülldeponierung. Dieser oft als Paradigmenwechsel in der Restabfallbehandlung bezeichnete Schnitt hat den Anstoß für einen Innovationsschub in allen Bereichen der Abfallwirtschaft ausgelöst. Insbesondere die Weiter- und Neuentwicklung von Abfallsortiertechniken mit dem Ziel, stoffliche und energetische Verwertung zu optimieren und damit die Grundlage für eine ressourceneffiziente Kreislaufwirtschaft zu schaffen, werden von der eingeleiteten Entwicklung profitieren. Es ist bereits von den „Bergwerken der Zukunft" die Rede.

Zwar hat der Einsatz von Sekundärrohstoffen in einer Reihe von Industriebereichen bereits eine lange Tradition. Der sich heute abzeichnende Sekundärrohstoffmarkt ist ein wachsendes Geschäftsfeld, welches über die traditionelle Entsorgungswirtschaft hinausgeht. Gestützt werden die Maßnahmen vom europäischen und nationalen Gesetzgeber mit den bekannten Regelungen zur Produktverantwortung. Für gebrauchte Verpackungen, Altfahrzeuge und Elektroaltgeräte sind die anspruchsvollen Verwertungsziele bekannt.

Betrachten wir einzelne Felder der Rohstoffrückgewinnung, dann lässt sich jedoch – je nach Stoff – ein unterschiedlicher Erfolg bei der Rückführung der Rohstoffe in den Wirtschaftskreislauf feststellen. Entscheidender Punkt für eine hohe Verwertungsquote ist die im Marktpreis zum Ausdruck kommende Nachfrage nach dem Sekundärrohstoff.

Gute und seit langem etablierte Märkte finden wir bei der Schrottverwertung, heute ein weltweiter Markt, und bei der Altpapierverwertung, die in Deutschland mittlerweile eine Einsatzquote für Altpapier von über 65 % aufweist. Die Recyclingquote liegt hier bei rd. 80 %. Auch mit den Verwertungsquoten für Behälterglas, Kunststoffe, Weißblech und Aluminium aus Verpackungen ebenso wie für Getränkekartons ist Deutschland europäischer Spitzenreiter. Hingegen müssen wir jedoch feststellen, dass sich die stoffliche Verwertung von Kunststoffen aus Altfahrzeugen und Elektroaltgeräten ungleich schwieriger realisieren lässt, obgleich sie schon seit Jahren Gegenstand von Forschungs- und Entwicklungstätigkeit ist. Daher ist die stoffliche Verwertung von Kunststoffen aus der Demontage von Altfahrzeugen und Elektroaltgeräten bislang auf Einzelinitiativen engagierter Unternehmen beschränkt. Ich bin überzeugt, dass sich der Markt bei der Verwertung auch dieser Kunststoffe mit der allseits prognostizierten Verknappung des Rohstoffs Erdöl und den damit einhergehenden Preissteigerungen ändern wird und ändern muss.

Wurde die disziplinierte Mülltrennung in Deutschland vom Ausland lange belächelt, so zeigt sich inzwischen andernorts auch ein Umdenken. Die Begrenztheit der Bodenschätze führt zur Entdeckung der "Schätze aus dem Abfall". Nach einer Berechnung des Instituts der Deutschen Wirtschaft erspart die Kreislaufwirtschaft der deutschen Volkswirtschaft bereits heute rund 3,7 Mrd. Euro jährlich an Rohstoff- und Energiekosten.

1.2 Herausforderungen für die Abfallwirtschaft

Die steigende Weltbevölkerung und die Globalisierung der Wirtschaft werden weltweit die Nachfrage nach Rohstoffen und Energie wachsen lassen. Allein China hat seine Position als weltgrößter Stahlproduzent weiter ausgebaut und seine Stahlproduktion gegenüber 2005 um 17,7 % gesteigert. Die Ausfuhren von Sekundärrohstoffen aus Großbritannien nach China haben sich seit 1997 gegenüber 2005 nahezu exponentiell gesteigert: Bei Metallschrotten von 8.000 Tonnen auf 324.000 Tonnen, bei Altkunststoffen von 500 Tonnen auf 42.000 Tonnen und bei Altpapierlieferungen gar um das 382-fache von 4.000 Tonnen auf 1.527.000 Tonnen.

Wir stehen somit bei den Fragen nach der Ressourcensicherheit und letztlich nach der Lebensfähigkeit unserer ökologischen, ökonomischen und sozialen Systeme vor großen Herausforderungen. Glücklicherweise greift zwar langsam, aber doch merklich auch global ein Bewusstsein für die notwendigen Aufgaben. Zu nennen ist hier beispielhaft der Klimaschutz.

Die Abfallwirtschaft muss zur Bewältigung der anstehenden Aufgaben einen wichtigen Beitrag leisten. Gerade bei der notwendigen Verbesserung der Ressourcensicherheit sowie des Klimaschutzes bedarf es einer Optimierung der vorhandenen bewährten Abfallbehandlungstechniken sowie neuer innovativer Verfahren zur Wiederbereitstellung der in Abfällen enthaltenen Rohstoffe. Die deutsche Abfallwirtschaft hat hier in der Vergangenheit Spitzentechnologie angeboten. In Anbetracht mangelnder eigener natürlicher Rohstofflager müssen wir diese Technologieführerschaft bei der nachhaltigen Verarbeitung von Abfällen zu Sekundärrohstoffen für Energieerzeugung und Güterproduktion auch in Zukunft halten.

Allerdings werden auf absehbare Zeit weiterhin Abfälle anfallen, die zu ökonomisch und ökologisch angemessenen Kosten nicht mehr für unsere Volkswirtschaft genutzt werden können. Es wird, gleichgültig wie ausgeklügelt die Behandlungstechniken für Abfälle auch sein mögen, immer Reste geben, mit denen man nichts anderes anfangen kann, außer sie abzulagern. Selbstverständlich ist dies eine Frage der ökologischen Vernunft. Es macht wenig Sinn, komplexe Abfallarten mit großem Aufwand zu zerlegen oder mineralisierte Abfälle meilenweit zu Versatzbergwerken zu verbringen, nur um sagen zu können, der Abfall wurde verwertet.

Das von der Bundesregierung ausgegebene Ziel, ab dem Jahr 2020 Abfälle nur noch zu verwerten, halte ich daher für ein zwar wünschenswertes, jedoch wenig realistisches Ziel. Ich halte es für wichtig, dass die Politik verlässlich realistische Ziele formuliert, auf die sich die Wirtschaft einstellen kann.

Wir müssen weiterhin dafür Sorge tragen, dass wir Orte haben, an denen wir Abfälle schadlos mit gutem Gewissen auch mit Rücksicht auf die nachfolgenden Generationen beseitigen können. Wir werden uns daher in der anstehenden Diskussion um die Ausgestaltung der integrierten Deponieverordnung neben der Konsolidierung des bisher Erreichten auch stärker mit der Frage nach den notwendigen Voraussetzungen für die Entlassung von Deponien aus der Nachsorge befassen müssen.

Die Abfallwirtschaft wird sich ferner auch weiterhin darum kümmern müssen, dass eine Anreicherung von Schadstoffen in der Umwelt vermieden wird. So müssen Schadstoffe zerstört, inertisiert oder aus dem Wirtschaftskreislauf sicher ausgeschleust werden.

1.3 Rechtliche Voraussetzungen für eine zukunftssichere Abfallwirtschaft

Eine wichtige Voraussetzung für eine innovative Abfall- und Rohstoffwirtschaft ist ein europäischer und nationaler Rechtsrahmen, der den neuen Herausforderungen gerecht wird. Die Rechtsgrundlagen für die Betroffenen und die Behörden müssen verständlich und vollziehbar sein. Überregulierungen sind einer ganzheitlichen ökologischen und ökonomischen Überprüfung zu unterziehen und abzubauen. Die Europäische Kommission hat am 21. Dezember 2005 in einer Mitteilung die thematische Strategie für Abfallvermeidung und -recycling vorgelegt. Mit der Strategie soll der Grundstein für die Entwicklung der Europäischen Union zu einer Gesellschaft mit Kreislaufwirtschaft gelegt werden. Ziel ist dabei, Abfälle zu vermeiden und – soweit dies nicht möglich ist – sie verstärkt als Ressourcen zu nutzen. Die Strategie soll mit der gleichzeitig vorgelegten Revision der Abfallrahmenrichtlinie die Möglichkeit eröffnen, das europäische und damit das davon stark beeinflusste nationale Recht vollziehbarer zu gestalten und die rechtlichen Rahmenbedingungen für eine ressourceneffiziente Kreislaufwirtschaft zu verbessern.

Ich verhehle nicht, dass ich mit den bisherigen Ergebnissen des Gesetzgebungsprozesses in Brüssel zur Novellierung der Abfallrahmenrichtlinie nicht ganz zufrieden bin. Die Voten des Europäischen Parlamentes im Rahmen seiner ersten Lesung der Abfallrahmenrichtlinie und seiner Stellungnahme zur Abfallstrategie im Februar 2007 weisen in eine Richtung, von der wir uns in Deutschland bereits verabschiedet glaubten. Wir benötigen nicht noch mehr Vermeidungsprogramme, noch stärker ausdifferenzierte Vorgaben für Abfallbewirtschaftungspläne und fein ziselierte Recyclingquoten. Ein größeres und zugleich engmaschigeres Vorschriftennetz wird uns nicht weiterhelfen, die Zukunftsprobleme zu lösen. Es birgt vielmehr die Gefahr, dass sich die Beteiligten – Verwaltung und Wirtschaft gleichermaßen – in seinen Maschen verheddern werden. Um nicht missverstanden zu werden: Ich begrüße es, wenn auf europäischer Ebene darüber nachgedacht wird, klare Vorgaben für abfallwirtschaftliches Handeln einzuführen. Es sollte dabei jedoch bedacht werden, dass die zur Problemlösung notwendigen Innovationen sowohl unternehmerisch als auch verwaltungsmäßig Freiräume erfordern.

Enttäuschend ist daher insbesondere, dass das Europäische Parlament dem aus seinem Kreis eingebrachten Vorschlag zur stufenweisen Einführung eines Deponieverbotes nicht näher getreten ist. Er hätte die Möglichkeit geboten – ähnlich wie in Deutschland das zum 1. Juni 2005 eingeführte Verbot der Deponierung unvorbehandelter Abfälle – mit wenigen und eindeutigen Regeln die Richtung und den Anstoß für unternehmerische Entscheidungen zu geben. Aus unseren Erfahrungen im Umgang mit Deponien kann man den zwölf neuen Mitgliedern nur empfehlen, möglichst rasch den Schritt in die Abfallverbrennung zu tun. Der Zwischenschritt über die geordnete Deponie ist – wie wir heute erkennen – wohl nur vordergründig billiger.

Doch stattdessen sollen nach den im Februar vom Europäischen Parlament bestätigten Vorschlägen nunmehr u. a. in Abfallbewirtschaftungsplänen auch Art, Menge und Ursprung der Abfälle aufgenommen werden, die außerhalb des nationalen Hoheitsgebiets entstanden sind und voraussichtlich zur Behandlung anfallen. Wir sollen also auch für Abfälle, für deren Entsorgung die öffentliche Verwaltung nicht zuständig ist, sondern für die grundsätzlich das Prinzip des freien Warenverkehrs gilt (Verwertungsabfälle) und deren Behandlung zudem nur wahrscheinlich, aber nicht gewiss ist, Daten und Fakten zusammentragen. Dies wird selbst für uns schwierig zu meistern sein.

Die auch vom Europäischen Parlament befürwortete Einführung einer Verpflichtung zur Aufstellung von Abfallvermeidungsprogrammen erzeugt einen neuen erheblichen Bürokratiemehraufwand für Wirtschaft und Verwaltung, der mit den theoretisch denkbaren Ergebnissen nicht gerechtfertigt werden kann. Am Beispiel der Aufstellung von Abfallvermeidungsplänen für Betriebe lässt sich dies anschaulich zeigen. Der personelle und zeitliche Aufwand für die Entwicklung und Verhandlung, den Abschluss und die Kontrolle eines Abfallvermeidungsplanes stehen in keinem Verhältnis zu einem messbaren, eher bescheidenen Erfolg. Positive Ergebnisse im Rahmen solcher Pläne würden ein betriebswirtschaftliches Eigeninteresse bzw. betriebswirtschaftliche Anreize voraussetzen, die aber allein schon für sich ausreichend wirksam sein sollten. Damit würde dem durch derartige Abfallvermeidungspläne erzielbaren, geringfügigen zusätzlichen Nutzen ein unverhältnismäßig hoher staatlicher Verwaltungsaufwand gegenüber stehen. Ansatzpunkte zur Abfallvermeidung böten sich hingegen, wenn im Rahmen des Sevillaprozesses die betriebliche Abfallvermeidung integraler Bestandteil des Produktionsprozesses würde, d. h. BREF-Dokumente (über die besten verfügbaren Techniken) um diesen Gesichtspunkt erweitert würden.

Unstreitig können die Mitgliedstaaten durch branchenspezifische Informationen und Gutachten zu Vermeidungs- und Verminderungstechnologien Einfluss nehmen und Überzeugungsarbeit leisten. Voraussetzung für einen Erfolg ist die Mitwirkung der Wirtschaftsbeteiligten auf freiwilliger Basis. Die Einschätzung seiner Möglichkeiten und Erfolgsaussichten muss dem Mitgliedstaat selbst überlassen bleiben (Subsidiarität).

Auch bei den Nachfragern von Wirtschafts- und Konsumgütern (sei es der private Endverbraucher oder der Wirtschaftsunternehmer) ist Abfallvermeidung letztlich nur durch eine Verhaltensänderung herbeizuführen. Allen Vorstößen in dieser Richtung ist bislang wenig Erfolg beschieden. Auch neue bürokratische Anforderungen helfen hier nicht wirklich weiter.

Es reicht letztlich nicht aus, wenn die Kommission – und auch das Europäische Parlament – stets die Deregulierung als ein wichtiges Ziel im Rahmen des Lissabon-Prozesses hervorheben, jedoch mit ihren eigenen Maßnahmen weiterhin zu einer Bürokratisierung und Erhöhung des Verwaltungsaufwandes in den Mitgliedstaaten beitragen. Ich appelliere daher an die Bundesregierung, sich im Rahmen ihrer derzeitigen EU-Ratspräsidentschaft für eine Fassung der Abfallrahmenrichtlinie einzusetzen, die der Verwaltung und der Wirtschaft die notwendigen Freiräume für innovative Lösungen lässt. So wäre z. B. denkbar, dass die Mitgliedstaaten, die hohe Anforderungen für die Ablagerung von Abfällen haben, wie z. B. Deutschland, Abfallvermeidungsprogramme erstellen können, aber nicht müssen.

2 Zukünftige Schwerpunkte der Abfallwirtschaft

2.1 Sichere und ausreichende Entsorgungskapazitäten, klare Entsorgungszuständigkeiten

Schaffung ausreichender Behandlungskapazitäten

Die einschneidenden Veränderungen in der Abfallwirtschaft, die zum 1. Juni 2005 Realität wurden, stellten für viele Länder, auch für Baden-Württemberg, eine Herausforderung dar.

Aufgrund der Vorgabe der Autarkieverordnung des Landes, für die den öffentlich-rechtlichen Entsorgungsträgern überlassenen Abfälle zur Beseitigung genügend Behandlungskapazität im Lande zu schaffen, gab es einen Wettbewerb um Behandlungstechnik und Entsorgungspreise. Neben bewährter Abfallverbrennungstechnik wurde deshalb auch von der seit der Abfallablagerungsverordnung zulässigen mechanisch-biologischen Abfallbehandlung Gebrauch gemacht.

Zum geforderten Datum (1. Juni 2005) standen in Baden-Württemberg auch zwei mechanisch-biologische Abfallbehandlungsanlagen (MBA) mit zusammen 240.000 Tonnen jährlicher Behandlungskapazität – immerhin rund 11 % der gesamten erforderlichen Behandlungskapazität – zur Verfügung. Weitere 100.000 Tonnen Kapazität waren – in der Regie eines Abfallzweckverbandes – im Ausbau. Für die weit überwiegende Abfallmenge der Stadt- und Landkreise in Baden-Württemberg blieb das Mittel der Wahl die Abfallverbrennung (rd. 1,7 Mio. Tonnen pro Jahr).

Inzwischen ist nicht nur in Fachkreisen bekannt, dass die in der Zuständigkeit eines großen Energiekonzerns gebauten und betriebenen MBA in Heilbronn und in Buchen im Laufe des Jahres 2007 aufgrund technischer Unzulänglichkeiten stillgelegt werden mussten. Dies bedeutet aber nicht zwangsläufig, dass diese Abfallbehandlungstechnik gescheitert wäre, denn die dritte, in der Regie des Abfallzweckverbandes betriebene Anlage funktioniert bestimmungsgemäß.

Allerdings – und da setzen meine kritischen Anmerkungen an – ist die MBA letztlich eine aufwändige Vorbehandlungstechnik, um den Restabfall im Wesentlichen in eine heizwertangereicherte und eine heizwertabgereicherte Fraktion aufzutrennen. Beide Fraktionen müssen weiterbehandelt werden: Die heizwertreiche Fraktion direkt durch Verbrennung oder in anderer Form der thermischen Nutzung, die heizwertarme Fraktion muss vor der Deponierung weiterbehandelt werden, damit sie die Grenzwerte der Abfallablagerungsverordnung erreicht. Dies ist derzeit ein noch schwieriges Unterfangen, wie die praktischen Ergebnisse auch in anderen Ländern zeigen.

Für mich ergibt sich daraus die Schlussfolgerung, bevorzugt auf die energetische Nutzung der Abfälle zu setzen. Als zukünftige Entwicklung stelle ich mir vor, dass das Zusammenspiel zwischen MBA als Vorschaltstufe, den Stoffstromanlagen zur gezielten Trennung (insbesondere gewerblicher Abfälle in stofflich und energetisch nutzbare Anteile), Ersatzbrennstoffkraftwerken sowie herkömmlichen Müllverbrennungsanlagen optimiert wird. In jedem Fall trete ich dafür ein, dass die durch den Wegfall der MBA in Baden-Württemberg fehlende Behandlungskapazität im Lande durch thermische Abfallentsorgungsanlagen ersetzt wird. Darüber hinaus wünsche ich mir, dass aus Gründen der Energieeffizienz für einen möglichst großen Anteil energetisch nutzbarer gewerblicher Abfälle in Baden-Württemberg zusätzliche Kapazitäten gebaut werden.

Abfall und Energie

In den Zeiten ungehemmter Ablagerung auf Deponien wurden nicht nur stofflich verwertbare, sondern auch energetisch nutzbare Rohstoffe vergraben. Während hochkalorische Abfälle, wie Altöl oder Altreifen, über stoffliche Aufbereitungen hinaus schon sehr frühzeitig in erheblichem Umfang zur Energiegewinnung eingesetzt wurden, war eine energetische Nutzung von Hausmüll und hausmüllähnlichen Gewerbeabfällen, z. B. in Hausmüllverbrennungsanlagen, vergleichsweise selten.

Allein der biologisch abbaubare Anteil der deponierten Abfälle hatte ein bedeutsames Energiepotential, das allmählich in Form des Klimagases Methan emittiert wurde. Mit der späteren Erfassung und energetischen Nutzung der Methangase aus Deponien konnte die Emission bundesweit von rund 40 Mio. t CO_2-Klimagasäquivalenten (unter Berücksichtigung der Substitution anderweitiger Energieerzeugungsprozesse) im Jahr 1990 auf nahezu Null im Jahr 2005 heruntergefahren werden.

In Baden-Württemberg werden biogene Abfälle, wie kommunale Grünabfälle, Abfälle aus der Biotonne, kommunaler Klärschlamm, Küchen- und Speisereste, Papierschlämme oder Altholz, derzeit bereits zu 50 % mit steigender Tendenz energetisch, d. h. durch direkte Verbrennung oder über den Zwischenschritt der Biogaserzeugung, verwertet. Damit soll aber nicht unterstellt werden, dass alle organischen Abfälle ausschließlich energetisch genutzt werden sollten. Zu bevorzugen ist vielmehr die ökoeffizienteste Verwertung. So ist z. B. das Recycling von Papier einer energetischen Verwertung bei Weitem vorzuziehen. Im Jahr 2005 konnte in Baden-Württemberg durch Papierrecycling der Einsatz von Holz mit einem Energieinhalt von fast 7.000 GWh vermieden werden. Das Holz stand stattdessen grundsätzlich als CO_2-neutraler Brennstoff zur Verfügung.

In Hausmüll und hausmüllähnlichen Gewerbeabfällen befinden sich neben biogenen Anteilen auch energetisch nutzbare Rohstoffe, die nicht biologisch abbaubar sind. Seit diese Abfälle nicht mehr unvorbehandelt abgelagert werden dürfen, werden daraus verstärkt brennbare Fraktionen aussortiert und zu Ersatzbrennstoff aufbereitet. Bundesweit sind bereits beträchtliche Anlagenkapazitäten für den Einsatz von Ersatzbrennstoffen entstanden, weitere sind in der Planung.

Ebenso ausgebaut wurden bundesweit und insbesondere in Baden-Württemberg die Kapazitäten der Hausmüllverbrennungsanlagen, wobei der Energieinhalt der eingebrachten Abfälle ebenfalls genutzt wird. Allerdings könnte die Energieausbeute der meisten Hausmüllverbrennungsanlagen – größere Investitionen vorausgesetzt – noch erheblich gesteigert werden. Stattdessen ist in Fachkreisen bekannt, dass in einer Reihe von Abfallverbrennungsanlagen die Eindüsung von Wasser in den Feuerraum getestet oder schon angewendet wird, um so – also durch Senkung der Energieausbeute – den Abfalldurchsatz zu erhöhen.

Dies ist das Gegenteil einer im Sinne der Nachhaltigkeit wünschenswerten Entwicklung, der in geeigneter Form entgegen gewirkt werden muss.

Deponierecht und Nachsorge

Die Nachsorge für die Deponien rückt mehr und mehr in den Fokus der Wissenschaft und Politik. Wir müssen uns der Verantwortung für alte Deponien insbesondere im Hinblick auf Grundwasser- und Klimaschutz stellen. Klimaschutz bedeutet dabei Erfassung sowie Behandlung bzw. energetische Nutzung der Deponiegase.

Deponien sind klimarelevant. Sie sind deshalb wieder in das Interesse der weltweiten Umweltpolitik gerückt. Denn weltweit rangieren Deponien bei den Methanemissionen an dritter Stelle nach den Reisfeldern und den Wiederkäuern. Der Beitrag des Methans zur Erderwärmung ist bedeutend, weil Methan – auf 100 Jahre Verweilzeit gerechnet – 21 mal mehr Hitze in der Atmosphäre bindet als CO_2. Deshalb müssen wir alle Anstrengungen unternehmen, Deponiegas zu fassen und zu verwerten. Wenn die Gasverwertung wegen erfreulicherweise rückläufigen, aber dennoch relevanten Gasmengen nicht mehr machbar ist, müssen andere Methoden der Behandlung eingesetzt werden.

Für die beginnende Diskussion um die Deponienachsorge fordere ich eine Politik des Interessenausgleichs zwischen den verschiedenen Belangen. Ich bin weit davon entfernt, aus unseren, ab den 70er, 80er-Jahren entstandenen Deponien ein Katastrophen-Szenario zu kultivieren. Die Hausmülldeponien dieser Epoche waren immerhin geordnet und verfügten über passable technische Ausrüstungen zum Schutz der Umwelt. Aber irgendwann müssen wir uns zu einem Ende der Nachsorge durchringen.

Forderungen, dass Deponie-Sickerwasser die Qualität von Trinkwasser aufweisen muss, damit man die stillgelegte Deponie aus der Nachsorge entlassen kann, wären höchst unrealistisch. Die gesellschaftlich richtigen Lösungen dürften in anderen Größenordnungen liegen.

Neuordnung der Entsorgungsstrukturen

Die Abfallwirtschaft muss auch in Zukunft auf sicheren Beinen stehen. Die Entwicklung und Bereitstellung von ökologisch und ökonomisch effizienten Entsorgungsanlagen ist eine Voraussetzung dafür. Wir benötigen daneben auch tragfähige Entsorgungsstrukturen, die auch in Zukunft die Gewähr für eine sichere Entsorgung der

Abfälle in Stadt und Land bieten. Die Entsorgungsträger können sich zurzeit sicher nicht über eine mangelnde Auslastung ihrer Anlagen beklagen. Die Entsorgungskosten haben ein auskömmliches Niveau. Dies muss nicht so bleiben. Mit der Verwirklichung der derzeit geplanten bzw. schon in Bau befindlichen Entsorgungsanlagen kann der Markt wieder in eine Phase übergehen, in der das Entsorgungsangebot die zu entsorgende Abfallmenge übersteigt. Es ist nicht von der Hand zu weisen, dass dann erneut eine Diskussion um die Zuständigkeit für die Abfälle Platz greifen wird. Dies insbesondere auch deshalb, weil die umstrittene und von der Rechtsprechung des EuGH stark beeinflusste Rechtslage im Bereich der Abgrenzung der Beseitigung von der Verwertung weiterhin dazu beiträgt, dass die Aufgabenverteilung zwischen öffentlich-rechtlichen Entsorgungsträgern und privater Entsorgungswirtschaft bei den Abfällen aus anderen Herkunftsbereichen als privaten Haushaltungen unklar ist.

Darüber hinaus unterliegt die kommunale Abfallwirtschaft angesichts privatisierter Märkte in anderen Bereichen wie Telekommunikation, Post, Verkehr und Energieversorgung auch einem erheblichen Rechtfertigungsdruck, vor allem auf EU-Ebene. Die Zuständigkeit der öffentlich-rechtlichen Entsorgungsträger für die Gewerbeabfallentsorgung lässt sich kaum noch überzeugend begründen.

Ich strebe daher an, dass das Kreislaufwirtschafts- und Abfallgesetz geändert und die Zuständigkeit für die Entsorgung von gewerblichen Siedlungsabfällen sowie der übrigen Abfälle zur Beseitigung aus anderen Herkunftsbereichen als privaten Haushaltungen grundsätzlich auf die Privatwirtschaft übertragen wird. Auf eine kommunale Daseinsvorsorge für Verwertungs- und Beseitigungsabfälle aus dem gewerblichen Bereich soll künftig verzichtet werden.

Ebenso trete ich dafür ein, dass die Entsorgungspflicht für Abfälle aus privaten Haushaltungen bei den öffentlich-rechtlichen Entsorgungsträgern verbleibt. Dabei handelt es sich um den unverzichtbaren Kernbereich der kommunalen Daseinsvorsorge auf dem Gebiet der Abfallwirtschaft. Die Daseinsvorsorge stellt hier sicher, dass komfortable und finanzierbare Entsorgungsleistungen auf hohem Umweltschutzniveau für die Bürger erbracht werden und das Leistungsangebot in städtischen und ländlichen Gebieten weitgehend gleich ist. Bei Abfällen aus gewerblichen Betrieben, deren Situation derjenigen der privaten Haushalte vergleichbar ist, kann davon ausgegangen werden, dass die Abfallbeseitigung durch die öffentlich-rechtlichen Entsorgungsträger ebenfalls die sachgerechteste Lösung darstellt. Die Beschränkung auf den Kernbereich der kommunalen Daseinsvorsorge trägt dazu bei, gerade diesen Bereich langfristig zu sichern.

Zur Abgrenzung der Abfälle aus anderen Herkunftsbereichen, die in der kommunalen Zuständigkeit verbleiben sollen, kann daran gedacht werden, auf diejenigen Abfälle abzustellen, die nach Art, Menge und Beschaffenheit üblicherweise mit den Abfällen aus privaten Haushaltungen eingesammelt werden. Das Gesetz würde dann nur einen allgemeinen Maßstab vorgeben, der den öffentlich-rechtlichen Entsorgungsträgern Gestaltungsmöglichkeiten in den Satzungen beließe. In dieser Frage ist das

Umweltministerium Baden-Württemberg aber noch nicht festgelegt und für praktikable Abgrenzungsvorschläge offen.

2.2 Nachhaltige Bereitstellung von Sekundärrohstoffen

Mineralische Abfälle

Mineralische Abfälle machen den größten Massenstrom in der Abfallwirtschaft aus. Deshalb haben diese Abfälle ein besonderes Augenmerk verdient.

Zunächst gilt: Recycling ist eine Rohstoffquelle, so auch das Baustoffrecycling. Deshalb besteht ein umweltpolitischer Schwerpunkt des Umweltministeriums in der Förderung des Recyclings von mineralischen Abfällen aus der Bauwirtschaft.

Durch das Baustoffrecycling werden in Baden-Württemberg etwa 6,4 Millionen Tonnen mineralischer Baustoffe ersetzt, die ansonsten aus Primärrohstoffen hergestellt werden müssten. Das heißt, es bleibt uns erspart, dass Wälder gerodet werden und Landschaftsschäden entstehen. Bei der Substitution von Primärrohstoffen durch den Einsatz von Recyclingbaustoffen liegt die Verwertungsquote derzeit bei ca. 68 %. Wir unterstützen diese sinnvolle Verwertung durch klare umweltpolitische Rahmenbedingungen: So haben wir vor nahezu drei Jahren durch einen Erlass geregelt, welche Qualitäten von Baustoffrecyclingmaterial wo eingesetzt werden dürfen. Wir haben dabei die Interessen zwischen Abfallwirtschaft einerseits und Grundwasser- und Bodenschutz andererseits ausbalanciert.

Es ist gelungen, einen klaren Rechtsrahmen zu schaffen, der für die Wirtschaft unerlässlich ist. Wir haben zugleich die Eigenverantwortung der Industrie gestärkt. Die Recyclingwirtschaft kann jetzt mit Produkten handeln. Im Gegenzug sind die betreffenden Betriebe zu einer kontinuierlichen Qualitätsprüfung der Recyclingbaustoffe verpflichtet und unterliegen einer Fremdüberwachung. Die baden-württembergische Recyclingbranche hat zwischenzeitlich eine professionelle, internet-basierte Qualitätssicherung aufgebaut, um hochwertige Recyclingbaustoffe anzubieten.

Die Landesregierung von Baden-Württemberg nimmt beim Baustoffrecycling auch eine Vorbildfunktion ein. So haben wir die für Baumaßnahmen zuständigen Stellen des Landes angewiesen, bei Ausschreibungen und Vergaben von Materiallieferungen Recyclingbaustoffe gleichwertig zu natürlichen Rohstoffen zuzulassen. Hiervon erhoffen wir uns einen weiteren Schub für die Rohstoffquelle Baustoffrecycling.

Für den Einsatz von Bodenaushub werden wir in Kürze eine Verwaltungsvorschrift herausgeben.

Wie Sie wissen, ist derzeit die Bundesregierung dabei, eine Verordnung zur Verwertung mineralischer Abfälle zu erstellen. Davon werden auch die Baustoffrecyclingmaterialien erfasst sein. Wir hoffen, dass das Modell Baden-Württemberg beim Bund Schule macht und dass auch er die Forderung umsetzt, die Eigenverantwortung der

Wirtschaft herauszufordern und staatliches Handeln – wo immer es geht – zurückzufahren.

Klärschlammentsorgung

Baden-Württemberg steht in Übereinstimmung mit Bayern und Nordrhein-Westfalen aus Vorsorgegründen zum Ausstieg aus der bodenbezogenen Klärschlammverwertung. Sowohl beim Bodenschutz als auch bei der Ressourcenschonung geht es zunächst um Vorsorge bzw. Nachhaltigkeit gegenüber künftigen Generationen. Und wie so oft gilt es dabei abzuwägen, welche Handlungsoptionen bestehen, welche Risiken damit verbunden sind und wie die Prioritäten gesetzt werden sollen.

Kommunaler Klärschlamm ist, salopp gesagt, der „Müll" der Abwasserreinigung und enthält all das, was aus unterschiedlichsten Quellen ins Abwasser gelangt ist und bei der Abwasserreinigung mit erheblichem technischen Aufwand wieder entfernt werden muss. Je besser die Abwässer in den kommunalen Kläranlagen gereinigt werden, desto mehr Schadstoffe müssen sich zwangsläufig in den Klärschlämmen wiederfinden. Und was aufwändig aus dem Abwasser entfernt wurde, gehört auch nicht mehr auf den Boden.

Daher setzt Baden-Württemberg auf den konsequenten Ausstieg aus der bodenbezogenen Klärschlammverwertung zugunsten einer thermischen Entsorgung. In Baden-Württemberg stehen derzeit Verbrennungs- bzw. Mitverbrennungskapazitäten für etwa drei Viertel der jährlich anfallenden Klärschlammtrockenmasse zur Verfügung und weitere werden noch folgen. Auch bundesweit stehen zwischenzeitlich Kapazitäten in Höhe von ca. 1,6 Mio. Tonnen Klärschlammtrockenmasse – das entspricht ca. 70 % des Klärschlammaufkommens – zur Verbrennung bereit.

Die Klärschlammverbrennung trägt nicht nur durch Nutzung der freiwerdenden Energie, sondern auch durch die im Vergleich zur landwirtschaftlichen Verwertung geringeren Methan-Emissionen, zum Klimaschutz bei. Zudem werden bei der Mitverbrennung im Zementwerk, aber auch durch die Verwertung der Steinkohleflugaschen bei der Zementherstellung, die mineralischen Anteile des Klärschlammes stofflich verwertet und somit Rohstoffe eingespart.

Das heißt aber nicht, dass wir die Bedeutung des Klärschlamms als Phosphorquelle ignorieren. Unser Ziel ist die nachträgliche Phosphorrückgewinnung aus Schlämmen und Verbrennungsaschen. Dies ist heute zwar schon technisch machbar, jedoch noch nicht wirtschaftlich darstellbar, da Phosphor noch ausreichend zur Verfügung steht.

Wir unterstützen daher Forschung und Entwicklung von gezielten Phosphorrecyclingverfahren direkt in der Kläranlage und auch aus der Asche von Klärschlammmonoverbrennungsanlagen. Bis es soweit ist, sollten wir zugunsten des Bodenschutzes auf den Klärschlamm als Phosphordünger verzichten, zumal er ohnehin nur einen bescheidenen Beitrag leisten kann.

Ich fordere daher den Bund mit Nachdruck auf, das Anliegen von Baden-Württemberg, Bayern und Nordrhein-Westfalen aufzunehmen und im Rahmen der Novellierung der Klärschlammverordnung die Beendigung der Klärschlammaufbringung auf Böden zu ermöglichen. Das Abheben auf rein wirtschaftliche Aspekte sowie die Endlichkeit der Ressource Phosphor greifen nach meiner Ansicht zu kurz, da auch die von uns favorisierte energetische Nutzung des Klärschlamms eine nachhaltige Lösung darstellt und bei Bedarf eine Rückgewinnung des Phosphors erlaubt.

Da ein Verbot der Klärschlammaufbringung derzeit weder auf EU-Ebene noch national durchsetzbar ist, könnte ein möglicher Weg für einen Ausstieg in einem Stufenplan mittels einer sukzessiven Verschärfung der Grenzwerte bestehen. Denkbar wäre auch, im Zuge der Novellierung der Klärschlammverordnung eine Ermächtigungsgrundlage für die Länder zu schaffen, mit der länderspezifische Regelungen beispielsweise zum Untersuchungsumfang der Klärschlämme möglich wären.

Letztlich benötigen wir aber bereits auf EU-Ebene eine Verankung einer Option für ein eigenständiges nationales Vorgehen in der Klärschlammrichtlinie. Daher erwarte ich vom Bund, dass er sich im Zuge der bevorstehenden Novellierung der EU-Klärschlammrichtlinie für diese Öffnungsklausel einsetzt.

2.3 Effizientes Recycling

Stoffströme nachhaltig nutzen

Voraussetzung für eine bessere stoffliche und energetische Nutzung der Abfälle ist die Verbesserung der Lenkung der Abfälle in einzelne markt- und umweltgerechte Materialströme durch den verstärkten Einsatz moderner Sortier- und Aufbereitungstechnik. Nur so lässt sich eine umweltgerechte und effiziente energetische und stoffliche Nutzung darstellen. So muss z. B. die erhöhte Erzeugung von Ersatzbrennstoffen mit einer Steigerung ihrer Qualitäten einhergehen, damit der Markt einen konstanten Absatz gewährleistet. Insgesamt sind von der Wirtschaft die möglichen energetischen und stofflichen Verwertungspfade durch ein vorausschauendes Stoffstrommanagement zu optimieren und auszubauen.

Die Fachdiskussion zeigt, dass es insbesondere bei Kunststoffen zumeist keinen generellen ökologischen und ökonomischen Vorteil der stofflichen Verwertung (Recycling) gegenüber anderen Verwertungsoptionen gibt. Entscheidend sind vielmehr die konkreten Randbedingungen des jeweiligen Einzelfalles. Insofern wird die vom Europäischen Parlament vorgeschlagene fünfstufige Entsorgungshierarchie eine ökologisch und ökonomisch effiziente Behandlung von Abfällen eher behindern als fördern.

Produktverantwortung

Eine wichtige Voraussetzung für eine ökologisch und ökonomisch effiziente Verwertung von Abfällen ist eine vorausschauende Produktgestaltung. Die Verwertung kann nur dann optimal erfolgen, wenn die verwendeten Materialien und Stoffe nach Gebrauchsende wieder gefahrlos in den Kreislaufprozess eingebunden werden. Die gezielte Ausgestaltung der Produktverantwortung, die die Auswirkungen eines Produktes auf die Umwelt während seiner Herstellung, seines Gebrauchs und bei seiner Entsorgung schon frühzeitig bei der Konzeption des Produkts einschließt, ist daher ein wichtiges abfallwirtschaftliches Instrument. Dieser "Lebenzyklusgedanke" wird zwar schon für einige Produkte wie zum Beispiel Fahrzeuge, Elektronikgeräte und Verpackungsmaterialien durch die abfallrechtliche Festlegung einer entsprechenden Verantwortung und durch Verwendungsverbote für bestimmte gefährliche Stoffe aufgegriffen. Die wesentlichen Impulse müssen allerdings durch eine Integrierte-Produkt-Politik in anderen Fachbereichen, wie etwa der Chemikalienpolitik, gesetzt werden. Es ist hier ein Zusammenspiel vieler Politikfelder erforderlich, rein abfallwirtschaftliche Instrumente greifen zu kurz. Sie führen zumindest dann nicht zu einem effektiven Ergebnis, wenn die Quotenregelungen keine Rücksicht auf ökologische und ökonomische Gegebenheiten nehmen.

Weiterentwicklung der bisherigen Ansätze?

Wir sollten daher die auch schon einmal vom Sachverständigenrat für Umweltfragen angeregte Weiterentwicklung unserer bisherigen rein produktspezifischen Ausrichtung der Abfallverwertung in eine stoffstromspezifische Betrachtung voranbringen.

Die trockene Wertstofftonne, die eine haushaltsnahe Erfassung von Leichtverpackungen und sonstigen Wertstoffen (Nichtverpackungen) vorsieht, kann hierbei ein Schritt in die richtige Richtung sein.

Meine bisherigen Ausführungen zur Zurücknahme staatlicher Detailregelungen bedeuten nicht, dass ich unsere bisherigen ehrgeizigen Ambitionen im Umweltschutz aus dem Blick verliere. Denn die angestrebte Gewährleistung von Spielräumen für die Wirtschaft kann nicht durch den Abbau der bisherigen Erfolge im Umweltschutz und durch ein Nachlassen bei der weiteren Vorsorge vor Umweltbeeinträchtigungen erkauft werden. Dies wäre letztlich kontraproduktiv für unser gemeinsames Ziel, bei der Anbietung von Spitzentechnologie im Umweltschutzbereich auch künftig führend zu bleiben. Insbesondere technische Spitzenleistungen, mit denen auch externe Umweltkosten vermindert werden sollen, bedürfen, wie die Vergangenheit gerade bei der Entwicklung von Abfallbehandlungstechniken gezeigt hat, eines Anstoßes durch staatliche Steuerungsinstrumente. Dies gilt besonders dann, wenn bestimmte Abfälle einer verstärkten Verwertung neu zugeführt werden sollen. Wir werden daher z. B. auch die Entwicklung der Verwertungserfolge und deren Dokumentation bei der Umsetzung des Elektroaltgerätegesetzes beobachten. Der Bund setzt hier beim Monitoring weitgehend auf die Eigenverantwortung der Wirtschaft. Dies lässt im Vergleich zu dem höchst komplexen System der im Rahmen der Verpackungsverordnung zu führenden Mengenstromnachweise den Beteiligten einen großen Spielraum. Es muss sich zeigen, ob sie der damit verbundenen Verantwortung – gerade auch im Umgang mit gefährlichen Abfällen und Stoffen – gerecht werden. Bei der Verpackungsverordnung ist durch das Auftreten der sog. "Trittbrettfahrer" deutlich geworden, dass dieses Vertrauen leider nicht bei allen Marktteilnehmern berechtigt war und ist. Deshalb stehen wir jetzt vor einer Novelle, die wieder mehr Regelungen mit sich bringt und eine bessere Kontrolle ermöglichen soll. Es ist verständlich, dass die unterschiedlichen Vorgehensweisen zur Datenerhebung und Kontrolle den Betroffenen nur schwer zu vermitteln sind.

Novellierung der Verpackungsverordnung

So umstritten sie oft war, die Verpackungsentsorgung ist unterm Strich ein gutes Beispiel, wie Wertstoffrecycling zur Ressourcenschonung effektiv beitragen kann. Bei den Wertstoffen Glas und Altpapier haben sich z. B. die Verwertungsquoten seit der Einführung der Produktverantwortung für Verpackungen Anfang der 90er Jahre deutlich verbessert. Bei der Verwertung von Kunststoffen wurden durch die Verpackungsverordnung zweifellos wichtige Impulse für die Entwicklung neuer Verwertungstechniken gesetzt, insbesondere bei sortenrein anfallenden Fraktionen wie Folien oder PET-Flaschen.

Dennoch stehen wir erneut vor einer Novelle der Verpackungsverordnung, die allerdings mit Abfallwirtschaft im engeren Sinne nicht viel zu tun hat. Es geht um Wettbewerbsfragen. Die Novelle ist notwendig, weil ohne sie der Wettbewerb um die Verpackungsentsorgung in eine Schieflage zu geraten droht, durch die die bürgerfreundliche, haushaltsnahe Verpackungsentsorgung durch die dualen Systeme gefährdet wäre. Über ein Viertel der vertriebenen Verpackungen werden inzwischen von Trittbrettfahrern in Verkehr gebracht, die keine finanziellen Beiträge zur Entsorgung leisten. Ich halte es für richtig, hier – gerade im Interesse der rechtstreuen Marktteilnehmer – durch eine Änderung der Verpackungsverordnung zu handeln.

Zwei Punkte möchte ich kurz skizzieren, mit denen der Erfolg dieser Novelle steht und fällt:

Erstens: Die klare Trennung der Zuständigkeiten zwischen dualen Systemen und Selbstentsorgern. Der vielbeschworene Wettbewerb ist zwischen diesen beiden Marktteilnehmern schon deshalb nicht fair angelegt, weil nur die dualen Systeme die kostenintensive flächendeckende Erfassung von Verkaufsverpackungen beim privaten Endverbraucher zu leisten haben. Die Beseitigung dieses strukturellen Ungleichgewichts ist richtig und wichtig.

Zweitens: Um die Finanzierung der dualen Systeme zu sichern und die notwendige Transparenz im Markt zu schaffen sowie eine Selbstkontrolle der Produktverantwortlichen im Wettbewerb zu ermöglichen, brauchen wir eine Beteiligungspflicht und den Nachweis durch eine Vollständigkeitserklärung.

Jenseits der Korrekturen an der Verpackungsverordnung sehe ich bei der Verwertung von Wertstoffen aus privaten Haushalten für Baden-Württemberg folgende Schwerpunkte:

Für die Weiterentwicklung der Wertstofferfassung aus den Haushaltsabfällen wird die haushaltsnahe, getrennte Erfassung von Verpackungsabfällen und sonstigen Wertstoffen weiterhin ein zentraler Baustein sein, um möglichst hohe Abschöpfungsraten von Wertstoffen aus den Siedlungsabfällen zu realisieren. Unter Stoffstromaspekten spricht, wie erwähnt, einiges für eine trockene Wertstofftonne. Wichtig ist mir in diesem Zusammenhang allerdings, dass Veränderungen in ökologischer und ökonomischer Hinsicht nicht hinter dem zurückstehen, was bisher erreicht wurde.

2.4 Grenzen der Abfallwirtschaft, Abfallvermeidung als gesamtgesellschaftliche Aufgabe

Lassen Sie mich noch einmal auf den wichtigen Handlungsschwerpunkt eingehen, der im Zusammenhang mit der Abfallwirtschaft stets genannt wird; die Abfallvermeidung. Die Abfallvermeidung ist oberste abfallwirtschaftliche Handlungsmaxime. Dabei ist längst klar, dass die Kreislaufwirtschaft eine dichte Vernetzung zwischen der „klassischen Entsorgungswirtschaft" und der verarbeitenden Industrie sowie den Gewerbebetrieben erfordert. Angesprochen sind dabei natürlich auch die Konsumenten.

Die Abfallvermeidung ist somit als gesamtgesellschaftliche Aufgabe eine besondere Herausforderung für uns alle. Besonders deshalb, weil diese Forderung sich vehement an unserem Wirtschaftssystem reibt, das auf ständiges Wachstum ausgerichtet ist und das in immer kürzeren Zeitabständen bessere, leistungsfähigere und noch flottere Produkte hervorbringt. Jedes Jahr ein neues Handy. Alle halbe Jahre dazu passende Schalen. Zweimal im Jahr neue Kleidermoden. Ein besseres multifunktionstastenbestücktes Elektrogerät? Die Reihe an Beispielen ließe sich beliebig fortsetzen.

Kann die Politik hier steuernd eingreifen? Politik ist wie das Bohren dicker Bretter mit einem Handbohrer. Um hier nicht vorzeitig aufzugeben, sind Visionen erforderlich. Was wir nicht benötigen, sind Wünsche zu wecken, die realistischerweise nicht erfüllt werden können. Es ist nach meinem Dafürhalten Aufgabe des Staates bzw. der Politik, gesellschaftliche Wünsche und Notwendigkeiten aufzunehmen und in dem Sinne zu kanalisieren, dass der Rahmen für eigenverantwortliches Handeln gesetzt wird, dessen Einhaltung dann auch bei der Mehrheit der Bevölkerung auf Akzeptanz stößt. Das mag mitunter zu einer Politik der kleinen Schritte führen. Wir sollten uns daher darüber verständigen, dass Abfallvermeidung zwar ein wichtiger Bestandteil einer nachhaltigen Politik ist. Es ist aber kein Ziel, das gegen die Interessen und Wünsche von Unternehmen und Verbrauchern etwa mit ordnungsrechtlichen Regelungen oder mit Programmen durchgesetzt werden kann. Es kann in unserem Wirtschaftssystem vor allem aber auch kein Ziel sein, bei dem Erfolg oder Misserfolg daran gemessen wird, ob eine bestimmte Kennzahl erreicht wird. Zumal dann nicht, wenn der juristisch definierte Abfallbegriff nicht überall gleich verstanden oder umgesetzt wird und er oft auch nicht mit dem subjektiven Empfinden von Abfallbesitzern übereinstimmt.

Wichtig im Rahmen dieser Betrachtung erscheint mir daher vor allen Dingen ein Punkt zu sein: In der Vergangenheit ist es uns in Deutschland gut gelungen, das Bewusstsein bei den privaten Haushalten und in der Wirtschaft über die den Abfällen innewohnenden Gefahren und auch über deren Werte zu schärfen. Dieses Bewusstsein müssen wir weiter fördern. Weder die Politik noch der Staat wird sich hier zurückziehen, sondern vielmehr durch angemessene Rahmensetzung die Wirtschaft und die Konsumenten mit in die Verantwortung nehmen für ein ökologisch und ökonomisch effizientes und nachhaltiges Produzieren und Kommunizieren.

Abfallwirtschaftliche Perspektiven aus Sicht der Stadt Kassel

Thomas-Erik Junge

Zusammenfassung

Die geordnete Abfallwirtschaft in Kassel funktioniert. Schwindende Akzeptanz, für immer komplexere Systeme, abfallpolitische Ziele, technologische Entwicklungen und zunehmender Kostendruck fordern jedoch Veränderungen. Bei klarer Abgrenzung der Zuständigkeiten zwischen kommunaler und privater Abfallwirtschaft werden unter kommunaler Regie in Zukunft einfache, wirtschaftlich vertretbare und ökologisch sinnvolle Konzepte umzusetzen sein.

1 Abfallwirtschaft heute

Um abfallwirtschaftliche Perspektiven aus Sicht der Stadt Kassel darzustellen, möchte ich Ihnen zunächst die heutige Abfallentsorgung in der kreisfreien Stadt Kassel darstellen.

Etwa 195.000 Einwohner, 100.000 Haushaltungen, 6.500 Industrie- und Gewerbebetriebe prägen das Bild des Abfallaufkommens.

Grundsätzlich gibt es heute keine akuten Probleme bei der Umsetzung einer geordneten, technisch hochwertigen, aber auch ökonomisch vertretbaren Entsorgung. Die Anforderungen der TA Siedlungsabfall sind erfüllt, die Gebühren für die Restabfallentsorgung wurden im Jahr 2002 und im Jahr 2005 gesenkt, die Kapazitäten der vorhandenen Anlagen sind ausgelastet und es gibt funktionierende Betriebe mit motivierten sowie qualifizierten Mitarbeitern.

Die Abfallentsorgung ist dabei über den Eigenbetrieb „Die Stadtreiniger Kassel" (rd. 360 Mitarbeiterinnen und Mitarbeiter, rd. 40 Mio. €/a Umsatz) und die Müllheizkraftwerk Kassel GmbH (rd. 100 Mitarbeiter, rd. 30 Mio. €/a Umsatz) organisiert.

Die Dienstleistungen der Stadtreiniger Kassel und der Müllheizkraftwerk Kassel GmbH werden dabei über die Grenzen der Stadt Kassel hinaus angeboten.

Die Stadtreiniger Kassel (Sammlung, Umschlag, Transport, Stoffstrommanagement usw.) und die Müllheizkraftwerk Kassel GmbH (thermische Behandlung) ergänzen sich in idealer Weise in ihrer Leistungspalette. Dabei werden rd. 75.000 Mg/a von den Stadtreinigern im Müllheizkraftwerk Kassel (Durchsatz rd. 160.000 Mg/a) angeliefert und 55.000 Mg/a über Dritte verwertet. Die Übersicht über wesentliche Stoffströme ist der Tabelle 1 zu entnehmen.

Tab. 1

	1999	2000	2001	2002	2003	2004	2005
brennbare Bauabfälle	5.600	5.300	8.800	8.100	7.600	6.600	4.400
Altholz	0	0	0	0	200	1.800	3.100
Leichtverpackung	3.800	4.000	4.400	4.700	4.100	4.300	4.600
Altglas	5.800	5.500	5.200	5.400	5.000	4.400	4.300
Altpapier	15.700	16.100	16.000	16.300	16.100	17.100	16.800
Grün- und Bioabfall	14.800	15.400	14.100	17.600	16.400	20.000	18.700
Gewerbeabfall	15.000	15.800	17.900	22.300	24.300	26.200	29.300
Sperrmüll	9.400	9.800	9.900	9.700	9.600	9.200	8.700
Hausmüll 80–1100 l	47.400	46.300	43.600	42.600	41.100	42.600	40.700
Summe:	**117.500**	**118.200**	**119.900**	**126.700**	**124.400**	**132.200**	**130.600**

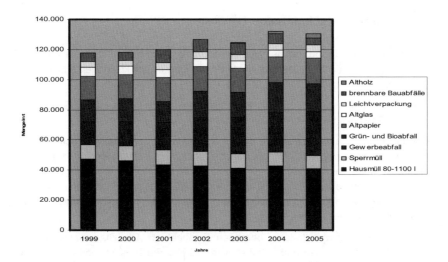

Abb. 1

Es läuft also rund – warum müssen wir über abfallwirtschaftliche Perspektiven nachdenken?

2 Rahmenbedingungen

Neben der Erfüllung von Aufgaben der öffentlich-rechtlichen Entsorgungsträger durch die beiden genannten Betriebe greifen immer mehr Systeme in die Abfallwirtschaft ein. In Kassel mussten wir in den Jahren 2005 bis März 2006 leidvolle Erfahrungen bei der Einsammlung von Leichtverpackungen durch ein Privatunternehmen machen. Nicht nur dass es ästhetische und ordnungspolitische Probleme gegeben hat, nein durch diesen Fehlschlag hat die Akzeptanz der Abfallgetrenntsammlung beim Endverbraucher nachhaltig erheblichen Schaden genommen. Auch heute leiden wir in abfallwirtschaftlichen Fragestellungen und Auseinandersetzungen mit den Kunden unter diesen Erfahrungen; hier gilt es Auswege zu suchen.

Darüber hinaus sind die abfallpolitischen Entwicklungen und Zielsetzungen natürlich auch in Kassel zu beachten. Ich erinnere in diesem Zusammenhang an das Ziel der Bundesregierung, Abfälle bis zum Jahr 2020 grundsätzlich einer Verwertung zuzuführen, oder aber an die weitere Dualisierung der Abfallwirtschaft mit veränderten Verantwortlichkeiten und Zuständigkeiten immer näher an die Hersteller und Vertreiber von Produkten (Altbatterien, Verpackungen, Elektrogeräte ...) heran.

Dass der demografische Wandel auch den Dienstleistungsbereich der Abfallentsorgung in Kassel verändern wird, ist klar. Immer mehr ältere Menschen, immer mehr Singlehaushalte, hier wird sich die Angebotspalette des städtischen Eigenbetriebes „Die Stadtreiniger Kassel" anpassen müssen; entsprechende Modell liegen vor.

Bei all den Veränderungen durch politischen Wandel und durch neue technische Möglichkeiten sind funktionierende Sammelsysteme zu schützen. Sicherlich werden das Örtlichkeitsprinzip und ein plausibles Stoffstrommanagement neue Verwertungswege erschließen; dabei muss aber insbesondere auf Kostenstabilität geachtet werden.

Folgende Entwicklungen sind deshalb vor allem zu beachten:

- Akzeptanzprobleme einer immer komplexeren Abfallwirtschaft
- Abfallpolitische Ziele, abfallrechtliche Veränderungen
- Demografischer Wandel
- Technische Entwicklungen
- Kostendruck

Vor dem Hintergrund der negativen Erfahrungen durch duale Systeme, der abnehmenden Akzeptanz von Getrenntsammelsystemen sowie z. B. des Nichtverstehens der Abgabemöglichkeiten von Elektrogeräten macht es wieder notwendig, dem Endverbraucher einfache, abfallwirtschaftlich sinnvolle und wirtschaftlich vertretbare Lösungen anzubieten. Ein immer Mehr an Stoffströmen und ein immer Mehr an Anforderungen in den einzelnen Haushalt hinein bzw. an jeden Abfallerzeuger wird nicht mehr hinzunehmen sein. Dabei wird dieser Effekt dadurch verstärkt, dass sich immer mehr Anbieter und Systembetreiber am Markt teilweise unkoordiniert und mit erheblichen Qualitätsunterschieden bewegen. Die Erfahrung der so genannten Abstimmungsvereinbarungen über die Verpackungsverordnung zeigt, dass dieses Instrument nicht ausreichend ist.

3 Perspektiven

„Systembetreiber haben sich z. B. im Rahmen der Entsorgung von Verkaufsverpackungen mit den öffentlich-rechtlichen Entsorgungsträgern abzustimmen. Die Belange der öffentlich-rechtlichen Entsorgungsträger sind dabei besonders zu berücksichtigen, wobei eine Übernahme oder Mitbenutzung von Einrichtungen gegen ein angemessenes Entgelt verlangt werden kann."

Diese Tür, die die Verpackungsverordnung öffnet, weist den richtigen Weg. Es zeigt sich anhand verschiedener Entwicklungen deutlich, dass die kommunalen Zuständigkeiten innerhalb der Entsorgungswirtschaft wieder an Bedeutung gewinnen müssen. Dabei dürfen wir nicht das gute Nebeneinander von guten kommunalen und guten privaten Betrieben stören; dieses Nebeneinander soll möglich sein. Dass aber die Kommunen letztlich eine Gewährleistungshaftung für ausschließlich Gewinn orientierte Unternehmen darstellen sollen, ist nicht zu akzeptieren. Der Verband kommunale Abfallwirtschaft und Stadtreinigung im VKU e. V. hat mit seiner Initiative „Kommunale Kompetenz in der Abfallwirtschaft" den richtigen Weg eröffnet. Allein die öffentlich-rechtlichen Entsorgungsträger, bei uns die Stadt Kassel, sind/ist in der Lage, unter sozialverträglichen Kosten ein sauberes Stadtbild verbunden mit einer geordneten, umweltverträglichen Abfallentsorgung darzustellen.

Dabei bauen die Stadtreiniger Kassel schon seit jeher auf die gute Zusammenarbeit mit privaten Unternehmen.

Kommunale Kompetenz; unter diesem Begriff muss der Gesetzgeber die Zuständigkeiten für die Entsorgung dahingehend klar festlegen, dass die Kommunen für die Entsorgung aller Abfälle aus Privathaushalten und von gemischt genutzten Grundstücken zuständig sind.

Vor diesem Hintergrund sind auch Perspektiven hinsichtlich einer anderen Erfassung von Abfallfraktionen zu sehen. Aufgrund der fehlenden Akzeptanz des Endverbrauchers für ein Vielfaches an getrennten Fraktionen prüfen wir, ob die Erfassung einer trockenen und nassen Abfallfraktion sinnvoll sein kann.

In dem nachfolgenden Bild ist das durch die Stadtreiniger Kassel entwickelte Modell der getrennten Erfassung dargestellt.

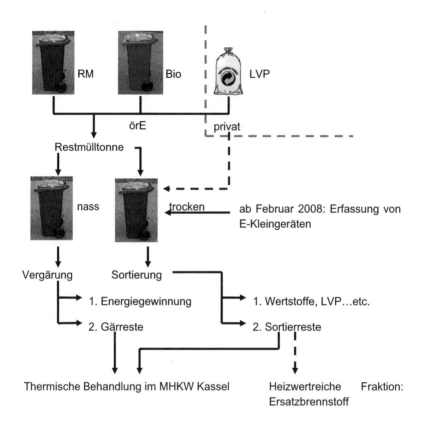

Abb. 2: Versuch nasse/trockene Restmülltonne in Kassel: Stoffstrom

Dabei werden alle verwertbaren trockenen Abfälle unabhängig vom Gebrauch erfasst, sortiert und der stofflichen Verwertung zugeführt; die Sortierreste werden thermisch behandelt. Die nassen Abfälle werden einer Biogaserzeugung zugeführt, die Reste ebenfalls thermisch entsorgt. So kann unter Steuerung der Stadtreiniger Kassel ein komfortables und für alle Beteiligten kostengünstiges Abfallwirtschaftskonzept entstehen. Neue, weiterentwickelte Trenn- und Sortiertechnologien sowie eine ideale Stoffstromsteuerung (Materialströme sollen so wie notwendig behandelt werden) können für die stoffliche, biologische und thermische Verwertung von Abfällen somit neue Entsorgungswege sinnvoll erscheinen lassen.

Die Stadtreiniger Kassel versuchen, unter Einbeziehung von Fachleuten dieses Modell zu entwickeln und versuchsweise in Kassel umzusetzen.

So bin ich mir sicher, dass in Zukunft wieder zunehmend einfache akzeptierte Systeme innerhalb der Abfallwirtschaft an Bedeutung gewinnen werden. Fortschrittlich orientierte kommunale Betriebe werden durch nachhaltig angelegte Konzepte unter Beachtung sozialverträglicher Kosten und mit bekannter kommunaler Kompetenz politische, technologische und wirtschaftliche Anforderungen unter einen Hut bringen.

Ich bin mir deshalb sicher, dass auch bei sinkenden Bevölkerungszahlen und sich verändernder Altersstrukturen funktionierende und akzeptierte Systeme zu einer „sauberhaften Stadt Kassel" beitragen werden.

Ich hoffe, die Betriebe und die Politiker werden den entsprechenden Mut für diese Veränderungen haben und ich hoffe sehr, dass die Bundes- und Landespolitik in ihrer Gesetzgebung die kommunale Kompetenz nachhaltig stärken wird.

Perspektiven der Entsorgungswirtschaft aus Sicht der privaten Entsorgungswirtschaft

Peter Hoffmeyer

Zusammenfassung

Die bestehende Wettbewerbsverzerrung zwischen privaten und öffentlichen Unternehmen der Entsorgungswirtschaft muss beseitigt werden. Nur wenn privates Engagement ermuntert und nicht verhindert wird, kann die Entsorgungswirtschaft ihren Beitrag zu den umweltpolitischen Zielen Klimaschutz und nachhaltige Rohstoffwirtschaft leisten. Die privaten Entsorger haben ihre Innovationskraft im Wettbewerb bewiesen und das beste Recyclingsystem der Welt aufgebaut. Die Zeit ist reif für echten Wettbewerb um alle Entsorgungsleistungen in Deutschland. Ausschreibungsfreie Erbhöfe müssen der Vergangenheit angehören – im Sinn der Bürger und der Umwelt.

Die Zeit ist reif für echten Wettbewerb

Was würde man von einem Hundert-Meter-Lauf halten, bei dem ein Läufer neunzehn Meter hinter den anderen starten müsste? Er könnte noch so gut rennen, mit großer Wahrscheinlichkeit würde er den Wettbewerb nicht gewinnen. Genauso unsportlich verhält es sich mit der steuerlichen Begünstigung öffentlicher gegenüber privaten Unternehmen: private Entsorgungsunternehmen führen auf ihre Leistungen neunzehn Prozent Umsatzsteuer ab, kommunale Eigenbetriebe sind davon befreit.

Diese Ungleichbehandlung hat zwei Konsequenzen: Immer wenn eine Kommune in Erwägung zieht, Private mit Entsorgungsleistungen zu beauftragen, müssen diese um mindestens neunzehn Prozent günstiger anbieten, als der kommunale Eigenbetrieb. Dies gelingt den Privaten in vielen Fällen, deshalb werden heute bereits rund sechzig Prozent der Haushalte in Deutschland von privaten Müllabfuhren angefahren. Wenn Kommunen aber – was in letzter Zeit immer wieder passiert ist – Aufträge wieder von einem privaten Anbieter zum kommunalen Eigenbetrieb zurückholen, die Abfallentsorgung also verstaatlichen, dann streichen sie sich durch die Umsatzsteuerbefreiung sofort einen erheblichen Kostenvorteil ein.

Dass diese Wettbewerbsverzerrung untragbar ist, liegt auf der Hand. Deshalb wird der BDE bis zum Sommer eine weitere EU-Beschwerde für den Entsorgungsbereich in Brüssel einreichen, nachdem der Verband bereits voriges Jahr eine Beschwerde für die Abwasserentsorgung abgegeben hat. Wir rechnen uns gute Erfolgschancen aus. Das scheinen inzwischen auch die kommunalen Verbände so zu sehen und malen schon mal prophylaktisch Gebührenerhöhungen an die Wand, wenn kommunale

Betriebe umsatzsteuerpflichtig werden. Dabei handelt es sich aber um Nebelkerzen, denn es spricht nichts dagegen, dass sich auch kommunale Unternehmen um mehr Effizienz bemühen.

Was folgt aus alldem? Erstens: nur Wettbewerb kann zeigen, wer der Bessere ist. Die privaten Entsorgungsunternehmen haben immer für Wettbewerb gestanden; die enormen Innovationen der Branche in den letzten Jahren sind direktes Ergebnis davon. Zweitens: Wettbewerb wird nur funktionieren, wenn er fair abläuft. Es gibt keinen Grund dafür, kommunale Betriebe zu privilegieren – sei es über ausschreibungsfreie Aufträge an kommunale Unternehmen oder durch Befreiung von der Umsatzsteuer. In der Entsorgungswirtschaft funktioniert der Markt einwandfrei, alles Gerede von Daseinsvorsorge entpuppt sich als nichts anderes, als der Versuch, kommunale Monopole zu schützen. Die Zeit aber ist reif für echten, gleichberechtigten Wettbewerb privater mit den kommunalen Betrieben um alle Entsorgungsaufträge in Deutschland. Wenn dabei alle Wettbewerber von derselben Startlinie aus loslegen, wird sich der Bessere durchsetzen.

Profitieren davon werden der Bürger durch angemessene, im Wettbewerb gefundene Gebühren – und die Umwelt durch die Freisetzung der Innovationskraft der privaten Entsorgungsunternehmen, die in den vergangenen Jahren das beste Recyclingsystem der Welt aufgebaut haben. Auf diese Innovationskraft kommt es immer dringender an angesichts der weiter steigenden Bedeutung der Themen Rohstoffsicherheit und Ressourceneffizienz.

Die Primärrohstoffe werden sich zunehmend verknappen, zumindest das auf den Weltmärkten verfügbare Angebot. Der Grund dafür liegt in der massiv gestiegenen und weiter steigenden Nachfrage aus China, Indien und weiteren Schwellenländern. Europa ist rohstoffarm und vom Weltmarkt und den Weltmarktpreisen abhängig. Wir befinden uns in einer sich immer schneller drehenden Spirale aus knapper werdenden Ressourcen und steigenden Preisen dafür. Sekundärrohstoffe sind hier eine Alternative, „Urban Mining" ist das Stichwort. Die lange Zeit bestehende Kostenschere zwischen Gewinnungskosten für Sekundärrohstoffe und Marktpreisen für Primärrohstoffe hat sich in vielen Bereichen schon geschlossen, bzw. zugunsten der Sekundärrohstoffe geöffnet. So kosten aufbereitete PET-Flocken aus Getränkeflaschen in der besten Qualität rund 1.000 € pro Tonne, der entsprechende Rohstoff aus Rohöl hingegen mindestens 1.200 € pro Tonne.

„Urban Mining" ist in einigen Teilmärkten heute zum ersten Mal überhaupt ökonomisch interessant. Viele Märkte für Sekundärrohstoffe, wie Schrott, Altpapier, Altglas, auch Kunststoffe erfahren eine sehr starke auch internationale Nachfrage. In akademischen Kreisen wird bereits diskutiert, ab welchem Ölpreis es lohnt, alte Mülldeponien wieder zu öffnen, um an die dort eingelagerten Rohstoffe zu gelangen. In der beschriebenen Situation auf den Rohstoffmärkten hat die Entsorgungswirtschaft eine wesentliche gesamtökonomische Bedeutung. Das Institut für Deutsche Wirtschaft (IW) hat für den BDE ausgerechnet, dass die Entsorgungs- und Recyclingunternehmen der deutschen Volkswirtschaft heute bereits rund 3,7 Milliarden € jährlich an

Rohstoff- und Energiekosten ersparen – durch die Gewinnung von Sekundärrohstoffen. 20 % der Kosten für Metallrohstoffe und 3 % jener für unsere Energieimporte werden ersetzt.

Damit ist das Potenzial aber längst noch nicht ausgeschöpft, denn die Studie des IW geht von weiter steigenden Energie- und Rohstoffpreisen aus. Heute werden 65 % des deutschen Abfallaufkommens recycelt oder als Ersatz für primäre Energieträger genutzt. Jeden Tag verwerten deutsche Entsorger 80.000 Tonnen Abfall und sichern höchste Recyclingquoten: Glas 87,7 %, Papier 87,7 %, Kunststoffe 53,8 %, Weißblech: 81,6 %, Aluminium: 72,3 %, Flüssigkeitskartons: 64,4 %.

Nachdem wir früher in Deutschland oft belächelt wurden wegen der vielen Mülltonnen in unseren Küchen, unserer „typisch deutschen", disziplinierten Mülltrennung, überlegt man sich heute überall in der Welt, wie man mehr aus dem Abfall machen kann, als ihn nur zu deponieren. Mit hohen Rohstoffpreisen steigt der ökonomische Anreiz, möglichst viel an Wertstoffen herauszuholen. In dieselbe Richtung wirkt das nun seit fast zwei Jahren geltende Deponieverbot für unbehandelte Siedlungsabfälle und die dadurch stark gestiegenen Verbrennungspreise. Ein wesentlicher Grund für das Deponieverbot waren auch Erwägungen des Klimaschutzes: Durch den Rückgang der Deponiegase wie Methan trägt die Entsorgungswirtschaft rund zehn Prozent zur Erreichung der deutschen Ziele bei. Beide umweltpolitischen Ziele – Klimaschutz und Sekundärrohstoffwirtschaft – spielen hier zusammen und machen eine starke Recyclingwirtschaft erforderlich. Das ist eine Riesenchance für die Entsorgungsbranche in Deutschland. Alles was wir in Deutschland seit Jahren aus politischer Überzeugung tun, beginnt sich jetzt zu rechnen!

Daraus lassen sich zwei Konsequenzen ziehen: zum einen muss die Deponierung von unbehandeltem Hausmüll europaweit verboten werden. Zum anderen brauchen wir mehr Privatwirtschaft in der Entsorgungswirtschaft. Wenn heute 65 % des deutschen Abfallaufkommens recycelt oder als Ersatz für primäre Energieträger genutzt werden, dann ist das vor allem ein Erfolg der privaten Unternehmen. Private Unternehmen verfügen über die Kompetenz und die Anlagen, um Abfälle zu sortieren, aufzubereiten, wiederzuverwerten und zu vermarkten. Die deutschen Entsorger und Recycler sind heute weltweit führend sind, was ihre Kompetenz und ihre Wirtschaftlichkeit anbelangt. Vom Know-how, das insbesondere die privaten Unternehmen aufgebaut haben beim Sammeln, Sortieren, Wiederverwerten und Entsorgen von Abfall, werden sie gerade in einem sich zunehmend öffnenden internationalen Entsorgungsmarkt profitieren.

Der BDE ist der Überzeugung, dass die wirtschaftliche Betätigung nicht zu den originären Aufgaben der öffentlichen Hand gehört. Sie muss auf Fälle beschränkt werden, in denen der Markt ausnahmsweise versagt. Wo aber der Markt funktioniert, hat der Staat nichts verloren. Die Privatwirtschaft hat bereits in vielen Bereichen eindrucksvoll gezeigt, dass sie die Leistungen wesentlich effizienter erbringen kann als die öffentliche Hand. Tatsächlich spricht nichts für Staatswirtschaft, aber alles für fairen (!) Wettbewerb gerade auch beim Hausmüll sowie im Wasser- und Abwasserbereich.

Perspektiven der Entsorgungswirtschaft aus Sicht der kommunalen Entsorgungswirtschaft

Rüdiger Siechau

Zusammenfassung

Auch die bundesdeutsche Abfallwirtschaft wird immer stärker durch Globalisierungsprozesse geprägt. Die Grundwerte einer funktionsfähigen Abfallwirtschaft auf hohem ökologischen Niveau treten immer mehr in den Hintergrund und verblassen. Shareholder value anstelle von Citizen value prägt das Bild. Während private Entsorger die Zuständigkeit allein für sich reklamieren und eine umfängliche Liberalisierung und Privatisierung der Abfallwirtschaft fordern, wächst die kommunale Seite immer mehr zum Eckpfeiler bundesdeutscher Entsorgungswirtschaft. Auch die Erfahrungen nach dem 01.06.2005 und die Erfahrungen aus der E-Schrott Verordnung haben zu deutlich gemacht, dass Gewinnmaximierung allein kein Markenzeichen deutscher Abfallwirtschaft sein kann. Daher prägen immer mehr „Kommunalisierungen" das Bild. Zukünftig sollte eine duale Abfallwirtschaft aus Kommunal und Privat das Bild bestimmen. Hier muss jeder seine Stärken einbringen, wobei die Zuständigkeiten der Kommunalen insbesondere im Bereich der Sammlung und Behandlung im Sinne des Gemeinwohls und der Daseinsvorsorge erweitert werden müssen.

1 Einleitung und Einführung in die Thematik

Die allgemeinen wirtschaftlichen Entwicklungen werden immer stärker durch Globalisierungsprozesse in unterschiedlichsten Branchen geprägt. Diese Entwicklungen sind auch in der Abfallwirtschaft zu beobachten.

Ursprüngliche Maxime der Abfallwirtschaft wie „Entsorgungssicherheit" und ein „hoher ökologischer Standard" sind zwar immer noch beachtenswerte Tugenden; weichen jedoch immer mehr den Zielsetzungen teilweise weltweit agierender Finanzinvestoren.

Langfristigkeit, Nachhaltigkeit und Kontinuität weichen zur Seite und werden ersetzt durch Begriffe wie: Shareholder value, human capital, EBIT etc.

Der ursprüngliche Gedanke der Globalisierung war sicherlich eng verbunden mit positiven Entwicklungen für die Menschen, für Innovationen und im Wettbewerbsbereich, die letztendlich mehr Menschen mehr Leistung zu günstigeren Konditionen bieten sollten. Was ist aus diesen Gedanken geworden? An dieser Stelle sei aus dem Buch „Die Chancen der Globalisierung" des Nobelpreisträgers für Wirtschaftswissenschaften Prof. Joseph Stiglitz zitiert:

> Zitat: Die Menschheit sollte in beispielloser Weise von der Globalisierung profitieren, so lautete das Versprechen. Doch seltsamerweise wird die Globalisierung heute sowohl in den Industrie- als auch in den Entwicklungsländern heftig kritisiert. Die USA und Europa sind besorgt wegen der Gefahr des Outsourcing, der Verlagerung von Arbeitsplätzen ins Ausland; die Entwicklungsländer sehen, wie die Industriestaaten die Weltwirtschaftsordnung einseitig zu ihrem Vorteil gestalten und nutzen. Und Menschen in beiden Regionen erleben, dass Unternehmensinteressen über andere Werte gestellt werden. In diesem Buch habe ich dargelegt, dass vieles an dieser Kritik durchaus berechtigt ist – aber diese Kritik richtet sich gegen die Globalisierung in ihrer bisherigen Form. Ich habe versucht zu zeigen, dass wir die Globalisierung so organisieren können, dass sie ihren Versprechen eher gerecht wird. Zitat Ende.

Diese geschilderte allgemeine Entwicklung ist im Metier der Abfallwirtschaft umso kritischer zu hinterfragen, da es sich zumindest im Bereich der kommunalen Abfallwirtschaft um einen Bereich der Daseinsvorsorge handelt, der unter keinen Umständen vorschnell und leichtfertig gegen kurzlebige Finanzinteressen eingetauscht werden darf. Diese Problematik wird sowohl die kommunale als auch private Abfallwirtschaft aktuell dominieren.

Eine andere zurzeit hoch aktuelle Entwicklung spielt sich im Bereich des Klimaschutzes ab. Wirtschaft und Politik üben wechselseitige Schuldzuweisungen mit Blick auf drohende Klimakatastrophen, oder versuchen sich mit teilweise zweifelhaften Aktionen an die Spitze der Bewegung „zur Rettung der Welt" zu stellen. Schnell werden auch hier fehlgeleitete Globalisierungen, einseitig zu schnelles Wirtschaftswachstum, oder einfach „die Anderen" als Grund allen Übels ausgemacht.

Die Abfallwirtschaft leistet sicherlich einen erheblichen Beitrag zum Umweltschutz und damit auch zum Klimaschutz. Wichtig ist nur, dass man den Beitragsteil richtig einordnet und nicht ad hoc Projekte ins Leben ruft, die zweifelhaft sind, die Gefahr der Lächerlichkeit in sich tragen, oder gar entlarvend mit Blick auf die Ernsthaftigkeit sind.

Ist man gerade froh über die *Hürde des 01. Juni 2005* gesprungen zu sein, da ab diesem Datum keine Abfälle mehr unvorbehandelt deponiert werden dürfen, stehen die klimaschädlichen Methanmengen, die man nun einspart, gar nicht mehr zur Debatte, obwohl Methan 20-fach klimaschädlicher ist als CO_2.

War noch – und das ist heute auch noch so – gestern die Müllverbrennung die beste, sicherste und umweltfreundlichste Methode, Abfälle aus der Umwelt auszuschließen, hat man jetzt neu „entdeckt", dass diese Anlagen ja das klimaschädliche CO_2 emittieren. Und dieses ist noch nicht einmal in der Bundes-Immissionsschutzverordnung limitiert. CO_2, Feinstaub, Emissionen nach 17. BImschV; alles wird vermischt. Es reden einfach zu viele Laien mit. Augemaß, Urteilsvermögen und ein kühler Kopf sind angesagt. Hektik ist ebenso wenig nützlich, wie das weit verbreitete „Aussitzen" von Problemen in der Branche Abfallwirtschaft.

Bürger und Umwelt müssen weiterhin, und das langfristig, im Fokus stehen.

Bürger und Umwelt sind seit jeher die wesentlichsten Zielobjekte kommunaler Abfallwirtschaft. Daher sind Perspektiven für Bürger und Umwelt eng mit der Zukunft der kommunalen Abfallwirtschaft verknüpft. Oder: Die Perspektiven der Entsorgungswirtschaft werden vom Vorhandensein kommunaler Abfallwirtschaft entscheidend mit geprägt.

Daher ist kommunale Abfallwirtschaft ein wichtiges, nicht verzichtbares Gut.

2 Aktuelle Situation der Abfallwirtschaft

Aktuell wird die Abfallwirtschaft mal wieder intensiv durch den Kampf um die Abfälle bestimmt. Hier sind ganz besonders die Auswirkungen des 01.06.2005 zu nennen, die kurz nach dem *magischen Datum* die bundesdeutsche Abfallwirtschaft noch vor nahezu unlösbare Aufgaben stellte. Heute stellt sich die Situation als recht entspannt dar. Man fragt sich „oh Wunder", wo sind die Abfälle geblieben? Es wird schon vielerorts vor neuen Überkapazitäten in der Abfallbehandlung gewarnt. Die anstehenden Verordnungen (VerpackungsVO, BioabfallVO, BodenschutzVO, integrierte DeponieVO, VO Verwertung auf Deponien und Abfallrahmenrichtlinie) werden neue Anforderungen und Herausforderungen stellen.

Die Entwicklungen im Bereich der E-Schrott VO haben ebenfalls die Abfallwirtschaft vor große Herausforderungen gestellt. Hier konnte die kommunale Abfallwirtschaft bei der Problemlösung einmal wieder mehr ihre Leistungsfähigkeit unter Beweis stellen.

Ansonsten wird die aktuelle Situation der Abfallwirtschaft von einem „recht rüden Ton" zwischen Kommunalen und Privaten geprägt. Hier sind die bereits erwähnte Globalisierung sowie der nicht nachlassende Drang der Privaten nach einer völlig liberalisierten und privatisierten Abfallwirtschaft strittige Themen. Falsch dargestellte Argumente des Steuerrechts werden herbeigezogen, um die Polarisierung weiter zu vergrößern. Die Privaten schrecken nicht zurück, sich in die kommunale Selbstverwaltung einzumischen und im Ergebnis der Diskussion Steuererhöhungen gegen den Gebührenzahler zu fordern. Die Diskussion in NRW um das Gemeindewirtschaftsrecht tut ihr Übriges. Sagt man einerseits den Kommunalen mangelnde Wettbewerbsfähigkeit nach, will man hier andererseits die Kommunalen erst gar nicht am Wettbewerb teilnehmen lassen.

In dieser Situation verwundert es nicht, dass selbst ehemals konsensnahe Bereiche wie Themen der VerpackungsVO von Kommunalen und Privaten kontrovers diskutiert werden.

Kern des Unmutes der Privaten könnte sein, dass eine nennenswerte Anzahl von Kommunen erkannt hat, dass es sich lohnt, Leistungen der Abfallwirtschaft im Rahmen des Subsidiaritätsprinzips selbst zu erbringen. Kommunalisierung heißt das Gebot der Stunde. Dies widerspricht natürlich den Interessenlagen der Privaten. Der Streit scheint vorprogrammiert; bis hin zu Vergleichen der Kommunalen Abfallwirtschaft mit Verhältnissen in der ehemaligen DDR.

Die Kernfrage, die zu lösen ist, lautet immer wieder:

Shareholder value oder Citizen value.

Ein kleiner Lichtblick ist es daher schon, wenn Konsens in der Frage des Lohn- und Ökodumpings zwischen Kommunalen und Privaten besteht. Hoffentlich ist der Konsens belastbar.

Die aktuelle Situation, insbesondere das sich langsam entwickelnde Missverhältnis zwischen Abfallmengen (inkl. EBS) und Entsorgungsanlagen (inkl. EBS-Kraftwerk und Mitverbrennung) sei nochmals detaillierter analysiert.

Der Kampf um die Abfälle gilt für Abfälle aus dem gewerblichen Bereich ebenso wie für Abfälle aus privaten Haushalten. Die Pressestimmen aus Abbildung 1 spiegeln das Pro und Contra zwischen Überangebot und Übernachfrage auf dem Markt der Ersatzbrennstoffe nach der Umsetzung der TASi auf der Zeitachse wider.

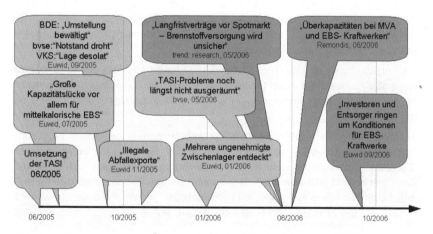

Abb. 1: Pressestimmen – Überangebot oder Übernachfrage an EBS?

Die gesetzlichen Regelungen lassen in Teilen Spielräume zu, die unterschiedlich interpretiert werden und den Markt der Abfälle sowie das kommunale Planen und Handeln beeinflussen.

Die Entwicklung des Abfallaufkommens im Bereich der andienungspflichtigen Siedlungs- und Gewerbeabfälle ist in den letzten sechs Jahren rückläufig und pendelt sich im Bereich von 15–16 Millionen Tonnen pro Jahr ein. Die Menge der nicht andienungspflichtigen hausmüllähnlichen Gewerbeabfälle und der Leichtverpackungen/Kunststoffe weisen eine ähnliche Tendenz auf und liegen bei ca. vier bzw. knapp fünf Millionen Tonnen pro Jahr. Die Abbildung 2 zeigt diese Entwicklung deutlich.

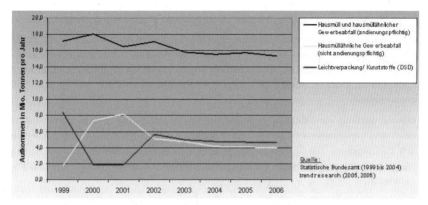

Abb. 2: Entwicklung des Abfallaufkommens an Siedlungs- und Gewerbeabfällen in Deutschland

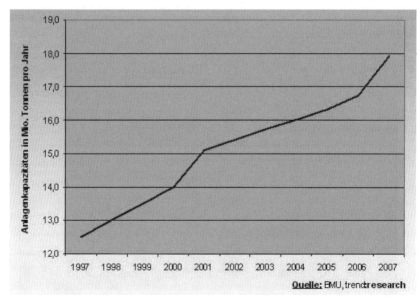

Abb. 3: Entwicklung der Kapazitäten von Müllverbrennungsanlagen in Deutschland

Die Entwicklung der Kapazitäten von Müllverbrennungsanlagen in Deutschland zeigt

49

Abbildung 3 und liegt aktuell bei 16,7 Millionen t/a. Für 2007 wird lt. BMU eine MVA Kapazität aus 72 Anlagen von 17,9 Mio. t/a erwartet. Damit werden eher Überkapazitäten anstatt des erwarteten „Müllchaos" sichtbar.

Die Anlagengrößen bezogen auf den Durchsatz sind dabei lt. BMU von 1990 bis 2005 um ca. 34 % auf einen mittleren Durchsatz von 250.000 t/a gestiegen.

Zukünftig wird der Bau von tendenziell kleineren Anlagen erwartet. Es bestätigt sich, dass die Entsorgung von überlassungspflichtigen Abfällen (insbesondere Hausmüll) langfristig gesichert ist. Das wurde bereits weit vor dem 01.06.2005 vom Bundesministerium für Umwelt, Naturschutz und Reaktorsicherheit (BMU) und VKS im VKU prognostiziert.

Die Verwertung von Abfällen in Müllverbrennungsanlagen wird wohl durch das zunehmend gemeinsame Stoffstrommanagement mit EBS-Kraftwerken ab 2009 deutlich zurückgehen. Die Müllverbrennung wird sich aus Gründen der Durchsatzmaximierung und auch technisch bedingt eher auf den niederkalorischen Bereich konzentrieren.

Es besteht mit den angekündigten Kraftwerksprojekten eine Übernachfrage an Ersatzbrennstoffen bzw. Überkapazitäten der Anlagen. Die Konkurrenz zwischen Müllverbrennungsanlagen und insbesondere EBS-Kraftwerken mit Rostfeuerung werden bei Einzelanlagen im mittelkalorischen Bereich weiter bestehen bleiben. Diese Überkapazitäten führen zu einer erheblichen Marktbeeinflussung und scheinen auch mit einem deutlichen Verfall der Entsorgungspreise einherzugehen. Dabei darf EBS nicht das neue Zauberwort der Abfallverwertung werden.

Die folgenden Abbildungen 4 und 5 zeigen nochmals die Entwicklungen auf dem EBS-Markt und die vielen Planungen von EBS-Anlagen in den einzelnen Bundesländern. Die Zukunft wird zeigen, was tatsächlich realisiert wird.

Konkurrierende Teilströme	Menge in Mio. Tonnen (2006)	Quelle
Mitverbrennung in Kohlekraftwerken	0,9	trend:research
Mitverbrennung in Zementwerken	1,1	VDZ Umweltbericht
Zwischenlagerung	1,2	LAGA
Verwertung in Müllverbrennungsanlagen	2,4	UBA, trend:research
Gesamt	5,6	
Verfügbare EBS- Mengen	6,3	trend:research
Einsatzmengen in EBS-Kraftwerken (2006)	0,7	

Abb. 4: Verfügbare und nutzbare EBS-Mengen

Bundesland	Anzahl an bestehenden und geplanten EBS-Kraftwerken	Kapazität [t/a]	Bewertung: 1: kein bis 5: sehr starker Wettbewerb	Bemerkung
Baden Württemberg	3	270.000	2	EBS-Angebot größer als EBS-Nachfrage/ kaum Konkurrenz mit Zement- und Kohleindustrie sowie MVA
Bayern	1	137.000	2	Konkurrenz mit MVA und Zement- und Kohleindustrie, jedoch nur eine Anlage in Bayern
Brandenburg und Berlin	6	1.106.000	4	Konkurrenzanstieg mit Umsetzung der geplanten EBS-Kraftwerke; Konkurrenzen insbesondere zu Kohlekraft- und Zementwerken
Hessen	4	960.000	4	geringe Mengen an EBS stehen einem im Vergleich hohen Verbrauch an EBS-Kraftwerken gegenüber, mittlere Konkurrenz zu Zement- und Kohleindustrie sowie MVA
Mecklenburg Vorpommern	4	371.000	2	keine Konkurrenz zur Zement- und Kohleindustrie sowie MVA; EBS-Hersteller bieten ausreichend EBS an
Niedersachsen und Bremen	7 2	690.000 286.000	4	Bislang geringe Konkurrenz zwischen den EBS-Kraftwerken bei hohem Anteil an EBS-Herstellern und geringer Anzahl an MVA, Zement- und Kohlekraftwerken; mit geplanten EBS-Kraftwerken werden die Konkurrenzen deutlich zunehmen
Nordrhein Westfalen	7	1.278.000	5	Konkurrenz zur Kohleindustrie, hohe Anzahl an MVA Anlagen; sowie hohe Anzahl an EBS-Kraftwerken sowie geringe Anzahl an EBS-Herstellern
Rheinland Pfalz und Saarland	1	100.000	2	geringe Anzahl an EBS-Kraftwerken ermöglicht bei auszureichenden Bezugsquellen eine Versorgung für alle Kraftwerke, Konkurrenz aus Kohlekraftwerken
Sachsen	2	415.000	3	ausreichend EBS-Hersteller, leichte Konkurrenz aus Kohlekraftwerken und MVA, bislang Überangebot; Nachfrage steigt jedoch in den nächsten Jahren
Sachsen-Anhalt	2	100.000	3	hoher Anteil an Kohlekraft- und Zementwerken, wenige EBS-Herstellern, wenige EBS-Kraftwerke
Schleswig Holstein und Hamburg	2 1	285.000 750.000	3	Konkurrenz zwischen den einzelnen EBS-Kraftwerken bezüglich der Bezugsmengen; Konkurrenz aus Zementindustrie und Kohlekraftwerken
Thüringen	3	200.000	2	geringe Konkurrenz zwischen den einzelnen EBS-Kraftwerken sowie geringer Einfluss durch Zement- und Kohleindustrie

Abb. 5: Bewertung EBS-Planungen regional

Wirft man einen Blick auf die Entsorgungspreise, so ergibt sich folgendes Bild:

Die Entsorgungspreise (Ende 2006) für mittelkalorische Fraktionen aus der Aufbereitung von Hausmüll und hausmüllähnlichen Gewerbeabfällen liegen bei 70–90 €/t. 50–60 €/t beträgt der Entsorgungspreis für Ersatzbrennstoffe aus der Gewerbeabfallsortierung und 40–50 €/t für Spuckstoffe und Rejecte aus der Papierindustrie. Preise mit weit über 100 €/t direkt nach dem 01.06.2005 scheinen schon der Vergangenheit anzugehören.

Die Entwicklungen im Abfallmarkt, in Verbindung mit der Befürchtung, erhebliche Überkapazitäten zu produzieren und schon wieder fallende Entsorgungspreise zeigen deutlich, dass die seitens der Kommunalen immer wieder aufgestellte Forderung nach Planungssicherheit eine Kernforderung bleibt. Auch hier scheinen die bekannten Marktmechanismen nicht zu greifen. Im Sinne einer langfristigen Entsorgungssicherheit dürften hier wohl Zuständigkeiten neu zu regeln sein.

Die Situation der Abfallwirtschaft ist aber nicht allein geprägt durch die Entwicklung der Abfallmengensituation. Abbildung 6 versucht nochmals das gesamte Spektrum zu beleuchten.

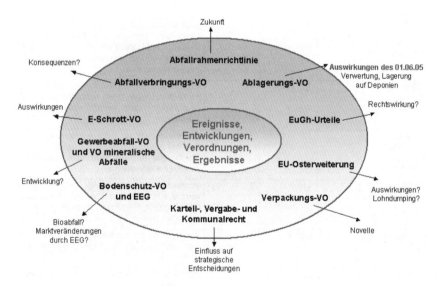

Abb. 6: Komplexität der aktuellen Situation

Von Interesse dürfte die Umsetzung der Abfallrahmenrichtlinie (evtl. 2010 in nationales Recht) sein, die u. a. „Verwertung, Beseitigung und Ende der Abfalleigenschaft" neu regelt. Weiterhin wird die aktuelle und ggf. schnell folgende nächste Novelle der VerpackungsVO mit Spannung erwartet. Im Sinne einer geordneten Abfallwirtschaft ist die Zuständigkeit der Kommunalen deutlich zu erhöhen; so auch auf die „Wertstoffe" aus Haushalt und Gewerbe.

An dieser Stelle seien noch die Leistungen der kommunalen Unternehmen im Rahmen der E-Schrott Verordnung genannt, indem die Betriebe die Unzulänglichkeiten des Gesetzes und die Querelen der Privaten mit Bravour gemeistert haben. Hier wurde kommunale Abfallwirtschaft mit Zukunftsfähigkeit demonstriert.

Bei der Umsetzung des Elektro- und Elektronikgerätegesetzes durch die kommunalen Betriebe ist besonders hervorzuheben:

- Sammlung von Elektrogeräten in 5 Gruppen auf etlichen Recyclinghöfen (> 6 kg E-Schrott/Einwohner und Jahr), Sammelstationen, o. Ä.
- kostenlose Annahme haushaltsüblicher Mengen aus dem Gewerbe
- Eigenvermarktung von z. B. Gruppe 1 (weiße Ware) durch Kommunale attraktiv
- kommunale Tochtergesellschaften, wie z. B. Logisyst in Hamburg, verfügen über einen Großteil der Transportaufträge im Auftrag der Hersteller
- in der Regel kaum Einfluss des ElektroG auf die Abfallgebühren

Es bleibt festzuhalten, dass die kommunale Abfallwirtschaft aktuell in erheblichem Maße zur Funktionsfähigkeit der bundesdeutschen Abfallwirtschaft beiträgt.

3 Kommunale Abfallwirtschaft als Perspektive und Alternative

Im Interesse eines gemeinwohlorientierten Citizen Value und der Planungssicherheit für den Gebührenzahler muss die Kommunale Abfallwirtschaft ihre Kräfte gegenüber der Politik, dem Gesetzgeber, den Verbänden und der Europäischen Union bündeln, um die Eckpfeiler zu stabilisieren. So formulieren sich die Forderungen an eine nachhaltige, nicht ausschließlich gewinn-, sondern gemeinwohlorientierte Abfallwirtschaft.

- Erhalt öffentlicher Daseinsvorsorge und Kontrolle (Selbstverwaltungsrecht)
- Erhalt lokaler Bedeutung als operative Einheit (Arbeitgeber, Auftraggeber, Sozial-Geber)
- keine Privatisierung (Haushaltslage, Streikantwort)
- Fortsetzung bewährter Dualität (Wettbewerb zwischen kommunaler und privater Entsorgungswirtschaft, mit deutlicher Abgrenzung)
- Planungssicherheit (vgl. 01.06.2005) im Interesse von Umwelt, Gemeinwohl, Gebührenzahler und Zukunft → Nachhaltigkeit

Die aktuellen Entwicklungen zeigen, dass Nachhaltigkeit, Langfristigkeit und Hochwertigkeit mehr denn je Voraussetzungen sind, Abfallwirtschaft zukunftsfähig zu gestalten. Dieses sind Maxime der Kommunalen und insofern müssen kommunale Unternehmen die Zukunft zwingend mit gestalten.

Es versteht sich von allein, dass in diesem Umfeld kein Platz für Ökodumping und Qualitätsdumping ist. Ebenso wenig wie für Lohn- und Tarifdumping.

Trotz dieser „Renaissance" der kommunalen Betriebe mit wachsendem Selbstbewusstsein gibt es bei der Restmüllentsorgung in der Bundesrepublik einen deutlichen Schwerpunkt bei den Privaten.

Abbildung 7 zeigt, dass etwa 2/3 der Hausmüllentsorgung von Privaten erledigt wird. Abbildung 8 zeigt anhand der Jahresumsätze der größten bundesdeutschen Privaten auch die Marktmacht dieser Unternehmen. Die Berliner und Hamburger (BSR und SRH) würden zusammen noch deutlich unter SULO rangieren.

Kommunale Unternehmen haben aber nicht nur mehr Selbstbewusstsein bekommen, sondern haben auch erheblich an ihrer Leistungsfähigkeit gearbeitet.

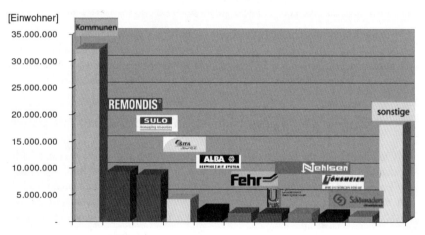

Abb. 7: Restmüllsammlung in Deutschland

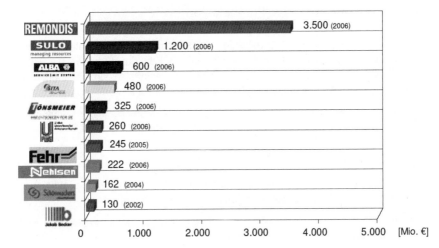

Abb. 8: Umsatzsituation deutscher Abfallwirtschaft

Insofern ist es eine logische Konsequenz, dass immer mehr Kommunen die hoheitlichen Leistungen in eigener Regie durchführen. Eventuelle minimale Kostennachteile werden durch Gewinnmargen der Privaten überkompensiert. Dass dieser neue Kommunalisierungstrend nur zustande kommt, weil die hoheitliche Abfallwirtschaft umsatzsteuerbefreit ist, ist schlichtweg falsch.

Im Rahmen der kommunalen Selbstverwaltung entscheidet die Kommune über „selber machen" oder „Vergabe durch Ausschreibung". In diesem Bereich steht die kommunale Abfallwirtschaft nicht im Wettbewerb. Wer das suggeriert, mischt sich ungerechtfertigt in die kommunale Selbstverwaltung.

Dort, wo Kommunale und Private direkt im Wettbewerb stehen (z. B. Verpackungs-VO, Verwertungsabfälle), gilt Wettbewerbsgleichheit. Hier gibt es keine wechselseitigen Steuervor- oder -nachteile. Umso absurder sind da die Bestrebungen, den Kommunalen nahezu jegliche wirtschaftliche Betätigung zu untersagen. Dieses wird zzt. besonders in NRW über die geplante Änderung des Gemeindewirtschaftsrechts angestrebt.

Diese Entwicklungen aber zeigen, dass trotz aller Liberalisierungs- und Privatisierungstendenzen die Kommunalen an Ernsthaftigkeit und Schlagkraft gewinnen. Die Kommunalen sind und bleiben Eckpfeiler bundesdeutscher Abfallwirtschaft. Umso verständlicher wirken dann auch zarte Botschaften aus Brüssel, wenn dort „verhalten kritisch" über die Auswirkungen der Globalisierung nachgedacht wird.

4 Konkrete operative Perspektiven

Die aktuellen Entwicklungen, insbesondere die Stärkung der kommunalen Abfallwirtschaft, sollten dazu führen, dass sich beide Seiten – Kommunal und Privat – wieder ein wenig annähern. Dieses sollte im Sinne einer zukunftsfähigen Abfallwirtschaft, ohne das genannte Dumping, für Umwelt und Gebührenzahler verfolgt werden.

Die private Seite muss endlich auf ihren Alleinvertretungsanspruch verzichten und genauso wie die Kommunalen eine funktionsfähige Abfallwirtschaft auf <u>DUALER Basis</u> fordern.

Konkret und operativ sollten dann folgende Felder bestellt werden.

- Keine Überkapazitäten schaffen. Klare Einschätzung von Mengen und Kapazitäten, integrierte Lösungen mit effizienter Energienutzung.

- Keine unnötigen Zwischenläger, oder Läger als „Spardose", einrichten. Die 1- bzw. 3-Jahresfristen sind einzuhalten.

- Keine Abfallverbringung ins Ausland. Die ortsnahe Entsorgung ist vorzuziehen.

- Entsorgung in zweifelhaften Tongruben oder im Tagebau ist zu unterbinden. Es muss aufhören, dass Abfall immer den Weg des geringsten Geldes geht.

- Getrenntsammlung und Sortierung von Abfall ist zu intensivieren. Dieses gilt für LVP, PPK, Glas und Sperrmüll. Wünschenswert wäre die Einführung einer kommunalen Wertstofftonne. Wertstoffe, die werthaltig sind, müssen herausgetrennt werden.

- Die Energienutzung aus Abfall ist zu intensivieren. Die Energieeffizienz ist auch durch intelligente Verbundlösungen zu erhöhen.

Zur Durchsetzung und Umsetzung der vorgenannten Maßnahmen sind unter Umständen Regelungen zu schaffen, bzw. Zuständigkeiten zu ändern. Diese Aufgabe fällt dem Gesetzgeber im Rahmen einer zukunftsorientierten Abfallwirtschaft zu. Hierzu zählt z. B. die Abgrenzung Verwertung/Beseitigung und die Zuständigkeitsfestschreibung für kommunale Unternehmen.

In diesem Zusammenhang könnten Vorteile aus der E-Schrott Verordnung auf eine zukünftige Novelle der VerpackungsVO übertragen werden. Sonst wird auch hier Lohn- und Qualitätsdumping die Abfallwirtschaft negativ beeinflussen.

Im Rahmen der operativen Vorschläge könnte auch über folgende Handlungsoptionen nachgedacht werden.

Handlungsoptionen

- verstärkte Getrennthaltung bei gewerblichen Abfällen
- Reserven bei Sperrmülltrennung und Bioabfallerfassung nutzen
- Behandlungs- und Verwertungsanlagen fertig stellen, oder Planungen beenden

- Anlieferung nur von vorsortierten Gewerbeabfällen an Müllverbrennungsanlagen
- Steigerung MVA-Kapazitäten um ca. 1 bis 2 Mio. Mg/a möglich
- dezentrale Heizkraftwerke für hochkalorische Abfälle prüfen
- Erhöhung des Einsatzes von EBS in Zementwerken prüfen
- Abschätzung der Gewerbeabfälle nach wie vor schwierig!
    - kostenabhängige Verwertungswege
- kurzfristig weiterhin Kapazitätsengpässe möglich
- Verantwortlichkeiten diskutieren (ÖRE, Private)
    - Verwertung ⇔ Beseitigung
    - oder Herkunftsbereiche?
- Kapazitäten für höher kalorische Abfälle erforderlich
    - Problematik: längerfristige Mengenkontingente, Planungssicherheit, (MBA-Rückstände, Gewerbeabfälle)

5 Beiträge zum Klimaschutz

Die Diskussion um den Klimaschutz, die Belastung der Atmosphäre mit CO_2 und mögliche Beiträge einzelner Wirtschaftsdisziplinen sind in aller Munde.

Diese Diskussion geht selbstverständlich nicht an unserer Branche vorbei und viele versuchen, sich mit teilweise zweifelhaften Projekten zu profilieren. Selbstdarstellung rangiert vor Klimaschutz. Wichtig ist, dass man die Belastung des Klimas durch die Abfallwirtschaft objektiv berechnet sowie Einsparmöglichkeiten definiert und in ein sinnvolles Programm zum Klimaschutz stellt. Müllverbrennung produziert CO_2; dass ist aktuell technisch nicht anders möglich und zugleich ist die Müllverbrennung die aktuell umweltfreundlichste Art, Abfälle der Umwelt zu entziehen.

Betrachtet man in den Abbildungen 9 und 10 die Art der Energieerzeugung in Deutschland und den CO_2-Ausstoß pro Kopf in Deutschland, wird deutlich, dass die Abfallwirtschaft einen äußerst geringen Anteil zur CO_2-Belastung liefert.

Die enormen Belastungen aus Methan (20-fache Belastung der Umwelt gegenüber CO_2) aus Deponien sind nicht berücksichtigt. Der 01.06.2005 als magisches Datum war wohl ein „Glücksschritt" im Klimaschutz.

Der oben genannte geringe Anteil an CO_2-Ausstoß aus der Abfallverbrennung, sollte aber nicht dazu führen, dass man nichts tut!

Mit der Strategie 2020 hat sich unser Verband bereits schon vor der Klimadiskussion an die Spitze der Bewegung gestellt. Energieeffizienz bei der Müllverbrennung mit hohen Nutzungsgraden durch Strom- und Wärmenutzung (KWK) ist ein langfristiges Ziel.

Bio- und Sekundärrohstoffverwertung II

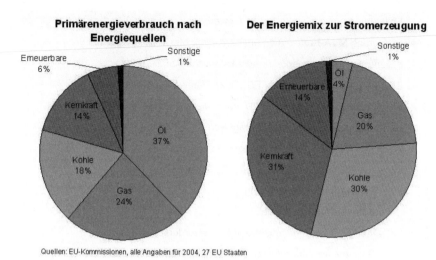

Quellen: EU-Kommissionen, alle Angaben für 2004, 27 EU Staaten

Abb. 9: Energieerzeugungsmix in Deutschland

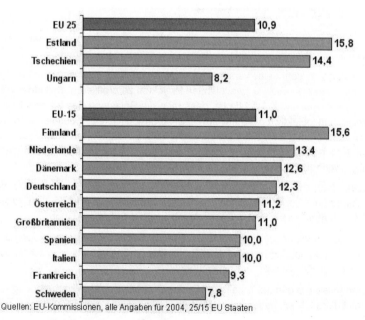

Quellen: EU-Kommissionen, alle Angaben für 2004, 25/15 EU Staaten

Abb. 10: CO_2-Ausstoß pro Kopf in t/a

Im Zusammenhang mit der Strategie 2020 sind auch Gesamtökobilanzen zu erstellen. Insbesondere im Zusammenhang mit langen Transportwegen zu Sortieranlagen und dem grenzüberschreitenden Abfallverkehr.

Komplexe Systeme wie z. B. die gesamte Bioabfall-Erfassung und Behandlung ist einer Gesamtanalyse zu unterziehen. Der gesamte Themenkomplex des Klimaschutzes könnte die Abfallwirtschaft positiv in ihrer Entwicklung – auch hin zu einer verstärkten Dualität – beeinflussen.

6 Ausblick

Die umfangreichen Aufgaben und die Lösung der anstehenden mitunter schwierigen komplexen Probleme, muss eine kommunal geprägte Abfallwirtschaft zum Kern haben.

Marktorientierte Daseinsvorsorge und Nachhaltigkeit sind Säulen der Abfallwirtschaft nach dem 01.06.2005. Die kommunale Abfallwirtschaft agiert gemeinwohlorientiert und bürgernah, gewährleistet sozialverträgliche Gebühren und ist sich ihrer sozialen Verantwortung und Kompetenz bewusst. Sie hat eine lokale Bedeutung für die Wirtschaft, Politik und als Arbeitgeber.

Die Produkte Abfall und Sauberkeit sind nicht voneinander trennbar. Wobei das Produkt Abfall marktorientiert ist, aber nicht grenzenlos im Wettbewerb handelbar ist. Eine langfristige Planung hat in der kommunalen Abfallwirtschaft Vorrang vor kurzfristiger Gewinnmaximierung. Der Umweltschutz, die Vorsorge und Nachhaltigkeit werden als Maxime betrachtet. Bereits seit vielen Jahren leistet die kommunale Abfallwirtschaft einen wichtigen Beitrag zur Emissionsminderung. So wird anfallendes Bio- und Deponiegas in Deponiegasanlagen zur Erzeugung von Strom und Wärme genutzt, statt es ungefiltert in die Atmosphäre zu entlassen. Müllverbrennungsanlagen sparen durch ihren Anschluss an das Fernwärmenetz und effizientere Stromerzeugung wertvolle Rohstoffe und verringern CO_2-Emissionen.

Wenn aus den Fehlern, die bei der Umsetzung der TASi (01.06.2005) gemacht worden sind, gelernt wird und die entstandenen Probleme beherrschbar sind, macht die neue Verbandsstrategie 2020 der Nachhaltigkeit Sinn.

Der VKS fordert eine deutliche Ausweitung der Zuständigkeit der kommunalen Entsorgungswirtschaft. Während z. B. die Kommunalen die Sammlung und Behandlung von Wertstoffen organisieren könnten, könnten Private die weltweite Vermarktung der Wertstoffe vornehmen. Auch hier wäre der mehrfach befürworteten Dualität Vorschub geleistet.

Abschließend seien die Kernforderungen für die Perspektiven einer kommunal geprägten Abfallwirtschaft zusammengefasst:

- Beendigung der Aufgabenzuweisung auf Basis Verwertung – Beseitigung
- Zuständigkeit der kommunalen Abfallwirtschaft für nahezu alle hausmüllähnlichen Gewerbeabfälle

- Zuständigkeit für Sammlung aller Haushaltsabfälle (inkl. Ausgestaltung Sammelsysteme) an die Kommunen
- Beibehaltung der Getrennthaltung für Abfälle zur Verwertung
- verstärkte Förderung der Energiegewinnung aus Abfall
- Sicherung der hohen ökologischen Standards in der Abfallwirtschaft

In diesem Sinne steht der VKS im VKU für eine nachhaltige, nicht ausschließlich gewinnorientierte Abfallwirtschaft ein.

Ihr Partner für den Anlagenbau

Werner Doppstadt Umwelttechnik
GmbH & Co KG
Steinbrink 13 , 42555 Velbert
Tel.: 02052 / 889 - 0
Fax: 02052 / 889 - 144
Info@doppstadt.de

www.doppstadt.com

Umwelttechnik **Bojahr**   Planung – Beratung – Gutachten
in der Umwelt- und Verfahrenstechnik

- Biogasanlagen
- Energietechnik und Wärmeversorgung
- Gasreinigung und Gasverwertung
- Abfallbehandlung, Abwasserbehandlung
- Verwertung von Ersatzbrennstoffen
- Explosions- und Brandschutz
- Arbeitsschutz und Sicherheitstechnik

Staudenstraße 6   Tel. 0751-5 61 90-0   eMail: info@u-t-b.de
88276 Berg   Fax 0751-5 61 90-20   www.u-t-b.de

Bioenergie – Energiepolitische Ziele der EU
Bioenergy – energy policy objectives of the EU

Andreas Heinz

Summary

The European Union is very much supporting a cost-effective and sustainable growth of the renewable energy sources (RES) sector in general and of the bioenergy sector in particular. This paper gives an exemplary overview on general objectives, past developments, and recent specific measures taken on EU level to support the bioenergy sector. Further chapters cover the EU Biomass Action Plan, its implementation process, and an overview over European funding and financing opportunities for bioenergy projects. A comprehensive list of helpful internet links for further information research is provided at the end of the document.

1 Activities of the European Union's institutions on RES

The development of renewable energy sources (RES) in general and bioenergy in particular remains high on the agenda of European policy.

Major reasons for action are the European Union's increasing dependency on oil and gas imports, constantly rising oil prices, joint commitments to reduce greenhouse gas emissions, and a high-level joint initiative to increase jobs and growth throughout Europe (Lisbon agenda). This general context has once more been stressed in the Commission's Green Paper "for a European Strategy for sustainable, competitive and secure energy" of March 2006 [8].

Several dedicated legal instruments and strategic targets have been endorsed in the past aiming at the promotion of RES on EU level. Prominent examples are summarised below.

1.1 A strategy of doubling the share of RES in Europe by 2010

An important starting point is the White Paper on "Energy for the Future: Renewable Sources of Energy" which was issued in 1997 by the Commission [2]. The objective of this initiative was to achieve a share of 12 % of total EU energy consumption by 2010.

The White Paper set out a strategy to double the share of renewable energies in gross domestic energy consumption in the European Union by 2010, including a timetable of actions to achieve this objective in the form of an Action Plan.

1.2 Legal action on electricity produced from RES

In 2001 the EU issued the directive on the promotion of electricity produced from renewable sources (RES-e directive) [9]. This directive created a very effective framework that facilitated a significant increase in renewable generated electricity within the EU. Eventually, current national feed-in tariff and green certificate schemes, RES grid access regulations and facilitations of RES authorisation processes have been initiated by this powerful directive.

The Directive set the target that 22.1 % (EU-15) of renewable electricity in comparison to the overall electricity consumption should be reached by 2010. After enlargement of the EU this target was politically translated into a 21 % RES-e target for the EU-25.

The Commission is monitoring the implementation process of this directive, taking action in case of incomplete implementation by individual Member States, and regularly publishing progress reports. This is one of the core tasks of the Commission and also true for all other directives mentioned in this paper.

1.3 Legal action on liquid biofuels for transport

In May 2003, the European Parliament and the Council adopted a directive for the promotion of biofuels for transport [10]. Its main objective is to raise the share of biofuels used for transport purposes to 5.75 % by 2010. National Governments should, according to the directive, introduce measures to promote the production and use of biofuels in their territory.

The biofuels directive was followed immediately by a complementary directive which allowed Member States to support the market deployment of biofuels through energy tax reductions or exemptions [10]. This option was extensively used by the Member States.

1.4 Further legal action with relevance to bioenergy

Further examples of EU directives, directly or indirectly supporting the bioenergy sector:

- In 2005 the EU Greenhouse Gas Emission Trading Scheme (EU ETS) commenced operation as the largest multi-country, multi-sector greenhouse gas emission trading scheme world-wide. The scheme is based on Directive

2003/87/EC, which entered into force in 2003. Biomass as a fuel is considered climate neutral under this scheme. In consequence large combustion plants may utilise biomass fuels to drive down their carbon dioxide emissions and at the same time to economically benefit from emission certificate savings [11].

- Also in 2003, EU farm ministers adopted a fundamental reform of the Common Agricultural Policy (CAP). The reform completely changed the way the EU supports its farm sector. The new CAP gives EU farmers the freedom to produce what the market wants. This decoupling of income support from production will help to facilitate the supply of energy crops. Further support measures include the set-aside obligation and a special aid for energy crops [20].

- The Commission's cogeneration (CHP) strategy of 1997 set an overall indicative target of doubling the share of electricity production from cogeneration to 18 % by 2010. A dedicated CHP directive issued in 2004 provides a framework for the promotion of this efficient technique. The directive is covering all types of CHP including biomass CHP [12]. Follow-up activities on national level incl. national support measures for high-efficient CHP are to be expected in the medium term.

1.5 A Commission's mid-term assessment warns of missing 2010 RES targets

After transposition into national law it is up to the Commission to monitor the progress and implementation of all these directives within the Member States. An exemplary output of such a monitoring process was the Commission's Communication on "The share of RES in the EU" of July 2004. The report acted as a kind of mid-term assessment of the progress in meeting White Paper RES targets for 2010. It clearly stated that further efforts – in particular in the biomass sector – were needed throughout the EU [1].

1.6 Follow-up initiatives of the EU institutions on bioenergy

As a first consequence of this critical assessment the Commission launched the "EU Biomas Action Plan" in December 2005 and the "EU strategy for Biofuels" in February 2006. Both documents aimed at identifying bottlenecks inside the bioenergy market and at developing concrete measures – particularly on EU level – in order to overcome them [3] [4]. Extensive inter-service and stakeholder discussions took place during the development of these documents.

In parallel the Commission produced a Communication on the support schemes for RES-electricity in December 2005. Based on a comprehensive scientific study this document concluded that European governments needed to step up efforts to co-operate among themselves and to optimise their support schemes as well as to further remove administrative and grid barriers for green electricity [5].

In June 2006 the Commission's "EU Forest Action Plan" was adopted. This initiative's objective was to mobilise more wood from forests for both, energy and non-energy purpose. Substantial amounts of wood had been identified as unused in EU forests. Eighteen key actions were proposed by the Commission to be implemented jointly with the Member States during the period of five years (2007–2011) [6].

1.7 An integrated energy and climate change policy for Europe

In the second half of 2006 – and as a direct consequence of the Green Paper on Energy of March 2006 [8] – the Commission prepared a comprehensive Strategic Energy Review. This activity included numerous expert impact assessments of its energy policy, examining – amongst others – the feasibility and the economic and environmental implications of further increased RES targets for 2020.

On 10th of January 2007 the Commission subsequently published its integrated energy and climate change package entitled "Energy for a changing world". This package included several documents with particular relevance to RES [21].

The recent European Council Summit of $8^{th}/9^{th}$ of March 2007 (i. e. the European Heads of State and Government themselves) fully endorsed this integrated energy and climate change package and jointly decided – amongst others – upon the following ambitious targets:

- a binding target of a 20 % share of renewable energies in overall EU energy consumption by 2020;

- a 10 % binding minimum target to be achieved by all Member States for the share of biofuels in overall EU transport petrol and diesel consumption by 2020. The binding character of this target is subject to biofuel production being sustainable, second-generation biofuels becoming commercially available and the Fuel Quality Directive being amended accordingly to allow for adequate levels of blending;

- a firm independent commitment to achieve at least a 20 % reduction of greenhouse gas emissions by 2020 compared to 1990. A 30 % reduction in greenhouse gas emissions by 2020 compared to 1990 was endorsed, provided that other developed countries commit themselves to comparable emission reductions and provided that economically more advanced developing countries contribute adequately according to their responsibilities and respective capabilities.

From the overall RES target, differentiated national overall targets should be derived with Member States' full involvement, leaving it to Member States to decide on national targets for each specific sector of renewable energies (electricity, heating and cooling, biofuels).

The European Council called for a Commission proposal in 2007 for a new comprehensive directive on the use of all renewable energy resources.

2 Implementation of the EU biomass action plan

Considering thy particular bioenergy focus of this paper it appears worth-wile to look in more detail at the EU Biomass Action Plan and its currently ongoing implementation process.

The Commission's Biomass Action Plan (BAP) of December 2005 announced 32 dedicated actions aiming at an increased market growth in all bioenergy sectors: electricity, heating and cooling, and liquid biofuels for transport [3]. As of today, 8 BAP activities have been fully implemented, another 20 are currently under implementation and only 4 activities are left for future action. The following section provides a non-exhaustive overview about this implementation process.

2.1 Legal action in respect to liquid biofuels and RES heating/cooling

The BAP proposed legal action in particular in relation to the biofuels directive and the sector of "RES heating cooling". Both will be covered in the new RES framework directive which shall be proposed by the Commission in 2007.

2.2 Sustainability criteria

In order to ensure a sustainable growth of the bioenergy sector, substantial efforts have been directed towards mechanisms which ensure a sustainable production of biomass feedstock for energy purpose. Obviously there is urgent need for such a system covering biomass from inside and outside Europe for all purpose incl. transport, heating/cooling, and electricity applications.

As a starting point the Commission and the World Wildlife Fund (WWF) carried out a joint workshop on "The way forward to sustainable bioenergies" in Brussels on 29th of June 2006. In July 2006 the Commission launched a tender with the purpose to carry out an in-depth analysis of the existing biomass production sustainability criteria and certification systems world-wide. The outcomes of this project will help the Commission's services to contribute to eventual solutions.

The RES framework directive to be proposed by the Commission in 2007 may already include a simplified incentive scheme for the promotion of those biofuels which provide a high reduction potential for lifecycle greenhouse gas emissions. Subsequently this scheme may be elaborated as experience increases.

2.3 National biomass action plans

The BAP stated that "the Commission will encourage Member States to establish national biomass action plans (nBAPs)". The idea behind this was to motivate supplementary nBAPs which are able to go more into national detail. This proposal was endorsed by the Council of the European Union of June 2006 which explicitly "invited Member States to develop or update nBAPs in response to the present conclusions".

On 6th of July 2006 a first meeting on nBAPs was held in Brussels as a direct response to the Council's conclusions. The meeting's objective was to offer representatives of Member States and Acceding and Candidate Countries a discussion platform for the exchange of views and valuable experiences about nBAPs.

A second meeting on national biomass action plans took place on 13th of March 2007 in Brussels; just after the Council Summit. Experts from 22 Member State representatives plus Croatia participated, presented progress on their recent nBAP activities, discussed the issue of biomass availability and sustainability, and welcomed a continuation of this discussion platform.

All information related to these meetings plus additional information on national biomass activities are available on TREN websites [7].

2.4 Energy crop aid scheme

A Commission analysis showed that many new Member States had adopted national measures to support the production and use of biofuels.

Against this background the Commission proposed on 22nd of September 2006 to extend the energy crop premium to the new Member States and to increase the maximum area which can benefit from the aid to 2 Mio ha from 1.5 Mio at present. The Commission also proposed to allow all Member States to grant national aid of up to 50 % of the costs of establishing multi-annual crops on areas on which application for the energy crop aid has been made. These proposals are part of the first progress report on the energy crops scheme [19].

2.5 Competition between energy and non-energy use of wood

There is heightened concern amongst parts of forest-based industries (F-BI) about the use of woody biomass for energy purpose. According to these stakeholders' views woody biomass supply remains tight in many regions, esp. Central Europe, and consequently supply difficulties and costs have reduced competitiveness of wood-processing industries, esp. panels and pulp.

The Commission is analysing this situation carefully and trying to find a reasonable solution. In principle, the Commission underlines that national and sub-national policies for the use of wood should avoid undue distortions of competition between different end-users, such as the bio-energy sector and the F-BI sector, bearing in mind the contribution of both sectors to national economies, to tackling climate change, to security of energy supply and to employment.

To find a way out, the Commission reconvened a RES Working Group of the EU F-BI Advisory Committee and co-operated with international organisations (FAO/IEA/UNECE) [23] [24] [25]. The RES Working Group will soon publish a concluding document with further recommendations.

3 Financing and funding programmes

Many of the above mentioned legislative actions on EU level have an enormous indirect impact on the economic viability of RES projects. It is the RES-e directive, for instance, which gives way to lucrative feed-in tariffs or green certificates on national level. It is the emissions trading scheme incl. its openness for JI and CDM credits which offers an additional revenue to investments into RES projects. The novel CHP-directive as well as the future legal framework on RES may also result in national support schemes particularly for heat and cooling generation from RES.

In addition to that there are several programmes available on EU level for RES project funding and financing. These can be differentiated by the technology they use: high-risk innovative technology versus proven state-of-the-art technology.

3.1 Funding and financing programmes for RES projects based on new risky technology

The European Commission is supporting RES projects – including bioenergy projects – based on new, relatively high-risk technology in order to help improving the performance of RES energy systems and in order to support European industry and SMEs to innovate their products and by that means to successfully compete on the global market. In the period from 2007 to 2013 the EU will run the following two research programmes with particular relevance for RES:

- The 7th framework programme for research (FP7) strives for excellence in European research and covers all thematic areas where Europe intends to become most competitive on a global scale. The EUR 2.3 billion energy part of FP7 is jointly managed by the General Directorates for Research (DG-RTD) and Transport and Energy (DG-TREN). Both General Directorates will regularly publish calls for project proposals on specific topics. Topics range from component research up to full plant demonstration covering – amongst others – all RES sectors and technologies [15].

- The "Competitiveness and Innovation framework Programme (CIP)" of the EU has a budget of approximately EUR 3.6 billion. One of the three specific programmes is the Intelligent Energy-Europe (IEE) Programme. This one traditionally supports non-investive projects which aim to overcome market barriers and to prepare the market uptake of new RES-technologies in Europe. As of 2008, the IEE programme will also support "market replication projects", i. e. projects based on a technology which has already once successfully demonstrated its feasibility but which is not ready for commercialisation yet. By this means, the IEE-programme is designed to close the gap between very innovative and risky projects funded under the EU framework programme for research and low-risk, fully commercial projects [16].

In addition to that, a novel Risk Share Finance Facility of the European Investment Bank (EIB) will be offered from 2007 onwards to co-finance research and demonstration projects under certain conditions [6].

3.2 Funding and financing programmes for RES projects based on lower-risk technology

RES projects based on commercial technology or innovative technology with substantially reduced risk may benefit from EU structural funds and EIB financial products.

- The EU's funding programmes for rural development, regional development, and cohesion for the period 2007–2013 may play a very important role for the funding of RES projects. In total these funds represent a volume of about 378 billion €. The Commission's strategic guidelines for all three programmes are strongly proposing fund investments into RES projects. It is important to note, though, that it is the national and regional operational programme authorities alone who decide upon the actual use of these funds. The primary aim of co-funded projects is usually job and growth generation in a specific region [17] [18].

- The EIB offers its clients a large variety of financial products for commercial projects. The specific advantage is that it passes low cost benefits of its "AAA" rating on to its clients. Large projects with total cost exceeding 25 million € may benefit from direct loans of the EIB whereas smaller projects may only benefit from indirect loans through intermediate banks [6].

4 Conclusion

Renewable energy sources (RES) including biomass for electricity, heating and cooling, and for transport applications are expected to make a substantial contribution to a future sustainable energy system in Europe.

The European Union and its institutions are supporting RES through a variety of legislative initiatives, action plans, and its programmes for project funding and financing for all kind of RES projects.

In this context, the land-mark decisions of the Spring 2007 Council Summit endorsing highly ambitious targets on RES, energy efficiency, and greenhouse gas mitigation, are of essential importance.

5 References

[1] Communication from the Commission: The Share of Renewable Energy in the EU. COM(2004) 366 final
http://europa.eu.int/comm/energy/res/legislation/share_res_eu_en.htm

[2] Communication from the Commission: Energy for the Future: Renewable Sources of Energy; White Paper for a Community Strategy and Action Plan. COM(97) 599 final
http://europa.eu.int/comm/energy/res/legislation/doc/com599.htm

[3] Communication from the Commission: Biomass action plan. COM(2005) 628 final
http://europa.eu.int/comm/energy/res/biomass_action_plan/green_electricity_en.htm

[4] Communication from the Commission: An EU strategy for biofuels. COM(2006) 34 final.
http://europa.eu.int/comm/agriculture/biomass/biofuel/index_en.htm

[5] Communication from the Commission: The support of electricity from renewable energy sources. COM(2005) 627 final
http://europa.eu.int/comm/energy/res/legislation/support_electricity_en.htm

[6] European Investment Bank (EIB)
http://www.eib.org/

[7] National Biomass Action Plan meetings and supplementary information
http://ec.europa.eu/energy/res/biomass_action_plan/nationa_bap_en.htm

[8] Green Paper: A European Strategy for Sustainable, Competitive and Secure Energy. COM(2006)105 final
http://ec.europa.eu/energy/green-paper-energy/index_en.htm

[9] Directive 2001/77/EC on the promotion of the electricity produced from renewable energy source in the internal electricity market
http://ec.europa.eu/energy/res/legislation/electricity_en.htm

[10] Directive 2003/30/EC on the promotion of the use of biofuels and other renewable fuels for transport and Council Directive 2003/96/EC restructuring the Community framework for the taxation of energy products and electricity
http://ec.europa.eu/energy/res/legislation/biofuels_en.htm

[11] Directive 2003/87/EC establishing a scheme of greenhouse gas emission allowance trading within the Community and amending Council Directive 96/61/EC
http://ec.europa.eu/environment/climat/emission.htm

[12] Directive 2004/8/EC on the promotion of cogeneration based on a useful heat demand in the internal energy market and amending Directive 92/42/EEC
http://ec.europa.eu/energy/demand/legislation/heat_power_en.htm

[13] LIFE+ programme (2007–2013)
http://ec.europa.eu/environment/life/home.htm

[14] Directive 2003/17/EC amending Directive 98/70/EC relating to the quality of petrol and diesel fuels
http://ec.europa.eu/environment/air/transport.htm#2

[15] The 7th framework programme for research (2007–2013)
http://ec.europa.eu/research/fp7/

[16] The framework programme for competitiveness and innovation, CIP (2007–2013)
http://cordis.europa.eu/innovation/de/policy/cip.htm

[17] The new generation of Structural Funds programmes (2007–2013)
http://ec.europa.eu/regional_policy/funds/2007/index_de.htm

[18] Rural development policy (2007–2013)
http://ec.europa.eu/agriculture/rurdev/index_en.htm

[19] Commission proposal to extend the energy crop aid scheme
http://ec.europa.eu/agriculture/index_en.htm

[20] Communication from the Commission: An EU Forest Action Plan. COM(2006) 302 final http://ec.europa.eu/agriculture/fore/action_plan/index_en.htm

[21] "Energy for a changing world" website of the Directorate-General for Energy and Transport http://ec.europa.eu/energy/energy_policy/index_en.htm

[22] Communication from the Commission: "Limiting Global Climate Change to 2 ° Celsius: The way ahead for 2020 and beyond". COM(2007)2 final
http://ec.europa.eu/environment/climat/future_action.htm

[23] 1st European (EC/IEA/UNECE) Wood-energy Survey (07–10/2006)
http://www.unece.org/trade/timber/Welcome.html

[24] International Seminar on Energy and the Forest Products Industry, Rome, 30–31/10/2006, in collaboration with UNECE, ITTO and WBCSD
http://www.fao.org/forestry/site/34867/en/

[25] Mobilising wood resources » Geneva 11–12/01/2007
(FAO/UNECE/MCPFE/EFI/CEPI)
http://www.unece.org/trade/timber/workshops/2007/wmw/mobilisingwood.htm

Bedeutung und Perspektiven der Bioenergie in Deutschland

Helmut Lamp

Bioenergie – tragende Säule der regenerativen Energien

Die Jahrtausendwende – 1999 bis 2001 – war die Zeit der Visionen und Prognosen. So veröffentlichten viele Institute, Vereinigungen und Großunternehmen Ergebnisse von Studien und Prognosen auch über die Entwicklung der regenerativen Energien – der Weltenergierat Sektion Deutschland, ESSO, Shell, Prognos, Ruhrgas, die Bundesanstalt für Geowissenschaften und Rohstoffe... Die Erarbeitung solcher Studien ist nicht immer ganz billig. Schade um das Geld. Es waren ausnahmslos Fehlprognosen, die für das Jahr 2020 einen Anteil der regenerativen Energien am Primärenergieaufkommen von knapp 5 % bis knapp 6 % vorausgesagt hatten. Ein solcher Anteil wird nicht in 2020 erreicht werden. Diese Ziellinie wurde bereits anderthalb Jahrzehnte früher, in 2006, überschritten!

Die erneuerbaren Energien haben in den vergangenen Jahren Zuwächse von nicht selten über 30 % verzeichnen können. Das gilt auch gerade für die Bioenergie – sie hat ihre Position als tragende Säule der regenerativen Energien festigen können. 70 % vom Aufkommen der regenerativen Energien sind Beiträge der Bioenergie – ihr folgen entsprechend des Anteils am Primärenergieverbrauch die Windenergie, die Wasserkraft, die Solarenergie und zuletzt die Geothermie.

Die Bioenergie stellt 100 % der regenerativen Treibstoffe, 94 % der Wärme aus erneuerbaren Energien und 25 % des regenerativen Stroms. Der Gesamtumsatz der Bioenergiebranche ist von 2005 auf 2006 um 32,2 % auf 8,13 Mrd. € gestiegen, weit über 90.000 Arbeitsplätze konnten bisher geschaffen werden. Der Umsatz wurde in vielen Großbetrieben und in tausenden kleinen und mittelständischen Unternehmen erwirtschaftet. Im Bereich Bioenergie vibriert in Deutschland derzeit die Luft. Auf Messen und Kongressen, im Anlagenbau und im Anlagenbetrieb ist ein neuer Gründergeist erlebbar. Wenn wir zwar immer noch nicht den europäischen Durchschnitt bei dem Einsatz von Bioenergieträgern erreicht haben, in der Technologieentwicklung gehören wir weltweit zur Spitze!

Bioenergiepotenziale in Kommunen

Noch vor der Landwirtschaft rangiert die Forstwirtschaft als Bioenergieträgerlieferant Nr. 1. Brennholz ist nach wie vor wichtigster erneuerbarer Energieträger. Doch auch immer mehr Städte und Gemeinden entdecken, dass aus anfallenden kommunalen Biomassen vorteilhaft Energie gewonnen werden kann. Der Anteil der Bioenergie am regenerativen Strommarkt beträgt derzeit 25 % – etwa 9 % tragen Bioenergieträger aus Kommunen hierzu bei: Deponiegas, Klärgas, biogene Abfälle. Das Interesse ist groß, viele interessante Projekte wurden verwirklicht oder sind geplant.

Ein Beispiel hierfür ist die „Thermische Ersatzbrennstoff-Verwertungsanlage" in Neumünster. Biogene Abfälle der Stadt und aus mehreren Landkreisen werden haltbar aufbereitet und in Spezialcontainern bis zur Verwendung als Brennstoff gelagert. Das Heizkraftwerk hat eine installierte Leistung von 83 MW_{th} und 20 MW_{el}, es werden jährlich 80.000 t Kohleimporte aus Polen, Venezuela und Spitzbergen eingespart, die Emissionen liegen unter 10 % der vorgegebenen Grenzwerte.

Die Gewinnung von Gas aus kommunalen biogenen Abfällen ließe sich erheblich optimieren, wenn Kommunen und umliegende Landwirte gemeinsam Anlagen betreiben könnten. Es wäre kein unlösbares Problem Strom unterschiedlich zu vergüten, entsprechend dem Anteil der eingebrachten Energiepflanzen und dem der biogenen Abfälle. Die landbauliche Verwertung ausgegorener Substratmengen wäre im Sinne der Kreislaufwirtschaft sinnvoll und liegt im Interesse der Landwirte.

Aufgrund des wachsenden Interesses der Kommunen an den vielfältigen energetischen Nutzungsmöglichkeiten der kommunalen Biomassen, hat sich im Bundesverband Bioenergie im März dieses Jahres ein „Arbeitskreis Bioenergie in Kommunen" zusammen gefunden, um Erfahrungen auszutauschen, eventuell auch gemeinsame Projekte zu entwickeln und um über aktuelle Entwicklungen informiert zu werden.

Potenziale und Entwicklungen in Deutschland, der EU und global

Deutsche Bioenergietechnologie zählt zur Weltspitze, das Exportgeschäft nimmt Fahrt auf. Beim Einsatz regenerativer Energien haben wir mit einem Primärenergieanteil von gut 5 % noch nicht den EU-Durchschnitt erreicht. Wir liegen im letzten Drittel, obwohl wir seit 1990 fast eine Verdreifachung dieses Anteils haben erreichen können.

Die noch brachliegenden Potenziale sind enorm. Auf über 1,5 Mio. ha Agrarfläche in Deutschland werden Energiepflanzen angebaut – mit großem Vorsprung Raps, aber auch Energiemais, dessen Anbaufläche sich innerhalb eines Jahres auf 170.000 ha verdoppelte. Noch immer fallen in jedem Jahr 100.000 ha landwirtschaftliche Nutzflächen aus der Nahrungsmittelproduktion, wegen steigender Produktivität der Landwirtschaft. Der Deutsche Bauernverband schätzt, dass 2030 auf etwa 4 Mio. Hektar Agrarfläche Energiepflanzen angebaut werden können, ohne die Eigenerzeugung von Nahrungsmitteln zu beeinträchtigen.

Doch wir leben im Wirtschaftsraum der EU. Seit der Osterweiterung stehen jedem EU-Bürger 0,4 ha Agrarfläche zur Verfügung – von der er, bei moderner Landbewirtschaftung, nur die Hälfte benötigen würde. Denn pro Kopf kommen wir zurzeit in der Bundesrepublik mit 0,2 ha aus. Wenn also in absehbarer Zeit – in Ostdeutschland hat es nur fünf Jahre gedauert – nur noch etwa 0,25 ha pro EU-Bürger zur Nahrungsmittelproduktion gebraucht werden, sind 50 Mio. ha für den Energiepflanzenanbau frei, wenn dem Naturschutz auch noch über 15 Mio. ha zugestanden werden. 50 Mio. ha sind mehr als sämtliche Agrarflächen Deutschlands und Frankreichs zusammengenommen. Allein auf dieser Fläche ließe sich Energie erzeugen, die 30 bis 40 % der europäischen Ölimporte entspräche.

Doch fossile Energieträger werden immer knapper – und mittelfristig kaum mehr bezahlbar. In zwei Jahrzehnten werden auf den Weltmärkten neue, zahlungskräftige Nachfrager mit unstillbarem Energiehunger die Öl- und Gastanker in ihre Häfen lenken, China und Indien. Diese Staaten werden nicht nur weit über 50 % der Öl- und Gasförderung für sich beanspruchen, sondern auch große Bioenergiemengen. Bereits heute sind diese beiden Staaten mit gewaltigem Abstand die größten Pflanzenölimporteure. China bemüht sich zudem um langfristige Bioethanolkontrakte mit Brasilien. Und auch wir werden Bioenergieträger importieren müssen. Der Bioenergiebedarf der Zukunft wird nicht allein über unsere heimischen Bioenergieressourcen aufgebracht werden können.

Auf diese Zukunft müssen wir uns vorbereiten. Enorme, heute kaum genutzte Bioenergiepotenziale liegen im Osten, unmittelbar vor der „Haustür" der EU. Der russische Landwirtschaftsminister bot im Januar auf der Grünen Woche in Berlin 10 Mio. ha Agrarfläche für den Anbau von Energieraps an. Öl, Gas und Bioenergie aus dem Osten – ist somit eine sorgenfreie Planung unserer Zukunft gegeben? Wohl nicht! Wir müssen die Zeit nutzen, um einen breiten Fächer unterschiedlicher Energieträger zu entwickeln und wir sollten wenigstens versuchen, zukünftig notwendige Bioenergieimporte aus möglichst vielen Staaten und mehreren Kontinenten zu beziehen, um Versorgungsrisiken zu minimieren.

Die Bioenergie wird unweigerlich schon bald zum unverzichtbaren Element der Energieversorgung heranwachsen. Soweit wie nur irgend möglich und ökonomisch noch vertretbar, ist die Eigenproduktion von Bioenergieträgern zu forcieren – mit Energieträgern aus der Landwirtschaft, aus dem Forst, aus der Industrie und aus den Kommunen. Eine „Abfallwirtschaft" mit dem Schwerpunkt Entsorgung wird es in wenigen Jahrzehnten nicht mehr geben. Sie wird abgelöst von einer Bewirtschaftung kommunaler Energieträger und Rohstoffe.

Die gesamtwirtschaftliche Bedeutung von Sekundärrohstoffen

Hubertus Bardt

Zusammenfassung

Angesichts der steigenden Rohstoffpreise werden alternative Bezugsquellen zunehmend interessant. Dazu gehört auch der verstärkte Einsatz von Sekundärrohstoffen, die aus Industrie- und Haushaltsabfällen gewonnen werden. Für die Rohstoff verarbeitende Industrie ergeben sich bei steigenden Rohstoffpreisen aus der Nutzung von Sekundärrohstoffen Einsparpotenziale. Für die Entsorgungswirtschaft entstehen Chancen auf eine Erweiterung ihres Geschäftsfelds. Gesamtwirtschaftlich entspricht der verstärkte Einsatz von Sekundärrohstoffen einer Substitution von Importen an Primärrohstoffen durch eine zusätzliche Wertschöpfung im Inland. Auf Basis einer Schätzung des Instituts der deutschen Wirtschaft Köln entstand im Jahr 2005 durch den Einsatz von Sekundärrohstoffen eine Wertschöpfung in Höhe von 3,7 Milliarden Euro.

1 Zur aktuellen Entwicklung der Rohstoffmärkte

Das hohe Wirtschaftswachstum in China und der damit verbundene deutlich steigende Bedarf an Rohstoffen haben dazu beigetragen, dass die Rohstoffpreise seit 2000 deutlich angestiegen sind. Hiervon sind in erster Linie Eisenerz und Stahlschrott, aber auch Energierohstoffe wie Erdöl betroffen. Insgesamt sind die Weltmarktpreise für die nach Euroland importierten Rohstoffe zwischen 2000 und Ende 2006 um 108 Prozent gestiegen. Allein 2004 und 2005 mussten auf Dollar-Basis Preissteigerungen von rund 30 Prozent getragen werden (Abbildung 1). Die Entwicklung des Euro-Dollar-Wechselkurses hat jedoch die Auswirkungen der Preis-Hausse für die Länder der Eurozone gemindert. So war in Euro gerechnet seit 2000 „nur" eine Rohstoff-Verteuerung von 54 Prozent festzustellen. Zwischen 2000 und 2004 sind die Preise annähernd konstant geblieben, 2005 kam es dann zu einem Zuwachs von fast 30 Prozent. Dabei lag der Schwerpunkt bei Energie und Eisenrohstoffen, während Nahrungs- und Genussmittel stabil geblieben sind und die Preise für agrarische Rohstoffe sogar um 9 Prozent gefallen sind. Hintergrund dieser Entwicklung ist die deutliche Aufwertung des Euro gegenüber dem Dollar. Die weitgehende Stabilität des Euro-Dollar-Wechselkurses im Jahr 2005 ist Ursache dafür, dass die Preisaufschläge nicht mehr durch Auf- oder Abwertungen gemildert wurden, sondern vollständig auch im Euroraum zum Tragen kommen.

Für die Zukunft ist vom Wechselkursmechanismus keine automatische Dämpfung des Rohstoffpreisanstieges für Euroland zu erwarten. Ebenso wie die Aufwertung des Euro die zusätzlichen Lasten für die europäischen Volkswirtschaften gemildert hat, könnte eine neuerliche Abwertung des Euro deutlich schneller steigende Rohstoffkosten mit sich bringen. Auch mittel- bis langfristig muss weiterhin mit hohen und steigenden Rohstoffpreisen gerechnet werden. Hauptursache für diesen Trend ist die durch das chinesische Wachstum induzierte Nachfrage. Neben China sind auch andere Schwellenländer, vor allem Indien, in einem an Schwung gewinnenden Aufholprozess begriffen, der auch bei einer Verlangsamung des chinesischen Wachstums trotz steigender Rohstoffeffizienz zu einer weiterhin hohen Rohstoffnachfrage und entsprechenden Preissignalen führen wird (Bräuninger/Matthies, 2005). Eine Reaktion des Angebots auf die hohe Preise kann jedoch eine leichte Preisberuhigung mit sich bringen (Matthies, 2005).

Aber auch kurzfristig kam es seit Anfang 2006 zu teilweise massiven Preiserhöhungen (Abbildung 2). So haben sich die Preise für Nickel und Zink mehr als verdoppelt, während der Ölpreis nach vorübergehenden Rekordwerten sogar unter sein ursprüngliches Niveau gefallen ist.

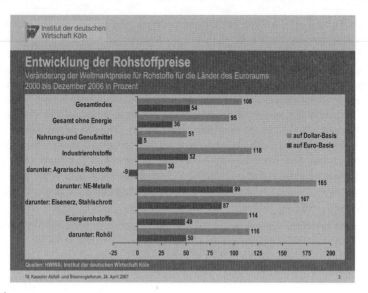

Abb. 1

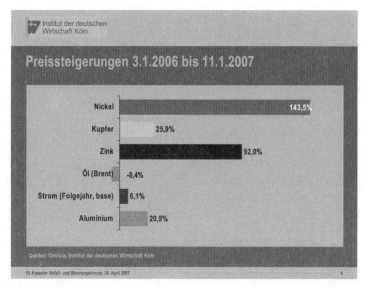

Abb. 2

2 Sekundärrohstoffe als Substitut für Primärrohstoffe

Von den anhaltend hohen Preisen für eine Vielzahl von wichtigen Rohstoffen sind aber vor allem die Verbraucherländer betroffen, die für ihre zumeist industriell geprägte Wirtschaft auf die Nutzung von natürlichen Rohstoffen angewiesen sind. Da jede Verteuerung von Rohstoffen mit Wohlstandseinbußen der importierenden Volkswirtschaft einhergeht, steigen mit jeder neuen Preiserhöhung die Anreize, durch verschiedene Ausweich- und Anpassungsreaktionen zumindest partiell einen Ausgleich für den Preisanstieg zu erreichen.

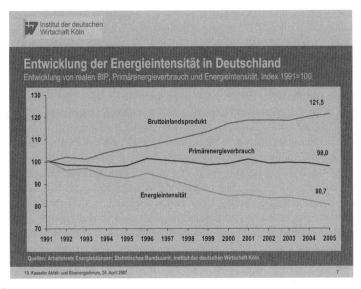

Abb. 3

- **Material- und Energieeffizienz**: Höhere Preise für Rohstoffe erhöhen den Druck auf eine Verbesserung der Produktionsmethoden, so dass ein geringerer Rohstoffeinsatz notwendig ist. Der höhere Preis kann so durch eine geringere Verbrauchsmenge ausgeglichen werden, so dass der zusätzliche Mittelabfluss minimiert wird. Eine solche Entwicklung ist sehr deutlich beim Einsatz von Energierohstoffen zu beobachten, deren Preise besonders stark gestiegen sind. Zwar ist der gesamte Verbrauch von Primärenergie in Deutschland seit 1991 praktisch konstant geblieben und bis 2005 nur um 2,5 Prozent gesunken. Gleichzeitig ist das Bruttoinlandsprodukt jedoch weiter real gewachsen – kumuliert um 21,5 Prozent. Die daraus resultierende Energieintensität, also die eingesetzte Energiemenge je 1.000 Euro Bruttoinlandsprodukt, ist im gleichen Zeitraum um 19,8 Prozent zurückgegangen (Abbildung 3). Diese deutlich verringerte Energieintensität hat zu einer erheblich reduzierten Abhängigkeit der inländischen Volkswirtschaft von den Schwankungen und somit auch von den Anstiegen der Preise für Energieträger wie Erdöl, Gas und Kohle beigetragen.

- **alternative Rohstoffe**: Neben dem teilweisen Verzicht auf den Einsatz von Rohstoffen können auch alternative Materialien verwendet, alternative Quellen erschlossen oder alternative Abbaumethoden entwickelt werden. Die höheren Rohstoffpreise führen dazu, dass bestimmte nicht-konventionelle Verfahren wirtschaftlich nutzbar sind. So können beispielsweise tiefer unter dem Meer liegende Ölfelder ausgebeutet oder Ölsande zur Gewinnung von Rohöl genutzt werden. Auch Kohle ist als alternative Basis für zahlreiche chemische Anwendungen denkbar, derzeit jedoch deutlich teurer als Erdöl. Sowohl im Bereich der Kraftstoffe als auch als Grundstoffe für die chemische Industrie werden auch Materialien auf Basis von Biomasse eingesetzt, wobei jedoch neben den hohen Preisen der Mineralölprodukte vor allem auch umwelt- und klimapolitische Erwägungen sowie Überlegungen zur langfristigen Versorgungssicherheit mit prinzipiell endlichen Rohstoffen eine wichtige Rolle gespielt haben.

- **Sekundärrohstoffe**: Als Alternative zu den unterschiedlichen Primärrohstoffen kann auch die verstärkte Nutzung von Sekundärrohstoffen dazu beitragen, die Anhängigkeit von steigenden Rohstoffpreisen zu verringern. Dabei ist sowohl eine stoffliche als auch eine thermische Verwertung der Stoffe interessant, soweit damit Primärroh- oder -brennstoffe eingespart werden können. Während der effizientere Einsatz von Rohstoffen per se eine Reduktion der Rohstoffkosten mit sich bringt, gilt dies für alternative Rohstoffe oder Sekundärrohstoffe nicht gleichermaßen. Aufgrund der engen Austauschbarkeit dieser Ersatzstoffe mit den eigentlichen Rohstoffen ist mit einer weitgehend parallel verlaufenden Preisentwicklung zu rechnen. Hohe Rohstoffkosten führen zu einer erhöhten Nachfrage nach Alternativen, wodurch auch hierfür der Preis soweit ansteigt, dass ein Gleichgewicht zwischen beiden Substituten eintritt. Voraussetzung für einen breiteren Einsatz von Alternativ- und Sekundärrohstoffen ist jedoch vielfach, dass es durch technischen Fortschritt zu einer signifikanten Preissenkung kommt, damit die oftmals vorhandene Kostendifferenz zu traditionellen Primärrohstoffen nicht nur durch die nachfrageinduzierten Preissteigerungen auf den Weltmärkten verringert wird. Aus der tendenziell parallelen Preisentwicklung folgt auch, dass es zwar ein Kosteneinsparpotential durch Ersatzrohstoffe gibt, dass für die Rohstoff importierenden Länder jedoch auch damit keine wirkliche Abkoppelung von den Gefahren steigender Rohstoffpreise geben wird.

Aus Sicht der Entsorgungswirtschaft ist der Markt für Sekundärrohstoffe ein wachsendes Geschäftsfeld, welches über die traditionelle Entsorgungsfunktion hinausgeht und ein wesentlicher Bestandteil einer funktionierenden Kreislaufwirtschaft ist (Grefermann/Halk/Knördnel, 1998; Clemens, 1999). Tendenziell steigende Rohstoffpreise verbessern die Rentabilität der Erzeugung von Sekundärrohstoffen und ermöglichen es den Unternehmen der Entsorgungswirtschaft, als Rohstoffanbieter auf dem Markt aufzutreten. Neben klassischen Materialien wie Glas und Metall können auch sortenreine Kunststoffe als Sekundärrohstoffe angeboten werden, ebenso Destillate aus Altöl und Lösemitteln, Dünger, Baustoffe und andere Produkte (Hoffmeyer/Wittmaier, 2004). Da auf absehbare Zeit ein signifikanter Rückgang der hohen Rohstoffnachfrage aus China, Indien und anderen Schwellenländern nicht zu erwarten ist und daher eine Senkung der Rohstoffpreise unwahrscheinlich ist, können Sekundärrohstoffe perspektivisch einen wichtiger werdenden Beitrag zur Rohstoffversorgung leisten und die Importabhängigkeit Deutschlands verringern.

3 Der Ersatz von Sekundärrohstoffen im Einzelnen

Die ökonomische Bedeutung der Sekundärrohstoffe ergibt sich vor allem durch eine Kostenersparnis im Vergleich zur entsprechenden ausschließlich auf Primärmaterialien basierenden Produktion. Neben einer reinen Mengenbetrachtung, mit der der Anteil der Sekundärrohstoffe an der Produktion im Zeitablauf abgebildet werden kann, ist vor allem die wertmäßige Entwicklung des Einsatzes verschiedener Rohstoffe interessant. Aus kaufmännischer Sicht müssen den zu laufenden Preisen bewerteten Sekundärrohstoffen die vermiedenen Kosten für äquivalente Einsatzstoffe gegenübergestellt werden. Gesamtwirtschaftlich steht die Frage im Mittelpunkt, inwiefern Importe von Primärrohstoffen durch inländische Wertschöpfung substituiert werden können. Aufgrund der Vielfalt der Qualitäten von Sekundärrohstoffen und der entsprechenden Heterogenität der Preise sowie der Komplexität der möglichen eingesparten äquivalenten Einsatzstoffe kann eine solche Abschätzung jedoch nur eine pauschalierte Näherung darstellen.

Bio- und Sekundärrohstoffverwertung II

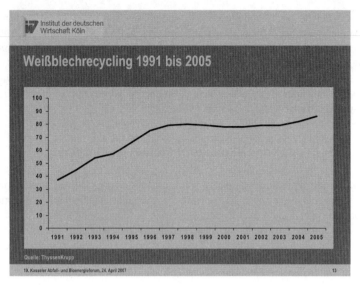

Abb. 4

3.1 Metalle

Verschiedene Metalle gehören aufgrund ihrer physikalischen Eigenschaften zu den wichtigsten Beispielen für Sekundärrohstoffe. Sie können beispielsweise recht einfach auch aus vermischten Abfällen gewonnen werden. Durch das Einschmelzen bei hohen Temperaturen, lassen sich Sekundärrohstoffe von sehr guter Qualität erzielen. Die anfallenden Abfälle werden somit zu einer ertragsstarken inländischen Mine, während natürliche Vorkommen an Erzen und Metallen geschont werden können. Der Materialkreislauf wird hierbei praktisch vollständig geschlossen. Durch die in den letzten Jahren deutlich gestiegenen Metall-Preise wurde der Einsatz von Sekundärmaterialien besonders interessant. Allein durch das heutige Zinkrecycling können heute jährlich rund 240.000 Tonnen Zinkerz eingespart werden. Zudem lassen sich durch die Sekundärgewinnung erhebliche Energieeinsparungen erreichen. So ist beispielsweise für das Recycling von Zinkschrott aus Zinkblechen nur 5 Prozent der Energiemenge notwendig, die für die hiesige Primärproduktion eingesetzt wird (Grund, 2005).

Betrachtet man vornehmlich die in der Produktion bewegten Massen, so handelt es sich bei der Stahlerzeugung um den wichtigsten Bereich des Einsatzes von metallischen Sekundärrohstoffen. Allein in Deutschland wurden 2004 20,6 Millionen Tonnen Stahlschrott eingesetzt. Während der Recyclinganteil an der Stahlproduktion insgesamt aufgrund der Langlebigkeit der Produkte geringer ist, hat sich die Recyclingquote bei Weißblech seit Anfang der neunziger Jahre von 37 Prozent auf 86 Prozent gesteigert (Abbildung 4).

Institut der deutschen Wirtschaft Köln

Produktion von Nicht-Eisen-Metallen mit Sekundärstoffen
Einsatzstoffe bei der Produktion im Jahr 2003 in Tonnen und Anteil der Sekundärrohstoffe in Prozent, Deutschland

	Sekundärstoffanteil in Prozent	
	2003	1998
Messing	95,4	95,8
Aluminium	66,6	62,0
Blei	62,0	51,2
Zink	34,0	26,5 (1999)

Quellen: Bundesamt für Wirtschaft und Ausfuhrkontrolle; Institut der deutschen Wirtschaft Köln

19. Kasseler Abfall- und Bioenergieforum, 24. April 2007

Abb. 5

Neben Stahl gehören auch die Nicht-Eisen-Metalle zu den erprobten Materialien, bei denen Sekundärrohstoffe eine große und steigende Rolle spielen (Abbildung 5). Dies gilt insbesondere für die reinen Metalle Blei, Aluminium und Zink, aber auch für die Legierung Messing, die aus Kupfer und Zink besteht. Der Anteil der Sekundärrohstoffe in der Produktion ist beim Messing mit 95,4 Prozent am höchsten, wobei der Kupfer-Anteil mit 98,9 Prozent fast vollständig wieder gewonnen wird. Gemessen am Volumen ist der Anteil der Sekundärrohstoffe bei Aluminium und Blei besonders hoch. Während 66 Prozent der metallischen Rohstoffe der Aluminiumproduktion Sekundärrohstoffe sind (848 Tausend Tonnen), werden immerhin 224 Tausend Tonnen Blei (62 Prozent) wieder verwendet. Bei der Aluminiumherstellung ist beispielsweise der Einsatz von Sekundärmaterial mit besonders umfangreichen Energieeinsparungen verbunden, da für die erneute Einschmelzung 95 Prozent weniger Energie aufgewendet werden muss, als für die energieintensive Erzeugung von Aluminium aus dem Rohstoff Bauxit mittels Elektrolyse. Etwas geringer ist die Menge des eingesetzten Sekundärzinks (131 Tausend Tonnen), der 34 Prozent der Einsatzstoffe der Zinkherstellung ausmachen. Obgleich der Einsatz von Sekundärrohstoffen in der Erzeugung von NE-Metallen ein bewährtes Verfahren ist, konnten doch bei den einzelnen Metallen Steigerungen des Anteils der Sekundärstoffe um fünf bis zehn Prozentpunkte innerhalb von fünf Jahren erzielt werden.

3.2 Papier

Altpapier ist der wichtigste Rohstoff der Papierindustrie (Grefermann 1995). Um 100 Tonnen Papier herzustellen, werden heute 65 Tonnen Altpapier verwendet. Diese Einsatzquote lag Anfang der neunziger Jahre noch bei unter 50 Prozent, 1960 bei unter 40 Prozent und 1950 bei lediglich 30 Prozent. Auch der Rücklauf des verwendeten Papiers in den Kreislauf konnte gesteigert werden. Über 70 Prozent des verbrauchten Papiers werden heute als Altpapier gesammelt. 1990 waren es gerade einmal knapp über 40 Prozent, 1970 gut 30 Prozent und 1950 lediglich etwa 25 Prozent (Abbildung 6). Rund drei Viertel des in der deutschen Papierindustrie eingesetzten Altpapiers entstammt dabei unteren Papiersorten schlechterer Qualität, daher ist auch der Anteil des Einsatzes von Altpapier bei der Herstellung hochwertiger graphischer Papiere deutlich geringer als beispielsweise bei Papieren für die Wellpappeproduktion.

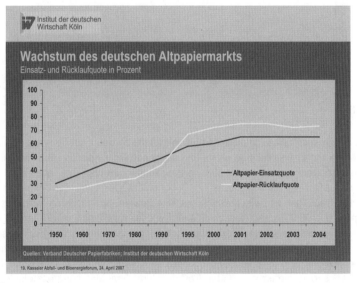

Abb. 6

Bei der Papierherstellung werden die nötigen Zellstofffasern nicht nur aus Altpapier gewonnen. Um eine ausreichende Qualität sicherstellen zu können, müssen zusätzlich frische Hölzer sowie frischer Zellstoff verarbeitet werden. Eine vollständige Substitution von Holz durch Altpapier ist nicht möglich. Trotzdem liegt der ökologische Vorteil der Altpapiernutzung darin, dass die Verwendung des Sekundärrohstoffs rund 40 Millionen Tonnen Holz einspart. Inwiefern dies auch ein betriebswirtschaftlicher Vorteil ist, hängt vor allem mit der Preis- und Kostenrelation der äquivalenten Rohstoffmengen zusammen. Dabei ist zu berücksichtigen, dass der Altpapierpreis starken Schwankungen unterliegt und phasenweise auch negativ wird, da den Sammlern von Altpapier alternative Entsorgungskosten drohen (Baumgärtner/Winkler, 2000). Spätestens bei negativen Altpapierpreisen, wie dies in den Jahresdurchschnitten der neunziger Jahre vor allem über sortiert gemischtes Altpapier minderer Qualität mehrfach vorgekommen ist, lohnt sich die Substitution von Holz durch den angebotenen Sekundärrohstoff selbstverständlich. Umgekehrt ist eine Substitution von Altpapier durch frische Fasern heute schon allein aufgrund des knappen Fasermarktes praktisch undenkbar.

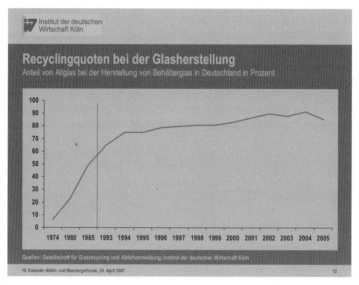

Abb. 7

3.3 Glas

Noch Mitte der siebziger Jahre spielte das Altglasrecycling in Deutschland nur eine untergeordnete Rolle. Die Altglasverwertung belief sich auf lediglich rund 200.000 Tonnen im Jahr, was weniger als zehn Prozent des Inlandsabsatzes von Behälterglas ausmachte. Nach der Einführung flächendeckender Sammelsysteme im Jahr 1974 stieg die Recyclingquote jedoch kontinuierlich an und überschritt nach 1985 die 50 Prozent-Marke. Heute liegt die Rücklaufquote relativ konstant auf hohem Niveau bei rund 90 Prozent. Diese Marke konnte im Jahr 2004 erstmals übertroffen werden (Abbildung 7). Der größte Anteil des eingesammelten Altglases sind Weißglas (48,1 Prozent) und Grünglas (31,7 Prozent). Braunglas spielt mit 9,2 Prozent eine kleinere Rolle. Im Produktionsprozess werden inzwischen jährlich rund 2,5 Millionen Tonnen Altglas eingesetzt. Neben dem Behälterglas spielen Flachglas (rund 300.000

Tonnen) und andere Glasarten wie Bildröhrenglas nur eine vergleichbar unbedeutende Rolle. Durch die erfolgreiche Nutzung von Altglas als Sekundärrohstoff können derzeit in Deutschland in großem Umfang Mineralien zur Glasherstellung sowie Energie zur Schmelze eingespart werden.

3.4 Verpackungen und Kunststoffe

Neben Glas und Papier sind vor allem Kunststoffe Ausgangsmaterialien für die Produktion von Verpackungen. Auch Weißblech und Aluminium spielen hier eine wichtige Rolle. Für Verpackungsabfälle, die mit dem „Grünen Punkt" gekennzeichnet sind, gibt es eine gesonderte flächendeckende Entsorgung. Dies ist insbesondere für Metall-, Kunststoff- und Verbundverpackungen relevant, da für Glas und Papier separate Entsorgungssysteme vorliegen. Die im Haushalt von Restabfällen getrennten Verpackungen werden sortiert und soweit technisch möglich in die einzelnen Fraktionen zerlegt. Dabei hat der technische Fortschritt in den letzten Jahren zu einer deutlichen Verbesserung der Sortierleistungen geführt, so dass inzwischen auch sortenreine Kunststoffreste separiert und an Kunststoffhersteller verkauft werden können.

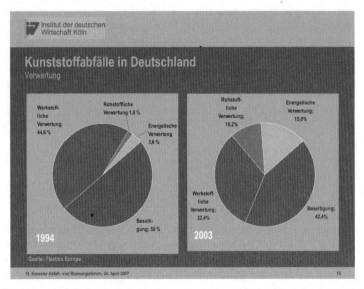

Abb. 8

Bei Kunststoffen sind drei Verwertungsmöglichkeiten zu unterscheiden: die werkstoffliche, die rohstoffliche und die energetische Verwertung (Verband Kunststofferzeugende Industrie 1998). Bei der werkstofflichen Verwertung werden so genannte Rezyklate gewonnen, die wieder als Kunststoffe eingesetzt werden. Die rohstoffliche

Verwertung dreht den Produktionsprozess ein Stück weit um, indem Kunststoffreste wieder in Raffinerieprodukte zurückverwandelt werden, welche in den Prozess der Herstellung neuer Kunststoffe eingebracht werden. Bei der energetischen Verwertung handelt es sich um eine Verbrennung unter Nutzung der dabei entstehenden Energie. Insbesondere die energetische Verwertung hat in den letzten Jahren an Bedeutung gewonnen (Abbildung 8). Wurden 1994 nur 3,6 Prozent der Kunststoffabfälle zur Energieerzeugung genutzt, waren es 2003 bereits 14,7 Prozent. Gleichzeitig konnte auch der Anteil der rohstofflichen Verwertung von 1,8 auf 10,0 Prozent gesteigert werden. Wurden 1994 die Kunststoffabfälle noch hälftig verwertet und hälftig beseitigt, liegt der Verwertungsanteil heute bei 58,4 Prozent (PlasticsEurope 2004).

3.5 Brennstoffe

Während zahlreiche Reststoffe wieder als Sekundärrohstoffe in den Produktionsprozess eingehen können, ist für andere Stoffe eine thermische Verwertung aus verschiedenen Gründen sinnvoller. Dies kann sowohl technische als auch wirtschaftliche Ursachen haben. So lassen sich Reste aus der Hausmüllsammlung teilweise nicht oder nur unter unangemessen großem technischen und wirtschaftlichen Aufwand sortieren und aufbereiten. Vielfach eignen sich Abfälle jedoch als Sekundärbrennstoffe. So können Haus- und Industrieabfälle, Altreifen oder auch tierische Fette verbrannt und zur Gewinnung von Strom und Wärme verwendet werden. Beispielsweise werden in der energieintensiven Zementindustrie in großem Umfang Altreifen als Brennmaterial verwendet, um die notwendige Prozesswärme zu erzeugen. Durch den Einsatz von Sekundärbrennstoffen können Primärbrennstoffe wie Öl, Gas oder Kohle eingespart werden. Insgesamt liegt der Anteil des Primärenergieverbrauchs, der durch die Nutzung von Abfällen, Deponiegas und Abwärme gedeckt wird, in Deutschland bei unter 1 Prozent.

4 Zur gesamtwirtschaftlichen Bedeutung der Sekundärrohstoffe

Als standardisierte Messgröße für gesamtwirtschaftliche Effekte hat sich das Bruttoinlandsprodukt etabliert. Dabei verlangt eine vorsichtige Abschätzung der Wirkungen des Sekundärrohstoffeinsatzes auf das Bruttoinlandsprodukt einige Annahmen. Da indirekte Effekte, die beispielsweise auf die Beschäftigung, die inländische Nachfrage oder die öffentlichen Finanzen entstehen, hier noch nicht berücksichtigt werden, dürften die Schätzungen eher das untere Ende der tatsächlichen volkswirtschaftlichen Bedeutung ausmachen. Das Bruttoinlandsprodukt errechnet sich in der Entstehungsrechnung aus der um Gütersteuern und Subventionen korrigierten Bruttowertschöpfung. Unter der realistischen Annahme, dass sich Steuern und Subventionen durch den Einsatz von Sekundärrohstoffen nicht wesentlich verändern, kann zur Ermittlung des zusätzlichen volkswirtschaftlichen Gewinns auf die Veränderung der Bruttowertschöpfung zurückgegriffen werden.

Die Bruttowertschöpfung errechnet sich aus dem Wert der inländischen Produktion abzüglich der hierfür eingesetzten Vorleistungen. Unter der Voraussetzung einer konstanten Gesamtproduktion beispielsweise von Metallen und Verpackungen ergeben sich die wesentlichen Veränderungen auf der Seite der Vorleistungen. Die bei der Verarbeitung von Primärrohstoffen anfallenden Rohstoffkosten fallen weg, ebenso die gleichzeitig nötigen Aufwendungen für die Abfallentsorgung der nicht verwendeten Sekundärrohstoffe. Zugleich entstehen zusätzliche Kosten durch den Wert der als Vorleistungen verwendeten Sekundärrohstoffe, in dem die Aufwendungen für die Aufbereitung bereits enthalten sind. Da die Außenhandelsbilanz mit Sekundärrohstoffen weitgehend ausgeglichen oder leicht positiv ist, entsprechen die Vorleistungen im Fall der Substitution von Primär- durch Sekundärrohstoffe einer zusätzlichen inländischen Produktion. Da die Primärrohstoffe weitgehend importiert werden müssen, stellt ihre Gewinnung – im Gegensatz zur vermiedenen Abfallentsorgung – keine inländische Produktion dar. Somit entsprechen die zusätzliche Bruttowertschöpfung und damit das zusätzliche Bruttoinlandsprodukt bei der Verwendung von Sekundärrohstoffen im Wesentlichen dem Wert der vermiedenen Nutzung der Primärrohstoffe. Bei einer stärkeren nationalen Eigenversorgung mit diesen Ressourcen sind sie nur anteilig als volkswirtschaftlicher Nutzen der Kreislaufwirtschaft anzusehen. Die Energieeinsparungen sind analog dazu zu berücksichtigen. Da die Gewinnung der Sekundärrohstoffe jedoch sehr dezentral und teilweise ohne Zugang auf den Markt innerbetrieblich erfolgt und nur begrenzt aussagefähige Statistiken über Mengen und Werte der Produktion von Sekundärrohstoffen und der vermiedenen Primärrohstoffe vorliegen, kann jede gesamtwirtschaftliche Bewertung nur einen Ausschnitt umfassen und insofern nur eine erste vorsichtige Annäherung sein.

Institut der deutschen Wirtschaft Köln

Wertschöpfungseffekt des Urban Mining
Zusätzliche Wertschöpfung in Deutschland im Jahr 2005 durch den Einsatz von Sekundärrohstoffen und eingesparter Importe in Millionen Euro

	Primärrohstoff	Energie	Summe
Stahl	1.234	1.062	2.296
Aluminium	138	566	704
Brennstoffe	-	343	343
Verpackungen	-	225	225
Zink	70	25	95
Gesamt	1.442	2.221	3.663

Quelle: Institut der deutschen Wirtschaft Köln

19. Kasseler Abfall- und Bioenergieforum, 24. April 2007

Abb. 9

Für eine erste Schätzung des so beschriebenen volkswirtschaftlichen Gewinns durch den Einsatz von Sekundärrohstoffen werden die Produktion von Stahl (Elektrostahl), Aluminium, Zink und Verpackungen sowie durch die Nutzung als Brennstoff betrachtet. Altpapier findet hier keine gesonderte Erwähnung, da ein Verzicht auf Sekundärrohstoffe heute als praktisch unmöglich erachtet werden muss, Glas ist weitestgehend unter Verpackungen subsumiert. Dabei werden die eingesparten Importe von Primärrohstoffen und Energie berücksichtigt, wobei der bestehende deutsche Energiemix und die daraus resultierende Importquote an Energie zugrunde gelegt wird. Den wichtigsten Beitrag leisten Sekundärrohstoffe bei der Elektrostahlerzeugung. Allein hier werden nach den erheblichen Preissteigerungen von 2005 Importe in Höhe von 2,3 Milliarden Euro eingespart (Abbildung 9). Die Aluminiumherstellung folgt mit 700 Millionen Euro. Die Nutzung von Sekundärbrennstoffen sowie das Recycling von Verpackungen steuern weitere 340 Millionen Euro beziehungsweise 230 Millionen Euro bei. Insgesamt ist der Beitrag der eingesparten Energierohstoffe mit 2,2 Milliarden Euro noch bedeutender als der der Primärrohstoffe (1,4 Milliarden Euro). Ingesamt führt der Einsatz von Sekundärrohstoffen in der hier getroffenen Auswahl zu volkswirtschaftlichen Gewinnen im Sinne von vermiedenen Importausgaben in Höhe von 3,7 Milliarden Euro. Da bei dem beobachtbaren leichten Exportüberschuss an Sekundärrohstoffen davon auszugehen ist, dass die vermiedenen Importe durch inländische Wertschöpfung ersetzt werden, ergibt sich ohne Berücksichtigung von indirekten Wirkungen ein gesamtwirtschaftlicher Effekt für das Bruttoinlandsprodukt von 3,7 Milliarden Euro, was mit einem direkten Beschäftigungseffekt von knapp 64.000 Personen verbunden ist.

5 Ausblick und Zusammenfassung

Angesichts der in den letzten Jahren deutlich gestiegenen Rohstoffpreise stellt die Nutzung von Sekundärrohstoffen eine für die Industrie interessante Alternative der Versorgung dar. So ist es auch zu einem stetigen Anstieg der Produktion von Sekundärrohstoffen gekommen. Dies umfasst insbesondere Materialien, bei denen es bereits eine längere Tradition der Kreislaufwirtschaft gibt, beispielsweise Papier und Glas sowie verschiedene Metalle. Aber auch für Öl und Ölprodukte, Holz und Textilien gibt es einen relevanten Markt für Sekundärrohstoffe. Ein weiteres wirtschaftliches Wachstum in China, Indien und anderen Schwellenländern wird die Nachfrage nach Rohstoffen und damit ihren Preis weiter hoch halten und somit eine Belastung für das verarbeitende Gewerbe darstellen. Damit bildet die Nutzung des Abfalls als Rohstoffquelle eine wichtige strategische Option für die Unternehmen der deutschen Entsorgungswirtschaft. Entscheidend dabei ist es, die Produktionskosten der Sekundärrohstoffe unter den Kosten der äquivalenten Menge von Primärmaterialien zu stabilisieren.

Mit diesen kaufmännisch sinnvollen Maßnahmen entsteht auch für die gesamte Volkswirtschaft ein nicht unerheblicher Nutzen. Dieser manifestiert sich insbesondere im Verzicht auf den Import und die Nutzung von wertvollen Primärrohstoffen und der damit verbundenen zusätzlichen Wertschöpfung am Standort Deutschland. Auch unter Umweltgesichtspunkten ist die verminderte Abfallmenge positiv zu bewerten. Neben der Verringerung der Klimagasemissionen durch die geringer werdenden Deponiemengen (Dehoust u. a., 2005) stellt die Bereitstellung von Sekundärrohstoffen ein weiteres umweltpolitisches Standbein der Entsorgungswirtschaft dar.

Literatur

Clemens, Cornelia, 1999: Wege in die Kreislaufwirtschaft – Umsetzung des Kreislaufwirtschafts- und Abfallgesetzes, IW-Umwelt-Service Themen, Köln

Baumgärtner, Stefan / Winkler, Ralph: Preisambivalenz von Sekundärrohstoffen – Eine Untersuchung des deutschen Altpapiermarktes 1985–2000 Discussion Paper 340, Universität Heidelberg, Wirtschaftswissenschaftliche Fakultät

Dehoust, Günter u. a., 2005: Statusbericht zum Beitrag der Abfallwirtschaft zum Klimaschutz und mögliche Potentiale

Grefermann, Klaus, 1995: Altpapier: Ein weltweit wichtiger Sekundärrohstoff, ifo-Schnelldienst 16/1995, S. 18–24

Grefermann, Klaus / Halk, Karin / Knörndel, Klaus-Dieter, 1998: Die Recycling-Industrie in Deutschland, ifo studien zur industriewirtschaft 58, München

Grund, Sabine, 2005: Zink-Recycling schont Umwelt, in: Umweltmagazin, Dezember 2005, S. 28–29

Hoffmeyer, Peter / Wittmaier, Martin, 2004: Entsorgungswirtschaft liefert wertvolle Rohstoffe, in: Umweltmagazin, September 2004, S. 18

PlasticsEurope, 2004: Produktions- und Verbrauchsdaten für Kunststoffe in Deutschland unter Einbeziehung der Verwertung 2003

Verband Kunststofferzeugende Industrie, 1998: Kunststoff kann man wiederverwerten, Frankfurt

Sekundärrohstoffmarkt Deutschland –
Stoffströme – Zahlen – Perspektiven

Thomas Probst

Zusammenfassung

In Folge gesetzlicher Vorgaben verändert Deutschland seine Entsorgungs- und Abfallwirtschaft nachhaltig. Der Umbau der Kreislaufwirtschaft zur Stoffstromwirtschaft, die Ressourcen für eine hoch entwickelte Industriegesellschaft liefert, wird durch die Einschränkungen bei der Deponierung und vor dem Hintergrund knapper Vorbehandlungskontingente gegenwärtig beschleunigt. Bei der Entsorgung erzielt der Mittelstand seit Jahren seine Wertschöpfung aus den Materialien selbst und nicht aus deren Beseitigung. Die Sekundärrohstoffe, die aus den anfallenden Mono- und Mischstoffströme generiert werden, bedienen die Primärmärkte mit hochwertigen Materialien. Darüber hinaus haben die Sekundärrohstoffe Zweitmärkte aufgebaut, die ökologisch und ökonomisch vorteilhaft den Einsatz von Sekundärrohstoffen ermöglichen.

1 Abfälle als Rohstoffquelle

Sicherlich ist derjenige Bundesverband prädestiniert zu den Sekundärmärkten und dessen Stoffströmen vorzutragen, der auf Grund seines Namens den Sekundärrohstoffen seit Jahren besonders verpflichtet ist. Der Mittelstand hat sehr früh erkannt, dass die größte Wertschöpfung in den Materialien selbst liegt und nicht aus der Beseitigung generiert werden kann. Der Gedanke der ressourcenoptimierten Kreislaufwirtschaft ist inzwischen sowohl in der Kreislaufwirtschaft als auch in der Umweltpolitik etabliert. Die Ressourcen der Kreislaufwirtschaft erstrecken sich dabei grundsätzlich auf drei Bereiche, nämlich:

- die Sekundärstoffströme selbst,
- die Energiepotentiale der Stoffströme,
- die Vermeidung und Verminderung von Schadstoffen.

Viele der unten genannten Sekundärstoffe können dabei so eingesetzt werden, dass entweder die Stoffe erhalten bleiben oder aber ihre Energie genutzt wird. Während die Entsorgungswirtschaft immer noch – fast unversöhnlich – in die Fraktion der Verbrenner und der Recycler gespalten ist, sind die politischen Weichen durch das Kyoto-Abkommen inzwischen so gestellt, dass die Umsetzung der drei oben formulierten Ziele unter den Prämissen der Nachhaltigkeit, Ressourcenschonung, Kreislaufwirtschaft und Lebenszyklen zu optimieren ist.

2 Die Stoffströme in der Kreislaufwirtschaft

Die Umbrüche seit dem magischen Datum 1. Juni 2005 ermöglichen es, dass die vorhanden Stoffströme im Recycling inzwischen effizienter als zuvor genutzt werden, da die Beseitigungsmöglichkeiten nun deutlich eingeschränkt sind. Der Verteilungskampf und damit der Wettbewerb um die Stoffströme, die im Jahr 2003 in Deutschland rund 366 Mio. Tonnen betragen, s. Tabelle 1, haben sich über die höheren Entsorgungskosten und auf Grund noch knapper Vorbehandlungskapazitäten verlagert. Diejenigen Stoffströme werden thematisch der Getrennthaltung bzw. den Monostoffströmen zugeordnet, die auch ohne Sortierung anfallen. Im umgekehrten Fall werden diejenigen Stoffströme der Aufbereitung bzw. den Mischstoffströmen zugeordnet, deren Wertstoffe erst durch vorgeschaltete Prozesse erhalten werden. Bei beiden Gruppen können entweder durch Getrennthaltung bei der Anfallstelle oder durch entsprechende Sortierungen und Nachsortierungen Wertstoffe aus der Restabfallmatrix freigesetzt werden.

2.1 Monostoffströme

Welche Hauptstoffströme von Sekundärmaterialien werden bei den Anfallstellen generiert und stehen dabei grundsätzlich zur Nutzung an? Hier sind zu nennen:

- Metalle und NE-Schrotte, Fe-Schrotte, Elektro- und Elektronikschrotte
- Papier, Pappe und Kartonagen
- Glas
- Textilien
- Kunststoffe
- Biomasse mit Altholz

Weitgehender Konsens besteht bei Politik und Entsorgungswirtschaft über die stoffliche Nutzung von Schrotten (ca. 21,2 Mio. Tonnen in 2006) und Altmetallen (ca. 2,7 Mio. Tonnen in 2005), Papier, Pappe und Kartonagen – PPK (ca. 15,6 Mio. Tonnen in 2006), Altglas (2,5 Mio. Tonnen in 2005) sowie Alttextilien (ca. 1,9 Mio. Tonnen). Sowohl durch die europäische Binnen- als auch die Exportnachfragen, die ein entsprechendes Preisgefüge für die Sekundärrohstoffe garantieren, erhält das Sammeln und Aufbereiten dieser Materialien seine Bedeutung.

Dissens besteht in der Politik und der Entsorgungswirtschaft über die Kunststoffverwertung. Obwohl sich die Kunststoffverwertung inzwischen weltweit als Wirtschaftszweig etabliert hat, wird der hohe Materialwert der Kunststoffe häufig vernachlässigt. Bei der Verwertung der anfallenden rund 4,42 Mio. Tonnen in 2005 gewinnt der Energieinhalt der Kunststoffe immer größere Bedeutung und das obwohl sich seit langem Märkte mit positiven Erlösen für das Recycling von Sekundärkunststoffen etabliert haben. Der Ertrag je Tonne Kunststoff ist ab der Erfassung bis zum Recycling dabei deutlich höher als bei Papier. Von interessierten Kreisen wird bei Kunststoffen immer wieder die gemeinsame Erfassung mit Restabfällen und anschließendem Aussortieren der verwertbaren Kunststoffe diskutiert, obwohl dadurch die Kunststoffe dem Recycling entzogen werden, weil die dann querkontaminierten Materialien nicht mehr hochwertig verwertet werden können. Seit dem 01.06.2005 gelangen größere Mengen an Kunststoffen unterschiedlichster Qualitäten in den Markt. Gebrauchte Kunststoffe sind eine ökologisch und ökonomisch vorteilhafte Quelle, um marktgängige Produkte herzustellen. Die Kunststoffverwertung bedient sich dreier Wege,

Tab. 1: Abfallmengen in der Bundesrepublik Deutschland, Stand 2003, Quelle Statistisches Bundesamt

Abfallarten	Absolutmengen in 2003 in Mio. Tonnen	Mengen in kg/Ew
Summe Deutschland	366,4	4440
Siedlungsabfälle	49,62	602
Summe Haushaltsabfälle	43,93	533
Hausmüll und hausmüllähnliche	15,82	192
Sperrmüll	2,61	32
Bioabfälle aus Biotonne	3,45	42
Garten- und Parkabfälle	3,85	47
Glas	3,29	40
PPK	8,42	102
LVP	4,93	60
Sonstiges (Verbunde, Metalle)	1,20	15
Summe sonstige Siedlungsabfälle	5,69	69
hausmüllähnliche Gewerbeabfälle	4,72	57
Straßenreinigung, Garten- u. Parkabfälle	0,88	11
Marktabfälle	0,08	1
Abfälle aus Produktion und Gewerbe	46,71	566
Bau- u. Abbruchabfälle m. Straßenbau	223,4	2709
Bergmaterial aus Bergbau	46,69	566

nämlich der werkstofflichen (1,63 Mio. Tonnen), rohstofflichen (0,33 Mio. Tonnen) und energetischen Verwertung (1,66 Mio. Tonnen), die je nach Materialqualität beschritten werden.

Bei Altholz mit einem Gesamtaufkommen von rund acht Mio. Tonnen in 2004 ist seit dem 01.06.2005 zu beobachten, dass die verwertbaren Holzanteile, die aus dem Sperrmüll stammen, nun verstärkt aussortiert und aufbereitet werden. Altholz wird zu Span- und Faserplatten verarbeitet oder zu Brennstoffen aufbereitet. Die Biomasse aus Holz, Heu, Stroh, Hackschnitzel, Rinde, Mulche sowie Grünschnitte eignet sich für die thermische Verwertung in Feuerungsanlagen.

2.2 Mischstoffströme

Die nachfolgenden Abfallströme bedürfen einer Sortierung oder Aufbereitung, um aus ihnen vermarktungsfähige Sekundärstoffe zu erzeugen. Bisher können diese Abfallströme eher durch Zuzahlungen abgesetzt werden:

- Restabfälle, Haushaltsabfälle und hausmüllähnliche Gewerbeabfälle
- Sperrmüll
- Produktionsspezifische Gewerbeabfälle
- Vermischte Verpackungen, auch LVP
- Ersatz- bzw. Sekundärbrennstoffe
- Bau- und Abbruchabfälle
- Biologische Abfälle bzw. organische Abfälle, das sind Bioabfälle und Grüngut
- Sonderabfälle bzw. gefährliche Abfälle

Restabfälle, die etwa 20,5 Mio. Tonnen in 2003 betragen, werden zum großen Teil in thermischen Behandlungsanlagen energetisch verwertet oder beseitigt. Restabfälle aus Haushalten unterliegen der öffentlichen Daseinsvorsorge. Zusätzlich zu den thermischen Anlagen werden die Restabfällen in mechanisch-physikalischen Stabilisierungsanlagen, MPS, oder mechanisch-biologischen Anlagen, MBA, verwertet, indem inerte Stoffen abgetrennt werden und eine anschließende Stabilisierung durch Trocknung bzw. Kompostierung vorgenommen wird. Erst nach diesen Trenn- und Aufbereitungsschritten fallen marktgängige Stoffe an, die als Brennstoffsubstitute bzw. als Komposte eingesetzt werden. MPS-Anlagen zur Restabfallverwertung werden zurzeit ausgebaut.

Gerade der Sperrmüll, mit ca. 2,61 Mio. Tonnen in 2003, wird seit dem 01.06.2005 vermehrt als Quelle für Altholz, Metalle und Kunststoffe genutzt. Darüber hinaus kann ein Teil des Sperrmülls zu Ersatzbrennstoffen aufbereitet werden. Inertstoffe werden aus dem Sperrmüll abgetrennt und für Verfüllungen eingesetzt.

Die größten Potentiale zur Verwertung bietet die Entsorgung der produktionsspezifischen Gewerbeabfälle (ca. 46,7 Mio. Tonnen in 2003), da die Zusammensetzung und Mengen der Abfälle von den beteiligten Unternehmen kontrolliert und optimiert werden. Die Anfallstellen werden auf die Bedürfnisse der Betriebe ausgelegt und den Markterfordernissen angepasst. Die Getrennthaltung von Stoffströmen ist in vielen Unternehmen realisiert oder so organisiert, dass durch Sortieren beim Entsorger hochwertige Stoffströme generiert werden. Querverschmutzungen von hochwertigen Stoffen durch Nassmüll oder Aschen unterbleiben in der Regel.

Vermischte Verpackungen, die aus Gewerbe und Industrie stammen oder haushaltsnah erfasst werden, stellen einen weiteren Hauptstrom in der Entsorgungswirtschaft. Zurzeit werden die Systeme zur Erfassung von Leichtverpackungen (ca. 4,9 Mio. Tonnen in 2003) durch die anstehende Novellierung der Verpackungsverordnung kontrovers erörtert. Gerade bei Leichtverpackungen zeigt sich der Einfluss der Erfassungssysteme auf die nachfolgenden Verwertungs- und damit Vermarktungsmöglichkeiten. Die Erfassungssysteme bestimmen maßgeblich die Inputqualität für die Aufbereitung und damit die Outputqualität der Recyclingprodukte.

Durch Aussortieren ausgewählter Materialien aus vermischten Stoffströmen oder durch Mischen von Monofraktionen lassen sich hochwertige Ersatz- bzw. Sekundärbrennstoffe für die Mono- oder Co-Verbrennung herstellen. Der Brennwert der Materialien kann durch Positivsortieren indirekt vorgegeben werden. Nach Schätzungen könnten ab dem Jahr 2008 mindestens 2,5 Mio. Tonnen an aufbereiteten Ersatzbrennstoffen in der Mitverbrennung verfeuert werden. Im Jahr 2005 wurden in 59 Zementwerken rund 2,4 Mio. Tonnen an Abfallmaterialien eingesetzt. Der Anteil an Ersatzbrennstoffen aus produktionsspezifischen Abfällen betrug dabei 863.000 Tonnen; der Anteil an heizwertreicher Fraktion aus Siedlungsabfällen 157.000 Tonnen. Die Ersatzbrennstoffe erfordern die kundenspezifische Aufbereitung und Anlieferung der Materialien. Auch die Entsorgungsfirmen setzen in ihren Unternehmen Ersatzbrennstoffe ein, um den Verbrauch an Strom- und Wärme abzudecken. Um entsprechend hochwertigen Anlageninput liefern zu können, nehmen die Entsorgungsunternehmen entweder nur noch qualitativ hochwertige Entsorgungsmaterialien an oder sie erzeugen den geforderten Input durch Aufbereitung der ankommenden Stoffströme. Die Anforderungen an die Qualität der Ersatzbrennstoffe sind mitunter außerordentlich hoch.

Bei den Bau- und Abbruchabfällen (ca. 233 Mio. Tonnen), die den größten Anteil der Abfallmenge stellen, besteht in Politik und Kreislaufwirtschaft weitgehend Einigkeit bezüglich deren Sammlung, Aufbereitung und Wiederverwendung. Ein Teil des Bauschutts und der Abbruchmaterialien, der bislang ohne größere Aufbereitung auf Deponien abgelagert oder für die Deponieverfestigung eingesetzt wurde wird nun besser sortiert und aufbereitet. Mobile und stationäre Sortieranlagen, die in früheren Jahren stillgelegt worden waren, kommen nun wieder für die Trennung und Aufbereitung zum Einsatz. Schon relativ geringe Änderungen bei der Aufbereitung von Bauschutt und Abbruchmaterialien bedingen auf Grund der großen Anfallmengen deutliche Marktveränderungen.

Dissens besteht auch über das Sammeln, Aufbereiten und Verwerten von biologischen Abfällen (ca. 8,3 Mio. Tonnen) gegenüber deren thermische Beseitigung. Grundsätzlich decken dabei die Bioabfälle eine so große Vielfalt ab, dass schon wegen der bestehenden gesetzlichen Vorgaben, der unterschiedlichen Sammelsysteme sowie der verschiedenen Verwertungsverfahren keine Einheitlichkeit zu erwarten ist. Biologische Abfälle werden vor allem zu Düngemitteln und Komposten verarbeitet. Biogasanlagen generieren aus den unterschiedlichsten Substraten Methangas, das in Blockheizkraftwerken in Wärme und Strom umgesetzt wird. Ein Teil der Biomasse wird zur Herstellung alternativer Brennstoffe aufbereitet. Die wirtschaftliche Bedeutung der biologischen Abfälle steigt, da inzwischen eine ganze Reihe spezialisierter Anlagen die anfallenden Stoffe zu Brennstoffen oder Düngern aufbereiten kann, die entsprechende Marktpreise erzielen.

Gefährliche Abfälle, die auch als Sonderabfälle bezeichnet werden, fallen in großen Mengen vor allem in Industrie und Gewerbe an. In Deutschland wurden in 2002 etwa 8,4 Mio. Tonnen an produktionsspezifischen Sonderabfällen gesammelt. Der Anteil an Sonderabfällen aus kontaminierten Böden betrug in 2002 etwa 9,13 Mio. Tonnen. Sonderabfälle umfassen das breiteste Spektrum in der Abfall- und Recyclingwirtschaft und sind deswegen hinsichtlich ihrer Behandlung und Entsorgung kaum zu vereinheitlichen. Die Sonderabfallentsorgung bedient entweder hoch spezialisierte Märkte, wie z. B. den Altölmarkt, oder die Abfälle werden den regulierte Märkten der Andienungsgesellschaften zugeführt.

3 Die Sekundärrohstoffmärkte

Die Sekundärmärkte lassen sich grundsätzlich in freie und regulierte Märkte einteilen. Gesetzliche Vorgaben regulieren in erheblichem Maße die Kreislaufwirtschaft, das heißt sie generieren Rohstoffmärkte, beschränken Vermarktungen oder untersagen diese. Grundsätzlich sind die Primärmärkte von den Sekundärmärkten zu unterscheiden, die beide Sekundärrohstoffe je nach ihrer Qualität aufnehmen. Hochwertige Sekundärrohstoffe stehen im Wettbewerb mit den Primärrohstoffen, während niedrigere Qualitäten Erzeugnisse für eigene Märkte herstellen. Tabelle 2 gibt eine Übersicht über die ausgewählte Sekundärstoffströme und ihre Verwertungsanteile aus eigenen Erhebungen. Durch nationale und europäische Qualitätsverzeichnisse sowie durch Gütezeichen und Zertifizierungen lassen sich die marktrelevanten Kriterien für die Sekundärrohstoffe vorgeben, die dann auch in Preislisten und Indizes notiert werden.

3.1 Sekundärrohstoffe bedienen die Primärmärkte

Die Sekundärrohstoffe bedienen die Primärmärkte einerseits durch den Eintrag hochwertiger Materialien und andererseits substituieren sie primäre Energieträger. Die Primärmärkte werden hierdurch stabilisiert. Gerade die hohen Qualitätsansprüche der Primärmärkte stellen so marktrelevante Anforderungen an die Sekundärrohstoffe und erzielen damit ein wirtschaftliches Recycling.

Durch die hohen Energiepreise für Heiz- und Kraftstoffe sowie für Strom gewinnt der Einsatz alternativer Brennstoffe und hier vor allem von Ersatz- bzw. Sekundärbrennstoffen immer mehr an Bedeutung. Inzwischen werden modular aufgebaute Blockheizkraftwerke vorteilhaft zur Erzeugung von Strom, Wärme und Dampf in vielen produzierenden Unternehmen, die über feste Abnahmeverträge von den Entsorgern beliefert werden, eingerichtet, um der stetig steigenden Preisspirale für Heizöl, Gas und Strom zu entkommen. Zu Ersatzbrennstoffen können sehr unterschiedliche Materialien, wie z. B. Holz, PPK, Kunststoffe und Textilien, aufbereitet werden, die spezifisch für die jeweilige Feuerungsanlage ausgelegt werden. Die erzeugten Brennstoffe werden in einer Vielzahl von Verfeuerungsanlagen in Gewerbe und Industrie eingesetzt. Die Ersatzbrennstoffe werden unter anderem in der Zementindustrie, Kalkwerken, Kraftwerken und Kleinfeuerungsanlagen verbrannt.

Ein großer Teil der erzeugten Kunststoffrezyklate ist, auf Grund der angebotenen Qualitäten, wettbewerbsfähig zu den Primärkunststoffen. Die Kunststoffverarbeiter können so Mischungen aus Primär- und Sekundärkunststoffen einsetzen. Darüber hinaus werden inzwischen eine ganze Reihe hochwertiger Endprodukte ausschließlich aus qualitätsgesicherten Rezyklaten gefertigt. Als Produkte gelten neben den Endprodukten bereits die Rezyklate, das sind Mahlgüter und Regranulate, da sie auf dieser Stufe die Primärkunststoffe ersetzen. Die Rezyklate werden in Preisspiegeln und Preisindizes notiert.

Tab. 2: bvse-Erhebung zu ausgewählten Sekundärstoffströmen und ihren stofflichen Mindestverwertungsanteilen

Sekundärrohstoff, Erhebung	Vermarktungsmenge in Mio. Tonnen	Stoffliche Verwertung in Mio. Tonnen
Fe-Schrotte, 2006	22,2	21,2
NE-Metalle (Cu, Al, Zn, Pb), 2005	2,82	2,69
PPK, 2006	15,5	10,3
Glas, 2005	2,52	2,36
Kunststoffe, 2005	4,42	1,96
Holz, 2004	8,0	2,2
Textilien, 2003	1,90	1,52
Bioabfälle, 2003	8,25	7,63
Mineralöle, 2003	0,47	0,32
Summe	**66,1**	**50,2**

Die Altölsammelmenge in Deutschland betrug in 2003 rund 0,45 Mio. Tonnen. Destillationsschnitte aus der Altölaufbereitung finden ihre Anwendungen z. B. als Motoren- und Maschinenöle, Schmierstoffe, Heizöle oder Diesel. Die Preisnotierungen für die Sekundärprodukte entsprechen weitgehend denen der primären Mineralölprodukte. Ein ähnlich gut abzugrenzender Markt ist die Destillation verunreinigter Lösemittel. Beide Märkte gewinnen ihre besondere Bedeutung aus der Stoffrückgewinnung, die wirtschaftlich dargestellt werden kann.

Die Verwendung von Sekundärmaterialien für die Primärherstellung von Glas, Stahl und Metallen oder Papier wird seit vielen Jahren praktiziert und muss daher nicht weiter ausgeführt werden. Altholz wird unter anderem zu Span- und Faserplatten aufbereitet. Neu ist hier, dass der Einsatzbereich dieser Sekundärrohstoffe teilweise noch beträchtlich ausgeweitet wird.

Geringer Aufbereitung bedürfen Materialien wie Steine, Erden, Altholz, Baustoffe, die die Primärmaterialien häufig unmittelbar ersetzen können. Allein die Qualitäten der Materialien, die aus völlig unterschiedlichen Sammlungen, wie z. B. Sperrmüll, Gewerbeabfall, Bau- und Abbruchabfälle, stammen, bestimmen ihre Einsatzmöglichkeiten.

3.2   Sekundärrohstoffe generieren eigene Märkte

Die Sekundärrohstoffen haben sich in speziellen Anwendungen Zweitmärkte geschaffen, die die hierfür zuvor verwendeten hochwertigen Primärmaterialien, das sind vor allem Bau-, Dicht- und Dämmmaterialien, ersetzen und aus ihren Anwendungen wieder in die Primärmärkte entlassen.

Bei Kunststoffen werden die hier genannten Anwendung oft als down-cycling bezeichnet, obwohl diese Ausdruck sicherlich falsch ist, da hier Kunststoffmaterialien zu langlebigen und sinnvollen Produkten verarbeitet werden, die ansonsten aus Primärmaterialien nur teurer darstellbar sind. In den Zweitmärkten werden vor allem niedrigere Kunststoffqualitäten zu Endprodukten aufbereitet. Mischkunststoffe werden unter anderem zu Bakenfüßen, Buhnenpfählen, Brettern, Beuteln, Lärmschutzwänden, Eimern, Tonnen, Rohren, Platten, Paletten, Rinnen, Kompostern, Böden oder Rasengittern verarbeitet, die hier vor allem Holz und Beton ersetzen. Eine neuere Anwendung für Kunststoffagglomerate ist die Herstellung von Wood-Plastics-Composits. Monokunststofffraktionen niedrigerer Qualität können auch zu Bau- und Geotextilien verarbeitet werden. Dabei übertreffen die auf diese Weise hergestellten Kunststoffprodukte oftmals die Produkte aus den Primärmaterialien, da sie häufig besser handhabbar, bruchfester, haltbarer und preiswerter sind.

Bau- und Abbruchmaterialien werden für über- und untertägige Verfüllungen, für Profilierung und Abdichtung auf Deponien, im Garten- oder Landschaftsbau oder für den Straßen- und Wegebau eingesetzt. Unter anderem werden die Sekundärstoffe auch zu Baustoffen oder Speichermineralien aufbereitet. Die Baustoffe eigenen sich zudem für kurzfristige Verfüllungen bis zur endgültigen Nutzung.

Biologische Materialien finden unter anderem als Bodenverbesserer, zur Schaffung von Bewuchszonen oder als Sekundärrohstoff-Dünger Anwendung. Als Sero-Dünger werden Klärschlämme, Wirtschaftsdüngern und Komposte eingesetzt. Außerdem können biologische Materialien vererdet werden.

Altöle werden in den Zweitmärkten durch Filtration und Entwässern zu Schiffsdiesel oder Heizstoffen aufbereitet. Durch die gesetzlichen Vorgaben hat dieser Bereich der Altölnutzung nur noch geringe Bedeutung. Die Altölaufbereitung zu Raffinaten sowie die thermische Nutzung von Altölen als Brennstoffe in Zement- und Kalkwerken sind dem Primärmarkt zuzurechnen.

Minderwertige Textilien werden im Zweitmarkt z. B. in Dachpappe, Bodenbeläge, Putzlappen und Putzwolle umgearbeitet. Etwa 17 % der anfallenden Altkleider werden zu Putzlappen und Putzwolle aufbereitet. Bei Alttextilien gelangen mehr als die Hälfte der eingesammelten Materialien in den Primärmarkt.

4 Bewertung der Stoffströme und der Sekundärmärkte

Seit dem 01.06.2005 haben sich die Mengen und die Qualitäten der auftretenden Stoffströme deutlich verändert. Von diesen Änderungen profitieren diejenigen, die Sortier-, Behandlungs-, Aufbereitungs-, Verwertungs- oder Beseitigungsanlagen von Sekundärstoffen besitzen. Eine positive Sogwirkung zugunsten des Recyclings spüren insbesondere diejenigen Mitgliedsunternehmen des bvse, die sich schon seit längerem, innovativ in diesen Märkten etabliert haben. Sie bekommen nun deutlich mehr Materialien für die stoffliche Verwertung angeboten als in den Jahren zuvor.

Der Wettbewerb der unterschiedlichen Verwertungs- und Beseitigungswege untereinander führt zur Wirtschaftlichkeit der jeweiligen Entsorgungsalternative. Der Wettbewerb um die Verwertung der anfallenden Stoffströme garantiert, dass sowohl hohe als auch niedrige bzw. vermischte Qualitäten auf ihre stofflichen und auch energetischen Nutzungsmöglichkeiten in den Märkten überprüft werden.

Trotz des Wettbewerbs um die Stoffströme besteht inzwischen darin weitgehende Einigkeit, dass die Getrennthaltung der Stoffe bei den Anfallstellen einen hochwertigen Input für das Aufbereiten und Verwerten der Sekundärmaterialien ermöglicht, um hochwertige Sekundärrohstoffe zu generieren, die ökologisch und ökonomisch vorteilhaft mit den Primärrohstoffen konkurrieren. Die Getrennthaltung ist sowohl für Gewerbe als auch für private Haushalte ein probates Mittel, um einerseits den Anteil an vorzubehandelnden Abfälle zu reduzieren und andererseits auch ein Mehr an Material für die stoffliche Verwertung zu liefern.

Für viele Sekundärrohstoffe besteht inzwischen ein ausreichendes Angebot. Oftmals ist hier die Nachfrage nach guten Qualitäten höher als das Angebot. Während die hohen Qualitäten relativ schnell und zielgerichtet ihre Wege über die verschiedenen Märkte in die Aufbereitung und Verwertung finden, werden vermischte Stoffströme und homogene Stoffströme niedriger Qualitäten in der rohstofflichen Verwertung oder der thermischen Verwertung eingesetzt.

Die Recycler halten ihre Qualitätsanforderungen hoch und bedingen somit eine entsprechende hochwertige Erfassung der Abfallströme bei den Anfallstellen. Dieses Vorgehen der Recycler ist verständlich, da sie nur durch hochwertigen Input marktgängige Zwischen- und Endprodukte generieren können, die dem Wettbewerb mit Primärprodukten standhalten.

5 Perspektiven

Der Umbau der Kreislaufwirtschaft zur Stoffstromwirtschaft, die Ressourcen für eine hoch entwickelte Industriegesellschaft liefert, wird durch die Einschränkungen bei der Deponierung und vor dem Hintergrund knapper Vorbehandlungskontingente beschleunigt. Der bislang herrschende Verteilungskampf um die Zuführung der Stoffströme in Beseitigungs- oder Verwertungsanlagen ist gegenwärtig teilweise ausgesetzt. Der weitere Umbau zur ressourcenoptimierten Kreislaufwirtschaft wird maßgeblich von den gesetzlichen Vorgaben sowie von den Strukturen in der Entsorgungswirtschaft bestimmt.

Vorgaben zu höheren Verwertungsquoten und für eine strenge Verwertungshierarchie, die die thermische Verwertung limitieren, sind bestimmend, um die ressourcenoptimierten Kreislaufwirtschaft durchzusetzen. Es werden relativ stabile und hohe Weltmarktpreise für Sekundärrohstoffe, auf Grund der anhaltend hohen Fernostnachfrage, erwartet. Die anhaltende Verteuerung fossiler Energieträger wird alle Alternativen zur Erzeugung von Strom und Wärme fördern. Die hohen Energiepreise schaffen langfristig, auch für qualitativ niederwertige Materialien, Abflüsse in die rohstoffliche und auch in die energetische Verwertung. Zur Umsetzung der Vorgaben des Kyoto-Abkommens kann die Kreislaufwirtschaft beitragen, wenn die anfallenden Sekundärmaterialien vorrangig stofflich verwertet und erst nachrangig deren Energiepotentiale genutzt werden.

Eine deutliche Erhöhung der Beseitigungsanteile, bedingt durch den Bau und die Erweiterung von Vorbehandlungsanlagen, wird ab Anfang 2009 erwartet. Durch den Aufbau verschiedenster Techniken für die Verwertung könnten längerfristig die unterschiedlichen Qualitäten der anfallenden Stoffströme, einer stofflichen und auch energetischen Verwertung zugeführt werden. Die anfallenden Stoffströme werden dabei so verändert und aufgeteilt, dass sie gezielter als bisher den unterschiedlichen Verwertungsmöglichkeiten zugeführt werden. Die Verwertungseinrichtungen werden künftig verstärkt um ihren Input konkurrieren.

Energie- und Ressourceneffizienz steigern durch Stoffstrommanagement

Gottfried Jung

1 Problemstellung

Dass weiter steigende Rohstoff- und Energiepreise eine deutliche Steigerung der Energie- und Ressourceneffizienz erfordern, ja geradezu eine Effizienzrevolution, ist in der Fachdiskussion inzwischen zum Allgemeingut geworden. Wir haben keine Zeit zu verlieren. Es gibt Stimmen, die unsere Erde inzwischen mit dem Luxusdampfer Titanic vergleichen. Der Eisberg ist in diesem Bild der Klimawandel, auf den die Menschheit mit Volldampf zusteuert. In der Tat kann es keine Frage sein, dass wir die Art, wie wir produzieren und konsumieren, in Gänze auf den Prüfstand nehmen und eine umfassende Effizienzanalyse durchführen müssen. Aber sie muss auch Konsequenzen haben. Das ist dann offenbar schon wieder etwas schwieriger, denn vielfach zeigt sich, dass zwischen der Übereinstimmung in einer Analyse und der Bereitschaft dazu, daraus die notwendigen Konsequenzen zu ziehen, eine erhebliche Diskrepanz besteht.

Allein ein aufstrebendes Land wie China hat einen so riesigen Appetit auf Energie und Rohstoffe, dass dieser unsere Welt verändert. „Wenn jeder Chinese einen Lebensstil wie im Westen pflegt," sagt Liang Congjie, Gründer von Chinas erster Umweltorganisation Friends of Nature, „dann brauchen wir zwei Erden." Gern wird darauf verwiesen, dass China seinen Ressourcenverbrauch drastisch eindämmen müsse. Aber eigentlich ist es eine globale Aufgabe, dass wir umdenken müssen – es ist auch unsere Aufgabe.

Umdenken können wir nur, wenn wir sektorales Denken aufgeben und Produktion sowie Konsum im Gesamtzusammenhang betrachten, wenn wir analysieren, welche Stoffströme die Menschheit der Natur entnimmt und entlang des gesamten Weges, den die Stoffströme nehmen, feststellen, welche einzelnen Schritte effizient oder ineffizient sind.

Im Folgenden soll diese Stoffstrombetrachtung herunter gebrochen werden auf den (Teil-)Sektor, den wir herkömmlich als Abfallentsorgung bzw. Abfallwirtschaft betrachten. Es soll untersucht werden, wie effizient wir mit den Stoffströmen, die in diesen Sektor hineingelangen, umgehen und was wir tun müssen, um zu mehr Effizienz zu kommen.

Dass wir auch im weiten Feld der Abfallwirtschaft mehr Effizienz brauchen, kann nicht bestritten werden, wenn das Eingangsszenario richtig beschrieben worden ist. Wir sind dabei zu lernen, dass wir an einer Zeitenwende stehen, die unsere ganze Kraft und Intelligenz beansprucht, um mit dem Ziel von mehr Ressourcen- und Energieeffizienz umsteuern zu können. Wenn aber kein Bereich unseres Lebens ausgespart werden darf, dann muss sich eben auch all das, was sich rund um das Thema Abfall bewegt, der kritischen Frage stellen: Wie effizient ist das, was wir tun, und wie können wir zu wesentlich mehr Effizienz gelangen?

Nie war die Gelegenheit so günstig, um diese Frage zu stellen und zu beantworten. Beim Umgang mit Abfällen ist man traditionell sehr schnell an die Grenzen des Machbaren und Durchsetzbaren gestoßen, wenn man mehr tun wollte, als Abfälle nur geordnet zu entsorgen. Oft war sehr rasch die kaum überwindbare Grenze der wirtschaftlichen Vertretbarkeit erreicht. Inzwischen haben sich die Voraussetzungen dafür, mit Abfallwirtschaft im Wortsinn wirklich Ernst machen zu können, grundlegend verändert. Immer mehr Sekundärrohstoffe sind mittlerweile wirklich Wertstoffe und werden nicht nur so genannt. Der Markt hat sich so massiv verändert, dass Sekundärrohstoffe zu einem begehrten Nachfrageobjekt geworden sind, während viele noch vor nicht allzu langer Zeit froh waren, wenn sie Abfälle geordnet losgeworden sind. Begriffe wie „urban mining" tauchen auf, und die öffentlich-rechtlichen Entsorgungsträger sehen die Chance, mit ihren Betrieben einen „citizen value" zu schaffen.

Was dies für die gewachsenen abfallwirtschaftlichen Strukturen bedeutet, ist Gegenstand der nachfolgenden Überlegungen. Zeigen sollen diese Überlegungen, dass die Zeit dafür reif ist, die herkömmliche Abfallentsorgung durch ein auf Energie- und Ressourceneffizienz zielendes Stoffstrommanagement zu ersetzen.

2 Stoffstrommanagement im Betrieb

Ein Unternehmen, das im Wettbewerb überleben will, muss ökonomisch handeln. Die Notwendigkeit ökonomischen Handelns zwingt dazu, Produktionskosten so niedrig wie möglich zu halten. Sehr schnell wird ein solches Erfordernis auf die Betrachtung der Personalkosten reduziert. Aber die Frage, welche Stoffströme ein Unternehmen verbraucht und wie effizient es dabei handelt, kann in vielen Fällen ebenfalls sehr bedeutsam sein – unter Umständen bedeutsamer als die Personalkosten. In einem Bericht „Rohstoffsicherheit – Anforderungen an Industrie und Politik" des BDI vom März 2007 heißt es, dass der Anteil der Materialkosten an den Produktionskosten bei den deutschen Unternehmen im Schnitt bei 40 % liegt. Schon seit mehreren Jahrzehnten hat die Umweltverwaltung versucht, mit Hilfe des Bundes-Immissionsschutzgesetzes die Betriebe zu einem abfallwirtschaftlich sinnvollen, Rohstoffe und Energie sparenden Vorgehen anzuhalten. Sie hat dafür auch Anordnungsbefugnisse, die aber meist sehr schnell ihre Grenze bei der wirtschaftlichen Vertretbarkeit gewünschter Verhaltensmaßnahmen gefunden haben.

Mit der Gewerbeabfallverordnung hat der Bund einen weiteren Versuch unternommen, um die Gewerbebetriebe zu einer hochwertigen Verwertung anzuhalten. Die praktische Relevanz dieser gesetzlichen Maßnahme war und ist allerdings sehr begrenzt. Umso mehr gilt dies, seit im Jahr 2005 das Ablagerungsverbot für unbehandelte Siedlungsabfälle in Kraft getreten ist, denn bis dahin war die Deponie für Gewerbeabfälle einer der Hauptentsorgungswege.

Heute geht es eigentlich kaum mehr darum, sich als Umweltverwaltung mit Betrieben darüber auseinander zu setzen, welche aus Umweltsicht erforderlichen Verwertungsmaßnahmen noch zumutbar sind und welche nicht. Es geht heute vielmehr darum, vielen Betrieben bewusst zu machen, dass das, was wir aus Umweltsicht wollen, wirtschaftlich vernünftig ist und sich rechnet. Auf dem Gebiet des Ressourcenmanagements ist deshalb mehr denn je nicht die hoheitlich tätige Verwaltung gefragt, sondern die informierende und motivierende Verwaltung.

Beispielhaft sei auf das Effizienznetz Rheinland-Pfalz verwiesen (www.effnet.rlp.de), das dazu dient, den Betrieben eine Vielzahl von Dienstleistungs- und Beratungsangeboten mit dem Ziel von mehr Energie- und Ressourceneffizienz aufeinander abgestimmt nahezubringen. Das Effnet führt auch selbst Projekte durch, z. B. Benchmarking-Projekte für kleine Handwerksbetriebe. Darüber hinaus werden PIUS-Analysen für mittelständische Betriebe gefördert, die dazu dienen, Einsparpotentiale in den Bereichen Energie, Rohstoffe, Emissionen, Abwasser und Abfall zu untersuchen.

Vergleichbare Maßnahmen finden auch in anderen Bundesländern statt.

3 Die Rolle der Produktverantwortung

Anfang der 90er Jahre hat mit der Verpackungsverordnung ein neues Ziel in der Abfallwirtschaft praktische Bedeutung erlangt: die Produktverantwortung. Sie sollte zu einem Paradigmenwechsel in der Abfallwirtschaft führen: Die Kosten der Entsorgung eines Produkts nach Gebrauch sollten internalisiert und Bestandteil der Produkt- bzw. Produktionskosten werden. Dieser Ansatz erschien in besonderem Maß geeignet, die Effizienz abfallwirtschaftlicher Maßnahmen zu steigern, da abfallwirtschaftliches Denken und Handeln damit zum Gegenstand des wirtschaftlichen Wettbewerbs am Markt wurde.

In der Tat sind anfänglich mit der Verpackungsverordnung und dem damit verbundenen Engagement der Wirtschaftsbeteiligten bemerkenswerte Erfolge erzielt worden – bis hin zur Entwicklung beeindruckender neuer Sortier- und Recyclingtechnologien. Seit die frühere DSD AG jedoch ihre Rolle als gemeinsame Einrichtung aller Produktverantwortlichen verlor und zu einem kommerziell agierenden Wettbewerber neben anderen Wettbewerbern wurde, hat sich manches verändert. Heute verbinden sich mit der Verpackungsverordnung eher Assoziationen wie die Auseinandersetzungen um das Trittbrettfahrertum, faire Wettbewerbsbedingungen oder Ausschreibungsmodalitäten. Um das Ziel „technologische Innovationen" ist es hingegen ruhiger geworden. Die Einführung des Pflichtpfandes für Getränkeeinwegverpackungen bewirkte ein Übriges: Die erwartete Stabilisierung des Mehrwegsegments auf dem Getränkesektor verkehrt sich ins Gegenteil, was warnende Stimmen z. B. aus Rheinland-Pfalz von Anfang an vorausgesagt hatten. Für Teile des Handels wird das Einwegpfand über den sog. „Pfandschlupf" gar zum Geschäft. Ohne auf all diese Entwicklungen an dieser Stelle näher eingehen zu können, ist im Ergebnis festzustellen, dass der Produktverantwortung der Wirtschaft rund um die Verpackung eher eine Verbürokratisierung als eine weitere Steigerung der Energie- und Ressourceneffizienz in Aussicht steht. Dabei müsste es der Anspruch der Wirtschaft sein, zu beweisen, wie sich mit einem Mindestmaß an Regulierung an Maximum an Erfolg erzielen lässt.

Ein Phänomen ganz anderer Art springt beim Umgang mit Altfahrzeugen und Elektroaltgeräten ins Auge: Obwohl hier infolge stark gestiegener Metallpreise beste wirtschaftliche Rahmenbedingungen für ein weitgehendes Recycling bestehen, werden immer noch große Teile der Shredderabfälle mit sehr hohen Heizwerten in Deutschland deponiert, weil die Wirtschaftsbeteiligten glauben, dafür eine Regelungslücke gefunden zu haben. Dabei wäre problemlos möglich, diese Abfälle hochwertig zu verwerten, wenn sich nur endlich alle Beteiligten darüber einig wären, dass die Shredderabfalldeponierung als Relikt der Vergangenheit unverzüglich beendet werden muss.

Auch auf dem weiten Feld der Produktverantwortung lohnt es sich also, sich wieder stärker auf das eigentliche Ziel zu besinnen, wie es der Gesetzgeber in § 22 des Kreislaufwirtschafts- und Abfallgesetzes formuliert hat: „Wer Erzeugnisse entwickelt, herstellt, be- und verarbeitet oder vertreibt, trägt zur Erfüllung der Ziele der Kreislaufwirtschaft die Produktverantwortung."

4 Stoffstrommanagement und klassische Abfallwirtschaft

Das herkömmliche Ziel der Abfallwirtschaft bestand darin, Umweltschäden zu vermeiden und Entsorgungssicherheit zu gewährleisten. Demgemäß ging es lange Zeit darum, Abfälle geordnet zu deponieren. Die TA Siedlungsabfall Anfang der 90er Jahre hat zwar den Weg weg von der Deponie gewiesen, aber immer noch primär unter dem Gesichtspunkt der umweltgerechten Entsorgung. Diese manifestiert sich im Bau von Anlagen für Abfälle, die zum Zweck der Entsorgung öffentlich-rechtlichen Entsorgungsträgern zu überlassen sind. Es liegt auf der Hand, dass dabei entstandene Strukturen allein schon aus Kostengründen nicht einfach verändert werden können, wenn sich Marktbedingungen wandeln. So sind Deponien über viele Jahre hinweg befüllt worden und werden zum Teil auch jetzt noch befüllt, um die entstandenen Investitionskosten zu amortisieren. Das gilt für Müllheizkraftwerke genauso wie auch für Kompostierungsanlagen, die seit vielen Jahren als Kennzeichen für eine verwertungsorientierte kommunale Abfallwirtschaft gelten.

In vielen Fällen sind öffentlich-rechtliche Entsorgungsträger auf langfristiger vertraglicher Grundlage Kooperationen eingegangen, die zu Entsorgungsvorgängen über größere Distanzen führen. Das hat auch mit dem negativen Image zu tun, das Abfälle immer noch in der öffentlichen Meinung umgibt.

Damit sind Strukturen entstanden, die sich unter veränderten Rahmenbedingungen nicht einfach wieder kurzfristig ändern lassen. Dass es diese Strukturen gibt, soll hier nicht kritisiert werden. Sie entsprachen und entsprechen der gemeinsamen Zielsetzung, Entsorgungssicherheit auf umweltverträglicher Basis zu gewährleisten.

Aber es muss möglich sein – und es ist notwendig – die herkömmliche Abfallentsorgung so weiter zu entwickeln, dass sie dem Ziel einer drastischen Steigerung der Energie- und Ressourceneffizienz Rechnung trägt. Beispiele dafür sind die flächendeckende Einführung der Bioabfallvergärung anstelle der bloßen Kompostierung, die Bereitschaft dazu, die in Deutschland nach wie vor weit verbreiteten Scheuklappen gegen den Nutzen der modernen Sortiertechnik abzulegen, die Überprüfung der energetischen Effizienz von Müllheizkraftwerken und eine Neuausrichtung der mechanisch-biologischen Abfallbehandlung, deren Aufgabe, Abfälle mit dem Ziel der Deponierung vorzubehandeln, nicht in die abfallwirtschaftliche Zukunft weist, sondern in die Vergangenheit. Ihr Anspruch müsste vielmehr das Ziel einer vollständigen Abfallverwertung sein.

Ein weiteres kleines Beispiel aus Rheinland-Pfalz mag beleuchten, worum es geht. In einer sog. Grünschnittstudie wurde ermittelt, was die öffentlich-rechtlichen Entsorgungsträger in Rheinland-Pfalz mit dem Grünschnitt tun, den sie außerhalb der Biotonnen sammeln und was die Entsorgung des Grünschnitts kostet. Dieser wird zum größten Teil gehäckselt bzw. kompostiert und als Bodenverbesserungsmaterial eingesetzt. Dabei entsteht ein Gesamtaufwand von 6 Mio. Euro pro Jahr. Nimmt man demgegenüber an, dass der Grünschnitt zu 40 % aus holzhaltigem Material besteht, das als Brennstoff genutzt werden kann, hätte dieses Material, wenn man dessen Energiegehalt monetarisiert, einen Wert von 8,7 Mio. Euro. Die Grünschnittverwertung müsste man somit kostenneutral organisieren können, wenn andere Wege gewählt würden als bisher. Dieses kleine Beispiel zeigt, wie eine traditionell für sinnvoll gehaltene Entsorgungslösung unter den heutigen Rahmenbedingungen nicht nur unwirtschaftlich geworden ist, sondern sich als nicht ökoeffizient erweist. Beispiele dieser Art dürften sich in allen Bundesländern finden.

Zeigen soll ein solches Beispiel nur eines: Das, was wir in der Abfallwirtschaft tun, müssen wir ständig hinterfragen, und wir müssen die Bereitschaft haben, umzusteuern, wenn veränderte Rahmenbedingungen neue Lösungen nahelegen. Das Problem dabei ist, dass das Umsteuern leichter gelingt, wenn eine Wettbewerbssituation besteht, die so im kommunalen Bereich nicht besteht. Für die kommunale Abfallwirtschaft muss es dennoch zu einem politischen Anspruch werden, die Energie- und Ressourceneffizienz als Top-Thema neben dem Ziel der Entsorgungssicherheit zu platzieren.

5 Veränderte Rahmenbedingungen für die kommunale Abfallwirtschaft

Drei Aspekte haben die Rahmenbedingungen für die kommunale Abfallwirtschaft ganz erheblich verändert und sollten keineswegs isoliert, sondern im Zusammenhang gesehen werden: das Verbot der Deponierung unbehandelter Siedlungsabfälle, die deutlich erhöhte Nachfrage nach Sekundärrohstoffen und der technologische Quantensprung in der Sortiertechnik.

Diese Rahmenbedingungen ermöglichen es, das Restabfallaufkommen deutlich zu reduzieren und das Recycling von Abfällen zu stärken. Wie dies erreicht werden kann, soll hier am Beispiel von Rheinland-Pfalz dargestellt werden.

Dort ist im Bereich der Haushaltsabfälle eine Recyclingquote erreicht worden, die schon seit 2002 über 60 % liegt und im Jahr 2005 62,5 % erreicht hat. Das durchschnittliche spezifische Aufkommen an Restabfällen liegt bei 170 kg pro Einwohner und Jahr, wobei aber festzustellen ist, dass sich die entsprechenden Werte zwischen den einzelnen öffentlich-rechtlichen Entsorgungsträgern bis zum Faktor 3 unterscheiden. Damit korrespondierend werden auch bei den spezifischen Erfassungsmengen der einzelnen verwertbaren Stoffströme zum Teil deutliche Unterschiede registriert.

Im Auftrag des rheinland-pfälzischen Umweltministeriums untersuchte daraufhin das Witzenhausen-Institut die bestehenden Strukturen in den einzelnen Gebietskörperschaften, um die Unterschiede in der abfallwirtschaftlichen Effizienz zu bewerten. Als entscheidende Einflussgrößen wurden folgende Faktoren identifiziert:

- Umgang mit nativorganischen Stoffströmen und insbesondere die separate Erfassung von Bioabfällen
- Angebot und genaue Ausgestaltung der Erfassungssysteme (z. B. gestelltes Behältervolumen) für Haushaltsabfälle
- Umfang der gewährten Anreize zur Vermeidung und Verwertung von Abfallströmen (Gebührensystem).

Das Witzenhausen-Institut gelangte zu der Empfehlung, in allen Landkreisen und Städten ein verursachergerechtes Gebührensystem zu etablieren, das aus einer Grund- und Leistungsgebühr besteht, Anreize zur Vermeidung und Verwertung setzt, die Möglichkeiten der Verringerung des Mindestbehältervolumens vorsieht und Gebührennachlässe bei der Eigenkompostierung gewährt. Es sollte ein möglichst geringes Restabfallbehältervolumen mit maximal 13 Pflichtleerungen pro Jahr auf der Basis eines Identsystems eingeführt werden, optional begleitet von einer separaten Bioabfallsammlung und auf dem Sperrmüllsektor verbunden mit einer separaten Altholzabfuhr.

Obwohl sich dabei bestimmte Lösungen eindeutig bewährt haben, zeigt die Erfahrung, dass offenbar fast jeder öffentlich-rechtliche Entsorgungsträger Wert darauf legt, sein eigenes Behälter- und Gebührensystem zu entwickeln, was ihm im Rahmen der Selbstverwaltung zusteht, auf der anderen Seite aber zu einem bunten Szenario unterschiedlichster Systeme mit ebenso unterschiedlicher Effizienz führt. Fast durchgängig konnte aber jedenfalls beobachtet werden, dass überall dort die besten Ergebnisse erzielt werden, wo sich die örtlichen Gegebenheiten den vom Witzenhausen-Institut skizzierten idealtypischen Strukturen annähern.

Auch in Anerkennung des Rechts auf kommunale Selbstverwaltung wird in Rheinland-Pfalz durch Gespräche insbesondere mit den öffentlich-rechtlichen Entsorgungsträgern, die bisher nur unterdurchschnittliche Ergebnisse erzielt haben, auf eine weitere Effizienzsteigerung vor Ort hingewirkt. Dabei hilft ein vom Witzenhausen-Institut entwickeltes Rankingsystem, das auf einer Punktematrix basiert und die einzelnen öffentlich-rechtlichen Entsorgungsträgern Referenzgruppen zuordnet.

6 Regionales Stoffstrommanagement als Zukunftsaufgabe

Neben vielen positiven Beispielen aus dem Bereich der öffentlich-rechtlichen Abfallentsorgung, die zeigen, dass durch vorstehend beschriebene Maßnahmen erhebliche zusätzliche Stoffströme für Recyclingverfahren abgeschöpft werden können, gibt es große weitere Potentiale an Abfällen vor Ort, die auch noch nicht in ökoeffizienter Weise genutzt werden. Hier ist primär auf die großen Mengen an Biomasseabfällen aus den Bereichen Landwirtschaft, Landschaftspflege oder Straßenbegleitgrün hinzuweisen. Durch die hohe Nachfrage nach dem Thema Bioenergie ist es nur eine Frage der Zeit, bis der Markt diese Mengen abgreift und Verwertungsanlagen zuführt. Die Frage ist nur, wie ökoeffizient die Lösungen sind, die jeweils realisiert werden.

Ist es nicht oft so, dass unterschiedliche Besitzer von Stoffströmen aneinander vorbei agieren, obwohl sie viel effizienter arbeiten könnten, wenn sie sich zusammen schlössen? Ist es nicht oft so, dass bei systematischer Analyse der örtlichen bzw. regionalen Verhältnisse bessere Standorte für Biomasseverwertungsanlagen gefunden werden könnten als die, die manchmal zum Einsatz kommen – unter Umständen auch mit effizienteren Technologien? Die Nachfrage nach Biomasse wird in der Zukunft das Angebot an Biomasse übersteigen. Die einsetzende Biomasseeuphorie darf nicht den Blick darauf verstellen, dass wir uns auf die technischen Lösungen konzentrieren müssen, die ein Höchstmaß an Energieausbeute gewährleisten.

Aus Quantität Qualität auf der Basis der Ökoeffizienz machen, muss die Devise lauten. Diese erreicht man am besten dann, wenn auf örtlicher Ebene Informations- und Kommunikationsprozesse in Gang gesetzt werden, die bisher oft alles andere als selbstverständlich waren und wenn Personen miteinander kommunizieren lernen, die bisher ihre eigenen Wege gegangen sind. Oft ist es schlicht und einfach notwendig, örtlich Handelnden überhaupt erst einmal bewusst zu machen, welche wertvollen Potentiale sie besitzen. Diese Schlaglichter beschreiben eine Realität, die so tatsächlich gegeben ist und die es erfordert, Stoffstrommanagement als eine Verwaltungsaufgabe zu begreifen, der sich viele noch nicht stellen. Sie sollte gerade im kommunalen Bereich auch als politische Gestaltungsaufgabe begriffen werden, wobei damit nicht zwingend die Intention verbunden ist, Stoffströme in eine öffentliche Regie bringen zu wollen. Sie sind bei privaten Investoren durchaus gut aufgehoben, können allerdings auch für kommunale Versorgungsbetriebe eine neue Herausforderung sein. Überhaupt wäre es außerordentlich lohnend, wenn kommunale Ver- und Entsorgungsbetriebe stärker miteinander kommunizieren bzw. sich bei der Erschließung und Verwertung vor Ort vorhandener nutzbarer Abfallpotentiale zusammenfinden würden.

Dass Wirtschaftsförderung eine kommunale Aufgabe ist, bezweifelt niemand. Warum soll nicht auch kommunales Stoffstrommanagement als eine kommunale politische Gestaltungsaufgabe verstanden werden, die eine neue Dimension der Wirtschaftsförderung darstellt? Dabei sollte es darum gehen, gemeinsam mit privaten Partnern, ggf. auch mit kommunalen Versorgungsunternehmen, die Lösung für vor Ort vorhandene Stoffströme zu finden, die ein Höchstmaß an Wertschöpfung in der Region bietet.

7 Strategien für ein landesweites Stoffstrommanagement

Ebenso wie in anderen Bundesländern sind auch in Rheinland-Pfalz in vielen Fällen erfolgreiche Initiativen zustande gekommen, die darauf abzielen, das, was an verwertbaren Stoffen vor Ort anfällt, mit dem Ziel einer örtlichen bzw. regionalen Wertschöpfung auch tatsächlich in der Region zu verwerten. Eine wachsende Zahl von Kreisen und Städten lässt Biomasse-Masterpläne entwickeln. Was Not tut, ist eine professionelle Koordination unterschiedlichster Maßnahmen, die manchmal nebeneinander stattfinden. Mit diesem Ziel ist zum Beispiel das Institut für angewandtes Stoffstrommanagement am Umweltcampus Birkenfeld vom rheinland-pfälzischen Umweltministerium beauftragt worden, ein „Kompetenznetzwerk Stoffstrommanagement Rheinland-Pfalz" aufzubauen. Dieses Kompetenznetzwerk dient dazu, eine flächendeckende Beratung von kommunalen Entscheidungsträgern zu organisieren, einen kontinuierlichen regionalen und überregionalen Erfahrungsaustausch sowie gezielte Schulungs- und Qualifizierungsmaßnahmen für „Stoffstrommanager".

Schon in der herkömmlichen Abfallwirtschaft war erkannt worden, dass eine landesweite Koordination sinnvoll, ja notwendig ist. Daraus ist das Instrument der Abfallwirtschaftspläne entstanden, welche die abfallwirtschaftlichen Strategien im Lande aufzeigen und auch Standortfestlegungen für Entsorgungsanlagen beinhalten konnten. Solche Abfallwirtschaftspläne sind heute in ihrer Bedeutung bei realistischer Betrachtung weit in den Hintergrund getreten. Für Standortfestlegungen werden sie in aller Regel nicht mehr benötigt, so dass sie eher den Charakter von Beschreibungen der abfallwirtschaftlichen Situation und der verfolgten Ziele beinhalten.

Viel interessanter geworden ist es heute, landesweite Strategien für ein systematisches, planmäßiges Stoffstrommanagement zu entwickeln und damit aus überregionaler Sicht Wege dazu aufzuzeigen, wie in einem Land flächendeckend die heimischen (Sekundär-)Rohstoffe in ihrer Bedeutung erkannt und zum Aufbau von ökoeffizienten flächendeckenden Verwertungsstrukturen genutzt werden.

8 Ausblick

Viele haben geglaubt, dass nach der 12-jährigen Übergangsphase bis zum 1. Juni 2005 das Problem Abfallwirtschaft als abgehakt betrachtet werden könne. In der Tat ist mit dem Deponierungsverbot für unbehandelte Siedlungsabfälle, wie es ab dem 1. Juni 2005 gilt, eine für die Abfallwirtschaft bedeutsame Zäsur erreicht worden. Man würde sich sehr wünschen, dass bald eine solche Zäsur in Europa insgesamt greift. Die Beratung der EU-Abfallrahmenrichtlinie lässt darauf jedoch nicht hoffen.

Für Deutschland ist erkennbar, dass es falsch wäre, die Abfallwirtschaft aus der politischen Prioritätenliste zu streichen. Der Markt selbst ist es, der ein neues Kapitel aufschlägt. Abfälle sind nun allenthalben dabei, wirklich zu Wertstoffen im Wortsinn zu werden. Eine völlig neue Marktdynamik entsteht, und diese Marktdynamik wird in Zukunft mit den herkömmlichen abfallwirtschaftlichen Strukturen, die sich auf Überlassungspflichten gegenüber öffentlich-rechtlichen Entsorgungsträgern gründen, konkurrieren. Die öffentlich-rechtlichen Entsorgungsträger tun gut daran, diese Herausforderung anzunehmen und auch die wirtschaftlichen Chancen zu erkennen, die darin liegen, dass heute Recyclinglösungen zu wirtschaftlich absolut tragbaren Bedingungen möglich sind, die man in der Vergangenheit lange nicht zu erhoffen wagte. „Urban mining" ist tatsächlich möglich und wird bisherige abfallwirtschaftliche Strukturen nicht unbeeinflusst lassen. Der Markt wird mit oder ohne öffentlich-rechtliche Entsorgungsträger seine Dynamik entfalten. Es liegt in deren eigenen Interesse, sich darauf einzustellen und selbst die Initiative zu ergreifen.

Effizienztechnologien bieten vor dem Hintergrund weiter steigender Rohstoff- und Energiepreise ungeahnte Chancen vor Ort, aber auch als Exportschlager auf dem internationalen Markt. Immer noch scheint von Deutschland aus bei der Entwicklungszusammenarbeit mit anderen Staaten schwerpunktmäßig das Ziel verfolgt zu werden, dass das Herzstück abfallwirtschaftlicher Konzepte eine Deponie sei. Dabei zeigt unsere Erfahrung, dass es heute möglich ist, nicht nur in Deutschland, sondern auch in EU-Beitrittsländern oder in Schwellenländern außerhalb Europas primär auf Recycling und Verwertung von Abfällen zu setzen. Energie und Rohstoffe sind überall teuer. Abfälle sind Rohstoffe, und sie können als solche überall auf der Welt genutzt werden.

Welchen Beitrag kann die energetische Verwertung von Biomasse und Reststoffen zur Verminderung des Klimawandels leisten?

Hermann Lotze-Campen

Zusammenfassung

Der Klimawandel schreitet schneller voran und wird größere Schäden anrichten als bislang vermutet. Die Kosten der Emissionsvermeidung werden aufgrund von induziertem technischen Fortschritt aber geringer ausfallen als bislang postuliert. Das Zeitfenster für ein gesellschaftliches Umsteuern zur Begrenzung der globalen Temperaturerhöhung auf 2 °C schließt sich schnell. Eine umfassende Emissionsvermeidung setzt eine kombinierte Strategie aus Energieeffizienzsteigerung, Kohlenstoffeinlagerung und erneuerbaren Energieträgern voraus. Biomasse-Energieträger können im Jahr 2050 wahrscheinlich ca. 10 % zur Primärenergieversorgung in Deutschland und ca. 15–20 % in Europa und im weltweiten Durchschnitt beitragen.

1 Herausforderung Klimawandel und Politikziele

Aktuelle Beobachtungen sowie der bereits in Teilen erschienene vierte Sachstandsbericht des IPCC bestätigen eindrücklich die Herausforderungen, vor die sich die menschliche Gesellschaft angesichts des Klimawandels gestellt sieht. Die aktuelle CO_2-Konzentration in der Atmosphäre von ca. 380 ppm (parts per million) ist höher als jemals in den vergangenen 500.000 Jahren. Die 1990er Jahre waren die wärmste Dekade der vergangenen tausend Jahre. Die Ergebnisse früherer Zukunftsszenarien können jetzt mit höheren Wahrscheinlichkeiten belegt werden. Bei ungebremst fortgesetzten Emissionspfaden wird sich die globale Mitteltemperatur bis zum Jahr 2100 um wahrscheinlich 2–4 °C gegenüber dem vorindustriellen Niveau erhöhen, in einigen Szenarien sogar bis 6,4 °C.

Eine Temperaturerhöhung von mehr als 2 °C halten die meisten Wissenschaftler für gefährlich und unverantwortlich, da in diesem Bereich die Wahrscheinlichkeit von Rückkopplungseffekten und abrupten Klimaänderungen stark ansteigt. Einige Beispiele für positive Rückkopplungseffekte sind das Abtauen des arktischen Meereises sowie das Tauen der Permafrostböden in den hohen nördlichen Breiten. Zudem wird projiziert, dass die terrestrische Vegetation ab etwa Mitte des 21. Jahrhunderts aufgrund physiologischer Prozesse von einer Kohlenstoffsenke zu einer Kohlenstoffquelle werden könnte. Diese und andere Anzeichen deuten darauf hin, dass die physikalischen und finanziellen Auswirkungen des Klimawandels schneller eintreten und stärker ausfallen werden als bisher vermutet. Es wird neben dem graduellen Anstieg der Temperaturen mit verstärktem Auftreten von Klimaextremen wie Überschwemmungen und Dürren gerechnet. Die Veränderung der regionalen Niederschlagsmuster kann nach wie vor nur mit großer Unsicherheit projiziert werden. Aber diese könnten zu den entscheidenden Faktoren für die regionalen Auswirkungen gehören.

Während die Hauptverursacher des Klimawandels in den reichen Industrieländern zu finden sind, werden die Leidtragenden der Klimawirkungen vor allem die ärmeren Länder mit geringen Anpassungsmöglichkeiten sein. Aber auch Europa wird von starken Veränderungen betroffen sein. Während in Mitteleuropa mit verstärkten Niederschlägen im Winter zu rechnen ist, wird vor allem der Süden und Südosten deutlich trockener werden. Das Oderhochwasser im Jahr 2002 sowie die Hitzewelle im Jahr 2003 waren Vorboten der Bedingungen, die etwa Mitte dieses Jahrhunderts zur Normalität gehören werden.

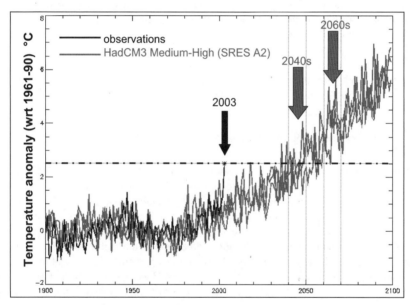

Abb. 1: Beobachtete und projizierte Sommertemperaturen in Europa (Quelle: Hadley Centre)

Um möglicherweise unbeherrschbare Klimawirkungen zu vermeiden, hat die EU sich als Politikziel gesetzt, die globale Temperaturerhöhung auf 2 °C zu begrenzen. Diese Grenze liegt klar am unteren Rand der Projektionen und ist damit schon sehr ambitioniert. Andererseits werden selbst unter Einhaltung des 2 °C-Ziels noch gravierende Klimawirkungen erwartet, so dass dies bei derzeitigem Wissensstand als akzeptabler Kompromiss gilt. Neben der Vermeidung eines stärkeren Emissionsanstiegs werden auf jeden Fall auch systematische Anpassungsmaßnahmen an veränderte Klimabedingungen erforderlich sein.

2 Emissionspfade und Vermeidungsoptionen

Um das 2 °C-Ziel einzuhalten, müssen die Treibhausgas-Konzentrationen unterhalb eines Niveaus von 450 ppm CO_2-Äquivalent stabilisiert werden. Zusätzlich zu den aktuellen 380 ppm CO_2 in der Atmosphäre müssen noch andere Gase, wie z. B. Methan und N_2O, berücksichtigt werden, die zzt. etwa 50 ppm CO_2-Äquivalent ausmachen. Zwischen der aktuellen gesamten Treibhausgas-Konzentration von etwa 430 ppm CO_2-Äquivalent und der empfohlenen Obergrenze von 450 ppm bleibt also nicht mehr viel Spielraum. Jenseits von 450 ppm sinkt die Wahrscheinlichkeit, das 2 °C-Ziel zu halten, rapide ab. Als Faustregel kann folgendes gelten: Um eine Chance von 50:50 auf die Einhaltung des 2 °C-Ziels zu wahren, müssen die Treibhausgas-Emissionen bis zum 2050 etwa um 50 % im Vergleich zu 1990 reduziert werden. Die sogenannte Vermeidungslücke ist riesig und wird sich nur mit großen Anstrengungen und einem Bündel von Maßnahmen erreichen lassen.

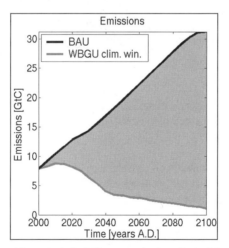

Abb. 2: Die "Vermeidungslücke": Differenz zwischen Emissionen im Szenario "Business as usual" im Vergleich zu einem 450 ppm-Szenario (Quelle: WBGU).

Die Maßnahmen zur Vermeidung eines zu starken Anstiegs der Treibhausgas-Konzentration fallen in drei Kategorien:

1) Erhöhung der Energie-Effizienz in allen Bereichen von Energieproduktion, Industrie, Haushalten und Dienstleistungen;

2) Ausbau erneuerbarer Energieträger, allen voran Solarenergie, Wasserkraft, Wind und Biomasse;

3) Kombination fossiler Energieträger mit Verfahren zur Kohlenstoffabscheidung und -lagerung in geologischen Gesteinsformationen.

Keine dieser drei Gruppen wird allein einen ausreichenden Beitrag leisten können. Die Kombination aus Biomasse-Energieträgern und Kohlenstofflagerung bietet dabei in größerem Maßstab eine Chance, die Treibhausgas-Konzentration sogar netto zu senken.

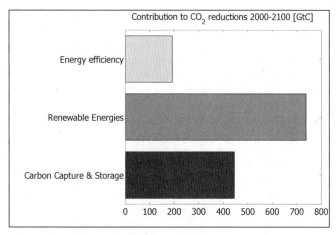

Abb. 3: Das "Vermeidungs-Portfolio": Beiträge einzelner Maßnahmenbündel im Rahmen eines 450 ppm-Szenarios (Quelle: Edenhofer, Lessmann, Bauer 2006)

Der Hauptanreiz zum Aufbau von wirtschaftlichen Verfahren in allen drei Kategorien wird im Wesentlichen von der Implementierung geeigneter Politikinstrumente abhängen. Der Handel mit Emissionszertifikaten, wie in der EU bereits angelaufen, muss eine zentrale Rolle spielen, um CO_2-Emissionen einen Preis zuzuordnen. Nur dann werden die Wirtschaftsakteure Innovationen zur Emissionsvermeidung entwickeln und auch zur Anwendung bringen. Darüber hinaus wird dies zu einem Innovationsschub führen, der die gesamtwirtschaftlichen Kosten der Vermeidung drastisch senken wird. In neueren Simulationsmodellen, die induzierten technischen Fortschritt explizit berücksichtigen, fallen zur Einhaltung des 2 °C-Ziels lediglich Vermeidungskosten in Höhe von ca. 1 % der weltweiten Wirtschaftsleistung an. Auf der anderen Seite werden im Stern Review der britischen Regierung die möglichen Schäden durch den Klimawandel global auf mindestens 3–5 % der Wertschöpfung geschätzt. Es ergibt sich also eine positive Kosten-Nutzen-Relation für eine umfassende Vermeidungsstrategie.

3 Primärenergiepotenzial von Biomasse und Reststoffen

Die Abschätzungen des globalen Potenzials von Biomasse als Energieträger gehen in einer Reihe von Studien weit auseinander. Man findet in der Literatur Zahlen zwischen 200 und 1.000 ExaJoule (EJ) für das Jahr 2100. Zum Vergleich: der globale Primärenergieverbrauch liegt derzeit bei etwa 430 EJ und wird in einem Business-as-usual-Szenario für das Jahr 2100 auf etwa 1.200 EJ geschätzt.

Verschiedene Modellrechnungen gehen davon aus, dass für eine Einhaltung einer Treibhausgas-Konzentration von 450 ppm CO_2-Äquivalent langfristig ein Anteil von ca. 400 EJ aus Biomasse am gesamten Energiemix erforderlich sein wird. Dies hängt natürlich von vielen Parametern ab, vor allem auch vom speziellen Potenzial verschiedener Arten von Biomasse. Es stehen hier eine Vielzahl von möglichen Biomasse-Arten und Verwertungsoptionen potenziell zur Verfügung: die Rohstoffe umfassen verschiedene landwirtschaftliche Kulturen (Getreide, Mais, Ölfrüchte), spezielle Energiekulturen (Pappeln, Weiden, Eukalyptus, Elefantengras, Switchgras), alle Arten von Holz sowie organische Abfall- und Reststoffe.

Das technische Biomassepotenzial wird derzeit für Deutschland auf ca. 1,1 EJ/Jahr geschätzt. Das entspricht etwa 8 % des aktuellen Primärenergieverbrauchs. Dieses Biomasse-Potenzial setzt sich zusammen aus Holz und Holzrückständen (50 %), Stroh und andere Ernterückstände (20 %), tierische Exkremente und Siedlungsabfälle (13 %) sowie Energiepflanzen (17 %) (Wuppertal-Institut et al. 2005). Während sich das Angebot der ersten drei Gruppen in Zukunft kaum erhöhen bzw. sogar zurückgehen dürfte, hängt das zukünftige Potenzial von Energiepflanzen vor allem von den verfügbaren Flächen und der möglichen Ertragssteigerung ab. Unter der Annahme, dass die Ackerfläche in Deutschland in Zukunft relativ stabil bei ca. 30 % der Gesamtfläche bleibt und dass die Flächenerträge im Durchschnitt kontinuierlich um 0,5 % pro Jahr gesteigert werden können, ergibt sich im Jahr 2050 ein Energiepflanzenpotenzial von 0,6 EJ. Zusammen mit den anderen Biomasse-Arten ergäbe das ein Potenzial von 1,4 EJ/Jahr, was etwa 10 % des geschätzten Primärenergiebedarfs entspräche.

Für die EU-25 wird das Bioenergie-Potenzial im Jahr 2030 auf ca. 15 % des Primärenergieverbrauchs (ca. 13 EJ/Jahr) geschätzt (EEA 2006). Bis 2050 könnten durch Ertragssteigerungen und eine gewisse Ausdehnung der Ackerfläche 18–20 % des Primärenergieverbrauchs erreicht werden.

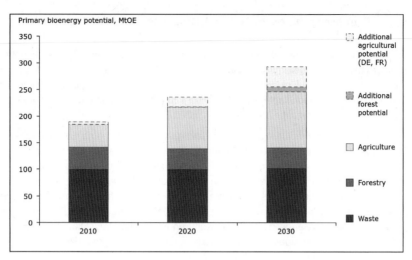

Abb. 4: Primärenergiepotenzial von Biomasse in der EU-25 (Erläuterung: 300 Millionen Tonnen Öläquivalent, MtOE, entsprechen 12,6 EJ) (Quelle: EEA 2006).

Im Vergleich zu Deutschland und Europa steht global relativ mehr potenziell ungenutzte Ackerfläche zur Verfügung. Während die Ackerfläche in Europa ca. ein Drittel der Gesamtfläche ausmacht, liegt dieser Anteil global bei nur ca. 11 %. Global gibt es daher nicht nur Potenzial bei der Flächenausdehnung, sondern auch bei der Ertragssteigerung, da die Flächenproduktivität in Europa bereits weltweit am höchsten ist. Dies setzt aber eine deutliche Erhöhung der Kapitalintensität in der landwirtschaftlichen Produktion voraus. Bis zum Jahr 2050 lässt sich wahrscheinlich ein Anteil von 15–20 % am Primärenergieverbrauch erreichen, das sind ca. 140 EJ/Jahr. Das Erreichen der oben genannten 400 EJ/Jahr zur Einhaltung des 2 °C-Klimaziels in der zweiten Hälfte des 21. Jahrhunderts würde aber eine Ausdehnung der Ackerfläche um 50 % und eine Verdreifachung der durchschnittlichen Flächenproduktivität voraussetzen. Dies erscheint angesichts der beobachteten weltweiten Produktivitätssteigerung in der Landwirtschaft in den letzten fünf Jahrzehnten zwar nicht unrealistisch, aber hinsichtlich der institutionellen Hemmnisse in vielen heute noch armen Ländern doch sehr ambitioniert.

Außerdem ist bei der Flächenausdehnung darauf hinzuweisen, dass es hier mögliche gegenläufige Effekte gibt, wenn z. B. die Ausdehnung der Ackerfläche auf Kosten vor allem tropischer Regenwälder erfolgte. Weltweit tragen Landnutzungsänderungen in Form von Entwaldung ca. 18 % zu den Treibhausgasemissionen bei. Dies ist mehr als der gesamte Verkehrssektor. Das Abholzen von Wäldern zum Anbau von Energiepflanzen würde also netto zu keiner Emissionsvermeidung führen.

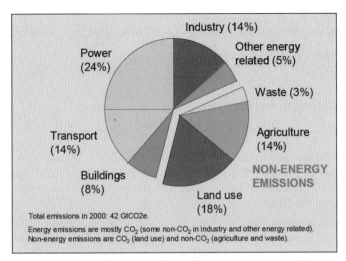

Abb. 5: Anteile verschiedener Sektoren an den globalen Treibhausgas-Emissionen (Quelle: Stern Review 2006).

Neben der Erzeugung von Bioenergie ergibt sich ein zusätzliches Einsparpotenzial von Emissionen im Bereich der verbesserten Behandlung von organischen Siedlungsabfällen. Durch konsequent getrennte Erfassung des Bioabfalls könnten durch vermiedene Methanemissionen auf den Deponien in Europa etwa 10 % der geplanten Emissions-Reduktionsziele erreicht werden (UBA 2005).

4 Literatur

IPCC (2007): Climate Change 2007: The Physical Science Basis. Geneva. http://ipcc-wg1.ucar.edu

HM Treasury (2006): Stern Review on the economics of climate change. http://www.hm-treasury.gov.uk/independent_reviews/ stern_review_economics_climate_change/ stern_review_report.cfm

UBA (2005): Statusbericht zum Beitrag der Abfallwirtschaft zum Klimaschutz und mögliche Potenziale.

Wuppertal-Institut für Klima, Umwelt, Energie et al. (2005): Analyse und Bewertung der Nutzungsmöglichkeiten von Biomasse.

EEA (2006): How much bioenergy can Europe produce without harming the environment? EEA Report No. 7/2006.

Institut für Energetik und Umwelt et al. (2005): Nachhaltige Biomassenutzungsstrategien im europäischen Kontext.

Einfluss von Rohstoff-, Energie- und Entsorgungspreisen auf die Ökonomie von Entsorgungsketten

Ulrich Schlotter, Hermann Krähling

Aktuelle Erhebungen der Kunststoffindustrie für Europa zeigen, dass alle Verwertungswege – werkstofflich, rohstofflich und energetisch – für Kunststoffe und kunststoffreiche Abfälle genutzt werden. Die Gesamtmenge an verwerteten Kunststoffen steigt, die Deponierung sinkt.

Gleichzeitig wurde in einer Vielzahl von Studien (Ökobilanz- und Ökoeffizienzuntersuchungen) gezeigt, dass keine generelle Vorteilhaftigkeit eines bestimmten Verwertungsweges besteht. In der Regel ist jedoch Verwertung die ökologisch bessere Wahl im Vergleich zur Beseitigung/Deponierung. Werkstoffliche, rohstoffliche und energetische Verwertung haben alle ihre eigenen Vorteile und Beschränkungen. In der politischen Debatte setzt sich deshalb mehr und mehr die Meinung durch, dass ein Verwertungsmix unter Nutzung der Vorteile aller Verwertungswege das beste Konzept für ein nachhaltiges Management kunststoffreicher Abfälle ist:

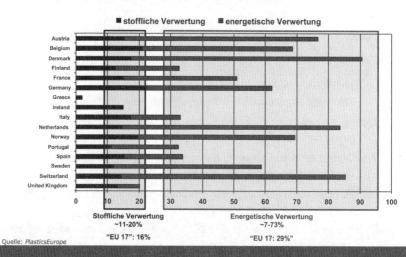

Quelle: *PlasticsEurope*

- Der politische Wille ist dort gefragt, wo es um klare und europaweit einheitliche Zielsetzungen z. B. „Ausstieg aus der Deponierung" geht.
- Umweltrechtlicher Vollzug muss sicherstellen, dass alle Verwertungsaktivitäten sicher und umweltschonend ablaufen.
- Marktmechanismen sind am besten geeignet, um den Verwertungsmix optimal einzustellen.

Dabei müssen abfallbezogene Fragen immer im Kontext von Produktlebenswegen betrachtet werden: Am Ende zählt eben nicht nur was „hinten" rauskommt.

Betrachtet man die Ergebnisse aus den Verwertungsstatistiken genauer, so wird erkennbar, dass unter unterschiedlichen Randbedingungen (verfügbare Verwertungsinfrastruktur, rechtliche Detailregelungen einzelner Länder) die werkstoffliche Verwertung (Ausnahme Griechenland) einen Anteil von > 10 % und < 20 % hat.

In dem Vortrag sollen dann zwei aktuell diskutierte Fragen aufgegriffen werden:

Wo liegt das Potential der Verwertung im Vergleich zu anderen Verwertungsoptionen?

Werden die Entwicklungen auf den Energiemärkten die werkstoffliche Verwertung besonders befördern?

Hierzu werden systematisierte und vergleichende Charakterisierungen der prinzipiellen Verwertungsoptionen vorgestellt.

Grundsätzlich unterliegen alle Aktivitäten, die darauf zielen Rohstoffe durch Abfälle zu ersetzen drei einfachen Spielregeln (s. nachstehende Graphik).

Bio- und Sekundärrohstoffverwertung II

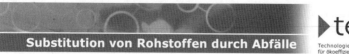

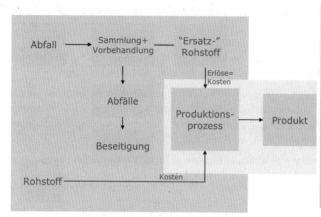

Werkstoffliche Verwertung hat besondere Vorteile durch die relativ geringen Investitionskosten und die grundsätzlich hohe Akzeptanz und Nachfrage nach dem Verwertungsprodukt. Allerdings sind die Anforderungen an im Markt absetzbare Produktqualität auch entsprechend hoch. Eine scharfe Selektion des Abfallinputs für die Verwertung ist deshalb erforderlich. Die Verfügbarkeit geeigneter Abfälle zu vertretbaren Kosten ist limitiert – und liefert eine gute Begründung für die eingangs vorgestellte Verteilung der Kunststoffverwertung mit einem Anteil von 15 %–20 % werkstofflicher Verwertung.

In einem tecpol-internen Expertenworkshop wurden prognostizierte Entwicklungen auf den Energiemärkten, Einflüsse hieraus auf Technologien und nicht zuletzt auf verschiedene Verwertungswege abgeschätzt.

Bezüglich der möglichen Einflüsse auf einzelne Verwertungsverfahren – und mit besonderem Blick auf werkstoffliche Optionen – ergibt sich für Kunststoffabfälle dabei folgendes Bild:

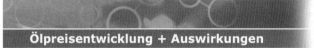

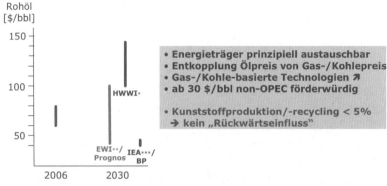

- Rohölpreise und Preise für Kunststoff-Neuware entkoppeln seit 2004 deutlich.
- Werkstoffliche Verwertungsverfahren profitieren tatsächlich weniger als besonders rohstoffliche Optionen – potentielle Gewinner wären z. B. „Verölungsverfahren", falls die technische Reife erreicht wird.
- Insgesamt sind alle Verwertungsverfahren deutlich mehr von abfallrechtlichen Randbedingungen abhängig als von den prognostizierten Entwicklungen im Energiemarkt. Eine europaweit einheitliche Politik zum Ausstieg aus der Deponierung heizwertreicher Abfälle wäre im Sinne von Ressourcenschonung ein signifikanter Schritt – und würde der gesamten Verwertungsindustrie die notwendige Planungssicherheit geben. Werkstoffliches Verwerten wird (auch) dann im Markt einen Stellenwert und eine verbesserte Perspektive haben.

Brennstoffe der Zukunft.

Sekundärbrennstoffe ersetzen jährlich viele tausend Tonnen an wertvollen, primären Brennstoffen wie Kohle, Öl und Gas. Ihr Einsatz schont die natürlichen Ressourcen und hilft die Schadstoffemissionen zu verringern. So ist ihre Verwendung ein wichtiger Beitrag zur Senkung der CO_2-Emissionen und trägt zum Klimaschutz bei. Die EGN ist Vorreiter bei der Erzeugung von Sekundärbrennstoffen in Deutschland und kompetenter Partner für Abfallerzeuger und Abfallverwerter gleichermaßen.

Weitere Informationen zum Thema Sekundärbrennstoffe erhalten Sie unter:
T +49(0)2162.376-3002

EGN Entsorgungsgesellschaft
Niederrhein mbH
Greefsallee 1-5 · 41747 Viersen
www.entsorgung-niederrhein.de

2007 – Die neue Verbringungs- und Nachweisverordnung – Konsequenzen für die Entsorgungswirtschaft

Hans-Jörg Knäpple

Zusammenfassung

Vergangenes Jahr wurden zwei Verordnungen und ein Gesetz erlassen, die für die Entsorgungswirtschaft von erheblicher Bedeutung sind. Zum einen ist dies die "Verordnung (EG) Nr. 1013/2006 über die Verbringung von Abfällen"[1], die einige wichtige Änderungen im Zusammenhang mit der Einfuhr und Ausfuhr von Abfällen enthält, insbesondere die Streichung der "Roten Liste" und die Einführung weiterer Einwandsgründe.

Zum andern wurden durch das "Gesetz zur Vereinfachung der abfallrechtlichen Überwachung"[2] vom 15.07.2006 die rechtlichen Grundlagen für die Änderung des Abfall-Nachweisordnung (NachweisV) geschaffen. Die neue NachweisV wurde am 26.10.2006 als "Verordnung zur Vereinfachung der abfallrechtlichen Überwachung"[3] im Bundesgesetzblatt verkündet. Durch diese Vorschriften wurde die Einteilung der Abfälle grundlegend geändert (nur noch gefährliche und nicht gefährliche Abfälle) und das Verfahren der Nachweisführung, insbesondere für Abfälle, die bisher nicht überwachungsbedürftig und daher nicht nachweispflichtig waren. Für alle Abfälle – ausgenommen Abfälle aus privaten Haushaltungen – muss seit dem 01.02.2007 ein Abfallregister geführt werden. Ferner wurden die rechtliche Grundlagen für die elektronische Nachweisführung geschaffen, die ab dem 01.04.2010 obligatorisch wird.

Im nachfolgenden Überblick über diese Vorschriften werden die wichtigsten Änderungen vorgestellt.

1 Abfallverbringungsverordnung

Einleitung

Der Export und Import von Abfällen ist bisher in der EU-Abfallverbringungsverordnung Nr. 259/93 geregelt[4]. Diese Verordnung gilt noch bis zum 11.07.2007.

---

[1] Amtsblatt der Europäischen Union L 190/1 vom 12.07.2006
[2] BGBl. 2006 I, S. 1619
[3] BGBl. 2006 I, S. 2298
[4] Amtsblatt Nr. L 030 vom 06/02/1993 S. 0001–0028, zuletzt geändert durch VO (EG) 2557/2001 v. 28.12.2001 (ABl. L 349 31.12.2001 S.1)

Am 12.07.2006 wurde im Amtsblatt der Europäischen Union[5] die neue Abfallverbringungsverordnung Nr. 1013/2006 verkündet. Diese ersetzt mit Wirkung ab dem 12.07.2007 die VO Nr. 259/93. Die Neuregelung war notwendig, weil die VO 259/93 bereits mehrfach geändert worden ist. Zudem musste die Gemeinschaft den geänderten OECD-Beschluss[6] umsetzen und die Abfalllisten den Änderungen im Baseler Übereinkommen[7] anpassen.

Formell ist die VO 1013/2006 eine Neuschöpfung; inhaltlich entspricht sie in weiten Teilen der noch geltenden VO Nr. 259/93. Sie enthält jedoch einige bedeutende Rechtsänderungen. Die VO Nr. 1013/2006 ist unmittelbar geltendes Recht in allen Mitgliedsstaaten. Bis zum 12.07.2007 muss noch das (deutsche) Abfallverbringungsgesetz und die Muster-Verwaltungsvorschrift der LAGA an die neue Rechtslage angepasst werden. Auf eine Darstellung der Grundzüge des derzeit geltenden Abfallverbringungsrechts wird verzichtet. Grundlegende Informationen hierzu enthält der Beitrag von Werres in Müll und Abfall 2006, 354 f.[8]

Wesentliche Änderungen für Verbringungen innerhalb der Gemeinschaft

1. Streichung der Roten Liste, nur noch Grüne und Gelbe Liste

Die Rote Liste konnte gestrichen werden, da es künftig nur noch eine Grüne Liste und eine Gelbe Liste gibt. Grüne Abfälle, die zur Verwertung eingeführt oder ausgeführt werden sollen, müssen weiterhin nicht notifiziert werden. Für sie genügt es, dass ein spezieller Begleitschein mitgeführt wird. Die neue Verordnung spricht jedoch nicht von Begleitschein, sondern von "allgemeinen Informationspflichten gemäß Artikel 18". Für alle anderen Abfälle, die innerhalb der Mitgliedsstaaten der Gemeinschaft verbracht werden (Grüne Abfälle zur Beseitigung und alle Gelben Abfälle) bedarf es eines Notifizierungsverfahrens und einer vorherigen schriftlichen Zustimmung der beteiligten Ausfuhr-, Durchfuhr und Einfuhrbehörde. Die nach der VO 259/93 bestehende Möglichkeit gelb gelistete Abfälle zur Verwertung nach 30 Tagen zu verbringen, wenn die beteiligten Behörden während dieser Zeit keinen Einwand erhoben haben, entfällt. Nur für die Transitbehörde wird eine stillschweigende Genehmigung nach 30 Tagen fingiert, falls zuvor kein Einwand erhoben wurde.

---

[5] Amtsblatt Nr. L 190, S. 1 vom 12.07.2006 Den Text der VO Nr. 1013/2006 findet man unter http://www.bmu.de/abfallwirtschaft/downloads/doc/37368.php.

[6] Beschluss über die Kontrolle der grenzüberschreitenden Verbringung von zur Verwertung bestimmtem Abfällen C(2001)107 eng. des OECD-Rates http://www.oecd.org/dataoecd/38/20/30739117.pdf

[7] Baseler Übereinkommen über die Kontrolle der grenzüberschreitenden Verbringung von gefährlichen Abfällen und ihrer Entsorgung der Vereinten Nationen http://www.basel.int/text/con-e-rev.pdf

[8] Eine ausführliche Darstellung enthält der Aufsatz von Wuttke, Grenzüberschreitende Abfallverbringung, http://www.umweltbundesamt.de/abfallwirtschaft/gav/dokumente/259AR_KF_2001.pdf

2. Definition der Grünen und Gelben Abfälle

   Grüne Abfälle sind alle in Anhang III, III A oder III B aufgeführten Abfälle. Alle nicht in den vorgenannten Anhängen ausdrücklich aufgeführten Abfälle sind Gelbe Abfälle. Grüne Abfälle, die gefährliche Eigenschaften aufweisen, können von der Kommission "in Ausnahmefällen" als Gelbe Abfälle eingestuft werden.

3. Einstufung als Abfall, als Verwertung oder Beseitigung und als Grüner oder Gelber Abfall

   Wenn die beteiligten Behörden hinsichtlich der Abfalleigenschaft des zu verbringenden Stoffes, der Einstufung als Abfallverwertung oder -beseitigung oder der Einstufung als Gelber oder Grüner Abfall unterschiedlicher Auffassung sind, gelten die jeweils strengeren Regelungen. Für die Abfallverbringung ist dann von Abfall, Beseitigung und von Gelbem Abfall auszugehen. Beispiel: Österreich ist der Auffassung, der in Innsbruck erzeugte Klärschlammkompost sei ein Produkt gemäß der österreichischen KompostV. Ist das Thüringer Landesverwaltungsamt hingegen der Auffassung, dieser Kompost sei Abfall, und zwar Abwasserschlamm AC 270, dann ist ein Notifizierungsverfahren durchzuführen. Das für die Notifizierung zuständige Ministerium in Wien kann dann nicht sagen, eine Notifizierung sei nicht erforderlich.

4. Festlegung der Rangfolge der Notifizierenden

   Notifizierende sind in der nachfolgenden Rangfolge: der Ersterzeuger, der Neuerzeuger (= wer Abfälle in ihrer Natur oder ihrer Zusammensetzung ändert), der Einsammler, der Händler, der Makler und letztlich der Abfallbesitzer. Durch diese Reihenfolge wird zugleich festgelegt, dass in erster Linie der Ersterzeuger, der Neuerzeuger und dann in der genannten Reihenfolge die anderen Personen als Notifizierende auftreten (Priorität der Erzeuger-Notifizierung).

5. Notifizierung bis zur endgültigen Verwertung bzw. Beseitigung

   Nach der bisherigen Rechtslage ist für die Einstufung, ob es sich um Verwertung oder Beseitigung handelt, nur der erste im Ausland stattfindende Behandlungsschritt maßgebend (z. B. Notifizierung zu einer Sortieranlage = Verwertung). Was mit dem vorbehandelten bzw. nur teilweise behandelten Abfall im Ausland weiter geschieht, war nicht Gegenstand der Notifizierung (wenn gleich die Behörden dies meist wissen wollen). Nunmehr ist ausdrücklich geregelt, dass die Notifizierung die gesamte Phase der Abfallbehandlung vom ursprünglichen Versandort bis zur endgültigen Verwertung oder Beseitigung umfassen muss. Es muss also dargelegt werden, was nach einer Vorbehandlung im Ausland anschließend mit dem Abfall geschieht.

6. Ordnungsgemäße Notifizierung, Fristbeginn

   Eine Notifizierung gilt als ordnungsgemäß ausgeführt, wenn die zuständige Behörde am Versandort oder am Bestimmungsort "der Auffassung ist, dass das Notifizierungs- und Begleitformular richtig ausgefüllt und die nach Auffassung der Behörde erforderlichen Informationen erteilt wurden". Damit haben es die beteiligten Behörden in der Hand, wann sie die Frist für die Weiterleitung der Notifizierung (drei Werktage) und für die Entscheidung über die Notifizierung (30 Tage) in Lauf setzen (wollen).

7. Geltungsdauer der Notifizierung

Sie beträgt maximal ein Jahr ab Erteilung der schriftlichen Zustimmung. Bei einer Sammelnotifizierung kann die Geltungsdauer von der Behörde am Bestimmungsort im Einvernehmen mit den anderen Behörden auf bis zu drei Jahre verlängert werden.

8. Für die Verbringung von tierischen Nebenprodukten gilt nur die VO-Nr. 1774/2002.

9. Nationale Standards als Einwandsgrund

Die im Versandstaat zuständige Behörde kann einem Export von Abfällen widersprechen, wenn diese im Ausland gemäß weniger strengen Rechtsvorschriften als im Versandstaat verwertet werden sollen. Dies gilt jedoch nicht, wenn die Verwertung in der jeweiligen Anlage im Empfängerstaat unter Bedingungen erfolgt, die denen im Versandstaat weitgehend entsprechen. Ob strengere nationale Vorschriften ein Einwandsgrund sind, war jahrelang umstritten, wurde aber vom EuGH in der Rechtssache C-277/02 EU-Wood-Trading im Dezember 2004 bejaht. In diesem Verfahren ging es um den Export von Altholz von Deutschland nach Italien. Die (strengeren) nationalen Rechtsvorschriften müssen der Kommission mitgeteilt worden sein.

10. Nichteinhaltung von EG-Rechtsvorschriften

Ein weiterer Einwandsgrund besteht darin, dass die vorgesehene Behandlung im Empfangsstaat nicht den EG-Rechtsvorschriften entspricht, z. B. die Entsorgungsanlage im Empfangsstaat nicht den "besten verfügbaren Techniken" im Sinne der IVU-Richtlinie 96/61[9] entspricht.

11. Vorstrafen des Notifizierenden oder des Empfängers

Verurteilungen wegen illegaler Verbringungen oder wegen eines Umweltdelikts sind ein Einwandsgrund.

12. Einwand der Nähe bei gemischten Siedlungsabfällen, ASN 200301 (Restmüll)

Bisher konnte der Einwand der Nähe (= keine Zustimmung zur Notifizierung, weil sich in der Nähe der Anfallstelle eine für die Behandlung des Abfalls geeignete Anlage befindet) nur erhoben werden, wenn der Abfall im Ausland beseitigt werden sollte. Daran hat sich im Prinzip nichts geändert, ausgenommen gemischte Siedlungsabfällen aus privaten Haushaltungen. Für sie gelten immer die Vorschriften für die Notifizierung zur Beseitigung. Deshalb können die beteiligten

---

[9] Richtlinie 96/61/EG des Rates vom 24. September 1996 über die integrierte Vermeidung und Verminderung der Umweltverschmutzung, Amtsblatt Nr. L 257 vom 10/10/1996 S. 0026–0040

Behörden den Einwand der Nähe künftig auch dann erheben, wenn der Restmüll im Ausland verwertet werden soll. Zudem wurde ein genereller Einwandsgrund gegen die Verbringung von Restmüll eingeführt, also ohne dass es dafür einer Begründung bedürfte. Im Ergebnis bedeutet dies, dass jeder sachliche, nachvollziehbare Grund für die Ablehnung der Verbringung von Restmüll genügt.

13. Definition der illegalen Verbringung

Es wird definiert, was unter illegaler Verbringung zu verstehen ist, nämlich die Verbringung ohne Notifizierung oder ohne Zustimmung der zuständigen Behörden, die durch Fälschung, falsche Angaben oder Betrug erlangte Zustimmung oder Verbringung, die den Notifizierungs- oder Begleitformularen sachlich nicht entspricht oder eine Verwertung bzw. Beseitigung unter Verletzung gemeinschaftsrechtlicher Bestimmungen. Bei Grünen Abfällen ist eine Verbringung illegal, wenn diese offensichtlich nicht in den Anhängen III, III A oder III B aufgeführt sind oder die Abfälle abweichend von den Angaben in den Versandinformationen (=Begleitschein) verbracht werden.

14. Festlegung der Rücknahmeverpflichtungen bei illegalen Abfallexporten bzw. bei gescheiterten Abfallexporten

Bei illegaler Verbringung von Abfällen durch einen Händler oder Makler trifft die Rücknahmeverpflichtung im Verhältnis zur Behörde (vertraglich kann etwas anderes geregelt sein) ausschließlich den Ersterzeuger, den Neuerzeuger oder den Einsammler. Bei einer gescheiterten Abfallverbringung, für die aufgrund der weiten Definition der illegalen Verbringung jedoch kaum noch Raum bleibt, trifft die Rücknahmeverpflichtung den Händler oder Makler, der die Verbringung notifiziert hat. Nur wenn der Händler oder der Makler ihre Rücknahmeverpflichtung nicht erfüllen, trifft die Rücknahmeverpflichtung den Ersterzeuger, Neuerzeuger oder den Einsammler.

15. Sicherheitsleistung

Diese besteht aus den Transportkosten, den Kosten der Verwertung oder Beseitigung sowie der Lagerkosten für 90 Tage. Die Sicherheitsleistung muss von der zuständigen Behörde am Versandort genehmigt werden. Bei mehrstufigen Verwertungs- oder Beseitigungsvorgängen muss die Sicherheitsleistung auch für alle weiteren Behandlungsschritte bis zur endgültigen Verwertung oder Beseitigung gültig sein und die Kosten für die weitere Behandlung abdecken. Die Sicherheitsleistung kann dann von der zuständigen Behörde abschnittsweise freigegeben werden.

16. Abschluss der Verwertung oder Beseitigung

    Spätestens ein Jahr nach Ankunft der Abfälle in der Anlage muss die Entsorgung abgeschlossen sein, sofern die Behörde keinen kürzeren Zeitraum bestimmt.

17. Übergangsregelungen für Ost-Mitgliedsstaaten

    Für Lettland, Polen, die Slowakei, Bulgarien und Rumänien enthält die Verordnung befristete Sonderregelungen. So bedarf es für die Verbringung von Grünen Abfällen zur Verwertung nach Polen bis zum 31.12.2012 der vorherigen schriftlichen Notifizierung und Zustimmung.

18. Übergangsregelung für bereits notifizierte Verbringungen

    Notifizierungen auf der Grundlage der noch geltenden VO Nr. 259/93, für die von der Behörde am Bestimmungsort vor dem 12.07.2007 eine Empfangsbestätigung ausgestellt wurde, gelten längstens bis zum 11.07.2008.

19. 14 Anhänge zur Verordnung

    Für die Praxis sind folgende Anhänge von Bedeutung:

Anhang I A	enthält das Notifizierungsformular
Anhang I B	enthält das Begleitformular für notifizierungspflichtige Verbringungen
Anhang II	enthält Informationen und Unterlagen für die Notifizierung (im Notifizierungs- und Begleitformular anzugebende oder beizufügende Informationen)
Anhang III	enthält die Grüne Abfallliste (Teil I verweist auf Anhang V Teil I Liste B; dort findet man fast alle Grünen Abfälle. Anhang III Teil 2 listet noch einige andere Grüne Abfälle auf)
Anhang III A	wird Grüne Abfälle enthalten, die aus zwei oder mehr in Anhang III aufgeführten Abfällen zusammengesetzt sind (die Liste muss erst noch gemacht werden)
Anhang IV	enthält die Gelbe Abfallliste
Anhang IV A	wird Abfälle enthalten, die zwar grün gelistet sind, die aber dennoch dem Verfahren der vorherigen schriftlichen Notifizierung und Zustimmung unterliegen sollen (die Liste gibt es ebenfalls noch nicht)
Anhang V	enthält Abfälle für die das Ausfuhrverbot (aus der Europäischen Gemeinschaft) gilt
Anhang VII	enthält das bei der Verbringung von Grünen Abfällen mit zu führende Begleitformular (die so genannten Versandinformationen)

Zusammenfassung und Bewertung

Die VO Nr. 1013/2006 behält in verfahrensrechtlicher Hinsicht die bisherige Zweiteilung bei. Für die Verbringung von Abfällen zur Verwertung der Grünen Liste genügt weiterhin, dass ein spezieller Beleitschein ausgefüllt und mitgeführt wird. Für alle anderen Abfälle ist eine Notifizierung und eine vorherige schriftliche Zustimmung der Behörde im Versandstaat und im Empfängerstaat erforderlich. Die noch bestehende Möglichkeit, Abfälle zur Verwertung der Gelben Liste 30 Tage nach Absendung der Empfangsbestätigung zu verbringen, wenn innerhalb dieser Frist kein Einwand erhoben wird, entfällt. Die Rote Liste wird gestrichen; künftig gibt es nur noch grün oder gelb gelistete Abfälle. Die Einwandsgründe wurden erweitert. Zum Beispiel kann die Behörde im Versandstaat einwenden, dass die im Ausland beabsichtigte Verwertung hinter den nationalen Standards zurückbleibt. Generell erschwert wurde die Verbringung von gemischten Siedlungsabfällen, auch wenn sie verwertet werden sollen.

Die neue Abfallverbringungsverordnung ist trotz ihres Umfangs systematischer gegliedert, verständlicher und damit leichter anzuwenden.

Insgesamt stellt die neue Verordnung den Schutz der Umwelt in den Vordergrund. Die Warenverkehrsfreiheit, die im Grundsatz auch für Abfälle zur Verwertung gilt, wurde durch die Notwendigkeit einer vorherigen schriftlichen Zustimmung (außer bei Grünen Abfällen) und durch weitere Einwandsgründe zurückgedrängt. Ob deshalb die notifizierungspflichtigen Verbringungen zurückgehen werden, bleibt abzuwarten. Bereits bisher haben sich die Behörden nicht geziert Einwände zu erheben, auch solche, deren Rechtmäßigkeit sehr umstritten war.

2 Änderung des KrW-/AbfG und der Nachweisverordnung

Einleitung

Am 15.07.2006 wurde durch das Gesetz zur Vereinfachung der abfallrechtlichen Überwachung[10] das Kreislaufwirtschaftsgesetz insbesondere hinsichtlich der Einteilung der Abfälle in nicht gefährliche und gefährliche Abfälle geändert. Hierdurch wurde die Einteilung der Abfälle und die Nachweisführung den europarechtlichen Vorgaben angepasst. Die Abfallrahmenrichtlinie 2006/12/EG[11] und die ehemalige Abfallrahmenrichtlinie 75/442/EWG[12] sowie die Richtlinie 91/689/EWG über gefährliche Abfälle[13] kennen nur nicht gefährliche und gefährliche Abfälle, nicht jedoch die Kategorien "überwachungsbedürftige Abfälle", "besonders überwachungsbedürftige Abfälle" oder "überwachungsbedürftige Abfälle zur Verwertung". Entsprechend den Vor-

---

[10] BGBl. I. S. 1619
[11] vom 05.04.2006 Amtsblatt L 114, S. 9
[12] aufgehoben durch die RL 2006/12/EG
[13] vom 12.12.1991, Amtsblatt L 377, S. 20

gaben in der AbfallrahmenRL muss ab dem 01.02.2007 für alle Abfälle ein Abfallregister geführt werden, auch für nicht gefährliche Abfälle.

Auf der Grundlage des geänderten Kreislaufwirtschafts- und Abfallgesetzes wurde am 20.10.2006 die Verordnung zur Vereinfachung der abfallrechtlichen Überwachung[14] erlassen, durch die die bisher geltende Nachweisverordnung (NachwV) aufgehoben wird. Zugleich wurde eine neue, wesentlich geänderte NachweisV verkündet. Alle Änderungen sind von wenigen Ausnahmen abgesehen am 01.02.2007 in Kraft getreten.

I. Änderung des Kreislaufwirtschafts- und Abfallgesetzes

Dadurch gab es im Wesentlichen folgende Änderungen:

1. Abschaffung der besonders überwachungsbedürftigen Abfälle. Entsprechend der europarechtlichen Terminologie gibt es künftig nur noch gefährliche Abfälle (= bisher besonders überwachungsbedürftige Abfälle) und nicht gefährliche Abfälle (= alle übrigen Abfälle).

2. Die Kategorie der überwachungsbedürftigen Abfälle zur Verwertung wurde gestrichen. Dementsprechend wurde die Bestimmungsverordnung überwachungsbedürftige Abfälle zur Verwertung (BestüVAbfV)[15] aufgehoben. Daher sind beispielsweise Klärschlämme, Sandfangrückstände, Sieb- und Rechenrückstände, sowie alle anderen in der BestüVAbfV aufgeführten Abfallarten ab dem 01.02.2007 nicht gefährliche Abfälle.

3. Die Ermächtigungsgrundlagen für den Erlass der NachweisV wurden geändert, damit die NachweisV, wie nunmehr vorliegend, erlassen werden konnte.

4. In § 13 Abs. 3 KrW-/AbfG wird klargestellt, dass die Überlassungspflicht nicht besteht für Abfälle, die von den Herstellern und Vertreibern von Erzeugnissen gem. § 25 KrW-/AbfG freiwillig zurückgenommen werden, soweit dem zurücknehmenden Hersteller oder Vertreiber ein Freistellungs- oder Feststellungsbescheid erteilt worden ist.

5. Die Vorschriften über die freiwillige Rücknahme in § 25 KrW-/AbfG werden mit Ausnahme des § 25 Abs. 1 (= Zielfestlegungen für die freiwillige Rücknahme von Abfällen) grundlegend geändert. § 25 besteht statt aus zwei künftig aus sechs Absätzen, in denen die Modalitäten der freiwilligen Rücknahme, der Freistellung von der Überlassungspflicht und der damit verbundenen Pflicht über die Entsorgung gefährlicher Abfälle einen Entsorgungsnachweis zu führen.

6. Die Vorschrift über die allgemeine Überwachung (§ 40 KrW-/AbfG) wird in Absatz 2 geändert. Die Betreiber von Abwasseranlagen, in denen Abfälle mitver-

---

[14] BGBl. I S. 2298

[15] vom 10.09.1996, BGBl I, S. 1377

wertet werden, unterliegen nicht mehr der abfallrechtlichen Überwachung. Hingegen wird die abfallrechtliche Überwachung auf Anlagen oder Unternehmen ausgedehnt, die gewerbsmäßig Abfälle einsammeln oder befördern, für Dritte Abfallverbringungen gewerbsmäßig vermitteln oder mit Abfällen gewerbsmäßig handeln.

7. Die Vorschriften über die Nachweisführung (§ 41 bis § 48 KrW-/AbfG) werden vollständig geändert und durch die § 41 bis 45 ersetzt. Diese Bestimmungen regeln die Einteilung der Abfälle in gefährliche Abfälle und nicht gefährliche Abfälle und in Abhängigkeit davon das Nachweisverfahren.

- Für **nicht gefährliche Abfälle** wird gemäß den EU-rechtlichen Vorgaben die Führung eines **Abfallregisters** vorgeschrieben und zwar mit wenigen Ausnahmen (Klärschlamm, Bioabfall, s. unten II. 4). Daher muss ab 01.02.2007 **auch für bisher nicht überwachungsbedürftige Abfälle ein Abfallregister** geführt werden. Registerpflichtig sind die Betreiber von Anlagen oder Unternehmen, welche Abfälle in einem Verfahren nach Anhang II A (= Beseitigungsverfahren) oder II B (= Verwertungsverfahren) entsorgen.

- Auch für **gefährliche Abfälle** müssen die Erzeuger, Besitzer, Einsammler und Beförderer ein **Abfallregister** führen.

- Die Erzeuger, Besitzer, Einsammler, Beförderer und Entsorger gefährlicher Abfälle haben – wie bisher – vor Beginn der Entsorgung einen Entsorgungsnachweis zu führen, der dem bisherigen Entsorgungsnachweis entspricht.

- Private Haushaltungen sind von den Registerpflichten ausgenommen. Die zuständige Behörde kann im Einzelfall aber anordnen, dass die Erzeuger, Besitzer, Einsammler, Beförderer oder Entsorger von Abfällen ein Abfallregister führen müssen.

Einzelheiten zum Abfallregister, siehe unten II. 8.

8. Die Abfallwirtschaftskonzept- und Bilanzverordnung wird aufgehoben. Nur die öffentlich-rechtlichen Entsorgungsträger und Drittbeauftragten müssen noch Abfallwirtschaftskonzepte und Abfallbilanzen erstellen und fortschreiben.

9. In allen anderen Gesetzen und Verordnungen wird der Begriff "besonders überwachungsbedürftiger Abfall" durch "gefährlicher Abfall" ersetzt, z. B. in der 4. BImSchV (Verordnung über genehmigungsbedürftige Anlagen, in der Abfallverzeichnisverordnung, der Altholzverordnung etc.).

II. Neue Nachweisverordnung

Die NachweisV wurde vollständig neu erlassen und inhaltlich an einigen Punkten wesentlich geändert.

Die wichtigsten Änderungen der neuen NachweisV bestehen in Folgendem:

1. Der **vereinfachte Entsorgungsnachweis** entfällt, weil es keine überwachungsbedürftigen Abfälle zur Verwertung mehr gibt.

2. **Elektronische Nachweisführung:**

    Die Nachweisführung für die Entsorgung gefährlicher Abfälle wird ab dem 01.04.2010 verbindlich in elektronischer Form vorgeschrieben. Vor diesem Zeitpunkt kann die elektronische Nachweisführung ab dem 01.02.2007 mit Zustimmung der zuständigen Behörde eingeführt werden. Bis zum 01.04.2010 ist der Entsorgungsnachweis noch in Papierform zulässig, und zwar unter Verwendung der Formblätter der bisher gültigen NachweisV.

3. Bei der Anlieferung von **Altholz** muss die Deklaration nicht mehr unter Verwendung des Anlieferungsscheins in Anhang VI AltholzV geschehen. Alternativ hierzu kann die Deklaration von Altholz auch mit Hilfe von Praxisbelegen, insbesondere von Liefer- und Wiegescheinen geführt werden, wenn diese Belege die zur Deklaration erforderlichen Angaben enthalten. Bei der Entsorgung von gefährlichem Altholz kann die Deklaration des Altholzes auch im Feld "frei für Vermerke" des Begleit- oder Übernahmescheines erfolgen. Auch für diese Deklaration genügen aussagekräftige Liefer- und Wiegescheine.

4. Bei der **landwirtschaftlichen Verwertung von Klärschlamm und von Bioabfällen** gilt die Nachweisverordnung weiterhin nicht. Für landwirtschaftlich zu verwertende Klärschlämme bzw. Bioabfälle muss kein Abfallregister geführt werden. Die zuständige Behörde kann dies jedoch im Einzelfall anordnen, ebenso wie die Führung eines Entsorgungsnachweises. Für die landwirtschaftliche Klärschlammverwertung genügt also weiterhin der Lieferschein gemäß dem Muster in Anhang 2 zur AbfKlärV bzw. der Lieferschein gem. § 11 Abs. 2 BioAbfV.

5. Bei einer Verwertung von Klärschlämmen und von Bioabfällen außerhalb des Anwendungsbereichs der AbfKlärV bzw. der BioAbfV, z. B, im Landschaftsbau, muss für diese Stoffe ein Abfallregister geführt werden.

6. **Privilegierte Sammelentsorgung:** Für eine Vielzahl von Abfällen, die in Anlage 2 zur NachweisV aufgeführt sind, benötigt der Einsammler keine Entsorgungsbestätigung, wenn er für das Einsammeln dieser Abfälle als Entsorgungsfachbetrieb zertifiziert oder auf Antrag durch die zuständige Behörde von der Bestätigungspflicht freigestellt worden ist. Diese Freistellung kann von der Behörde unter bestimmten Voraussetzungen widerrufen werden.

7. **Entsorgungsbestätigung für Zwischenlager:** Bisher konnte ein Entsorgungsnachweis nicht bestätigt werden, wenn der Abfall ausschließlich gelagert werden sollte. Nach der neuen NachweisV kann jedoch auch bei einer Zwischenlagerung der Entsorgungsnachweis bestätigt werden, wenn die weitere Entsorgung durch entsprechende Entsorgungsnachweise bereits belegt ist.

8. **Abfallregister**: Soweit nicht durch Gesetz eine Ausnahme zugelassen ist (landwirtschaftliche Verwertung von Klärschlamm und Bioabfall) müssen die Betreiber von Anlagen oder Unternehmen, welche Abfälle in einem Verfahren nach Anhang II A oder II B entsorgen (Entsorger) ein Abfallregister führen. Dies gilt auch für die Erzeuger, Besitzer, Einsammler und Beförderer gefährlicher Abfälle. Die Anforderungen an das Abfallregister hängen davon ab, ob es sich um einen nicht gefährlichen oder um einen gefährlichen Abfall handelt.

8.1. **Abfallregister für nicht gefährliche Abfälle**: Für solche Abfälle schreibt § 24 Abs. 4 NachweisV vor, dass **Abfallentsorger** alle Anlieferungen von Abfällen registrieren, indem sie für jede Abfallart und jede Entsorgungsanlage ein eigenes Verzeichnis erstellen. Das Verzeichnis muss enthalten die richtige Abfallschlüsselnummer gem. AVV, den Firmennamen und die Anschrift, die Bezeichnung und Anschrift der Entsorgungsanlage und die Entsorgernummer. Zusätzlich dazu müssen in dem Verzeichnis für jede angenommene Abfallcharge spätestens zehn Kalendertage nach der Annahme die Menge und das Datum der Annahme angegeben und diese Angaben unterschrieben werden. Diese Angaben und die Unterschrift können durch Praxisbelege, insbesondere durch Liefer- oder Wiegescheine, erbracht werden, wenn diese den Abfall erkennen lassen und eine Zuordnung des Praxisbelegs zum richtigen Abfallschlüssel und der jeweiligen Entsorgungsanlage ermöglichen. Das Abfallregister kann auch geführt werden, indem der Abfallentsorger das Formblatt Annahmeerklärung und für den einzelnen Entsorgungsvorgang das Formblatt Begleitschein ausfüllt. Auch die **Abgabe von behandelten oder gelagerten Abfällen** muss **durch den Abfallentsorger** gem. § 24 Abs. 5 NachweisV registriert werden. Dafür gelten dieselben Anforderungen wie für die Registrierung von Abfallanlieferungen, insbesondere sind Liefer- oder Wiegescheine als Praxisbelege zulässig. Die Pflicht zur Registrierung des abzugebenden Abfalls kann auch erfüllt werden durch Verwendung des Deckblatts Entsorgungsnachweis DEN in Verbindung mit dem Formblatt "Verantwortliche Erklärung" VE, Aufdruck 1 und durch Ausfüllen eines Begleitscheins für den abzugebenden Abfall.

Auch **Abfallerzeuger** müssen die Abgabe von Abfällen registrieren und hierbei die vorgenannten Anforderungen erfüllen. Gleiches gilt für **Abfallbeförderer**. Sie müssen jede Beförderung von Abfällen registrieren. Für jede übergebene Abfallcharge müssen ihre Menge und das Datum der Übergabe festgehalten und diese Angaben unterschrieben werden. Auch für den Abfallbeförderer sind Praxisbelege zulässig. Ebenso kann die Registrierungspflicht erfüllt werden, durch Verwendung des Deckblattes Entsorgungsnachweis DEN in Verbindung mit dem Formblatt Verantwortliche Erklärung VE, Aufdruck 2 und durch die Verwendung eines Begleitscheins für die übergebene Abfallcharge.

8.2. **Abfallregister für gefährliche Abfälle**: Für gefährliche Abfälle wird die Registerpflicht erfüllt, indem die **Abfallerzeuger, Einsammler und Abfallentsorger** die für sie bestimmten Ausfertigungen der Begleitscheine spätestens innerhalb von zehn Kalendertagen nach Erhalt den jeweiligen Entsorgungsnachweisen und Sammelentsorgungsnachweisen in zeitlicher Reihenfolge zuordnen. Die Einsammler müssen darüber hinaus die für sie bestimmten Ausfertigungen der Übernahmescheine spätestens zehn Kalendertage nach Erhalt den jeweiligen für sie bestimmten Ausfertigungen der Begleitscheine in zeitlicher Reihenfolge zuordnen. Dementsprechend müssen die **Abfallbeförderer** die für sie bestimmten Ausfertigungen der Begleitscheine spätestens zehn Kalendertage nach Erhalt und nach Abfallarten getrennt und in zeitlicher Reihenfolge zuordnen. Bei gefährlichen Abfällen wird die Registerpflicht also durch die systematische Sammlung und Ablage der Begleitscheine erfüllt.

8.3. **Elektronisches Abfallregister**: Das Abfallregister muss für nicht gefährliche Abfälle nicht elektronisch geführt werden. Dies ist jedoch auf freiwilliger Basis möglich. Hingegen muss das Abfallregister für gefährliche Abfälle entsprechend der Pflicht zur Nachweisführung bei gefährlichen Abfällen ab dem 01.04.2010 elektronisch geführt werden.

9. **Befreiung und Anordnung von Nachweis- und Registerpflichten**: Die zuständige Behörde kann auf Antrag von Nachweis- und Registerpflichten befreien und stattdessen andere geeignete Nachweise fordern oder die Registrierung weiterer Angaben anordnen.

10. **Fortgeltung von Entsorgungsnachweisen**: Entsorgungsnachweis und Sammelentsorgungsnachweise, die vor dem 01.02.2007 bestätigt wurden, gelten bis zum Ablauf ihrer Geltungsdauer fort.

11. **Fortgeltung von Nachweiserklärungen**: Nachweiserklärungen, die bis zum 01.02.2007 im privilegierten Verfahren erbracht worden sind, gelten als Nachweiserklärungen im Sinne des § 7 Abs. 4 der neuen NachweisV fort, wenn sie der für die Entsorgungsanlage zuständigen Behörde vor dem 01.01.2007 zugeleitet wurden.

Rechtzeitig zum Inkrafttreten der neuen Nachweisverordnung hat die Länderarbeitsgemeinschaft Abfall die "Vollzugshilfe zum novellierten Nachweisrecht"[16] vorgelegt. Hierbei handelt es sich um eine rechtlich nicht verbindliche Auslegung der geänderten Vorschriften des KrW-/AbfG und der Nachweisverordnung. Dennoch ist zu erwarten, dass sich die mit dem Vollzug der Nachweisverordnung befassten Behörden an die Auslegung der LAGA halten werden. Die Vollzugshilfe ersetzt teilweise die Musterverwaltungsvorschrift zur Durchführung der §§ 25 Abs. 2, 42–47, 49 und 51 des

---

[16] Endfassung vom 26.01.2007; download möglich von http://www.bvse.de

KrW-/AbfG, der Nachweisverordnung und der Transportgenehmigungsverordnung[17]. Mittelfristig soll diese Musterverwaltungsvorschrift unter Berücksichtigung der Vollzugshilfe zur Nachweisverordnung grundlegend überarbeitet werden.

Zusammenfassung und Bewertung

Das KrW-/AbfG wurde im Juli 2006 geändert. Hierdurch wurde die Einteilung der Abfälle und die Nachweisführung den europarechtlichen Vorgaben angepasst. Das europäische Abfallrecht kennt nur nicht gefährliche und gefährliche Abfälle, nicht jedoch die Kategorien "überwachungsbedürftige Abfälle", "besonders überwachungsbedürftige Abfälle" oder "überwachungsbedürftige Abfälle zur Verwertung". Deshalb gibt es seit dem 01.02.2007 auch im deutschen Abfallrecht nur noch nicht gefährliche und gefährliche Abfälle. Die Bestimmungsverordnung überwachungsbedürftige Abfälle zur Verwertung (BestüVAbfV) wurde deshalb aufgehoben. In der Abfallverzeichnisverordnung (AVV) wurden die Begrifflichkeiten angepasst. Die mit einem * versehenen ASN sind nunmehr die gefährlichen Abfälle. Im Übrigen bleibt es bei den bisherigen Abfallarten. Entsprechend den Vorgaben in der AbfallrahmenRL muss seit dem 01.02.2007 für alle Abfälle ein Abfallregister geführt werden, auch für nicht gefährliche Abfälle.

Auf der Grundlage des geänderten KrW-/AbfG wurde im Oktober 2006 eine neue, wesentlich geänderte Nachweisverordnung erlassen, die ebenfalls am 01.02.2007 in Kraft getreten ist. Seit diesem Zeitpunkt gibt es keinen vereinfachten Entsorgungsnachweis mehr. Für gefährliche Abfälle wird die elektronische Nachweisführung ab dem 01.04.2010 zwingend vorgeschrieben.

Insgesamt betrachtet ist die Gesetzesänderung positiv zu bewerten. Sie schafft durch die Anpassung an das europäische Abfallrecht mehr Rechtssicherheit und sie führt zu Vereinfachungen (Wegfall des vereinfachten Entsorgungsnachweises) und längerfristig zu Erleichterungen (elektronische Nachweisführung). Die Neuregelung bringt zwar auch eine Erschwernis mit sich, nämlich die Pflicht zur Führung eines Abfallregisters für nicht gefährliche Abfälle. Dieses Novum ist jedoch in der NachweisV so ausgestaltet worden, dass sich der zusätzliche Aufwand für das Register in Grenzen hält.

---

[17] Mitteilungen der LAGA Nr. 27, 2. aktualisierte Auflage vom 19.08.2002

Die neue Nachweisverordnung und das elektronische Abfallnachweisverfahren (eANV)

Stephan Pawlytsch

Zusammenfassung

Ab 1. Februar 2007 arbeiten wir in der Abfallwirtschaft nach einem überarbeiteten Gesetz und einer ganz neuen Nachweisverordnung.

In dieser Veränderung werden einige Regelungen des europäischen Rechtes in den deutschen Vollzug übernommen. Dieses sind im Besonderen die Einführung der Registerpflicht für alle Abfälle und die Abschaffung der Definition „überwachungsbedürftig".

Ab den 01.02.2007 kennen wir nur noch gefährliche und nicht gefährliche Abfälle.

Mit diesen gesetzlichen Veränderungen hält als Besonderheit das *elektronische Abfallnachweisverfahren (eANV)* Einzug in das deutsche Abfallrecht.

Die bisherigen papiergebundenen Verfahren für Begleitschein- und Entsorgungnachweiserstellung werden auf eine elektronische Form der Dokumentenbearbeitung und -übermittlung umgestellt.

Alle Erzeuger, Beförderer, Einsammler und Entsorger, die „gefährliche Abfälle" erzeugen, verbringen und entsorgen, sind zukünftig verpflichtet, ihre Entsorgungsnachweise und Begleitscheine elektronisch zu erstellen und zu übermitteln sowie in einem Register elektronisch zu speichern.

1 Wie sieht das bisherige Nachweisverfahren aus?

Aktuell werden „gefährliche Abfälle" mittels papiergebundenem Begleitscheinverfahren überwacht.

Somit werden jeweils vom Abfallerzeuger, den Abfallbeförderern und den Abfallentsorgern Begleitscheine erstellt, gedruckt, mitgeführt, überprüft und an die Überwachungsbehörden zurückgesandt.

Das geltende Begleitscheinverfahren schreibt vor, dass jeder farbige Durchschlag des Begleitscheins im Durchschreibeverfahren auch original unterschrieben wird.

Das heute noch papiergebundene Nachweis- und Begleitscheinverfahren bringt es mit sich, dass jeder Teilnehmer die verfahrensrelevanten Daten in seine EDV eingibt und autonom verwaltet.

2 Wie soll das Nachweisverfahren in der Zukunft abgewickelt werden?

Die neue Nachweisverordnung trat am 01.02.2007 in Kraft. Sie legt verpflichtend (obligatorisch) fest, dass mit Beginn des Jahres 2010, also 42 Monate nach der Verkündung, das Nachweis- und Begleitscheinwesen nur noch in elektronischer Form durchgeführt werden darf.

Begleitscheine, Entsorgungsnachweise und Register müssen demnach künftig elektronisch geführt und übermittelt werden. Die papiergebundenen Formulare werden durch elektronische Dokumente ersetzt. Vergleichbar dem heutigen Nachweis- und Begleitscheinwesen haben diese elektronischen Dokumente verschiedene Durchschläge, die durch entsprechende Softwareverfahren verwaltet werden. Diese Durchschläge werden dann persönlich *elektronisch* unterschrieben, elektronisch gespeichert und elektronisch übermittelt.

Auf der Grundlage einer standardisierten Beschreibung werden die Daten von Nachweisen und Begleitscheinen als elektronische Dokumente in verbindlichen einheitlichen Strukturen im XML-Format zusammengestellt.

3 Elektronische Signatur

Abb. 1

Mittels seiner Unterschrift erklärt sich ein Unterzeichner persönlich einverstanden mit dem unterschriebenen Dokument und übernimmt die Verantwortung für dessen Inhalt. Dies geschah in der Vergangenheit mittels Keil, Feder oder Stift auf Stein, Holz, Papyrus und sonstigen innovativen Dokumententrägern. Ein elektronisches Dokument hingegen bedarf einer elektronischen Unterschrift. Diese muss wie die handschriftliche Signatur an EINE Person gebunden sein. Erst dadurch wird eine elektronische Signatur *qualifiziert*.

Nur diese „qualifizierte digitale Signatur", bietet – als eine Art *digitaler Fingerabdruck* – auf einem elektronischen Dokument die mit der herkömmlichen Unterschrift vergleichbare Rechtsverbindlichkeit.

Für eine qualifizierte digitale Signatur benötigt der Unterzeichner eine persönliche Chip-Karte mit den codierten persönlichen Unterschriftdaten und einer Code-

Nummer. Diese ist bei einem so genannten Zertifizierungsdiensteanbieter zu beantragen und mit Zuteilung an die beantragende Personen gebunden.

Durch die besonderen Verschlüsselungsverfahren, die mit Hilfe dieser Chip-Karte durchlaufen werden, ist die Signatur später dem Unterzeichner eindeutig zuzuordnen. Zudem kann zu jeder Zeit überprüft werden, ob ein Dokument inhaltlich verändert wurde.

Beim Signieren werden die Chip-Daten über ein Kartenlesegerät mit dem Dokument verbunden und somit wie in einer Glaskugel eingeschlossen. Wird das Dokument verändert, dann wird die Kugel = Signatur zerstört, um die Datenveränderung eindeutig zu dokumentieren.

4 Das elektronische Abfallnachweisverfahren (eANV)

Vergleichbar der Erstellung, Verwaltung und Übermittlung der Begleitscheine wird auch die Bearbeitung der Entsorgungs- und Sammel-Entsorgungsnachweise elektronisch erfolgen.

Die verschiedenen Teile des Nachweisformulars werden wie beim Begleitscheinverfahren als elektronische Datei erstellt, bearbeitet, überprüft und nach Abschluss der jeweiligen Prozedur von dem verantwortlichen Verfahrensbeteiligten qualifiziert elektronisch signiert und anschließend versandt beziehungsweise archiviert.

Wie im altbekannten farbenfrohen Begleitscheinverfahren muss auch zukünftig jeder Beteiligte für den entsprechenden Begleitschein bzw. Nachweis eine Signatur durchführen; die Reihenfolge der Signierung ist und bleibt verbindlich (z. B. beim Begleitschein: Erzeuger – Beförderer – Entsorger).

Bei Bedarf können die Signaturen der elektronischen Dokumente zwar zeitlich erfolgen, zum Beispiel im Voraus oder im Nachhinein, wenn wegen fehlender EDV keine Möglichkeit besteht, elektronisch zu signieren, die Signierreihenfolge ist jedoch immer einzuhalten.

Zum Ablaufverfahren bei der Erstellung des Entsorgungsnachweises und der Abwicklung des Begleitscheinverfahrens siehe Punkt 7 und 8 am Ende der Ausführungen.

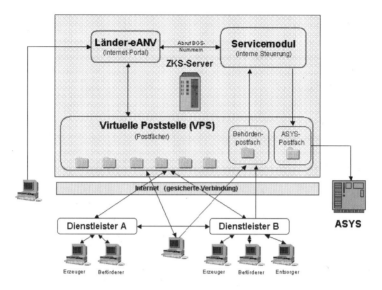

Abb. 2: ZKS Darstellung nach secunet

5 Wie erfolgt die Datenübermittlung im eANV

Die zu übermittelnden elektronischen Formulare sind bundeseinheitlich definiert, so dass sie für alle Bundesländer und jeden Teilnehmer am Verfahren identisch sind.

Für den Datenaustausch im elektronischen Nachweisverfahren wurden bundeseinheitliche Regelungen festgelegt und eine zentrale Koordinierungsstelle (ZKS) eingerichtet.

5.1 Die zentrale Koordinierungsstelle (ZKS) mit virtueller Poststelle (VPS)

Bei der ZKS handelt es sich nicht um eine Behörde, sondern um eine Server-Einrichtung mit den für die Verwaltung und Überwachung aller elektronisch erstellten Nachweise und Begleitscheine erforderlichen Softwarelösungen.

Die von der ZKS zur Verfügung gestellten DV-gestützten Verfahren ermöglichen einen „länderübergreifenden und bundesweit einheitlichen Einstieg für alle Teilnehmer in das elektronische Nachweisverfahren".

Dabei erfolgt der Datenaustausch zwischen den Verfahrensbeteiligten und den Behörden über so genannte virtuelle Postfächer in der „Virtuellen Poststelle" (VPS) bei der ZKS.

Mit der „Virtuellen Poststelle" wird eine zentrale Verwaltung der Adressen und der zugehörigen Nummern aller Verfahrensbeteiligten gewährleistet. Die VPS ist somit für alle Teilnehmer die zentrale elektronische Anlaufstelle im elektronischen abfallrechtlichen Verfahren.

Die „Virtuelle Poststelle" ist für jeden Teilnehmer mittels verschiedener Verfahren über Internet zu erreichen. Die Daten werden im jeweils adressierten virtuellen Postfach nur temporär und immer verschlüsselt für den definierten Empfänger abgelegt. Nur der rechtmäßige Inhaber des Postfachschlüssels kann die Dokumente aus dem Briefkasten abholen, entschlüsseln und lesen. Somit ist für die erforderliche Datensicherheit gesorgt.

Um den individuellen Rahmenbedingungen und Anforderungen aller Beteiligten Sorge zu tragen, bietet das elektronischen Abfallnachweisverfahren verschiedene Möglichkeiten der Nutzung und Anbindung an die hauseigene EDV.

5.2 Die Teilnehmer des eANV können wählen

- *Das Länder-eANV zu benutzen,*
  das als einfache aber kostenfreie Lösung über ein Internetportal von den Ländern zur Verfügung gestellt wird.

- *Sich einem Provider anzuschließen,*
  der als beauftragter Dienstleister die Daten annimmt, verpackt, zur Signierung vorbereitet sowie nach erfolgter Signierung verschickt und registriert.

- *Die eigene operative Software zu erweitern,*
  indem die Software um die für die Durchführung der eANV erforderlichen Funktionalitäten zum Erstellen und Versenden der elektronischen Begleitscheine und Entsorgungsnachweise unter Einbeziehung der qualifizierten digitalen Signatur erweitert wird.

- *Die Nutzungsrechte zu erwerben,*
  von speziell für das elektronische Nachweisverfahren entwickelten Software-Komponenten, die an die bestehende operative Software angebunden werden können.

- *Einen Dritten damit zu beauftragen,*
  die Aufgaben der elektronischen Nachweisführung als Bevollmächtigter in seinem Namen wahrzunehmen.

6   Was ist aktuell zu tun?

- Die Verfahrensbeteiligten müssen ihre eigenen Geschäftsprozesse durchleuchten und gegebenenfalls anpassen [sind die gefährlichen Abfälle, wirklich nach neuer Definition gefährlich, sind die Prozesse optimal für das elektronische Verfahren vorbereitet, sind die Abläufe eindeutig beschrieben etc.].
- Sie sollten festlegen, welches Kommunikationsmodell sie nutzen möchten.
- Sie werden festlegen müssen an welcher Stelle eine qualifizierte digitale Signatur notwendig ist und die Unterschriftenregelungen anpassen [die Unterschriftenregeln im Unternehmen sind an den Möglichkeiten und Besonderheiten einer qualifizierten elektronischen Signatur zu orientieren].
- Sie haben die entsprechenden Mitarbeiter mit der persönlichen Signaturkarte auszurüsten.
- Sie müssen direkt die erforderlichen internen EDV-Entscheidungen herbeiführen.
- Ferner sollten sie die Implementierung des Verfahrens mit der geplanten technischen Lösung umsetzen sowie die möglichen finanziellen Mittel einplanen.
- Übergangsregelungen und Ausnahmen
- Um das gesamte Verfahren der elektronischen Nachweisführung praxisgerecht einzuführen, wurden zahlreiche Ausnahmen und Übergangsregelungen getroffen.
- Die elektronische Form der Nachweisführung wird 42 Monate nach Verkündung, also erst ab Frühjahr 2010 verpflichtend; danach sind alle Nachweise durch den Entsorger qualifiziert digital zu signieren. Dieses elektronische Verfahren kann auch vorher eingesetzt werden.
- Anstelle des elektronischen Begleitscheins dürfen bis Anfang 2011 die Erzeuger und die Beförderer noch einen Quittungsbeleg als Ersatz für den elektronischen Begleitschein mitführen, der manuell signiert werden muss.
- Übernahmescheine müssen nicht in elektronischer Form geführt werden, im Bedarfsfall ist dies jedoch möglich. Der Sammler hat in jedem Fall die Daten des Übernahmescheins mit dem Begleitschein gemeinsam elektronisch im Register zu führen, elektronisch zu signieren und gemeinsam elektronisch an die Behörde zu übermitteln.
- Der Erzeuger muss spätestens bei der Übergabe, der Beförderer spätestens bei der Annahme, den Begleitschein signieren. Das Signieren muss nicht direkt bei der Übergabe oder bei der Übernahme erfolgen.
- Der Beförderer muss während des Transportes die entsprechenden Informationen des Begleitscheins bzw. Übernahmescheins mitführen und vorzeigen können, wahlweise auf dem Display seines Bordcomputers oder auf Papier.

- Alle elektronischen Dokumente müssen in einem elektronischen Register geführt werden.

Trotz dieser Übergangsfristen sollten alle oben genannten Schritte durch die Verfahrensbeteiligten zeitnah angegangen werden.
Für Fragen der Umsetzung steht ihnen der Autor und die Firma 4waste GmbH in Aachen gerne zur Verfügung. (www.4waste.de und info@4waste.de)

ANHANG

7 Elektronischer Ablauf beim Entsorgungsnachweis

Das eANV schreibt für die Erstellung, Bearbeitung und Signierung der Entsorgungsnachweise mit allen ihren Dokumenten einen genauen Ablauf vor.

- Der Erzeuger oder sein Beauftragter beginnt das Verfahren, indem er die „Verantwortliche Erklärung" (VE) des Entsorgungsnachweises (EN) mit den notwendigen Daten über eine geeignete DV-Anlage ausfüllt. Der Erzeuger hat abschließend diese „VE" qualifiziert digital zu signieren und den Entsorgungsnachweis dann zu speichern.

- Eine Kopie des ausgefüllten und signierten Entsorgungsnachweises wird an den gewählten Entsorger übermittelt.

- Der Entsorger prüft die Signatur der „VE" und führt eine inhaltliche Validierung der Erklärung durch. Danach füllt der Entsorger den Formularteil „Annahmeerklärung" (AE) des Entsorgungsnachweises aus und unterschreibt mit einer qualifizierten digitalen Signatur. Den gesamten – jetzt mit signierter „VE" und „AE" – Entsorgungsnachweis legt der Entsorger revisionssicher in seinem elektronischen Register ab.

- Jeweils eine Kopie des Entsorgungsnachweises sendet der Entsorger zum Erzeuger (direkt oder über das virtuelle Postfach des ZKS) und an die zentrale Koordinierungsstelle (ZKS) zur Weiterleitung an die zuständige Behörde.

- Über die ZKS erhält die Behörde den ausgefüllten und signierten Nachweis. Das virtuelle Postfach (VPS) hat dabei die Gültigkeit der Signaturen von „VE" und „AE" überprüft. Die zuständige Behörde vergibt eine eindeutige Identifikationsnummer für den Entsorgungsnachweis und versendet die verschlüsselte und ebenfalls qualifiziert digital signierte Eingangsbestätigung („EB") über die virtuellen Postfächer bei der ZKS an den Erzeuger und den Entsorger. Die Behörde speichert den Entsorgungsnachweis revisionssicher in ihrem Register/Akten.

- Die zuständige Entsorgerbehörde übermittelt die Kopie des „AE" und des Entsorgungsnachweises einschließlich aller Signaturen über die Postfächer bei der ZKS zurück zum Erzeuger und zum Entsorger.

- Sofern erforderlich, reichen Erzeuger und/oder Entsorger weitere Unterlagen oder Korrekturen ein, die ebenfalls qualifiziert digital zu signieren sind.

- Die Erzeuger/Entsorger speichern diese Korrekturen/Unterlagen zum Entsorgungsnachweis im Register und übermitteln den nun erneut zu signierenden Nachweis über die ZKS an die zuständige Entsorgerbehörde.

- Sind alle Signaturen von der VPS als gültig anerkannt worden, wird die Behörde nach vollständiger Prüfung den Behördenbescheid (BB) ausfüllen und qualifiziert elektronisch signieren. Der jetzt in allen Teilen ausgefüllte und elektronisch signierte EN wird von der zuständigen Behörde im Register gespeichert.

- Kopien des EN werden an den Erzeuger und Entsorger sowie der Erzeugerbehörde über die VPS in der ZKS übermittelt.

- Nun haben alle Verfahrensbeteiligten einen vollständig ausgefüllten und mit allen qualifizierten digitalen Signaturen versehenen identischen Entsorgungnachweis, den sie in ihr jeweiliges Register speichern.

8 Elektronischer Ablauf beim Begleitschein

Das eANV schreibt für das Begleitscheinverfahren einen genauen Ablauf vor.

- **Ein Erzeuger** fordert in seiner operativen Software oder bei seinem eANV-Dienstleister einen Begleitschein (BGS) in Form eines elektronischen Formulars an. Der angeforderte Begleitschein ist bereits mit einer eindeutigen Identifikationsnummer versehen. Sofern der Erzeuger über keine eigene Softwarelösung verfügt und keinem Dienstleister angeschlossen ist, kann er auch das Internet-Portal des Länder-eANV für die Begleitscheinanforderung benutzen.

- **Der Erzeuger** füllt seinen Teil des Begleitscheins aus und bestätigt seine Angaben durch die qualifizierte elektronische Signatur. Anschließend speichert der Erzeuger den Begleitschein in seinen „Register".

- **Der Beförderer** hat mehrere Möglichkeiten den Begleitschein auszufüllen und elektronisch zu signieren:

- Der Beförderer kann hierfür nach der Annahme des Abfalls die DV-Anlage des Erzeugers verwenden, um die Signatur des Erzeugers zu prüfen, den Anteil „BEF" des Begleitscheins auszufüllen und anschließend qualifiziert digital zu signieren. Der Beförderer übermittelt danach jeweils eine Kopie des Begleitscheins zu seinem eigenen elektronischen Postfach bei der ZKS und zum Entsorger. Der nun um den Anteil „BEF" erweiterte Begleitschein verbleibt beim Erzeuger für die Übernahme in sein „Register".

- **Der Erzeuger** hat seine Version des Begleitscheins dem Beförderer vorab elektronisch zugestellt:

- Nach der Kontrolle und Annahme des Abfalls ruft der Fahrer des **Beförderers** in seiner Verwaltung/Büro an und teilt einem Verantwortlichen dort mit, dass der zugehörige Begleitschein ausgefüllt und signiert werden kann. Die Verwaltung signiert und veranlasst die Zustellung des Begleitscheins an den Entsorger und speichert eine Kopie in ihr Register.

- *ODER*

  Dem **Beförderer** ist es gestattet, nachträglich die Übernahme der Abfälle mit der qualifizierten elektronischen Signatur zu quittieren. Dies muss jedoch vorab zwischen Erzeuger und Beförderer schriftlich vereinbart werden.

- *ODER*

  Der **Beförderer** hat auf dem Fahrzeug geeignet Hardware, erhält den Zugang zu seinem zentralen DV-System und kann den Begleitschein „online" bearbeiten, signieren und versenden.

- **Der Erzeuger** übermittelt den Begleitschein direkt zum Entsorger, wenn der Beförderer eine DV-Anlage des Entsorgers zum Ausfüllen und Signieren nutzt. **Spätestens bei der Ankunft des Beförderers beim Entsorger muss der Teil „BEF" des Begleitscheins durch den Beförderer ausgefüllt und elektronisch signiert werden.** Der Beförderer prüft beim Entsorger die Signatur des Erzeugers, füllt den Anteil „BEF" des Begleitscheins aus und signiert elektronisch.

- **Der Entsorger** prüft die elektronischen Signaturen und die Inhalte der Anteile „ERZ" und „BEF" des Begleitscheins. Der Entsorger füllt den Teil „ENTS" des Begleitscheins aus und signiert diesen anschließend mit qualifizierter digitaler Signatur.

- **Der Entsorger** übermittelt jeweils eine Kopie des nun vollständig ausgefüllten und elektronisch qualifizierten signierten Begleitscheins zum Erzeuger, Beförderer und in die Behördenwelt. Die Zustellung an die Behörden erfolgt über das ZKS.

ENBEX – elektronisches Dokumentenaustauschsystem für die Entsorgungswirtschaft

Franz Josef Löbbert

Zusammenfassung

Das Ende der mühseligen Zettelwirtschaft naht. Ab 2011 erfolgt die abfallrechtliche Überwachung der Nachweisführung in elektronischer Form. Im Kern sollen das deutsche Abfallrecht mit den Vorgaben der europäischen Gemeinschaft harmonisiert werden und durch moderne Kommunikationstechniken in der abfallrechtlichen Überwachung nachhaltig vereinfacht und deutlich effizienter für alle Beteiligten gestaltet werden. Die zeitintensiven Prüfungen von jährlich ca. 125.000 Entsorgungsnachweisen und ca. 2,5 Millionen Begleitscheinen auf dem papiernen Formularweg bei den zuständigen Überwachungsbehörden bedürfen dringend einer Modernisierung. Das universelle ENBEX-Dokumentenaustausch-System bietet für alle Beteiligten interessante Vorteile. Auch alle sonstigen kaufmännischen Geschäftsdokumente wie Rechnungen, Lieferscheine, Wiegenoten, Angebote etc. werden zukünftig digital in der Entsorgungsbranche untereinander und mit den Behörden ausgetauscht werden.

ENBEX – Dokumentenaustausch-System für die Entsorgungswirtschaft

IT IS ENBEX ist seit 2003 in Bayern in Zusammenarbeit mit dem LfU und GSB im Einsatz und dient dem elektronischen Austausch aller Daten von Begleitscheinen bis hin zu Rechnungen in der Entsorgungswirtschaft. Der hauptsächliche Nutzen von IT IS ENBEX liegt in der elektronischen Datenübertragung von behördlichen und kaufmännischen Dokumenten zwischen verschiedenen Abfall- oder Warenwirtschaftssystemen bei Erzeugern, Beförderern, Entsorgern und Behörden. Gleichzeitig erlaubt IT IS ENBEX einen dezentralen Austausch mit verschiedenen anderen Systemen und unterstützt auch die qualifizierte digitale Signatur. Im Tagesgeschäft der Entsorgungswirtschaft fallen teilweise sehr umfangreiche Daten an.

Dabei stehen neben Entsorgungsnachweisen vor allem Begleit- und Übernahmescheine im Vordergrund. Weiterhin sind Dokumente zur Abrechnung von Leistungen zu verarbeiten. Diese Datenmengen zu bewältigen und von Papier in ihr EDV-System zu übertragen, stellt in vielen Unternehmen eine zeitintensive und dennoch unproduktive Aufgabe dar, weil die Daten oft an anderer Stelle bereits in elektronischer Form vorhanden sind und nur noch überprüft und übernommen werden müssten. Mit IT IS ENBEX können Sie direkt auf diese Datenbestände zugreifen und sie für sich verwenden – natürlich stets mit maximaler technischer Sicherheit.

Auch der langwierige Versand der Papiere und die Korrektur von Werten kostet Zeit.

Mit IT IS ENBEX entfällt dieser Aufwand. Weiterhin müssen Sie nicht besorgt sein, ob Ihr „Gegenüber" Ihre Daten problemlos direkt weiterverwenden kann, weil die ausgetauschten ENBEX-Dokumente einen Standard darstellen, der von allen Teilnehmern verstanden wird. Dadurch ist eine leichte Verarbeitung zwischen den verschiedenen ERP- und Abfallwirtschaftssystemen möglich.

Durch eine einfache Kostenstruktur, die von der Beleganzahl völlig unabhängig ist, ist IT IS ENBEX die preiswerte Flatrate unter den Datenaustauschsystemen. Bereits heute gibt es mehr als 1600 zufriedene IT IS ENBEX-Nutzer, und die Zahl steigt täglich.

IT IS ENBEX ist Standardkonformität gepaart mit maximaler Flexibilität

Bei der Entwicklung von IT IS ENBEX haben wir darauf geachtet, einen leichten und flexiblen Datenaustausch zwischen verschiedenen Entsorgungswirtschaftssystemen zu ermöglichen. Dafür enthält IT IS ENBEX alle behördlichen Dokumente für Entsorgungsnachweise und Begleitscheine. ENBEX ist gleichzeitig flexibel genug, um zukünftigen behördlichen Anforderungen und sonstige Erweiterungen gewachsen zu sein.

Die Vorteile eines solchen universellen Systems liegen darin, dass alle angeschlossenen Einheiten eine gemeinsame „Sprache" gegenüber den anderen Einheiten sprechen. Dadurch wird gewährleistet, dass alle am Datenaustausch beteiligten Partner, die ENBEX nutzen, sich ohne Probleme „verstehen" können.

IT IS ENBEX wird ständig an die aktuelle gesetzliche Situation angepasst, kundenspezifisch erweitert und angepasst. Auch können natürlich Schnittstellen zu Individualsoftware-Lösungen integriert werden. Erweiterungen wie das derzeitige Bundessystem ASYS, EUDIN und eine Datenübergabe zu allen anderen gängigen Systemanbietern stellen für IT IS ENBEX kein Problem dar und sind soweit möglich bereits realisiert. Durch diese Flexibilität hebt sich IT IS ENBEX deutlich von anderen Systemen ab.

IT IS ENBEX bietet Kommunikation und Datenaustausch mit Sicherheit

Ein weiteres Augenmerk liegt in der Sicherheit der Kommunikation. Dies bedeutet, dass in IT IS ENBEX Mechanismen eingebaut sind, die den Empfang jedes Dokumentes bestätigen. Darüber hinaus sind eine Überprüfung der Echtheit sowie Verschlüsselung und Signierung der Daten im Softwaresystem integriert.

IT IS ENBEX: Mit weniger Fehlern entstehen geringere Kosten

Funktionierende Abläufe sind stets eine gute Sache: Die Kollegen wissen genau, was zu tun ist, müssen keine aufwendige Einzelfallbehandlung oder Ausnahmeregelungen beachten und können sich auf ihre Hauptaufgaben optimal einstellen. Was aber kann die Informationstechnologie dafür leisten? Mit Hilfe der Datenverarbeitung werden vor allem die Datenqualitäten erhöht: Schreibfehler oder falsch ausgefüllte Formulare werden vermieden, weil die richtigen Werte bereits vorliegen.

Hier leistet IT IS ENBEX einen erheblichen Beitrag und führt in der Konsequenz zu einer Senkung von Kosten durch Vermeidung von Falscheingaben und doppelter Erfassung. Kolleginnen und Kollegen senden sich die strukturierten Daten bereits vorausgefüllt zu. Dadurch werden viele Abschreibvorgänge zu Überprüfungsaufgaben. Damit steigt wiederum die Geschwindigkeit bei deutlich reduziertem Fehleraufkommen. Versuche in der Praxis zeigen, dass die Güte der Daten mit elektronischem Austausch um zirka 800 % ansteigt. Diese moderne Art des Informationsaustausches wird schnell dazu beitragen, das Arbeitsleben der Mitarbeiterinnen und Mitarbeiter zu erleichtern.

Digitale Signatur und Verschlüsselung für maximale Sicherheit

Das Kommunikationssystem von IT IS ENBEX basiert auf XML (Extensible Markup Language), einem internationalen Standard zur Erstellung maschinen- und menschenlesbarer Dokumente in Form einer erweiterbaren Baumstruktur. Wichtig jedoch: wir haben uns bei der Entwicklung strikt an die Vorgaben des W3C (world wide web consortium) gehalten. Dadurch ist das System sehr flexibel und kann an die Erfordernisse der Zukunft angepasst werden. Durch die Verwendung von XML sind die Vorzüge von Flexibilität und Konformität mit internationalen Internet-Standards vereint. Außerdem unterstützt IT IS ENBEX schon jetzt die digitale Signatur, so dass jederzeit die Identität des jeweiligen Teilnehmers und die Herkunft der Daten gesichert ist. Das IT IS ENBEX-System ist weiterhin sehr sicher: Durch hohe Verschlüsselung und dezentralen Datenaustausch wird bei jedem Übertragungsvorgang die Datensicherheit gewährleistet, so dass Ihre sensiblen Daten stets nur in den richtigen Händen sind.

Begleitscheineingabe und Möglichkeit zur digitalen Signatur mit IT IS ENBEX

Zusammen mit Waren- und Abfallwirtschafts-Software lässt sich somit ein papierloser und sicherer Austausch von Geschäftsdokumenten erreichen, dabei passt IT IS ENBEX zu praktisch jeder anderen Standard-Software.

Bereits seit 2002 mit der Pilotphase im flächendeckenden Einsatz

Wir sind überzeugt, mit IT IS ENBEX ein neues Kapitel in der Zusammenarbeit von Unternehmen und Einrichtungen in der Entsorgungswirtschaft aufgeschlagen zu haben. Dies zeigt sich insbesondere im praktischen Einsatz: Die GSB mbH, der größte Entsorger für Sonderabfall in Bayern, begleitet IT IS ENBEX seit der Pilotphase im Jahr 2002. Damit ist das System praxiserfahren und kann heute auf über 1600 Anwender und über 180.000 Transaktionen verweisen. Das stete Vertrauen, das von Kunden wie BMW in unsere Lösung gesetzt wird, zeigt uns, dass IT IS ENBEX bereits heute einen sehr hohen Stellenwert für die Abfallwirtschaft hat. Sie erhalten IT IS ENBEX in verschiedenen Editionen und in Kombination mit verschiedenen Software- und Hardware-Paketen. Sicherlich haben wir auch für Sie die optimale Lösung.

IT IS ENBEX Standard: Die Basislösung der meisten Fälle

Die IT IS ENBEX Standard Edition bringt die Daten, die Sie in Ihrem System bereits erfasst haben, schnell und sicher zum gewünschten Kommunikationspartner. Eine erneute Eingabe in Internet-Formulare oder das Ausfüllen von Vordrucken entfällt komplett. Besonders bei Abstimmungsvorgängen mit Ihren Partnern wird die herausragende Zeitersparnis greifbar. Noch während Sie mit Ihrem Ansprechpartner über die Daten sprechen, sind Sie in der Lage, diese einfach per Knopfdruck zu übermitteln ganz so, als würden Sie eine E-Mail versenden, allerdings stattdessen gesichert und direkt.

Ihr Gesprächspartner hat die berichtigten Daten in Sekundenschnelle an der richtigen Stelle seines Systems und kann Ihre Änderungen sofort überprüfen, freigeben und an die nächsten Partner weitersenden. Von dort aus wird der erweiterte Datensatz entweder erneut weitergeleitet oder wieder an die vorher im Prozess angesiedelten Partner zurückgesendet. Somit hat am Ende des Ablaufs jeder Partner die kompletten erforderlichen Dokumente in seinem IT-System für sein Register. ENBEX garantiert somit einen einfachen Workflow von Dokumenten und Verbindungen für alle Beteiligten. Das Adressbuch wird an alle beteiligten Partner verteilt. Hier sehen Sie die zum Austausch freigegebenen Dokumente eines Kommunikationspartners und richtigen Daten in seinem System.

IT IS ENBEX Enterprise: Die Lösung für Profis

Die Enterprise Edition von IT IS ENBEX ermöglicht das Anfordern bestehender Daten von Partnern. Diese Funktionalität erlaubt den Aufbau einheitlicher Datenbestände, auf die konzernweit zugegriffen werden kann.

Sie integrieren die komplett vorinstallierte Hardware einfach in Ihre IT-Umgebung. Nach geringen Anpassungen im Bereich des Dokumentenaustausches, auf dessen Form Sie und Ihre Kommunikationspartner sich einigen, können nach der Integration von IT IS ENBEX alle Kommunikationspartner ihre Datenströme viel besser und schneller koordinieren und verfügen bei verteilten Dokumentenmanagement-Systemen dennoch über mehr Transparenz. Redundanzen entfallen hier. Wir beraten Sie gerne und unterstützen Sie bei der Planung und Einrichtung.

IT IS ENBEX XXL: Das Einsteiger-Komplettpaket

Mit dem Erwerb von IT IS ENBEX XXL erhalten Sie eine universelle Komplettlösung für den Datenaustausch inklusive wartungsfreier Plug&Play-Hardware. Durch die Schnittstellenanbindung an ihr vorhandenes Betriebs-, Waren- oder Entsorgungswirtschaftssystem steht Ihnen eine sichere, effektive Kommunikationslösung auf Basis von IT IS ENBEX zur Verfügung.

IT IS ENBEX PLUS: Das Software-Zusatzpaket

Gerne bieten wir Ihnen ein für Ihre Belange maßgeschneidertes Softwarepaket mit der passenden Microsoft Software an. Wenn Sie bereits über die richtige Hardware-

Ausstattung verfügen, ist IT IS ENBEX PLUS die optimale Lösung. Mit dem Komplettpaket IT IS ENBEX XXL können Sie in kürzester Zeit die Vorteile von IT IS ENBEX nutzen. Das Plug&Play-Gerät ist innerhalb weniger Minuten betriebsbereit und steht Ihnen für alle Kommunikationsaufgaben mit IT IS ENBEX zur Verfügung.

Sie installieren die Software auf Ihren vorhandenen Server und integrieren IT IS ENBEX Standard oder Enterprise in Ihr System. Schon können Sie den sicheren Dokumentenaustausch zu Ihrem Geschäftspartner mit allen Vorteilen von IT IS ENBEX effizient nutzen. Über die für die Systemintegration notwendigen Anpassungen weiß Ihr Softwarepartner für die Waren- oder Abfallwirtschaft Bescheid. Wir pflegen mit vielen Software-Häusern in Deutschland eine Partnerschaft, schulen die Kollegen für den Einsatz und unterstützen durch Hilfestellungen bei der Umsetzung von Projekten.

IT IS ENBEX XXL[2]: Das Rundum-Sorglos-Paket

Diese Lösung enthält IT IS ENBEX Standard und einen komplett vorinstallierten und konfigurierten Intel® Premier Service.net-Server mit Xeon-Prozessor und einem SCSI-Raid-Verbund aus vier Festplatten. Auch hier ist alles bereits vorkonfiguriert, so dass Sie sich nur noch mit Ihrem Kommunikationspartner über die Datenaustauschmethode einigen und IT IS ENBEX in Ihr Entsorgungs- oder Warenwirtschaftssystem integrieren müssen. Dabei unterstützt Sie gerne Ihr Softwarepartner. Sollte Ihr zuständiger Partner IT IS ENBEX noch nicht kennen, dann leiten Sie ihm einfach diese Informationen weiter oder nennen Sie uns Ihren Partner. Wir setzen uns gerne mit ihm in Verbindung und unterstützen ihn in allen Belangen der Integration von IT IS ENBEX in Ihr System.

Vorteil 1: Durch ENBEX findet ein kontinuierlicher Datenaustausch zwischen Erzeuger, Entsorger und Überwachungsbehörde statt. Dadurch verkürzen und vereinfachen sich die Abläufe erheblich:

Im heutigen Ablauf erfassen Erzeuger Daten für Begleitscheine in Ihrem System. Die Begleitschein-Formulare müssen dabei vorab vom Entsorger bezogen werden und fortlaufend benutzt werden. Der Eindruck erfolgt mittels Nadel- oder Typenraddrucker. Fehleingaben und Fehldrucke erzeugen Kosten. Der Begleitschein erlebt auf seinem Weg eine Reihe von Änderungen, insbesondere beim Entsorger. Diese Änderungen müssen bei allen anderen Beteiligten nacherfasst werden. Außerdem müssen Begleitscheine zu Rechnungen und Gutschriften zugeordnet werden, was viel Zeit kostet. Unauffindbare Dokumentenversionen müssen nachgefordert werden, für fehlende Belege muss ein Kontrollprozess etabliert sein.

Einsatz von ENBEX: Die Daten für den Begleitschein werden nur noch auf einem normalen Laserdrucker auf herkömmlichen Papier ausgegeben. Der Begleitschein wird gleichzeitig zu den Entsorgungsunternehmen übertragen. Bei der Entsorgung und damit verbundenen Änderungen werden die Daten durch ENBEX wieder zurück übertragen. Somit bleibt das System aktuell.

Vorteil 2: Durch ENBEX können Datenbestände schnell übertragen und auch

nachträglich abgeglichen werden. Entsorgungsnachweise werden derzeit nur alle fünf Jahre neu beantragt. Der Prozess selbst dauert aber bis zum Abschluss einige Wochen, weil am Verfahren mehrere Instanzen beteiligt sind. Insbesondere bei Änderungen an den Dateninhalten – zum Beispiel wegen falsch erfassten Angaben zur Stoffzusammensetzung – werden mehrfache Neuerstellungen und der erneute Postweg erforderlich.

Auch bei späteren Mengenänderungen an der eingetragenen Tonnage findet erneut ein Prozess statt, der mehrere Instanzen durchläuft. Bis dahin ist eine Anlieferung auf den Entsorgungsnachweis nicht gestattet. Einsatz von IT IS ENBEX: Die Entsorgungsnachweise können zunächst im eigenen System erfasst und zum Versand vorbereitet werden.

Kosten und Rentabilität

Der Preis von IT IS ENBEX richtet sich nach der jeweils eingesetzten Anzahl von Installationen auf Servern sowie nach der Version. Das Preismodell beruht auf einer Flatrate, d. h., dass mit der Installation keine mengenbezogenen Berechnungen pro versandtem Beleg erfolgen. Deshalb rentiert sich dieses Preismodell speziell schon bei Unternehmen, die im Jahr nur 200 Belege zu versenden haben.

Die Kosten für die Verwendung von IT IS ENBEX werden sich durch eingesparte Arbeitszeit schnell amortisieren. Eine Entsorgertransaktion auf dem Papierweg dauert im Schnitt 10 Minuten. Der gleiche Fall via IT IS ENBEX führt durch das Vorliegen der Daten zu deutlich vermindertem Zeitaufwand. Hier haben wir einen Einsparfaktor von ca. € 10 pro Begleitscheinabwicklung angenommen. Im Rechenbeispiel ergibt sich so ein Einsparpotenzial von € 60.000,00 pro Jahr. Diese Angaben sind Schätzungen, reale Situationen führen wahrscheinlich zu abweichenden Werten. Profitieren Sie von der effizienteren, und sicheren Art des Dokumentenaustausches mit IT IS ENBEX, einem offenen, dezentralen System, welches auch in Zukunft mit den Anforderungen der Branche und der behördlichen Vorgaben bestens übereinstimmt.

Beispielrechnung für die traditionelle, papierne Abwicklung:

Kosten für die traditionelle Abwicklung einer Entsorgertransaktion ca. € 35,00

Kosten für die Abwicklung mit IT IS ENBEX ca. € 10,00

Einsparungen pro Abwicklung bis zu ca. € 25,00

durchschnittlich 10 Abwicklungen je Tag € 250,00

IT IS ENBEX: Alle Entsorgungsdaten zur richtigen Zeit am richtigen Ort

Weitere interessante Informationen finden Sie im Internet unter www.enbex.de. Überzeugen Sie sich! IT IS ENBEX ist ausschließlich über qualifizierte Partnerunternehmen erhältlich. Fragen Sie Ihren ENBEX-Partner, um mehr über dieses bahnbrechende Produkt zu erfahren. Auch wir helfen Ihnen gerne weiter! Kontaktieren Sie uns unter enbex@itis.de.

Tab. 1: Kosten-Nutzen Tabelle (Excelsheet – kann kostenlos bei ITIS angefordert werden)

Bitte geben Sie Ihre Daten in die gelb hinterlegten Felder ein.

Kostenaufstellung für Firma:

Vergleich zwischen IT IS ENBEX und anderen Lösungen der Nachweisbearbeitung

Anzahl der Begleitscheine	83	pro Monat	996 Belegscheine pro Jahr
Anzahl der Übernahmescheine	200	pro Monat	2400 Übernahmescheine pro Jahr
Anzahl der Entsorgungsnachweise	3	pro Monat	36 Entsorgungsnachweise pro Jahr

Stundensatz (Ihr Unternehmen): 33,00 €

Wie sparen Sie mit IT IS ENBEX Beratung am: 19.02.2007

In unserem Beispiel sehen Sie die unterschiedlichen Möglichkeiten wie Sie Belegscheine bearbeiten können. Beratung durch:
Die Vorteile von IT IS ENBEX gegenüber der Manuellen Eingabe liegen in der schnelleren Bearbeitungszeit.

Durch Eingabe eines Stundensatzes, Anzahl der Begleitscheine und die ungefähre Bearbeitungszeit pro Begleitschein rechnen wir Ihnen Ihren Arbeitsaufwand pro Jahr aus. Zusammen mit den Fixkosten errechnen wir Ihnen die Kosten pr Begleitschein. Da in IT IS ENBEX keine Gebühr pro Begleitschein enthalten ist, werden Sie sehen wie Sie mit unserer Lösung Geld in Ihrem Unternehmen einsparen können.

	Manuelle Bearbeitung	IT IS ENBEX	Mengenabhängige Lösungen
Datenbearbeitung in Minuten / Beleg			
	Eingabe der Daten, Druck d. Belegscheine Vorbereitung der Tour Personalaufwand Ablage Rechnungsstellungszuordnur Reklamationsbearbeitung Korrekturen, etc.	Eingabe der Daten	Eingabe der Daten
Begleitscheine	7 Min.	2 Min.	2 Min.
Übernahmescheine	6 Min.	2 Min.	2 Min.
Entsorgungsnachweise	16 Min.	2 Min.	2 Min.
Kosten Arbeitsaufwand / Jahr			
Belegscheine	3.834,60 €	1.095,60 €	1.095,60 €
Übernahmescheine	7.920,00 €	2.640,00 €	2.640,00 €
Entsorgungsnachweise	316,80 €	39,60 €	39,60 €
Einsparvorteil durch Behörden pro elektronischen Begleitschein		- €	- €
Einsparung		- €	- €
Kosten / Jahr	12.071,40 €	3.775,20 €	3.775,20 €
Investitionskosten			
Schnittstellenkonfiguration für		Begleitscheine - €	Begleitscheine - €
		Übernahmescheine - €	Übernahmescheine - €
		Entsorgungsnachw. - €	Entsorgungsnachw. - €
		Formulare - €	
IT Technik		- €	- €
Sonstige Positionen		- €	- €
Investitionskosten gesamt		- €	- €
Laufende Kosten / Jahr			Kosten pro Beleg
Kauf der Vordrucke	450,84 €	Lizenzgebühr p.a - €	Belegscheine - €
Drucker, Druckkosten	300,00 €	Wartung - €	Übernahmescheine - €
Behördenversand	150,00 €	Sonstige Position - €	Entsorgungsnachweise - €
Ablage / Achivierung	100,00 €		
Sonstige Positionen	- €		
Laufende Kosten gesamt	1.000,84 €	- €	- €
Kosten im ersten Jahr	13.072,24 €	3.775,20 €	3.775,20 €
Gesamtkosten für 5 Jahre	65.361,20 €	18.876,00 €	18.876,00 €
Einspareffekte durch IT IS ENBEX in 5 Jahren	46.485,20 €		- €

Aufgrund der individuell anfallenden Kosten in Ihrem Unternehmen können wir die angegebenen Beträge zu Einsparungen nur aus Erfahrungswerten schätzen. Die Beträge stellen keine rechtsverbindliche Aussage über tatsächliche Einsparungen dar.

Für weitere Fragen zu unserm Produkt IT IS ENBEX stehen wir Ihnen gerne zur Verfügung. Schreiben Sie uns unter enbex@itis.de oder telefonisch unter +49 (0) 871 9334 0

Tab. 2: ENBEX Checkliste

Welche Anforderungen/Komponenten sind enthalten?	ENBEX JA	ENBEX NEIN
alle gesetzlichen Anforderungen/Vorschriften/Prozesse?	X	
Begleitscheine online?	X	
Übernahmescheine online?	X	
Entsorgungsnachweise online?	X	
Notifizierungen online?	X	
qualifizierte E-Signatur?	X	
Ausdruck von Quittungsbelegen?	X	
zentrale Datenspeicherung? (Providerlösung?)		X
Datenübertragungen von IP – IP-Adresse?	X	
Datenübertragungen über E-Mail-Verbindungen?		X
XML-Format?	X	
Pilotprojekterfahrungen bzw. Referenzprojekte vorhanden? (Anzahl der Transaktionen bzw. Teilnehmer?)	X	
Nachweisbuch in ihrem Abfallwirtschaftssystem?	X	
Rechnungen /Lieferscheine online?	X	
Wiegenoten u. Ä. online?	X	

Modawi – das modulare System für die digitale Abfallwirtschaft

Ute Müller

Zusammenfassung

Modawi ist das modulare System für die digitale Abfallwirtschaft: Modawi dient dem elektronischen Datenaustausch zwischen den Beteiligten der Abfallwirtschaft, indem es alle Prozesse zur Führung und Archivierung der elektronischen Dokumente mit qualifizierter Signatur gemäß Nachweisverordnung unterstützt. Modawi wird im Unternehmen in die vorhandene Abfallwirtschaftssoftware integriert. Der Anschluss an einen kostenpflichtigen Provider ist nicht erforderlich. Die Anwender arbeiten weiterhin mit der gewohnten Software und müssen nur wenige neue Befehle erlernen. Entsorger können Modawi auch als Basis des eigenen Kundenportals einsetzen. Weitere Dokumente (internationale Abfallverbringung, Wiegenoten, Rechnungen etc.) werden ebenso unterstützt.

1 Neue Verordnung fordert elektronische Dokumente mit Signatur in der Abfallwirtschaft

Die Novelle der Nachweisverordnung (NachwV) zum Kreislaufwirtschafts- und Abfallgesetz (KrW-/AbfG), die im Oktober 2006 veröffentlicht wurde und zum 01.02.2007 in Kraft tritt, sieht ein weitestgehend papierloses elektronisches Nachweisverfahren unter Verwendung qualifizierter elektronischer Signaturen vor (NachwV, Abschnitt 4). Diese elektronische Nachweisführung ist für die Dokumentation der Entsorgung gefährlicher Abfälle obligatorisch. Entsorger, Abfallerzeuger und Beförderer müssen spätestens ab Februar 2010 alle Dokumente elektronisch führen und zusätzlich qualifiziert elektronisch signieren. Diese signierten elektronischen Dokumente müssen wie bisher die Papierdokumente mindestens drei Jahre und länger aufbewahrt werden.

2 Enorme Breitenwirkung

Mindestens 50.000 Betriebe sind von dieser Novelle betroffen, da sie gefährliche Abfälle erzeugen, befördern oder entsorgen. Alle Mitarbeiter dieser Betriebe, die mit den gefährlichen Abfällen umgehen, müssen mittels Signaturkarten mit qualifizierten elektronischen Signaturen ausgestattet werden, wenn nicht Signaturserver zum Einsatz kommen. Ebenso müssen alle Behörden und deren Mitarbeiter, die mit der Genehmigung oder Überwachung der Sonderabfallentsorgung betraut sind, über Signaturkarten verfügen.

Anders als im Gesundheitswesen oder bei den digitalen Fahrtenschreibern wird es keine speziellen Signaturkarten für die Abfallwirtschaft geben. Jede Karte, die den Anforderungen des Signaturgesetzes entspricht, kann verwendet werden. Vorausgesetzt natürlich, die eingesetzte Anwendung unterstützt die Karte, sowohl beim Erzeugen einer Unterschrift als auch beim Prüfen.

3 Hohe Komplexität

Eine besondere Herausforderung in diesem elektronischen Verfahren liegt darin, dass in erster Linie Betriebe miteinander kommunizieren müssen. Den Behörden werden die elektronische Dokumente erst zuletzt zugeleitet: Ein so genannter Begleitschein (BGS), der den Transport eines gefährlichen Abfalls begleitet, muss nacheinander vom Abfallerzeuger, dem oder den Beförderern und dem Entsorger unterschrieben werden. Die DV-Systeme der Betriebe müssen also in der Lage sein, ein neues elektronisches Dokument zu erzeugen, eine Signatur hinzuzufügen, das Dokument an den nächsten Beteiligten zu senden oder ein bereits erzeugtes und signiertes Dokument anzunehmen, zu prüfen, zu ergänzen und zu signieren, ohne dabei die vorhandenen Signaturen zu zerstören. Und all das muss in Echtzeit und mit hoher Verfügbarkeit möglich sein, denn wenn ein teurer Spezial-LKW an der Entsorgungsanlage nicht abgefertigt werden kann, weil das elektronische Dokument, das der Fahrer vor der Abfahrt beim Abfallerzeuger signiert hat, noch nicht da ist, ist der finanzielle Schaden erheblich.

In Deutschland fallen etwa 2,5 Mio. BGS pro Jahr an. Jeder dieser BGS muss zukünftig elektronisch abgewickelt werden. Bevor ein BGS der Behörde zugeleitet wird, wird er mindestens dreimal signiert. Durch die Abfallwirtschaft werden also zukünftig mindestens 30.000 Signaturen pro Tag erfolgen und die meisten davon als einzelne Signaturen.

4 Technische Erfordernisse der elektronischen Nachweisführung

Anhang 3 der Novelle regelt die grundlegenden technischen Anforderungen an die elektronische Form:

- Verwendung von Extensible Markup Language (XML), Definition mit XML-Schema
- Signaturen nach dem W3C-Standard XML-Signature (IETF W3C-Standard XML-DSig)
- Einsatz einer Schichten-Technik (Layer) wegen der Nachvollziehbarkeit der Reihenfolge der Signaturen (§ 19, Abs. 1)

* Erweiterbarkeit, Dateianhänge, bilaterale Strukturen

Die Definition des Schnittstellenformates wird spätestens im März 2007 auf der Homepage des Bundesministeriums für Umwelt, Naturschutz und Reaktorsicherheit veröffentlicht werden. Alle Softwarelösungen, die für die elektronische Nachweisführung eingesetzt werden sollen, müssen diese Anforderungen erfüllen. Nur dann können alle Beteiligten der Abfallwirtschaft reibungslos miteinander kommunizieren.

Modawi stellt die Funktionen für die Prozesse des elektronischen Nachweisverfahrens Schnittstellen-konform bereit. Diese können direkt von Abfallwirtschaftssystemen genutzt werden. Sie decken sämtliche Anforderungen der elektronischen Form gemäß Nachweisverordnung umfassend ab und bieten die Möglichkeit kundenspezifischer Anforderungen und Erweiterungen wie z. B. eBilling.

5 Archivierung der Dokumente

Am Ende eines Abfalltransportes muss der vom Entsorger signierte BGS an alle Beteiligten für das Einstellen in deren Register versendet und der Behörde zugeleitet werden. Alle Behörden haben dazu ein gemeinsames elektronisches Postfach in der virtuellen Poststelle, von wo aus eine Verteilung an die zuständigen Behörden erfolgt (zzt. über die Mini-ZKS, ab 2009 über die ZKS). Der einzelne Erzeuger, Beförderer oder Entsorger muss somit nicht die individuelle Adresse seines Sachbearbeiters ermitteln.

Das Register ist technisch ein Archivsystem, in dem die signierten Dokumente geordnet abgelegt werden. Bisher erfolgte dies mit den Papieren im so genannten Nachweisbuch. Die signierten Dokumente müssen regelmäßig übersigniert werden können, um die Signaturen langfristig rechtsgültig und fälschungssicher zu erhalten. Modawi verfügt dazu über ein eigenes Registermodul.

6 Ähnliches Verfahren für alle elektronischen Dokumente

Dieser beschriebene Ablauf ist für alle elektronischen Nachrichten und Dokumente, die in der Nachweisverordnung definiert sind, ähnlich:

Diese sind Entsorgungsnachweise (EN), Sammelentsorgungsnachweise (SN), Begleitscheine (BGS) und Übernahmescheine (UNS). Weitere in Anhang 3 der Novelle definierte Nachrichten beschreiben die Abfrage und Erstellung von elektronischen Registerauszügen und die Anforderung von Nummern sowie die Struktur von Fehlermeldungen und Mitteilungen.

Der Gesetzgeber hat bei der Ausgestaltung der Verordnung sowohl bezüglich der formalen Abläufe im elektronischen Verfahren als auch hinsichtlich der technischen Vorgaben Gestaltungsspielraum gelassen und internationale Standards verwendet.

Dies erlaubt es den Beteiligten, die elektronischen Abläufe möglichst genau an ihren Bedarf anzupassen. Gleichzeitig werden damit hohe Anforderungen an die eingesetzte Software gestellt. Modawi wird diesen aufgrund seiner Modularität und der Verwendung bewährter Standards gerecht.

7 Modawi

7.1 Grundsätzliche Funktionsweise und Anbindung

Modawi stellt Funktionen für die Prozesse des elektronischen Nachweisverfahrens (eANV) für die Entsorgung gefährlicher Abfälle bereit. Diese können von Abfallwirtschaftssystemen genutzt werden. Sie decken sämtliche Anforderungen der elektronischen Form gemäß Nachweisverordnung (NachwV), Abschnitt 4, umfassend ab:

- Erzeugung und Verarbeitung verordnungskonformer elektronischer Dokumente aus Daten der vorhandenen Abfallwirtschaftssoftware

- Rechtssicheres Prüfen, Lesen und Schreiben qualifizierter elektronischer Signaturen mit Karten und Kartenlesern der meisten Anbieter, incl. Mehrfach- und Massensignaturen

- Sichere Kommunikation der Daten direkt mit den nächsten Abfallwirtschaftsbeteiligten, dezentralen Dienstleistern oder der virtuellen Poststelle der Behörden – auch per OSCI

- Führung des elektronischen Registers und Erstellung der Auszüge auf Anforderung der Behörden

Die folgende Graphik zeigt die Einsatzweise:

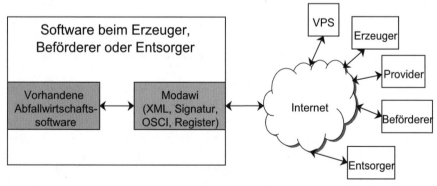

Modawi Technik:

- Modawi ist eine Middleware.
- Modawi-Funktionen werden aus der Abfallwirtschaftssoftware über XML-RPC Aufrufe angesprochen.
- Modawi ist plattformunabhängig (Java) und benötigt keine externe Laufzeitumgebung.
- Modawi kann alle gängigen Datenbanken für die Archivierung und Registerführung nutzen.

Modawi aus Anwendersicht:

- Modawi ist für die Anwender unsichtbar.
- Alle notwendigen Funktionen werden den Anwendern von der Abfallwirtschaftssoftware in der bekannten Oberfläche zur Verfügung gestellt.

7.2 Modawi2007-PreRelease und Modawi2007

Aktuell kommt Modawi2007-PreRelease zum Einsatz. Die PreRelease unterstützt die elektronische Verarbeitung von Begleitscheinen und Übernahmescheinen gemäß den Anforderungen der Novelle der Nachweisverordnung und dem aktuellen Stand der Schnittstellendefinition.

Im Februar erfolgt ein Update auf Modawi2007. Dadurch erweitert sich der Funktionsumfang auf EN, SN sowie alle weiteren Dokumente, die ohne Vorhandensein der ZKS verwendet werden können.

Gleichzeitig werden BGS und UNS an die aktuelle Definition der BMU-Schnittstelle angepasst.

7.3 Elektronische Dokumente in Modawi

Alle elektronischen Nachrichten und Dokumente der Nachweisverordnung werden von Modawi unterstützt: Dies sind Entsorgungsnachweise (EN), Sammelentsorgungsnachweise (SN), Begleitscheine (BGS) und Übernahmescheine (UNS). Außerdem übernimmt Modawi die Registerführung und kann Mitteilungen von/an Behörden und andere(n) Abfallwirtschaftsbeteiligte(n) verarbeiten.

Alle Dokumente sind gemäß BMU-Schnittstellendefinition gestaltet.

Ergeben sich nach dem Februar 2007 noch Änderungen an der BMU-Schnittstelle, werden diese Änderungen in Abstimmung mit den Behörden nachgeführt.

7.4 Modawi basiert auf CertiWare

CertiWare, die plattformunabhängige, hochmodulare Middleware für die digitale Signatur, unterstützt alle gängigen Kartenleser und Signaturkarten. CertiWare ist von der MaK DATA SYSTEM Kiel GmbH, der Muttergesellschaft der ITU.

Funktionen/Einsatzbereiche von CertiWare:

- Authentifizierung
- Verschlüsselung
- Datenintegrität
- Rechtsverbindlichkeit

CertiWare verfügt über eine Herstellererklärung und kann in Kombination mit Thin-CertiWare auch im Browser zum Signieren eingesetzt werden. CertiWare wurde ursprünglich für das Gesundheitswesen konzipiert und befindet sich als Bestandteil von eBilling-Software im Einsatz.

Die von Modawi verwendete Signatursoftware kann, da sie eine eigenständig lauffähige Komponente darstellt, parallel zu Modawi auch für andere Signaturanwendungen eingesetzt werden.

7.5 Spezielle Unterstützung für die Übergangszeit / Quittungsbeleg

Die Erzeuger, die keine spezielle Abfallwirtschafts-EDV haben können per Quittungsbeleg am elektronischen Verfahren teilnehmen. Zu deren Einbindung sind folgende Funktionen vorgesehen:

Der Entsorger sendet aus Modawi per Mail einen ausgefüllten BGS als PDF-Dokument an den Erzeuger. Der Erzeuger druckt die Datei und verwendet ihn als Quittungsbeleg, unterschreibt also von Hand. Nach der Annahme erzeugt der Entsorger aus Modawi ein neues PDF-Dokument, das die endgültigen Daten enthält und schickt es zusammen mit der von ihm signierten XML-Datei an den Erzeuger. Der Erzeuger legt das PDF-Dokument als Ausdruck in sein Papier-Register und gleichzeitig legt er die XML-Datei ab. Die Dateiablage erfolgt so, dass die Verzeichnisse nach Nachweisen geordnet sind – wie für Register gefordert. Die einzelnen Registerdateien wären einsehbar; würde ein richtiger Auszug gefordert, müsste der vom Modawi des Entsorgers erstellt werden. Beförderer können bei Bedarf in gleicher Weise eingebunden werden.

Modawi kann auch um die Verarbeitung der Daten des Bifa- und des Zedal-Portals erweitert werden.

7.6 Modawi im Internet und in der internationalen Abfallverbringung

Modawi kann als Basis einer Portalanwendung im Internet eingesetzt werden:

- Nutzung der Funktionen zur Erzeugung und Verarbeitung der XML-Dokumente durch die Portalssoftware
- Empfangen/Abholen, Entschlüsseln, Verschlüsseln und Versenden von/an den/ die Empfänger (ggf. per OSCI)
- Ablage der Dokumente im Archiv und im Register
- Signieren mit Hilfe von ThinCertiWare und Eintragen der Signatur im Dokument.

Im Quittungsbelegverfahren kann eine Portallösung dazu zusätzlich die Funktion ‚Anzeige und Druck der Daten aus dem Modawi-Archiv' bereitstellen:

Modawi für die internationale Abfallverbringung:

- Modawi nutzt ausschließlich internationale Standards und kann verschiedene Zeichensätze verarbeiten.
- Modawi kann um die EUDIN-Schnittstelle erweitert werden.
- Die Abfallwirtschaftsbehörden können bereits die Versand- und Begleitformulare erzeugen und empfangen.

7.7 Funktionsübersicht für Modawi

Modawi erzeugt und verarbeitet elektronische Dokumente gemäß Nachweisverordnung (XML-Signature, Layertechnik) sowie beliebige andere Dokumente.

Modawi signiert die Daten rechtssicher mit qualifizierten Signaturen vieler Anbieter und für viele Kartenleser, inkl. Mehrfach- und Massensignatur durch den Einsatz von CertiWare.

Modawi unterstützt alle erforderlichen Übertragungswege und Formate – auch in der Übergangszeit (andere Formate, Quittungsbeleg) und führt ein Adressbuch mit Zertifikatspeicher.

Modawi archiviert die elektronischen Dokumente, führt das Register und erstellt Auszüge.

Modawi wird in die vorhandene Abfallwirtschaftssoftware integriert und ist für die Anwender unsichtbar.

Modawi kommuniziert als dezentrales System direkt mit den anderen Beteiligten, deren Providern oder der VPS.

Modawi kann als Basis einer Portalsoftware verwendet werden. ThinCertiWare erlaubt dazu das Signieren im Browser.

Verantwortung für Technik und Umwelt

umwelttechnik &
ingenieure GmbH

u&i umwelttechnik und ingenieure ist ein unabhängiges beratendes Ingenieurbüro, das weit über die Grenzen Deutschlands in den Bereichen Planung von Anlagen der Abfall-, Energie- und Verfahrenstechnik, in der Projektsteuerung sowie in der Bauoberleitung bekannt ist.

u&i ist ebenso in der Umweltberatung sowie im Bereich Due Diligence für Kunden tätig.

u&i umwelttechnik & ingenieure GmbH· Wöhlerstr. 42 · 30163 Hannover
Telefon: 0511-96 98 500 · info@qualitaet.de · www.uigmbh.de

Neueste Entwicklungen europäischer Emissionsgrenzwerte einschließlich der National Emission Ceilings

Uwe Lahl

Zusammenfassung

Mit dem 8. Protokoll zum Genfer Luftreinhalteabkommen (Multikomponentenprotokoll oder Göteborg Protokoll) und der EU-NEC-Richtlinie, werden zur Bekämpfung von Versauerung, Eutrophierung und bodennahem Ozon länderspezifische Emissionshöchstmengen für SO_2, NO_x, NH_3, und NMVOC festgelegt, die ab 2010 nicht mehr überschritten werden dürfen.

Trotz der bisherigen Emissionsminderungs-Erfolge stellen Versauerung, Eutrophierung und bodennahes Ozon immer noch Probleme in weiten Teilen Europas dar. Laut Umweltsachverständigenrat und den von der Europäischen Kommission vorgelegten Szenarien wird die Eutrophierung sogar noch weit über 2010 hinaus ein Problem bleiben.

Das Multikomponentenprotokoll und die NEC-Richtlinie sollen deshalb im Rahmen der Novellierung verschärft werden.

Bisher sind die Emissionsmengen aus Abfallbehandlungs- und -verwertungsanlagen nicht in das Emissionsregister zur NEC-Richtlinie aufgenommen worden. Diese sind jedoch vor allem im Hinblick auf Ammoniak erheblich. Sie betragen nach Schätzungen des Umweltbundesamtes ca. 10 % der NEC-Emissionshöchstmenge. Diese neuen Daten werden Einfluss auf die Novellierung der NEC-Richtlinie haben. Für die biologische Verwertung von Abfällen wird man sich auf Maßnahmepläne zur Verminderung der NH_3-Emissionen einstellen müssen.

Die Emissionsmengen aus Abfallverbrennungsanlagen sind dagegen nicht relevant.

1 Handlungsbedarf

Im Jahr 1960 stellten Wissenschaftler einen unmittelbaren Zusammenhang zwischen den Schwefeldioxid-Emissionen im kontinentalen Europa und der Versauerung der skandinavischen Seen her. Diese Versauerung hatte erhebliche Folgen: Die Fischbrut konnte in dem sauren Milieu nicht mehr aufwachsen; nur ältere und große Fische überlebten.

Diese Fakten lösten zusammen mit dem in den 80er Jahren diskutierten Waldsterben und der ungewöhnlichen Eutrophierung der Seen in Europa nach und nach einen

Stimmungsumschwung in der Bevölkerung, den Medien und den politisch Verantwortlichen aus.

Es galt die „Politik der hohen Schornsteine" zu beenden, mit der die Schadstoffemissionen (hohe SO_2-, NO_x-Emissionen) aus Kontinentaleuropa in die Troposphäre abgeführt wurden, sich aber dann in entfernten Regionen niederschlugen.

Die Problemfelder hierbei sind:

- **Versauerung** von Böden und Gewässern durch Emissionen von Stoffen, die zur Versauerung der Niederschläge (SO_2, NO_x, NH_3) beitragen
- **Eutrophierung** der Gewässer und Böden durch atmosphärischen Stickstoffeintrag (NO_x, NH_3)
- Bildung von **bodennahen Ozon** durch Emissionen von Ozon-Vorläufer-Substanzen (Stickoxide, NO_x und flüchtige organische Verbindungen, NMVOC)

Es begann ein Umdenken hinsichtlich der Verantwortlichkeit. Nicht nur die nationalen Interessen, sondern auch die der Nachbarn sollten beachtet werden.

Allerdings zog sich dieser Prozess über mehrere Jahrzehnte hinweg. Rückblickend kann man heute kaum noch nachvollziehen, warum der politische Prozess um die Verminderung grenzüberschreitender Stoffe so lange gedauert hat. Gleichzeitig mahnt uns dieses lange Verfahren, andere anstehende Umweltprobleme wie die Verminderung von CO_2 oder von Feinstaub und NO_x (Verkehr, Anlagen) nicht auf die lange Bank zu schieben.

Mit dem Genfer Luftreinhalteabkommen der UN-Wirtschaftskommission (UN-ECE) von 1979 sollte sichergestellt werden, dass die grenzüberschreitende Luftverschmutzung limitiert und nach und nach verringert werden soll. Damit ist diese Konvention ein Meilenstein im multinationalen Umweltschutz. Die Konvention macht deutlich, dass der Schutz der menschlichen Gesundheit und der Umwelt nicht mehr nur durch einen Staat oder ein Mitgliedsland bewältigt werden kann, sondern dies eine gemeinsame Aufgabe aller betroffenen Staaten ist.

Die Genfer Luftreinhaltekonvention wurde 1982 in Kraft gesetzt und hat mittlerweile acht Protokolle zu verschiedenen Schadstoffen (siehe Tabelle 1 und Anhang 1). [1]

Tab. 1: Regelungen zur Verminderung grenzüberschreitender Luftschadstoffe

Regelung	Verpflichtung	Zeichnung/Inkrafttreten
Genfer Luftreinhalteabkommen	Die beteiligten Staaten bemühen sich, die Emissionen von weiträumigen grenzüberschreitenden Luftverunreinigungen zu bekämpfen	1979/1982
Acht Protokolle zum Genfer Luftreinhalteabkommen, u. a. das Multikomponentenprotokoll	Siehe Anhang 1	1988–2005 (Siehe Anhang 1) Multikomponentenprotokoll: 1999/2005
NEC-Richtlinie 2001/81/EG (33. BImSchV)	Verminderung der Versauerung, Eutrophierung und der Bildung bodennahen Ozons	2001 (33. BImSchV: 13.07.2004)

1999 wurde das 8. Protokoll, das sogenannte Multikomponentenprotokoll (Göteborg Protokoll), zum Genfer Luftreinhalteabkommen beschlossen, das die Bekämpfung von Versauerung, Eutrophierung und bodennahem Ozon durch die Festlegung von länderspezifischen Emissionshöchstmengen für SO_2, NO_x, NH_3, und NMVOC vorsieht, die ab 2010 nicht mehr überschritten werden dürfen.

Das Protokoll ist von Deutschland am 28.10.2004 ratifiziert worden und ist am 17.05.2005 in Kraft getreten, nachdem 16 Vertragsparteien ratifiziert hatten.

Parallel dazu wurde im Rahmen der EU die RICHTLINIE 2001/81/EG DES EUROPÄISCHEN PARLAMENTS UND DES RATES vom 23. Oktober 2001 über **nationale Emissionshöchstmengen für bestimmte Luftschadstoffe** beschlossen.

In der Richtlinie werden die Höchstmengen der jährlichen Emissionsmengen eines Mitgliedsstaates hinsichtlich der Stoffe SO_2, NO_x, NH_3, und NMVOC (Nicht Methan flüchtige organische Verbindungen) festgelegt, die spätestens im Jahr 2010 nicht mehr überschritten werden dürfen.

Die Erwägungsgründe der Richtlinie zeigen die Problemkreise auf, die mit der Richtlinie gelöst werden sollen:

"(5) Weite Gebiete der Gemeinschaft sind sauren Niederschlägen und Einträgen eutrophierender Stoffe in einem Ausmaß ausgesetzt, das für die Umwelt schädlich ist. Die von der WHO für den Schutz der menschlichen Gesundheit und der Pflanzen gegen photochemische Luftverschmutzung festgelegten Leitwerte werden in allen Mitgliedstaaten beträchtlich überschritten.

(6) Die Überschreitungen der kritischen Eintragsraten sollten daher schrittweise beendet und Leitwerte eingehalten werden.

(9) Die grenzüberschreitende Luftverschmutzung trägt zur Versauerung, zur Eutrophierung des Bodens und zur Bildung von bodennahem Ozon bei; ihre Be-

kämpfung erfordert ein koordiniertes Vorgehen der Gemeinschaft.

(11) Die Festlegung nationaler Höchstmengen für Emissionen von Schwefeldioxid, Stickstoffoxiden, flüchtigen organischen Verbindungen und Ammoniak für die einzelnen Mitgliedstaaten stellt einen kosteneffizienten Weg zur Verwirklichung der Umweltzwischenziele dar. Solche Emissionshöchstmengen bieten der Gemeinschaft und den Mitgliedstaaten Flexibilität bei der Festlegung der Strategien zu ihrer Einhaltung.

(13) In Übereinstimmung mit dem in Artikel 5 des Vertrags niedergelegten Subsidiaritätsprinzip und insbesondere unter Beachtung des Vorsorgeprinzips kann das Ziel dieser Richtlinie, nämlich die Begrenzung der Emissionen der für die Versauerung und die Eutrophierung verantwortlichen Schadstoffe sowie der Ozonvorläuferstoffe, aufgrund des grenzüberschreitenden Charakters der Verschmutzung auf der Ebene der Mitgliedstaaten nicht ausreichend erreicht werden; es kann daher besser auf Gemeinschaftsebene erreicht werden. In Übereinstimmung mit dem Verhältnismäßigkeitsprinzip geht diese Richtlinie nicht über das für die Erreichung dieses Ziels erforderliche Maß hinaus."

Die Emissionshöchstmengen der NEC-Richtlinie sind etwas anspruchsvoller als die des Multikomponentenprotokolls (siehe Tabelle 2). Die NEC-Richtlinie wurde 2004 in deutsches Recht (33. BImSchV) umgesetzt.

Tab. 2: Emissionen in D und Emissionshöchstmengen für D in der NEC-RL und im Multikomponentenprotokoll

Emissionen und Emissionshöchstmengen	SO_2(kt)	NO_x(kt)	NH_3(kt)	NMVOC(kt)
Emissionshöchstmengen NEC-Richtlinie 2010	520	1.051	550	995
Emissionshöchstmengen des Multikomponentenp. 2010	550	1.081	550	995
Emissionen in Deutschland im Jahre 2000	643	1.645	638	1.528

Zur Erreichung dieser Verpflichtung sind zahlreiche Maßnahmen eingeleitet worden, die die Emissionen und die Immissionen der Luftschadstoffe teilweise erheblich gesenkt haben.

Trotz der bisherigen Emissionsminderungs-Erfolge stellen Versauerung, Eutrophierung und bodennahes Ozon immer noch Probleme in weiten Teilen Europas dar. Laut Umweltsachverständigenrat und den von der Europäischen Kommission vorgelegten Szenarien wird die Eutrophierung sogar noch weit über 2010 hinaus ein Problem bleiben.

Das Multikomponentenprotokoll und die NEC-Richtlinie sollen deshalb im Rahmen der Novellierung verschärft werden.

Im Hinblick auf die weiterhin zu hohen Luftschadstoffwerte hat die EU-Kommission am 21.9.2005 dem Rat und dem Europäischen Parlament ihre Mitteilung "Thematische Strategie zur Luftreinhaltung" vorgelegt, die im 6. Umweltaktionsprogramm als langfristige, integrierte Strategie für die gesamte Luftreinhaltepolitik angekündigt worden war.

Mit dieser Strategie werden Umweltziele für das Jahr 2020 vorgeschlagen. Ziel ist es die gesundheitlichen Auswirkungen von Feinstaub und Ozon, den Anteil von übersäuerten Waldflächen sowie von Flächen mit überhöhtem Schadstoffeintrag weiter zu vermindern.

Zur Umsetzung der Strategie sind nach Ansicht der Kommission weitere neue Maßnahmen zur Verminderung der Luftschadstoffemissionen in den Hauptemittentenbereichen erforderlich:

- Verschärfung der Richtlinie über Nationale Emissionshöchstmengen (NEC)
- Neue Abgasstandards für Pkw (Euro 5) und Lkw (Euro VI)
- Regelungen für kleine Feuerungsanlagen < 50 MW
- Revision der IVU-Richtlinie
- Revision der Luftqualitätsrichtlinien
- Weitere Begrenzung der Ammoniak-Emissionen aus der Landwirtschaft

Die gesundheitlichen Auswirkungen sollen folgendermaßen gesenkt werden:

- Gesundheitliche Auswirkung von Feinstaub   minus 15 %
- Akute Todesfälle durch Ozon   minus 7 %
- Übersäuerte Waldfläche   minus 23 %
- Übersäuerte Frischwassereinzugsgebiete   minus 10 %
- Flächen mit zu hohen Nährstoffeinträgen   minus 24 %
- Ozongeschädigte Waldflächen   minus 8 %

Aufgrund der Thematischen Strategie (TS) und den Maßnahmen der laufenden Gesetzgebung (CLE – Current Legislation) wird eine Minderung der Emissionen der NEC-Schadstoffe in Deutschland zwischen 29 % und 58 % angestrebt (Tabelle 3).

Diese angestrebten gravierenden Emissionsminderungen machen deutlich, wie groß der Handlungsbedarf in der EU ist, aber auch, dass Deutschland in einigen Bereichen, wie z. B. der Emissionsminderung von SO_2, erhebliche Vorleistungen erbracht hat.

Tab. 3: Minderung der Emissionen durch CLE und TS bis 2020

	2000	2020	Minderung durch CLE + Maßnahmen der Thematischen Strategie zu 2000		z. Vgl. Nationale Emissionshöchstmengen 2010 (NEC)
		Thematische Strategie inkl. CLE	Deutschland	EU 25	
SO_2	643	267	-58 %	-82 %	520
NO_x	1645	694	-58 %	-60 %	1051
NH_3	638	453	-29 %	-27 %	550
NMVOC	1528	741	-52 %	-51 %	995
$PM_{2.5}$	171	90	-47 %	-59 %	

Quelle: IIASA: CAFE Szenario Analysis Report Nr. 7, September 2005

2 Regelungsumfang – NEC-Richtlinie – Nationales Programm

2.1 Bestehende Regelungen der EU zur Verminderung der Luftschadstoffbelastung

Folgenden Regelungen der EU stehen zur Verminderung der Luftschadstoffe zur Verfügung:

- Tochterrichtlinien zur Rahmenrichtlinie Luftqualität (**Immissionsgrenzwerte**)
- NEC-Richtlinie (Emissionshöchstmengen)
- Sektorale Regelungen
    - Rechtsvorschriften zu mobilen und stationären Quellen (**Emissionsgrenzwerte**)
    - Regelungen zu Produkten (**Produktqualität**)
- IVU-Richtlinie

Die Einhaltung der Grenzwerte wird mit vier Maßnahmegruppen angestrebt, die sich gegenseitig ergänzen:

- Immissionsgrenzwerte – Luftqualität (22. BImSchV)
- Emissionshöchstmengen (33. BImSchV)
- Emissionsgrenzwerte (z. B. 13. BImSchV)
- Produktqualität (z. B. Kraftstoffqualität, Lacke und Farben)

2.2 Einhaltung der NEC-Richtlinie und das Nationale Programm

Die **NEC-Richtlinie** legt nationale Emissionshöchstmengen (national emission ceilings – NEC) für die Luftschadstoffe

- Schwefeldioxid (SO_2)
- Stickstoffoxide (NO_x)
- Ammoniak (NH_3)
- flüchtige organische Verbindungen ohne Methan (NMVOC)

fest, die bis zum Jahre 2010 einzuhalten sind und danach nicht mehr überschritten werden dürfen. Sie ist mit der 33. BImSchV in deutsches Recht umgesetzt worden.

Die zahlreichen Maßnahmen der letzten Jahre haben die Emissionen der NEC-Stoffe teilweise erheblich absenken können (Abbildung 1).

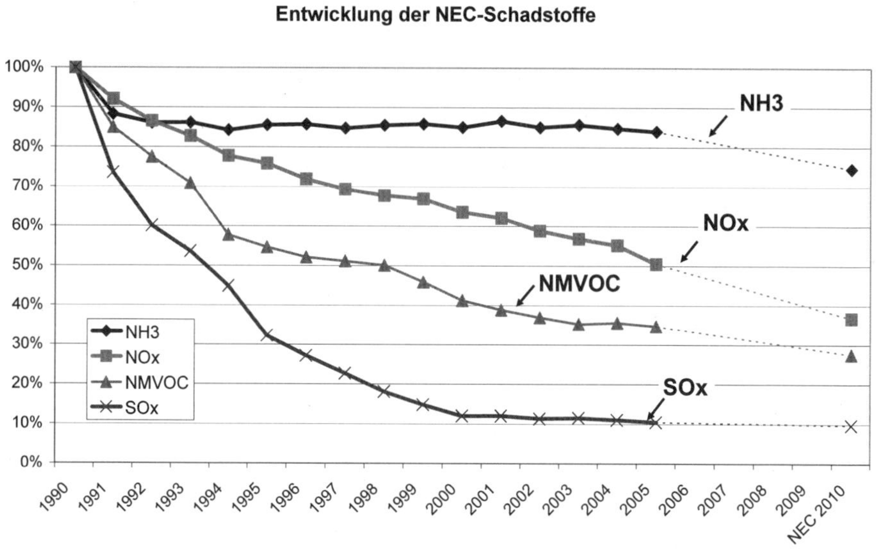

Abb. 1: Entwicklung der NEC-Stoffe im Vergleich zu den NEC-Emissionshöchstgrenzen [2]

Die NEC-Richtlinie verpflichtet die Mitgliedsstaaten, in sogenannten Nationalen Programmen die Maßnahmen aufzulisten, die notwendig sind, die vorgegebenen Emissionshöchstmengen im Jahr 2010 einzuhalten.

Tabelle 4 fasst die Ergebnisse des Nationalen Programms aus dem Jahre 2006 hinsichtlich der Emissionen, Emissionshöchstmengen und Unterschiedsbeiträgen der

NEC-Stoffe zusammen.

Tab. 4: Emissionshöchstmengen, Emissionen gemäß Referenz-Prognose und Mit-Maßnahmen-Szenario im Jahre 2010 [3]

Emissionsfrachten kt/a	SO_2	NO_x	NH_3	NMVOC
Emissionshöchstmengen der NEC-Richtlinie	520	1051	550	995
Referenzprognose	459	1112	610	987
Prognosewert minus Emissionshöchstmenge (Deckungslücke (+))	-61	+61	+60	-8
Mit-Maßnahmen-Szenario	459	1050	550	986

Folgende Resultate ergeben sich aus Tabelle 4:

Die Emissionshöchstmengen für

- SO_2 (520 kt/a) und
- NMVOC (995 kt/a)

können danach bereits durch in der Vergangenheit beschlossene Maßnahmen eingehalten werden.

Die Emissionshöchstmengen für

- NO_x (1.051 kt/a) und
- NH_3 (550 kt/a)

können mit den in der Vergangenheit beschlossenen Maßnahmen nicht erreicht werden. Es sind zusätzliche Maßnahmen erforderlich. Diese müssen die Emissionen von NO_x und von NH_3 um 61 kt bzw. um 60 kt senken.

Tab. 5: Zusätzliche Maßnahmen zur Einhaltung der Emissionshöchstmengen für NO_x und NH_3 im Jahre 2010 (Emissionsminderung in kt) [4]

	NO_x	NH_3
Mobile Quellen		
Einführung einer Grenzwertnorm EURO VI für schwere Nutzfahrzeuge	3,4	
Auswirkung der bestehenden Lkw-Maut sowie Anpassung an die neue EU-Rechtslage	20,4	
Einführung einer Grenzwertnorm EURO 5 und EURO 6 für Pkw und leichte Nutzfahrzeuge[1]	8,0	
Förderung der Anschaffung emissionsarmer schwerer Nutzfahrzeuge	1,5	
Stationäre Quellen		
Prüfoption für die Erschließung zusätzlicher Emissionsreduktionspotentiale	26	
Landwirtschaft		
weitere Umsetzung der Maßnahmen zur Senkung der Ammoniakemissionen aus der Landwirtschaft		60
Gesamtminderungspotenzial	59,3	60

In der Tabelle bedeutet ein leeres Feld keine Auswirkungen
[1] Diese Maßnahme bewirkt gleichzeitig eine Kohlenwasserstoff-Reduktion von 0,9 kt/a

Bezogen auf die Stoffe liegt der Schwerpunkt der Reduzierungsmaßnahmen (Tabelle 5) bei NH_3 nahezu ausschließlich in der Landwirtschaft. NO_x wird vor allem durch Einsatz moderner Technologien im Bereich Transport (Kfz) und Energieerzeugung vermindert werden können.

Die Thematische Strategie der Kommission setzt aufgrund der Daten über die Gesundheits- und Umweltbelastungen der Luftschadstoffe einen hohen Standard, der u. a. mit den Emissionshöchstmengen der bestehenden NEC-Richtlinie nicht zu erreichen ist. Die Thematische Strategie schlägt deshalb u. a. die Novellierung der NEC-Richtlinie vor. Ein Kommissionsvorschlag wird noch für das Jahr 2007 erwartet.

Nach der Thematischen Strategie sollen beispielsweise die übermäßig eutrophierten Ökosystemflächen im Europa 25 gegenüber dem Jahr 2000 um 43 % gesenkt werden. Dies setzt aber weitere erhebliche Emissionsminderungen von NH_3 – über die oben dargestellten 60 kt hinaus – voraus (Tabelle 5).

3 Handlungsmöglichkeiten in der Abfallwirtschaft

3.1 Emissionen aus Abfallbehandlungsanlagen

Alle NEC-Stoffe werden auch in Abfallbehandlungsanlagen freigesetzt. Frühere Untersuchungen zeigten, dass die Stoffströme aus Abfallbehandlungsanlagen nicht wesentlich zu den Emissionsmengen der NEC-Stoffe beitragen. [5, 6] So wurde hinsichtlich Ammoniaks bisher berichtet, dass NH_3 nahezu ausschließlich aus der Landwirtschaft stammt. Nach neuen groben Abschätzungen durch das Umweltbundesamt kann man jedoch die Emissionen aus Abfallbehandlungsanlagen – zumindest für NH_3 – nicht mehr vernachlässigen. Folgende Ergebnisse haben diese Schätzungen ergeben (Die Emissionsmengen sind in einen prozentualen Vergleich zu den Emissionshöchstmengen – siehe Tabelle 2, Seite 4 – gesetzt worden):

MVA:

Tab. 6:   Schätzung der Emissionen von Abfallbehandlungsanlagen (MVA)

Bezugsgröße	Größenordnung
Abfallmenge	16,3 Mio. Mg
Abgasvolumen	5.500 m³/Mg
Mittlere Grenzwertausschöpfung	50 %
NMVOC ~ TOC (in erster Näherung)	50 % von 10 mg/m³ = 5 mg/m³
SO_2	50 % von 50 mg/m³ = 25 mg/m³
NH_3	Kein Grenzwert, durch Abgasreinigung mit saurem Wäscher und thermischer Abgasbehandlung nicht relevant

Die Emissionen aus den MVA ergeben sich danach:

- SO_2 2.241 Mg/Jahr   (ca. 0,4 % der Emissionshöchstmenge)
- NMVOC   448 Mg/Jahr   (ca. 0,05 % der Emissionshöchstmenge)

MBA:

Tab. 7: Schätzung der Emissionen aus mechanisch-biologischen Abfallbehandlungsanlagen (MBA)

Bezugsgröße	Größenordnung
Abfallmenge	6,2 Mio. Mg
Abgasvolumen	10.000 m³/Mg
Mittlere Grenzwertausschöpfung	80 %
NMVOC ~ TOC (in erster Näherung)	80 % von 55 g/Mg = 44 g/Mg
SO_2	Keine Grenzwert, BMBF-Projekt: Mittel 0,013 mg/m³
NH_3	Kein Grenzwert, nicht prozessrelevant

Die Emissionen aus den MBA ergeben sich danach (grobe Schätzung):

- SO_2 0,8 Mg/Jahr   (vernachlässigbar)
- NMVOC   273 Mg/Jahr   (ca. 0,03 % der Emissionshöchstmenge)

Bioabfallbehandlung- und -verwertungsanlagen:

Bei der Bioabfallbehandlung können nur NH_3- und NMVOC-Emissionen geschätzt werden. SO_2- und NO_x-Emissionen dürften vernachlässigbar gering sein.

Aus Luftreinhalte- und aus Klimaschutzgründen ist bei der Bioabfallbehandlung die Vergärung die zu bevorzugende Variante.

NH_3

Bei der Bioabfallbehandlung kann die Kompostierung und die Vergärung mit Biogasgewinnung unterschieden werden. Bei der Kompostierung kann Ammoniak sowohl während des Prozesses der Rotte als auch bei der Ausbringung des Kompostes emittiert werden. Der jeweilige Anteil hängt von dem erreichten Rottegrad des Kompostes ab (Frischkompost, Fertigkompost). Die Ammoniakemissionen aus der Kompostierung können durch eine Erfassung der Rotteabluft und eine Reinigung der Abluft in einem sauren Wäscher wesentlich reduziert werden.

Bei der Vergärung treten Ammoniakemissionen erst nach dem geschlossenen Gärprozess in der Nachrotte und/oder bei der Ausbringung des Gärsubstrates auf. Die Ammoniakemissionen bei der Ausbringung hängen wie bei der Klärschlamm- oder Gülleausbringung stark von der Einbringungsart in den Boden ab.

Für die Kompostierung von Bio- oder Grünabfall schätzte das IFEU-Institut 2003 einen Emissionsfaktor von 2,17 bis 2,98 kg NH_3 pro Tonne Abfall. Hinzu kommen Emissionen bei der Ausbringung von etwa 0,4 kg NH_3 pro Tonne Bioabfall, so dass im Durchschnitt mit 3 kg Ammoniak pro Tonne Bioabfall gerechnet werden kann. Bei der Vergärung liegen die Werte in einem ähnlichen Bereich.

NMVOC

Die CH$_4$-Emissionen der Bioabfallbehandlung (NIR 2007) belaufen sich auf 280 Mg/a. Nach Ergebnissen der BMBF-Forschungsprojekte (1999) setzen sich die Emissionen an organischen Stoffen aus biologischen Abfallbehandlungsanlagen etwa zu 2/3 aus Methan und 1/3 aus NMVOC zusammen.

Insgesamt ergeben diese Schätzungen folgende Emissionen aus der Behandlung und Verwertung von etwa 12,3 Mio. Tonnen biogenen Abfällen im Jahr (2003):

NH$_3$ (Bioabfall und Kompostierung)
    37.000 Mg/a   (ca. 7 % der Emissionshöchstmenge)

NH$_3$ (Verwertung von Klärschlamm)
    15.000 Mg/a   (ca. 4 % der Emissionshöchstmenge)

NMVOC   140 Mg/a   (ca. 0,014 % der Emissionshöchstmenge)

NH$_3$ aus der Verwertung von Bioabfall und Kompostierung sowie der Verwertung von Klärschlamm steuern nach diesen Schätzungen zusammen ca. 10–11 % der NEC-Emissionshöchstmenge bei.

Deponien:

Bei Deponien lassen sich nur die NMVOC-Emissionen nur grob schätzen. Deponiegas besteht etwa zur Hälfte aus Methan und Kohlendioxid, andere org. Stoffe sind nur in Spuren vorhanden. Es kann davon ausgegangen werden, dass die NMVOC-Emissionen etwa 1 % der Methanemissionen betragen.

Tab. 8:   Methanemissionen nach NIR 2007 in Gg

Wertetyp	Emissionen 2005 in Gg
Methan Emission CRF	496
Emission CO$_2$-Äquivalent	10.424
Geschätzte NMVOC Emission	5

Die NMVOC-Emissionen betragen demnach:

- NMVOC   5.000 Mg/a   (entspricht ca. 0,5 % der Emissionshöchstmenge)

4 Fazit

Zur Erreichung der Verpflichtung aus der NEC-Richtlinie sind zahlreiche Maßnahmen eingeleitet worden, die die Emissionen und die Immissionen der Luftschadstoffe teilweise erheblich gesenkt haben. Trotz der bisherigen Emissionsminderungs-Erfolge stellen Versauerung, Eutrophierung und bodennahes Ozon immer noch Probleme in weiten Teilen Europas dar. Die Emissionshöchstmengen für SO_2 und NMVOC können bereits durch in der Vergangenheit beschlossene Maßnahmen eingehalten werden. Die Emissionshöchstmengen für NO_x und NH_3 können mit den in der Vergangenheit beschlossenen Maßnahmen nicht erreicht werden. Es sind zusätzliche Maßnahmen erforderlich. Diese müssen die Emissionen von NO_x und von NH_3 um 61 kt bzw. um 60 kt senken.

Die EU-Kommission strebt mit der Thematischen Strategie weitere Emissionsminderungen an. Das Multikomponentenprotokoll und die NEC-Richtlinie sollen deshalb im Rahmen der Novellierung verschärft werden.

Die Abfallverbrennung hat keinen relevanten Beitrag zur Emission von NEC-Stoffen.

In der biologischen Abfallbehandlung treten SO_2 und NO_x und NMVOC nur in geringen Mengen auf. Dennoch sind auch diese Mengen relevant und sollten hinsichtlich der Möglichkeiten der Verringerung und Vermeidung in die Handlungsalternativen einbezogen werden.

Ammoniak wird nach den ersten groben Schätzungen des Umweltbundesamtes in erheblichen Mengen gebildet.

Die Gesamtmenge von 50.000 t/a NH_3 stellt ca. 10 % der NEC-Emissionshöchstmenge pro Jahr für Deutschland im Jahr 2010 dar. Diese Stoffströme sind bisher noch nicht in der NEC-Richtlinie berücksichtigt worden. Sollte sich in Forschungsvorhaben der nächsten Zeit die grob geschätzte Menge in der Größenordnung bestätigen – wovon man ausgehen muss – so müssen diese Stoffströme bei der Novellierung der NEC-Richtlinie in das Emissionsregister (ZES) aufgenommen werden.

Da Deutschland ohnehin Probleme hat, die Emissionshöchstmenge für NH_3 im Jahr 2010 einzuhalten, ist zu erwarten, dass sich mit den Stoffströmen von NH_3 aus der biologischen Abfallbeseitigung die Schwierigkeiten noch verschärfen werden.

Für die biologische Verwertung von Abfällen wird man sich deshalb auf Maßnahmepläne zur Verminderung der NH_3-Emissionen einstellen müssen.

5 Literaturliste

[1] Luftreinhaltung überwindet Grenzen – 25 Jahre Genfer Luftreinhalteübereinkommen, BMU, Reihe Umweltpolitik, 2004

[2] Umweltbundesamt 2007, Daten für UN-ECE

[3] Nationales Programm zur Verminderung der Ozonkonzentration und zur Einhaltung der Emissionshöchstmengen gemäß § 8 der 33. BImSchV, BMU, 2006

[4] Nationales Programm zur Verminderung der Ozonkonzentration und zur Einhaltung der Emissionshöchstmengen gemäß § 8 der 33. BImSchV, BMU, 2006

[5] U. Lahl, Auf der Tagesordnung, Müllmagazin 4/2005

[6] U. Lahl, Vergangenheit, Gegenwart und Zukunft, Müllmagazin 4/2005

Anhang 1:

Protokolle im Rahmen der Genfer Luftreinhaltekonvention (UN-ECE Übereinkommens über weiträumige grenzüberschreitende Luftverunreinigung von 1979)

Im Rahmen des UN ECE-Übereinkommens über weiträumige grenzüberschreitende Luftverunreinigung von 1979 wurden bisher acht Protokolle erarbeitet, die zwischenzeitlich alle in Kraft sind.

Protokoll	Verpflichtungen	Stand der Ratifizierung in D
Finanzierungsprotokoll EMEP 1984	Leistung von Pflichtbeiträgen zur langfristigen Finanzierung der Messung und Bewertung der weiträumigen Übertragung von Luftschadstoffen	ratifiziert (BGBl. 1988 II S. 421)
1. Schwefelprotokoll 1985	30 %-Reduzierung der nationalen Schwefeldioxidemissionen (SO_2) bis 1993, verglichen mit 1980	ratifiziert (BGBl. 1986 II S.1116)
Stickstoffprotokoll 1988	Einfrieren der Stickstoffoxidemissionen (NO_x) bis 1994 auf der Basis von 1987; Deutschland verpflichtete sich zusammen mit weiteren elf Staaten zu einer 30 %-Reduzierung bis spätestens 1998, verglichen mit 1985	ratifiziert (BGBl. 1990 II S. 1278)
VOC-Protokoll 1991	Reduzierung der Emissionen flüchtiger Kohlenwasserstoffe (VOC) um mindestens 30 % bis 1999, verglichen mit 1988	ratifiziert (BGBl. 1994 II S. 2358)
2. Schwefelprotokoll 1994	Festlegung nationaler Emissionsobergrenzen für SO_2 für die Jahre 2000, 2005, 2010; erstmals auf der Grundlage eines wirkungsorientierten Ansatzes	ratifiziert (BGBl. 1998 II S. 130)
POP-Protokoll 1998	Regelungen zur Verringerung der Emissionen von 16 persistenten organischen Verbindungen (u. a. DDT, Dioxine, PCB, Furane)	ratifiziert (BGBl. 2002 II S. 803)
Schwermetallprotokoll 1998	Regelungen zur Verringerung der Emissionen der Schwermetalle Cadmium, Blei und Quecksilber	ratifiziert (BGBl. 2003 II S. 610)
Multikomponentenprotokoll (Göteborg) 1999	Gleichzeitige Bekämpfung von Versauerung, Eutrophierung und bodennahem Ozon durch die Festlegung von länderspezifischen Emissionshöchstmengen für SO_2, NO_x, NH_3, und VOC, die ab 2010 nicht mehr überschritten werden dürfen.	ratifiziert (BGBl. 2004 II S. 884)

Anhang 2:
Weiterführende Quellen
BMU:

http://www.bmu.de/abfallwirtschaft/aktuell/aktuell/3794.php

http://www.bmu.de/fb_abf/

Vergangenheit, Gegenwart und Zukunft – Der Emissionsbilanz zufolge trägt die Abfallwirtschaft mengenmäßig nur unwesentlich zur Feinstaubbelastung bei Artikel aus der Zeitschrift "Müllmagazin" 4/2005 von Dr. habil. Uwe Lahl, Ministerialdirektor im Bundesumweltministerium;
http://www.bmu.de/luftreinhaltung/feinstaub/doc/36607.php

17. BImSchV: Verordnung zur Durchführung des Bundes-Immissionsschutzgesetzes (Verordnung über die Verbrennung und die Mitverbrennung von Abfällen);
http://www.bmu.de/luftreinhaltung/doc/4784.php

Fazit und Ausblick, Dr. habil. Uwe Lahl:
http://www.bmu.de/luftreinhaltung/doc/5531.php

Feinstaubemissionen aus der Biomasseverbrennung in Kleinfeuerungsanlagen Hintergrundpapier zum Vortrag von MinDir Dr. habil. Uwe Lahl;
http://www.bmu.de/luftreinhaltung/feinstaub/doc/37087.php

UBA:

http://www.umweltbundesamt.de/abfallwirtschaft/index.htm

EU:

http://www.bmu.de/fb_abf/?fb=2968 mit weiteren Links

OECD:

http://www.bmu.de/fb_abf/?fb=36456 mit weiteren Links

Auskunftsstellen EU und national:

http://www.bmu.de/fb_abf/?fb=2970

Was ist bei der Planung von EBS-Kraftwerken zu beachten?

Nils Oldhafer

Zusammenfassung

Ein EBS-Kraftwerk als eine Anlage, in der feste Abfälle als Brennstoff zum Einsatz kommen, unterscheidet sich konzeptionell von einer MVA durch den Vorrang der Energieversorgung gegenüber dem Entsorgungsaspekt. Entsprechend ist der Energiebedarf, d. h. die Art und die Menge der benötigten Energie die entscheidende Rahmenbedingung für das Anlagenkonzept.

Weitere wesentliche Rahmenbedingungen sind der Markt für Ersatzbrennstoffe und der zumeist bereits fixe Standort. Bei der Betrachtung des Standortes bieten sich einerseits Synergiepotenziale durch bereits vorhandene oder benachbarte Infrastruktur, andererseits muss aber auch auf möglicherweise planungsrechtliche Beschränkungen eingegangen werden.

Erst nach eingehender Untersuchung dieser Rahmenbedingungen kann erstmals im Rahmen der Konzeptplanung ein anlagentechnisches Konzept erarbeitet werden, dass dann in den weiteren Planungsphasen in seinen Details weiterentwickelt wird.

1 Einleitung

Die Gesamtplanung einer Anlage gliedert sich traditionell in die folgenden fünf Phasen der Planung:

- Konzeptplanung
- Vorplanung
- Entwurfsplanung
- Genehmigungsplanung
- Ausführungsplanung.

Auch wenn heute oftmals aus Zeitgründen, und auch aus finanziellen Erwägungen heraus, eine klassische Abarbeitung in der genannten Reihenfolge nicht mehr erfolgt, sondern die Planungsphasen ineinanderfließen, so bleibt der erste Schritt, die Konzeptfindung von entscheidender Bedeutung. Nur in sehr seltenen Fällen werden die grundsätzlichen konzeptionellen Vorgaben in den späteren Planungsphasen geändert.

Im Rahmen dieses Beitrages soll versucht werden, auf Basis der bisher gemachten Erfahrungen aus einer Reihe von Projekten, für die noch relativ junge Anlagentechnik des Ersatzbrennstoffkraftwerkes die wesentlichen Rahmenbedingungen für die Konzeptentwicklung zu benennen.

2 Konzeption eines Ersatzbrennstoffkraftwerk

2.1 Konzeptionelle Abgrenzung zu einer MVA

Die konzeptionelle Abgrenzung eines EBS-Kraftwerkes gegenüber einer klassischen Müllverbrennungsanlage (MVA) ergibt sich aus der primären Aufgabenstellung der Anlage.

Bei der MVA steht der Entsorgungsauftrag, d. h. die Verbrennung fester Abfälle an sich, im Vordergrund. Von daher ist die wesentliche Planungsgröße für die Anlage die vorhandene (oder erwartete) Abfallmenge des vorgesehenen Einzuggebietes.

Dagegen steht bei einem EBS-Kraftwerk der Versorgungsauftrag im Vordergrund. Auch wenn ein EBS-Kraftwerk ebenfalls von vornherein für feste Abfälle als Regelbrennstoff vorgesehen ist, und damit bezüglich der Genehmigung genau wie eine MVA der 17. BImSchV unterliegt, ist die Hauptmotivation für die Errichtung die Nutzenergiegewinnung. Entsprechend wird die Anlage hauptsächlich unter dem Aspekt des Energiebedarfes, Dampf und/oder Strom in Abhängigkeit von den Produktionszeiten, des Abnehmers (oder der Abnehmer) geplant.

2.2 Besonderheiten des Brennstoffs

Im Allgemeinen kann man aber unter Ersatzbrennstoffen Abfälle verstehen, die sich aufgrund ihrer stofflichen Eigenschaften dafür eignen, als Brennstoff zur Energieerzeugung eingesetzt zu werden. In aller Regel wird dazu hauptsächlich das Kriterium des Heizwertes herangezogen. Ersatzbrennstoffe lassen sich nach ihrer Konsistenz (fest, flüssig, pastös), ihrer stofflichen Zusammensetzung (z. B. Holz, Pappe/Kunststoff-Gemisch, überwiegend Textilien) oder ihrer Herkunft unterscheiden.

Für die hier diskutierten EBS-Kraftwerke stammt der Ersatzbrennstoff zum überwiegenden Teil aus

- der mechanisch-biologischen Aufbereitung
- der DSD-Sortierung
- Baustellenabfall
- Sperrmüll
- Gewerbeabfall
- Sieberüberläufen der Kompostierung.

Durch den Einsatz von verschiedenen mechanischen Aufbereitungsschritten (siehe dazu HÄRDTLE, 2001; FLAMME, 2002; THOMÉ-KOZMIENSKY, 2002) wird aus diesen Abfällen eine heizwertreiche Fraktion gewonnen, deren typische stoffliche Zusammensetzung in Abbildung 1 dargestellt ist. Je nach geforderter Brennstoffspezifikation wird die heizwertreiche Fraktion weiter mechanisch aufbereitet. Die Bandbreite der Anforderungen ist anhand der in der Tabelle 1 dargestellten Werte zu erkennen.

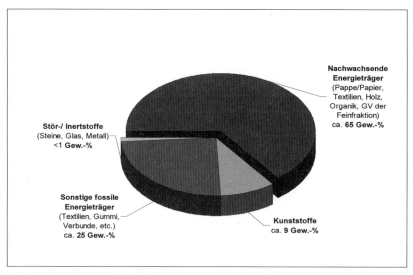

Abb. 1: Typische stoffliche Zusammensetzung von EBS

Im Vergleich zu gemischten Siedlungsabfällen, deren Wassergehalt und Aschegehalt jeweils im Mittel zwischen 25 und 30 M-% liegen, ist EBS trocken und aschearm. Dieses bedingt natürlich einerseits den vergleichsweise höheren Heizwert, bedingt aber auch eine sehr geringe Schüttdichte, die sich auf die Lagerung und Dosierung des EBS auswirkt (siehe Abschnitt 4). Durch den geringeren Anteil feuchter Organik und der mit der Aufbereitung verbundenen Homogenisierung eignet sich EBS besser für längere Transportwege.

Im Vergleich zu fossilen Brennstoffen oder Biomasse ist EBS aber immer noch ein sehr heterogener und störstoffbelasteter Brennstoff. Diesem muss bei der Planung der Anlagentechnik Rechnung getragen werden, worauf im Abschnitt 4 noch weiter eingegangen wird.

Tab. 1: Typische Brennstoffspezifikationen für Ersatzbrennstoff

Physikalische Eigenschaften		Anlage 1	Anlage 2	Anlage 3	Anlage 4
Korngröße	mm	a,b,c < 1000 a+b+c < 1500 Folien/Bänder < 2000	a, b, c < 80 a+b+c < 250 95% < 80x80x30 Folien/Bänder 100% < 300	a x b x c 500 x 500 x 500	a+b+c < 500 (außer Folien)
Feinanteil	M-% FS	90 % > 3 mm		< 10	
Heizwert	kJ/kg	11.000–18.000	11.000–20.000	8.000–18.000 Brennstoffmix 12,5	11.000–18.000 Median 14,5
Schüttdichte	kg/m³	150–500	min. 200	min. 150	min. 200
Störstoffe					
Fe-Metalle	M-% FS	max. < 4,0 Median < 2,0	max. 15 Median 7		max. < 3 Median < 1
Aluminium	M-% FS	max. < 1,5 Median < 0,7	max. 2 Median 1		max. < 1,5 Median < 0,7
Zusammensetzung					
Wassergehalt		12–35		8–35	< 35 Median > 12
Schwefel	M-% TS	max. < 1,0 Median < 0,6	max. 0,6 Median 0,4	max. < 1,0	Median < 1,0
Chlor	M-% TS	max. < 1,2 Median < 0,8	max. 1,5 Median 0,85	max. < 1,3	< 1,5 Median < 1,0
Fluor	M-% TS	max. < 0,2 Median < 0,1	max. 0,07 Median 0,03	max. < 0,1	
Aschegehalt	M-% TS	max. < 30 Median < 20	max. 25 Median 20	8–35	< 35 Median < 25

Physikalische Eigenschaften		Anlage 1	Anlage 2	Anlage 3	Anlage 4
Schwermetallgehalt					
Cadmium	mg/kg TS	max. 20/ Median 10	max. 11	15	20 Median 10
Quecksilber	mg/kg TS	max. 2/ Median 1	max. 2	max. < 4/ Median 3	2 Median 1
Thallium	mg/kg TS	max. 5/ Median 2	max. 0,6	10	5 Median 2
Blei	mg/kg TS	600 Median 300	max. 350		600 Median 300
Chlororganik					
PCP	mg/kg TS	max. 10	max. 10		
PCB	mg/kg TS	max. 10	max. 10		
Chlorbenzol	mg/kg TS	max. 10	max. 10		

3 Der Standort

Eingehend muss festgestellt werden, dass, anders als bei der klassischen Restabfallverbrennungsanlage, Standortsuchen für Ersatzbrennstoffkraftwerke in einem anderen Fokus zu betrachten sind. Ein wesentlicher Aspekt ist die räumliche Nähe zum Energieabnehmer, die die Anzahl potenzieller Standorte meist stark einschränkt.

Zum einen bietet der bei einem EBS-Kraftwerk in der Regel sehr industrienahe Standort (gleichzeitig Abnehmer der Energie) zahlreiche Chancen im Bezug auf die Nutzung gemeinsamer Ressourcen, wie z. B. der Infrastruktur oder z. B. vorhandener Frischwasserversorgungs- oder Rückhaltungsmöglichkeiten.

Als zentralen Unterschied gegenüber den meisten klassischen Restabfallverbrennungsanlagen ist zu sehen, dass diese Industrienähe oft auch direkte Nähe zur Wohnbebauung bedeutet oder aber allgemeiner gesprochen, bauplanungsrechtliche Hürden zu nehmen sind. Als Beispiel sei hier genannt, dass in der Regel Papier verarbeitende und -produzierende Betriebe oft in extremer Nähe zur Wohnbebauung liegen, da sie früher am Fluss liegend in direkter Nachbarschaft zur Wohnbebauung als "Papiermühle" entstanden sind. Diese Unternehmen sind immer weiter gewachsen und befinden sich bereits ohne die Errichtung eines Ersatzbrennstoffkraftwerkes in dem Spannungsfeld zwischen immissionschutzrechtlichen Vorgaben (z. B. die Störfallverordnung) und den Belangen des Lärmschutzes als auch der Gefahrenabwehr in der benachbarten Wohnbebauung.

Kommt nun als Ersatzkraftwerk für solche Standorte eine ersatzbrennstoffbefeuerte Anlage zum Einsatz, ist sehr sorgfältig zu überprüfen, als auch dann planerisch umzusetzen, wie diese potenzielle Konfliktsituation mit den unmittelbaren Chancen des direkten Energieabnehmers vereinbart werden können.

Nachfolgend eine Auflistung, die aus unserer Sicht die Chancen widerspiegelt, welche sich aus der direkten Nachbarschaft zum Energieabnehmer ergeben:

Technische Infrastruktur wie z. B.

- Speisewasserversorgung
- Betriebsmittellagerung, -versorgung
- Löschwasserversorgung/Rückhaltung
- Strombesicherung/Notstromversorgung
- Netzeinspeisemöglichkeiten
- u. U. gemeinsamer Nutzung einer Leitwarte.

Allgemein ist anzumerken, dass selbstverständlich die bereits vorhandene Verkehrsanbindung oder sogar vorhandene Werkstatt- und Sozialeinrichtungen Synergieeffekte darstellen, die sich positiv auf die Ansiedlung eines EBS-Kraftwerkes auswirken.

Einschränkend muss jedoch nochmals festgehalten werden, dass aus unserer Sicht insbesondere an die Fragen des Bauplanungsrechtes sowie die Fragen der Immissionsvorbelastung als auch Fragen im Zusammenhang mit der Störfallverordnung einer besonderen Brisanz und deshalb sorgfältigen Planung und Vorbereitung eines solchen Verfahrens unterliegen.

An dieser Stelle sei angemerkt, dass insbesondere die räumliche Nähe von Ersatzbrennstoffkraftwerken am Standort von etablierten Industrieanlagen, die typischerweise eine räumliche Nähe zur Wohnbebauung haben, die Vorhabensträger dazu veranlassen sollten, von Anfang an eine offene Umfeldkommunikation zur Vermeidung von Konfliktpotenzialen zu führen.

4 Die Anlagentechnik

4.1 Verfahren

Für ein EBS-Kraftwerk kommen nach dem derzeitigen Stand als Verfahren entweder die Rostfeuerung oder die zirkulierende Wirbelschicht zum Einsatz (siehe auch THIEL, 2005). Zur thermischen Behandlung von unvorbehandelten Siedlungsabfällen werden seit Jahrzehnten Rostfeuerungen, weltweit mehr als 1.000 Kessellinien mit Leistungen von bis zu 120 MWFWL, eingesetzt. Als Ersatzbrennstoffkraftwerk laufen in Deutschland zzt. zwei Rostfeuerungen, beide mit einer Leistung < 30 MWFWL. Es befinden sich aber gegenwärtig mehrere Rostfeuerungen für Ersatzbrennstoffe mit Leistungen zwischen 30 MWFWL und 100 MWFWL in der Planungs- und Umsetzungsphase, wobei das am weitesten fortgeschrittene Projekt das sich bereits in der Realisierung befindliche EBS-Kraftwerk Sonne in Großräschen, mit einer Leistung von 100 MWFWL (Dampfparameter 40 bar/400 °C), ist.

Referenzen für EBS-Kraftwerke mit dem Verfahren der zirkulierenden Wirbelschicht (ZWS) mit Ersatzbrennstoff finden sich in Deutschland in Premnitz (54 MWFWL) und in Neumünster (75 MWFWL). Die größte Anlage dieser Art läuft derzeit bei der Zellstofffabrik in Lenzing in Österreich; diese hat eine Leistung von 110 MWFWL und ist seit 1998 in Betrieb. Zirkulierende Wirbelschichten für gering aufbereiteten Siedlungsabfall (Zerkleinerung sowie Fe- und NE-Abtrennung) mit einer Leistungsgröße von unter 80 MWFWL sind in Schweden, Italien und Spanien in Betrieb. Große Ersatzbrennstoffkraftwerke nach dem Verfahren der ZWS befinden sich zzt. bei Infraserv Höchst (250 MWFWL), der SCA in Witzenhausen (125 MWFWL) und der Papierfabrik in Leipa (> 130 MWFWL) in der Planung/Umsetzung.

Gemeinsam ist beiden Verfahren, dass sie gegenüber modernen fossil gefeuerten Industriekraftwerken einem langen Anfahrprozess und nur eine bedingte Flexibilität bei Lastschwankungen aufweisen. Von daher eignen sie sich eigentlich nur für Industrieprozesse mit einer möglichst kontinuierlichen Energieabnahme.

Wieder im Vergleich zu modernen fossil gefeuerten Industriekraftwerken weisen beide Verfahren eine relativ komplexe Anlagentechnik auf mit einer entsprechend reduzierten Verfügbarkeit. Diese wirkt sich zunächst dahingehend aus, dass redundante Versorgungskonzepte für Stillstandszeiten bei der Planung berücksichtigt werden müssen. Die komplexe Anlagentechnik im Zusammenspiel mit dem Verfahren der 17. BImSchV bewirkt auch einen verhältnismäßig hohen Aufwand für das Genehmigungsverfahren und die Realisierung. Letztendlich wirkt sich die komplexe Anlagentechnik auch auf den Betrieb aus, für den eigens speziell geschultes Personal zur Verfügung gestellt werden muss.

Welches Verfahren zur Anwendung kommt, wird einerseits wesentlich bestimmt durch die Art des Energiebezugs, d. h. durch die erforderlichen Dampfparameter hinsichtlich der gewünschten Prozessdampfqualität oder der Stromausbeute. Andererseits kommt hier auch der Brennstoffmarkt mit der verfügbaren Brennstoffqualität und -menge zum Tragen. Beides steht im Bezug zu den Unterschieden bezüglich Kessel und Feuerung der beiden Verfahren, auf die im Folgenden näher eingegangen wird.

4.2 Kessel und Feuerung

Grundlage für die Auslegung des Kessels sind die sich aus den abnehmerseitigen Anforderungen an die Energiequalität ergebenden Dampfparameter.

Grundsätzlich ist die Kesselkonstruktion hinsichtlich der Wärmeübertragung Rauchgas/Wasser-Dampf bei einer Rost- bzw. ZWS-Feuerung gleich. Unterschiedlich ist die Lage des Endüberhitzers, womit sich die Unterschiede bei den erreichbaren Dampfparametern ergeben.

Bei einer Rostfeuerung befindet sich der Endüberhitzer im Rauchgasstrom. Erfahrungsgemäß lässt sich ein sicherer Betrieb realisieren, wenn man sich auf 400 °C/ 40 bar bei den Dampfparametern beschränkt. Bei höheren Dampfparametern unterliegen die Überhitzer einem stärkeren Verschleiß, was letztendlich die Verfügbarkeit reduziert. Zudem wird bei Dampftemperaturen > 400 °C bei der Rostfeuerung üblicherweise der Kessel bis zum Übergang in den zweiten Vertikalzug gecladdet, d. h. mit korrosionsbeständigen Auftragsschweißungen versehen, was erhebliche Mehrkosten verursacht. Diese Maßnahme ist bei einer ZWS aufgrund der geringeren Rauchgastemperaturen bei dem Austritt aus der Brennkammer nicht notwendig.

Der Hauptgrund für die potenziell höheren Dampfparameter bei der ZWS ist aber die Anordnung des Endüberhitzers im Fließbett des rückgeführten Wirbelsandes, wie in Abbildung 2 beispielhaft dargestellt. Dieser Endüberhitzer im Sandbett hat einen ca. fünfmal höheren Wärmetransferkoeffizient als ein Überhitzer im Rauchgasstrom. Er unterliegt ebenfalls einer Korrosion und Abrassion und wird daher auf Verschleiß ausgelegt. Die Konstruktion zum Austausch des Endüberhitzers bei einer ZWS wird so gewählt, dass ein kompletter Austausch weniger als eine Woche Stillstand bedeutet. In Abhängigkeit des Chlorgehaltes erfolgt die Überhitzung bei der ZWS auf bis zu 470 °C Dampftemperatur.

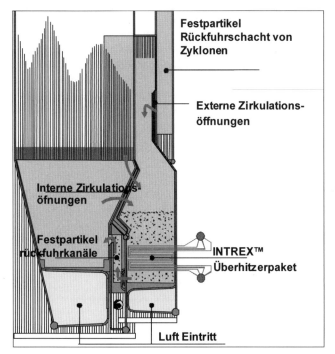

Abb. 2: INTREX-Fließbettkühler der Fa. Foster-Wheeler

Grundlage für die Auslegung der Feuerung inklusive der Beschickung ist der Brennstoff. Die technische Obergrenze für eine Feuerungslinie liegt bei Rostfeuerung bei ca. 125 MWFWL, bei der ZWS bei ca. 150 MWFWL.

Aufgrund der Brennstoffzuführung sowie der Feuerungsleistungsregelung muss die Rostfeuerung mit einem höheren Luftüberschuss gefahren werden. Dieses verursacht einen um ca. 3–4 % niedrigeren Kesselwirkungsgrad. Durch diesen höheren Luftüberschuss und Temperaturspitzen auf dem Rost liegt der NO_x-Gehalt im Rohgas höher als bei der ZWS, was zum höheren Verbrauch von Additiven zur Entstickung führt.

Die Regelabweichungen in der Dampfmenge ist systembedingt beim Rost ca. doppelt so hoch, wie bei der ZWS. Zudem verfügt eine ZWS aufgrund der Tatsache, dass ein Großteil der Wärme in dem im Kreis gefahrenen Sand gespeichert wird, über eine höhere Laststabilität bei schwankenden Input und kann in einem größeren Lastbereich stabil betrieben werden (ca. 50–110 % gegenüber üblicherweise 70–110 % bei Rostfeuerungen).

Diesen Vorteilen der ZWS steht das System zur kontinuierlichen Beschickung mit Ersatzbrennstoffen als der kritische Anlagenteil gegenüber. In Abbildung 3 ist beispielhaft das Eintragssystem für das ZWS-Verfahren der Fa. AE&E dargestellt. Zum einen kann der Eintrag von nicht spezifikationsgerechten EBS, hauptsächlich hinsichtlich der Korngröße, zu Verstopfern führen, zum anderen unterliegen die Förderstrecken einer starken Abrasion. Das vorgenannte Thema der Verstopfungen kann durch ein Qualitätsüberwachungssystem (Eigen- und Fremdüberwachung) sowie redundante Dosiersysteme minimiert werden. Das Thema der Abrasion ist systembedingt und muss durch entsprechende verschleißarme Werkstoffe bzw. vorbeugende Wartung kontrolliert werden. Dagegen ist die Dosierung des Brennstoffes bei der Rostfeuerung über Trichter und Stößelzuteiler (Abbildung 4) erprobt und wenig störanfällig.

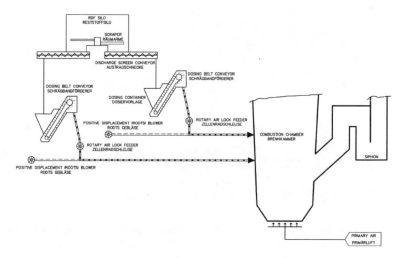

Abb. 3: Brennstoffeintragsystem für das ZWS-Verfahren der Fa. AE&E

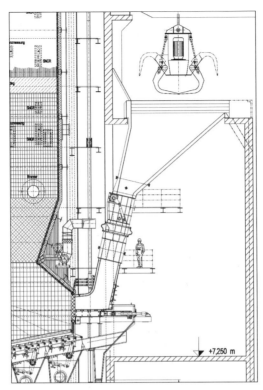

Abb. 4: Brennstoffeintragsystem einer Rostfeuerung

4.3 Brennstoffannahme und -lagerung

Ein EBS-Kraftwerk unterscheidet sich bei der Anlieferung und bei der Lagerung (Bunker) in einigen Schritten wesentlich von den bei Restabfallanlagen typischerweise bekannten logistischen Systemen. Die beiden zentralen Unterschiede sind zum einen in der Art der Anlieferung zu sehen sowie zum anderen in der in der Regel geringeren Schüttdichte und der daraus resultierenden notwendigerweise veränderten Bunkerkonzeption zu sehen.

In EBS-Kraftwerken kommt es nicht zur Anlieferung aus klassischen Hausmüllsammelfahrzeugen oder den typischen Abrollcontainern aus der mittelständischen Entsorgungswirtschaft im Gewerbemüllbereich. Vielmehr handelt es sich um die Anlieferung von bereits mechanisch und/oder mechanisch-biologisch vorbehandelten Abfällen, die zumindest eine Vorzerkleinerung erfahren haben und entschrottet wurden.

Daraus folgt, dass von diesen Vorbehandlungsanlagen eine optimierte Logistik in der Regel mit sogenannten Walking-Floor-Fahrzeugen zur Ersatzbrennstoffanlage vorgenommen wird. Das heißt eine ersatzbrennstoffbefeuerte Anlage hat, im Bezug auf ihre Leistung gesehen, weniger Anlieferungen, muss jedoch in der Lage sein, Anliefereinheiten bis zu 100 m³ pro LKW über die Abkippstellen oder die Bunkerschurren zu entladen. Dies bedingt bei den durchzuführenden Genehmigungsverfahren oftmals eine Diskussion mit den Genehmigungsbehörden darüber, wie denn in der Anlage die Qualitätssicherung des angelieferten Brennstoffes in Übereinstimmung mit der technischen Anleitung Siedlungsabfall durchgeführt werden soll. Aufgrund von Projekterfahrungen lässt sich festhalten, dass in der Regel allein die Aussage, diese Qualitätssicherung sei bereits an den Vorbehandlungsanlagen erfolgt, nicht ausreichend ist und entsprechende Maßnahmen zur Qualitätssicherung auch in der Anlieferung bei Ersatzbrennstoffanlagen zu planen sind. Dies können z. B. Kamerasysteme gekoppelt an die Fahrzeug- und Wiegedaten sein.

Aufgrund der Tatsache, dass in der Regel nur eine eingeschränkte Anzahl von Brennstofflieferanten die Anlage anfährt, können automatisierte Chipkartensysteme u. U. den Einsatz einer typischen Pforte überflüssig werden lassen.

Der Dimensionierung des Bunkers in Ersatzbrennstoffanlagen kommt aus zweierlei Gründen besonderes Augenmerk zu.

Die in der Regel geringe Schüttdichte führt dazu, dass für einen Bunker mit einem 5-Tage-Vorhaltevolumen deutlich größere nutzbare Füllvolumen benötigt werden als bei einer klassischen Restabfallverbrennungsanlage.

Der oftmals eingeschränkte Platz am Standort von Industriebetrieben zur Errichtung der ersatzbrennstoffbefeuerten Anlage führt dazu, dass oftmals Stapelkapazitäten von deutlich unter fünf Tagen realisiert werden müssen.

Beide Faktoren sind in einer Kosten-Nutzen-Abwägung und in einer formalen Abwägung, ob z. B. Anlieferungen an Feiertagen mit Ausnahmegenehmigungen möglich sind, sorgfältig miteinander abzuwägen. Denn nicht zuletzt stellt der in der Regel aus Beton gefertigte Brennstoffbunker einen großen Kostenfaktor innerhalb der Baukosten der Anlage dar.

5 Schrifttum

Flamme, S.: Energetische Verwertung von Sekundärbrennstoffen in industriellen Anlagen – Ableitung von Maßnahmen zur umweltverträglichen Verwertung; Dissertation Bergische Universität – Gesamthochschule Wuppertal; Wuppertal, 2002

Härdtle, G.: Ersatzbrennstoffe 1 – Herstellung, Lagerung und Verwertung, Neuruppin, 2001

Thiel, S.: Stand der Monoverbrennung von Ersatzbrennstoffen in Deutschland; in Thomé-Kozmiensky, K.; Beckmann, M. (Hrsg.): Ersatzbrennstoffe 5; Neuruppin, 2005

Thomé-Kozmiensky, K. (Hrsg.): Ersatzbrennstoffe 1–5, Neuruppin, 2002–2005

Anlagen zum Einsatz von Ersatzbrennstoff in der Mono- und Co-Verbrennung – Stand und Perspektiven

Karl J. Thomé-Kozmiensky, Stephanie Thiel

Ersatzbrennstoff ist der Oberbegriff für aus Abfällen gewonnene Brennstoffe, die in eigens dafür errichteten Anlagen verbrannt oder in für andere Brennstoffe ausgelegten Anlagen mitverbrannt werden. Der Begriff sagt nichts über die Herkunft oder die Qualität aus. Als Ersatzbrennstoffe werden z. B. verwertet: Altholz, Altöle, Altreifen, Produktionsabfälle, z. B. aus der Papierindustrie, gebrauchte Lösemittel, Lackreste, Klärschlämme, Tiermehl, DSD-Abfälle, landwirtschaftliche Abfälle und aus Hausmüll und Gewerbeabfällen hergestellte Brennstoffe. Von Seiten der Verwerter werden gleichwohl Qualitätsanforderungen unterschiedlicher Art gestellt, die sich nach der Art des Verwertungsprozesses und gegebenenfalls nach der Art der mit den Prozessen hergestellten Produkte oder bei den Prozessen anfallenden Nebenprodukte richten. In diesem Beitrag werden nur Ersatzbrennstoffe betrachtet, die aus Siedlungs- und Gewerbeabfällen hergestellt werden.

Ersatzbrennstoffe aus gemischten Siedlungsabfällen (EBS-S)[1] und produktionsspezifischen Gewerbeabfällen (EBS-P)[2] können – nach derzeitiger Erkenntnis – auf sechs Arten verwertet werden:

- in Abfallverbrennungsanlagen für Restabfälle,
- in Monoverbrennungsanlagen als Industriekraftwerke auf Ersatzbrennstoffbasis,
- in Abfallverbrennungsanlagen mit vorgeschalteter Aufbereitungsanlage,
- in Kohlekraftwerken – Mitverbrennung,
- in Zementwerken – Mitverbrennung,
- als Sonderfall in den Vergasungsanlagen im SVZ Schwarze Pumpe.

---

[1] Ersatzbrennstoffe aus gemischten Siedlungsabfällen (EBS-S): Herstellung aus nicht getrennt erfassten Siedlungsabfällen wie Hausmüll, Gewerbeabfällen, Sperrmüll, Straßenkehricht, Sortierresten usw.

[2] Ersatzbrennstoffe aus produktionsspezifischen Gewerbeabfällen (EBS-P): Herstellung aus sortenrein erfassten Produktionsabfällen wie Kunststoffen, Papier, Pappe, Textil- und Faserabfällen usw.

1 Forderungen der Verwerter an die Ersatzbrennstoffqualität

Die Anforderungen an die Ersatzbrennstoffqualität unterscheiden sich in Abhängigkeit vom Verwertungsweg:

- Die geringsten Anforderungen werden von den Betreibern von Abfallverbrennungsanlagen gestellt, die mit Ersatzbrennstoffen beliefert werden. Beachtet werden müssen lediglich das Heizwertband, für das die Anlage ausgelegt ist, und die in der Genehmigung festgelegten Abfallschlüsselnummern und Schadstoffgehalte. Liegt der Heizwert des Ersatzbrennstoffs über dem des üblicherweise verbrannten Abfalls, wird durch die Ersatzbrennstoffverwertung der Anlagendurchsatz vermindert. Bei der Kalkulation der Höhe des zu zahlenden Entgelts werden die Betreiber der Abfallverbrennungsanlagen dies berücksichtigen, sofern dies durchsetzbar ist.

- Ähnliches gilt für Monoverbrennungsanlagen und Abfallverbrennungsanlagen mit vorgeschalteter Aufbereitungsanlage, die mit Rostfeuerungen ausgestattet sind. Dieser Anlagentyp ist schon bei der Planung auf die Heizwerte der Ersatzbrennstoffe ausgelegt. Bei Anlagen mit Wirbelschichtöfen sind die Anforderungen höher; die Stückigkeit und der Anteil an massiven Metallstücken und Drähten sind in der Regel begrenzt.

- Hohe Anforderungen werden von Zement- und Kohlekraftwerken gestellt.

Aus den eigenen Ansprüchen, aber auch aus § 5 (3) des Kreislaufwirtschaftsgesetzes, wonach die Abfallverwertung ordnungsgemäß und schadlos zu erfolgen hat, müssen bei der Substitution von Primärenergieträgern durch Ersatzbrennstoffe folgende Voraussetzungen erfüllt sein:

- der Prozess darf nicht negativ beeinflusst werden,
- die Anlagenverfügbarkeit darf nicht vermindert werden,
- die Emissionen dürfen sich nicht signifikant erhöhen,
- die Qualität der Produkte und Nebenprodukte darf nicht beeinträchtigt werden.

Hieraus leiten sich Anforderungen an die Ersatzbrennstoffe ab:

- Brennstoffparameter und Aschezusammensetzung müssen den spezifischen Anforderungen des Prozesses entsprechen,
- die Schwermetallgehalte, Nebenbestandteile wie Chlor, Schwefel, Alkalien werden in Abhängigkeit von den Prozessen, Produkten und Emissionen begrenzt,
- die Förder- und Dosierbarkeit muss auf den Prozess abgestimmt sein,
- die Ersatzbrennstoffe müssen möglichst hohe Homogenität aufweisen,

- die Ersatzbrennstoffe müssen zerkleinert, gegebenenfalls pelletiert und frei von Störstoffen sein.

Es wird deutlich, dass die Abfälle vor ihrer Verwertung in Zement- und Kohlekraftwerken nach den Ansprüchen des Prozesses zu konfektionieren sind.

Die konkreten Qualitätsanforderungen richten sich nach den hauptsächlich verwendeten Einsatzstoffen, den Mengenverhältnissen, den verfahrenstechnischen Gegebenheiten sowie den genehmigungsrechtlichen Anforderungen an die Verwertungsanlage.

- Die höchsten Anforderungen an die Ersatzbrennstoffqualität – mechanische Stabilität und Thermostabilität – müssen für die Vergasung in Schachtreaktoren gestellt werden, weil hier aus verfahrenstechnischen Gründen nur stückige Brennstoffe eingesetzt werden können. Dies kann für Siedlungsabfälle nur durch Agglomeration zu harten Pellets erreicht werden. Wegen der hohen Anforderungen des verschleißträchtigen und energieintensiven Pelletierungsprozesses werden die Ersatzbrennstoffe weitgehend von – auch kleinstückigen – Metallteilen und von anderen abrasiven Stoffen befreit.

2 Monoverbrennung in Industriekraftwerken

Seit 2005 gewinnt die Monoverbrennung von Ersatzbrennstoffen in eigens dafür errichteten oder für diesen Zweck umgerüsteten Kraftwerken zur Versorgung von Industrieunternehmen oder Gewerbeparks an Bedeutung. Dabei handelt es sich im Prinzip um Abfallverbrennungsanlagen, die im Unterschied zu üblichen Restabfallverbrennungsanlagen für höhere Heizwerte ausgelegt sind. Bei den Feuerungssystemen überwiegt in Deutschland die Rostfeuerung, die in Abhängigkeit von der Rostbauart mit Wasserkühlung – z. B. Amsdorf und Bremen-Blumenthal – oder mit Luftkühlung – z. B. die Anlagen der Firma Martin – ausgerüstet ist, gegenüber der Wirbelschichtfeuerung – z. B. in Neumünster, Premnitz und Frankfurt-Hoechst. Wesentlich für die Wirtschaftlichkeit ist die Standortwahl, weil damit die kontinuierliche Abnahme und die Form der Energie beeinflusst werden können. Häufig wird nur elektrischer Strom erzeugt, energetisch günstiger ist allerdings die Abgabe von Fernwärme und Prozessdampf, gegebenenfalls zusätzlich mit elektrischem Strom.

Die Entwicklung von Monoverbrennungsprojekten verläuft derzeit stürmisch. In immer kürzeren Abständen werden neue Projekte bekannt, so dass sich die Abschätzung der gesamten Verwertungskapazität auf die Angabe von Größenordnungen beschränken muss. Im Jahr 2002 gab es lediglich zwei kleinere Anlagen in Deutschland mit einer Kapazität von zusammen 50.000 Tonnen pro Jahr. In den Jahren 2004 und 2005 wurden im Vorfeld der auslaufenden Übergangsfrist der Technischen Anleitung Siedlungsabfall und der Abfallablagerungs-Verordnung fünf weitere Anlagen mit insgesamt 420.000 Tonnen pro Jahr in Betrieb genommen [14]. Derzeit befinden sich mehr als fünfzig Anlagen in Bau, Genehmigung oder konkreter Planung [18].

Sollten alle Anlagen in den kommenden Jahren in Betrieb gehen, würden Verbrennungskapazitäten für aufbereitete Siedlungs- und Gewerbeabfälle in der Größenordnung von mehr als fünf Millionen Tonnen bereitstehen.

In diesem Fall würden nach veröffentlichten Prognosen – z. B. von Böllhoff und Alwast [2] – etwa ab 2012 die Verwertungskapazitäten das Ersatzbrennstoffangebot überwiegen. Diese Prognose erscheint allerdings in Anbetracht der Erfahrungen mit der Altholzverwertung und der auch daraus resultierenden Forderungen an die Finanzierung von Industriekraftwerken auf der Basis von Ersatzbrennstoffen zumindest unsicher. Diese Industriekraftwerke werden heute nur finanziert, wenn die Brennstofflieferung zu auskömmlichen Preisen für längere Zeit gesichert ist. Gewünscht werden in der Regel feste Preise für zehn Jahre. Diese Forderung war bei den ersten Projekten noch zu erfüllen, sie stößt aber heute bei den Ersatzbrennstofflieferanten in Anbetracht des großen Interesses an diesem Brennstoff mit noch erheblich negativem Marktwert eher auf Zurückhaltung.

Potentielle Investoren in diese Kraftwerke müssen zusätzliche Aspekte berücksichtigen:

- Üblicherweise werden Kraftwerke für – weitgehend – homogene Brennstoffe ausgelegt. Kraftwerke für heterogene Brennstoffe – z. B. Abfallverbrennungsanlagen aber auch Ersatzbrennstoffkraftwerke für mit geringem Aufwand aufbereitete Ersatzbrennstoffe – müssen aufwendiger gebaut werden als Kraftwerke für homogene Brennstoffe. Dies schlägt sich in höherem Invest – und damit in höheren Kapitalkosten – und in höheren Betriebskosten nieder. Scharf [10] nennt folgende spezifische Investitionskosten: 3.100 EUR/kW$_{el}$ für eine große, moderne Abfallverbrennungsanlage, 1.200 EUR/kW$_{el}$ für ein Kohlekraftwerk und 420 EUR/kW$_{el}$ für ein GuD-Kraftwerk. Der Invest für Ersatzbrennstoffverbrennungsanlagen dürfte in der Größenordnung der Abfallverbrennungsanlagen liegen. Die hohen Investitionskosten sind hauptsächlich auf den Aufwand für die Abgasreinigung, aber auch für die Bunker und sonstige bauliche Maßnahmen zurückzuführen. Die Kosten für Ersatzbrennstoffkraftwerke können gegebenenfalls reduziert werden, wenn auf große Bunker und weitgehende Einhausung verzichtet wird. Auch die Betriebskosten sind für Abfallverbrennungsanlagen mit 5,4 ct/kWh deutlich höher als z. B. für Steinkohlekraftwerke mit 1,0 ct/kWh, Braunkohlekraftwerke mit 0,85 ct/kWh und GuD-Gaskraftwerke mit 0,6 ct/kWh. Eine Abfallverbrennungsanlage – und auch ein Ersatzbrennstoffkraftwerk – kann sich wirtschaftlich nur rechnen, wenn der *Brennstoff* vom Lieferanten gegen erhebliche Zuzahlung an den Kraftwerksbetreiber abgegeben wird.

- Kann sich der zukünftige Ersatzbrennstoffkraftwerksbetreiber auf die sichere Belieferung nicht verlassen, wird er sein Kraftwerk unter Umständen so auslegen, dass er auch andere Brennstoffe verwenden kann, z. B. nicht aufbereitete Restabfälle oder Kohle. Dies bedeutet aber zusätzlichen Aufwand und Verzicht auf optimale, auf den Brennstoff abgestimmte Auslegung der Anlage. Nicht aufbereitete Restabfälle unterscheiden sich von daraus gewonnenen Ersatzbrennstoffen bezüglich ihrer größeren Heterogenität, ihres geringeren Heizwerts und des unterschiedlicheren Abbrandverhaltens einzelner Bestandteile. Kohle wiederum ist homogener und kann in Abhängigkeit von ihrer Qualität höhere Heizwerte als einfach aufbereitete Ersatzbrennstoffe aufweisen. In Abhängigkeit von der gewählten Strategieüberlegung entscheiden sich die Investoren für unterschiedliche Reaktoren. Im erstgenannten Fall werden Rostfeuerungen und im zweiten Fall Wirbelschichtöfen gewählt. Die der Feuerung nachgeschalteten Aggregate – Dampferzeuger, Abgasreinigung, Gebläse usw. – müssen so ausgelegt werden, dass der sichere Betrieb der Gesamtanlage für alle in Aussicht genommenen Brennstoffe möglich ist. Bei Anlagen, in denen neben oder zu einem späteren Zeitpunkt an Stelle von Ersatzbrennstoffen andere Brennstoffe eingesetzt werden sollen, nehmen nicht nur die Risiken für den sicheren Betrieb mit hoher Verfügbarkeit, sondern auch die Kapitalkosten zu.

- Untersuchungen von Schu [12] und Niestroj über die Schadstoffgehalte der derzeit am Markt noch verfügbaren Ersatzbrennstoffe ergeben, dass diese im Mittel einen Chlorgehalt von 2,5 % haben.

Es ist durchaus möglich, dass zukünftig am Markt nur noch Ersatzbrennstoffe aus Gewerbeabfällen mit eben diesem Chlorgehalt verfügbar sind. Diese können jedoch in den derzeit geplanten oder in Errichtung befindlichen Anlagen, für die Chlorgehalte von unter einem Prozent beantragt oder geplant sind, nicht untergebracht werden. Für Ersatzbrennstoffe mit hohen Chlorgehalten sind mangels Kapazität für diese Abfälle längerfristig hohe oder noch höhere Zuzahlungen zu erwarten, als dies schon jetzt der Fall ist, weil das Korrosionsrisiko sehr hoch ist und die Abgasreinigung aufwendiger gestaltet werden muss als bei Anlagen, in denen Ersatzbrennstoffe mit niedrigen Chlorgehalten verbrannt werden. Gleichzeitig stellt sich jedoch in diesen Projekten auch die Frage der Finanzierung, da eine Besicherung durch Verträge mit Ersatzbrennstofferzeugern – Kleinerzeugern – voraussichtlich ausscheidet.

Ein höherer Chlorgehalt als ein Prozent stellt für genehmigte Anlagen eine wesentliche Planänderung dar. Dies würde zu einer erneuten Auslegung im Rahmen einer Planänderung – vor oder nach Erlass des Genehmigungsbescheids – führen. Unter Umständen würde dies auch die erweiterten Öffentlichkeitsbeteiligungsrechte nach dem im Dezember 2006 in Kraft getretenen Öffentlichkeitsbeteiligungsgesetz und Umwelt-Rechtsbehelfsgesetz bedeuten.

3 Abfallverbrennungsanlagen mit vorgeschalteter Aufbereitungsanlage

Ein Sonderfall der Monoverbrennungsanlagen sind Abfallverbrennungsanlagen, denen Aufbereitungsanlagen zur Abtrennung einer heizwertabgereicherten Fraktion und von Metallschrott vorgeschaltet sind. Beispiele dafür sind in Deutschland die von Büchner et al. [4] beschriebene Anlage in Erfurt, der die Aufbereitung unmittelbar vorgeschaltet ist, und die von Gerdes und Offenbacher [6] dargestellte Verbrennungsanlage in Neumünster, deren sie beliefernde, einige Kilometer entfernte, jedoch der Verbrennungsanlage zugeordnete Aufbereitungsanlage von Bruhn-Lobin [3] beschrieben wurde. Weitere Beispiele sind in den Niederlanden die Anlagen in Nijmegen und Wijster und zahlreiche Anlagen in Italien.

4 Mitverbrennung in Kohlekraftwerken

Nach aktuellen Untersuchungen von Thiel [13] wird derzeit in fünfzehn Projekten die Mitverbrennung von Ersatzbrennstoffen aus gemischten Siedlungsabfällen und/oder produktionsspezifischen Gewerbeabfällen in Kohlekraftwerken untersucht, geplant oder betrieben.

Zwischen 2001 und Ende 2005 wurden fünf Steinkohle- und ein Braunkohlekraftwerk – in der Regel nach kürzerem oder längerem versuchsweisen Einsatz – in erfolgreichen **Dauerbetrieb** überführt (Tabelle 1).

Tab. 1: Kraftwerke mit Ersatzbrennstoff-Mitverbrennung im Dauerbetrieb

Standort	Betreiber	Kohleart	Feuerungsart	EBS-Art	Kessel	Beginn des Dauerbetriebs
Jänschwalde	Vattenfall	Braunkohle	Trockenstaubf.[1]	EBS-S	Werke Y1 + Y2 (8 von 12 K.)	Y1: 02/2005 Y2: 12/2005
Werne/ Gersteinwerk	RWE	Steinkohle	Trockenstaubf.	EBS-S EBS-P[2]	Block K (einziger K.)	2004/2005
Westfalen/ Hamm	RWE	Steinkohle	Schmelzfeuerung	EBS-S EBS-P[2]	Blöcke A + B (2 von 3 K.)	2003
Werdohl-Elverlingsen[3]	Mark-E	Steinkohle	Schmelzfeuerung	EBS-S	Block E3 (2 von 3 K.)	2001
Oberkirch	Koehler (Papierf.)	Steinkohle	ZWS	EBS-S EBS-P[2]	einziger Kessel	EBS-P: 2004 EBS-S: 2006
Ensdorf	VSE	Steinkohle	Schmelzfeuerung	EBS-P	1 von 2 K.	Genehmigung seit 06/2001

[1] mit Nachbrennrost
[2] in den betreffenden Kesseln werden neben EBS-S/EBS-P auch andere Ersatzbrennstoffarten mitverbrannt
[3] derzeit ruht die Mitverbrennung

Quelle: Thiel, S.: Einsatz von Ersatzbrennstoffen aus aufbereiteten Siedlungs- und Gewerbeabfällen in Kohlekraftwerken – Stand, Erfahrungen und Problemfelder. In: Thomé-Kozmiensky, K. J.; Beckmann, M. (Hrsg.): Energie aus Abfall. Neuruppin: TK Verlag Karl Thomé-Kozmiensky, 2006, S. 145

In einigen dieser Kraftwerke werden vielfältige – also nicht nur aus gemischten Siedlungsabfällen und/oder produktionsspezifischen Gewerbeabfällen gewonnene – Ersatzbrennstoffe verwertet.

- Das einzige Braunkohlekraftwerk mit Mitverbrennung im Dauerbetrieb ist das Kraftwerk Jänschwalde. Dieses größte Kraftwerk im Lausitzer Revier – und zweitgrößtes in Deutschland – verfügt über eine Mitverbrennungskapazität von 400.000 Tonnen Ersatzbrennstoff pro Jahr. Dies ist deutlich mehr als die gesamte Einsatzmenge der im Folgenden genannten Steinkohlekraftwerke.

- Am Standort Werne/Gersteinwerk soll die Einsatzmenge ab 2007 auf etwa 130.000 bis 150.000 Tonnen EBS-S und EBS-P erhöht werden.

- In den Blöcken A und B des RWE-Kraftwerks mit Schmelzkammerfeuerung in Hamm/Westfalen werden unterschiedliche Ersatzbrennstoffarten – Tiermehl, Klärschlamm, Faserreststoffe, Altkunststoffe usw. – unmittelbar mitverbrannt. Die Einsatzmenge an EBS-S und EBS-P ist mit etwa 5.000 bis 6.000 Tonnen pro Jahr sehr gering.

- Ebenfalls am Standort Hamm/Westfalen wurde eine thermische Vorschaltanlage – ConTherm-Anlage – errichtet, in der unterschiedliche Ersatzbrennstoffe, u. a. auch aus aufbereiteten Siedlungs- und Gewerbeabfällen, in zwei indirekt beheizten Drehrohröfen zu Pyrolysekoks und Pyrolysegas umgesetzt werden. Beide Pyrolyseprodukte werden nach ihrer Aufbereitung oder Reinigung dem mit Schmelzkammerfeuerung ausgestatteten Block C zugeführt.

- Im Block E3 des Kraftwerks Werdohl-Elverlingsen wurde der Dauerbetrieb mit EBS-S bereits 2001 mit beiden Kesseln aufgenommen. Im November 2004 wurde die Mitverbrennung aus betrieblichen Gründen zunächst auf einen der Kessel begrenzt; seit dem Frühjahr 2006 ruht die Mitverbrennung in beiden Kesseln.

- In der nach dem Prinzip der zirkulierenden Wirbelschicht betriebenen Anlage des firmeneigenen Industrieheizkraftwerks Oberkirch der Papierfabrik Koehler wurden außer Papierfaserreststoffen aus der Produktion und Klärschlamm seit 2004 etwa 10.000 Tonnen EBS-P pro Jahr eingesetzt. Im Jahr 2006 wurde die Mitverbrennung von EBS-P schrittweise auf etwa 10.000 bis 15.000 Tonnen EBS-S pro Jahr umgestellt.

- Im Kraftwerk Ensdorf der VSE AG wurden in den vergangenen Jahren nur verschwindend geringe Mengen EBS-P mitverbrannt; ab 2007 soll die Einsatzmenge auf etwa 5.000 Tonnen pro Jahr gesteigert werden.

An vier Kraftwerksstandorten wurden zwischen 2004 und 2006 längere Versuchsbetriebe mit Ersatzbrennstoffen aus gemischten Siedlungsabfällen, überwiegend für die Dauer von etwa ein bis zwei Jahren, aufgenommen (Tabelle 2).

Tab. 2: Kraftwerke mit Ersatzbrennstoff-Mitverbrennung im Versuchsbetrieb

Standort	Betreiber	Kohleart	Feuerungsart	EBS-Art	Kessel	Beginn des Versuchsbetriebs	Weitere Planung
Berrerath/ Ville	RWE	Braunkohle	ZWS	EBS-S[2]	beide Kessel	03/2004	DB vorr. ab Ende 2006
Veltheim/ Porta W.	GK Veltheim (E.ON/SWB)	Steinkohle	Schmelzfeuerung	EBS-S[2]	Block 3 (1 von 2 K.)	01/2006 (1 a)	DB-Gen. liegt vor[1]
Duisburg	Stadtwerke Duisburg	Steinkohle	ZWS	EBS-S[2]	Block I (1 von 2 K.)	08/2006 (max. 1 a)	DB angestrebt
Chemnitz	Stadtwerke Chemnitz	Braunkohle	Trockenstaubf.	EBS-S	beide Kessel	11/2006 (2 a)	

[1] aus genehmigungsrechtlicher Sicht handelt es sich um den Dauerbetrieb, aus Sicht der kraftwerksinternen Planung handelt es sich zunächst um einen einjährigen Probebetrieb
[2] in den betreffenden Kesseln werden neben EBS-S auch andere Ersatzbrennstoffarten mitverbrannt

Quelle: Thiel, S.: Einsatz von Ersatzbrennstoffen aus aufbereiteten Siedlungs- und Gewerbeabfällen in Kohlekraftwerken – Stand, Erfahrungen und Problemfelder. In: Thomé-Kozmiensky, K. J.; Beckmann, M. (Hrsg.): Energie aus Abfall. Neuruppin: TK Verlag Karl Thomé-Kozmiensky, 2006, S. 146

- Für das RWE-Braunkohlekraftwerk Berrenrath/Ville wurde bereits der Antrag auf eine Dauerbetriebsgenehmigung gestellt. Mit dem Bescheid, der für Ende 2006 erwartet wurde, wird der Versuchsbetrieb mit 30.000 Tonnen Ersatzbrennstoff pro Jahr in den Dauerbetrieb mit 80.000 Tonnen pro Jahr übergehen.

- In den anderen drei Kraftwerken wurde erst im Laufe des Jahres 2006 der Versuchsbetrieb aufgenommen. Im Steinkohlekraftwerk Veltheim – Mehrheitsgesellschafter ist E.ON – liegt der Genehmigungsbescheid für den dauerhaften Einsatz dieser zusätzlichen Ersatzbrennstoffart vor. Der Anfang des Jahres 2006 begonnene einjährige Probebetrieb ist Ausdruck der kraftwerksinternen Planung. Die neue Andockstation für Ersatzbrennstoffe ist für 20.000 Tonnen pro Jahr ausgelegt.

- Im Block HKW I des Steinkohlekraftwerks Duisburg wurde in der zweiten Jahreshälfte mit der Mitverbrennung begonnen. Die Versuchsgenehmigung gilt für maximal 10.000 Tonnen während eines Versuchszeitraums von höchstens einem Jahr. Wenn die Betriebsergebnisse zufrieden stellend ausfallen, wird der Dauerbetrieb angestrebt.

- Im November 2006 begann im Kraftwerk Chemnitz der Probebetrieb, der für einen Zeitraum von zwei Jahren und einen Anteil an der Feuerungswärmeleistung von 5 % genehmigt wurde. Das entspricht bei einem Heizwert von rund 16 MJ/kg einer Jahresmenge von etwa 33.000 Tonnen Ersatzbrennstoff.

In drei weiteren Kraftwerken wurden **erfolgreiche Einzelversuche** mit Ersatzbrennstoffen aus gemischten Siedlungsabfällen während Zeiträumen von mehreren Tagen bis Wochen durchgeführt (Tabelle 3).

Tab. 3: Kraftwerke mit erfolgreichen Einzelversuchen zur Mitverbrennung von Ersatzbrennstoffen

Standort	Betreiber	Kohleart	Feuerungsart	EBS-Art	Kessel	Zeit der Versuche	weitere Planung
Buschhaus	BKB	Braunkohle (Salzkohle)	Trockenstaubf.	EBS-S^{2,3}	einziger Kessel	2004 (mehrtägig)	2004/2005 DB-Antrag
Offenbach	EVO	Steinkohle	ZWS	EBS-S	Vers.: 1 K. DB: beide K.	04-06/2004 10-12/2004	3. Versuch, DB angestr.
Weisweiler	RWE	Braunkohle	Trockenstaubf.^{1}	EBS-S^2	Blöcke G+H (2 von 6 K.)	07/2004, 2 d 03/2005, 12 d	Verzicht auf DB-Antrag

^{1} mit Nachbrennrost
^{2} in den betreffenden Kesseln werden neben EBS-S auch andere Ersatzbrennstoffarten mitverbrannt
^{3} der Genehmigungsantrag für den Dauerbetrieb umfasst EBS-S und EBS-P

Quelle: Thiel, S.: Einsatz von Ersatzbrennstoffen aus aufbereiteten Siedlungs- und Gewerbeabfällen in Kohlekraftwerken – Stand, Erfahrungen und Problemfelder. In: Thomé-Kozmiensky, K. J.; Beckmann, M. (Hrsg.): Energie aus Abfall. Neuruppin: TK Verlag Karl Thomé-Kozmiensky, 2006, S. 147

- Für das Braunkohlekraftwerk Buschhaus wurde von der BKB AG Ende 2004/Anfang 2005 ein Antrag auf Erweiterung der zugelassenen Ersatzbrennstoffarten um die Abfallschlüsselnummern 19 12 10^3 und 19 12 12^4 gestellt. Die Genehmigung des Gewerbeaufsichtsamts liegt vor, die des Bergamts steht noch aus.

- Die Energieversorgung Offenbach plant für ihr Steinkohlekraftwerk zunächst einen weiteren zwei- bis dreimonatigen Probebetrieb mit besonders chlorarmem Ersatzbrennstoff; bei Erfolg versprechendem Verlauf soll ein Genehmigungsantrag für den Dauerbetrieb mit dieser Ersatzbrennstoff-Qualität gestellt werden.

- Im Braunkohlekraftwerk Weisweiler wurde im Rahmen des EU-Forschungsprojekts RECOFUEL in 2004 ein zweitägiger Tastversuch und in 2005 ein zwölftägiger Großversuch durchgeführt. In der Folge bereitete RWE einen Genehmigungsantrag für den Dauerbetrieb mit 100.000 bis 150.000 Tonnen EBS-S vor, gab dann im August 2006 jedoch den Verzicht auf die geplante dauerhafte Mitverbrennung in Weisweiler bekannt.

^{3} brennbare Abfälle (Brennstoffe aus Abfällen)
^{4} sonstige Abfälle (einschließlich Materialmischungen) aus der mechanischen Behandlung von Abfällen mit Ausnahme derjenigen, die gefährliche Stoffe enthalten

Für zwei weitere Kraftwerksstandorte liegen Planungen zur Mitverbrennung vor (Tabelle 4).

Tab. 4: Weitere Kraftwerke mit konkreten Planungen zur Mitverbrennung von Ersatzbrennstoffen

Standort	Betreiber	Kohleart	Feuerungsart	EBS-Art	Kessel	Planung
Flensburg	Stadtwerke Flensburg	Steinkohle	ZWS	EBS-S	Kessel 9, 10, 11	11/2006 IBN K. 11[3]
				EBS-P	(3 von 5 K.)	Herbst 2007 IBN K. 9+10[3]
Boxberg	Vattenfall	Braunkohle	Trockenstaubf.[1]	EBS-S[2]	Werk III, Kessel N1 (1 von 5 K.)	Versuche und Umrüstung der Tiermehlanlage

[1] mit Nachbrennrost
[2] im betreffenden Kessel sollen neben EBS-S auch andere Ersatzbrennstoffarten mitverbrannt werden
[3] der Genehmigungsbescheid für den Dauerbetrieb liegt bereits vor

Quelle: Thiel, S.: Einsatz von Ersatzbrennstoffen aus aufbereiteten Siedlungs- und Gewerbeabfällen in Kohlekraftwerken – Stand, Erfahrungen und Problemfelder. In: Thomé-Kozmiensky, K. J.; Beckmann, M. (Hrsg.): Energie aus Abfall. Neuruppin: TK Verlag Karl Thomé-Kozmiensky, 2006, S. 149

- Im Steinkohlekraftwerk Flensburg sollte der Mitverbrennungsbetrieb nach umfangreichen Um- und Nachrüstungen im November 2006 zunächst in einem und im Herbst 2007 in zwei weiteren der insgesamt fünf ZWS-Kessel aufgenommen werden. Der Genehmigungsbescheid für den Dauerbetrieb liegt vor. Es ist geplant, die Genehmigung in Höhe von 25 % der Feuerungswärmeleistung auszuschöpfen; dies entspricht einer Gesamtkapazität von etwa 100.000 Tonnen Ersatzbrennstoff pro Jahr.

- Aufgrund des Rückgangs des Tiermehlangebots soll die Tiermehlzuführungsanlage am Standort Boxberg III so umgerüstet werden, dass zukünftig auch andere schüttfähige Ersatzbrennstoffe, u. a. Ersatzbrennstoff-Pellets, eingesetzt werden können. Für die Umrüstung sowie für die zuvor geplanten Versuche steht ein Zeitplan noch nicht fest.

Nach Angaben der Betreiber zu den derzeitig eingesetzten Mengen und zur Einsatzplanung für die kommenden Jahre

- werden im Jahr 2006 in den deutschen Kohlekraftwerken mehr als 450.000 Tonnen Ersatzbrennstoffe aus gemischten Siedlungsabfällen und produktionsspezifischen Gewerbeabfällen mitverbrannt;

- für 2007 wird die Einsatzmenge auf etwa 650.000 Tonnen und für 2008 auf etwa 690.000 Tonnen geschätzt.

Prognosen zur weiteren Entwicklung der in Kohlekraftwerken mitverbrannten Ersatzbrennstoffmengen aus aufbereiteten Siedlungs- und Gewerbeabfällen für den Zeitraum ab 2009 sind schwierig und mit Unsicherheiten behaftet. Die zukünftigen Einsatzmengen hängen wesentlich vom Erfolg der neu begonnenen Mitverbrennungsprojekte – Flensburg –, dem Ausgang und weiteren Fortgang aktueller und geplanter Versuchsbetriebe – Chemnitz, Duisburg, Offenbach – sowie der möglichen Realisierung zeitlich unbestimmter und zurückgestellter Planungen – Boxberg und gegebenenfalls Weisweiler – ab.

Andererseits werden in absehbarer Zeit die ersten Kohlekraftwerke mit Ersatzbrennstoffmitverbrennung stillgelegt. So sollen am Standort Hamm/Westfalen 2011/2012 alle drei Steinkohle-Blöcke mit Schmelzkammerfeuerung außer Betrieb genommen werden. In wenigen Jahren wird unter anderem nach Ausführungen von Piefke [7] der Tagebau Helmstedt erschöpft sein und damit das Braunkohlekraftwerk Buschhaus geschlossen werden. Bei Neubaukraftwerken ist die Mitverbrennung von siedlungsabfallstämmigen Ersatzbrennstoffen – zumindest während der ersten Betriebsjahre – unwahrscheinlich. Für staubgefeuerte Steinkohlekraftwerke zeichnen sich – wie unter anderem Effenberger [5] ausführt – in Abhängigkeit von der Betriebsweise zwei Entwicklungswege ab:

- Zum einen werden Kraftwerke für den Grundlastbetrieb errichtet, die zur Maximierung des Wirkungsgrads auf 45 bis 47 % für überkritische Dampfparameter von 600 bis 620 °C und 300 bar ausgelegt werden. Unter diesen Betriebsbedingungen erscheint das Korrosionspotential von Ersatzbrennstoffen schwer kalkulier- und beherrschbar.

- Zum anderen werden – u. a. wegen des zunehmenden Bedarfs an Regelenergie zum Ausgleich von Lastschwankungen – vermehrt Kraftwerke für den Mittellastbereich benötigt. Diese müssen flexible Betriebsweise mit häufigen Laständerungen und täglichem An- und Abfahren erlauben. Voraussetzung für die geforderte hohe Manövrierfähigkeit ist jedoch, dass nicht höchste Dampfparameter realisiert werden [1], was die Ersatzbrennstoffmitverbrennung begünstigt. Auch die Forderung nach auf das Brennstoffband bezogener Flexibilität für den Einsatz kostengünstiger Steinkohlesorten aus aller Welt begünstigt die Mitverbrennung von Ersatzbrennstoffen.

Kraftwerksbetreiber mit einschlägigen Erfahrungen ziehen auch für moderne, energieeffiziente Kraftwerke der nächsten Generation die Mitverbrennung in Betracht. So wurde von der RWE Power AG in der Ausschreibung für das neue Doppelblockkraftwerk am Standort Hamm/Westfalen[5] zunächst vorgegeben, dass bei der Konstruktion der Kessel von vornherein die Mitverbrennung von Fluff-Ersatzbrennstoff – nach dem Vorbild des Kraftwerks Werne – vorzusehen ist.

---

[5] Steinkohlekraftwerk mit Trockenstaubfeuerung, installierte elektrische Leistung 1.500 MW

5 Mitverbrennung in Zementwerken

Über die Ersatzbrennstoffmitverbrennung in Zementwerken liegen zahlreiche Veröffentlichungen vor – z. B. von Tietze [16], Schmidl [11], Pomberger [8], Pomberger und Schmidt [9] – so dass hierzu nicht ausführlich berichtet werden muss.

In der Zementindustrie wurden im Jahr 2005 bereits 48,8 % des Brennstoffenergieeinsatzes durch Ersatzbrennstoffe – insbesondere Fraktionen aus Industrie- und Gewerbeabfällen (Kunststoff, Zellstoff, Papier und Pappe, u. a.), Tiermehle und -fette, Altreifen, Lösungsmittel, Altöl sowie aufbereitete Fraktionen aus Siedlungsabfällen – ersetzt, so dass das Einsatzpotential weitestgehend ausgeschöpft ist. Im Jahr 2005 wurden rund 200.000 Tonnen aufbereitete Fraktionen aus Siedlungsabfällen mit einem durchschnittlichen Heizwert von 15 MJ/kg mitverbrannt [17].

An modernen Ofenanlagen sind dem Drehrohrofen Zyklonvorwärmer und Kalzinator in Form eines Steigrohrreaktors vorgeschaltet. Diese Anlagenkonstellation führt zu hoher Flexibilität hinsichtlich der Brennstoffqualitäten. An folgenden Stellen ist die Aufgabe von Ersatzbrennstoffen möglich:

1) Am **Hauptbrenner am Ofenauslauf** wird ein Mehrkanalbrenner eingesetzt, der den gleichzeitigen Einsatz mehrerer Brennstoffarten ermöglicht. Eine Ersatzbrennstoffaufgabe durch eine zusätzliche Lanze ist ebenfalls möglich.

2) Im **Kalzinator** können bis zu 60 % des Gesamtbrennstoffbedarfs eines Ofens eingesetzt werden. Hier werden in der Regel mehrere Brennstellen gleichzeitig betrieben, so dass der Einsatz unterschiedlicher Brennstoffe möglich ist.

3) Brennstoffe, die direkt in den **Ofeneinlauf** eingetragen werden, sind im engen Zusammenhang mit den Kalzinatorbrennstoffen zu betrachten. Die Menge ist auf etwa 20 % des Gesamtbrennstoffbedarfs begrenzt.

Ein Beispiel für die Mitverbrennung ist das Zementwerk Erwitte, in dem heizwertreiche Siedlungs- und Gewerbeabfallfraktionen in die Primärfeuerung aufgegeben werden.

Einen Sonderfall stellt das Zementwerk Rüdersdorf [16] dar; hier wird der Ersatzbrennstoff in einem Wirbelschichtreaktor vergast. Dies bedeutet eine weitere Flexibilisierung hinsichtlich der Brennstoffauswahl.

Der Wirbelschichtvergaser ist dem Zementofen unmittelbar vorgeschaltet und dient zur Erzeugung eines Brenngases (Tabelle 5). Das Gas wird unmittelbar nach Verlassen des Wirbelschichtvergasers ohne Zwischenbehandlung im Kalzinator als Brennstoff eingesetzt; die inerte Asche wird am Reaktorboden ausgetragen, zur Rohmühle transportiert und hier als Rohstoffsubstitut eingesetzt.

Tab. 5: Kenn- und Leistungsdaten der zirkulierenden Wirbelschicht

Leistung therm.		max. 100 MW
Reaktor:	Durchmesser	3,5 m
	Gesamthöhe	23,5 m
	Rostfläche	2,3 m^2
Brennstoffe:	C-haltige Asche	5–15 t/h
	Sekundärrohstoffe	max. 10 t/h
	Kohlenstaub	max. 6 t/h
	oder	
	Ersatzbrennstoff	20–25 t/h
Produktgas:	Menge	50.000 m^3/h (i. N.)
	Heizwert	3.000–5.000 kJ/m^3 (i. N.)
	Temperatur	950 °C
	Verweilzeit	4 sec.

Quelle: Tietze, U.: Anforderungen an Ersatzbrennstoffe für den Einsatz in der Rüdersdorfer Zement GmbH. In: Thomé-Kozmiensky, K. J: (Hrsg.): Ersatzbrennstoffe 2. Neuruppin: TK Verlag Karl Thomé-Kozmiensky, 2002, S. 236

Durch die Kombination von Wirbelschichtvergaser und Kalzinator werden zwei thermische Prozesse verbunden. Der Wirbelschichtvergaser bildet eine Art Puffer vor dem Zementofen, so dass mehrere Vorteile gegenüber dem direkten Einsatz von Ersatzbrennstoffen im Zementherstellungsprozess erreicht werden können:

- Auch heizwertarme Stoffe können für die Herstellung eines Schwachgases konstanter Qualität genutzt werden. Daher ist es nicht notwendig, den für die energetische Verwertung im Kreislaufwirtschaftsgesetz festgelegten Grenzwert von 11.000 kJ/kg einzuhalten.

- Die inerten Aschen werden in Abhängigkeit von ihrer Zusammensetzung dem Rohmehl zugesetzt und in die Homogenisierung des Rohmehls einbezogen. Damit wird die Voraussetzung für gute Zementqualität auch im Fall eines plötzlichen Ausfalls des zirkulierenden Wirbelschichtvergasers geschaffen.

- Es können höhere Freiheitsgrade insbesondere hinsichtlich des Wassergehalts, der Stückgröße, des Heizwertes oder der Aschegehalte zugelassen werden.

6 Vergasung im SVZ Schwarze Pumpe

Im Verwertungszentrum der Sustec Schwarze Pumpe GmbH werden Menüs aus unterschiedlichen Ersatzbrennstoffarten – z. B. Hartpellets aus Trockenstabilat, Teerschlamm-Klärschlamm-Pellets, Shredderleichtfraktion und Kunststoff-Kompaktate – mit Kohle in Schachtreaktoren – Festbettdruck- und Schlackebadvergasern – vergast. Aus dem Synthesegas wird Methanol hergestellt, darüber hinaus werden Dampf und Strom erzeugt. Die Verwertung heizwertreicher Fraktionen aus Siedlungsabfällen hat jedoch zu Gunsten anderer Abfallarten wie Shredderleichtfraktion an Bedeutung verloren.

7 Fazit

Gering aufbereitete Ersatzbrennstoffe aus gemischten Siedlungs- und Gewerbeabfällen sind wegen ihrer Heterogenität von minderer Qualität und eignen sich daher nicht für den Einsatz in hochwertigen Produktionsprozessen. Sie werden daher vornehmlich in eigens dafür konzipierten Industriekraftwerken oder der Aufbereitung nachgeschalteten Abfallverbrennungsanlagen verwertet.

Zurzeit ist das Angebot größer als die Verwertungskapazität; daher müssen erhebliche Mengen zwischengelagert werden [15]. Wegen der großen Zahl der in konkreter Planung und im Bau befindlichen Kraftwerke sowie der zahlreichen, in jüngster Zeit veröffentlichten Projektankündigungen kann sich in den nächsten Jahren die Situation umkehren. Daher sind die Ersatzbrennstoffhersteller hinsichtlich der Abschlüsse langfristiger Verträge zurückhaltend, die aber für die Investitionsentscheidung unabdingbar sind.

Die potentiellen Betreiber von Kraftwerken auf Ersatzbrennstoffbasis sind auf Zuzahlungen für die Abnahme der Ersatzbrennstoffe angewiesen, weil sowohl die Kapital- als auch die Betriebskosten erheblich höher als für mit fossilen Brennstoffen betriebene Kraftwerke sind.

Ein erst während der Planung und Genehmigung von Anlagen erkanntes Problem stellen Ersatzbrennstoffe dar, deren Chlorgehalt über einem Prozent liegt. Dafür sind das Korrosionsrisiko und der Aufwand für die Abgasreinigung höher als für Ersatzbrennstoffe mit geringem Chlorgehalt. Dies wird sich zwangsläufig in der Höhe der Zuzahlungen niederschlagen.

Für die Verwertung von Ersatzbrennstoffen in Kohlekraft- und Zementwerken müssen hohe Anforderungen an die Qualität der Ersatzbrennstoffe gestellt werden, da weder die Verwertungsanlagen noch die Produktqualitäten beeinträchtigt werden dürfen. Die Erfüllung der Qualitätsanforderungen bedingt höheren Aufbereitungsaufwand. Dafür sind aber die geforderten Zuzahlungen erheblich niedriger als bei Industriekraftwerken auf Ersatzbrennstoffbasis. Allerdings kann bei diesen Konfektionierungsprozessen u. a. eine mittelkalorische Fraktion anfallen, die entweder in Abfall- oder Ersatzbrennstoffverbrennungsanlagen entsorgt werden muss.

8 Quellen

[1] Benesch, W. A.: Preiswert, effizient und flexibel – Steinkohlekraftwerkskonzept im Wettbewerb. In: Brennstoff-Wärme-Kraft 57 (2005), Nr. 10, S. 32–35

[2] Böllhoff, C.; Alwast, H.: Wie lange noch müssen Restabfälle und Ersatzbrennstoffe zwischengelagert werden? In: Thomé-Kozmiensky, K. J.; Versteyl, A.; Beckmann, M. (Hrsg.): Zwischenlagerung von Abfällen und Ersatzbrennstoffen. Neuruppin: TK Verlag Karl Thomé-Kozmiensky, 2006, S. 107–120

[3] Bruhn-Lobin, N.: Herstellung eines hochwertigen Ersatzbrennstoffs in der MBA Neumünster – Erfahrungsbericht nach einjährigem Betrieb –. In: Thomé-Kozmiensky, K. J.; Beckmann, M. (Hrsg.): Energie aus Abfall, Band 1. Neuruppin: TK Verlag Karl Thomé-Kozmiensky, 2006, S. 311–321

[4] Büchner, T.; Napp, M.; Schmidt, M.: RABA Erfurt-Ost – Mechanisch-biologische Abfallbehandlung mit energetischer Verwertung der heizwertreichen Fraktion –. In: Thomé-Kozmiensky, K. J.; Beckmann, M. (Hrsg.): Optimierung der Abfallverbrennung 2. Neuruppin: TK Verlag Karl Thomé-Kozmiensky, 2005, S. 733–742

[5] Effenberger, H.: Dampferzeugung und Kraftwerke. In: Brennstoff-Wärme-Kraft 57 (2005), Nr. 4, S. 132–138

[6] Gerdes, R.; Offenbacher, E.: Verbrennung von Ersatzbrennstoffen in der zirkulierenden Wirbelschicht. In: Thomé-Kozmiensky, K. J.; Beckmann, M. (Hrsg.): Energie aus Abfall, Band 1. Neuruppin: TK Verlag Karl Thomé-Kozmiensky, 2006, S. 543–557

[7] Piefke, K.: Das Ersatzbrennstoffkraftwerk Sonne. In: Thomé-Kozmiensky, K. J.; Beckmann, M. (Hrsg.): Energie aus Abfall, Band 1. Neuruppin: TK Verlag Karl Thomé-Kozmiensky, 2006, S. 525–534

[8] Pomberger, R.: Ersatzbrennstoffverwertung in der österreichischen Zementindustrie – Beispiel des Projekts ThermoTeam –. In: Thomé-Kozmiensky, K. J. (Hrsg.): Ersatzbrennstoffe 3. Neuruppin: TK Verlag Karl Thomé-Kozmiensky, 2003, S. 403–411

[9] Pomberger, R.; Schmidt, G.: Betriebserfahrungen in der Ersatzbrennstoffproduktion und -verwertung am Beispiel ThermoTeam. In: Thomé-Kozmiensky, K. J.; Beckmann, M. (Hrsg.): Ersatzbrennstoffe 5. Neuruppin: TK Verlag Karl Thomé-Kozmiensky, 2005, S. 337–364

[10] Scharf, R.: Erzeugung von Strom und Wärme aus Abfall – Sicht eines Energieversorgungsunternehmens. In: Versteyl, A.; Thomé-Kozmiensky, K. J. (Hrsg.): Texte zur Abfall- und Energiewirtschaft. Band 2. Neuruppin: TK Verlag Karl Thomé-Kozmiensky, 2006, S. 13–28

[11] Schmidl, E.: Co-Verbrennung von Sekundärbrennstoffen in der Zementindustrie. In: Wiemer, K.; Kern, M. (Hrsg.): Bio- und Restabfallbehandlung VIII. Witzenhausen: Witzenhausen-Institut, 2004, S. 158–170

[12] Schu, R.; Niestroj, J.: Anlagenauslegung, Brennstoffbeschaffung und Qualitätssicherung für Abfallverbrennungsanlagen. In: Thomé-Kozmiensky, K. J.; Beckmann, M. (Hrsg.): Energie aus Abfall. Band 2. Neuruppin: TK Verlag Karl Thomé-Kozmiensky, 2007

[13] Thiel, S.: Einsatz von Ersatzbrennstoffen aus aufbereiteten Siedlungs- und Gewerbeabfällen in Kohlekraftwerken – Stand, Erfahrungen und Problemfelder. In: Thomé-Kozmiensky, K. J.; Beckmann, M. (Hrsg.): Energie aus Ab-

fall, Band 1. Neuruppin: TK Verlag Karl Thomé-Kozmiensky, 2006, S. 141–192

[14] Thiel, S.: Stand der Monoverbrennung von Ersatzbrennstoffen in Deutschland. In: Thomé-Kozmiensky, K. J.; Beckmann, M. (Hrsg.): Ersatzbrennstoffe 5. Neuruppin: TK Verlag Karl Thomé-Kozmiensky, 2005, S. 367–374

[15] Thomé-Kozmiensky, K. J.; Versteyl, A.; Beckmann, M. (Hrsg.): Zwischenlagerung von Abfällen und Ersatzbrennstoffen. Neuruppin: TK Verlag Karl Thomé-Kozmiensky, 2006, S. 292

[16] Tietze, U.: Anforderungen an Ersatzbrennstoffe für den Einsatz in der Rüdersdorfer Zement GmbH. In: Thomé-Kozmiensky, K. J. (Hrsg.): Ersatzbrennstoffe 2. Neuruppin: TK Verlag Karl Thomé-Kozmiensky, 2002, S. 231–244

[17] Verein Deutscher Zementwerke e. V.; Forschungsinstitut der Zementindustrie: Umweltdaten der deutschen Zementindustrie 2005

[18] Zahlten, M.: Beschaffung von Ersatzbrennstoffen und vertragliche Bindung. In: Versteyl, A.; Thomé-Kozmiensky, K. J. (Hrsg.): Texte zur Abfall- und Energiewirtschaft, Band 2. Neuruppin: TK Verlag Karl Thomé-Kozmiensky, 2006, S. 167–179

Aufbereitung von Haus- und Gewerbeabfällen zu Ersatzbrennstoffen für verschiedene Einsatzbereiche

Thomas Pretz

1 Einleitung

Seit Eintritt in die Abfallwirtschaft werden Abfälle aufbereitet und hierbei stofflich verwertbare Inhaltstoffe ebenso wie energetisch nutzbare Ersatzbrennstoffe gewonnen. Hieß dieser anfangs noch Brennstoff aus Müll (BRAM) oder refuse derived fuel (RDF), so haben sich sowohl die Bezeichnungen als auch die Einsatzgebiete inzwischen deutlich verändert.

Mit dem Wegfall von einfacher Abfallablagerung ist die Bedeutung mechanischer Aufbereitungstechnik als Grundlage für eine Stoffstromtrennung nicht nur in der Bundesrepublik Deutschland, sondern auch in anderen europäischen Ländern gestiegen. So werden heute bereits ca. 6 Mio. t Siedlungsabfälle in mechanisch-biologischen Anlagen aufbereitet, die Menge an Abfällen gewerblicher Herkunft, die durch Aufbereitung zu Ersatzbrennstoffen verarbeitet werden, wächst noch immer stetig an.

Da der Gesetzgeber einen Vorrang der Verwertung vor einer Beseitigung formuliert hat, ist ein Nachfragemarkt nach Verwertungsleistungen entstanden. Eine besondere Bedeutung kommt dabei der energetischen Verwertung zu, da diese für große Massenströme von aus Abfall generiertem Ersatzbrennstoff als Endverwertung in Frage kommt.

Hier stehen sowohl spezifische Ersatzbrennstoffverbrennungsanlagen als auch eine Mitverbrennung in Kraftwerken oder eine energetische Verwertung im Zementprozess zur Debatte. Je nach gewählter Verbrennungstechnik und den immissionsrechtlichen Anforderungen ergeben sich unterschiedliche stoffliche Anforderungen an „den" Ersatzbrennstoff. Daraus wiederum leiten sich die aufbereitungstechnischen Ziele für die Akteure ab, die aus schwer definierbaren Abfallgemischen Ersatzbrennstoffe produzieren wollen.

2 Aufgabenstellung

Die aufbereitungstechnische Herausforderung einer Ersatzbrennstoffherstellung aus Abfällen lässt sich folgendermaßen formulieren:

- Der zur Verarbeitung zur Verfügung stehende „Rohstoff" ist Abfall, stellt also eine Senke für geringwertige Stoffe dar, für die sich mit vertretbarem Vorsortieraufwand in der Regel keine stoffliche Verwertung mehr realisieren lässt.

- Anlagenbetreiber können einen nur sehr begrenzten Einfluss auf die Qualität der ihnen überlassenen Abfallgemische nehmen, sie können allenfalls über die Annahmepreise qualitativ steuernd wirken.

- „Aufbereitungsprodukte" sind sowohl das Ergebnis von Reinigungsprozessen zur Sicherung einer Mindestqualität des jeweiligen Hauptstoffstroms (hier dem Ersatzbrennstoff) als auch das Ergebnis gezielt durchgeführter Anreicherungsprozesse.

- Schwankende Abfalleigenschaften finden ihren Niederschlag in variablem Massenausbringen oder in variabler Produktqualität.

- Bis auf wenige Ausnahmen mit geringen Mengenanteilen weisen die Aufbereitungsprodukte einen negativen Marktwert aus, ihre Verwertung oder Beseitigung ist also kostenbehaftet.

- Die Erwartung von Abnehmern heizwertreicher Produkte aus mechanischen Aufbereitungsanlagen in Form von Ersatzbrennstoffen sind an den üblicherweise in energetischen Anlagen eingesetzten Regelbrennstoffen ausgerichtet. Dies gilt sowohl für die physikalischen wie die chemischen Brennstoffeigenschaften als auch für die Energiemengenbereitstellung je Zeiteinheit. Diese Erwartungshaltung steht häufig in eklatantem Widerspruch zu den Produktionsumständen.

Um diese anspruchsvolle Aufgabe unter Praxisbedingungen lösen zu können, bedienen sich die Anlagenbetreiber unterschiedlicher technischer Verfahren. Diese sollen hier in Form „einfacher" Verfahren mit geringer Aufbereitungstiefe und „komplexer" Verfahren mit hoher Aufbereitungstiefe gegenübergestellt werden. Dabei interessiert insbesondere das ökonomische Ergebnis von Abfallaufbereitung, das sowohl über den technischen Aufwand als auch die Massenbilanz und damit verbundene Entsorgungskosten bestimmt wird. Vor diesem Hintergrund soll hier ein Verfahrensvergleich vorgenommen werden, der Aufbereitungstechnik, Produktqualitäten und das wirtschaftliche Ergebnis gegenüberstellt.

3 „Einfaches" Aufbereitungsverfahren für Abfallgemische

Sogenannte „einfache" Verfahren sind in zahlreichen mechanisch-biologischen Abfallbehandlungsanlagen realisiert, sie kommen aufgrund des vergleichsweise niedrigen investiven Aufwands zudem für Anwendungen in wirtschaftlich weniger leistungsfähigen Drittländern in Frage.

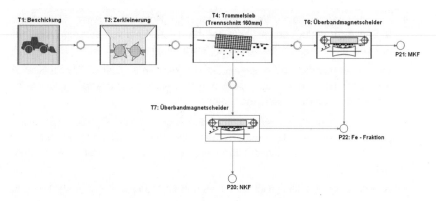

Abb. 1: „Einfaches" Verfahrensschema zur Produktion von EBS aus Hausmüll

Abbildung 1 zeigt beispielhaft ein einfaches Verfahren, mit dem die mittelkalorischen Anteile (MKF) aus Hausmüll in einem Stoffstrom angereichert werden.

Liegen hinreichend belastbare Stoffdaten aus einer größeren Analysenanzahl vor, so kann für ein derartiges Verfahren eine Stoffstrombilanz unter Berücksichtigung einer beliebigen Stoffgruppenanzahl sowie einer Differenzierung nach Kornklassen durchgeführt werden. Für eine Simulationsrechnung reicht nicht allein die Stoffkenntnis aus, vielmehr ist zu berücksichtigen, mit welchen technischen Wirkungsgraden die einzelnen Trennprozesse durchgeführt werden können.

Im oben genannten Beispiel werden die Trennprozesse Siebklassierung und Magnetscheidung miteinander kombiniert. Für den Stoffstrom mittelkalorische Fraktion (MKF) sind die Wirkungsgrade der Siebung und der Magnetscheidung des Siebüberlaufs relevant, außerdem ist eine Kenntnis der Zerkleinerungswirkung für die Prozesssimulation erforderlich.

Am Beispiel von ausgesuchten Sieblinien des Hausmüllgemischs nach Zerkleinerung in einem branchentypischen Kammwalzenzerkleinerer wird in Abbildung 2 deutlich, dass sich einzelne Stoffgruppen hinsichtlich ihrer Sieblinien erheblich unterscheiden.

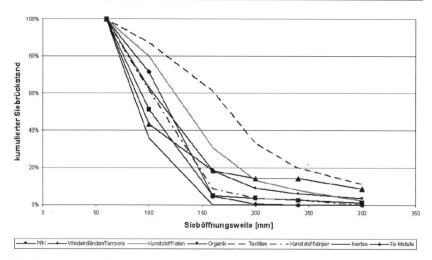

Abb. 2: Stückgrößenverteilung von Stoffgruppen des Hausmülls

Je nach Lage des Trennschnittes der Siebklassierung ergeben sich mehr oder weniger eindeutige Anreicherungen von Eigenschaften. Bei einer Trennschnittlage von z. B. 200 mm dominiert die Stoffgruppe Textilien das Gemisch, gefolgt von den Stoffgruppen Kunststofffolien und Metalle. Die Abbildungen 3 und 4 sollen den Zusammenhang von Trennschnitt und Abfallzusammensetzung beispielhaft deutlich machen.

Bio- und Sekundärrohstoffverwertung II

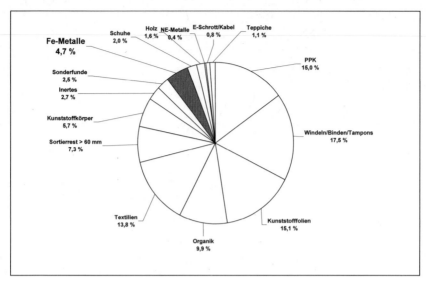

Abb. 3: Idealisierte Zusammensetzung von Siebüberlauf > 100 mm

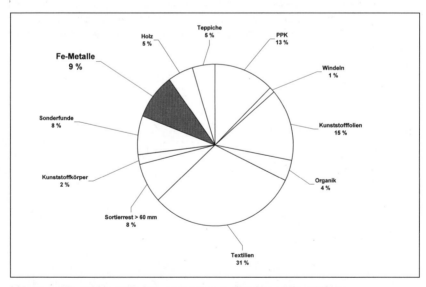

Abb. 4: Idealisierte Zusammensetzung von Siebüberlauf > 200 mm

In beiden Darstellungen wird eine idealisierte Zusammensetzung gezeigt, d. h. sie beruht auf einem mit 100 % angesetzten Wirkungsgrad der Siebklassierung. Da dies in der Praxis nie der Fall ist, bedarf es einer Korrektur auf tatsächlich messbare Werte, die je nach Materialfeuchte, Verunreinigungsgrad und volumetrischer Belastung einer Siebmaschine zwischen ca. 75 und 95 % liegen können. Das daraus resultierende Fehlausbringen an feinerern Abfallkomponenten schlägt sich in einem zusätzlichen Masseanteil von Feingut < 40 mm nieder.

Als Leitparameter für die Qualität eines Ersatzbrennstoffs kann der Heizwert Hu genutzt werden. Dieser zeigt sich im vorliegenden Fall in idealisierter Form entsprechend der Abbildung 5. Die abfallende Kurve ab einer Stückgröße von 160 mm ist maßgeblich auf den zunehmenden Metallgehalt gemäß Abbildung 2 zurückzuführen. Unter Berücksichtigung realisierbarer Sortiergrade für Metalle in diesen Korngrößen verändert sich die Heizwertkurve auf einen nahezu konstanten Wert in der Größenordnung von 12.500 kJ/kg.

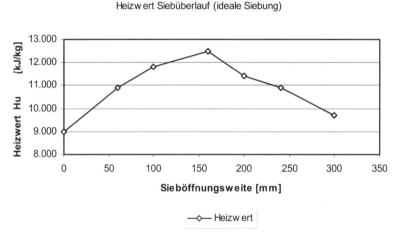

Abb. 5: Heizwert Hu von Sieböberlauf bei idealisierter Siebklassierung

Neben der Zusammensetzung variiert auch das Masseausbringen im Sieböberlauf, das umso höher ausfällt, je kleinerer die Sieblochung gewählt wird. Für die Berechnung des Massenausbringens ergeben sich in den genannten Beispielen 21,5 % > 100 mm bzw. 5,3 % > 200 mm.

Unter Berücksichtigung der realen Wirkungsgrade verändern sich diese Werte jedoch auf ca. 28 % > 100 mm bzw. ca. 7,5 % > 200 mm.

In Verbindung mit den Kenntnissen zum Heizwert nach Abbildung 5 zeigt sich, dass trotz größerer Heterogenität des Ersatzbrennstoffs MKF bei niedrigem Siebtrennschnitt sich ein signifikant besseres Massenausbringen erzielen lässt als mit einem vordergründig homogenen Stoffgemisch bei größerer Sieböffnungsweite. Die qualitativen Unterschiede fallen nur gering aus, sie sind zudem durch eine optimierte Metallabtrennung noch leicht nach oben zu verschieben.

4 Komplexes Aufbereitungsverfahren

Qualitative Einschränkungen eines vorne beschriebenen MKF-Produktes ergeben sich aus der nicht selektiven Form der Anreicherung allein aufgrund einer wenig spezifischen Materialeigenschaft, der Stückgröße. Abhängig vom Abnehmer für einen Ersatzbrennstoff können sich höhere Anforderungen an die Ersatzbrennstoffgüte herleiten, die sich insbesondere auf die kalorischen Eigenschaften und den Gehalt an verbrennungsschädlichem Chlor beziehen. Bedarf es einer Erhöhung des Heizwertes, so sind insbesondere die inerten Stoffgruppen im Abfallgemisch wie Metalle und Steine, Glas und Keramik aus dem Gemisch zu entfernen. Muss der Chlorgehalt justiert werden, steht hierfür die sensorgestützte Sortiertechnik zur Verfügung. Unter Einbeziehen von Trenntechniken für Fe- und NE-Metalle, PVC und Schwerstoffe lässt sich ein komplexeres Aufbereitungsverfahren gestalten, das eine Ersatzbrennstoffproduktion mit höheren Güteanforderungen gewährleisten kann.

Beispielhaft ist in Abbildung 6 ein Verfahrensschema dargestellt, das die vorne benannten Aufbereitungsziele umsetzen könnte. Es enthält im Gegensatz zum „einfachen" Verfahren folgende Komponenten:

- eine zweistufige Siebklassierung zur Optimierung des Trennwirkungsgrades,
- eine Stoffstromteilung zur Bewältigung von wirtschaftlich relevanten Durchsätzen mit differenzierter Trenntechnik,

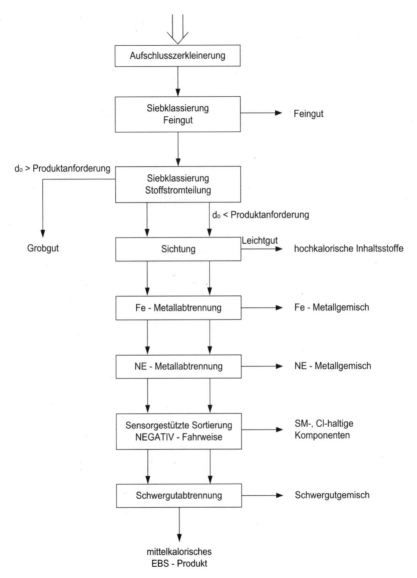

Abb. 6: Verfahrensschema mit erhöhter Aufbereitungstiefe

- eine Abscheidung von flächigen leichten Stoffgruppen zur Verbesserung der Trennwirkung mit den folgenden Trennprozessen, die nach dem Einzelkornprinzip sortieren,
- eine zweistufige Metallabtrennung,

- eine sensorgestützte Sortierstufe zur Abreicherung von PVC-haltigen Inhaltstoffen sowie

- einen Schwergutrenner zur Reduzierung des Gehaltes an schweren und inerten Stoffgruppen.

Nach erfolgter Aufbereitung werden die hochkalorischen Leichtstoffe aus der Windsichtung wieder mit dem Hauptproduktstrom zu einem MKF-Produkt vereint. Dieser Schritt ist aus qualitativen Gründen notwendig, da andernfalls eine Reduzierung des Heizwertes auf Werte deutlich unterhalb von 12.000 kJ/kg im MKF-Gemisch eintreten würde.

Für eine verfahrenstechnische Bewertung ist der Unterschied von einfacher und komplexer Aufbereitungstechnik unter qualitativen Gesichtspunkten von Interesse. Mit dem Werkzeug der Simulation lässt sich unter Verwendung der stoffgruppenspezifischen Daten und in Kenntnis der prozessspezifischen Wirkungsgrade eine Stoffstrombilanz aufstellen, deren Aussagesicherheit bereits mehrfach durch umfangreiche Anlagenbilanzierung überprüft werden konnte. Für das in Abbildung 6 dargestellte Verfahren errechnet sich unter Berücksichtigung von Stoffeingangswerten eines Hausmülls der in Abbildung 7 dargestellten „mittleren" Zusammensetzung die nachfolgend erläuterte Stoffbilanz im Vergleich zum „einfachen" Verfahren.

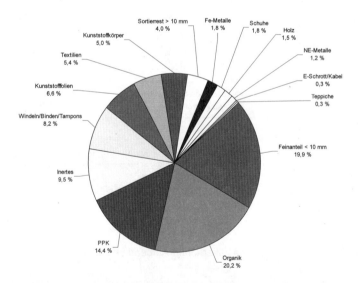

Abb. 7: „Mittlere" Zusammensetzung eines Hausmüllgemisches

Die hier vorgenommene Einschränkung auf eine „mittlere" Zusammensetzung trägt dem Umstand Rechnung, dass es einen derartigen Mittelwert nicht gibt. Die Zusammensetzung unterliegt vielmehr sehr starken Schwankungen, die sich mit den üblicherweise eingesetzten Bunkertechniken in Behandlungsanlagen nicht vergleichmäßigen lassen. Dadurch könnten kurzzeitig Schwankungen der Schüttdichte mit einem Faktor von > 2 auftreten, was einzelne Trennprozesse temporär sehr stark belasten kann. Besonders betroffen sind die Trenntechniken, die nach dem Prinzip der Einzelkorntrennung arbeiten. Bei sinkendem Massen-Volumen-Verhältnis erhöht sich hier die Belegungsdichte signifikant. Sind aus ökonomischen Gründen nur übliche Schwankungsreserven von ca. 20 % berücksichtigt, so können bei den sensiblen Trennprozessen spürbare Einbußen im Wirkungsgrad auftreten.

5 Verfahrensvergleich

In Tabelle 1 sind die durch Simulationsrechnung ermittelten Massenbilanzen von einem „einfachen" und einem komplexeren Verfahren gegenübergestellt, wobei jeweils das Massenausbringen im Sieb überlauf bezogen auf 100 % Anlagenaufgabe ausgewiesen ist. Die Massenbilanz ist damit nicht vollständig, sondern nur auf einen Teilstoffstrom nach der primären Siebklassierung bezogen.

Tab. 1: Vergleich von Massenausbringen in zwei Verfahrensvarianten

	„einfaches" Verfahren	Komplexes Verfahren
MKF Ausbringen	28,9 %	22,2 %
Fe Ausbringen	1,3 %	1,3 %
NE Ausbringen		0,2 %
Ausbringen „Chlorträger"		1,5 %
Ausbringen Schwergut		5,0 %
Summe	30,2 %	30,2 %

Das MKF-Ausbringen reduziert sich durch die höhere Aufbereitungstiefe um ca. 23 %, ohne dass dadurch eine signifikante Verbesserung der kalorischen Qualität erreicht wird. Der Heizwertunterschied errechnet sich auf lediglich + 4 % und liegt im Toleranzbereich der Analyse.

Die Installation einer Trenntechnik für NE-Metalle bedarf angesichts des geringen Massenbeitrags einer kritischen Prüfung, zumal aufgrund der Abfalleigenschaften und der Reinigungszielsetzung kein „sauberes" NE-Konzentrat erzeugt werden kann. Aufgrund des Wertes von NE-Metallen sind jedoch auch Aufbereitungskonzentrate mit Metallgehalten von nur ca. 50 % marktfähig, die Verwertung kann damit als gesichert angesehen werden.

Der Stoffstrom Chlorträger weist nach Analysen von Flamme [Münsteraner Abfalltage 2007] lediglich Chlorgehalte unterhalb von 20 Gew.-% auf und stellt somit kein recyclierbares Produkt dar. Gleiches gilt auch für den Stoffstrom Schwergut, in dem neben mineralischen Stoffgruppen aus dem Abfallgemisch auch besonders nasse Komponenten sowie kompakte Artikel wie Schuhe oder Holz aufkonzentriert werden.

Ein Beispiel für Inhaltsstoffe dieses Stoffstroms mit hohem kalorischen Wert ist in Abbildung 8 gezeigt.

Die Entsorgung eines solchen Stoffstroms in einen Verwertungsweg gestaltet sich derzeit problematisch, so dass ebenso wie für die Chlorträger eine Beseitigung erforderlich werden kann.

Abb. 8: Schwergut aus der Aufbereitung von Siedlungsabfall

In einer ökonomischen Bewertung sind die zusätzlichen Investitionen und damit verbundenen Betriebskosten gemeinsam mit den Entsorgungskosten in Tabelle 2 gegenübergestellt. Grundlage ist eine Anlage mit einer stündlichen Aufgabeleistung von 30 Mg bzw. einer Jahresleistung von ca. 50.000 Mg im einschichtigen Betrieb.

Bei der Bewertung des hier untersuchten MKF-Produkts wird unterstellt, dass sich keine Unterschiede im negativen Erlös ergeben. Die vertiefte Aufbereitung erfolgt also primär zur grundsätzlichen Sicherstellung eines energetischen Verwertungsweges. Dies ist etwa dann der Fall, wenn die physikalischen Eigenschaften von Ersatzbrennstoffen wie MKF einer Verbesserung bedürfen, um in den zur Verfügung stehenden Kesseln verarbeitet werden zu können.

Tab. 2: Vergleich spezifischer Kosten von zwei Verfahren

	„einfaches" Verfahren	komplexes Verfahren
Aufbereitung		7 €/Mg
MKF-Verwertung	26 €/Mg	20 €/Mg
Metallverwertung	-0,4 €/Mg	-0,6 €/Mg
Restabfallbeseitigung		12 €/Mg
Gesamtkosten je Mg Input	25,6 €/Mg	38,4 €/Mg

Der deutlich erhöhte technische Aufwand für eine größere Aufbereitungstiefe führt durch zusätzliche Reinigungsschritte zu zusätzlichen Stoffströmen. Diese stellen Senken für Abfallmerkmale dar, die im Hauptproduktstrom MKF abgereichert werden sollen, erfüllen damit folglich auch keine Qualitätsansprüche. Wird die Beseitigung dieser Stoffströme mit einem um den Faktor 2 höheren Entsorgungspreis belegt als die Verwertung der mittelkalorischen Fraktion, so ergibt sich allein durch Differenzierung im Verfahren ein erheblicher wirtschaftlicher Nachteil. Dem müsste im hier diskutierten Fall jedoch eine preislich bewertete Qualitätsverbesserung gegenüber stehen, um die erhöhten technischen und organisatorischen Aufwendungen zu rechtfertigen.

6 Zusammenfassung

Am Beispiel einer mechanischen Aufbereitung von Siedlungsabfall wird dargestellt, welche qualitativen Wirkungen mit mechanischer Aufbereitungstechnik erzeugt werden können. Einem „einfachen" Verfahren zur Anreicherung von mittelkalorischen Inhaltsstoffen in einem Ersatzbrennstoffprodukt wird ein Verfahren mit größerer Aufbereitungstiefe gegenübergestellt. Letzteres erfüllt zwar Ansprüche an eine höhere Brennstoffqualität, die sich jedoch im Leitparameter Heizwert nur marginal niederschlagen.

Die Vergleichsrechnung beruht auf einer Simulationsrechnung, die sowohl die stofflichen Eigenschaften des Abfallgemischs als auch die technischen Parameter einzelner Trennstufen berücksichtigt. Die Stoffstromteilung lässt sich auf diesem Weg quantitativ und qualitativ voraussagen und weist im Verfahrensvergleich erhebliche Unterschiede in der Massenbilanz aus.

In der ökonomischen Bewertung errechnen sich bei gleichen Bedingungen für die Verwertung des Hauptmassenstroms MKF erhebliche Nachteile für die vertiefte Aufbereitung. Ursache hierfür ist die Verlängerung von Prozessketten, woraus zusätzliche Stoffströme entstehen, die einer teuren Beseitigung zugeführt werden müssen.

Mit dem Werkzeug der Simulationsrechnung für Abfallaufbereitungsverfahren steht ein Instrument zur Verfügung, das eine gute Beurteilungsgrundlage für Entscheidungen der Stoffstromtrennung liefert.

Ingenieurgesellschaft für
Planung, Beratung und Organisation
in Entsorgungswirtschaft und -technik
Pretz · Bergedieck · Onasch

- Mechanisch – Biologische – Abfallbehandlung
- Optimierung von Aufbereitungsprozessen
- Anlagenumbau im Bestand
- Aerobe und anaerobe Behandlung von biogenen Abfällen
- Aufbereitungstechnik für Abfall und Wertstoffgemische
- Produktion von Sekundärbrennstoffen
- Deponiebau, Oberflächenabdichtung, Gasverwertung
- Inbetriebnahme von verfahrenstechnischen Anlagen

pbo Ingenieurgesellschaft mbH
Altstraße 54
52066 Aachen
Fon: 0241/97889-0
Fax: 0241/97889-30
www.pbo.de

Geschäftsführung
Prof. Dr.-Ing. Thomas Pretz
Dipl.-Ing. Thomas Bergedieck
Dipl.-Ing. Klaus Jörg Onasch

CO₂-Emissionshandel als Chance für EBS-Industriekraftwerke

Kurt Wengenroth

1 Einleitung

Die energieintensiven Branchen sind durch die aktuelle Entwicklung der Energiepreise nach wie vor erheblich belastet. So hat sich der Rohölpreis innerhalb von acht Jahren mehr als versechsfacht. Das aufkommende wirtschaftliche Wachstum in Indien und China führt zu einer am Weltmarkt spürbaren zusätzlichen Nachfrage nach Rohstoffen und Energie. Vor diesem Hintergrund ist mittel- bis langfristig mit keiner Entspannung im Energiemarkt zu rechnen, so dass von dauerhaft hohen Energiepreisen in den energieintensiven Branchen ausgegangen werden muss.

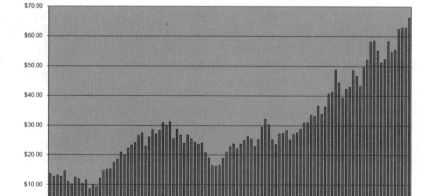

Abb. 1: Inflationsbereinigte Entwicklung des Rohölpreises seit 1998 /1/

Zu diesen Branchen zählen insbesondere die Zement-, die Stahl- und Aluminiumindustrie sowie die Papierindustrie. In diesen Branchen weisen die Aufwendungen für Energiebereitstellung einen erheblichen Anteil an den Produktionskosten aus. Aus diesem Grunde wird dort gezielt nach Optimierungen bzw. Alternativen in der Energieversorgung gesucht.

Während die Stahl- und Aluminiumindustrie nach Möglichkeiten einer dauerhaften Versorgung mit preiswertem Strom sucht, hat die Zementindustrie seit Jahren den direkten Einsatz zur Feuerung von Ersatzbrennstoffen (EBS) eingeführt und forciert dies im Rahmen der Möglichkeiten der novellierten 17. BImSchV.

Anders stellt sich die Situation in der Papierindustrie dar. Dort werden verfahrenstechnisch bedingt für die Trocknung des erzeugten Papieres große Mengen an Dampf benötigt, der vorzugsweise vor Ort in eigenen Kraftwerken hergestellt werden.

Eine Änderung des Brennstoff-Regimes ist nur mit umfangreichen Änderungen am Kraftwerk möglich. Vor dem Hintergrund der in Abbildung 1 dokumentierten Entwicklung des Rohölpreises entstehen die ersten Projekte zur Ersetzung des fossilen Energieträgers durch Ersatzbrennstoffe. Eines dieser Projekte befindet sich bei der Papierfabrik der SCA-Packaging Containerboard in Witzenhausen.

2 Stand des Projektes des EBS-Kraftwerkes Witzenhausen am Standort der SCA

Die B+T Umwelt hatte nach Unterzeichnung eines LOI mit SCA Ende März 2005 sowohl die Vertragsverhandlungen mit SCA als auch die Ausschreibung des EBS-Kraftwerkes zügig umgesetzt. Parallel wurden zur Finanzierung die Verhandlungen mit mehreren Kreditinstituten aufgenommen.

Anfang 2006 waren diese Arbeiten abgeschlossen und folgende Vertragspartner gefunden:

- Die Wahl für den Kessellieferanten fiel auf AE & E der in dem Projekt gleichzeitig als Generalunternehmer fungiert.
- Als finanzierende Bank hatte sich relativ schnell die HSH-Nordbank als Finanzpartner herauskristallisiert.

Die Forderung der Bank zur nahezu vollständigen langfristigen Besicherung der EBS-Lieferverträge wurde im Frühsommer 2006 erfüllt, so dass notwendige, vertragliche Beurkundungen erfolgen konnten, wie in folgenden Abbildung gezeigt wird.

| Notarielle Beurkundung der Verträge zwischen SCA und B+T Energie 27.6.2006 | |

| Notarielle Beurkundung der Verträge zwischen HSH-Nordbank und B+T Energie 27.6.2006 | HSH NORDBANK |

| Unterzeichnung und Inkrafttreten des GU-Vertrages zwischen Austrian Energie & Environment und B+T Energie 6.7.2006 | |

| Financial close 14.8.2006 | HSH NORDBANK |

Abb. 2: Vertragliche Meilensteine des Projektes EBS-Kraftwerk Witzenhausen

Die weitere Zeitplanung des Projektes sieht folgende Meilensteine vor:

- Juni 2007: Abschluss des Gleitwandbaus für den Hochbunker
- Juni 2007: Beginn Montage Kesselhaus
- Juni 2008: Beginn der Warminbetriebnahme
- Aug. 2008: Synchronisation Turbine
- Dez. 2008 Abschluss Probebetrieb und Übergabe des Kraftwerks

Stand der Kraftwerksbaustelle in Witzenhausen – Januar 2007

Abb. 3: Fortgang der Bauarbeiten auf der Kraftwerks-Baustelle Januar 2007

3 Stand der Anerkennung von Biomasse in der EU

3.1 Verbrennung / Mitverbrennung von Biomasse

Die EU hat mit Ihrer Richtlinie 2001/77/EG /2/ klare Ziele für den Einsatz von erneuerbarer Energiequellen gesteckt. Mit der Umsetzung dieser Richtlinie soll der Einsatz von Biomasse zur Stromerzeugung deutlich intensiviert werden. Dabei hat die EU-Kommission auch klare Position zur Definition von Biomasse bezogen. Neben reinen Biomassen, wie Holz, wird auch *„der biologisch abbaubare Anteil von Abfällen aus Industrie und Haushalten"* /2/ als Biomasse gezählt. Damit wird seitens der EU-Kommission der entscheidende Schritt unternommen, dass auch die im Siedlungsabfall enthaltene Biomasse anerkannt wird.

Diese Ziele sind verbindlich für alle Mitgliedstaaten der EU und müssen in nationales Recht umgesetzt werden. In Deutschland ist dies mit der neuesten Fassung des EEG /3/ erfolgt. Dort wird zwar konkret Bezug genommen auf die Verpflichtung zur Umsetzung der EU 2001/77/EG, die Anerkennung des Biomassenanteils in Sekundärbrennstoffen erfolgt, der mit dem EEG verbundene Vergütungsanspruch wird jedoch weiterhin aus ideologischen Gründen verweigert.

3.2 Anerkennung von Biomasse beim Treibhaus-Emissions-Handelsgesetz

- Generelles Regelwerk zur Reduzierung von Treibhausgas-Emissionen

Zukünftig soll nach dem Willen der EU-Kommission die Reduzierung von Treibhausgas-Emissionen nach Marktkriterien erfolgen. Über die monetäre Bewertung von reduzierten CO_2-Emissionen wird nach dem Willen der EU-Kommission der Handel mit CO_2-Zertifikaten entscheiden. Die Umweltminister der Mitgliedsstaaten haben sich hierzu auf eine Richtlinie zur Umsetzung der Ziele des Klimaschutzprotokolls von Kyoto geeinigt, bei dem mit dem marktwirtschaftlichen Instrument des Handels mit Emissionszertifikaten ein finanzieller Anreiz zum Klimaschutz gegeben werden soll. Diejenigen Unternehmen, die bereits auf umweltfreundliche Technologien umgerüstet haben, können ihre überschüssigen CO_2-Zertifikate wie an einer Börse verkaufen.

Zur Umsetzung des Handels mit CO_2-Zertifikaten ist am 25.10.2003 ist die Richtlinie 2003/87/EG /4/ des Europäischen Parlaments und des Rats der europäischen Gemeinschaften über ein System für den Handel mit Treibhausgasemissionszertifikaten in der EU in Kraft getreten. Diese Richtlinie sieht den Handel mit Berechtigungen zur Emission von Treibhausgasen ab dem Jahr 2005 vor. Dabei werden zunächst nur die Emissionen von Anlagen der besonders emissionsintensiven Branchen berücksichtigt.

- Energiewirtschaft, Eisenmetallerzeugung, mineralverarbeitende Industrie, Industrieanlagen zur Herstellung von Zellstoff, Papier und Pappe

Im Rahmen dieser Erstallokation wurden mindestens 95 % der Emissionsrechte für die Einzelbetriebe kostenlos vergeben. In Deutschland wird diese Richtlinie 2003/87/EG durch das Treibhausgas-Emissionshandelsgesetz (TEGH) umgesetzt. Von der Umsetzung sind hier ca. 2600 Einzelbetriebe betroffen. Im TEGH wird außerdem festgelegt, dass bei Überschreiten der zugeteilten Emissionsrechte eine Zahlungspflicht in Höhe von 100 €/Mg CO_2 entsteht. Diese Zahlungsverpflichtung wird in der ersten Zuteilungsperiode auf 40 €/Mg CO_2 ermäßigt.

Zur Überwachung der zugeteilten Emissionsrechte wurde in Deutschland die DEHST beim Umweltbundesamt eingerichtet. Die Überwachung selbst wird im Rahmen der 34. BImSchV /5/ geregelt. Zur Identifikation der vom Emittenten freigesetzten Mengen an Treibhausgasen wurde eine bundeseinheitliche Liste der CO_2-Emissionsfaktoren festgelegt.

Ersatzbrennstoffe sind hierin nicht aufgeführt. Hier muss im Einzelfall der Biomasseanteil nachgewiesen werden. Einen hierzu verbindlichen Standard gibt es derzeit in Europa nicht. Bei der Europäischen Normungsbehörde CEN ist jedoch im Rahmen der Arbeitsgruppe 343 „Solid recovered fuels" die Standardisierung eines Anlaysenverfahrens in Vorbereitung /6/.

Selektives Löslichkeitsverfahren – SDM

Das Verfahren zur selektiven Löslichkeit ist das derzeit von der CEN 343 präferierte Verfahren zur Ermittlung des Biomasseanteils in Ersatzbrennstoffen. Als Biomasse wird der Teil eingestuft, welcher in dem Gemisch aus Schwefelsäure und Wasserstoffperoxid in Lösung geht. Für reine Biomassen, wie Holz ergibt sich hier eine hohe Übereinstimmung zwischen Erwartungs- und Analysenwert. Es zeigt sich jedoch, dass zahlreiche andere Stoffe, insbesondere fossilen Ursprungs, ebenfalls als Biomasse detektiert werden, wie nachfolgende Tabelle 1 veranschaulicht.

Tab. 1: Vergleich der Ergebnisse der selektiven Löslichkeitsmethode mit reinen Biomassen oder Nichtbiomassen /6/

Gruppen	Material	Biomasse Anteil	Biomasseanteil nach selektive Löslichkeitsmethode SDM	Delta Vorgabe / Analysenwert SDM	Anzahl Messungen
Fasern	Baumwolle	100 %	99,4 %	0,6 %	2
	Leder	100 %	92,7 %	8,3 %	2
	Leinen	100 %	99,5 %	0,5 %	2
	Nylon	0 %	97,3 %	-97,3 %	2
	Viscose (based on cellulose)	0 %	61,4 %	38,6 %	2
	Wolle	100 %	63,8 %	36,2 %	2
Papier	Kopierpapier	100 %	99,1 %	0,9 %	2
	Zeitungspapier	100 %	97,4 %	2,6 %	2
Kunststoff	HDPE (High Density PolyEthylene)	0 %	0,9 %	-0,9 %	2
	LDPE (Low Density Polyethylen)	0 %	0,0 %	0,0 %	2
	PC (Poly Carbonate)	0 %	-0,6 %	0,6 %	2
	PET (Poly Ethylene Terephtalate)	0 %	0,0 %	0,0 %	2
	PP (Polypropylen)	0 %	0,0 %	0,0 %	2
	PS dense (Polystyrol)	0 %	-0,1 %	0,1 %	2
	PS foam (Polystyrol)	0 %	-1,5 %	1,5 %	2
	PUR dense (Polyurethan)	0 %	94,8 %	94,8 %	2
	PUR foam (Polyurethan)	0 %	98,3 %	-98,3 %	2
	PVC (Polyvinylchlorid)	0 %	1,7 %	-1,7 %	2
	TEFLON®	0 %	-13,2 %	-13,2 %	2
Fossile Energie-	Steinkohle	0 %	46,0 %	54,0 %	2
	Braunkohle	0 %	93,0 %	93,0 %	2

Gruppen	Material	Biomasse Anteil	Biomasseanteil nach selektive Löslichkeits methode SDM	Delta Vorgabe / Analysenwert SDM	Anzahl Messungen
träger	Torf	0 %	96,8 %	96,8 %	2
Gummi	CR (Chloroprene rubber)	0 %	9,7 %	9,7 %	2
	synthetischer Kautschuk	0 %	0 %	0,2 %	2
	Naturkautschuk	100 %	84,4 %	15,6 %	2
	Silicon Gummi	0 %	85,7 %	85,7 %	2
	MDF residues*	100 %	99,4 %	0,6 %	2
	Eiche	100 %	99,6 %	0,4 %	2
	Pinie	100 %	99,7 %	0,3 %	2
	Tropenholz	100 %	99,7 %	0,3 %	2
	Kokosnuss-Reste	100 %	98,2 %	1,8 %	3
	Fritierfett	100 %	41,1 %	58,9 %	2
	Tiermehl	100 %	88,4 %	11,6 %	6
	Fuller's Earth		28,7 %	71,3 %	2

Weiterhin gibt es aus den ersten Feldversuchen aus Ersatzbrennstoffen mit unbekanntem Biomasseanteil erste Ansätze, dass die SDM-Methode Abweichungen bei unterschiedliches Matrizes erzeugt. Vor diesem Hintergrund der teilweise sehr unspezifischen analytischen Abweichungen zum Erwartungswert, hat sich die Arbeitsgruppe entschieden zusätzlich die Entwicklung der Radiocarbon-Methode ^{14}C zur Biomassebestimmung in Ersatzbrennstoffen voranzubringen.

Radiocarbon-Methode ^{14}C

Die Radiocarbon-^{14}C-Methode ist bekannt durch die Altersbestimmung archäologischer Funde. Sie basiert auf der Ermittlung des Verhältnisses zwischen dem Isotop ^{14}C und dem natürlichen Kohlenstoff ^{12}C. Aufgrund der Halbwertszeit von ^{14}C ändert sich dieses Verhältnis mit zunehmendem Alter der zu untersuchenden Materialien. Da das Verhältnis zwischen ^{14}C/^{12}C außerordentlich exakt zu messen ist, wurde dieses Verfahren bemerkenswerterweise auch in den USA als Verfahren zur Ermittlung des Biomasseanteils in Stoffgemischen im Sommer 2005 als ASTM D 6866 standardisiert /7/. Die Normungsarbeiten in der CEN 343 zu diesem Thema laufen noch. Mit einem ersten Entwurf ist im Sommer 2007 zu rechnen.

3.3 Biomasseanteile in Ersatzbrennstoffen

Auf der Basis der ersten Messergebnisse der Methoden zur Ermittlung des Biomasseanteils lässt sich feststellen, dass Ersatzbrennstoffe über einen nennenswerten Biomasseanteil verfügen, der bei konservativer Abschätzung bei 30 % liegt. Vereinzelt können hier auch höhere Werte auftreten, wie dies beispielsweise beim Trockenstabilat der Fall ist.

Tab. 2: Vergleich von Biomasseanteilen in verschiedenen Ersatzbrennstoffen /8/

Probe	Biomassegehalt ^{14}C-Methode
Wirbelschichtmaterial 1	38,50 %
Wirbelschichtmaterial 1	41,30 % ± 1 %
Ersatzbrennstoff 1	26,70 % ± 2 %
Ersatzbrennstoff 2	33,50 % ± 2 %
Ersatzbrennstoff 3	33,50 % ± 2 %

3.4 Zuteilungsregelungen von CO_2-Emissionsrechten

Die konkrete Zuteilung von CO_2-Emissionsrechten hat die DEHST in einem Leitfaden geregelt. In diesem Leitfaden wird sinnvollerweise die spezifische CO_2-Emissionen der jeweils erzeugten Energie bzw. des erzeugten Produktes bei Zementwerken angegeben. Für die Bereiche Strom, Warmwasser und Prozessdampf wird jeweils ein Emissionsfenster angegeben.

Tab. 3: Liste der definierten BVT-Emissionswerten der DEHST /9/

Anlagen zur Erzeugung/Herstellung von ...	Emissionswert je erzeugter Produkteinheit
Strom (Nettostromerzeugung)[1]	mindestens 365 g CO_2/kWh - maximal 750 g CO_2/kWh
Warmwasser (Niedertemperaturwärme)[1]	mindestens 215 g CO_2/kWh - maximal 290 g CO_2/kWh
Prozessdampf[1]	mindestens 225 g CO_2/kWh - maximal 345 g CO_2/kWh
Glas	
⇒ Behälterglas	280 g CO_2/kg Glas
⇒ Flachglas	510 g CO_2/kg Glas
Ziegel	
⇒ Vormauerziegel	115 g CO_2/kg Ziegel
⇒ Hintermauerziegel	68 g CO_2/kg Ziegel
⇒ Dachziegel U-Kassette	130 g CO_2/kg Ziegel
⇒ Dachziegel H-Kassette	158 g CO_2/kg Ziegel
Zementklinker	
⇒ mit 3 Zyklonen	315 g CO_2/kg Zementklinker
⇒ mit 4 Zyklonen	285 g CO_2/kg Zementklinker
⇒ mit 5 oder 6 Zyklonen	275 g CO_2/kg Zementklinker

Dieses Emissionsfenster ergibt sich aus einer Benchmark Definition, die ebenfalls von der DEHST veröffentlicht wurde, und die auf der Basis der derzeit best verfügbaren Technik BVT ermittelt wurde. In diesen Tabellen wird deutlich, dass EBS-Kraftwerke keine Berücksichtigung gefunden haben.

Tab. 4: Liste der definierten BVT-Emissionswerten für die Herstellung von Warmwasser / Prozessdampf /10/

Produkt	Brennstoff	Netto-Wirkungsgrad η_{th} [%]	Emissionswert [g CO_2/kWh$_{th}$]
Warmwasser	Erdgas	93,5	215
Warmwasser	Heizöl EL	93,5	285
Warmwasser	Kohle	92	290
Prozessdampf	Erdgas	90	225
Prozessdampf	Heizöl EL	90	297
Prozessdampf	Kohle	89	345

Tab. 5: Liste der definierten BVT-Emissionswerten für die Herstellung von Strom /10/

Technik	installierte (elektrische) Leistung [MW$_{el}$]	Netto-Wirkungsgrad η_{el} [%]	Emissionswert [g CO_2/kWh$_{el}$]
GuD-Kraftwerk	> 250	> 55	365
GuD-Kraftwerk	101 - 250	54	373
GuD-Kraftwerk	51 - 100	52,5	384
GuD-Kraftwerk	31 - 50	50	403
GuD-Kraftwerk	21 - 30	47	429
GuD-Kraftwerk	10 - 20	45	448
BHKW	4 - 9	41	492
BHKW	< 4	39	517

Speziell Tabelle 5 macht deutlich, dass EBS-Kraftwerke unter diesen Regelungsbedingungen keine Chance auf Anerkennung des Biomasseanteils im Brennstoff erwarten können. Aufgrund der begrenzten Dampfparameter sind Verstromungswirkungsgrade von 39 % bei EBS-Kraftwerken nicht realisierbar. Dies gilt insbesondere für Rostfeuerungen, die aufgrund der geringeren Aufbereitungstiefe für den Ersatzbrennstoff in letzter Zeit in zahlreichen Projekten favorisiert wurden.

4 Derzeitiger Stand der Anerkennung von Biomasse in Ersatzbrennstoffen – eine Regelungslücke?

Der Verordnungsgeber hat mit Einführung der Abfall-Ablagerungs-VO einen maßgeblichen Beitrag zur Reduzierung von klimaschädlichen CH_4-Emissionen geleistet. In der Konsequenz dieser Verordnung muss die stoffliche und energetischen Verwertung von Abfällen intensiviert werden. Dies ist durch den Bau zahlreicher MVA und MBA-Anlagen erfolgt. Zur Verwertung der heizwertreichen Fraktion der MBA werden derzeit zahlreiche EBS-Kraftwerke konzipiert, die alle zum Ziel haben, durch aktive Umsetzung von waste-to-energy Konzepten fossile Energieträger zu ersetzen.

Unter Berücksichtigung, dass 17. BImSchV-Anlagen am CO_2-Zertifikathandel nicht partizipieren, Ersatzbrennstoffe über einen nachweislichen Anteil an Biomasse verfügen stellen derartige waste-to-energy Konzepte einen aktiven Beitrag zur Reduzierung von fossilen CO_2-Emissionen dar. Das Gesamtpotential beläuft sich hier auf mehrere Millionen Tonnen CO_2 pro Jahr. Gleichwohl wird dies vom Verordnungsgeber nicht anerkannt bzw. honoriert, wie folgendes Resume zeigt.

Derzeit ergibt sich folgender Stand zur Anerkennung von Biomasseanteilen in Ersatzbrennstoffen.

1. Die EU-Richtlinie 77/2001 ist im EEG in nationales Recht überführt worden. Der Biomasseanteil in Ersatzbrennstoffen wird dort zwar anerkannt – aber nicht vergütet.

2. Im Rahmen des CO_2-Emissionshandels wird der Biomasseanteil in Ersatzbrennstoffen ebenfalls anerkannt. Zurzeit werden hierfür auch die geeigneten Analysenmethoden europaweit standardisiert. EBS-Kraftwerke werden im Rahmen des Benchmarking jedoch nicht berücksichtigt.

3. Lediglich im Rahmen der Mitverbrennung kann sowohl eine Anerkennung als auch eine Vergütung von CO_2-Emissionen aus Biomasseanteilen realisiert werden, wie Tabelle 6 zeigt.

Tab. 6: Fossile CO_2-Emissionen, die durch Einsatz von Ersatzbrennstoffen im Rahmen der Mitverbrennung eingespart werden können

Ersatzbrennstoffe	400.000 Mg/a	
Biomasseanteil	30 %	120.000 Mg/a
Heizwert	12 GJ/Mg	1.440.000 GJ/a
Braunkohle CO_2-Emissionen	0,111 Mg CO_2/GJ	159.840 Mg CO_2/a
Steinkohle CO_2-Emissionen	0,095 Mg CO_2/GJ	136.800 Mg CO_2/a

Dies führt zu der Erkenntnis, dass bei einer beispielhaften Mitverbrennung von 400.000 Mg/a Ersatzbrennstoffen fossile CO_2-Emissionen in Höhe 136.000–159.000 eingespart werden können, die sowohl anerkannt als auch vergütet werden.

Unter der Voraussetzung, dass die Tonne CO_2, die durch die Verbrennung des biogenen Anteils im Ersatzbrennstoffen sowohl bei der Mitverbrennung als auch bei der Verbrennung in einem EBS-Kessel entsteht, ergibt sich die Feststellung, dass diese Tonne CO_2 in der Verbrennung in einem EBS-Kessel keine Anerkennung durch die DEHST erfährt, während sie in der Mitverbrennung in Größenordnungen der Gesamt-CO_2-Emissionen eines industriellen Heizkraftwerkes honoriert würde.

5 Zusammenfassung

- Ersatzbrennstoffe weisen ein hohes Potential auf, „Waste-to-Energy"-Konzepte erfolgreich umzusetzen, und dabei fossile Energieträger zu ersetzen.
- Der derzeitige Stand an veröffentlichten EBS-Kraftwerks Projekten in Planung zeigt, dass auch die Industrie bereit ist, mit derartigen Projekten die zukünftige Energieversorgung von Industriestandorten zu realisieren.
- Ersatzbrennstoffe weisen einen nachhaltigen Anteil von Biomasse auf, der zwar in einer Vielzahl von Verordnungen anerkannt wird, der praktisch aber nicht vergütet wird.
- Vor diesem Hintergrund muss festgestellt werden, dass die Chance fossile Energieträger durch EBS-gefeuerte Industriekraftwerke zu reduzieren in den bestehenden Verordnungen bzw. Leitlinien nicht berücksichtigt wird.

Schrifttum

1 US Department of labor Bureau of labour statistics, 2007: Inflation adjusted monthly crude oil prices

2 2001/77/EG – Richtlinie des Rates zur Förderung der Stromerzeugung aus erneuerbaren Energiequellen im Elektrizitätsbinnenmarkt

3 EEG – Gesetz zur Neuregelung des Rechts der erneuerbaren Energien im Strombereich

4 2003/87/EG - Richtlinie des Rates über ein System für den Handel mit Treibhausgasemissionszertifikaten in der Gemeinschaft.

5 34. Verordnung zur Durchführung des Bundesimmissionsschutzgesetzes – Verordnung zur Umsetzung der Emissionshandel-Richtlinie für Anlagen nach dem Bundesimmissionsschutzgesetz

6 Schluss-Entwurf prCEN/TS 15440: Feste Sekundärbrennstoffe – Verfahren zur Bestimmung des Gehaltes an Biomasse

7 ASTM – D 6866-05 Standard Test Methods for determining the biobased content of natural range materials using radiocarbon and isotope ratio mass spectrometry analysis

8 N. Kienzl, W. Staber, G. Raber, 2006: ^{14}C-Methode – Bestimmung des biogenenen Anteils in Abfällen

9 DEHST: Leitfaden Zuteilungsregeln 2005–2007, Neuanlagen, Kapazitätserweiterungen und Einstellungen des Betriebs von Anlagen

10 DEHST: Benchmarks – Definition und Bewertung von Emissionswerten für Strom, Wamwasser und Prozessdampf entsprechend der besten verfügbaren Techniken (BVT) im Zuteilungsverfahren für die Handelsperiode 2005–2007

# Charakterisierung von Ersatzbrennstoffen hinsichtlich brennstofftechnischer Eigenschaften

Michael Beckmann, Sokesimbone Ncube

1 Einleitung

Ersatzbrennstoffe und Biomassebrennstoffe werden in den Bereichen der Kraftwerksindustrie und der Grundstoffindustrie in Monoverbrennungsanlagen und in Co-Verbrennungsanlagen eingesetzt. Aus den Erfahrungen mit diesen Brennstoffen – insbesondere im Hinblick auf die Energieumsetzungsdichte, das Zünd- und Ausbrandverhalten, das Verschlackungs- und Korrosionspotenzial – und aus dem Vergleich mit fossilen Regelbrennstoffen sind Biomassebrennstoffe und Ersatzbrennstoffe als schwierige Brennstoffe einzustufen.

In dem vorliegenden Beitrag wird zunächst kurz auf die brennstofftechnischen Eigenschaften von Ersatzbrennstoffen und von Biomassebrennstoffen und anhand von Beispielen deren Einfluss auf das Verbrennungsverhalten diskutiert. Danach werden verschiedene Methoden zur Bestimmung von brennstofftechnischen Eigenschaften dieser Brennstoffe erläutert.

2 Brennstofftechnische Eigenschaften

Ersatzbrennstoffe und Biomassebrennstoffe sind im Vergleich zu fossilen Regelbrennstoffen häufig durch:

- eine heterogene Zusammensetzung sowohl bezüglich der Inhaltsstoffe als auch hinsichtlich
    - der Stückgröße,
    - einen hohen Anteil inerter Komponenten (Mineralien, Wasser, vgl. Tabelle 1),
    - flüchtiger Bestandteile (vgl. Tabelle 1),
    - Alkali- und Erdalkaliverbindungen,
    - Chlor (in unterschiedlichen Verbindungen),
    - Schwermetallverbindungen,
    - einen niedrigen Heizwert (vgl. Tabelle 1),

- geringe Schüttdichte und damit
- niedrige Energiedichte,
- schlechtes Schüttgutverhalten,
- usw.

gekennzeichnet. Diese Eigenschaften haben insbesondere Einfluss auf das Zünd- und Ausbrandverhalten, auf das Verschlackungs- und Korrosionspotenzial und letztlich auch auf den Wirkungsgrad der Energieumwandlung. Ersatzbrennstoffe und Biomassebrennstoffe sind im Vergleich zu den fossilen Regelbrennstoffen als *schwierige Brennstoffe* zu bezeichnen.

Tab. 1: Übersicht über Heizwert, Wasser-, Asche- und Flüchtigengehalt von Biomasse- und Ersatzbrennstoffen. Zum Vergleich (Beispiele):
Braunkohle: h_u = 24 MJ/kg, Flüchtige: 55 Ma.-%
Steinkohle: h_u = 30 MJ/kg, Flüchtige: 25 Ma.-%

Ersatzbrennstoff	Heizwert H_u [MJ/kg]	Wasser [Ma.-%]	Asche [Ma.-%]	Flüchtige [Ma.-%]	Gruppe
Granulat	40,8	1	0,5	99,4	
Kunststoffe,Folien	37,7	3,1	1	98,7	h-1
Mischkunststoffe	34	4,9	6		
Altreifen	33,1	2	2,7		
BPG	24,5	17	8,2	66,8	
Spuckstoffe	19,5	17,8	9,9	62,4	h-2
Heizwertreiche MBA-Fraktionen	14,4 - 22,8	3,6 - 33,7	15,1 - 17,1		
Tiermehl	18	4,6	22		
Altholz	17	8 - 50	0,5	81,3	h-3
Trockenstabilat	15 - 18	~ 15	28,9	70 - 80*	
Klärschlamm	1 - 14-	3 - 80	7 - 58,2		

*...bezogen auf den wasser- und aschefreien Zustand

Für den Einsatz fossiler Brennstoffe – Kohle, Erdöl, Erdgas usw. – bei industriellen Hochtemperaturverfahren, wie dem Brennen von Zementklinker oder im Bereich der Energieumwandlung in Kraftwerksanlagen, liegen umfangreiche Untersuchungen und Erfahrungen zur Optimierung der Prozessführung vor. Dabei konnten in Verbindung mit den einzelnen Prozessen entsprechende brennstofftechnische Kriterien abgeleitet werden. Diese Kriterien beschreiben die Eigenschaften eines Brennstoffes aus brennstofftechnischer Sicht. Diese brennstofftechnischen Eigenschaften lassen sich in

- chemische, z. B.
    - Elementaranalyse – C, H, O, N, Cl, S,
    - Kurzanalyse – H_2O, flüchtige Bestandteile,
    - Spurenanalyse z. B. K, Ca, Mg,

- mechanische, z. B.
  - Korngröße,
  - Schüttdichte,
- kalorische, z. B.
  - Heizwert,
  - Verbrennungstemperatur,
- reaktionstechnische, z. B.
  - Entgasungsgeschwindigkeit,
  - Zündtemperatur,
  - Abbrandgeschwindigkeit,
  - Verschlackungsneigung,

Eigenschaften unterteilen (z. B. [3],[34]).

Bei der Beurteilung der Eigenschaften eines Brennstoffes sind selbstverständlich die jeweiligen prozesstechnischen Randbedingungen einzubeziehen. Das heißt, bestimmte Kriterien werden immer im Zusammenhang mit dem jeweiligen *Einsatzgebiet*, dem *technischen Prozess* und den jeweiligen *Apparaten* festgelegt.

Die folgenden Beispiele von Biomassebrennstoffen sollen darauf aufmerksam machen, dass es wichtig ist, die v. g. brennstofftechnischen Eigenschaften genau zu analysieren. Es können ganz verschiedene Kriterien oder Parameter sein, die in der praktischen Umsetzung zu Schwierigkeiten führen.

Die Tabelle 2 zeigt chemische, mechanische und kalorische Eigenschaften von Reisspelzen und von Zuckerrübenschnitzel. Beide weisen in etwa gleiche kalorische Eigenschaften auf. Große Unterschiede bestehen hinsichtlich der mechanischen Eigenschaften (Schüttdichte, aber auch Schütt- und Transportverhalten) wohingegen auf den ersten Blick geringe Unterschiede bei den chemischen Eigenschaften vorliegen. Reisspelzen sind über die energetische Nutzung hinaus auch im Hinblick der Verwertung der Asche sehr interessant. Die Asche enthält einen sehr hohen Anteil an Silizium und ist daher auch als Wertstoff z. B. für die Metallurgie interessant. Unter den Bedingungen einer Wirbelschicht oder auch eines Drehrohres wird die Asche jedoch mechanisch sehr beansprucht, so dass ein sehr hoher Feinstaubanteil entsteht, der an die Abscheidung wiederum erhöhte Anforderungen stellt. Daher muss für dieses Material eher ein schonender Transport vorgesehen werden, wie er beispielsweise in einem Rostsystem möglich ist. Aufgrund der geringen Schüttdichte der Reisspelzen ist die Energiedichte ebenfalls gering. Das ist bei der Auslegung des Rostsystems hinsichtlich der Temperatursteuerung (Isolierung und Wärmeauskopplung usw., s. u. Maßnahmen zur Steuerung der Haupteinflussgrößen) zu beachten.

Tab. 2: Chemische und kalorische Eigenschaften von Reisspelzen und Zuckerrübenschnitzel

Brennstoffeigenschaften	Einheit	Brennstoff	
		Reisspelzen	Zuckerrübenschnitzel
chemische Eigenschaften			
Elementaranalyse			
Kohlenstoff	Ma.-% wf	42,267	44,100
Wasserstoff	Ma.-% wf	5,122	5,840
Stickstoff	Ma.-% wf	1,389	1,500
Sauerstoff	Ma.-% wf	33,222	43,137
Schwefel	Ma.-% wf	0,111	0,080
Chlor	Ma.-% wf	0,111	0,003
S/Cl-Verhältnis	mol/mol	1,106	29,486
Fluor	Ma.-% wf	-	-
Summe einschl. Asche	*Ma.-% wf*	*100,00*	*100,00*
Kurzanalyse			
Wassergehalt	Ma.-% roh	10,000	13,500
Asche	Ma.-% wf	17,778	5,340
flüchtige Bestandteile	Ma.-% wf	69,800	79,700
gebundener Kohlenstoff	Ma.-% wf	-	-
Spurenanalyse			
Kalium	g/kg wf	0,48	6,60
Calzium	g/kg wf	1,37	4,60
Magnesium	g/kg wf	0,28	1,80
Natrium	g/kg wf		0,24
Silizium	g/kg wf	75,00	0,15
Ascheanalyse			
Erweichungstemperatur	°C	> 950	1036
Halbkugeltemperatur	°C	1430	1125
Fließtemperatur	°C	1467	1170
mechanische Eigenschaften			
Schüttdichte	kg/m³	90 - 110	ca. 300
kalorische Eigenschaften			
unterer Heizwert	MJ/kg wf	16,4	16,8
Verbrennungstemperatur (adiabat, Lambda = 1,0)	°C	1961	1905
Verbrennungstemperatur (adiabat, Lambda = 1,6)	°C	1397	1373
Mindestsauerstoffbedarf	m³/kg	0,76	0,74
Mindestluftbedarf	m³/kg	3,62	3,50
Mindestabgasvolumen	m³/kg	6,39	6,32

Zuckerrübenschnitzel bereiten in Bezug auf die Energieumsetzungsdichte hingegen weniger Schwierigkeiten, Heizwert und Schüttdichte liegen in dem für Biomassebrennstoffe üblichen Bereich. Aus der Sicht der Korrosion fallen zunächst der niedrige Chlor- und hohe Schwefelgehalt bzw. das hohe Schwefel- zu Chlorverhältnis auf. Die genauere Analyse der Spurenstoffe zeigt weiter, dass der Gehalt an Kalium im Vergleich zu anderen Biomassebrennstoffen überdurchschnittlich hoch ist. Bei der Verbrennung (aber auch bei der Pyrolyse und Vergasung) bilden sich Kaliumoxide (z. B. K_2O) und -salze, wie Kaliumchlorid (KCl) und Kaliumsulfat (K_2SO_4). Insbesondere Kaliumoxid mit einem Schmelzpunkt von ca. 740 °C und Kaliumchlorid mit einem Schmelzpunkt von 772 °C sind im Hinblick auf Ablagerungen gefährlich. In Abbildung 1 ist u. a. die Dampfdruckkurve für Kaliumchlorid dargestellt. Demnach können bei üblichen Feuerraumtemperaturen bereits erhebliche Anteile in die Gasphase übergehen. Die gasförmigen Kaliumverbindungen scheiden sich dann an *kalten* Flächen (z. B. Wärmeübertragerflächen), deren Temperatur unterhalb der jeweiligen Schmelztemperaturen liegt, ab und erstarren. Diese hier sehr verkürzte und einfache Darstellung der Bildung von Ablagerungen ist in der Praxis erheblich komplexer, da auch die Bildung von Mischkomponenten mit Eutektika u. dgl. eintreten können. Tatsächlich ergaben sich bei Versuchen mit Zuckerrübenschnitzel bei der Verbrennung in einem Rostsystem im Technikum bereits nach wenigen Stunden krustenartige Beläge aus Mischsalzen an den Wärmeübertragerflächen.

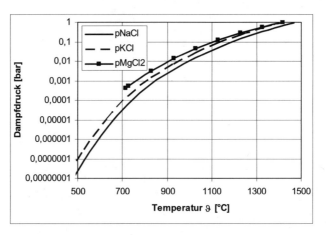

Abb. 1: Dampfdruckkurven für NaCl, KCl und $MgCl_2$

In dem nächsten Beispiel, Olivenkerne (Tabelle 3), ist auch besonderes Augenmerk auf die Spurenanalyse, insbesondere der Asche, zu legen. Der hohe Anteil an Alkali- und Erdalkalikomponenten bewirkt eine Herabsetzung des Ascheerweichungspunktes. Prinzipiell erscheint das Material aufgrund der Korngröße und der gleichmäßigen Korngrößenverteilung sehr gut geeignet für die Vergasung und Verbrennung in einer Wirbelschicht. Wegen des geringen Ascheerweichungspunktes muss jedoch insbesondere auf die Temperatursteuerung oder aber auf die Wahl des Bettmaterials, ggf. mit einer Additivzugabe (s. u. Maßnahmen zur Steuerung der Haupteinflussgrößen), geachtet werden. Bei Überschreiten der Erweichungstemperatur kommt es zu Verbackungen zwischen den Brennstoffteilchen und dem Bettmaterial, so dass der Strömungszustand der Wirbelschicht gestört wird. Bei Versuchen im Technikumsmaßstab brach die Wirbelschicht innerhalb von Sekunden nach Überschreiten der Erweichungstemperatur zusammen. Abbildung 2 zeigt die nach dem Zusammenbruch entnommenen Proben, die Verbackungen sind deutlich zu sehen.

Tab. 3: Chemische und kalorische Eigenschaften von Olivenkernen [2]

Brennstoffeigenschaften	Einheit	Brennstoff	
		Olivenrückstände, unbehandelt	Olivenrückstände, behandelt
chemische Eigenschaften			
Elementaranalyse			
Kohlenstoff	Ma.-% wf	50,70	54,05
Wasserstoff	Ma.-% wf	5,89	5,80
Stickstoff	Ma.-% wf	1,36	1,90
Sauerstoff	Ma.-% wf	36,97	35,48
Schwefel	Ma.-% wf	0,30	0,30
Chlor	Ma.-% wf	0,18	0,04
S/Cl-Verhältnis	mol/mol	1,84	8,21
Fluor	Ma.-% wf	-	-
Summe einschl. Asche	*Ma.-% wf*	*100,00*	*100,00*
Kurzanalyse			
Wassergehalt	Ma.-% roh	5,500	7,830
Asche	Ma.-% wf	4,600	2,430
flüchtige Bestandteile	Ma.-% wf	72,000	78,300
gebundener Kohlenstoff	Ma.-% wf	23,400	-
Ascheanalyse			
K2O	Ma.-%	32,20	6,17
Na2O	Ma.-%	8,90	3,84
CaO	Ma.-%	21,30	21,15
MgO	Ma.-%	7,90	5,47
SiO2	Ma.-%	32,60	18,43
Al2O3	Ma.-%	6,03	3,97
SO3	Ma.-%	4,97	n. analysiert
Cl	Ma.-%	1,43	0,41
Erweichungstemperatur	°C	< 880 °C	-
mechanische Eigenschaften			
Schüttdichte	kg/m³	830	850
kalorische Eigenschaften			
unterer Heizwert	MJ/kg wf	20,8	19,2
Verbrennungstemperatur (adiabat, Lambda = 1,0)	°C	2267	2034
Verbrennungstemperatur (adiabat, Lambda = 1,6)	°C	1603	1436
Mindestsauerstoffbedarf	m³/kg	0,96	1,00
Mindestluftbedarf	m³/kg	4,59	4,77
Mindestabgasvolumen	m³/kg	7,98	8,28

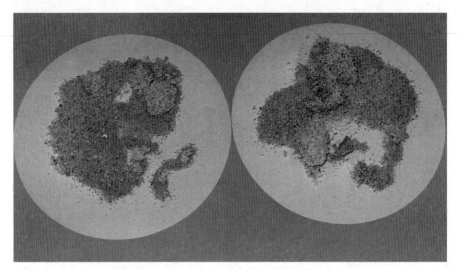

Abb. 2: Sinterung von Olivenkernen und Bettmaterial bei der Vergasung in der Wirbelschicht

In Tabelle 4 sind Brennstoffeigenschaften von Biomassebriketts [7] und Altholz zusammengefasst. Auffällig bei den Biomassebriketts ist zunächst der hohe Gesamtchlorgehalt. Im Zusammenhang mit dem Beispiel Zuckerrübenschnitzel (Tabelle 2) zeigte sich, dass ein niedriger Chlorgehalt nicht zwangsläufig ein geringes Korrosionspotenzial bedeutet. Zur Einschätzung des Korrosionspotenzials eines Brennstoffes genügt es nicht, den Chlorgehalt allein zu wissen. Entscheidend sind die Bindungsform (organisch oder anorganisch), d. h. die Bindung selbst (z. B. PVC, KCl, NaCl) und das komplexe Zusammenwirken der weiteren Bestandteile wie z. B. Alkalien, Schwefel, Schwermetallen usw. organisch gebundenes Chlor findet sich zumeist in Brennstoffen mit hohen Kunststoffgehalten (hauptsächlich PVC) wie z. B. BRAM oder EBS. Der anorganisch gebundene Chloranteil beträgt bei diesen Brennstoffen maximal 2 % [36]. Aus Untersuchungen zur thermischen Zersetzung von PVC unter Heliumatmosphäre und einer Aufheizrate von 20 K/min ist bekannt, dass bei ca. 300 °C die Abspaltung von Chlor nahezu quantitativ erfolgt und sich HCl bildet [37]. Im Gegensatz zu EBS liegen ca. 95 % des Gesamtchlorgehaltes von Biomassebriketts (hergestellt aus Fraktionen von Kompostanlagen) in Form von Alkali- und Erdalkalichloriden (anorganisch gebundenes Chlor) vor, die abhängig vom Temperaturniveau und SO_2-Konzentration als Chloride (Abbildung 1) oder über Sulfatisierungsreaktionen als Sulfate mit der Folge der Bildung von Chlor (HCl und Cl_2) freigesetzt werden können.

Mit dem Verbrennungsabgas werden diese flüchtigen Chloride zu den konvektiven Wärmetauscherflächen transportiert. Da die verschiedenen Salzspezies (Alkali- und Erdalkalichloride) bei unterschiedlichen Temperaturen in Sättigung treten, kommt es zu einer fraktionierten Ablagerung der Salze in den Belägen auf den Wärmetauscherflächen [38].

Im Zusammenhang mit diesem Sachverhalt wurden Verbrennungsversuche in einem Batch-Reaktor mit den Biomassebriketts durchgeführt. Zur qualitativen Bestimmung von Bestandteilen des Verbrennungsgases, die an *kalten* Dampferzeugerwänden und Rohren Beläge bilden können, wurde eine mit Druckluft gekühlte Sonde eingesetzt. Bei Feuerraumtemperaturen von ca. 900 bis 1000 °C wurde die Oberflächentemperatur der Sonde auf ca. 300 °C abgekühlt. An dieser *Kühlfalle* kam es zur Ausbildung von Belägen, die dann im Labor auf ihren Chlorgehalt untersucht wurden. Bei den durchgeführten Versuchen wurden nur geringe Ablagerungen an der Sonde festgestellt, der Chlorgehalt der Beläge betrug 5 bis 7 Ma.-%, was üblichen Werten von Chlorgehalten in Ablagerungen von Biomasseanlagen entspricht. In Belägen von Abfallverbrennungsanlagen sind – je nach untersuchtem Bereich – zwischen 5 und 15 Ma.-% enthalten.

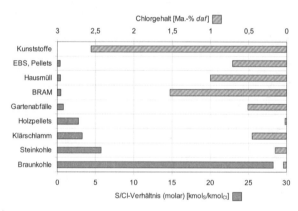

Quellen: Kunststoffe, Klärschlamm, Braunkohle, Steinkohle: [41]; EBS, Pellets, Gartenabfälle: [42]; Hausmüll: [43], BRAM: [44]; Holzpellets: [45]

Abb. 3: Chlorgehalt und molares Verhältnis Schwefel zu Chlor für ausgewählte Regelbrennstoffe, Biomassebrennstoffe und Ersatzbrennstoffe [40]

Im Hinblick auf das Korrosionsrisiko muss weiter darauf hingewiesen werden, dass bei den Biomassebrennstoffen (z. B. Holzpellets oder Gartenabfälle) das Verhältnis Schwefel zu Chlor deutlich niedriger ist, als bei Regelbrennstoffen wie Braun- und Steinkohle (Abbildung 3).

Tab. 4: Chemische und kalorische Eigenschaften von Biomassebriketts und Altholzschnitzel[1] [7] und Altholzschnitzel[2] [8]

Brennstoffeigenschaften		Einheit	Brennstoff		
			Biomassebriketts	Altholzschnitzel[1]	Altholzschnitzel[2]
chemische Eigenschaften					
	Elementaranalyse				
	Kohlenstoff	Ma. % wf			45
	Wasserstoff	Ma. % wf	•		5,63
	Stickstoff	Ma. % wf			0,376
	Sauerstoff	Ma. % wf			36,37
	Schwefel	Ma. % wf	0,51	0,06	0
	Chlor $_{ges.}$	Ma. % wf	0,574	0,0453	0,1225
	Chlor $_{anorg.}$	Ma. % wf	0,534	0,0329	
	S/Cl Verhältins	mol/mol	0,89	1,32	0,00
	Fluor	Ma. % wf	0,0086	<0,001	
	Summe einschließlich Asche				100
	Kurzanalyse				
	Wassergehalt	Ma. % roh	17,6	45,5	20
	Asche	Ma. % wf	32,4	1	12,5
	flüchtige Bestandteile	Ma. % wf			
	gebundener Kohlenstoff	Ma. % wf			
	Spurenanalyse				
	As	mg/kg	<2	<2	
	Pb	mg/kg	68	52	
	Cd	mg/kg	1,5	<0,6	
	Cr $_{ges}$	mg/kg	200	<5	
	Cu	mg/kg	116	5	
	Hg	mg/kg	0,08	<0,07	
	Aschaanalyse				
	K2O	Ma. % wf	3,9	2,8	
	Na2O	Ma. % wf	1,4	2,7	
	CaO	Ma. % wf			
	MgO	Ma. % wf	1,8	3,9	
	SiO2	Ma. % wf			
	Erweichungstemperatur	°C	1170	1160	
	Halbkugeltemperatur	°C	1190	1180	
	Fließtemperatur	°C	1370	1190	
mechanische Eigenschaften					
	Schüttdichte	kg/m³			150
kalorische Eigenschaften					
	untere Heizwert	MJ/kg wf	13,24	18,28	18,98
	Verbrennungstemp (*adiabat*, Lambda = *1,0*)	°C			2549
	Verbrennungstemp (*adiabat*, Lambda = *1,6*)	°C			1839
	Mindestsauerstoffbedarf	m³/kg			0,72
	Mindestluftbedarf	m³/kg			3,46
	Mindestabgasvolumen	m³/kg			4,16

Die Beispiele sollen zeigen, dass es i. d. R. nicht möglich ist, mit einzelnen wenigen Parametern einen Brennstoff zu charakterisieren. Vielmehr sind labortechnische Untersuchungen in Verbindung mit Untersuchungen im Pilotmaßstab, bei denen die Verhältnisse von Großanlagen simuliert werden können durchzuführen und diese Ergebnisse mit den Ergebnissen aus dem Einsatz der Brennstoffe in der Praxis zu korrelieren. Auf diese Weise lassen sich dann bestimmte Kriterien und Maßstabfaktoren ableiten.

Für Ersatzbrennstoffe liegen deutlich weniger Daten bezüglich der Brennstoffeigenschaften vor als für Biomassen. Zunächst hat man aus den Erfahrungen beim Einsatz von Ersatzbrennstoffen in verschiedenen Kraftwerken und Zementwerken [46], [47], [48] Anforderungen (Tabelle 5 und Tabelle 6) abgeleitet.

Tab. 5: Spezifikationen für Ersatzbrennstoffe (EBS) für Kraftwerke nach Literaturangaben.

Einsatzbereiche		Kraftwerke Median der Einzelanforderungen		Pyrolysevorschaltanlage eines Kraftwerks	
Quelle		Eckardt		Eckardt	
	Einheit	Maximalwerte	Praxiswerte	Maximalwerte	Praxiswerte
1. Chemische Eigenschaften					
Wassergehalt	Ma.-% OS	20	–	20 – 30	–
Aschegehalt	Ma.-% TS	20	–	k.A.	–
Schwefel	Ma.-% TS	0,9	–	1	–
Chlor	Ma.-% TS	1	0,75	3	1,62
Fluor	Ma.-% TS	0,08	–	0,2	–
Stickstoff	Ma.-% TS				
Aluminium element.	Ma.-% TS				
Schwermetalle					
Cadmium	mg/kg TS	5	3	21	10
Thallium	mg/kg TS	2	1	20	4,5
Quecksilber	mg/kg TS	1	0,6	0,9	0,5
Arsen	mg/kg TS	20	9	45	20
Kobalt	mg/kg TS	12	8	54	50
Nickel	mg/kg TS	100	50	55	50
Selen	mg/kg TS	1/10	k.A.	k.A.	k.A.
Tellur	mg/kg TS	5/21	k.A.	k.A.	k.A.
Antimon	mg/kg TS	52	25	68	50
Blei	mg/kg TS	280	50	495	250
Chrom	mg/kg TS	150	40	453	200
Kupfer	mg/kg TS	600	100	2.100	1.500
Mangan	mg/kg TS	200	50	645	360
Vanadium	mg/kg TS	25	10	115	25
Zinn	mg/kg TS	40	10	104	100
Zink	mg/kg TS	1.000	k.A.	k.A.	k.A.
Beryllium	mg/kg TS	2	0,4	k.A.	k.A.
Natrium + Kalium	mg/kg TS				
Aschezusammensetzung		keine Einschätzung möglich		k.A.	
Ascheschmelzverhalten		keine Einschätzung möglich, laufende Untersuchungen in einigen Kraftwerken		k.A.	
2. Mechanische Eigenschaften					
maximale Korngröße (Maximalwerte)	mm	20			
		Staubfeuerung: 20 Wirbelschicht: 50		Zerkleinerung vor Ort auf < 200	
Anlieferungsform/Schüttdichte					
flugfähiges Material (Fluff)	t/m³	0,2 – 0,3 (6 Anlagen)		Anlieferung in Ballen,	
anpelletiertes Material	t/m³	k.A. (1 Anlage, Braunkohlekraftwerk)		lose Schüttung	
Störstoffe		sehr hohe Anforderung an die Störstoff-freiheit (Metalle, Mineralien, Holz, Hartkunststoffe, Langteile)		k.A.	
Staubgehalt					
3. Kalorische Eigenschaften					
Mindestheizwert	MJ/kg	13 Steinkohlekraftwerke: 14, Braunkohlekraftwerke: 11		11	
Durchschnittsheizwert	MJ/kg	17		–	

Tab. 6: Spezifikationen für Ersatzbrennstoffe (EBS) der Bundesgütegemeinschaft Sekundärbrennstoffe e. V. (BGS) und für Zementwerke nach Literaturangaben.

Einsatzbereiche		Richtwerte der BGS e.V.		Zementwerke Median der Einzelanforderungen	
Quelle		BGS		Eckardt	
	Einheit	Medianwert[4]	80. Pezentilwert[4]	Maximalwerte	Praxiswerte
1. Chemische Eigenschaften					
Wassergehalt	Ma.-% OS			25	–
Aschegehalt	Ma.-% TS			20	–
Schwefel	Ma.-% TS			1	–
Chlor	Ma.-% TS			1	0,75
Fluor	Ma.-% TS			0,07	–
Stickstoff	Ma.-% TS				
Aluminium element.	Ma.-% TS				
Schwermetalle					
Cadmium	mg/kg TS	4	9	9	4
Thallium	mg/kg TS	1	2	2	1
Quecksilber	mg/kg TS	0,6	1,2	1,2	0,6
Arsen	mg/kg TS	5	13	13	5
Kobalt	mg/kg TS	6	12	12	6
Nickel	mg/kg TS	25[1]/80[2]	50[1]/160[2]	100	25
Selen	mg/kg TS			5	3
Tellur	mg/kg TS			5	3
Antimon	mg/kg TS	25[5]	60[5]	60	25
Blei	mg/kg TS	70[1]/190[2]	200[1]/–[3]	200	70
Chrom	mg/kg TS	40[1]/125[2]	120[1]/250[2]	120	40
Kupfer	mg/kg TS	120[1]/350[2]	–[3]/–[3]	300	100
Mangan	mg/kg TS	50[1]/250[2]	100[1]/500[2]	125	50
Vanadium	mg/kg TS	10	25	25	10
Zinn	mg/kg TS	30	70	70	30
Zink	mg/kg TS			k.A.	k.A.
Beryllium	mg/kg TS			2	0,5
Natrium + Kalium	mg/kg TS				
Aschezusammensetzung				überwiegend individuelle Festlegung	
Ascheschmelzverhalten				k.A.	
2. Mechanische Eigenschaften					
maximale Korngröße (Maximalwerte)	mm			30 • Kalzinatorf.: 35, für flächiges Material bis zu 200 mm • Primärf.: 10 – 15 für Hartkunststoffe	
Anlieferungsform/Schüttdichte					
flugfähiges Material (Fluff)	t/m³			0,1 – 0,3 (9 Anlagen)	
anpelletiertes Material	t/m³			0,3 (1 Anlage, ZWS)	
Störstoffe				hohe Anforderung an die Störstofffreiheit (Metalle, Mineralien, Holz, Hartkunststoffe, Langteile)	
Staubgehalt					
3. Kalorische Eigenschaften					
Mindestheizwert	MJ/kg			18 Primärfeuerung: 20, Kalzinatorfeuerung: 14/18	
Durchschnittsheizwert	MJ/kg			–	

[1] Für Sekundärbrennstoff aus produktionsspezifischen Abfällen.

[2] Für Sekundärbrennstoff aus den heizwertreichen Fraktionen von Siedlungsabfällen.

[3] Festlegung erst bei gesicherter Datenlage aus der Sekundärbrennstoffaufbereitung.
(Erste Erfahrungen zeigen für die 80. Perzentile im Sekundärbrennstoff aus produktionsspezifi-

schen Abfällen Werte für Kupfer von 500 mg/kg, bei den Sekundärbrennstoffen aus den heizwertreichen Fraktionen von Siedlungsabfällen für Kupfer von 1.000 mg/kg und für Blei von 500 mg/kg. Bei den Kupferwerten sind im Einzelfall Überschreitungen aufgrund von Inhomogenitäten in der Analysenprobe feststellbar.)

[4)] Die o. g. Schwermetallgehalte sind gültig ab einem Heizwert von $H_u TS$ = 16 MJ/kg für heizwertreiche Fraktionen aus Siedlungsabfällen und ab einem Heizwert von $H_u TS$ = 20 MJ/kg für produktionsspezifische Abfälle. Bei Unterschreitung dieser Heizwerte sind die o. g. Werte entsprechend linear abzusenken, eine Erhöhung ist nicht zugelassen.

[5)] Bei Anwendung des Königswasser-Druckaufschlusses sind die Richtwerte um 100 % zu erhöhen.

Für Ersatzbrennstoffe müssen im Hinblick auf die o. g. Eigenschaften die zugehörigen Charakterisierungsmethoden und Bewertungskriterien auf der Basis der vorhandenen Erfahrungen von unterschiedlichen Primärbrennstoffen noch abgeleitet und z. T. neu entwickelt werden. Für die chemischen, mechanischen und kalorischen Eigenschaften sind insbesondere bei den Bestimmungsmethoden bereits erste Fortschritte zu verzeichnen (siehe [5]). Schwierig stellt sich im Vergleich dazu die Ermittlung reaktionstechnischer Parameter dar. Auf Untersuchungsmöglichkeiten dieser Brennstoffeigenschaften bei Ersatzbrennstoffen wird im Folgenden eingegangen.

3 Methoden zur Charakterisierung der brennstofftechnischen Eigenschaften

3.1 Untersuchung der Zündgeschwindigkeit und des Abbrandverhaltens

Allgemein kann zum Zündverhalten gesagt werden, dass eine erste Beurteilung mit Hilfe der spezifischen Zündwärme vorgenommen werden kann. Die spezifische Zündwärme ist die auf die Masseneinheit des Brennstoffes bezogene Wärme, die zur Erwärmung des Brennstoffes und der Verbrennungsluft von Umgebungstemperatur auf Zündtemperatur erforderlich ist. Da die Zündung selbst jedoch als ein Anlaufvorgang betrachtet werden muss und nicht nur von einer bestimmten Zündtemperatur, sondern auch maßgeblich von der Geschwindigkeit der Wärmeaufnahme, dem Verbrennungsluftmassenstrom, der Verbrennungslufttemperatur, der Strömungsgeschwindigkeit im Bett bzw. der Relativgeschwindigkeit zwischen Korn und Verbrennungsluft und der Korngröße abhängt, sind für genauere Aussagen in der Regel experimentelle Untersuchungen zum Zündverhalten verschiedener Brennstoffe erforderlich.

Für diese Untersuchungen kommen u. a. folgende Methoden in Frage:

- Zündreaktor,
- Labor-Thermowaage,
- Technische Thermowaage,
- Batch-Reaktor.

Zündreaktor

In dieser Versuchsapparatur wird eine pulverförmige Probenmasse von ca. 300 mg in einen bis auf 1.100 °C vorgewärmten, horizontal positionierten Reaktor eingebracht.

Mittels eines optischen Sensors und der installierten Thermoelemente (siehe Abbildung 4 und Abbildung 5) kann die Temperaturverteilung über dem Strömungsweg ermittelt werden.

Eckdaten des Zündreaktors:

- Probenmasse: 300 mg,
- Innendurchmesser: 300 mm,
- Heizleistung: 6 kW,
- Länge des Eindüsvorgangs: 20 ms,
- Austrittsgeschwindigkeit: 20 m/s (entspricht in etwas den Bedingungen wie sie bei industriellen Staubbrennern vorherrschen),
- Ofenatmosphäre: oxidierend, kohlendioxidangereichert zur Minderung des Sauerstoffpartialdrucks,
- Variationsmöglichkeiten: Änderung der Ofen- bzw. Eindüsparameter und/oder der Probenparameter.

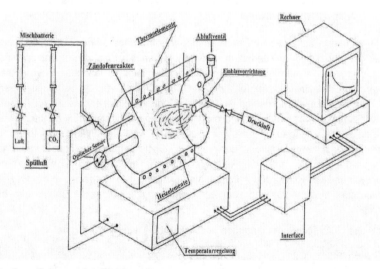

Abb. 4: Schema des Zündreaktors

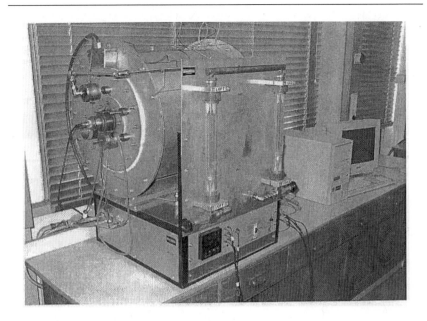

Abb. 5: Foto des Zündreaktors (TU Clausthal, Institut für Energieverfahrenstechnik und Brennstofftechnik)

Labor-Thermowaage

Mit einer Labor-Thermowaage (Abbildung 6, Abbildung 7) können Zünd- und Abbrandverhalten unter unterschiedlichen Temperatur-Zeit-Bedingungen und unterschiedlichen Gasatmosphären, reaktionskinetische Konstanten usw. für eine Probe im *Gramm*-Maßstab untersucht werden. Die geringe Probenmenge erfordert eine entsprechende Homogenisierung der Probe, was gerade bei Ersatzbrennstoffen nicht immer einfach ist. Wie aus den unten angegebenen Eckdaten zu erkennen ist, lassen sich in einer solchen Apparatur Bedingungen, wie sie bei industriellen Prozessen (Drehrohrofen, Brennkammer) vorherrschen, simulieren [13].

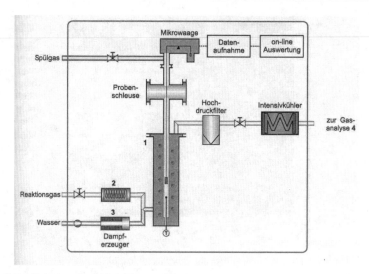

Abb. 6: Schema der Labor-Thermowaage

Abb. 7: Foto der Labor-Thermowaage

Eckdaten der Labor-Thermowaage:

- Standard-TGA-Hochdruckreaktor (1.100 °C, 100 bar), ((1) in Abbildung 6),

- Gasversorgung für Reaktionsgasherstellung aus drei oder mehr (bis zu ca. zehn) Gaskomponenten mit und ohne Wasserdampf (2),
- Wasserdampferzeuger (100 bar) (3),
- Gasanalysator (Massenspektrometer Balzers, m/Z = 1 bis 200),
- Probenmasse bis 1 g,
- Reaktionsgasatmosphäre: inert, oxidierend, reduzierend, korrosiv,
- Temperaturbedingungen: isotherm, nicht-isotherm mit dT/dt = 20 °K bis 100 °K/min.

Untersuchungsmöglichkeiten:

- TG, DTG-Kurve (Reaktionsverlauf, Massenverlust, Reaktionsgasgeschwindigkeit),
- Massenspektrogramme mit Zuordnung der m/Z-Werte, Identifizierung der freigesetzten gasförmigen Verbindungen.

Technische Thermowaage

Für heterogene, stückige Brennstoffe ist die Herstellung einer sehr kleinen Probe im Gramm-Maßstab oftmals schwierig. Außerdem gehen dabei auch die Eigenschaften der Struktur und Korngröße der Brennstoffe verloren, die im Hinblick auf die Stoff- und Wärmeübertragungsvorgänge jedoch sehr wichtig sind. Daher ist es zweckmäßig, die Untersuchungen in Laborthermowaagen durch solche in so genannten Technischen Thermowaagen (siehe Abbildung 8, Abbildung 9) zu ergänzen.

Eckdaten der Technischen Thermowaage:

- Hitzebeständiger Stahl als Reaktionskammer ((1) in Abbildung 8) Länge 0,8 m, Durchmesser 0,143 m,
- Beheizter Röhrenofen (2) für Aufheizraten bis zu 20 K/min bis auf 1.200 °C
- Wägebereich 0 bis 3 kg, Auflösung 0,1 g,
- Atmosphäre: Stickstoff als Spül- und Kühlgas im Waagenraum, Reaktionsgas in Reaktionskammer aus Gasflaschen (Stickstoff, Luft mit Sauerstoffangereicherte Luft usw.), Keramikkugeln (siehe 5 in Abbildung 8) dienen der Vergleichmäßigung des Strömungsprofils.

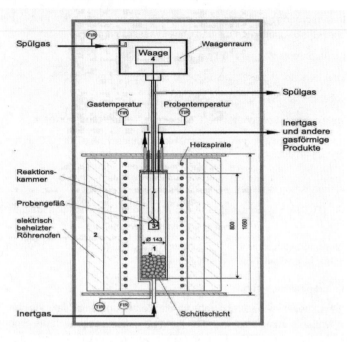

Abb. 8: Schema der Technischen Thermowaage (TU Clausthal, Institut für Energieverfahrenstechnik und Brennstofftechnik)

Abb. 9: Foto der Technischen Thermowaage (TU Clausthal, Institut für Energieverfahrenstechnik und Brennstofftechnik)

Zur Ermittlung kinetischer Daten z. B. im Hinblick auf Fragestellungen des Scale-up liefert der Vergleich der Versuchsergebnisse der beiden unterschiedlichen Thermowaagen geeignete Anhaltspunkte (z. B. [19]). In Abbildung 10 zeigen die Kurven die Massenabnahme über der Zeit für Kohle gleicher Körnung in inerter Atmosphäre für verschiedene Aufheizgeschwindigkeiten in einer Laborthermowaage und in einer Technischen Thermowaage. Aus den Kurvenverläufen ist der Einfluss der unterschiedlichen Aufheizgeschwindigkeit – einerseits durch das Aufheizprogramm vorgegeben, andererseits aufgrund der unterschiedlichen Probenmasse in den beiden Thermowaagen.

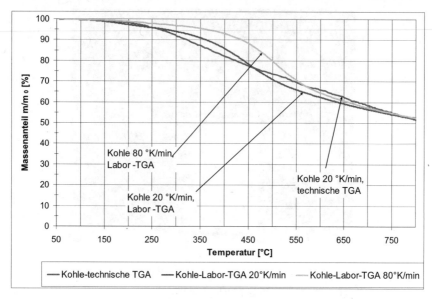

Abb. 10: Vergleich der Untersuchungsergebnisse zum Umsatz von Kohle in inerter Atmosphäre in einer Labor- und einer Technischen Thermowaage

Batch-Reaktor

Für die Ermittlung von kinetischen Daten für den Feststoffumsatz im Festbett oder in der Wirbelschicht (Zündverhalten und Abbrandgeschwindigkeit) können weiter so genannte Batch-Reaktoren eingesetzt werden [6], [14], [15], [35]. Abbildung 11 und Abbildung 12 zeigen eine schematische Darstellung und ein Foto eines Batch-Reaktors. Der zu untersuchende Brennstoff wird in einem Batch-Reaktor in einer Schüttung oder aber auch im fluidisierten Zustand untersucht. Dabei können verschiedene Parametervariationen (s. u.) im Hinblick auf die Simulation von Bedingungen, wie sie in Rostsystemen oder in Wirbelschichtreaktoren vorliegen, durchgeführt werden.

Eckdaten des Batch-Reaktors:

- Brennkammer
    - Thermische Leistung des Brennersystems: ca. 40 kW,
    - Feuerraumwandtemperatur: 850 bis 950 °C,
    - Max. Brennstoffvolumen: ca. 32 l (400 mm x 265 mm x 300 mm),
    - Rostfläche: ca. 11 dm².

- Parametervariationen:
  - Primärluftvolumenstrom
    - über Blenden-Messstrecke 1:   20 bis 200 m³/h i. B.,
    - über Blenden-Messstrecke 2:   5 bis 50 m³/h i. B.
  - Sekundärluftvolumenstrom
    - über Blenden-Messtrecke: 3 bis 30 m³/h i. B.
  - Verhältnis Primärluft/Sekundärluft: ca. 8:1,
  - Zufuhr weiterer Reaktionsgase (siehe Haupteinflussgrößen), auch vorgewärmt möglich,
  - Einsatz von Bettmaterial (ebenfalls vorgewärmt, z. B. im Hinblick auf die Simulation von Bedingungen einer Wirbelschicht).

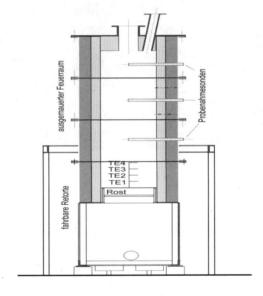

Abb. 11:   Schema des Batch-Reaktors

Abb. 12: Foto des Batch-Reaktors

Während des Versuches werden verschiedene Temperaturen im Bett und im Feuerraum, die Gaskonzentrationen unmittelbar oberhalb des Bettes und im Feuerraum, Druckverlust der Schüttung usw. ermittelt. Beispielhaft zeigt Abbildung 13 die Verläufe der Betttemperaturen für eine Schüttung von zwei verschiedenen Brennstoffen (Biomassebriketts [7] und Altholz). Beide Brennstoffe weisen den gleichen Heizwert von ca. 12 MJ/kg (bezogen auf den Einsatzzustand, d. h. Rohzustand) auf. Sie unterscheiden sich jedoch deutlich hinsichtlich des Wassergehaltes und des Aschegehaltes (Biomassebrikett: Wasser: 18 Ma.-%, Asche: 35 Ma.-%; Altholz: Wasser: 45 Ma.-%, Asche: 1 Ma.-%). Aus den Temperaturverläufen ist zu erkennen, dass die Biomassebriketts u. a. aufgrund des geringeren Wassergehaltes eine schnellere Zündung im Vergleich zum Altholz aufweisen. Die maximale Temperatur bei den Biomassebriketts ist höher, die Hauptverbrennungszeit kürzer als bei dem Altholz, was ebenfalls eine Folge des unterschiedlichen Wassergehaltes ist. Dabei ist zu beachten, dass die Temperaturabnahme bei den Biomassebriketts durch den hohen Aschegehalt (Speichereffekt) eher gemindert wird.

Über die v. g. Messwerte hinaus schließen sich auch Untersuchungen der verbleibenden Asche und des Bettmaterials an. Weiter können auch Belagssonden (s. u.) eingesetzt werden.

Es sei erwähnt, dass im Rahmen eines derzeit laufenden Forschungsvorhabens [1] Proben in drei verschiedenen Batch-Reaktoren in einer Art Ringtest untersucht werden. Der Vergleich der Ergebnisse soll die Festlegung von geeigneten Versuchsbedingungen, die Ergebnisvalidierung und die Ergebnisinterpretation in Hinsicht auf das Scale-up und die Klassifizierung unterstützen.

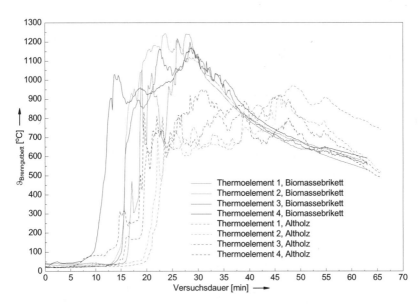

Abb. 13: Betttemperaturen (Thermoelement 1 bis 4 über der Betthöhe) über der Versuchsdauer für zwei verschiedene Versuchseinstellungen

3.2 Entgasungsgeschwindigkeit und Verschlackungsverhalten/Ablagerungen

Verschlackungen erhöhen den Gesamtwiderstand der Wärmeübertragung und führen so zu einer geringeren Effizienz. Die verringerte Wärmeauskopplung hat erhöhte Gastemperaturen im Feuerungsraum zur Folge, die wiederum die Ablagerungsgeschwindigkeit erhöhen können und somit zu außerplanmäßigen Stillstandszeiten führen. Darüber hinaus sind Ablagerungen maßgeblich für Korrosionen an Kesselbauteilen verantwortlich. Somit gilt es, gerade beim Einsatz von Ersatzbrennstoffen und Biomassebrennstoffen in Kraftwerken und dgl. die Neigung der Brennstoffe zur Ausbildung von Ablagerungen vor deren Einsatz abschätzen zu können. In den Standard-Laborversuchen (Ascheschmelzpunktmikroskop) lässt sich zunächst mit Aschemischungen das Schmelzverhalten der Asche bestimmen. Zur Untersuchung des Verschlackungsverhaltens und der Neigung zur Bildung von Ablagerungen in technischen Feuerungen ist es darüber hinaus sehr hilfreich, Proben der Ablagerungen von Kohlen, Kohlemischungen, Biomasse-Kohle-Mischungen und Ersatzbrennstoffen unter definierten Bedingungen zu untersuchen. Hierfür steht ein spezieller Verschlackungsreaktor zur Verfügung (Abbildung 14, Abbildung 15).

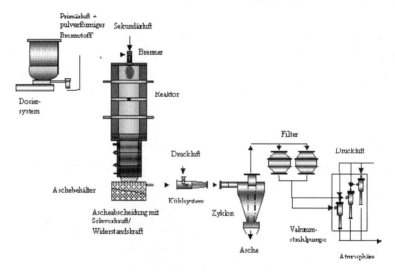

Abb. 14: Reaktor zur Untersuchung des Verschlackungsverhaltens von festen Brennstoffen und Mischungen mit Biomassebrennstoffen (TU Clausthal, Institut für Energieverfahrenstechnik und Brennstofftechnik)

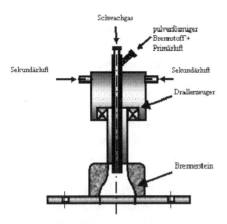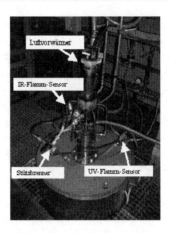

Abb. 15: Brenner-Konstruktion des Verschlackungsreaktors (TU Clausthal, Institut für Energieverfahrenstechnik und Brennstofftechnik)

Eckdaten des Verschlackungsreaktors:

- Thermische Leistung: 50 kW,
- Reaktortemperatur: max. 1.400 °C,
- Versuchsdauer: 4 bis 6 Stunden,
- Durchsatz: 2 bis 7 kg/h,
- Heizleistung: 38 kW.

Die Probennahme erfolgt entweder im laufenden Betrieb durch sogenannte Belagssonden oder anschließend im Stillstand der Anlage. Bei Einsatz einer Belagssonde im Gasstrom scheidet sich – isokinetisch – die Fracht der physikalisch (fest, flüssig) und stofflich (Silikate, Oxide, Chloride, Sulfate, Hydroxide usw.) unterschiedlichen Partikel des Rohgases ab. Die verschiedenen Partikeltypen formen signifikante Gefügestrukturen auf der Sonde. Die mineralogische Bewertung dieser *Sedimentationsgefüge* und die chemischen Daten aus Punkt- und Kleinflächenmessungen der abgelagerten Partikel führen zu einer differenzierten Zustandsbewertung der Partikelfracht des Rohgases. Durch Vergleich mehrerer Messpositionen entlang des Gasweges (d. h. Messungen bei unterschiedlichen Gastemperaturen) und/oder durch Vergleich von gezielt unterschiedlichen Betriebssituationen an der gleichen Messposition lassen sich Aussagen zum Verschlackungs- und Korrosionspotenzial ableiten. Die Untersuchungen an dem Verschlackungsreaktor müssen dann im Zusammenhang mit Untersuchungen an realen Anlagen (z. B. Abfallverbrennungsanlagen) ausgewertet werden, um letztendlich geeignete Kriterien für die Bewertung eines Brennstoffes zu erhalten. In Abbildung 16 sind Ergebnisse aus Untersuchungen an Abfallverbrennungsanlagen dargestellt. Das linke REM-Bild (Länge des Maßstabsbalkens am unteren Bildrand ist 20 µm) zeigt beispielhaft einen Betriebszustand mit hoher Asche- und geringer Salzfracht (geringes Korrosionspotenzial). Beim rechten REM-Bild ist der gegenteilige Zustand gegeben.

Ergänzend dazu zeigt das linke Variationsdiagramm einen chemischen Datensatz von Punktmessungen auf der Belagssonde (hier Chloridanteil und Sulfatanteil). Die Symbole bezeichnen verschiedene Entnahmepositionen (Abgas-Temperaturen) an zwei Linien einer Abfallverbrennungsanlage. Es zeigen sich diskrete Lagefelder der verschiedenen Symboltypen. Vorgaben für eine Bewertung der Lagefelder ergeben sich aus den für Abfallverbrennungsanlagen typischen Korrosionsprozessen (Hochtemperatur-Chlorkorrosion), d. h. Betriebssituationen mit einer Dominanz von Sulfaten gegenüber Chloriden sind zu bevorzugen.

Das rechte Variationsdiagramm symbolisiert das ASP-Diagramm. Die Messpunkte repräsentieren die Proportion an Aschekomponenten zu Salzkomponenten im Rohgas (Messzeit ca. 30 min., Messposition am Kesselende). Die hier exemplarisch gezeigten blauen und grünen Punkte beziehen sich auf zwei unterschiedliche Betriebsweisen eines Kessels einer Abfallverbrennungsanlage (blau: höhere Dampflast, grün: geringere Dampflast). Entsprechend den Lagefeldern des ASP-Diagramms [27], [32], [33] ist für den Betriebszustand der blauen Punkte ein geringeres Korrosionspotenzial gegeben als für den der grünen Punkte.

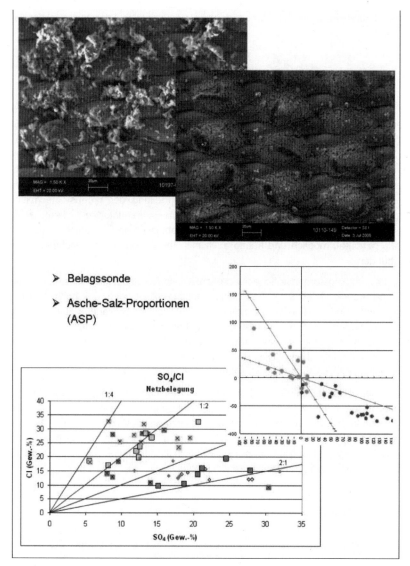

Abb. 16: Betriebsweise – Belagsentwicklung (Erläuterung im Text) [11]

Die an den vorgenannten Versuchsanlagen gewonnenen Daten müssen mit Ergebnissen und Erfahrungen an realen Praxisanlagen im Zusammenhang betrachtet werden um letztendlich geeignete Kriterien für die brennstofftechnischen Eigenschaften im Hinblick auf ein Klassifikationssystem abzuleiten. Hier besteht noch ein erheblicher Untersuchungsbedarf, dem sich u. a. ein laufendes Forschungsvorhaben [1] widmet.

4 Zusammenfassung

Ersatzbrennstoffe und Biomassebrennstoffe sind schwierige Brennstoffe, die besondere Anforderungen an die Prozessführung richten. Aus verfahrenstechnischer Sicht gibt es sehr umfangreiche Möglichkeiten zur Prozessgestaltung und -führung. Schwierigkeiten bei der Planung von neuen Anlagen und der Optimierung oder aber auch bei einer beabsichtigten Brennstoffsubstitution ergeben sich aufgrund fehlender und unzureichender Daten zu den brennstofftechnischen Eigenschaften der Ersatzbrennstoffe und Biomassebrennstoffe. Die Beurteilung der brennstofftechnischen Eigenschaften von Ersatzbrennstoffen und Biomassebrennstoffen ist heute weitestgehend nur auf Grundlage von empirischen Ergebnissen an Großanlagen, d. h. rückwärts gerichtet, möglich und häufig auch mit erheblichen wirtschaftlichen Verlusten verbunden.

Die für die Regelbrennstoffe entwickelten Methoden zur Charakterisierung lassen sich nicht ohne weiteres auf die Ersatzbrennstoffe übertragen. Das heißt, für Ersatzbrennstoffe sind im Hinblick auf eine vorwärts gerichtete Bewertung zunächst geeignete Methoden zur Ermittlung brennstofftechnischer Eigenschaften zu entwickeln. Die in diesem Beitrag vorgestellten Methoden der Untersuchung in verschiedenen Labor- und Pilotanlagen, wie z. B. Thermowaagen, Zünd-, Verschlackungs- und Batch-Reaktoren, können hierbei einen Beitrag leisten.

Hersteller und Lieferanten von Ersatzbrennstoffen sind zu einem Großteil kleine und mittlere Unternehmen. Diese treten mit Großunternehmen (Kraftwerksbetreibern, Zementindustrie) in Verhandlung, um den Ersatzbrennstoff zu vermarkten. Methoden zur Untersuchung der Ersatzbrennstoffe, Kriterien für ihren Einsatz sowie die damit mögliche Klassifizierung und deren Bewertung können diese Vermarktung ganz erheblich unterstützen (Markttransparenz).

5 Literatur

[1] AiF-Vorschungsvorhaben: Substitution von Regelbrennstoffen durch Ersatzbrennstoffe. AiF-Nr. 14894 BG. Beckmann, M., Bauhaus-Universität Weimar; Scholz, R., Technische Universität Clausthal, Institut für Energieverfahrenstechnik und Brennstofftechnik; Flamme, S., Institut für Abfall, Abwasser, Site und Facility Management e. V., Ahlen; Seifert, H., Forschungszentrum Karlsruhe, Institut für Technische Chemie, Eggenstein-Leopoldshafen.

[2] Arvelakis, S.; Gehrmann, H.-J.; Beckmann, M.; Koukios, E. G.: Effect of Leaching on the Ash Behaviour of Olive Residue during Fluidised Bed Gasification. Proc. INFUB 2000, 5th European Conference on Industrial Furnaces and Boilers, Porto, Portugal, 11.–14.04.2000.

[3] Beckmann, M.; Horeni, M.; Scholz, R; Rüppel, F.: Notwendigkeit der Charakterisierung von Ersatzbrennstoffen. Erschienen in: Thomé-Kozmiensky, K. J. (Hrsg.): Ersatzbrennstoffe 3 – Immissions- und Gewässerschutz, Qualitätssicherung, Logistik und Verwertung, Deponierung der Schwerfraktion. TK-Verlag Thomé-Kozmiensky, Dez. 2003, ISBN 3-935317-15-8, S. 213–230.

[4] Beckmann, M.; Scholz, R.: Residence Time Behaviour of Solid Material at Grate Systems. Proc. INFUB 2000, 5th European Conference on Industrial Furnaces and Boilers, Porto, Portugal, 11.–14.04.2000.

[5] Beckmann, M.; Scholz, R.: Energetische Bewertung der Substitution von Brennstoffen durch Ersatzbrennstoffe aus Abfällen bei Hochtemperaturprozessen zur Stoffbehandlung, Teil 1 und Teil 2, ZKG International, 52 (1999) Nr. 6, S. 287–303 und Nr. 8, S. 411–419.

[6] Beckmann, M.; Scholz, R.: Zum Feststoffumsatz bei Rückständen in Rostsystemen, Brennstoff-Wärme-Kraft (BWK) 46 (1994), Nr.5, S. 218–229.

[7] Winkler, G.; Krüger, S.; Beckmann, M.: Herstellung von Biomassebriketts aus Fraktionen einer Kompostanlage. Erschienen in: Thomé-Kozmiensky, K. J.; Beckmann, M. (Hrsg.): Energie aus Abfall, Band 1. TK Verlag Karl Thomé-Kozmiensky, 2006, ISBN 3-935317-24-7, Seiten 335–355.

[8] Anderl, H.; Kaufmann, K.: Energetische Verwertung von Abfallstoffen in der Wirbelschicht. Erschienen in erschienen in Thomé-Kozmiensky, K. J.: Ersatzbrennstoffe 2 – Verwerter, Qualitätskontrolle, Technik, Wirtschaftlichkeit. TK Verlag Neuruppin, 2002, ISBN: 3-935317-08-5, S. 175.

[9] Verbund 2001: Mitverbrennung von Sekundärbrennstoffen. Schriftreihe Forschung im Verbund, Band 73.

[10] Beckmann, M.; Scholz, R.; Horeni, M.: Energetische Verwertung von Ersatzbrennstoffen mit hohem Chlorgehalt. Erschienen in: Wiemer, K.; Kern, M. (Hrsg.): Bio- und Sekundärrohstoffverwertung – stofflich – energetisch. Witzenhausen. 18. Kasseler Abfallforum, 25.–27. April 2006. ISBN 3-928673-46-7, S. 180–205.

[11] Beckmann, M.; Spiegel, W.: Optimierung von Abfallverbrennungsanlagen. Erschienen in: Thomé-Kozmiensky, K. J.; Beckmann, M. (Hrsg.): Optimierung der Abfallverbrennung 3. TK Verlag Karl Thomé-Kozmiensky, 2006, ISBN 3-935317-21-2. S. 209–264. Tagung Berlin 20.–22. März 2006.

[12] Beckmann, M.; Thomé-Kozmiensky, K. J.: Das Ersatzbrennstoffproblem – Aufkommen, Charakterisierung und Einsatz. Erschienen in: Thomé-Kozmiensky, K. J.; Beckmann, M. (Hrsg.): Ersatzbrennstoffe 5 – Herstellung und Verwetzung. TK Verlag Karl Thomé-Kozmiensky, 2005, ISBN: 3-935317-20-4. S. 3–32.

[13] Beckmann, M.; Volke, K.; Hohmann, H.: Burn-out behaviour of organic matter in ceramic mass of honeycomb brick depending on the firing conditions, Stark, J. (Hrsg.): Internationale Baustofftagung Ibausil, Tagungsbericht Band 1. am 24. bis 27. September 2003, F. A. Finger-Institut für Baustoffkunde, Bauhaus-Universität Weimar, Deutschland. ISBN 3-00-010932-3.

[14] Bleckwehl, S.; Kolb, T.; Seifert, H.; Herden, H.: Verbrennungsverhalten von MBA-Fraktionen. Erschienen in Thomé-Kozmiensky, K.J. (Hrsg.): Ersatzbrennstoffe 4. Neuruppin: TK Verlag Karl Thomé-Kozmiensky, 2004, ISBN 3-935317-18-2, S. 417–426.

[15] Bleckwehl, S.; Leibold, H.; Walter, R.; Seifert, H.; Rückert, F. U.; Schnell, U.; Hein, K. R. G.: Einfluss der zeitlichen und örtlichen Luftstufung auf das Abbrandverhalten von stückigem Brennstoff in einem Batch-Prozess, GVC-Jahrestagung, Wiesbaden, 2002.

[16] Carlowitz, O.; Jeschar, R.: Entwicklung eines variablen Drallbrennkammersystems zur Erzeugung hoher Energieumsetzungsdichten. Brennstoff-Wärme-Kraft (BWK) 32 (1980).

[17] Dryer, F.L.; Glasman, I.: 14th International Symposion On Combustion. Combustion Institute Pittsburgh, 1973.

[18] Flamme, S.; Gallenkemper, B.: Inhaltsstoffe von Sekundärbrennstoffen. Ableitung der Qualitätssicherung der Bundesgütegemeinschaft Sekundärbrennstoffe e. V., Müll und Abfall, Heft 12/2001, S. 699–704.

[19] Gehrmann, H.-J.: Mathematische Modellierung und experimentelle Untersuchungen zur Pyrolyse von Abfällen in Drehrohrsystemen. Dissertation eingereicht im Sommer 2005, an der Bauhaus-Universität Weimar.

[20] Glorius, Th.: Stand der Gütesicherung von Sekundärbrennstoffen und Bedeutung für die klassische MVA. VDI-Seminar 430407, Neuss, 09./10.12.2002. oder In: Grundmann, J. (Hrsg.): Ersatzbrennstoffe. Aufbereitung, Mitverbrennung und Monoverbrennung von festen Siedlungsabfällen. Springer-VDI-Verlag GmbH & Co.KG, Düsseldorf 2002. ISBN 3-935065-10-8. S. 83–107.

[21] Gohlke, O.; Busch, M.; Horn, J.; Martin, J.: Nachhaltige Abfallbehandlung mit dem SyncomPlus-Verfahren. In: Thomé-Kozmiensky, K. J.: Optimierungspotential der Abfallverbrennung. TK Verlag, Neuruppin, 2003. ISBN 3-935317-13-1. S. 211–223.

[22] Knörr, A.: Thermische Abfallbehandlung mit dem SYNCOM-Verfahren. VDI-Berichte 1192, VDI-Verlag GmbH, Düsseldorf, 1995.

[23] Kolb, T.; Leuckel, W.: NOX-Minderung durch 3-stufige Verbrennung – Einfluß von Stöchiometrie und Mischung in der Reaktionszone. 2. TECFLAM-Seminar, Stuttgart, 1988.

[24] Leuckel, W.: Swirl Intensities, Swirl Types and Energy Losses of Different Swirl Generating Devices. IFRF Ijmuiden, November 1967, G 02/a/16.

[25] Levenspiel, O.: Chemical Reaction Engineering. John Wiley and Sons. New York, 1972.

[26] Malek, C.; Scholz, R.; Jeschar, R.: Vereinfachte Modellierung der Stickstoffoxidbildung unter gleichzeitiger Berücksichtigung des Ausbrandes bei einer Staubfeuerung. VDI-Berichte Nr. 1090, VDI-Verlag GmbH, Düsseldorf, 1993.

[27] Metschke, J.; Spiegel, W.: Systematisierung und Bewertung von verfügbaren Maßnahmen zur Korrosionsminderung in der betrieblichen Praxis von MVA mittels partikelförmiger Rauchgasbestandteile. Endbericht EU 22, 12/2004, im Auftrag des Bayerischen Staatsministeriums für Umwelt, Gesundheit und Verbraucherschutz unter Beteiligung des Europäischen Fonds für Regionale Entwicklung (EFRE), verfügbar unter www.chemin.de.

[28] Prochaska, M. EBS-Charakterisierung in der EU. Erschienen in: SIDAF, Schriftenreihe 18/2005. ISBN 3-934409-26-1, S. 79–86.

[29] Scholz, R.; Beckmann, M.: Möglichkeiten der Verbrennungsführung bei Restmüll in Rostfeuerungen. VDI-Berichte Nr. 895, VDI-Verlag GmbH, Düsseldorf, 1991.

[30] Scholz, R.; Beckmann, M.; Schulenburg, F.: Abfallbehandlung in thermischen Verfahren. B. G. Teubner, Stuttgart, Leipzig, Wiesbaden. 2001. ISBN 3-519-00402-X.

[31] Scholz, R.; Jeschar, R.; Carlowitz, O.: Zur Thermodynamik von Freistrahlen. Gas-Wärme-International 33 (1984) 1.

[32] Spiegel, W.; Herzog, Th.; Magel, G.; Müller, W.; Schmidl, W.: Belagsgeschichten. Vortrag am 2. Diskussionsforum „Rauchgasseitige Dampferzeugerkorrosion" in Freiberg, 2005, verfügbar unter www.chemin.de.

[33] Spiegel, W.; Herzog, Th.; Magel, G.; Müller, W.; Schmidl, W.: Dynamische chlorinduzierte Hochtemperaturkorrosion von Verdampfer- und Überhitzerbauteilen aufgrund spezieller Belagsentwicklungen: Häufiger Befund in Abfall- und Biomasse-gefeuerten Dampferzeugern. VGB PowerTech, Heft 1/2, 2005, S. 89–97.

[34] Weber, R.: Characterization of alternative fuels. Erschienen in: Thomé-Kozmiensky, K. J.; Beckmann, M.: Optimierung der Abfallverbrennung 2. TK Verlag Karl-Thomé-Kozmiensky, 2005, ISBN 3-935317-19-0, S. 699–708.

[35] H. Seeger, O Kock, A. I. Urban : Experimentelle Bestimmung des Verbrennungsverhaltens von Abfällen, Schriftreihe des Fachgebietes Abfalltechnik Universität Kassel, 2003.

[36] Heyde, M.; Thiele, A.; Wiethoff, S.: Qualitätssicherungsmaßnahmen für Vorprodukte aus gemischten Abfallquellen. Erschienen in: Thomé-Kozmiensky, K. J. (Hrsg.): Ersatzbrennstoffe 4 – Optimierung der Herstellung und der Verwertung. TK Verlag Thomé-Kozmiensky Neuruppin 2004, ISBN 3-935317-18-2, S. 255–266.

[37] Knümann, R.; Schleussner, M.; Bockhorn, H.: Untersuchungen zur Pyrolyse von PVC und anderen Polymeren. VDI Berichte Nr. 922, VDI-Verlag GmbH Düsseldorf 1991, ISBN 3-18-090922-6, S. 237–246.

[38] Spiegel, W.; Herzog, Th.; Magel, G.; Müller, W.; Schmidl, W.: Belagsgeschichten. Vortrag am 2. Diskussionsforum „Rauchgasseitige Dampferzeugerkorrosion" in Freiberg, 2005, verfügbar unter www.chemin.de.

[39] Spiegel, W.; Herzog, Th.; Magel, G.; Müller, W.; Schmidl, W.: Dynamische chlorinduzierte Hochtemperaturkorrosion von Verdampfer- und Überhitzerbauteilen aufgrund spezieller Belagsentwicklungen: Häufiger Befund in Abfall- und Biomasse-gefeuerten Dampferzeugern. VGB PowerTech, Heft 1/2, 2005, S. 89–97.

[40] Beckmann, M.; Scholz, R.; Horeni, M.: Energetische Verwertung von Ersatzbrennstoffen mit hohem Chlorgehalt. Kasseler Abfalltage, 2006.

[41] Bachhiesl, M.; Tauschitz, J.; Zefferer, H.; Zellinger, G.: Untersuchungen zur thermischen Verwertung von Biomasse und heizwertreichen Abfallfraktionen als Sekundärbrennstoffe in Wärmekraftwerken. Forschung im Verbund Schriftenreihe Band 73, 2001.

[42] Thomé, E.: Energetische Verwertung von Ersatzbrennstoffen in einem umgebauten Kraftwerkskessel. Erschienen in: Thomé-Kozmiensky, K. J.: Ersatzbrennstoffe 2 – Verwerter, Qualitätskontrolle, Technik, Wirtschaftlichkeit. TK Verlag Thomé-Kozmiensky Neuruppin 2002, ISBN: 3-935317-08-5, S. 210–211.

[43] Barin, I.; Igelbüscher, A.; Zenz, F.-R. (ZEUS GmbH): Thermodynamische Analyse der Verfahren zur thermischen Müllentsorgung. Studie im Auftrag des Landesumweltamtes Nordrhein-Westfalen, 1995.

[44] Steinbrecht, D.; Neidel, W.: Verbrennung von BRAM in der stationären Wirbelschicht. 4. Dialog Abfallwirtschaft M-V, 21.06.2001 Rostock.

[45] Clausen, J. Chr.; Schmidt, E. R.: Specifications for Solid Biofuels in Denmark. Erschienen in: Institut für Energiewirtschaft und rationelle Energieanwendung Universität Stuttgart – IER (Hrsg.): Biomasse als Festbrennstoff. Schriftenreihe "Nachwachsende Rohstoffe", Landwirtschaftsverlag GmbH Münster, ISBN: 3-7843-2821-0.

[46] Bundesgütegemeinschaft Sekundärbrennstoffe e. V.: Sekundärbrennstoffe – Gütersicherung RAL-GZ724, Ausgabe Juni 2001, überarbeitet am 27. Juni 2003.

[47] Eckhardt, S.: Anforderungen an die Aufbereitung von Siedlungs- und Produktionsabfällen zu Ersatzbrennstoffen für die thermische Nutzung in Kraftwerke und industriellen Feuerungsanlagen. Dissertation an der Technischen Universität Dresden im Kooperation Verfahren mit der Hochschule Bremen, Beitrage zu Abfallwirtschaft/Altlasten Band 41. Pirna: Eigenverlag des Forums für Abfallwirtschaft und Altlasten e. V., 2005, S. A76.

[48] Thiel, S.: Einsatz von Ersatzbrennstoffen aus aufbereiteten Siedlungs- und Gewerbeabfällen in Kohlekraftwerken – Stand, Erfahrungen und Problemfelder – Erschienen in: Thomé-Kozmiensky, K. J.: Energie aus Abfall – Band 2. TK Verlag Thomé-Kozmiensky Neuruppin 2006, ISBN: 3-935317-24-7, S. 141–192.

Erfahrungen mit der Verwertung hochkalorischer Abfälle in Wirbelschichtfeuerungsanlagen in Japan

Adrian Selinger, Christian Steiner

Abstract

In Japan werden mehr Wirbelschichtfeuerungen und -vergasungen zur Verwertung von Ersatzbrennstoffen und anderer stückiger Abfälle betrieben als in allen anderen Ländern zusammengenommen.

Allein der Marktführer Ebara hat in den letzten 25 Jahren über 150 Verfahrenslinien in Betrieb genommen. Für heterogene Abfälle hat sich wegen der stabilen Betriebsweise und den geringeren Anforderungen an die Brennstoffaufbereitung die stationäre Wirbelschicht bewährt („Bubbling fluidized bed"). Zwei Trends bestimmen die aktuelle Markt- und Technologie-Entwicklung im Hinblick auf die Verwertung hochkalorischer Abfälle:

- Reststoff-Optimierung

Insbesondere für Abfälle mit erhöhtem Schadstoffgehalt werden eine Minimierung der Deponiemengen und die Konvertierung der Aschen zu Recyclingmaterialien angestrebt. Hier konnte sich die Wirbelschichtvergasung mit prozessintegrierter Hochtemperaturverglasung etablieren.

- Optimierung der Energieeffizienz und Wirtschaftlichkeit

Hier liegt der Schlüssel in der Integration von Feuerung und Kessel. Mit ICFB hat Ebara eine kompakte, robuste Lösung für die effiziente Verwertung zahlreicher Energieträger geschaffen. Neben Abfällen und industriellen Reststoffen wird auch immer häufiger Biomasse verwertet.

Dieser zweite Trend wird im Vortrag anhand aktueller industrieller Anwendungen und neuer Projekte näher beleuchtet.

1 EBS und Abfallverwertung in der Wirbelschicht

Die Wirbelschicht basiert auf dem Prinzip des Brennstoffumsatzes in einem Wirbelbett. Dieses entsteht, wenn ein Bettmaterial wie z. B. Sand durch aufströmendes Gas wie z. B. Luft fluidisiert wird, also beweglich wie eine Flüssigkeit gemacht wird.

In einer Wirbelschichtfeuerung wird der Brennstoff dem Bettmaterial so zudosiert, dass sich das Bettmaterial gegenüber dem Brennstoff stets in großem Überschuss befindet. Auf diese Weise findet ein intensiver Kontakt zwischen Bettmaterial und Brennstoff statt und die Temperatur kann in einem engen Bereich geregelt werden.

Aus der Sicht der Ersatzbrennstoff- und Abfallverwertung bietet die Wirbelschicht folgende Vorteile:

- schnelle Aufheizung der Einzelstücke auf die Bett-Temperatur
- Zerfall wasserhaltiger Abfälle durch Dampf-Freisetzung
- schneller Abbau von Koks und Krusten durch Stöße und Abrasion durch das Bettmaterial
- schneller Abbrand bzw. Zersetzung des stückigen Abfalls.
- Der Einsatz fester, flüssiger und pastöser Abfälle ist in fast beliebigen Mischungsverhältnissen möglich.

Mit diesen Eigenschaften ist die Wirbelschichtfeuerung weitgehend komplementär zur Rostfeuerung, die sich insbesondere zur Verwertung sehr grober, fester Abfälle bewährt hat.

Zwei Hauptklassen der Wirbelschicht sind zunächst zu unterscheiden:

Bei der **extern zirkulierenden Wirbelschicht** strömt das Fluidisierungsmedium mit mehreren Metern pro Sekunde durch den Reaktor und führt Brennstoff und Bettmaterial mit sich aus dem Reaktor. Das Bettmaterial wird nachfolgend in einem Zyklon abgeschieden und über ein Fließbett wieder dem Reaktor zugeführt. Diese Technologie kommt vor allem für homogene, kleinstückige Brennstoffe bei hohen thermischen Leistungen (typisch ab 100 MW) zum Einsatz und wird hier nicht näher behandelt.

Bei der **stationären Wirbelschicht** ist die Strömungsgeschwindigkeit des Fluidisierungsmediums so niedrig, dass das Bettmaterial in der fluidisierten Schicht im unteren Teil des Reaktors verbleibt bzw. in diese zurückfällt. Solche Reaktoren erlauben den Einsatz auch vergleichsweise grobstückiger Brennstoffe und werden im Bereich mittlerer thermischer Leistungen (bis etwa 100 MW) eingesetzt.

Während für niedrig- bis mittelkalorische Abfälle einfache stationäre Wirbelschichtfeuerungen zum Einsatz kommen, wie auch in Europa einige in Betrieb stehen, bietet sich für höherkalorische Einsatzstoffe die Integration von Kessel und Feuerung an, um auch bei hohen Heizwerten eine gute Kontrolle der Reaktionstemperatur bei gleichzeitig hoher Energiedichte zu erreichen. Eine solche Technolgie wird im Folgenden näher beschrieben.

2 Die ICFB-Technologie

Das Kürzel ICFB steht für „**I**nternally **C**irculating **F**luidized bed **B**oiler", zu Deutsch intern zirkulierender Wirbelschichtkessel.

Diese Technologie zeichnet sich insbesondere aus durch (vgl. auch Abbildung 1):

- sehr kompakte Bauweise, da die Wirbelschichtfeuerung vollständig in den Kessel integriert ist. Alle Feuerungswände bestehen aus Kessel-Membranrohrwänden und dienen der Energieerzeugung.

- hervorragenden Ausbrand auch inhomogener Abfälle, da der innere Bereich der Wirbelschicht als intern zirkulierende Wirbelschicht ausgebildet ist. Dies ergibt höhere Verweilzeiten für organische Bestandteile und einen problemlosen Abzug der inerten Aschebestandteile.

- Die hocheffiziente Wärmeübertragung in den Kesselheizflächen im äußeren Bettbereich ermöglicht eine weitere Verringerung der insgesamt notwendigen Heizflächen, eine schnelle und sehr effiziente automatische Anpassung des Betriebszustandes an wechselnde Abfalleigenschaften sowie eine höhere Energieeffizienz durch Wahl erhöhter Dampfparameter ohne dadurch eine Verringerung der Überhitzerlebensdauer in Kauf nehmen zu müssen.

- niedrige Unterhaltskosten, da es im Feuerungsbereich keinerlei bewegte Teile gibt.

- sehr breites akzeptierbares Heizwertband für die einzelnen Abfallarten (von rund 2–35 MJ/kg) und hervorragende Mischungseigenschaften; damit hohe Flexibilität bezüglich einer möglichen Veränderung der Abfalleigenschaften über die gesamte Betriebsdauer der Anlage aber auch bezüglich der Mitverwertung von anderen Abfällen.

- langjährig erprobt für eine Vielzahl unterschiedlicher Abfallarten und Anlagegrößen.

- Abfallstückgrößen bis 300 mm akzeptierbar, damit geringer Aufbereitungsaufwand, insbesondere praktisch kein zusätzlicher Aufbereitungsschritt für Abfälle aus Vorbehandlungsanlagen.

- einfache Rückgewinnung stückiger Metalle, falls der Abfall Metalle enthält – ohne Sinterung an andere Aschebestandteile.

3 Drei Beispiele aus der Papierindustrie

In den letzten Jahren hat EBARA u. a. drei ICFB-Industriekraftwerke für die Papierindustrie geliefert. Tabelle 1 zeigt die Hauptdaten dieser Anlagen.

Abb. 1: Schematische Darstellung der ICFB-Technologie

Diese drei Anlagen gehören damit zu den größten bisher gelieferten ICFB-Kraftwerken. Wie aus Abbildung 2 ersichtlich ist, decken die Auslegungsheizwerte der Abfallmischungen dieser drei Anlagen einen weiten Bereich ab. Die ICFB-Anlagen mit den höchsten Heizwerten (rund 30–32 MJ/kg) wurden hingegen für die thermische Verwertung von Altreifen – ohne Beimischung von anderen Abfällen – geliefert.

Insbesondere am Beispiel der Anlage Daishowa lässt sich aufzeigen, dass Abfall- und Brennstoffe unterschiedlichster Heizwerte in ein ICFB-Kraftwerk beschickt werden können (vgl. Abbildung 3). Auch die Zusammensetzung und das Abbrandverhalten dieser Abfall- und Brennstoffe sind sehr verschieden. Kohle wird als Zusatz- und insbesondere Back-up-Brennstoff eingesetzt, weil in der Papierfabrik Daishowa zusätzlich mehrere Kohlekessel betrieben werden.

Tab.1: Hauptdaten der drei ICFB-Industriekraftwerke für die Papierindustrie

		Daishowa Paper	Tohoku Paper	Nihon Paper
Dampfmenge	t/h	65	62	104
Dampftemperatur	°C	460	450	460
Elektrizitätsproduktion	kW	14.500	14.000	15.000
Prozessdampfentnahme	t/h	12 (7 bar)	0	35 + 47 (8 bar + 3 bar)
Brennstoffe		Papierschlamm Altreifen Kohle	Papierschlamm Altreifen	Altholz Kohle
Brennstoffmenge	t/h	26,5	11,6	21,4
Mischheizwert	MJ/kg	8,3	18,5	15,1
Inbetriebnahme	Jahr	2000	2003	2004

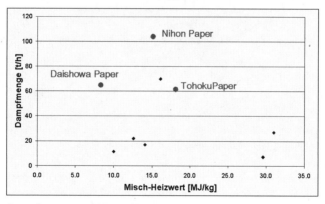

Abb. 2: Dampfmenge und Misch-Heizwert

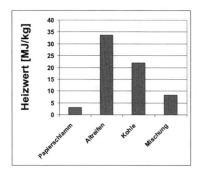 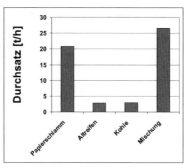

Abb. 3: CFB-Daishowa: Heizwerte und Durchsatz der einzelnen Brennstoff-Fraktionen

Die Anteile der einzelnen Brennstoffe am thermischen Input der jeweiligen Anlage sind für die drei betrachteten Beispiele ebenfalls sehr unterschiedlich (vgl. Abbildung 5).

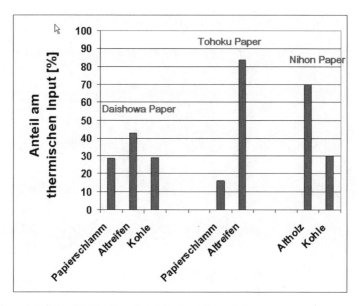

Abb. 4: Anteil am thermischen Input der jeweiligen Anlage

4 ICFB-Kraftwerk bei der Papierfabrik Nippon Paper Industries Co., Fuji Mill (Daishowa Paper)

4.1 Einleitung

Bei der Papierfabrik Nippon Paper Industries Co. wurde im Werk Fuji Mill (Foto Abbildung 5), ein Kraftwerk errichtet, in dem Papierschlamm aus der Papierfabrik zusammen mit zerkleinerten Altreifen und Kohle thermisch verwertet wird.

In der Fabrik, bei der dieses Kraftwerk installiert wurde, wird ein großer Anteil Altpapier zur Herstellung von Papier verwendet. Dabei fällt Papierschlamm an. Das Werk hat einen hohen Bedarf an Elektrizität, Dampf und Heißwasser. In dieser Situation wurde das Reststoff-Kraftwerk projektiert, in dem als Zusatzbrennstoffe zerkleinerte Altreifen und Kohle zusammen mit Papierschlamm – der allein nicht selbstgängig brennen würde – zur Energierückgewinnung eingesetzt werden. Das Reststoff-Kraftwerk arbeitet aufgrund der hohen Frischdampfparameter mit hoher Effizienz und erzeugt eine elektrische Leistung von 14.500 kW.

Zum Zeitpunkt der Inbetriebnahme handelte es sich bei dem Reststoff-Kraftwerk um die größte Papierschlammfeuerung Japans. Das Reststoff-Kraftwerk ersetzt eine frühere Papierschlammverbrennungsanlage ohne Energierückgewinnung.

Abb. 5: Allgemeine Ansicht der Anlage

4.2 Auslegung des Kraftwerks

4.2.1 Eingesetzte Brennstoffe

Tabelle 2 zeigt die Eigenschaften der eingesetzten Brennstoffe. Der Papierschlamm wird mit einem vom Kunden installierten Schraubenpresse-Dehydrator auf 50–65 % Restfeuchtigkeit entwässert.

Reifen, die aus der Shizuoka Präfektur stammen, werden von der Nippon Waste Tire Recycling Co-op konditioniert, durch eine bearbeitende Firma zerkleinert und an das Kraftwerk geliefert. Personenwagenreifen werden in 16 Teile zerschnitten, Lastwagen- und Autobusreifen in 32 Stücke. Taiheiyo Kohle, welche bereits in den konventionellen Dampferzeugungsanlagen der Fabrik benutzt wurde, wird als dritter Brennstoff eingesetzt.

Tab. 2: Massenströme und Heizwerte

Brennstoff	Massenstrom t/h	Heizwert MJ/kg	Anteil an der Energiezufuhr %
Papierschlamm	20,8	3,0 *	28
Altreifen	2,8	33,7	43
Kohle	2,9	21,9	29

*) Bei einer Feuchtigkeit von ca. 60 %

4.2.2 ICFB Kraftwerkspezifikation

Tabelle 3 beinhaltet die Spezifikation des Kraftwerks. Abbildung 6 zeigt das Grundfließbild.

Tab. 3: Spezifikationen

Betriebseinheit	Anlagen	Spezifikationen
Brennstofflagerung	Papierschlammsilo	Rechteckiges Silo 100 m^3
	Reifensilo	Rechteckiges Silo 500 m^3
	Kohlesilo	Rechteckiges Silo 200 m^3
Feuerung/ Dampferzeuger	Typ	**Ebara intern zirkulierender Wirbelschicht-Kessel**; (internally circulating fluidized bed boiler) Eintrommel-Kessel mit kombiniertem Natur- und Zwangumlauf
	Dampfmengenstrom	65 t/h Maximale Last
	Dampfdruck	Normal 5,9 MPa (Überhitzeraustritt), Max. 7,2 MPa
	Dampftemperatur	Nor. 460 °C, Max. 480 °C
	Speisewassertemperatur	150 °C Eintritt des Ekonomisers
	Unterdruck	geregelt mit Saugzug
Dampfturbine	Typ	Horizontale, mehrstufige Extraktionsturbine
	Dampfdruck	5,6 MPa
	Dampftemperatur	456 °C
	Extraktionsdruck	0,66 MPa
	Extraktionsmenge	11.600 kg/h
	Abdampfdruck	7,55 kPa (abs.)
	Umdrehungszahl	5.806 min^{-1}
Generator	Typ	Horizontaler, geschlossener, Wasser-Luft gekühlter, dreiphasen Synchron-Generator
	Maximale Leistung	17.058,8 kVA
	Stromfaktor	85 % Verzögerung
	Spannung	11 kV
	Umdrehungszahl	1.500 min^{-1}

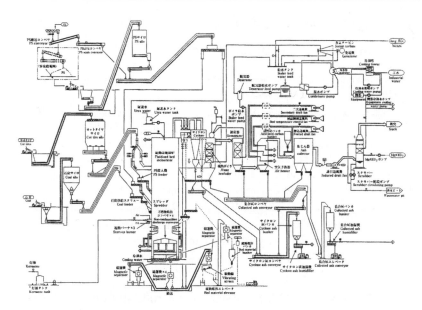

Abb. 6: Grundfließbild

4.2.3 Umweltschutz-Vorschriften und aktuelle Emissionsdaten

Tabelle 4 zeigt die bezüglich Umweltschutz einzuhaltenden Vorschriften und die gemessenen Emissionswerte.

Tab. 4: Umweltschutz-Vorschriften und aktuelle Emissionsdaten

Stoff	Einheit	Bezugs-Sauerstoff-Gehalt in %	Vorschrift	Messwert
Staub	mg/Nm^3	6	440	2
SO$_x$ als SO$_2$	mg/Nm^3	6	57	3
NO$_x$ als NO$_2$	mg/Nm^3	6	185	119
HCl	mg/Nm^3	12	81	4
CO	mg/Nm^3	12	125	18
Dioxine	ng/Nm^3 TEQ nach WHO	12	0,1	0,005

4.3 Eigenschaften des Kraftwerks

4.3.1 Anlieferung- und Beschickung

Papierschlamm wird normalerweise direkt vom Dehydrator über ein Transportband zum Verbrennungsofen gefördert.

Die Anlieferungssysteme aller Brennstoffkomponenten – Papierschlamm, Altreifen und Kohle – sind von einander unabhängig. Dies ermöglicht eine wirkungsvollere Verbrennungssteuerung, was zu stabiler Verbrennung und Leistungserzeugung führt. Jede Zuführungslinie beinhaltet ein Silo mit automatischer Zuführung zum Verbrennungsofen. Wenn das Reststoff-Kraftwerk für Unterhaltsarbeiten stillgelegt ist, wird der Papierschlamm draußen gelagert und später über einen Bunker zugeführt.

Aufgrund des großen Durchsatzes, wird der Papierschlamm an zwei Zufuhrstellen auf der rechten Feuerungsseite eingebracht. Zerkleinerte Reifen gelangen über zwei Zufuhrstellen auf der linken Seite und Kohle über eine Aufgabestelle auf der Stirnseite in die Feuerung.

4.3.2 Kesselanlage: Wirbelschichtkessel mit interner Zirkulation

Die Brennstoffe haben folgende Eigenschaften: Papierschlamm enthält viel Feuchtigkeit und erzeugt nur wenig Wärme, während zerkleinerte Reifen und Kohle viel Wärme liefern. Um Hochtemperatur/Hochdruckdampf mit konstanter Rate zu erzeugen, wurde Ebara's Wirbelschichtkessel mit interner Zirkulation (Internally circulating fluidized bed boiler) ICFB gewählt.

Ebara ist weltweit führend bei der Verwendung von Altreifen als Hauptbrennstoffkomponente in Wirbelschichtkesseln. Die Auslegung dieses Reststoff-Kraftwerkes basiert auf den Erfahrungen früherer Anlagen. Die Kapazität der hier beschriebenen Anlage ist dabei um den Faktor drei größer als die früheren Projekte.

Der Wirbelschichtkessel, in Abbildung 7 dargestellt, besitzt Wärmerückgewinnungszellen auf beiden Seiten der Hauptbrennkammer, die sich im Zentrum befindet. Aufgrund des Verfahrens der internen Zirkulation, welches proprietäre Technologie von Ebara ist, treten in der Wirbelschicht-Hauptbrennkammer keine Probleme mit lokal höheren oder niedrigeren Temperaturen auf. Außerdem können sich nichtbrennbare Substanzen, wie z. B. die in den Reifen enthaltenen Drähte, nicht auf den Wirbelschichtboden absetzen. Sie werden zum Auslass für nichtbrennbare Substanzen getrieben und dort ausgeschleust.

Überdies zirkuliert das Wirbelschichtmedium zwischen der Hauptbrennkammer und den Wärmerückgewinnungszellen. Sein Zirkulationsvolumen kann durch die Anpassung des Fluidisierungsvolumens der Wärmerückgewinnungszellen verändert werden. Damit wird die ausgekoppelte Wärmemenge geregelt und es kann eine stabile Wirbelschichttemperatur in der Hauptbrennkammer erreicht werden, selbst bei ständig wechselnder Reststoffzusammensetzung.

Verbrennungsgas hoher Temperatur, welches aus dem Ofen austritt, wird in den Trägheitsabscheider und den Zyklonabscheider geleitet. Aufgrund der hohen Temperatur ist der Chlorgehalt der in diesen zwei Separationsstufen abgeschiedenen Asche klein, sodass sie als Rohstoff zur Zementherstellung verwendet wird.

Das Verbrennungsgas wird aus dem Zyklonreaktor in den Abwärmekessel geleitet. Es gibt zunächst in der Strahlungszone Wärme an die Verdampferwände ab, bevor es mit rund 700 °C in die Überhitzer eintritt, die sich in der Konvektionszone des Kessels befinden.

Ascheteilchen, welche im Aschetrichter des ersten Kesselzuges anfallen, werden in den Ofen zurückgeführt, wo sie als Ersatz für das Wirbelschichtmedium benützt werden.

Der Überhitzer besteht aus drei Einheiten. Hochtemperatur-/Hochdruckdampf von 460 °C und 5,9 MPa wird am Ausgang des tertiären Überhitzers gewonnen. Material und Anordnung der Überhitzer wurden derart gewählt, dass Hochtemperaturkorrosion verhindert wird. Als Überhitzermaterial werden St 45.8, 1.4550 und 1.4845 eingesetzt.

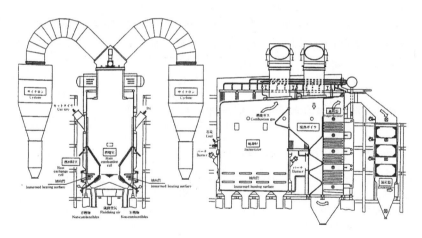

Abb. 7: Struktur des ICFB

4.3.3 Eisen-Abscheidung

Die in den zerkleinerten Reifen enthaltenen Drähte befinden sich nach dem Abbrand der organischen Substanz lose im Bettmaterial. Um die Drähte kontinuierlich auszuschleusen, wird Bettmaterial aus der Feuerung durch die Bettascheaustragsschächte abgezogen und auf ein Separationssystem mit mehreren Magnetabscheidern und Siebstufen aufgegeben. Die Eisendrähte werden von den Magnetabscheidern abgeschieden und ins Metallrecycling verkauft. Das Bettmaterial wird in die Feuerung rezirkuliert.

4.3.4 Flugasche-Verwertung

Zwischen dem Feuerraum-Austritt und den Nachschaltheizflächen befinden sich zwei Trägheits- und Zyklonabscheider. Diese scheiden einen Großteil der Flugasche bei einer Temperatur von rund 850 °C aus dem Abgas ab. Die Flugaschefraktion weist eine niedrige Chlorid-Konzentration auf, da noch keine Einbindung von Chloriden an die kalkhaltige Asche erfolgt ist. Entsprechend erfüllt sie die strengen Anforderungen für eine Verwertung im Zementwerk.

4.3.5 Abgasreinigungsanlage

Der nach dem Zyklonenabscheider im Abgas verbleibende Reststaub wird in einen Tuchfilter abgeschieden.

Die Reduktion des NO_x-Anteils wird durch zweistufige Verbrennung und nichtselektive katalytische Reduktion durch Eindüsung einer Harnstofflösung erzielt.

Die Entschwefelung und die Entfernung von Salzsäure wird mit Hilfe eines mehrstufigen Wäschers unter Verwendung von Magnesiumhydroxid durchgeführt.

Die konstant hohe Feuerraumtemperatur und der hohe Ausbrandgrad tragen wesentlich zur Dioxinminimierung bei. Ein Spraysystem für Aktivkohle garantiert die sichere Unterschreitung des Emissionsgrenzwertes von 0,1 ng TE/Nm^3.

4.3.6 Dampfturbine und Generator

Tabelle 3 beinhaltet die Spezifikationen der Dampfturbine für die Stromerzeugung. Ihre Maximalleistung beträgt 14,5 MW. Im Parallelbetrieb mit dem vorhandenen fossilen Kraftwerk von 50 MW Leistung, kann der Hauptteil der in der Fabrik benötigten elektrischen Leistung abgedeckt werden.

Außerdem kann das Reststoff-Kraftwerk Prozessdampf an die Fabrik liefern, wenn das fossile Kraftwerk für Unterhaltsarbeiten stillgelegt wird.

4.3.7 Mess- und Regeltechnik

Mittels Prozessleitsystem werden das Reststoff-Kraftwerk und das fossile Kraftwerk aus einer zentralen Leitwarte überwacht.

Die wichtigsten für die Regelung erhobenen Messwerte sind Trommelniveau, Trommeldruck, Wirbelschichttemperatur, Heißdampftemperatur, Sauerstoffkonzentration im Abgas, Generatorleistung sowie Turbinen-Eintrittsdruck.

4.4 Erstellung und Testbetrieb

Tabelle 5 zeigt die Meilensteine während des Baus und des Testbetriebs des Kraftwerks. Der Bau wurde ohne jegliche Unfälle durchgeführt und alle Erstellungsarbeiten und Inbetriebnahmetests wurden in kurzer Zeit ausgeführt.

Tab. 5: Bauphasen

Datum	Bauphasen
Dez. 1998	Beginn der Fundamentarbeiten
Apr. 1999	Beginn der Montagearbeiten
Jul. 1999	Installation der Dampftrommel
Aug. 1999	Druck- und Schweissprüfungen
Dez. 1999	Austrocknen der Ausmauerung
Jan. 2000	Beginn der Warm-Inbetriebnahme
März 2000	Abnahmetest
Apr. 2000	Beginn des kommerziellen Betriebs

4.5 Betrieb

Tabelle 4 enthält die Emissionsdaten während des Abnahmetests. Die strengen Emissionsgrenzwerte werden allesamt deutlich unterschritten. Speziell die Daten, welche Dioxin betreffen, sind hervorragend.

Tabelle 6 zeigt Betriebsdaten während des Abnahmetests. Die Daten dokumentieren den sehr stabilen Betrieb. Insbesondere die Generatorleistung ist sehr konstant. Damit wurde gezeigt, dass das Kraftwerk, welches Industrieabfall als Brennstoff einsetzt und in dem der gesamte erzeugte Dampf zur Elektrizitätserzeugung genutzt wird, einwandfrei funktioniert.

Tab. 6: Betriebsdaten während des Abnahmetests

	Frisch-dampf menge	Frisch-dampf-Temperatur	Trommel-druck	Druck am Überhitzer-Austritt	Druck am Turbinen-Eintritt	Generator-Leistung
Einheit	t/h	°C	MPa	MPa	MPa	kW
Auslegung	65	460	6,4	5,9	5,6	14 500
8:00	64,3	463	6,0	5,6	5,62	14 539
8:30	65,4	465	6,2	5,9	5,88	14 535
9:00	66,8	454	6,2	5,9	5,79	14 517
9:30	65,5	453	6,2	5,9	5,79	14 543
10:00	65,0	459	6,2	5,8	5,72	14 502
10:30	64,5	457	6,2	5,9	5,77	14 514
11:00	64,8	460	6,3	5,9	5,86	14 495
11:30	64,7	459	6,2	5,9	5,83	14 492
12:00	64,7	456	6,1	5,8	5,72	14 551
12:30	64,2	461	6,3	5,9	5,89	14 529
13:00	64,7	460	6,1	5,8	5,73	14 502
Max.	66,8	465	6,3	5,9	5,89	14 551
Min.	64,2	453	6,0	5,6	5,62	14 492
Ave.	65,0	459	6,2	5,8	5,78	14 520

Seit seiner Inbetriebnahme leistet das ICFB-Kraftwerk in der Papierfabrik Daishowa einen zentralen Beitrag zur Energieversorgung, der thermischen Verwertung von Ersatzbrennstoffen und vor allem durch weitgehende Substitution fossiler Brennstoffe zum Umweltschutz.

5 Ausblick – Von Japan nach Europa

Mit dem Wirbelschichtkessel ICFB steht eine Technologie zur Verwertung heizwertreicher Mischungen von Ersatzbrennstoffen, Spuckstoffen, Altholz, Altreifen und Ähnlichem zur Verfügung, die in Japan seit 20 Jahren für unterschiedliche Heizwerte in 20 großen und auch kleineren Anlagen stets weiter entwickelt wurde und somit heute einen hohen Reifegrad erreicht hat. Die in den Kessel integrierte Wirbelschicht ermöglicht eine kompakte Bauweise bei hohem elektrischen Wirkungsgrad und niedrigen Investitionskosten.

Seit 2000 wurden oder werden an neun Standorten in Japan neue Anlagen mit der ICFB-Technologie zur Verwertung von Abfällen errichtet.

Auch in Deutschland beteiligt sich Ebara aktiv an Projektentwicklungen und Ausschreibungen für Ersatzbrennstoff-Kraftwerke auf der Basis von ICFB. Über das erste zukünftige ICFB-Ersatzbrennstoff-Kraftwerk in Europa im Industriepark Hoechst wird am Kasseler Forum an anderer Stelle berichtet.

Neue Trends in der Abfall- und Energiewirtschaft verlangen nach neuen technischen Antworten. Die Wirbelschicht hat ihr Potenzial noch lange nicht ausgereizt.

Verbleibender E-Schrott im Restabfall

Alexander Janz, Bernd Bilitewski

1 Einführung und Zielstellung

Kleine Elektroaltgeräte bzw. deren Einzelteile verursachen trotz ihres geringen Mengenanteils am Restabfall hohe Frachtbeiträge an Schwermetallen und halogenierten Substanzen im Restabfall. Von einer Distribution dieser Schadstoffe in die Umweltkompartimente während Behandlungsverfahren und Deponierung ist bei unzureichender Abtrennung der Kleingeräte auszugehen. Die gezielte Separation und Aufbereitung besonders wertstoffreicher EAG-Komponenten (Leiterplatten, Kupferleitungen, u. Ä.) führt andererseits zu einer Entlastung des Primärrohstoffbedarfs.

Der vorliegende Beitrag beinhaltet die ersten Ergebnisse einer umfangreichen Untersuchung mülltonnengängiger EAG in den Restabfall der Stadt Dresden. Es werden Aussagen zu folgenden Punkten getroffen:

- Analyse des aktuellen Aufkommens und der Zusammensetzung von tonnengängigen EAG im festen Siedlungsabfall der Stadt Dresden
- Aussagen zur Mengenentwicklung von EAG im Restabfall nach Umsetzung des ElektroG
- Untersuchung der EAG hinsichtlich ihrer Belastung mit umweltrelevanten Stoffen und materiellen Zusammensetzung.

2 Vorgehen

Im Zuge dieser Untersuchung wurden insgesamt 14,2 Mg feste Siedlungsabfälle aus unterschiedlichen Siedlungsstrukturen der Stadt Dresden (vgl. Tabelle 1) auf den Gehalt an EAG hin untersucht. Elektr(on)ische Altgeräte und deren Einzelteile wurden separiert und kategorisiert. Des Weiteren wurden Batterien und Akkus vom Restabfall abgetrennt.

Tab. 1: Massenanteile von EAG in Siedlungsabfallproben [eigene Erhebungen]

Stadtteil	BS	Fahrzeuganzahl und -typen	Restabfall	EAG i. w. S.[1]	Anteil
Gorbitz	I	1 Pressmüll	5.122 kg	51,0 kg	1,0 %
Striesen	III	1 Rotopress	4.526 kg	46,7 kg	1,0 %
Dölzschen[2]	IV–V	1 Pressmüll	4.519 kg	89,6 kg	1,9 %
Summe			14.168 kg	187,3 kg	1,3 % (gewichtet)

Auf Grundlage von Voruntersuchungen der TU Dresden und der TU Berlin wurden bestimmte Gerätetypen ausgewählt, die besonders hohe Konzentrationen bzw. Frachtbeiträge von Umweltschadstoffen erwarten lassen ([2], [4]). Diese werden auf ihre Schwermetall- und Halogenbelastung hin untersucht und der Beitrag zur Gesamtbelastung der Siedlungsabfallprobe bestimmt.

2.1 Probennahme und Vorsortierung

Die Stichprobennahme aus dem Restabfall fand im Zeitraum 27.06.–30.06.2006 bzw. 13.–14.09.2006 auf dem Gelände der biologisch-mechanischen Abfallaufbereitungsanlage (BMA) der Stadt Dresden statt. Der Abfall stammt aus den Stadtteilen Gorbitz (Großwohnanlagen, Bebauungsstrukturen (BS) I), Striesen (offene Bebauung mit Mehrfamilienhäusern, BS III) und Dölzschen (Zwei- und Einfamilienhäuser, mitunter ruraler Charakter, BS IV–V). Er wurde unmittelbar nach der Sammeltour auf einer überdachten Freifläche vor BMA abgeladen. Der abgeladene Restabfall aus Dölzschen und Gorbitz wurde jeweils etwa zur Hälfte untersucht. Zur Sicherstellung der repräsentativen Probenentnahme wurde der Abfall mit Schaufeln zu gleichen Anteilen aus allen Bereichen der Schüttung entnommen. Das Haufwerk aus Striesen wurde komplett untersucht.

Im folgenden Schritt wurden auf einem Tischsieb (Siebmaschenweite 10 mm) kleine EAG und Batterien aus den gezogenen Stichproben geklaubt. Zur möglichst weitgehenden Erkennung und Abtrennung schwer sichtbarer Batterien (kleine Knopfzellen u. Ä.) wurde der Siebdurchgang < 10 mm händisch nachsortiert. Die separierten EAG und Batterien wurden anschließend verwogen und zur weiteren Analytik ins IAA transportiert (vgl. Abbildung 1). Die entfrachteten Restabfallfraktionen < 10 mm wurden zur Herstellung transportierbarer Massen verjüngt. Hierzu wurden die Haufwerke mittels Schaufeln homogenisiert, ausgebreitet und anschließend gleichmäßig geviertelt. Zwei gegenüberliegende Viertel wurden verworfen und die verbliebene Menge

---

[1] Beinhaltet auch EAG bzw. deren Einzelteile, die nicht gemäß ElektroG kategorisierbar sind.

[2] Im Sammelfahrzeug aus dem Stadtgebiet Dölzschen befanden sich zusätzlich neun Schüttungen aus dem Stadtteil Trachau, BS III

wieder vermengt und so weit eingeengt, bis eine transportierbare Probengröße erreicht wurde.

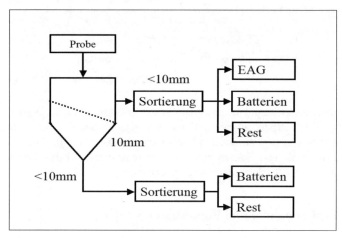

Abb. 1: Schema der Restabfallsortierungen [eigene Darstellung]

Aus den Haufwerken > 10 mm wurde aus allen Bereichen repräsentativ Probenmaterial entnommen. Die Einengung der Proben erfolgte dann nach Vorzerkleinerung mit einem langsam laufenden Zweiwellenzerkleinerer (UniCut, Fa. MeWa) analog der Fraktion 10 mm.

2.2 Sortierung und Kategorisierung der EAG

Die separierten elektr(on)ischen Altgeräte wurden sortiert in Gerätegruppen, welche gemäß Anhang I ElektroG[3] kategorisierbar sind, und alle anderen EAG. Die Kategorisierung erfolgte unter Anwendung der „Hinweise zum Anwendungsbereich ElektroG" vom BMU. Des Weiteren wurden sämtlichen abgetrennten Batterien in Typenklassen unterteilt und verwogen.

2.3 Probenaufbereitung und Analyseverfahren

Die nachfolgende Feinaufbereitung der Proben wurde im umweltanalytischen Labor des IAA durchgeführt. Die getrockneten Proben wurden mittels einer Schneidmühle (Labormühle Retsch SM 2000) bzw. nach Versprödung mit flüssigem Stickstoff mittels einer Rotormühle (Ultrazentrifugalmühle Retsch ZM 200) feinzerkleinert. Die

---

[3] Gesetz über das Inverkehrbringen, die Rücknahme und die umweltverträgliche Entsorgung von Elektro- und Elektronikgeräten vom 16. März 2005 [6].

Schwermetallanalytik wird zurzeit nach einem Mikrowellendruckaufschluss mittels Atom-Absorptionsspektroskopie, die Halogenanalytik nach kalorimetrischem Aufschluss mittels Ionenchromatographie durchgeführt.

3 Ergebnisse

Innerhalb dieses Kapitels werden Aussagen zu den aktuellen Mengen an Altgeräten im Siedlungsabfall aus unterschiedlichen Bebauungsstrukturen, deren Kategorisierbarkeit gemäß ElektroG sowie zu mengenrelevanten Entwicklungstendenzen nach Umsetzung des ElektroG getroffen.

3.1 Qualität und Quantität des E-Abfalls im Restabfall

Das ElektroG schreibt in § 9, Abs. 1 die getrennte Erfassung von Altgeräten seit dem 23.03.2006 vor. Hinsichtlich des E-Schrott-Gehalts im Restabfall wurden vor der Umsetzung des ElektroG mehrere Voruntersuchungen in Berlin, Brandenburg und Sachsen durchgeführt [2]. Aus Tabelle 2 wird ersichtlich, dass in den Jahren 2004/2005 zwischen 0,4 bis 1,3 Gewichtsprozent tonnengängige Altgeräte in festen Siedlungsabfällen enthalten waren.

Tab. 2: Elektronikschrott im Restabfall [erweitert nach [2]]

Ort	Zeit	Sortierte Abfallmenge	davon EAG		Anteil am Restabfall	Probenahmeebene
		[kg]	[kg]	[Stück]	[Masse-%]	
Berlin	Nov. 04	1.561	6,5	26	0,4	Restabfalltonne
Sachsen	Feb. 05	4.500	36,0	69	0,8	Pressfahrzeug
Brandenburg	Aug. 05	1.650	9,9	13	0,6	Input Restabfallbehandlungsanlage
Sachsen	Okt. 05	1.050	13,3	24	1,3	Pressfahrzeug
Berlin	Nov. 05	1.524	16,0	14	1,0	Restabfalltonne
Dresden	**Juni/ Sept. 06**	**14.168**	**187,3**	**110**	**1,3**	Pressfahrzeug/ Rotopressfahrzeug

Die Untersuchungsergebnisse aus Dresden zeigen, dass der Masseanteil von EAG mit ca. 1,3 % auch nach der Umsetzung der Getrennthaltungspflicht nennenswert hoch ist und sich im oberen Bereich der bisherigen Erfahrungswerte bewegt. Von der Gesamtmasse der separierten EAG ließen sich ca. 54 % gemäß ElektroG kategorisieren. Die übrigen 46 % setzten sich überwiegend aus Teilen der Kfz-Elektronik, einzelner Kabel, sowie Leuchten aus Haushalten zusammen (vgl. Abbildung 2).

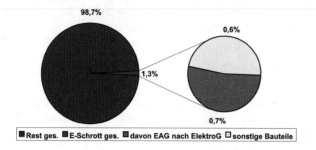

Abb. 2: Masseanteile EAG im Restabfall und Kategorisierbarkeit nach ElektroG, Proben Dresden (2006)

In der Gruppe der nach ElektroG kategorisierbaren Altgeräte machten Haushaltskleingeräte (Kategorie 2, vor allem Föne, Rasierapparate, elektrische Zahnbürsten, Wasserkocher, Kaffeemaschinen, elektrische Messer sowie Staubsauger) und Geräte der Unterhaltungselektronik (Kategorie 4, vor allem Geräte zur Tonaufnahme und -wiedergabe, Kopfhörer, Lautsprechen sowie Radiogeräte) die Hauptanteile aus. Die Ergebnisse sind in Abbildung 3 dargestellt.

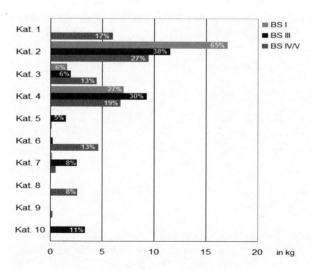

Abb. 3: Verteilung von EAG in unterschiedlichen Bebauungsstrukturen [1]

Die Anteile der Kategorien 8 (Medizinprodukte), 9 (Überwachungs- und Kontrollinstrumente) und 10 (Automatische Ausgabegeräte) wurden durch Einzelteile, beispielsweise einer Lupenleuchte aus dem Bereich der Zahnmedizin, hervorgerufen.

3.2 Einwohnerspezifische Beiträge zum EAG-Aufkommen im Restabfall

Der Masseanteil von EAG im Siedlungsabfall liegt im sub-urban/ländlich strukturierten Dölzschen mit 1,9 Gewichtsprozent um nahezu 100 % über den Werten von Striesen und Gorbitz mit jeweils 1 Gewichtsprozent (vgl. Tabelle 3). Um die einwohnerspezifischen Massen EAG pro Stadtteil konkretisieren zu können, muss die Veröffentlichung der Abfallbilanz 2006 abgewartet werden.

Tab. 3: EAG-Gehalte im Restabfall verschiedener Gebietsstrukturen [eigene Erhebungen]

	Striesen-Ost	Gorbitz	Dölzschen (Naußlitz)
Einwohnerzahl 2006	12.361	20.506	8.669
Durchschnittliche Abfallmasse [Mg/a][4]	1.841	3.054	1.291
Durchschnittlicher Gehalt EAG [Masse-%]	1,03	1,00	1,98
Durchschnittliche EAG-Masse im Restabfall [Mg/a]	18,96	30,54	25,56
Spezifische Masse EAG [kg/(EW*a)]	1,53	1,49	2,95

Die Stadt Dresden hatte eine leicht steigende Anzahl von Bewohnern mit Erstwohnsitz im Zeitraum 2005–2006 zu verzeichnen. Die Abfallbilanz 2005 wies einen Anteil von 1,6 Gewichtsprozent EAG im Restabfall aus, woraus sich 1.180 Mg EAG im Restabfall für das Jahr 2005 errechnen lassen. Demgegenüber stehen 638 Mg getrennt gesammelter kleiner EAG. Hieraus lässt sich ableiten, dass ca. 64 % der im Jahr 2005 angefallenen kleinen EAG nicht einer getrennten Sammlung zugeführt wurden (vgl. Tabelle 4).

---

[4] Zur überschlägigen Berechnung wurde der Mittelwert des spezifischen Abfallaufkommens 2005 zu Grunde gelegt.

Tab. 4: Spezifische Masseanteile kleiner EAG im Restabfall [eigene Erhebungen]

	2005 (Grundlage: Abfallbilanz Stadt Dresden [5])	2006 (Eigene Erhebung/ Hochrechnung)
Einwohnerzahl Dresden (1. Wohnsitz)	495.181	496.021
Masse Restabfall aus Haushalten [Mg]	73.738	73.863[5]
Masseanteil kleine EAG am Restabfall [Masse-%]	1,6	1,3[6]
Masse kleine EAG im Restabfall [Mg]	1.180	960
Spezifische Masse kleine EAG im Restabfall [kg/EW*a]	2,4	1,9
Masse kleine EAG getrennt gesammelt [Mg][7]	638	n. b.
Verhältnis kleine EAG im Restabfall / kleine EAG zurückgegeben	1,8	n. b.

Wird das spezifische Abfallaufkommen von 2005 bis 2006 qualitativ und quantitativ als konstant angenommen, lässt sich für das Jahr der ElektroG-Umsetzung eine Abnahme der über den Restabfall entsorgten kleinen EAG von ca. 19 % prognostizieren.

3.3 Anteil am Schadstoffpotenzial der Restabfälle

Die getrennten Bauteile, insbesondere Kunststoffe, Leiterplatten, Kondensatoren, LCD, Gummi und Verbunde, werden zurzeit laboranalytisch auf ihren Schadstoffgehalt hin untersucht. Die Auswahl der Proben, bei denen mit hohen Konzentrationen von Schwermetallen und Halogenen gerechnet wird, erfolgt auf Grundlage ausgewerteter Literaturstellen sowie von Screeningverfahren mittels Röntgenfloureszenz-Analytik. (RFA). Besonderes Augenmerk wird augenblicklich der Analyse von Cadmium, Blei, Quecksilber, Zink sowie Chlor und Brom gewidmet.

---

[5] Hochgerechnet unter der Annahme, dass das spezifische Abfallaufkommen im Jahr 2006 konstant ist und die Gesamtmasse Restabfall somit linear steigt.

[6] gewichtetes Mittel der eigenen Sortierversuche

[7] Haushaltsgroßgeräte, Kühlschränke und Bildschirmgeräte sind nicht beachtet!

4 Zusammenfassung und Ausblick

Im Zuge von Sortieranalysen wurden im Dresdner Restabfall im Jahr 2006 ca. 1,3 Gewichtsprozent kleine elektr(on)ischer Altgeräte festgestellt. Diese Größenordnung entspricht bzw. übertrifft Erfahrungen aus eigenen Erhebungen in Berlin, Brandenburg und Sachsen aus den Vorjahren. Nach Einführung der Pflicht zu getrennten Erfassung im Jahr 2006 ging der Gehalt an Elektroaltgeräten im Siedlungsabfall der Stadt Dresden im Vergleich zu 2005 um ca. 19 % zurück. Es bedarf weiterer Sortieranalysen zur Erhöhung der statistischen Sicherheit dieses Wertes. Von den untersuchten Elektroaltgeräten ließen sich ca. 54 % gemäß ElektroG kategorisieren.

Die Gehalte unterschieden sich in Abhängigkeit der Bebauungsstruktur signifikant. Die Bebauungsstruktur IV–V zeigte mit EAG-Anteilen von rund 1,9 Gewichtsprozent annähernd den doppelten Gehalt im Vergleich zu den Gebietsstrukturen III und I. Die gesamte Restabfallzusammensetzung blieb hierbei unbeachtet.

Zurzeit werden die separierten EAG und Batterien sowie die entfrachteten Restabfälle schwermetall- und halogenseitig am Institut für Abfallwirtschaft und Altlasten an der TU Dresden untersucht. In der Folge werden die Schadstoffbeiträge unterschiedlicher Gerätegruppen bestimmt und deren Frachtbeitrag zur Schadstoffbelastung bestimmt. Die ersten Ergebnisse werden in Kürze vorliegen.

5 Literatur

[1] M. Kluttig und M. Fleischhauer [2007]: Schad- und wertstoffseitige Charakterisierung mülltonnengängiger Elektro- und Elektronikaltgeräte im Restabfall. Diplomarbeit am Institut für Abfallwirtschaft und Altlasten der TU Dresden.

[2] S. Rotter, A. Janz und B. Bilitewski [2006]: Charakterisierung von kleinen elektrischen und elektronischen Altgeräten (EAG). Teil 1+2 Müll und Abfall 7/8 2006, Berlin.

[3] A. Janz und S. Rotter [2006]: Detection of Recycling Materials and Hazardous Substances in Waste Electrical and Electronic Equipment with Automatic Sorting Technologies. Vortrag im Zuge der Achema 2006 am 15.05.2006, Frankfurt/M.

[4] F. Müller [2005]: Bestimmung des Schad- und Wertstoffpotenzials in schwer aufschließbaren E-Schrott-Komponenten. Diplomarbeit am Institut für Abfallwirtschaft und Altlasten der TU Dresden.

[5] Landeshauptstadt Dresden [2007]: Erfolgreiche Umsetzung des Abfallwirtschaftskonzeptes – Stadt zieht Abfallbilanz. Internetveröffentlichung unter http://www.dresden.de/media/pdf/abfallwirtschaft/abfallbilanz_2005.pdf?PHPSESSID=dd8j8i6e3mhdli4hdndiq9rtk5, Stand 17. März 2007.

[6] Gesetz über das Inverkehrbringen, die Rücknahme und die umweltverträgliche Entsorgung von Elektro- und Elektronikgeräten (Elektro- und Elektronikgerätegesetz – ElektroG) vom 16. März 2005

[7] Bundesministerium für Umwelt, Naturschutz und Reaktorsicherheit [2007]: Hinweise zum Anwendungsbereich des ElektroG. Internetveröffentlichung unter
www.umweltdaten.de/abfallwirtschaft/elektrog/anwendungsbereich.pdf, Stand 18.03.2007

Pyrolysis of wastes and biomass

H. Seifert, A. Hornung, F. Richter, J. Schöner, A. Apfelbacher, V. Tumiatti

Summary

Haloclean® a performance enhanced low temperature pyrolysis developed originally for the thermal degradation of electronic scrap adapted successfully by the Forschungszentrum Karlsruhe for pyrolysis of biomass. The Haloclean pyrolysis for biomass created a new type of pyrolysis – the intermediate pyrolysis and is therefore accomplishing the Forschungszentrum Karlsruhe approach by fast pyrolysis leading to synthetic fuels – the bioliq® process. Different types of biomass oil containing biomasses have been tested and successfully applied to combined heat and power generation.

The pyrolysis temperature ranges between 350 to 550 °C and residence times of only 1 to 15 minutes are sufficient in case of biomass whereas in case of electronic scrap those can be increased to several hours at different temperature.

Introduction on electronic scrap pyrolysis

Waste Electrical and Electronic Equipment (WEEE) can be distinguished in several groups. In general there are three main groups (white goods, brown goods and IT goods). The new directive of the EU mentions 10 sub groups of these three. Also the directive imposed a certain level for dismantling of the different devices. For each of these groups a high quota for reuse and recycling is given.

The state of the art techniques for the treatment of WEEE are on one hand, the mechanical recycling and on the other hand, the treatment in the copper smelter. By using the mechanical recycling different fractions were received. Some of them like iron and non-iron metals including the precious metals are not problematic for a further treatment. Fractions like glass or mixed fractions must be treated in special ways. The plastic fraction is still a problem.

7.6 Mio t of WEEE were evaluated in the EU in 2004, the general composition of this material is given in figure 1.

Material Type	Composition (wt%)
Iron and steel	47.9
Non-flame retarded plastic	15.3
Copper	7.0
Glass	5.4
Flame-retarded plastic	5.3
Aluminium	4.7
Other	4.6
Printed circuit boards	3.1
Wood	2.6
Concrete & ceramics	2.0
Other metals (non-ferrous)	1.0
Rubber	0.9

Target materials (mixed together): Non-flame retarded plastic, Flame-retarded plastic, Printed circuit boards

Fig. 1: Haloclean target material

The target materials for the Haloclean process are plastics, both flame retarded and non-flame retarded, and printed circuit boards.

Process set-up

Figure 2 shows the principles of the Haloclean process (1,2) for electronic scrap application.

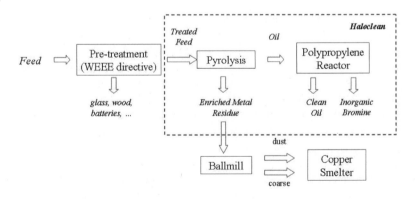

Fig. 2: Haloclean process diagram

The target feed material (as described above) must be prepared by a pre-treatment according to the WEEE directive. Special fractions like glass and wood or harmful fractions like PCB containing components of batteries are already separated. In a further step the material must be shredded to a size depending on the feed system usually about 4 cm in length and width.

The pyrolysis process itself is a two stage process working under inert atmosphere (Figure 3). The first stage is working at 350 °C, the second stage at 450 °C. In both stages a residence time of two hours is required. Temperature control is very important.

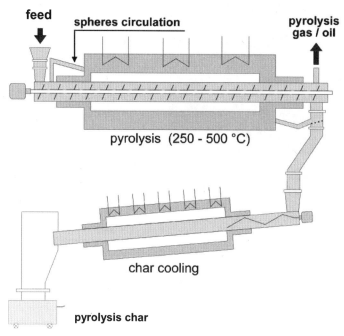

Fig. 3: The Haloclean® reaction system – The Haloclean reactor consists of a internally heated conveyor screw and is using steel spheres for heat transfer

To ensure this and to optimise the heat transfer steel spheres are used. The metal spheres are pre-heated. A closed circle for the spheres is realised by an automatic separation after the reactor followed by retransportation by a hollow screw. The products of the pyrolysis are a gas fraction which contains the condensables and a solid residue, the so-called pyrolysis coke. The oil is post-treated in a special developed reactor the so-called "polypropylene reactor" (Figure 4). The oils are debrominated and the bromine is recovered as HBr, the debrominated oils can then be used as secondary fuel.

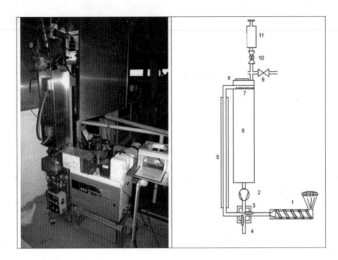

Fig. 4: Polypropylene reactor – Pelletised polypropylene is fed into the reactor via extruder **1** and valve **3**. A melt pump **2** is then circulating the molten polypropylene through pipe **5** in the nozzle system **7** of the reactor **6**. The oil sample is inserted by means of the inlet valve **10**

The residue is post-treated in a ball mill and a dust fraction and a coarse fraction (Figure 5) is received. Both fractions as well as the pyrolysis oils after debromination can principally be used at a copper smelter process and will help to increase the throughput by separation of the energy from the remaining materials and in saving fossil fuels by using the cokes and the liquids (3).

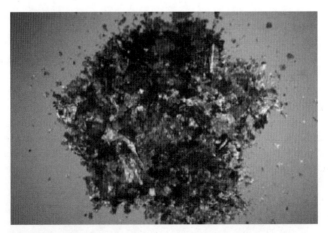

Fig. 5: Coarse fraction after grinding

Introduction on biomass pyrolysis

The pyrolysis of biomass is settled at the FZK in different complementary approaches (4) (Figure 6). Between the two pyrolysis systems based on fast and intermediate pyrolysis the technologies for combustion of biomasses and cokes are available. Whereas the fast pyrolysis process is dedicated to the synthetic fuel production lines by means of the FZK developed Bioliq® process (5) the combustion and intermediate pyrolysis intending to finally generate heat and power from biomass.

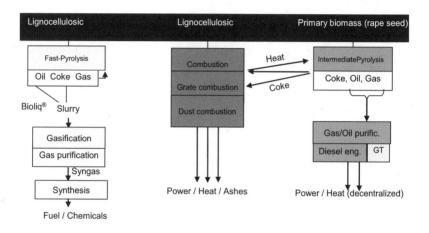

Fig. 6: Biomass treatment lines at FZK

Haloclean intermediate pyrolysis of biomass

Feedstocks

Investigations using a process line consisting of a Haloclean reactor, a hot gas filtration unit, double tube condensers and an aerosol precipitator were carried out to generate dust and tar free pyrolysis vapours, dry cokes and dust and aerosol free pyrolysis gases from oily biomasses like rape seed, residues from cold pressed rape as well as olive stones (Figure 7).

Fig. 7: Investigated biomasses – Rape seed, Rape residues, olive residues, coconut residues, straw pellets, husk

Experimental studies with rape seed

The experiments were carried out in the temperature range between 450 °C and 550 °C and a variation of residence times (5 to 15 minutes). Yields were determined gravimetrically, the yield of pyrolysis gas was calculated as difference. The energy content of liquids and char was directly measured calorimetrical, energy values of pyrolysis gases are measured via a gas calorimeter.

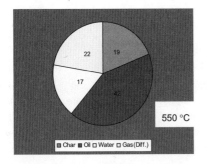
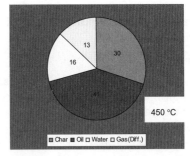

Fig. 8: Yield of pyrolysis products of rape seed

Figure 8 shows that at a temperature of 450 °C yield of pyrolysis char is about 30 % while the yield of pyrolysis liquids is about 57 % and the yield of pyrolysis gas is 13 %. In CHP electric power generation pyrolysis liquids as well as pyrolysis gases can be used. Therefore, a maximum yield in liquids and gases is required. With shifting the pyrolysis temperature the yield of pyrolysis char is reduced drastically and a higher amount of pyrolysis gas is produced; yield of pyrolysis liquids is increased, too. The amount of pyrolysis char reaches levels of about 19 %, about 81 % of the pyrolysis products can be used for electric power generation.

Comparison to other types of biomasses

The yield (mass) ratio and energy ratio of the different pyrolysis fractions is strongly depending on the type of biomass used. Figure 9 shows significantly lower yields of char by pyrolysing oily biomasses (energy crops, rape, rape seed...), in case of biomass with high lignocellulosic content (straw, husk) higher yields of char and even more significant higher yields of pyrolysis water are realised.

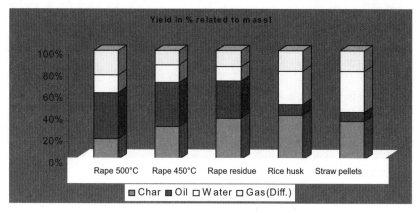

Fig. 9: Yield (mass) ratio of pyrolysis of different types of biomass at 500 °C and usually 450 °C

More important for a total economic process is the energy content of the relevant fractions. Figure 10 shows the energetic values of the pyrolysis fractions of different biomasses. For heat and power generation pyrolysis oil, pyrolysis water and pyrolysis gas can be converted to electricity and heat via a CHP plant. Therefore, it is necessary to minimize the energy content of the remaining pyrolysis char.

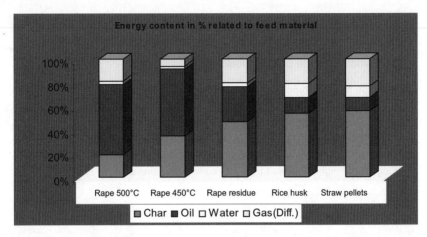

Fig. 10: Energetic yield of pyrolysis products of different types of biomass at 500 °C and usually 450 °C

Figure 10 shows that the energetic content of pyrolysis liquids and gases is about 80 % of the feed in case of rape seed pyrolysed at 500 °C, about 80 % of the energy of rape seed can be used for electricity production via CHP. Pyrolysis of biomass with high content of lignocellulose leads to the formation of higher amounts of pyrolysis char with a high amount of the total energy, furthermore the liquids cannot be used directly for this purpose.

Literature

1) Hornung, A.; Seifert, H.; Vehlow, J. Nachhaltige Entsorgung von Abfällen aus dem Elektro- und Elektronikbereich. Grunwald, A. [Hrsg.] Technikgestaltung für eine nachhaltige Entwicklung, von der Konzeption zur Umsetzung, Berlin, Edition Sigma, 2002 S.375–86

2) Hornung, A.; Seifert, H. Rotary kiln pyrolysis of polymers containing heteroatoms.
Scheirs, J. [Hrsg.] Feedstock Recycling and Pyrolysis of Waste Plastics, Converting Waste Plastics into Diesand Other Fuels Chichester, Wiley & Sons Ltd., 2006 S.549–67 (Wiley Series in Polymer Science) ISBN 0-470-02152-7

3) Hornung, A., J. Schöner, H. Seifert, V. Tumiatti, H.-J. Sander, Hat die rohstoffliche Verwertung von problematischen Kunststoffen eine Zukunf? Abfalltage 2006 – Baden Wüttemberg, Ressourcenmanagement – Das zentrale Element für unternehmerisches und kommunales Handeln, S. 129–133, Stuttgart, 2006

4) H. Seifert, Thermal Conversion of Biogenic Waste to Liquid Fuels, 5th intern. symposium on waste treatment technologies, Paignton, UK, 2006

5) E. Dinjus, Status of the Bioliq Process, 2nd international BtL-Congress, Berlin, 2006

Erzeugung von synthetischen Treibstoffen durch Vergasung von Biomasse

Ludolf Plass, Stephan Reimelt

Im Jahre 2005 deckte die Biomasse nur 10 bis 15 Prozent des Weltenergiebedarfs. Gleichzeitig wurden 3,8 Milliarden Tonnen Rohöl verarbeitet.

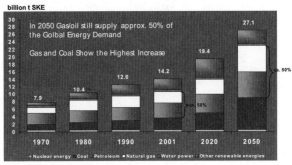

Source: BP (until 2001), World Energy Council

Obwohl die Emissionswerte für Schadstoffe kontinuierlich geringer werden, nimmt der Anteil an CO_2 in der Atmosphäre so lange zu, bis effektivere Verfahren oder nachwachsende Rohstoffe eingesetzt werden. Die neuesten Studien der UNO machen immer deutlicher, dass die Reduzierung der CO_2-Emissionen dringend erforderlich ist. Europa ist hier weltweit führend. Dieser europäische Trend bewirkt, dass auch Länder wie USA, Brasilien und China entsprechende Gesetze verabschieden und in Technologien zur Produktion von Biotreibstoffen investieren.

Biotreibstoffe der 1. Generation

Biodiesel und Bioethanol, die sogenannten Biotreibstoffe der 1. Generation, werden aus Ölfrüchten bzw. Stärke liefernden Pflanzen hergestellt. In 2005 wurden 125 Millionen Tonnen Fette und Öle produziert, wovon rund 90 Prozent in die Nahrungsmittelindustrie gingen. Diese Zahlen verdeutlichen, dass der Einsatz von Biodiesel und

Bioethanol nur einen ersten Schritt zur Lösung des Weltenergieproblems darstellt. Fachleute schätzen, dass bis zum Jahre 2010 14 bis 15 Millionen Tonnen dieser beiden Treibstoffe in Europa beigemischt werden. Ganz anders sieht die Situation in Brasilien aus. Hier werden mittlerweile mehr als 50 Prozent des Treibstoffes aus Zuckerrohr produziert. Auch die USA konzentrieren sich zusehends auf Ethanol. Dort werden mittlerweile über 10 Millionen Tonnen pro Jahr hergestellt. Zum Vergleich: Die Weltproduktion von Bioethanol im Jahr 2005 betrug ca. 40 Millionen Tonnen.

Viele Länder prüfen mittlerweile bestehende und zukünftige Technologien zur Herstellung von Treibstoffen auf Basis nachwachsender Rohstoffe. Der Frankfurter Anlagenbauer Lurgi AG hat, basierend auf ihren seit Jahrzehnten bekannten Fett- und Öltechnologien, ihr Biodieselverfahren zu einem Weltstandard erhoben. In mehr als 60 Anlagen werden über acht Millionen Tonnen Biodiesel jährlich produziert. Dieser Trend wird sich bis zum Jahr 2010 verstärkt fortsetzen. Die Anlagengrößen werden von anfangs 10.000 bis 40.000 auf 200.000 bis 500.000 Tonnen pro Jahr steigen. Ermöglicht werden diese Anlagengrößen durch eine kontinuierliche Fortentwicklung des Anlagenkonzeptes, die Modularisierung von Anlagenteilen und den Einsatz von Pflanzölen aus Europa und vor allem Südostasien.

Experten gehen davon aus, dass in Europa bis zum Jahre 2010 Bioethanolanlagen in der gleichen Größenordnung wie Biodiesel gebaut werden. Hier profitiert Lurgi von den Erfahrungen mit unterschiedlichen Rohstoffen wie Zucker, Getreide, Mais und Cassava in den USA und in Europa. Auch auf dem Gebiet des Bioethanols geht der Trend zu deutlich höheren Anlagenkapazitäten. Anfangs produzierte man 50.000, mittlerweile haben sich weltweit Standardgrößen von 100.000 bis 300.000 Tonnen Bioethanol pro Jahr durchgesetzt.

Biotreibstoffe der 2. Generation

Trotz dieser enormen Investitionsanstrengungen können Treibstoffe auf Basis der Pflanzenfrüchte wie Biodiesel und Bioethanol alleine nicht das CO_2-Problem und den steigenden Bedarf an Energie lösen. Hierzu benötigt man Biotreibstoffe der zweiten Generation, die die gesamte Pflanze bzw. Biomasse als Ausgangsstoff haben und nach Meinung von Wissenschaftlern bis 2050 etwa ein Drittel des Weltenergiebedarfs decken könnten. Dies bei einem bis dahin nahezu verdoppelten Gesamtenergieverbrauch gegenüber heute. Deshalb entstehen weltweit immer mehr Forschungsprojekte, die zum Ziel haben, Verfahren zum Einsatz von Biomasse zur Marktreife zu bringen.

Zur Verarbeitung von Biomasse werden weltweit unterschiedlichste Verfahren entwickelt. Zwei Verfahren erweisen sich als besonders Erfolg versprechend: Beim ersten wird die Biomasse nach vorheriger Pelletierung direkt bei Niederdruck vergast, das Synthesegas gereinigt und nach Kompression einer Fischer-Tropsch-Synthese zugeführt. Das zweite Verfahren wird von Lurgi bevorzugt und zusammen mit dem Großforschungszentrum Karlsruhe zur technischen Reife entwickelt (4). Es wandelt die Biomasse dezentral in ein sogenanntes Bio Syncrude um. Dabei kommt das bereits großtechnisch bewährte LR-Verfahren der Lurgi zum Einsatz. Hierbei handelt es sich um eine Schnell-Pyrolyse, bei der innerhalb von Sekunden in einem Doppelschrauben-Reaktor die Biomasse in Pyrolyseöl, -gas und Koks umgewandelt wird. Durch anschließende gemeinsame Vermahlung entsteht ein einfaches transport- und lagerfähiges Bio Syncrude. Das stabilisierte Bio Syncrude kann dann beispielsweise in einem Flugstromvergaser (entrained flow gasifier) zu Synthesegas umgewandelt werden. Die Reinigung erfolgt über großtechnisch erprobte Verfahren wie das Rectisol®-Verfahren mit anschließender Konvertierung und Synthese zu Methanol bzw. zu Treibstoffen. Methanol lässt sich auch als solches oder über das Methanol-to-Synfuels-Verfahren verwenden. Beim MtSynfuels®-Verfahren entstehen in einer Zwischenstufe Olefine, die zu synthetischem Diesel, Benzin oder Schmierölen von hoher Qualität weiterverarbeitet werden können.

Alternativ kann Synthesegas nach dem Fischer-Tropsch-Verfahren in Olefine oder in Treibstoffe umgewandelt werden. Lurgi bietet dieses Verfahren in einem Technologie-Joint Venture mit Statoil und PetroSA heute auf Basis von Erdgas oder Kohle an.

Als Weiterentwicklung der bestehenden Biodiesel- und Bioethanol-Verfahren hat Lurgi das Konzept der Kombi-Biofuel-Anlagen entwickelt, um zu einer optimalen Nutzung der Pflanzenfrüchte und der Ganzpflanze zu kommen. Dieses Konzept sieht vor, dass in den ersten zwei Schritten eine Biodiesel- und eine Bioethanol-Anlage gebaut und in der Folge die verbleibende Biomasse plus zusätzliche Biomasse zu Bio Syncrude verarbeitet werden. Darauf aufbauend bieten sich die energetische Verwertung oder auch die Weiterverarbeitung zu Synthesegas und synthetischen Treibstoffen an. Aus dem Synthesegas wird in einer Zwischenstufe auch Methanol hergestellt. Dieses kann man wiederum dem Biodieselverfahren zuführen, um 100 Prozent grünes Biodiesel zu gewinnen.

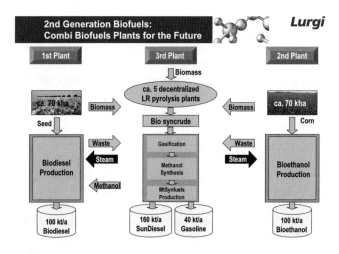

Literatur

1. BP, World Energy Council, 2004
2. Shell, World Energy Scenario, 2005
3. VW, Future Scenario for Fuel Consumption in Europe, 2005
4. Ringas, E. Heurich, A: Two Stage Process for Synfuels from Biomass, Rome, 2004

Niedertemperaturkonvertierung von Biomasse

Sebastian Bojanowski, Ernst A. Stadlbauer, Sajjad M. Hossain, Astrid Fiedler

1 Einleitung

Bestrebungen zur energetischen Nutzung von Biomasse inklusive biogener Reststoffe haben in den letzten Jahren stark zugenommen. Mittlerweile werden rund 3,2 % des deutschen Primärenergieverbrauchs über Biomassenutzung gedeckt, ein Industriezweig mit knapp 6 Mrd. € Jahresumsatz und 56.000 Arbeitplätzen ist entstanden [1]. Von EU und Bundesregierung anvisierte Ziele wie die Erhöhung des Anteils biogener Kraftstoffe auf 5,75 % bis zum Jahre 2010 [2] sowie die Erzeugung von 20 % des deutschen Stromverbrauchs 10 % des deutschen Endenergieverbrauchs aus regenerativen Energiequellen zu decken, werden diesen Trend in den nächsten Jahren noch verstärken [3].

Verfahren zur stofflichen Nutzung von Biomasse haben ein großes Vorbild: Mutter Natur mit ihren ausgereiften Stoffkreisläufen. Der natürliche Stoffaufbau wird, bezogen auf den Kohlenstoff, im Vorgang der Photosynthese aus Kohlendioxid und Wasser in Anwesenheit von Mineralien und der Sonne als Energiequelle betrieben:

$$6\ CO_2 + 6\ H_2O + \text{Energie} \Leftrightarrow C_6H_{12}O_6 + 6\ O_2$$

Mikroorganismen zersetzen diese biogenen Stoffe wieder, wobei die Ausgangsstoffe der Photosynthese zurückgebildet werden. Stoffkreisläufe mit technischen Mitteln nachhaltig zu schließen, ist Aufgabe von Verfahren zur Nutzung von Biomasse. Ein solches Verfahren ist die Niedertemperaturkonvertierung (NTK).

Tierische Fette aus Tierkörperverwertungsanlagen fallen weltweit in großen Mengen an. Im Jahre 2003 wurden in der Bundesrepublik Deutschland ca. 290.000 t Tierfett inkl. Knochenfett produziert [4]. Durch das Verfütterungsverbot im Zusammenhang mit der BSE-Problematik ist aus einem Nährstoff ein zu beseitigender Rest- bzw. Abfallstoff geworden.

In 10.000 kommunalen Kläranlagen fallen bundesweit jährlich ca. 2,2 Mio. t TR Klärschlamm an. Auch hier werden die Entsorgungswege aufgrund gesetzlicher Veränderungen zurzeit neu geregelt.

Neben diesen biogenen Reststoffen bietet sich die NTK auch als Alternativlösung zur herkömmlichen Umesterung von Pflanzenölen zu Biodiesel bzw. Additivierung an.

1.1 Triebkraft thermochemischer Biomassebehandlung

Zur Beantwortung der Frage, welche chemischen Reaktionen bei bestimmten Temperaturen spontan ablaufen, liefert die Thermodynamik [5] eine wichtige Vorschrift in Form der freien Energie: $\Delta G = \Delta H - T\Delta S$.

Eine bestimmte chemische Reaktion ist umso mehr begünstigt, desto stärker negativ die freie Gibbsche Energie ΔG ist. Dies kann auf zwei Wegen geschehen: (a) Entweder durch ein negatives ΔH (Reaktionsenthalpie), d. h. eine exotherme Reaktion oder (b) durch ein positives ΔS, d. h. eine starke Zunahme der Entropie.

Am absoluten Nullpunkt (T = 0 K) wird das Reaktionsgeschehen allein von ΔH bestimmt. Das Prinzip vom Energieminimum ist reaktionsprägend. Mit steigender Temperatur gewinnt der zweite Term ($T \times \Delta S$) mit $\Delta S \neq 0$ zunehmend an Gewicht. Schließlich verlaufen bei hinreichend hohen Temperaturen alle Reaktionen im Sinne einer Entropiezunahme, d. h. Vergrößerung der Unordnung, gleichbedeutend mit einer Erhöhung der Teilchenzahl.

Daher wird bei technischen Verfahren mit steigender Temperatur der Übergang aller Materie in die Gasform, der Zerfall großer Moleküle in immer kleinere Bruchstücke und schließlich in Elemente bzw. Atome begünstigt. Letztere dissoziieren in Atomrümpfe und freie Elektronen bei noch höheren Temperaturen, z. B. unter Plasmabedingungen.

Vor diesem Hintergrund lassen sich viele Sonderheiten chemischer Prozesse bei höheren Temperaturen verstehen. Beispielsweise ist die Bildung von Kohlendioxid (CO_2) aus Kohlenstoff (C) und Sauerstoff (O_2) bei allen Temperaturen im Sinne der exothermen Reaktion begünstigt: $C + O_2 \rightarrow CO_2$; $\Delta H < 0$. Da aber bei diesem Vorgang die Zahl der Gasmoleküle gleich bleibt, ist die Änderung der Reaktionsentropie (ΔS) nahezu null. Hingegen verdoppelt sich beim Reaktionsverlauf $2C + O_2 \rightarrow 2CO$ auf der Seite der Reaktionsprodukte die Zahl der Gasmoleküle. Damit erhält die Reaktionsentropie für die Bildung von Kohlenmonoxid (CO) einen hohen Wert aufgrund der starken Zunahme der Unordnung. Also überwiegt bei hinreichend hohen Temperaturen die Bildung von Kohlenmonoxid (CO) gegenüber der von Kohlendioxid (CO_2). Dies ist unter dem Namen Generatorgas oder Boudouard-Gleichgewicht ($CO_2 + C \Leftrightarrow 2\,CO$) bekannt und von technischem Interesse. Zur Veranschaulichung sind Zahlenwerte des Boudouard-Gleichgewichts [6] in Tabelle 1 zusammengestellt.

Tab. 1: Boudouard-Gleichgewicht

	Temperatur [°C]						
Molekülkonzentration [Vol-%]	450	500	600	700	800	900	950
CO_2	98	95	77	42	10	3	1,5
CO	2	5	23	58	90	97	98,5

1.2 Abgrenzung Verbrennung, Pyrolyse, Niedertemperaturkonvertierung

Die in Tabelle 2 aufgelisteten Biomassebehandlungsverfahren [7, 8, 9] Verbrennung, Pyrolyse und Niedertemperaturkonvertierung (NTK) sind in thermodynamischer Betrachtungsweise zu charakterisieren.

Tab. 2: Synopse häufiger Reaktionsprodukte bei Verbrennung, Pyrolyse oder Niedertemperaturkonvertierung (NTK) von C-, H-, N-, S- und halogenhaltiger, organischer Stoffe (ergänzt nach [9])

Verbrennung mittels Sauerstoff	Pyrolyse unter Sauerstoffausschluss	Niedertemperaturkonvertierung unter Sauerstoffausschluss
Kohlendioxid (CO_2) Wasser (H_2O)	Kohlenmonoxid (CO), Kohlendioxid (CO_2), Wasserstoff (H_2) Wasser (H_2O) Ruß, Koks (C) Überwiegend kurzkettige aliphatische Kohlenwasserstoffe (KW): CH_4, CH_3-CH_3, etc. Überwiegend kurzkettige Olefine: $H_2C=CH_2$, $H_2C=CH$-CH_3, etc, Aromaten: Benzol, Alkylbenzole, Phenole, mehrkernige Aromaten (PAK, TEER), Alkohole, Aldehyde, organische Säuren	Kohlenmonoxid (CO), Kohlendioxid (CO_2), Ammonium(hydrogen)-carbonat $(NH_4)_2CO_3$, NH_4HCO_3 Wasserstoff (H_2) Wasser (H_2O) Koksähnliche Produkte (C) Überwiegend langkettige aliphatische Kohlenwasserstoffe (> 90 %): C_nH_{2n+2}; (n = 1–18) Überwiegend langkettige Olefine (< 10 %): C_nH2_n; (n = 2–18) Organische Säuren (R-COOH) Spuren von Aromaten Aldehyde (R-CHO) Ketone (R-CO-R') Ammonium(hydrogen)carbonat $(NH_4)_2CO_3$, NH_4HCO_3
Stickoxide (NO_x)	Ammoniak (NH_3), organische Amine (R-NH_2), aromatische Amine, Blausäure (HCN), Nitrile (R-CN), Thiocyanate (R-SCN), N-Heteroaromaten	Ammoniak (NH_3), organische Amine (R-NH_2), Blausäure (HCN), Nitrile (R-CN), Thiocyanate (R-SCN),
Schwefeldioxid (SO_2),	Schwefelwasserstoff (H_2S), Merkaptane (R-SH), Thioether (R-S-R'), COS, Schwefeldisulfid (CS_2), S-Heteroaromaten	Schwefelwasserstoff (H_2S), Merkaptane (R-SH), Thioether (R-S-R'), COS
Hydrogenchlorid, Salzsäure (HCl)	Hydrogenchlorid, Salzsäure (HCl), Ammoniumchlorid (NH_4Cl) Halogensubstituierte Kohlenwasserstoffe R-X (X= F, Cl, Br, I) und Aromaten	Ammoniumchlorid (NH_4Cl)

Im Vergleich zu den natürlichen Stoffkreisläufen entspricht die Verbrennung dem Abbau von Biomasse mittels aerober Mikroorganismen. Verfahren unter Ausschluss von Sauerstoff haben ihr Analogon eher in der komplexen Nahrungskette des anaeroben, mikrobiellen Abbaus.

Generell ist das *Temperaturniveau* der eiweißhaltigen Biokatalysen von Mutter Natur aufgrund der Thermolabilität der Eiweißstoffe sehr viel niedriger als bei technischen Prozessen.

Die geringe Anzahl von Endprodukten bei der Verbrennung oder mikrobiellen Oxidation von C-haltigen organischen Stoffen wird vom thermodynamisch begünstigten, energiearmen Kohlendioxid als Reaktionsprodukt aller Oxidationsprozesse von Kohlenstoff mit Sauerstoff dominiert.

Eine sehr viel größere, temperaturabhängige Produktpalette haben Biomassebehandlungsverfahren ohne Sauerstoff. Ursache: Bei thermischer Abfallbehandlung gilt, dass aufgrund der freien Gibbschen Reaktionsenergie (ΔG) mit steigender Temperatur die Dissoziation der komplexen, biologischen Riesenmoleküle wie Eiweiß, Kohlehydrate, Fette, Desoxyribonukleinsäuren (DNS), etc. in immer kleinere Moleküle begünstigt ist.

Hochtemperaturpyrolyse (800 °C bis 1.000 °C) hat daher ein anderes Molekülspektrum als Mitteltemperaturpyrolyse (600 bis 700 °C) oder Niedertemperaturpyrolyse mit einer Verfahrenstemperatur von 400>T<600 °C. Niedertemperaturkonvertierung im Bereich von 280 °C bis 400 °C besitzt im oberen Temperaturbereich eine natürliche Schnittmenge mit Niedertemperaturpyrolyse. Übersichten und Beschreibungen verschiedener technischer Pyrolyseverfahren werden in [7, 8] dargelegt.

Ziel von Pyrolyse und NTK ist die Rückgewinnung von *Rohstoffen* aus Biomasse mit großen organischen Anteilen. Neben dem Entsorgungsaspekt sollen in der Regel marktfähige Produkte in Form von Gas, Kohlenwasserstoffen, Kohlenstoff und anderen Wertstoffen erzielt werden [9].

Die Frage nach der Ursache für den Eintritt bestimmter chemischer Reaktionen hat auf molekularer Ebene ihre Ausprägung in der unterschiedlichen Temperaturempfindlichkeit der chemischen Bindung organischer Stoffe (Tabelle 3). Die anfänglichen Prozesse werden von allen thermischen Verfahren bis zu spezifischen Verzweigungsstellen (Oxidation, Disproportionierung) durchlaufen.

Tab. 3: Temperaturabhängige Prozesse bei der Behandlung organischer Stoffe [8]

Vorgang	Temperatur °C
Verdampfen von Wasser, Trocknung	120
Dehydratisierung	
Decarboxylierung	250
Desulfierung	
Dealkylierung, Depolymerisation	340
Spaltung von C-O und C-N-Bindungen	
Crackprozesse, Cyclisierung, Aromatisierung	> 600

Oberhalb 600 °C werden mit steigender Temperatur immer mehr C-C-Bindungen gespalten, was in der Produktverteilung bei Ausschluss von Sauerstoff das Auftreten kurzkettiger Kohlenwasserstoffe bis hin zu Methan (CH_4), Rußbildung (C) und Wasserstoffabspaltung (H_2) begünstigt. Parallel dazu wird die Cyclisierung radikalischer Fragmente gefördert. Dementsprechend zeigen Betriebserfahrungen mit Hochtemperaturpyrolysen [7, 8, 9], dass mit steigender Temperatur der Anteil der Paraffine und Naphthene in den flüssigen Kohlenwasserstoffen zurückgeht und Anteile der Aromaten sowie Wasserstoff und Methan zunehmen.

Hingegen finden unter den relativ milden Temperaturbedingungen der NTK im Allgemeinen noch keine Crack- und Ringbildungsprozesse statt. Die C-C-Bindungen bleiben weitgehend intakt. So findet man bei der NTK von fetthaltigen Substraten im DEPT 135 NMR-Spektrum ein Überwiegen von CH_2-Gruppen aus den Fettsäuren. Im Zuge der Neuordnung der Klärschlammentsorgung [10, 11, 12] und BSE-Problematik [13, 14] haben neben der bereits in breiter Anwendung befindlichen Monoverbrennung und Mitverbrennung von Klärschlamm [15, 16, 17, 18] auch alternative Verfahren wie z. B. Thermodruckhydrolyse [19], Vergasung, Pyrolyse und Schwelverfahren [20] sowie Niedertemperaturkonvertierung [21, 22, 23] erneut wissenschaftlich-technisches Interesse gefunden.

2 Historie der Niedertemperaturkonvertierung

Das Verfahren der Niedertemperaturkonvertierung (NTK) wurde erstmals Anfang der 80er Jahre von Bayer und Mitarbeitern an der Universität Tübingen für die Verwertung von Biomasse, Klärschlamm und organischen Abfällen beschrieben [24, 25]: Biomasse wird unter Ausschluss von Luft bei Atmosphärendruck für ca. 2–3 Stunden auf Temperaturen im Bereich von 280 °C bis 400 °C erhitzt. Dabei entwickeln sich gasförmige Stoffe, die in einem nachgeschalteten Kühler zu flüssigen Kohlenwasserstoffen (Öl), Reaktionswasser und Salzen kondensieren. Daneben entweichen geringe Anteile nichtkondensierbarer Gase. Als fester Rückstand verbleibt ein kohlehaltiges Material, in dem nichtflüchtige Bestandteile fixiert sind.

Das Verfahren wurde inzwischen auf eine Vielzahl organischer Substrate angewendet, u. a. Klärschlamm [26, 27], Hausmüll [28], Lackschlämme, Kunststoffabfälle und Altfarben [29], Ölsaaten [30], Raffinerierückständen [31, 32], Tier- und Fleischknochenmehl [33, 27], Rapspresskuchen [34, 35].

Anzumerken ist: Die Hitzezersetzung organischer Stoffe (Holz, Zucker, Knochen, Blut) unter Luftabschluss war als „Trockendestillation" bereits im Jahre 1906 chemisches Lehrbuchwissen [36] und diente technisch der Herstellung von Kohle zum Entfärben von Zuckerlösungen und von Phosphor aus Tierkohle. Das ist heute wieder aktuell, wie die wissenschaftliche Diskussionen zur Rückgewinnung von Phosphor aus Klärschlamm und Tiermehlasche bzw. Tiermehl/NTK-Kohle zeigen [37, 38].

3 Beschreibung der NTK-Reaktionen

Die Niedertemperaturkonvertierung entspricht einer Entfunktionalisierung der organischen Substanz und kann formal durch Reaktionsgleichungen analog der Buswell-Beziehung [39] dargestellt werden:

$$C_aH_bO_cN_dS_eCl_f \rightarrow C_xH_y + H_2O + CO_2 + NH_3 + H_2S + HCl$$

3.1 NTK-Reaktionsgleichungen

Die Hauptkomponenten nichtwässeriger, bakterieller Biomasse im Klärschlamm sind mit 60–80 % Proteine und Lipide. Für ihre Umsetzung im Prozess der NTK können qualitative Summengleichungen formuliert werden:

Proteine:

$(C_{70}H_{135}O_{38}N_{18}S)_n \rightarrow C_xH_y + H_2O + CO_2 + NH_3 + H_2S$

Lipide:

$C_{50}H_{92}O_6 \rightarrow C_xH_y + CO_2$

Kohlenhydrate:

$(C_6H_{10}O_5)n \rightarrow x\, C + n{\times}5\, H_2O$

Das Öl wird im Wesentlichen aus Fetten (Lipiden) und Proteinen gebildet. Kohlenhydrate (Zucker, Stärke, Cellulose) konvertieren zu Kohlenstoff und Wasser. Daher ist der Prozess der Niedertemperaturkonvertierung ein Modell der geologischen Bildung von Öl aus Mikroorganismen und Kohle aus Pflanzen [21]. Durch Elimination der Heterofunktionen als Ammoniak (NH_3), Dihydrogensulfid (H_2S), Wasser (H_2O) und Kohlendioxid (CO_2) entstehen aus Eiweißstoffen ebenfalls Kohlenwasserstoffe.

3.2 NTK als heterogene Gas-/Feststoff-Katalyse

Die Aktivierungsenergie für Depolymerisations- und Eliminierungsreaktionen wird durch katalytisch aktive Metalloxide herabgesetzt. Diese können bei Biomassen in situ aus dem Spurenelementmuster gebildet werden, von vorne herein als Begleitsubstanzen vorhanden sein oder in Spuren extern zugesetzt werden. Dementsprechend liegt dem Prozess der NTK reaktionstechnisch eine katalytische Gas-/ Festkörperreaktion zugrunde. Generell wird diese durch intensiven Kontakt zwischen dem umzusetzenden, organischen Molekül und dem anorganischen Katalysator begünstigt. Infolgedessen ist in der Reaktionsführung eine innige Durchmischung von Substrat und katalytisch wirkendem System, hinreichend langer Verweilzeit katalytisch wirksamer Massen und Substrate und damit eine niedrige Raumgeschwindigkeit der Gas-/ Feststoffreaktion von Vorteil [40]. Dieses Charakteristikum zeigt sich bei konstanter Reaktionstemperatur in der Abhängigkeit der Viskosität des entstandenen Öles von der Raumgeschwindigkeit ganz deutlich.

Im Ergebnis handelt es sich bei der Niedertemperaturkonvertierung (NTK) überwiegend um ein anaerobes thermo-katalytisches Behandlungsverfahren, das C-C-Bindungen weitgehend intakt lässt. Hingegen sind Pyrolysen mehr als thermische Zerlegung mit weitergehender Spaltung von C-C-Bindungen und Aromatisierung unter Sauerstoffausschluss zu beschreiben. Übergänge können fließend sein. Eine Niedertemperatur-Pyrolyse kann im Einzelfall den Reaktionsbedingungen der NTK entsprechen; eine Hochtemperatur-Pyrolyse tut dies nicht.

Im Unterschied zur eigentlichen in situ NTK (siehe 4.1) wird bei Substraten mit fehlendem Anteil katalytisch aktiver Substanzen ein externer Katalysator auf Aluminiumsilikatbasis verwendet (siehe 4.2). Hier sind verschiedene Katalysatorvarianten möglich [41].

4 Ergebnisse der NTK-Umsetzungen

4.1 Ergebnisse der NTK mit in situ Katalysatoren

4.1.1 NTK-Massenausbeuten umgesetzter Substrate

Bei der thermokatalytischen Umsetzung von organischen Substraten entstehen als Produkte flüssige Kohlenwasserstoffe (NTK-Öl), eine wässrige Phase (Reaktionswasser, inkl. der Restfeuchte des Ausgangssubstrats), eine gasförmige Phase (NKG – Nicht kondensierende Gase) und Salze. Im Reaktionsrohr verbleibt ein fester, graphithaltiger Rückstand, der auch nichtflüchtige Salze wie z. B. Sulfate und Carbonate enthält. Die in der Laboranlage erzielten Massenausbeuten sind, bezogen auf das trockene Ausgangssubstrat (TR = 100 %). In der Massenbilanz ist jeweils der Anteil des organischen Trockenrückstands (oTR) der Substrate mit angegeben.

In Abbildung 1 sind die Massenausbeuten der in situ Katalyse der untersuchten Biomassen dargestellt. Die thermokatalystischen Reaktionen bei 400 °C führen, abhängig vom organischen Trockenrückstand (oTR) des Substrats, zu Ölausbeuten von 8 % für anaerob stabilisierten Klärschlamm bis zu rund 29 % für Tiermehl.

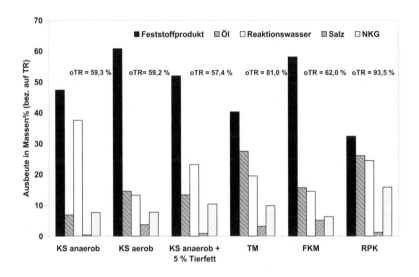

Abb. 1: Massenausbeuten der NTK verschiedener Klärschlämme (KS, mikrobielle Biomasse) im Vergleich zu Tiermehl (TM) und Fleischknochenmehl (FKM) als Vertreter tierischer Biomassen sowie Rapspresskuchen als pflanzlicher Einsatzstoff

Ölviskositäten liegen im Bereich von 10 bis über 40 mm²/s bei 40 °C (Tabelle 4). Durch entsprechendes Upgrading oder direktes einbringen eines externen Katalysators (siehe 4.2) kann die Viskosität entscheidend beeinflusst werden.

Die NTK-Rohöle bestehen zu etwa 95 % aus aliphatischen und 5 % aromatischen Kohlenwasserstoffen. Dies haben Untersuchungen mittels Magnetresonanzspektroskopie gezeigt [34].

Tab. 4: Analysenwerte der aus der NTK verschiedener Substrate bei 400 °C erhaltenen Ölprodukte

Öl aus Substrat	Analysenparameter							
	$V_{40\,°C}$	ρ	H_u	Energie[1]	C	H	N	S
	[mm²/s]	[kg/m³]	[MJ/kg]	[%]	[%]	[%]	[%]	[%]
KS anaerob stabilisiert	14,5	917	36,3	26,5	74,3	10,2	6,4	1,0
KS aerob stabilisiert	26,0	957	30,0	35,6	67,8	16,9	7,3	0,7
KS anaerob + 5 % Tierfett	10,8	936	34,5	46,2	71,6	12,7	5,8	0,2
Tiermehl	45,2	937	32,3	51,0	70,2	10,7	8,7	0,3
Fleischknochenmehl	29,8	902	19,5	24,8	69,8	10,2	11,3	0,2
Rapspresskuchen	35,3	958	29,4	38,8	68,4	15,6	5,9	0,4

[1] bezogen auf den Heizwert des Substrats

Der NTK-Feststoff hat je nach Substrat noch Kohlenstoffgehalte von 22,8 (Fleischknochenmehl) bis 64,5 % (Rapspresskuchen = kohlenhydratreich). Die Heizwerte liegen entsprechend zwischen 8,2 und 27,2 MJ/kg (Tabelle 5). Der Feststoff ist frei von Proteinen und persistenten organischen Reststoffen und ist potentiell eine interessante Ressource zur Rückgewinnung von Phosphor [42].

Tab. 5: Analysenwerte der aus der NTK erhaltenen Feststoffprodukte

Feststoffprodukt aus Substrat	Analysenparameter							
	Asche	Schüttdichte	H_u	Energie[1]	C	H	N	S
	[%]	[kg/m³]	[MJ/kg]	[%]	[%]	[%]	[%]	[%]
KS anaerob stabilisiert	62,7	740	9,3	49,6	25,4	1,8	2,9	1,4
KS aerob stabilisiert	65,2	584	9,5	47,0	24,3	0,8	3,4	0,5
KS anaerob + 5 % TF	66,4	628	9,0	46,8	25,2	1,6	3,2	0,2
Tiermehl	51,8	630	13,9	32,2	34,9	2,5	5,8	<0,33
Fleischknochenmehl	67,2	680	8,2	33,7	22,8	1,9	4,4	<0,33
Rapspresskuchen	16,1	345	27,2	47,6	64,5	3,8	6,6	0,4

[1] bezogen auf den Heizwert des Substrats

Das im Pilotmaßstab bereits erprobte Verfahren soll nun im Rahmen eines von der EU geförderten Projekts im Demonstrationsmaßstab umgesetzt werden [43].

4.2 Ergebnisse der NTK mit externen Katalysatoren

Unter Einfluss externer Katalysatoren (Feststoffsäuren) wurden Versuche mit Tierfetten und pflanzlichen Ölen durchgeführt. Diesen Substraten fehlt die katalytisch wirksame, anorganische Matrix der in situ NTK. Deshalb ist der Zusatz externer Katalysatoren notwendig, um zu den gewünschten Reaktionen und damit Produkten zu gelangen. Ein weiterer Unterschied besteht in der geringen Menge an anfallendem Feststoff-Produkt. Eine Ausnahme bildet hier der eingesetzte Rapspresskuchen, dessen Ölprodukt durch den externen Katalysator im Vergleich zur in situ Katalyse, bei gleichbleibendem Feststoffanteil, qualitativ aufgewertet wurde.

Exemplarisch wurde Tierfett unter sauerstofffreien Bedingungen (Stickstoff-Atmosphäre) *thermogravimetrisch* alleine und in Gegenwart katalytisch aktiver Festkörpersäuren auf Zeolithbasis untersucht. Abbildung 2 zeigt einen Vergleich zwischen Tierfett ohne und mit dem Zeolith-Katalysator Wessalith.

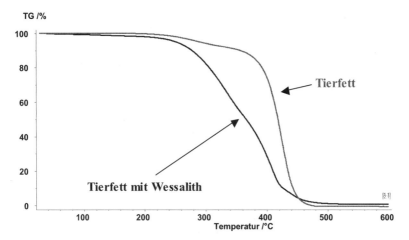

Abb. 2: Thermogravimetrie von Tierfett ohne und mit Katalysator Wessalith

Bei Anwesenheit eines Katalysators ergibt sich ein anderer Kurvenverlauf als ohne Katalysator. In letzterem Fall destilliert das Fett einfach über, während bei Anwesenheit eines Katalysators chemische Reaktionen stattfinden. Bekannt aus der organischen Chemie ist, dass tierische Fette als Glycerinester durch starke Säuren in Umkehrung der Darstellung von Estern durch Alkoholyse von Carbonsäuren [44] gespalten werden können. Feststoffe, wie z. B. Y- und Pentasil-Zeolithe besitzen bei Temperaturen oberhalb 300 °C Säurestärken im Bereich von Mineralsäuren [45, 46].

4.2.1 Experimentelle Anordnung und Massenausbeuten

Der Festbettreaktor ist in Abbildung 3 als Fließschema dargestellt. Das Substrat wird in einer speziellen Vorlage erhitzt. Dadurch geht es in die Gasphase über. Diese Schwelgase werden mittels Trägergasstrom über ein Katalysator-Festbett geleitet. Die in Kohlenwasserstoffe umgewandelten Gase und geringe Mengen an Wasserdampf werden durch eine mit Kühlwasser durchströmte Kondensations-Einheit zu Öl und Reaktionswasser verflüssigt. Diese sammeln sich im Scheidetrichter und können dort abgezogen werden. Nicht kondensierende Gase (Abgas) werden über eine Gaswaschflasche in den Abzug geleitet.

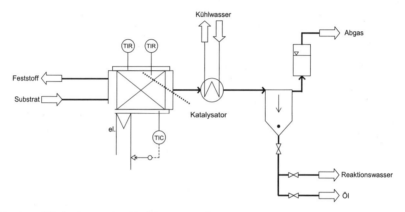

Abb. 3: Fließschema des Verfahrens zur Fettkonversion

Das Katalysatorbett kann durch Erhitzen im Luftstrom reaktiviert werden.

In Abbildung 4 sind die Massenausbeuten der Produkte aus der Umsetzung von Tierfett, Pflanzenölen und Rapspresskuchen bezogen auf die Masse des eingesetzten Substrats dargestellt.

Entsprechend der hohen oTR-Gehalte der Substrate ergeben sich entsprechend hohe Ölausbeuten bei geringem Feststoff-Produkt mit Ausnahme von Rapspresskuchen. Tierfett ergibt bis zu 68 % Öl mit dem Katalysator Köstrolith. Dies bedeutet einen Übergang von 84 % der Subtratenergie (32,3 MJ/kg) in das Ölprodukt. Pflanzenöl ergibt mit dem selben Katalysator eine Ausbeute von über 40 % bei knapp 50 % Subtratenergie ($H_{u,Rapsöl}$ = 37,1 MJ/kg) (Tabelle 6).

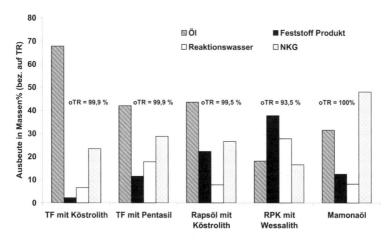

Abb. 4: Massenausbeuten der NTK von Tierfettt (TF), Pflanzenöl und Rapspresskuchen (RPK) mit verschiedenen externen Katalysatoren bei 400 °C

Die erhaltenen Ölviskositäten (Tabelle 6) zeigen deutlich, dass durch NTK mit externen Katalysatoren Werte im Bereich mineralischer Kraftstoffe erreicht werden. Bestätigt wird dieser Befund der Ähnlichkeit mit fossilen Kohlenwasserstoffen durch Vergeleich der entsprechenden Siedelinien der NTK-Öle und der fossilen Kraftstoffe (Abbildung 5). So ergibt sich beispielhaft für Öl aus Tierfett und Öl aus Rapspresskuchen ein Verlauf zwischen Diesel und Benzin.

Tab. 6: Analysenparameter der Ölprodukte aus der NTK bei 400 °C mit den angegebenen externen Katalysatoren (TF: Tierfett, RPK: Rapspresskuchen)

Öl aus Substrat	Analysenparameter							
	$v_{40\,°C}$	ρ	H_u	Energie[1]	C	H	N	S
	[mm^2/s]	[kg/m^3]	[MJ/kg]	[%]	[%]	[%]	[%]	[%]
TF mit Köstrolith	0,7	804	40,2	84,4	87,5	12,4	0,001	<0,34
TF mit Pentasil	2,4	862	37,0	42,2	84,3	18,4	0,7	<0,34
Rapsöl mit Köstrolith	0,7	792	42,4	49,7	87,8	9,6	0,002	<0,34
RPK mit Wessalith	14,2	926	31,3	28,5	73,2	16,2	5,91	<0,34
Mamonaöl m. Wess.	0,94	878	38,4	35,3	90,6	10,3	<0,14	<0,34

[1] bezogen auf den Heizwert des Substrats

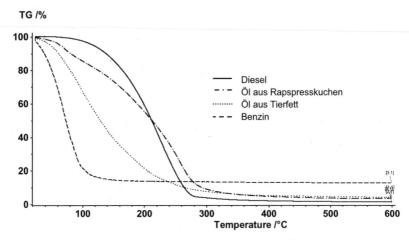

Abb. 5: Vergleich des Siedeverlaufs verschiedener NTK-Öle mit dem Siedeverlauf von Diesel und Benzin

4.2.2 Verbrennungstechnische Untersuchungen des Ölproduktes

Biogene Treibstoffe müssen die Emissionsgrenzwerte für mineralische Treibstoffe (1. BimSchV, TA Luft) bzw. Heizöl EL (DIN 51 603 Teil 1) einhalten. Das bei 400 °C in Gegenwart von Wessalith produzierte Öl wurde in einem modifizierten Buderus Heizkessel Typ G115 (27 kW Leistung) mit einem vorgebauten Blaubrenner Typ MAN RE 1,2 LN verbrannt. Zum Vergleich wurden Heizöl und 1:1 Mischungen von Heizöl und produziertem Öl unter gleichen Bedingungen verbrannt. Die Resultate sind in Tabelle 7 zusammengefasst.

Tab. 7: Ölparameter ($^{1)}$) und Abgasparameter ($^{2)}$) der Verbrennung von Kohlenwasserstoffen aus der Thermokatalyse von Tierfett bei 400 °C im Vergleich zu Heizöl EL und einer 1:1 Mischung mit Heizöl EL und entsprechenden Grenzwerten

Parameter	Heizöl EL	Heizöl EL/Öl aus Tierfett (Wessalith; 400 °C) 1:1	Öl aus Tierfett (Wessalith; 400 °C)	Grenzwert
Heizwert [MJ/kg] $^{1)}$	42,0	41,5	41,3	$\geq 42{,}0$ $^{3)}$
Kinematische Viskosität $v_{40\,°C}$ [mm²/s] $^{1)}$	3,25	2,74	2,51	$\leq 6{,}0$ $^{3)}$
C [%] $^{1)}$	86,5	85,7	83,4	-
H [%] $^{1)}$	14,0	13,8	13,5	-
N [%] $^{1)}$	0,001	0,01	0,03	-
S [%] $^{1)}$	0,15	0,21	0,29	$\leq 0{,}20$ $^{3)}$
O_2 [%] $^{2)}$	5,5	5,5	5,6	-
T_{Gas} [°C] $^{2)}$	134	134	133	-
λ $^{2)}$	1,34	1,34	1,37	-
CO_2 [%] $^{2)}$	11,0	11,5	11,3	-
NO_x [mg/kWh] $^{2)}$	162	186	233	120 $^{4)}$
SO_x [mg/m³] $^{2)}$	87	26	0	350 $^{5)}$
Rußzahl [%] $^{2)}$	0,0	0,4	0,4	1 $^{4)}$

$^{3)}$ nach DIN 51 603 $^{4)}$ nach 1. BImSchV $^{5)}$ nach TA Luft

Im Ergebnis veranschaulichen die verbrennungstechnischen Untersuchungen, dass die aus Tierfett gewonnenen Kohlenwasserstoffe ähnliche Verbrennungseigenschaften zeigen wie Heizöl EL. [46]

Weitergehende Untersuchungen wie beispielsweise detaillierte Brennstoffanalysen sowie Prüfung der Oxidations- und Lagerstabilität der Ölprodukte sind in Planung.

5 Ökoeffizienzanalyse der NTK von Klärschlamm

Im Zuge der Untersuchung der Nachhaltigkeit des NTK-Verfahrens wurde in Bezug auf das Substrat Klärschlammm eine Ökoeffizienzanalyse in Zusammenarbeit mit der BASF AG, Ludwigshafen, durchgeführt [47].

Zielsetzung war zum einen eine rationale Basis für die Einordnung der NTK in Klärschlammentsorgungstechnologien zu definieren und zum anderen eine technische Perspektive für künftige Verfahrensoptimierungen der NTK zu entwickeln. Diesem integralem Ansatz wird eine methodische Näherung in verschiedenen Szenarien gerecht, aus deren Synopse weitere technische Entwicklungsnotwendigkeiten ableitbar sind.

5.1 Vergleich NTK/Mitverbrennung

Ausgangspunkt der Ökoeffizienzanalyse waren die zufälligen Gegebenheiten eines Projektes der Deutschen Bundesstiftung Umwelt (DBU) auf der Kläranlage des AZV Füssen mit vorentwässertem Klärschlamm und nachfolgender solarer Klärschlammtrocknung (jährlicher Klärschlammanfall mit Trockenrückstand [TR] = 25 % beträgt 2.100 t). Als Kundennutzen wurde in der Analyse die Entsorgung einer Tonne vorentwässerten Klärschlamms mit einem TR von 25 % definiert. Daraus leitet sich eine Tonne vorentwässerter Klärschlamm als Nutzeneinheit (NE) ab, auf die sämtliche Verbräuche an Rohstoffen, Energie, Kosten etc. bezogen werden.

Folgende Alternativen wurden untersucht:

Alternative I:

Nach der Entwässerung wird der Klärschlamm in der solaren Trocknung auf einen TR von 85 % gebracht und anschließend in der NTK-Anlage umgesetzt. Zur Beheizung dienen elektrische Heizwendel.

Alternative II:

Anstelle der elektrischen Heizwendel wird zur Beheizung des Reaktors von außen Abgas benutzt, wozu Heizöl benötigt wird.

Als *Referenzverfahren* für den Vergleich der NTK mit herkömmlichen thermischen Entsorgungswegen diente die Mitverbrennung des Klärschlamms im Steinkohle-Heizkraftwerk in Zolling, Bayern. In dieses Heizkraftwerk war der Füssener Klärschlamm bis zur Inbetriebnahme der solaren Trocknungsanlage im Jahr 2000 verbracht worden, wobei inkl. Transport 90 € pro Tonne zu bezahlen waren. Da vorentwässerter Klärschlamm nicht selbstgängig brennt, ging die Menge an Steinkohle, die zur Stützfeuerung nötig ist, in die Bilanzierung mit ein.

Die Abwasserreinigung, die für alle drei Verfahren quasi die gleiche ist, wird nicht betrachtet. Da im Sinne einer Ökobilanz der gesamte Lebensweg von der Rohstoffentnahme bis zur Verwertung und Entsorgung der Produkte betrachtet wird, müssen auch die Produkte, Abfälle und Emissionen (Luft, Wasser, Boden) in der Bewertung eine Berücksichtigung erfahren. Produkte, die zum Beispiel Rohstoffe substituieren (NTK-Öl als Rohöl-Ersatz), erfahren in der Bilanzierung gegenüber dem Rohstoffverbrauch eine Gutschrift. Abbildung 6 stellt die Systemgrenzen dar.

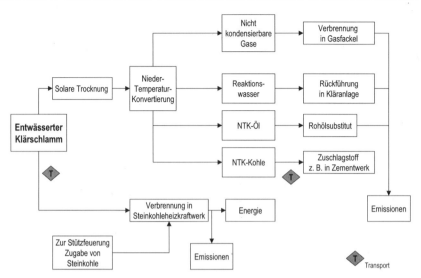

Abb. 6: Systemgrenzen der Ökoeffizienzanalyse für die Bilanzierung sämtlicher Energie- und Stoffströme

5.2 Datenerfassung

Die zur Ökoeffizienzanalyse erforderlichen Daten stützen sich im Wesentlichen auf Messergebnisse der Pilotanlage an der KA Füssen bzw. des Laborbetriebs. Zum Teil wurde auf Literaturwerte zurückgegriffen, insbesondere bei Bilanzierung der solaren Klärschlammtrocknung [48]. Hinsichtlich der Mitverbrennung im Steinkohleheizkraftwerk konnte der Strombedarf nur angenommen werden. Es wurde ein Drittel des Bedarfs aus Alternative I und II (ohne Beheizung des Reaktors) berechnet. Gleiches gilt für den Bedarf an Baumaterialien.

Abbildung 7 zeigt die Aufstellung der Kosten, aus denen sich die Gesamtkosten zusammensetzen. Die Kosten für die Mitverbrennung im Heizkraftwerk entsprechen den Kosten, die beim Kläranlagenbetreiber zur Entsorgung des Klärschlamms anfallen. Diese sind marktabhängig. Eingesetzt in die Ökoeffizienzanalyse wurden die Kosten der Kläranlage des AZV Füssen als DBU-Projektpartner. Diese lagen bei 90 €/t. Bei der alternativen Klärschlammentsorgung NTK verursachen die Investitionskosten den größten Anteil. Im Vergleich liegen sie unter den Gesamtentsorgungskosten des Referenzverfahrens. In Alternative I und II entstehen dem Kläranlagenbetreiber zusätzliche Kosten bei der Entsorgung der NTK-Kohle, die in erster Näherung mit 70 € pro Tonne Kohle (Ausbeute Kohle aus Klärschlamm 60 %) angenommen wurden[1]. Auch diese Kosten sind marktabhängig. Auffallend sind die hohen Stromkosten in Alternative I. Die Erlöse, die aus der Gutschrift des NTK-Öls als Rohöl erzielt werden können, sind gegenüber den Gesamtkosten gering. Hinweis: Die Ölausbeute beträgt bei anaerob stabilisiertem Füssener Klärschlamm lediglich 6,5 % (TR = 85 %). Andere Klärschlämme weisen wesentlich höhere Ausbeuten auf.

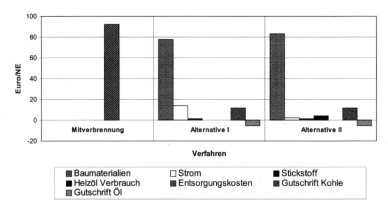

Abb. 7: Struktur der Gesamtkosten in Euro/NE mit Einzelposten wie z. B. Baumaterialien, Energie, Verbrauchsmaterialien und Transport

5.3 Ökobilanzielle Betrachtung

Die ökobilanzielle Betrachtung untergliedert sich in folgende Kriterien: Rohstoffverbrauch, Energieverbrauch, Emissionen, Flächenbedarf, Toxizitätspotential und Risikopotential.

Abbildung 8 veranschaulicht beispielhaft die ökobilanzielle Betrachtung der Primärenergiebilanz: Verbräuche sind durch ein positives Vorzeichen und Gutschriften durch ein negatives Vorzeichen gekennzeichnet. Auffallend ist der hohe Primärenergieverbrauch für die Stromversorgung in Alternative I. Der Vergleich mit Alternative II (Abgasheizung) zeigt, dass sich elektrische Heizwendel sehr negativ auf die Ökobilanz auswirken. Dagegen benötigt der zusätzliche Bedarf an Heizöl für die Abgasheizung wesentlich weniger Primärenergie. Bemerkenswert ist die Bewertung des NTK-Öls, das mit einer vergleichsweise geringen Ausbeute eine hohe Gutschrift erfährt.

Bei der ökologischen Bewertung des *Referenzverfahrens* muss berücksichtigt werden, dass der elektrische Eigenbedarf des Steinkohleheizkraftwerks nicht mit ge-

---

[1] Zu Beginn der Studie lag der Kläranlage mit solar getrocknetem Klärschlamm ein diesbezügliches Angebot einer Zementfabrik vor, die die NTK-Kohle zu diesem Preis entsorgen wollten. Zwischenzeitlich sind günstigere Angebote verfügbar.

rechnet wurde. Nur der Strombedarf, der im Heizkraftwerk zusätzlich für die Beförderung des Klärschlamms entsteht, geht mit in die Berechnung ein.

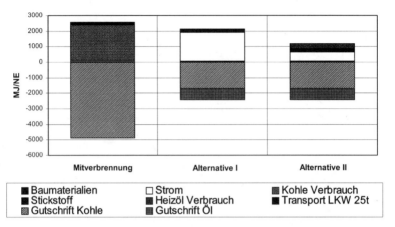

Abb. 8: Darstellung der Primärenergiebilanz in MJ/Nutzeneinheit (NE) für die Mitverbrennung sowie die beiden NTK-Alternativen

5.4 Ökoeffizienz-Portfolio

Das Ökoeffizienz-Portfolio in Abbildung 9 veranschaulicht das Ergebnis des Verfahrensvergleichs NTK von Klärschlamm zur Mitverbrennung des Klärschlamms im Heizkraftwerk.

In einem Ökoeffizienzportfolio ist die wirtschaftliche Bewertung der Verfahren (Horizontale) in Abhängigkeit der jeweiligen Umweltbelastung (Vertikale) dargestellt. Die Interpretation der Ergebnisse orientiert sich an vier Quadranten, in die das Portfolio untergliedert ist. Der rechte obere Quadrant steht für die höchste Ökoeffizienz, mit geringen Gesamtkosten bei niedriger Umweltbelastung.

Ein Verfahren, das sich im rechten unteren Quadranten befindet, zeichnet sich ebenfalls durch eine hohe Wirtschaftlichkeit aus, hat aber eine schlechte ökologische Bewertung. Analog dazu steht der linke obere Quadrant für eine niedrige Umweltbelastung verbunden mit einer relativ schlechten Wirtschaftlichkeit. Liegt ein Verfahren im linken unteren Quadranten ist weder eine wirtschaftliche noch ökologische Nachhaltigkeit zu erwarten.

Die Klärschlamm-Mitverbrennung im Steinkohle-Heizkraftwerk liegt im oberen, rechten Quadranten und ist damit im Vergleich zur NTK die ökoeffizienteste Möglichkeit zur Klärschlammentsorgung.

Alternative II der NTK, in der eine Abgasheizung vorgesehen ist, ist gegenüber einem Reaktor mit elektrischen Heizwendel weitaus weniger umweltbelastend.

Alternative I weist, aufgrund der überproportional hohen Stromkosten, auch die geringste Wirtschaftlichkeit auf.

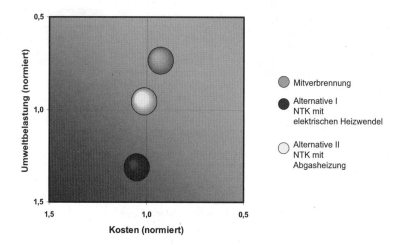

Abb. 9: Ökoeffizienzportfolio für die Klärschlamm-Mitverbrennung im Kohlekraftwerk im Vergleich zu den beiden NTK-Alternativen

5.5 Szenarien

Die Ökoeffizienzanalyse erlaubt es, potentielle Verfahrensoptimierungen beziehungsweise ‚was wäre, wenn...'-Situationen in Szenarien modellhaft zu untersuchen und darzustellen. Projektbezogen wurde ein Szenario „kostenlose Entsorgung der NTK-Kohle" entwickelt:

In diesem Szenario wird unterstellt, dass dem Kläranlagenbetreiber für die Entsorgung der NTK-Kohle keine zusätzlichen Kosten entstehen. Dies könnte der Fall sein, wenn die NTK-Kohle direkt auf der Kläranlage, beispielsweise zur Beheizung des Reaktors oder als Energiequelle zur Klärschlammtrocknung eingesetzt wird. Auch die Verwertung der NTK-Kohle in Ziegeleien als Poren bildender Stoff wäre denkbar und bildet derzeit Gegenstand von Laboruntersuchungen. Das Portfolio in Abbildung 10 zeigt die Auswirkungen der unterstellten kostenlosen Entsorgung der NTK-Kohle.

Die Darstellung veranschaulicht für die NTK (Alternative I und II) eine Verschiebung zu Gunsten der Wirtschaftlichkeit nach rechts. Relativ dazu nimmt die Wirtschaftlichkeit der Mitverbrennung ab (Verschiebung nach links). Infolge dessen wird die NTK aus wirtschaftlicher Sicht günstiger als die Mitverbrnnung. Die Mitverbrennung bleibt jedoch die ökoeffizienteste Methode. Dennoch ist beachtenswert, dass die Alternative II der NTK fast vollständig im oberen rechten Quadranten liegt und somit aus Sicht des Unternehmers die günstigere Variante für die Markteinführung ist.

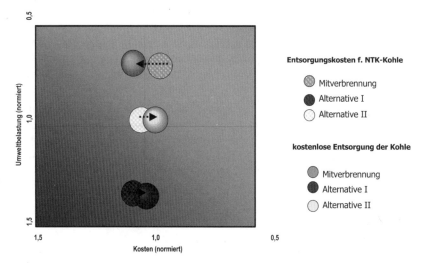

Abb. 10: Szenario: Mit abnehmenden Entsorgungskosten für das NTK-Feststoffprodukt verbessert sich die Wirtschaftlichkeit der NTK

5.6 Diskussion

Die Ökoeffizienzanalyse veranschaulicht die ökologische und ökonomische Situation der einzelnen Verfahren mit folgendem Ergebnis:

Bei hohen Entsorgungskosten für die NTK-Kohle (hier: 70 €/t) hat die Klärschlamm-Mitverbrennung im Steinkohleheizkraftwerk die niedrigsten Entsorgungskosten und die geringste Umweltbelastung. Dementsprechend weist das Ökoeffizienzportfolio die höchste Effizienz (rechter, oberer Quadrant) aus.

Bei Abgas befeuertem Reaktor wird die NTK umso ökoeffizienter, je höher die Ölausbeute und je geringer die Kosten der Verbringung des festen kohlenstoffhaltigen Rückstandes (NTK-Kohle) sind.

Bezogen auf die produzierbare, spezifische Ölmenge aus Klärschlamm steigt die Ökoeffizienz der NTK bei gegebenen Entsorgungskosten des kohlehaltigen Feststoffes in folgender Reihenfolge: Nichtstabilisierter KS < aerob stabilisierter KS < anaerob stabilisierter KS. Infolgedessen begünstigt das Fehlen eines Faulturms die Integration der NTK in die Klärschlammentsorgungskette. In dieser speziellen Kläranlagensituation liegt eine Marktnische der NTK. Entscheidend ist jedoch, dezentral eine kostengünstige Verwertung für den festen kohlehaltigen (aber nicht gärfähigen) Rückstand zu finden.

Der Einsatz einer NTK-Anlage auf der Füssener Kläranlage ist einer Mitverbrennung vorzuziehen, wenn der NTK-Reaktor mit Abgasen (Alternative II) beheizt wird und keine bzw. nur geringe Entsorgungskosten für die NTK-Kohle anfallen. Andernfalls ist die Mitverbrennung das ökoeffizientere Entsorgungsverfahren. Interessant ist auch der starke Einfluss der Ölausbeute auf die Gesamtkosten (Abbildung 7) und Primärenergiebilanz (Abbildung 8). Andere Klärschlämme, die im Zuge des Projektes konvertiert wurden, haben eine wesentlich höhere Ölausbeute (vgl. Abbildung 1) als der anaerob stabilisierte Klärschlamm des AZV Füssen.

Abschließend muss erwähnt werden, dass andere thermische Entsorgungsverfahren nicht in der Analyse bewertet wurden. Somit können keine Aussagen über die Ökoeffizienz der NTK im Vergleich mit der Monoklärschlammverbrennung gemacht werden. Bei letzterer würden beispielsweise die Baumaterialien und der Eigenenergieverbrauch stärker ins Gewicht fallen. Darüber ist gesondert zu berichten.

6 Danksagung

Die vorliegenden Arbeiten wurden von der Deutschen Bundesstiftung Umwelt (DBU), Osnabrück unter dem Kennzeichen Az 18 153 sowie AiF ProInno, Berlin finanziell gefördert.

Frau Dipl.-Ing. G. Donnevert und Frau Dipl.-Ing. E. Landrock-Bill, FH Gießen-Friedberg und Herrn Dr. G. Schilling, Universität Heidelberg sei für FTIR-, REM- und NMR-Untersuchungen gedankt. Frau C. Steller, Frau L. Beermann und Frau R. Sauer gebührt Dank für experimentelle Unterstützung.

7 Literatur

[1] Raussen, T., M. Kern: Stand und Verfahren der Bioenergieerzeugung in Deutschland – Chancen für die Abfallwirtschaft. In: Bio- und Sekundärrohstoffverwertung. stofflich – energetisch. K. Wiemer, M. Kern (Hrsg.), Witzenhausen-Institut. Neues aus Foschung und Praxis. Witzenhausen, 2006, 383–405

[2] Richtlinie 2003/30/EG des Europäischen Parlaments und des Rates vom 8. Mai 2003 zur Förderung der Verwendung von Biokraftstoffen oder anderen erneuerbaren Kraftstoffen im Verkehrssektor

[3] Stanev, A.: Aktuelle Entwicklungen und Forschungsansätze im Bereich der thermischen Biomassenutzung. In: Bio- und Sekundärrohstoffverwertung. stofflich – energetisch. K. Wiemer, M. Kern (Hrsg.), Witzenhausen-Institut. Neues aus Foschung und Praxis. Witzenhausen, 2006, 406–412

[4] Die Deutsche Fleischmehlindustrie: Internetseite: www.stn-vvtn.de/fakten_zahlen.php

[5] Ulrich-Jost: Kurzes Lehrbuch der physikalischen Chemie, D. Steinkopff Verlag, 16. Auflage, Darmstadt 1966

[6] Holleman-Wiberg, Lehrbuch der Anorg. Chemie, Walter de Gruyter, Berlin 1964

[7] Ullmanns Enzyklopädie der technischen Chemie, Band 6, Umweltschutz und Arbeitssicherheit (Hrsg. E. Weise). Verlag Chemie, Weinheim 1981, ISBN 3-527-20006-1, 553

[8] Rosemann, Reiner: Substanzielle Charakterisierung von Produkten einer Abfallpyrolyseanlage. Dissertation TU Braunschweig, 1998

[9] Heil, J., Simons, D.: Charakterisierung neuer thermischer Abfallbehandlungsverfahren, in: Kreislaufwirtschaft, K. Thomé-Kozmiensky (Hrsg.) EF-Verlag für Energie- und Umwelttechnik, GmbH, Berlin 1994; ISBN: 3-924511-80-2

[10] Tagungsunterlagen, 3. Klärschlammtage 5.–7. Mai 2003, ATV-DVWK, 2003

[11] Quicker, P., Faulstich: Kosten der Klärschlammentsorgung, Wasser & Boden (54), (2002) 22–27

[12] Friedrich, H.; Fehrenbach, H.; Giegrich, J.; Knappe, F. (2002): Ökobilanz der verschiedenen Entsorgungswege des Klärschlamms, Abfall und Müll 10, 558–568

[13] Eisner, P., Brandl, F., Mäurer, A., Menner, M: BSE-Indikatoren zur Bewertung von Abfallbehandlungsanlagen, Müll und Abfall 12 (2001) 677–681

[14] Reimann, D. O.: Tiermehlentsorgung in rostgefeuerten Abfallverbrennungsanlagen Müll und Abfall 33 (2002) 485–488

[15] Johnke, B., Wiebusch, B: Stand und Entwicklung der thermischen Klärschlammentsorgung, UTA 2 (1997), 66–69

[16] Ermel, G. (2001): Tendenzen der Klärschlammverbrennung. In: Lützner, K, (Hrsg.): Aktuelle Probleme der Abwasserbehandlung. Dresdner Berichte Band 17, 127–148

[17] Reimann, D. O.: Zukunft der kommunalen Müllverbrennung, Müll und Abfall 7, (2001), 414–420

[18] ATV-Arbeitsgruppe 3.1.5 (1999): Kostenstrukturen der Klärschlammbehandlung und -entsorgung. Korrespondenz Abwasser, 46 (5), 806–814

[19] Prechtl, S., Schneider, R., Jung, R. (2001): Thermodruckhydrolyse zur Vorbehandlung von Klärschlamm vor der Verbrennung. In: Faulstich, M.; Urban, A.; Bilitewski, B. (Hrsg.): Thermische Abfallbehandlung 2001. Berichte aus Wassergüte- und Abfallwirtschaft, Technische Universität München. 265–274

[20] Steger, M., Meißner, W., Herold, R. (1998): Gewinnung von Öl und Koks aus organisch belasteten Schlämmen, In: Energetische und stoffliche Nutzung von Abfällen und nachwachsenden Rohstoffen, DGMK-Fachbereichstagung, Velen, 20.–22. April 1998, 295–302

[21] Bayer, E., Kutubuddin, M.: Öl aus Müll und Schlamm. Bild der Wissenschaft 17 (9), (1981), 86–77

[22] Stadlbauer, E. A. (2001): Alternative Klärschlammentsorgung, GIT Laborfachzeitschrift 45, 600–603

[23] Bojanowski, S.: Untersuchungen zur Niedertemperaturkonvertierung von Tiermehl. Diplomarbeit Fachhochschule Gießen-Friedberg, Gießen 2002

[24] Bayer, E.: European Patent Application No. 81109604.9. Nov. 10th, 1981, published May 26th 1982, Pub. No. AZ 0052 334

[25] Bayer, E., Kutubuddin, M.: Öl aus Klärschlamm. Korrespondenz Abwasser 29 (1982), 377–381

[26] Campell, H. W., Bridle, T. R.: Conversion of sludge to oil: a novel approach to sludge management, presentation at the Specialist Group on Design and Operation of Large WWTPs, seminar at the 14th IAWPRC Conf., Brighton, UK 1988

[27] Stadlbauer, E. A., S. Bojanowski, A. Frank., R. Lausmann, W. Grimmel (2003): Untersuchungen zur thermokatalytischen Umwandlung von Klärschlamm und Tiermehl. KA – Abwasser, Abfall 2003 (50) 12, 1558–1562

[28] Faubel, M.: Niedertemperaturkonvertierung von Hausmüll, Dissertation Universität Tübingen 1992

[29] Deyle, C-J.: Verwertung und Recycling von Altfarben und Kunststoffmüll mittels Niedertemperaturkonvertierung, Dissertation, Universität Tübingen 1997

[30] Oberdörfer, M.: Niedertemperaturkonvertierung von Ölsaaten, Dissertation, Universität Tübingen 1990

[31] Steger, M. Th. und W. Meißner: Drying and Low Temperature Conversion – a Process Combination to Treat Sewage Sludge Obtained from Oil Refineries, Water Science and Technology Vol.34 No10pp 133–139, IWA Publishing 1996

[32] Aicher, M.: United States Patent, Patent number 5,246,599, Sept. 21, 1993

[33] Stadlbauer, E. A., S. Bojanowski, A. Frank, S. Skrypski-Mäntele, C. Zettel: Treatment of Bovine Carcasses from Veterinary Clinics in Times of BSE. In: Book of Abstracts, 1st International Symposium on residue management in Universities, Universidade Federal de Santa Maria, November 6–8th, 33–34

[34] Stadlbauer, E. A. (2005): Thermokatalytische Niedertemperaturkonvertierung (NTK) von tierischer und mikrobieller Biomasse unter Gewinnung von Wertstoffen und Energieträgern im Pilotmaßstab. Abschlussbericht DBU-Projekt Az.18 153, Gießen, Juli 2005

[35] Bojanowski, S., A. Fiedler, S. Hossain, E. A. Stadlbauer (2005): Synthetische Kraftstoffe aus Biomasse durch Niedertemperaturkonvertierung (NTK). BioEnTa 2005, 21. September 2005, Bad Hersfeld

[36] Hollemann, A. F.: Lehrbuch der Unorganischen Chemie für Studierende an Universitäten und Technischen Hochschulen. Verlag von Veit & Comp. Leipzig, 4. Auflage 1906, 179

[37] Rückgewinnung von Phosphor in der Landwirtschaft und aus Abwasser und Abfall, Tagungsband zum Symposium am 06.–07. Februar 2003, Dohmann, M., (Hrsg.) Umweltbundesamt & Institut für Siedlungswasserwirtschaft der RWTH Aachen, ISBN: 3-932590-99-6, Aachen, 2003

[38] Kley, G., Köcher, P. Brenneis, R.: Möglichkeiten zur Gewinnung von Phosphat-Düngemitteln aus Klärschlamm-, Tiermehl- und ähnlichen Aschen durch thermochemische Behandlung. In: Rückgewinnung von Phosphor in der Landwirtschaft und aus Abwasser und Abfall, Symposium vom 06./07. Feb. 2003, Berlin 7/1–7/16

[39] Buswell, A. M.; Mueller, H. F.: Mechanism of methane fermentation. Ind. Eng. Chem. 44 (1952), 550–552

[40] Hagen, J.: Technische Katalyse. VCH, Weinheim 1996, ISBN 2-527-28723-X

[41] Stadlbauer, E. A.: Entwicklung, Betrieb und analytische Begleitung eines Prototypen zur katalytischen Gewinnung kohlenwasserstoffbasierter Biotreibstoffe aus Tierfett, Aif-Projekt ProInno KF 0059102 ST5, Zwischenbericht, Gießen, Januar 2007

[42] Stadlbauer, E. A. (2006): Niedertemperaturkonvertierung (NTK): Verfahren und Ökoeffizienzanalyse. Bayer. Landesamt für Umwelt (Veranst.): Neue Entsorgungswege für den bayerischen Klärschlamm – Technische Möglichkeiten und Erfahrungsberichte – (Augsburg 11.07.2006), ISBN: 3-936385-93-9, Augsburg, 2006, 91–132

[43] Stodolka, J., Stadlbauer, E. A.,: Projektantrag EU LIFE-Environment Demonstration Projects. Efficient recycling and disposal of sewage sludge with thermocatalytic low temperature conversion technique; 30. November 2005

[44] Organikum, VEB Berlin 1967, 384

[45] J. Hagen: Technische Katalyse VCH Weinheim, 1996, ISBN 3-527-28723-X

[46] Stadlbauer, E. A., R. Altensen, S. Bojanowski, G. Donnevert, A. Fiedler, S. Hossain, J. Rossmanith, G. Schilling (2006): Herstellung von Kohlenwasserstoffen aus Tierfett durch thermokatalytisches Spalten. Erdöl Erdgas Kohle 2006 (122) 2, 64–69

[47] Stadlbauer E. A., A. Fiedler, S. Bojanowski, S. Hossain, A. Frank, F. Petz (2006): Ökoeffizienzanalyse als Entscheidungskriterium bei der Klärschlamm-Entsorgung. KA – Abwasser, Abfall 2006 (53) 4, 381–386

[48] Bux, B., Baumann, R.: Wirtschaftlichkeit und CO_2-Bilanz der solaren Trocknung von mechanisch entwässertem Klärschlamm; Universität Hohenheim, Stuttgart

Energietechnik • Blockheizkraftwerke • Automatisierungstechnik

Biogas • Klärgas • Deponiegas • Erdgas

Projektierung • Herstellung • Service

Anschrift	Telefon	Telefax	E-Mail	Internet
Treffurter Weg 11 99974 Mühlhausen	03601 856913	03601 856914	info@enertec-kraftwerke.de	www.enertec-kraftwerke.de

Saubere Energie aus Abfall

HERHOF GMBH

Das Herhof-Trockenstabilat®-Verfahren ist eine umweltgerechte und energieeffiziente Alternative zur herkömmlichen Abfallverwertung durch Gewinnung eines umweltfreundlichen Energieträgers, dem

Trockenstabilat®.

Dies ist unser Beitrag zum aktiven Klimaschutz durch innovative und zukunftsorientierte Abfallwirtschaft.

Herhof GmbH * Riemannstraße 3 * 35606 Solms Tel.: 06442 / 207-0 * www.herhof.de

Kraftwerk Peute

Joachim Lemke

Hintergrund

Die Kraftwerk Peute Projektmanagement GmbH & Co. KG (KPP) plant die Errichtung und den Betrieb einer energetischen Verwertungsanlage für Ersatzbrennstoffe (EBS) zur Erzeugung von Energie.

Als Gesellschafter sind an der KPP zu jeweils 50 % die Norddeutsche Affinerie AG (NA) und die SRH Beteiligungsgesellschaft mbH (SRHB), eine 100%ige Enkeltochtergesellschaft der Stadtreinigung Hamburg AöR (SRH) (Abbildung 1).

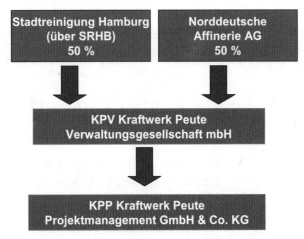

Abb. 1: Gesellschaftsstruktur der Kraftwerk Peute Projektmanagement GmbH & Co. KG

1 Zweck der Anlage

Das Kraftwerk Peute soll vorrangig Ersatzbrennstoff (EBS) energetisch verwerten. Darüber hinaus ist die Anlage auch auf die Behandlung von Siedlungsabfällen ausgelegt und kann den bestehenden Verbund an Müllverbrennungsanlagen in und um Hamburg ergänzen.

Die Anlage wird unter Beachtung eines hohen Umweltschutzstandards und auf effiziente Art und Weise die im EBS enthaltene Energie sehr wirtschaftlich zur Erzeugung von elektrischem Strom und Dampf nutzen. Neben diesem ökonomischen Nutzen bietet das Kraftwerk auch einen großen ökologischen Vorteil, denn durch die Verbrennung von EBS werden Primärbrennstoffe wie Kohle oder Gas eingespart und damit wertvolle natürliche Ressourcen geschont.

Abb. 2:   Modellansicht des geplanten Kraftwerk Peute

Das Kraftwerk Peute (Abbildung 2) wird im Wesentlichen elektrischen Strom erzeugen, der vorrangig zur Abdeckung des Eigenstrombedarfs der Norddeutschen Affinerie AG am Standort Hamburg genutzt wird. Eventuelle Überschüsse werden in das öffentliche Stromnetz eingespeist.

Neben der Sicherung des Produktionsstandortes der NA in Hamburg und den damit verbundenen 2.000 Arbeitsplätzen durch die Energieversorgung dient das Vorhaben gleichermaßen den Kernaufgaben der SRH, da es einen zusätzlichen Faktor zur Aufrechterhaltung der langfristigen Entsorgungssicherheit für Hamburg darstellt. Zu diesem Zweck haben die NA und die SRH, die als kommunaler Entsorger über langjährige und umfangreiche Erfahrungen bei der Erfassung und Behandlung von kommunalen, gewerblichen und industriellen Abfällen verfügt, die gemeinsame Projektgesellschaft KPP zur Planung und Projektierung des Kraftwerks Peute gegründet.

2   Standort

Der vorgesehene Anlagenstandort befindet sich im östlichen Bereich des Hamburger Hafens, nördlich der BAB 1 direkt an Norderelbe und Peutestraße auf dem ehemaligen Gelände der Peute Baustoff GmbH (Abbildung 3 und 4).

Das direkte Umfeld des Standorts ist geprägt von Hafen- und Industrienutzung, größere Bereiche mit Wohnbauflächen sind in Wilhelmsburg und Rothenburgsort erst in einer Entfernung von etwa 2,5 km sowie auf der Veddel in ca. 3 km Entfernung zu finden.

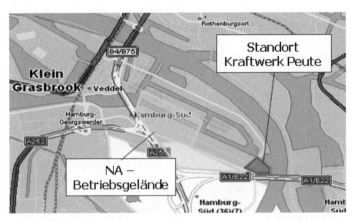

Abb. 3: Lage Kraftwerk Peute und NA-Betriebsglände

Abb. 4: Der Standort des Kraftwerks Peute aus der Vogelperspektive

3 Konzeption Kraftwerk Peute

3.1 Übersicht

Geplant ist die Errichtung und der ganzjährige Betrieb einer energetisch Verwertungsanlage zur Erzeugung von Strom und Dampf mit einer Feuerungswärmeleistung von 420 MW$_{th}$.

Technische Daten

Nennkapazität:	ca. 100 MW$_{el}$ (ca. 420 MW$_{th}$)
Brennstoffmenge:	ca. 780.000 Mg/a
Mittlerer Brennwert:	15,0 MJ/kg
Feuerung:	Rostfeuerung
Anzahl der Linien:	vier
Betriebszeit je Linie:	mind. 8.000 h/a
Bunkerkapazität:	sechs Tage
Stromerzeugung:	ca. 770 Mio. kWh

Abb. 5

Das Kraftwerk Peute ist für eine Durchsatzmenge von etwa 100 Mg/h Brennstoff ausgelegt. Für die Anfahr- und Stützfeuerung wird Heizöl EL genutzt.

Der Emissionsvolumenstrom liegt bei etwa 830.000 Nm³$_{tr}$/h, mit dem die Parameter der 17. BImSchV eingehalten werden.

Die gesamte Anlage untergliedert sich in (Abbildung 6):

- Anlieferung und Lagerung
- Feuerung und Kessel
- Abgasreinigung
- Wasser-Dampf-System
- Schlackeaufbereitung.

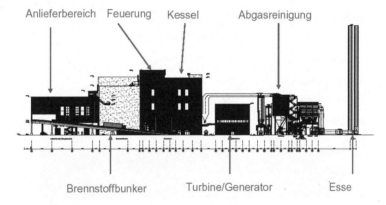

Abb. 6: Anlagenteile des Kraftwerks Peute

Der Bereich Anlieferung und Lagerung umfasst die Brennstoffannahme, die Vorbehandlung und die Lagerung des Brennstoffs inkl. Wiegesysteme, Brennstoffbunker, Brennstoffkräne etc. sowie die Anlieferung und Lagerung der Hilfsstoffe.

Das zentrale Kernstück der Anlage ist das thermische System mit der Rostfeuerung und dem nachgeschalteten Kessel. Diese Betriebseinheit ist vierlinig aufgebaut.

Jedem Kessel ist eine Abgasreinigung nachgeschaltet, die jeweils aus einem Sprühabsorber, einem Umlenkflugstromreaktor, einem Gewebefilter und einem Saugzugventilator sowie einem Kamin besteht. Die Abgasreinigung wird ebenfalls vierlinig ausgeführt.

Zum Wasser-Dampf-System gehören der Wasser-Dampf-Kreislauf, die Stromerzeugung mittels Kondensations-Turbinen und Generatoren und der Nebenkühlkreislauf.

3.2 Anlieferung und Lagerung

Die Anlieferung des Brennstoffs erfolgt überwiegend per Lastkraftwagen, kann allerdings auch per Bahn oder Schiff erfolgen. Die anliefernden Lkw passieren die Eingangswaagen des Kraftwerks Peute. Hier werden die Menge und die Art des angelieferten Brennstoffs erfasst. Die Qualitätskontrolle des Brennstoffes findet bereits vorab bei den Vertragslieferanten statt.

Dem Fahrer des Anlieferfahrzeuges wird eine der 20 Abkippstellen an den beiden Brennstoffbunkern zugewiesen. Der Brennstoff wird in den Vorlagebereich des jeweiligen Brennstoffbunkers entladen.

Der Brennstoff wird durch die Brennstoffkräne der Brennstoffkrananlage aus dem Vorlagebereich des jeweiligen Bunkers in den Stapelbereich gebracht. Im Stapelbereich mischen die Brennstoffkräne den Brennstoff und fördern diesen anschließend in die Aufgabetrichter.

Die Brennstoffbunker werden über die Bunkerabluftgebläse entlüftet. Im Regelbetrieb wird diese Abluft als Primärluft der Feuerung zugeführt. Bei Anlagenstillstand wird die Bunkerabluft über ein Bunkerstillstandsgebläse abgesaugt, mittels Staubfilter gereinigt und über Dach abgeführt.

3.3 Feuerung und Kessel

Die Feuerung wird vierlinig ausgeführt. Die Beschickung der Feuerung erfolgt für jede Linie mittels Krananlage über Aufgabetrichter.

Über hydraulisch angetriebene Aufgabeschieber wird das Brenngut über die Breite verteilt und auf die Verbrennungsroste gefördert.

Die ausgebrannte Schlacke fällt kontinuierlich von der letzten Rostzone durch den Schlackeschacht in das Wasserbad des Stößelentschlackers und wird dort gekühlt. Mit einem Stößelentschlacker wird das Material jeweils in einen der beiden Schlackebunker gefördert. Aus den beiden Schlackebunkern wird die Schlacke der Schlackeaufbereitung zugeführt. Die beiden Schlackebunker werden jeweils über ein Schlackebunkerabluftgebläse abgesaugt. Diese Abluft wird der Primärluft für den Verbrennungsprozess zugeführt.

Die Anfahr-/Stützbrenner gewährleisten das Anfahren aus dem kalten Zustand sowie die vollständige Verbrennung des Brennstoffs bei Abfallen der Temperaturen in der Nachbrennkammer. Die Dimensionierung der Anfahr- und Stützbrenner wird so vorgenommen, dass der gesamte Feuerraum beim Anfahren aus dem kalten Zustand auf über 850 °C vorgewärmt wird, so dass diese Temperatur die erforderlichen zwei Sekunden sicher gehalten werden kann.

Das Speisewassersystem dient zur Bereitstellung von Kesselspeisewasser. Das Kesselspeisewasser wird von der NA aus Elbwasser hergestellt und geliefert. Auch hier werden wichtige Naturressourcen, in diesem Fall Trinkwasser, geschont.

Zur Nutzung der Wärme aus der Feuerung dient ein Kessel, der mit natürlichem Wasserumlauf arbeitet. Das Umlaufsystem ist so ausgelegt, dass ein Wasserumlauf im gesamten Lastbereich sichergestellt ist. Die Dampfparameter sind mit 46 bar und 435 °C so gewählt, dass eine geringe Korrosion an den Heizflächen zu erwarten ist.

Die Kesselanlage ist mit einem automatischen Heizflächenreinigungssystem ausgerüstet. Geplant sind Wasserbläser, Klopfeinrichtungen und ein Kugelregensystem.

In der Kesselanlage fallen in den einzelnen Kesselzügen Aschen in Form von abgeschiedener Flugasche aus dem Abgas an. Die Kesselaschen gelangen in einen Sendebehälter, von wo aus sie pneumatisch in die Kesselaschesilos gefördert werden.

Die Entstickung der Abgase erfolgt mittels SNCR-Verfahren, bei dem durch die nichtkatalytische Umsetzung des Reduktionsmittels Ammoniakwasser (NH_4OH) mit den bei Verbrennungsprozessen entstehenden Stickoxiden (NO_X) die umweltneutralen Produkte Stickstoff (N_2) und Wasserdampf (H_2O) entstehen. Als Reduktionsmittel für die SNCR-Entstickung wird handelsübliche wässrige, ca. 25%-ige Ammoniaklösung eingesetzt. Eine temperaturüberwachte Steuerung der Rostfeuerung optimiert die Reduzierung von Stickoxiden. Dieses Verfahren dienen dazu, die Grenzwerte der 17. BImschV sicher zu unterschreiten.

3.4 Abgasreinigung

Die Abgasreinigung wird ebenfalls vierlinig ausgeführt.

Das Abgasreinigungsverfahren basiert auf dem quasi-trockenen Sprühabsorptionsverfahren.

Bei diesem Verfahren werden chemisch-physikalische Stoff- und Wärmeübergänge zur Schadstoffentfernung ausgenutzt. Mit diesem Prozess werden schädliche saure Komponenten, wie SO_2, HCl, HF, SO_3 sowie Staub, abgeschieden. Auch dieses Verfahren dient dazu, die Grenzwerte der 17. BImschV sicher zu unterschreiten.

Ein wesentlicher Aspekt der vorgesehenen Abgasreinigung besteht darin, dass es sich um einen abwasserfreien Prozess handelt.

Neben dem SNCR-Verfahren zur Entstickung, das bereits im Bereich der Feuerung eingesetzt wird, besteht die nachgeschaltete abschließende Abgasreinigung aus folgenden Komponenten:

- Sprühabsorber zur Kühlung und Konditionierung der Abgase durch Eindüsung von Kalkmilch
- Eindüsung von Herdofenkoks (HOK) und Calciumhydroxid
- Umlenkflugstromreaktor zur intensiven Durchmischung des Abgases mit den Additiven
- Gewebefilter zur Abscheidung der im Abgas enthaltenen Partikel.

Der Sprühabsorber dient der Abscheidung saurer Schadstoffe im Abgas. Der Umlenkflugstromreaktor optimiert den Stoffaustausch zwischen Schadstoff beladenen Abgasen und trockenem Sorptionsmittel (z. B. Calciumhydroxid und HOK). Sorptionsmittel und Abgase werden im Wirbelbett des Reaktors intensiv durchmischt, mit dem aus dem Reaktor austretenden Abgas mitgetragen und reagieren dabei mit den im Abgas enthaltenen Schadstoffen.

Das Abgas wird zunächst auf die einzelnen Kammern des Gewebefilters verteilt und durchströmt die Filterschläuche. Der Filterstaub auf dem Gewebe bildet einen sog. Filterkuchen, der die Wirkung der Staubfiltration erhöht. Auf der Reingasseite verlässt das Abgas den Gewebefilter entsprechend staub- und schadstoffgemindert.

Die Abreinigung der Filterschläuche wird während des Betriebes durchgeführt. Beim Abreinigungsvorgang fallen die Feststoffanteile in die Bunker unterhalb der Filterschläuche. Von dort erfolgt der Austrag zum Reststoffsilo. Die in der Abgasreinigungsanlage anfallenden Reststoffe stellen ein Gemisch aus Flugasche, getrockneten Reaktionssalzen ($CaCl_2$, $CaSO_4$, $CaSO_3$, CaF_2 u. a.) sowie verbrauchtem und unverbrauchtem Sorptionsmittel dar.

Das Saugzuggebläse dient zur Überwindung der Anlagendruckverluste, fördert die Abgase durch die vorgeschalteten Anlagenteile und regelt den Unterdruck im Feuerungsraum. Zur Minderung der Schallemission aus der Abgasreinigungsanlage ist dem Saugzuggebläse druckseitig ein Schalldämpfer nachgeschaltet. Nach dem Saugzuggebläse wird das gereinigte Abgas über den Schornstein ins Freie geleitet.

3.5 Wasser-Dampf-System

Das Dampfsystem beinhaltet verschiedene Dampfdrücke. Das Hochdruckdampfsystem wird mit einem Druck von 46 bar betrieben und beinhaltet eine Hochdruckdampfverteilung, die im Normalbetrieb über den Frischdampf versorgt wird. Das Niederdruckdampfsystem versorgt den Eigenbedarf an Niederdruckdampf im Bereich der Feuerung wie z. B. die Speisewasserbehälter mit Entgaser.

Zur Erzeugung von elektrischem Strom sind vier Turbinen vorgesehen. Diese bestehen jeweils aus einer Dampfturbine mit Getriebe und Generator. Der entspannte Abdampf wird in flusswassergekühlten Abdampfkondensatoren auskondensiert. Die Entnahme des Flusswassers aus der Norderelbe erfolgt durch vier vertikale Rohrgehäusepumpen, die innerhalb des Entnahmebauwerks aufgestellt sind. Das verwendete Elbwasser wird gereinigt und ohne Zugabe von Chemikalien und anderen Stoffen über das kaskadenförmige Einleitbauwerk in die Norderelbe zurückgeführt. Dabei wird durch die Kaskaden zwischen dem Kühlwasserwasser und der Luft eine große Austauschfläche erzeugt, was zu einer umweltfreundlichen Sauerstoffanreicherung des Wassers führen kann. Die maximale Einleittemperatur wird 30 °C nicht überschreiten. Die Entnahme- und Einleitbauwerke sind so positioniert, dass durch den an dieser Stelle herrschenden Tidenhub des Elbwassers kein Kurzschluss entstehen kann.

Die bei der Kondensation des Abdampfes der Entnahme-/Kondensationsturbinen entstehenden Kondensate werden dem Vakuumkondensatbehälter zugeführt und gesammelt.

3.6 Schlackeaufbereitung

Die Schlackeaufbereitung erfolgt in einem überdachten Bereich, der sich unterhalb der Anlieferebene befindet.

Die aus den Schlackebunkern geförderte Schlacke gelangt in einen Aufgabebunker. Grobstücke werden dabei durch ein Abprallgitter vor der Aufgabe entnommen. Für diese Stoffe erfolgt eine Rückführung in die Brennstoffbunker.

In der Schlackeaufbereitung werden folgende Fraktionen separiert:

- Fe-Metall
- Rücklauf Schlackeaufbereitung
- NE-Metall
- aufbereitete Schlacke

Die aufbereitete Schlacke wird mittels Radlader verladen und per Lkw abtransportiert. Alle anderen Fraktionen werden mit Hilfe der Container abtransportiert.

4 Ausblick

Mit der Umsetzung der Planungen entsteht in Hamburg ein Kraftwerk, das in Bezug auf die Abwasserbehandlung, Reststoffentsorgung, Lärmvorbeugung sowie Kraftwerkssicherheit sämtliche umweltbedingten Anforderungen erfüllt. Der Genehmigungsantrag wurde in enger Zusammenarbeit mit erfahrenen Mitarbeitern der Projektbeteiligten erarbeitet und plangemäß im November 2006 bei der zuständigen Behörde für Stadtentwicklung und Umwelt der Freien und Hansestadt Hamburg eingerecht. Am 15. Februar 2007 wurde von der Genehmigungsbehörde die Vollständigkeit des Antrags bestätigt. Die Bekanntmachung hat am 19. Februar 2007 stattgefunden, in der die Offenlegung bis zum 26.03.2007, die Einwendungsfrist bis zum 10.04.2007 und der Erörterungstermin für den 07. Mai 2007 terminiert sind.

Auch finanziell wird das Kraftwerk Peute auf eigenen Beinen stehen:

- Keine Zuwendungen von Stadt/Land und Bund
- Kein Zusammenhang mit Hausmüllgebühren
- KPP Kreditnehmer und Kapitalkostenträger
- Gesamtinvestitionen ca. 330 Millionen Euro

- Aktuelle Ausschreibungen zur Finanzierung läuft
- Entscheidung Finanzierungspartner Sommer 2007

Die Realisierung wird durch die KPP und die Gesellschafter zügig vorangetrieben. So ist von der NA das Gelände für die Verlegung der Peute Baustoff GmbH, die die Schlacken der NA aufarbeitet und vermarktet und sich momentan noch auf dem Grundstück des Kraftwerkes befindet, bereits vorbereitet.

Die Meilensteine bis zur Inbetriebnahme sind:

- Frühjahr 2007: Abschluss der erforderlichen Verträge mit den Ersatzbrennstofflieferanten
- II. Quartal 2007: voraussichtlicher Baubeginn
- Sommer 2007: Auftragsvergabe für Baukomponenten
- III. Quartal 2007: erwartete Vorlage des Genehmigungsbescheides
- 2. Jahreshälfte 2009: Inbetriebnahme

Erfahrungen mit EBS-Industrieheizkraftwerken in Genehmigung, Bau und Betrieb
Industrieheizkraftwerk Continental, Korbach

Friedhelm Kaiser

Zusammenfassung

Bei der Planung des Vorhabens wurden alle genehmigungsrelevanten Randbedingungen des Standortes einer sorgfältigen Vorklärung unterzogen und bei der technischen Konzeption der Anlage berücksichtigt. Besonderes Augenmerk galt der genehmigungsrechtlichen Situation zur Errichtung der Anlage im Wasserschutzgebiet und der Vorbelastungssituation am Standort. Der Verlauf des Genehmigungsverfahrens zeigt, dass die Einhaltung der in der 17. BImSchV formulierten strengen Auflagen sowie der sonstigen einzuhaltenden Schutzvorschriften aus Sicht einiger Bürger am geplanten Standort nicht ausreichen. Verschlechterungen der Lebensbedingungen im Umfeld der Anlage bis hin zu gesundheits- und umweltschädigende Auswirkungen aufgrund einer mutmaßlich nicht dem Stand der Technik entsprechenden Anlage werden befürchtet. Von den Sachbeiständen kritischer Bürger werden fehlende Ausgangspunkte und falsche Voraussetzungen für die Bearbeitung des Genehmigungsantrages unterstellt. Transparenz durch entsprechende Informationen im Vorfeld zum Genehmigungsverfahren trägt zur Versachlichung der öffentlichen Diskussionen bei, kann jedoch das Misstrauen gegenüber dem Vorhaben in Teilen der Bevölkerung nicht abbauen.

1 Projektbeschreibung

1.1 Zweck des Vorhabens

Der Automobilzulieferer Continental AG mit Sitz in Hannover betreibt an verschiedenen Standorten in Deutschland, im europäischen Ausland und in weiteren Ländern weltweit Produktionsstandorte. Am Firmenstandort Korbach in Nordhessen werden PKW-Reifen, Voll- und Zweiradreifen sowie technische Schläuche für die Fahrzeugerstausstattung und den Ersatzbedarf hergestellt. Dabei werden für die Materialvorbereitung, die Gummivulkanisierung und die Raumbeheizung jährlich unterbrechungsfrei bis zu 200.000 t Dampf eingesetzt, die in eigenen Anlagen zurzeit mit Erdgas erzeugt werden.

Der interne und externe Wettbewerbsdruck eines globalen Marktumfeldes verlangt nach ständigen Kostensenkungsmaßnahmen im Unternehmen. Verschärfend hat sich in den letzten Jahren die Preisentwicklung für Erdgas am Standort Korbach ausgewirkt. Das Werk Korbach hat sich daher zur Umstellung auf einen langfristig kalkulierbaren und kostengünstigen Energieträger entschieden. Wirtschaftlichkeitsstudien ergaben, dass ein Ersatzbrennstoffkonzept die vorteilhafteste Lösung darstellt.

Die Dampfversorgung wurde im Rahmen eines Dampfliefer-Contracting an die MVV Energiedienstleistungen GmbH – einem Teilkonzern der MVV Energie Gruppe – übertragen. Continental profitiert dabei von den langjährigen Erfahrungen innerhalb der MVV Energie Gruppe auf den Gebieten des Kraftwerksbetriebes, insbesondere der Müllverbrennung und des Stoffstrommanagements. Die Vertragsbeziehungen mit MVV erlauben es dem Werk Korbach, bis zu 15 Jahre zu definierten Bezugskonditionen kostengünstig Dampf aus EBS zu beziehen.

1.2 Standort

In diesem Jahr blickt das Reifenwerk in Korbach auf sein 100-jähriges Bestehen zurück. Seit Gründung des Reifenwerkes ist auch die Stadt Korbach – nicht zuletzt wegen der Ansiedelung des Werkes und dessen Entwicklung zum größten Arbeitgeber in der Region – mitgewachsen. Im Laufe der Zeit sind daher die Wohngebiete immer dichter an das ebenfalls expandierende Reifenwerk herangerückt.

Der erforderliche Platzbedarf von ca. 8.000 m² für das geplante EBS-Industrieheizkraftwerk steht auf dem Werksgelände nicht zur Verfügung. Unter dem Gesichtspunkt einer technisch und wirtschaftlich durchführbaren Anbindung des Werksdampfnetzes an das zukünftige Kraftwerk bot sich für das Vorhaben ein direkt an das Reifenwerk angrenzendes Grundstück im Besitz der Continental AG an. Auf dem Grundstück befand sich bis Anfang 2006 ein unter Denkmalschutz stehender, jedoch stark baufälliger Bestand einer ehemaligen Werkssiedlung.

Ein Bebauungsplan für das Grundstück existierte nicht, baurechtlich war es als unbeplanter Innenbereich einzustufen. Als Besonderheit ist festzuhalten, dass das gesamte Stadtgebiet und damit auch das Reifenwerk in einer Trinkwassergewinnungszone (Zone III A) liegen. Die weiteren Planungen des Vorhabens setzten somit voraus, die erforderliche Ausnahmegenehmigung von der Schutzgebietsverordnung und der VAwS erhalten zu können.

Die Beschaffenheit des für den Standort Korbach typischen karstigen Untergrundes ließ wegen der großen Durchlässigkeit des Bodens für Wasserverschmutzungen und der stellenweise niedrigen Festigkeiten erhöhte bautechnische Anforderungen erwarten. Entsprechende Voruntersuchungen waren daher für die weiteren Planungen unerlässlich und zur Vorbereitung des Scopingtermines in Abstimmung mit den Behörden vorgenommen worden.

1.3 Technisches Konzept

1.3.1 Anforderung an die Dampfversorgung

Die wichtigste Prämisse für die Konzeption der Dampfversorgung ist die Sicherstellung einer unterbrechungsfreien Belieferung des Werkes an 8760 h/a. Der Dampfdruck des Werksnetzes beträgt 21 bar. Unterbrechungen der Dampflieferung oder die Unterschreitungen eines vorgegebenen Dampfdruckes während des Beheizungsvorganges im Vulkanisationsprozess führen zu hohen Ausfallkosten in der Produktion. Durch die Vielzahl unabhängig voneinander betriebener Dampfabnehmer des Werkes werden dem Prozessdampfnetz hohe Druckschwankungen aufgeprägt, die ein schnelles Laständerungsverhalten der Erzeugungsanlagen erfordern.

1.3.2 Energietechnische Anlagen des Wasser-Dampf-Kreises

Die Erzeugungseinheiten zur Prozessdampfversorgung umfassen folgende Hauptkomponenten:

- ein EBS-Kessel mit Rostfeuerung
- zwei Großwasserraumkessel mit Erdgasfeuerung, einer davon zusätzlich mit Heizöl EL Brennern.

Der EBS-Kessel verfügt über eine Dampfleistung von 44 t/h mit 32 bar / 320 °C. Die Großwasserraumkessel verfügen über je 28 t/h Dampfleistung mit 23 bar / 215 °C und werden über Dampfbeheizung aus dem EBS-Kessel zur Spitzenlastabdeckung und Absicherung des EBS-Kessels in Warmreserve gehalten. Die Großwasserraumkessel übernehmen zudem bei Stillständen des EBS-Kessels die Prozessdampfversorgung des Werkes mit Erdgas oder Heizöl EL.

Bei geringeren Dampfabnahmen des Werkes wird der Überschussdampf des in Grundlast betriebenen EBS-Kessels über eine Kondensationsturbine entspannt und in einem Luftkondensator niedergeschlagen. Die Turbine verfügt über eine Bruttoleistung von 4,1 MW. Der erzeugte Strom wird nach Abzug des Eigenbedarfs in das Werksnetz der Continental eingespeist.

Das EBS-Kesselkonzept ist auf die Prozessdampferzeugung optimiert. Die Dampfleistung des EBS-Kessels zielt auf eine weitgehende Abdeckung der Jahresganglinie des Werksdampfbedarfes mit dem verfahrenstechnisch notwendigen Mindesteinsatz an Erdgas oder Heizöl. Die Feuerungsleistung und somit der Ersatzbrennstoffdurchsatz der Anlage wird auf die erforderliche Menge an Ersatzbrennstoff zur Prozesswärmeversorgung beschränkt. Die geplante Anlagenkapazität stellt somit einen Kompromiss zwischen geringst möglicher Zusatzbelastung durch die thermische Verwertung von Ersatzbrennstoffen am Standort einerseits und wirtschaftlich notwendiger Anlagengröße andererseits dar.

Der Frischdampfzustand des EBS-Kessels ist mit Blick auf eine hohe Verfügbarkeit mit ausreichendem Sicherheitsabstand zum Temperaturbereich der Chlorkorrosion gewählt. Die Stromproduktion aus dem EBS-Kessel ist damit unter dem thermodynamischen Gesichtspunkt niedriger Prozessparameter der Prozesswärmeproduktion untergeordnet.

1.3.3 EBS-Kessel mit Feuerung- und Rauchgasreinigung

EBS-Anlagen der vorliegenden Leistungsklasse haben einen spezifisch hohen Investitionsbedarf. Um im Wettbewerb zu erdgasbasierten Dampfversorgungen konkurrenzfähige Dampfpreise zu erreichen sind ausreichende Erlösbeiträge aus der Ersatzbrennstoffannahme erforderlich. Die brennstoffrelevante Verfahrenstechnik (Beschickung, Verbrennung, Entaschung, Rauchgasreinigung) ist daher auf den Einsatz eines am Markt gut verfügbaren Ersatzbrennstoffmenüs aus der Aufbereitung von Haus- und Gewerbeabfällen ausgerichtet. Die erforderliche Aufbereitungstiefe für den Ersatzbrennstoff macht diese Anlagenkonzeption in Verbindung mit den benötigten Brennstoffkontingenten von ca. 70.000 t pro Jahr zu einer interessanten Alternative für die am Markt nach langfristigen Entsorgungswegen suchenden Ersatzbrennstofflieferanten.

Der EBS-Kessel ist als 4-Zug Naturumlaufkessel in Vertikalbauweise mit gasgekühltem Vorschubrost konzipiert. Die Feuerungsleistung beträgt 36 MW. Bezogen auf den Auslegungsheizwert von 14,5 MJ/Kg ergibt sich ein Bedarf von 8,9 t/h EBS. Die mittlere Jahresdurchsatzleistung des Kessels beträgt damit ca. 70.000 t/a EBS. Bei der Komponentendimensionierung wurde ein EBS-Heizwertbandbereich von 11 bis 18 MJ/Kg berücksichtigt.

Die Rauchgasreinigungsanlagen bestehen aus:

- einer selektiven nichtkatalytischen DENOX mit Harnstoffeindüsung,
- einem trockenem Absorptionsverfahren mit Natriumbicarbonat in Kombination mit Herdofenkoks,
- einer Gewebefilteranlage.

Alle Hauptkomponenten der vorgesehenen Anlagentechnik sind im Referenzdokument der Europäischen Union als "Beste verfügbare Technik" ausgewiesen.

2 Genehmigungsverfahren

Das Vorhaben fällt in den Zuständigkeitsbereich des Regierungspräsidiums Kassel und unterliegt dem Anwendungsbereich der 17. BImSchV.

Der zeitliche Ablauf des Genehmigungsverfahrens stellte sich wie folgt dar:

- Januar 2006   Scopingtermin
- Juli 2006   Antragseinreichung
- Oktober 2006   Vollständigkeitserklärung und Auslegung der Antragsunterlagen
- Dezember 2006   Ablauf der Einwendungsfrist
- Januar 2007   Erörterungstermin
- Mai 2007   Genehmigungsentscheidung

Das RP Kassel hat das Vorhaben nach Nr. 8.1 zum Anhang der 4. BImSchV eingeordnet, womit eine Umweltverträglichkeitsprüfung obligatorischer Bestandteil des Genehmigungsverfahrens wurde. Das ausgewählte Grundstück setzt als weitere Bedingung für das Vorhaben voraus, dass § 34 BauGB erfüllt wird, wonach sich das Vorhaben nach Art und Maß in die bestehende Bebauung einfügen muss. Wie bereits ausgeführt, ist für die Anlage eine Ausnahmeregelung zur Wasserschutzgebietsverordnung und zur VAwS erforderlich.

2.1 Antragsbearbeitung

Nach dem Scopingtermin lagen alle zu berücksichtigenden Untersuchungsumfänge für die Antragsbearbeitung vor. Für das Vorhaben wurde mit den zulässigen Emissionswerten gemäß 17. BImSchV sowie TA Luft und unter Voraussetzung der höchstmöglichen Abgasvolumenströme aus dem Verbrennungsprozess zunächst geprüft, ob die schadstoffspezifischen Bagatellmassenströme gemäß TA Luft überschritten werden. Im Ergebnis ist festzustellen, dass mit diesen konservativen Ansätzen die Bagatellmassenströme geringfügig und nur in einigen Schadgaskomponenten überschritten werden. Somit war eine Immissionsprognose für das Vorhaben zu erstellen. Im Ergebnis der Diskussionen mit dem NABU wurde festgelegt, dass das von der TA Luft vorgegebene Untersuchungsgebiet für die Ausbreitungsrechnungen der Immissionsprognose aufgrund nahegelegener FFH-Gebiete ausgedehnt werden sollte.

Für die Erteilung einer Ausnahmegenehmigung zur Wasserschutzverordnung hat das RP Kassel auf Einhaltung der Vorschriften zum Grundwasserschutz verwiesen und hohe Anforderungen an die bautechnische Ausführung des EBS-Bunkers gestellt, die detailliert in den Antragsunterlagen darzustellen waren.

Bereits zum Scopingtermin hatte die Bauaufsichtsbehörde der Stadt Korbach sowie die Obere Bauaufsicht des Kreises anhand der vorgelegten Planunterlagen die Zulässigkeit des Vorhabens gemäß § 34 BauGB positiv bewertet.

Neben der immissionsschutzrechtlichen Genehmigung waren noch die Anträge auf Regenwassereinleitung und auf Indirekteinleitung des Schmutzwassers zu erarbeiten, die nicht der Konzentrationswirkung des BImSchG unterliegen und daher separat zu stellen waren.

Zusätzlich wurde vom RP Kassel die Erstellung eines humantoxikologischen Gutachtens in Auftrag gegeben. Diese Maßnahme wurde ergriffen, da eine öffentliche Diskussion über angebliche Gesundheitsgefahren durch die geplante Anlage und eine vermutete Vorbelastung des Standortes zu erwarten war. Die nicht unerheblichen Kosten für dieses nach rein sachlich/juristischem Ermessen unnötige Gutachten waren von der Antragstellerin zu tragen.

Insgesamt bleibt festzuhalten, dass die vorliegenden Erfahrungen des RP Kassel mit den Genehmigungsverfahren in Witzenhausen und Heringen zu hohen Anforderungen an die Antragsunterlagen des vorliegenden Vorhabens führten. Besonders sind hier die sehr ausführlich vorzunehmende Immissionsprognose und die Boden- und Altlastenuntersuchungen zu nennen, die einen Vergleich mit Ansprüchen an ein Genehmigungsverfahren für eine große Müllverbrennungsanlage in keiner Weise scheuen müssen.

2.1.1 Immissionsprognose

Die Ausbreitungsrechnungen sind zunächst mit Einwilligung und in Abstimmung mit der Behörde mittels des Rechenprogramms LASAT durchgeführt worden. Eine Kompatibilität und Vergleichbarkeit der Rechenergebnisse zu dem von der TA Luft vorgeschriebenen Programm AUSTAL 2000 war durch die Verwendung eines entsprechenden Programmmoduls sichergestellt. Erst nach Fertigstellung der so vorgenommenen Immissionsprognose hat die Behörde dann eine erneute Durchführung der Berechnungen mit dem Programm AUSTAL 2000 gefordert. Der Kosten- und Zeitaufwand dieser nachträglichen Anordnung war bei gleichen Ergebnissen enorm. Besonders der Zeitaufwand hat sich nachhaltig auf die Fertigstellung der Antragsunterlagen ausgewirkt.

Die für die Ausbreitungsrechnungen der Immissionsprognose benötigten meteorologischen Daten wurden vom Deutschen Wetterdienst zur Verfügung gestellt. Da keine Messungen vom Standort vorlagen, wurde auf geeignete Stationen des Messnetzes Hessen zurückgegriffen. Die verwendeten Messwerte wurden hinsichtlich ihrer Übertragbarkeit auf die Standortbedingungen Korbach vom Deutschen Wetterdienst in seiner Eigenschaft als amtlicher Gutachter bestätigt.

Die nach TA Luft ermittelte Mindestschornsteinhöhe betrugt 45 m. Da bei einer erforderlichen Kesselhaushöhe von 37 m die Mindestschornsteinhöhe weniger als das 1,7 fache der Gebäudehöhe beträgt, sind der Gebäudeeinfluss und auch Lee-Verwirbelungen zu berücksichtigen. Diese Einflüsse können vor allem im unmittelbaren Anlagenumfeld zu erhöhten Schadstoffeinträgen führen, so dass die auszuführende Schornsteinhöhe vom Gutachter mit 63 m empfohlen wurde.

Die Immissionsprognose ergab mit der Mindestschornsteinhöhe von 45 m eine Überschreitung der Irrelevanzschwellen in wenigen Parametern. Die Überschreitung der Irrelevanzschwellen führt formal zur Notwendigkeit, über die Ermittlung der Vorbelastung die Einhaltung der Immissions-Jahreswerte nach TA Luft nachzuweisen. Dieser zeitraubende und kostenintensive Prüfungsschritt konnte mit Zustimmung des Hessischen Landesamtes für Umwelt und Geologie durch Anwendung der Ziff. 4.6.2.1 der TA Luft vermieden werden, da aus dem Messnetz des Landes Hessen hinreichende Daten zur Beurteilung der Korbacher Luftqualität zur Verfügung standen.

Da für den Standort selbst keine Vorbelastungsmessungen vorlagen, wurde auf die Messwerte aus Kassel-Nord und Bad Arolsen als typische Gebiete mit industrieller Vorbelastung bzw. eher ländlicher Vorbelastung zurückgegriffen. Diese beiden Vorbelastungssituationen stellen die mögliche Spannbreite der Korbacher Luftqualität dar, und in beiden Fällen werden die Immissions-Jahreswerte weit unterschritten. So konnte die Einhaltung der lufthygienischen Vorschriften auf Basis eines konservativen Ansatzes belegt werden.

2.1.2 Humantoxikologische Bewertung des Vorhabens

Das humantoxikologische Gutachten wurde von Prof. Wichmann von der Universität München durchgeführt. Dabei sind die Bestandsdaten des Standortes, die Immissionsprognose der EBS-Anlage und auch eine Immissionsprognose der Continental Produktionsstätte zugrunde gelegt worden. Das Gutachten kommt zu dem Schluss, dass von der geplanten Anlage keinerlei Gesundheitsgefährdungen ausgehen.

3 Öffentliche Diskussion

3.1 Information der Öffentlichkeit

Nach Abschluss der Absichtserklärung zwischen Continental und MVV zur Durchführung des Projektes wurden ab Frühjahr 2005 mehrere nicht öffentliche Informationsrunden mit den politischen Entscheidungsträgern der Stadt und auf Kreisebene durchgeführt. Parallel dazu wurden mit dem Bauamt der Stadt Korbach Gespräche über die baurechtlichen Aspekte des Vorhabens diskutiert. Insgesamt sprachen sich die politischen Fraktionen mehrheitlich für den Bau der geplanten Anlage aus.

Nach Klärung der Grundstücksfrage und weitgehender Einigung der Vertragspartner wurde Anfang November 2005 das Vorhaben offiziell der Öffentlichkeit in Korbach im Rahmen einer Bürgerversammlung durch Continental und MVV, den beteiligten Planungsbüros und den Gutachtern vorgestellt. Auf der Bürgerversammlung, die sachlich verlief, konnten als wesentliche Informationsbedürfnisse der Bürger die vorgesehene Abgasreinigung, die zu erwartenden Luft-, Boden- und Gewässerbelastungen, die zusätzlichen Belastungen durch den Anlieferverkehr, die Herkunft und Art des eingesetzten Brennstoffes, der Umgang mit Betriebsstörungen und dem wirtschaftlichen Nutzen für die Region ausgemacht werden. Anhand der Diskussionen dieser Themen wurde in der Bürgerversammlung erkennbar, dass ein Kreis von Bürgern die von MVV, den Planern und Gutachtern vorgetragenen Argumente ablehnte.

Mit Bekanntwerden des Vorhabens hatte sich in Korbach eine Bürgerinitiative gebildet, die nach der Bürgerversammlung, ab Anfang 2006, Sachbeistände hinzugezogen hat. (Koch, Umweltnetzwerk/Büro für Umweltfragen, Dr. Kruse/Humantoxikologe Universität zu Kiel). Die Bürgerinitiative hat das Umweltnetzwerk/Büro für Umweltberatung mit der Erarbeitung „konkreter Vorschläge für den Untersuchungsrahmen zur geplanten Umweltverträglichkeitsprüfung" beauftragt und Mitte 2006 einen daraufhin erstellten „Anforderungskatalog – Ergänzende Vorschläge für den UVP-Untersuchungsrahmen", an die Genehmigungsbehörde übergeben und der Öffentlichkeit vorgestellt. Der Anforderungskatalog bezog sich auf die 50-seitige Beschreibung sowie das Scopingprotokoll zum geplanten Vorhaben.

Als Fazit des Anforderungskataloges sah der Verfasser „bereits im frühen Stadium eine Reihe von fehlenden Ausgangspunkten und falsche Voraussetzungen" für das geplante Vorhaben. Der Verfasser vermutete hohe Vorbelastung des Standortes, die durch den Produktionsbetrieb der Continental bedingt und durch bestehende Altlasten belegt seien. Die wesentlichen Kernaussagen des Beitrages waren neben der generellen Kritik gegenüber der gewählten Anlagentechnik, die Forderungen nach verbesserten Eingangskontrollen des Mülls, Beschränkungen der Schadstoffgehalte des Mülls, Vorbelastungsmessungen, einem humantoxikologischen Gutachten (vorzugsweise von Herrn Dr. Kruse zu erstellen), Erhebung der örtlichen meteorologischen Daten und mit Verweis auf die Anlagen Bielefeld und Emlichheim eine dementsprechende, bestmögliche Rauchgasreinigungsanlage.

Im weiteren Verlauf erschienen regelmäßig Leserbriefe in der Korbacher Lokalpresse, die dieses Forderungsspektrum weitgehend wiederholten.

Im August 2006 hat die Bürgerinitiative dem zuständigen Regierungspräsidenten des Genehmigungsverfahrens einen Antrag auf Vorbelastungsmessungen und einer humantoxikologischen Untersuchung übergeben. Auch einige politische Entscheidungsträger hatten im weiteren Verlauf der öffentlichen Diskussionen Teile des Forderungsspektrums übernommen und in den Wahlkampf zu den Kommunalwahlen im September 2006 eingebracht. Die Stadtverordnetenversammlung von Korbach hatte sich jedoch im September 2006 mehrheitlich gegen die Forderung eines humantoxikologischen Gutachtens ausgesprochen.

Sowohl Continental als auch MVV sind den Anfragen der lokalen Presse zu Stellungnahmen auf die öffentlich diskutierten Themen nachgekommen. Zusätzlich wurde eine weitere Informationsveranstaltung in der Nachbargemeinde Berndorf abgehalten, als auch Informationsbroschüren an alle Haushalte der Stadt Korbach sowie den Mitarbeitern der Continental ausgehändigt. Die von der Werksleitung ausgesprochene Einladung zu einem direkten Gespräch wurde von der Bürgerinitiative nicht wahrgenommen.

Die öffentliche Resonanz auf Aussagen und Stellungnahmen des Antragstellers zum Vorhaben aber auch die Aussagen von Continental zu den Umweltschutzvorkehrungen des Werkes nach der Bürgerversammlung vollzog sich überwiegend in Form von Leserbeiträgen in der lokalen Presse. Inhaltlich waren die Beiträge zum Vorhaben aus dem Lager der Bürgerinitiative kritisch bis ablehnend. Erwartungsgemäß können die vorgetragenen Bedenken gegen das Vorhaben nicht in einem öffentlichen Dialog ausgeräumt werden. Die lokalpolitische Diskussion verlief sachorientiert, wobei die Standortsicherung in Verbindung mit einem Höchstmaß an Gesundheits- und Umweltschutz gefordert wurde.

3.2 Erörterungstermin

Im Zeitraum Ende Oktober 2006 bis Ende November 2006 erfolgte die Offenlegung des Antrages. Bis zum Ende der Einwendungsfrist am 06.12.2006 sind 3.200 Einwendungen gegen das Vorhaben und eine Liste mit 2400 Unterschriften für den Bau der Anlage eingereicht worden. Vom 22.01.2007 bis zum 26.01.2007 fand der Erörterungstermin statt.

Im Verlauf des Erörterungstermins sind konsequenterweise die im Forderungskatalog des Umweltnetzwerk/Büro für Umweltfragen enthaltenen Themenkomplexe besonders ausführlich diskutiert worden. Die sich mehrheitlich hierauf abstützenden Einwendungen wurden überwiegend von Mitgliedern der Bürgerinitiative mit fachlicher Unterstützung des Sachbeistandes vorgetragen. Dabei wurden besonders die in den Antragsunterlagen enthaltenen Gutachten als auch deren Prüfung durch die Behörde scharf kritisiert. Insbesondere die erforderliche Ausnahmegenehmigung in der Wasserschutzzone sehen die Einwender, vertreten durch einen juristischen Sachbeistand, als Grund für eine fehlende Genehmigungsfähigkeit des Vorhabens in seiner beantragten Form.

Im Verlauf des Erörterungstermins wurden ca. 80 Anträge durch die Einwender gestellt. Die Behörde hat sich eine sehr ausführliche Prüfung der gestellten Anträge vorbehalten und wird daher die gesetzlich mögliche Frist bis zur Genehmigungsentscheidung am 22.05.2007 ausschöpfen. Der Regierungspräsident beabsichtigt, die Genehmigungsentscheidung persönlich in einer öffentlichen Veranstaltung in Korbach vorzutragen und zu begründen.

MVV geht nach wie vor von der Genehmigungsfähigkeit der beantragten Anlage aus. Alle erforderlichen Maßnahmen eines Baubeginns im Juli dieses Jahres sind getroffen. Die Fertigstellung der Anlage ist im 3. Quartal 2008 und eine Aufnahme der Dampflieferung an Continental ab Oktober 2008 vorgesehen.

4 Fazit

Die beantragte Anlageleistungsklasse vereint die Erfordernisse einer energieintensiven Prozessdampfversorgung eines Industrieunternehmens mit den sich bietenden Chancen eines gesetzlich vorgegebenen Entsorgungsweges für Reststoffe aus der Haus- und Gewerbeabfallwirtschaft. Sowohl ökonomisch als auch ökologisch betrachtet, liefern mittelkalorische Ersatzbrennstoffe im Einsatz zur Prozessdampferzeugung hohen Nutzen. Im Vergleich zu einer vornehmlichen Stromerzeugung liefert der Einsatz von Ersatzbrennstoffen für eine Prozessdampfversorgung auf die Zielenergie bezogen den effizientesten Verwertungsansatz. Gleichzeitig werden damit verknappende und wertvolle Primärenergieträger erhalten und wegen des im Ersatzbrennstoff enthaltenen Anteils an Biomasse CO_2-Emissionen eingespart. Aus diesen Gründen sind Prozessdampfversorgungen mit einer thermischen Verwertung von Ersatzbrennstoffen aus Haus- und Gewerbeabfällen anzustreben. Durch die Nähe von Prozessdampfabnehmern zu Wohngebieten sind Konfliktpotentiale im Genehmigungsverfahren derartiger Anlagen zu erwarten. Bei Auslegung des Ersatzbrennstoffdurchsatzes auf die reine Prozessdampferzeugung lassen sich die von der Anlage ausgehenden Zusatzbelastungen minimieren. Die Voraussetzung für die Realisierung derartiger Anlagengrößen ist eine wirtschaftlich optimierte Anlagentechnik, die dem Stand der Technik entspricht und die hohen Anforderungen der 17. BImSchV erfüllt.

Die beantragte Leistungsklasse bewegt sich knapp und nur in wenigen Parametern über den Grenzen der Bagatellmassenströme und unterschreitet die Irrelevanzschwellen in allen Parametern. Die Anlage stellt somit nach allen wissenschaftlich gesicherten Erkenntnissen auch bei Ausschöpfung der Emissionsgrenzwerte keine Gefährdung für Gesundheit und Umwelt dar. Ein wie bei allen technischen Prozessen objektiv einzugestehendes, jedoch sehr geringes Restrisiko derartiger Anlagen führt bei einigen besorgten Bürgern zu Verunsicherungen und ablehnender Haltung, die auch durch intensive Öffentlichkeitsarbeit und sachlicher Argumentation nicht aufgehoben werden kann.

Industrieheizkraftwerk Infraserv Höchst GmbH

Dirk Lorbach

Zusammenfassung

Infraserv will mit dem neuen Industrieheizkraftwerk auf Basis von Ersatzbrennsstoffen den Stromerzeugungsanteil im Industriepark von 40 auf 60 % erhöhen, um zusätzlich Versorgungssicherheit und weitere Unabhängigkeit vom allgemeinen Strommarkt zu bekommen. Infraserv unterstützt damit die Entsorgung von heizwertreichen Abfällen aus der Rhein-Main Region und dem weiteren Umfeld und sichert die Strom- und Dampferzeugung im Industriepark Höchst – bei steigenden Ölpreisen, für bereits laufende und neue Produktionsanlagen. Insgesamt werden damit nicht zuletzt auch 40 Arbeitsplätze direkt an der Anlage geschaffen, im engeren und weiteren Umfeld des Industrieparks Höchst hängen wesentlich mehr Arbeitsplätze von dieser Anlage ab.

1 Aktuelle Strom- und Dampfversorgung im Industriepark

Derzeit können im Industriepark Höchst nur ca. 40 % des Stromes selber erzeugt werden. Der Rest muss über Fernleitungen in den Industriepark transportiert werden, das heißt, der Industriepark Höchst und damit Infraserv ist stark vom externen Strommarkt abhängig.

Darüber hinaus gibt es im Industriepark Höchst einen Engpass in der Dampfversorgung. An kälteren Wintertagen kann keine redundante Wärmeversorgung des Industrieparks sichergestellt werden, im Falle eines Anlagenausfalls des Kraftwerks müssen Produktionsanlagen stillgelegt werden, mit erheblichen Kosten und Wettbewerbsnachteilen, die damit verbunden sind.

Das heißt, zusammenfassend stellt sich für die Infraserv die Frage: Wie kann in diesem Spannungsfeld zwischen Versorgungssicherheit, Umweltverträglichkeit und Wirtschaftlichkeit eine nachhaltige effiziente Energieversorgung im Industriepark aufrechterhalten und gewährleistet werden?

2 Technische und wirtschaftliche Alternativen zur Strom und Dampferzeugung

Infraserv Höchst hat zur Verbesserung der Versorgungssituation eine vergleichende Studie durchgeführt und ein Gasturbinenkraftwerk, Kohlekraftwerk und

Ersatzbrennstoffkraftwerk zur Strom- und Dampferzeugung technisch und wirtschaftlich untersucht. Das Ergebnis zeigt, dass für Kohle- und Gaskraftwerke auf gut erprobte und verlässliche Technologien zurückgegriffen werden kann, dies macht auch die Herstellkosten für Strom und Dampf interessant, solange die Primärenergiepreise nicht zu hoch werden. Ersatzbrennstoffe erfordern einen wesentlich höheren technologischen Aufwand und sind damit grundsätzlich nicht wettbewerbsfähig. Allerdings kann der Anbieter von thermischen Verwertungskapazitäten, seit über das Abfallwirtschaftsgesetz eine Verwertung aller Abfälle geregelt ist, von einem etablierten Markt für Ersatzbrennstoffe und einer hoffentlich auch in Zukunft relativ stabilen Zuzahlung bei Einsatz von Ersatzbrennstoffen ausgehen, sodass dieser Nachteil ausgeglichen wird.

Abb. 1: Technische und wirtschaftliche Alternativen zur Strom- und Dampferzeugung

Interessant sind auch einige besondere Aspekte der jeweiligen Energieträger. Bei Gas und Kohle liegt nicht nur eine ausgesprochene Importabhängigkeit vor, sondern auch eine hohe CO_2-Emission und damit Klima Belastung. Ersatzbrennstoffe sind dagegen ein heimischer Energieträger und gerade im Punkt CO_2-Emission auch umweltfreundlich. Der Grund dafür liegt in dem relativen hohen Anteil an regenerativen Energieträgern im Ersatzbrennstoff. Das Treibhauspotenzial gegenüber Braunkohle liegt bei Ersatzbrennstoffen bei nur ca. 30 % bezogen auf die erzeugte Wärmemenge. Aus diesem Grund sind EBS-Anlagen auch von der Verpflichtung CO_2-Zertifikate erwerben zu müssen, ausgenommen. Anders als vor zehn Jahren fallen Dank einer ausgereiften Technologie Staub- und Schadstoffemissionen auch bei Ersatzbrennstoffen gegenüber anderen Technologien nicht mehr ins Gewicht.

3 Qualitätsgesicherter Ersatzbrennstoff

Infraserv Höchst versteht unter Ersatzbrennstoff einen vertraglich langfristig gesicherten Brennstoff mit einer eindeutig definierten Qualität. Seit Inkrafttreten der TASi 2005 dürfen kein Siedlungs- und Gewerbeabfälle mehr deponiert werden, sondern sollen sortiert und verwertet werden. Der Anteil, der stofflich nicht zu verwerten ist, liefert die Basis für die thermische Verwertung als Ersatzbrennstoff, der in der Anlage in Höchst verbrannt werden soll. Da die stoffliche Verwertung der Abfälle auf Basis der hohen erzielbaren Sekundär-Rohstoffkosten für alle Entsorger ein interessanter Aspekt geworden ist, werden Zerkleinerungs- und Sortieranlagen die Zukunft des Abfallmarktes immer mehr bestimmen.

Der Weg der Abfallströme ist in Abbildung 2 dargestellt. In bisherige konventionelle Müllheizkraftwerke geht in erster Linie der kommunale Abfall. Der Gewerbeabfall ging bisher noch zu einem großen Teil auf Deponien, was seit dem 01.06.2005 nicht mehr erlaubt ist. Dieser Anteil der Abfallströme wird jetzt sortiert und geht sofern stofflich verwertbar, in ein Wertstoffrecycling, sofern biologisch abbaubar in eine Intensivrotte und soweit für beide Arten der Verwertung nicht einsetzbar in die thermische Verwertung.

Der Brennstoff für das Industriekraftwerk in Höchst, kommt aus derartigen Aufbereitungsanlagen. Die Aufbereitungstiefe bestimmen die entsorgenden Firmen unter wirtschaftlichen Gesichtspunkten selbst, mit dem Ziel, die geforderte Brennstoffqualität einhalten zu können. Wichtige Qualitätskriterien sind die Stückgröße, der Chloranteil, Störstoffe, wie z. B. Metalle und Glas, aber auch einige Schwermetalle, wie z. B. Quecksilber und giftige Stoffe wie Dioxine und Furane.

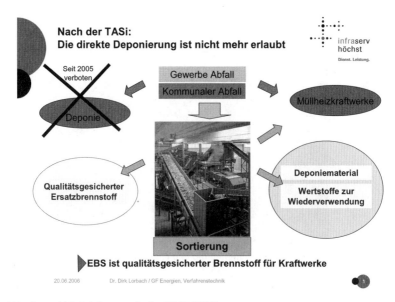

Abb. 2: Abfallströme nach der TASi 2005

4 Zuliefer-Logistik

Die EBS-Lieferanten werden den Brennstoff größtenteils mit „Walking Floor"-Fahrzeugen liefern, das sind vollkommen geschlossene Fahrzeuge zumeist in Form von gewöhnlichen Sattelaufliegern mit eingebauten Förderaggregaten, die den Brennstoff nach hinten austragen können.

Die Lage der thermischen Verwertungsanlage zur Energieerzeugung im Industriepark Höchst wurde so gewählt, dass unter den gegebenen Randbedingungen des Industrieparks Höchst ein Optimum bezüglich der logistischen Erschließung erreicht werden konnte (Abbildung 3). Die Anlage wird am südwestlichen Rand des Industrieparks mit direkter Anbindung zu den Autobahnzubringern errichtet. Hier befand sich noch eine Brachfläche, die entsprechend genutzt werden konnte. Die neue Zufahrt direkt über den Kelsterbacher Knoten wird eine reibungsfreie Logistik gewährleisten und den Zulieferverkehr ausschließlich über Autobahnen und Schnellstraßen führen.

Abb. 3: Standort der Anlage

5 Anlagentechnik

Die Fahrzeuge werden in einer geschlossenen Anlieferhalle (Abbildung 4) direkt an den Vorratsbunker andocken und den Brennstoff über die Heckklappe entladen. Die Anlieferhalle wird abgesaugt und damit eine Geruchsentwicklung nach außen verhindert. Der Brennstoffbunker ist für eine Verbrennungskapazität von fünf Tagen ausgelegt, um den Zulieferverkehr an Sonn- und Feiertagen unterbrechen zu können und die Anlage trotzdem weiter rund um die Uhr betreiben zu können. Auch der Bunkerbereich ist baulich geschlossen und wird abgesaugt. Die abgesaugte Luft wird als Verbrennungsluft für die drei Linien eingesetzt und damit geruchsfrei entsorgt.

Aus dem Vorratsbunker wird der Brennstoff über Kran und Transportsysteme in die drei Feuerräume mit zirkulierender Wirbelschicht transportiert. Die Technologie der zirkulierenden Wirbelschicht hat den Vorteil, dass sie eine sehr gleichmäßige Verbrennung, insbesondere auch bei hochkalorischen Abfällen, ermöglicht. Damit ist sie besonders geeignet für Sortierreste aus der stofflichen und thermischen Verwertung der Abfälle.

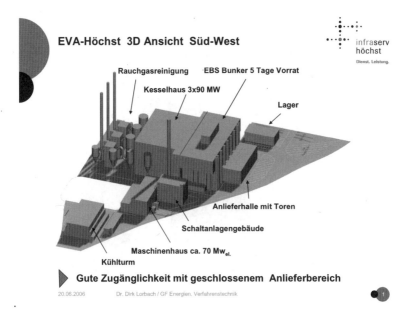

Abb. 4: Ansicht der Anlage

Die Wirbelschicht im Feuerraum ist in zwei Bereiche getrennt (Abbildung 5): Der eigentliche Feuerraum mit zwei gegeneinander rotierenden fluidisierten Sandwalzen und der teilweise durch ein Wehr getrennte äußere Raum, in dem Wärmetauscher dem fluidisierten Sandbett Wärme entziehen können. Dadurch kann die Temperatur in der Wirbelschicht auf ca. 650 bis 700 °C eingestellt werden. Erst durch Zugabe der Sekundärluft über der Wirbelschicht setzt die vollständige Verbrennung ein und wird die notwendige Temperatur von 850 °C erreicht.

In dieses fluidisierte Sandbett wird der Abfall über eine Schurre mittig eingetragen und durch die gegenseitig rotierenden Walzen in das Wirbelbett gezogen. Bis auf die in der Wirbelschicht befindlichen Wärmetauscher ist die Technologie sehr ähnlich der bei vielen anderen Anlagen eingesetzten Rowitec – Technologie. Vorteil der niedrigen Sandtemperatur ist, dass Metalle insbesondere Aluminium, sofern sie noch im Ersatzbrennstoff enthalten sind, nicht geschmolzen werden und aus dem Sandbett in guter Qualität abgetrennt werden können.

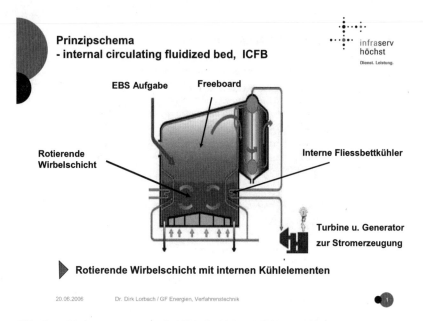

Abb. 5: Verbrennungstechnik, Wirbelschicht mit Wärmeauskopplung

Zur Abluftreinigung der Anlage wird eine abwasserfreie, dreistufige Technologie mit Sprühabsorber, Aktivkohle-Zugabe und Gewebefilter eingesetzt. Die Emissionen bleiben damit sicher unter den von der 17. Bundesimmissionsschutzverordnung geforderten Werten.

EBS-Kraftwerk Pfanni, Stavenhagen

Thomas Hegner, Karl-Heinz Plepla

Zusammenfassung

Mit Errichtung und Betrieb des EBS-Heizkraftwerkes in Stavenhagen übernimmt Nehlsen ab August 2007 die Versorgung des Kartoffelprodukte-Herstellers Pfanni mit Prozessdampf und Elektrizität aus Kraft-Wärme-Kopplung. Als Primärenergie wird dabei Ersatzbrennstoff eingesetzt. Zur umfassenden Energieversorgung für Pfanni betreibt Nehlsen ab Januar 2007 zusätzlich die vorhandenen werkseigenen Erzeugungsanlagen für Druckluft, Prozessdampf und Prozesswasser als Dienstleister. Der Beitrag beschreibt die Kooperationsbeziehungen zwischen Pfanni und Nehlsen zur Bereitstellung der Energien und Medien sowie die Strukturierung der Ablauforganisation.

1 EBS-HKW-Stavenhagen

1.1 Das Konzept

Das erste Projekt zum Energiecontracting bei Nehlsen entwickelte sich aus Überlegungen des Kartoffelprodukte-Herstellers Pfanni in Stavenhagen, die Energiebeschaffung neu zu strukturieren.

Auf Grund steigender Preise für Erdgas und Strom sowie der Möglichkeit, Prozessdampf und Elektrizität lokal in Kraft-Wärme-Kopplung erzeugen zu können, entstand der Gedanke, das vorhandene erdgasbefeuerte Heizwerk durch ein mit Ersatzbrennstoffen befeuertes Heizkraftwerk abzulösen.

Die ersten Planungen gingen von einem Bedarf an Ersatzbrennstoff in einer Größenordnung von 90.000 Mg/a aus. Mit dem Einsatz von regional verfügbarem Brennstoff aus Müll konnte der Gedanke der Kreislaufwirtschaft sowohl im Sinne der stofflichen als auch unter dem Aspekt der energetischen Verwertung umgesetzt werden.

Grundvoraussetzung für die Entscheidung zum Bau der Anlage im Mai 2005 war, dass das Heizkraftwerk zum 01.08.2007 gesichert Prozessdampf und Strom an Pfanni liefern wird.

Zum Betrieb der Neuanlage wurde ein Personalmehrbedarf von 22 Mitarbeitern gegenüber der vorhandenen Prozessdampferzeugung auf Basis Erdgas ermittelt. Die

Schaffung neuer Arbeitsplätze in einer strukturschwachen Region in Mecklenburg-Vorpommern fand auch positive Resonanz bei den Vertretern der lokalen Politik.

1.2 Das Projekt

Das Projekt Heizkraftwerk Stavenhagen zur Versorgung von Pfanni mit Prozessdampf und Strom fand große Beachtung im Unileverkonzern, da durch die neue Art der Energiebereitstellung die Beschaffungskosten für Dampf und Strom wesentlich reduziert werden konnten. Dies verdeutlichte sich vor allem vor dem Hintergrund der stetig steigenden Preise für Erdgas, das Pfanni in einem Umfang von 14 Mio m^3/a zur Verarbeitung von 160.000 Mg/a an Kartoffeln beziehen musste.

Mit der Neugestaltung der Energieversorgung einher ging eine Erweiterung der Pfanni-Produktionsanlagen am Standort Stavenhagen, die sowohl eine Standortsicherung für Pfanni als auch eine Neubewertung der Durchsatzmenge der Ersatzbrennstoffe bedeutete. Derzeit geht die Planung für den Brennstoffbedarf von 95.000 Mg/a aus.

1.3 Aufbau EBS-Heizkraftwerk

Der Heizkraftwerksprozess geht von einer Anlieferung des Brennstoffs mit Muldenkippern, Absetzkippern und Walking-Floor-Fahrzeugen aus. Der Bunker fasst mit bis zu 2.000 Mg ausreichend Ersatzbrennstoff für vier Volllasttage. Stündlich werden 11 Mg Ersatzbrennstoff über einen hochverfügbaren Kran dem Brennstofftrichter und eine hydraulische Aufgabevorrichtung dem wassergekühlten Vorschubrost zugeführt. Die sektional zugeführte Rostluft wird über einen Vorwärmer geleitet, der primärseitig mit dem Kühlwasser aus der Rostkühlung versorgt wird.

Die am Rostende anfallende Rostschlacke wird in zwei Nassentschlackern abgekühlt und dann mechanisch über Band dem Schlackebunker zugeführt. Die Entsorgung erfolgt über Kippfahrzeuge. Die Jahresmenge an Rostschlacke wird ca. 20.000 Mg betragen.

Der Dampferzeuger besitzt eine Feuerungswärmeleistung von 45 MW. Der erste Zug des Dampferzeugers ist mit Stampfmasse ausgekleidet bzw. im oberen Bereich gecladdet. Erster und zweiter Zug sind als Vertikalzüge ohne Berührungsheizflächen ausgeführt, während der dritte Zug als Horizontalzug die senkrecht angeordneten Berührungsheizflächen enthält. Zur Abreinigung wird ein mechanisch betriebenes Klopfwerk eingesetzt.

Der Frischdampf wird der Entnahme-Kondensationsturbine zugeleitet. Im Kraft-Wärme-Kopplungsprozess kann je nach Prozessdampfbedarf zwischen 0,5 MW und 8 MW Strom erzeugt werden. Bei einer Prozessdampfauskopplung von 213.000 Mg/a beträgt die gekoppelte Stromproduktion 35,5 GWh/a, von der ein Großteil zur Versorgung von Pfanni verwendet wird.

Die Rauchgase gelangen nach Kesselende zu einem Sprühabsorber mit nachgeschaltetem Reaktionsturm. Die Rauchgasreinigung erfolgt mit Kalkhydrat und Herdofenkoks über ein halbtrockenes Verfahren.

Zur Entstickung wird Harnstofflösung eingesetzt, die in den ersten Zug wahlweise über zwei Düsenebenen eingeblasen wird.

Flugasche und Rauchgasreaktionsprodukte werden im Schlauchfilter abgeschieden und mit den im Horizontalzug anfallenden Kesselaschen vermischt im Reststoffsilo gelagert. Zur Optimierung der Additivausnutzung kann ein Teil der Filterreststoffe in die Rauchgasreinigung rückgeführt werden.

Das gereinigte Rauchgas wird über den Saugzug dem Schornstein zugeführt.

Die Kapazität des Reststoffsilos ist ebenfalls ausreichend für mindestens vier Volllasttage. Die Entsorgung erfolgt über Silofahrzeuge. Die Jahresmenge an Reststoff wird ca. 5.600 Mg betragen.

In Abbildung 1 ist das Verfahrensschema des Heizkraftwerks Stavenhagen dargestellt.

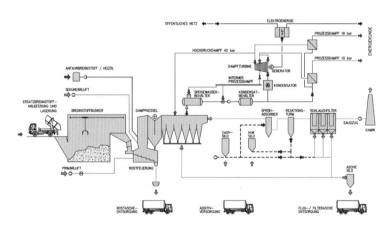

Abb. 1: Verfahrensfließbild Heizkraftwerk Stavenhagen

1.4 Prozessablauf

Der im Heizkraftwerk erzeugte Frischdampf nach Kessel liegt mit 400°C/42 bar an und wird zur Entnahme-Kondensations-Turbine geführt. Vor Turbine wird Prozessdampf für Pfanni zur Herstellung von Dampf mit 16 bar für die Lebensmittelproduktion entnommen. Die Wärmeübertragung erfolgt in einem Reindampferzeuger, der sekundärseitig mit zur Lebensmittelproduktion zugelassenem Speisewasser beaufschlagt wird. Der Primärkreislauf zwischen Heizkraftwerk und Reindampferzeuger ist ein geschlossener Dampf-/Kondensat-Kreislauf. Sekundärseitig wird der erzeugte Dampf zur automatisierten Schälung von Kartoffeln sowie zu indirekten Trocknungsprozessen verwendet.

Über eine 15-bar-Entnahme an der Turbine wird ein zweiter Prozessdampfstrom ausgekoppelt, der über weitere Reindampferzeuger zur Herstellung von sekundärseitig 11-bar-Dampf in Lebensmittelqualität für Koch- und Trocknungsprozesse genutzt wird. Primärseitig ist der Dampf-Kondensat-Kreislauf für den Entnahmedampf ebenfalls als geschlossenes System konzipiert.

Abbildung 2 zeigt die Anbindung des Pfanni-Produktionsprozesses an die Prozessführung des Heizkraftwerkes Stavenhagen.

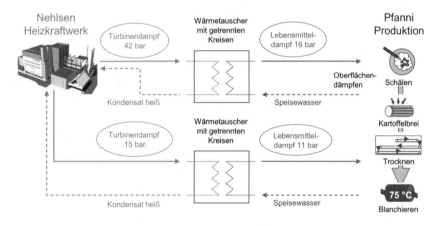

Abb. 2: Prozessanbindung Heizkraftwerk-Pfanni Produktion

1.5 Ersatzbrennstoff-Mengenbilanz

Aus rund 95.000 Mg EBS/a werden jährlich ca. 213.000 Mg Prozessdampf für den Pfanni-Produktionsprozess sowie insgesamt 50.500 MWh/a an elektrischer Energie erzeugt. Von der produzierten elektrischen Energie nimmt Pfanni direkt 15.000 MWh/a ab, die restlichen 35.500 MWh/a werden ins öffentliche Netz eingespeist.

Abbildung 3 zeigt die In- und Outputs sowie Leistungsdaten des Heizkraftwerks Stavenhagen.

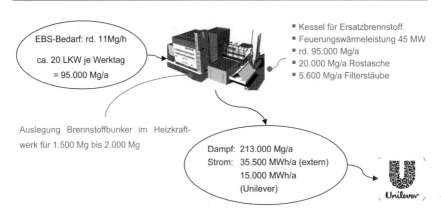

Abb. 3

1.6 Terminplan und Projektstand

Das Projekt muss in einem sehr engen Terminrahmen realisiert werden. Zwischen der Projektentscheidung und der Aufnahme des gesicherten Betriebs liegen 24 Monate in denen Planung, Beschaffung, Bauausführung, Inbetriebnahme und Probebetrieb erfolgen müssen. Vorgelagert zur Projektentscheidung war nur die erfolgreiche Durchführung des Genehmigungsverfahrens nach BImSchG.

Zu den Meilensteinen der Projektausführung zählen:

- Projektentscheidung : Juli 2005
- Planung und Vergaben : Juli 2005 bis September 2006
- Ausführung Bautechnik : Februar 2006 bis März 2007
- Ausführung Anlagenbau : Januar 2006 bis Juli 2007
- Probebetrieb : Juli 2007
- Gesicherte Lieferung : August 2007

1.7 Betreiber und Abnehmer

Als Brennstofflieferanten wurden zwei Gesellschaften gebunden, die in Mecklenburg-Vorpommern Anlagen zur Erzeugung von Ersatzbrennstoffen betreiben. An beiden Gesellschaften ist die Nehlsen-Gruppe beteiligt.

Zwei Drittel des Brennstoffbedarfs wird in unmittelbarer Nähe des Heizkraftwerks produziert. Sowohl der kurze Transportweg als auch die Möglichkeit zur Zwischenlagerung des Brennstoffs bei Stillstandszeiten des Heizkraftwerks bieten eine große Flexibilität der Versorgung.

Zudem wird der größte Teil der zur Brennstoffherstellung erforderlichen Müllmengen aus den angrenzenden Landkreisen gesammelt, so dass auch die Logistikaufwendungen wirtschaftlich gestaltet werden können.

1.8 Verbrennung von EBS im Kondensationskraftwerk und in Kraft-Wärme-Kopplung

Neben den wirtschaftlichen Vorteilen der Bereitstellung von Prozessdampf und Strom für Pfanni ergeben sich aus der gekoppelten Erzeugung auch ökologische Vorteile, da sich die Brennstoffausnutzung über das Heizkraftwerk CO_2-mindernd darstellt.

Im Vergleich zur getrennten Erzeugung von Prozessdampf aus Erdgas und Strom nach deutschem Kraftwerksmix sowie der EBS-Verbrennung über MVA ergibt sich eine Einsparung an CO_2 in einer Größenordnung von über 10.000 Mg/a. Zudem werden fossile Ressourcen geschont und Transportverluste an Energie vermieden.

Abbildung 4 zeigt die konventionelle Versorgung von Pfanni über Prozessdampf aus Erdgas, Strom aus dem öffentlichen Netz und EBS-Verbrennung in einer MVA.

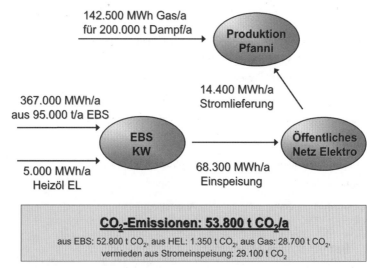

Abb. 4: CO_2-Emissionen bei getrennter Strom- und Prozessdampferzeugung sowie EBS-Verbrennung in MVA

Abbildung 5 zeigt die standortoptimierte Versorgung von Pfanni durch Einsatz von EBS in Kraft-Wärme-Kopplung.

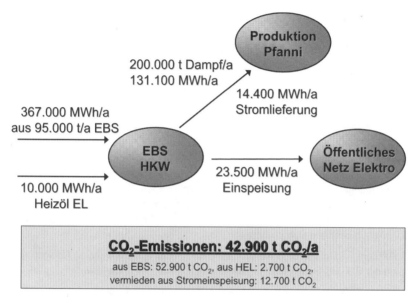

Abb. 5: CO_2-Emissionen bei standortoptimierter Energieerzeugung (kombinierte Strom- und Prozessdampferzeugung)

EBS-Kraftwerke von BKB als Reaktion auf veränderte Marktbedingungen

Dirk Zachäus, Sebastian Heinemann

1 Einleitung

Die BKB Aktiengesellschaft steuert im E.ON Energie-Konzern die Abfallverbrennungsaktivitäten und betreibt heute an verschiedenen Standorten in der Bundesrepublik Anlagen. BKB verfügt direkt sowie über Tochter- und Beteiligungsgesellschaften über Abfallverbrennungsanlagen mit einer technischen Verbrennungskapazität von rund 2,7 Mio. t/a. Weitere Anlagen mit einer Verbrennungskapazität von rund 0,7 Mio. t/a befinden sich im Bau.

Außerdem verfügt die BKB AG durch die Betriebsführungen weiterer Anlagen im Bereich der SOTEC GmbH über umfassendes technisches Know-how.

Weitere Anlagen mit einer Gesamtverbrennungskapazität in Höhe von rund 1,6 Mio. t/a befinden sich in Planung.

Bei der BKB AG existieren umfangreiche Erfahrungen mit unterschiedlicher Anlagentechnik.

Abb. 1: Netzwerk der BKB-Abfallverbrennungsanlagen

Die Abfallwirtschaft in Deutschland hat sich im letzten Jahrzehnt, nach Einführung des Kreislaufwirtschafts- und Abfallgesetzes erheblich gewandelt. Heute leistet die Abfallwirtschaft einen wesentlichen Beitrag zur Ressourcenschonung und zum Umweltschutz. Die thermische Abfallbehandlung ist, nach Inkrafttreten des Deponierungsverbotes für unbehandelte Siedlungsabfälle, von zentraler Bedeutung. Die primäre Aufgabe von Müllverbrennungsanlagen besteht in der sicheren und umweltgerechten Abfallbehandlung. Der Aspekt der Energieerzeugung aus Abfall gewinnt vor dem Hintergrund der Endlichkeit fossiler Energieträger und der CO_2-Problematik zunehmend an Gewicht.

Bis zum Inkrafttreten der Abfallablagerungsverordnung 2005 verringerte sich, bei nahezu konstantem Abfallaufkommen, die Menge von Abfällen zur Beseitigung in

Müllverbrennungsanlagen u. a. aufgrund einer höheren stofflichen und energetischen Verwertung von Abfällen[1]. Das Ergebnis war eine Unterauslastung der hochwertigen Entsorgungsanlagen. Die zu entsorgende Abfallmenge ist aufgrund der Pflicht zur Vorbehandlung von Abfällen seit dem 01.06.2005 gestiegen, ebenso die Auslastung der Behandlungsanlagen. An die Stelle der geringeren Auslastung sind ein vorübergehendes Kapazitätsdefizit für die Vorbehandlung von Restabfällen in Müllverbrennungsanlagen und längerfristige Fehlkapazitäten bei der energetischen Verwertung von heizwertreichen Abfällen getreten [1]. Hierzu haben zum einen die zuvor bestehenden Überkapazitäten beigetragen, die potentielle Anlagenbetreiber haben zögern lassen, ausreichend neue Behandlungsanlagen zu errichten, zum anderen die Rechtsunsicherheit bezüglich der Abgrenzung zwischen Abfall zur Verwertung und Beseitigung; dies führte dazu, dass Prognosen über die entsprechenden gewerblichen Mengen zur Beseitigung bzw. energetischen Verwertung kaum möglich waren.

Hinzu kommt eine andere Entwicklung im Entsorgungsmarkt: seit Inkrafttreten der Abfallablagerungsverordnung sind neben der Müllverbrennung (MVA) auch mechanisch-biologische Abfallbehandlungsanlagen für die notwendige (Vor-)Behandlung zugelassen. Während in Abfallverbrennungsanlagen die vollständige Behandlung der eingesetzten Abfälle erreicht wird, entstehen bei den mechanisch-biologischen Anlagen neue Abfallströme, die jeweils entsprechend der eingesetzten MBA-Verfahrenstechnologie unterschiedlich gestaltet sind. Ziel der MBA-Betreiber ist es, die hoch aufbereitete hochkalorische Fraktion in der Zementindustrie oder in Kohlekraftwerken einzusetzen, wenngleich die Kapazitäten zur Mitverbrennung sich nicht im erwarteten Umfang entwickelt haben und auch zukünftig sich eher wieder verringern werden. In Deutschland wird der Entsorgungsweg für die beschriebenen Fraktionen in Kraftwerken eine untergeordnete Rolle spielen. Der Einsatz in Kraftwerken hat sich als technisch problematisch und im Hinblick auf die Verfügbarkeit der Anlagen als nicht gangbar erwiesen. Die mittelkalorische Fraktion soll zukünftig in speziellen Ab-

---

[1] Das zentrale Problem in der Abfallentsorgung ist die Abgrenzung zwischen Abfällen zur Verwertung und Abfällen zur Beseitigung durch Verbrennung und Deponierung als Grundpflichten der Abfallerzeuger/-besitzer. Nach Kreislaufwirtschafts- und Abfallgesetz sollen die Abfallströme zur Lösung des möglichen Zielkonfliktes zwischen der stofflichen und energetischen Verwertung des Abfalls mit dem Ziel der Ressourcenschonung und der Schadstoffbeseitigung entsprechend ihres Hauptzweckes gelenkt werden. Die Trennlinie zwischen Verwertung und Beseitigung bestimmt bei Gewerbeabfällen zugleich, ob eine Überlassungspflicht an öffentliche Entsorgungsträger besteht. Eine eindeutige Abgrenzung insbesondere bei gewerblichen Mischabfällen ist bisher nicht erfolgt; mit dem Ergebnis der Rechtsunsicherheit.

Als Folge der Rechtsunsicherheit zwischen Verwertung und Beseitigung wurden – vor Inkrafttreten der Abfallablagerungsverordnung – durch Vermischung Abfälle zur Beseitigung zu Abfällen zur Verwertung umgeleitet, um sie nicht ortsnahen öffentlichen Entsorgungsträgern überlassen zu müssen, sondern dorthin verbringen zu können, wo sie nach Sortierung der verwertbaren Fraktionen auf „Billigdeponien" am kostengünstigsten verwertet werden konnten. Bei gegebenen großen Preisdifferenzen zwischen dieser „Scheinverwertung" und der Beseitigung als Folge unterschiedlicher Entsorgungsstandards (vgl. RSU 2002, Tz. 759) nahmen Abfälle bis zum Inkrafttreten der Abfallablagerungsverordnung den ökonomisch günstigsten Entsorgungsweg. [3] Nicht die gesetzliche Anforderung an den Entsorgungspfad, sondern der Entsorgungspreis war faktisch für die Abgrenzung ausschlaggebend.

fallverbrennungsanlagen (den EBS-Kraftwerken) verwertet werden, während die heizwertarme Fraktion auf TASi-gerechten Deponien beseitigt wird. Da allerdings für die mittel- und hochkalorischen Fraktionen derzeit nicht die benötigten Verbrennungskapazitäten vorhanden sind, müssen gegenwärtig große Abfallmengen zwischengelagert werden, um sie einer späteren Entsorgung zu zuführen. Von den meisten MBA-Betreibern wird darüber hinaus nicht die angestrebte Durchsatzleistung erreicht, da es technische Probleme gibt.

Abb. 2: Langzeitzwischenlager bei EZS in Salzgitter

2 Neuere Entwicklungen am Markt

Die Veränderungen des Entsorgungsmarktes nach dem 01.06.2005 haben noch weitere Auswirkungen ergeben. Neben dem bereits angesprochenen Zubau von mechanisch-biologischen Abfallbehandlungsanlagen, hat die Aufbereitung und Sortierung von Abfällen eine zunehmende Bedeutung erlangt. Dies wurde zum Teile durch den vorhandenen Entsorgungsdruck forciert. Darüber hinaus bietet der Markt zurzeit aber interessante Möglichkeiten der Wertstoffentnahme – vorrangig aus Gewerbeabfallströmen. Diese Entwicklungen habe Auswirkungen auf die Zusammensetzung und Eigenschaften der Abfälle, die einer thermischen Behandlung zugeführt werden müssen. Das heißt, es sind aus Sicht von Betreibern von Abfallverbrennungsanlagen neue Abfallfraktionen entstanden, deren thermische Behandlung zwingend notwendig ist, aber auch entsprechende technische Lösungen braucht. (Abbildung 3).

Durch die mechanische oder mechanisch-biologische Aufbereitung werden Abfälle in Fraktionen aufgeteilt und damit die spezifischen Eigenschaften, die im Abfallgemisch eine untergeordnete Rolle spielten, hervorgehoben. Planungen für neue Anlagen zur Abfallverbrennung müssen insofern berücksichtigen, dass zunehmend Gewerbeabfall und heizwertreiche Fraktionen aus mechanischen und mechanisch-biologischen Aufbereitungsanlagen zur Verbrennung gelangen. Diese Anlagen müssen u. a. über eine höhere Toleranz im Hinblick auf Chlor- und Schwefelkonzentrationen und Heizwerte verfügen.

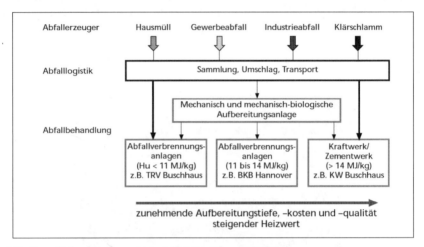

Abb. 3: Entsorgungsmarkt und Abfallströme seit 2005

Das bedeutet, dass höhere durchschnittliche Heizwerte nach einer entsprechenden Auslegung des Feuerungsleistungsdiagramms verlangen. Hohe Chlor- und Schwefelfrachten im Rauchgas wiederum stellen höhere Anforderungen an die Abgasreinigungsanlagen. Hohe Alkalimetallkonzentrationen begünstigen Ablagerungen auf Heizflächen. Dementsprechend müssen die Kesselausführungen angepasst werden. Mit dem Grad der Aufbereitung des Abfalls geht für die Verbrennung ein Teil der möglichen Wertschöpfung verloren. Gleichzeitig bedeutet jede Heizwertsteigerung eine höhere spezifische Investition bezogen auf den Abfall. Die Auslegung neuer Anlagen muss außerdem für den Betreiber eine flexible Reaktion auf Markterfordernisse ermöglichen, falls z. B. der Trend zur Aufbereitung zum Stillstand kommt oder gar umgekehrt wird. BKB hat diese Entwicklung bereits im Jahre 2004 erkannt und sich für die Entwicklung, Planung und Errichtung spezieller EBS-Kraftwerke entschieden.

3 Wie reagiert BKB?

Standortkriterien

Vor dem beschriebenen Hintergrund besteht besonders für die mittelkalorischen Abfallanteile mit einem Heizwertband von ca. 12 bis 16 MJ/kg aus Sicht von BKB die Notwendigkeit für neue Lösungen der thermischen Verwertung. Hier sind demnach

Lösungen gefragt, die die thermische Verwertung dieser Abfälle auf einem hohen und gleichzeitig sicheren verfahrenstechnischen Niveau zu Kosten ermöglichen, die den wirtschaftlichen und damit konkurrenzfähigen Betrieb dieser Anlagen erlauben. Solche Lösungen werden angepasst an die Anforderungen des jeweiligen Standortes und die Bedürfnisse des Wärmekunden unter Berücksichtigung der nachfolgend aufgeführten Punkte entwickelt:

- aus positiven Erfahrungen sicher abgeleitete Anlagenkonzepte
- geringe Vollkosten, große Einheiten, angepasster Personalaufwand
- geringe Investitionskosten
- einfache überschaubare Abgasreinigung mit sicherer Einhaltung der Emissionsgrenzwerte
- Standorte mit Wärmesenke und/oder Stromsenke
- hohe Verfügbarkeit zur verlässlichen Wärmelieferung

Bei Abfallverbrennungsanlagen ist die Kombination von Strom- und Wärmeerzeugung unter Gesichtspunkten der Energieeffizienz von großem Vorteil. Aufgrund der besonderen Eigenschaften des Abfalls als Brennstoff, ist ihr bei der Erzielung eines höheren elektrischen Nettowirkungsgrades eine Grenze gesetzt. Bei Anlagen mit gleichzeitiger Strom- und Wärmeerzeugung tritt dieser Stromwirkungsgradnachteil gegenüber anderen Primärenergieträgern in den Hintergrund, da eine höhere Energieausbeute erreicht wird. Da Fernwärmestandorte in der Regel besetzt sind und Netze dafür nur langsam erweitert werden, kommt die Lieferung von Wärme als Dampf für Industriekunden in Betracht. Aufgrund der kurzfristig und tendenziell steigenden Preise für Primärenergie findet der Betreiber von Abfallverbrennungsanlagen derzeitig interessierte Industriewärmekunden, die ihr Kerngeschäft mit einer nachhaltigen und unabhängigeren Wärme- und Stromversorgung absichern möchten.

Derzeitig geplante und realisierte Anlagen für Industriewärmekunden weisen folgende Merkmale auf:

- Dampfparameter als Kompromiss zwischen Kundenbedürfnis und Machbarkeit
- besonders sorgfältige Auswahl der Verfahren basierend auf gesicherten Erkenntnissen
- sofern wirtschaftlich, zweilinige Anlagen
- bereits in der Entwicklungsphase exakter Zuschnitt auf Lastgänge der Kunden
- Fokus auf zu erreichende Verfügbarkeit im Rahmen der Anforderungen der Kunden
- Entwickelte Feuerleistungsregelung zur Erreichung der geforderten Dampfmengentoleranz

- BKB entwickelt daher vorrangig Standorte, die über eine möglichst ganzjährige Möglichkeit der Wärmeabnahme verfügen.

Kessel

Aufgrund der Anforderungen aus der geschilderten Situation am Abfallmarkt, werden neuere Anlagen zunehmend mit einem wassergekühlten Vorschubrost ausgeführt. Geringe Vollkosten und der Wunsch nach hoher Verfügbarkeit bei hohen Alkalisalzgehalten erfordern *moderate Frischdampfparameter* von nicht mehr als 40 bar und maximal 400 °C. Der Marktsituation angepasste *Feuerleistungsdiagramme* müssten Heizwerte von z. B. 8–16 Mj/kg erlauben. Solche „großen" Feuerleistungsdiagramme besitzen die in 2005 in den Betrieb genommenen bzw. neu geplanten Anlagen der BKB. Sie haben Auslegungsheizwerte von über 10 Mj/kg bei Spannen von ca. 8 bis über 15 Mj/kg.

Die *Feuerräume* der Anlagen für höhere Heizwerte haben zumeist eine Mittelströmung, da für die Abfälle mit diesen (höheren) Heizwerten der erforderliche Zündbereich schwächer und damit kürzer ausgeprägt sein kann.

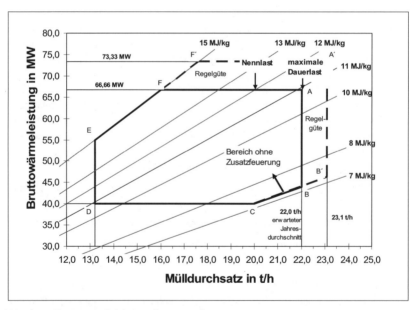

Abb. 4: Feuerungsleistungsdiagramm I

Die *Feuerungswärmeleistungen* der Kessel werden bei ca. 125 MW möglicherweise eine erste Grenze erreichen. Ab einer Rostbreite von über 10 m wird von zunehmend inhomogener Verbrennung berichtet. Das BKB-Projekt in Großräschen, das sich derzeit im Bau befindet, besitzt einen Kessel mit 100 MW Feuerungswärmeleistung. Der

Auslegungsheizwert beträgt 12,5 Mj/kg. Der wassergekühlte Rost verfügt dabei über drei Bahnen mit einer Gesamtbreite von 9,6 m.

Abgasreinigung

Die Abgasreinigungsanlagen bisheriger Müllverbrennungsanlagen basieren auf einer Vielzahl verschiedener Verfahren. In vielen Fällen handelt es sich um im Zuge der 17. BImSchV nachträglich um spezifische Komponenten ergänzte Anlagen. Auch die BKB AG betreibt demzufolge heute eine Palette unterschiedlicher Abgasreinigungsanlagen. Langjährige Erfahrungen haben dazu geführt, dass neue Anlagen heute relativ exakt auf die von Betreibern spezifizierten Werte ausgelegt werden können.

Die Rauchgasreinigungen der geplanten und von der BKB AG zuletzt in Betrieb genommenen Anlagen werden als *quasitrockene Verfahren* ausgeführt. Ihre Auslegung orientiert für HCl auf 1.000/1.500 mg/m^3 (Tagesmittelwert/Halbstundenmittelwert) im Rohgas. Für SO_2 beträgt der Auslegungswert 300/500 mg/m^3 bzw. 500/750 mg/m^3 (Tagesmittelwert/Halbstundenmittelwert) im Rohgas. Während des Probebetriebs und nachfolgenden regulären Betriebs der in 2005 in den Betrieb genommenen Anlagen wurde deutlich, dass zur wirtschaftlichen Abreinigung der unerwartet sehr hohen Schwefelgehalte im Abfall die Ergänzung mit einer *Rezirkulation des Gewebefilterstaubs* erforderlich ist. Die bisherigen Erfahrungen mit den neuen Anlagen zeigen, dass trotz erheblich höherer Chlor- und Schwefelanteile im Abfall als für die Auslegung zugrunde gelegt, die Emissionsgrenzwerte sicher eingehalten werden. Es werden seit dem Abschluss des Probebetriebs der neuen Anlagen in Mitte 2005 häufig HCl-Gehalte im Rauchgas von über 5.000 mg/m^3 über Stunden aufgezeichnet. Auch für die SO_2-Gehalte werden Durchschnittswerte von über 2.000 mg/m^3 über Stunden gemessen. Die Erfahrungen anderer Betreiber von Abfallverbrennungsanlagen bestätigen, dass häufig und in fast allen Anlagen mit solchen hohen Chlor- und Schwefelanteilen zu rechnen ist.

Im „Normalbetrieb" mit HCl-Gehalten von z. B. 2.000 mg/m^3 und SO_2-Gehalten von z. B. 1.000 mg/m^3 ist mit den Anlagen die deutliche Unterschreitung der Emissionsgrenzwerte möglich. Um die BKB-Anlagen in jeder Betriebsphase noch emissionsärmer und sicherer zu machen, werden derzeitig in der Errichtung befindliche sowie zukünftige Anlagen der BKB AG ohne Bypasseinrichtungen in den Abgasreinigungsanlagen gebaut. Es werden zukünftig die Auslegungswerte für die HCl- und SO_2-Rohgasgehalte auf 3.000 mg/m^3 für HCl und 1.300 mg/m^3 für SO_2 erhöht, um den sich offenbar zunehmenden sauren Bestandteilen im Abfall gerecht zu werden.

Energieabfuhr

Für die Errichtung einer großen modernen Abfallverbrennungsanlage mit dem System einer Rostfeuerung und bewährten Betriebsparametern für Druck und Temperatur kann man von spezifischen Investitionskosten von 3.100 €/kW$_{el}$[2] ausgehen. Die

---

[2] Annahmen: Anlagengröße 630.000 t/a; 70 MW$_{el}$ bei 275 MW$_{th}$ Leistung. Vgl. [2].

hohen Investitionskosten sind hauptsächlich auf den großen Aufwand für die Rauchgasreinigungsanlagen zurückzuführen. Der Vergleich verdeutlicht, dass eine Abfallverbrennungsanlage durch die vergleichsweise *hohen Investitions- und Betriebskosten für die Stromerzeugung* ohne weitere Einnahmequellen nicht wettbewerbsfähig wäre. Dementsprechend stellt sich die Gegenüberstellung dar, wenn die Brennstoffvergütung mitberücksichtigt wird. Abbildung 5 zeigt die Kostenverteilung für verschiedene Erzeugungsarten.

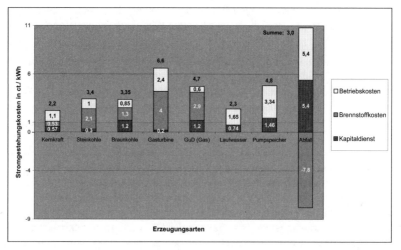

Abb. 5: Kostenverteilung bei der Stromerzeugung verschiedener Erzeugungsarten (Quelle: VGB 4/2001)

Es wird deutlich, dass die Abfallverbrennung trotz der signifikant höheren Investitionskosten durch die *Erlöse aus dem Abfall* wettbewerbsfähig ist. Dabei trägt der Brennstoff Abfall beispielsweise mit –40 €/t_{SKE} zur Kostendeckung bei. Abfallverbrennungsanlagen sind damit bisher mit Stromgestehungskosten von etwa 3 ct/kWh konkurrenzfähig. Nur Kernkraft und Laufwasser weisen im Kostenvergleich günstigere Stromerzeugungskosten auf.

Die Ausführungen haben gezeigt, dass die neuen Projekte optimale Lösungen in technischer Hinsicht bieten müssen, um den abfall- und marktseitigen Gegebenheiten zu genügen. BKB realisiert derzeit an sechs Standorten Anlagen mit z. T. unterschiedlichen Anforderungsprofilen an die einzusetzenden Brennstoffe. Der überwiegende Teil der Anlagen wird als Rostfeuerung mit jeweils variierender Kesselauslegung umgesetzt. Am Standort Schwedt entsteht hingegen eine Verbrennungsanlage in Form einer zirkulierenden Wirbelschicht. Die Qualitäten der einzusetzen Brennstoffe variiert an den Standorten. BKB ist hierdurch jedoch in der Lage, ein breites Entsorgungsspektrum bieten zu können. Im Folgenden sollen beispielhaft drei Neubauprojekte vorgestellt werden.

4 Beispielhafte Kurzbeschreibung von Neubauanlagen der BKB AG

Es sollen hier drei Beispiele zu den derzeit in Planung bzw. in Errichtung befindlichen Neubauprojekten der BKB AG gegeben werden.

Neubauprojekt Schwedt

Die LEIPA Georg Leinfelder GmbH („LEIPA"), einer der größten deutschen Papierhersteller im Familienbesitz, plant mit BKB und E.ON Energy Projects die Errichtung einer thermischen Reststoffentsorgungsanlage („Feststoffkesselanlage"). Die Feststoffkesselanlage hat ca. 135 MWBr Feuerungswärmeleistung und ist für die Entsorgung von eigenen Papierrest- und externen Ersatzbrennstoffen (EBS) ausgelegt. Schwedt an der Oder ist der größte Standort des Konzerns.

Das Projekt basiert auf dem Wunsch LEIPAs, anfallende Produktionsrückstände kostengünstig am Standort zu entsorgen und gleichzeitig die Kosten für die Energieversorgung langfristig zu senken. Die Feststoffkesselanlage soll am Standort Schwedt durch BKB errichtet und betrieben werden und den Papierstandort mit thermischer Energie versorgen.

Der im Land Brandenburg gelegene Produktionsstandort Schwedt/Oder ist mit einer Kapazität von ca. 670.000 t/a der größte Standort der Gruppe. Drei Papiermaschinen (Offsetdruck- und Magazinpapier: Kapazität 160.000 t/a, Liner: Kapazität 210.000 t/a) und die neue PM 4 für Offsetdruck- und Magazinpapiere: Kapazität 300.000 t/a) werden am Standort betrieben. Bei der Produktion in Schwedt fallen ca. 210.000 t/a Rückstände und Reststoffe an, die derzeit und nach Realisierung des Feststoffkesselprojektes bei dem Nachbarunternehmen UPM extern entsorgt werden können.

Ein Großteil des Dampf- und Strombedarfs (ca. 40 %) des Standorts geht auf die neu errichtete Papiermaschine 4 (PM 4) zurück. Diese Papiermaschine ist im August 2004 in Betrieb genommen worden und stellt europaweit die modernste Maschine im LWC-Bereich (Low Wood Content) dar. Der Jahres-Strombedarf der Papierproduktion beläuft sich auf durchschnittlich 580.000 MWh. 555.000 MWh werden von LEIPA extern bezogen und 25.000 MWh mit einer Mitteldruckdampfturbine eigenerzeugt. Das vorhandene Kraftwerk zur Dampfversorgung des Standortes in Schwedt besteht aus insgesamt sieben ergasbefeuerten Niederdruckkesselanlagen (7 x 35 t/h NDK).

Als Kernstück der neuen Reststoffentsorgungsanlage ist der Einsatz eines zirkulierenden Wirbelschichtkessels zur Verbrennung der am Standort durch die Papierproduktion anfallenden Reststoffe (210.000 t/a) und der extern beschafften Ersatzbrennstoffe (175.000 bis 260.000 t/a) geplant. Aufgrund seiner Verfahrenstechnik eignet sich dieser Kesseltyp besonders für die gleichzeitige Verbrennung verschiedener Brennstoffe. Der Dampferzeuger ist ein Naturumlaufkessel und hat eine Feuerungswärmeleistung von ca. 135 MWBr sowie eine Rauchgasreinigungsanlage nach 17. BImSchV. Die Entnahme-Kondensationsturbine hat im reinen Kondensationsbetrieb eine elektrische Bruttoleistung von ca. 36 MW$_{el}$. Die Anbindung erfolgt an die bestehenden Wärme-, Stromversorgungs- und Infrastruktursysteme von LEIPA.

Wegen der höheren Anforderungen an den Brennstoff wird die Anlage im Unterschied zu den EBS-Kraftwerken auf Basis einer Rostfeuerung, die mit einem Tiefbunker zur Annahme und Bereitstellung der Abfälle für die Brennstoffaufgabe ausgestattet sind, mit folgenden vorgeschalteten Systemen ergänzt:

- mechanische Aufbereitung und Entladung EBS/Rejekte,
- Brennstofflager jeweils für EBS/Rejekte und Faserreststoffe,
- Brennstofffördereinrichtungen für alle Brennstoffe

Die Anlage befindet sich derzeit in der Genehmigung. Die Inbetriebnahme ist für Mitte 2009 avisiert.

Neubauprojekt Großräschen

Der Standort befindet sich auf dem „Industrie- und Gewerbegebiet Sonne", dem Gelände der ehemaligen Brikettfabrik und des Kraftwerkes „Sonne" in Großräschen. Für die Neuerrichtung der EBS-Anlage musste das vorhandene Kesselhaus zurückgebaut werden. Realisiert wird eine einlinige Abfallverbrennungsanlage (Rostfeuerung) mit einer Kapazität von 240.000 t/a. Der Auslegungsheizwert beträgt 12,5 MJ/kg. Das Wasser-/Dampfsystem wird bei einem Druck von 40 bar im geschlossenen Kreislauf gefahren. Die Temperatur beträgt 400 °C. Die Abgasreinigung besteht im Wesentlichen aus einem Sprühabsorber, einem Flugstromabsorber, dem Gewebefilter mit anschließender Ableitung über den vorhandenen Schornstein des alten Kohlekraftwerkes.

Die Anlage wird über eine Feuerungswärmeleistung von 101,8 MW verfügen. Die Stromeinspeisung liegt bei 24,5 MW. Die Auskopplung von Fernwärme ist nur in geringem Umfange möglich. Jedoch wird die Ansiedlung größerer Wärmekunden zum jetzigen Zeitpunkt nicht ausgeschlossen.

Die Anlage ist zurzeit in ihrer Gesamtkapazität weitgehend ausgelastet. Die zukünftig verbrannten Abfälle stammen zum überwiegenden Teil aus mechanischen und mechanisch-biologischen Anlagen zur Aufbereitung von Hausmüll und hausmüllähnlichem Gewerbeabfall. Die Inbetriebnahme der Anlage ist für den Dezember 2007 geplant.

Neubauprojekt Heringen

Die K+S Kali GmbH betreibt am Standort Heringen derzeit eine GuD-Anlage zur Erzeugung von Dampf und Strom für den Werksverbund Werra, Europas größtem zusammenhängenden Untertagebau zur Rohsalzgewinnung. Der Energiebedarf am Standort liegt bei ca. 700 GWh Prozessdampf und ca. 240 GWh Strom pro Jahr und wird derzeit im Wesentlichen durch eine Gaslieferung der Wintershall AG gedeckt.

Die vorhandene Anlage besteht aus einer 16 MW Gasturbine mit Abhitzekessel und mehreren Entnahme-Kondensationsdampfturbinen.

Das Konzept der Abfallverbrennungsanlage ist einerseits am Brennstoffaufkommen und andererseits am Energiebedarf des Kunden und den am Standort bestehenden Kraftwerksanlagen ausgerichtet. Die vorhandenen Energieanlagen bleiben vollumfänglich bestehen und sollen durch den Betrieb der kundeneigenen Gasturbine warm gehalten werden. Der Kunde ist somit in der Lage, bei Stillständen der Abfallverbrennungsanlage innerhalb eines kurzen Zeitraumes vollständig auf Eigenversorgung umzustellen.

Es ist ein 2-linige Anlage mit wassergekühlter Rostfeuerung vorgesehen, die auf einen Heizwert von 12 MJ/kg ausgelegt ist und EBS zwischen 8–14 MJ/kg verbrennen kann. Die Feuerungswärmeleistung beträgt 2 x 65 MW. Im Kessel wird Dampf mit 80 bar / 400 °C erzeugt, der in einem gasbefeuerten Überhitzer auf die vom Kunden geforderten Dampfparameter von 80 bar / 520°C angehoben wird. Hierdurch ist im Hinblick auf Chlorkorrosion eine hohe Betriebssicherheit gewährleistet. Der Kunde liefert aus den eigenen Kraftwerksanlagen entgastes Speisewasser mit dem erforderlichen Druck an die EBS-Anlage zurück. Zirka 50 % des Speisewassers wird im Gasturbinenabhitzekessel des Kunden auf 280 °C vorgewärmt, was sowohl einen wirtschaftlichen Weiterbetrieb der Gasturbine als auch eine höhere Dampferzeugung in der EBS-Anlage ermöglicht. Der in der Anlage benötigte Eigenbedarfsstrom wird ebenso vom Kunden geliefert. Zur Rauchgasreinigung wird ähnlich der Anlage bei BKB Hannover ein quasitrockenes Verfahren eingesetzt.

Der Kunde investiert in eine neue Dampfturbine mit 120 t/h Kondensationsmöglichkeit, die es ermöglicht, das EBS-Heizwerk bei geringem Prozessdampfbedarf nahezu ohne Lastabsenkung und Einschränkung der Entsorgung zu betreiben. Als zusätzlicher Freiheitsgrad ist auf Seiten des EBS-Heizwerkes ein Hilfskondensator mit einer Kapazität von 50 t/h vorgesehen.

Die Anlage befindet sich derzeit in der Genehmigung. Die Inbetriebnahme ist 2008 geplant.

5 Ausblick

Abfallverbrennung ist eine inzwischen bewährte Technologie zur „Energieerzeugung". Sie ist wettbewerbsfähig und erzeugt Strom hoher Qualität. Zudem leistet die Abfallverbrennung durch die im Abfall in erheblichem Maß enthaltenen biogenen Anteile einen Beitrag zur Nutzung regenerativer Energiequellen und trägt damit zur Erfüllung der Reduktionsziele für CO_2-Emissionen bei. Für die Wärmenutzung ist sie besonders geeignet, da fossile Premiumenergieträger substituiert werden können. Effizienzsteigerungen bei bestehenden und neuen Abfallverbrennungsanlagen bieten weiteres Potential für nachhaltige, umweltschonende Energiewirtschaft.

Die Entwicklung von Abfallverbrennungsanlagen hin zu industriellen Energieerzeugungsanlagen für anspruchsvolle Kunden stellt erheblich höhere Anforderungen an das Wissen von Anlagenlieferanten und Betreibern dieser Anlagen. So wird aus der „klassischen kommunalen Müllverbrennungsanlage", die Müll als Hauptzweck zur Beseitigung verbrennt, eine industrielle Anlage, die ihren „Input" am Abfallmarkt zu Marktbedingungen von ihren dortigen Kunden einkauft. Das aus der Verbrennung resultierende Produkt Energie wird als „Output" ebenfalls an Kunden, den Energiekunden, abgegeben. Die maßgeschneiderten zukünftigen neuen Anlagen stehen deshalb in sehr anspruchsvollen verschiedenen Märkten. Sie müssen die daraus resultierenden Anforderungen unter wirtschaftlichen Aspekten bewältigen.

Literatur

[1] Prognos AG (2006): Prognosen und Einschätzungen zur aktuellen Situation und zur künftigen Entwicklung des Abfallmarktes in Deutschland, Vortrag Proenvi-Veranstaltung „Grenzfälle II – Rechts- und Vollzugsfragen bei grenzüberschreitenden Transporten zwischen Deutschland und den Niederlanden", Prognos AG, Düsseldorf.

[2] Kaufmann, R. 2006: Kostenführerschaft und Systemkonkurrenz vor dem Hintergrund der Entwicklung der Energiepreise, Aufsatz, Berliner Abfallwirtschaftskonferenz 2006, TK Verlag, Nietwerder-Neuruppin, 2006.

[3] Rahmeyer, F. (2006): Abfallwirtschaft zwischen Überkapazitäten und Entsorgungsengpass – eine kritische Bestandsaufnahme, Volkswirtschaftliche Diskussionsreihe Nr. 288 überarbeitet und erweitert im November 2006, Institut für Volkswirtschaftslehre, Universität Augsburg 2006.

Kraftstoffe aus Biomasse und Reststoffen – Stand und Perspektiven

Ronny Winkelmann

Zusammenfassung

Um die deutsche Energieversorgung nachhaltig, versorgungssicher und klimaverträglich zu gestalten, muss die energetische Nutzung von Biomasse bei der zukünftigen Energieversorgung eine größere Rolle spielen als bisher. Für die Bundesrepublik Deutschland beträgt das energetisch nutzbare Potenzial mindestens 20 % vom derzeitigen Energieverbrauch. Eine klima- und ressourcenwirksame Substitution fossiler Energie muss hauptsächlich im Wärme- und Kraftstoffbereich erfolgen. Insbesondere im Bereich regenerativer Kraftstoffe stehen gegenwärtig für Biomasse als Rohstoffbasis keine Alternativen bereit.

Im Rahmen dieses Beitrags werden die heutige Nutzung und die Perspektiven von Biokraftstoffen kurz dargestellt. Wichtigen Einfluss auf die zukünftige Entwicklung des Biokraftstoffmarktes werden neben den technischen und ökonomischen insbesondere den politischen Rahmenbedingungen zugemessen. Darüber hinaus werden die Aktivitäten der Fachagentur Nachwachsende Rohstoffe zu Förderung von Forschung und Entwicklung auf dem Gebiet der biogenen Kraftstoffe erläutert.

Stand der Biokraftstoffnutzung in Deutschland

Die Kraftstoffversorgung Deutschlands ist in besonderer Weise abhängig von Importen. Bedingt durch die geopolitischen Entwicklungen der jüngeren Vergangenheit ist die Bestrebung entstanden, auch Kraftstoffe aus regenerativen Quellen herzustellen. Einen Überblick zur Versorgungssituation bei Mineralölen gibt die Tabelle 1.

Tab. 1: Deutschlands Versorgungssituation bei Mineralöl (nach [4])

Jahr	1973	1983	1993	2003	2004	2005
Rohöleinfuhr (in 1.000 t)	110.493	85.019	99.464	106.360	110.035	112.203
Rohöl-Inlandsproduktion (in 1.000 t)	6.638	4.167	3.064	3.690	3.463	3.471
Mineralölprodukteinfuhr (in 1.000 t)	41.789	41.701	45.741	36.062	34.040	34.961

Bei der Nutzung fossiler Energieträger wird zudem klimawirksames Kohlendioxid freigesetzt. Aus diesen genannten und aus anderen Gründen besteht für die Bundesrepublik Deutschland daher ein hohes Interesse, die Nutzung regenerativer Kraftstoffe voranzutreiben und auszubauen.

Biomasse als Energieträger weist in diesem Zusammenhang verschiedene Vorteile auf:

- Biomasse kann immer wieder neu produziert werden und ist praktisch unerschöpflich, zudem ist die Biomasse einfach speicherbar,
- die deutsche Land- und Forstwirtschaft kann erhebliche Mengen an Bioenergieträgern bereitstellen und damit die Importabhängigkeit der Energiemärkte deutlich verringern,
- pflanzliche Biomasse gibt bei der energetischen Nutzung nur so viel CO_2 ab wie beim Aufwuchs gebunden wurde (CO_2-neutral).

Ferner kann die energetische Nutzung von Biomasse die Einkommen der heimischen Land- und Forstwirtschaft verbessern und der Entwicklung des ländlichen Raums neue Impulse geben.

Gestützt auf verschiedene Maßnahmen, zu nennen sind die europäische Richtlinie 2003/30/EG zur Förderung der Verwendung von Biokraftstoffen, das Mineralölsteuergesetz vom 27.10.2003 (Steuerbefreiung für Biokraftstoffe) oder das seit Januar 2007 geltende Biokraftstoffquotengesetz, findet eine steigende Nutzung der Biokraftstoffe in Deutschland statt. So wurden im Jahre 2005 3,75 % des Kraftstoffverbrauchs in Deutschland durch Biokraftstoffe gedeckt. Damit verbunden war eine Einsparung von ca. 5 Mio. t CO_{2eq} [1].

Kraftstoffverbrauch Deutschland 2005

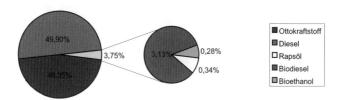

Biomasse kann in vielfältiger Weise in Biokraftstoffe konvertiert werden. Bereits heute stehen dafür die erprobten Verfahren der Umesterung von tierischen Fetten und Pflanzenölen zu deren Methylestern (Biodiesel) und der Vergärung von zucker- und stärkehaltigen Früchten zu Bioethanol zur Verfügung.

Biodiesel

Produktion und Absatz von Biodiesel haben sich seit 1995 unter günstigen politischen Rahmenbedingungen rasant entwickelt. Inzwischen wurde in Deutschland eine Kapazität zur Produktion von etwa 3,5 Mio. t Biodiesel aufgebaut. In diesem Zusammenhang ist auch die Ölmühlenkapazität auf über 5,5 Mio. t Rapssaat angewachsen. Als Rohstoff für die Biodieselerzeugung wird hierzulande fast ausschließlich Rapssaat eingesetzt, wobei die Rapsanbaufläche mit derzeit 1,4 Mio. ha nahezu an eine biologische Anbaugrenze gelangt [3].

Bioethanol

Die Produktionskapazitäten für Bioethanol liegen bei derzeit 600.000 m^3 und sind vornehmlich auf drei großtechnisch produzierende Anlagen verteilt. Mit den im Bau und in Planung befindlichen Anlagen können zusätzlich mehr als 600.000 Mio. m^3 Produktionskapazität geschaffen werden. Als Rohstoff für die Bioethanolproduktion in Deutschland wird hauptsächlich Getreide eingesetzt. Daneben dienen auch Zuckerrüben und Melasse als Rohstoffe für die Bioethanolproduktion.

Potenziale für Biokraftstoffe

Die RICHTLINIE 2003/30/EG sieht vor, dass im Jahre 2010 5,75 % des Energieverbrauchs im Kraftstoffsektor aus biogenen Quellen stammen soll. In der Diskussion ist derzeit eine verbindliche Zielvorgabe von 10 % im Jahr 2020.

Die Vorgabe für das Jahr 2010 kann Deutschland allein mit der Quotenregelung für Biokraftstoffe erfüllen. Zur Quotenerfüllung werden im Jahr 2010 etwa 1,6 Mio. t Biodiesel benötigt. Die Mindestquote Biodiesel bleibt zwar konstant; der Dieselverbrauch und damit die Mindestmenge Biodiesel wird im unterstellten Zeitraum jedoch leicht ansteigen. Zur Erfüllung der Benzin-Quote (3,6 % energetisch) müssen 2010 ca. 1,2 Mio. t Bioethanol bereitgestellt werden [4]. Es ergibt sich durch die ab 2009 wirksame Gesamtquote (2010: 6,75%) ein zusätzliches Potenzial für den Biokraftstoffabsatz, die ökonomischen und technologischen Bedingungen werden jedoch darüber entscheiden, welcher Biokraftstoff am sinnvollsten zu Erfüllung der Gesamtquote verwendet wird.

Biodiesel

Nach Schätzungen für 2010 werden für den Rapsanbau zusätzliche Flächen aus der Stilllegung und aus der Nahrungsmittelproduktion frei. So können der Biokraftstoffproduktion theoretisch etwa 1,5 Mio. ha zur Verfügung stehen. Unter Berücksichtigung der Ertragssteigerung errechnet sich für Deutschland ein Mengenpotenzial von 5,5 Mio. t Rapssaat im Jahr 2010. Daraus können etwa 2,2 Mio. t Biodiesel hergestellt werden.

Bioethanol

Unter Berücksichtigung des Stands der Konversionstechnik und der vorhandenen Biomassepotenziale ergibt sich ein theoretisches Bioethanolpotenzial in Deutschland von ca. 6,3 Mio. t. Unter Berücksichtigung der Prognose eines sinkenden Ottokraftstoffverbrauchs entspricht dies einem Substitutionspotenzial in Höhe von rund 29 % entsprechend einem nationalen Ottokraftstoffverbrauch von 22,0 Mio. t im Jahr 2010.

Neben der Verwendung traditioneller landwirtschaftlicher Produkte wird zunehmend die Verarbeitung von lignocellulosehaltigen Rohstoffen diskutiert, bei denen Cellulose, Lignin und Hemizellulose für die Ethanolerzeugung genutzt werden. Zu diesen Rohstoffen zählen Energiepflanzen, wie schnellwachsende Baumarten (z. B. Pappeln, Weiden) oder Miscanthus, sowie Reststoffe aus der Landwirtschaft (z. B. Stroh). Mittel- bis langfristig sind cellulosehaltige Rohstoffe vielversprechend, da sie in großer Menge und zu niedrigen Kosten zur Verfügung stehen können.

BtL

BtL-Kraftstoffe sind kohlenwasserstoffhaltige Kraftstoffe, die über eine Synthese, bekannt ist hier die Fischer-Tropsch-Synthese, aus Synthesegas hergestellt werden. Das Synthesegas wird über die thermochemische Vergasung von Biomasse gewonnen. Erste Anlagenkonzepte sind entwickelt worden, am bekanntesten, weil technisch am weitesten fortgeschritten, ist das Sundiesel®-Verfahren der Choren Industries GmbH, Freiberg/Sachsen.

Die FNR geht davon aus, dass als Rohstoffe Energiepflanzen wie Energiegetreide oder Mais, möglicherweise auch Großgräser wie Miscanthus, durch die Landwirtschaft für die BtL-Prozesse bereitgestellt werden. Holz wird, zumindest in Deutschland, für solche Prozesse nicht im ausreichenden Umfang zur Verfügung stehen. Ziel muss es sein, große Mengen an Biomasse optimiert bereitzustellen, um die begrenzten Anbauflächen voll, aber gleichzeitig auch nachhaltig auszunutzen.

Potenzialschätzungen zeigen, dass in Deutschland 2010 auf ca. 2 Mio. ha Energiepflanzen erzeugt werden können, dieses Potenzial kann bis über 4 Mio. ha im Jahre 2030 steigen. Auf dieser Fläche wären 2030 ca. 13 Mio. t/a Dieseläquivalent produzierbar.

Förderung von Forschung und Entwicklung

Um die Forschung und Entwicklung im Bereich Biokraftstoffe weiter voran zu treiben, werden im Rahmen des Förderprogramms „Nachwachsende Rohstoffe" des Bundesministerium für Ernährung, Landwirtschaft und Verbraucherschutz (BMELV) zur Förderung von Forschungs-, Entwicklung- und Demonstrationsvorhaben zahlreiche Projekte zu Kraftstoffen sowohl der 1. als auch der 2. Generation durch die Fachagentur Nachwachsende Rohstoffe e.V. (FNR) als zuständigen Projektträger gefördert. Im Rahmen dieser Projektförderung werden folgende Schwerpunkte gesetzt:

1) Bereitstellung, Qualität, Technische Machbarkeit und Weiterentwicklung von Motorkonzepten sowie Umweltverträglichkeit und Abgasemissionen im Bereich der Kraftstoffe der ersten Generation,

2) Biomasselogistik, Vergasung, Kraftstoffsynthese, Optimierung der Gesamtkette sowie Umweltverträglichkeit und Ökobilanzierung im Bereich BtL.

Bei den BtL-Kraftstoffen verfolgt die FNR eine Förderstrategie „Vom Acker bis zum Tank". In diesem Rahmen werden aktuell 31 Vorhaben zu den oben genannten Schwerpunkten mit einem Mittelvolumen von ca. 15 Mio. Euro gefördert.

Quellen

[1]: Bundesministerium für Umwelt, Naturschutz und Reaktorsicherheit (BMU): Erneuerbare Energie in Zahlen – nationale und internationale Entwicklung, Januar 2007

[2]: UFOP e.V.: Die aktuelle Biokraftstoffgesetzgebung, Berlin 2007

[3] Zeddies, Jürgen: Rohstoffverfügbarkeit für die Produktion von Biokraftstoffen in Deutschland und der EU 25, Hohenheim 2006

[4]: Mineralölwirtschaftverband (MWV): Mineralöl-Zahlen 2003, 2004, 2005; Hamburg, 2006

kostenlose Fachberatung Biokraftstoffe für Land- und Forstwirte in Hessen

Sie wollen Pflanzenöl produzieren?
Pflanzenöl oder Biodiesel als Kraftstoff einsetzen?

mit Förderung der FNR bieten wir kostenfrei:

- **allgemeine und Fachinformationen**
- **Beratung: Steuerbefreiung für Land- und Forstwirte**
- **neutrale Fachberatung** (telefonisch und vor Ort)
- **Schulungen und Seminare**
- **Vorträge**
- **aktuelle bundesweite und regionale Internetplattform: www.biokraftstoff-portal.de/he/**

Kontakt:

Kompetenzzentrum Hessen Rohstoffe ☎: 05542 / 6003 - 30

Witzenhausen-Institut ☎: 05542 / 9380 - 0

E-Mail: info@biokraftstoffe-hessen.de

oder Mitarbeiter der beteiligten Fachinstitute:

Biodiesel – Wirtschaftlichkeit, Strategie und Zukunftsfähigkeit

Hans G. Weishaar

Zusammenfassung

Die Idee eines regionalwirtschaftlichen Kreislaufes von Kraftstofferzeugung und -verbrauch ist am 01.08.2006 politisch gestorben – durch die Aufhebung der Steuerbefreiung, zugunsten einer Beimischquotenerhöhung. Nach nunmehr einem guten Jahrzehnt stetem Wachstum der Branche ist die kindliche Stube eingerissen, die Grimasse des Erwachsenwerdens nimmt beleidigte Züge an. Es ist zu beobachten, dass Standorte mit Mengen kleiner 50.000 t/a zwischenzeitlich ihre Produktion eingestellt haben oder nur zu einem Teil ihrer Kapazität produzieren. Wohin geht der Weg für kleine Produktionsstätten? Versuchen wir alternative Strategien im Kontext sich wandelnder Rahmenbedingungen für Biodiesel zu entwickeln und zu bewerten. Und doch bleibt die Frage: Ist Biodiesel letztendlich nur eine Interimslösung für die Ökologisierung der (mineralischen) Kraftstoffindustrie?

1 Kurzvorstellung

Die Unternehmen der PROBIOM Gruppe haben es sich zur Aufgabe gemacht, Anlagen zur Herstellung von Kraftstoffen aus nachwachsenden Rohstoffen und von Energie aus regenerativen Quellen, vereint in einem Gesamtkonzept, zu entwickeln, zu errichten und zu betreiben. Der Realisierung dieses Gesamtkonzeptes ist deutschlandweit und international nachgegangen worden.

2 Eine kurze Marktanalyse

2.1 Marktstruktur

Neben der explosiven Entwicklung in der Biodieselbranche und der vermehrten Investition in neue Anlagen seit 1995 – die Produktionskapazität lag zehn Jahre später bei etwa 2,3 Mio. t Biodiesel – ist auch die Ölmühlenkapazität stetig gewachsen. Von zurzeit mehr als 5,5 Mio. t wird diese kräftig weiter ausgebaut.[1]

---

[1] Zeddies, Jürgen: „Rohstoffverfügbarkeit für die Produktion von Biokraftstoffen in Deutschland und in der EU-25", Universität Hohenheim, Oktober 2006 // S. 15

2.1.1 Marktsegmente

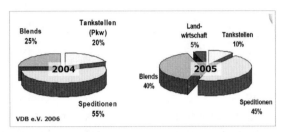

Abb. 1: Aufschlüsselung des Biodieselmarktes 2004/2005 [VDB e. V.]

Die Betrachtung der Marktsegmente fördert die Erkenntnis, dass der Anteil an B100 deutlich zurückgeht. Hingegen ist der Marktanteil der Beimischung bereits in den Jahren 2004 auf 2005 von 25 % auf 40 % gestiegen. Während der Biodieselverbrauch für Privatkraftverkehr und Speditionen relativ gesunken ist, kommt dem Bereich Landwirtschaft als ein weiteres (bisher nicht erfasstes) Segment ein erwähnenswerter Marktanteil zu.

2.2 Rohstoffmarkt

In einer Studie zur Rohstoffverfügbarkeit für die Produktion von Biokraftstoffen aus dem Jahr 2006 resümiert der Autor für Getreide und Ölfrüchte „mittelfristig zwar steigende Nachfrage, (...) eine Zunahme des Nettohandels und einen leichten Anstieg der Preise aufgrund der Welternährungssituation". Eine signifikante „strukturelle Verknappung aber (...) ist zumindest nicht in den nächsten zwei Jahrzehnten" zu erwarten.[2] Die Tendenz dieser Erwartungshaltung ist als wahrscheinlich anzusehen, berücksichtigt man beispielsweise das Verhältnis Energieraps zu Gesamtraps in Deutschland.

2.2.1 Sprit statt Brot!

Die Biodieselproduktion ist agrarwirtschaftlich mittlerweile als wichtiger Bestandteil zur Entwicklung alternativer Absatzmärkte zu bewerten und sichert somit nicht unerheblich Einkommen in der Landwirtschaft.

---

[2] Zeddies, Jürgen: a. a. O., S. 4 (Abs. 7)

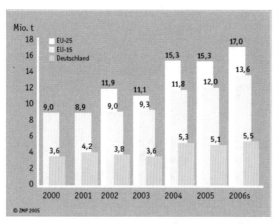

Abb. 2: Rapserzeugung in der EU und Prognose für 2006 [UFOP]

Dies korrespondiert mit der Feststellung, dass seit 2000 bis 2006 sich die Zuwachsflächen (Rapserträge) europaweit um 90 %, deutschlandweit um 50 % erhöht haben.[3] Daraus entsteht eine äußerliche Nutzungskonkurrenz zwischen Energiepflanze und Nahrungsmittel, eine innerliche zwischen den verschiedenen Verwendungsmöglichkeiten bspw. die Kraftstoffkonkurrenz von raffiniertem Rapsöl und RME.

Ein besonders bizarres Beispiel dieser äußerlichen Konkurrenz stellt eine Pressemeldung der jungen Welt vom 20.01.07 dar: „Biodiesel verteuert Bier!". Darin wird seitens der deutschen Brauer vor höheren Bierpreisen wegen des zunehmenden Anbaus von Rohstoffen für erneuerbare Energien gewarnt.

2.2.2 Rohstoffanbau

Inländisch anbaubarer Rohstoff für die Biodieselerzeugung in Deutschland ist fast ausschließlich Rapssaat. Die Rapsanbaufläche ist mit derzeit 1,4 Mio. ha (2006) nahezu an eine biologische Anbaugrenze gelangt. Gleichwohl kann bei Veränderung politischer Rahmenbedingungen zugunsten des Rapsanbaues eine maximale Rapsanbaufläche von 2 Mio. ha in Deutschland unterstellt werden. Bei der Ölgewinnung fällt als wertvolles Nebenprodukt Rapsschrot bzw. Rapskuchen und bei der RME-Herstellung Glycerin an.[4]

---

[3] UFOP: Rohstoffpotenziale, September 2006, http://www.ufop.de/downloads/Rohstoffpotenziale_021006.pdf

[4] Zeddies, Jürgen: a. a. O., S. 15

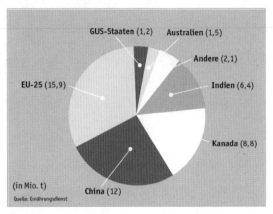

Abb. 3: Rapsanbau weltweit [UFOP]

Die Weltmarktsituation für Raps ist im Jahr 2005 anbauseitig dominiert durch Flächen in der EU, Kanada und China. Andere Akteure sind etwa zu einem Viertel an der Gesamtproduktion von Raps beteiligt.[5] Mittelfristig werden Agrarprodukte in beträchtlichem Umfang weltweit und auch zwischen Staaten großer Binnenmärkte, wie EU und Nordamerika, gehandelt. Die Agrarprodukte finden überwiegend Verwendung für die Nahrungsmittelerzeugung.

Allerdings macht sich seit einigen Jahren der Einfluss einer wachsenden Nachfrage der handelbaren Agrarprodukte für den Energiesektor auch auf Handelsströme und Preise bemerkbar. Damit sind die Nachfrage nach Energierohstoffen aus dem nachwachsenden Sektor und die Entwicklung der Weltbevölkerung, vornehmlich in den Regionen der Nutzung dieser Rohstoffe als Nahrungsmittel, wesentliche Faktoren der Marktdynamik.

2.3 Produktmarkt

2.3.1 Biodiesel

Die gesamte europäische Produktionskapazität betrug 2003 etwas über 2 Mio. Jahrestonnen. Bis 2005 ist sie auf ca. 4,2 Mio. Jahrestonnen angestiegen. Deutschland verfügt – auch im Zeitreihenvergleich 2003 bis 2005 – europaweit über die größte Anlagenkapazität, gefolgt von Frankreich und Italien. Außerdem sind lediglich in Österreich, Dänemark, Großbritannien und Schweden für jedes Jahr dieses Zeitraums Biodiesel Anlagen in Betrieb gewesen. Die in diesen Ländern registrierten Anlagekapazitäten sind nicht von nennenswerter Bedeutung.

---

[5] http://www.ufop.de/downloads/Rohstoffpotenziale_021006.pdf

In allen anderen Ländern der EU-25 sind entweder erst 2004 oder 2005 Anlagen in Betrieb genommen worden oder es gibt noch keine.

Im Jahr 2006 sind nach Schätzungen des Mineralölwirtschaftsverbandes (MWV) etwa 30,2 Mio. t Dieselkraftstoff abgesetzt worden. Berücksichtigt man eine Beimischquote an Biodiesel (sogenannter B5) von 5 Vol-% – entsprechend 4,4 Ma-% – so hätten in etwa 1,2 Mio. t in deutschen Biodieselanlagen für den inländischen Markt produziert werden können. Im Vergleich mit den für das Jahr 2006 durch UFOP e. V. recherchierten Anlagenkapazitäten, für Deutschland in Summe von etwa 3 Mio. Jahrestonnen, wäre die Beimischquoten notwendige Menge 2,5-mal produzierbar gewesen[6], vorausgesetzt, dass alleinig zum Zweck der Beimischung produziert worden wäre. Bereits zu diesem Zeitpunkt wäre mit den vorhandenen Produktionskapazitäten die Erfüllung einer signifikant erhöhten Gesamtquote im Jahr 2009 nach Biokraftstoffquotengesetz möglich (vgl. Kapitel 2.4.2, Abs. (v.)), unter der Annahme, dass Biodiesel dann in direkter Biokraftstoffkonkurrenz freiwerdende Potenziale für sich besetzen kann (B5 zu B7).

Vor dem Hintergrund des Biokraftstoffquotengesetzes die entstehenden Potenziale im Zeitverlauf, nach Berechnungen von UFOP e. V.:

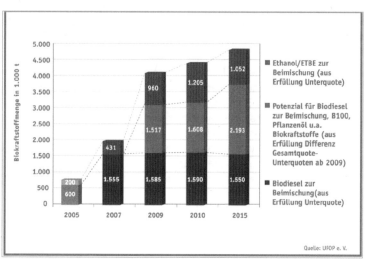

Abb. 4: Auswirkung der Quotenregelung für Biokraftstoffe [UFOP]

---

[6] Grundsätzlicher Hinweis: Angaben zur Produktionskapazität beziehen sich auf die Verarbeitungskapazität von Rohöl/Altfett. Respektive unterschiedlicher Ausbeuten des Umesterungsprozesses sind somit die genannten Anlagenkapazitäten ungleich der erzeugte Menge Biodiesel. Pauschal annehmbarer Effizienzfaktor: 0,95. Für das oben genannte Beispiel ergibt sich damit eine Rohölbezogene Produktionskapazität von (1,2/0,95) 1,26 Mio. t.

In dieser Darstellung ist der konkurrierende Charakter neuer Biokraftstoffe offensichtlich. Die Beweglichkeit der Anteile hinsichtlich Erfüllung der Gesamtquote ist als Chance für Biodiesel zu bewerten. Annahmen für diese Schätzung sind ein gleichbleibender Diesel- und leicht rückgängiger Ottokraftstoffverbrauch.

Falls sich rohstoffseitig eine solide wirtschaftliche Basis zur Herstellung von Biodiesel realisieren lässt, sind aufgrund bewährter Verfahrenstechnik und der vergleichsweise einfachen Prozessführung der Umesterung große Teile des o. g. Potenzials bestreitbar. Unter dem Eindruck überdurchschnittlich hoher Getreidepreise im Jahr 2006 wird die aufgeworfene Frage, ob die Biokraftstoffquoten überhaupt erfüllt werden können[7], nur in der Praxis zu beantworten sein.

Ganz interessant und entscheidend ist dabei, auch mit Blick auf die zweite Generation von Biokraftstoffen (z. B. BtL), die Entwicklungsgeschwindigkeit und anlagentechnische Standardisierung innovativer Verfahren zur Erzeugung von Biokraftstoffen.

Biodiesel der ersten Generation

Via Umesterungsprozess erzeugter Biodiesel ist verglichen mit dem Edukt (Öl) stöchiometrisch im Massenvorteil: die Substitution des Glycerins mit Methanol führt zu einer theoretischen Ausbeute leicht größer 100 %, abhängig vom eingesetzten Rohöl. Der genaue Reaktionsmechanismus ist in der einschlägigen Literatur oder in Online-Lexika nachzulesen.

Tatsächlich wird die technische Ausbeute im reinen Umesterungsprozess nicht über 100 % liegen. Anlagentechnisch bedingte Grenzen sind in Bezug auf das angewendete Verfahren zwischen 93 und 98 % zu unterstellen. Detaillierte Herstellerangaben sind häufig vertriebsmotiviert und bleiben vorerst ungeprüft. Deutliche Unterschiede sind vor allem zwischen kontinuierlich gefahrenen Prozessen und Batchproduktion festzustellen. In gegenwärtigen Analysen der durch uns gebauten Anlagen sind für den Einsatz von vollraffinierten Ölen Ausbeuten bis 96 % ermittelt worden. Dieser Wert konnte allein durch anlagentechnische Optimierung und intelligente Prozesssteuerung erreicht werden.

---

[7] Zeddies, Jürgen: a. a. O., S. 4 (Abs. 1)

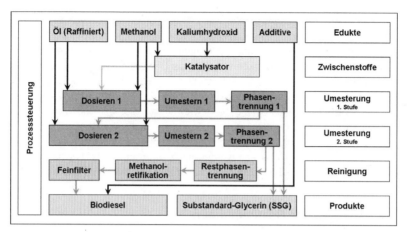

Abb. 5: Schematischer Aufbau und Kurzspezifikation der untersuchten Anlagen mit einer Produktionskapazität von 30.000 bis 50.000 Jahrestonnen

Charakteristika des oben stehenden Schemas:

- kontinuierliche Prozessführung
- zweistrangiger Aufbau
- zweistufige Umesterung
- Feinreinigung via Ionenaustausch

Im Rahmen des Vortrages werden anhand dieser Analyse Wirtschaftlichkeitsberechnungen durchgeführt.

2.4 Politische Rahmenbedingungen

2.4.1 Instrumente zur Etablierung von Biokraftstoffen (EU-Richtlinie)

Seitens der EU-Kommission wurden im Februar 2006 sieben Schwerpunkte zur Förderung der Erzeugung und Verwendung von Biokraftstoffen durch die Mitgliedstaaten und die Entwicklungsländer festgesetzt.[8] Einige dieser Schwerpunkte konsolidieren das bisherige Verfahren und die Gestaltung der Rahmenbedingungen, bspw. die Erhöhung von Beimischquoten, Sonderregelungen für die Förderung von öffentlichen wie privaten Fuhrparks oder Steuererleichterungen als *Nachfragenseite fördernde*

---

[8] Aus dem Bericht der EU-Kommission [KOM(2006) 34 endg. – Amtsblatt C 67 vom 18.03.2006]

Instrumente. Andere Wesensgehalte wie z. B. die *Stärkung von Vermarktungsmöglichkeiten* sehen Raum für freie Diskussion vor. Aspekte wie Änderungen der „Biodiesel-Norm", vor dem Hintergrund ein breiteres Spektrum von Pflanzenölen für die Biodieselerzeugung nutzen zu können, sind als Diskussionsvorgaben zu verstehen. Konfliktpotenzial zwischen einzelnen Formulierungen der Schwerpunkte ist allerdings vorhanden. Zur *Nutzung der Umweltvorteile* ist der Aspekt einer nachhaltigen Erzeugung der Rohstoffe eine klare Vorgabe. Inwieweit sich dies mit einer im globalen Zusammenhang zu sehenden Rohstofferzeugung für Biokraftstoffe vereinbaren lässt, ist fragwürdig. Zudem ist es in nationaler Eigenregie festzulegen, welche der oben genannten Instrumente eingesetzt werden. Dies führt notwendigerweise zu Kollisionen der Interessen. Eine Beimischquote dient daher vor allem der Mineralölindustrie.

2.4.2 Ausgewählte Bestimmungen

Auf EU-Ebene sind wegweisende und verbindliche Bestimmungen erarbeitet worden. Nachstehend sind auszugsweise Inhalte dieser Richtlinien aufgeführt.

(i.) „Förder-Richtlinie" (RL 2003/30/EG)

   a. Biokraftstoffe (BKS) werden am Gesamtkraftstoffmarkt im ersten Schritt bis 31. Dezember 2005 auf 2 % festgesetzt. Im nächsten Schritt ist der Zielwert bis 31. Dezember 2010 auf 5,75 % festgelegt.

   b. Definition von FAME (EN 14214)

   c. Kennzeichnungspflicht Blending > 5 %

(ii.) „Energiesteuer-Richtlinie" (RL 2003/96/EG)

   a. Verbrauchssteuerbefreiung/-ermäßigung für BKS in Reinform und Beimischung

   b. Bei Zwangsbeimischung keine Steuerbegünstigungen

Unter dem Aspekt des Rückgangs der Produktion für das Segment B100 sind vor allem und ursächlich in folgenden Bestimmungen, welche in der deutschen Gesetzgebung installiert wurden, zu finden:

(iii.) Mineralölsteuergesetzgebung (alt)

   a. Steuerbegünstigung für BKS in Höhe ihres Anteils im Mineralöl bis 31.12.2009

(iv.) Energiesteuergesetz (neu)

   a. Steuervorteil für BKS entfällt zum 01.08.2006

   b. Biodiesel-Steuererhöhung bis an das Niveau der Mineralölsteuer

   c. Volle Steuerentlastung für Betriebe der Land und Forstwirtschaft (§ 57), keine MinöSt auf Biodiesel

d. Steuerliche Anpassung für B100 (tabellarisch)

	bis	01.08.2006	*0*	€/l
01.08.2006	bis	31.12.2007	*0,09*	€/l
01.01.2008	bis	31.12.2008	*0,15*	€/l
01.01.2009	bis	31.12.2009	*0,21*	€/l
01.01.2010	bis	31.12.2010	*0,27*	€/l
01.01.2011	bis	31.12.2011	*0,33*	€/l
01.01.2012	bis		*0,45*	€/l

(v.) Biokraftstoffquotengesetz (neu)

a. Verpflichtende, getrennte Quoten für Inverkehrbringer von mineralischen Treibstoffen: Dabei wird Biodiesel mit 4,4 % (entspr. 5 % vol.) beimischungspflichtig. Bioethanol wird mit einem Anteil von 2,0 % (entspr. 3,3 % vol) festgeschrieben

b. 2009 zusätzlich eine Gesamtquote von 5,75 %, ab 2010 von 6 % Biokraftstoff

3 Strategische Erweiterung der Wertschöpfung

Immer häufiger finden sich ambitionierte Projekte, welche aus nicht zuletzt wirtschaftlicher Notwendigkeit die Generation „Biokraftstoffe 2.0" mit dem Schließen von Stoffkreisläufen zu beleben versuchen. Dabei finden naheliegende und abenteuerliche Verknüpfungen von Verfahrenstechnik und Standortversorgung konzeptionell zusammen.

3.1 Investition in geschlossene Stoffströme

An einem ausgewählten Standort sich bedingende Prozesse bzw. Produktionen zu bündeln ist eine mögliche Strategie seitens des Anlagenanbieters, um das Investitionsverhalten im Bereich Biodiesel zu stärken. Jüngstes Beispiel ist die Ansiedlung eines Biokraftstoffkomplexes mit Bioethanol, -diesel und Energieerzeugung.

Etablierte modulare Konzepte, wie untenstehend illustriert, sind die Kopplung von:

- Ölmühle
- Entschleimung
- (Neutralisation)
- Biodieselanlage
- Glycerinaufbereitung

- Energetische Verwertung der Nebenprodukte
- Düngemittelproduktion

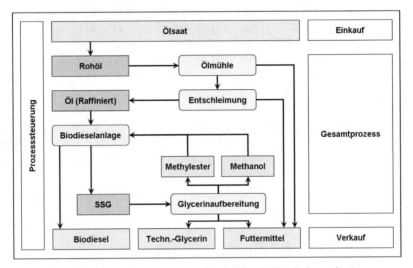

Abb. 6: Schematische Darstellung von Produktionsketten bei erweiterter Biodieselproduktion

3.2 Investition in Anlageneffizienz

Aus der Perspektive eines Anlagenbetreibers heraus sind Produktionskosten senkende Maßnahmen in erster Linie und kurzfristig mit günstigen Kontrakten im Feld der Rohstoffbeschaffung zu realisieren. Respektive des nachfrageseitigen Wachstums an Biokraftstoffproduzenten und der gleichzeitigen natürlichen Begrenzung an Flächen für den Anbau von Ölpflanzen (vergleiche Kapitel 2.2.2) sowie der Belastung durch progressive Steuersätze ist dies allerdings eine kurzsichtige Strategie. Ausbeuterhöhung durch Eingriffe in den Produktionsprozess – letztlich verfahrenstechnische Optimierung – und Investitionen in ergänzende Verfahren können ein weitaus langfristiger wirkendes Engagement sein.

Nach bisherigen Kostenmodellen zur Darstellung der literbezogenen Produktions- und Selbstkosten eines Biodieselbetriebes veranlasst eine Erhöhung der Anlageneffizienz um 2 % im Sinne der Biodieselausbeute im Mittel eine Kostensenkung von annähernd 1,5 €-Ct. bei derzeitigem Rohstoffkostenniveau. Detaillierte Angaben dazu werden mit der Präsentation nachgereicht.

4 Fazit

Die Rücknahme der Biodieselsteuerbefreiung (B100) führt vermehrt zum Rückzug der Speditionen aus dem Biodieselgeschäft. Daher schrumpft das Marktsegment „B100/Spedition". Ist die Strategie mit eigenproduziertem Biodiesel der eigenen Flotte Kraftstoffverbrauch zu decken nur noch von historischem Wert?

Am Markt für Biokraftstoffe besteht eine hohe Politikabhängigkeit. Die Potenziale für Biodiesel sind begrenzt und in wenigen Jahren an der Kapazitätsgrenze. Neue Anlagekapazitäten für BtL konkurrieren voraussichtlich zunächst nicht mit Biodiesel und Bioethanol, weil für BtL Reststroh und Restholz aus Kostengründen vorrangig verwendet und erst im nächsten Jahrzehnt großtechnisch ausbaubar sein werden. Damit könnte in Deutschland im Jahr 2020 maximal 10 % des Diesel- und Ottokraftstoffverbrauchs substituiert werden.[9]

In den nächsten zehn Jahren bliebe es bei den vergleichsweise niedrigen Biodieselanteilen. Politisch gewollt sind Biokraftstoffe vor allem in den USA, Brasilien, China und anderen Ländern; dort aber auch mit Schwerpunkt auf Bioethanol in viel stärkerem Umfang als Deutschland und einigen EU-Mitgliedstaaten.

---

[9] Zeddies, Jürgen: a. a. O., S. 8 (13, 15)

BTL/Synthetische Kraftstoffe –
Technik, Wirtschaftlichkeit und Zukunftsfähigkeit

L. Leible, S. Kälber, G. Kappler, S. Lange, E. Nieke, B. Fürniß

Zusammenfassung

Ausgehend von dem in Deutschland verfügbaren Potenzial an biogenen Rest- und Abfallstoffen beleuchtet der Beitrag anhand der Produktion von Fischer-Tropsch-Kraftstoff aus Stroh und Waldrestholz die Perspektiven für diese Art der energetischen Nutzung von Biomasse unter deutschen Rahmenbedingungen. Hierzu werden einige Ergebnisse aus aktuellen Untersuchungen vorgestellt, insbesondere zur Technik, Logistik, Wirtschaftlichkeit und CO_2-Minderung. Mit Blick auf die Zukunftsfähigkeit wird ein Vergleich der Produktion von FT-Kraftstoff mit der Wärme- und Stromgewinnung aus Stroh- und Waldrestholz durchgeführt. Dieser Vergleich zeigt, dass gemessen an den Gestehungs- und CO_2-Minderungskosten die Kraftstoffgewinnung unter derzeitigen Rahmenbedingungen den höchsten Subventionsbedarf hat. Durch Nutzung technischer Fortschritte lässt sich dieser Nachteil sicherlich reduzieren, deshalb sollte – insbesondere unter Vorsorge-Gesichtspunkten – die Forschung und Demonstration in diesem Bereich intensiviert werden.

1 Einleitung

Aktuelle politische Ziele und Vorgaben auf EU- und nationaler Ebene, wie z. B. die EU-Biokraftstoffrichtlinie, der EU-Aktionsplan für Biomasse oder die im Januar 2007 vorgestellten Vorschläge für eine europäische Energiepolitik und in Deutschland das Erneuerbare-Energien-Gesetz (EEG), zielen darauf ab, den Anteil erneuerbarer Energieträger an der Energieversorgung deutlich zu erhöhen [1, 2]. Dies betrifft sowohl die Wärme-, Strom- als auch die Kraftstoffbereitstellung; hierbei werden hohe Erwartungen v. a. an die energetische Nutzung von Biomasse und insbesondere an biogene Reststoffe geknüpft.

Um eine nachhaltige, sichere und bezahlbare Energieversorgung zu gewährleisten, hat sich die europäische Energiepolitik bis 2010 bzw. bis 2020 insbesondere folgende Ziele gesetzt:

- Erhöhung des Anteils der erneuerbaren Energien auf 12 % des Primärenergieverbrauchs bis 2010 bzw. bis 2020 auf 20 %
- Erhöhung des Anteils der Elektrizität aus erneuerbaren Energiequellen auf 21 % der Stromproduktion bis 2010

- Erhöhung des Anteils der Biokraftstoffe im Kraftstoffmarkt auf 5,75 % bis 2010 bzw. bis 2020 auf 10 %

- Reduzierung der Treibhausgasemissionen um 8 % bis 2010 bzw. um mindestens 20 % bis 2020 (Bezugsjahr: 1990)

Nimmt man mit Blick auf die Biokraftstoffe die Zielsetzung der EU-Kommission ernst, bis 2010 ihren Beitrag an der Kraftstoffversorgung auf 5,75 % bzw. längerfristig bis zum Jahr 2020 auf 20 % zu erhöhen – 2005 lag der Anteil in Deutschland bei 3,75 % und in der EU-25 bei rund 1 % –, dann müssen hierzu auch Lignozelluloseträger, wie z. B. Stroh oder Waldrestholz, herangezogen werden.

Die Ausführungen in diesem Beitrag stellen die Ergebnisse einer systemanalytischen Untersuchung zur Gewinnung von Fischer-Tropsch-Kraftstoffen (FT-Kraftstoff) aus Holz und Stroh in den Mittelpunkt, basierend auf dem „Biomass-to-Liquid" (BTL, bioliq®)-Konzept des Forschungszentrums Karlsruhe. Zunächst wird jedoch – in Relation zum insgesamt verfügbaren Aufkommen an biogenen Rest- und Abfallstoffen – dargestellt, welche energetisch nutzbaren Potenziale an Stroh und Waldrestholz in Deutschland und Baden-Württemberg zur Verfügung stehen. Der gezielte Anbau von Biomasse als Energieträger wird hier nicht betrachtet. Anschließend wird am Beispiel von Baden-Württemberg in starker regionaler Differenzierung (Einsatz eines geographischen Informationssystems) illustriert, welche Bedeutung der Logistik der Biomassebereitstellung zuzumessen ist, insbesondere mit Blick auf die Biomasseversorgung von Großanlagen. Hierbei wird auf die besondere Bedeutung des Biomassetransports eingegangen.

Im zweiten Teil des Beitrags wird ein Einblick in die Ergebnisse zur Bereitstellung von FT-Kraftstoff aus Stroh und Waldrestholz gegeben, anhand von Massen- und Energiebilanzen, Gestehungskosten und CO_2-Minderungskosten. Abschließend wird auf der Basis der Gestehungskosten und CO_2-Minderungskosten ein Vergleich mit der Wärme- und Stromgewinnung durchgeführt.

2   Biomasseaufkommen

Das jährliche verfügbare Aufkommen der in diesem Beitrag näher betrachteten Biomasseträger Stroh und Waldrestholz lässt sich hinsichtlich des Potenzials am besten einordnen, wenn man es in Vergleich setzt zu weiteren biogenen Rest- und Abfallstoffen, die ebenfalls für eine energetische Nutzung in Frage kommen (vgl. Abbildung 1).

In Deutschland beträgt das jährlich verfügbare Aufkommen an biogenen Reststoffen und Abfällen (Basis: 2002), das energetisch genutzt werden könnte, rd. 70 Mio. Mg organische Trockensubstanz (oTS); in Baden-Württemberg sind dies rd. 8 Mio. Mg oTS. Betrachtet man die Aufschlüsselung des Aufkommens, so wird deutlich, dass dieses mengenmäßig besonders durch die Land- und Forstwirtschaft bestimmt wird.

Auf Bundesebene tragen Stroh, Waldrestholz und Gülle 58 % zu diesem für eine energetische Nutzung verfügbaren Aufkommen bei; in Baden-Württemberg sind dies 55 %.

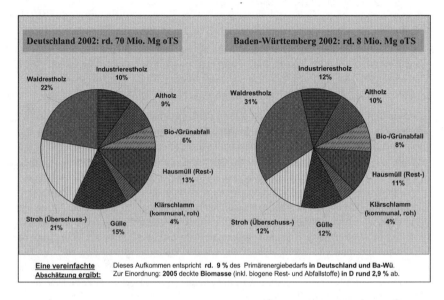

Abb. 1: Aufkommen biogener Reststoffe und Abfälle in Deutschland und Baden-Württemberg 2002 – verfügbar für eine energetische Nutzung

In Deutschland stehen rd. 30 Mio. Mg Trockenmasse (TM) Stroh und Waldrestholz für eine energetische Nutzung zur Verfügung – gemessen am gesamten Aufkommen biogener Rest- und Abfallstoffe sind dies 43 %. Das für eine energetische Nutzung verfügbare jährliche Aufkommen an Stroh (genauer: Reststroh) und Waldrestholz liegt in Baden-Württemberg (vgl. Abbildung 1 und Abbildung 2) bei rd. 3,5 Mio. Mg TM; prozentual entspricht dies dem Anteil auf Bundesebene. Bei den relativen Beiträgen von Stroh und Waldrestholz gibt es jedoch deutliche Unterschiede: Im waldreichen Baden-Württemberg trägt Waldrestholz 31 %, Stroh aber nur 12 % zum Aufkommen bei; auf Bundesebene sind dies 22 % bzw. 21 %.

Das angeführte Aufkommen von 70 Mio. Mg oTS pro Jahr entspricht einem jährlichen Pro-Kopf-Aufkommen von 0,85 Mg oTS bzw. gemessen am Heizwert rd. 420 Liter Heizöl und entspricht damit rd. 9 % des deutschen Primärenergiebedarfs. Zur Einordnung: Im Jahr 2005 deckten Biomasse und biogene Rest- und Abfallstoffe in Deutschland rund 2,9 % des Primärenergiebedarfs ab.

3 Logistische Herausforderungen bei der Biomassebereitstellung

Nach dem allgemeinen Überblick zum verfügbaren Biomassepotenzial, wird nachfolgend anhand der Biomasseversorgung von zwei konkreten Anlagenstandorten in Baden-Württemberg und anhand von Ergebnissen zu den Transportkosten für Stroh und Waldrestholz verdeutlicht, welche logistischen Herausforderungen mit der Biomassebereitstellung verbunden sind.

3.1 Regionale Biomasseversorgung von Anlagenstandorten

Unter den konkreten Rahmenbedingungen von Baden-Württemberg bezüglich des verfügbaren Aufkommens an Stroh und Waldrestholz und der bestehenden Verkehrsinfrastruktur, sollte die Machbarkeit einer regionalen Biomasseversorgung von großen Anlagen überprüft werden [3]. Hierbei stand die Frage im Mittelpunkt, zu welchen Kosten die Biomasseversorgung mit 1 Mio. Mg TM pro Anlage und Jahr von zwei konkreten Anlagenstandorten gewährleistet werden kann. Abbildung 2 gibt hierzu die Ergebnisse für eine Versorgung mit Stroh und Waldrestholz wieder.

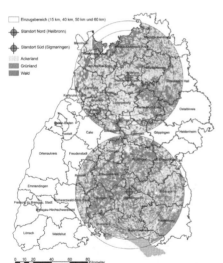

Reststroh und Waldrestholz			
Standort Nord Radius	Aufkommen (Mg TM)	Bereitstellungskosten, gewichtet (€/Mg TM)	Beschäftigungseffekte (AK/a)
15 km	61.000	66	25
40 km	427.000	73	200
50 km	669.000	75	325
60 km	969.000	76	480
Standort Süd Radius	Aufkommen (Mg TM)	Bereitstellungskosten, gewichtet (€/Mg TM)	Beschäftigungseffekte (AK/a)
15 km	71.000	61	30
40 km	380.000	69	180
50 km	558.000	72	270
60 km	772.000	74	385

Abb. 2: Aufkommen und Bereitstellungskosten bei Stroh und Waldrestholz zur Versorgung zweier Anlagenstandorte in Baden-Württemberg

Wie die Analysen – unter Einsatz eines geografischen Informationssystems – für die beiden Anlagenstandorte Nord (Heilbronn) und Süd (Sigmaringen) zeigen, dürfte ein

Erfassungsradius von 60 bis 70 km ausreichend sein, um eine Versorgung mit jährlich 1 Mio. Mg TM an Stroh und Waldrestholz gewährleisten zu können, bei durchschnittlichen Bereitstellungskosten frei Anlage von 70–80 €/Mg TM.

Die direkten Beschäftigungseffekte, die mit der Erfassung und dem Transport bis zum Anlagenstandort verbunden sind, liegen in der Größenordnung von rd. 500 Voll-Arbeitskräften pro einer Mio. Mg TM Biomasse (vgl. Abbildung 2). Im nachfolgenden Kapitel wird anhand der relativ dominanten Bedeutung der Personalkosten für die Transportkosten deutlich, dass insbesondere der Transport der Biomasse zu den angeführten Beschäftigungseffekten führt.

3.2 Transportkosten für Stroh und Waldrestholz

Wie die Ausführungen in Kapitel 4 am Beispiel Stroh zeigen werden, können bei Großanlagen (mehrere GW$_{th}$) allein die Transportkosten mehr als 30 % zu den Gestehungskosten des FT-Kraftstoffs beitragen. Vor diesem Hintergrund wurden zum Transport von Stroh (Quaderballen) und Waldrestholz (Hackschnitzel) sehr umfangreiche und detaillierte Untersuchungen durchgeführt. In Abbildung 3 sind hierzu einige Ergebnisse für typische Transportmittel und Transportentfernungen dargestellt, wobei neben der absoluten Höhe der Transportkosten (€/Mg TM) nach den wichtigsten Kostenkomponenten Energie, Personal, Kapital und Sonstiges unterschieden wurde.

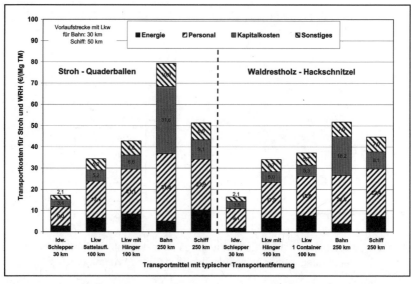

Abb. 3: Transportkosten und Kostenkomponenten für Stroh und Waldrestholz

Die sonstigen Kosten beinhalten insbesondere die fixen und variablen Betriebskosten, wie z. B. Steuern und Versicherungen, Instandhaltung und ggf. Mautgebühren. Beim Binnenschiff zählen darüber hinaus Lagerkosten, Liegegelder und Schleusengebühren dazu.

Wie aus Abbildung 3 beispielsweise hervorgeht, beträgt der Anteil der Personalkosten an den gesamte Transportkosten beim Strohtransport mit der Bahn – bei einer Transportentfernung von 250 km – rd. 32 €/Mg TM und somit rund 40 %. Dieser Betrag setzt sich zusammen aus den Personalkostenanteilen für das Beladen am Feld, dem Vorlauf auf der Straße und das Umladen an der Güterverkehrsstelle in Höhe von 15 €/Mg TM; die verbleibenden 17 €/Mg TM sind den Personalkosten der Bahn zuzurechnen. Die kapitalbezogenen Kosten der Bahn sind im Vergleich zu den anderen Transportmitteln ebenfalls recht hoch. Von den ausgewiesenen 32 €/Mg TM beim Strohtransport sind rd. 80 % dem Schienentransport mit seinen eingesetzten Fahrzeugen, den Gleisen und den Gebäuden zuzuschreiben. Beim Bahntransport von Hackschnitzeln fällt ebenfalls der hohe Anteil der Kapitalkosten an den Transportkosten auf.

Generell zeigt die Abbildung 3 über alle Transportalternativen hinweg die hohe Bedeutung der Personalkosten, mit einem Anteil von 40–60 % an den gesamten Transportkosten. Im Vergleich dazu tragen die Energiekosten für Diesel, Bahnstrom oder Gasöl für Schiffsmotoren in allen Varianten weniger als 10 % zu den Transportkosten bei.

4 Herstellung von FT-Kraftstoff aus Stroh und Waldrestholz

4.1 Zweistufiges BTL(bioliq®)-Konzept

Vor dem Hintergrund des politisch geforderten Ausbaus der energetischen Nutzung von Biomasse verfolgt das Forschungszentrum Karlsruhe mit seinem zweistufigen BTL-Konzept (vgl. Abbildung 4) das Ziel, aschereiche Biomasse (z. B. Getreidestroh) über die Vergasung für die Herstellung synthetischer Kraftstoffe („Synfuels") und für eine chemische Nutzung zu erschließen (vgl. [4]). Innerhalb dieses Konzepts ist eine teilweise Verstromung oder Wärmegewinnung nicht ausgeschlossen.

Die Synthese konzentriert sich hierbei zunächst auf FT-Kraftstoffe, ist aber für eine Vielzahl von weiteren Produkten offen. Je nach Produkt resultiert die Anforderung, die Synthese bei Drücken von rd. 20–40 bar für FT-Kraftstoffe und bis 80 bar (z. B. für Methanol) durchzuführen. Deshalb wird das Ziel verfolgt, bereits mit der Vergasung das für die Synthese nötige Druckniveau zu erreichen und auch die Gasreinigung und -konditionierung auf dieser Druckstufe zu realisieren. Hierdurch wird der aufwändige Schritt der Gaskompression vor der Synthese vermieden. Darüber hinaus soll über das gewählte Vergasungsverfahren ein teerfreies und methanarmes Synthesegas gewonnen werden. Mit einem Flugstromdruckvergaser ist dies bei Vergasungstemperaturen von mehr als 1.000 °C möglich, wie die vom Forschungszentrum auf einer externen Anlage in Freiberg/Sachsen durchgeführten Versuchskampagnen bestätigten. Für die Einspeisung der Biomasse in den Flugstromdruckvergaser muss diese entsprechend konditioniert werden. Bei den angeführten Drücken ist dies nur über eine pumpbare Suspension (Slurry) aus Pyrolysekondensat und -koks sinnvoll umzusetzen. Folglich ist das vom Forschungszentrum Karlsruhe verfolgte Schnellpyrolyseverfahren zur Herstellung einer solchen Suspension von zentraler Bedeutung (vgl. [5], [6]).

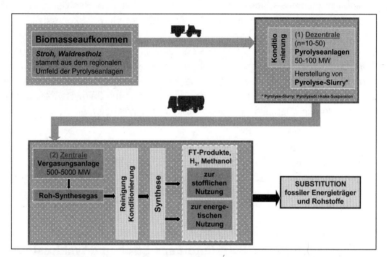

Abb. 4: Zweistufiges Konzept zur Synthesegas- bzw. Kraftstofferzeugung aus Stroh und Waldrestholz

Daneben ist mit der räumlichen Entkopplung (s. Abbildung 4) von Schnellpyrolyse und Vergasung (inkl. Gasreinigung/-konditionierung und Synthese) die Option gegeben, eine von der Größe der Vergasungsanlage unabhängige dezentrale Produktion von Slurries zu realisieren. Mit dem anschließenden Transport der Slurries zu einer großen zentralen Vergasungs- und Syntheseanlage lassen sich logistische Vorteile erschließen – verglichen mit Strohballen haben Slurries eine um den Faktor 10 höhere Energiedichte.

Aufgrund dieser erhofften Transportvorteile ist insbesondere der Vergleich der Kraftstoffproduktion aus Stroh und Waldrestholz bei vorgeschalteter dezentraler Schnellpyrolyse (= dezentrales Konzept) mit der Variante der in einer zentralen Anlage integrierten Schnellpyrolyse (= zentrales Konzept) von besonderem Interesse. Zur Veranschaulichung des Gesamtprozesses werden am Beispiel Stroh zunächst die Massen- und Energiebilanz für die FT-Kraftstoffgewinnung dargestellt.

4.2 Massen- und Energiebilanzen

In Abbildung 5 und Abbildung 6 sind exemplarisch die Massen- und Energiebilanz zur Kraftstoffbereitstellung aus Stroh nach dem dezentralen Konzept – dezentrale Schnellpyrolyse mit anschließender zentraler Slurry-Vergasung und FT-Synthese – dargestellt (vgl. Kap.4.1). Bei diesen Darstellungen handelt es sich um einfach gehaltene Abschätzungen für Verfahrensabläufe, die in der Praxis wesentlich komplexer verschachtelt sind. Das Hauptaugenmerk wurde hierbei auf die Schnellpyrolyse und Vergasung gelegt; die Bereiche Gaskonditionierung, FT-Synthese und FT-Kraftstoffaufarbeitung konnten lediglich mit einigen Basisdaten behandelt werden.

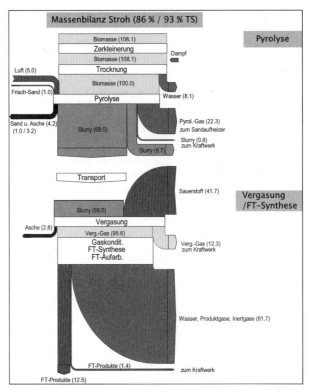

Abb. 5: Massenbilanz zur FT-Kraftstoffbereitstellung aus Stroh über dezentrale Schnellpyrolyse mit anschließender zentraler Vergasung und FT-Synthese

Für die dezentrale Pyrolyse, die mit einem Sanderhitzer und dezentralen Kraftwerk (mit Dampferzeuger) ausgestattet ist, wird von einer Brennstoff-Eingangsleistung von 100 MW$_{in}$ ausgegangen. Die daran anschließende Vergasung der Slurries und die FT-Synthese finden dagegen in einer zentralen Anlage mit 5.000 MW$_{in}$ statt. Eine wesentliche Annahme bei den dargestellten Abschätzungen ist, dass es sich hierbei jeweils um energieautarke Anlagen handelt, bei denen folglich kein Zukauf von Strom und Dampf aus fossilen Energieträgern erfolgt. Auch der Energieaufwand für die Sauerstoffbereitstellung (s. Vergasung) muss von der Anlage gedeckt werden.

Der Energiebedarf des Sanderhitzers wird durch die energetische Nutzung des erzeugten nichtkondensierbaren Pyrolysegases und durch geringe Mengen an Slurry gedeckt. Das dezentrale Kraftwerk bei der Pyrolyseanlage setzt als Brennstoff Slurry ein und stellt sowohl den elektrischen Strom für den Anlagenbetrieb als auch den benötigten Dampf für die Trocknung des Strohs zur Verfügung. Das Abgas aus der Pyrolyse wird über Wärmetauscher geführt und dient zur Aufheizung der im Sanderhitzer benötigten Luft und der für die Verbrennung bestimmten nichtkondensierbaren Pyrolysegase. Das Kraftwerk bei der zentralen Vergasungsanlage bezieht seinen Brennstoff aus dem Vergasungsgas und (zu 10 Gew.-%) aus den FT-Produkten.

In der dargestellten Massen- bzw. Energiebilanz (vgl. Abbildung 5 und Abbildung 6) ist der Energieaufwand für die Biomassebereitstellung (Erfassung und Transport) und für den Transport der Slurries noch nicht berücksichtigt; auf dessen Bedeutung wurde bereits eingegangen. Zur besseren Übersichtlichkeit der Bilanzen sind die Angaben für Masse und Energie jeweils auf 100 normiert, bezogen auf die Biomasse nach der Trocknung (auf 93 % TS). Wie die Massenbilanz zeigt, werden pro Mg FT-Produkt rd. 9 Mg Stroh (86 % TS, vor der Trocknung) benötigt.

Vor der Schnellpyrolyse wird bei der Trocknung von Stroh eine Wassermenge von 0,08 Mg pro Mg getrockneter Biomasse (93 % TS) abgeschieden. Der Energieaufwand für die Trocknung mit Dampf liegt bei rd. 2 MWh, jeweils bezogen auf 100 MWh getrocknete Biomasse. Als Energieträger für die Trocknung kommt Slurry aus der Pyrolyse zum Einsatz; dafür werden rund 12 % des erzeugten Slurrys benötigt.

Der Strombedarf für die dezentrale Pyrolyseanlage liegt etwas über 3 MWh, bezogen auf 100 MWh Biomasse (93 % TS). Für die Sanderhitzung werden pro Mg getrockneter Biomasse rd. 0,22 Mg des bei der Pyrolyse entstehenden nicht kondensierbaren Pyrolysegases und geringe Mengen an Slurry benötigt. Bezogen auf die Masse, können nach der Schnellpyrolyse von den anfänglichen 100 % des getrockneten Strohs 69 % als Slurry der anschließenden Vergasung zugeführt werden.

Der Sauerstoffbedarf für die Vergasung des Slurry beträgt 42 Gew.-%; 96 % des hierbei produzierten Vergasungsgases verlassen den Vergaser in Richtung Gaskonditionierung mit anschließender FT-Synthese. Der jeweilige Rest an Vergasungsgas und 10 % der FT-Produkte werden zum Kraftwerk geführt, um den Strombedarf der energieautark betriebenen Anlage zu decken. Für die Bereitstellung des Sauerstoffs besteht ein Strombedarf von rd. 6 MWh, bezogen auf 100 MWh getrocknete Biomasse.

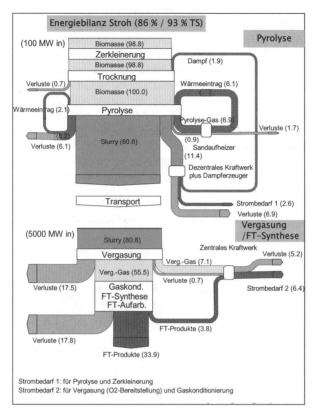

Abb. 6: Energiebilanz zur FT-Kraftstoffbereitstellung aus Stroh über dezentrale Schnellpyrolyse mit anschließender zentraler Vergasung und FT-Synthese

Rund 13 Gew.-% können der Syntheseanlage als FT-Produktmenge entnommen werden; weitere Produkte aus der FT-Synthese sind insbesondere Wasser, Produktgas und Inertgas. Die Energiebilanz des Anlagenkonzeptes weist für Stroh (86 % TS) einen Netto-Wirkungsgrad von rd. 34 % aus, jeweils bemessen am Biomasseeinsatz nach der Trocknung auf 93 % TS und dem erzielten Ertrag an FT-Produkten, die der Anlage entnommen werden können.

Wie Abbildung 6 verdeutlicht, treten die größten Verluste im Verlauf des Prozesses bei der Vergasung und FT-Synthese auf. Hier gilt es zu überprüfen, wie in der Praxis durch eine verbesserte Nutzung der Abwärme der Netto-Wirkungsgrad weiter optimiert werden kann.

4.3 Gestehungskosten von FT-Kraftstoff

Die durchgeführten Analysen zu den Gestehungskosten zeigen, dass die Herstellungskosten für FT-Kraftstoff (Synfuel) aus Stroh – je nach Anlagengröße und dezentralem oder integriertem Konzept – zwischen 105 und 130 €/MWh liegen, dies entspricht 1,0 bzw. 1,25 € pro Liter (vgl. Abbildung 7). Es fällt auf, dass die Gesamtkosten bei Anlagen mit dezentraler Pyrolyse erst ab Anlagengrößen im Bereich von 4000 MW günstiger werden, verglichen mit der integrierten Pyrolyse. Dies ist so, obwohl bei der integrierten Pyrolyse die Transportkosten für Stroh bei allen Anlagengrößen über der Summe der Transportkosten von Stroh und Slurry bei der dezentralen Pyrolyse liegen. Gewichtiger als dieser Nachteil ist der Vorteil der räumlich integrierten Pyrolyse hinsichtlich der stärkeren Größendegression der Pyrolysekosten und des höheren Gesamtwirkungsgrads.

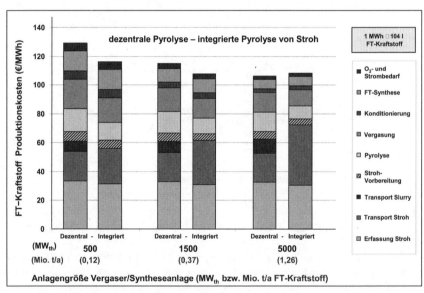

Abb. 7: Gestehungskosten und Kostenanteile von FT-Kraftstoff aus Stroh – bei dezentraler und integrierter Pyrolyse

Abbildung 7 verdeutlicht ferner, dass zwei wichtige Kostenbestandteile unabhängig von der Vergaserleistung sind, und zwar die spezifischen Kosten für die Erfassung und für den Lkw-Transport von Stroh bis zur dezentralen Pyrolyseanlage. Bei der integrierten Pyrolyse wurde für Stroh, ab einer Entfernung von 100 km, ein Transport mit der Bahn unterstellt.

Bei höheren verfügbaren Aufkommensdichten an Biomasse treten die Vorteile der integrierten Pyrolyse – wegen der dadurch möglichen Verringerung der Transportstrecken – stärker hervor. Den gleichen Effekt erzielt eine Ausweitung der erfassten Biobrennstoffe auf Waldrestholz. In Abbildung 8 sind die Bereitstellungskosten von FT-Kraftstoff aus Stroh und Waldrestholz den Gestehungskosten von Diesel – bei Erdölpreisen von 30, 65 und 100 $ pro barrel – in einer Mineralöl-Raffinerie gegenübergestellt, jeweils ohne Mehrwertsteuer bzw. beim FT-Kraftstoff auch ohne Mineralölsteuer.

Im Gegensatz zu Abbildung 7 wurde hierbei von der gemeinsamen energetischen Nutzung von Stroh und Waldrestholz ausgegangen; die dabei nutzbare durchschnittliche Aufkommensdichte (für Deutschland) liegt bei rd. 90 Mg TM pro km². Als Anlagenkonzept liegt die zentrale Vergasungs-/Syntheseanlage mit integrierter Pyrolyse zugrunde; dabei wurde nach zwei Anlagengrößen mit einer Produktion von 0,2 bzw. 1,0 Mio. Jahrestonnen (jato) unterschieden. Zum Vergleich: Bei herkömmlichen Erdöl-Raffinerien muss eher von 10 Mio. jato an Kraftstoffproduktion ausgegangen werden.

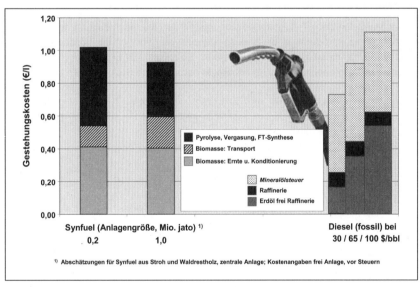

Abb. 8: Gestehungskosten von FT-Kraftstoff aus Stroh und Waldrestholz – ein Vergleich mit fossilem Diesel

Wie die Ergebnisse zeigen, könnte der FT-Kraftstoff, je nach Anlagengröße, zu rd. 1,00 € bzw. 0,90 € pro Liter frei Anlage bereitgestellt werden, wenn auf die Mineralölsteuer verzichtet wird. Bei einem Rohölpreis von 65 $/bbl liegen bei Diesel die Bereitstellungskosten frei Raffinerie – aber einschließlich der Mineralölsteuer – ebenfalls bei rd. 0,90 €/l.

5 Vergleich der Kraftstoffproduktion mit der Strom- und Wärmegewinnung

Als konkurrierende Verfahren für die Nutzung von Stroh und Waldrestholz wurden einerseits die Wärme- und Stromgewinnung durch direkte Verbrennung in Biomasse-Heizwerken bzw. Biomasse(heiz)kraftwerken und die Co-Verbrennung in Steinkohlekraftwerken untersucht. Dies schloss die thermochemische Vergasung zur Stromerzeugung mit ein. Andererseits wurden die auf fossilen Energieträgern (Rohöl, Import-Steinkohle) basierenden Alternativen der Wärme-, Strom- und Kraftstofferzeugung dargestellt. In Abbildung 9 werden die Wärme-, Strom- und Kraftstoffgestehungskosten für die betrachteten Verfahren einander gegenübergestellt. Als fossile Referenzen dienen die Wärmegestehungskosten in einer mit Heizöl betriebenen Kleinfeuerung – diese liegen derzeit bei rund 96 €/MWh$_w$ –, die Stromgestehungskosten in einem Steinkohlekraftwerk (500 MW$_{el}$) – diese liegen bei rd. 52 €/MWh$_{el}$ – und die Bereitstellungskosten von Dieselkraftstoff, die in einem Bereich von 30 bis 45 €/MWh liegen, je nach unterstelltem Erdölpreis.

Beim Vergleich der FT-Kraftstoffgewinnung mit der Wärmeerzeugung aus Stroh und Waldrestholz wird deutlich, dass diese Alternativen näher an der Wettbewerbsfähigkeit sind bzw. diese bereits erreicht haben. So zeigen die Ergebnisse, dass bereits heute die Wärmebereitstellung in der Regel nahezu ohne Subventionen auskommt.

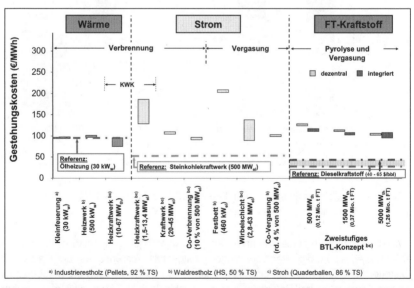

Abb. 9: Gestehungskosten von Wärme, Strom und Kraftstoff aus Stroh und Waldrestholz

Die ökonomische Analyse im Bereich der Kraft-Wärme-Kopplung und der alleinigen Stromerzeugung ergibt das folgende Bild: Im Vergleich zu den Stromgestehungskosten im Steinkohlekraftwerk stellen sich die Stromgestehungskosten in Heizkraftwerken und Kraftwerken auf der Brennstoffbasis von Waldrestholz und Stroh als nicht wirtschaftlich dar. Die Co-Verbrennung von Waldrestholz und Stroh in Steinkohlekraftwerken stellt eine vergleichsweise kostengünstige Möglichkeit dar, den fossilen Brennstoff Steinkohle teilweise zu substituieren. In den Vergleich in Abbildung 9 sind ebenfalls die bereits im vorherigen Kapitel diskutierten Gestehungskosten von FT-Kraftstoff aus Stroh und Waldrestholz und als zugehörige Referenz die Kosten von Dieselkraftstoff in einer Raffinerie einbezogen. Wie bereits dargelegt, wäre eine wirtschaftlich konkurrenzfähige Produktion von FT-Kraftstoffen ohne Mineralölsteuerverzicht erst bei Rohölpreisen von deutlich über 100 $/bbl möglich.

Mit der Substitution fossiler Energieträger durch erneuerbare kann die Emission treibhausrelevanter Gase und somit der Treibhauseffekt reduziert werden. Bei den durchgeführten Analysen wurden neben CO_2 auch die Treibhausgase CH_4 (Methan) und N_2O (Lachgas) einbezogen und in der Summe als CO_2-Äquivalente (CO_2-Äq.) dargestellt (vgl. Abbildung 10).

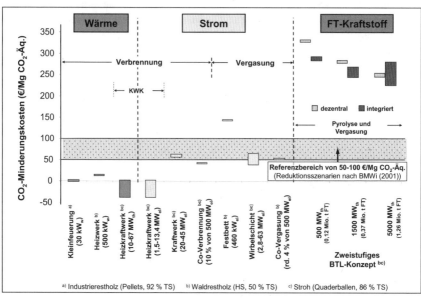

Abb. 10: CO_2-Minderungskosten bei der Gewinnung von Wärme, Strom und Kraftstoff aus Stroh und Waldrestholz

Die CO_2-Minderungskosten ergeben sich aus den Mehrkosten auf der einen Seite und der erzielten CO_2-Minderung gegenüber der fossilen Referenz auf der anderen Seite. Mit ihrer Hilfe kann dargestellt werden, wie teuer die jeweilige Technologie bei der Verfolgung einer CO_2-Minderungsstrategie ist. Zur vergleichenden Bewertung wurden CO_2-Minderungskosten aus Studien mit CO_2-Minderungsszenarien bei der Verfolgung der Minderungsziele der Bundesregierung herangezogen [7]. Aussagen aus diesen Studien ergeben, dass bei einem CO_2-Minderungsziel von 25 % oder gar 40 % CO_2-Minderungskosten zwischen 50 und 100 € pro Mg CO_2-Äq. angesichts teurerer Alternativen durchaus zu akzeptieren sind.

Bei der Produktion von FT-Kraftstoffen aus Stroh und Waldrestholz liegen die CO_2-Minderungskosten deutlich über 200 €/Mg CO_2-Äquivalent. Bei der Verstromung – mit Ausnahme der Festbettvergasung – resultieren Kosten von unter 100 €/Mg CO_2-Äq. Am günstigsten lässt sich die CO_2-Minderung über die Wärmebereitstellung realisieren – hier fallen nahezu keine bzw. sogar negative CO_2-Minderungskosten an.

Die Abschätzungen zu den CO_2-Minderungskosten verdeutlichen, dass die CO_2-Minderungsstrategie – bei gesamtwirtschaftlicher Betrachtung – nur ein sehr schwaches Argument für die Forcierung der Aktivitäten zur Bereitstellung von FT-Kraftstoffen aus Biomasse darstellen kann. Wird jedoch ausschließlich der Verkehrssektor betrachtet, sind diese CO_2-Minderungskosten als günstig einzustufen.

Da das BTL-Konzept des Forschungszentrums Karlsruhe über die Pyrolyse und Vergasung jedoch Wege eröffnet, die Biomasse – als Kohlenstoffträger – einer weitergehenden chemischen Nutzung zuzuführen, sollte dieser Entwicklungsweg weiter beschritten werden. Dies schließt eine gekoppelte chemisch/energetische Nutzung im Sinne des „Biorefinery"-Konzepts mit ein. Darüber hinaus lassen sich unter Nutzung des technischen Fortschritts die bestehenden ökonomischen Nachteile bei der Kraftstofferzeugung sicherlich reduzieren, so dass insbesondere unter Vorsorge-Gesichtspunkten die Forschung und Demonstration in diesem Bereich intensiviert werden sollten.

Literatur

[1] EU-Kommission, 2007: Eine Energiepolitik für Europa. Mitteilung der Kommission an den Europäischen Rat und das Europäische Parlament – KOM(2007) 1, Brüssel

[2] EU-Kommission, 2007: Förderung von Biokraftstoffen als verlässliche Alternative zum Öl im Verkehrssektor. MEMO/07/5, Brüssel

[3] Leible, L., S. Kälber und G. Kappler, 2005: Entwicklungen von Szenarien über die Bereitstellung von land- und forstwirtschaftlicher Biomasse in zwei baden-württembergischen Regionen zur Herstellung von synthetischen Kraftstoffen – Abschlussbericht, Forschungszentrum Karlsruhe
http://www.itas.fzk.de/deu/lit/2005/leua05a.pdf

[4] Leible, L., S. Kälber, G. Kappler, S. Lange, E. Nieke, P. Proplesch, D. Wintzer und B. Fürniß, 2007: Kraftstoff, Strom und Wärme aus Stroh und Waldrestholz – Eine systemanalytische Untersuchung. FZKA 7170, in Vorbereitung für den Druck

[5] Lange, S., R. Reimert und L. Leible, 2006: Systemanalyse zur Schnellpyrolyse als Prozessschritt bei der Herstellung von Synthesekraftstoffen aus Stroh und Waldrestholz. DGMK-Fachbereichstagung in Velen, DGMK-Tagungsbericht 2006-2

[6] Raffelt, K., E. Henrich, C. Kornmayer, C. Renck, R. Stahl, J. Steinhardt und E. Dinjus, 2006: Produktion von Synthesegas aus Schlämmen pyrolysierter Strohhäcksel. DGMK-Fachbereichstagung in Velen, DGMK-Tagungsbericht 2006-2

[7] BMWi (Hrsg.), 2001: Energiepolitische und gesamtwirtschaftliche Bewertung eines 40%-igen Reduktionsszenarios. Endbericht von Prognos, EWI und BEI, Juli 2001. Gutachten erstellt im Auftrag des BMWi, Dokumentation Nr. 492, Berlin

Aktuelle Entwicklungen der Biogasbranche in Deutschland

Claudius da Costa Gomez

Einleitung

Die Biogasnutzung wird derzeit auf der Basis der Reglungen des Erneuerbaren Energiengesetzes (EEG) in Deutschland sehr intensiv ausgebaut. Mit einer Steigerung der installierten elektrischen Leistung von 650 Megawatt auf 1.100 Megawatt wurde im Jahr 2006 der bisherige Rekordzuwachs erreicht. Bisher wird das Biogas fast ausschließlich in Blockheizkraftwerken (BHKW) zur Erzeugung von Strom und Wärme am Standort der Biogasanlagen verwendet. Aber das Interesse der Energiewirtschaft ist groß, das Biogas zu Biomethan aufzubereiten und in bestehende Gasnetze einzuspeisen. Damit kann Biogas als einzige regenerative Alternative zum fossilen Erdgas einen Beitrag zur sicheren und nachhaltigen Gasversorgung leisten. Im Gegensatz zu anderen Bioenergieträgern der sogenannten zweiten Generation bietet die Biogasnutzung heute schon ein Höchstmaß an Effizienz und technischer Verlässlichkeit. Welche Rolle die Biogasnutzung mittel- und langfristig spielen wird, hängt von den politischen und rechtlichen Rahmenbedingungen ab. Neben den Potentialen für die Biogasnutzung legt der vorliegende Beitrag dar, welche Ziele erreicht werden können und was getan werden muss, um sie zu erreichen.

Annahmen und Potentiale

Aktuelle Studien gehen für Deutschland von einem technischen Potential von 72,2 Mrd. Kilowattstunden (kWh) bzw. 260 Peta Joule (PJ) thermischer Energie aus Biogas aus (BGW Biomassestudie 2006; FNR Biogasstudie 2006). Die zugrundegelegten Annahmen sind dabei durchgängig konservativ angelegt. Drei Viertel des Potentials kommt dabei aus nachwachsenden Rohstoffen und Nebenprodukten der Landwirtschaft (Abbildung 1). Nutzungskonkurrenzen zur Lebensmittelproduktion sowie anderen Bioenergie-Nutzungsformen sind berücksichtigt. In der vom BGW und DVGW beauftragten Biomassestudie wird für das Jahr 2020 von einer für die Bioenergie zur Verfügung stehenden Fläche von 2,4 Mio. Hektar ausgegangen (BGW Biomassestudie 2006). Hiervon werden 1,15 Mio. Hektar für die Biogaserzeugung angesetzt. Aus der Sicht des Fachverband Biogas e. V. kann davon ausgegangen werden, dass sowohl die insgesamt für Energiepflanzen genutzte Fläche höher anzusetzen ist als auch die mit 2 % sehr niedrig angenommene jährliche Ertragssteigerung im Energiepflanzenanbau in der Realität deutlich höher sein wird.

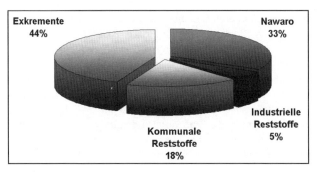

Abb. 1: Biogaspotentialverteilung nach Stoffklassen (FNR Biogasstudie 2006)

Die Überlegungen zu den nationalen Potentialen müssen grundsätzlich um die Abschätzung zu den in der EU zur Verfügung stehenden Potentialen ergänzt werden. Eine erste Studie, die unter Beteiligung des Fachverband Biogas e. V. zu dieser Frage in Auftrag gegeben wurde, wird im ersten Quartal 2007 veröffentlicht. Die Ergebnisse lagen vor Drucklegung dieses Tagungsbandes noch nicht vor, werden aber unter dem Titel „Möglichkeiten einer europäischen Biogaseinspeisungsstrategie" auf den Internetseiten des Fachverband Biogas e. V. veröffentlicht werden. Im Rahmen der Erarbeitung der Studie zeichnet sich aber ab, dass Biomassepotentiale, die zur Biogaserzeugung in den EU Mitgliedsstaaten sowie den Beitrittsanwärterstaaten Weißrussland, Russland (europäischer Teil) und Ukraine zur Verfügung stehen, ausreichend sein könnten den heutigen Gasverbrauch der EU-15 zu decken. Diese Aussagen machen deutlich, dass die Biogasnutzung einen wesentlichen Beitrag zur Sicherung der Energieversorgung nicht nur in Deutschland, sondern in ganz Europa leisten kann. Da Biogas die einzige regenerative Alternative für den fossilen Energieträger Erdgas darstellt, wird die Biogasnutzung in Zukunft eine herausragende Rolle im Zusammenspiel der erneuerbaren Energien einnehmen.

Da der Löwenanteil der Substrate für die Biogasproduktion landwirtschaftliche Produkte sind, sind die Annahmen über die zur Verfügung stehende Fläche sowie die energetische Flächeneffizienz zur Bewertung der Potentiale entscheidend:

- Welche **Flächen** zukünftig für die Biogasproduktion verwendet werden, hängt entscheidend von den ökonomischen Rahmenbedingungen für die Produktion der Energiepflanzen ab: Diese werden entscheidend bestimmt durch die Preise, die für das Endprodukt „Regenerativ erzeugte Energie" bezahlt wird. Der Preis für Energie hängt von den Energiemärkten ab und kann aufgrund von zu Ende gehenden fossilen Energieressourcen und des Zusammenhangs zwischen dem Verbrauch fossiler Energie mit negativen Klimaeffekten als stetig steigend angenommen werden. Wann der Preis für am Weltmarkt gehandelte Energie die Erzeugungskosten regenerativ erzeugter Energie übersteigen wird, ist heute nicht eindeutig zu sagen. Eine Studie des Bundesumweltministeriums (Stoffstromanalyse 2004) geht davon aus, dass sich die Erzeugungskosten des

Stroms aus erneuerbaren Energien mit den Stromgestehungskosten für konventionell erzeugten Strom im Zeitraum 2025–2035 schneiden werden. Falls aus Klimaschutzgründen die Freisetzung von klimarelevanten Gasen bei der Stromerzeugung gegenüber dem heutigen Stand reduziert werden soll, würden die Gestehungskosten für konventionellen Strom stärker steigen und die erneuerbaren Energien schon früher kostengünstiger als konventionell erzeugter Strom. Bis zur Marktfähigkeit von regenerativ erzeugtem Biogas bzw. dem Veredelungsprodukt Strom ist die Branche also darauf angewiesen durch die politische Rahmensetzung ökonomische Bedingungen vor zu finden, die es ihr ermöglicht Flächen für den Anbau von nachwachsenden Rohstoffen (NawaRo) zu nutzen.

- Die energetische **Flächeneffizienz** ist der zweite entscheidende Punkt für die Abschätzung der Potentiale. Hier sind insbesondere in den nächsten 15 Jahren erhebliche Fortschritte in den Bereichen Zucht, Anbauverfahren, Aufbereitung und Lagerung zu erwarten. Die jährlichen Ertragssteigerungen der konventionellen Landwirtschaft lagen in den letzten 50 Jahren bei 2 %. Aufgrund der im Vergleich zur Lebensmittelproduktion weniger spezifischen Qualitätsansprüche an die Substrate und einer sehr guten Selektionsgrundlage ist davon auszugehen, dass die Steigerung der Flächenproduktivität allein durch den Zuchtfortschritt in den nächsten Jahren mindestens bei 5–10 % pro Jahr liegen wird. Weitere Optimierungsmöglichkeiten bestehen in den Bereichen Anbauverfahren, Ernte, Aufbereitung und Lagerung. Zu diesem Themenbereich läuft unter Federführung der Thüringischen Landesanstalt für Landwirtschaft (TLL) derzeit ein von der Fachagentur Nachwachsende Rohstoffe (FNR) gefördertes Verbundprojekt mit dem Titel: „Standortangepasste Optimierung des Anbaus von Energiepflanzen für Biogasanlagen".

Aus der Sicht des Fachverband Biogas e. V. geben aus den oben genannten Gründen die zitierten Potentialabschätzungen eher die mindestens verfügbaren Potentiale wieder. Falls politische Zielsetzungen in Bezug auf Versorgungssicherheit, Umweltverträglichkeit und Nachhaltigkeit den politischen Rahmen für die Biogasnutzung klar und positiv abstecken, können deutlich höhere Potentiale ausgeschöpft werden (vgl. hierzu auch: Fachverband Biogas 2006).

Ziele

Abbildung 1 zeigt die Verteilung der Potentiale für Substrate zur Nutzung in Biogasanlagen. Neben den nachwachsenden Rohstoffen stellen Nebenprodukte aus der Landwirtschaft mit 44 % des Gesamtpotentials ganz wesentliche Anteile des Potentials. Im Bereich der energetisch optimierten Ausnutzung von pflanzlichen Nebenprodukten der Landwirtschaft nimmt die Nutzung von Gülle und die damit vermiedenen unkontrollierten Methanfreisetzungen eine wichtige ökologische Rolle ein. Die Nutzung dieser Nebenprodukte führt in Kombination mit dem Einsatz von gezielt für die Biogasnutzung angebauter Energiepflanzen zu einer sehr effizienten Nutzung der Biomasse. Insofern keine landwirtschaftlichen Nebenprodukte zur Verfügung stehen, stellt auch die Monovergärung von Energiepflanzen eine sehr effiziente Nutzungsform von Biomasse dar. Hier sind verfahrenstechnisch noch Optimierungsmöglichkeiten vorhanden, die derzeit durch die Anbieter der Biogastechnologie sehr intensiv vorangetrieben werden. Ein Ziel der Arbeit des Fachverband Biogas e. V. ist es, möglichst viele der in der Landwirtschaft anfallenden Nebenprodukte in Biogasanlagen energetisch zu nutzen, bevor sie wieder im Sinne der Kreislaufwirtschaft auf die landwirtschaftlichen Flächen ausgebracht werden. Darüber hinaus soll durch die Verbesserung von Anbau und Vergärung von Energiepflanzen die Effizienz solcher Anlagen weiter gesteigert werden. Der Anbau und die Vergärung von Energiepflanzen stellt aus der Sicht des Fachverband Biogas e. V. eine wichtige Einkommensquelle für die Landwirtschaft dar. Der Fachverband Biogas e. V. setzt sich daher dafür ein, dass Biogasanlagen auch zukünftig ein ökonomisch und ökologisch sinnvoller Bestandteil der landwirtschaftlichen Produktion sein werden. Dabei muss es möglich sein, sehr unterschiedliche standortangepasste Projekte zu realisieren. Diese Projekte können sich in eingesetztem Inputmaterial, Größe und energetischer Nutzung des Gases (Strom, Wärme, Kraftstoff, Biomethaneinspeisung) sehr stark unterscheiden. Wichtig ist dabei, dass die Art des Projektes nicht am rechtlichen Rahmen, sondern anhand der Standortfaktoren optimiert wird.

Nach Einschätzung des Fachverband Biogas e. V. werden zunehmend Projekte mit externen Investoren entstehen. Die Gründe hierfür sind vielfältig: Projekte werden generell größer und teurer, die Eigenkapitaldecke der landwirtschaftlichen Betriebe reicht oft nicht für die hohen Investitionsvolumen, viele sinnvolle von Landwirten zu realisierende Projekte sind bereits errichtet, Projekte zur Biogaseinspeisung verlangen nach großen Einheiten und Kooperationen mit Partnern der Energiewirtschaft. Ziel des Fachverband Biogas e. V. ist es daher, Kooperationsmodelle zu entwickeln, die eine für alle Kooperationspartner sinnvolle Zusammenarbeit ermöglichen.

Ein weiteres Ziel ist der kontinuierliche Ausbau des Technologievorsprungs deutscher Biogasanlagenanbieter. Die deutschen Anlagenhersteller sind im Bereich der dezentralen Biogasanlagen und der Vergärung von nachwachsenden Rohstoffen weltweit führend. Diesen Know-how Vorsprung gilt es auszubauen, durch verstärkte Exportaktivitäten das hohe Niveau auch zukünftig zu sichern und in wirtschaftlichen Erfolg umzusetzen. Ziel des Fachverband Biogas e. V. ist es daher, dazu beizutragen, auch in anderen Ländern für die Biogasnutzung positive Rahmenbedingungen zu schaffen und auch im Ausland für deutsche Technologie zu werben.

Hindernisse

Die Hindernisse für die weiterhin positive Entwicklung der Biogasnutzung können in vier Bereiche gegliedert werden: 1. den politischen Rahmen, 2. den rechtlichen Rahmen, 3. den energiewirtschaftlichen Rahmen und 4. die gesellschaftliche Akzeptanz:

1. Politischer Rahmen

Mit dem EEG hat der Deutsche Bundestag ein sehr klares Signal für den Ausbau der erneuerbaren Energien in Deutschland gesetzt. Das Gesetz und besonders die Regelungen zur Netzanschlussverpflichtung und die auf 20 Jahre festgeschriebenen Vergütungssätze haben ein klares politisches Signal gesetzt. Speziell für die Biogasnutzung hat die Einführung des Energiepflanzenbonus durch die EEG-Novelle im August 2004 das entscheidende Signal für den weiteren Ausbau der Biogasnutzung in Deutschland gesetzt. Die in der Vergangenheit immer wieder aufflammende Diskussion über evtl. zu erwartende substantielle Änderungen des EEG haben zu – Verunsicherungen in der Branche geführt. Für die Verstromung von Biogas ist mit dem EEG eine solide Basis gesetzt, die es kontinuierlich weiterzuentwickeln gilt, bis die Marktreife von Strom aus Biogas erreicht sein wird. Die positive Wirkung des EEG wird besonders deutlich, wenn man den Bereich der Einspeisung von Biogas in Gasnetze betrachtet. Hier fehlen eindeutige Regelungen für den Netzanschluss, die Durchleitung und die Vergütung. Obwohl es von unterschiedlicher Seite ein großes Interesse für die Einspeisung von Biogas gibt, werden die Projekte nur sehr schleppend realisiert. Auch ist zu beobachten, dass die Biogaseinspeisung derzeit nur funktioniert, wenn Netzbetreiber bzw. Energieversorger an den Projekten beteiligt sind. Die Zielsetzung, dass Projekte in erster Linie anhand der Standortfaktoren geplant und realisiert werden, ist im Bereich der Gaseinspeisung eindeutig noch nicht erreicht.

In diesem Bereich müssen auch die Fragen der politischen Weichenstellungen in Bezug auf die Flächennutzung betrachtet werden. Vor dem Hintergrund einer zu optimierenden Flächennutzung sollte von der Politik auch ein Zeichen ausgehen, wie eine optimierte Flächennutzung aussehen kann. Die aktuelle Diskussion um den zukünftigen Einsatz von BTL-Kraftstoff (Biomass To Liquid) ist ein Beispiel für nicht optimale Weichenstellungen: Die insbesondere von der Automobilindustrie in Deutschland immer wieder angefachte Diskussion um diesen Kraftstoff, von dem heute niemand weiß wann und zu welchem Preis er verfügbar sein wird, führt zu Verunsicherungen bei den politischen Entscheidungsträgern. Zum gegenwärtigen Zeitpunkt kann nicht festgelegt werden, welcher Kraftstoff in 10 bis 15 Jahren für unsere Mobilität sorgen wird. Wenn es eine Option gibt, die bei hoher Flächeneffizienz und guten Ökobilanzen heute schon verfügbar ist, muss man sich fragen, warum auf eine vage Option gewartet werden soll.

2. Rechtlicher Rahmen

Unter rechtlichem Rahmen sollen hier in erster Linie die Fragen der Genehmigung zusammengefasst werden. Da die Biogasnutzung in eine Vielzahl rechtlicher Bereiche eingreift, gibt es für den potentiellen Anlagenbetreiber viele rechtliche Hürden, die es zu überwinden gilt. Beispielhaft seien an dieser Stelle die Bereiche bau- und immissionsschutzrechtliche Genehmigung, Abfall- und Düngerecht sowie wasserrechtliche Auflagen genannt. Mit steigender Anlagenzahl wird auch die Notwendigkeit von sicherheitstechnischen Auflagen relevanter. Im täglichen Umgang mit der Problematik entsteht der Eindruck, dass nahezu wöchentlich neue Auflagen und genehmigungsrechtliche Probleme auftauchen. Diese Entwicklung ist mit der Komplexität der Biogastechnologie erklärbar, für denjenigen, der ein Biogasprojekt realisieren will, aber nur schwer nach zu vollziehen. Ansatzpunkte zur Lösung der genehmigungsrechtlichen Probleme sind die in einigen Bundesländern erarbeiteten „Biogashandbücher", die dem zukünftigen Anlagenbetreiber aber auch der Genehmigungsbehörde helfen, sich im Dschungel der Auflagen zurechtzufinden und eine Vereinheitlichung der Genehmigungspraxis fördern sollen. Eine originäre und wichtige Aufgabe des Fachverband Biogas e. V. ist es, durch seine Arbeit dazu beizutragen, den rechtlichen Rahmen so zu gestalten, dass Biogasprojekte zu vernünftigen Bedingungen realisiert werden können.

3. Energiewirtschaftlicher Rahmen

Neben dem politischen Rahmen, müssen auch energiewirtschaftliche Weichen durch die Gesetzgebung und die Aktivitäten der Regulierungsbehörde auf die veränderten Rahmenbedingungen eingestellt werden. Unter den gegenwärtigen weltwirtschaftlichen Rahmenbedingungen kann das allgemein anerkannte Zieldreieck der Energieversorgung – Versorgungssicherheit, Wirtschaftlichkeit und Umweltverträglichkeit – nur erreicht werden, wenn die energiewirtschaftlichen Strukturen aktiv in Richtung einer dezentralen Energieversorgung weiterentwickelt werden. Die regenerative Energieerzeugung mit Biogas ist immer dezentral. Für den Bereich der Stromerzeugung ist mit dem EEG ein Rahmen geschaffen worden, der dieser dezentralen Struktur Rechnung trägt. Für den Bereich der Gaseinspeisung gibt es diesen Rahmen nicht. Die Regelungen im Energiewirtschaftsgesetz sind (EnWG) für die Einspeisung von Biomethan in den Bereichen Netzanschluss, Durchleitung und Bilanzierung absolut unzureichend. Projekte zur Einspeisung von Biogas werden heute nur dort realisiert wo der Netzbetreiber mit dem Einspeisewilligen kooperieren will. Für Investoren, die nicht aus der Energiewirtschaft kommen, fehlt die Investitionssicherheit. Diese Situation ist absolut unbefriedigend und kontraproduktiv, da sinnvolle Projekte aufgrund von privatwirtschaftlichen Interessenslagen einzelner Unternehmen regelmäßig verhindert werden können.

4. Gesellschaftliche Akzeptanz

Heute wird Biogas generell noch als positiv wahrgenommen. Dass sich die Stimmung aber derzeit ändert, zeigt sich an Widerstand, der sich immer häufiger gegen konkrete Biogasprojekte manifestiert. Die Vorbehalte rühren in der Regel von diffuser Angst vor Gas sowie Befürchtungen von hohem Verkehrsaufkommen, Geruchsbelästigung oder Lärm. Hinzu kommen Vorbehalte gegen den Anbau von Energiepflanzen, die vor allem von Naturschutzverbänden als Intensivkulturen angesehen werden und für eine Schädigung der Umwelt verantwortlich gemacht werden. Die im Jahr 2007 intensiv zu führende Diskussion zur EEG-Novelle wird sich in weiten Teilen um die Möglichkeit ranken in wieweit Auflagen zum Anbau von Energiepflanzen in das EEG eingeführt werden können. Erste Positionspapiere von Umweltverbänden sind bereits veröffentlicht (Forderungen DVL, NABU 2006) und fordern u. a. eine Beschränkung der Anbauflächen für Mais auf maximal 50 %, den Nachweis von ökologischen Ausgleichsflächen sowie den Verzicht auf Fungizid- und Insektizideinsatz. Unabhängig zu welchem Ergebnis die Diskussion im Rahmen der EEG Novelle kommen wird, die Frage der gesellschaftlichen Akzeptanz wird nicht nur für die Realisierung von Biogasprojekten vor Ort entscheidend sein, sondern auch die politischen Entscheidungsträger stark beeinflussen.

Notwendiger Rahmen

Damit die Potentiale der Biogasnutzung mittelfristig ausgeschöpft werden können, muss der Rahmen für die Bioenergienutzung stimmen. Aus den vorgenannten Hemmnissen leiten sich die Kernanforderungen an den politisch – gesellschaftlichen Rahmen ab:

1. Klare politische Aussagen für den weiteren Ausbau der Biogasnutzung als eine der Schlüsseltechnologien für eine sichere, ökonomische und ökologisch verträgliche Energieversorgung. Die anerkannten Vorteile der Biogasnutzung in Bezug auf Flächeneffizienz, Technologieverfügbarkeit, ökologische Verträglichkeit und regionale Wertschöpfung müssen Grundlage für die politischen Entscheidungen zur Förderung der Biogasnutzung sein. Die wichtigste Aussage muss sein: „Bis zu der absehbaren eigenständigen Marktfähigkeit von erneuerbarer Energie aus Biogas werden die Rahmenbedingungen so gestaltet, dass Investitionssicherheit besteht."

2. Der Rahmen für die Aufnahme und Vergütung von Biogas in bestehende Gasnetze muss nach dem Modell des EEG klar und transparent geregelt werden. Kernpunkte sind dabei die eindeutige Definition der Anschluss- und Einspeisebedingungen, der Durchleitungs- und Speicherkosten sowie von Regelungen zu einer Vergütung des eingespeisten Biomethans. Die im Strombereich durch das EEG geschaffenen Möglichkeiten der dezentralen Energieeinspeisung muss durch die klare Definition von Schnittstellen ebenfalls eingeleitet werden.

3. Die Biogasbranche selber muss den Rahmen für Sicherheit und Qualität für den Bau und Betrieb von Biogasanlagen weiterentwickeln. Die entsprechenden Vorschriften der Berufsgenossenschaften, technischen Organisationen sowie Qualitätssicherungssysteme müssen so gestaltet werden, dass Unfälle und technische Mängel vermieden werden. Anlagenbetreibern muss die Möglichkeit gegeben werden, sich zu qualifizieren und so einen sicheren und effizienten Anlagenbetrieb zu gewährleisten.

Perspektiven der Biogasbranche in Deutschland

Die Biogastechnologie bietet die Möglichkeit aus Biomasse einen universellen Energieträger zu erzeugen. Der Konversionsprozess ist effizient und bereits heute Stand der Technik. Unter der Vorraussetzung, dass es gelingt, mittelfristig Rahmenbedingungen zu schaffen, die es der Biogasbranche ermöglicht ein Flächenpotential von 2,2 Mrd. ha optimal zu nutzen, wäre es möglich im Jahr 2020 rund 17 % des deutschen Stromverbrauchs zu decken. Berechnet auf der Basis der EEG-Vergütung würde dann mit einer installierten elektrischen Leistung von rund 9.500 Megawatt – ein Umsatz durch Stromproduktion von 11 Mrd. Euro erzielt. Von diesem Umsatz wird ein wesentlicher Anteil in der Landwirtschaft verbleiben. Bei einem Exportanteil von 30 % würde im Anlagenbau ein Gesamtumsatz von 7,6 Mrd. Euro erreicht.

Bei der zu erwartenden Öffnung des bestehenden Gasnetzes könnte durch Biogas alternativ auch 20 % des deutschen Gasbedarfs oder aber 35 % des Verkehrsaufkommens abgedeckt werden. Unter Einbeziehung der gesamten EU-Länder sowie der Beitrittsanwärterstaaten in eine Strategie zur nachhaltigen Gasversorgung könnte die Biogasnutzung langfristig den wesentlichen Anteil der Gasversorgung in der EU sicherstellen.

Nach Ansicht des Fachverband Biogas e. V. wird die Biogasbranche im Jahr 2020 einen bedeutenden Anteil der Energieversorgung in Deutschland und der EU sicherstellen. Deutsche Unternehmen werden die Technologieführerschaft zur Bereitstellung von Energie aus Biogas innehaben. Die erfolgreiche Realisierung von Systemen zur dezentralen Energiebereitstellung und -versorgung werden eine Schlüsselkompetenz darstellen, die besonders in Entwicklungs- und Schwellenländern benötigt werden.

Für die Branche ist es daher von entscheidender Bedeutung, in wieweit es gelingt, die Erzeugung von Biogas als festen Bestandteil landwirtschaftlicher Produktionssysteme zu etablieren. Biogasprojekte müssen in Deutschland in allen Größen (50–5000 Kilowatt installierter elektischer Leistung), als NawaRo und Abfallanlagen, zur dezentralen Verstromung, zur Gaseinspeisung sowie in unterschiedlichen Betreiberkonstellationen realisiert werden. Nur wenn es gelingt, die Projekte an die sehr unterschiedlichen Standortfaktoren anzupassen und entsprechend optimierte Lösungen anzubieten, kann die Biogastechnologie ihr volles Potential ausschöpfen.

Literatur:

BGW 2006: „Analyse und Bewertung der Nutzungsmöglichkeiten von Biomasse", Studie im Auftrag des BGW und DVGW, 2006; www.bgw.de

Fachverband Biogas 2006: „Biogas – Das Multitalent für die Energiewende. Fakten im Kontext der Energiepolitik-Debatte", Broschüre, Fachverband Biogas e. V., Auflage März 2006; www.biogas.org/ Downloads/Faktenbroschüre

FNR Biogasstudie 2006: „Studie – Einspeisung von Biogas in das Erdgasnetz", Fachagentur Nachwachsende Rohstoffe (FNR), Gülzow, erstellt vom Institut für Energetik und Umwelt in Leipzig; www.fnr.de

Forderungen DVL, NABU 2006: „Anforderungen an eine EEG Novelle im Bereich Biogas aus der Sicht des Umwelt- und Naturschutzes", Forderungspapier aus dem Projekt „Nachwachsende Rohstoffe – Qualifizierung lokaler Akteure des Umwelt- und Naturschutzes", des Deutschen Verbandes für Landespflege (DVL) und Naturschutzbundes Deutschland (NABU), gefördert mit Mitteln des Bundesumweltministeriums,
(http://niedersachsen.nabu.de/imperia/md/content/niedersachsen/3.pdf) Stand 12.12.2006.

Stoffstromanalyse 2004: „Ökologisch optimierter Ausbau der Nutzung erneuerbarer Energien in Deutschland Forschungsvorhaben im Auftrag des Bundesumweltministeriums" (FKZ 901 41 803), Deutsches Zentrum für Luft – und Raumfahrt (DLR), Institut für Energie- und Umweltforschung (IFEU), Wuppertal Institut für Klima, Umwelt und Energie, März 2004.

Trockenfermentation im kontinuierlichen Pfropfenstrom am Beispiel der Integration einer Kompogas-Vergärungsanlage in das bestehende Bioabfallkompostwerk Passau

Michael Buchheit

Zusammenfassung

Bereits seit mehreren Jahren bestand bei der AWG Donau-Wald mbH, Außernzell die Absicht, zur Verwertung der eigenen 20.000 Mg/a Bioabfall-Übermengen die eigenen Behandlungskapazitäten von 32.000 Mg/a zu erweitern. Die Idee, hierzu eine Vergärungsanlage in das bestehende Kompostwerk Passau zu integrieren, wurde von der SIUS GmbH, Homburg entwickelt. Damit konnte der Durchsatz von 20.000 Mg/a auf 40.000 Mg/a gesteigert werden. Hierbei ist das besondere Konzept, dass man aus den vorhandenen biologischen Abfällen thermische und elektrische regenerative Energie gewinnt und trotzdem die hervorragenden düngenden Eigenschaften der Komposte behält. Man kombiniert die thermische mit der stofflichen Nutzung und entzieht die Biomasse nicht durch Verbrennung der Biosphäre.

Mit der Vergärungsanlage werden ca. 10.700.000 kWh regenerativer elektrischer Energie erzeugt. Derzeit werden ca. 2.300.000 kWh der Überschusswärmeenergie genutzt. Weitere Wärmenutzungen sind in Planung. Dies bedeutet insgesamt eine erhebliche CO_2-Einsparung, deren Effekt durch den Wegfall der Transporte der Übermengen in Drittanlagen noch verstärkt wird.

Die Anlage wird von uns sehr intensiv betreut. So betrieben, verhält sich die Anlage bisher technisch insgesamt sehr „gutmütig". Besonders bemerkenswert ist die – bei der entsprechenden Betriebsweise – hohe verfahrenstechnische Leistungsfähigkeit der Trockenfermentation, die bei stabiler Biologie eine sehr hohe Faulraumbelastung erlaubt.

Für die AWG hat die Investition – unter starker Verbesserung des ökologischen Standards – zu großen Einsparungen gegenüber den Kosten für die frühere Verwertung in Drittanlagen geführt.

1 Über uns

Die Biokompost-Betriebsgesellschaft Donau-Wald mbH (BBG) wurde 1996 als Public-Private-Partnership gegründet und ist eine Tochtergesellschaft der Abfallwirtschaftsgesellschaft Donau-Wald mbH (AWG), Außernzell (51 %) aus Bayern und der SIUS GmbH (49 %), Homburg aus dem Saarland.

Die AWG ist die 100 %-Tochter des bayerischen Zweckverbandes Abfallwirtschaft Donau-Wald, der sich aus den Landkreisen Deggendorf, Freyung-Grafenau, Passau, Regen und der kreisfreien Stadt Passau zusammensetzt und in seinem Gebiet die staatliche Aufgabe der ordnungsgemäßen Abfallbeseitigung und Verwertung wahrnimmt. In diesem Zweckverband leben ca. 520.000 Einwohner. Das Einzugsgebiet umfasst eine Fläche von ca. 4.500 km². Er ist damit einer der größten in Bayern.

Die SIUS GmbH aus dem Saarland ist eine privatwirtschaftliche Gesellschaft, die seit vielen Jahren im Bereich der mechanisch-biologischen Abfallbehandlung tätig ist. Ihr Aufgabenfeld umfasst mit der Ausschreibung, der Genehmigung, der Planung, dem Bau, dem Betrieb von Anlagen und der Vermarktung der dabei anfallenden Produkte alle Leistungsphasen eines Projektes. Die SIUS vertreibt keine eigenen Techniken und ist somit Hersteller unabhängig.

Die Aufgaben der BBG sind im Entsorgungsvertrag zwischen der AWG und der BBG wie folgt festgelegt:

- die ordnungsgemäße Verwertung aller im Verbandsgebiet anfallenden, getrennt gesammelten Bioabfälle aus Haushalten sowie anfallenden Garten- und Parkabfälle und biologisch behandelbaren Abfällen aus dem Gewerbe.
- die eigenverantwortliche Betriebsführung:
    - der Bioabfallverwertungsanlage (BAVA) (40.000 Mg/a) in Passau
    - des Bioabfallkompostwerk (12.000 Mg/a) in Regen
    - von acht Grüngutkompostieranlagen (40.000 Mg/a) und elf Grüngutannahmestellen

die Vermarktung des erzeugten Kompostes (ca. 29.000 Mg/a).

Abb. 1: Anlagen der BBG

2 Problemstellung

Aufbauend auf dem damaligen Bundesdurchschnitt von ca. 30 bis 40 kg/Ea getrennt gesammelten Bioabfalls wurden im Jahr 1994 die beiden Kompostwerke Passau und Regen für die Verarbeitung von 14.000 Mg/a und 8.400 Mg/a Bioabfall (zzgl. Strukturmaterial) geplant. Die Mengen an getrennt gesammelten Bioabfallmengen entwickelten sich im Verbandsgebiet aber rasant und liegen heute mit ca. 130 kg/Ea. weit über dem bayerischen Durchschnitt von 50 bis 60 kg/Ea und ungefähr dreimal so hoch wie der heutige deutsche Durchschnitt von ca. 44 kg/Ea. Die genaue Mengenentwicklung ist in Abbildung 2 dargestellt.

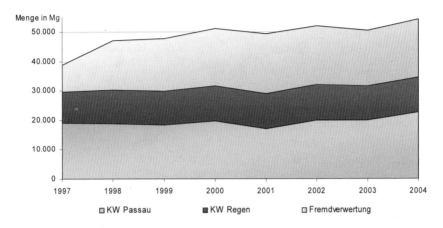

Abb. 2: Mengenentwicklung Bioabfall

Auf diese Mengenentwicklung wurde von der BBG durch fortlaufende Optimierungen des Betriebs der Anlagen reagiert, so dass vor der Integration der Vergärungsanlage im Kompostwerk Passau im Jahr 2003 in Passau ca. 20.000 Mg/a und in Regen ca. 12.000 Mg/a Bioabfall (zzgl. Strukturmaterial) verarbeitet wurden. Die Anlagen hatten damit ihre maximale Auslastung erreicht, eine weitere Steigerung des Durchsatzes war technisch und wirtschaftlich nicht sinnvoll.

Bei einer Gesamtanlieferung von ca. 52.000 Mg/a Bioabfall war die eigene Kapazität um ca. 20.000 Mg/a Bioabfall überschritten. Diese Übermengen mussten über weite Entfernungen zu Drittanlagen transportiert und dort verarbeitet werden.

3 Problemlösung

Bereits seit mehreren Jahren bestand bei der AWG Donau-Wald mbH die Absicht, zur Verwertung der 20.000 Mg/a Bioabfall-Übermengen aus dem Verbandsgebiet die eigenen Behandlungskapazitäten von 32.000 Mg/a zu erweitern. Ziel war es, gleichzeitig die ökologische und ökonomische Situation zu verbessern, d. h. die Transporte der Übermengen sollten wegfallen, aber die Verwertung in eigenen Behandlungskapazitäten sollte günstiger als die Verwertung in den Drittanlagen sein.

Die Idee, hierzu eine Vergärungsanlage in das bestehende Kompostwerk Passau zu integrieren, wurde von der SIUS entwickelt. Damit konnte der Durchsatz von 20.000 Mg/a auf 40.000 Mg/a gesteigert werden. Die Vorgabe war eine bestmögliche

Einbindung der neuen Technik in das bestehende Kompostwerk Passau, das nahezu unverändert genutzt werden kann.

Durch die Änderung der gesetzlichen Rahmenbedingungen zur Förderung regenerativer Energien (Strom- und Wärmeerlöse) und die günstige Zinssituation hatten sich die wirtschaftlichen Voraussetzungen für den Bau einer eigenen Anlage stark verbessert, so dass dieses Vorhaben realisiert wurde.

Für die BBG Donau-Wald mbH war der Bau der Anlage ein wichtiger Schritt in Richtung des Marktes der regenerativen Energieerzeugung aus Biomasse. Zusätzlich hat sich die eigene Wertschöpfung erweitert, da die bisher in Drittanlagen verbrachten Bioabfälle nun in den eigenen Anlagen verarbeitet werden.

Hierbei ist das besondere Konzept, dass man aus den vorhandenen biologischen Abfällen thermische und elektrische regenerative Energie gewinnt und trotzdem die hervorragenden düngenden Eigenschaften der Komposte behält. Man kombiniert die thermische mit der stofflichen Nutzung und entzieht die Biomasse nicht durch Verbrennung der Biosphäre.

4 Rechtliche Situation

Die Bundesregierung und der Deutsche Bundestag haben sich aus Gründen des Umwelt- und Klimaschutzes sowie der Versorgungssicherheit in Übereinstimmung mit der Europäischen Union mindestens die Verdoppelung des Anteils erneuerbarer Energieträger an der Energieversorgung bis zum Jahr 2010 zum Ziel gesetzt. Dieses Ziel steht im Zusammenhang mit der beabsichtigten Verpflichtung der Bundesrepublik zur Minderung der Treibhausgasemission um 21 % bis zum Jahr 2010 im Rahmen der Lastenverteilung der Europäischen Union zu dem Kyoto-Protokoll zur Klimarahmenkonvention der Vereinten Nationen sowie dem Ziel der Bundesregierung, die Kohlendioxidemissionen bis zum Jahr 2005 um 25 % gegenüber 1990 zu mindern. Um diese Ziele zu erreichen, ist eine Mobilisierung der sogenannten Erneuerbaren Energien notwendig. Daher wurde das „Erneuerbare-Energien-Gesetz" (EEG) geschaffen, das am 01.04.2000 in Kraft trat und am 21.07.2004 novelliert wurde. Bei der Novellierung wurden die Vergütungssätze für den erzeugten Strom und die Förderung der Wärmenutzung verbessert.

Das Gesetz regelt die Abnahme und die Vergütung regenerativ erzeugten Stroms, insbesondere für den für die BBG wichtigen Bereich der Stromerzeugung aus Biomasse.

Im Ergebnis sind die Netzbetreiber verpflichtet, Anlagen zur Erzeugung regenerativen Stroms an ihr Netz anzuschließen, den gesamten angebotenen Strom aus diesen Anlagen vorrangig abzunehmen und entsprechend zu vergüten.

Weiterhin müssen die Netzbetreiber den unterschiedlichen Umfang der abzunehmenden Energiemengen und Vergütungszahlungen erfassen und untereinander ausgleichen, d. h. der örtliche Energieversorger – in unserem Fall die Stadtwerke Passau – hat durch die geleisteten Vergütungszahlungen keinen Nachteil.

5 Wirtschaftlichkeitsbetrachtung

5.1 Vergleich geplante mit tatsächlichen Investitionen

Tab.1: Vergleich geplante Investitionen mit tatsächlichen Investitionen

	Mio. €	Mio. €
Bauteil	4,1	4,1
Masch. u. Elektrotechnische Ausstattung	3,4	3,4
BHKW	1,1	1,1
Engineering	1,0	1,0
sonstige Kosten	0,5	1,0
Gesamtsumme	10,1	10,6

Bei der geplanten Investition von ca. 10,1 Mio. € ergaben sich Kapitalkosten von ca. 0,960 Mio. € pro Jahr. Bezogen auf 20.000 Mg Übermengen sind dies Kapitalkosten von ca. 48 €/Mg Bioabfall. Die Mehrkosten bei den tatsächlichen Investitionen wurden im Wesentlichen durch Nachrüstungen im Bereich der Wärmenutzung verursacht, die nach der Novellierung des EEG durch die spezielle Förderung der Wärmenutzung wirtschaftlich wurden. Die Kapitalkosten für diese Mehrkosten werden von den Vergütungen für die Wärme gedeckt.

5.2 Vergleich geplante mit tatsächlichen Betriebskosten

Die geplanten Betriebskosten der neuen Vergärung beliefen sich auf ca. 0,920 Mio. € pro Jahr. Bezogen auf 20.000 Mg Übermengen ergab dies Betriebskosten von ca. 46 €/Mg Bioabfall. Die tatsächlichen Betriebskosten liegen bei der neuwertigen Anlage naturgemäß deutlich darunter. Zur Verdopplung der Kapazität wurde nur ein neuer Mitarbeiter benötigt. Umgerechnet auf Vollzeit sind für den Betrieb neun Mitarbeiter im Einsatz.

5.3 Vergleich geplante mit tatsächlichen Stromerlösen

Es war eine Stromproduktion von ca. 8,4 Mio. kWh/a geplant. Auf Basis der Vergütungen des Erneuerbaren-Energie-Gesetz sollten damit 960.000 €/a erreicht werden.

Im Jahr 2006 wurden tatsächlich ca. 10,7 Mio. kWh/a produziert und Stromerlöse von ca. 1,23 Mio. € erzielt. Der Eigenstromverbrauch der Anlage liegt mit ca. 800.000 kWh/a bei ca. 8 %.

5.4 Vertragsmodell

Die AWG als Investor trägt die Kapitalkosten in Höhe von ca. 960 T€/a. Zu deren Ausgleich erhält die AWG die kalkulierten Stromerlöse in Höhe von 960 T€/a von der BBG garantiert. Gelingt es der BBG, durch eine optimierte Betriebsweise höhere Stromerlöse zu erzielen, verbleiben diese bis zu einer Höhe von 1,17 Mio. €/a bei der AWG. Darüber hinausgehende Stromerlöse werden an die BBG ausgezahlt. Damit ist ohne weitere Kontrolle der AWG gewährleistet, dass die BBG immer versucht, die optimalen Stromerlöse zu erzielen.

5.5 Wirtschaftliches Ergebnis

Für die AWG hat die Investition in die Kompogas-Vergärungsanlage – unter starker Verbesserung des ökologischen Standards – zu hohen Einsparungen gegenüber den Kosten für die frühere Verwertung in Drittanlagen geführt. Rechnet man den AWG-Anteil am Gewinn der BBG hinzu, erhöhen sich diese Einsparungen noch. Für den Investor AWG und den Betreiber BBG ist die von der SIUS vorgeschlagene Integration der Vergärungsanlage in das bestehende Kompostwerk in Passau eine Investition, die sich rechnet!

6 Projektbeschreibung

6.1 Ausschreibungsverfahren

Da die AWG als öffentlicher Auftraggeber die Investition getätigt hat, musste der Bau der Anlage europaweit ausgeschrieben werden. Dieses Ausschreibungsverfahren ist sehr kompliziert und mit vielen Formvorgaben behaftet. Sein wesentlichstes Ziel ist der faire Wettbewerb. Diskriminierung einzelner Bieter sollen verhindert werden. Als wirtschaftlichster Anbieter hat sich bei unserer Ausschreibung die Kompogas-Trockenfermentation der Fa. KOGAS aus der Schweiz gegen die Konkurrenz durchgesetzt.

6.2 Grundlagen der Kompogas-Trockenfermentation

Bei dem Verfahren kommt ein liegender Fermenter mit einem langsam drehenden Axialrührwerk zum Einsatz. Das Verfahren arbeitet einstufig nach dem Pfropfenstromprinzip. Die Durchmischung erfolgt nur innerhalb des Verfahrensschrittes. Damit erreicht man definierte Verweilzeiten und gesicherte, kontrollierbare Prozessbedingungen (Säureprofil).

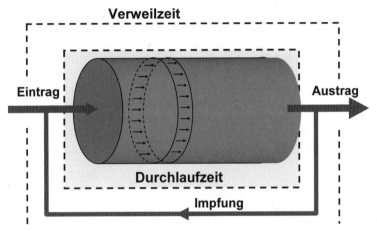

Abb. 3: Kontinuierliche Trockenfermentation im Pfropfenstrom
(Quelle: Kompogas)

Um die Mikroorganismen im Verfahren zu halten, wird der Input mit Gärrest geimpft. Man erzielt damit eine optimierte Milieuanpassung der Bakterien.

Das Verfahren arbeitet thermophil, womit in Verbindung mit der definierten Verweilzeit die Hygienisierung sowohl des Gärrestes wie auch des überschüssigen Presswassers sichergestellt ist.

Abb. 4: Kontinuierliche Trockenfermentation im Pfropfenstrom
(Quelle: Kompogas)

Das Verfahren kann mit hohen Input-TS beschickt werden und ermöglicht einen definierten Ablauf der einzelnen Prozessschritte. Kurzschlussströme, d. h. die Vermischung von Input mit Output werden vermieden. Der Gärprozess wird bei sehr kurzen Verweilzeiten komplett im Fermenter abgeschlossen. Das Gärrestlager hat keine Nachgärerfunktion.

6.3 Genehmigungsverfahren

Die Anlage ist nach dem Bundesimmissionsschutzgesetz genehmigt. Genehmigungsbehörde war das Umweltamt der Stadt Passau. Ab einem Anlagendurchsatz von mehr als 30.000 Mg/a muss das Genehmigungsverfahren mit Öffentlichkeitsbeteiligung durchgeführt werden. Betroffene Bürger können während sechs Wochen Einwände gegen das Projekt erheben. Obwohl wir an dem Anlagenstandort zu diesem Zeitpunkt seit bereits neun Jahren unser altes Kompostwerk betrieben haben, gab es aus unserer Nachbarschaft keinen einzigen Einwand gegen das Projekt. An dem Genehmigungsverfahren waren 20 Fachbehörden beteiligt. Es ist der Genehmigungsbehörde in enger Zusammenarbeit mit uns trotzdem gelungen, das Genehmigungsverfahren in nur 2,5 Monaten erfolgreich durchzuführen.

6.4 Terminplan

- Spatenstich   22.07.2003
- Rohbaufertigstellung   Juni 2004
- Kaltinbetriebnahme   September 2004
- Warminbetriebnahme   Oktober 2004
- erste Stromeinspeisung   11. November 2004
- Volllast   13. Dezember
- Probebetrieb   13. Dezember 2004 bis 10. März 2005

Die Anlage hat einen Monat früher, als geplant die Volllast erreicht.

6.5 Kurzfassung Verfahrensablauf

Mit der neuen Kompogas-Vergärungsanlage wurde die Kapazität des bestehenden Kompostwerkes in Passau von 20.000 Mg/a auf ca. 40.000 Mg/a verdoppelt. Aufgrund der hohen Vergütung für regenerativ erzeugten Strom aus Biomasse rechnet es sich, erst den kompletten Bioabfall am Standort zu vergären und danach das Gärprodukt in der vorhandenen Altanlage zu kompostieren. Die Grundkomponenten der Anlage bestehen aus:

- dem Annahmebereich (vorhanden),
- der Grobaufbereitung (vorhanden),
- der Gärgutvorbereitung (neu),
- der Zwischenspeicherung (neu),
- der Vergärung mit drei Fermentern (neu),
- der Gärrestentwässerung mit fünf Pressen (neu),
- der Rottehalle zum Nachkompostieren (vorhanden),
- der Feinaufbereitung des Fertigkompostes (vorhanden)
- des Fertigkompostlagers und
- der Energieerzeugung mit zwei Blockheizkraftwerken (BHKW) (neu)

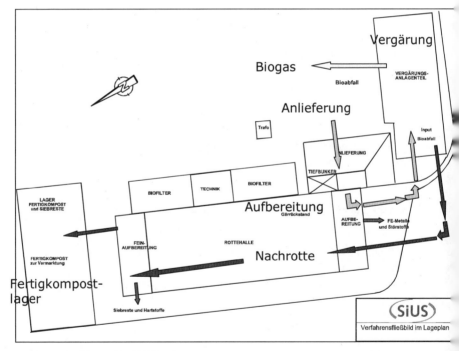

Abb. 5: Verfahrensfließbild mit Lageplan

Der Bioabfall wird wie bisher über den vorhandenen Tiefbunker angenommen und in der vorhandenen Grobaufbereitung behandelt. Danach geht der aufbereitete Abfall nicht wie bisher zur Rottehalle, sondern zur neuen Kompogas-Vergärungsanlage. Dort wird er vergoren. Aus dem dabei entstehenden Biogas wird regenerative Energie erzeugt. Der Gärrest wird entwässert und in der Rottehalle des bestehenden Kompostwerkes zu Ende kompostiert. In der Feinaufbereitung werden Störstoffe, wie Plastik, Steine etc. entfernt. Der fertige Kompost wird bis zum Verkauf in einer Halle gelagert. Zur Vermeidung von Geruchsemissionen finden alle Vorgänge in geschlossenen Hallen statt, die unter Unterdruck stehen. Die gesammelte Abluft wird über Biofilter gereinigt.

6.6 Detaillierter Verfahrensablauf

Aus dem Tiefbunker gelangt der Bioabfall mittels Krangreifer in einen Kratzförderer mit Dekompaktierwalzen. Danach folgt im Trommelsieb eine Trennung in die Fraktionen größer und kleiner 80 mm. Die Fraktion größer 80 mm gelangt zu einer Handlesestrecke auf der die groben Störstoffe, wie Betonbrocken, Metallklumpen etc. entfernt werden. Danach wird diese Fraktion in einer Schraubenmühle zerkleinert und wieder mit der Fraktion kleiner 80 mm zusammengeführt. Dieser Punkt ist die Schnittstelle zur neuen Kompogas-Vergärungsanlage.

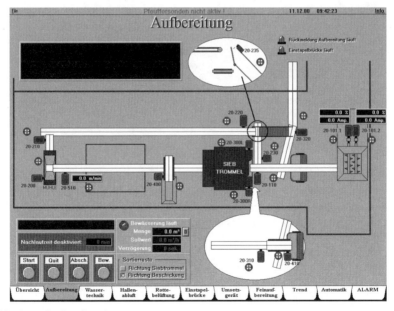

Abb. 6: Grobaufbereitung

Nach der Behandlung in der bestehenden Grobaufbereitung gelangt das Material mit einem Siebschnitt kleiner 80 mm zur Gärgutvorbehandlung der neuen Vergärungsanlage und wird dort mit einer Sternsiebtechnik bei einem Siebschnitt von 50 mm nachgesiebt. Der Siebüberlauf dieses neuen Siebes wird in einer Schneidscheibenmühle nachzerkleinert.

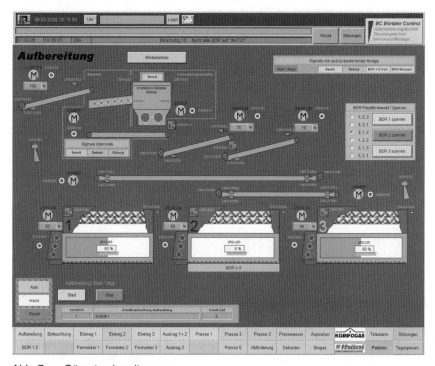

Abb. 7: Gärgutvorbereitung

Von dort gelangt das Material in drei Zwischenspeicher. Mit den Zwischenspeichern wird der 1-Schichtbetrieb der Aufbereitung von der 24-stündigen Fütterung der Vergärung entkoppelt. Die Zwischenspeicher erlauben die Überbrückung von Feiertagen wie Weihnachten, Pfingsten und Ostern. Zur optimalen Gasausbeute wird die Anlage an 365 Tagen im Jahr rund um die Uhr gefüttert. Vor den Fermentern wird der Bioabfall mit Wasser zu einem Brei vermischt. In der Folge wird das Gärgut in die drei Fermenter gefördert und dort ca. 14 Tage kontinuierlich bei ca. 50 bis 55 °C vergoren.

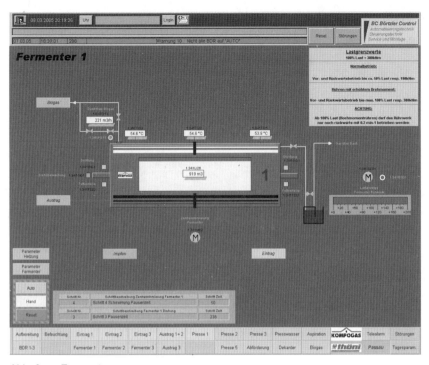

Abb. 8: Fermenter

Das dabei entstehende methanhaltige Gas wird in zwei Jenbacher Blockheizkraftwerken (BHKW) mit je 836 kW elektrischer Leistung verbrannt.

Bio- und Sekundärrohstoffverwertung II

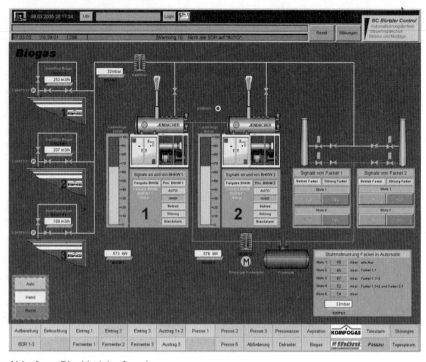

Abb. 9: Blockheizkraftwerke

Nach der Vergärung wird der Gärrest abgepresst

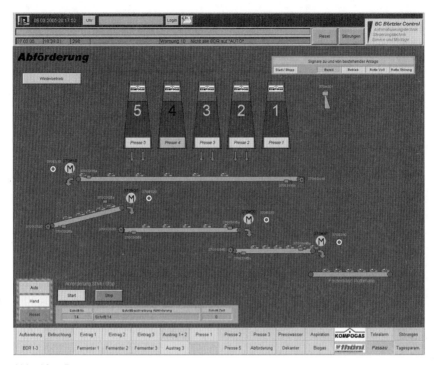

Abb. 10: Pressen

und zur Nachrotte zurück in die bestehende Rottehalle gefördert.

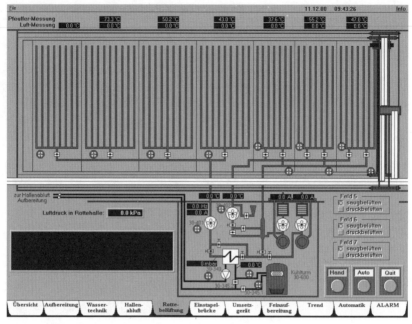

Abb. 11: Rottehalle

Die bestehende Feinaufbereitung und das Kompostlager können unverändert genutzt werden. Zur Vermeidung von Geruchsemissionen werden alle Verfahrensschritte in geschlossener Bauweise ausgeführt. Es wird in den Gebäuden ein Unterdruck erzeugt und die Abluft über Biofilter gereinigt.

7 Betriebsergebnisse

7.1 Durchsatz

Die Vergärungsanlage wurde für 39.000 Mg/a geplant. Im Monat sollte sie ca. 3.250 Mg verarbeiten. Für maximal zwei aufeinander folgende Monate konnte laut Hersteller dieser Durchsatz um 25 % überschritten werden.

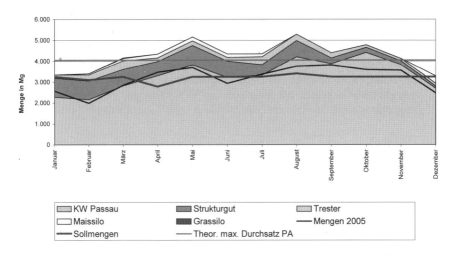

Abb. 12: Monatlicher Durchsatz der Vergärungsanlage

Durch eine optimierte Betriebsführung war es möglich in der Anlage im ersten Betriebsjahr 2005 ca. 46.000 Mg und im zweiten Betriebsjahr 2006 ca. 50.500 Mg zu verarbeiten. In der Spitze wurden über 5000 Mg pro Monat verarbeitet. Damit wurden die Herstellerangaben weit überschritten.

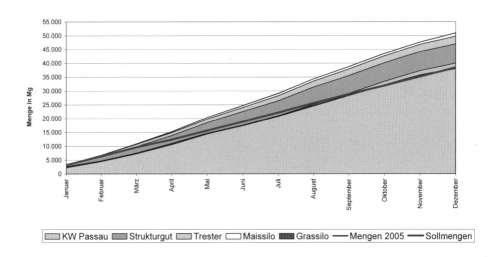

Abb. 13: Jahresdurchsatz der Vergärungsanlage

7.2 Gasmenge und Methangehalt

Vom Hersteller wurde eine spezifische Gasmenge für Bioabfall von 115 m³$_N$/Mg$_{Input}$ garantiert. Die tatsächliche spezifische Gasmenge liegt für Bioabfall bei ca. 125 m³$_N$/Mg$_{Input}$. Pro Fermenter werden Spitzenwerte von 380 m³$_N$/h Biogas erreicht. Die Gesamttagesproduktion an Biogas liegt zwischen ca. 12.000 und 19.000 m³$_N$/d. Vom Hersteller wurde ein Methangehalt von 55 % im Biogas garantiert. Je nach Inputqualität variieren die tatsächlichen Methangehalte zwischen 58 bis 64 %.

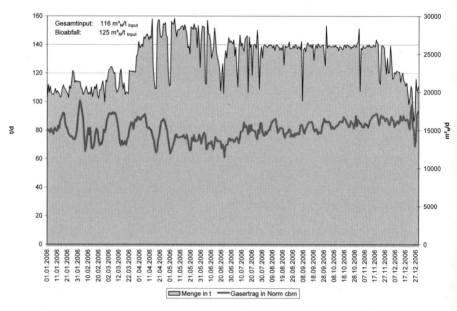

Abb. 14: Gasertrag

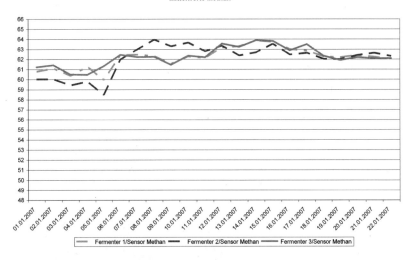

Abb. 15: Methangehalte im Biogas

7.3 Überschüssiges Presswasser

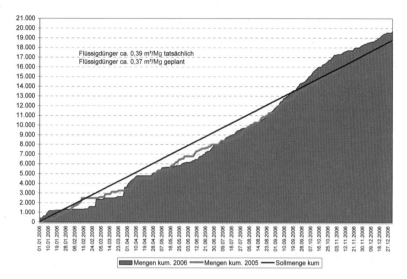

Abb. 16: Flüssigdünger

Der Anfall an überschüssigem Presswasser ist sehr stark vom Inputwassergehalt abhängig und lag im letzten Jahr bei ca. 0,39 m³/Mg$_{Input}$. Wir verwerten unser überschüssiges Presswasser als zertifizierten Flüssigdünger in der Landwirtschaft.

7.4 Erzeugte Strommenge

Vom Hersteller wurde eine Strommenge von ca. 9.125.000 kWh/a garantiert. Dies entspricht einer Tagesproduktion von ca. 25.000 kWh/d. Tatsächlich produziert wurden im Betriebsjahr 2006 ca. 10.700.000 kWh/a entspr. ca. 29.300 kWh/d. Es werden rein rechnerisch ca. 3000 bis 4.000 Passauer Haushalte mit regenerativer Energie versorgt. Die Spitzenwerte in der Tagesproduktion lagen bei ca. 37.000 kWh. Durch weitere Optimierungen im Betriebsablauf kann die Stromproduktion in den nächsten Jahren noch gesteigert werden. Der Eigenstromverbrauch lag bei ca. 8 %.

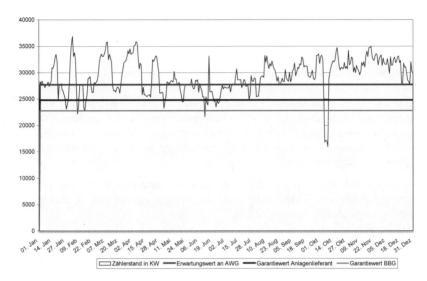

Abb 17: Tagesstromproduktion

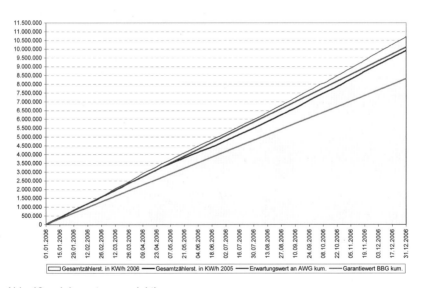

Abb. 18: Jahresstromproduktion

7.5 Allgemeine Betriebserfahrung mit der kontinuierlichen Trockenfermentation im Pfropfenstrom

Die Anlage wird von uns sehr intensiv betreut. Auch außerhalb der normalen Betriebszeiten ist unser Bereitschaftsdienst bei Störungen innerhalb einer halben Stunde zur Stelle. So betrieben, verhält sich die Anlage bisher technisch insgesamt sehr „gutmütig". Der dreimonatige Probebetrieb wurde ohne Unterbrechung erfolgreich abgeschlossen. Schwierigkeiten mit der Gärrestentwässerung Ende April 2005 konnten in Zusammenarbeit mit dem Anlagenhersteller behoben werden. Ansonsten traten seither keine den normalen Rahmen bei Anlagen dieser Größe überschreitenden technischen Probleme auf.

Besonders bemerkenswert ist die – bei der entsprechenden Betriebsweise – hohe verfahrenstechnische Leistungsfähigkeit der Anlage, die bei stabiler Biologie eine sehr hohe Faulraumbelastung erlaubt.

8 Ausblick

Auf der Basis der guten Erfahrungen mit der Trockenfermentation in Passau will die BBG in dem Bereich der regenerativen Energieerzeugung weitermachen. Wir planen zurzeit die Errichtung einer Biogasanlage mit einer Stromproduktion von ca. 0,6 MW, die mit Grünabfällen und landwirtschaftlich produzierter Biomasse betrieben werden soll.

Datenblatt:

Technische Daten der Vergärungsanlage in Passau

Verfahren:	Kompogas, Trockenfermentation
Inputmaterial:	getrennt gesammelter Bioabfall aus Haushaltungen
Reaktorgröße:	3 mal 1.050 m³
Input:	zwischen 110 und 150 Mg/d
Faulraumbelastung:	ca. 8 kg/m³
Temperatur:	thermophiles Verfahren, zwischen 50 bis 55 °C
Feststoffgehalt:	ca. 30 % im Input
Verweildauer:	kontinuierliche Pfropfenströmung, 14 Tage
Biogasproduktion:	zwischen 12.000 und 19.000 m³$_N$/d
Methangehalt Biogas:	zwischen 58 und 64 %
Schwefelgehalt (H_2S):	210 bis 440 Mg/m³
Investitionskosten:	10.600.000 €
erzeugte elektr. Energie:	ca. 10.700.000 kWh$_{elektr.}$
Wärmenutzung:	ca. 3.300.000 kWh für Eigenwärmeverbrauch
	ca. 2.300.000 kWh zu Heizzwecken
Überschusswasser:	ca. 19.500 m³/a (bei 50.500 t/a Input) als Flüssigdünger in Landwirtschaft
	eigenes Vertriebssystem
Kompost:	ca. 9.000 Mg/a an Privatleute und Landwirtschaft
	eigenes Vertriebssystem
Betriebspersonal:	umgerechnet auf Vollzeit neun Mitarbeiter im Einschichtbetrieb, nächtlicher Bereitschaftsdienst

Trockenfermentation im Batchbetrieb in Saalfeld

Martin Wittmaier, Gerd Meisgeier

1 Einleitung

Die zunehmende Nutzung fossiler Brennstoffe hat zu einem drastischen Anstieg der Treibhausgaskonzentrationen in der Atmosphäre geführt, der eine Veränderung des Weltklimas zur Folge haben wird. In verschiedenen Szenarien wird eine globale Erwärmung und ein damit verbundener Anstieg des Meeresspiegels prognostiziert. Weltweit wird daher nach Optionen gesucht, die Emission von CO_2 in die Atmosphäre im großen Maßstab herabzusetzen. Im Kyoto-Protokoll haben sich bisher über 180 Staaten einschließlich Russland verpflichtet ihre CO_2-Emission nachhaltig zu vermindern.

Bisher haben die kohlenstoffhaltigen Brennstoffe Kohle, Erdöl und Erdgas in Deutschland einen Anteil von etwa 88 % an der Energieversorgung. Allein durch Maßnahmen zur Förderung einer effizienten Energienutzung kann die erforderliche Emissionsminderung nicht erreicht werden. Die Entwicklung von Technologien zur Nutzung erneuerbarer Energien soll einen wesentlichen Beitrag hierzu leisten.

Die Behandlung von Bioabfällen erfolgt bisher überwiegend durch aerobe Behandlungsverfahren. Die hierbei erzeugten Komposte werden in der Landwirtschaft, im Landschafts- und Gartenbau usw. verwertet. Durch die Nutzung von Komposten als Sekundärrohstoffdünger wird ein nicht unwesentlicher Beitrag zum Ressourcen- und auch Klimaschutz geleistet. Wird die Behandlung der Bioabfälle durch eine anaerobe Behandlungsstufe (Vergärung) ergänzt, so kann neben den aus der Verwertung des erzeugten Sekundärrohstoffdüngers resultierenden Beiträgen zum Ressourcen- und Klimaschutz durch die Erzeugung regenerativer Energie eine weiterer Beitrag zum Klimaschutz geleistet werden.

2 BEKON-Trockenfermentationsanlage der BioFert GmbH

Die GEMES Abfallentsorgung und Recycling GmbH, Niederlassung Saalfeld, betreibt in Saalfeld eine Kompostierungsanlage (geschlossene Vorrotte, offene Nachrotte – siehe Abbildung 1) für 80.000 Mg/a Bioabfälle. Neben klassischen Bioabfällen stehen am Standort auch organische Abfälle wie Leimleder zur Verfügung, deren Verarbeitung in der Kompostierung problematisch ist und zu erhöhten Emissionen führen kann.

Um den Emissionsstandard der Anlage insgesamt zu erhöhen und die Verarbeitungsmöglichkeiten von Substraten wie Leimleder zu verbessern, wurde am 28.11.2006 mit der Erweiterung der Kompostierungsanlage durch eine BEKON-Trockenfermentationsanlage mit einer Kapazität von 18.000 Mg/a begonnen. Bauherr der Anlage ist die BioFert GmbH, Saalfeld. Die Anlage wird aus neun einzeln zu betreibenden Fermentern bestehen und eine elektrische Leistung von 1 $MW_{el.}$ haben. Die Inbetriebnahme der Anlage wird voraussichtlich im August 2007 erfolgen. In Abbildung 3 und 4 sind Bilder aus der Bauphase wiedergegeben.

Abb. 1: Offene Nachkompostierung vor der im Bau befindlichen BEKON-Trockenfermentation

Abb. 2: Schalungsarbeiten zur Erstellung der Fermenter

Abb. 3: Innenansicht eines Fermenters

2.1 Verfahreskonzept der BEKON-Trockenfermentation im Batschbetrieb

In der geplanten Biogasanlage sollen vornehmlich Bioabfälle aus der kommunalen Sammlung vergoren werden. Abbildung 4 zeigt eine Außenansicht der Fermenter einer anderen BEKON-Trockenfermentation (gleiches Verfahrenskonzept, hier jedoch als Biogasanlage für nachwachsende Rohstoffe – NawaRo). Zum besseren Verständnis ist in Abbildung 5 das Grundfließbild und in Abbildung 6 der Lageplan der geplanten Anlage wiedergegeben.

Die Anlage wird eine installierte Leistung von 1 $MW_{el.}$ haben.

Abb. 4: Vorderansicht der Fermenter einer BEKON-Trockenfermentationsanlage – hier für nachwachsende Rohstoffe (NawaRo).

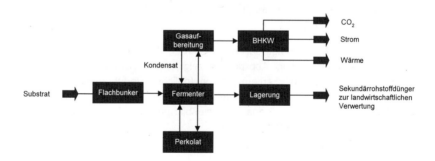

Abb. 5: Grundfließbild der BEKON-Trockenfermentation

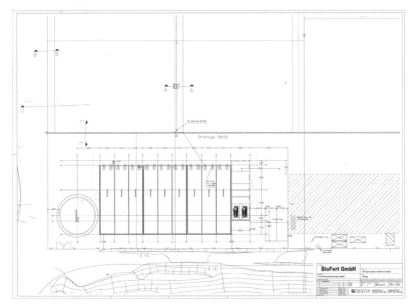

Abb. 6: Lageplan der im Bau befindlichen BEKON-Trockenfermentation. Die neun Fermenter sind in Reihe, nebeneinander angeordnet.

Die Substrate werden nach ihrer Anlieferung in einem eingehausten Bereich kurzzeitig zwischengelagert. Anschließend werden sie mittels Radlader mit bereits vergorenen Substraten aus dem vorangegangenen Fermentationszyklus gemischt (siehe Abbildung 5) und in einen der neun Fermenter eingetragen. Das Mischen des frischen Substrates mit bereits vergorenem Material dient der Animpfung und Beschleunigung des Anfahrprozesses der im batch-Ansatz betriebenen Fermenter.

Die Substrate werden vor der Vergärung nicht zerkleinert, homogenisiert oder anders behandelt. Die Fermenter werden im Gegensatz zu vielen anderen Verfahren im batch-Ansatz mit Perkolation betrieben. Das bedeutet, dass nach einem Behandlungszyklus der komplett entleerte Fermenter mit frischem Substrat befüllt wird. Nachdem das Substrat in die Fermenter eingetragen wurde, erfolgt keinerlei mechanische Behandlung. Zur Verbesserung der biologischen Randbedingungen für die am Prozess beteiligten Mikroorganismen werden die Substrate lediglich durch die Rezirkulation von Perkolat bewässert.

Die Verweilzeit des Materials im Fermenter beträgt nominal ca. fünf Wochen (kürzere und längere Verweilzeiten sind möglich). Da die frischen Substrate jedoch im Verhältnis 1:1 (andere Mischungsverhältnisse zur Steigerung des Durchsatzes sind möglich) mit ausgegorenem Material vermischt werden und ein Teil der vorherigen Chargen mit jedem erneuten Anfahren der Fermenter in die nächste Charge und damit in den nächsten Behandlungszyklus verschleppt wird, verlängert sich die tatsächliche, mittlere Verweilzeit erheblich. Werden nur zwei Fermenter-Zyklen berücksichtigt, verlängert sich die Verweilzeit rechnerisch um ca. 50 % (ohne Berücksichtigung von Masseverlusten). Die mittlere Verweilzeit des Materials im Fermenter beträgt demnach mehr als 7,5 Wochen. Während dieser Zeit wird ein Teil der organischen Verbindungen biologisch umgesetzt. Höhermolekulare Verbindungen werden sukzessiv zu kleineren Verbindungen abgebaut (Gärsäuren, Mercaptane, Aldehyde, Alkohole, CO_2 etc.). Am Ende der anaeroben „Nahrungskette" wird dann von Methanbakterien Energie, die aus der Oxidation von organischen C1- und C2-Verbindungen stammt, im Zuge der Carbonatatmung in Form von Methan (CH_4) konserviert. Methan ist mit bis zu 65 % die Hauptkomponente im Biogas.

Die Fermenter sollen im mesophilen Bereich betrieben werden. Da bei der anaeroben Behandlung von Substraten nicht genügend Wärme für eine sichere Temperaturführung des Prozesses freigesetzt wird, erfolgt bei der geplanten Anlage ein zusätzlicher Wärmeeintrag über die in den Fermenterboden und in den -wandungen installierten Heizschlangen. Der Wärmebedarf der gesamten Biogasanlage wird vollständig durch einen Teil der Abwärme des BHKW gedeckt.

Nach Abschluss der Vergärungsphase werden die Fermenter aus sicherheitstechnischen Gründen zunächst mit Inertgas gespült. Hierdurch wird sichergestellt, dass in den Fermentern zu keiner Zeit explosionsfähige Gasgemische vorliegen. Anschließend werden die Fermenter für ca. 1–2 Stunden aktiv belüftet. Hierdurch soll vermieden werden, dass beim Öffnen der Fermenter eine aus arbeitsschutztechnischer Sicht unzulässige Atmosphäre im Fermenter enthalten ist.

Abb. 7: Einfaches Mischen und Animpfen des Substrates mit ausgegorenem Material per Radlader (System BEKON). Bei größeren Anlagen erfolgt das Animpfen und Mischen mit gleicher Technik, jedoch im eingehausten Bereich.

Nach der kurzen Belüftungsphase werden die Fermenter per Radlader vollkommen entleert. Das ausgegorene Material wird kurzfristig zwischengelagert. Ein Teil des Substrates wird direkt zur Nachkompostierung zu Mieten aufgesetzt. Der andere Teil des Gärgutes wird zum Beimpfen von frischen Substraten genutzt. Die entleerten Fermenter werden für einen neuen Vergärungszyklus befüllt.

3 Einordnung der Trockenfermentation nach dem System BEKON

3.1 Trockenfermentation im Hinblick auf eine Förderung durch das EEG

Während bei der Nassfermentation die TS-Gehalte zwischen 3 und max. 15 % liegen, wird bei der Trockenfermentation mit nicht pumpfähigen Substraten (TS > 30 %) gearbeitet. In der Praxis gibt es inzwischen viele Verfahrensvarianten mit fließenden Übergängen zwischen Nass- und Trockenfermentation und bei zweistufigen Prozessen auch die Kombination beider Verfahren. Beide Verfahrensvarianten werden sowohl im mesophilen als auch im thermophilen Bereich betrieben. Bei den Trockenfermentationsverfahren wird zwischen kontinuierlichen und diskontinuierlichen Verfahren unterschieden (siehe Abbildung 8).

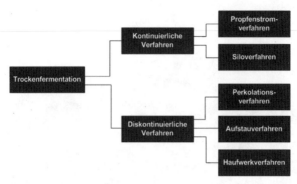

Abb. 8: Verfahrensvarianten der Feststofffermentation

Bei der in Saalfeld realisierten Trockenfermentation nach dem System BEKON handelt es sich um ein diskontinuierliches batch-Verfahren mit Perkolation.

Weiterhin ist für die BEKON-Trockenfermentation charakteristisch, dass das Substrat mit hohem Trockensubstanzgehalt in den Fermenter eingebracht und auch wieder entnommen wird. Das Substrat ist über die gesamte Behandlungszeit stapelbar. Beim Einsatz von Bioabfall aus der kommunalen Sammlung, wie es in Saalfeld geplant ist, kann das ausgegorene Substrat direkt nach der Vergärung zu Mieten aufgesetzt und nachkompostiert werden. Bei dem vorliegenden Verfahren handelt es sich daher um eine klassische Trockenfermentation. Im KWK-Betrieb erhalten Betreiber entsprechend den Regelungen des EEG einen Trockenfermentationsbonus von zwei Cent je Kilowattstunde eingespeisten Strom.

Der Gehalt an Trockensubstanz (TS) im Fermenter hängt nicht nur von der TS des eingesetzten Substrats, sondern auch von dessen Abbaubarkeit und seiner Verweilzeit im Fermenter ab. Werden ausschließlich gut abbaubare Substrate mit hohen Trockensubstanzgehalten in den Fermenter eingebracht (bei der vorliegenden BEKON-Trockenfermentation in Boxen nicht möglich – z. B. Maissilage) so verflüssigen sich die Substrate so weit, dass der Fermenterinhalt und der Output flüssig sind. Hier stellt sich die Frage, ob dies dann noch eine Trockenfermentation sein kann.

Daher stellt sich die Frage, inwieweit ein an den TS-Gehalt gekoppelter Technologiebonus im Hinblick auf das Ziel der Förderung durch das EEG – Einsatz neuer, besonders energieeffizienter Anlagentechnik – sinnvoll ist. Im Hinblick auf die klima- und energiepolitischen Ziele des Kyoto-Protokolls ist eine Abänderung der Kriterien des EEG in Richtung Verfahrenseffizienz wünschenswert. Als Parameter für die Effizienz kommen beispielsweise der kumulierte Energieaufwand, die Relation von Raumbelastung und Essigsäureäquivalent im Ablauf oder die Biogasproduktivität als Raum-Zeit-Ausbeute in Frage [2]. Da die Bestimmung der Energieeffizienz im praktischen Einsatz einfach zu messen sein sollte, könnten hierfür auch lediglich der Eigenstrom- oder der Eigenenergiebedarf herangezogen werden. Die BEKON-

Trockenfermentation verzichtet auf jegliche Durchmischung des Substrates. Demzufolge sind die Eigenenergieverbräuche sehr gering.

3.2 Flexibilität beim Einsatz von Substraten

Die größte Sicherheit in Bezug auf die Versorgung mit Substraten hat eine Anlage, die alle potenziell zur Verfügung stehenden Substrate nutzen kann. Im konkreten Einzelfall können jedoch häufig bestimmte Substrate ausgeschlossen werden. Gibt es beispielsweise im Umfeld einer Anlage keine oder nur geringe Mengen an flüssigen Substraten, die zu wirtschaftlich interessanten Konditionen akquiriert werden können, so wird die Anlage mit großer Wahrscheinlichkeit nie flüssige Substrate einsetzen. In diesem Fall wird das breitere Substratspektrum der Nassvergärungsanlagen keinen Einfluss auf die Entscheidung für einen Anlagentyp haben. Andererseits können in Trockenfermentationsanlagen auch größere Mengen an festen Substraten wie Stroh, Heu, Grassilage oder eben Bioabfälle (auch mit hohen Anteilen an Störstoffen) verarbeitet werden, die in Flüssigfermentationsanlagen verfahrenstechnische Probleme verursachen. Die Frage nach der höheren Flexibilität von Nass- oder Trockenfermentationsanlagen kann daher nicht pauschal, sondern nur am Einzelfall entschieden werden.

Im vorliegenden Fall überwogen die Vorteile einer Trockenfermentation, die selbst bei hohen Störstoffanteilen im Substrat sicher betrieben werden kann.

3.3 Heterogenität der Substrate im Fermenter und deren Einfluss auf die Stabilität des Prozesses

Während Nassfermentationsanlagen in der Regel mit relativ homogenen Substratgemischen arbeiten, werden Substrate in den verschiedenen Verfahren der Trockenfermentation in weniger gut durchmischter Form eingesetzt. In Extremfällen, wie beispielsweise bei der BEKON-Trockenfermentation, können nicht zerkleinerte Substrate wie Bioabfall ohne vorherige Abtrennung von Störstoffen (Sand, Folien, Plastiktüten etc.) vergoren werden.

Bei dieser Vorgehensweise stellt sich grundsätzlich die Frage, ob die Inhomogenitäten des Substrates beim batch-Betrieb zu instabilen Prozessabläufen mit Problemen – insbesondere in der Anfahrphase der Reaktoren – führen können. Zudem galt es zu prüfen, ob der Verzicht auf eine Zerkleinerung/Homogenisierung des Substrats und die somit vergleichsweise geringen Substratoberflächen zu niedrigeren spezifischen Biogaserträgen führen.

Weiterhin können beim Anfahren von Biogasanlagen unter Umständen Probleme beim Einstellen stabiler Betriebsbedingungen auftreten.

Erreichen von stabilen Betriebsbedingungen in der Trockenfermentation

Im Gegensatz zu den meisten anderen Vergärungsverfahren werden die Fermenter bei der BEKON-Trockenfermentation nach einem Behandlungszyklus vollkommen entleert und anschließend mit einem Gemisch aus frischem Substrat und Animpfmaterial befüllt. Es muss davon ausgegangen werden, dass hierdurch die für eine Vergärung günstigen chemisch-physikalischen Randbedingungen erheblich gestört werden. Durch den Eintrag von Sauerstoff wird das Redoxpotenzial im Substrat angehoben, so dass eine Methanbildung schon aus thermodynamischen Gründen zunächst nicht möglich ist und zudem muss sich erst wieder eine für die Vergärung günstige Temperatur einstellen. Die Inhomogenität des Substrats führt zu kleinräumig uneinheitlichen Bedingungen im Fermenter. Zur Untersuchung des Anfahrprozesses und zur Ermittlung der hierfür notwendigen Zeit wurde der Methangehalt im Biogas während des Anfahrens ermittelt. Es ist davon auszugehen, dass bei Methangehalten größer 50 Vol-%, ein für den Gesamtprozess der Fermentation ausreichend günstiges Milieu vorliegt.

In Abbildung 9 ist der Methangehalt des Biogases während der Anfahrphase für eine Serie von Fermentationszyklen dargestellt – hier mit Bioabfall mit hohen Anteilen von Grün- und Gartenabfall als Substrat. Innerhalb von 24 Stunden wurde in allen Fermentern ein Methangehalt größer 30 Vol-% und nach zwei Tagen ein Methangehalt größer 50 Vol-% erreicht. Fermentationszyklen, in denen nach diesem Zeitraum keine günstigen Bedingungen für die Methanisierung des Bioabfalls erreicht wurden, wurden weder bei der Vergärung von Bioabfällen noch von nachwachsenden Rohstoffen bisher beobachtet. Der Anfahrprozess der BEKON-Trockenfermentation verlief trotz (oder wegen) der starken Heterogenität im Substrat immer stabil.

Anscheinend fördert die Heterogenität im Fermenter die Stabilität des Gärprozesses: Wenn lokal durch ein hohes Angebot leichtverwertbarer Substrate eine starke Versäuerung entsteht, können die entstandenen Säuren durch Diffusion und erst recht bei Verfahren mit Perkolation durch Auswaschungen in Bereiche transportiert werden, in denen sie aufgrund eines günstigeren Milieus schneller verwertet werden können. Die den Trockenfermentationsverfahren imanente Heterogenität begünstigt die Ausbildung von Mikrozonen, in denen sich die verschiedenen, am Prozess der Methanbildung beteiligten Mikroorganismen mit ihren unterschiedlichen Milieuansprüchen einen günstigeren Lebensraum als bei der Nassfermentation schaffen können. Folglich können biologische Prozesse mit unterschiedlichen Optima in Bezug auf den pH-Wert, die Konzentration an organischen Säuren und den Wasserstoffgehalt in direkter Nachbarschaft ablaufen, da sich Konzentrationsgradienten ausbilden. Bei der Trockenfermentation bildet sich unter günstigen Bedingungen eine Art kompartimentierter Reaktor aus, der je nach Prozesssteuerung verschiedene Stoffumwandlungen durchführt. So wird der beim Befüllen des Fermenters eingetragene Sauerstoff schnell verbraucht. Es bilden sich anaerobe Bedingungen aus und die Gärung setzt ein. Die Etablierung einer methanbildenden Biozönose kann durch Animpfen mit Gärresten und/oder durch die Perkolation von Gärflüssigkeit aus zeitversetzt betriebenen Fermentern beschleunigt werden.

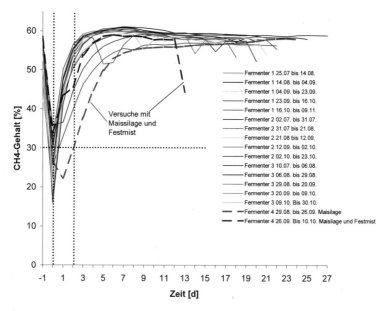

Abb. 9: Anstieg des Methangehaltes im Biogas während der Anfahrphase der Trockenfermentation.

Für die Verwertung von Biogas in handelsüblichen Blockheizkraftwerken (BHKW) sind Methangehalte von > 50 Vol-% wünschenswert. Dies bedeutet, dass das Biogas der ersten 24 bis 48 Stunden nach Befüllung eines Fermenters nicht direkt zur Verstromung genutzt werden kann. Der Energiegehalt eines Kubikmeters Biogas mit einem Methangehalt von ca. 30 Vol-% entspricht ca. 3 kW. Durch die Parallelschaltung mehrerer Fermenter, die zeitversetzt betrieben werden, und das Verschneiden des Biogases aller Fermenter, kann erreicht werden, dass die mittlere CH_4-Konzentration des Biogases vor dem BHKW über 50 Vol-% liegt. Auf diese Weise kann auch das Biogas mit einer für eine Verstromung zu geringen CH_4-Konzentration zur Energieerzeugung genutzt werden.

3.4 Spezifischer Biogasertrag in der Trockenfermentation

Da bei der Trockenfermentation – wie z. B. bei BEKON – auf eine Vorbehandlung der Substrate weitgehend verzichtet wird, war nicht ausgeschlossen, dass der spezifische Biogasertrag geringer sein könnte als bei einer Nassanlage mit aufwendiger Substratbehandlung. Daher wurden für eine Trockenfermentationsanlage (batch-Betrieb, System BEKON) Stoffstrombilanzen erstellt. Die Dauer eines Fermentationszyklusses betrug im vorliegenden Fall 28 Tage. Durch das wiederholte Animpfen beim Start eines neuen Zyklusses mit ausgegorenem Material des vorangegangenen Zyklusses verlängert sich die Verweilzeit im Verfahren auf nominal sechs bis neun Wochen, je nach Animpfverhältnis.

Für den eingesetzten Bioabfall wurde bei Fermentationszyklen von 28 Tagen ein spezifischer Biogasertrag von 87 Nm^3/Mg Frischmasse ermittelt. Der erzielte spezifische Biogasertrag liegt in einem Bereich, der auch in der Nassfermentation erzielt werden könnte. Wird der hohe Anteil an strukturreichen Gartenabfällen im untersuchten Fall berücksichtigt, so ist der spezifische Biogasertrag als gut zu bezeichnen.

3.5 Störstoffgehalt

Alle bekannten Fermentationsverfahren sind – in unterschiedlichem Maße – empfindlich gegenüber Störstoffen. Welche Stoffe als Störstoffe anzusehen sind, hängt ganz wesentlich von der eingesetzten Fermentationstechnik und dem Ziel der Behandlung ab. So sind beispielsweise Sand und Steine in Nassfermentationsanlagen sehr kritisch, da sie zu einem erhöhten Verschleiß und zu Sedimenten in Zwischenpuffern und Fermentern führen. In einigen Trockenfermentationsanlagen können dagegen Sand und Steine in beliebiger Konzentration im Substrat enthalten sein, ohne dass es zu prozesstechnischen Problemen kommen würde. Durch das Herabsenken der Raumbelastung würde es lediglich zu geringeren Biogasträgen kommen.

Bei der Auswahl von Fermentationsverfahren, spielt daher die abzutrennende Störstofffracht aus den vorgesehenen Substraten eine wesentliche Rolle. Die im vorliegenden Fall ausgewählte Trockenfermentation (System BEKON) ist sehr unempfindlich gegenüber Störstoffen.

3.6 Eigenenergiebedarf Strom

Ziel der Einführung eines Trockenfermentationsbonus über das EEG war die Förderung ökoeffizienter Fermentationsverfahren. Für die Energiebilanz und damit auch für die Ökobilanz ist der Eigenenergiebedarf von entscheidender Bedeutung. Der Eigenenergieanteil von Nassfermentationsanlagen wird in der Literatur – je nach Anlagengröße und Verfahrensweise – mit 15 bis 70 % der aus dem BHKW ausgekoppelten Wärme und mit 4 bis 7 % der Stromproduktion aus Biogas angegeben (siehe Tabelle 1).

Eigene Untersuchungen an einer Nassfermentationsanlage (BVR Radeberg) haben – bezogen auf den Eigenbedarf an Strom – noch deutlich höhere Werte ergeben. Der Elektroeigenenergieanteil in 2005 lag bei 25,8 %. Er ist aufgrund der aufwändigen Vorbehandlung der Abfälle (Zerkleinern, Anmaischen, Abpressen der Störstoffe, Bewirtschaftung von neun Speicherbehältern) und der Entwässerung des ausgefaulten Schlammes besonders hoch. Jedoch hat bereits der Kernprozess, die Fermentation, einen Eigenenergieanteil von ca. 12 % (siehe Abbildung 10). Obwohl der Eigenergiebedarf aufgrund des Einsatzes von Klärschlamm (geringer spezifische Biogasertrag) tendenziell höher ist als bei Substraten mit hohem spezifischen Biogasertrag, zeigt das Beispiel, dass der Eigenenstromverbrauch bei einer Nassfermentationsanlage erheblich sein kann.

In der BEKON-Trockenfermentationsanlage wurde ebenfalls der Eigenenstrombedarf ermittelt. In den Anlagen wird weder eine energieintensive mechanische Substratvorbehandlung durchgeführt, noch das Substrat in den Fermentern durchmischt. Elektroenergie wird nur für Perkolatpumpen, Lüfter, Gastrocknung, das Öffnen und Schließen der Fermentertore usw. benötigt. Es ist zu erwarten, dass bei größeren Anlagen der Eigenenergiebedarf noch weiter sinkt. Bei kleinen BEKON-Trockenfermentationsanlagen (< 300 $kW_{el.}$) ist von einem Eigenenergiebedarf an Elektroenergie von < 3 % der Eigenenergieerzeugung auszugehen. Bei größeren Anlagen sind noch geringere Eigenenergieverbräuche zu erwarten.

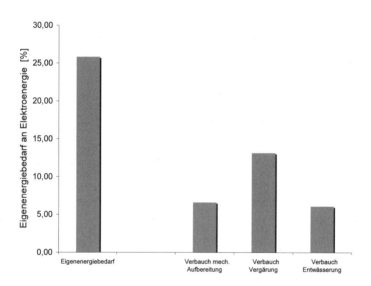

Abb. 10: Eigenbedarf der Nassfermentationsanlage (BVR Radeberg) an Elektroenergie

Tab. 1: Eigenenergiebedarf von Nassfermentationsanlagen (Literaturwerte).

Anlagenteil	Anteil Prozesswärme für Eigenbedarf	Wirkungsgrad BHKW	Quelle
Eigenbedarf Prozesswärme			
gesamte Anlage	15–20 %	-	[1]
gesamte Anlage	50 %	(η_{Th} = 60 %)	[3]
gesamte Anlage	30 %	(bis 130 kW, η_{Th} = 50 %)	[4]
gesamte Anlage	19 %	(300 kW, η_{Th} = 42 %)	[5]
gesamte Anlage	16 %	(100 kW, η_{Th} = 50 %)	[6]
gesamte Anlage	70 %	(η_{Th} = 45 %)	[7]
gesamte Anlage	39 %	-	[8]

Anlagenteil	Anteil Strom für Eigenbedarf	Wirkungsgrad BHKW	Quelle
Eigenbedarf Strom			
gesamte Anlage	7 %	(500 kW, η_{el} = 36 %)	[2]
gesamte Anlage	5 %	(bis 130 kW, η_{el} = 32 %)	[4]
gesamte Anlage	6–7 %	(300 kW, η_{el} = 35 %)	[5]
gesamte Anlage	4 %	16 kW (η_{el} = 27 %)	[7]
gesamte Anlage	1,2 %	626 kW (η_{el} = 28 %)	[8]
gesamte Anlage	0,5 %	70 kW (η_{el} = 30 %)	[8]
gesamte Anlage	8,9 %	320 kW (η_{el} = 36 %)	[8]
gesamte Anlage	5,5 %	500 kW (η_{el} = 35 %)	[8]
gesamte Anlage	3,3 %	555 kW (η_{el} = 34 %)	[8]

Der geringe Eigenenergiebedarf und die Unempfindlichkeit des Verfahrens gegenüber Störstoffen war ein wesentlicher Grund für die Verfahrensauswahl der BioFert GmbH, Saalfeld.

4 Literatur

[1] Weiland, P.: Stand der Technik bei der Trockenfermentation – Aktuelle Entwicklungen in: Trockenfermentation – Stand der Entwicklungen und weiterer F+E-Bedarf, Gülzower Fachgespräche, Bd 24. 2006

[2] Schüsseler, P.: Ergebnisse der Diskussion und Zusammenfassung in: Trockenfermentation – Stand der Entwicklungen und weiterer F+E-Bedarf, Gülzower Fachgespräche, Bd 24. 2006

[3] Schulz, W.: Untersuchung zur Aufbereitung von Biogas zur Erweiterung der Nutzungsmöglichkeiten, bremer energie institut, Bremen, 2004

[4] Nitsch, J. et al.: Ökologisch optimierter Ausbau der Nutzung erneuerbarer Energien in Deutschland, Forschungsvorhaben im Auftrag des Bundesministeriums für Umwelt, Naturschutz und Reaktorsicherheit, Stuttgart, Heidelberg, Wuppertal, 2004

[5] Scheuermann, A., Thrän, D., Wilfert, R.: Fortschreibung der Daten zur Stromerzeugung aus Biomasse, Leipzig, 2004

[6] Gruber, W., Biogasanlagen in der Landwirtschaft, aid infodienst, Hannover, 2003

[7] Keymer, U., Gewinn schwankt schnell um 35000 Euro, top agrar Jahrbuch neue Energien 2006, Münster-Hiltrup, 2006

[8] Brügging, E., Wetter, C.: Leitfaden zum Bau einer Biogasanlage – Band 1: Von der Idee zum konkreten Vorhaben, Fachhochschule Münster, Fachbereich Energie, Gebäude, Umwelt, Umweltamt Kreis Steinfurt, 2005

[9] Bayerisches Staatsministerium für Umwelt, Gesundheit und Verbraucherschutz, Biogashandbuch Bayern, München, 2004

[10] Bundesforschungsanstalt für Landwirtschaft (FAL): Ergebnisse des Biogas-Messprogramms, Fachagentur für Nachwachsende Rohstoffe e. V. (FNR) (Hrsg.), Gülzow, 2005

5 Dank

Die dem Beitrag zugrunde liegenden Untersuchungen wurden zum Teil mit Unterstützung des AWM – Abfallwirtschaftsbetrieb München und BEKON Energy Technologies GmbH & Co. KG (München) durchgeführt.

Erfahrungen mit der Einspeisung von Biogas in Erdgasnetze
– Rechtsgrundlagen und Vertragsbeziehungen

Antje Kanngießer[1]

Zusammenfassung

Die Einspeisung von Biomethan in Erdgasnetze stößt auf großes Interesse und gewinnt zunehmend an Bedeutung. Projektplanern und Investoren wird aufgrund der vielfältigen rechtlichen, technischen, wirtschaftlichen und praktischen Fragen und Hemmnisse Pioniergeist abverlangt. Die vielfältigen Schnittstellen bei Gaseinspeiseprojekten sprechen für Projektpartnerschaften, mit Hilfe derer sich Synergieeffekte erzielen lassen. Die Entwicklung des Kooperationsmodells und die Ausarbeitung der vielfältigen vertraglichen Grundlagen erfordern Fach- und Branchenkenntnisse, Fingerspitzengefühl, Respekt und gegenseitiges Vertrauen.

1 Einführung

Die Gaseinspeisung – wie die Einspeisung von auf Erdgasqualität aufbereitetem Biogas schlagwortartig bezeichnet wird – in öffentliche Gasversorgungsnetze ist in aller Munde. Tatsächlich werden seit Dezember 2006 die ersten Kubikmeter Biomethan, wie aufbereitetes Biogas zutreffend zu bezeichnen ist, in die Netze der Stadtwerke München und der Gelsenwasser AG eingespeist.

Den Durchbruch brachte die von BGW und DVGW in Auftrag gegebene Studie „Analyse und Bewertung der Nutzungsmöglichkeiten von Biomasse" vom März 2006, die Biogas in Erdgasnetzen große Potenziale bescheinigt. In der Folge verpflichtete sich die Gaswirtschaft auf freiwilliger Basis, bis 2010 mindestens 10 % des Erdgasanteils im Kraftstoffmarkt durch Biomethan zu ersetzen.

Biogas kann einen signifikanten Beitrag zur Kompensation der rückläufigen inländischen Erdgasproduktion und zur Deckung des steigenden Erdgasbedarfs leisten. Nebenbei überzeugt die Verwendung von Biomethan als Kraftstoff oder zur gekoppelten Strom- und Wärmeerzeugung in KWK-Anlagen durch Energieeffizienz und eine bemerkenswerte Ökobilanz.[2] Bioenergie ist zudem politisch und gesellschaftlich

---

[1] Rechtsanwältin in der auf Energie-, Infrastruktur- und Vergaberecht spezialisierten Anwaltskanzlei Schnutenhaus & Kollegen, Berlin, und Mitglied im Juristischen Beirat und im Arbeitskreis Gaseinspeisung des Fachverband Biogas e.V. sowie im Energiebeirat des Landes Berlin.

[2] Vgl. hierzu FNR, Biokraftstoffe – eine vergleichende Analyse, 2006; Vogel/Kaltschmitt, Potenziale von Bio-Kraftstoffen in Deutschland und Europa – Techniken und Potenziale, 2005.

gewünscht, so dass sich insbesondere die durch die Preispolitik angekratzte konventionelle Gaswirtschaft durch ein Engagement in der Bioenergie eine Imageverbesserung verspricht. Und schließlich lässt sich mit der Einspeisung von Biomethan in Erdgasnetze – dem EEG sei Dank – eine attraktive Rendite erzielen.

Die allgemeine Euphorie stößt jedoch spätestens bei der Projektplanung und -realisierung auf vielfältige rechtliche, technische, wirtschaftliche und zwischenmenschliche Hürden, die es frühzeitig zu erkennen und zu überwinden gilt. Der vorliegende Beitrag gibt einen Überblick über die rechtlichen und vertraglichen Grundlagen der Gaseinspeisung.

2 Rechtliche Grundlagen der Gaseinspeisung

Den Rechtsrahmen der Gaseinspeisung bilden das Energiewirtschaftsgesetz (EnWG[3]) und seine Rechtsverordnungen, insbesondere die Gasnetzzugangsverordnung (GasNZV[4]) und die Gasnetzentgeltverordnung (GasNEV[5]). Sie regeln die Rechte und Pflichten des Einspeisers von Biomethan und der Netzbetreiber, die das eingespeiste Biomethan rechtlich aufnehmen, transportieren und ausspeisen. Wird das eingespeiste Biomethan nicht als Kraftstoff, sondern zur Stromerzeugung verwendet, sind zudem die Anforderungen des Erneuerbaren-Energien-Gesetzes (EEG[6]) zu beachten.

2.1 Netzanschluss an Gasversorgungsnetze

Die Einspeisung des auf Erdgasqualität aufbereiteten Biogases setzt zunächst voraus, dass ein Anschluss an das Gasnetz vorhanden ist. Betreiber von Erdgasnetzen sind nach Maßgabe von § 17 EnWG verpflichtet, Gaserzeugungsanlagen zu technischen und wirtschaftlichen Bedingungen an ihr Netz anzuschließen, die angemessen, diskriminierungsfrei, transparent und nicht ungünstiger sind, als sie in vergleichbaren Fällen für Leistungen innerhalb ihres Unternehmens oder gegenüber verbundenen oder assoziierten Unternehmen angewendet werden.

Das Energiewirtschaftsgesetz verpflichtet die Gasnetzbetreiber in § 19 EnWG, für den Netzzugang technische Mindestanforderungen für die Auslegung und den Be-

---

[3] Gesetz über die Elektrizitäts- und Gasversorgung (Energiewirtschaftsgesetz – EnWG) v. 07.07.2005 (BGBl. I, S. 1970).

[4] Verordnung über den Zugang zu Gasversorgungsnetzen (Gasnetzzugangsverordnung – GasNZV) v. 25.07.2005 (BGBl. I S. 2210).

[5] Verordnung über die Entgelte für den Zugang zu Gasversorgungsnetzen (Gasnetzentgeltverordnung – GasNEV) v. 25.07.2005 (BGBl. I S. 2197).

[6] Gesetz für den Vorrang Erneuerbarer Energien (Erneuerbare-Energien-Gesetz – EEG – v. 21. Juli 2004, BGBl. I. S. 1918, zuletzt geändert durch Gesetz v. 7. November 2006 (BGBl. I 2550).

trieb festzulegen und im Internet zu veröffentlichen. Einige Netzbetreiber haben bereits besondere technische Anforderungen für die Einspeisung von Biomethan in Erdgasnetze formuliert und im Internet veröffentlicht.

Die technischen Mindestanforderungen müssen die sogenannte Interoperabilität der Netze sicherstellen sowie sachlich gerechtfertigt und nicht diskriminierend sein. Die Interoperabilität umfasst insbesondere die technischen Anschlussbedingungen und die Bedingungen für netzverträgliche Gasbeschaffenheiten unter Einschluss von Gas aus Biomasse oder anderen Gasarten, soweit sie technisch und ohne Beeinträchtigung der Sicherheit in das Gasversorgungsnetz eingespeist oder durch dieses Netz transportiert werden können. Diese Mindestanforderungen sind auch der zuständigen Regulierungsbehörde (Landesregulierungsbehörde oder Bundesnetzagentur) mitzuteilen.

Obgleich es sich bei den technischen Vorschriften um Mindestanforderungen handelt, für die eine technische Notwendigkeit bestehen muss, sollten diese Anforderungen im Falle eines konkreten Einspeiseprojektes nachvollzogen werden. Dies gilt insbesondere dann, wenn der Netzbetreiber Zweifel an oder Einwände gegen den Netzanschluss erhebt. Tatsächlich sind bereits diskriminierende und benachteiligende Netzanschlussregeln und „Technische Mindestbedingungen" einzelner Netzbetreiber bekannt. So wird beispielsweise der Biomethan-Einspeiser verpflichtet, die Gasdruckregel- und Messanlagen ausschließlich bei dem Netzbetreiber zu kaufen, der im Übrigen nicht nur zwingend die Planung und Errichtung, sondern auf Kosten des Einspeisers auch die Betriebsführung für diese Anlagen übernimmt. Der Kundige fühlt sich an die frühe Zeit des EEG und die damalige Verweigerungshaltung der Netzbetreiber beim Anschluss von EEG-Anlagen erinnert. Im Unterschied zu damals verspricht bei fortgesetzter Verweigerungshaltung des Netzbetreibers die Anrufung der Netzanschluss- und Netzzugangsfragen zuständigen Regulierungsbehörden eine zügige Abhilfe. Ob es darüber hinaus gesetzgeberische Maßnahmen bedarf, wird die Praxis zeigen.

2.2 Der Zugang zu den Gasversorgungsnetzen

Netzbetreiber sind verpflichtet, jedermann und somit auch jedem Einspeiser von Biomethan diskriminierungsfrei Zugang zu ihrem Netz zu gewähren. Der Netzzugang umfasst die Einspeisung, den Transport und die Ausspeisung des Gases. Netzbetreiber haben die Bedingungen für den Netzzugang, einschließlich der Entgelte für den Netzzugang im Internet zu veröffentlichen. Jeder Einspeiser von Biomethan kann sich daher über den Internetauftritt des Netzbetreibers über die technischen und wirtschaftlichen Konditionen für den Netzzugang für Biomethan informieren.

Gegenwärtig befindet sich allerdings die Gaswirtschaft nach einem Paradigmenwechsel durch die Energiewirtschaftsnovelle des Jahres 2005 noch in einer Umbruchphase. Infolgedessen sind noch nicht alle gesetzlichen Pflichten, insbesondere die Veröffentlichungspflichten, durch die Netzbetreiber realisiert. Sofern die maßgeblichen Informationen für den Netzzugang (noch) nicht auf der Webseite des Netzbetreibers eingestellt sind, wird dieser die Netzzugangsbedingungen auf Anfrage mitteilen.

EnWG und GasNZV sehen vereinzelt spezielle Regelungen für die Einspeisung von Biomethan vor, das bei entsprechender Aufbereitung auch aus Deponiegas, Klärgas und Grubengas erzeugt werden kann. Soweit die GasNZV ausschließlich auf Gas aus Biomasse abstellt, muss dies ausweislich der Klarstellung in § 3 Nr. 19 a EnWG und den Erfahrungen im Gesetzgebungsverfahren als Redaktionsversehen gewertet werden.

Für das Verhältnis zwischen Einspeisern von Biomethan und Netzbetreibern beim Netzzugang sind folgende expliziten Regelungen hervorzuheben:

- Gewährleistung der Interoperabilität der Gasnetze auch bei der Einspeisung von Biomethan;
- Kostentragung für Aufbereitung und Einspeisung des Gases durch den Einspeiser;
- Vorrangregelung für Biomethan in örtlichen Verteilnetzen;
- eingeschränkter Vorrang für Biomethan in Regional- und Fernleitungsnetzen bei vertraglichen Kapazitätsengpässen;
- Basisbilanzausgleich und erweiterter Bilanzausgleich für Biomethaneinspeiser auf Jahresbasis.

Grundsätzlich gilt, dass das auf Erdgasqualität aufbereitete Biomethan bei einer Einspeisung in das Erdgasnetz den technischen Mindestanforderungen genügen muss, um die technische Sicherheit im Gasnetz zu gewährleisten. Dies gilt sowohl hinsichtlich der technischen Anschlussbedingungen als auch hinsichtlich der Gasbeschaffenheit. Maßgeblich sind insoweit die Gas- und Netzverhältnisse am Einspeisepunkt sowie die technischen Regeln des DVGW, insbesondere der Arbeitsblätter G 260, 262, 685.

In der Praxis wirken die technischen Vorgaben häufig als Netzzugangshindernis für Biomethan, ohne dass geklärt ist, ob die Anlagensicherheit oder der Verbraucherschutz die Einhaltung der technischen Parameter zwingend gebieten. Beispielhaft sei die Gasmessung genannt: Da die erforderlichen Messgeräte und -verfahren eichrechtlich ausschließlich für Erdgas zugelassen sind, können diese für Biomethan grundsätzlich nicht herangezogen werden. Die Eichbehörden sind jedoch nach Abstimmung mit der Physikalisch-Technischen Bundesanstalt (PTB) dazu übergegangen, den Einsatz von Messgeräten, die ausschließlich über eine Zulassung für Erdgas verfügen, für eine Übergangszeit auch für Biomethan zu dulden. Dieses pragmatische Vorgehen ist sehr zu begrüßen.

Welche Gasbeschaffenheiten einzuhalten sind, richtet sich danach, ob Biomethan in H- oder L-Gasnetze bzw. als Zusatz- oder Austauschgas eingespeist werden soll.

Der Gesetzgeber verlangt in jedem Fall die Interoperabilität der Netze und damit auch der Gasqualitäten.

Von nicht unerheblicher Bedeutung für die Wirtschaftlichkeit eines Gaseinspeiseprojektes sind neben den Netzanschlusskosten und den genehmigten und veröffentlichten Netznutzungsentgelten die Kosten des Bilanzausgleichs. Diese entstehen dann, wenn bezogen auf das Bilanzjahr eine Differenz zwischen der eingespeisten und der ausgespeisten Gasmenge entsteht und der Netzbetreiber über den kostenfreien Basisbilanzausgleich hinaus weitere Ausgleichsleistungen erbringen muss. Im Rahmen des speziell für Biogas festgelegten jährlichen Basisbilanzzeitraumes ist der Netzbetreiber innerhalb einer jährlichen Toleranzgrenze von 10 % zu einem kostenlosen Ausgleich der Ein- und Ausspeisedifferenzen verpflichtet. Für Abweichungen, die über die 10 %-Grenze hinausgehen, haben Netzbetreiber einen erweiterten Bilanzausgleich diskriminierungsfrei anzubieten, für den sie jedoch ein gesondertes Entgelt fordern können. Die operative Abwicklung ist in einem Bilanzkreisvertrag zu regeln.

Neben dem Bilanzausgleich ist das Ausschließlichkeitsprinzip des EEG zu beachten. Nach wohl vorherrschender, aber nicht unumstrittener Meinung hat der Einspeiser von Biomethan durch Kontrolle der Einspeisemengen bzw. der Verstromer durch die Fahrweise des BHKW sicherzustellen, dass in dem BHKW bezogen auf das Wärmeäquivalent ausschließlich „fiktives Biomethan" verstromt wird, d. h. der Jahresgasbedarf des BHKW muss demzufolge zu 100 % aus Biomethan gedeckt werden. Bei einer anteiligen „fiktiven" Verstromung von Erdgas entfällt die EEG-Vergütung im Abrechnungszeitraum und ggf. der NawaRo-Bonus für alle Zeit. Soweit die Menge des eingespeisten Biomethans die Jahresentnahmemenge übersteigt, soll jedoch eine Mengenübertragung in den nächsten Abrechnungszeitraum in Betracht kommen.

2.3 Vergütungsanforderungen des EEG

Das wirtschaftliche Herz der Biomethaneinspeisung bildet derzeit das EEG. Das EEG verpflichtet Betreiber von Energieversorgungsnetzen, Anlagen zur Erzeugung von Strom aus Erneuerbaren Energien unverzüglich und vorrangig an ihr Netz anzuschließen und den gesamten aus diesen Anlagen angebotenen Strom vorrangig abzunehmen, zu übertragen und nach Maßgabe der §§ 6–2 EEG zu vergüten. Die Vergütung wird ab Inbetriebnahme der Anlage grundsätzlich für die Dauer von 20 Jahren zzgl. des Jahres der Inbetriebnahme gewährt.[7]

Durch zwei bemerkenswerte Fiktionen für die Vergütung von Strom aus Bio-, Klär-, Deponie- und Grubengas öffnet das EEG den Weg für eine räumliche Trennung von Gaserzeugung einerseits und die Strom- und Wärmeerzeugung aus Bio-, Klär-, Deponie- und Grubengas andererseits: Gemäß § 7 Abs. 1 Satz 3 bzw. § 8 Abs. 1 S. 3 EEG gilt aus einem Gasnetz entnommenes Gas als Biomasse bzw. Klär-, Deponie-

---

[7] Zu der Vergütungssystematik des EEG im Einzelnen siehe Kanngießer, Bioenergie in Kommunen, Die Gemeinde, BGWZ Nr. 14/2006, S. 32 ff.

und Grubengas, soweit die Menge des entnommenen Gases im Wärmeäquivalent der Menge von an anderer Stelle im Geltungsbereich dieses Gesetzes in das Gasnetz eingespeistem Gas aus Biomasse entspricht. Der eingespeiste Strom ist nach den regulären Vergütungssätzen des EEG zu vergüten.

Mit dieser Regelung will der Gesetzgeber im Sinne einer nachhaltigen und effizienten Energieversorgung insbesondere die Nutzung der bei der Stromerzeugung anfallenden Wärme ermöglichen.[8] Das Gas soll dort verstromt werden, wo Wärmebedarf besteht, wie z. B. in Ballungsgebieten mit Fernwärmeversorgung, so dass die bei der Stromerzeugung im Kraft-Wärme-Koppelungsmodus entstehende Wärme auch tatsächlich sinnvoll genutzt werden kann. Voraussetzung dafür ist, dass die Menge des entnommenen Gases an anderer Stelle in das Gasnetz wieder eingespeist wird.

Bei der Einspeisung von aufbereiteten regenerativen Gasen in das Erdgasnetz wird somit nicht das Gas, sondern der aus diesem Gas fiktiv erzeugte Strom nach den Vergütungssätzen des EEG vergütet. Um die zusätzlichen Kosten für die erforderliche Gasaufbereitung auf Erdgasqualität abzufangen, gewährt der Gesetzgeber darüber hinaus seit dem 1. August 2004 einen sog. Technologie-Bonus in Höhe von 2,0 ct/kWh, der für die Aufbereitung sowohl von Biogas als auch von Klärgas auf Erdgasqualität zu zahlen ist.[9] Eine zusätzliche Vergütung von 2,0 ct/kWh gewährt das EEG für den Strom, der aus Biomasse im Wege der Kraft-Wärme-Koppelung erzeugt wird, wenn und soweit die Wärme auch genutzt wird. Neben dem sog. KWK-Bonus lässt sich durch den Wärmeverkauf zu Marktpreisen ein weiterer Erlös erwirtschaften.

Der Biomethan-Einspeiser sowie alle anderen in der Lieferkette partizipieren an den vorgenannten Erlösen nur über vertragliche (Preis-)Abreden mit dem Verstromer. Bei den in der Praxis sehr schwierigen Preisverhandlungen ist neben der EEG-Vergütung auch der wirtschaftliche Wert der erzeugten Wärme angemessen in Ansatz zu bringen.

Die Schnittstellen zwischen Energiewirtschaftsrecht und EEG werfen vielfach Fragen auf und führen zur Rechtsunsicherheit.[10] Vermeintliche Probleme bereiten z. B. die Konditionierung des Biomethans mit fossilen Gasen (LPG) und der Einsatz des „fiktiven" Biomethans in Anlagen, die zuvor mit Erdgas betrieben wurden.

Das sog. „Ausschließlichkeitskriterium" des EEG, das allgemein in § 5 Abs. 1 EEG und speziell für Biomasse in § 8 Abs. 1 EEG verankert ist, verlangt, dass zur Stromerzeugung ausschließlich Erneuerbare Energieträger bzw. Biomasse eingesetzt werden. Im Interesse der Erschließung wertvoller regenerativer Energiepotenziale toleriert der Gesetzgeber in gewissem Umfang Verschmutzungen und eine fossile Zünd- oder Stützfeuerung und vergütet den hieraus erzeugten Strom ebenso wie

---

[8] BT-Drs. 15/2864, S. 38, 41.

[9] Vgl. § 7 Abs. 2 und § 8 Abs. 4 EEG.

[10] Vgl. z. B. das Ausschließlichkeitsprinzip vorstehend unter 2.2.

Biomasse. Maßgeblich ist die „Unvermeidbarkeit" bzw. „technische Notwendigkeit" der Fremdstoffe. Übertragen auf die technisch erforderliche Konditionierung von Biomethan durch LPG muss auch das zugeführte LPG als Biomasse gelten und der erzeugte Strom zu den Mindestsätzen des § 8 EEG vergütet werden.

Neben zahlreichen rechtlichen und systematischen Argumenten spricht auch die Gesetzesbegründung zum EEG 2004 eindeutig für eine Inbetriebnahme von Altanlagen, die zuvor mit Erdgas betrieben wurden, durch die erstmalige Verstromung von „fiktivem" Biomethan: *„Sofern bestehende oder neu zu errichtende Blockheizkraftwerke zukünftig ausschließlich durchgeleitetes Gas aus Erneuerbaren Energien einsetzen, können sie Vergütungen nach diesem Gesetz erhalten"*, stellt der Gesetzgeber klar und spricht sich damit explizit für eine Umnutzung von Altanlagen durch einen Wechsel von fossilen zu regenerativen Brennstoffen aus.

Eine Klarstellung beider Aspekte im Rahmen der anstehenden EEG-Novelle wäre wünschenswert.

3 Schnittstellen bei Gaseinspeiseprojekten

Für die Vertragsgestaltung kommt es maßgeblich darauf an, wie die Schnittstellen des Geschäftsmodells zur Einspeisung und dezentralen Verstromung vom Biomethan gesetzt werden. Folgende Abgrenzungen der jeweiligen Zuständigkeitsbereiche kommen in Betracht:

- Substratlieferung,
- Rohgaserzeugung und -bereitstellung,
- Rohgasaufbereitung,
- Biomethaneinspeisung,
- Biomethanausspeisung,
- Stromerzeugung und -einspeisung,
- Wärmelieferung und ggf. Infrastruktur.

Bei der Verwendung von Biomethan als Kraftstoff entfallen die Schnittstellen Strom- und Wärmeerzeugung.

Je nach Geschäftsmodell können die Schnittstellen unterschiedlichen Projektpartnern zugeordnet werden.

Aufgrund der vielfältigen Schnittstellen und der erheblichen Investitionskosten für Inputstoffe, die Gaserzeugungskomponenten, die Gasaufbereitung, die Einspeisetechnik, ggf. die Konditionierung des Biomethans sowie den Gastransport und die anschließende Strom- und Wärmeerzeugung und -verteilung sind Gaseinspeiseprojekte regelmäßig auf eine Kooperation der Beteiligten angelegt, die über den Abschluss von bloßen Liefer-, Werk- oder Dienstleistungsverträgen hinausgeht, und beispielsweise in einer gemeinsamen Errichtungs- und Betriebsgesellschaft von landwirtschaftlichen Betrieben, Stadtwerk und Kommune bestehen kann. Die Entscheidung hierüber ist den Vertragspartnern des jeweiligen Projektes überlassen. Letztendlich entscheiden die Wirtschaftlichkeit des Projektes und das Know-how der Projektpartner über den Kreis der Projektbeteiligten und die Abgrenzung der Zuständigkeiten und Verantwortlichkeiten. Unverzichtbar für eine erfolgreiche Zusammenarbeit sind fairer Umgang und gegenseitiger Respekt von Beginn an.

4 Vertragsgrundlagen bei der Gaseinspeisung

Bei der Realisierung eines Gaseinspeiseprojektes sind zahlreiche Verträge zu schließen. Neben der Anlagenplanung und -realisierung betreffen diese insbesondere die für den Anlagenbetrieb erforderlichen Verträge.

Je nach Anlagen- und Kooperationskonzept sind folgende wesentlichen Verträge abzuschließen:

- Biomasselieferverträge,
- Rohbiogaslieferverträge,
- Biomethanlieferverträge,
- Verträge zum Anschluss an das Gasversorgungsnetz am Einspeisepunkt und Ausspeisepunkt (Netzanschlussvertrag, Anschlussnutzungsvertrag),
- Verträge für den Transport des Biomethans im Gasversorgungsnetz (Einspeisevertrag, Ausspeisevertrag, Bilanzkreisvertrag),
- Verträge zur Stromeinspeisung nach EEG: Anschluss an das Stromversorgungsnetz, Vereinbarung zur Stromeinspeisung,
- Verträge zur Deckung des Strombedarfs der Anlage (Netzanschlussvertrag, Anschlussnutzungsvertrag, Strombezugsvertrag),
- Wärmelieferverträge,
- Betriebsführungsverträge für einzelne Anlagenkomponenten (Gaserzeugung, Gasaufbereitung, Einspeisestation).

Gasnetzbetreiber verwenden sowohl für den Netzanschluss als auch für den Netzzugang regelmäßig Musterverträge, Formulare und Allgemeine Geschäftsbedingungen. Dies ist eine Notwendigkeit zur Abwicklung des Massengeschäftes, die auch der Gesetzgeber erkannt hat. So werden die Netzbetreiber beispielsweise durch das Energiewirtschaftsgesetz dazu verpflichtet, Musterverträge zu erarbeiten (vgl. § 20 Abs. 1 b EnWG) bzw. der Verordnungsgeber ermächtigt, Vorgaben für entsprechende Musterverträge festzulegen. Zu beachten ist jedoch, dass die Gaseinspeisung noch weit davon entfernt ist, ein Massengeschäft zu sein. Die für das Massengeschäft erarbeiteten Musterverträge und Musterformulare ebenso wie die Allgemeinen Geschäftsbedingungen tragen den neuartigen und vielfach in rechtlicher und technischer Hinsicht noch ungeklärten Fragestellungen und dem sich daraus ergebenden Regelungsbedarf nicht ausreichend Rechnung. Die Verwendung der von Seiten der Netzbetreiber in Gaseinspeiseprojekten vorgelegten Formulare ist daher nur nach detaillierter Prüfung und entsprechender Anpassung an die Notwendigkeiten der Gaseinspeisung zu empfehlen.

Bei der Vertragsgestaltung ist insbesondere darauf zu achten, dass Schnittstellen eindeutig definiert und die wechselseitigen Rechte und Pflichten erschöpfend und eindeutig geregelt werden. Es gilt, die gesetzlichen Gestaltungsspielräume bestmöglich im Interesse des Projektes auszunutzen, ohne die zahlreichen zwingenden rechtlichen Vorgaben oder gesetzlichen Obliegenheiten, wie z. B. aus dem Energiesteuerrecht, zu verletzen. Wesentliche Bedeutung kommt dabei der korrekten Abstimmung der verschiedenen Verträge aufeinander zu. Fingerspitzengefühl bedarf es insbesondere zur Absicherung der Inputstoffe oder des Rohbiogases, da die Landwirtschaft langfristigen Lieferverträgen aufgrund des erheblichen Interesses an Biomasse und des damit verbundenen Preisanstiegs zurückhaltend gegenübersteht.

5 Ausweg Gaseinspeisegesetz?

Bisweilen wird der Ruf nach einem Einspeisegesetz laut. Vergleichbar dem EEG soll der Erzeuger des Biomethans einen Netzanschluss-, Abnahme- und Vergütungsanspruch direkt gegen den Netzbetreiber erhalten. Dabei werden die bestehenden Hindernisse ebenso vergessen wie Sinn und Zweck des herangezogenen EEG. Ein Einspeisegesetz wird die entscheidenden technischen und wirtschaftlichen Hindernisse nicht beseitigen. Eine Umlage der Investitionskosten für Gaserzeugung, Aufbereitung und Einspeisung auf die Verbraucher wird auf erheblichen politischen und gesellschaftlichen Widerstand stoßen; im Übrigen hat auch der EEG-Einspeiser die Netzanschlusskosten zu tragen.

Schließlich stellt sich die Frage, ob die Rahmenbedingungen denen bei Einführung des EEG bzw. seiner Vorgängerregelung, des Stromeinspeisegesetzes, vergleichbar sind. Im Interesse des Klimaschutzes sollte den Erneuerbaren Energien der Markteintritt in den Strommarkt erleichtert und der Widerstand der konventionellen Energiewirtschaft durchbrochen werden. Demgegenüber spricht sich heute auch die konventionelle Gasbranche für die Biomethaneinspeisung aus und drängt selbst mit Großprojekten auf den Markt. Auch ist danach zu fragen, wer von einem Gaseinspeisegesetz letztlich profitieren würde. Die damit verbundenen Kosten würden jedenfalls den Verbraucher treffen.

Biogasnutzung mit Hochtemperatur-Brennstoffzelle im Landkreis Böblingen – Erste Betriebserfahrungen

Wolfgang Bagin

Zusammenfassung

Der Landkreis Böblingen setzt mit einem innovativen Projekt ein wegweisendes Zeichen für eine hocheffiziente und umweltfreundliche Biogasverwertung. Weltweit erstmals wird das aus Bioabfall gewonnene Biogas mit einer Karbonatbrennstoffzelle großtechnisch in Strom und Wärme umgewandelt. Die Energieverwertung des in der Vergärungsanlage erzeugten Biogases erfolgt seit Herbst 2006 mit einer Brennstoffzelleneinheit „HotModule" mit 250 kW elektrischer Maximalleistung und bereits seit Anfang 2005 über BHKWs mit 944 kW und 469 kW elektrischer Leistung. Die Betriebserfahrungen der ersten sechs Monate bestätigen den hohen Wirkungsgrad der Brennstoffzelle mit minimalen Emissionen.

1 Ausgangssituation

Das 1993/94 gebaute und in die Jahre gekommene Kompostwerk Leonberg wurde 2003/2004 in eine moderne Vergärungsanlage mit einem Jahresdurchsatz von rund 30.000 Tonnen umgebaut. Verarbeitet werden dort momentan ausschließlich die über die grüne Tonne erfassten Bioabfälle aus Haushalten aus dem gesamten Gebiet des Landkreises Böblingen mit rund 375.000 Einwohnern. Das gewählte Trockenfermentationsverfahren DRANCO-Technology der belgischen Firma OWS könnte jedoch unproblematisch auch Speisereste und Fette mit verarbeiten. Die thermophile Vergärung findet bei 50 °C bis 55 °C in einem knapp 25 m hohen Stahlfermenter statt, der durch Abwärme aus der Stromerzeugung beheizt wird. Frisches Substrat wird außerhalb des Fermenters mit einer sechsmal so großen Menge von Gärresten vermischt, bevor dieses Gemisch mittels einer hydraulischen Beschickungspumpe mit einem Betriebsdruck von ca. 25 bar von oben in den Fermenter gegeben wird. Dieses Verfahren macht eine Vermischung im Fermenter selbst unnötig, es kommt somit ohne störanfällige mechanische Teile aus. Durch das Mischungsverhältnis wird eine äußerst stabile Bakterienkultur erreicht mit der Folge eines schnellen und kontrollierten Abbaus des Substrates mit hoher Biogasentwicklung. Die durchschnittliche Verweildauer des Substrates im Fermenter beträgt ungefähr drei Wochen. Das Verfahren toleriert sehr große Schwankungen im Trockenstoffgehalt des eingetragenen Materials mit einem Maximum bei ca. 40 %.

Das bei der Vergärung entstehende Biogas (50–65 % Methan, 35–50 % CO_2, abhängig vom Betriebszustand) strömt durch den im Fermenter entstehenden Überdruck in einen Pufferspeicher, von wo es zu den Gasmotoren und der Brennstoffzelle zu seiner Verwertung gelangt. Die Biogasproduktion liegt bei optimalen Betriebsbedingungen hochgerechnet bei rund 4.200.000 m³ pro Jahr; im Betriebsjahr 2006 wurden allerdings etwa 20 % weniger produziert. Der Methangehalt lag im Jahresdurchschnitt bei knapp 60 %. Die Verstromung des Biogases erfolgt durch zwei Gasmotor/Generatoreinheiten mit 944 kW und 469 kW elektrischer Leistung (max.) und neu seit Herbst 2006 zusätzlich mit einer Brennstoffzelleneinheit "HotModule" mit einer elektrischen Maximalleistung von 250 kW (Netzeinspeisung). Die gesamte produzierte Strommenge kann im optimalen Betrieb über 8,5 Millionen kWh pro Jahr erreichen, das entspricht einem durchschnittlichen elektrischen Netto-Wirkungsgrad der Stromeinspeisung der Gesamtanlage ins Netz von ca. 37 %. Durch zahlreiche Störungen an den Motoren lag die tatsächliche Stromeinspeisungsmenge im Jahr 2006 allerdings mit etwa 5 Mio. kWh nur bei knapp 2/3 der möglichen Ausbeute.

Die Nutzwärme der Gasmotoren aus dem Kühlwasserkreis mit etwa 88 °C dient vorrangig der Beheizung des Fermenters, aber auch zur Vorwärmung der Trocknerluft für die Düngerproduktion. Die Abwärme aus dem Abgas der Motoren wird zur Erwärmung eines Heißwasserkreises auf bis zu 140 °C genutzt, der diese Wärme über einen Wärmetauscher der Kreislaufluft des Trockners zuführt. Die Abwärme der Brennstoffzelle wird ebenfalls über diesen Wärmetauscher für die Trocknung der Gärreste in einem Bandtrockner verwendet. Durch die vollständige Nutzung der Abwärme der Motoren und der Brennstoffzelle konnten 2006 fossile Brennstoffe, umgerechnet auf ca. 650.000 Liter Heizöl, eingespart werden.

Abb. 1:   Biogasspeicher und Gärreaktor, Vergärungsanlage Leonberg

2 Innovation – Hochtemperatur-Brennstoffzelle mit Biogas

Im Oktober 2006 wurde das innovative Herzstück der Vergärungsanlage Leonberg, eine Hochtemperatur-Brennstoffzelle, das sogenannte HotModule der Firma MTU CFC Solutions GmbH, in Betrieb genommen. Weltweit wird damit erstmals das aus Bioabfall gewonnene Biogas mit einer Karbonatbrennstoffzelle großtechnisch in Strom und Wärme umgewandelt. Für den Landkreis Böblingen eine Pionierleistung und ein Meilenstein seiner ökologisch geprägten modernen Abfallwirtschaft.

Abb. 2:   Brennstoffzelle in der Vergärungsanlage Leonberg

2.1 Projektierung und Förderung

Von den ersten Überlegungen bis zur endgültigen Realisierung dieses innovativen Projektes waren manche Hürden zu nehmen. Da die Gesamtkosten der Brennstoffzellenanlage als Demonstrationsvorhaben bei rund 3 Mio. € lagen, war eine Verwirklichung nur mit entsprechenden Fördermitteln möglich. Letztendlich beteiligten sich sowohl das BMU über die KfW, das Land Baden-Württemberg, die EnBW Energie Baden-Württemberg AG, die DaimlerChrysler AG und die RWE Fuel Cells GmbH mit insgesamt rund 80 % Förderung. Den restlichen Investitionsaufwand übernahm der Abfallwirtschaftsbetrieb des Landkreises Böblingen. Beratende Unterstützung erfuhr das Projekt auch durch die Wirtschaftsförderung der Region Stuttgart, das Kompetenz- und Innovationszentrum Brennstoffzelle und das Deutsche Zentrum für Luft- und Raumfahrt.

Die vorbereitenden Baumaßnahmen für die Brennstoffzellenanlage begannen im Herbst 2005, die Lieferung der Anlage Anfang 2006 und der Einbau mit allen Komponenten und Nebenanlagen erfolgte bis zum Sommer des Jahres 2006. Nach einem erfolgreichen Probebetrieb konnte die Brennstoffzelle Anfang Oktober 2006 mit einer offiziellen Einweihung durch Ministerpräsident Günther Oettinger in Betrieb genommen werden.

2.2 Komponenten der Brennstoffzellenanlage

Neben dem eigentlichen Herzstück, dem sogenannten HotModule sind für den sicheren Betrieb der Brennstoffzelle verschiedene Nebenanlagen wie z. B. die Gasreinigung und -trocknung, der Gasverdichter, eine Hilfsgasversorgung und die Wärmeauskopplung, einschließlich Abluftanlagen notwendig. Hierbei muss das besondere Augenmerk auf die Reinigung und Aufbereitung des Biogases auf Erdgasqualität gerichtet werden. Die Technischen Daten der Brennstoffzelle in Leonberg sind:

- Biogaszufuhr: ca. 120 m³/h
- Elektrische Leistung: bis zu 250 kW
- Thermische Leistung: ca. 120 kW
- Betriebstemperatur: 650 °C
- Stromerzeugung: ca. 1,4 MW/a
- Elektrischer Wirkungsgrad: ca. 47 %
- Thermischer Wirkungsgrad: ca. 23 %
- Gesamtwirkungsgrad: ca. 70 %

2.2.1 Biogasreinigung und -verdichtung, Gasanalytik [1]

Die Biogasreinigunganlage reinigt das Biogas von Schwefelwasserstoff, Siloxanen und ähnlichem. Das Biogas wird direkt dem Gasspeicher entnommen und der Reinigungsanlage mit einem max. Volumenstrom von 120 Nm³/h und einem Gasdruck von 100 mbar zugeführt. In einem ersten Schritt wird das Biogas in einem Kältewaschtrockner auf ca. 4 °C abgekühlt; das dabei anfallende Kondensat wird abgeleitet. Danach wird das Biogas wieder auf ca. 15 °C aufgewärmt, damit sich die optimale Feuchte von ca. 30 % für die nachfolgende Adsorptionsstufe einstellt. In dieser Stufe durchströmt das Biogas zwei mit spezieller Aktivkohle befüllte Adsorber á 700 dm³, durchläuft anschließend eine kontinuierliche Gasanalytik und wird anschließend in einem Verdichter auf einen zum Betrieb der Brennstoffzelle optimalen Betriebsdruck von ca. 3 bar eingestellt.

Abb. 3: Gasaufbereitungsanlage und Gasverdichter

2.2.2 Hilfsgasversorgung

Die Brennstoffzelle vom Typ MCFC benötigt Hilfsgase für den sogenannten Warmhaltebetrieb und für An- und Abfahrzwecke. Diese Hilfsgase sind Stickstoff, Kohlendioxid und Wasserstoff, die in Druckgasflaschen und in einem Flüssigtank in der Nähe des Brennstoffzellengebäudes vorrätig gehalten werden.

Abb. 4: Hilfsgasstation für die Brennstoffzelle

2.2.3 Brennstoffzelle mit Media Supply [1]

Alle Betriebsmedien für die Brennstoffzelle werden im Media Supply zusammengeführt und ggf. nochmals aufbereitet bevor sie zur eigentlichen Brennstoffzelle geleitet werden. Da der Brennstoffzellen-Stack sehr empfindlich auf Schwefelverbindungen reagiert, dient der sogenannte „Polizeifilter" im Mediasupply (zwei ca. 0,5 m³ große Aktivkohlebehälter) nochmals der Feinreinigung des Biogases. Anschließend wird das Biogas in einem Wärmeüberträger (Humi-Hex) auf ca. 480 °C aufgeheizt und befeuchtet, sodass am Austritt eine Dampf-/Gasverhältnis von etwa 2 vorliegt. Dieses so vorbereitete Gas wird dem HotModule zugeführt.

2.2.4 Wärmeauskopplung [1]

Im Abwärmenutzungssystem wird die Brennstoffzellenabluft mit ca. 400 °C vor der Abgabe an die Atmosphäre durch Heißwassererzeugung auf ca. 145 °C abgekühlt. Die über den Wärmetauscher auf diese Temperatur gebrachte Abluft steht der Vergärungsanlage zur Trocknung der Gärreste zur Verfügung.

2.3 Der Aufbau der MCFC-Brennstoffzelle [2]

Die Schmelzkarbonat-Brennstoffzelle (Molten Carbonate Fuel Cell – MCFC) erzeugt in der Leistungsklasse von ca. 250 kW elektrisch Strom und Wärme aus Biogas. Sie verfügt über geschmolzenes Karbonat als Elektrolyt und arbeitet im Hochtemperaturbereich von 650 °C. Die MCFC-Brennstoffzelle besteht im Wesentlichen aus einem zylindrischen Stahlbehälter mit dem horizontal angeordneten Brennstoffzellen-Stapel, einer vorgeschalteten Gasaufbereitung und der nachgeschalteten Stromeinspeisung. Das Biogas mit einem Methananteil von ca. 50–70 %, einem CO_2-Anteil von ca. 30–50 % und Spurenstoffen wird im Brennstoffzellenstapel erhitzt und mit entionisiertem Wasser angereichert. Im Brennstoffzellen-Modul befinden sich außer dem Brennstoffzellen-Stapel auch eine Mischkammer für Frischluft, Anodengas und Kathodenluft, eine Sammelhaube für Kathodenabluft, zwei Umwälzgebläse und ein Heizregister, um das System auf Betriebstemperatur zu bringen. In der Anlagensteuerung zur Stromeinspeisung wird der erzeugte Gleichstrom in Wechselstrom umgewandelt. Der erzeugte Strom wird ins öffentliche Netz eingespeist, die Abwärme wird wie oben dargestellt ausgekoppelt und zur Trocknung der Gärreste verwendet. Das HotModule stellt gleichzeitig bis zu 245 kW elektrische und 120 kW thermische Leistung bereit.

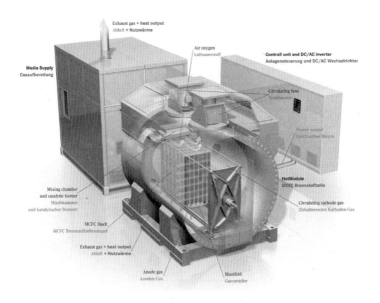

Abb. 5: HotModule mit Media Supply [3]

2.3.1 Der elektrochemische Prozess in der Brennstoffzelle [2]

Die Brennstoffzelle entspricht im Aufbau einer Batterie mit zwei Elektroden. Sie erzeugt Strom und Wärme, wenn die Anode mit Wasserstoff und die Kathode mit Luftsauerstoff versorgt wird. Zwischen Anode und Kathode befindet sich ein Elektrolyt aus Lithium- und Kaliumkarbonat. Dieser Elektrolyt besteht aus einer keramischen Membran, durch die das geschmolzene Karbonat diffundiert. Wird der Karbonat-Brennstoffzelle ein kohlenwasserstoffhaltiger Energieträger wie Methan zugeführt, so reagiert der Wasserstoff des Methans an der Anode mit den Karbonat-Ionen des Elektrolyten zu Wasser und Kohlendioxid. Dabei werden Elektronen frei. Das Kohlendioxid wird zusammen mit Luftsauerstoff der Kathode zugeführt. Unter Verbrauch von Elektronen werden an der Kathode ständig neue Karbonat-Ionen (CO_3) gebildet. Dabei wird Wärme frei. Die Karbonat-Ionen wandern durch den Elektrolyten zur Anode. Strom fließt.

Während Sauerstoff in der Luft vorkommt, muss der Wasserstoff erst aus dem Brennstoff Methan (CH_4) gewonnen werden. Dies geschieht durch das Reformierung im Innern des Brennstoffzellenstapels, bei der die wasserstoffhaltigen Brennstoffmoleküle „aufgebrochen" werden. Dieses Reformierung und der elektrochemische Prozess laufen bei ca. 650 °C ab. Die Abluft (ca. 370 °C) der Brennstoffzelle enthält Wasserdampf und Kohlendioxid. Die Schadstoffemissionen sind vernachlässigbar.

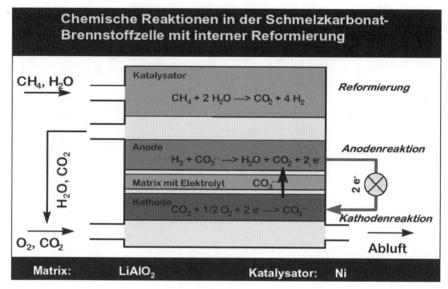

Abb. 6: Elektrochemischer Prozess in der Brennstoffzelle [3]

2.4 Vorteile der Brennstoffzelle gegenüber BHKW

Die Hochtemperatur-Brennstoffzelle hat gegenüber den Blockheizkraftwerken (BHKW) den Vorteil eines wesentlich besseren Wirkungsgrades bei der Umwandlung von Biogas in Strom. Der elektrische Wirkungsgrad der MCFC-Brennstoffzelle liegt bei über 47 %; derjenige der beiden BHKW-Motoren liegt bei max. 38 %. Der Energieträger Biomasse wird mit mindestsens neun Prozentpunkten besser ausgenutzt, was bedeutet, dass mit der gleichen verfügbaren Biomasse eine um nahezu ein Viertel größere Strommenge erzeugt werden kann.

Ein weiterer Vorteil sind die wesentlich geringeren Emissionen der Brennstoffzelle. Drei Faktoren sind für die nicht vermeidbaren Emissionen bei der Energieumwandlung mittels Verbrennungsmotor verantwortlich: Die Verunreinigungen im Biogas, die unvollständige Verbrennung sowie die hohen Verbrennungstemperaturen (bei Anwesenheit von Luftstickstoff). Vorteilhaft ist auch, dass die Zellspannung in der Brennstoffzelle vom CO_2-Gehalt des Biogases profitiert, der in der Regel zwischen 30 %–50 % liegt [3].

Unerwünschte Verunreinigungen im Biogas (z. B. Schwefel) werden in der MCFC-Brennstoffzelle schon vorab über eine Reinigungsstufe entfernt. Bei der Brennstoffzelle entstehen durch die Betriebstemperaturen von 650 °C nur sehr geringe Mengen an Stickoxiden. Sie betragen weniger als 0,5 % der Emissionen der BHKW, insbesondere weil keine Verbrennungsluft angesaugt wird. Nach der unvollständigen Verbrennung befinden sich in der Kathodenabluft nur noch Spuren von Kohlenwasserstoffverbindungen mit weniger als 10 % und Kohlenmonoxid mit weniger als 5 % im Vergleich zu den Abgaswerten der BHKW.

Die Zellspannung profitiert vom CO_2-Gehalt des Gases

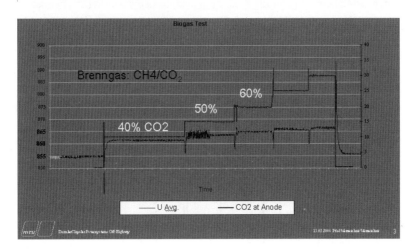

3 Erste Betriebserfahrungen

Einschließlich der Inbetriebnahmezeit und dem Probebetrieb ist die erste mit Biogas betriebene Hochtemperatur-Brennstoffzelle, mit einer Unterbrechung von rund einem Monat wegen Störungen in der Gasaufbereitung, rund ein halbes Jahr auf Leistung und erzeugt CO_2-neutral Strom und Wärme. Aus diesen Betriebserfahrungen konnten bereits Erkenntnisse für eine verbesserte und störungsfreie Gasaufbereitung gewonnen und auch umgesetzt werden.

3.1 Auswertung der ersten Betriebsmonate

Ende August 2006 begann die Inbetriebnahmephase für das HotModule mit einem anschließenden Probebetrieb. Ab Oktober 2006 nahm die Brennstoffzelle dann ihren regulären Betrieb auf. Bis Mitte Dezember lief die Brennstoffzelle mit wechselnder Last (etwa 60 % bis 100 %) und erzeugte dabei zirka 250.000 kWh Strom und knapp 80.000 kWh Wärme, die zur Trocknung der Gärreste in der Vergärungsanlage verwendet wurde. Hierfür stellte die Vergärungsanlage ca. 100.000 m³ Biogas zur Verfügung. Unter den folgenden Punkten sind sowohl die positiven Erfahrungen als auch die Schwierigkeiten dieser ersten Betriebsmonate dargestellt.

3.1.1 Positive Entwicklung

Die beiden folgenden Grafiken zeigen über einen Zeitraum von rund zwei Monaten den Verlauf der elektrischen Einspeiseleistung sowie den Einspeisewirkungsgrad. Dieser lag im Regelfall zwischen 46 % und 48 % und somit im Rahmen der prognostizierten Größenordnung. Im Ergebnis zeigt dies, dass die eigentliche Brennstoffzelle unproblematisch und konstant gefahren werden kann, sofern die Peripherieeinheiten ihre Leistung bringen.

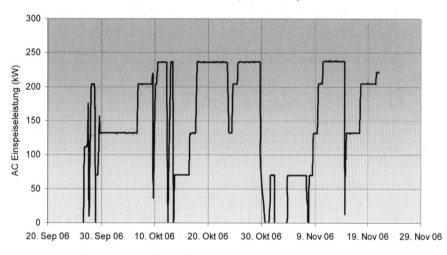

Abb. 7: Einspeiseleistung der MCFC-Brennstoffzelle Okt.–Nov. 2006 [4]

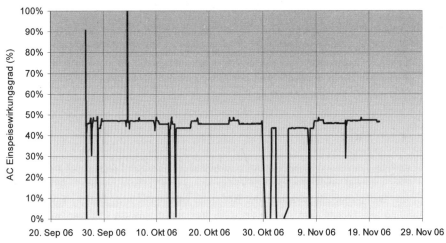

Abb. 8: Elektrischer Wirkungsgrad der Brennstoffzelle Okt.–Nov. 2006 [4]

3.1.2 Problembereiche

Die wechselnde Zusammensetzung des Biogases und hier insbesondere der Schwefelgehalt führten zum überraschend schnellen Erreichen der Beladungkapazität der Aktivkohlefilter in der Gasaufbereitung, sodass ein Austausch bereits im Dezember 2006 notwendig wurde. Nachdem auch Schadstoffe festgestellt wurden, die aus in den Behältern verarbeiteten Isoliermaterialien resultierten, war zum Schutz der Brennstoffzelle ein Umbau dieser Aggregate zwingend notwendig, was letztendlich zu einem Stillstand der Brennstoffzelle bis Mitte Januar 2007 führte. Zusätzlich tauchten verschiedene kleinere Störungen an einzelnen Peripherieeinheiten (Wasseraufbereitung, Heizkreis, Sicherheitsventilen, Stromversorgung) auf, die immer wieder zum Herunterfahren der Brennstoffzelle führten. Dies bedeutete letztendlich höheren Verbrauch an Hilfsgasen (Stickstoff, Wasserstoff, Kohlensäure) für den Standby-Betrieb der Brennstoffzelle und somit höhere Betriebskosten.

Auch die Wärmeauskopplung für die Nutzung der Abwärme der Brennstoffzelle zur Trocknung der Gärreste der Vergärungsanlage läuft momentan nur im Teillastbereich. Auch hier sind Anpassungen für die Ausnutzung des gesamten Wärmepotentials erforderlich.

3.2 Perspektiven

Sobald die Problembereiche der Einzelkomponenten in Ordnung gebracht sind und somit Störungen kaum mehr auftreten dürften, ist ein kontinuierlicher Betrieb der MCFC-Hochtemperatur-Brennstoffzelle möglich. Zur Sicherheit der Anlage sind auch eine konsequente Betriebsüberwachung durch das Personal vor Ort und die Einhaltung der Wartungsintervalle aller Aggregate notwendig. Eindeutige und belastbare Aussagen zur Wirtschaftlichkeit der Anlage dürften allerdings erst nach dem ersten Betriebsjahr möglich sein.

4 Fazit

Mit diesem Projekt leistet der Abfallwirtschaftsbetrieb des Landkreises Böblingen einen entscheidenden Beitrag zur Verringerung von Treibhausgasen, weil das Biogas aus Bioabfällen nachwachsender Rohstoffe gewonnen wird. Bei der Energiegewinnung aus Biogas wird nur so viel CO_2 freigesetzt, wie die Pflanzen während des Wachstums aufgenommen haben; diese Art der Stromerzeugung ist somit CO_2-neutral. Die Nachhaltigkeit macht das Projekt sowohl ökologisch als auch ökonomisch äußerst attraktiv. Aufgrund der Knappheit fossiler Brennstoffe und der globalen Erwärmung wird es deshalb immer wichtiger, die Brennstoffzellentechnologie zu forcieren. Nicht nur die gegenüber den BHKW bessere Stromausbeute der Brennstoffzelle (ca. neun Prozentpunkte), sondern auch die wesentlich geringeren Emissionen von beispielsweise Stickoxiden, Kohlenmonoxid und Kohlenwasserstoffverbindungen machen dieses Projekt zu einem Meilenstein der ökologisch geprägten Abfallwirtschaft des Landkreises Böblingen.

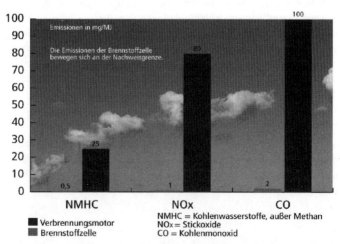

Abb. 9: Emissions-Diagramm, Vergleich Verbrennungsmotor-Brennstoffzelle [2]

5 Literatur

[1] RWE Fuel Cells GmbH, Kurzbeschreibung der Brennstoffzelle Leonberg vom 28.06.2006

[2] Abfallwirtschaftsbetrieb des Landkreises Böblingen, Broschüre Vergärungsanlage Leonberg aus 2006

[3] MTU CFC Solutions GmbH, Produktbeschreibung Brennstoffzellenkraftwerk

[4] RWE Fuel Cells GmbH, Betriebsdatenauswertung Brennstoffzelle Leonberg

Nutzung von Biogas als Kraftstoff

Ernst Schöttle

Zusammenfassung

Es werden zunächst die Überlegungen dargelegt, die zum Bau einer Biogas-Reinigungs-Anlage in Jameln, ausgehend von Rohgas (53 % CH_4) zu Reingas (96 % CH_4) geführt haben. Es folgt eine vergleichende Betrachtung der heute diskutierten Konversionspfade von Biomasse zu Kraftstoffen. Beschreibung der Biogas-Reinigungs-Anlage anhand einer Schemazeichnung. Erläuterung für die Entscheidung der RWG die Absorptionstechnologie einzusetzen. Es wird darauf hingewiesen, dass Biomasse nur dezentral ökonomisch hergestellt werden kann und damit die Möglichkeit sich eröffnet, zusätzliche Wertschöpfung im ländlichen Raum zu generieren. Abschließend wird eine Betrachtung zum Potential von Biomethan als Kraftstoff angestellt.

Wir berichten über die erste Biogastankstelle in Deutschland. Sie befindet sich in Jameln, Wendland und wurde von der Raiffeisen- und Warengenossenschaft Jameln gebaut.

Was hat uns zu der Investition in eine Biogasaufreinigungsanlage mit Tankstelle bewogen?

Zunächst wurde eine Biogasanlage projektiert und gebaut, die auf Verstromung des Biogases nach dem EEG ausgerichtet war. Die NawaRo-Anlage ist seit Dezember 2005 in Betrieb. Das Substrat besteht überwiegend aus Maissilage; als Co-Substrate werden Grassilage, Roggen und Gülle zugefüttert. Die 600 KW-Anlage produziert zwischen 6.500 bis 7.000 cbm Rohgas pro Tag und konnte in der zweiten Jahreshälfte 2006 mit einer Auslastung von 92 % betrieben werden. Neben dem Einsatz des Biogases zur Verstromung wurden mit Region Aktiv e. V., die sich im Wendland insbesondere für regenerative Energiegewinnung und Energieautonomie einsetzt, alle Aspekte der Biogasnutzung intensiv diskutiert.

Einsatzalternativen für Biogas sind nach dem heutigen Stand der Technik möglich, wenn das Rohgas, das im Mittel 53 % Methan enthält, auf ca. 95–97%iges Methan aufgereinigt wird. Biomethan dieser Qualität kann grundsätzlich **Erdgas substituieren** und könnte entweder, wie in Schweden und der Schweiz in das Erdgasnetz eingespeist werden oder an Tankstellen als Kraftstoff angeboten werden. Gerade beim Kraftstoff ist die Abhängigkeit von fossiler Energie und damit von Importen besonders hoch (99 % des Kraftstoffbedarfs werden zurzeit importiert). Die Einspeisung in das Erdgasnetz ist in Deutschland bisher nur in begrenztem Umfang möglich und setzt

Einvernehmen mit den Energieversorgern voraus. Die Firma Avacon/E.on – Energieversorger der Region – unterstützte die Tankstellenalternative, da das Tankstellennetz für Erdgas in Deutschland zunehmend ausgebaut wird.

Ausschlaggebend für die Entscheidung der Nutzung des erzeugten Biogases als Kraftstoff war die damit verbundene Option, die gesamte Wertschöpfungskette vom Anbau des Substrats bis zur Abgabe des Kraftstoffes an den Endverbraucher im Landkreis zu behalten. Der Erdgaspreis wird weiterhin steigen und die Herstellung von aufgereinigtem Methangas aus Biogasanlagen wird in naher Zukunft auch ohne Subvention konkurrenzfähig werden.

Einschätzung der Ökonomie und Nachhaltigkeit von Biomethan im Vergleich zu anderen Kraftstoffen auf Biomassebasis

Die Investitionsentscheidung beruht auch auf der positiven Bewertung von Biomethan im Vergleich zu anderen Kraftstoffen auf Biomassebasis. Für die Gewinnung von Kraftstoffen aus Biomasse gibt es verschiedene Konversionspfade. In der öffentlichen Diskussion nehmen derzeit die Konversionspfade FT-Diesel/BTL, Bioethanol und Biodiesel (RME) einen breiten Raum ein. Sie sollen hier mit dem Konversionspfad Biogas (SNG) verglichen werden.

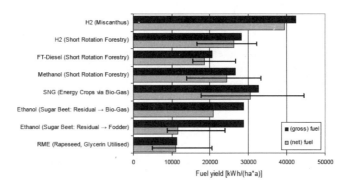

Abb. 1: *Fuel yields per hectare and year for various fuel paths - gross and net (less the amount of non-renewable energy required for production)*

Notes: Central European climate conditions
The range indicated results from various calculations.
H_2: compressed hydrogen at 250 bar; SNG: substitute natural gas at 250 bar
RME: rapeseed methyl ester

Lit.: Kraftstoffe aus erneuerbaren Ressourcen – Potenziale, Herstellung, Perspektiven M. Specht, U. Zuberbühler, A. Bandis ZSW, Stuttgart

In dieser Abbildung werden die Hektar-Erträge an Kraftstoff für die verschiedenen Konversionspfade dargestellt. Brutto- und Nettoertrag werden gegenüber gestellt.

Es zeigt sich, dass

- das Potential von **Biodiesel** bei gutem Nettoertrag durch die geringen Hektar-Erträge limitiert ist.
- **Bioethanol** bei guten ha-Erträgen hinsichtlich der Nettoerträge am schlechtesten abschneidet. Der Grund liegt darin, dass für die Herstellung von absolutem Alkohol fossile Energie eingesetzt wird.
- die ha-Erträge bei **FT-Diesel/BTL** bei gutem Nettoertrag deutlich geringer als beim Biogas ausfallen.
- **Biogas** bei sehr guten ha-Erträgen mit Abstand den besten Nettoertrag aufweist.

Dies wird verständlich, wenn man die **Energiebilanzen von BTL und Biogas** miteinander vergleicht.

Die Energiebilanz für BTL beträgt ca. 45 %, d. h. das als Substrat eingesetzte Holz (TS) wird mit einer Energieausbeute von 45 % in Dieselkraftstoff umgesetzt. Dem gegenüber beträgt die Energieausbeute bei Biomethan ca. 75 %, d. h. aus einer Tonne Biomasse (TS) erhält man 75 % ihres Energiepotentials als Methan. **Die Energiebilanz der Herstellung von Biogas ist gegenüber den anderen Konversionspfaden unerreicht.**

Die heute eingesetzten Technologien für die Herstellung von BTL und Biogas bieten sicher noch Raum für die Verbesserung der Energiebilanzen – **der große Abstand kann von BTL jedoch nicht wettgemacht werden.** Verständlich wird das bei einer Betrachtung der Technologien:

BTL:

Da der Rohstoff Holz/Stroh dezentral anfällt, spielen die Transportkosten eine entscheidende Rolle und lassen Großanlagen unökonomisch werden. Zur Lösung dieses Problems entwickelten die Firma Choren und das Institut für technische Chemie in Karlsruhe ein Konzept (BTL2), das vorsieht im ersten Schritt das Substrat dezentral zu Kohle/Teer zu pyrolisieren und im zweiten Schritt nur das Pyrolyseprodukt zentral in Synthesegas umzuwandeln.

Keine der Vergasungstechnologien produziert FT-gerechtes Synthesegas (CO/H_2 wie 1:2). Dieses FT-Synthesegas muss erst über eine Shiftreaktion hergestellt werden. Es muss hochgereinigt werden, da die bei der Fischer-Tropsch-Synthese eingesetzten Katalysatoren durch H_2S inaktiviert werden. Bei der Fischer-Tropsch-Synthese erreicht man eine Ausbeute von ca. 40 % und das Produkt besteht aus einem Kohlenwasserstoffgemisch von Methan bis C40-Kohlenwasserstoffen. Nach Abtrennung der Dieselfraktion müssen die höheren Kohlenwasserstoffe über Hydrocracking in Dieselkraftstoff umgesetzt werden.

Biomethan:

Der bei NawaRo-Anlagen überwiegend eingesetzte Mais wird nach konventionellen Methoden angebaut und geerntet. Der Ertrag kann noch gesteigert werden, da Futtermais zukünftig durch Energiemais substituiert werden wird. Für die Umsetzung der Biomasse in Biomethan werden verschiedene Fermentersysteme angeboten. Die Technologie hat sich etabliert, es ist jedoch davon auszugehen, dass ein Großteil der Anlagen noch nicht optimal betrieben wird. Auch hier sind Ertragssteigerungen wahrscheinlich. Das erzeugte Rohgas fällt in einer Zusammensetzung von ca. 53 % Methan und 46 % CO_2 an. Zur Herstellung von Biogas mit Erdgasqualität muss das Rohgas auf einen Methangehalt von 95–97 % gebracht werden.

Heute stehen dafür die in Tabelle 1 dargestellten Technologien zur Verfügung.

Tab. 1: Vor- und Nachteile der in der Praxis vorkommenden Verfahren (in Anlehnung an Persson (2003))

Vorteile	Nachteile
Druckwasser:	
- ohne Chemikalienbedarf	- Wasseranschluss erforderlich
- viel Erfahrung	- unvermeidbare Methanverluste
- ohne Regenerierung gut für Kläranlagen geeignet	- Verstopfungen im Bereich der Füllstoffe können auftreten (Bakteriensammlungen), insbesondere bei Anlagen ohne Regenerierung
	- Abhängigkeit von Außenlufttemperaturen
PSA:	
- geringer H_2-S-Gehalt im Biomethan	- Ventile können durch Staub oder Kohlepartikel verstopfen
- geringer Wassergehalt im Biomethan	- hohe Ansprüche an Ventile
- ohne Chemikalienbedarf	
- kein Wasseranschluss erforderlich	
- relativ viel Erfahrung	
Selexol:	
- wenig Strombedarf	- relativ wenig Erfahrung
- H_2S-Entnahme kombinierbar (geringe Luftzugabe in der Desorptionskolonne)	- Wärmebedarf
	- Cemikalienbedarf
	- unvermeidbare Methanverluste
	- Probleme mit Wasseranreicherung
Chemische Wäsche:	
- wenig Strombedarf	- hoher Wärmebedarf (Siedetemperatur mit Hilfe von Dampf)
- keine Komprimierung erforderlich	- Chemikalienbedarf, Handhabung toxischer Chemikalien erforderlich
- relativ viel Erfahrung	
- geringe Methanverluste (selektive Bindung von CO_2)	
- hohe Methankonzentration möglich	

Fortsetzung: Tab. 1:

Vorteile	Nachteile
Trockene Membran:	- hoher Druck von 25 bis 40 bar erforderlich - unvermeidbare Methanverluste - hoher Strombedarf - relativ wenig Erfahrung
Nasse Membran: - arbeitet unter atmosphärischen Bedingungen	- kurze Standzeiten der Membran

Grundsätzlich sind zwei Verfahren zu unterscheiden:

1) Reinigung des Rohgases durch Adsorption an Aktivkohle
2) Reinigung des Rohgases durch Absorption des CO_2 in einer Waschflüssigkeit, die aus Wasser, wässrigen Aminen, speziellen organischen Verbindungen wie Äther bestehen kann.

In der Tabelle sind die Vor- und Nachteile der verschiedenen Verfahren dargestellt. Nach intensiver Beschäftigung mit dieser Thematik haben wir uns für eine Absorptionsanlage entschieden, in der als Absorptionsmittel Genosorb (Polypropylenäther) eingesetzt wird.

Begründung:

- Eine Entschwefelung des Rohgases ist nicht erforderlich.
- Die Menge an Absorptionsmittel, die im kontinuierlichen Prozess umgepumpt werden muss, ist nur ein Drittel der Menge der Druckwasserwäsche.
- Die Anlage läuft automatisch und gestattet im Bedarfsfall ein Eingreifen von Hand.
- Durch eine spezielle Prozessführung soll der Methanverlust auf < 3 % erreicht werden.

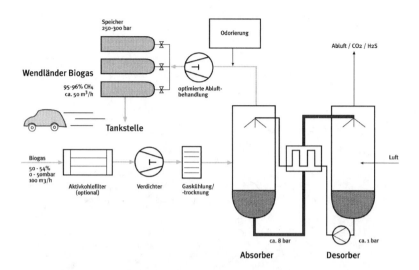

Abb. 2: Schematische Darstellung der Biogas-Reinigungs-Anlage

Das Rohgas wird auf 8 bar verdichtet und in einem Kühler auf ca. 12 °C abgekühlt, dabei getrocknet und am Sumpf der Absorptionskolonne zugeführt. Es strömt im Gegenstrom zum Absorptionsmittel zum Kopf der mit Füllkörpern gefüllten Kolonne, wobei das CO_2 absorbiert wird und das Methan gereinigt (96 %) austritt. Das mit CO_2 gesättigte Absorptions-Mittel wird über einen Wärmetauscher auf ca. 60 °C erwärmt und am Kopf der Desorptionskolonne zugeführt. Am Sumpf der Desorptionskolonne, die ebenfalls Füllkörper enthält, wird Luft im Gegenstrom zugeführt, die auf dem Weg nach oben sich mit CO_2 und H_2S belädt und über Kopf abgeht. Das so gereinigte Absorptionsmittel wird am Sumpf der Desorptionskolonne abgezogen, über den Wärmetauscher abgekühlt und der Absorptionskolonne zugeführt. Das Absorptionsmittel wird im Kreislauf in einer Menge von 6 cbm/h umgepumpt. Die H_2S-Mengen liegen im Bereich von ca. 50 ppm, da eine Entschwefelung im Fermenter durchgeführt wird.

Die Anlage läuft seit Juni 2006 zufriedenstellend. Die Optimierung der Anlage soll bis 31.03.2007 abgeschlossen sein.

Abb. 3: Biogastankstelle in Jameln

Reingas wird in einer extra verlegten Leitung zur Tankstelle geführt und dort auf 250 bar verdichtet. Derzeit sind ca. 60 Erdgasautos im Landkreis Lüchow-Dannenberg zugelassen. Es erfolgen 10–15 Tankungen pro Tag.

Schlussbetrachtung

Der Vergleich der Herstellung von Kraftstoff aus Biomasse nach BTL (Substrat Holz/Stroh) und über Fermentation zu Biogas (Substrat Mais, Getreide, Gräser, Gülle) zeigt den deutlichen Vorteil der Biogasherstellung hinsichtlich Energieeffizienz und Ökonomie in Bezug auf das erzeugte Endprodukt: Kraftstoff.

Der Nachteil von Biomethan als Kraftstoff wird in der notwendigen Umstellung von PKW auf Gasbetrieb und die damit verbundene grundlegende Änderung der Infrastruktur gesehen. FT-Diesel/BTL verlangt keine Anpassungen, es nutzt problemlos die vorhandene Infrastruktur. In welcher Art und welchem Umfang dieser Unterschied zur Wirkung kommt, wird der Einfluss der wesentlichen Kriterien entscheiden

- Verknappung der Energieressourcen
- Wirtschaftlichkeit
- Nachhaltigkeit

In der Literatur, auch in der Öffentlichkeit werden derzeit schwerpunktmäßig die Technologien Bioethanol und BTL diskutiert. Die Machbarkeit, konkret: die Verfügbarkeit der Biomasse steht hinter dieser Debatte zurück, wird aber zukünftig immer mehr Bedeutung erlangen. Geht man davon aus, dass die verfügbare Biomasse für die beiden Konversionspfade BTL und Biogas in der gleichen Größenordnung liegt, ist vorhersehbar, dass es in naher Zukunft eine Konkurrenz über die verfügbare Biomasse geben wird. Bei BTL ist insbesondere mit einer Konkurrenz beim Einsatz von Holz als Hackschnitzel oder Pellets zu rechnen. Bei der Biogasherstellung wird es eine Konkurrenz bei der Nutzung der 12 Mio. ha Ackerland in Deutschland für die Herstellung von Nahrungsmitteln versus Energiepflanzen geben.

Unter strategischen Gesichtspunkten muss zudem beachtet werden, dass die Biomasse mit geringer Energiedichte (beinhaltet bis zu 80 % Wasser) im ländlichen Raum anfällt und vor Ort verarbeitet werden muss. Nur so ist Energieerzeugung aus Biomasse ökonomisch machbar. Zentrale Großanlagen sind wegen des hohen Energieaufwandes für den Transport des Rohstoffs unwirtschaftlich (Grenzentfernungen für den Transport von Gülle sind 5 km, für NawaRo 10 km, Holz/Stroh 30 km).

Um das zu konkretisieren, d. h. das Potential zur Herstellung von Biomethan als Kraftstoff möglichst realistisch einzuschätzen, wurde folgende Modellrechnung angestellt: Im Landkreis Lüchow-Dannenberg sind zz. ca. 20 Biogasanlagen in Betrieb. Dreißig 600 KW-Anlagen könnten von 15 % der landwirtschaftlich genutzten Ackerflächen, inklusive Stilllegungsflächen, mit Substrat versorgt werden. Wenn das erzeugte Biogas auf 96%iges Methan aufgereinigt würde, könnten bei einem Kraftstoffbedarf von 5–6 kg Methan pro 100 km etwa 40.000 PKW bei einer jährlichen

Fahrleistung von 15.000 km versorgt werden. Zugelassen sind derzeit im Landkreis Lüchow-Dannenberg ca. 50.000 PKW.

Aus dieser Betrachtung wird deutlich, dass Biomethan als Kraftstoff langfristig fossile Energieträger substantiell ersetzen kann.

Verfahren zur Reinigung von Biogas

Kathrin Müller, Stephan Prechtl, Martin Faulstich

Zusammenfassung

Biogas entsteht als Abbauprodukt von Biomasse bei der anaeroben Vergärung. Die Qualität von Biogas wird durch den Gehalt an Methan, Kohlendioxid, Schwefelwasserstoff, Ammoniak und weiteren Spurengasen, beispielsweise halogenierten Verbindungen, Siloxanen sowie Wasserdampf bestimmt. Um eine energetische Verwertung von Biogas zu ermöglichen, ist eine Entfernung dieser Nebenbestandteile in Abhängigkeit vom Einsatzgebiet (z. B. Motor, Erdgasersatz, Brennstoffzelle usw.) erforderlich.

Der Beitrag befasst sich mit der Entschwefelung und Anreicherung von Methan aus Biogas. Für die Biogasreinigung wird das BioSulfex®-Verfahren des ATZ Entwicklungszentrums betrachtet. Das Ziel ist die quantitative Reduzierung von Schwefelwasserstoff. Die weiterführenden Untersuchungen haben die Anreicherung von Methan aus dem entschwefelten Biogas bis auf Erdgasqualität zum Ziel. Dazu werden kommerziell erhältliche Polymer- und Kohlenstoffmembranen untersucht.

1 Einleitung

Die Qualität von Biogas wird durch dessen Gehalt an Methan, Kohlendioxid, Schwefelwasserstoff, Ammoniak und weiteren Spurengasen (z. B. halogenhaltige Verbindungen, Siloxane) sowie Wasserdampf bestimmt. Die Zusammensetzung hängt im Wesentlichen von der Art der eingesetzten Rohstoffe ab und kann durch die Prozessführung lediglich geringfügig beeinflusst werden.

Bei der derzeitigen Verwendung von Biogas in Motoren oder der direkten Verfeuerung (z. B. Heiz- oder Dampfkessel) verursachen unerwünschte Bestandteile (Ammoniak, Schwefelwasserstoff, Schwebstoffe u. a.) Probleme. Deshalb muss insbesondere die Hauptverunreinigung Schwefelwasserstoff – üblicherweise im Konzentrationsbereich von 2.000 bis 6.000 ppm – sicher entfernt werden. Für die sich zukünftig abzeichnenden Verwertungsmöglichkeiten, vor allem die direkte Einspeisung in das Gasnetz, die Verwendung als Treibstoff aber auch für die nachfolgende Wasserstoffproduktion, ist eine wesentlich umfassendere Biogasaufbereitung erforderlich.

2 Verfahren der Entschwefelung

Eine Vielzahl verschiedener Verfahren wurde entwickelt, um die mengenmäßig bedeutendste Schadkomponente Schwefelwasserstoff aus Biogas zu entfernen. Grundsätzlich wird zwischen chemisch/physikalischen, biologischen und kombinierten Verfahren unterschieden. Abbildung 1 zeigt eine Aufstellung verschiedener Verfahren zur Entfernung von Schwefelwasserstoff aus Biogas:

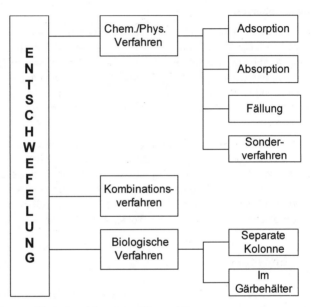

Abb. 1: Verfahren zur Entschwefelung von Biogas [1]

Praktische Bedeutung haben folgende Verfahren, die anschließend ausführlicher beschrieben werden:

- Adsorption an eisenhaltigen Massen
- Adsorption an Aktivkohle
- Laugenwäsche
- Fällung durch Eisensalzzugabe
- Kombinierte Verfahren
- Biologische Entschwefelung

Um Biogas in das Gasnetz einspeisen zu können, muss es bestimmte Qualitätsanforderungen erfüllen, die im Arbeitsblatt DVGW G 260 zusammengefasst sind.

Chemische und physikalische Verfahren

Adsorption an eisenhaltigen Massen

Schwefelwasserstoff reagiert leicht mit Eisenoxiden und -hydroxiden. Der Schwefel wird dabei als Eisensulfid in der Reinigungsmasse gebunden, die dadurch verbraucht wird und regeneriert werden muss. Die Regeneration erfolgt durch Zugabe von Sauerstoff, wodurch das Eisensulfid unter Bildung von elementarem Schwefel wieder zu Eisenoxid bzw. -hydroxid oxidiert wird [2, 3].

Adsorption an Aktivkohle

Bei diesem Verfahren erfolgt die Entfernung des Schwefelwasserstoffes durch katalytische Oxidation des an der Aktivkohleoberfläche adsorbierten Schwefelwasserstoffes. Durch die Imprägnierung der Aktivkohle mit z. B. Kaliumiodid oder Kaliumcarbonat kann die Reaktionsgeschwindigkeit und damit die Beladungskapazität erhöht werden.

Dieses Verfahren ist allerdings ohne eine Vorabscheidung von H_2S nicht wirtschaftlich realisierbar. Eingesetzt wird es deshalb in erster Linie zur Feinstreinigung, wenn H_2S-Konzentrationen < 1 ppm gefordert werden oder wenn neben Schwefelwasserstoff auch andere Stoffe wie Siloxane oder Halogenverbindungen entfernt werden sollen [4, 5].

Laugenwäsche

Absorptions- oder Waschverfahren mit flüssigem Reaktionspartner haben prinzipiell den Vorteil einer relativ einfachen Handhabbarkeit und der Möglichkeit zur Automatisierung. Ihren Ursprung haben sie in der Erdöl- und der Erdgasaufbereitung, der chemischen Industrie und der Kokereitechnik. Bei den gängigen Verfahren wird ausgenutzt, dass Schwefelwasserstoff ein „saures Gas" ist, das sich mit Hilfe von Basen chemisch binden lässt.

Wäsche mit Aminen

Bei großtechnischen Anwendungen, wie z. B. bei der Aufbereitung von Erdgas (> 20.000 m³/d) werden Aminlösungen, z. B. Mono-Ethanol-Amin (MEA) oder Di-Ethanol-Amin (DEA) als Waschlösung verwendet. Neben der Abtrennung von H_2S wird bei diesen Prozessen auch die Abscheidung von CO_2 angestrebt. Auf Biogasanlagen mit in der Regel deutlich niedrigeren Volumenströmen ist dagegen kein wirtschaftlicher Betrieb zu erzielen.

Fällung durch Eisensalzzugabe

Die Schwefelwasserstoffbildung lässt sich durch die Zugabe von Eisenionen in den Fermenter unterbinden, da in diesem Fall die Sulfidionen schwer lösliche Eisensulfidverbindungen eingehen. Diese sehr schnell ablaufende Reaktion verhindert, dass undissoziierter Schwefelwasserstoff freigesetzt wird. Die Eisenionen werden dem zu vergärenden Rohsubstrat beigemischt und als Metallsulfid mit der Gärflüssigkeit ausgetragen [6].

Kombinierte Verfahren

Die Verknüpfung einer Natronlaugenwäsche mit der biologischen Oxidation von Hydrogensulfid wird beim THIOPAQ®-Verfahren der Firma Paques (Holland) eingesetzt. Das Rohgas wird über einen Waschturm geführt. Im Gegenstrom wird eine Waschflüssigkeit verrieselt. Dadurch wird der Schwefelwasserstoff chemisch absorbiert. Nach der Beladung mit Hydrogensulfid wird die Waschflüssigkeit in den Bioreaktor gefördert. Das Hydrogensulfid oxidiert an den Bakterien unter Sauerstoffzufuhr zu elementarem Schwefel und in geringerem Maß zu Schwefelsäure. Durch diese Reaktion werden die vorher gebundenen Hydroxidionen wieder freigesetzt und die Waschflüssigkeit wird regeneriert, was zu einer deutlichen Senkung des Verbrauches von Lauge führt.

Zur Kombination von Eisensalzwäsche und biologischer Regeneration, dem sogenannten Eisen-Bio-Prozess fanden erste Untersuchungen in einer Laboranlage mit einem Volumen von wenigen Litern statt [7]. Die Oxidation des Schwefelwasserstoffs erfolgt in einem Wäscher, in dem das Biogas im Gegenstrom zu einer Waschlösung mit Fe^{3+}-Ionen geführt wird. Die verbrauchte Waschlösung wird anschließend dem Bioreaktor zugeführt, welcher die Bakterienkultur Thiobacillus ferrooxidans enthält. Diese Bakterien sind in der Lage, die Fe(II)-Ionen unter Sauerstoffverbrauch zu Fe(III)-Ionen zu oxidieren. Das entstehende Elektron wird über die Atmungskette der Bakterien auf Sauerstoff übertragen [8].

Biologische Verfahren

Biologische Entschwefelung im Gasraum des Gärbehälters

Die gängigste Methode zur Reduzierung des Schwefelwasserstoffgehalts in Biogas ist die direkt im Fermenter stattfindende biologische Entschwefelung. In landwirtschaftlichen Biogasanlagen kommt fast ausschließlich dieses Verfahren zum Einsatz.

Die für den biologischen Abbau von Schwefelwasserstoff zu Schwefel oder Schwefelsäure verantwortlichen Mikroorganismen sind bereits im Gärsubstrat vorhanden. Der dafür benötigte Sauerstoff muss zudosiert werden. Die erforderliche Mindestmenge wird durch die Stöchiometrie der Abbaureaktionen vorgegeben. Aufgrund der schlechten Steuerbarkeit ist jedoch eine deutlich überstöchiometrische Zugabe von Luft erforderlich. In der Praxis wurde ein Bedarf von bis zu 10 % Luft im Biogas ermittelt [2].

Biologische Entschwefelung in einem nachgeschalteten Biowäscher

Bei der Entschwefelung von Biogas in nachgeschalteten Biowäschern werden, wie bei der direkten Entschwefelung im Gärbehälter, Mikroorganismen zur H_2S-Entfernung eingesetzt. Es laufen auch dieselben biologischen und chemisch-physikalischen Reaktionen ab. Der Unterschied gegenüber der Entschwefelung im Gärbehälter besteht in der räumlichen Trennung von Biogasproduktion und Entschwefelung. Diese findet in einem separaten Reaktor statt, der z. B. zwischen Gärbehälter und Gasspeicher geschaltet wird. Dadurch lassen sich Korrosionsprobleme im Biogasreaktor vermeiden und eine effizientere Entschwefelung erreichen [2].

Mit dem vom ATZ Entwicklungszentrum entwickelten biologischen Entschwefelungsverfahren (BioSulfex®-Verfahren) können bereits stabile Abbauleistungen von über 90 % unter Praxisbedingungen eingehalten werden.

Abb. 2: Technische Ausführung des ATZ-BioSulfex®-Verfahren

3 Methananreicherung

Um das Methan im Rohgas anzureichern, ist eine Abtrennung des Kohlendioxides erforderlich. Das Aufbereiten von Biogas auf Erdgasqualität wird in Schweden, Holland und der Schweiz bereits realisiert. Bereits bis zu 60 Anlagen mit einer Leistung von rund 125 MW Rohgas-Brennstoffwärmeleistung existieren in Europa. Damit kann die Biogasaufbereitung als Stand der Technik bezeichnet werden [9].

Die Methananreicherung kann durch unterschiedliche Verfahren erfolgen. Unter anderem kommen die Druckwechseladsorption, die Druckwasserwäsche, die Gaswäsche, die kryogene Gastrennung und die Membrantrennung zum Einsatz [10].

Bei der Druckwechseladsorption werden Aktivkohlen, Molekularsiebe und Kohlenstoffmolekularsiebe zur Gastrennung verwendet. Dabei wird das unterschiedliche Adsorptionsverhalten der Gase Methan und Kohlendioxid genutzt. Die Druckwasserwäsche basiert auf dem physikalischen Prinzip der Lösung von Gasen in Flüssigkeiten. Die Löslichkeit steigt mit zunehmendem Druck an, weshalb mit komprimiertem Biogas gearbeitet wird. Das Verfahren der Gaswäsche ist mit dem der Druckwasserwäsche vergleichbar. In diesem Fall werden die unerwünschten Gasbestandteile nicht durch physikalisches Lösen, sondern durch chemisches Binden an eine Waschflüssigkeit (z. B. Mono-Ethanol-Amin) entfernt. Zur Beschleunigung werden Druck und Temperatur erhöht. Die kryogene Gastrennung macht sich den Umstand zunutze, dass die einzelnen Komponenten von Biogas unterschiedliche Kondensationstemperaturen besitzen.

Eine weitere Möglichkeit der Trennung von CH_4, CO_2 und Gasbegleitstoffen bietet das Membran-Trennverfahren aufgrund der unterschiedlichen Permeabilität des Membranmaterials für die verschiedenen Gasmoleküle. Die entscheidende Triebkraft bei Membrantrennprozessen ist bei Porenmembranen ein Druckgefälle und bei Lösungs-Diffusionsmembranen eine unterschiedliche Löslichkeit und Diffusionsgeschwindigkeit von Gasen über der Membran [11]. Die Membrantechnik und insbesondere die Verfahren der Gaspermeation sind ein relativ neues Verfahren der Gasaufbereitung und -konditionierung. Es werden zwar heute bei der Erdgaskonditionierung bereits vereinzelt Membrantrennverfahren eingesetzt, die Trennleistungen reichen zurzeit aber noch nicht aus, um die geforderten Produktreinheiten allein mit Membranverfahren zu erreichen. Bei der Biogasaufbereitung sind Membrantrennanlagen derzeit nur vereinzelt als Pilotanlagen in Schweden oder der Schweiz anzutreffen [9, 11].

Dementsprechend gibt es nur geringe Betriebserfahrungen und Informationen zu dieser Technologie, die mit Standzeiten von derzeit max. drei Jahren [11] noch nicht zum Stand der Technik zählt. Zudem arbeiten sie erst ab einem Volumenstrom von 500 m³/h wirtschaftlich. Vorteilhaft sind dagegen der sehr einfache Aufbau, die einfache, nahezu wartungsfreie und unkomplizierte Handhabung des Verfahrens und die damit verbundene hohe Betriebssicherheit.

4 Aktuelle Arbeiten des ATZ Entwicklungszentrum

Zur Anreicherung von Methan aus Biogas auf Erdgasqualität wird am ATZ Entwicklungszentrum derzeit eine Kombination aus biologischer Entschwefelung und Membrantrenntechnik eingesetzt. Die Entschwefelung ist dabei von grundlegender Bedeutung, da Schwefelwasserstoff die Lebensdauer und Trennleistung der Membranen negativ beeinflusst.

Die quantitative Entfernung von Schwefelwasserstoff aus Biogas wurde mit dem ATZ-BioSulfex®-Verfahren vorgenommen. Als Oxidationsmittel wurde reiner Sauerstoff eingesetzt, um dem Biogas keine zusätzlichen Gase wie Stickstoff zuzuführen, die in einer weiteren Reinigungsstufe nach der Entschwefelung wieder entfernt werden müssten. Dabei galt es, die biologische Entschwefelung so zu steuern, dass bei ausreichender Reinigungsleistung die Sauerstoffkonzentration im Reingas auf ein Minimum reduziert werden kann. Weiterhin wurden im Rahmen einer Experimentalstudie grundlegende Erkenntnisse zur Eisensalzwäsche mit einer nachfolgenden biologischen Regeneration der Eisensalze erarbeitet.

Im Anschluss an die biologische Entschwefelung wurde die Methananreicherung durch das Verfahren der Gaspermeation untersucht. Als Zielwert wurden eine CO_2-Konzentration von max. 3–4 % und eine CH_4-Konzentration von min. 96 % angestrebt. Die Trennung des Gasgemisches Methan/Kohlendioxid erfolgte an kommerziell verfügbaren Membranen, die für diese Anwendung erprobt wurden. Es wurden sowohl porenfreie organische Polymermembranen als auch mikroporöse anorganische Membranen untersucht.

5 Ergebnisse

5.1 Biologische Entschwefelung mit reinem Sauerstoff

Die Untersuchungen zur biologischen Reinigung wurden mit reinem Sauerstoff als Oxidationsmittel durchgeführt. Die Sauerstoffkonzentration im Reingas sollte dabei, unter der Vorgabe einer stabilen und möglichst hohen Reinigungsleistung, auf einen Restgehalt von ca. 1.000 ppm reduziert werden. Im Rahmen der Untersuchungen wurde weiterhin auch die dynamische Reaktion des biologischen Systems bei konstanter und variierender Schwefelwasserstoffkonzentration sowie bei wechselnden Belastungen bei variierender Sauerstoffdosierung untersucht [13].

Zudem wurde die H_2S-Reduktionsrate speziell bei sich veränderten Rahmenparametern wie z. B. der Sauerstoffdosierung, betrachtet. Dadurch sollten Rückschlüsse auf Stofftransport- und Stoffumsetzungsprozesse ermöglicht werden.

Die Ergebnisse und Erkenntnisse der Versuche mit einer stöchiometrischen Dosierung von reinem Sauerstoff und niedrigen H_2S-Konzentrationen (bis 1.000 ppm) zeigten, dass eine Reduzierung des Schwefelwasserstoffgehalts um ca. 80 % erreicht werden kann.

Tab. 1: Zusammenfassung der Ergebnisse zur biologischen Reinigung von Biogas mit reinem Sauerstoff [13]

O_2-Dosierung	H_2S im Rohgas	H_2S-Reduktionsrate	Bemerkung
$\lambda < 1$	1.000 ppm	65 %	kein O_2 im Reingas
$\lambda = 1$	1.000 ppm	85 %	kein O_2 im Reingas
$\lambda > 1$	1.000 ppm	95 %	2.000 ppm O_2 im Reingas

Bei einem H₂S-Gehalt von 1.000 ppm im Rohgas und einer stöchiometrischen Zugabe von reinem Sauerstoff ($\lambda \approx 1$) wurde eine 85%ige Entfernung von H_2S erreicht (ca. 13.000 ppm/h). Zudem wurde kein Sauerstoff im Reingas nachgewiesen.

Eine unterstöchiometrische Sauerstoffdosierung ($\lambda < 1$) führte zu einer Verschlechterung der Reduktionsrate auf ca. 65 % (ca. 10.000 ppm/h). Trotz unterstöchiometrischer O_2-Dosierung wurde eine stetige Verbesserung der Reduktionsrate mit zunehmender Versuchsdauer beobachtet. Dies deutete auf eine Anpassung des Stoffwechsels der Mikroorganismen an die veränderten Sauerstoffkonzentrationen hin.

Bei überstöchiometrischer O_2-Zugabe wurde eine nahezu vollständige Abreinigung von über 95 % erreicht. Dies entspricht einer spezifischen Reduktionsrate von ca. 17.000 ppm/h. Im Reingas wurde jedoch ein Sauerstoffanteil von ca. 2.000 ppm nachgewiesen.

Im Rahmen einer Experimentalstudie wurden für die Eisensalzwäsche mit nachfolgender biologischer Regeneration der Eisensalze (Eisen-Bio-Prozess) grundlegende Ergebnisse und Erkenntnisse erarbeitet. In den Versuchsreihen der Experimentalstudie wurde eine gute H_2S-Reduktionsrate von 87 und 93 % bei H_2S-Konzentrationen bis 2.500 ppm ermittelt [13].

5.2 Methananreicherung

Die grundlegenden Untersuchungen zur Trennung des Gasgemisches Methan/Kohlendioxid erfolgten an zwei unterschiedlichen verfügbaren Membranmaterialien. Es wurden porenfreie organische Polymermembranen und poröse anorganische Kohlenstoffmembranen untersucht.

Der Gastrennungsmechanismus der porenfreien organischen Polymermembranen basiert auf den unterschiedlichen Permeabilitäten der Gase. CO_2-Moleküle durchwandern die Membran schneller als CH_4-Moleküle. Um den Trennvorgang zu beschleunigen, wird mit einem Druck von 25 bis 40 bar gearbeitet. An der Hochdruckseite der Membran sammelt sich somit das Methan an, während die meisten CO_2-Moleküle (und auch geringe Mengen CH_4) diese passieren [11].

Abb. 3: Polymermembran [14]

Abb. 4: Kohlenstoffmembran [15]

Der Trennmechanismus der porösen Membranen wird durch das Porenmodell bestimmt. Dieses beschreibt den rein konvektiven Stofftransport durch die Poren einer mikroporösen anorganischen Membran. Dabei werden Partikel oder Makromoleküle, die größer sind als die Porenöffnung zurückgehalten, während kleinere Partikel (in diesem Fall Kohlendioxid) durch die Poren strömen. [11].

In den grundlegenden Untersuchungen wurde deutlich, dass mit dem Polymer-Hohlfasermodul prinzipiell eine Trennung der Gasgemische möglich ist. Die Kohlenstoffmembranen von MAST Carbon waren nicht in der Lage, die Gasgemische aufzutrennen. Mögliche Ursachen lagen in den zu großen Poren in der Deckschicht oder möglicherweise auch in zusätzlichen Defekten der Oberfläche [12, 15].

In weiterführenden Untersuchungen soll eine größere Anzahl an Messungen durchgeführt werden, um das für den praktischen Einsatz zur CO_2-Abtrennung aus Biogas relevante Parameterfeld abzudecken. In der Literatur werden für optimierte Polymermembranen deutlich bessere Trennfaktoren für Kohlendioxid und Methan angegeben. Bei Verwendung solcher Materialien werden Trennfaktoren um 60 bis 100 angegeben. Zudem werden höhere CO_2-Durchlässigkeiten der Membranen gemessen. Hierdurch würde die Methanausbeute deutlich höher ausfallen. Mit neuen, modifizierten Membranmodulen sollen die Messreihen wiederholt werden. Die Auswirkungen von höheren Druckdifferenzen und auch die Zugabe von geringen Mengen an Schwefelwasserstoff zu den Gasgemischen soll untersucht werden. Deuten sich bessere Trennfaktoren und eine erhöhte Methanausbeute an, werden die Membranen im Praxiseinsatz an einer Biogasanlage getestet.

6 Ausblick

Die Untersuchungen zur biologischen Entschwefelung von Biogas mit dem ATZ BioSulfex®-Verfahren und der anschließenden Methananreicherung weisen ein hohes Potenzial für die Erzeugung von reinem Methan auf.

Die Verwendung von reinem Sauerstoff als Oxidationsmittel hat sich als vorteilhaft erwiesen, da eine weitere Reinigungsstufe zur Entfernung von z. B. Stickstoff entfällt. Durch verfahrenstechnische Optimierungen des biologischen Wäschers könnte eine weitere Verbesserung der Reinigungsleistung erreicht werden. Dadurch ließe sich die Effizienz des gesamten Reinigungssystems steigern.

Um belastbare Daten bezüglich der Gastrennung von Methan und Kohlendioxid zu gewinnen, sind weitere Versuche mit variierenden Betriebsparametern notwendig. Dazu sind Untersuchungen an kommerziell erhältlichen Membranen vorgesehen, um verlässliche Angaben über den erreichbaren Wirkungsgrad (Methangasgehalt) und die damit zusammenhängenden Gestehungskosten (ct/kWh) machen zu können. Zudem werden die Membranen auf ihre Beständigkeit gegenüber Verunreinigungen durch Schwefelwasserstoff getestet.

7 Literatur

[1] Muche, H., Oles, J., Voß, U.: Technik anaerober Prozesse; Technische Universität Harburg, 7.–9.10.1998; 247–261

[2] Köberle, E.: Maßnahmen zur Verbesserung der Biogasqualität in landwirtschaftlichen Biogasanlagen, Berichte zur 8. Biogastagung, Fachverband Biogas 1999; S. 41–54

[3] Muche, H.: Entschwefelungsanlagen für Biogas. www.mucheanlagenbau.de (2002)

[4] Hedden, K., Klein, J., Jütgen, H.: Adsorptive Reinigung von schwefelwasserstoffhaltigen Abgasen, VDI-Bericht 1976 Nr. 253, S. 37–42

[5] Jenbacher (2002): Jenbacher AG, A-6200 Jenbach

[6] Ries, T.: Reduzierung der Schwefelwasserstoffbildung im Faulraum durch Zugabe von Eisenchlorid, Schriftenreihe Siedlungswasserwirtschaft RUB 1993 Nr. 25

[7] Pagella, C., De Faveri, D. M.: H_2S gas treatment by iron bioprocess, Chemical Engineering Science 2000 Nr. 55, S. 2185–2194

[8] Asai, S., Konishi, Y., Yabu, T.: Kinetics of absorption of hydrogen sulfide into aqueous ferric sulfate solutions, A.I.Ch.E. Journal 1990 Nr. 36 9, S. 1331–1338

[9] Institut für Energetik und Umwelt: Evaluierung der Möglichkeiten zur Einspeisung von Biogas in das Erdgasnetz, Auftraggeber: Fachagentur für Nachwachsende Rohstoffe e.V., FKZ 220211103

[10] Weiland, P.: Notwendigkeit der Biogasaufbereitung, Ansprüche einzelner Nutzungsrouten und Stand der Technik in: Fachagentur Nachwachsende Rohstoffe e.V.:, Gülzower Fachgespräche, Band 21, „Aufbereitung von Biogas", 17.–18.06.2003

[11] Melin, Th., Rautenbach, R.: Membranverfahren – Grundlagen der Modul- und Anlagenauslegung, 2. Auflage, Berlin, Springer Verlag, 2004, S. 532

[12] Stern, S. A.: Polymers for gas separation: the next decade, Journal of Membrane Science 1994 Nr. 94, S. 1–65

[13] ATZ Entwicklungszentrum: Netzwerk: Gasaufbereitungstechnologien und -verfahren zur Nutzung regenerativer Gase ReGasNet, Abschlussbericht Teilprojekt 2: Reinigung von Biogas, FKZ: 01FS0306

[14] www.airproducts.com (Download Februar 2005)

[15] www.mastcarbon.com (Download Februar 2007)

[16] Rao, M. B., Sircar, S.: Nanoporous carbon membranes for separation of gas mixtures by selective flow, Journal of Membrane Science 1993 Nr. 85, S. 253–264

Milchsäurefermentation von biogenen Abfällen

Clemens Rohde, Johannes Jager

1 Einleitung

Die erfolgreiche Einführung neuer Techniken für die Abfallbehandlung ist nicht nur von ihrer guten Integration in das abfallwirtschaftliche Gesamtsystem abhängig. Lokale Rahmenbedingungen bestimmen auch die Möglichkeiten zur Vermarktung der im Sinne der Kreislaufwirtschaft erzeugten Produkte. Märkte für diese Produkte müssen vorhanden sein oder geschaffen werden können. Neben etablierten Produkten wie Kompost als stoffliches Produkt sowie Energie in Form von Strom und Wärme sind aktuell weitere Möglichkeiten zur stofflichen Verwertung biogener Abfälle in der Diskussion. Beispielhaft sei hier die Wasserstofffermentation von Bioabfällen oder Klärschlamm genannt (Krupp et al. 2005).

In dem hier dargestellten Forschungsprojekt wird die Eignung von Bioabfällen als Ausgangsstoff zur Erzeugung von Milchsäure untersucht. Die möglichen Einsatzzwecke von Milchsäure sind im Folgenden dargestellt. Daran anschließend werden die Ergebnisse von Versuchen im Labormaßstab beschrieben und diskutiert. Abschließend wird ein Überblick über die Ergebnisse der abgeschlossenen großmaßstäblichen Versuche gegeben.

2 Die Milchsäure

Milchsäure (2-Hydroxypropionsäure) ist eine natürlich vorkommende, chirale, alpha-Hydroxycarbonsäure, die in einer D(-) oder L(+) Form auftritt. Milchsäure wurde erstmals 1780 vom schwedischen Chemiker Scheele beschrieben (Datta et al. 1997). Für Milchsäure existiert ein Markt mit potentiellen Wachstumschancen als biologischer Rohstoff zur Produktion von Biopolymeren (Bray 1998). Diese Biopolymere aus Milchsäure, auch als PLA (poly lactic acid) bezeichnet, werden unter anderem im medizinischen Bereich als biokompatible und biologisch abbaubare Implantate zur Osteosynthese verwendet (Hüsing 2003).

Auch im Verpackungsbereich sehen Experten ein großes Anwendungspotential für PLAs, so z. B. als Kunststoffverpackung für Lebensmittel und Getränke, Bonbonpapier sowie Artikel für Haushalt und Büro. Im Fasersektor liegen mögliche Anwendungsoptionen in der Herstellung von Fasern, Bekleidung und Teppichwaren, die sich durch Eigenschaften wie Knitterfestigkeit, guter Griff und Fall, guter Feuchtigkeitshaushalt und Elastizität auszeichnen (Ohman 2000). Die Polymere sind transparent, was gerade für die Verwendung im Verpackungsbereich wichtig ist. Sie weisen eine hohe Haltbarkeitsdauer auf, die über die Zusammensetzung und das Molekulargewicht gesteuert werden können (Datta et al. 1997).

Weitere Verwendungsmöglichkeiten von Milchsäure sind ihr Gebrauch als Geschmacksstoff oder Konservierungsmittel z. B. in Süßigkeiten, Marmelade oder Mayonnaise. Des Weiteren findet Milchsäure Anwendung in der Leder und Textilindustrie zur Entkalkung der Tierhäute und zur Färbung mit sauren Farbstoffen.

Auch zur Erzeugung von „grünen" Lösungsmitteln aus Lactatestern kann Milchsäure verwendet werden. Diese haben den Vorteil, ungiftig, nicht flüchtig und biologisch abbaubar zu sein.

Polymere der L-Milchsäure mit niedrigem Molekulargewicht wirken in adäquaten Konzentrationen wachstumsfördernd auf Pflanzen und können somit auch als Dünger eingesetzt werden. Weiter wird Milchsäure als Emulsionsvermittler, vor allen Dingen in der Backmittelindustrie als Additiv in Fertigkuchenbackmischungen, verwendet. Auch in der Kosmetikindustrie findet Milchsäure Anwendung. Als Kalziumsalz kommt Milchsäure in Zahnpasta wegen seiner präventiven Wirkung gegen Karies zum Einsatz. Die optisch reinen Formen der Milchsäure werden in Esterform zur Produktion von Herbiziden verwendet (Datta et al. 1997).

Das Jahresproduktionsvolumen von Milchsäure wird weltweit auf 80.000 Tonnen geschätzt, wobei hiervon 90 % durch bakterielle Fermentation produziert werden und 10 % durch die Hydrolyse von Lactonitrilen synthetisiert werden.

Die fermentative Produktion hat gegenüber der chemischen Synthese den Vorteil, dass bei Wahl eines spezifischen Stammes nur eins der Isomeren der Milchsäure produziert wird und so ein optisch reines Produkt erhalten werden kann. Bei der chemischen Synthese erhält man hingegen ein racemisches Gemisch, das allerdings mit einem gewissen Aufwand in seine Isomere aufgespaltet werden kann. Die Reinheit des erzielten Produktes hängt maßgeblich vom eingesetzten Substrat ab. So wird die reinste Milchsäure durch die Verwendung von hochreinen Zuckern erzielt. Das Problem hierbei ist, dass solche Substrate sehr teuer sind und deshalb in der Regel nicht zum Einsatz kommen (Hofvendahl et al. 2000).

Der große Vorteil in der Verwendung von Stärke als Substrat besteht in seiner guten Verfügbarkeit in großen Mengen und in dem daraus resultierenden günstigen Preisen. Die Hauptquelle zur Gewinnung von Glucose ist in den USA der Mais, da dieser sehr günstig produziert werden kann (Varadarajan und Miller 1999). Eine weiterere günstige Kohlenstoffquelle stellt Melasse dar, die ein Abfallprodukt bei der Zuckerherstellung ist und einen hohen Anteil (33 %–50 %) an Saccharose, Raffinose und Invertzucker aufweist.

Eine ebenfalls günstige Kohlenstoffquelle stellt Lignocellulose dar. Dieser Rohstoff liegt in Form von Holz in großen Mengen vor. Allerdings ist die Umwandlung dieses Materials in fermentierbaren Zucker nicht einfach und benötigt normalerweise hohe

Temperaturen oder die Verwendung von Chemikalien, die für die Mikroorganismen toxisch sind. Neureiter et al. (2004) haben am IFA-Tulln auf Grund dieser Problematik eine praktikable Methode entwickelt, um lignocellulosehaltige Biomasse so aufzuschließen, dass eine anschließende Milchsäurefermentation problemlos durchführbar ist.

Die Milchsäuregewinnung aus regenerativen Rohstoffen lässt sich grob in die folgenden vier Schritte unterteilen (Hofvendahl et al. 2000):

1) Vorbehandlung des Substrates (evtl. Hydrolyse zu monomeren Zuckern)
2) Fermentation des Zuckers zu Milchsäure
3) Abtrennung der Bakterien sowie anderweitigen Feststoffen aus der Fermentationsbrühe
4) Aufreinigung der Milchsäure (MS)

Im Folgenden werden Laborversuche zur Umsetzung der ersten beiden Schritte beschrieben, die beiden weiteren Schritte bieten Potential für weitere Forschungen.

3 Laborversuche

Im Rahmen dieser Projektarbeit wurden mehrere Versuchsreihen durchgeführt, um für die Milchsäurefermentation relevante Fermentationsbedingungen zu ermitteln. Jede Versuchsreihe erstreckte sich über eine Zeitspanne von ca. acht Tagen. Die mit den Proben gefüllten Glasgefäße wurden mit Milchsäurebakterien beimpft. Als Impfmaterial wurde Bonsilage Forte der Firma Lactosan verwendet. Bonsilage Forte besteht aus drei homofermentativen Milchsäurebakterienstämmen (Pediococcus acidilactici (DSM 16243), Lactobacillus paracasei (DSM16245), Lactococcus lactis (NCIMB 30160)). Diese Milchsäureproduzenten sind optimal aufeinander abgestimmt und bewirken durch einen raschen pH-Wertabfall eine Unterdrückung des Aufwuchses von buttersäurebildenden Clostridien (Lactosan Produktdatenblatt 2005).

In den Versuchreihen wurde der Einfluss der nachfolgenden Parameter auf den Milchsäurebildungsprozess untersucht.

- Konzentration des Extraktes
- Animpfung des Materials
- Inkubationstemperatur
- Nährstoffangebot
- Pufferkapazität des Ausgangsmaterials
- Gasqualität im Reaktionsgefäß

Einen typischen Verlauf der Milchsäurekonzentration sowie des pH-Wertes in der Flüssigphase des Gärsubstrates bei einer Inkubationstemperatur von 37 °C und einer Animpfung mit Milchsäurebakterien zeigt die folgende Abbildung.

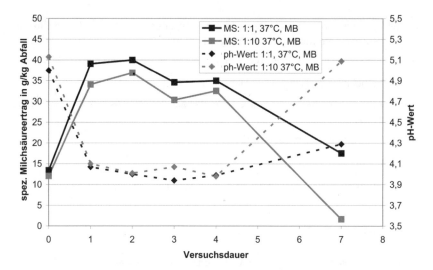

Abb. 1: Einfluss der Konzentration auf den Milchsäureertrag

Deutlich zu erkennen ist die schnelle Bildung der Milchsäure mit dem Erreichen des Ertragsmaximums nach zwei Tagen. Der Verlauf der Milchsäurebildung ist unabhängig von der Substratkonzentration, lediglich der Abbau der Milchsäure im weiteren Versuchsverlauf ist in der höheren Verdünnung des Ausgangssubstrates deutlich stärker. Der Verlauf des pH-Wertes geht mit der Milchsäurekonzentration einher.

Optimal ist eine Inkubationstemperatur von 37 °C, der Prozess bleibt aber bis zu 45 °C noch stabil. Darüber sinkt die Ertragsleistung deutlich. Material ohne Animpfung zeigt einen qualitativ gleichen Verlauf wie das angeimpfte Material, der spezifische Ertrag ist jedoch niedriger.

In weiteren Versuchsreihen wurde die Pufferkapazität des Substrates durch Kalkung erhöht, der pH-Wert durch Zugabe von Natronlauge heraufgesetzt, der Gasraum mit Inertgas (Stickstoff) sowie Sauerstoff begast sowie Glucose als Nährsubstrat über den Nährstoffbedarf hinaus zugegeben.

Bei kontinuierlicher Glucosezugabe erreichte die Bildung der Milchsäure nach anfänglich starkem Anstieg eine vergleichsweise niedrige Steigerungsrate, was auf eine Sättigung innerhalb der Probe schließen lässt. Die unterschiedlich begasten Proben unterschieden sich hinsichtlich ihres anfänglichen Verhaltens nicht, im weiteren Versuchsverlauf fand jedoch in der ursprünglich sauerstoffbegasten Probe ein Abbau der Milchsäure statt. Sowohl die mit Kalk versetzte als auch die alkalisierte Probe zeigten zum Versuchende hin einen starken Abbau der Milchsäure.

Die Versuche im Labormaßstab haben die grundsätzliche Eignung des Substrates gezeigt. Betriebliche Rahmenbedingungen wie Temperatur und anzustrebender pH-Wert konnten ermittelt werden. Zu beachten ist insbesondere der große Einfluss der Verdünnung auf den Abbau der Milchsäure, der in den nachfolgend gezeigten Versuchen im Großmaßstab noch größere Relevanz bekommt.

4 Versuche im Großmaßstab

Nach erfolgreichem Nachweis der grundsätzlichen Substrateignung für die Milchsäurefermentation wurde das Verfahren im Großmaßstab an einer Versuchsanlage überprüft. Genutzt wurde hierfür ein Reaktor mit einem Volumen von 37.000 Litern, von denen maximal 30.000 Liter als nutzbares Reaktorvolumen zur Verfügung standen. Auf Grund der betrieblichen Rahmenbedingungen ergab sich eine durchschnittliche Zugabe von etwa 300 kg Frischabfall. Vorzugsweise wurden Markt- und Kantinenabfälle für die Behandlung eingesetzt, da bei diesen Abfällen auf Grund ihrer geringen Verweilzeit in Sammelbehältern noch keine selbständige Milchsäurefermentation eingesetzt hat.

Das Material wurde im Vorlagebehälter mit Frischwasser bzw. Rücklauf aus der Versuchsanlage angemaischt und zerkleinert. Anschließend wurde es in den Versuchsreaktor gepumpt. Parallel wurde Altmaterial aus dem Reaktor abgezogen. Der Inhalt des Reaktors wurde täglich an mehreren Probenahmestellen beprobt. Die Proben wurden im Labor hinsichtlich Wassergehalt und Glühverlust sowie in der Flüssigphase auf ihren Gehalt an organischen Säuren, dabei im speziellen der Milchsäure, analysiert.

Die Abluft der Anlage wurde über ein Abluftreinigungssystem der Umgebung zugeführt.

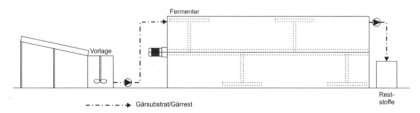

Abb. 2:   Skizze der Versuchsanlage – Abfallströme

Die Ergebnisse aus dem Betrieb der Anlage sind vielversprechend. Es konnte trotz der geringen Raumbelastung eine Milchsäurefermentation im Reaktor etabliert werden. Nach Erhöhung der Raumbelastung im Verlauf der Versuche konnte der Milchsäureertrag deutlich gesteigert werden. Die detaillierten Ergebnisse der Analysen stehen hier allerdings noch aus.

5 Zusammenfassung und Ausblick

Milchsäure als Rohstoff bietet ein weites Anwendungsspektrum. Die Fermentation von biogenen Abfällen mit dem Ziel der Milchsäureerzeugung stellt daher eine weitere sinnvolle Behandlungsoption neben den etablierten Behandlungsverfahren dar. Durch eine Ausweitung des möglichen Produktspektrums in der Abfallbehandlung kann flexibler auf lokal unterschiedliche Absatzmärkte eingegangen werden und die Stoffkreisläufe werden dadurch im Sinne einer nachhaltigen Abfallwirtschaft optimiert.

Im Laborversuch wurde die grundsätzliche Eignung des Abfalls zur Milchsäurefermentation nachgewiesen. Die Versuche im Großmaßstab zeigen gute Ergebnisse hinsichtlich der Milchsäureerträge im großen Maßstab.

Weiterer Forschungsbedarf ergibt sich nun für die Abtrennung der Milchsäure aus dem Fermentationsgut. Hier gibt es verschiedene Möglichkeiten der technischen Umsetzung, die hinsichtlich ihrer Eignung bei der Verwendung von Abfall als Substrat zu überprüfen sind.

Das dargestellte Projekt wird vom Bundesministerium für Bildung und Forschung (BMBF) gefördert.

6 Literatur

Bray, R. (1998): Lactic Acid by Fermentation. Documenting electronic sources on the internet. http://process-economics.com

Datta, R.; Tsai, S.-P. (1997): Lactic Acid Production and Potential Uses: A Technology and Economics Assessment. In: American Chemical Society, S. 224–236

FH-Weihenstephan (2006): Documenting electronic sources on the internet. http://www.fh-weihenstephan.de/bt/bi/lehre/verfahrenstechnik/vt-dat/Verfahrenstechnik%20Bioinformatik%202004.ppt

Hofvendahl, K.; Hahn-Hägerdal, B. (2000): Factors affecting the fermentative lactic acid production from renewable resources. In: Enzyme and Microbial Technology 26, Nr. 2–4, S. 87–107

Hüsing, B.; Angerer, G., Gaisser, S., Marscher-Weidemann, F. (2003): Biotechnologische Herstellung von Wertstoffen unter besonderer Berücksichtigung von Energieträgern und Biopolymeren 64/03: 67–76, Frauenhofer Institut Karlsruhe.

Krupp, M., Haubrichs, R., Widmann R. (2005): Mit Vollgas aus der Kläranlage – Methan und Wasserstoff als regenerative Energieträger, Forum Forschung 2005/2006 – Energie, Universität Duisburg-Essen, http://www.forumforschung.de

Neurreiter, M., Danner, H., Madzingaidzo, L., Miyafuji, C., Thomasser, J., Bvochora, S., Bamusi, S., Braun, R. (2004): Lignocellulose Feedstock for the production of lactic acid. Chemical and Biochemical Engineering Quarterly 18 (1), 55–63

Ohman, J. (2000): Kunststoffe aus natürlichem Pflanzenzucker werden weltweit Realität. www.cdpoly.com

Produktdatenblatt Bonsilage Forte der Firma Lactosan Starterkulturen Ges.m.b.H. & Co. KG, Industriestrasse West 5, A-8605 Kapfenberg (Version 20.01.2005).

Varadarajan, S., Miller, D. (1999): Catalytic Upgrading of Fermentation-Derived Organic Acids. Biotechnol. Prog. 15, 845–854.

Effizienzsteigerung in der Bioenergieerzeugung durch Abpressen der Biomasse

Jürgen Reulein, Michael Wachendorf, Konrad Scheffer

Zusammenfassung

Die mechanische Entwässerung von Ganzpflanzensilagen verbindet die hohen Wirkungsgrade bei der thermischen Nutzung von Festbrennstoffen mit den sehr flexiblen und ertragreichen Energiepflanzenanbauverfahren nach dem Zweikulturnutzungssystem und der bezüglich der Nährstoffkreisläufe günstigen Biomasseverwertung in Biogasanlagen. Grundgedanke ist die Herstellung von lager- und transportfähigen Brennstoffen hoher Qualität aus landwirtschaftlichen Kulturpflanzen. Im Vergleich zu herkömmlich angewandten Verfahren kann die Energiebereitstellung aus Ganzpflanzensilagen von derzeit max. 50 % auf über 70 % gesteigert werden. Ebenso ist denkbar, dass der erzeugte Brennstoff in Zukunft auch als Rohstoff zur BTL-Produktion verwendet werden kann.

1 Einleitung

Die Substitution von fossilen Energieträgern durch den Einsatz von nachwachsenden Rohstoffen hat ein sehr hohes Potential und entwickelt sich sehr dynamisch. Ein Grund dafür sind die vielfältigen Einsatz- bzw. Konversionsmöglichkeiten, die durch die energetische Biomassenutzung geboten werden können. Mit Blick auf die „Erneuerbarkeit und die weitgehende CO_2-Neutralität des genutzten Rohstoffes" wird allerdings oft übersehen, dass das Verhältnis von

> erzeugtem Endenergieträger zur in der Biomasse geernteten Energie

in vielen Fällen nur 1:4 ergibt, oder sogar noch darunter liegt. Vor dem Hintergrund, dass die Anbaufläche und somit die zur Verfügung stehende Biomassemenge der limitierende Faktor bei der NaWaRo-Nutzung ist, wird deutlich, dass bei der Entwicklung von Biomassekonversionsverfahren nicht nur auf die Vorzüglichkeit der entstehenden Energieträger geachtet werden muss. In Tabelle 1 sind die derzeit möglichen Öl-Substitutionsverhältnisse der Biomassenutzung dargestellt. Die Werte betrachten nur das Verhältnis Biomasseinput : Energieträgeroutput, der Energieverbrauch der Konversionsverfahren ist nicht berücksichtigt.

Tab. 1: Biomasseaufwandmengen zur Substitution von einem l Heizöläquivalent (10 kWh) bei verschiedenen Konversionsverfahren (Bruttoangaben)

Konversionsprodukt	Einsatz von trockener organischer Biomasse zur Substitution von 1 l Heizöl (OE)
BTL (flüssiger Treibstoff)[*]	ca. 5,3 bis 10 kg
Pflanzenöl / PME[**]	ca. 8 bis 10 kg
Bioethanol	ca. 5 bis 10 kg
Biogas (Methanproduktion)	ca. 3 bis 4 kg
Thermische Verwertung	ca. 2.2 bis 3 kg

[*] errechnet nach Angaben von CHOREN
http://www.choren.com/de/biomass_to_energy/biomasse-potenzial/
[**] bei 15 tTM Ganzpflanzenertrag Raps; davon 5 tKorn mit 40 % Ölertrag

Aus dieser Aufstellung wird deutlich, dass in der thermischen Nutzung das größte Substitutionspotenzial zu finden ist. Zudem besteht in diesem Sektor auch eine genügend große Nachfrage. Der Primärenergieverbrauch zur Wärmeerzeugung in privaten Haushalten in Deutschland, gedeckt durch fossile Energieträger, hatte im Jahr 2002 einen Anteil von mehr als 17 %.

Landwirtschaftlich produzierte Biomassen eignen sich im Rohzustand eher wenig zur thermischen Nutzung. Dieser Energieträger ist aber nach derzeitiger Erkenntnis die in naher Zukunft ergiebigste Rohstoffquelle. Das im Folgenden vorgestellte Verfahren stellt neben der Biogasproduktion mit anschließender Methaneinspeisung ins Gasnetz die derzeit effizienteste Biomassekonversionsmöglichkeit dar.

2 Pflanzenbauliche Grundlage

Die pflanzenbauliche Grundlage für das vorgestellte Verfahren ist die Energiepflanzenproduktion im Zweikultur-Nutzungssystem nach SCHEFFER und STÜLPNAGEL, 1993. Dabei können nahezu alle Kultur- und Wildpflanzen verwendet werden, sofern daraus Ganzpflanzensilage hergestellt werden kann. Mit dem Silieren wird die Konservierung der Biomasse sichergestellt, so dass das Verfahren über das ganze Jahr hinweg gleichmäßig betrieben werden kann.

3 Herkömmliche Nutzung Biogasanlage

Bei der „herkömmlichen" Nutzung der Biomasse in Biogasanlagen, ist das Ziel, die gesamte Pflanze möglichst effektiv in Methangas umzuwandeln. Dabei bleiben jedoch ca. 20 bis 40 % der C-Verbindungen energetisch ungenutzt, da diese anaerob nicht abgebaut werden können. Hinzu kommt, dass vielerorts kein schlüssiges Konzept für die Nutzung der bei der Verstromung anfallenden Wärme besteht. Dies führt dazu, dass bei der Biogasproduktion mit stationärer Verstromung maximal 50 % der auf der Fläche gewachsenen Energie zur Substitution von fossilen Energieträgern genutzt wird.

4 Mechanische Entwässerung

Zur Nutzung im vorgestellten System, schematisch in Abbildung 1 dargestellt, werden die Silagen mit TS-Gehalten zwischen 15 und 35 % mechanisch entwässert. Diese Entwässerung erfolgt mittels einer Schneckenpresse und als Produkt entstehen dabei eine flüssige Phase (Presssaft) und eine feste Phase (Presskuchen). Der Presssaft wird in einer Biogasanlage zu Methan vergoren, woraus in einem Blockheizkraftwerk Strom und Wärme produziert werden. Der Presskuchen der auf einen Trockensubstanzgehalt von 45 bis 50 % entwässert ist, wird bis zur Lagerfähigkeit thermisch getrocknet und zu Brennstoff aufbereitet. Im Folgenden werden die einzelnen Schritte und die dabei durchgeführten Prozesse detailliert erläutert.

Die Biomasse wird nach der Entnahme aus dem Silo, aber vor dem Entwässern, in Abhängigkeit ihrer Beschaffenheit mechanisch und thermisch vorkonditioniert (z. B. Anmaischen) und gelangt danach in eine Schneckenpresse. Durch Druck und Reibung wird ein großer Teil des in den Silagen enthaltenen Rohwassers ausgepresst. Im Presssaft ist neben den wasserlöslichen Mineralstoffen auch ein erheblicher Anteil an organischen Verbindungen enthalten. Diese zeichnen sich durch eine hohe und effiziente Vergärbarkeit in einer Biogasanlage zu Methangas aus. Hierdurch wird eine für Nachwachsende Rohstoffe sehr effiziente Fermenterraumausnutzung erreicht (im Versuchsreaktor bis zu 8 kg oTS+FOS/m³d ($\approx$ 12 kg CSB)).

Durch die mechanische Entwässerung werden zusätzlich überproportional hohe Anteile an Nährstoffen (Mineralstoffe) aus der Ausgangssilage in den Presssaft überführt (REULEIN et al., 2006). Zugleich wird damit der Mineralstoffgehalt im Presskuchen reduziert. Dies ist besonders interessant, weil dieser Effekt gerade bei den Mineralstoffen verstärkt auftritt, die bei der Verbrennung negative Auswirkungen aufweisen: Stickstoff, Kalium und Chlor. Die Reduzierung dieser Elemente kann, abhängig vom Material bis nahezu auf Holzqualität erfolgen. Dadurch erfährt der Presskuchen in seinen Brennstoffeigenschaften eine deutliche Qualitätsverbesserung im Vergleich zu bisher aus der Landwirtschaft zur Verfügung stehenden biogenen Brennstoffen wie Getreidekörner, Stroh, Heu, etc. Es wird ein umwelt- und anlagenverträglicherer Brennstoff hergestellt. Zugleich wird über den höheren Mineralstoffgehalt im Presssaft eine überproportional höhere Rückführung von Nährstoffen in den landwirtschaftlichen Kreislauf ermöglicht, da nach der Nutzung in der Biogasanlage der Presssaft als Dünger wieder auf die Felder gelangt.

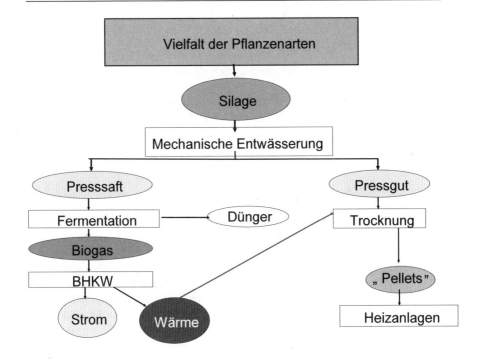

Abb. 1: Schematische Darstellung der Brennstoffproduktion durch mechanische Entwässerung aus landwirtschaftlich erzeugten und feucht konservierten Biomassen

Die gesamte bei der Biogasverstromung anfallende Wärme wird ganzjährig zur Nachtrockung des Presskuchens verbraucht, wobei das System über den Massenfluss der organischen Trockenmasse in den Presssaft im Optimum so eingestellt wird, dass über die produzierte Wärme der Bedarf an thermischer Energie des gesamten Systems gedeckt wird.

5 Effizienz

Im Ergebnis liegen als Endprodukt ca. 60 bis 70 % des Flächenertrages als trockener, pelletierfähiger, asche-, mineralstoff- und stickstoffreduzierter Brennstoff aus Biomasse vor. Zusätzlich wird über die Presssaftvergärung mit anschließender Methanverstromung etwa 30 bis 50 % mehr Strom produziert als im Gesamtprozess verbraucht wird. Die „Gesamtenergiebereitstellung" erreicht somit netto zwischen 65 und 75 % der als Frischmasse zur Verfügung stehenden Primärenergie.

An die Qualität der Biomasse werden nur geringe Ansprüche gestellt, so dass es in diesem System auch möglich ist, Aufwüchse energetisch nutzbar zu machen, die in der Biogasanlage nicht oder nur sehr schwer zu verwerten sind. Es wird möglich, Qualitätsminderungen, bedingt durch spätere Mahdtermine aus naturschutzfachlichen Ansprüchen ohne wirtschaftliche Einbußen in Kauf nehmen zu können. Weiter kann eine hohe Biodiversität gefördert und erhalten werden und auch Flächen, die zukünftig aus der landwirtschaftlichen Nutzung fallen würden (z. B. Grenzstandorte, meist Grünlandgesellschaften) können durch dieses System weiter verwertet werden (Wachendorf, 2006).

6 Ausblick

Die Herstellung von flüssigen Treibstoffen aus heimischen Biomassen mit hoher Reichweite und günstigen Abgaswerten ist insbesondere für den städtischen Straßenverkehr interessant. Das Endprodukt aus dem Verfahren der mechanischen Entwässerung, der trockene Presskuchen, kann eben so gut als Grundsubstrat für die BTL-Produktion verwendet werden und hat im Vergleich zur frischen Biomasse den Vorteil der Transportwürdigkeit aufgrund des sehr geringen Wassergehaltes, der möglichen hohen Lagerdichte z. B. als Pellet, und des gesenkten Aschegehaltes.

Literatur

Reulein, J., Scheffer, K. und M. Wachendorf (2006): „Aufbereitung von Nachwachsenden Rohstoffen zur energetischen Nutzung mittels mechanischer Entwässerung" in Mitteilung der Gesellschaft für Pflanzenbauwissenschaften Band 18 S. 120. Verlag Schmidt & Klaunig, Kiel.

Scheffer, K. Stülpnagel, R. (1993): Wege und Chancen bei der Bereitstellung des CO_2-neutralen Energieträgers Biomasse. Der Tropenlandwirt, Beiheft Nr. 49.

Wachendorf, M. (2006): Potenziale der Brennstoffproduktion auf Grenzertragsstandorten. Zeitschrift für Umweltchemie und Ökotoxikologie (im Druck).

Masterprogramm 4-semestrig ▪ interdisziplinär ▪ praxisnah ▪ berufsbegleitend
iIM Internationales Infrastrukturmanagement

Absolventen mit einem ersten Abschluss bieten wir:

- International anerkannter Masterabschluss (M. of Science), Zertifikatsabschluss bei Belegung einzelner Module
- Qualifizierung für Fach- und Führungsaufgaben
- Berechtigung zur Promotion, Zulassung zum höheren Dienst
- Kombination aus E-Learning-Elementen mit intensiver Betreuung und regelmäßigen Präsenzphasen

Weitere Informationen: **www.fh-muenster.de/iim**

FH Münster, Labor für **A**bfallwirtschaft, **S**iedlungswasserwirtschaft, **U**mweltchemie, Dipl.-Ing. G. Walter, E-Mail: gwalter@fh-muenster.de

Studieninhalte, u. a.

Betrieb von Anlagen der Bereiche
- Abfallwirtschaft und Abwasserwirtschaft
- Straßen-, Grün-, Freiflächenmanagement

Wirtschaftswissenschaften
- Finanzmanagement/ Rechnungswesen
- Planungs-/ Projektmanagement
- Qualitätsmanagement/ Nachhaltigkeit

Schlüsselqualifikationen/ Sonstiges
- Soft Skills, Human Resource Management
- Kommunikation, Informationsmanagement
- Rechtlich Aspekte

in Kooperation mit der   geförderт durch

akkreditiert durch **AQAS e. V.**

Energieproduktion aus Bioabfällen – Vergären oder Verbrennen?

Werner Edelmann

Zusammenfassung

Biogene Abfälle können physikalisch/chemisch oder biotechnologisch direkt aerob oder mit einem ersten anaeroben Schritt verwertet werden. Die Kompostierung, ein Verfahren, das gegen die Prinzipien der Natur verstößt und wo die Bioenergie als Abwärme verloren geht, verliert in der Schweiz heute an Bedeutung. Die Verbrennung von biogenem Abfall wird von gewissen Kreisen stark gefördert, was auf Überkapazitäten der Verbrennungsanlagen und zu hohen Brennwert des von Organik befreiten Restmülls zurückzuführen ist. Berechnungen zeigen, dass bei Verbrennung von biogenem Abfall i. d. R. weniger Energie gewonnen werden kann, als bei Vergärung. Zudem gehen bei Verbrennung die wertvollen Inhaltsstoffe des Komposts verloren, was aus Sicht der Nachhaltigkeit heute nicht mehr verantwortbar ist.

1 Verwertungswege für Biomasse

In der Biomasse werden durch die Sonne in jedem Jahr riesige Stoff- und Energiemengen fixiert. Davon nutzt der Europäer einen beachtlichen Teil, um sein Dasein zu fristen: In der Schweiz werden jährlich rund 60 Millionen Tonnen Biomasse mit einem Energieinhalt von über 60.000 GWh verschoben und verarbeitet (Scheurer und Baier; 2001). Der Löwenanteil fällt auf den Anbau und Import von Tierfutter und Nahrungsmitteln; der Anteil von Holz liegt unter 20 %. Bei der Biomassenutzung entsteht immer auch Abfall. In der Landwirtschaft verbleiben allfällige Abfälle entweder auf dem Feld, oder sie werden in Form von Gülle zurück aufs Feld gebracht. Rund 3 Millionen Tonnen biogene Abfälle jedoch fallen in der Schweiz bereits heute pro Jahr als separat gesammelte Abfälle an, die gezielt verwertet werden können (inkl. Altpapier).

Die Biomasse kann technisch entweder physikalisch-chemisch oder biologisch zu CO_2 und Wasser abgebaut werden. In beiden Fällen kann der Abbau in einem oder in zwei Schritten erfolgen: Beim *einstufigen Abbau* (Verbrennung bzw. Kompostierung) steht das Material von Anfang an mit Sauerstoff in Kontakt. Beim *zweistufigen Abbau* (Pyrolyse, bzw. Biogas oder Alkoholgewinnung) läuft der erste Schritt hingegen ohne Sauerstoff, d. h. anaerob ab. Weil dann das Material nicht oxidiert werden kann, entstehen sehr energiereiche Zwischenprodukte, die erst in einem zweiten Schritt zur Energiegewinnung mit Sauerstoff kontrolliert verbrannt werden.

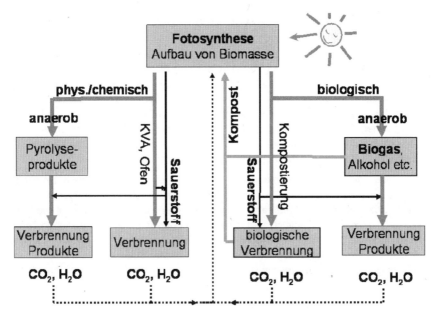

Abb. 1: Die prinzipiellen Möglichkeiten des Abbaus von Biomasse

Bei den *physikalisch-chemischen Methoden* wird das biogene Material in der Regel vollständig abgebaut. Dies bedeutet, dass die organischen Anteile und anorganischen Nährstoffe mit der Schlacke verloren gehen. Sie eignen sich vor allem für trockene Biomasse (z. B. trockenes Holz etc.). Es wird – nach Verdampfen des Wassergehalts – der gesamte Energieinhalt der organischen Verbindungen frei. Das Produkt Asche bzw. Schlacke wird deponiert und so dem Stoffkreislauf entzogen. Bei nassen Abfällen, wie Speiseresten, muss zunächst viel Wasser verdampft werden, bevor die Kohlenstoffverbindungen verbrannt oder pyrolisiert werden können, was für einen *biologischen* Abbau spricht. Beim biologischen Weg werden allerdings durch Mikroorganismen nicht alle, sondern nur die biologisch einfacher „verdaulichen" Stoffe abgebaut. Zurück bleibt Kompost. Dieser enthält noch jene schwer abbaubaren organischen Verbindungen, die für den Aufbau von Humus wichtig sind, sowie die anorganischen Nährstoffe und Spurenelemente als Dünger für neues Wachstum. Beim biologischen Abbau kann der natürliche Stoffkreislauf geschlossen werden.

Es hat sich angesichts des sich abzeichnenden Endes der fossiler Energiereserven nun eine Diskussion entfacht, ob es sinnvoller sei, die biogenen Abfälle unter möglichst optimaler Nutzung des Energieinhalts zu verbrennen oder den biologischen Weg zu gehen, bei welchem die wertvollen Inhaltsstoffe des biogenen Abfalls dem natürlichen Kreislauf erhalten bleiben und im Fall des anaeroben Abbaus Energie in Form von Biogas gewonnen werden kann.

2 Vergleich der biologischen Abbauwege

Der mikrobiologische Abbau erfolgt durch aerobe oder anaerobe Mikroorganismen. Die aeroben Organismen leben aus energetischer Sicht in Saus und Braus; sie haben die ganze Energiedifferenz zwischen dem energiereichen Ausgangsmaterial und den energiearmen Endprodukten zu ihrer Verfügung. Sie verdoppeln sich daher sehr rasch (innerhalb von Stunden) und sie geben überschüssige Wärme ab, die bei der biologischen „Verbrennung" frei wird. Ein gut durchlüfteter Komposthaufen wird daher sehr heiß. Der aerobe Abbau läuft in der freien Natur allerdings nur dort ab, wo Biomasse in kleinen Schichtdicken stets mit Luft und Wasser in Kontakt ist.

Anaerobe Bakterien müssen mangels Sauerstoff einen großen Teil des Kohlenstoffs mit Wasserstoff zu Methan (CH_4) verbinden. Im Methan steckt noch über 90 % der Energie des abgebauten Materials. Für die Bakterien hat dies die unerfreuliche Konsequenz, dass sie im Vergleich zu den aeroben Organismen weniger als einen Zehntel der Energie für ihr eigenes Wachstum zur Verfügung haben. Ihr Abbau ist an der absoluten Grenze des biologisch überhaupt noch Machbaren. Sie wachsen daher sehr langsam (Verdopplungszeit von mehreren Tagen) und setzen auch kaum Abwärme frei.

Der anaerobe Abbau kommt in der Natur immer dort vor, wo Biomasse in größeren Mengen anfällt und daher der Sauerstoffzutritt ins Innere des Haufens nicht mehr genügend gut funktioniert. Die Kompostierung, wie sie vom Menschen betrieben wird, ist aus dieser Sicht ein *unnatürlicher* Prozess, der – ohne technische Hilfe und Einsatz von Fremdenergie – *nicht* optimal *funktionieren kann*: Wenn die Kompostierung rein aerob ablaufen würde, wäre aus rein biochemischer Sicht ein Komposthaufen in ein bis zwei Tagen weiter abgebaut als ein Gärprodukt nach drei bis vier Wochen. Dies ist aber nicht der Fall; im Gegenteil: die Kompostierung dauert sogar deutlich länger als ein vergleichbarer anaerober Abbau. Dies hat damit zu tun, dass die durch den Menschen betriebene Kompostierung ein Prozess ist, welcher in der Natur *nie* aerob ablaufen würde. Biomasseansammlungen – wie sie in einem (Garten-) Komposthaufen vorliegen – werden in der Natur immer vorwiegend anaerob abgebaut, weil der aerobe Abbau ein Dreiphasenprozess und der anaerobe Abbau nur ein Zweiphasenprozess ist: Der aerobe Abbau braucht neben dem Abfall (fest) einen Wasserfilm (flüssig), wo die Mikroorganismen leben, sowie Sauerstoff aus der Luft (gasig), wogegen der anaerobe Abbau nur fest und flüssig braucht, da das Biogas Ausscheidungsprodukt ist und daher *nicht* zugeführt werden muss.

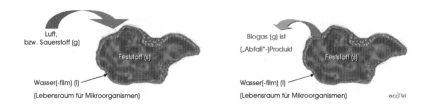

Abb. 2: Der aerobe Abbau (links) braucht drei Phasen (fest, flüssig und gasig), während beim anaeroben Abbau (rechts) das Gas Ausscheidungsprodukt und daher für den Abbau nicht nötig ist. Ein Zweiphasenprozess ist deutlich einfacher zu steuern.

Die Tatsache, dass der aerobe Abbau drei Phasen benötigt, hat zur Folge, dass der Abbau in einem Komposthaufen *nicht optimiert werden kann*: Es liegen zu viele Größen vor, die sich gegenseitig behindern, bzw. ausschließen: Wird nicht belüftet, entsteht natürlicherweise das Treibhausgas Methan, da zu wenig Sauerstoff ins Innere des Haufens gelangt. Der (nicht optimierte) aerob/anaerobe Abbau verläuft sehr langsam und belastet die Umwelt. Wird mit Einsatz von Fremdenergie künstlich belüftet, wird der Haufen sehr schnell brandheiß und der aerobe Abbau kommt im Innern wegen zu hoher Temperaturen zum Erliegen. Wird noch mehr zwangsbelüftet, wird zwar gekühlt; der Prozess kommt aber zum Erliegen, weil der Kompost austrocknet und die Mikroorganismen kein Wasser mehr erhalten (arbi, 2002). Zudem wird die Geschwindigkeit des biologischen Abbaus durch die Teilchengröße beeinflusst: je feiner das Material, desto größer dessen Oberfläche, wo die Mikroorganismen angreifen können, und damit desto größer die Abbaugeschwindigkeit. Werden biogene Abfälle jedoch fein gemahlen, steigt der Sauerstoffbedarf in einem Komposthaufen und die Luft kommt gleichzeitig kaum mehr ins Innere, da keine Hohlräume mehr bestehen. Es kann daher kein intensiver aerober Abbau mehr stattfinden. Lässt man andererseits die Biomasse grob und unzerkleinert (Äste, Strukturmaterial), läuft der Abbau nicht rasch, weil die Oberfläche nun sehr klein ist.

Wenn daher – entgegen dem Ablauf in der Natur – ein großer Haufen aerob kompostiert werden soll, muss ein großer technischer Aufwand zum Belüften, Umsetzen und Bewässern betrieben werden. Die in der Biomasse gespeicherte Sonnenenergie geht als niederwertige Abwärme verloren. Statt die Sonnenenergie zu nutzen, muss sogar Fremdenergie eingesetzt werden (Elektrizität, Treibstoff für Maschinen etc.), welche die Umwelt belastet und Treibhauseffekt erzeugt. Während Kompostierung Energie benötigt, setzt Vergärung netto Energie frei. Auf Ebene der Primärenergie, d. h. unter Berücksichtigung der gesamten „grauen" Energie, die benötigt wird, um Energie vor

Ort bereitzustellen, beträgt die Differenz zwischen den beiden Verfahren bis zu über 700 kWh/Tonne Kompost (Edelmann et al.; 1999).

Wie bei der Kompostierung entsteht auch bei der Vergärung zusätzlich zum erneuerbaren Energieträger Biogas nach einer Nachrotte ein wertvoller Kompost mit all den Nährstoffen, Spurenelementen und organischen Verbindungen, die dem Landwirtschaftsland zurückgegeben werden können. Die Vergärung von festen Abfällen wurde leider erst später entwickelt als die Kompostierung, so dass in den 80er Jahren verschiedene große Kompostierwerke gebaut wurden. Bei heutigem Stand des Wissens und der Technik werden aus energetischen, ökonomischen und ökologischen Überlegungen jedoch – zumindest in der Schweiz – kaum mehr große Kompostierwerke neu erstellt.

3 Energetischer Vergleich von Vergärung und Verbrennung

Rund 60 % des schweizerischen Haushaltsabfalls ist organischer Natur. Rund ein Drittel ist nass oder zumindest feucht, der Rest verholzt oder Papier und Karton. Die holzhaltige Fraktion kann anaerob nicht abgebaut werden, da der sehr stabile Holzbaustoff Lignin erdgeschichtlich sehr viel später entwickelt worden ist als die anaeroben Bakterien; diese konnten daher keinen Weg mehr finden, Holz abzubauen. Da bei der Kompostierung einerseits der Energieinhalt als nutzlose Abwärme verloren geht und andererseits Holz relativ wenig Nährstoffe aufweist, die in den Kreislauf zurückgeführt werden könnten, scheint die Verbrennung von Holz unter Nutzung der erneuerbaren Energie aus ökologischer Sicht am vorteilhaftesten zu sein. Strauchschnitte und Äste sind daher am besten zu Energieschnitzeln zu verarbeiten, sofern sie nicht stofflich für Spanplattenproduktion etc. eingesetzt werden.

Bei nassen und feuchten Abfällen, wie Speiseresten und Küchenabfällen ist die Situation anders: Eine faule Banane oder Tomate brennt nicht; das Material muss zuerst getrocknet werden. Zur Verdampfung des Wassers braucht es Energie. Ohne Energiezufuhr kann Biomasse erst ab einem Heizwert von etwa 3,8 MJ/kg Frischsubstanz verbrennen. Ist der Wassergehalt höher, wird die Flamme durch Wasserdampf zu stark gekühlt und erlischt. Biomasse mit Trockensubstanzgehalten von weniger als 20 % brennt daher *nicht* und braucht Energie „von außen" (Papier, Kunststoff, Karton etc.), um ihre Energie freisetzen zu können. Je trockener hingegen das Material ist, desto mehr Energie steht bei der Verbrennung netto zur Verfügung.

Küchenabfälle und andere biogene Haushaltsabfälle haben einen Energieinhalt von 17–20 MJ/kg Trockensubstanz (Edelmann et al., 1993). Bei der Vergärung werden je nach Ausgangsmaterial und Prozessbedingungen zwischen 50 und 80 % der organischen Verbindungen zu Biogas abgebaut. Bei der Verbrennung werden hingegen 100 % der Verbindungen oxidiert – wenn sie erst einmal getrocknet sind! Es gibt daher je nach Wassergehalt und Zusammensetzung des Abfalls einen Wert, bei welchem die Verbrennung mehr Energie freisetzt als die Vergärung.

Berechnungen zeigen, dass in einer Kehrichtverbrennungsanlage (KVA) erst bei Trockensubstanzgehalten von 25 bis über 30 % – je nach Zusammensetzung des Abfalls und Abbaugrad bei der Vergärung – gleich viel Energie aus biogenen Abfällen gewonnen werden kann, wie bei der Vergärung. In der deutschen Biotonne werden TS-Gehalte von 30–35 % angegeben. Wenn verholztes Material separat verwertet wird, kann der TS-Gehalt deutlich unter 30 % liegen (Speisereste, Rüstabfälle etc.). Aus den biogenen Haushaltsabfällen kann daher nur in wenigen Ausnahmefällen in der KVA dieselbe Energiemenge nutzbar gemacht werden, wie bei der Vergärung.

Die Abteilung ERZ veröffentlichte 2006 eine Studie zur Verwertung der biogenen Abfälle der Stadt Zürich (ERZ, 2006). Es wurde dort eine der ersten Kompogasanlagen – die bei Baujahr 1994 mit heutigen Anlagen kaum mehr zu vergleichen ist – verglichen mit einer für 2011 geplanten und weltweit noch nirgends realisierten KVA mit Energierückgewinnung in einer Abgaskondensationsanlage. (Dies ist nur einer von einer ganzen Reihe von Punkten, wie Systemabgrenzungen und anderen Annahmen, die beim Lesen dieser Studie zumindest eine leise Verwunderung hervorrufen....!). Es wurde davon ausgegangen, dass der Energieinhalt des Wasserdampfs bei der KVA weitestgehend zurückgewonnen werden könne, was dann bei den Resultaten zu einem entsprechend besseren energetischen Abschneiden der KVA führte.

Das Ökozentrum Langenbruck berechnete darauf den theoretisch thermodynamisch maximal erreichbaren Wirkungsgrad der Abgaskondensation bei günstigsten Annahmen (Abgastemperatur 40 °C, kühler Herbsttag 10 °C bei nur 50 % Wasserdampfsättigung, λ=2.0) (Schmid, 2006). Das biogene Material (feuchtes Holz) wurde – ebenfalls vorteilhaft für die Rückgewinnung – mit 45 % TS angenommen. Es wurde nur die Physik der Kondensation mit 100 % Wirkungsgrad ohne Verluste (Wärmetauscher, Isolationen etc.) berücksichtigt. Es zeigte sich, dass mit Abgaskondensation unter optimalen Bedingungen theoretisch höchstens rund 50 % der Differenz zwischen unterem und oberem Heizwert zurückgewonnen werden kann. In der Praxis wird der Wert deutlich tiefer liegen.

Zum selben Schluss kommt eine sehr breit abgestützte Studie zum Vergleich von Vergärung und Verbrennung (BiomasseSchweiz, 2006): Auch mit optimierter Abgaskondensation können in der Praxis in einer KVA nur rund 20 % der Kondensationswärme nutzbar gemacht werden. Bei der Verwertung von Küchenabfällen sind in der KVA mit Abgaskondensation rund 500 kWh/nasser Input (Küchenabfall) zu erwarten, während eine optimierte Gäranlage rund 375 kWh Strom und 200 kWh Wärme liefert. Wenn das Gas ins Gasnetz eingespeist wird (Treibstoff), können netto sogar rund 750 kWh genutzt werden. Bei Bioabfall mit einem hohen TS-Gehalt (Gartenabraum etc.) verschiebt sich das Verhältnis entsprechend zugunsten der KVA.

Es ist sehr fraglich, ob sich bei den vorhandenen Problemen (Korrosion etc.) der Aufwand einer Abgaskondensation überhaupt lohnt. Geisselhardt et al. (2007) kommen bezüglich der heute am weitesten entwickelten Waste-to-Energy KVA in Amsterdam zum Schluss: *Wirtschaftlich ist eine Waste-to-Energy Anlage vergleichbar mit einer konventionellen Anlage. Der hohe Investitionsbedarf für den Bau und die großen Unterhaltskosten und Reparaturen im Betrieb gleichen die höheren Einnahmen durch den Mehrgewinn an elektrischer Energie wieder aus. Das operationelle Risiko bleibt aber sehr hoch.*

Zudem stellt sich die Frage der Energieverwertung: KVAs verarbeiten viel größere Abfallmengen als die dezentraler angeordneten Gäranlagen. Daher entstehen sehr große Energiemengen, die dann in einem Fernwärmenetz verteilt werden müssen, das teuer und in Herstellung und Unterhalt energieaufwändig ist (graue Energie). Die Abwärme kann zudem nicht vom Sommer bis zum Winter gespeichert werden. Der Nettowirkungsgrad einer KVA liegt – wie dies Tabelle 1 aufzeigt – in der Regel recht tief.

Tab. 1: Nettowirkungsrade für Strom und Wärme von existierenden und projektierten schweizerischen Kehrichtverbrennungsanlagen

Anlage	Größe [t/a 2004]	Netto Strom-Wirkungsgrad (%)	Netto Wärme-Wirkungsgrad (%)	Referenz
KVA Basel	184.395	2,6	76,9	
KVA Buchs AG	112.849	11,8	16,7	
KVA Turgi	115.235	17,5	10,0	Wochele 2007
KVA Thun	98.888	19,6	17,4	
KVA Weinfelden	121.941	7,2	44,8	
KVA Zuchwil	183.838	6,6	41,2	
Mittelwert aller KVA		**10,8**	**24,0**	**EDMZ 2004**
Neubau KVA - stromoptimiert		29,2	0	AWEL 2005
- Kombi-Anlage Wärme/Strom (Projekt Hagenholz 2011)		13,8	55,5	ERZ 2006

Hier haben Gäranlagen den Vorteil, dass das Gas jederzeit, d. h. unabhängig von den Jahreszeiten, ins öffentliche Gasnetz eingespeist werden kann, und so direkt treibhausaktives Erdgas substituiert wird. Aus energetischer Sicht bestehen daher klare Vorteile für die Vergärung.

4 Der Aspekt der Nachhaltigkeit

Der sehr große Vorteil der Vergärung liegt in der Nachhaltigkeit: Die heutige moderne Landwirtschaft ist absolut nicht nachhaltig: Es wird Mineraldünger eingesetzt, der bei Herstellung und Transport sehr umweltbelastend ist und beispielsweise im Fall von Stickstoffdünger aus Erdgas riesige Mengen Treibhausgas erzeugt. Gleichzeitig hat die Schweiz Jahr für Jahr rund eine Million Tonnen Humusverlust infolge von brachliegenden Feldern, Bodenverdichtung und Drainagen. Dieser wird zum Teil kompensiert mit (nicht erneuerbarem) Torf, der über Hunderte von Kilometern herangekarrt wird. Die heutige Landwirtschaft ist nur bei tiefen Preisen für fossile Energieträger – deren baldiges Ende abzusehen ist – möglich.

Abb. 3: Die geschlossenen Stoffkreisläufe bei der Vergärung: Die Pflanze wächst mit CO_2, Wasser und Nährstoffen und baut energiereiche Verbindungen auf, welche früher oder später zu Exkrementen und Abfall werden. Bei der Fotosynthese wird Sauerstoff frei. In der luftdichten Biogasanlage erzeugen die anaeroben Bakterien Biogas. Das Methan wird mit dem Sauerstoff im Herd (oder in einem Motor) wieder zu CO_2 verbrannt, wobei die Energie des Methans frei wird. Schwer abbaubare Kohlenstoffverbindungen – welche für die Humusbildung wichtig sind – und Nährsalze verbleiben im Gärgut, welches wieder auf das Feld zurückgeführt wird. Ein neuer Aufbau kann beginnen! Der Motor, der den Kreislauf in Betrieb hält, ist die Sonne.

Bei der Vergärung entsteht wertvoller Kompost mit Nährstoffen, Spurenelementen und mit organisch schwer abbaubaren Verbindungen, welche Humusaufbau bewirken. Allein für die Herstellung der Makronährstoffe (N, P, K und Ca), die in einer Tonne Kompost vorhanden sind, würde es bei erheblicher sonstiger Umweltbelastung rund 90 kWh brauchen (Edelmann, Schleiss, 1999). Das nährstoffreiche Presswasser, das bei der Abpressung des Gärguts entsteht, ist für zertifizierte Bio-Landwirtschaftsbetriebe zugelassen worden. In der KVA gehen Kompost wie auch Presswasser mit ihren wertvollen Bestandteilen verloren. Dies ist heute im Hinblick auf eine langfristig gesicherte Versorgung mit Nahrungsmitteln schlicht nicht mehr verantwortbar – umso mehr, als jetzt infolge von zivilisatorischer Schadstoffbelastung mit organischen Komponenten auch der Klärschlamm nicht mehr in den ökologischen Kreislauf zurückgeführt werden darf.

Die TVA (BUWAL, 1990) schreibt eigentlich die getrennte Sammlung und Verwertung unterschiedlicher Abfallströme klar vor. Trotzdem nehmen Verbrennungsanlagen in der Schweiz auch heute noch sehr gerne biogene Abfälle an. Dies hat einerseits mit großen Überkapazitäten (Beobachter, 2007) und andererseits mit der veränderten Abfallzusammensetzung zu tun: Heute enthält der Abfall große Anteile von Kunststoffen, die einen hohen Brennwert aufweisen, auf welchen die Anlagen seinerzeit nicht ausgelegt worden waren. Wenn der biogene Abfall nicht mehr im Kehricht ist, steigt der Brennwert zusätzlich. Der nasse biogene Abfall dient somit als „Löschmittel" gegen Überhitzung. Man kann sich jedoch mit Fug und Recht fragen, ob nicht besser der Klärschlamm zu diesem Zweck in KVAs verbrannt würde, wenn er schon nicht mehr in die Landwirtschaft zurückgeführt werden darf.

5 Umweltaspekte der Verwertung biogener Abfälle

In einer umfangreichen Studie (Edelmann et al., 1999) wurde die Umweltverträglichkeit von offener (OK) und vollständig abgeschlossener Kompostierung (GK), Vergärung mit Nachrotte (VN), Kombinationen von Vergärung mit offener (VO) bzw. geschlossener Kompostierung (VG) bzw. sowie Verbrennung in einer Kehrichtverbrennungsanlage (KVA) verglichen. Die Ökobilanz umfasst sämtliche Emissionen für die Bereitstellung der Infrastruktur beim Anlagenbau und beim Abbruch, wie auch sämtliche Emissionen, welche beim Betrieb der Anlagen entstehen. Für den Vergleich wurden Daten auf bestehenden schweizerischen biotechnologischen Anlagen erhoben und auf eine Verarbeitungskapazität von 10.000 Tonnen pro Jahr umgerechnet, was in der Schweiz einer typischen Größe von professionellen Anlagen entspricht. Bei der Kehrichtverbrennungsanlage (KVA) wurde die Auswirkung der Verbrennung von 10.000 Tonnen biogenem Abfall zusammen mit einer praxiskonformen Menge Restmüll in einer Anlage zur Verbrennung von 100.000 Tonnen Kehricht betrachtet. Abbildung 4 zeigt das Resultat: Die Vergärung mit Nachrotte (VN; Daten von Kompogas, Otelfingen) zeigt mit großem Abstand die kleinsten negativen Umwelteinwirkungen. Es folgen kombinierte Verfahren zur Vergärung und Kompostierung und die KVA liegt im Bereich von reinen Kompostierverfahren.

In der Schweiz verarbeiten heute 15 professionelle Gäranlagen rund 100.000 Tonnen biogene Abfälle pro Jahr und setzen deutlich über 50.000 MWh erneuerbare Energie frei (Edelmann und Engeli, 2005). Gärverfahren bringen – neben ökonomischen – ökologische Vorteile, weil einerseits erneuerbare Energie frei wird und andererseits die Stoffkreisläufe geschlossen bleiben. Die Ökobilanz der Vergärung von festen Haushaltsabfällen weist das beste Resultat sämtlicher Energieträger auf (Frischknecht und Jungbluth, 2000). Der energetische Erntefaktor einer heutigen Kompogasanlage – d. h. das Verhältnis zwischen produzierter Energie und gesamtem Energieaufwand – liegt heute bei rund sieben. Das bedeutet, dass eine Anlage bereits nach 3–4 Jahren sämtliche Energieaufwendungen erzeugt hat, die für Infrastruktur und Betrieb während der ganzen Lebensdauer von 25 Jahren erforderlich sind (arbi, 2005).

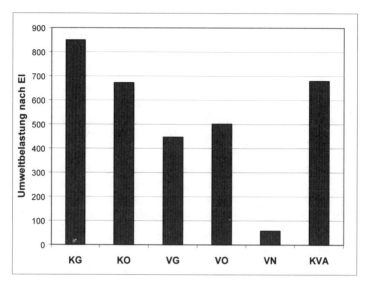

Abb. 4: Ökologischer Vergleich von verschiedenen Verfahren zur Verwertung von biogenen Abfällen nach Ecoindicator 95+ (Erläuterungen und Abkürzungen vgl. Text; Für detaillierte Angaben wird auf die oben erwähnte Originalliteratur verwiesen.)

Da die Reserven der nicht erneuerbaren Energieträger beschränkt sind, ist Biogas eine Technik mit Zukunft: Man wird sich – wahrscheinlich viel rascher als uns lieb ist – nicht mehr leisten können, die wertvolle Energie der Biomasse ungenutzt als Kompostabwärme entweichen zu lassen oder aber die wertvollen Pflanzennährstoffe mit der Schlacke aus der KVA in einer Deponie zu verlochen.

6 Quellenverzeichnis

arbi (2002): *Vergleich des aeroben und des anaeroben Abbaus,* Internet:
www.arbi.ch/problem.htm

arbi (2005): *Der energetische Erntefaktor einer Kompogasanlage,* Internet:
www.arbi.ch/seite11.htm

AWEL (2005): *Studie zum Energiepotential von KVA in der Schweiz,* AWEL, Zürich, Juni 2006

BiomasseSchweiz (2006): *Energieproduktion aus Küchenabfällen*, Zollikon, 20.10.2006
www.biomasseenergie.ch/dt/pdf/Studie_Verg%E4rung_KVA_231006.pdf

BUWAL (1990): *Technische Verordnung über Abfall*, TVA, 10.12.1990, EDMZ, 3003 Bern

Edelmann, W., Engeli, H., Gradenecker, M., Kull, T., Ulrich, P. (1993): *Möglichkeiten der Wärmerückgewinnung bei der Kompostierung*, Schriftenreihe Forschungsprogramm Biomasse, BEW, CH-3003 Bern

Edelmann, W., Schleiss, K., Joss, A., Ilg, M, Steiger, H. (1999): *Ökologischer, energetischer und ökonomischer Vergleich von Vergärung, Kompostierung und Verbrennung biogener Abfallstoffe*, Studie i. A. BFE und Buwal, Schriftenreihe BFE, Bern (120 Seiten) (Zusammenfassung: www.arbi.ch/oekobila.htm)

Edelmann, W., Engeli, H. (2005); *More than 12 years of experience with commercial anaerobic digestion of the organic fraction of municipal solid wastes in Switzerland,* Eröffnungsreferat des Symposiums "Anaerobic digestion of Solid Wastes", Copenhagen, August 2005 (www.arbi.ch/seite11.htm)

EDMZ (2004): *Schweizerische Gesamtenergie Statistik*, Eidg. Druck- und Materialienzentrale Bern

ERZ (2006): *Verwertung der biogenen Abfälle in der Stadt Zürich*, ERZ, Entsorgung & Recycling der Stadt Zürich, 06.04.2006

Frischknecht, R., Jungbluth, N. (2000): *Globale Kriterien für Ökostrom*, Studie i. A. Verein für umweltgerechte Elektrizität, Zürich; ESU-Services. Uster (28 S.)

Geisselhardt, P., Lehmann, A., Marfurt, C., Zinniker, R. (2007): *Energierückgewinnung durch Verbrennung von biogenen Abfällen in einer Kehrichtverbrennungsanlage,* Semesterarbeit Hochschule Nordwestschweiz, Muttenz

Raos, B. (2006): *Jetzt haben wir den Dreck*, der schweizerische Beobachter, 18/2006, pp. 24–25

Scheurer, K., Baier, U. (2001): *Biogene Stoffflüsse Schweiz*, BFE Bericht 39573, Bern

Schmid, M. (2006): *Wie hoch ist die maximal erreichbare Effizienz einer Abgaskondensationsanlage?,* Bericht Ökozentrum, Langenbruck, 06.09.2006

Wochele, J. (2007): *Strom- und Wärmeproduktion aus Grüngut: Vergleich Mitverbrennen in KVA mit Vergärung*, Paul Scherrer Institut, PSI, Labor für Energie und Stoffkreisläufe (in Vorbereitung)

Ökobilanz von Biogasanlagen mit unterschiedlichen Inputmaterialien[1]

Kilian Hartmann, Wolfgang Lücke, Michael Nelles

Zusammenfassung

Erneuerbare Energiequellen, darunter Biogas, gelten allgemein als umweltfreundlich. Ziel der Arbeit ist es, verschiedene Gesamt- und Teilprozesse der Biogaserzeugung bezüglich ihres Einflusses auf das ökologische Gesamtergebnis des Prozess sowie untereinander zu vergleichen. Für die Vergleiche werden Ökobilanzen gemäß ISO 14040 ff. durchgeführt. Die Ergebnisse der Sachbilanz werden auf die erzeugte Energiemenge bezogen und mit dem Eco Indicator `99 Verfahren bewertet. Es zeigt sich, dass die Produktion von nachwachsenden Rohstoffen der ökologisch bedeutsamste Teilprozess gefolgt von den Emissionen der Ausbringung der Gärreste und des BHKWs ist. Durch Steigerung der Effizienz der Energiekonversion und -nutzung sind bedeutende ökologische Einsparungen realisierbar.

1 Einleitung

Das Gesetz für den Vorrang Erneuerbarer Energien (EEG) wurde im Jahr 2000 geschaffen, im Jahr 2004 novelliert und soll das Ziel einer nachhaltigen Konversion von erneuerbaren Energiequellen in elektrische Energie unterstützen. Zu den erneuerbaren Energien im Sinne dieses Gesetzes zählen Wind, Wasser, Geothermie, Sonne sowie Biomasse. Der § 1 (1) EEG formuliert unter anderem als Ziele des Gesetzes eine nachhaltige Energieversorgung im Sinne des Klima-, Natur- und Umweltschutzes. Weitere Ziele des Gesetzes, langfristige ökonomische Stabilität und weltweite Konfliktprävention, spielen für die hier angestellten Betrachtungen eine untergeordnete Rolle.

Biomasse soll in der Zukunft eine Schlüsselrolle bei der Versorgung mit elektrischer Energie in Deutschland zukommen. Insbesondere der Bereich Biogas soll das wichtigste Standbein der zukünftigen Elektrizitätsversorgung aus Biomasse werden. Allerdings hat das Image der Biogasanlagen als ökologisch nachhaltige Energieerzeuger in der jüngsten Vergangenheit gelitten. Neben dem Biomasseanbau (Stichwort

---

[1] Die Dissertation sowie alle verwendeten Quellen dieses Vortrags stehen frei zugänglich zur Verfügung. Die Arbeit kann als *.pdf Dokument bei der Niedersächsischen Staats- und Universitätsbibliothek unter der angegebenen URL:// herunter geladen werden
(http://webdoc.sub.gwdg.de/diss/2006/hartmann/hartmann.pdf).

Maismonokulturen), stehen der Transport und die Ausbringung der Gärreste unter öffentlicher Kritik. Gleichzeitig gilt Biogas als umweltfreundlich, da fossile Ressourcen geschont und Kohlendioxidemissionen im Vergleich zur Stromkonversion aus fossilen Energiequellen gemindert werden.

Durch die Novellierung der Vergütungssätze des Erneuerbare-Energien-Gesetz (EEG) und der Schaffung eines Vergütungsbonus für die Verwendung von speziell für die energetische Verwertung angebauten Pflanzen im Jahr 2004 wurde ein Investitionsboom bei Biogasanlagen, speziell im Bereich 500 kW und größer, ausgelöst. In Verbindung mit diesem Boom wurde der Anbau von Energiepflanzen für die Biogasproduktion stark erweitert.

Bei dieser starken Zunahme der Anzahl sowie der installierten Leistung der Biogasanlagen stellt sich die Frage, ob Biogasanlagen als ökologisch nachhaltige Form der Stromkonversion im Sinne des EEG gelten können. Zur Untersuchung dieser Fragestellung wurde die im folgenden vorgestellte Dissertation angefertigt.

2 Methode

Das Untersuchungsobjekt ist eine fiktive Biogasanlage mit einer elektrischen Leistung von 1,0 MW. Von diesem Ausgangsszenario wurden mehrere Sensitivitätsanalysen durchgeführt. Bei den Inputstoffen wurde die Produktion verschiedener Energiepflanzen betrachtet und unterschiedliche Energiepflanzensilagen-/Güllemischung und eine Bioabfall-/Güllemischung in die Bewertung aufgenommen. Bei den Stromkonversionsverfahren wurde ein Gas-Otto-Motor mit einer Brennstoffzelle verglichen. Auf der Verwendungsseite wurden unterschiedliche Intensitäten der Nutzung der Abwärme untersucht. Abschließend wurde der Einfluss unterschiedlicher Gärrestaufbereitungs- und -ausbringungsverfahren betrachtet.

Die Untersuchung wurde in Form einer Ökobilanz gemäß EN ISO 14040 ff. durchgeführt. Als Ziel/Produkt des Biogasprozesses wurde die Einspeisung elektrischer Energie in das Stromnetz definiert. Die Betrachtung der Prozesskette Biogas richtet sich an dem Produkt aus. Im Rahmen der Untersuchung wurden alle Lebenswegabschnitte der Biogasproduktion untersucht und die bedeutendsten Einflussfaktoren ermittelt.

Der Rahmen einer Ökobilanz setzt sich aus (1) der Festlegung des Ziels und des Untersuchungsrahmens, (2) der Erstellung der Sachbilanz, (3) der Wirkungsabschätzung und (4) der Auswertung der Daten zusammen. Das Prinzip der Ökobilanz sieht sowohl Wiederholungen der vier Abschnitte (Iterationen) als auch beliebige Wechsel (vorwärts, rückwärts, quer) zwischen den einzelnen Abschnitten der Bilanz vor.

Das Ziel der Untersuchung wurde gemäß der in der Einleitung gegebenen Fragestellung „ist Biogas eine ökologisch nachhaltige Form der Stromkonversion im Sinne des EEG?" definiert. Unter diesem Gesamtziel der Untersuchung wurden als Teilziele die Frage nach ökologisch besonders relevanten Abschnitten des Biogasprozesses und dem Aufzeigen von ökologischen Optimierungspotentialen des Gesamtprozesses definiert.

Der Untersuchungsrahmen der Bilanz soll gemäß der Normvorgabe den Lebensweg des Produkts so vollständig als möglich abbilden. Daher wurde die Prozesskette Biogas vom Anbau der Energiepflanzen, über den Transport, die Erstellung und den Betrieb der Biogasanlage, bis zu dem Abriss der Biogasanlage und der Verwertung der Gärreste definiert. Mit dem Untersuchungsrahmen wurde die funktionelle Einheit der Untersuchung, ein Terrajoule eingespeiste elektrische Energie, definiert. Alle Daten innerhalb der Betrachtung sind auf diese funktionelle Einheit bezogen.

Da die Untersuchung allgemeine Aussagen über die ökologischen Aspekte der Biogaserzeugung liefern soll, wurden für die Erstellung der Sachbilanz soweit als möglich Durchschnittswerte vergleichbarer Inputstoffe/Prozesse/Verfahren verwendet. Wo dieses nicht möglich war oder nur Daten einer Quelle verfügbar waren, z. B. Brennstoffzellentechnologie, wurde von dieser Methode abgewichen.

Für die Wirkungsabschätzung wurde die Methode des Eco Indicator `99 (H) verwendet, so dass die Gesamtergebnisse der untersuchten Prozesse miteinander verglichen werden können. Bei dem Eco Indicator `99 handelt es sich um ein Bewertungs- und Gewichtungsverfahren, das die Ergebnisse der Sachbilanz Wirkungskategorien zuordnet, normalisiert und gewichtet. Anschließend werden die gewichteten Ergebnisse über ein gesondertes Bewertungsschema miteinander vergleichbar gemacht. Die Ergebnisse werden auf eine gemeinsame Einheit (Eco Punkte) bezogen. Bei Verwendung anderer Bewertungsschlüssel, können die Ergebnisse abweichen. Die Erfassung, Gruppierung, Bewertung und Auswertung der Daten erfolgte durchgängig mit der Ökobilanzsoftware Sima Pro (Version 6.0/7.0).

3 Ergebnisse

Alle Ergebnisse werden mit der Eco Indicator `99 (H) Methode ermittelt. Dadurch werden alle Ergebnisse der einzelnen Wirkungskategorien auf eine gemeinsame Einheit (Eco Punkte) aggregiert und in dieser Form dargestellt. Die Einheit ist dimensionslos und für den ökologischen Vergleich verschiedener System erstellt.

In dem Standardszenario (maisbasierte Energiepflanzen-/Güllemischung, Gas-Otto-BHKW, keine externe Wärmenutzung, Gärrestausbringung gemäß Guter Fachlicher Praxis (GFP)) zeigten sich die in Tabelle 1 dargestellten Resultate bezogen auf die einzelnen Module:

Tab. 1: Resultate Standardszenario

Modul	Gesamt	Input	BHKW-Emission	Strombezug	Transport	Gärrestnutzung	BGA
Punkte	9.630	8.040	1.090	436	463	-275	98

Den stärksten Einfluss auf das Gesamtergebnis hat in diesem Szenario die Produktion der Energiepflanzen für das Inputmaterial mit einem Anteil von rund 83,5 % des Gesamtergebnisses. Die Emissionen des BHKWs tragen zu 11,3 %, der Strombezug für den Betrieb der Aggregate mit 4,5 %, die Transporte zu 4,8 % und der Bau und der Abriss der Biogasanlage zu 1,0 % bei. Die Ausbringung der Gärreste (Schlechtschrift für Emissionen der Ausbringung und Gutschrift für Nährstoffrücklieferung) verbessert das ökologische Gesamtergebnis um 2,9 %.

Insgesamt wird der Flächenverbrauch für den Energiepflanzenanbau als bedeutendster Einfluss (62,3 % innerhalb des Moduls Inputmaterialien, 52,0 % bezogen auf das Gesamtergebnis) auf das Gesamtergebnis erkannt. Hierbei sind allerdings methodische Fragen zu berücksichtigen, die dieses Ergebnis einschränken. So ist kritisch zu hinterfragen, inwieweit das verwendete Hemeroby-Konzept zur Bewertung der Flächennutzung ein geeignetes Verfahren für landwirtschaftliche Produktionssysteme darstellt. Werden die direkten Effekte der Flächennutzung aus der Bewertung genommen (es verbleiben 1.150 Eco Punkte für indirekte Effekte), reduziert sich der Beitrag des Energiepflanzenanbaus auf 3.780 Eco Punkte, bzw. 67,6 % des Gesamtergebnisses von dann nur noch 5.590 Eco Punkten. Aufgrund dieser starken Gewichtung der Flächeninanspruchnahme besitzen Energiepflanzen mit hohen Flächenerträgen (Mais, Rüben) ökologische Vorteile vor Pflanzen, die weniger Biomasse bilden. Die aktuellen Züchtungsbemühungen gehen in diese Richtung, d. h. der Masseertrag pro Flächeneinheit stellt das Ziel der züchterischen Bemühungen dar.

Da Abfälle als Input der Biogasproduktion ohne ökologischen Rucksack zu bilanzieren sind, werden hierdurch die ökologischen Belastungen der Vorkette der Biogasproduktion auf die Transportaufwendungen reduziert und die Biogasbilanz um den Anteil des Energiepflanzenanbaus (83,5 % des Gesamtergebnisses) verbessert. Aufgrund der Verfügbarkeitssituation werden erhöhte Transportaufwendungen (517 statt 463 Eco Punkte) angenommen.

Durch die Nutzung der Brennstoffzellentechnik im Vergleich zum Gas-Otto-BHKW können sehr niedrige Emissionen (204 statt 1.090 Eco Punkte) und höhere Wirkungsgrade erreicht werden. Diese höheren Wirkungsgrade führen zu anteiligen Einsparungen in den vorgelagerten Prozessabschnitten Energiepflanzenanbau und Transport. Das Gesamtergebnis dieses Szenarios liegt bei 6.990 Eco Punkten (27,4 % Reduktion gegenüber dem Standardszenario), dabei 6.160 Eco Punkte für die Energiepflanzenproduktion.

Die Abwärmenutzung kann bedeutende ökologische Gutschriften erzielen, wenn hierdurch der Verbrauch fossiler Ressourcen eingeschränkt wird. In dem untersuchten Szenario wurde eine Nutzung von 23,7 % der gesamten anfallenden Wärmeenergie als Alternative für den Betrieb von Erdgasheizungen für Mehrfamilienhäuser unterstellt. Durch die Einsparungen fossiler Energieträger kann das Gesamtergebnis um 1.490 Eco Punkte verbessert werden. Die Schaffung neuer Wärmeabnehmer, z. B. Hackschnitzeltrocknung, führt zu keinem Einsparpotential und bedingt daher keine ökologischen Vorteile.

Werden die Gärreste nicht nach GFP, sondern per Prallteller und ohne direkte Einarbeitung ausgebracht, werden die NH_3-Emissionen expotentiell gesteigert. Dies führt zu einer Verschiebung der Effekte aus der Gärrestnutzung von einer ökologischen Gutschrift im Standardszenario zu einer Schlechtschrift in Höhe von 1.890 Eco Punkten. Ursache hierfür sind die erhöhten Emissionen versauernd und eutrophierend wirkender Substanzen sowie der Verlust von Nährstoffen.

Als Fazit kann festgehalten werden, dass der ökologisch wichtigste Punkt des Untersuchungsobjekts der Flächen- und Energiebedarf der Biomasseproduktion ist. Die BHKW- und der Gärrestemissionen haben einen spürbar negativen Einfluss auf das Gesamtergebnis. Das ökologische Ergebnis kann verbessert werden, wenn höhere Flächenerträge erzielt oder biogene Abfälle anstatt Energiepflanzen als Input genutzt werden. Die Nutzung der Abwärme des BHKW zur Einsparung fossiler Energieträger ermöglicht bedeutende Gutschriften auf das Gesamtergebnis. Werden alle Optimierungsmöglichkeiten genutzt, verursacht Strom aus Biogas sehr geringe ökologische Effekte.

Bioenergietonne – Schnittstelle zwischen stofflicher und energetischer Verwertung

Klaus Wiemer, Michael Kern, Thomas Raussen

Zusammenfassung

Wurde bisher die die Bio- oder Komposttonne überwiegend mit dem Ziel der Kompostierung der Biomasse und Rückführung des erzeugten Kompostes in den Stoffkreislauf etabliert, soll die Bioenergietonne zusätzlich das energetische Nutzungspotenzial in den Vordergrund stellen.

Durch die Ausnutzung der Möglichkeiten des EEG sowie die steigenden Kosten für fossile Energieträger verbessert sich die Wirtschaftlichkeit der energetischen Verwertung (Biogaserzeugung oder Verbrennung) von getrennt gesammelten Bio- und Grünabfällen nachhaltig. Grünabfälle lassen sich zu interessanten Brennstoffen aufbereiten, während strukturärmere und feuchtere Bioabfälle der Vergärung zugeführt werden können. Die Kompostierung von biogenen Abfällen ist und wird auch zukünftig Standbein der biologischen Abfallbehandlung bleiben.

Modernes Management biogener Stoffströme optimiert stoffliche und energetische Verwertungswege mit dem Ziel eines idealen Zusammenwirkens von Nährstoff- und Kohlenstoff-Recycling, Energiebereitstellung (Strom und Wärme), CO_2-Reduzierung durch Substitution fossiler Energieträger sowie günstiger Behandlungskosten bei erweiterter regionaler Wertschöpfung.

1 Potenziale der Wertschöpfung

Die aktuelle Klima- und Ressourcendiskussion greift vermehrt in unser Alltagsgeschehen ein. Die Szenarien der Reichweite fossiler Ressourcen geben Anlass zur Sorge über die Nachhaltigkeit unseres anthropogenen Wirkens. Demnach beträgt die Reichweite für Öl noch 30 bis 40 Jahre, für Gas ca. 70 Jahre, für Kohle 200 bis 300 Jahre und für Uran 60 Jahre. In einem prosperierenden Emirat wie Dubai versiegen die Ölquellen innerhalb der nächsten fünf Jahre. Bei all dem ist der steigende Energieverbrauch durch Schwellen- und Entwicklungsländer nicht berücksichtigt.

Selbst bei einer Verdoppelung der genannten Reichweiten wäre kein Anlass gegeben, entspannt über die Nachhaltigkeit unseres Tuns zu sprechen. Zu kurz sind die betreffenden Perspektiven und im Verhältnis zu lang die zurückliegende Entwicklungsgeschichte der Menschheit, um hier Verantwortlichkeit durch Sorglosigkeit zu ersetzen.

Die aktuelle Klimadiskussion muss an dieser Stelle nicht vertieft werden, die Zeitungen sind voll davon. Die eindrucksvolle Bestandsaufnahme unseres Planeten durch Al Gore vermittelt alarmierende Anzeichen des Klimawandels, auf die durch den Menschen reagiert werden muss. Ob das in hinreichendem Maß geschehen wird, ist offen. Umso wichtiger ist es, Potenziale offen zu legen und Lösungsmöglichkeiten aufzuzeigen, auf die in diesem Sinn reagiert werden kann. Einige Grundmechanismen treten hierbei in den Vordergrund. Wie ist der Zusammenhang zwischen CO_2 und Abfall zu sehen, und um welche Größenordnungen handelt es sich hierbei?

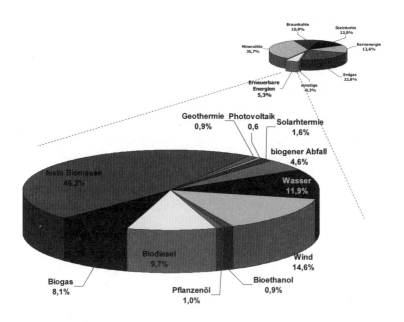

Abb. 1:   Anteil erneuerbarer Energien und der Biomasse am Gesamtenergieeinsatz in Deutschland (Quelle: BMU 2007)

Die Statistiken der alternativen Energieformen zeichnen ein unterschiedliches Bild, je nachdem ob der Bezug zur elektrischen oder zur Gesamtenergie gewählt wird. Bezogen auf den Gesamtenergieeinsatz betrug der Anteil erneuerbarer Energien in Deutschland 5,3 % (BMU 2007). Interessant ist hierbei der Biomasseanteil von mehr als 70 % am Energiemix der erneuerbaren Energien. Die viel beachtete Photovoltaik hatte diesbezüglich nur einen Anteil von 0,6 % bzw. von rund 0,03 % am Gesamtenergieeinsatz. Umso bedeutsamer erscheint die Nutzung biogener Potenziale, so lange Energieerzeugungsformen, wie die Photovoltaik, noch nicht die Leistungsmerkmale aufweisen, wie man es perspektivisch von ihr erwartet.

Bei der vollständigen Oxidation einer Tonne Abfall (Heizwert ca. 10.000 KJ/kg) wird größenordnungsmäßig eine Tonne CO_2 freigesetzt. Die CO_2-Freisetzung ist nicht daran gebunden, ob die Oxidation biologisch oder physikalisch-chemisch in einer Flamme erfolgt. Die freigesetzten CO_2-Mengen sind identisch, allerdings werden durch die Verbrennung auch biologisch nicht abbaubare regenerative und fossile Kohlenstoffe oxidiert.

Bei einem Gesamtaufkommen von ca. 37 Mio. t Siedlungsabfall in Deutschland beträgt das zugehörige CO_2-Freisetzungspotenzial größenordnungsmäßig 37 Mio. t, sofern die Abfälle vollständig oxidiert werden. Diese Menge entspricht 4–5 % der in Deutschland anthropogen freigesetzten CO_2-Menge.

Der Anteil regenerativer Energieträger im Restmüll beträgt nach Untersuchungen des Witzenhausen-Instituts im statistischen Mittel knapp 60 Gew.-% bzw. rund 55 % bezogen auf den Heizwert. Unterschiede der Charakteristik einzelner Entsorgungsgebiete sind hierbei zu berücksichtigen.

Zusätzlich hierzu werden in Deutschland ca. 8,3 Mio. t Bio- und Grünabfälle im Rahmen der Getrenntsammlung erfasst und überwiegend der Kompostierung zugeführt (Abbildung 2). Die Vergärung und insbesondere die thermische Nutzung spielen heute noch eine untergeordnete Rolle. In der Praxis werden diese Abfälle sehr unterschiedlich verwertet oder behandelt.

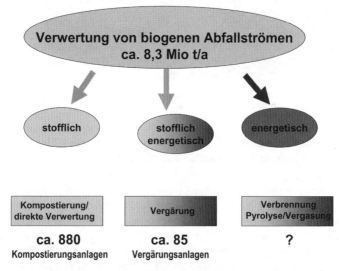

Abb. 2: Verwertung biologischer Abfallströme in Deutschland

Die spezifischen Erfassungsmengen von Bio- als auch Grünabfällen sind in den Bundesländer stark abweichend (Abbildung 3) und verdeutlichen, dass landesbezogen sehr unterschiedliche Anstrengungen unternommen werden, die Potenziale zu erschließen. Dies mag verschiedene Ursachen haben und soll an dieser Stelle nicht bewertet werden. Entscheidend ist die Tatsache, dass unter Randbedingungen, welche in jüngster Zeit verstärkt in den Vordergrund gerückt sind, Handlungsperspektiven entstehen, die sowohl aus ökologischer als auch aus ökonomischer Sicht interessant sind.

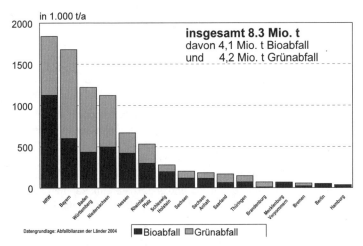

Abb. 3: Erfasste Bio- und Grünabfallmengen in den verschiedenen Bundesländern 2004

2 Stoffliche oder energetische Biomasseverwertung

Die Erzeugung und Verwertung von Kompost hat in Deutschland traditionell einen hohen Stellenwert und soll nicht in Frage gestellt werden. Dennoch sind im Bereich der Biomasseverwertung Optimierungspotenziale, bezogen auf Klima- und Ressourcenschutz sowie Wirtschaftlichkeit gegeben, welche es verdienen, ausgelotet zu werden.

Die Erzeugung von Kompost ist unbestritten dort von Vorteil, wo die Melioration von Böden im Bereich der Land- und Forstwirtschaft, der Rekultivierung, des Weinbaus, des Landschaftsbaus und der privaten Haushalte im Vordergrund steht. Abbildung 4 vermittelt einen Überblick über die bevorzugten Verwertungswege von Kompost.

Bio- und Sekundärrohstoffverwertung II

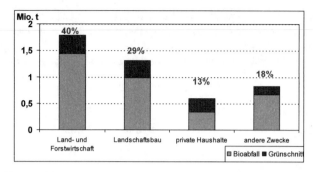

Abb. 4: Verwendung von Komposten (Quelle: /9/)

Zusätzlich zu den Vorteilen der Bodenmelioration durch Komposte sprechen handfeste ökonomische Aspekte für die Kompostierung. Geht man nach Inkrafttreten der TA-Siedlungsabfall von mittleren Kosten für die Abfallverbrennung von 120 €/t aus, so liegen die Bioabfallkompostierung mit angenommenen 60 €/t und die Pflanzenabfallkompostierung mit 20 €/t deutlich unter diesem Wert. Nicht die Erzeugungskosten für Kompost, sondern die günstigeren Behandlungskosten im Rahmen einer TASi-gerechten Abfallbewirtschaftung stehen somit bei einer Wirtschaftlichkeitsbetrachtung im Vordergrund.

Bereits jetzt greifen das Erneuerbare-Energien-Gesetz (EEG) und die Verteuerung fossiler Brennstoffe in die Mengenstromentwicklung biogener Abfälle ein. Altholz, für dessen Entsorgung noch vor wenigen Jahren Zuzahlungen im hohen zweistelligen Bereich zu leisten waren, erzielt neuerdings Erlöse, die ebenfalls im zweistelligen Bereich liegen können. Gemäß Euwid liegt der Ertrag für Holzspäne derzeit zwischen 25 und 35 €/t, während die potenziellen Erlöse für Holzpellets sich über der 200 €/t Marke stabilisiert haben.

Die Verschiebung der Rahmenbedingungen beeinflusst in recht unmittelbarer Weise die Entwicklung der Stoffströme. Dies betrifft sowohl Art, Menge und Qualität der Abfallströme als auch die Art der Anlagen zu deren Verwertung. Abbildung 5 beschreibt die derzeit gültigen Rahmenbedingungen des novellierten EEG, welches Einfluss auf die Vergütung der erzeugten Energie in Abhängigkeit von Anlagengröße und der Art der eingesetzten Inhaltsstoffe hat.

In der Praxis wird diesem Sachverhalt Rechnung getragen, indem bereits jetzt die Zahl der Bioabfallvergärungsanlagen zunimmt und Kompostierungsanlagen zunehmend um eine Vergärungsstufe als erstem Behandlungsschritt ergänzt werden.

Tab. 1: Vergütung für Strom aus Biomasse nach dem EEG (vom 21.07.2004) [in Eurocent/kWh]

Vergütung		bis 150 kW$_{el}$	bis 500 kW$_{el}$	bis 5 MW$_{el}$	5–20 MW$_{el}$
Grundvergütung (2007)	Alt-Anlagen	9,9		8,9	8,4
	Neu-Anlagen	10,99	9,46	8,51	8,03
	Anlagen für A3 und A4 Altholz (Inbetriebnahme nach dem 29.06.2006)	3,78 (keine Bonuszahlungen)			
Boni					
NawaRo (für Alt- und Neu-Anlagen)	Energiepflanzen	6	6	4	-
	Holz	6	6	2,5*	-
KWK	Alt-Anlagen	-	-	-	-
	Neu-Anlagen	2	2	2	2
Technologie	Alt-Anlagen	-	-	-	-
	Neu-Anlagen	2	2	2	-

* bei Verbrennung von Holz (nicht jedoch bei z. B. Holzvergasung, die auch mit 4 Cent/kWh vergütet wird)

Die aktuell geführte Diskussion zur Optimierung der biologischen Abfallbehandlung überspringt festgefahrene Denkkategorien. Es geht längst nicht mehr um Kompostierungs- versus Anaerobverfahren, sondern um ganzheitliche Betrachtungsweisen eines organischen Stoffstrommanagements.

Spätestens seit Energiemais für die Vergärung angebaut wird und Getreide für die Bioethanolerzeugung genutzt wird, ist die ausschließlich stoffliche Nutzung von Biomasse im Sinne der Kompostierung zu überdenken. Es gibt keine gute oder schlechte Biomasse, sondern unterschiedliche Bedarfsprofile, welche häufig lokal geprägt sind und denen die unterschiedliche Eignung verschiedener Verfahren gegenübersteht. Die Kompostierung ist flexibel genug, sich diesen Herausforderungen zu stellen.

Um glaubwürdige Lösungswege zu finden, sollten Belange des Klima- und Ressourcenschutzes in stärkerem Maß mit den Ansprüchen an eine stoffliche Verwertung der Biomasse verzahnt werden. Im Ergebnis bedeutet dies ein Neben- bzw. Nacheinander energiebezogener und stoffbezogener Lösungswege. Hierdurch eröffnet sich die Möglichkeit, neben der Nachhaltigkeit der Konzepte, deren Wirtschaftlichkeit zu steigern.

3 Die Bioenergietonne

Die Bioenergietonne dient der separaten Erfassung möglichst sortenreiner Biomasse aus Haushalt und Gewerbe mit dem Ziel der möglichst hochwertigen stofflichen und energetischen oder allein energetischen Verwertung. In jedem Fall ist eine, zumindest in Teilschritten zu vollziehende, energetische Verwertung der Biomasse aus Siedlungsabfällen unverzichtbarer Bestandteil der zu wählenden Prozessschritte.

Hierin unterscheidet sich die Bioenergietonne von der traditionellen Komposttonne oder Biotonne, bei der allein die Gewinnung von Kompost erklärtes Verfahrensziel ist (Abbildung 5).

Die Bioenergietonne ist grundsätzlich nicht neu, sondern definiert lediglich die an vielen Orten bereits gängige Praxis bei:

1. der Getrenntsammlung von Bioabfällen mit anschließender Vergärung und direkter Verwertung des Gärrestes
2. der Getrenntsammlung mit anschließender Vergärung und Nachkompostierung des Gärrestes
3. der Getrenntsammlung mit anschließender Separation in einen brennbare und eine kompostierbare Fraktion
4. der Getrenntsammlung mit anschließender Separation in einen brennbare und eine vergärbare Fraktion (eventuell in Kombination mit einer Nachkompostierung)
5. der Getrenntsammlung mit anschließender Kompostierung und Separation und energetischer Verwertung brennbarer Biomasse nach der Kompostierung
6. der Getrenntsammlung von Biomasse zum Ziel ihrer energetischen Verwertung nach biologischer Trocknung.
7. der Getrenntsammlung von Biomasse zum Ziel einer direkten energetischen Verwertung

Die sieben dargestellten unterschiedlichen Varianten zeigen die grundsätzlichen Alternativen bereits existierender Modelle. Selbst die Erzeugung von Kompost zum Ziel seiner anschließenden energetischen Verwertung ist, historisch gesehen nicht neu. Bereits Mitte der siebziger Jahre wurden am Kompostwerk Heidelberg von Hannes Willisch umfangreiche Versuche gefahren, Kompost biologisch zu trocknen und als sogenanntes BIOSTAB® einer energetischen Verwertung zuzuführen.

Grundsätzlich neu ist die veränderte Betrachtungsweise der Biomasseverwertung vor dem Hintergrund der aktuellen Ressourcen- und Klimadiskussion und der gegebenen Subventionierung der energetischen Biomasseverwertung durch staatliche Vorgaben. An dieser Stelle treffen sich Optimierungspotenziale im Sinne der Nachhaltigkeit mit handfesten ökonomischen Vergünstigungen. Erst durch eine Offenlegung der gegebenen Potenziale und ihre Abstimmung auf örtliche Gegebenheiten lassen sich zielgerichtete Optimierungsschritte verwirklichen.

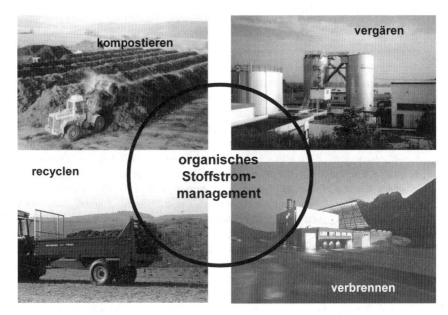

Abb. 5: Bioenergietonne – Schnittstelle zwischen stofflicher und energetischer Verwertung

Die Ordnung, bzw. Neuordnung der biologischen Abfallbehandlung unter klimarelevanten Gesichtspunkten bedarf der differenzierten Betrachtung. In diese fließen nicht nur ortsspezifische, sondern auch jahreszeitliche Gesichtspunkte ein.

Das Bio- und Grünabfallaufkommen im Jahresverlauf unterliegt erhebliche Schwankungen, welche sich um den Faktor Drei unterscheiden. Diese Schwankungen sind gekoppelt an die unterschiedliche Feuchte der Abfälle über das Jahr, sowie die mitunter sehr unterschiedliche Bioabfallzusammensetzung. In den Monaten Dezember bis Februar, in manchen Jahren auch bis März, weist die Feuchte ein Maximum, der Holzanteil ein Minimum auf. Im Gegensatz dazu ist der Holzanteil beim Grünabfall/Baumschnitt in den Wintermonaten am größten.

Konzepte der Bioabfallbehandlung haben diese Schwankungen in der Anlagenauslegung zu berücksichtigen und untereinander abzustimmen. Weitere Unterschiede können bei der Beurteilung von Behandlungskonzepten in den gegebenen Möglichkeiten der Kraft-Wärmekopplung bestehen, welche ebenfalls lokal zu betrachten sind.

4 Thermische Biomassenutzung

4.1 Stand der thermischen Biomassenutzung

Seit der Verabschiedung des Erneuerbare Energien Gesetzes (29.03.2000) wurde der Bestand an Biomasse(heiz)kraftwerken kontinuierlich ausgebaut. Ende 2005 (vgl. Abbildung 6) waren etwa 130 Kraftwerke im Leistungsbereich bis 20 MW_{el}, die ausschließlich mit festen Biomassen gemäß Biomasseverordnung befeuert werden, mit einer Gesamtleistung von 790 MW_{el} im Betrieb. Diese produzierten 2005 etwa 5.000 GWh Strom, was ca. 0,9 % des gesamten Stromverbrauchs Deutschlands entspricht. Während in den vergangenen Jahren – basierend auf Planungen nach den Regelungen des EEG vor der Novellierung im August 2004 – vor allem Anlagen im Leistungsbereich von 10–20 MW_{el} errichtet wurden, zeigen sich nun Tendenzen hin zu Kleinanlagen (< 1 MW_{el}), die derzeit etwa 35 % der in Bau befindlichen Anlagen ausmachen. Gerade bei dieser Anlagengröße kommt vermehrt ORC Technik zum Einsatz, die in dieser Leistungsklasse Vorteile gegenüber der Dampfturbinentechnik aufweist und sich auch für feuchtere Biomassen, beispielsweise aus der Grünabfallaufbereitung eignet. ORC steht für **O**rganic **R**ankine **C**ycle und damit für einen thermodynamischen Kreisprozess, der nach dem EEG als innovative Technik bewertet wird und zu einer entsprechend höheren Vergütung der Stromeinspeisung führt. Die Feuerung von ORC-Anlagen unterscheidet sich kaum von Dampfkraftwerken. Anders als bei diesen kommen statt Wasserdampf organische Arbeitsmedien, z. B. Silikonöle, zum Einsatz, die in einem geschlossenen Kreislauf geführt werden und die Turbine im ORC-Modul antreiben. In diesen Anlagen kommen daher Thermoölkessel zum Einsatz. Vorzüge der ORC-Technik liegen in den geringeren Drücken und Temperaturen, die für den Prozess notwendig sind. Derzeit werden ORC-Module in einem Leistungsbereich zwischen 0,4 bis 1,5 MW_{el} angeboten. Bei einer Leistung von etwa 2 MW_{FL} liegt der Brennstoffbedarf bei etwa 5.000 t pro Jahr. Allein in Deutschland und Österreich sind schon etwa 15 Biomasseanlagen mit ORC-Technologie realisiert worden, so z. B. in Friedland 500 kW_{el}, Sauerlach 500 kW_{el}, Ostfildern 1.000 kW_{el}, Neckarsulm 1.000 kW_{el} und Oerlinghausen 500 kW_{el}.

Im Bereich der kleinen und mittleren Anlagen kommen nahezu ausschließlich Rostfeuerungen zum Einsatz während bei den Anlagen > 10 MW_{el} auch Wirbelschichtfeuerungen verwendet werden.

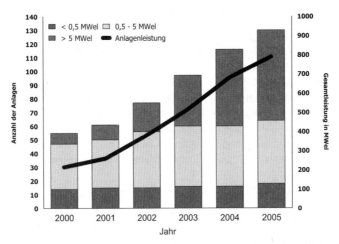

Abb. 6: Bestand an Biomasseheizkraftwerken in Deutschland: Anzahl der Anlagen nach Größenklassen und elektrische Gesamtleistung (verändert nach: /4/)

Für die Nutzung von Altholz haben sich Stoffströme entwickelt und die unsichere langfristige Verfügbarkeit lässt nur noch wenige Anlagen auf Altholzbasis entstehen. Auch haben sich die Rohstoffpreise kontinuierlich nach oben entwickelt. Eine Auswirkung des Deponierungsverbots für unbehandelte Hölzer ist in den Kostenentwicklungen kaum zu erkennen. Dennoch führen die derzeit hohen Kosten für die Abfallbehandlung dazu, dass vor allem im Sperrmüllbereich verstärkt Hölzer aussortiert und Biomasseverbrennungen zugeführt werden. Für Biomassekraftwerke nach der 17. BimSchV, die nach dem 29.06.2006 in Betrieb gehen, sieht das novellierte EEG nur noch eine Vergütung von unter 4 Cent/kWh vor (vgl. Tabelle 1). Wurden derartige Anlagen nach Juni 2004 genehmigt, fallen sie nicht mehr unter die Privilegien des EEG.

Für die Abfallwirtschaft erscheint eine regelmäßige Bewertung der Optionen für die Nutzung von Hölzern, vor allem aus den Bereichen Sperrmüll und Grünabfall, sinnvoll um gegebenenfalls neue energetische Verwertungswege zu integrieren, sei es durch die Errichtung eigener Anlagen oder durch Lieferbeziehungen zu Biomasseheiz- oder Biomassekraftwerken Dritter.

Etwa 1.100 Heizwerke versorgen bundesweit größere Gebäude, Gewerbebetriebe und über Nahwärmenetze ganze Stadtteile oder Orte mit Wärme. Dazu kommen in der Regel unbehandelte Hölzer zum Einsatz. Für die Brennstoffe, Holzhackschnitzel und bei Anlagen im kleineren Leistungsbereich auch Pellets sind Normen verfügbar: Pellets DIN 51731 und für Biomassefestbrennstoffe erste Vornormen /4/.

4.2 Energieerzeugung aus Grünabfällen

Verschiedene Untersuchungen und praktische Versuche zeigen, dass nach der Erfassung von Grünabfällen (insbesondere Baum- und Strauchschnitt) dessen teilweise Zuführung zur energetischen Verwertung ökologisch und ökonomisch sinnvoll ist. So kann durch einfache Aufbereitungsschritte aus einem Grünabfallstrom ein Holzbrennstoff erzeugt werden, der in robusten Anlagen verwertet werden kann, die geringe Anforderungen hinsichtlich Stückigkeit und Feuchte stellen. Die erforderlichen Aufbereitungsaggregate stehen üblicherweise in Kompostierungsanlagen zur Verfügung, so dass der zusätzliche Investitionsaufwand überschaubar bleibt. Geringeren Aufbereitungskosten stehen jedoch höhere Investitionen in die Feuerungsanlage gegenüber.

Priorität ist die Nutzung besonders geeigneter Fraktionen an Standorten mit kurzen Verwertungswegen zu prüfen. Hier ist besonders der im Winterhalbjahr anfallende holzreiche Grünabfall interessant. Aus diesem Material kann der energiereiche Anteil vergleichsweise einfach ausgeschleust werden.

Zur Aufbereitung von Grünabfall ist zunächst eine Materialzerkleinerung durch Schreddern oder Hacken erforderlich, wobei anders als bei der Aufbereitung für die Kompostierung grobes Schredder- oder Hackgut erzeugt werden soll. Durch Verringerung der Anzahl der Schlägel und andere Umbauten an den Zerkleinerungsaggregaten kann dies kostenneutral erreicht werden. Anschließend wird i. d. R. das Grobmaterial abgetrennt. Auf diese Weise lassen sich ohne zusätzliche Investitionen in die Anlagentechnik preislich interessante Brennstoffe gewinnen. Wegen des geringen Verunreinigungsgrads von Grünabfällen kann auf eine Störstoffentfrachtung des Materials in der Regel verzichtet werden (Abbildung 7). Der Energieaufwand für die Aufbereitung des Grünguts zu einem verwertbaren Brennstoff und für Transporte ist gering.

Untersuchungen des Witzenhausen-Instituts haben gezeigt, dass bis zu 30 Gew.-% des Grünabfallaufkommens sinnvoll als Brennstoff ausgeschleust werden können. Die verbleibende Fraktion, i. d. R. < 40 mm, steht als Strukturmaterial für die Kompostierung zur Verfügung. Sie kann bei Bedarf durch entsprechende Wahl des Siebschnitts auch größerem spezifischen Bedarf an Strukturmaterial angepasst werden /4/.

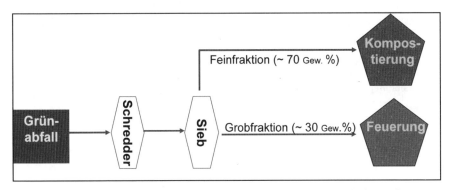

Abb. 7: Aufbereitungsschritte für die Ausschleusung von energetisch nutzbaren Teilströmen aus Baum- und Strauchschnitt

In der Praxis wird eine derartige Ausschleusung holzigen Materials als Brennstoff bereits an einer Reihe von Standorten durchgeführt. Dabei wird derzeit ein Preis von etwa 15 bis 25 €/t (frei Anlage) für den Brennstoff erzielt. Dieser liegt deutlich unter den Kosten von Waldhackschnitzeln, die im Mittel für etwa 50 €/t („sommertrocken", d. h. Wassergehalt = 35 %) gehandelt werden.

Häufig wird das aufbereitete Grüngut in einem Mix mit anderen (Wald)hölzern genutzt. In dafür ausgelegten Heiz(kraft)werken kann das Material aus dem Baum- und Strauchschnitt 50 % bis 70 % des Brennstoffs ausmachen. Werden außer dem aufbereiteten Grüngut nur Waldhölzer und keine Resthölzer eingesetzt, so wird der Strom nach dem EEG zusätzlich mit dem NawaRo-Bonus vergütet.

Unter der Annahme, dass 50 % der Wärme genutzt werden, würde nach dem EEG die in Tabelle 2 „Vergütung nach EEG für ein 2,5 MW_{FL} Holzheizwerk mit ORC-Modul und teilweiser Nutzung der ausgekoppelten Wärme" dargestellte Vergütung von 191 €/MWh erzielt. Bei einer Jahreslaufleistung von ca. 8.000 Stunden ist eine Stromproduktion von 4.000 MWh mit einer Mindestvergütung von 764.000 €/a zu erreichen. Über die Wärmeauskopplung mit einer angenommenen 50 %-Nutzung und einem Kesselwirkungsgrad von 85 % würden 6.600 MWh bereitgestellt, über die eine Wertschöpfung von etwa 200.000 €/a erzielt werden könnte.

Tab. 2: Vergütung nach EEG für ein 2,5 MW$_{FL}$ Holzheizwerk mit ORC-Modul und teilweiser Nutzung der ausgekoppelten Wärme

Leistung	durchschnittliche Mindestvergütung (€/MWh) Inbetriebnahme 2006	Bonus (€/MWh) für			GESAMT (€/MWh)
		Brennstoff Holz	KWK *	innovative Technologie	
500 kW	101	+ 60	+ 10	+ 20	191

* anteilig zur Wärmenutzung

5 Energieerzeugung aus Bioabfällen durch Vergärung

Der Hauptunterschied zur Kompostierung liegt in dem unter strengem Luftabschluss (Kapselung in Reaktoren/Fermentern) ohne Sauerstoff verlaufenden Vergärungsprozess des Bioabfalls. Dies ist die Ursache für die deutlich geringeren Luftströme im Vergleich zur Kompostierung, bei der das Material durch Umsetzung oder oft durch Zwangsbelüftung mit Sauerstoff versorgt wird. Bei der Vergärung fallen als Endprodukte Biogas, Gärreststoff bzw. Kompost und Abwasser an.

Gegenüber der Kompostierungstechnologie ist die Verfahrensvielfalt deutlich größer, so dass eine einheitliche Bewertung bei der Anaerobtechnik schwerer fällt. Im Wesentlichen unterschieden sich die angebotenen Verfahren hinsichtlich der Prozessführung (1- oder 2-stufig), dem Wassergehalt des Inputmaterials (Nass- bzw. Trockenverfahren) sowie der Betriebstemperatur (mesophiler/thermophiler Betrieb). Die Hersteller setzen bei der Bioabfallvergärung überwiegend auf die Trockenfermentation mit Trockensubstanzgehalten des Gärguts zwischen 20 und 40 %. Dies ist unter den aktuellen Bedingungen des EEG besonders wirtschaftlich, da Trockenvergärung (häufig im Zusammenhang mit dem EEG definiert als Inputmaterial mit Trockensubstanzgehalt TS > 30 %) den Innovationsbonus und damit eine um ca. 20 % erhöhte Mindestvergütung für den Strom erhält. Aber auch Nassverfahren (TS-Gehalte < 15 %) spielen eine bedeutende Rolle /5/.

Bei Vergärungsanlagen ist das Spektrum der möglichen Inputmaterialien wesentlich größer als bei Kompostierungsanlagen, da hier auch nasse und strukturarme Stoffe (z. B. aus dem Gewerbe) verwertet werden können. Ungeeignet ist holzreiches (d. h. ligninreiches) Material, welches durch anaerobe Mikroorganismen nicht abgebaut wird. Getrennt erfasster Bioabfall sowie Speisereste eignen sich hervorragend für die Vergärung. Je nach Jahreszeit variiert der Inhalt der Biotonne, in die Küchen- und/oder Gartenabfälle aus Privathaushalten eingegeben werden.

Die der Fermentation i. d. R. nachgeschaltete Kompostierung bedingen einen ausreichenden Strukturanteil des Gärrests. Des Weiteren ist zu beachten, dass für ein optimales Wachstumsmilieu der Mikroorganismen und damit für einen funktionierenden

Vergärungsprozess ein geeignetes C:N-Verhältnis im Input einzustellen ist. Reine Bioabfälle/Speiseabfälle sind stickstoffreicher und weisen i. d. R. ein zu enges C:N-Verhältnis auf. Aus den beiden genannten Gründen kann es erforderlich sein, im Anlagenbetrieb bestimmte Anteile an stickstoffarmen Strukturmaterialien (Grünabfallbestandteile) zuzusetzen (vgl. Abbildung 10).

Vor dem eigentlichen Vergärungsprozess werden Bioabfall und Speisereste einer Vorbehandlung unterzogen. Sieben, Zerkleinern, Störstoffentfrachtung und Homogenisieren sind Bestandteile der Vorbehandlung. Inputmaterial mit einem hohen TS-Gehalt wird häufig mit Wasser verdünnt, um eine problemlose Verfahrenstechnik zu gewährleisten.

Bei der Bioabfallvergärung kommen überwiegend einstufige Verfahren zum Einsatz, bei denen die mikrobiellen Abbauvorgänge der Fermentation, Hydrolyse und Methanisierung in einem Reaktor ablaufen. Daneben kommen aber auch zweistufige Verfahren zum Einsatz, bei denen Hydrolyse und Methanisierung in zwei Reaktoren getrennt stattfinden. Zweistufige Verfahren sind prozessstabiler, bedingen aber einen höheren baulichen und apparativen Aufwand. Infolge des höheren Investitionsaufwands hat sich die einstufige Bioabfallvergärung am Markt durchgesetzt.

Durch den Stoffwechsel der bei der Vergärung beteiligten Mikroorganismen entsteht zwischen 100 und 130 m³ Biogas pro Tonne Bioabfall. Die Gasmenge ist stark abhängig vom Inputmaterial sowie von der Technik der Vergärung. Der Energiegehalt wird bestimmt durch den Methananteil, welcher zwischen 50 % und 75 % liegt. Bei gut eingestellten Anlagen werden Werte um die 65 % erreicht. Somit bleibt der größte Teil der in den Inputmaterialien enthaltenen Energie in Form von Methan erhalten. Das Biogas kann zur Produktion von Wärme und Strom in einem Blockheizkraftwerk oder einer Kesselanlage genutzt, nach Aufbereitung als Gas in ein vorhandenes Erdgasnetz eingespeist oder zum Antrieb von Fahrzeugen genutzt werden.

Vergärungsanlagen werden häufig in einer Leistungsklasse von 300 kW_{el} und 500 kW_{th} mit einer Inputmenge von etwa 15.000 Jahrestonnen umgesetzt.

Unter der Annahme, dass 50 % der Wärme extern genutzt werden, würde nach dem EEG die in Tabelle 3 dargestellte Vergütung von 131 €/MWh erzielt. Nach dem EEG kann die gesamte Stromerzeugung, einschließlich des Anteils aus dem für den Betrieb des Zündstrahlmotors notwendigen Biokraftstoffs, mit der oben angegebenen Vergütung abgerechnet werden.

Bei einer Jahreslaufleistung von ca. 7.000 Stunden ist eine Stromproduktion von 2.100 MWh mit einer Mindestvergütung von rund 275.000 €/a zu erreichen. Über die Wärmeauskopplung mit einer angenommenen 50 %-Nutzung würden 1.750 MWh/a bereitgestellt, über die eine Wertschöpfung von etwa 70.000 €/a erzielt werden kann.

Tab. 3: Vergütung nach EEG für eine 300 kW$_{el}$ Vergärungsanlage auf Basis von Bioabfällen

Leistung	durchschnittliche Mindestvergütung (€/MWh) Inbetriebnahme 2006	Bonus (€/MWh) für			GESAMT (€/MWh)
		nawaro	KWK *	innovative** Technologie	
< 500 kW	101	0	+ 10	+20	**131**

* anteilig zur Wärmenutzung
** bei Trockenfermentation

In der Praxis konnte durch die Integration einer Vergärungsanlage mit einer Kapazität von 15.000 t/a in das Kompostwerk Weißenfels des ZAW eine Reduktion der Behandlungskosten je Tonne Bioabfall um 21,75 € erreicht werden /6/. Durch Verdoppelung der Vergärungskapazität besteht an diesem Standort die Möglichkeit für eine weitere Kostensenkung um ca. 19 €/t auf dann 35 €/t.

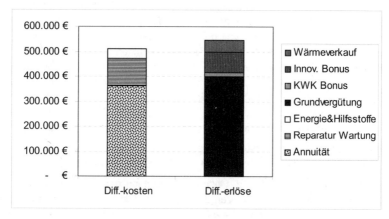

Abb. 8: Gegenüberstellung typischer zusätzlicher jährlicher Kosten und Erlöse für die Integration einer Vergärungsanlage (500 kW$_{el}$)

Andererseits ist die Investition für die Integration einer Vergärungsanlage nicht unerheblich. Dennoch (vgl. Abbildung 8) überwiegen in der Regel – unter Verwendung aktueller Anlagen- und Vergütungsdaten – die zusätzlichen Erlöse die mit Investition und Betrieb der Anlage verbundenen Kosten. Hinzu kommen wesentliche häufig nicht direkt monetär bewertbare Vorteile:

- Reduzierung evt. Geruchsbelastungen
- Option zur Kapazitätserweiterung ohne weitere Investitionen

- aktiver Einsatz für Klimaschutz und regenerative Energie (vgl. Tabelle 4)

6 Konzeptvergleich Komposttonne und Bioenergietonne

Die in den vorangegangenen Kapiteln erläuterten einzelnen Optionen, sowie die in Kapitel 4 übersichtsartig dargestellten Verfahrenskombinationen sollen nun anhand eines typischen Beispiels näher untersucht und bewertet werden. Ausgehend von den in einem Flächenlandkreis anfallenden 25.000 t/a Bio- und Grünabfall ergeben sich die in Abbildung 9 dargestellten Stoffströme für die Kompostierung.

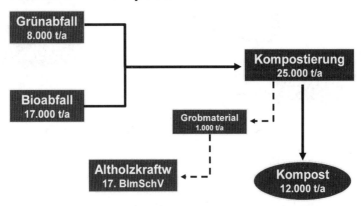

Abb. 9: Stoffströme einer Kompostierungsanlage typischer Größe

Im Konzept Bioenergietonne wird die Kompostierungsanlage zum Biomasse-Center, das Stoff- und Energieströme optimiert (vgl. Abbildung 10). Wesentlicher Unterschied ist die Zuweisung einzelner Stoffströme zu optimierten Verwertungsoptionen. Dazu ist wie in den Kapiteln 5 und 6 dargestellt wurde, keine neue Maschinentechnik notwendig. In der Regel genügen die vorhandenen Zerkleinerungsaggregate und Siebtechnik für die notwendige Vorkonditionierung und Aufsplittung der Stoffströme. Neu in das Biomasse-Center zu integrieren ist allerdings eine Vergärungsanlage, deren zusätzliche Kosten aber bei guter Planung und Betrieb von den zusätzlichen Einnahmen überkompensiert werden (vgl. Abbildung 8). Die anderen Verwertungsoptionen Holz- bzw. Altholzheizkraftwerk, werden meist extern betrieben – zumindest das Holzheiz(kraft)werk kann aber durchaus im kommunalen Bereich entstehen. Auch im Bereich der Holzbrennstoffe hat sich in den letzten Jahren die Marktsituation für den Biomasselieferanten deutlich verbessert, so dass insgesamt mit einem Erlös für die Materialien zu rechnen ist.

KONZEPT: Bioenergietonne

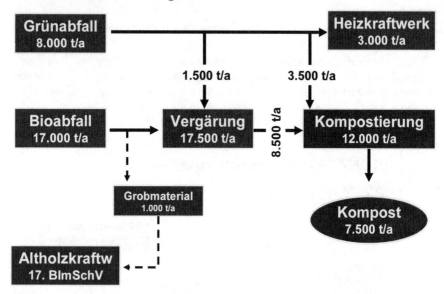

Abb. 10: Stoffströme eines vergleichbaren „Biomasse-Centers" mit Bioenergietonne

In einer Weiterentwicklung des Konzepts ist es wahrscheinlich, dass die Biomasse-Center auch andere biogene Stoffströme aus der Land- und Forstwirtschaft und dem Gewerbe akquirieren und optimierten Nutzungen zuführen. Die Voraussetzungen dafür sind an den Standorten vieler derzeitiger Kompostanlagen gegeben.

Tabelle 4 fasst Berechnungen des Witzenhausen-Instituts zu wesentlichen Parameter der beiden Konzepte, Komposttonne bzw. Bioenergietonne/Biomasse-Center, zusammen. Wenngleich die Berechnungen zu jedem dieser Parameter einer detaillierten Diskussion bedürfte, wird doch der Trend klar ersichtlich: **bei nur geringen Einbußen im stofflichen Recycling lassen sich erhebliche Gewinne in der Energie- und Klimabilanz bei tendenziell eher reduzierten Kosten realisieren.**

Tab. 4: Vergleich wesentlicher Parameter einer Kompostanlage und eines Biomasse-Centers mit 25.000 t/a Input

KONZEPTE für 17.000 Bioabfall und 8.000 Grünabfall

PARAMETER	Komposttonne			Bioenergietonne/Biomasse-Center				
	Kompost	Altholzkraftw.	Gesamt	Kompost	Heizkraftw.	Vergärung	Altholzkraftw.	Gesamt
Input [t FM/a]	24.000	1.000	25.000	12.000*	3.000	17.500	1.000	25.000
Strom [MWh/a]		900	900		1.700	4.000	900	6.600
extern nutzbare Wärme [MWh/a]		2.000	2.000		6.200	3.800	2.000	12.000
CO_2 Einsparung [t/a]**		700	700		1.700	2.600	700	5.000
Kompost [t/a]	12.000	0	12.000	7.500	0	Gärrest→Kompost	0	7.500
Nährstoffrecycling	> 90 %	0	> 90 %	> 90 %	0	> 90 %	0	80–90 %

* aus Vergärung + Grünabfall (vgl. Abb. 10)
** bei 50% externer Nutzung der Wärme

Einige Kenndaten sollen die abstrakten Zahlen aus Tabelle 4 hinsichtlich des Konzepts Bioenergietonne verdeutlichen:

- die jährliche Primärenergiesubstitution der 25.000 t Bio- und Grünabfall entspricht 2,8 Mio. Liter Heizöl (mit einem Wert von ca. 1,5 Mio €/a)
- die Stromproduktion kann 1.850 typische 4-Personen Haushalte versorgen
- mit der Wärme könnten knapp 300 typische 4-Personen Haushalte versorgt werden (im Sommer stünde darüber hinaus Heizenergie für Wärme- und Kälteanwendungen zur Verfügung).
- die CO_2-Einsparung kompensiert eine Jahresfahrleistung von 1.400 modernen PKW[1] mit je 25.000 km
- für eine Vergärungsanlage vergleichbarer Größenordnung wäre eine Anbaufläche von 250 ha Energiemais notwendig
- die genutzte Energieholzmenge würde bei einer nachhaltigen Waldbewirtschaftung den Zuwachs an energetisch nutzbarem Holz von über 1.200 ha erfordern[2]
- Verluste an Nährstoffen treten beim Bioenergietonnenkonzept lediglich für die thermische Nutzung der 3.000 t/a holzige Anteile des Grünabfalls und des Überkorns auf. Dabei liegen die Nährstoffgehalte des Holzes ohnehin niedrig.

Neben diesen Parametern sei auf die bereits erwähnten Vorzüge des Konzepts hinsichtlich seiner Flexibilität und der Optionen zur Geruchsminimierung und zur Kapazitätsausweitung hingewiesen.

7 Extrapolation auf das Gebiet der Bundesrepublik Deutschland

Unter der Annahme, dass kurz-/mittelfristig für ein Drittel der anfallenden Bio- und Grünabfallmengen (vgl. Abbildung 3) von insgesamt 8,3 Mio. t/a ein Bioenergietonnen-Konzept umsetzbar wäre, ergäben sich ein Potenzial von 110 Biomasse-Centern mit einer durchschnittlichen Kapazität von 25.000 t/a. Diese hätten insgesamt die einhundertzehnfache Auswirkung der in Tabelle 4 dargestellten Effekte, also:

- eine Primärenergieproduktion von 2,6 TWh, was 2 % des Beitrags der Bioenergie zum deutschen Primärenergieverbrauch entspricht
- eine Stromproduktion von 770 GWh/a, entsprechend 15 % der derzeitigen Stromproduktion aus Biogas
- eine CO_2-Einsparung von 0,55 Mio. t/a bzw. 0,06 % des Gesamtausstoßes.

---

[1] mit 140g CO_2/km

[2] 5 FM Stammholz + 4 RM Energieholz/ha*a

Die Umsetzung des Konzepts Bioenergietonne stellt somit einen Baustein im Bestreben für eine nachhaltige Energiesicherung und CO_2-Vermeidung dar, der mittelfristig durch weitere Umsetzungsmaßnahmen zur Nutzung biogener Abfälle noch deutliche Steigerungen erwarten lässt.

8 Fazit

Das Potenzial an biogenen Abfällen aus Haushalten beträgt in Deutschland ca. 13 bis 14 Mio. t pro Jahr. Davon werden gegenwärtig etwa 8 Mio. t getrennt erfasst, die sich wiederum zu gleichen Teilen in Bio- und Grünabfall aufteilen.

Die Kompostierung von biogenen Abfällen ist und wird auch zukünftig Standbein der biologischen Abfallbehandlung bleiben. Sich verändernde Rahmenbedingungen fördern allerdings ein differenziertes Stoffstrommanagement für Teilströme der organischen Abfallströme. Grünabfälle lassen sich zu interessanten Brennstoffen aufbereiten, während strukturärmere und feuchtere Bioabfälle der Vergärung zugeführt werden können.

Wurde bisher die die Biotonne überwiegend mit dem Ziel der Kompostierung der Biomasse etabliert, soll die Bioenergietonne verstärkt das energetische Nutzungspotenzial in den Vordergrund stellen, dass nach einer Aufbereitung entweder direkt thermisch oder über eine Biogaserzeugung genutzt werden kann.

Durch die Ausnutzung der Möglichkeiten des EEG sowie die steigenden Kosten für fossile Energieträger verbessert sich die Wirtschaftlichkeit der energetischen Verwertung (Biogaserzeugung oder Verbrennung) von getrennt gesammelten Bio- und Grünabfällen nachhaltig. Den hier angedeuteten möglichen Einnahmen müssen allerdings auch die zusätzlichen Kapitalkosten (für Verbrennungs- bzw. Vergärungsanlagen) gegenüber gestellt werden. In der Tendenz ist dennoch eine positive Wirtschaftliche Bewertung zu erwarten. Allerdings erfordert eine abschließende ökonomische Bewertung die Betrachtung der jeweiligen lokalen Bedingungen, wie Abfallaufkommen und -qualität, Marktumfeld, Zustand bestehender Anlagen, genehmigungsrechtliche Anforderungen usw.

Im Rahmen der Beratungen und Projektentwicklungen des Witzenhausen-Instituts wird deutlich, dass die Bereitschaft, bestehende kommunale biologische Behandlungskonzepte zu überdenken und um den Bereich Bioenergie zu ergänzen grundsätzlich vorhanden ist. Insbesondere durch die Tatsache, dass die Restabfallbehandlung in der Regel deutlich teurer ist als das organische Stoffstrommanagement, können durch die Einführung der Bioenergietonne in bisher nicht angeschlossenen Regionen bzw. durch eine Optimierung und Ausweitung der vorhandenen Erfassung wirtschaftliche Vorteile erzielt werden. Zudem werden den Belangen des Klima- und Ressourcenschutzes in besonderer Weise Rechnung getragen.

Modernes Management biogener Stoffströme optimiert stoffliche und energetische Verwertungswege mit dem Ziel eines idealen Zusammenwirkens von:

- Nährstoff- und Kohlenstoff-Recycling
- Energiebereitstellung
- CO_2-Reduzierung
- günstigen Behandlungsvollkosten

Dies kann durch die Aufwertung von Kompostanlagen zu Bioenergie Centern und durch die Erweiterung des Konzeptes zur Bioenergietonne zeitnah und wirtschaftlich erreicht werden.

Literatur

/1/ Dube, J. 2005: Integration einer Vergärungsanlage in eine Kompostierungsanlage zur Verarbeitung von Bioabfällen. In: Bio- und Restabfallbehandlung. K. Wiemer u. M. Kern S. 625–653

/2/ Fricke K. et al. 2003: Die Getrenntsammlung und Verwertung von Bioabfällen – Bestandsaufnahme 2003. In: Die Zukunft der Getrenntsammlung von Bioabfällen. Schriftenreihe des ANS. Nr. 44 2003.

/3/ Hartmann, H. 2005: Normen für Biomasse-Festbrennstoffe. Energiepflanzen (3), 6–9

/4/ Institut für Energetik und Umwelt gGmbH. 2006: Monitoring zur Wirkung des novellierten Erneuerbare-Energien-Gesetz (EEG) auf die Entwicklung der Stromerzeugung aus Biomasse – 2. Zwischenbericht. Leipzig

/5/ Jensen, D.: Strom produzieren statt deponieren. 2006. neue energie (3), S. 58–60

/6/ Kern, M., Raussen, T. (2005): Biobrennstoffe aus Grünabfällen. In: Ersatzbrennstoffe 5, Herstellung und Verwertung. K. J. Thomé-Kozmiensky u. Michael Beckmann. TK-Verlag. S. 567–584

/7/ Raussen, T, Kern, M., (2006): Stand und Verfahren der Bioenergieerzeugung in Deutschland – Chancen für die Abfallwirtschaft. In: Bio- und Sekundärrohstoffverwertung. Stofflich – energetisch. Witzenhausen-Institut – Neues aus Forschung und Praxis. Kassel: K. Wiemer, M. Kern. S. 383–406.

/8/ Raussen, T., Kern, M. (2007): Interessante Optionen: Die Potenziale der Bioenergiegewinnung in Deutschland bieten der Reststoff und Abfallwirtschaft Chancen für ökonomisch tragfähige Projekte. In: MüllMagazin (4) 2006, 40–48

/9/ Statistisches Bundesamt. Umwelt – Abfallentsorgung. Fachserie 19 / Reihe 1

/10/ Verzeichnis der Kompostierungs- und Vergärungsanlagen in Deutschland. Bundesgütegemeinschaft Kompost 2003

**Abfallwirtschaftliche Biomassepotenziale –
Bewertung verschiedener Nutzungsalternativen vor dem
Hintergrund Klima- und Ressourcenschutz**

Florian Knappe, Susann Krause, Günter Dehoust

1 Einleitung

Die Abfallwirtschaft hat seit Mitte der 80er Jahre einen enormen Paradigmenwechsel vollzogen. Wurden Abfälle bis dahin fast ausschließlich beseitigt, hat sich die Abfallwirtschaft sukzessive zu einer ressourcen- und klimaschonenden Kreislaufwirtschaft entwickelt.

Gemäß den Grundpflichten der Abfallgesetzgebung (KrW-/AbfG)

- „Eine der Art und Beschaffenheit des Abfalls entsprechende hochwertige Verwertung ist anzustreben" (§ 5, 2)
- „Vorrang hat die besser umweltverträgliche Verwertungsart" (§ 6, 1)

haben sich Entsorgungssysteme herausgebildet, die einen hohen Beitrag zu den Kyoto-Zielen leisten. Nicht zuletzt durch die Bioabfallverwertung aus Haushalten wurde schon seit vielen Jahren ein positiver Beitrag zum Klimaschutz geleistet, da durch die vermiedene Deponierung erhebliche Methanemissionen eingespart werden. Ähnliches gilt auch für andere biogene Massen wie bspw. Produktionsrückstände aus der Lebensmittelindustrie.

Trotzdem verbleiben auch in Deutschland noch weitere Möglichkeiten, die Abfallwirtschaft in Richtung einer nachhaltigen Kreislaufwirtschaft, d. h. unter Aspekten des Ressourcenschutzes, der Energieeffizienz und des Klimaschutzes zu optimieren.

Hintergrund für das im Rahmen des Umweltforschungsplans des Bundesministeriums für Umwelt, Naturschutz und Reaktorsicherheit durchgeführten Forschungsprojektes „Stoffstrommanagement von Biomasseabfällen mit dem Ziel der Optimierung der Verwertung organischer Abfälle" ist unter anderem das Bemühen um die Weiterentwicklung der Kreislaufwirtschaft zur ressourcenschonenden Stoffwirtschaft. Für die in Artikel 8 des 6. Umweltaktionsprogrammes der EU aus dem Jahre 2002 festgeschriebene Zielsetzung, die Ressourceneffizienz zu steigern, ist ein nachhaltiger Umgang mit Abfällen und natürlichen Ressourcen erforderlich. Dies entspricht auch der im Rahmen der Nationalen Nachhaltigkeitsstrategie „Perspektiven für Deutschland" bis zum Jahr 2020 festgelegten Zielsetzung, die Ressourcenproduktivität zu verdoppeln.

Mit dem Forschungsprojekt wurden Stoffströme im Bereich der Biomasseabfälle identifiziert, die aus Sicht des Klima- und Ressourcenschutzes optimiert werden können. Diese Optimierung bzw. die Weiterentwicklung der Kreislaufwirtschaft zur ressourcenschonenden Stoffwirtschaft darf jedoch nicht zu Lasten schutzgutbezogener Anforderungen gehen. Entsprechend der Zielstellung wurden die sich bietenden Optionen umfassend bewertet.

Angesichts der abfallwirtschaftlichen Entwicklung seit Beginn der 90er Jahre sind zum heutigen Zeitpunkt durch einzelne abfallwirtschaftliche Maßnahmen keine großen Ressourcenschonungspotenziale mehr zu erwarten. Bei Umsetzung aller im Projekt entwickelten Szenarien sind im günstigsten Fall weitere 15 Millionen Tonnen an CO_2-Äquivalenten durch eine Optimierung der Verwertung der Rest- und Abfallstoffe an vielen kleineren Stellschrauben erzielbar.

Nachfolgend werden einige Ergebnisse aus dem Forschungsprojekt vorgestellt.

2 Vorgehen

Nicht alle Biomasseabfallströme verfügen über Optimierungspotenziale in relevantem Umfang. Entweder handelt es sich um unbedeutende Restmassen oder die Abfallbewirtschaftung erfolgt aus Sicht des Klima- und Ressourcenschutz bereits nahezu ideal.

In Form eines Screenings wurden daher zunächst alle Biomasseabfallströme aus den Bereichen Forst- und Holzwirtschaft, Landwirtschaft, Lebensmittelindustrie und allen anderen Branchen der Verarbeitung von pflanzlichen und tierischen Rohstoffen sowie die eigentliche Abfallwirtschaft auf ihr Optimierungspotenzial hin untersucht.

Für die als relevant erkannten Biomasseabfallströme wurden dann mögliche Alternativen zur derzeitigen Entsorgung bzw. Nutzung aufgezeigt und auf ihre ökologischen Vor- und Nachteile beleuchtet. Hierzu wurden Stoffstrombilanzen erstellt und die in die Umwelt freigesetzten oder von der Umwelt entnommenen Stoffe aufbilanziert, soweit sie die ausgewählten Wirkungskategorien beeinflussen. Umwelteffekte, die bei der Bereitstellung der in den Prozessen benötigten Betriebsmittel (insbesondere elektrische Energie und Treibstoff) anfallen, sind in den Bilanzen ebenfalls berücksichtigt.

Analyse und Bewertung erfolgte mit Hilfe der Kriterien:

- Ressourcenschonung: fossile und mineralische Ressourcen (Phosphor)
- Klimawirkung: Treibhauseffekt
- Schutz von Umweltgütern: Eutrophierung, Versauerung, Feinstäube (PM_{10})

Tab. 1: Wirkungskategorien für die Bewertung von Potenzialen zur Optimierung von Biomasseströmen [CML 1992], [EEA 2002], [Heldstab 2002], [IPCC 2004], [Klöpffer 1995], [WHO 2002]

Wirkungskategorie	Wirkstoff	Wirkfaktor	Äquivalenzeinheit
Treibhauseffekt	CO_2 fossil	1	kg-CO_2-Äq/kg
	CH_4 fossil	21	kg-CO_2-Äq/kg
	CH_4 regenerativ	18,25	kg-CO_2-Äq/kg
	N_2O	296	kg-CO_2-Äq/kg
Versauerung	SO_2	1	kg-SO_2-Äq/kg
	NO_x	0,7	kg-SO_2-Äq/kg
	NH_3	1,88	kg-SO_2-Äq/kg
	H_2S	1,88	kg-SO_2-Äq/kg
Eutrophierung, terrestrisch	NO_x	0,13	kg-PO_4-Äq/kg
	NH_3	0,346	kg-PO_4-Äq/kg
PM10 (Feinstäube)	Primärpartikel	1	kg-PM10-Äq/kg
	SO_2	0,54	kg-PM10-Äq/kg
	NO_x	0,88	kg-PM10-Äq/kg
	NH_3	0,64	kg-PM10-Äq/kg
	Kohlenwasserstoffe	0,012	kg-PM10-Äq/kg

Tab. 2: Gesamtemissionen und -verbräuche in Deutschland und ihre aggregierten Umweltwirkungen

Wirkungskategorie	in 1.000 t/a	Quelle
Treibhauseffekt (CO_2-Äq.)	*1.018.096*	*berechnet*
N_2O	205	[UBA 2006] für 2003
CO_2	865.000	[UBA 2006] für 2003
CH_4 fossil	3.582	[UBA 2006] für 2003
Versauerung (SO_2-Äq.)	*2.745*	*berechnet*
SO_2	616	[UBA 2006] für 2003
NOx	1.428	[UBA 2006] für 2003
NH_3	601	[UBA 2006] für 2003
Eutrophierung, terrestrisch	*394*	*berechnet*
NOx	1.428	[UBA 2006] für 2003
NH_3	601	[UBA 2006] für 2003
PM_{10} (Feinstäube)	*2.245*	*berechnet*
Primärpartikel	271	[UBA 2006] für 2003
SO_2	616	[UBA 2006] für 2003
NOx	1.428	[UBA 2006] für 2003
NH_3	601	[UBA 2006] für 2003
Rohöläquivalente	*175.374*	*berechnet*
Braunkohle	157.500	PEV 138 PJ [UBA 2006] Annahme Hu = 10,4 MJ/kg
Erdgas	65.120	PEV 3256 PJ [UBA 2006] Annahme Hu = 50 MJ/kg
Erdöl	122.972	PEV 5214 PJ [UBA 2006] Annahme Hu = 42,4 MJ/kg
Steinkohle	65.467	PEV 1964 PJ [UBA 2006] Annahme Hu = 30 MJ/kg

Tabelle 3 gibt einen Überblick über die im Rahmen des Projektes diskutierten Biomassestoffströme. Nicht vollständig quantifizierbar und daher nicht in dieser Tabelle aufgeführt sind die Rückstände aus der Bewirtschaftung von Obstflächen und einige Rückstände aus der Lebensmittelverarbeitung. Aufgrund der unterschiedlichen Datenquellen variieren die Bezugsjahre für die einzelnen Abfallarten. Für die meisten Abfälle beziehen sich die Daten auf die Jahre 2000, 2001 oder 2002. Die Stoffströme wurden nicht nur als absolute Masse diskutiert, sondern auch in den Teilstoffströmen organische Masse, Stickstoff und Phosphor.

Aus Sicht des Klimaschutzes ist vor allem eine Optimierung der Biomassereststoffe aus der Landwirtschaft bedeutend. Hier zeigte sich, dass – ein Verbleib von 75 % der Strohmassen auf den Böden zugrunde gelegt – die energetische Nutzung des Strohs die größten CO_2-Minderungsbeiträge liefern könnte. Sie liegen bei etwa 6 Millionen Tonnen CO_2-Äquivalent. Obwohl der spezifische Gasertrag aus der Nutzung der Gülle relativ gering ist, führt das große Massenaufkommen zu ebenfalls bedeutenden Energiepotenzialen.

Im Bereich der Biotop- und Landschaftspflege inklusive der Biomasse aus privaten Gärten und des Begleitgrüns von Verkehrswegen liegt ein ungenutztes Potenzial von etwa 2 Mio. t_{atro}. Dieses Material verbleibt in aller Regel bislang vor Ort ungenutzt. Das holzige Material wird geschreddert und als Mulchmaterial auf den Flächen belassen. Das krautige Material wird entweder ebenfalls als Mulchmaterial auf den Wiesen belassen oder an den Grundstücksrändern auf Mieten gelegt. Auch hier sind die spezifischen Energieinhalte dieses Materials eher gering, in Verbindung mit dem Masseaufkommen ergibt sich auch hierfür ein größeres Potenzial.

Tab. 3: Jährliches Aufkommen der betrachteten und quantifizierten Biomasseabfälle und Reststoffe

	Trockenmasse		Stickstoff		Phosphor	
	1000 t TS/a	%	1000 t /a	%	1000 t /a	%
Reststoffe aus der Forst-, Holz- und Papierwirtschaft						
Sägenebenprodukte	5.761	5	9	0,5	1,2	0,3
Altholz	9.680	9	15	0,9	1,9	0,5
Altpapier (aus Altpapiererfassung)	12.393	11	61	3,4	3,7	1,0
Rinde	647	1	3	0,2	0,2	0,1
Papierschlämme	580	0,5	2,8	0,2	0,2	0,0
Summe Forst-, Holz- und Papierwirtschaft	*29.061*	*26,7*	*91*	*5,2*	*7*	*1,9*
Reststoffe aus der Landwirtschaft						
Getreidestroh	30.970	28	126	7,1	47	12,4
Rapsstroh sowie Rüben- und Kartoffelblatt	14.720	14	135	7,6	6,0	1,6
andere Erntereste	890	1	15	0,8	4,0	1,1
Gülle	19.755	18	1.011	57	188	49
Summe Landwirtschaft	*66.335*	*61,0*	*1.287*	*72,8*	*245*	*64,5*
Biotop- und Landschaftspflege						
Straßenbegleitgrün (maximal)	850	1	8	0,5	4	1,1
private & öffentliche Grünflächen (ohne Holz)	680	1	7	0,4	4	1,0
Biotoppflege (maximal)	1.193	1	19	1	9	2
Summe Biotop- und Landschaftspflege	*2.723*	*2,5*	*35*	*2,0*	*17*	*4,5*
Sonstige Reststoffe aus Industrie und Abfallwirtschaft						
Tierkörperverwertungsanlagen						
Schlachtabfälle	59	0,1	1,2	0,1	0,348	0,1
Knochenmehl	189	0,2	13	0,7	23	6,0
Tierfette	284	0,3	0,3	0,0	0,6	0,1
Tiermehl	388	0,4	38,8	2,2	12	3,2
Summe Tierkörperverwertungsanlagen	*920*	*0,8*	*53*	*3,0*	*36*	*9,4*
Rückstände aus der Lebensmittel- und Genussmittelindustrie						
Kartoffelschlempe	43	0,0	2	0,1	0,2	0,0
Apfeltrester	63	0,1	1	0,0	0,1	0,0
Biertreber	700	0,6	32	1,8	4,6	1,2
Melasse	720	0,7	11	0,6	0,9	0,2
Summe Lebensmittel- und Genussmittelindustrie	*1.525*	*1,4*	*45*	*2,6*	*6*	*1,5*
Abfallwirtschaft						
Alttextilien (Sammelmenge)	716	0,7	25	1,4	0,3	0,1
Speiseabfälle	43	0,0	1	0,0	0,2	0,1
Bioabfall aus Haushalten	2.400	2,2	40	2,2	10	2,7
Biogene Anteile im Restabfall	2.844	2,6	47	2,7	12	3,2
Summe Abfallwirtschaft	*6.003*	*5,5*	*112*	*6,3*	*23*	*6,1*
Abwasserwirtschaft						
Fettabscheiderinhalte	67	0,1	1	0,1	0,1	0,0

Aus den Siedlungsabfällen sollen nachfolgend die Ergebnisse für die Biomasseabfälle aus der Tierkörperverwertung und die Bioabfälle aus Haushalten näher dargestellt werden.

3 Bioabfälle aus Haushalten

Selbst bei einem Vergleich der Zahlen für die ab Haushalt erfassten Bioabfälle zeigen sich deutliche Unterschiede im Aufkommen. Je nach Sammelsystem, verfügbarem spezifischem Behältervolumen und Größe der Müllgefäße sowie des Charakters des Sammelgebiets werden nicht nur Küchenabfälle, sondern auch Gartenabfälle über die Biotonne erfasst. Das Gartenabfallpotenzial schwankt stark in Abhängigkeit von der Bebauungsstruktur und der Jahreszeit. Die tatsächlich über die Biotonne erfassten Mengen sind abhängig von dem zur Verfügung stehenden spezifischen Behältervolumen und der Gebührensatzung. Ist die Erfassung über die Biotonne gering, steigt in der Regel die Bedeutung der Eigenkompostierung [ifeu 1999].

Eine genaue Abgrenzung der Bioabfälle aus Haushalten gegenüber Biomassen anderer Herkunft (Grünabfälle) ist ebenso wenig möglich wie eine genaue Ableitung des Mengenaufkommens aus den Abfallstatistiken. Nimmt man die berichteten 73 kg/(E*a) [Kern, Raussen 2005] als spezifisches Aufkommen an Bioabfällen aus Haushalten, ergibt sich rechnerisch für Deutschland eine Gesamtmenge von knapp sechs Millionen Jahrestonnen.

Die getrennt gesammelten Bioabfälle werden vollständig verwertet und als Kompost auf Flächen ausgebracht. In aller Regel erfolgt die biologische Behandlung aerob. Erst gegen Ende der 90er Jahre wurden auch Vergärungskapazitäten für Biomüll aus Haushalten geschaffen. Nach einer umfassenden Bestandsaufnahme aus Ende der 90er Jahre [Wiemer, Kern 1998] betrug der Anteil der Vergärungsanlagen an den Gesamtkapazitäten zur Bioabfallbehandlung etwa 15 %. Bislang wird demnach nur ein kleiner Teil der Bioabfälle aus Haushalten auf anaerobem Weg zu Kompost verwertet.

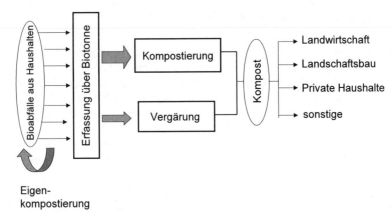

Abb. 1: Übersicht über die Stoffströme bei der Verwertung von Bioabfällen aus Haushalten

Nach der Vermarktungsstatistik der Bundesgütegemeinschaft Kompost [BGK 2006] werden zu etwa 2/3 Fertig- und zu etwa 1/3 Frischkompost erzeugt. Während der Frischkompost vor allem in der Landwirtschaft (zu 75 %) abgesetzt wird, gelangt Fertigkompost verstärkt in den Landschaftsbau, in den Hobby- und Erwerbsgartenbau sowie in Erdenwerke. Über die Landwirtschaft werden nur 36 % des Fertigkompostes vermarktet. Die Vermarktungswege der einzelnen Hersteller von RAL-gütegesichertem Kompost können dabei stark von diesen mittleren Werten abweichen. Es gibt aber auch zahlreiche Kompostierungsanlagen, die auf eine Vermarktung über die Landwirtschaft verzichten und sich ertragstärkere Vermarktungswege erschlossen haben. Dies zeigt, dass den erzeugten Kompostqualitäten grundsätzlich alle Vermarktungswege offen stehen. Dies gilt auch für anaerobe Komposte, d. h. Rückstände aus der Bioabfallvergärung [Fischer 1997].

Aus Sicht der Schonung fossiler und mineralischer Ressourcen und des Klimaschutzes sowie aus Naturschutzperspektive wäre eine Nutzung des Kompostes in Konkurrenz zu Torf besonders interessant. Mit dem Torfabbau werden Moore zerstört, die eine Kohlenstoffsenke und seltenen Lebensraum darstellen. Nach den Angaben des Niedersächsischen Landesamts für Bodenschutz [nlfb 2005] werden jährlich knapp 9 Mio. m³ Torf vermarktet. Dies entspricht bei einer Rohdichte von 350 kg/m³ einer Masse von 3.150.000 Jahrestonnen. Torf findet vor allem im Erwerbsgarten- und im Hobbygartenbau Verwendung.

Mindestens die gleiche Eignung als Substrat lässt sich auch durch eine Vergärung und aerobe Nachkompostierung des Bioabfalls erreichen [Fischer 1997]. Die anaerobe Behandlung ist jedoch nicht mit einem Netto-Energieeinsatz wie bei der aeroben Kompostierung verbunden, sondern mit einer Netto-Energieerzeugung über die energetische Nutzung des erzeugten Biogases, was aus Sicht des Klimaschutzes vorteilhaft ist. Zum Teil erfolgt die Biogasnutzung jedoch ausschließlich über eine

Verstromung. Überschusswärme wird häufig nur für prozessinterne Zwecke eingesetzt. Inwieweit Wärme vermarktet werden kann, ergibt sich aus den Randbedingungen am Anlagenstandort bzw. aus der Nähe zu einem potenziellen Wärmeabnehmer. Die Standortfindung von Neunlagen sollte auch diesem Gesichtspunkt Rechnung tragen.

Die Vergärung bietet aber auch tendenziell die Möglichkeit, die über den Vergärungsprozess gelösten Nährstoffe aus dem Massenstrom zu entfernen. In der nachfolgenden Kompostierung und Kompostanwendung reduzieren sich die N-Emissionen und die damit verbundenen Umweltwirkungen. Das Material ist tendenziell nährstoffärmer und würde damit den Anforderungen des Erwerbsgartenbaus möglicherweise besser gerecht. Aus der abgetrennten Flüssigphase lässt sich zudem grundsätzlich über die gezielte Zudosierung von Magnesium und Phosphor ein verkaufsfähiger mineralischer Dünger erzeugen.

Eine Optimierung der Verwertung könnte nun darin bestehen, die vergärbaren Anteile im Biomüll aus Haushalten – angenommen 50 kg/(E*a) – auch entsprechend energetisch zu nutzen. Dies muss nicht unmittelbar erfolgen und einen Neubau von Anlagen bedeuten. Aber immer, wenn eine Erneuerung der Technik bestehender Kompostierungsanlagen ansteht, sollte überlegt werden, ob nicht die Intensivrotte durch eine Umstellung auf Vergärung zumindest im Teilstrom optimiert werden kann. Die übrigen Rottebereiche werden als Nachrotte der Vergärungsrückstände benötigt.

Es wurden folgende Nutzungskaskaden für 4,1 Mio. t Bioabfall (d. h. 50 kg/(E*a)) diskutiert:

A aerobe Kompostierung und Verwertung der Komposte in der Landwirtschaft und im Landschaftsbau (Status quo)
B Vergärung und Nachkompostierung mit einem Kompost als Torfsubstitut, mit Nährstoffrückgewinnung aus dem Presswasser und der Erzeugung eines mineralischen Düngemittels sowie optimaler Nutzung des erzeugten Biogases (Aufbereitung zu Erdgas)

Bio- und Sekundärrohstoffverwertung II

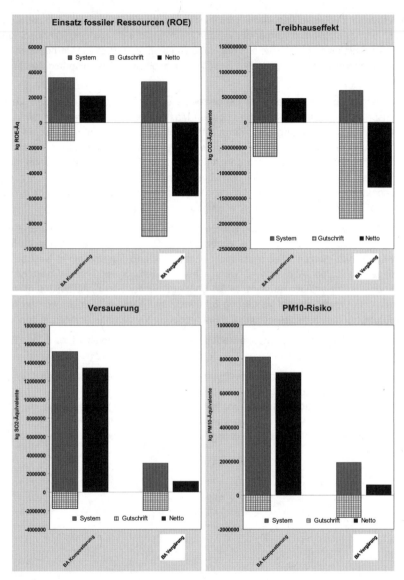

Abb. 2: Bilanz – Ergebnisse für einen optimierten Verwertungsansatz für Bioabfall

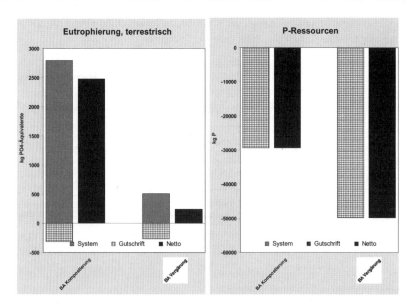

Abb. 3: Bilanz – Ergebnisse für einen optimierten Verwertungsansatz für Bioabfall – weitere Umweltkriterien

Die Vergärung und Nachkompostierung von getrennt erfassten Bioabfällen aus Haushalten führt gegenüber der derzeit verbreiteten Kompostierung der Abfälle unter den optimierten Annahmen zu einer deutlichen Verbesserung in allen betrachteten Umweltwirkungskategorien.

Eine reine Verstromung des Biogases an den Standorten der Vergärungsanlagen ist aus Sicht des Klimaschutzes nicht zielführend. Es sollte darüber nachgedacht werden, über eine Aufbereitung Erdgasqualitäten zu erzielen und dieses Gas nach einer Verdichtung den Erdgasleitungen zuzuführen.

3.1 Abfälle aus der Fleischverarbeitung und Tierkörperbeseitigung

Nach Angaben der Zentralen Markt- und Preisberichtsstelle [ZMP 2005] wurden in Deutschland etwa 6,9 Mio. t Fleisch erzeugt. Dies sind 92 % der in Deutschland abgesetzten Menge von 7,5 Mio. t.

Die Fleischwirtschaft ist sehr ausdifferenziert. Die Schlachtung der Tiere und die Weiterverarbeitung insbesondere zu Fleisch für den menschlichen Verzehr erfolgt meist in zwei unterschiedlichen Anlagen bzw. Betrieben. So erfolgt die Schlachtung von Rindern und Schweinen in Schlachthöfen, die Weiterverarbeitung jedoch meist getrennt davon in unterschiedlichen Zerlegebetrieben. Für Geflügel gibt es spezialisierte Schlachtbetriebe, in denen auch die Weiterverarbeitung erfolgt. Abbildung 4 gibt einen schematischen Überblick über die Stoffströme.

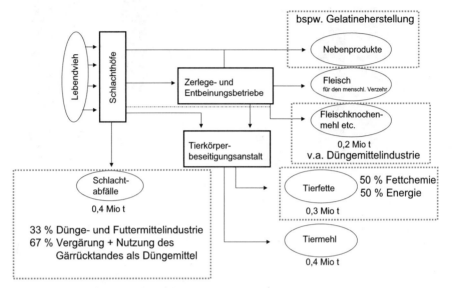

Abb. 4: Schematische Darstellung der Stoffströme in der Fleischwirtschaft (Angaben in Jahrestonnen Trockensubstanz)

Wie das obige Schema zeigt, sind für alle anfallenden Nebenprodukte oder Biomasseabfälle aus Sicht des Klima- und Ressourcenschutzes optimale Nutzungen bzw. Verwertungswege vorhanden. Dies gilt sowohl für die energetische als auch stoffliche Nutzung. In aller Regel erweisen sich stoffliche Nutzungen auch aus Sicht des Klimaschutzes vorteilhafter als rein energetische Nutzungen.

Tab. 4: Entsorgung der Erzeugnisse aus Tierkörperverarbeitungsbetrieben [STN 2005]

Tiermehl	K 2	9 %	Düngemittelindustrie
	K 2	4 %	Futtermittelindustrie (Haustiere)
	K 1+2	87 %	energetisch verwertet
Fleischknochenmehl	K 3	96,8 %	Düngemittelindustrie
	K 3	3,2 %	energetisch verwertet
Tierfett	v. a. K 3	45,4 %	Einsatz in der Fettchemie
	*	3,2 %	Futtermittelindustrie (Haustiere)
	v. a. K 1	51,2 %	energetisch verwertet

Seit der BSE-Krise dürfen die Abfälle aus Tierkörperbeseitigungsanlagen nicht mehr als Futtermittel eingesetzt werden. Innerhalb kurzer Zeit und mit einem hohen Entsorgungsdruck mussten neue und aus Sicht der Seuchenhygiene unbedenkliche Entsorgungswege gefunden werden. Im Vordergrund stand die schadlose Entsorgung vor allem des Tiermehls.

Als Tiermehl wird das Produkt bezeichnet, das in Tierkörperbeseitigungsanstalten nach Abtrennung der Tierfette zur Verwertung oder Entsorgung anfällt. Tiermehl wurde bis zum Verbot im März 2001 als Rohstoff in der Futtermittelindustrie eingesetzt. Sichere Entsorgungswege wurden vor allem über Zementwerke geschaffen, in welchen das Tiermehl verbrannt wird. Da die Zementerzeugung saisonalen Schwankungen unterliegt, werden Teilmengen auch in Kraftwerken und anderen Verbrennungsanlagen eingesetzt. Diese Entsorgungssituation spiegeln die durch die Servicegesellschaft Tierische Nebenprodukte mbH [STN 2005] dokumentierten Mengenströme für das Jahr 2004 wider.

Mit dem Einsatz in Kraft- und Zementwerken geht Phosphor für eine Nutzung verloren. Beim Einsatz in Zementwerken geht dieser Stoff in den Klinker ein, beim Einsatz in Kraftwerken verbleibt Phosphor in der Asche als Verbrennungsrückstand. Diese Asche wird entweder auf Deponien abgelagert oder ober- und unterirdisch verwertet. Wie einer Aufstellung aller Abfallmengen mit Phosphorpotenzial entnommen werden kann [Dichtl 2005], stellt Tiermehl etwa 10 % dieses Potenzials dar.

Aus dieser groben Übersicht lässt sich ein Optimierungsbedarf für die Entsorgung von Tiermehl erkennen, um den erheblichen P-Stofffluss in den Wirtschaftskreislauf zurückzuführen.

Nach Auskunft der Vertriebsgemeinschaft Deutscher Fleischmehlfabriken [vdf 2005], einer der drei Vermarkter von Tiermehl in Deutschland, hat sich die Situation seit den Jahren 2003/2004 jedoch wieder verändert. Seit diesem Zeitpunkt muss das Material nach den genannten Risikokategorien ab Anfallstelle getrennt gehalten werden. Dies ermöglichte es grundsätzlich, das Risikomaterial der Kategorie 1 separat zu erfassen und Material der Kategorie 2 wieder einer stofflichen Verwertung zuzuführen.

Mittlerweile werden nach Auskunft der Vertriebsgemeinschaft [vdf 2005] bereits 80 % des aus Material der Kategorie 2 erzeugten Tiermehls wieder stofflich verwertet und zwar direkt als organischer NP-Dünger oder als Co-Substrat von Biogas und Kompostierungsanlagen, wobei auch hier der Vergärungsrückstand und damit das gesamte Phosphor als Düngemittel eingesetzt wird. Die direkte Verwendung als Düngemittel erfolgt wohl vor allem auf den großen Stoppel-Ackerflächen Ostdeutschlands mit der Auflage einer sofortigen Einarbeitung. Die Komposte oder Vergärungsrückstände dürften ebenfalls in der Landwirtschaft oder aber im Landschaftsbau eingesetzt werden. Diese stoffliche Verwertung wird schon allein aus betriebswirtschaftlicher Sicht gestützt. Während für die energetische Nutzung eine Zuzahlung erforderlich ist, wird das Tiermehl für eine stoffliche Verwertung kostenneutral oder mit möglichst geringen Aufschlägen abgegeben [vdf 2005].

Aufgrund der Ausdifferenzierung der Fleischwirtschaft ist es möglich, einen erheblichen Anteil der Schlacht- und Verarbeitungsabfälle nach Tierarten getrennt zu halten, so dass nach Auskunft der vdf [2005] als mittelfristiges Ziel wieder der Einsatz als Futtermittel angestrebt wird. Beispielsweise wird Tiermehl aus Geflügelabfällen als Futtermittel in der Schweinehaltung und Tiermehl aus Schweineabfällen als Futtermittel in der Geflügelhaltung eingesetzt. Geflügelfleischmehl wurde 2004 bereits vollständig zu Futtermittel verwertet [STN 2005]. Dies ist aus Sicht der Schonung der Ressource Phosphor günstig. Ob diese Verwertungswege aus Sicht einer artgerechten Tierhaltung, hinsichtlich der Tiergesundheit etc. zu fördern sind, war nicht Gegenstand dieses Forschungsprojektes.

Das Tiermehl aus Rinderschlachtungen oder vor allem kleinen Anfallorten wie bspw. Metzgereien, in denen keine Getrennthaltung nach Tierarten möglich ist, ist als K1-Material auch zukünftig weiterhin thermisch zu entsorgen. Für diesen Biomassestrom lassen sich gegenüber der derzeitigen Entsorgung aus Sicht der Ressourcenschonung prinzipiell verschiedene Ansätze einer Optimierung diskutieren. Sie erweisen sich nicht alle als praktikabel:

- Getrennthaltung von Knochen als P-Träger: ist nicht praktikabel, nur mit einem gewissen Knochenanteil lässt sich der Fleischbrei zermahlen und das Fett abtrennen.

- Chemischer Aufschluss des Fleischbreis und Herauslösen des P: ist nicht praktikabel, da sehr aufwändig. Zudem werden negative Folgen für die nachfolgenden Prozesse und hier insbesondere für das separierte Tierfett befürchtet, auf dessen Qualität angesichts der Mengenbedeutung und der günstigen Erlössituation besonders geachtet werden muss.

- Verbrennung von Tiermehl in Klärschlammverbrennungsanlagen oder Tiermehlverbrennungsanlagen zur Energieversorgung der Tierkörperbeseitigungsanstalten; das hierfür bislang eingesetzte Tierfett würde frei für Treibstofferzeugung.

Der letztgenannte Optimierungsansatz wird für die Tiermehlmengen aufgegriffen und bilanziert, die sich auch zukünftig nicht als Düngemittel oder Futtermittel vermarkten lassen. Nach Auskunft der Fa. SÜPRO [2006] liegt der Anteil K1-Material bei etwa 20 %. Für die Bilanzierung wird daher eher konservativ angenommen, dass sich etwa 50 % des gesamten Tiermehlaufkommens auch mittelfristig nicht als Düngemittel oder Futtermittel verwerten lassen. Ist dies nicht gewünscht, könnte auch die Entsorgung des gesamten Tiermehls in diese Richtung umgestellt und optimiert werden.

In den nachfolgenden Abbildungen sind die Bewertungsergebnisse für folgende Verwertungsalternativen aufgezeigt:

A Einsatz in der Zementindustrie als Status-quo der Entsorgung

B Mitverbrennung in einer Monoklärschlammverbrennung; Stromerzeugung und Aufbereitung (Sinterung) der Asche – KVA AshDEC

C Monoverbrennung an einer Tierkörperverwertungsanlage (TBA) und Lösung des P aus der Asche – TBA Sephos

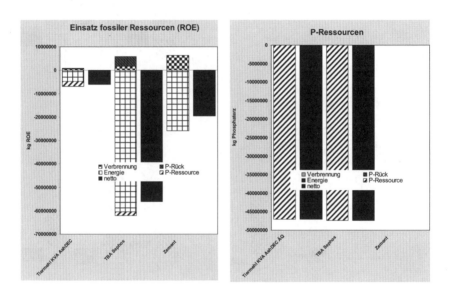

Abb. 5: Bilanzierungsergebnisse für die verschiedenen Arten der Verwertung von 203.600 Jahrestonnen Tiermehl – Ressourcenschonung

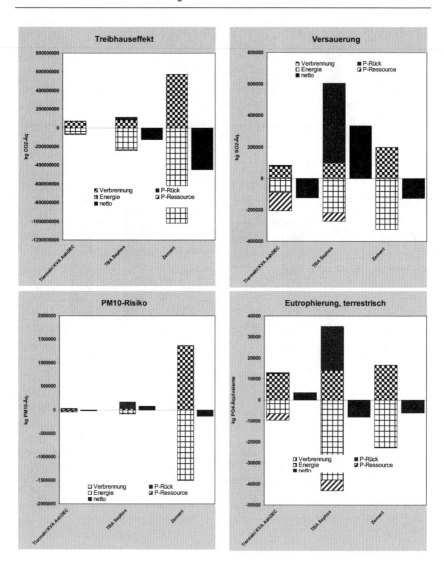

Abb. 6: Bilanzierungsergebnisse für die verschiedenen Arten der Verwertung von 203.600 Jahrestonnen Tiermehl – weitere Umweltwirkungen

Der Einsatz in der Zementindustrie (**A**) zielt allein auf den nutzbaren Energieinhalt des Tiermehls ab. Der Heizwert kann mit 17 MJ/kg angesetzt werden. Die Zementindustrie setzt in den meisten ihrer Standorte traditionell auf den Einsatz von verschiedenen Abfällen als Brennstoffsubstitut. Die Auswahl dieser Sekundärbrennstoffe

(SBS) erfolgt nach deren Eigenschaften, deren Handhabbarkeit sowie vor allem auch nach der Marktlage, d. h. nach dem Angebot sowie der für die Brennstoffübernahme erzielbaren Erlöse bzw. verbleibenden Kosten. Gerade der letzte Aspekt kann dazu führen, dass Abfälle oder zu Brennstoff aufbereitete Abfälle in Konkurrenz zu einander stehen. Trotzdem wurde für die Bilanzierung davon ausgegangen, dass mit Übernahme des Tiermehls primäre Energieträger, und zwar Kohle, ersetzt werden können.

Eine direkte Verwertung der Asche als Düngemittel erweist sich als nicht zielführend, da die Hydroxylapatite nur eine geringe P-Verfügbarkeit für die Pflanzen [Bihl 2004] aufweisen. Da Tiermehlaschen nur eine geringe Schadstoffbelastung [Datenbank LUA NRW] haben, bietet sich bei einer Monoverbrennung (**C**) die chemische Lösung von Phosphor aus der Asche an, da hier das Problem der parallelen Lösung von Schwermetallen weniger bedeutend ist. Für die Bilanz wurde unterstellt, dass die Verwertung des gewonnenen Phosphors nicht in der Landwirtschaft, sondern industriell erfolgt und den Einsatz von Rohphosphat substituiert. Die bei der Verbrennung anfallende Überschussenergie könnte in den Tierkörperverwertungsanlagen zur Dampferzeugung verwendet werden, der zur Sterilisierung des Eingangsmaterials d. h. des Fleischbreis benötigt wird. Für diesen Prozess wird bereits auf Tierfett zurückgegriffen, das aber verstärkt im Bereich Biodiesel eingesetzt werden könnte. Für die Bilanz wird daher unterstellt, dass mit der Dampferzeugung aus Tiermehlverbrennung Erdgas substituiert werden könnte.

Eine weitere Variante der Rückgewinnung der Ressource P ergibt sich über die Mitverbrennung (**B**) in Monoklärschlammverbrennungsanlagen. Erzeugt wird ausschließlich Strom, der mit entsprechenden Umweltauswirkungen ansonsten durch den deutschen Kraftwerkspark erzeugt werden müsste. Aufgrund der Schadstoffbelastung der Klärschlämme sowie der schlechten Pflanzenverfügbarkeit des Phosphors ist eine direkte Nutzung der Asche auf Böden nicht möglich. Dieses Entsorgungsszenario wird daher in Verbindung mit einer Sinterung der Asche bilanziert, die eine teilweise Entfrachtung von Schwermetallen ermöglicht und zugleich die Pflanzenverfügbarkeit des Phosphors erhöht [Kley 2005].

Die Ergebnisse zeigen, dass diese beiden Alternativen aus Sicht des Klimaschutzes etwas schlechter einzustufen sind. In der Regel sind die energetischen Wirkungsgrade von Klärschlammverbrennungsanlagen bzw. ihre Einbindung in ein Energienutzungskonzept nicht optimal. Wird Erdgas substituiert, hat dies ebenfalls geringere Beiträge zum Klimaschutz zur Folge, als wenn in Zementwerken Steinkohle substituiert werden kann. Dies muss im Einzelfall in der Praxis jedoch keineswegs so sein. Bei allen anderen Umweltwirkungskategorien sind die Ergebnisse vergleichbar zum Status quo bzw. weichen davon nur gering ab.

Bei den aufgeführten Bilanzergebnissen ist zu beachten, dass die Datenlage angesichts des technischen Entwicklungsgrads der diskutierten P-Rückgewinnungsmöglichkeiten naturgemäß schlecht ist. Die P-Rückgewinnung aus dem Tiermehl sollte daher weiter verfolgt werden.

4 Schlussfolgerung

Wie in den Beiträgen zur nachhaltigen Entwicklung des Umweltbundesamtes [2002] ausgeführt, sind die natürlichen Ressourcen alle Bestandteile der Natur, die für den Menschen einen Nutzen stiften, sei es direkt durch ihren konsumtiven Ge- und Verbrauch oder indirekt als Einsatzstoffe bei der Produktion von Sachgütern oder Dienstleistungen (nicht-erneuerbare Rohstoffe, fossile Energieträger, erneuerbare nachwachsende Rohstoffe, genetische Ressourcen, ständig fließende Ressourcen wie Sonnenenergie, Wind und Wasser, der Boden)

Zu diesen relativ gut abgrenzbaren Elementen des Naturvermögens sind solche Leistungen hinzuzurechnen, die die Natur indirekt in sehr viel umfassenderen Weise für den Menschen erbringt: die Aufnahme von Emissionen (Senkenfunktion) und die Aufrechterhaltung ökologisch-biogeochemischer Systeme, die Biodiversität, die globalen Stoffkreisläufe sowie der atmosphärische Strahlungshaushalt. Diese Funktionen und Systeme bilden eine essentielle Voraussetzung für die Verfügbarkeit der ökonomisch direkt verwertbaren Ressourcen und gewährleisten das Überleben der Menschheit an sich.

Werden Möglichkeiten einer Optimierung von Stoffströmen aus Sicht des Klimaschutzes diskutiert, müssen im Sinne des Ressourcenschutzes die damit verbundenen Folgen für andere Umweltwirkungen beachtet werden.

Um die zurzeit brachliegenden Potenziale zu nutzen, ist es grundsätzlich empfehlenswert, entsprechende werkstoffliche Nutzungen zu fördern. Dies ermöglicht Nutzungskaskaden. Nach Ablauf der Lebens- oder Anwendungszeit des mit Hilfe von Biomasse erzeugten Werkstoffs verbleibt dessen energetische Verwendung als Zweitnutzen.

Die Übersicht über die Biomasseabfallströme sowie die Ermittlung von Optimierungspotenzialen und ihre ökologische Bewertung zeigte an einigen Stellen noch Untersuchungsbedarf.

So gibt es trotz ihres großen Mengenpotenzials und ihrer ökologischen Bedeutung noch keine Konzepte zur Mobilisierung der bislang ungenutzten Biomasseabfälle im Bereich der Pflege von Obst- und Weinbauflächen, von öffentlichen und privaten Grünflächen, Randstreifen von Verkehrsflächen sowie aus der Landschafts- und Biotoppflege. Angesichts der oft ungewissen Zukunft von Landschaftspflegeverträgen und deren Finanzierung, hofft man gerade seitens des Naturschutzes auf (Teil)-Finanzierung der Pflege über eine Vergütung als Bioenergieträger. Der Ausarbeitung von Nutzungs- und Logistikkonzepten kommt daher aus Naturschutzsicht eine besondere Bedeutung zu. Außerdem könnte im Rahmen eines Stakeholderprozesses geklärt werden, ob eine extra EEG-Vergütung für Biotoppflegereste gesellschaftlich vertretbar wäre.

Es lohnt sich, die bestehenden Verwertungswege der Biomasseabfälle auf weitere Optimierungspotenziale zu untersuchen. Biomassen haben in aller Regel ein breites

Spektrum an wertgebenden Eigenschaften, die über Nutzungskaskaden, d. h. eine Abfolge von (werk)stofflichen und energetischen Nutzungsformen möglichst umfassend genutzt werden sollten. Eine ausschließlich energetische Nutzung wird ihnen meist nicht gerecht. Für Tiermehl und Klärschlamm bspw. gehören hierzu Lösungen, die dem spezifischen Entsorgungsproblem dieser Abfälle gerecht werden, zugleich aber nicht nur das energetische Potenzial, sondern auch den Pflanzennährstoff Phosphor möglichst umfassend nutzen.

Die Entwicklung und Mobilisierung von Alternativen zur Nutzung fossiler Rohstoffe ist mit großen Anstrengungen verbunden. Umso bedeutender ist es, Konzepte und Techniken zu erarbeiten, die eine möglichst umfassende Nutzung der bei Biogasanlagen und Verbrennungsanlagen gewonnenen Energie sicherzustellen. Eine reine Verstromung kann nicht befriedigen. Hier sollten Konzepte wie bspw. eine Aufarbeitung von Biogas zu Erdgasqualität und dessen entsprechende Vermarktung sowie eine umfassende Nutzung von Überschusswärme weiter entwickelt werden.

Literatur

Bidlingmaier, W., Schmelz, K.-G., Nutzung freier Faulraumkapazitäten zur gemeinsamen anaeroben Behandlung von Klärschlamm und Bioabfällen, in: Bilitewski et al. (Hg), Anaerobe biologische Abfallbehandlung, Dresden 1998, S. 65–79 (= TU Dresden, Beiträge zur Abfallwirtschaft, Bd. 7)

Bihl, C., Erschließung und Einsatz mineralischer Sekundärrohstoffe als Puffersubstanzen im Bodenschutz im Wald, Dissertation an der Universität Trier im Fachbereich VI, November 2004

Brinkjans, H.-J., Probleme und Möglichkeiten des Einsatzes von Komposten aus Sicht des Gartenbaus, Vortrag im Rahmen der Tagung „Umweltverträgliche Verwertung von Bioabfällen im Gespräch, 27.11.2002 in Osnabrück.

CML, Heijungs, R. et al., Backrounds – Environmental Life Cycle Assessments of Products, Rotterdam 1992

Dickel, S., Distribution von Kompostprodukten zukünftig EU-weit?, Vortrag im Rahmen der Tagung „Biomasse und Abfallwirtschaft – Chancen, Risiken und Perspektiven, 13.11. bis 15.11.2002 in Berlin

Dohmann, M., Riße, H., Gemeinsame anaerobe Behandlung von Bioabfall und Klärschlamm, Forschungsvorhaben der RWTH Aachen, Institut für Siedlungswasserwirtschaft AZ 844/95, gefördert von der Oswald-Schulze-Stiftung Gladbeck, Aachen 1998

EEA, European Environmental Agency, Environmental signals 2002. Environmental Assessment Report No. 9. Kopenhagen 2002

Englert, N., Gesundheitsbezogene Grundlagen der Ableitung der neuen EU-Grenzwerte, in: Umweltbundesamt (Hg), Feinstaub – Die Situation in Deutschland nach der EU-Tochter-Richtlinie. Bericht über ein Symposium am 26./27. Juni 2000, Berlin 2000, S. 17–32

Franke, B., PM-10-Emissionen aus der Abfallwirtschaft, Vortrag auf der vom WAR veranstalteten Tagung „Emissionen aus der Abfallbehandlung„ am 13.02.2003 in Darmstadt

Gronauer, A., et al., Bioabfallkompostierung. Verfahren und Verwertung, Studie im Auftrag des Bayerischen Landesamtes für Umweltschutz, München 1997 (= LfU-Schriftenreihe Heft 139)

Heldstab, J. et al., Modellierung der PM 10-Belastung in der Schweiz, Forschungsbericht im Auftrag des Bundesamtes für Umwelt, Wald und Landschaft (BUWAL), Bern 1999 (Entwurfsfassung)

Hoppenheidt, K., et al., Gemeinsame Behandlung von biogenen Abfällen aus Haushalten und Gewerbe am Beispiel der Co-Vergärungsanlage der Fa. Högl in Dietrichsdorf Ldkr. Kehlheim. Forschungsvorhaben 3A/1-4252-22297 des Bayerischen Institutes für Abfallforschung Augsburg und der REA Gesellschaft für Recycling von Energie und Abfall München im Auftrag des Bayerischen Landesamtes für Umweltschutz (Hg), München 1998

ifeu-Institut Heidelberg, Ökobilanzen in der Abfallwirtschaft, Studie im Auftrag des Umweltbundesamtes, FKZ 203 10 606, Heidelberg 1997

IPCC, Intergovernmental Panel on Climate Change, Climate Change 2004; im Internet unter: http://ipcc.ch/pub/SYR-text.pdf

Kley, G. et al., Thermochemische Aufbereitung von Klärschlammaschen zu Phosphordüngern. Das EU-Projekt SUSAN, in: WAR/Umweltbundesamt (Hg), Rückgewinnung von Phosphor aus Abwasser und Klärschlamm. Konzepte – Verfahren – Entwicklungen, Darmstadt 2005, S. 265–282 (= WAR-Schriftenreihe Nr. 167)

Klöpffer, Methodik der Wirkungsbilanz im Rahmen von Produktökobilanzen unter Berücksichtigung nicht oder nur schwer quantifizierbarer Umweltkategorien, Forschungsprojekt im Auftrag des Umweltbundesamtes, UBA-Texte 23/95

Knappe, F. et al., Stoffstrommanagement von Biomasseabfällen mit dem Ziel der Verwertung organischer Abfälle, Studie des IFEU-Institutes und Öko-Institutes für das Umweltbundesamt (FKZ: 205 33 313), Veröffentlichung vorgesehen

KTBL (Hg), Ko-Fermentation, Darmstadt 1998 (= KTBL-Arbeitspapier 249)

STN Servicegesellschaft Tierische Nebenprodukte mbH, 2005

SÜPRO, Auskunft durch Hr. Bensch, Fa. SÜPRO Lampertheim, 2006

Umweltbundesamt, Bewertung in Ökobilanzen. Methode des Umweltbundesamtes zur Normierung von Wirkungsindikatoren, Ordnung (Rangbildung) von Wirkungskategorien und zur Auswertung nach ISO 14042 und 14043, Berlin 1999 (= UBA-Texte 92/99)

Umweltbundesamt, Nachhaltige Entwicklung in Deutschland. Die Zukunft dauerhaft umweltgerecht gestalten, in: Beiträge zur nachhaltigen Entwicklung, Erich Schmidt Verlag Berlin 2002, S. 341

Vdf, Telephonauskunft durch Hr. Grafe, Vertriebsgemeinschaft Deutscher Fleischmehlfabriken e.V., Hamburg 2006

Vogt, R. et al., Ökobilanz Bioabfallverwertung. Untersuchungen zur Umweltverträglichkeit von Systemen zur Verwertung von biologisch-organischen Abfällen, gefördert von der Deutschen Bundesstiftung Umwelt, Berlin 2002 (= Reihe Initiativen zum Umweltschutz, Bd. 52)

WHO, World Health Organization Regional Office for Europe, European Center for Environment and Health, Environmental health indicator systems – update of methodology sheets, Bonn 2002

ZMP, Zentrale Markt- und Preisberichtsstelle für Erzeugnisse der Land-, Forst- und Ernährungswirtschaft, Agrarmärkte in Zahlen – Ausgabe Deutschland, Bonn 2005

Perspektiven der stofflichen Verwertung von Bioabfällen

Bertram Kehres

1 Stand der stofflichen Verwertung von Bioabfällen

Die Menge an derzeit getrennt erfassten Bio- und Gartenabfällen aus privaten Haushaltungen und damit miterfasste gewerbliche Bioabfälle wird auf jährlich ca. 10 Mio. t geschätzt. Die getrennte Sammlung und Verwertung von Bioabfällen ist in Deutschland damit seit vielen Jahren – neben Papier/ Pappe/Karton – die mengenmäßig bedeutendste Wertstoff-Fraktion.

Im Vordergrund der Verwertungswege steht die Kompostierung mit ca. 8 Mio. t verwerteter Bio-, Garten- und Parkabfälle. Daneben gewinnt die anaerobe Behandlung von Bioabfällen in Biogasanlagen sowie die thermische Nutzung holzreicher Garten- und Parkabfällen in Verbrennungsanlagen zunehmend an Bedeutung.

2 Eignung unterschiedlicher Verwertungswege

Die klassischen Bio- oder Grünabfälle stehen, im Gegensatz zur Kompostierung, weder bei der Vergärung noch bei der Verbrennung im Vordergrund. Bei der Vergärung werden überwiegend leicht abbaubare pastöse oder flüssige Stoffe verwertet (z. B. Speisereste, Fettabscheider u. Ä.), bei der Verbrennung sind es v. a. feste trockene Stoffe mit hohem Brennwert und geringen Gehalten an Asche.

Ob eine stoffliche Verwertung auf dem Wege der aeroben Behandlung (Kompostierung) oder der anaeroben Behandlung (Vergärung) oder ob eine thermische Verwertung sinnvoll ist, hängt hauptsächlich von der Beschaffenheit der Bioabfälle sowie den wirtschaftlichen Rahmenbedingungen ab. Stofflich gesehen eignen sich getrennt erfasste Bio-, Garten und Parkabfälle besonders für die Kompostierung. Ob und welche Teilmengen davon heute und in Zukunft in die Vergärung oder die Verbrennung gehen, hängt allerdings nicht nur von der jeweiligen stofflichen Eignung ab, sondern zunehmend auch von den politischen und rechtlichen Rahmenbedingungen.

3 Steuerungswirkung von Rechtsbestimmungen

Nach dem Verwertungsgebot des Kreislaufwirtschafts- und Abfallgesetzes sind Abfälle, die nicht vermieden werden können, zu verwerten. Das Verwertungsgebot gilt immer dann, wenn die Verwertung technisch möglich und die Wirtschaftlichkeit der Maßnahme zumutbar ist und wenn für die gewonnen Stoffe oder die Energie ein Markt vorhanden ist oder geschaffen werden kann (§ 5 Abs. 4 KrW-/AbfG). Bei der stofflichen Verwertung von Bioabfällen ist dies regelmäßig der Fall.

Die thermische Verwertung setzt dagegen voraus, dass der Heizwert des eingesetzten Abfalls, ohne Vermischung mit anderen Stoffen, mindestens 11.000 kJ/kg beträgt (§ 6 Abs. 2 Nr. 1 KrW-/AbfG). Dieser Wert wird bei gemischten Bio-, Garten und Parkabfällen aus der getrennten Sammlung weit unterschritten.

Soweit für die Verwertung von Abfällen eine getrennte Erfassung erforderlich ist, sind die Abfälle getrennt zu halten und zu behandeln (§ 5 Abs. 2 Satz 4 KrW-/AbfG). Die Verwertung von Bioabfällen (hier im Sinne der Bioabfallverordnung) setzt wegen der erforderlichen Sortenreinheit die getrennte Sammlung regelmäßig voraus.

Nach den Bestimmungen des Erneuerbare-Energien-Gesetzes (EEG) wurden für die energetische Verwertung besondere Anreize geschaffen. Von diesen können die Vergärung und die Verbrennung profitieren, die Kompostierung nicht. Zweck des EEG ist in diesem Zusammenhang die Förderung der Energieerzeugung mit folgenden Maßnahmen:

- Grundvergütung für Strom aus Biomasse/Bioabfällen bzw. Einspeisung,
- Zusatzvergütung für Strom auch nachwachsenden Rohstoffen,
- Zusatzvergütung für Kraft-Wärme-Kopplung,
- Zusatzvergütung für den Einsatz innovativer Techniken.

Mengenmäßig betrachtet spielen Bioabfälle beim EEG im Vergleich zu Restholz, Altholz oder zu den landwirtschaftlich speziell angebauten nachwachsenden Rohstoffen zwar eine untergeordnete Rolle. Da die Fördermöglichkeiten aber auch für die Bioabfallverwertung in Anspruch genommen werden können, die normalerweise stofflich verwertet werden, kommt es an verschiedenen Stellen zu einer Wettbewerbsverzerrung der Verwertungswege, die vom Verordnungsgeber nicht beabsichtigt gewesen sein kann. Die Lenkungsinstrumente des EEG sollten deshalb z. B. an folgenden Punkten überprüft werden:

- Prüfung der Sinnhaftigkeit, gemischte Grünabfällen aus der Landschaftspflege in die Förderung für nachwachsende Rohstoffe einzubeziehen. Der hier gewährte Nawaro-Bonus ist ein Ausgleich für Mehraufwendungen des gezielten Anbaus nachwachsender Rohstoffe und nicht eine Förderung der Entsorgung von Grünabfällen, die der bisherigen stofflichen Verwertung entzogen werden.
- Prüfung der Mitverbrennung von Bioabfällen aus der getrennten Sammlung, deren Heizwert weniger als 11.000 kJ beträgt mit dem Ziel, deren Mitverbrennung bei Verfahren der energetischen/thermischen Nutzung zu unterbinden.

- Prüfung der Förderfähigkeit der Kraft-Wärme-Kopplung in Fällen, in denen die Wärme verwendet wird, um stofflich verwertbare Bioabfälle, die aufgrund ihrer Feuchtigkeit für eine thermische Verwertung ungeeignet sind, zu trocknen.

Darüber hinaus sollte der Verordnungsgeber klarstellen, dass die thermische Behandlung von Bioabfällen, deren Heizwert weniger als 11.000 kJ/kg beträgt, nicht als Verwertung im Sinne des KrW-/AbfG gelten kann und zwar unabhängig vom Wirkungsgrad der Behandlungsanlage. Eine solche „Scheinverwertung" würde das Verwertungsgebot für Bioabfall in Frage stellen. Auch das Gebot der getrennten Erfassung, mit dem Bioabfälle nutzbar gemacht werden können, würde unterlaufen.

4 Rahmenbedingungen der getrennten Sammlung und Behandlung

Neben den rechtlichen Rahmenbedingungen und den jeweiligen Zielen der Verwertung von Bioabfällen sind v. a. die Kosten der Verwertung (Sammlung, Behandlung) und der Beseitigung von Bedeutung.

Die getrennte Erfassung von Bioabfällen ist teurer als die gemeinsame Erfassung von Bioabfällen mit dem Restabfall. Soweit die Mehrkosten nicht unverhältnismäßig sind, gilt das Verwertungsgebot und das Gebot der Getrennthaltung. Die Mehrkosten bei der Sammlung werden i. d. R. durch geringere Kosten der Behandlung ausgeglichen. Während für die Kompostierung Behandlungskosten von etwa 60 €/t veranschlagt werden, kosten alternative Entsorgungsverfahren wie die Verbrennung mit dem Restabfall derzeit im Mittel um 145 €/t.

Vergleichbare wöchentliche Abfuhrrhythmen vorausgesetzt (d. h. wöchentliche gemeinsame Sammlung von Bioabfällen und Restabfällen in der Restmülltonne einerseits bzw. alternierende Sammlung von Bioabfällen in der einen und Restabfällen in der darauf folgenden Woche andererseits), ist die getrennte Sammlung und stoffliche Verwertung von Bioabfällen je Einwohner und Jahr heute in städtischen Gebieten im Mittel um 3 % und in ländlichen Gebieten um 14 % günstiger als die gemeinsame Sammlung und Behandlung mit dem Restabfall. Als Maßstab geeignet ist auch die Behandlungskostendifferenz: Ab einer Differenz von 50 bis 60 €/t (bei städtischen Gebieten) bzw. von 20 bis 25 €/t (bei ländlichen Gebieten) ist die getrennte Sammlung und stoffliche Verwertung von Bioabfällen günstiger als die gemeinsame Entsorgung mit dem Restabfall.

5 Rahmenbedingungen der Absatzwege

Die Absatzwege von Kompost werden weitgehend vom Nutzwert der Erzeugnisse, der Marketingstrategie des Herstellers sowie den örtlichen Gebietsstrukturen bestimmt. Neben der Landwirtschaft (45 %) sind v. a der Landschaftsbau (19 %), der

Erwerbs- und Hobbygartenbau (10 % bzw. 12 %) sowie die Erdenindustrie (14 %) von Bedeutung. Während die am Markt angebotenen Mengen an Kompost stagnieren, nimmt die Nachfrage noch stetig zu.

Der Nutzwert von Kompost beruht auf der Qualität seiner organischen Substanz, den enthaltenen Nährstoffen sowie seinen allgemeinen bodenverbessernden Wirkungen. Kompost ersetzt bei üblichen Aufwandmengen die Grunddüngung mit Phosphat und Kalium sowie die Erhaltungskalkung. Für Phosphat, dessen Vorräte weltweit für nur noch ca. 90 Jahre reichen, ist die Wiederverwertung und damit Schonung der noch vorhandenen Rohstoffreserven von elementarer Bedeutung. Im Gegensatz zu „alternativen Energien" gibt es bei den Pflanzennährstoffen nämlich keine „alternativen Nährstoffe". Nährstoffe sind nicht austauschbar. Ihre „Kreislaufwirtschaft" ist daher besonders wichtig.

Bezüglich der Nutzung der organischen Substanz ist die stoffliche Verwertung von Bioabfällen auf dem Wege der Kompostierung die hochwertigste Form der Verwertung. Im Vergleich zu anderen organischen Düngern ist die Leistungsfähigkeit von Kompost zur Humusreproduktion besonders hoch. Bei Aufwandmengen nach guter fachlicher Praxis beträgt die Humusreproduktion von Kompost etwa das 3-fache von Stroh und das 10-fache von Gülle.

Tab. 1: Humusreproduktionsleistung verschiedener organischer Dünger

	Anteil Humus-C am Gesamtkohlenstoff	Humus-C Reproduktion im Boden*
Kompost	51 %	2 t/ha
Gülle	21 %	0,2 t/ha
Stroh	21 %	0,7 t/ha
Gründüngung	14 %	0,6 t/ha

* bei Aufwandmengen nach guter fachlicher Praxis gemäß Düngeverordnung

Komposte werden in allen Absatzbereichen mit Erlösen verkauft. In Absatzbereichen außerhalb der Landwirtschaft sind die Erlöse mit ca. 6 bis 10 €/t und mehr höher als in der Landwirtschaft (0,5 bis 2 €/t). Die in der Landwirtschaft geringeren Erlöse hängen damit zusammen, dass im Vergich zur Mineraldüngung höhere Transport und Ausbringungskosten anfallen. Bezieht man diese mit ein, spiegelt der Erlös in etwa den Wert der in Kompost enthaltenen Pflanzennährstoffe wider (ca. 6 €/t bzw. 230 €/ha). Der Wert der ebenfalls enthaltenen Mikronährstoffe und der organischen Substanz ist dabei noch nicht berücksichtigt. Vor allem für die organische Substanz kann davon ausgegangen werden, dass ihr Wert im Zuge des steigenden Anbaus nachwachsender Rohstoffe und des damit einhergehenden Bedarfes an Humusreproduktion deutlich zunehmen wird.

6 Langfristige Perspektiven

Die stoffliche Verwertung von Bioabfällen hat sich in der Vergangenheit nicht von ungefähr zu einer mengenmäßig bedeutenden Maßnahme der Recyclingwirtschaft entwickelt. Sie ist für die Masse der Bioabfälle aus der getrennten Sammlung sowohl aus ökologischen als auch aus ökonomischen Erwägungen die „best option".

Auch in Zukunft wird die stoffliche Verwertung von Bioabfällen einen wichtigen Stellenwert behalten. Ob dabei die Kompostierung oder die Vergärung zum Einsatz kommen, ist im Wesentlichen eine Frage der stofflichen Eignung der jeweiligen Abfälle. Zwar ist mit einer anaeroben Behandlung über die Biogasgewinnung eine zusätzliche energetische/thermische Nutzung möglich. Allerdings erfordern Biogasanlagen erheblich höhere Investitionen und der Anlagenbetrieb ist im Vergleich zur Kompostierung wesentlich störanfälliger bzw. sensibler. Der Ausbau einer bestehenden Kompostierungsanlage durch einen Biogasreaktor wird ökonomisch in der Regel nur dann interessant sein, wenn neben der Biogasgewinnung auch andere Ziele erreicht werden können, etwa eine ohnehin erforderliche Kapazitätsausweitung, in Einzelfällen die Verringerung bestehender Geruchsprobleme oder eine größere Flexibilität im Hinblick auf Stoffe, die angenommen werden können (z. B. zusätzliche Verwertung von Speiseabfällen, die nicht mehr verfüttert werden dürfen). Im Normalfall ist und bleibt jedoch die Kompostierung der hauptsächliche Weg der Verwertung fester Bioabfälle.

Vor dem Hintergrund des verstärkten Anbaus humuszehrender nachwachsender Rohstoffe auf landwirtschaftlichen Flächen sowie der wachsenden Nachfrage nach Ernterückständen zur stofflichen oder energetischen Verwertung (Stroh) wird die stoffliche Verwertung von Bioabfällen in Zukunft weiter an Bedeutung gewinnen. Hinzu kommt, dass die stoffliche Verwertung nicht teurer ist als die abfallwirtschaftliche Beseitigung.

Vor allem im Hinblick auf eine möglichst hochwertige Verwertung gibt es zur stofflichen Verwertung klassischer Bioabfälle praktisch keine Alternativen. Eine thermische Verwertung scheidet aufgrund der hohen Wasser- und Aschegehalte i. d. R. aus. Lediglich holzreiche Teilmengen aus dem Bereich der Garten- und Parkabfälle können für die thermische Verwertung geeignet sein und werden diesen Weg gehen, soweit sie nicht als Strukturmaterial bei der Kompostierung eingesetzt werden müssen.

Politische Fördermaßnahmen sind derzeit im Besonderen auf regenerative Energien fokussiert. Dies ist wichtig und richtig. Bei der Verwertung von Bioabfällen ist dabei darauf zu achten, dass die Rahmenvoraussetzungen der stofflichen Verwertung von Bioabfällen und ihr spezifischer Nutzen nicht aus dem Auge verloren werden.

Praxisbeispiele und Perspektiven der Verwertung von Bioabfallkomposten und Klärschlämmen sowie Holzaschen

Helge Schmeisky, M. Kunick

Einleitung

Seit Beginn der Kasseler Abfallforen haben wir wiederholt in diesem Rahmen über die Verwendung von kommunalen und industriellen Rest- bzw. Abfallstoffen, überwiegend bei der Rekultivierung von Abgrabungsflächen bzw. Halden, gesprochen. Dazu gehörte der Einsatz von Klärschlamm vor über 30 Jahren auf einer Außenhalde des Braunkohlebergbaus bei Hess. Lichtenau, (SCHMEISKY, 1996; SCHMEISKY u. PODLACHA, 1998), die Verwendung von Kraftwerksaschen zur Melioration extrem saurer Abraumsedimente und zwar ebenfalls im Braunkohlebergbau bei Borken/ Hessen (SCHMEISKY 1990, 1991, 1992), der Einbau von Wirbelschichtaschen und Komposten beim Aufbau von Begrünungsschichten auf der Rückstandshalde der Kaliindustrie in Bleicherode (SCHMEISKY u. HOFMANN, 2000 aber auch LÜCKE, 1997 u. PODLACHA, 1999) und die Ummantelung einer Großhalde der Kaliindustrie bei Wunstorf ebenfalls mit einem Aschengemisch. Kompost wurde, wegen der schweren Zugänglichkeit, auf einer Rückstandshalde des Kaliwerkes Wintershall sogar mittels Hubschrauber ausgebracht. (HOFMANN, 2004).

Entwicklungen in den letzten Jahren

Kraftwerksaschen

Die bisher verwendeten Aschen stammten aus größeren Kraftwerken mit großem Aschenanfall aus der Braunkohle- bzw. Steinkohlefeuerung. Um den Schwefeldioxid-Ausstoß zu minimieren wurden zur Rauchgasreinigung Kalziumverbindungen in feuchter Form (SAV = Sprüh-Absorptions-Verfahren) oder in trockener Form bei der Wirbelschichtfeuerung zugesetzt. Das SO_2 ist dann überwiegend an das Ca gebunden worden. Durch diese Maßnahmen kommt es zu einer erheblichen Zunahme der Aschenmenge.

In verschiedenen Kraftwerken kommt es zur Mitverbrennung von Tiermehl, das hohe Phosphatanteile enthält. Leider liegt der Phosphor nach der Verbrennung des Tiermehls in weitestgehend unlöslicher Form vor und kann deshalb von den Pflanzen nicht aufgenommen werden. Ein weiterer Nachteil bei der Mitverbrennung ist die Verdünnung des Phosphatanteils auf dem größeren Rest der anfallenden Aschen.

Zur Sicherung der Phosphatquellen sollte deshalb langfristig die Mitverbrennung von Tiermehl mit einem nachgelagerten chemischen Aufschluss erfolgen.

Zusammen mit der Universität Alexandria in Ägypten (Prof. Dr. Amal Aboul-Nasr) versuchen wir das Phosphat biologisch mit Hilfe von Pilzen (Glomus intraradices) aufzuschließen. Erste Gefäßversuche brachten keine Erfolge. Ein Grund dafür waren offensichtlich die sehr hohen pH-Werte um 10 in den Aschen-Boden-Gemischen.

Kürzlich abgeschlossene Gefäßversuche mit extrem nährstoffarmen und sauren Unterböden von einem Waldstandort des Mittelgebirges (tertiäres Sand/Lehm-Gemisch) unter Zumischung von 65 t/ha bzw. 130 t/ha einer Kraftwerksasche mit Tiermehlverbrennung zeigten jedoch vielversprechende Ergebnisse. Als Versuchspflanze diente die Zwiebel (Allium cepa), die als Samen angewendet wurde. Alle Varianten mit Mykorrhiza wuchsen deutlich besser als jene ohne Pilzzusatz (siehe Abbildung 1).

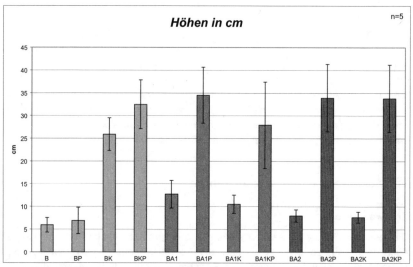

A1= Asche (65 t/ha) – A2= Asche (130 t/ha) – K= Kompost (470 t/ha) – P= Pilz, Glomus intraradices, 250 kg/ha (Fa. Amykor) – B= Boden, tertiäres Sand/Tongemisch, Unterboden Wald, extrem schlechte Nährstoffversorgung

Abb. 1: Zwiebelversuch (Allium cepa) mit Aschen und Kompost sowie der Verwendung von Mykorrhiza / Wuchshöhen in cm

Auch die Biomasseerträge wiesen erhebliche Mehrerträge bei den Pilzvarianten auf (siehe Abbildung 2).

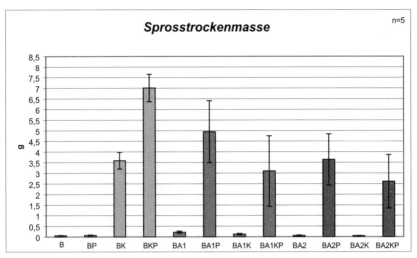

A1= Asche (65 t/ha) – A2= Asche 130 t/ha) – K= Kompost (150 t/ha) – P= Pilz, Glomus intraradices, 250 kg/ha (Fa. Amykor) – B= Boden, tertiäres Sand/Tongemisch, Unterboden Wald, extrem schlechte Nährstoffversorgung

Abb. 2: Zwiebelversuch (Allium cepa) mit Aschen und Kompost sowie der Verwendung von Mykorrhiza / Trockenmasse der Sprosse in g/Gefäß

Eine Ausnahme bildete dabei nur die Null-Variante bei der dem Ausgangsboden keine Aschen oder Kompost zugesetzt wurden. Die Untersuchung der Pilzinfektionen zeigte, dass sich selbst der Pilz unter den ungünstigen Ausgangsbedingungen so gut wie nicht vermehren konnte. Die Pilzinfektion betrug weniger als 10 % (siehe Abbildung 3).

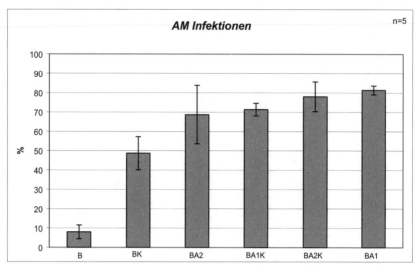

A1= Asche (65 t/ha) – A2= Asche (130 t/ha) – K= Kompost (470 t/ha) – P= Pilz, Glomus intraradices, 250 kg/ha (Fa. Amykor)
B= Boden, tertiäres Sand/Tongemisch, Unterboden Wald, extrem schlechte Nährstoffversorgung

Abb. 3: Zwiebelversuch (Allium cepa) mit Aschen und Kompost sowie der Verwendung von Mykorrhiza / Pilzinfektion der Wurzeln in %

Damit lässt sich erklären, weshalb es keine Unterschiede zwischen den Varianten mit und ohne Mykorrhiza gibt. Der Aufschluss von Phosphat durch den Pilz wird schon bei der Verwendung von Kompost sichtbar, bei der Aufbringung von Aschen wird dies besonders deutlich (siehe Abbildung 4).

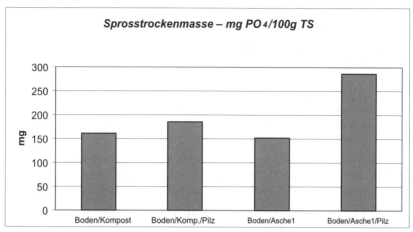

A1= Asche (65 t/ha) – K= Kompost (470 t/ha) – P= Pilz, Glomus intraradices, 250 kg/ha (Fa. Amykor) – B= Boden, tertiäres Sand/Tongemisch, Unterboden Wald, extrem schlechte Nährstoffversorgung

Abb. 4: Zwiebelversuch (Allium cepa) mit Aschen u. Kompost sowie der Verwendung von Mykorrhiza / Phosphatgehalt in der oberirdischen Biomasse in mg pro 100 g TS

Multipliziert man die Biomassen mit den Phosphatgehalten, ergeben sich klare Aussagen hinsichtlich der Phosphatsolubilisierung mittels Mykorrhiza.

Aschen aus der Biomassenverbrennung

Augenblicklich erleben wir eine Renaissance kleiner bis mittlerer Verbrennungsanlagen in denen insbesondere Holz verbrannt wird. Auch im Rahmen dieser Veranstaltung gibt es eine Vielzahl von Beiträgen zu diesem Thema. Die Anlagentechnik wird immer weiter verfeinert und die Energieausbeute optimiert. Nicht ganz einheitlich sieht es dagegen bei den Abfällen, nämlich den Aschen aus. Hier ergibt sich eine Reihe von Fragen wie z. B. nach dem Verbleib, der Sammlung, der Deponierung oder einer Verwertung. Eine Umfrage bei Entsorgern und Deponien hat ergeben, dass derartige Aschen noch kein „Thema" sind. Nur einmal kam die Antwort, dass auf Antrag statt der Kunststofftonne eine verzinkte Tonne zur Verfügung gestellt werden kann. Ansonsten werden diese in die Restmülltonne oder im Garten verbracht.

Holzaschen sind ja durchaus auch kein neuer Abfall und es gibt eine Vielzahl von Veröffentlichungen über die Zusammensetzung und Verwertungsmöglichkeiten wie z. B. der Thüringer Landesanstalt für Landwirtschaft (VETTER,1997, KERSCHBERGER, u. REINHOLD, 1997), des Ministeriums für Umwelt und Verkehr Baden Württemberg (2003), des Landes Vorarlberg EBERHARD, SCHEFFKNECHT u. SCHERER (2002) und des Amtes der Tiroler Landesregierung, Abt. Umweltschutz/Ref. Abfallwirtschaft (NEURAUTER, MÖLGG u. REINALTER, 2004) sowie verschiedener Hochschulen (STAHL, 2006, OBERNDÖRFER, 1997, HOLZNER, 1999, UCKERT, 2004 u. a.).

Aus der Vielzahl von Veröffentlichungen und Kurzreferaten aus Forschungsvorhaben lassen sich zahlreiche Daten und Erkenntnisse herauslesen. Diese umfassen z. B. den Aschenanteil bei der Verbrennung verschiedener Hölzer (z. B. Laubholz oder Nadelholz) oder Teilen davon (wie Rinden, Spänen, Pellets, Hackschnitzel), den Anteil von Nährelementen, die Schwermetallgehalte, pH-Wert, Fluorid und Chlorid und zahlreiche organische Verbindungen. Es ist zu unterscheiden zwischen Feinaschen und Grobaschen und vielem mehr.

In den zuvor erwähnten Kraftwerken sind große Mengen an homogenen Aschen angefallen, auch wenn diese in der Zusammensetzung sehr unterschiedlich sein konnten, ergibt sich aus den kleinen Anlagen ein sehr viel differenzierteres Bild. Große Schwierigkeiten ergeben sich insbesondere, wenn in den Anlagen behandelte Hölzer aller Art und andere brennbare Stoffe verwendet werden. Die Schadstoffgehalte steigen dann exorbitant an. Die steigenden Energiepreise dürften ein Grund für die „energetische Verwertung" vieler Abfallstoffe sein.

Wir gehen von der Annahme aus, dass Holzaschen bzw. Aschen aus der Bioenergiegewinnung eine Mischung aus Makro- und Mikronährelementen darstellen, die zurück in die Biokreisläufe gehören. Dass sich dabei eine Diskussion um die Schwermetallgehalte ergibt, ist verständlich. Wenn sich nach der Verbrennung von Holz 1 bis 2 % Asche ergeben, haben sich die Schwermetallgehalte natürlich um das 50- bis 100-fache erhöht. Da Aschen aus behandelten Hölzern viel höhere Anreicherungen aufweisen, sind diese aus einer Verwertung auszuschließen.

Schwierigkeiten für eine kontinuierliche Verwertung der Holzaschen ergeben sich nicht nur aus dem zeitlichen Anfall und der Inhomogenität sondern auch, weil diese kaum getrennt aus Haushalten anfallen. Ein Nachteil der Aschen besteht außerdem darin, dass der Stickstoffanteil äußerst gering ist. Es ist deshalb nicht verwunderlich, dass ein Großteil der Aschen in Kompostierungsanlagen verwertet wird. In Tirol betrug dieser Anteil 2002 z. B. 67 % (NEURAUTER, MÖLGG u. U. REINALTER, 2004). Da guter Kompost jedoch ein relativ ausgewogenes Verhältnis zwischen den Nährelementen aufweist, ist der Zusatz von chemischen Elementen aus Aschen nur mit geringen Mengen des Hauptnährelements Stickstoff nicht förderlich. Ein kürzlich in unserem Gewächshaus durchgeführter Gefäßversuch zeigt, dass die zusätzliche Verwendung unterschiedlicher Aschenqualitäten zu Kompost keine zusätzlichen Biomasseerträge bringt (siehe Abbildung 5).

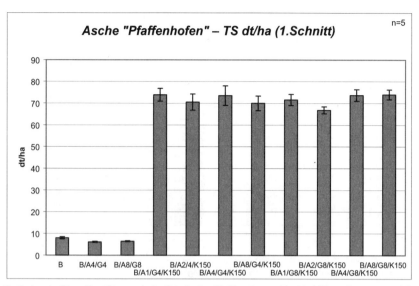

B= Boden, tertiäres Sand/Tongemisch, Unterboden Wald, extrem schlechte Nährstoffversorgung A1= Asche 1 t/ha – A2= Asche 2 t/ha – A4= Asche 4 t/ha – A8= Asche 8 t/ha – G4= Gips 4 t/ha – G8= Gips 8 t/ha - K= Kompost (150 t/ha)

Abb. 5: Gefäßversuch mit Aschen des Biomasseheizkraftwerkes Pfaffenhofen und Kompost. Oberirdische Biomasse in dt/ha

Ebenso erfolglos bleibt der alleinige Einsatz von Aschen ohne Kompost. Gipsreste wurden als mögliche Komponente zur besseren Verteilung der Holzaschen eingesetzt. Erst bei der Verwendung größerer Aschenmengen gibt es gewisse Erfolge, die aber nicht annähernd mit der Wirkung von Kompost vergleichbar sind (siehe Abbildung 6). Allerdings überschreiten die eingesetzten Mengen von 16 t/ha Asche alle Empfehlungen. Offensichtlich hat diese Quantität auch negative Auswirkungen auf die zugesetzten Pilze.

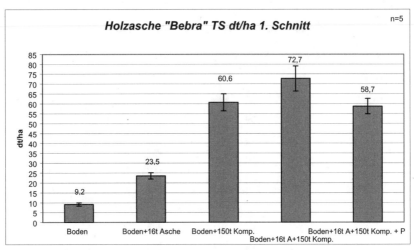

B= Boden, tertiäres Sand/Tongemisch, Unterboden Wald, extrem schlechte Nährstoffversorgung – K= Kompost (150 t/ha) – A= Holzasche, Pelletverbrennung

Abb. 6: Gefäßversuch mit Holzaschen und Kompost. Oberirdische Biomasse in dt/ha

Die bekannten Gesetze aus der Landwirtschaft (J. v. Liebig) werden damit bestätigt. Die Untermischung von Aschen im Kompost und die anschließende Verwendung in meist gut mit Nährstoffen versorgten Hausgärten ist deshalb nicht empfehlenswert. Die Überversorgung mit bestimmten Elementen kann deshalb nur zur Belastung an anderer Stelle führen.

Die Ausbringung ausschließlich von Aschen im Wald ist schwierig, weil nur geringe Mengen angewendet werden können. STAHL (2006) gibt in ihrer Diplomarbeit Aschenmengen von 2,5 t/ha im 15 Jahresrhythmus (n. WILPERT, 2002) und maximale Aufbringungsmengen von 8 t/ha alle drei Jahre (n. LANDOLT et al., 2001) an. Dabei sollten die Aschen nur in Kombination mit der Bodenschutzkalkung ausgebracht werden. UCKERT (2004) geht unter Berücksichtigung von Pflanzenentzügen und Schadstofffrachten bei einer landbaulichen Verwertung von 2 t/ha Restasche aus.

Da wir im Rekultivierungsbereich von Rohböden und Halden mit teilweise künstlichen Substraten ohne große Nährstoffvorräte ausgehen, dürften die Anwendungsmengen von Aschen weitaus höher liegen. Für die sehr unterschiedlichen Standorte müssen noch zahlreiche Gefäß- und Feldversuche durchgeführt werden.

Organische Materialien

Ein neues Einsatzfeld für Kompost haben wir im vergangenen Jahr auf Rückstandshalden oder in der Sodaindustrie gefunden. Hierüber wird von anderer Stelle berichtet (NIESSING u. SCHMEISKY, 2007).

Auch in diesem Fall geht es um die Frage der Quantitäten, die auf eine Fläche aufgebracht werden. Der Vorteil von Untersuchungen auf künstlich entstandenen Flächen, deren Substrate erst nach industriell-chemischen Prozessen entstanden sind, besteht darin, dass in der Anfangssituation von Begrünungsmaßnahmen so gut wie keine oder nur einzelne Nährelemente vorhanden sind. Die Wirkung verschiedener Düngungsmaßnahmen kann deshalb in der aufwachsenden Biomasse gut untersucht werden. Das gilt insbesondere für die quantitative Aufnahme der applizierten Dünger bzw. die Nachlieferung von Nährelementen durch Mineralisierung von Kompost, Klärschlamm oder anderen organischen Materialien. Derartige Untersuchungen lassen Aussagen über maximale Anwendungsmengen von z. B. Kompost zu. Dabei ist immer zu berücksichtigen, dass natürlich gewachsene Böden beträchtliche Nährstoffvorräte aufweisen. Auf der Rückstandshalde in Staßfurt, die überwiegend aus Kalzium-Verbindungen besteht, waren Aufwendungen von 50 t/ha bzw. 100 t/ha Klärschlammkompost berechtigt. Die Mineralisierungsraten hängen dabei sehr stark von der Zusammensetzung der überdeckten Substrate hinsichtlich ihres pH-Wertes, Wassergehaltes, Porenvolumens u. v. a. Parameter ab.

Als neue Substanz für eine flächenhafte Verwertung fallen offensichtlich Reststoffe aus den Biogasanlagen an. Eigentlich sollte davon ausgegangen werden, dass diese Stoffe wieder zurück auf die zuvor abgeernteten Felder gehen, um die Biokreisläufe so weit wie möglich zu schließen. Offenbar fallen aber größere Mengen an, die auch auf anderen Flächen oder in anderen Produkten verwendet werden können. Ein sinnvoller Einbau könnte in Rekultivierungsflächen oder Abdeckschichten von Halden und Deponien erfolgen.

Der Vorteil bei der Verwendung von organischen Materialien, seien es Komposte, Klärschlämme, Reste aus Biogasanlagen, holzartige Abfälle usw., bei der Begrünung von Rohböden und Haldenstandorten besteht darin, dass biogene Kreisläufe viel schneller aufgebaut werden als bei der alleinigen Anwendung von Mineraldüngern. Unsere langjährigen Untersuchungen auf tertiären Rohböden im ehemaligen Braunkohlebergbaugebiet um Borken haben gezeigt, dass die Anfangsphase bis zur Etablierung eines biogenen Kreislaufs viele Jahre, wenn nicht Jahrzehnte, in Anspruch nimmt. Es war dort kein Problem, schon nach einer oder zwei Vegetationsperioden eine ausreichend wüchsige Vegetationsdecke mit Hilfe von Mineraldüngern heranwachsen zu lassen. Diese brach aber in den nachfolgenden Jahren wieder zusammen, wenn keine weitere Düngung erfolgte. Die anfallende Streu wurde nicht zersetzt und mineralisiert.

Ganz anders verhielt es sich in Versuchsflächen mit der Aufbringung von Klärschlamm und Holzresten. In den Klärschlammparzellen wurde die anfallende Laubstreu seit mehr als drei Jahrzehnten sofort mineralisiert und es fand eine innige Vermischung mit den mehr oder minder vegetationsfeindlichen Abraumsedimenten von den obersten Zentimetern sukzessiv auf mehrere Dezimeter Tiefe statt.

Bei aufgebrachten Holzresten aus der Zelluloseherstellung mit extrem weiten C/N-Verhältnissen hat dieser Vorgang wesentlich länger gedauert. Hier musste zunächst eine flächenhafte Kompostierung dieser ligninhaltigen Abfälle erfolgen. Dabei spielten in der Anfangsphase verschiedene Pilze eine herausragende Rolle. Dennoch hat sich auch auf diesen Flächen inzwischen ein Kreislauf auf hohem Niveau (schnelle Zersetzungs- und Mineralisierungsphase) eingestellt.

Aus diesen Ergebnissen wird deutlich, dass organische Substanzen bei der Rekultivierung von Rohböden, künstlichen Substraten und Deckschichten für Deponien und Halden von überragender Bedeutung sind. Dabei scheint der Zersetzungsgrad nicht so wichtig zu sein, weil diese auch auf der Fläche erfolgen kann. Diese Vorgänge lassen sich durch gezielte Düngergaben beschleunigen. Die Menge der aufzubringenden organischen Substanzen ist u. a. von ihrer Zusammensetzung und dem Zersetzungsgrad abhängig. Sie dürften auf alle Fälle um ein Vielfaches höher liegen als bei Kulturböden.

Die vielfach festgelegten Grenzwerte sind für die hier genannten Standorte nicht relevant oder zu überdenken. Dabei sollte eine einheitliche Beurteilung sowohl der mineralischen als auch der organischen Materialien erfolgen. So lassen sich Aschen nicht mit Komposten und Klärschlämmen vergleichen. Nach einer Mineralisierung der organischen Bestandteile verbleiben die mineralischen Bestandteile wie bei den Aschen. Deshalb sollten alle organischen Stoffe verascht werden. Erst dann können Vergleiche hinsichtlich von Grenzwerten erfolgen.

Zusammenfasssung

- Gefäßversuche mit Aschen aus Kraftwerken mit zusätzlicher Tiermehlverbrennung haben gezeigt, dass eine Phosphatsolubilisierung mittels Mykorrhiza möglich zu sein scheint.

- Die Zumischung von Holz- bzw. Biomassenaschen zu Kompost wirkt sich auf einen Auswuchs nicht positiv aus.

- Da die zusätzlichen Elemente aus derartigen Aschen nicht aufgenommen werden können, sollten diese auch nicht bei der Kompostierung zugesetzt werden.

- Bei Begrünungsmaßnahmen auf kalkhaltigen Rückständen der Sodaindustrie hat sich eine Aufwandmenge von 200 t/ha Trm. Klärschlammkompost als hinreichend für einen optimalen Aufwuchs herausgestellt.

- Organische Reststoffe wirken sich beim Aufbau von biogenen Kreisläufen auf Rekultivierungsflächen positiver aus als reine Mineraldüngergaben.

Literatur

EBERHARD, W.; SCHEFFKNECHT, C. u. Josef SCHERER (2002) Verwertungsmöglichkeiten von Holzaschen aus Biomasseheizkraftwerken zu Düngezwecken. Land Vorarlberg Kurzbericht

HOFMANN, H. (2004) Untersuchungen zur Begrünung und zur Sukzession auf einer anhydritisch geprägten Rückstandshalde der Kaliindustrie im Werragebiet, Rekultivierung von Rückstandshalden der Kaliindustrie 5, Ökologie und Umweltsicherung H. 24, 212 S.

HOLZNER, H. (1999) Die Verwendung von Holzaschen aus Biomassefeuerung zur Düngung von Acker- und Grünland. Diss. Universität für Bodenkultur, Wien, 109 S.

LANDOLT, W. et al. (2001) „Projekt HARWA. Optimale Ernährung und Holzaschenrecycling im Wald", Schlussbericht. Eidgenössische Forschungsanstalt für Wald, Schnee und Landschaft (WSL), Birmensdorf

LÜCKE, M. (1997) Untersuchungen zum Standort, zur Begrünung mit Komposten und zur Gehölzsukzession von Rückstandhalden mit anhydritischen Auflageschichten, Rekultivierung von Rückstandshalden der Kaliindustrie, Ökologie und Umweltsicherung, H. 12, 219 S.

MINISTERIUM FÜR UMWELT UND VERKEHR BADEN WÜRTTEMBERG (2003): Schadstoffströme bei der Entsorgung von Holzasche. Reihe Abfall, Heft 76, 79 S.

NEURAUTER, R., MÖLGG, M. u. U. REINALTER (2004) Aschen aus Biomassefeuerungsanlagen. Leitfaden erstellt vom Amt der Tiroler Landesregierung, Abt. Umweltschutz, Ref. Abfallwirtschaft. 2. Aufl., 34 S.

PODLACHA (1999) Untersuchungen zur Substratandeckung mit geringen Schichtstärken aus Bodenaushub-Wirbelschichtasche-Geschischen und ihrer Begrünung, Rekultivierung von Rückstandshalden der Kaliindustrie, Ökologie und Umweltsicherung H. 16, 177 S.

SCHMEISKY, H. (1990): Rekultivierungs- und Ausgleichsmaßnahmen im Braunkohletagebau – Abfallwirtschaft, 5: 381–394

SCHMEISKY, H. (1991): Rekultivierung von Ödland, Halden und Deponien mit Kompost. In: Wiemer, K., Kern, M. (Hrsg.): Bioabfallkompostierung – flächendeckende Einführung, Abfallwirtschaft Bd. 6 : 431–446, Witzenhausen

SCHMEISKY, H. (1992): Einsatz von Kompost bei der Rekultivierung. In: Wiemer, K., Kern, M. (Hrsg.): Gütesicherung und Vermarktung von Bioabfallkompost, Abfallwirtschaft 9 : 465–478, Witzenhausen

SCHMEISKY, H. (1996): Einsatz von Klärschlamm, Aschen und Kompost zu Rekultivierungszwecken. In: Abfall-Wirtschaft – Biologische Abfallbehandlung III: 553–573

SCHMEISKY, H. und PODLACHA, G. (1998) Klärschlammeinsatz in der Rekultivierung – Dumping oder Nutzen und Potential? In: Wiemer, K. und M. Kern (Hrsg.): Bio- und Restabfallbehandlung. Witzenhausen-Institut – Neues aus Forschung und Praxis 539–556

SCHMEISKY, H. und HOFMANN, H. (2000) Rekultivierung von Rückstandshalden der Kali-Industrie 3 – Untersuchungen zum Salzaustrag, zur Sukzession sowie Maßnahmen und Erkenntnisse zur Begrünung

STAHL, E. (2006) Qualität und Verwertungsmöglichkeiten von Holzaschen in NRW. Diplomarbeit an der Rheinisch-Westfälischen Technischen Hochschule Aachen. FG: Abfallwirtschaft, 103 S.

UCKERT, G. B. (2004) Versuche zur landbaulichen Verwertung von Holzaschen unter besonderer Berücksichtigung der Knickholzpotenziale Schleswig-Holstein. Diss. Christian-Albrechts-Universität, Kiel, 238 S.

VETTER, A., KERSCHBERGER, M. u. G. REINHOLD (1997) Standpunkt zur umweltgerechten Verwertung von Aschen aus Biomasseheizanlagen. Herausgeber: Thüringer Landesanstalt für Landwirtschaft, Jena, 8 S.

WILPERT, K. v. (2002) „Eckpunkte und wissenschaftliche Begründung eines Holzasche-Kreislaufkonzeptes." FVA (Hrsg.): Holzascheausbringung im Wald, ein Kreislaufkonzept. Ber. Freiburger Forstl. Forschg. H. 43

Vorteile der Verwendung von Kompost bei der Begrünung von Rückstandshalden der Sodaindustrie

Silvia Niessing, Helge Schmeisky

Zusammenfassung

Im Rahmen der Stilllegung eines Teilbereiches der Halde Staßfurt werden Versuche zur Begrünung der Halde durchgeführt. Oberste Priorität hat die Reduzierung des Sickerwassers. Eine optimierte Vegetationsdecke soll die Evapotranspiration erhöhen und die Sickerwassermenge reduzieren. Zu untersuchende Substrate sind der bereits abgelagerte „Endlaugenschlamm", bei der Produktion anfallende „Kalklinsen" und eine aus dem nahe gelegenen Kalksteinbruch gelieferte „Vorabsiebung Kalk". Als Varianten kommt eine Direktbegrünung des Endlaugenschlammes oder eine Überdeckung mit Kalklinsen bzw. Vorabsiebung Kalk in Frage. Um die Vegetation mit Nährstoffen zu versorgen, wird der Einsatz von Kompost- und Mineraldüngervarianten untersucht.

1 Einleitung

Die Rückstände der Sodaindustrie fallen bei der Sodagewinnung durch das Ammoniak-Soda-Verfahren an. Soda gehört zu den wichtigsten Ausgangsstoffen für eine Vielzahl synthetisch hergestellter chemischer Produkte, wie Alkaliphosphate, Chromate, Nitrite, Sulfide, Oxalate, Wasserglas, Natriumperoxid, u. v. a. Das Hauptanwendungsgebiet von Soda liegt bei der Glaserzeugung.

Ernest Solvay hat in der zweiten Hälfte des neunzehnten Jahrhunderts ein preiswertes Verfahren auf der Basis von Steinsalz und Kalkstein entwickelt. Dabei wird Ammoniak als Reaktionsvermittler eingesetzt. Dieses sogenannte Ammoniak-Soda-Verfahren wird auch heute noch, in abgewandelter Form, angewendet.

Als Ausgangsstoffe werden Natriumchlorid und Calciumcarbonat verwandt. Folgende Bruttogleichung kommt dabei zum Einsatz:

$$2NaCl + CaCO_3 = Na_2CO_3 + CaCl_2$$

Diese Umsetzung ist aber direkt nicht durchführbar und muss über die Zwischenprodukte Ammoniumcarbonat und Natriumhydrogencarbonat ermöglicht werden. Durch den Einsatz von Kalkmilch wird in der Destillation das Ammoniak zurückgewonnen. Lediglich Calciumchlorid ist nicht weiter verwendbar und bildet mit Natriumchlorid und Kalkschlamm die Endlauge. (Sodawerke Staßfurt; 2007) Diese Lauge wird in Becken eingespült.

Die Halde Staßfurt (siehe Abbildung 1) besteht aus einer zur Stilllegung vorgesehenen Fläche von 21,3 ha. Des Weiteren aus einem Havariebecken mit einer Fläche von 29,4 ha, einer Ablagerungsfläche von betriebseigenen Abfällen (12,8 ha) und einer begrünten Fläche mit Pionierwaldbestand von 13,5 ha, die bereits durch die Behörden abgenommen wurde und nicht mehr Bestandteil der Untersuchung ist. Ebenso fallen das Havariebecken und die Ablagerungsflächen betriebseigener Abfälle nicht in das Untersuchungsprogramm.

2 Aufgabenstellung

Grundlagen für die Untersuchungen und Durchführung von Maßnahmen auf Teilbereichen der „Alten Rückstandshalde Kalkbetrieb" ist die angestrebte Stilllegung von Haldenabschnitten seitens der Sodawerke Staßfurt GmbH & Co. KG. Oberste Priorität hat die Sickerwasserreduzierung.

Der Untersuchungsrahmen umfasst die „Alte Rückstandshalde Kalkbetrieb". Diese zur Stilllegung vorgesehene Fläche lässt sich nochmals in zwei Teilbereiche aufgliedern. Zum einen existiert ein ehemaliges Becken mit Endlaugenschlamm, dass nach Wasserrecht stillgelegt werden soll, siehe Abbildung 1 (• • • •). Zum zweiten sind bereits Teile des ehemaligen Beckens mit Kalklinsen, ein Abfallprodukt aus der Produktion, und abgesiebtem Kalkschotter abgedeckt, siehe Abbildung 1 (— — —). Der bereits abgedeckte Teil der Halde soll nach Deponierecht DK 0 stillgelegt werden. Im Becken mit Endlaugenschlamm ist bereits eine durch Sukzession entstandene Vegetationsdecke etabliert. Hier stellt sich die Frage, ob eine Direktbegrünung für die Evapotranspiration ausreichend Biomasse produziert, oder ob eine Überdeckung mit Kalklinsen oder vorabgesiebtem Kalk sinnvoller wäre.

Der bereits mit Kalklinsen abgedeckte Teil zeigt in einigen Abschnitten eine durch Sukzession entstandene Vegetation. Aus der Sicht des Naturschutzes wäre es von Vorteil in diese oligotrophen Flächen nicht mehr einzugreifen, um die Artenvielfalt (289 Arten) nicht zu gefährden. Zur verstärkten Sickerwasserreduzierung ist die aufgewachsene Biomasse nicht ausreichend. Hier muss mit Düngungsmaßnahmen nachgeholfen werden.

In Gefäßversuchen wurden hinreichend Erkenntnisse über die Begrünbarkeit der unterschiedlichen, in Frage kommender Substrate bzw. Materialien gewonnen. Daraus entwickelten sich Empfehlungen für weitergehende Untersuchungen, insbesondere für die Anlage von Versuchsparzellen bzw. -flächen zur Durchführung von Feldversuchen.

3 Gefäßversuche

Im Gefäßversuch wurden die bereits oben genannten Materialien betrachtet, da sie im Werk direkt anfallen (Kalklinsen) bzw. aus dem nahe gelegenem Kalksteinbruch (Vorabsiebung Kalk) angeliefert werden könnten. Der auf der Halde abgelagerte „Endlaugenschlamm" wurde auf eine Direktbegrünung hin untersucht. Als Düngungsvarianten kamen Kompost (Biokompost 0–20mm), Klärschlammkompost und mineralischer Volldünger (N 15 %, P 15 %, K 15 %) zum Einsatz. Als Saatgut wurde Deutsches Weidelgras *Lolium perenne* JUWEL verwendet, welches bereits bei zahlreichen anderen Gefäßversuchen des Fachgebietes zum Einsatz kam (Lücke, 1997, Scheer, 2001, Hofmann, 2004). Gegossen wurde je nach Bedarf der Vegetation mit Leitungswasser.

3.1 Ausgangsanalysen der verwendeten Substrate

Die drei unterschiedlichen Substrate Endlaugenschlamm, Kalklinsen und Vorabsiebung Kalk wurden zu Beginn des Versuches auf ihre Ausgangswerte hin untersucht, siehe Tabelle 1.

Auffallend sind die recht hohen Magnesiumgehalte im Endlaugenschlamm und in den Kalklinsen. Normalerweise kommen in natürlichen Böden Magnesiumwerte < 1 % vor. Hier liegen Werte von 1,08–4,2 % vor. Dies kann zu starken Ertragsminderungen führen. Ebenso sind die pH-Werte sehr hoch, was zur Festlegung wichtiger Nährelemente im Substrat führen kann. Für die Pflanze bedeutet dies Mangelernährung. Der normalerweise im Endlaugenschlamm enthaltene hohe Chloridwert wurde aus dem oberflächlich gewonnenen Endlaugenschlamm durch Niederschläge bereits herausgewaschen. Die Stickstoffgehalte sind bei allen drei Substraten sehr niedrig und bedürfen auf jeden Fall einer zusätzlichen Stickstoffdüngung. Dies gilt auch für Phosphor.

Tab. 1: Ausgangswerte der untersuchten Substrate

Analysen	pH	ELF mS/cm	% N	% P	% K	% Mg	% C	% Cl
Varianten:								
Endlaugenschlamm	9,3	1,0	0,077	0,019	0,046	4,17	0,01	0,14
Kalklinsen	9,3	0,2	0,020	0,029	0,48	1,08	8,9	0,005
Vorabsiebung Kalk (0–11)	8,4	0,3	0,012	0,029	0,18	-	9	0,002

3.2 Ergebnisse Gefäßversuche

Die Gefäßversuche zeigten, dass das Substrat „Vorabsiebung Kalk" gut zu begrünen ist. Problematisch könnte, aufgrund der niedrigen Speicherfähigkeit, die Wasserversorgung sein. Die Kalklinsen wiesen einen hohen Anteil an Branntkalk auf und erbrachten aus diesem Grunde keine zufriedenstellenden Ergebnisse. Bei längerer Lagerung im Freien bzw. durch Ablöschen des Branntkalkes zeigten die Kalklinsen eine gute Begrünbarkeit. Die Düngung des „Endlaugenschlammes" mit Kompost konnte die Biomasse, gegenüber des Kontrollversuches, verdreifachen. Die Mineraldüngung erwies sich als nicht so gut geeignet.

4 Freilandversuche

Basierend auf den Versuchsergebnissen der Gefäßversuche wurde im Oktober 2005 mit der Anlage von drei Versuchsflächen A „Kalklinsen", B „Endlaugenschlamm" und C „Vorabsiebung Kalk" begonnen. Die Lage der Versuchsflächen ist auf der Abbildung 1 dargestellt.

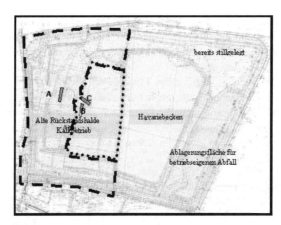

Abb. 1: Halde Staßfurt

Die drei Versuchsflächen wurden ausgepflockt. Jede Versuchsfläche besteht aus fünf Einzelparzellen mit einer Abmessung von 10 x 10 m (100 m²), siehe Abbildung 2. Zwischen jeder Parzelle liegt ein Randstreifen von ca. 1–2 m.

Die Versuchsfläche A liegt neben dem Zufahrtsweg zum Sedimentbecken auf schon länger abgelagerten „Kalklinsen" (Branntkalk ist hier bereits abgelöscht). Direkt im Sedimentbecken liegt die Versuchsfläche B „Endlaugenschlamm" ohne Substratauflage mit bereits vorhandener, jedoch spärlicher Vegetation und ebenfalls im Sedimentbecken liegt die Versuchsfläche C bestehend aus aufgeschüttetem, vorabgesiebtem Kalkschotter, siehe Abbildung 2.

Abb. 2:   Versuchsaufbau der Fläche C, „Vorabsiebung Kalk"

Die Parzelle 1 bleibt auf allen drei Versuchsflächen unbehandelt und bildet die Kontrollfläche. Die Parzellen 2 und 3 werden mit unterschiedlichen Gaben von Mineraldünger (50 kg N/ha bzw. 100 kg N/ha) versorgt. Auf die letzten beiden Parzellen 4 und 5 werden unterschiedliche Kompostgaben (N-Gehalt von 1,25 %), von 100 bzw. 200 t/ha aufgebracht. Das entspricht einer Gesamtstickstoffmenge von 1.250 kg bzw. 2.500 kg N/ha. Bei einem maximalen Umsatz von 15 % Stickstoff im ersten Jahr, stünde den Pflanzen 187,5 kg N/ha bzw. 375 kg N/ha zur Verfügung. Bei einem Rohboden kann aber von einer deutlich geringeren Umsatzrate ausgegangen werden.

Die Untersuchungen zeigten, dass die Ausgangssubstrate der drei Versuchsflächen relativ geringe Nährstoffgehalte aufwiesen. Der pH-Wert lag bei allen Flächen im basischen bis zum Teil stark basischen Bereich. Die Chloridgehalte waren in allen drei Flächen relativ niedrig, so dass mit keinem chloridbedingten Ausfall der Vegetation zu rechnen war. Es zeigte sich deutlich, dass die bisherige Nährstoffversorgung der Biomasse auf den Versuchsflächen, ähnlich wie bei Rohböden, größtenteils aus der Luft statt fand. Natürlich gewachsene Böden stellen normalerweise ein beträchtliches Angebot an Stickstoff zur Verfügung. Aufgrund dieser Tatsache wurde mit größeren Mengen Kompost auf den Flächen gearbeitet, als es auf landwirtschaftlich genutzten Flächen üblich ist. Auf gut entwickelten Böden wären diese Kompostgaben zu hoch.

4.1   Ergebnisse

Durch die Düngungsmaßnahmen konnte sich die Vegetationsdeckung auf allen behandelten Flächen steigern. Am deutlichsten gelang dies durch Kompostdüngung (200 t N/ha) und Mineraldüngung (100 kg N/ha) auf dem Endlaugenschlamm.

Auf den Versuchsflächen Kalklinsen und Vorabsiebung Kalk konnte 2006 nicht ausreichend Biomasse für Analysen gewonnen werden. Lediglich die Versuchsfläche mit Endlaugenschlamm lieferte ausreichend organisches Material.

Auf der Versuchsfläche A **(Kalklinsen)** verlief die Entwicklung der Vegetation im Vergleich zu der auf Endlaugenschlamm stark gebremst. Trotz derselben Mineraldünger- und Kompostmengen wurden nicht annähernd die Deckungswerte, Wuchshöhen und Biomassenentwicklungen erreicht. Bei den Mineraldüngervarianten konnte die Vegetationsbedeckung um maximal 20 % gesteigert werden. Die Kompostvarianten verzeichneten einen Zuwachs von maximal 25 %. Das sich die Vegetation selbst auf der Parzelle mit der höheren Kompostgabe nicht besser entwickeln konnte, deutet auf Hemmnisse hin. Von größter Bedeutung dürfte dabei die Wasserversorgung sein. Die Kalklinsen sind sehr stark wasserdurchlässig und weisen eine geringe Feldkapazität auf. Längere Trocken- und Hitzeperioden wirken sich dementsprechend besonders negativ auf die Vegetationsentwicklung aus. Bei der Erfassung der Vegetation im Juni und September waren Trockenschäden deutlich sichtbar. Selbst wenn durch Mineralisierung genügend Nährelemente aus dem Kompost nachgeliefert wurden, konnten diese wegen Wassermangels von den Pflanzen nicht aufgenommen werden. Auf diesen Flächen wird sich in den kommenden Jahren ganz besonders zeigen, ob mit Hilfe der gezielten Dünger- bzw. Kompostgaben der Standort so weit verbessert werden kann, dass insbesondere auch die starke Evaporation (Sonne und Wind!) durch eine Humus- und Pflanzendecke gemindert und die Wasserhaltefähigkeit des Bodens verbessert wird.

Auf der **Versuchsfläche B „Endlaugenschlamm"** konnte aufgrund der Düngungsmaßnahmen (Kompost/Mineraldünger) eine sehr starke Steigerung des Biomasseaufwuchses, um über 400 %, verzeichnet werden, siehe Abbildung 3. Die Versorgung der Biomasse mit Nährelementen konnte mit der gegebenen Kompost-/Mineraldüngung gerade sichergestellt werden. Die Analysen ergaben eine noch ausreichende bis mangelversorgte Biomasse. Auch diese Tatsache spricht für eine angepasste bzw. noch zu geringe Düngung. Bei der Berechnung der Stickstoffaufnahme durch die Biomasse stellte sich heraus, dass die mineralisch aufgebrachte Stickstoffmenge komplett von der Vegetationsdecke aufgenommen wurde.

Bei der Berechnung des umgesetzten Stickstoffes im Kompost ergab sich für die Parzelle mit 1.250 kg N/ha im ersten Jahr 6,4 % des vorhandenen Stickstoffes. Auf der Parzelle mit einer Düngergabe von 2.500 kg N/ha wurden im ersten Jahr 5,1 % umgesetzt. Von der Gütegemeinschaft Kompost, 2003 wurden ähnliche Umsatzraten auf Rohböden ermittelt. In den ersten drei Jahren wurden hier zwischen 3–5 % und mittelfristig (4–8 Jahre) 8–10 % umgesetzt. Im ungünstigsten Fall ist sogar anfänglich eine zeitweilige N-Immobilisierung möglich.

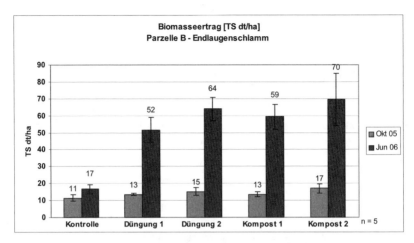

Abb. 3: Biomasseertrag vor und nach den Düngungsmaßnahmen

Es wird angenommen, dass die Kompostdüngung schneller zu einem biogenen Kreislauf führt, als dies die Mineraldüngung leisten kann. Dieses werden die zukünftigen Versuchsergebnisse zeigen. Auf den Versuchsparzellen mit Mineraldünger wird ein starker Rückgang des Biomasseaufwuchses in den kommenden Jahren erwartet, da die Streuauflage, aufgrund fehlender Mikroorganismen auf Rohböden, nicht so schnell zersetzt und mineralisiert wird. Ähnliche Versuche auf Rohböden des ehemaligen Braunkohletagbaues Borken zeigten einen starken Rückgang der Biomasse in den ersten vier Jahren nach Beendigung von mineralischen Düngemaßnahmen (GhK Kassel). Der Einsatz von Kompost auf Rohböden kann u. U. der Verwendung mineralischer Dünger überlegen sein (Schmeisky, 1991).

Bei einer stichprobeartigen Aufgrabung und Untersuchung des Wasserhaushaltes zeigte sich, dass durch den gesteigerten Biomasseaufwuchs, erheblich größere Mengen an Wasser evapotranspiriert wurden. Der Aufwuchs auf der Versuchsparzelle Kompost (200 t/ha) konnte die Wassermenge in den obersten 50 cm im Vergleich zur Kontrollparzelle halbieren. Dies entspricht ca. 700 m³/ha. Da diese Angaben nur Momentaufnahmen widerspiegeln, wäre es von Vorteil die Wasserbewegungen und -verhältnisse im Substrat über pF-Meter genau zu beobachten um eindeutige Aussagen zum Wasserhaushalt treffen zu können. Ein Einbau von pF-Metern und Dataloggern ist evtl. im Frühjahr 2007 geplant.

Auf der Versuchsfläche **C „Vorabsiebung Kalk"** hätte sich vermutlich, sowohl die Deckung als auch die Anzahl der Pflanzenarten, wesentlich stärker entwickelt, wenn nicht ein enormer Verbiss durch Kaninchen und Rehe stattgefunden hätte. Dadurch konnte sich die Pflanzendecke nur bis zu einer Höhe von wenigen Zentimetern (< 5 cm) entwickeln. Eine ausreichende Biomasse für Analysen konnte nicht gewonnen werden. Um die Entwicklung auch ohne Verbiss zu beobachten, wurden auf allen eingesäten Flächen im Spätsommer 2006 Drahtkäfige (1 x 1 x 1 m) über die Vegetation gestülpt.

5 Ausblick

Da der Freilandversuch erst im Oktober 2005 angelegt wurde und die ersten Ergebnisse im Herbst 2006 vorlagen, müssen die nächsten Jahre zeigen welche der Varianten sich optimal für diesen Standort eignen. Eine zukünftig geplante Untersuchung des Wasserhaushaltes mit pF-Metern wird eine noch genauere Aussage zur Wasserbilanz möglich machen.

Der Versuch auf abgelagerten „Kalklinsen" sollte in den nächsten Jahren zeigen, ob eine sich entwickelnde Streuschicht die Wasserhaltefähigkeit verbessert, um auf diesem Standort mit relativ geringen Niederschlägen, Trockenschäden zu vermeiden. Hier wird vor allem auf die positive Wirkung des Kompostes gesetzt.

Die nächsten Jahre werden Aufschluss über die Umsetzung und Mineralisierung der aufgewachsenen Biomasse geben, oder ob aufgrund der fehlenden Mikrobiologie die biogenen Kreisläufe noch nicht geschlossen sind. Ebenso wird sich zeigen, ob eine ausreichende Wasserversorgung für die üppige Biomasse vorhanden ist. Eventuell ist eine niedrigere Düngungsvariante, mit weniger Biomasseaufwuchs, stabiler und stellt längerfristig eine höhere Evapotranspirationsleistung sicher.

Die Begrünungsversuche auf dem aufgeschüttetem Substrat „Vorabsiebung Kalk" werden erst in diesem Jahr (2007) die notwendige Biomasse liefern, um nähere Aussagen zur Umsetzung und Mineralisierung der Nährstoffe zu treffen. Die aufgestellten Drahtkäfige verhindern den starken Verbiss durch Kaninchen und Rehe.

6 Literatur

Gütegemeinschaft Kompost Region Süd e.V. (2003): Nachhaltige Kompostverwertung in der Landwirtschaft. Abschlussbericht 2003, Förderprojekt der Deutschen Bundesstiftung Umwelt, LUFA Augustenberg, Karlsruhe.

GhK Kassel: Lage der Natur in Hessen, Bergbau – Rekultivierung – Naturschutz, Gesamthochschule Kassel, Fachgebiet Ökologie und Naturschutz, Hrsg. Hessisches Ministerium für Landwirtschaft, Forsten und Naturschutz, Wiesbaden.

Hofmann, H. (2004): Rekultivierung von Rückstandshalden der Kaliindustrie -5- Untersuchungen zur Begrünung und zur Sukzession auf einer anhydritisch geprägten Rückstandshalde der Kaliindustrie im Werragebiet. Ökologie und Umweltsicherung 24/2004, Universität Kassel, Fachbereich Ökologische Agrarwissenschaften, Fachgebiet Landschaftsökologie und Naturschutz, Witzenhausen.

Lücke, M. (1997): Rekultivierung von Rückstandshalden der Kaliindustrie -1- Untersuchungen zum Standort, zur Begrünung mit Komposten und zur Gehölzsukzession von Rückstandshalden mit anhydritischen Auflageschichten. In: Ökologie und Umweltsicherung 12/1997. Fachbereich Landwirtschaft, internationale Agrarentwicklung und Ökologische Umweltsicherung.

Scheer, T. (2001): Rekultivierung von Rückstandshalden der Kaliindustrie -4- Untersuchungen zur Nutzbarkeit aufbereiteter Salzschlacke der Sekundäraluminium-Industrie als Rekultivierungsmaterial einer Kali-Rückstandshalde. In: Ökologie und Umweltsicherung 20/2001, Universität – Gesamthochschule Kassel; Fachbereich Landwirtschaft, internationale Agrarentwicklung und Ökologische Umweltsicherung.

Schmeisky, H. (1991): Rekultivierung von Ödland, Halden und Deponien mit Kompost, S. 431–446, in Bioabfallkompostierung – flächendeckende Einführung, Hrsg. K. Wiemer, M. Kern, Abfallwirtschaft 6, Kassel.

Sodawerke Staßfurt (2007): http://www.sodawerke.de

Standortsuche für Bioenergieprojekte

Thomas Raussen, Michael Kern

Zusammenfassung

Bioenergieanlagen geraten aktuell durch mehrere Faktoren unter wirtschaftlichen Druck: Steigende Preise biogener Rohstoffe, Besteuerung von Biokraftstoffen und derzeit wieder sinkende Preise fossiler Rohstoffe. Die Optimierung der Logistik und der Produktionsprozesse sowie die möglichst vollständige Nutzung der Koppelprodukte werden dadurch zu zentralen Erfolgsfaktoren. Die Standortwahl ist damit die zentrale Entscheidung für die Wirtschaftlichkeit der Bioenergieanlagen, die nicht selten für den Betrieb über zwanzig und mehr Jahre ausgelegt sind. Der Beitrag beschreibt für ausgewählte Biomasse-Konversionstechniken wesentliche Standortanforderungen.

1 Hintergrund

Die Märkte für Bio-Rohstoffe verändert sich dramatisch: Agrargüter verzeichneten im vergangenen Jahr eine rapide Preissteigerung. Gleiches ist bei Holzsortimenten zu verzeichnen. Dadurch hat sich auf breiter Front fortgeführt, was zuvor bereits im Bereich der Altholzkraftwerke zu verzeichnen war: bei steigenden Rohstoffkosten sind optimierte Logistik, diversifizierte Bezugsquellen und vor allem Einnahmen aus der **Wärmenutzung entscheidende Hebel** zum wirtschaftlichen Betrieb der Anlagen. Die Berücksichtigung dieser Bedingungen ist bei der Standortwahl von entscheidender Bedeutung.

Die Marktpreise für nachwachsende Rohstoffe (nawaRo) orientieren sich in der Regel am Deckungsbeitrag von Produktionsalternativen. Da sich dieser deutlich verbessert hat, erhöhen sich die Kosten für Bio- Rohstoffe. Diese können oftmals nicht über die Produktpreise kompensiert werden, da diese entweder statisch sind (z. B. Einspeisevergütung EEG) oder aber durch konventionelle Konkurrenzprodukte (Biodiesel – Diesel oder Holzpellets – Heizöl) definiert werden, die sich wiederum am Rohölpreis orientieren.

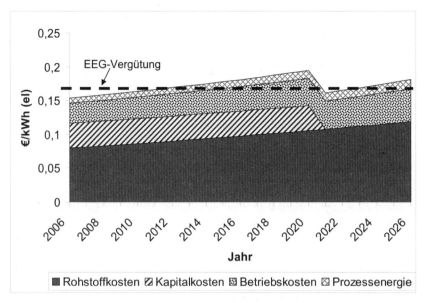

Abb. 1: Schematische Darstellung des Problems steigender Betriebskosten von Biogasanlagen bei gleichzeitig stabiler Stromeinspeisevergütung

Der verschärfte Wettbewerb kann nur durch optimierte Konzepte aufgefangen werden. Dies bedarf häufig einer koordinierenden Stelle um Bioenergieerzeuger und Wärmeabnehmer in Kontakt zu bringen. So untersuchte das Witzenhausen-Institut beispielsweise 2006 Möglichkeiten zur Prozessdampfversorgung eines gewerblichen Standortes mit einem Heizkraftwerk auf Basis von A1 und A2 Althölzern. Obwohl im Unternehmen jährlich etwa 60.000 t/a eigene Resthölzer anfielen, konnte eine Menge gleicher Größenordnung nicht wirtschaftlich und langfristig akquiriert werden. Gleichzeitig bestehen im Umkreis von 50 km Entfernung vier Altholzkraftwerke entsprechender Größenordnung deren Abwärme nur teilweise oder gar nicht genutzt wird. Derartige Beispiele sind vielerorts zu finden und entsprechen weder wirtschaftlichen noch ökologischen Ansprüchen an dezentrale Energieerzeugung. Dies veranlasste verschiedene Stellen in den Bundesländern und Landkreisen **Koordinierungsstellen** einzurichten. Nachfolgend sollen einige der Erfahrungen, an denen die Autoren beteiligt sind, dargestellt werden. Nicht berücksichtigt in der Darstellung sind die unterschiedlichen Fördermaßnahmen der Bundesländer.

Grundsätzlich erscheint eine stärkere Berücksichtigung der Verbrauchsstellen (Wärmenutzung!) bei der Standortwahl angezeigt. Diese wird bisher einseitig vom Ort des Anfalls der Biomassen bzw. vom Standort der bisherigen Betriebsstätten beeinflusst. Nicht immer ist eine Optimierung aller Anforderungen mit den derzeitig etablierten Techniken möglich. Daher ist auch der Einstieg in neue Verfahren ein zentraler Faktor standortbezogener Konzepte.

2 Biogasanlagen

Biogasanlagen werden derzeit vorrangig zur Erzeugung von Strom nach dem EEG betrieben. Die dabei anfallende Wärme wird zum Teil zur Aufrechterhaltung des Prozesses (Wärmeregulierung des Fermenters) und für externe Zwecke genutzt. Ein erheblicher Teil wird leider auch als Abwärme an die Umgebung abgegeben. In der Entwicklung befinden sich Biogasanlagen für die Einspeisung des aufbereiteten Biogases in die Erdgasnetze und zur Bereitstellung eines gasförmigen Kraftstoffes.

Biogasanlagen benötigen zu ihrem Betrieb in der Regel feuchte Materialien deren Trockensubstanzgehalte unter 35 % liegen. Daher sind für diese Anlagen große Inputvolumina notwendig, deren Transport und Lagerung optimal durchgeführt werden muss. Ebenso müssen große Mengen an Gärreststoff ausgebracht werden. Biogasanlagen sollten daher **zentral im Produktionsgebiet** bzw. am Ort des Anfalls der Reststoffe gelegen sein. Darüber hinaus sind logistisch günstige Anbindungen von großer Bedeutung. Als Faustzahl wird für landwirtschaftliche Biogasanlagen oft ein maximaler Umkreis von maximal 10 km für die Anlieferung der Inputstoffe genannt. Dies wird aber stark von den lokalen Gegebenheiten (Topographie, Ortsdurchfahrten, Straßennetz etc.) beeinflusst. Für den Transport von Maissilage als dem häufigsten Input landwirtschaftlicher Biogasanlagen sind Kosten von 2 €/t (weniger als 4 km Transportentfernung) bis 6 €/t (10 km) zu veranschlagen, die damit für eine typische 300 kW$_{el}$ Anlage 9 % bzw. 21 % der Rohstoffkosten ausmachen /5/

Dabei darf nicht nur die eigene Biogasanlage und ihr Inputbedarf bzw. ihr Flächenbedarf für die Ausbringung des Gärrestes berücksichtigt werden. Vielmehr ist auf die **Konkurrenz** anderer Biogasanlagen oder auch alternativer Landnutzungsoptionen zu achten. Während bisher Biogasanlagen die Preise für Pacht und Maissilage gegenüber der bisherigen Nutzung in der Milchwirtschaft in die Höhe trieben, so ist seit dem Jahr 2006 ein deutlicher Anstieg der Preise für Agrargüter insgesamt zu verzeichnen, der Landwirten, die unter Umständen bisher an der Zulieferung von Biogassubstraten interessiert waren, wirtschaftlich interessante Produktionsalternativen bietet.

Wesentlich für den langfristig wirtschaftlichen Betrieb von Biogasanlagen ist die **sinnvolle Nutzung der anfallenden Wärme**. Untersuchungen (z. B. /13/) zeigen eindeutig, dass bei gleichbleibender Vergütung für den eingespeisten Strom und gleichzeitig steigenden Produktionskosten (vgl. Abbildung 1) die Realisierung sinnvoller Wärmenutzungskonzepte das größte ökonomische Potenzial besitzt. Da Biogasanlagen aber meist im Außenbereich errichtet werden, wo meist geringer Wärmebedarf herrscht, ist ein Umdenken bei der Standortwahl bzw. die Realisierung neuer Konzepte (siehe 2.1 bis 2.3) erforderlich.

Die Nähe zu einer **Stromeinspeisemöglichkeit** ist für die Standortwahl ebenfalls von Bedeutung. Allerdings hat der Betreiber der Biogasanlage lediglich die Investitionskosten für den Anschluss an den technisch und wirtschaftlich günstigsten Verknüpfungspunkt zum allgemeinen Stromnetz zu tragen (§ 13 Abs. 1 EEG). Wenngleich es im Einzelfall zu Auseinandersetzungen mit dem EVU über die Auslegung dieser Regelung des EEG kommt /2/, ist die Entfernung zur nächsten Stromeinspeisemöglichkeit für den langfristig wirtschaftlichen Betreib von geringerer Bedeutung.

Festzuhalten bleiben als wesentliche allgemeine Faktoren für die Standortwahl von Biogasanlagen:

(1) Die Transportentfernung für die Substrate bestimmt deren Beschaffungskosten, die wiederum den größter Kostenblock bei den meisten Biogasanlagen darstellen.

(2) Biogasanlagen sind im Außenbereich am ehesten zu realisieren, finden dort aber häufig keine sinnvollen Wärmenutzer.

(3) Die Konkurrenz um die Flächen für die Substraterzeugung und die Ausbringung der Gärreste hat vielerorts begonnen und muss berücksichtigt werden.

(4) Die Stromeinspeisemöglichkeit spielt für die notwendigen Investitionen und ggf. hinsichtlich Leitungsverluste eine Rolle.

2.1 Stromproduktion

Die Konversion von Biogas in elektrische und thermische Energie erfolgt in der Regel über BHKW, die in unmittelbarer Nähe der Biogasanlage betrieben werden. Seit 2006 sind auch Mikrogasturbinen im Praxiseinsatz. Durch die Nähe der Konversionsanlagen zum Fermenter ist für dessen Beheizung nur ein vergleichsweise geringer Aufwand notwendig.

Das Monitoring des EEG weist aus, dass diejenigen Anlagen, die bei der Befragung Aussagen über die Wärmenutzung machten, im Schnitt weniger als die Hälfte der anfallenden Wärme nutzten /3/. Insgesamt dürfte der Anteil der sinnvoll genutzten Wärme aus Biogasanlagen noch deutlich niedriger liegen. Grund hierfür sind die Standorte der Biogasanlagen, die in der Regel an den landwirtschaftlichen Betrieben liegen. Dies hat für den Landwirt betriebliche Vorteile und ist für die Priveligierung der Anlagen nach dem Baurecht (§ 35 BauGB) Voraussetzung.

Sowohl aus ökologischen, aber auch aus betriebswirtschaftlichen Gründen ist der geringe Anteil der extern genutzten Wärme unbefriedigend. Neben den in 2.2 und 2.3 genannten Ansätzen, muss die Standortwahl stärker an möglichen Wärmeabnehmern orientiert werden. **Gewerbegebiete** bieten hier beispielsweise interessante Optionen. In diese Richtung sollte auch eine stärkere Beratung der zuständigen Stellen und ggf. auch bei den Vorgesprächen zur Genehmigung erfolgen. Nicht zuletzt sollten Fördermaßnahmen nicht nur an ein Wärmekonzept, sondern an die tatsächliche sinnvolle Wärmenutzung gekoppelt werden.

Nicht immer wird es möglich sein, Biogasanlage und Wärmebedarfsstandort zusammenzubringen. An einigen Standorten (beispielsweise Steinfurt /6/ oder Bietigheim /11/) wird auch **Biogas per Gasleitung** über einige Kilometer zu BHKW geleitet, die dann nahe der Wärmeverbrauchsstellen (Kreishaus, Wohngebiet) betrieben werden und wo eine gute Wärmenutzung besteht. Für einen problemlosen Transport des Biogases ist eine gewisse Aufbereitung (Trocknung) sinnvoll und ein entsprechender Verdichter notwendig.

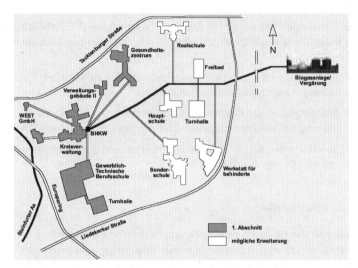

Abb. 2: Eingesetzte Biogasleitung (3,6 km) zwischen Biogasanlage und BHKW in Steinfurt (Quelle:/6/)

Diese „kleine Lösung" zum Transport des – in der Regel getrockneten und verdichteten – Biogases genügt nicht den Ansprüchen für die Einspeisung in das Erdgasnetz, die im Folgenden dargestellt wird.

2.2 Einspeisung in das Gasnetz

Für die Einspeisung von aufbereitetem Biogas in das Erdgasnetz sprechen die CO_2-Neutralität des biogenen Gases, seine nachhaltige Verfügbarkeit, seine Ähnlichkeit mit dem Erdgas sowie vor allem die Nutzung vorhandener Infrastruktur und Technik. Soll aufbereitetes Biogas in das Erdgasnetz eingespeist werden, so ist letzteres für die Standortwahl entscheidend. Den Anforderungen des Erdgasnetzes, das deutschlandweit unterschiedlich als H- oder L- Gasnetz[1] ausgebaut ist und dementsprechend mit unterschiedlichen Heizwerten und Druckstufen betrieben wird, muss die Aufbereitung des Biogases jeweils angepasst werden. Insbesondere sind dabei folgende Kriterien zu berücksichtigen:

---

[1] Erdgas L: 85 % Methan; Erdgas H: 89 %–98 % Methan

(1) Gasbeschaffenheit und Qualität: insbesondere der Brennwert (max. ± 2 % Abweichung) und die Einhaltung der Grenzwerte für die Gasbegleitstoffe (CO_2, H_2O, O_2, H_2, H_2S)

(2) Netzdruck: die Einspeisung muss auf der Druckstufe des Netzes erfolgen

(3) Netzkapazität: Das Netz ist nicht als Speicher vorgesehen, so dass die Einspeisung niedriger als der geringste Erdgasbedarf der Verbraucher liegen muss.

Verläuft die Prüfung dieser Vorgaben seitens des bestehenden Erdgasnetzes positiv, so ist in der Nähe des **geeigneten Einspeisepunktes** die Aufbereitung des Biogases auf Erdgasqualität vorzusehen. Zu den technischen Einzelheiten der Aufbereitung siehe /9/ und /10/ in diesem Tagungsband. Aus wirtschaftlichen Erwägungen ist die Aufbereitung größerer Biogasmengen (500–1.000 m³ Biogas/h vergleichbar einer elektrischen Leistung von 1–2 MW) sinnvoll. Dies setzt beachtliche Anlagengrößen und entsprechende **Rohstoffmengen** voraus. Für eine Anlage mit 1.000 m³/h Biogas ist bei Energiepflanzen als Input von knapp 1.000 ha Anbaufläche auszugehen. Alternativ ist die Zuleitung von Biogas aus anderen Anlagen über kurze Entfernungen (< 5 km) technisch und wirtschaftlich darstellbar, insbesondere wenn die Verlegung der Biogasleitung über offenes Gelände erfolgen kann (vgl. Abschnitt 2.1 und Abbildung 2).

Interessant ist ebenfalls die Realisierung solcher Anlagen auf Basis von Reststoffen am Ort ihres Anfalls. Auf Basis von Bioabfall sind mindestens 35.000 t Bioabfall anzusetzen, um die für die Aufbereitung des Biogases sinnvolle Größenordnung von über 500 m³/h zu erreichen. Wobei die Sammellogistik für den Bioabfall in der Regel bereits besteht. Geringeres Aufkommen an Bioabfall kann ggf. durch andere biogene Reststoffe (Speisereste, Altfette, etc.) ergänzt werden.

Dort, wo keine Einspeisung in das Erdgasnetz möglich ist, kann ggf. dennoch die Aufbereitung auf Erdgasqualität sinnvoll sein, um das Bio-Methan als Kraftstoff in erdgastauglichen Fahrzeugen zu nutzen.

2.3 Bio-Methan-Kraftstoff

Die deutsche Erdgaswirtschaft ging 2006 eine Selbstverpflichtung zur aktiven Förderung der Nutzung von Biogas im Kraftstoffsektor ein. Demnach soll dem Erdgas, das als Kraftstoff verwendet wird, bis zum Jahr 2010 bis zu zehn Prozent Biomethan beigemischt werden, sofern dieses auf Erdgasqualität aufbereitet ist. Bis 2020 soll der Anteil auf bis zu 20 Prozent steigen. Damit liegen diese Quoten über denen, die für flüssige Kraftstoffe im Biokraftstoffquotengesetz seit 2007 verbindlich sind.

Bisher ist aber von wenigen Ausnahmen /9/ abgesehen noch keine nennenswerte Umsetzung dieser Ziele angegangen worden. Dem dürften auch zwei wirtschaftliche Aspekte entgegenstehen:

(1) die Befreiung von Erdgas als Kraftstoff bis 2018 von der Energiesteuer (§ 2 Abs. 2 EnergieStG).

(2) die Vergütungssätze des EEG, die Stromeinspeisung auf Basis von Biogas häufig attraktiver als Kraftstoffproduktion aus Biogas werden lassen.

Aus (1) ergibt sich ein relativ preisgünstiges Konkurrenzprodukt zu aufbereitetem Biogas als Kraftstoff. Nach (2) ist insbesondere für Biogas, für dessen Produktion ausschließlich nachwachsende Rohstoffe im Sinne des EEG Verwendung finden, die Vergütung der Stromeinspeisung (Grundvergütung + NawaRo-Bonus; ggf. + KWK- und Innovations-Bonus) wirtschaftlicher als seine Nutzung als Kraftstoff. Diesen Zusammenhang veranschaulicht Abbildung 3.

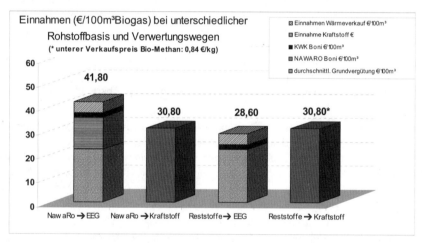

Abb. 3: Vergleich der Erlöse bei der Nutzung von 100 m³ Biogas aus NawaRos bzw. Reststoffen zur gekoppelten Strom und Wärmeproduktion im Vergleich zur Nutzung als Kraftstoff   Quelle: /1/

Somit dürften Biogasanlagen zur Produktion von Kraftstoff insbesondere dort umzusetzen sein, wo größere Mengen preisgünstiger **Reststoffe anfallen**, beispielsweise bei der Bioabfallbehandlung oder im Umfeld der Lebensmittelindustrie. Ein weiteres Standortkriterium ist die Anbindung an eine (vorhandene) verkehrsgünstig gelegene **Tankstelle**. Der Einsatz des Kraftstoffes in Fahrzeugflotten (Taxi, ÖPNV, Müllabfuhr), die Betriebstankstellen nutzen, ist eine weitere Option, die im Rahmen der Standortsuche zu prüfen wäre. Auch die Kombination mit Deponie- oder Klärgas kann an geeigneten Standorten sehr sinnvoll umgesetzt werden.

Mit Biogas (Bio-Methan) wurden bereits die Standortvoraussetzungen für einen Kraftstoff diskutiert. Im Folgenden sollen Standortvoraussetzungen für zwei weitere flüssige Kraftstoffe diskutiert werden.

3 Biokraftstoffproduktion

Der Weltmarktführer für Biokraftstoffe auf Pflanzenölbasis, Deutschland, ist dabei, durch die im Energiesteuergesetz starr festgelegte Besteuerung von Biodiesel und Pflanzenölkraftstoff, diese Branche zu ersticken. Die Besteuerung reiner Biokraftstoffe verbunden mit deutlich steigenden Rohstoffkosten bei gleichzeitig etwas sinkenden Kosten für Erdöl (vgl. Abbildung 4) können von der Branche kaum verkraftet werden. Auch die mit dem Biokraftstoffquotengesetz seit Januar 2007 verpflichtenden Quoten (Beimischung zu Benzin und Diesel sowie in Verkehr gebrachte Reinkraftstoffe) bewirken zumindestens kurzfristig keine ausreichende Stabilisierung des Marktes für die Hersteller von Biodiesel und Pflanzenölkraftstoff. Anders bei Bioethanol, wo die deutsche Produktion bisher nicht ausreichend ist, um die Anforderungen des Biokraftstoffquotengesetzes zu erfüllen (vgl. Abbildung 5).

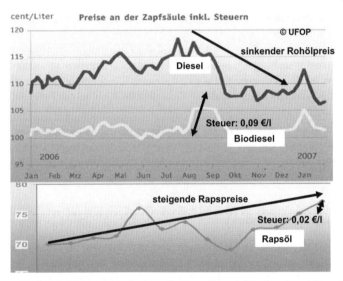

Abb. 4: Preisentwicklungen bei mineralischem Diesel, Biodiesel und Rapsöl

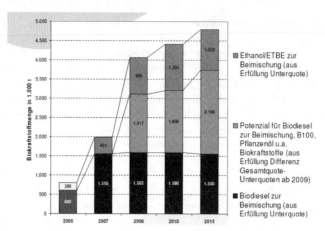

Abb. 5: Mengenbedarf an Biokraftstoffen aufgrund des Biokraftstoffquotengesetzes (Quelle: /12/)

Die als „Biokraftstoffe der zweiten Generation" bezeichneten BtL-Kraftstoffe und Ethanol auf Basis von Lignozellulose sind steuerlich besonders begünstigt (bis 2015 und zusätzlich anders als alle anderen Biokraftstoffe auch bei der Erfüllung der Quote).

Exemplarisch sollen hier daher die Standortanforderungen für Bioethanol und BtL-Kraftstoffe dargelegt werden. In beiden Fällen werden in der Regel industrielle Anlagen errichtet für die neben der Infrastruktur auch die Genehmigungsfähigkeit und die Akzeptanz in der Bevölkerung am Standort gegeben sein muss.

3.1 Bioethanolproduktion

Da bisher keine praktischen Betriebserfahrungen mit dezentralen Bioethanolanlagen vorliegen[2] und auch die Umnutzung bestehender landwirtschaftlicher Brennereien bisher nur in Pilotprojekten untersucht ist, sollen im Folgenden Standortanforderungen industrieller Anlagen beschrieben werden. Dazu ist ein grobes Verständnis der Stoffströme bei Bioethanolanlagen notwendig. Bei Getreide als Rohstoff, wie es in Deutschland üblich ist, entstehen je Gewichtseinheit Getreide ca.:

- 22 % CO_2
- 45 % Schlempe (bezogen auf die Trockenmasse)
- 33 % Bioethanol

---

[2] die WABIO Anlage in Bad Köstritz (Thüringen) nimmt derzeit den Betrieb auf

Eine typische Bioethanolanlage für 200 Millionen Liter Bioethanol pro Jahr (entsprechend etwa 150.000 t) benötigt also jährlich etwa 450.000 t Getreide und muss neben der Abfuhr des Ethanols etwa 200.000 t getrocknete Schlempe (DDGS) als Futtermittel vermarkten. Insgesamt sind also 800.000 t Material umzuschlagen oder knapp 3.000 t werktäglich. Wenngleich einige Werke diesen Materialumschlag per LKW bewältigen, so bietet doch ein **Gleis- und/oder Wasserstraßenanschluss** ganz erhebliche wirtschaftliche und logistische Vorteile. Für die Anlage selbst sind **5 bis 10 ha Fläche** einzuplanen.

Die Herstellung von Ethanol ist ein energieintensiver Prozess, der zwischen 3 und 5 MWh_{th} je Tonne Bioethanol bedarf. Der Aufschluss des Getreides, seine Fermentation und Destillation benötigen etwa die Hälfte dieser Energie, während die Behandlung der Schlempe und ihre Trocknung zu einem lager- und transportfähigen Futtermittel die verbleibende Hälfte benötigt (vgl. Abbildung 6). Somit kommt der **günstigen Energiebereitstellung** – neben dem oben beschriebenen Prozessdampfbedarf sind noch etwa 0,4 MWh_{el} Strom je Tonne Bioethanol abzudecken – am jeweiligen Standort große Bedeutung zu.

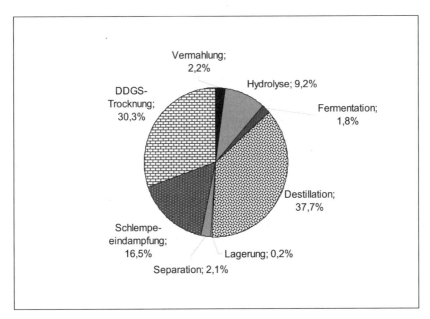

Abb. 6: Relativer Energiebedarf einer typischen Bioethanolproduktion Quelle: /7/

Der große Energiebedarf für die Schlempebehandlung (Abbildung 6) führt auch zu Konzepten bei denen die Schlempe als Substrat für eine angeschlossene industrielle **Biogasanlage** dient. Angesichts der beschriebenen Masseströme und einer hydraulischen Verweildauer von 30 Tagen sind enorme Fermenterkapazitäten notwendig.

Einschließlich der Nebenaggregate und der Lagerung des Gärrestes sind weitere 3 bis 5 ha für die Biogasanlage einzuplanen.

Die Produktion von Bioethanol aus **Lignozellulose** ist in großen Anlagen vorgesehen, die als Input etwa 800.000 t Stroh/Jahr benötigen. Ihre Standortanforderungen entsprechen daher in vielen Aspekten den zentralen Anlagen zur Herstellung von BtL (Abschnitt 3.2).

3.2 Synthetische Biokraftstoffe

Die breite Einführung synthetischer Biokraftstoffe, bei denen aus trockener Biomasse über eine Vergasung und anschließende Verflüssigung des Gases über die Fischer-Tropsch-Synthese oder eine Methanolsynthese flüssiger Biokraftstoff gewonnen wird (vgl. Abbildung 7), kann ab Mitte des kommenden Jahrzehnts erwartet werden.

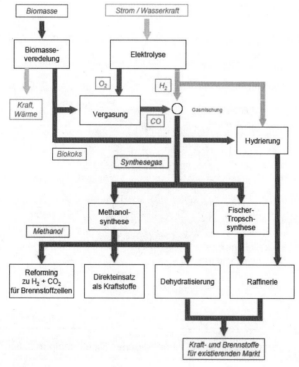

Abb. 7: Darstellung einiger Wege zur Gewinnung erneuerbarer Kraftstoffe aus Biomasse   Quelle: /14/

Zwei Verfahren werden derzeit im Stadium von Demonstrationsanlagen entwickelt:

(1) zentrale Anlagen nach dem SunFuel®-Verfahren der Firma CHOREN, bei dem je Standort aus 1 Mio t TM Biomasse (Holz) jährlich 200.000 t BtL-Kraftstoff gewonnen werden

(2) eine Verfahrenskombination „Bioliq" entwickelt vom Forschungszentrum Karlsruhe und der Lurgi AG bestehend aus:

- dezentraler Schnellpyrolyse bei der aus 200.000 t Biomasse (Stroh) etwa 140.000 t heizwertreicher und transportfähiger Slurry gewonnen wird
- zentralen Vergasungsanlagen, die den pumpfähigen Slurry vieler dezentraler Schnellpyrolyseanlagen nutzen und je Tonne Slurry knapp 200 kg BtL-Kraftstoff produzieren.

Gemeinsam ist den Verfahren eine hohe Abhängigkeit von einer effizienten **Rohstofflogistik**, die im Falle der zentralen SunFuel®-Anlagen mit 1 Mio t TM/a besonders ausgeprägt ist. Insofern wundert es nicht, dass mit einer Ausnahme alle derzeit diskutierten Anlagenstandorte für CHOREN Anlagen an **Wasserstraßen** liegen, die eine größere Flexibilität in der Rohstoffbeschaffung und Logistik erlauben. Die Ausnahme betrifft einen Anlagenstandort, der im Zentrum eines Getreideanbaugebietes liegt und bei dem Stroh der wesentliche Rohstoff sein wird.

Für die SunFuel®-Anlagen wird ein Flächenbedarf in einem **Industriegebiet** von 10 bis 20 ha und Bauhöhen über 50 m angegeben. Darüber hinaus sind **Synergien**, wie z. B. die Verfügbarkeit von reinem Sauerstoff, industrielle Infrastruktur und Abnehmer von Prozesswärme, zusätzliche positive Standortfaktoren.

Wenngleich beim Bioliq-Verfahren nur ein Fünftel des zuvor genannten Rohstoffbedarfs notwendig ist – an einem typischen deutschen Standort dürfte dieser im Umkreis von 20–30 km zu realisieren sein – steht auch hier die Rohstofflogistik im Zentrum der Überlegungen. Für den wirtschaftlichen Weitertransport des Slurrys zu den zentralen Vergasungseinheiten ist ein **Gleisanschluss** unabdingbar.

Die Schnellpyrolyseanlagen sind in Industrie- oder Gewerbegebieten auf einer Fläche von 0,5 bis 1 ha zu realisieren.

Die zentralen Vergasungsanlagen sind als Komponenten bestehender Raffinerien am ehesten zu realisieren und in die dortigen Standorte integriert.

4 Schlussfolgerungen

Die Wahl des Standorts für eine Bioenergieanlage ist **die zentrale Entscheidung** im Rahmen der Projektentwicklung. Dabei müssen folgende Faktoren vorrangig berücksichtigt werden:

(1) Versorgungssicherheit und Logistik für die Anlieferung der Inputmaterialien

(2) Nutzung bzw. Weiterverarbeitung der Haupt- und Koppelprodukte, insbesondere anfallender Wärme

(3) Bereitstellung günstiger Prozessenergie (Bioethanol)

(4) Akzeptanz für die geplante Anlagenart

Häufig orientiert sich die Standortwahl einseitig an nur einem der oben genannten Kriterien. Dabei spielt häufig der Zeitdruck in der Entwicklungsphase der Projekte eine negative Rolle.

In einigen Regionen hat die Politik auf Landes- oder Kreisebene das Problem bzw. die Chancen, die sich durch ein koordiniertes Vorgehen ergeben, erkannt. Durch Koordination können zum Teil erhebliche Synergien erschlossen werden. Dadurch wird beispielsweise die Abwärme der Bioenergieanlage zur langfristig kalkulierbaren Energieversorgung von Gebäuden oder Gewerbebetrieben. Die aktuellen Erfahrungen, die das Witzenhausen-Institut gemeinsam mit der Ingenieurgemeinschaft Witzenhausen im Auftrag einiger Landkreise bei der Koordinierung und Beratung von Bioenergieprojekten sammelt, zeigen eindeutig positive wirtschaftliche Effekte für die Betreiber der Bioenergieanlagen als auch für die Abnehmer der Energie. Oder auf Neudeutsch: tatsächliche **„win-win-Situationen"**.

5 Literatur

/1/ IGW, Witzenhausen-Institut und Kreisbauernverband Werra-Meißner (2007): Potenziale und Perspektiven einer regionalen Erzeugung von Kraftstoffen aus Biomasse in Nordhessen. Studie im Auftrag des HMULV, Wiesbaden

/2/ Freise, T. (2007): Stromanschluss nicht jede Schikane hinnehmen. In: Jahrbuch neue Energie 2007. Landwirtschaftsverlag, Münster, S. 64–66

/3/ Institut für Energetik und Umwelt (2006): Monitoring zur Wirkung des novellierten Erneuerbare-Energien-Gesetzes (EEG) auf die Entwicklung der Stromerzeugung aus Biomasse – 2. Zwischenbericht, Leipzig

/4/ Kanngießer, A. (2007): Erfahrungen mit der Einspeisung von Biogas in Erdgasnetze – Rechtsgrundlagen und Vertragsbeziehungen –. In: Wiemer, K. und M. Kern (Hrsg.): Bio- und Sekundärrohstoffverwertung II. Stofflich – energetisch. Witzenhausen-Institut – Neues aus Forschung und Praxis. Witzenhausen

/5/ Keymer, U. (2007): Energieerzeugung aus Nachwachsenden Rohstoffen – ein wirtschaftliches Wagnis? In: Fachverband Biogas e. V.: Biogas im Wandel. Tagungsband der 16. Jahrestagung des Fachverbandes Biogas e. V., S. 107–111

/6/ Landesinitiative Zukunftsenergien NRW (2006): Biogasanlage Steinfurt-Hollich – Gastransport und Wärme für das Kreishaus. MUNLV, Düsseldorf www.energieland.nrw.de

/7/ Lurgi AG (undatiert): Bioethanol – Märkte, Technologien und Verfahrensmerkmale. http://www.lurgi.com/website/fileadmin/user_upload/pdfs/13_Bioethanol-DE.pdf

/8/ Raussen, T. und Kern, M. (2006): Potenziale und Verfahren zur Energiegewinnung in Deutschland. Energie aus Abfall. In: Energie aus Abfall. Band 1. K. J. Thomé-Kozmiensky M. Beckmann, S. 203–229

/9/ Schöttle, E. (2007): Nutzung von Biogas als Kraftstoff. In: Wiemer, K. und M. Kern (Hrsg.): Bio- und Sekundärrohstoffverwertung II. Stofflich – energetisch. Witzenhausen-Institut – Neues aus Forschung und Praxis. Witzenhausen

/10/ Schulte-Schulze Berndt, A. (2007): Technische Aspekte der Gaseinspeisung am Beispiel München-Riem. Vortrag anlässlich des 19. Kasseler Abfall- und Bioenergieforums, 25.04.2007

/11/ Schuster, J. (2006): Biogas per Pipeline zu BHKW und Heizwerk. energie pflanzen (4), S. 18–19

/12/ UFOP – Union zur Förderung von Öl- und Proteinpflanzen (2006): Die aktuelle Biokraftstoff-Gesetzgebung. Spezialinfo EuroTier 2006. Berlin

/13/ Wagner, K. (2005): Ökonomische Kriterien bei der Biogaserzeugung. In: Tagungsband BioEnTa 2005. ALB-Hessen, Kassel, S. 49–59

/14/ Wolf, Bodo (2001): Kohlenstoff – naturgegebener Baustein für regenerative Kraftstoffe"; Freiberg http://www.choren.com/dl.php?file=Kohlenstoff_DCAG.pdf

Erzeugung mit Zukunft –
Mittelkalorik-Kraftwerk

Den Kohlendioxidausstoß je produzierter Megawattstunde Strom zu reduzieren, ist politisches Ziel. – Den primären Brennstoff Kohle durch Mittelkalorik aus der Abfallaufbereitung zu ersetzen, unsere technische Antwort.

swb Erzeugung, der Spezialist für Strom- und Wärmeerzeugung in der swb-Gruppe, geht maßgeschneiderte Wege in der Ver- und Entsorgung.

E-Mail: info.erzeugung@swb-gruppe.de
Telefon: 0421 359–3351

|>| Energie, Trinkwasser, Entsorgung,
technische Dienstleistungen *www.swb-gruppe.de*

EU-Bodenschutzstrategie – Anforderungen und Perspektiven für die Verwertung von Kompost und Klärschlamm

Reinhard F. Hüttl

1 Die europäische Idee

In allen Bereichen des Naturhaushaltes und seiner Nutzung spielen Böden eine zentrale Rolle. Deshalb kommt dem Schutz der Böden und ihrer Funktionen als Lebensgrundlage für künftige Generationen eine besondere Bedeutung hinsichtlich eines vorsorgenden Umganges mit ihnen zu. Die Ursachen, die zu schädlichen Bodenveränderungen führen können, sind häufig nicht nur lokal begründet, sondern ihre Wirkungen haben auch grenzüberschreitende Dimensionen. Verstärkt wird die Notwendigkeit von europäischen Regelungen durch den Umstand, dass die überwiegende Anzahl von Regelungen im Bereich des Umweltschutzes mittlerweile auf der EU-Ebene geschaffen wird.

Notwendige Konsequenz aus deutscher Sicht war es daher, nach der Verabschiedung des Bundes-Bodenschutzgesetzes (BBodSchG) in Deutschland im Jahr 1998 Aktivitäten zum Bodenschutz auch auf europäischer Ebene voranzubringen. Es galt, bereits vorhandene Instrumente wie die Bodencharta des Europarates von 1972, die Weltbodencharta (FAO, 1982) und die Weltbodenstrategie (UNEP, 1982) auf europäischer Ebene mit Inhalten zu füllen. Deshalb hatte das Bundesumweltministerium (BMU) die Initiative ergriffen und den Diskussionsprozess zur Schaffung einer EU-Bodenschutzpolitik mit einem ersten europäischen Workshop zum Bodenschutz bereits 1998 angeschoben. In dem daraus folgenden „Bonner Memorandum" wurde zunächst vereinbart, ein europäisches Bodenforum (European Soil Forum – ESF) zu gründen. In zwei Sitzungen (Berlin, Neapel) wurden diese ersten – von Deutschland initiierten – Überlegungen weitergeführt.

Dem folgte auf europäischer Ebene das sechste Umweltaktionsprogramm „Our Future, our Choice" im Jahr 2001. Hier wurde der Bodenschutz als ein wichtiger Bestandteil festgeschrieben. Darauf aufbauend und nach der ersten Mitteilung der Kommission „Hin zu einer spezifischen Bodenschutzstrategie", wurden im Jahr 2002 die Gremien Advisory Forum (AF) und die mit ihm verbundenen technischen Arbeitsgruppen (TWGs) geschaffen, um das vorhandene Wissen um die Böden in Europa, ihren Zustand und mögliche Schutzkonzepte für sie zusammenzutragen. Ziel dieser ersten Mitteilung der Kommission war es, „...das politische Engagement für den Bodenschutz weiterzuentwickeln und somit in den nächsten Jahren einen umfassenderen und systematischeren Bodenschutz zu ermöglichen. Da es sich um die erste Mitteilung der Kommission zu diesem Thema handelte, war sie sowohl deskriptiv als auch maßnahmenorientiert ausgelegt, um ein umfassendes Verständnis dieser komplexen Fragen zu ermöglichen und die Grundlage für weitere Arbeiten zu bieten," (Kommission der Europäischen Gemeinschaften, 2002).

In TWGs erfolgte die fachliche Zuarbeit für die Kommission über die Vertreter der Mitgliedstaaten und der beteiligten europäischen Verbände. Die Arbeiten des AF und der TWGs wurden Ende April 2004 abgeschlossen und anschließend in umfassenden Berichten veröffentlicht.

Im September 2006 wurde dann eine zweite Mitteilung, der Entwurf einer Richtlinie sowie eine Kostenfolgeabschätzung von der Europäischen Kommission, vorgelegt. Die ursprüngliche Absicht der Kommission, die Arbeiten an der Neufassung der Richtlinie 86/278/EWG („Klärschlammrichtlinie") und an einer Bioabfallrichtlinie fortzuführen sowie neue Entwürfe für diese Richtlinien im Zuge der Bodenschutzstrategie vorzulegen, wurde dabei aufgegeben. Das Bundesumweltministerium hat deshalb damit begonnen, einerseits die Novelle der Klärschlammverordnung auf nationaler Ebene voranzutreiben, andererseits eine Initiative für die Erarbeitung einer Bioabfallrichtlinie auf europäischer Ebene ergriffen.

2 Zweite Mitteilung „Thematische Strategie für den Bodenschutz" und Vorschlag für eine Richtlinie „zur Schaffung eines Ordnungsrahmens für den Bodenschutz"

Mit der Vorlage einer zweiten Mitteilung „Thematische Strategie für den Bodenschutz" und des Entwurfes zu einer europäischen Bodenrahmenrichtlinie wird die Schutzwürdigkeit des Bodens den beiden anderen Umweltschutzgütern Wasser und Luft auf europäischer Ebene gleichgestellt – denn für Wasser und Luft gibt es auf europäischer Ebene bereits rahmenrechtliche Regelungen (u. a. Wasserrahmenrichtlinie (WRRL, 2000/60/EG), Luftqualitätsrahmenrichtlinie (LQRL, 1996/62/EG).

Die Bodenschutzstrategie verfolgt einen umfassenden Ansatz eines Bodenschutzes in Europa, welcher zwei Hauptziele hat:

1. Vermeidung einer weiteren Verschlechterung der Bodenqualität und Erhaltung der Bodenfunktionen

2. Wiederherstellen von Böden, deren Qualität sich verschlechtert hat, auf einem Funktionalitätsgrad, welcher der derzeitigen und geplanten zukünftigen Nutzung zumindest gerecht wird, wobei auch die Kosten der Sanierung des Bodens zu berücksichtigen sind.

Zur Erreichung dieser Ziele sollen vier Maßnahmen dienen:
1. rechtliche Rahmenbestimmung (Bodenrahmenrichtlinie)
2. Einbeziehung des Bodenschutzes in Formulierung und Durchführung politischer Maßnahmen der Mitgliedstaaten und Gemeinschaft (Bodenschutz in anderen Rechtsbereichen, wie z. B. Abfallrecht)
3. Schließung der derzeitigen Kenntnislücken (Forschung)
4. zunehmende Sensibilisierung der Öffentlichkeit

Der vorliegende Entwurf der EU-Rahmenrichtlinie zum Bodenschutz (KOM(2006) 232 endg.) benennt acht Hauptgefahren für die Beeinträchtigung der Bodenqualität:

- Erosion
- Verlust org. Substanz
- Verunreinigung
- Versalzung
- Verdichtung
- Rückgang biologischer Vielfalt
- Versiegelung
- Erdrutsche und Überschwemmungen (auch Geo-Risiken)

Hinsichtlich der Rechtslage zum Bodenschutz auf europäischer Ebene lässt sich folgendes feststellen: Derzeit gibt es keine spezifischen Rechtsvorschriften der Gemeinschaft zum Bodenschutz, die in andere Politikbereiche hineinwirken. Vielmehr leitet sich der Schutz der Ressource Boden auf EU-Ebene bislang nur indirekt und unvollständig aus einer Vielzahl anderer Umweltschutzvorschriften ab. Länder- und Regionen spezifische Unterschiede sollen nach gegenwärtigem Diskussionsstand nur in einer sehr weit gefassten Rahmenrichtlinie (RL) geregelt werden. Für die allgemein gefassten Ziele sind i. d. R. die Instrumente zu ihrer Erreichung nicht hinreichend detailliert definiert.

2.1 Bodenrahmenrichtlinie

Die Bodenrahmenrichtlinie (BRRL) lehnt sich in weiten Teilen an das deutsche Bodenschutzrecht an. So sind die Ziele der Richtlinie sowie wesentliche Maßnahmen bereits im Bundes-Bodenschutzgesetz verankert. Auch der Schutz der Bodenfunktionen und der Vorsorgegedanke sind fester Bestandteil des deutschen Umweltrechtes.

Für die künftige Verwertung von Kompost und Klärschlamm sind in der BRRL zwei Aspekte zu betrachten. Einerseits ist der Aspekt der Nützlichkeit der Materialien, andererseits der Aspekt der Unschädlichkeit zu berücksichtigen. Diese Grundsätze werden durch Artikel 3 und 4 im Richtlinienentwurf angesprochen.

Grundsätzlich hat die Richtlinie zum Ziel, Böden als natürliche Ressourcen zu schützen und eine nachhaltige Bodennutzung zu gewährleisten. In der Richtlinie sind mehrere Artikel beachtlich, in denen die Mitgliedstaaten aufgefordert werden, Maßnahmen zu ergreifen, die einer Verschlechterung des Bodens entgegenwirken können (u. a. Artikel 3 – Einbeziehung in andere politische Maßnahmen). Nach Artikel 4 sollen die Mitgliedstaaten Landnutzer dazu verpflichten bei Tätigkeiten, bei denen davon auszugehen ist, dass es zu Beeinträchtigungen der Bodenfunktionen nach Artikel 1 BRRL kommt, die in etwa denen des § 2 BBodSchG entsprechen, Vorsorgemaßnahmen zu ergreifen, um nachteilige Beeinträchtigungen zu vermeiden. Dazu sieht der Richtlinienentwurf verschiedene Instrumente vor:

Risikogebiete

Zentrales Instrument der Bodenrahmenrichtlinie ist die Ausweisung von Risikogebieten – unter anderem auch für Gebiete in denen der Gehalt organischer Substanz ein kritisches Maß unterschreitet. Hinweise für gemeinsame Kriterien zur Bestimmung von Verlusten organischer Substanz im Boden bedrohter Gebiete finden sich in Anhang I des Richtlinienentwurfes. Ein fachlicher Maßstab in Form von Grenzwerten für verschiedene Bodenarten wird hingegen nicht genannt. Dies ist auch nicht verwunderlich, da hierzu zunächst festgelegt werden müsste, wann ein Boden ausreichend mit organischer Substanz versorgt ist und wann nicht. In den Arbeitsdokumenten der TWG „Organic Matter" wird hierzu ein genereller Bodenwert von 2 % C_{org} diskutiert, unterhalb dem Böden nicht mehr ausreichend mit organischer Substanz versorgt sind. Solch ein pauschaler Wert kann aber nicht für alle Böden gelten und erscheint aus wissenschaftlicher Sicht zu undifferenziert, da er regionalen, pedologischen und klimatischen Faktoren nicht genügend Rechnung trägt sowie die Bodennutzung nicht berücksichtigt.

Trotz der recht genauen Kenntnisse über die Zusammenhänge zwischen chemischen und physikalischen Bodeneigenschaften und den daraus ableitbaren natürlichen Bodenfunktionspotenzialen ist die Definition eines "standorttypischen" oder "optimalen" Humusgehaltes für unterschiedliche Standorte und Nutzungsarten, die in Form von Richtwerten der landwirtschaftlichen und forstlichen Praxis und Beratung an die Hand gegeben werden könnte, bisher nicht erfolgt. Die Gehalte an organischer Bodensubstanz (OBS), die für einen Standort als optimal oder günstig angesehen werden können, haben in der Regel einen oberen und unteren Schwellenwert. Unterhalb dieses Schwellenwertes können z. B. bodenphysikalische Eigenschaften durch geringe Gehalte an strukturbildender OBS ungünstiger sein, als sie den standorttypischen Eigenschaften entsprechen würden, oder der Bedarf an mineralischer Düngung zur Erzielung optimaler Erträge aufgrund zu geringer Nachlieferung aus der Mineralisierung der OBS erhöht sein. Auch eine Überschreitung "optimaler, standorttypischer" Gehalte an OBS kann zu negativen Auswirkungen auf Bodeneigenschaften selbst, aber auch beispielsweise auf das Sicker- und Grundwasser führen. Eine stärkere Zufuhr organischer Primärsubstanzen (OPS; z. B. Kompost, Klärschlamm, Ernterückstände) kann u. a., falls höhere Gehalte an leicht umsetzbarer organischer Substanz eingetragen werden, über die Sauerstoffzehrung durch mikrobielle Umsetzungsprozesse die Redoxeigenschaften im belebten Boden maßgeblich beeinflussen und zu unerwünschten, zeitweilig reduzierenden, Bedingungen führen. Eine verstärkte Mineralisierung von OBS kann ebenfalls einen Austrag von Nährstoffen (u. a. NO^{3-}) aus dem System Boden mit dem Sickerwasser in das Grundwasser, aber auch in Form gasförmiger Verluste (u. a. N_2O, N_2, CH_4) in die Atmosphäre, verursachen.

Die Ableitung optimaler Gehalte an OBS für Standort- und Nutzungstypen hat daher die möglichen Vorteils- und Schadwirkungen zu niedriger, aber auch zu hoher Gehalte an OBS zu berücksichtigen. Die Abweichungen von dem "optimalen" Gehalt an OBS eines Standortes nach oben und unten sind durch die möglichen Schadwirkungen, die als tolerierbar angesehen werden können, begrenzt. In diesem Sinne kann auch von tolerierbaren Gehalten an OBS, die für unterschiedliche Standorte und Nutzungsarten angestrebt werden sollen, gesprochen werden. Mit dem vorliegenden Konzept soll versucht werden, beispielhaft tolerierbare Gehalte an OBS aus vorhandenen Kenntnissen abzuleiten.

Zu diesem Themenkomplex wird an der BTU Cottbus ein Vorhaben des Umweltbundesamtes durchgeführt, um das vorhanden Wissen zur Versorgung der Böden mit organischer Substanz zu bündeln und zu größenordnungsmäßigen Aussagen hinsichtlich einer optimalen Versorgung der Böden mit organischer Substanz zu kommen.

Werden Risikogebiete ausgewiesen, sind die Mitgliedstaaten verpflichtet Maßnahmeprogramme aufzustellen, um die angestrebten Umweltziele zu erreichen. Zur Steigerung der Gehalte an organischer Substanz in Böden können auch externe organische Materialien, wie Komposte und Klärschlämme vom Grundsatz her beitragen.

Neulandböden auf Kippen und Halden, wie sie z. B. nach massiven Eingriffen des Erz- und Kohlebergaus großflächig entstehen, stellen typischerweise Standorte mit extrem geringen Gehalten an OBS dar. Dieser Mangel ist ein wesentlicher Faktor für die oft ungünstigen chemischen und physikalischen Eigenschaften dieser Böden. Hier bietet der Einsatz von Komposten und Klärschlämmen die Möglichkeit, die Wiederherstellung von Böden und ihren Funktionen zu beschleunigen.

An der BTU Cottbus wurden dazu mehrere vom BMBF geförderte Verbundvorhaben durchgeführt, die zeigen, dass der Einsatz dieser organischen Stoffe eine zielführende Maßnahme bei der Wiederherstellung von Bodenfunktionen sein kann, wenn bestimmte Randbedingungen beachtet und eingehalten werden. Durch gezielten Einsatz von Kompost und Klärschlamm guter Qualität kann die Bodenentwicklung im Hinblick auf biologische Aktivität, Pflanzenwachstum, Nährstoffversorgung und physikalische Eigenschaften und damit die Etablierung bodeninterner Stoffkreisläufe nachhaltig positiv beeinflusst werden. Durch entsprechend angepasste Bewirtschaftungsmethoden kann die Akkumulation von OBS weiter optimiert werden.

Mit Blick auf die Wiederherstellung ökologischer Bodenfunktionen durch den gezielten Eintrag organischer Substanz erscheint es allerdings wenig sinnvoll, die bestehenden Reglementierungen (z. B. Bodenschutzrecht, Abfallrecht) unmodifiziert anzuwenden. Anders als auf land- und forstwirtschaftlich oder gärtnerisch genutzten Standorten geschieht ein Kompost- oder Klärschlammeinsatz im Rahmen der Wiedernutzbarmachung zunächst als einmalige Gabe zu Beginn der Rekultivierung. Darüber hinaus unterscheidet sich der Stoffumsatz solcher Standorte aufgrund der extremen Ausgangsbedingungen deutlich von dem gereifter Böden „gewachsener" Acker- und Waldstandorte. Die Wirkungen eines einmaligen Eintrages derartiger organischer Stoffe sind unter diesen Bedingungen entsprechend anders zu beurteilen als bei einem herkömmlichen, d. h. wiederholten Einsatz auf gewachsenen Standorten. Auf der Grundlage von wissenschaftlichen Erkenntnissen zur Beurteilung der Einsatzmöglichkeiten von organischer Substanz bei der Rekultivierung von Neulandböden wurde an der BTU auch ein entsprechender Leitfaden für die Rekultivierungspraxis erarbeitet. Wesentlicher Gesichtspunkt dieses Leitfadens ist die Bemessung sinnvoller Einsatzmengen. Dazu sind die jeweiligen Standortfaktoren der zu rekultivierenden Flächen, die geplante Folgenutzung sowie die Stoffeigenschaften der eingesetzten organischen Stoffe einzubeziehen.

Vermeidung von Bodenverunreinigungen

Artikel 9 beinhaltet einen allgemeinen Appell hinsichtlich der Begrenzung von Stoffeinträgen, auf ein Niveau Anreicherungen zu vermeiden, welche dazu führen, dass Bodenfunktionen beeinträchtigt werden. Dies entspricht in etwa den Anforderungen, die sich aus § 7 Bundes-Bodenschutzgesetz zur Vorsorge ergeben. Eine Ermächtigung zur Begrenzung der Einträge – analog der zulässigen Zusatzbelastung – oder zur Ableitung von Bodenwerten, die hinsichtlich der verschiedenen Gefährdungspfade als unbedenklich eingestuft werden können (Vorsorgewerte) kennt der Entwurf der Richtlinie nicht. So werden Werte auch nicht konkretisiert, obwohl die fachlichen Grundlagen in Zusammenhang mit der Klärschlammrichtlinie bereits 2004 vorgelegt wurden (s. u.).

2.2   Klärschlammrichtlinie und Entwurf einer Bioabfallrichtlinie

Auch auf europäischer Ebene setzt sich in bestimmten Bereichen der Abfallverwertung ein schutzgutbezogenes Denken durch. Dabei wird berücksichtigt, dass Böden (und mit ihnen in Verbindung stehende Umweltmedien) bei der Aufbringung dieser Materialien beeinträchtigt werden können. Dazu ist es nötig, materielle Anforderungen für das Schutzgut zu formulieren. Daraus leitet sich dann auch die Notwendigkeit ab, dass mögliche Probleme mit den Fachleuten des Bodenschutzes diskutiert werden müssen.

Für die beiden genannten Arbeitsdokumente zur Klärschlamm- und Bioabfallverwertung erfolgte dies ab Ende der 90er Jahre. Es wurden insgesamt drei Arbeitsentwürfe zur Novelle der Klärschlammrichtlinie auf der europäischen Ebene diskutiert. Ähnlich wie Deutschland einen Diskussionsprozess zum Bodenschutz europäisch initiiert hatte, war es Österreich, welches Ende der 90er Jahre begann den Diskussionsprozess zu einer Bioabfallrichtlinie zu beginnen. Die Initiative wurde von der DG Umwelt aufgenommen und es wurden zwei Entwürfe zu einer Bioabfallrichtlinie mit den Mitgliedsstaaten und Verbänden diskutiert.

Letztmalig fand zu beiden Vorhaben (Klärschlamm und Bioabfall) Anfang 2004 in einem europäischen Workshop sowie in den technischen Arbeitsgruppen unterhalb des Advisory Forums im Konsultationsprozess zur Bodenschutzstrategie Diskussionen statt. Diese Diskussionen führten aber nicht zu dem angestrebten Vorhaben, diese Regelungen innerhalb des EU-Bodenschutzrechtes zu etablieren. Wie notwendig jedoch europäische Regelungen in diesem Bereich sind, zeigen die jüngsten Vorfälle um mit polyfluorierten Tensiden (PFT) belastete Komposte, die in Nordrhein-Westfalen zu erheblichen Belastungen verschiedener Oberflächengewässer geführt haben.

In den bislang vorliegenden Arbeitsdokumenten zu Bioabfall und Klärschlamm stehen Fragen der Nützlichkeit in Hinblick auf Aspekte der Nährstofflieferung und der Humusanreicherung im Vordergrund. Es fehlen noch Vorsorgeaspekte hinsichtlich eines schadlosen und ordnungsgemäßen Handelns beim Einsatz dieser Materialien, wie sie gerade in Bezug auf den Schutz der natürlichen Bodenfunktionen bereits in der deutschen Gesetzgebung verankert sind. In den vorliegenden Dokumenten sind sie – gemessen an dem Standard, den wir bereits in Deutschland verwirklicht haben – bislang nicht in ausreichendem Maße vorgesehen. Ursache dafür könnte sein, dass in den verschiedenen Mitgliedsländern die Erfahrungen um die Belastbarkeit von Böden auf einem recht unterschiedlichen Wissenstand beruhen. Teilweise liegen unterschiedliche Strategien und Konzepte zur Bodenbewertung vor und zurzeit wird in den Mitgliedsländern erst damit begonnen, allgemeingültige Maßstäbe als Ausgangspunkte für rechtliche Regelungen mit einem Bodenschutzbezug in Europa zu diskutieren.

Aus Sicht des Bodenschutzes sind für alle aufzubringende Materialien – vom Schutzgut ausgehend – gleiche materielle Anforderungen abzuleiten, wie dies bereits in dem BMU/BMVEL-Konzept „Gute Qualität und sichere Erträge" zur Bewertung von Düngemitteln aus dem Jahr 2002 erfolgt ist, welches perspektivisch auch weiterhin Bestand hat. Allerdings wäre es in der europäischen Union zunächst – unabhängig vom anzustrebenden Schutzniveau – notwendig, den Willen zur Regelung im Bereich der Bioabfälle erneut zu wecken und dann eine Harmonisierung hinsichtlich der materiellen Anforderungen bei der Klärschlamm- und Bioabfallverwertung vorzunehmen. Das Bundesumweltministerium hatte hinsichtlich der Weiterentwicklung der rechtlichen Regelungen im Bereich Bioabfall eine Initiative im Mai zurückliegenden Jahres in Brüssel unternommen.

Die gewünschte Harmonisierung ist in den vorliegenden Arbeitspapieren zu Klärschlamm und Bioabfall noch nicht erfolgt, was in seiner Konsequenz bei der Anwendung der jeweiligen Materialien zu unterschiedlichen Bodenbelastungen führen kann.

Verstärkt wird dieser Effekt zusätzlich dadurch, dass Komposte künftig nach den bisherigen Vorstellungen der Generaldirektion Umwelt den Produktstatus erhalten sollen, wodurch es nicht mehr möglich sein wird, national strengere Anforderungen an diese Materialien zu formulieren, wie dies innerhalb der Bodenschutzrichtlinie geradezu gefordert wird. Hier scheinen noch innerhalb der Rechtssetzungsverfahren fachliche Widersprüche vorzuliegen.

Da nicht in jedem Fall sichergestellt ist, dass die neuen europäischen Regelungen das bereits in Deutschland erreichte Anforderungsniveau erreichen werden, zielen die kommenden Diskussionen darauf hin, dass behandelte Bioabfälle, wie zum Beispiel Komposte, auch weiterhin Regelungen unterliegen, die es ermöglichen, nationale Besonderheiten zu berücksichtigen. In diesem Zusammenhang scheint es notwendig, dass es den Mitgliedsstaaten auch künftig freigestellt wird, bestimmte Verwertungsarten in Abhängigkeit der jeweiligen Bodennutzung vollständig zu untersagen. Die in den Arbeitsentwürfen zu Klärschlamm und Bioabfall vorgeschlagenen Werte sind im Wesentlichen bereits heute in Deutschland rechtlich verankert. In diesem Zusammenhang soll auch noch einmal auf den Beschluss der gemeinsamen Agrar- und Umweltministerkonferenz hingewiesen werden. Er besagt, dass es durch Düngungsmaßnahmen zu keinen Schadstoffanreicherungen in Böden kommen soll. Dies deckt sich nun weitgehend mit den Anforderungen, die sich aus dem deutschen Bodenschutzrecht und der Bodenschutzrichtlinie ergeben. Obwohl diese Anforderungen nur schwer vermittelbar sein werden, sind solche Maßstäbe fachlich notwendig und geboten, um Böden langfristig und nachhaltig zu schützen und in einer guten Bodenqualität zu bewahren.

Hingewiesen werden muss auch auf den Umstand, dass in dem vorliegenden Dokument zu den Bioabfällen ein Abgleich der Anforderungen mit der EU-Ökolandbauverordnung und den dort entsprechend für Biokompost ausgewiesenen Anforderungen bislang anscheinend nicht stattgefunden hat. Das hier gewählte Vorgehen entspricht auch dem Grundsatz der Richtlinie 96/61/EG des Europäischen Rates über die integrierte Vermeidung und Verminderung der Umweltverschmutzung (IVU-Richtlinie). Sie ist mittlerweile in einer Reihe von nationalen Rechtsnormen umgesetzt und sieht ein Schadstofftransferverbot zwischen den Umweltmedien wie Boden, Luft und Wasser vor. Allerdings erfolgte deren Umsetzung noch nicht umfassend und auch eine weitgehende Konkretisierung steht noch aus. Diese Anforderungen werden aber bei weitergehenden Ableitungen – auch im Rahmen der EU-Bodenstrategie – zu berücksichtigen und sicherzustellen sein.

Die weiteren Diskussionen bleiben abzuwarten. Deutschland gehört zu den europäischen Ländern, in denen der Bodenschutz am weitesten entwickelt ist und auch eine Umsetzung in andere Rechtsbereiche bereits eingesetzt hat. In Deutschland wurde es jedoch erst dann möglich, Ansprüche eines (vorsorgenden) Bodenschutzes in anderen Rechtsbereichen zu formulieren, nachdem bodenschutzrechtliche Regelungen auf Bundesebene etabliert worden waren.

Europäische Bodenvorsorgewerte

Die in der Bundes-Bodenschutz- und Altlastenverordnung genannten Vorsorgewerte stellen Besorgnisschwellen der Bodenvorsorge dar. Insofern stellen sie „quasi" Grenzwerte für eine (noch) gute Bodenqualität dar. Sie sollen – unabhängig von der jeweiligen Nutzung der Böden – sichern, dass keine Besorgnis einer schädlichen Bodenveränderung besteht. Solche Werte fehlen bislang noch auf europäischer Ebene. Einen ersten Schritt dazu stellen die Bodenwerte für Schwermetalle im Arbeitsentwurf zur Novellierung der EU-Klärschlammrichtlinie dar. Basis sind erste Erhebungen zu Schwermetallgehalten in Europas Böden, die aber mit einigen Unsicherheiten behaftet sind, da eine einheitliche Datenerhebung bisher in diesem Bereich europaweit nicht stattgefunden hat und auch nicht aus allen Mitgliedsländern Daten vorliegen.

Ein Vergleich der von der DG Umwelt vorgeschlagenen Bodenwerte im Kontext der Aufbringung von Klärschlämmen in nachfolgender Tabelle mit den Vorsorgewerten der Bundesbodenschutzverordnung (Tabelle 2) zeigt, dass die Unterschiede in der jeweiligen Wertehöhe nicht sehr gravierend sind.

Tab. 1: Vorschlag für Bodenwerte bei der Aufbringung von Klärschlamm (JRC, 2004) (in mg/ kg TM Boden)

Element	Directive 86/278/EEC $(6 < pH < 7)$	$5 \leq pH < 6$	$6 \leq pH < 7$	$pH \geq 7$
Cd	1 – 3	0.5	1	1.5
Cr	* / *	50	75	100
Cu	50 – 140	40	50	100
Hg	1 – 1.5	0.2	0.5	1.0
Ni	30 – 75	30	50	70
Pb	50 – 300	50	70	100
Zn	150 – 300	100	150	200

Tab. 2: Vorsorgewerte für Metalle nach BBodSchV
(in mg/kg Trockenmasse, Feinboden, Königswasseraufschluss)

Böden	Cd	Pb	Cr	Cu	Hg	Ni	Zn
Bodenart Ton	1,5	100	100	60	1	70	200
Bodenart Lehm/Schluff	1	70	60	40	0,5	50	150
Bodenart Sand	0,4	40	30	20	0,1	15	60
Böden mit naturbedingt und großflächig siedlungsbedingt erhöhten Hintergrundgehalten	unbedenklich, soweit eine Freisetzung der Schadstoffe oder zusätzliche Einträge nach § 9 Abs. 2 und 3 dieser Verordnung keine nachteiligen Auswirkungen auf die Bodenfunktionen erwarten lassen						

Im Gegensatz zu den Vorsorgewerten in der BBodSchV sind bislang bei dem Vorschlag der DG Umwelt keine subsidiären Regelungen auf mitgliedstaatlicher Ebene vorgesehen, wie dies über die „vierte Klasse" bei den Bodenvorsorgewerten möglich ist. Grundsätzlich ist aber die Vorlage von EU-weiten „Vorsorgewerten" möglich und sollte deshalb in die Regelungen zum Bodenschutz eingehen.

3 Künftige Landnutzung

Vor dem Hintergrund der Bemühungen auf nationaler wie auch auf europäischer Ebene zukünftig den Energiebedarf zunehmend aus erneuerbaren Energien zu decken, kommt den nachwachsenden Rohstoffen eine besondere Bedeutung zu. Nachwachsende Rohstoffe gehören zu den primären natürlichen Ressourcen, die national zur Verfügung stehen. Es handelt sich dabei um pflanzliche Biomassen, die einer energetischen oder stofflichen Verwendung im Nichtnahrungsbereich zugeführt werden. Der Anbau von Biomasse im Allgemeinen und die zunehmende Produktion nachwachsender Rohstoffe im Besonderen sind immer auch mit Einwirkungen auf Böden verbunden. Insofern spielt der Schutz des Bodens in der Debatte um Ausbau der nachwachsenden Rohstoffe eine hervorgehobene Rolle.

Vorliegenden Prognosen zur Klimaentwicklung in der südlichen Hemisphäre weisen auf die zunehmende Gefahr für die nachhaltige Sicherung des Nahrungs- und Futtermittelbedarfs durch den trockenheitsinduzierten Verlust von landwirtschaftlichen Nutzflächen hin. Hieraus leitet sich insbesondere die globale Dimension einer europäischen Bodenschutzrahmenrichtlinie ab. Die Europäische Union steht hier in einer besonderen Verantwortung, einerseits die Böden auf der nördlichen Halbkugel für die Nahrungs- und Futtermittelproduktion besonders zu schützen und andererseits im Hinblick auf den angestrebten Ausbau der Produktion nachwachsender Rohstoffe die

Senkenfunktion von Böden für CO_2 zu optimieren. Eine besondere Herausforderung wird es hierbei sein, die sich aus dem Anbau und der Nachfrage zu nachwachsender Rohstoffe ergebenden neuartigen Anforderungen an die Landnutzung im Landschaftsmaßstab mit den traditionellen landwirtschaftlichen Systemen sinnvoll zu kombinieren.

Aktuell finden sich in den EU-Strategien zum Ausbau der Produktion nachwachsender Rohstoffe keine Hinweise auf mögliche Wirkungen auf die Bodenqualität. Im Biomass Action Plan (COM(2005)628 final) wurden Potentialabschätzungen formuliert, die eine Steigerung des Anteils der Bioenergie von aktuell 90 MtOE auf 150 MtOE im Jahre 2010 und 230 bis 250 MtOE im Jahre 2020 in Aussicht stellen. Der Plan betont hierbei in erster Linie die positive Wirkung auf die wirtschaftliche Entwicklung in ländlichen Räumen, nimmt aber nicht detailliert Stellung zu potentiellen Chancen und Risiken der Produktion nachwachsender Rohstoffe für den Bodenschutz.

Wenngleich davon ausgegangen wird, dass die Erzeugung von nachwachsenden Rohstoffen mit den Zielen der HNV Landwirtschaft (High Nature Value; EEA/UNEP 2004) und den EOF-Zielen nicht in Einklang zu bringen ist, so hebt der Bericht doch die möglichen Vorteilswirkungen perennierender Kulturen sowie die von schnell wachsenden Baumarten als Struktur fördernde Elemente in der agrarisch geprägten Kulturlandschaft hervor. Allerdings werden keinerlei Überlegungen zu neuartigen Landnutzungsformen angestellt, die weder dem land- noch dem forstwirtschaftlichen Sektor zugeordnet werden können.

Vor diesem Hintergrund kann der Anbau nachwachsender Rohstoffe ganz allgemein einen Beitrag zur Erreichung der Bodenschutzziele in Europa leisten und darüber hinaus weitere potentielle Vorteilswirkungen entfalten. Zu nennen ist hier die Inwertsetzung von Grenzertragsstandorten und Brachen oder Altlasten. Hier sind über ein intelligentes Altlastenmanagement Flächen so wieder herzurichten, dass sie dem Anbau von Energiepflanzen genügen. Um hier Bodenfunktionen wiederherzustellen sollten innerhalb solcher Maßnahmen vorwiegend organische Fremdmaterialien, wie Komposte und Klärschlämme eingesetzt werden.

Aber noch ein anderer Aspekt ist hier zu berücksichtigen. Bei der Nutzung der nachwachsenden Rohstoffe fallen organische und mineralische Abfälle an. Art und Aufkommen der Abfälle hängen von der Art der Produktionstechnik und den dort eingesetzten nachwachsende Rohstoffe ab. Neben Wertstoffen enthalten die Rückstände auch Schadstoffe (s. Tabelle 3).

Tab. 3: Qualitäten anfallender Abfälle

Anlage	NawaRo	Abfall	Nutzstoff	Schadstoff
Festbrennstoffnutzung	Holz, Getreide	Grob- und Rostasche Zyklonasche Flugasche	Ca, Mg, K, P, Na	Schwermetalle, organische Schadstoffe
Fermentation/Biogas	Biomasse	flüssige Gärrückstände[1] feste Gärrückstände	N, P, K, organische Substanz	Schwermetalle (Cu u. Zn). organische Schadstoffe
Biodiesel	Raps	Presskuchen Extraktionsschrot[2]	Eiweiß	
Bioethanol	Zuckerrüben, Getreide, Kartoffeln	Schlempen[3]	Eiweiß	organische Belastung (CSB) Mycotoxine
synthetische Kraftstoffe	Biomasse, Holz	Schlacken		

Die Entsorgung mineralischer und organischer Abfälle, die bei der Nutzung nachwachsender Rohstoffe anfallen, ist so durchzuführen, dass Schadstoffanreicherungen in Böden und benachbarten Medien vermieden werden. Auch dazu sind Regelungen in den entsprechenden EU-Richtlinien aufzunehmen. Noch fehlende Kriterien sind hierfür zu erarbeiten.

4 Fazit

Bodenschutz beginnt, sich europäisch zu etablieren. Es zeigt sich aber auch, dass das Thema Bodenschutz für viele der Beteiligten noch Neuland ist.

Die Entwicklung des Bodenschutzes bzw. des Bodenschutzrechts in Deutschland hat gezeigt, dass

- zur Gewährleitung eines einheitlichen Schutzniveaus in den Bundesländern bundesrechtliche Regelungen erforderlich waren,

---

[1] unterliegen der Bioabfallverordnung

[2] unterliegen der Bioabfallverordnung

[3] unterliegen der Bioabfallverordnung

- auf europäischer Ebene in den europäischen Rechtssetzungsverfahren versucht werden muss, divergierender Regelungen vor allem hinsichtlich der Bodenschutzvorsorge mit der Etablierung der EU-Richtlinie zu vermeiden und
- nur so eine mühsame Harmonisierung angrenzender Rechtsbereiche vermieden werden kann.

Diese – im föderalen Deutschland gemachten Erfahrungen können und sollten durchaus auf Europa übertragen werden. Vor diesem Hintergrund erscheint eine EU-Rahmenregelung in einem ersten Schritt für den Bodenschutz geeignet, einheitliche und umfassende bodenschutzfachliche Anforderungen sowohl im Bereich der Vorsorge als auch der Gefahrenabwehr zu definieren.

Fachliche Maßstäbe des Bodenschutzes sollten im Kontext der EU-Richtlinie EU-weit festgeschrieben werden. Die Erfahrungen in Deutschland als auch vorliegende Diskussionspapiere auf europäischer Ebene zeigen, dass die fachlichen Grundlagen dafür bereits vorhanden sind. Wichtig erscheint aber auch die Notwendigkeit für die Mitgliedsländer hinsichtlich regionaler Besonderheiten Öffnungen zu ermöglichen, wie dies bei den Vorsorgewerten in der BBodSchV vorgesehen ist.

Europäische Regelungen im Bereich der organischen Abfälle sind notwendig und ein gutes Instrument, um mehr Bodenschutz in Europa zu erreichen. Eintragsbegrenzungen von Problemstoffen an der Quelle vorzunehmen, ist ein Konzept, welches auch in der Bodenstrategie vorgesehen ist. Insofern wäre die EU-Kommission gut beraten, die diesbezüglichen Arbeiten wieder aufzunehmen. Organische Materialien können dazu beitragen Bodenfunktionen zu sichern oder wiederherzustellen und sind somit geeignet, einerseits den Zielen der Bodenstrategie Rechnung zu tragen, anderseits Stoffkreisläufe zu schließen und somit Ressourcen zu sparen.

Auswirkungen der neuen veterinärrechtlichen Vorschriften auf die Entsorgung von Bio- und Speiseabfällen sowie tierischer Nebenprodukte

Reinhard Böhm

Zusammenfassung

Mit der Verabschiedung der EU-Verordnung 1774 (2002) „Tierische Nebenprodukte" durch das Europäische Parlament und den Rat wurde auch eine Neuordnung des deutschen Tierkörperbeseitigungsrechts notwendig. Die EU-Verordnung, die primär zur Vermeidung von TSE-Risiken, wie dem Eintrag von BSE-Erregern in die Nahrungskette, konzipiert wurde, teilt die zu verarbeitenden Rohstoffe in drei Kategorien ein, wobei die Kategorie I, die mit dem höchsten TSE-Risiko ist. Auf nationaler Ebene (Bund) wurde das „Tierische Nebenprodukte-Beseitigungsgesetz (TierNebG)", das die Abholungspflicht und die Zuständigkeit regelt, sowie die „Verordnung zur Durchführung des Tierische Nebenprodukte-Beseitigungsgesetzes (Tierische Nebenprodukte-Beseitigungsverordnung – TierNebV)" mit der Aufgabe die Vorgaben der Verordnung (EG) Nr. 1774/2002 zu konkretisieren, Ermächtigungen, die an den Mitgliedstaat adressiert sind, auszuschöpfen und den Geltungsbereich der Verordnung (EG) Nr. 1774/2002 zum nationalen Abfallrecht abzugrenzen, verabschiedet. Diese werden durch entsprechende Länderregelungen komplettiert.

1 Einleitung

Nach dem durch das insuffiziente Tierkörperbeseitigungssystem im Vereinigten Königreich verursachten Eintrag des BSE-Erregers in die Nahrungskette, sah sich die EU neben der Verabschiedung tierseuchenrechtlicher und futtermittelrechtlicher Regelungen auch gezwungen, die Vorschriften für die Behandlung tierischer Nebenprodukte in einem für die gesamte Gemeinschaft verbindlichen Ansatz zu regeln. Es entstand die EU-Verordnung 1774 (2002), die erstmals direktes, das heißt ohne nationale Umsetzung in allen Mitgliedsstaaten der EU, gültiges Recht setzte. Das durchaus nicht von sachlichen Fehlern freie Regelwerk erfasst neben den Rest- und Abfallstoffen aus der Schlachtung sowie der Verarbeitung tierischer Rohstoffe sowie der gefallenen oder getöteten Tiere auch Speise- und Großküchenabfälle sowie tierische Fäkalien. Bis heute waren zahlreiche Nachbesserungen auf europäischer Ebene notwendig. Die nationale Gesetzgebung sowie insbesondere die umsetzende Verwaltung verläuft auch nicht unproblematisch. Deshalb soll hier versucht werden einige wichtige Aspekte, die im Grenzbereich zwischen Abfallrecht und Veterinärrecht stehen darzustellen und zu erläutern.

2 Rechtliche Grundlagen

Aus Gründen der Systematik werden die Europäischen und die Deutschen Regelungen getrennt dargestellt, es muss aber darauf hingewiesen werden, dass sich die zeitlichen Abläufe bei der Gesetzgebung überlappen und dadurch einige Diskrepanzen auftreten.

2.1 Europäische Regelungen

Die Verordnung (EG) Nr. 1774/2002 des Europäischen Parlaments und des Rates vom 3. Oktober 2002 enthält Hygienevorschriften für nicht für den menschlichen Verzehr bestimmte tierische Nebenprodukte. Diese erstrecken sich auf die Abholung und Sammlung, Beförderung, Lagerung, Behandlung, Verarbeitung und Verwendung oder Beseitigung tierischer Nebenprodukte auf die weiter unten noch eingegangen wird. Die Verordnung gilt nicht für rohes Heimtierfutter, das aus Einzelhandelsgeschäften oder an Verkaufsstellen angrenzenden Räumlichkeiten stammt, in denen Fleisch ausschließlich zur unmittelbaren Abgabe an den Verbraucher an Ort und Stelle zerlegt und gelagert wird, sowie rohes Heimtierfutter zur Verwendung an Ort und Stelle, das nach Maßgabe der nationalen Rechtsvorschriften von Tieren gewonnen wurde, die im Herkunftsbetrieb hausgeschlachtet wurden und deren Fleisch ausschließlich im Haushalt des Landwirts verzehrt wird. Ebenfalls nicht erfasst sind Flüssigmilch und Kolostrum, die im Herkunftsbetrieb beseitigt oder verwendet werden sowie ganze Körper oder Teile von Wildtieren, bei denen kein Verdacht auf Vorliegen einer auf Mensch oder Tier übertragbaren Krankheit besteht, außer Fisch, der für Handelszwecke angelandet wird, und Wildkörpern oder Teilen von Wildkörpern, die zur Herstellung von Jagdtrophäen verwendet werden. Die Regelungen gelten ebenfalls nicht für Küchen- und Speiseabfälle, es sei denn, sie stammen von Beförderungsmitteln im grenzüberschreitenden Verkehr, sind für die Tierernährung oder für die Verwendung in einer Biogasanlage oder zur Kompostierung bestimmt. Ausgenommen von den Regelungen sind ferner Eizellen, Embryonen und Samen für Zuchtzwecke.

Diese Regelungen basieren u. a. auf einigen grundsätzlichen Intentionen, insbesondere der Entschließung des Europäischen Parlaments vom 16. November 2000 zu BSE und der Sicherheit von Futtermitteln, in der es sich dafür ausgesprochen hatte, die Verwendung von tierischem Eiweiß in Futtermitteln bis zum Inkrafttreten dieser Verordnung zu verbieten. In diesem Zusammenhang sollten die zulässigen Verwendungszwecke für bestimmtes Tiermaterial eingeschränkt werden, und es sollten Regeln für anderweitige Verwendungen von tierischen Nebenprodukten als in Tierfutter und für ihre Beseitigung festgelegt werden.

Da davon ausgegangen werden muss, dass über Küchen- und Speiseabfälle, die Erzeugnisse tierischen Ursprungs enthalten, Tierseuchen verbreitet werden können, sollen alle Küchen- und Speiseabfälle, die in Beförderungsmitteln im grenzüberschreitenden Verkehr anfallen, unschädlich beseitigt werden. Küchen- und Speiseabfälle, die innerhalb der Gemeinschaft anfallen, sollten nicht für die Fütterung von Nutztieren außer Pelztieren verwendet werden. Für die Verwendung als Futtermittel wurden die landwirtschaftlichen Nutztiere also ausgeschlossen, abgesehen von der bis zum Oktober 2006 begrenzten Erlaubnis zur Verfütterung von Großküchenabfällen an Schweine in einigen Mitgliedsstaaten. Für die Fütterung von nicht für den menschlichen Verzehr bestimmten Tieren könnten als Erleichterung Ausnahmen von den Vorschriften für die Verwendung von tierischen Nebenprodukten angezeigt sein, aber die zuständigen Behörden sollten solche Verwendungen kontrollieren.

Eine weitere Absicht der Verordnung ist es, tierische Nebenprodukte, die nicht für den menschlichen Verzehr bestimmt sind (insbesondere verarbeitetes tierisches Eiweiß, ausgeschmolzene Fette, Heimtierfutter, Häute sowie Wolle), für die besondere Bestimmungen gelten sollen, weil das Inverkehrbringen dieser Erzeugnisse für einen Teil der landwirtschaftlichen Erwerbsbevölkerung eine wichtige Einkommensquelle darstellt, in einem entsprechenden Anhang (Anhang I) aufzulisten. Durch die Festlegung von tierseuchen- und hygienerechtlichen Vorschriften für die betreffenden Erzeugnisse auf Gemeinschaftsebene, sollen die rationelle Entwicklung dieses Sektors gewährleistet und seine Produktivität gesteigert werden. Aufgrund des hohen Risikos der Verbreitung von Tierseuchen sollten für das Inverkehrbringen bestimmter tierischer Nebenprodukte insbesondere in Regionen mit hohem Gesundheitsstatus spezielle Vorschriften festgelegt werden.

Wie sind nun die Zuordnungen der tierischen Nebenprodukte zu den genannten Kategorien. Die Tabellen 1–3 geben einen Überblick.

Im Hinblick auf Abfälle aus Großküchen, dem Cateringbereich und ähnlicher Herkunft sind hier allein die aus dem internationalen Verkehr kommenden Materialien der Kategorie 1 zugeordnet.

Material der Kategorie 1 ist unverzüglich abzuholen und abzutransportieren und zu kennzeichnen und

- sofern nichts anderes bestimmt ist durch Verbrennen in einer zugelassenen Verbrennungsanlage direkt als Abfall zu beseitigen;
- in einem gemäß Artikel 13 zugelassenen Verarbeitungsbetrieb nach einer der Verarbeitungsmethoden 1 bis 5 oder, wenn die zuständige Behörde dies verlangt, der Verarbeitungsmethode 1 (133 °C, 3 bar, 20 min) zu verarbeiten, wobei das aus dieser Verarbeitung hervorgegangene Material dauerhaft, wenn technisch möglich, durch einen Geruchsstoff gekennzeichnet und schließlich in einer zugelassenen Verbrennungs- oder Mitverbrennungsanlage als Abfall verbrannt oder mitverbrannt wird;

- als Abfall auf einer gemäß der Richtlinie 1999/31/EG des Rates vom 26. April 1999 über Abfalldeponien zugelassenen Deponie (außer Material von an TSE erkrankten oder im Rahmen der TSE-Bekämpfung getöteten Tiere) nach Verarbeitung in einem zugelassenen Verarbeitungsbetrieb mit der Verarbeitungsmethode 1 zu vergraben. Dabei ist das aus dieser Verarbeitung hervorgegangene Material, wenn technisch möglich, dauerhaft durch einen Geruchsstoff zu kennzeichnen;

- im Fall von Küchen- und Speiseabfällen als Abfall auf einer gemäß der Richtlinie 1999/31/EG des Rates vom 26. April 1999 über Abfalldeponien zugelassenen Deponie durch Vergraben zu beseitigen;

- oder entsprechend dem Stand der Wissenschaft nach anderen Methoden zu beseitigen, die gemäß dem in Artikel 33 Absatz 2 genannten Verfahren nach Anhörung des zuständigen wissenschaftlichen Ausschusses zugelassen wurden.

In diesem Zusammenhang von größerem Interesse ist das Material der Kategorie 2, das je nach Beschaffenheit unter unterschiedlichen Bedingungen in den Stoffkreislauf zurückgeführt werden kann. Zunächst besteht für Material der Kategorie 2 wie bei Material der Kategorie 1 nach Maßgabe des Artikels 7 die Verpflichtung es unverzüglich abzuholen, abzutransportieren, zu kennzeichnen und sofern nichts anderes bestimmt ist, wie Kategorie 1 Material zu beseitigen. Davon abweichend können:

- ausgeschmolzene Fette zu Fettderivaten zur Verwendung in organischen Düngemitteln oder Bodenverbesserungsmitteln oder für andere technische Verwendungszwecke (ausgenommen in Kosmetika, Pharmazeutika und Medizinprodukte) in einem zugelassenen Fettverarbeitungsbetrieb für Material der Kategorie 2 weiterverarbeitet werden. Dabei sind sie nach der Verarbeitungsmethode 1–5 zu verarbeiten, wobei das aus dieser Verarbeitung hervorgegangene Material, wenn technisch möglich, dauerhaft durch einen Geruchsstoff gekennzeichnet werden soll;

- eiweißhaltige Materialien, die nach Verarbeitung ebenfalls, wenn technisch möglich, dauerhaft durch einen Geruchsstoff gekennzeichnet werden sollen, sind nach der Verarbeitungsmethode 1 (133 °C, 3 bar, 20 min) in zugelassenen Anlagen zu behandeln und können dann gegebenenfalls direkt nach Anhörung des zuständigen wissenschaftlichen Ausschusses als organisches Düngemittel oder Bodenverbesserungsmittel verwendet werden oder in einer zugelassenen Biogasanlage bzw. Kompostieranlage verarbeitet werden oder durch Vergraben auf einer zugelassenen Deponie als Abfall beseitigt werden;

- Fischmaterial ist nach den Vorschriften des Artikels 33 Absatz 2 zu silieren oder zu kompostieren;

- Gülle, von den Eingeweiden getrennter Magen- und Darminhalt, Milch und Kolostrum können, wenn nach Ansicht der zuständigen Behörde keine Gefahr der

Verbreitung einer schweren übertragbaren Krankheit von ihnen ausgeht, als unverarbeiteter Rohstoff in einer zugelassenen Biogas- oder Kompostieranlage verarbeitet oder in einer gemäß Artikel 18 für diesen Zweck zugelassenen technischen Anlage behandelt und auf Böden ausgebracht werden;

- ganze Körper oder Teile von Wildtieren, bei denen kein Verdacht auf Infektion mit auf Mensch oder Tier übertragbaren Krankheiten besteht, können zur Herstellung von Jagdtrophäen in einer für diesen Zweck zugelassenen technischen Anlage bearbeitet werden. Sie können auch auf andere Art beseitigt oder verwendet werden, wenn Vorschriften, die nach dem in Artikel 33 Absatz 2 genannten Verfahren nach Anhörung des zuständigen wissenschaftlichen Ausschusses erlassen wurden, befolgt werden.

Von besonderem Interesse sind in diesem Zusammenhang die Materialien der Kategorie 3. Hier sind aus der Sicht der Hygiene weniger stringente Regelungen getroffen und eine vereinfachte Palette von Verarbeitungsmöglichkeiten zu organischen Düngern wird vorgegeben. Selbstverständlich sind auch alle Verwertungsmöglichkeiten wie für Kategorie 2 Material möglich. In der Tabelle 3 sind die Materialien, für die diese Verarbeitungsmöglichkeiten gelten, zusammengefasst.

Wichtig ist, das Materialien der Kategorie 3 zusätzlich zu den oben genannten Möglichkeiten auch als Rohstoff in einem gemäß Artikel 18 der Verordnung zugelassenen Heimtierfutterbetrieb verwendet werden dürfen oder in einer gemäß Artikel 15 der Verordnung zugelassenen Biogas- oder Kompostieranlage verarbeitet werden können. Auf die einzuhaltenden Bedingungen bei der Verarbeitung zu Heimtierfutter soll hier nicht detaillierter eingegangen werden, aber die für die Verarbeitung in Biogas- und Kompostieranlagen gesetzten Rahmenbedingungen gemäß Anhang V, VI und VII sollen näher betrachtet werden. Material der Kategorie 3, das in Biogasanlagen mit einer Pasteurisierungs-/Entseuchungseinrichtung als Rohmaterial verwendet wird, muss eine Reihe von Mindestnormen erfüllen. Zunächst muss es auf eine Höchstteilchengröße von 12 mm zerkleinert werden. Vor der Verarbeitung in einer Biogasanlage muss eine Pasteurisierung bei einer Mindesttemperatur von 70 °C im gesamten Material bei einer nicht unterbrochenen Einwirkungszeit von 60 min erfolgen. Bei der Kompostierung ist nur eine Verarbeitung im geschlossenen System gestattet, auch hier wird eine Mindesteinwirkungszeit von 60 min gefordert, wobei in allen Teilen des Materials eine Temperatur von 70 °C gefordert ist. Für die ausschließliche Verarbeitung von Küchen- und Speiseabfällen in Biogas- oder Kompostieranlagen, kann die zuständige Behörde jedoch die Anwendung von anderen Verarbeitungsnormen zulassen, sofern gewährleistet ist, dass in Bezug auf die Verringerung von Krankheitserregern eine gleichwertige Wirkung erreicht wird. Für die Behandlung selbst und insbesondere für den Biogasprozess werden keine weiteren Vorgaben gemacht, dafür werden die mikrobiologischen Anforderungen an das Produkt definiert. Fermentationsrückstände oder Kompost, die während oder unmittelbar nach der Auslagerung aus der Biogas- oder Kompostieranlage entnommen werden, dürfen keine Salmonellen in fünf untersuchten Proben von 25 g pro Charge enthalten. Der in der ursprünglichen Fassung der EU-Verordnung 1774 (2002) enthaltene zusätzlich einzuhaltende Parameter Enterobacteriaceae ist nach entsprechenden Vorschlägen der European Food Safety Agency (EFSA) durch die Parameter *Escherichia coli* oder *Enterococcus faecalis* ersetzt worden. Für beide Parameter wurde ein Grenzwert von 10 KBE/g festgesetzt. Bei fünf zu ziehenden Proben wurde dabei festgelegt, dass zwei Proben zwischen 10 und 300 KBE/g enthalten dürfen, wenn alle anderen unter dem Grenzwert liegen.

Ferner ist darauf hinzuweisen, dass im Fall von Küchen- und Speiseabfällen, die nicht von Beförderungsmitteln im grenzüberschreitenden Verkehr stammen, bis zum Erlass gemeinschaftlicher Vorschriften, was noch nicht geschehen ist, nach innerstaatlichem Recht in einer zugelassenen Biogasanlage oder Kompostierungsanlage verarbeitet oder kompostiert werden dürfen.

2.2 Deutsche Regelungen

Auf nationaler Ebene setzt das „Tierische Nebenprodukte-Beseitigungsgesetz (TierNebG)" vom 25. Januar 2004 die Verordnung (EG) Nr. 1774/2002, geändert durch die Verordnung (EG) Nr. 808/2003 und der zu ihrer Durchführung ergangenen Rechtsakte, der Europäischen Gemeinschaft um. Ein wichtiger Regelungsinhalt ist die Verpflichtung der nach Landesrecht zuständigen Körperschaften des öffentlichen Rechts (Beseitigungspflichtige) Kategorie 1 und Kategorie 2 Materialien, ausgenommen Milch, Kolostrum, Gülle sowie Magen- und Darminhalt, abzuholen, zu sammeln, zu befördern, zu lagern, zu behandeln, zu verarbeiten oder zu beseitigen. Diese Pflicht kann auch auf Dritte übertragen werden, wenn:

- dem keine überwiegenden öffentlichen Interessen entgegenstehen;
- der Verarbeitungsbetrieb, die Verbrennungsanlage oder die Mitverbrennungsanlage die in Artikel 12 bis 14 der Verordnung (EG) Nr. 1774/2002 genannten Bedingungen für die jeweilige Art der Verarbeitung erfüllt;
- gewährleistet ist, dass die übrigen Vorschriften der Verordnung (EG) Nr. 1774/2002 des Tierische Nebenprodukte Gesetzes sowie begleitender Rechtsvorschriften beachtet werden.

Die Übertragung kann ganz oder teilweise erfolgen. Bei Teilübertragung kann sie mit der Auflage verbunden werden, dass der Verarbeitungsbetrieb, die Verbrennungsanlage oder die Mitverbrennungsanlage das in einem Gebiet anfallende Material abzuholen, zu sammeln, zu befördern, zu lagern, zu behandeln, zu verarbeiten oder zu beseitigen hat, sofern das öffentliche Interesse dies erfordert. Ein Rechtsanspruch auf Übertragung besteht nicht, die Länder bestimmen auch die Einzugsbereiche.

Unabhängig davon sind die zuständigen Behörden ermächtigt, Proben zur Überwachung zu ziehen und die Länder haben die Ermächtigung zur Zulassung und Überwachung aller Schritte von der Abholung bis zur Verarbeitung.

Der Abholungspflicht steht eine Pflicht zur Meldung, Ablieferung und Aufbewahrung der entsprechenden Materialien gegenüber, die sich auch auf Kategorie 3 Materialien erstrecken kann, wenn eine entsprechende Verarbeitung für Kategorie 3 Materialien gemäß der Verordnung (EG) Nr. 1774/2002 nicht stattfindet.

Die Länder regeln auch, inwieweit und in welchem Umfange für tierische Nebenprodukte, die an Beseitigungspflichtige abzugeben sind, ein Entgelt zu gewähren oder zu entrichten ist oder Kosten (Gebühren und Auslagen) zu erheben sind. Bemerkenswert ist auch die Bestimmung, dass bei umhüllten oder verpackten tierischen Nebenprodukten derjenige, bei dem die tierischen Nebenprodukte angefallen sind, die Kosten der Öffnung und der Entfernung der Umhüllung oder Verpackung trägt.

Weitere Bestimmungen sind in der auf der Basis des Tierische Nebenprodukte Gesetzes erlassenen Verordnung zur Durchführung des Tierische Nebenprodukte-Beseitigungsgesetzes (Tierische Nebenprodukte-Beseitigungsverordnung – TierNebV) enthalten. Ziel der vorliegenden Verordnung ist es, die Vorgaben der Verordnung (EG) Nr. 1774/2002 zu konkretisieren, Ermächtigungen, die an den Mitgliedstaat adressiert sind, auszuschöpfen sowie den Geltungsbereich der Verordnung (EG) Nr. 1774/2002 zum nationalen Abfallrecht abzugrenzen. Darüber hinaus dient sie naturgemäß der Durchführung von Bestimmungen des Tierische Nebenprodukte-Beseitigungsgesetzes. Dementsprechend stützt sie sich auf Ermächtigungen des Tierische Nebenprodukte-Beseitigungsgesetzes, des Düngemittelgesetzes, des Tierseuchengesetzes und des Kreislaufwirtschafts- und Abfallgesetzes. Die Tabelle 4 gibt eine Übersicht über die Regelungsinhalte der einzelnen Abschnitte und Unterabschnitte mit einer Zuordnung zu den Paragraphen und Anhängen. Wichtig sind in diesem Zusammenhang die Bestimmungen des § 3, der die Verwendung von Küchen- und Speiseabfälle aus privaten Haushalten regelt (Abgrenzung zwischen Abfallrecht und Tierkörperbeseitigungsrecht). Denn für Küchen- und Speiseabfälle der Kategorie 3, die in privaten Haushaltungen anfallen und die in einer Biogas- oder Kompostierungsanlage behandelt werden, sind die Vorschriften über die Überlassung an den öffentlich-rechtlichen Entsorgungsträger im Sinne des § 13 Abs. 1 und § 15 Abs. 1 Kreislaufwirtschafts- und Abfallgesetz sowie die Bioabfallverordnung entsprechend anzuwenden. Biogas- und Kompostierungsanlagen, in denen ausschließlich Küchen- und Speiseabfälle nach Satz 1 eingesetzt werden, bedürfen nicht der Zulassung nach Artikel 15 Abs. 1 und 2 der Verordnung (EG) Nr. 1774/2002, also hier gilt die Bioabfallverordnung. Allerdings gibt es für bestimmte Fälle tierseuchenrechtlich bedingte Einschränkungen, denn immer dann, wenn diese Küchen- und Speiseabfälle zur Verarbeitung in eine Biogas- oder Kompostierungsanlage befördert werden, die sich auf einem Betrieb mit Nutztieren befindet, ist folgendes zu beachten:

- die Küchen- und Speiseabfälle müssen vor dem Befördern in den Betrieb pasteurisiert werden,

- die Biogas- oder Kompostierungsanlage muss sich zum Schutz vor der Übertragung von Seuchenerregern in ausreichendem Abstand von dem Bereich befinden, in dem die Tiere gehalten werden,

- die Biogas- oder Kompostierungsanlage ist von Tieren, Tierfutter und Einstreu vollständig räumlich zu trennen, um sicherzustellen, dass die Nutztiere weder unmittelbar noch mittelbar mit den genannten Abfällen in Berührung kommen.

Die Verordnung enthält darüber hinaus für alle genannten tierischen Nebenprodukte, die unter die Verordnung (EG) Nr. 1774/2002 fallen, differenzierte Bestimmungen, die im Originaltext nachzulesen sind.

3 Grundsätzliche Anmerkungen zu Hygieneanforderungen bei tierischen Nebenprodukten

Die Verordnung (EG) Nr. 1774/2002, die die Grundlage der gesetzlichen Bestimmungen für die Verwertung tierischer Nebenprodukte darstellt, ist aus fachlicher Hinsicht in einigen Punkten fehlerhaft oder unpräzise, deshalb war und ist sie wiederholt Gegenstand der Beratung in verschiedenen Fachgruppen der Europäischen Behörde für Lebensmittelsicherheit (EFSA). Aus diesem Grund soll hier nachfolgend für einige tierische Nebenprodukte, losgelöst von den derzeitigen gesetzlichen Bestimmungen, das aus Sicht der Hygiene notwendige Vorgehen dargestellt werden. Hierbei ist festzuhalten, dass die EU-Verordnung tierische Nebenprodukte mit ganz unterschiedlichen Eigenschaften in die Kategorien 2 und 3 einordnet und die Behandlung sich einseitig an den Bedürfnissen der Humanhygiene orientiert und dabei das sehr viel größere Risiko der Übertragung von Tierkrankheiten bei einigen Materialien nur unzureichend berücksichtigt wird. Dies gilt insbesondere für tierische Fäkalien und für Kategorie 3 Materialien. Grundsätzlich ist auch festzuhalten, dass die EFSA-Arbeitsgruppe wenn möglich für Kategorie 3 Materialien, insbesondere solche, die überwiegend tierische Gewebe enthalten, die Behandlung mit der Methode 1 (133 °C/ 3 bar/ 20 min) auch vor einer weiteren Verwendung in der Biogasanlage oder in der Kompostierung für die sicherste Methode hält. Diese Ansicht wird auch durch neue wissenschaftliche Untersuchungen gestützt, die zeigen, dass es im Biogasprozess oder in der Kompostierung zu keinerlei prozessbedingter Reduzierung von TSE-Infektiosität kommt. Da davon auszugehen ist, dass nach Entfernung des spezifizierten Risikomaterials aus dem Tierkörper bei der Schlachtung unter ungünstigen Umständen noch ca. 0,25 % Restinfektiosität im Schlachtkörper verbleiben, böte nur eine Behandlung mit der Methode 1, die zwei bis drei Zehnerpotenzen an TSE-Infektiosität zerstören kann, die Möglichkeit ein Restrisiko zu vermeiden.

3.1 Hygieneanforderungen an tierische Reststoffe mit erheblichen Anteilen von tierischen Geweben

Auch wenn diese Materialien nach dem Fleischhygienerecht im Prinzip als genusstauglich beurteilt sein müssen, können sie doch Krankheitserreger für Tiere inklusive Tierseuchenerreger tragen, die sogar bevor Krankheitszeichen beim Tier festzustellen sind in hoher Zahl im Gewebe zu finden sind. Die klassischen Beispiele sind Krankheiten wie die Schweinepest oder die Maul- und Klauenseuche. Aus der Sicht der Hygiene wäre hier erst eine Vergärung nach einer Behandlung mit der Methode 1 zu empfehlen. So könnten auch die sich während der Lagerung häufig vermehrenden Sporenbildner sowie die thermostabilen Viren (Circoviren und Parvoviren) sicher inaktiviert werden. Sollen zumindest die Risiken durch thermostabile Viren minimiert werden, kommt nur eine Behandlung in Anlagen, die mit für diese Viren repräsentativen Prüforganismen validiert wurden, in Frage. Die in der Verordnung (EG) Nr. 1774/2002 vorgegebenen Pasteurisierungsverfahren (70 °C – 1h) reichen nicht aus diese Erreger in ausreichendem Maße zu inaktivieren. Die für die Kompostierung gegebenen Prozessempfehlungen sind völlig unzureichend und müssten mindestens durch die Verpflichtung zu einer entsprechenden Validierung der Prozesse ersetzt werden. Auch aus anderen Gründen (Kosten, Geruchsprobleme, Schadtierattraktion) kann die Kompostierung für tierische Reststoffe solcher Art nicht empfohlen werden.

3.2 Hygieneanforderungen an tierische Reststoffe mit unerheblichen Anteilen von tierischen Geweben

Hier ist primär an Materialien wie Magen-Darminhalte und Panseninhalte sowie Flotate zu denken. Hier ist uneingeschränkt eine Biogasgewinnung nach Pasteurisierung bei 70 °C für die Dauer von 60 min möglich und sinnvoll. Eine Kompostierung ist ebenfalls möglich, wenn der Prozess mit *Salmonella Senftenberg* W775 H_2S negativ validiert wurde. Die in der Verordnung (EG) Nr. 1774/2002 gegebenen Empfehlungen sind grundsätzlich für die hygienische Sicherheit von Kompostierungsprozessen wirklichkeitsfremd (70 °C – 60 min). Sollen andere Behandlungsprozesse (biotechnologisch, physikalisch oder chemisch) verwendet werden, so ist entsprechend den EFSA-Empfehlungen eine Validierung und die Etablierung eines HACCP-Konzeptes notwendig und unbedingt in jedem Fall zu empfehlen. Im Normalfall ist zur Validierung thermischer Prozesse *Enterococcus faecalis* zu verwenden, chemische und biotechnologische Prozesse können mit *Salmonella Senftenberg* validiert werden. Besteht ein epidemiologisches Risiko im Hinblick auf über den Magen-Darmtrakt ausgeschiedenen thermostabilen Viren, muss ein entsprechend resistenter Testorganismus verwendet werden.

3.3 Hygieneanforderungen an Fest- und Flüssigmist

Fest- und Flüssigmist, der nicht in den Verkehr kommt, unterliegt keinen Restriktionen, weil das epidemiologische Risiko für den eigenen Betrieb nicht durch die Verwendung der eigenen Wirtschaftsdünger steigt (geschlossener Kreislauf), im Tierseuchenfall greifen sowieso die veterinärpolizeilichen Regelungen.

Sobald Fest- und Flüssigmist auf mehreren Betrieben verwendet oder auf andere Art und Weise in den Verkehr gebracht werden, wandelt sich der geschlossene Kreislauf in ein mehr oder weniger offenes System mit entsprechenden epidemiologischen Risiken. Auch hier ist in der Regel eine Behandlung in einer Biogasanlage nach Pasteurisierung gemäß Verordnung (EG) Nr. 1774/2002 eine geeignete Maßnahme diese Risiken zu minimieren. Entsprechend den Empfehlungen der EFSA ist auch eine andere Behandlung in einem validierten Verfahren (siehe unter 3.2) möglich.

3.4 Hygieneanforderungen an die Behandlung von Speiseabfällen

Speiseabfälle unterliegen unterschiedlichen Regelungen, sobald sie aus dem Internationalen Verkehr stammen, müssen sie wie das übrige Kategorie 1 Material vernichtet werden. Aus der Sicht der Hygiene besteht dazu allerdings keine Notwendigkeit, das Material ist bestimmungsgemäß für die menschliche Ernährung geeignet und das Tierseuchenrisiko ließe sich durch eine Behandlung mit der Methode 1 vermeiden.

Für Speiseabfälle, die nicht aus Privathaushalten stammen, hat der Gesetzgeber im § 13 TierNebV von der Ermächtigung nationale Regelungen anzuwenden Gebrauch gemacht, diese erfüllen aber nicht die für Materialien dieser Art notwendigen Hygieneanforderungen (Böhm, 2003). Es ist davon auszugehen, dass ein erhöhtes Risiko, was die Verbreitung von Krankheitserregern für Haus- und Nutztiere angeht, und dass auch thermoresistente Viren unter den gegebenen epidemiologischen Bedingungen zu berücksichtigen sind. Dementsprechend wäre vor einer Verwendung in einer Biogasanlage eine Pasteurisierung bei 90 °C – 60 min anzuraten. Eine Kompostierung im geschlossenen System sollte entsprechend mit thermoresistenten Viren validiert werden. Eine Mietenkompostierung ist wegen der Zugänglichkeit für belebte Vektoren unbedingt zu vermeiden.

Für Speiseabfälle aus Privathaushalten, die mit dem Bioabfall eingesammelt werden, gilt die Bioabfallverordnung mit einer entsprechenden Behandlung in einer validierten Anlage. Für die Betriebshygiene und den Arbeitsschutz sind auch die Vorgaben des ATV-M 365 zu beachten.

4 Literatur

1. ATV (1999): ATV – M 365 Hygiene der Abfallbehandlung – Hinweise zu baulichen und organisatorischen Maßnahmen

2. Böhm, R. (2003): What need for specific rules for composting of bio-waste and catering waste, pp. 45–63. In: H. Langenkamp, L. Marmo (Hrsg.): Biological treatment of biodegradable Waste. Technical aspects. European Commission Joint Research Centre, 2003 EUR 20517 EN

3. EFSA (2005): Opinion of the Scientific Panel on Biological Hazards of the European Food Safety Authority on the safety vis-à-vis biological risks of biogas and compost treatment standards of animal by-products (ABP). Adopted on 7 September 2005

4. EFSA (2005): Opinion of the Scientific Panel on Biological Hazards of the European Food Safety Authority on the biological safety of heat treatment of manure. Adopted on 7 September 2005

5. Tierische Nebenprodukte-Beseitigungsgesetz (TierNebG), BGBl. 2004 I Nr. 4, S. 82–88

6. Verordnung zur Durchführung des Tierische Nebenprodukte-Beseitigungsgesetzes, BGBl. 2006 I Nr. 37, S. 1735–1752

7. Verordnung (EG) Nr. 1774/2002 des Europäischen Parlaments und des Rates vom 3. Oktober 2002 mit Hygienevorschriften für nicht für den menschlichen Verzehr bestimmte tierische Nebenprodukte. Amtsblatt der Europäischen Gemeinschaften L273

Tab. 1: Zuordnung von tierischen Reststoffen zur Kategorie I gemäß EU Verordnung Nr. 1774 (2002)

Material	Weitere Details
1. Alle Körperteile, einschließlich Häute, folgender Tiere: • TSE-verdächtige Tiere oder Tiere, bei denen das Vorliegen einer TSE amtlich bestätigt wurde; • Tiere, die im Rahmen eines TSE-Tilgungsprogramms getötet wurden; • andere Tiere als Nutztiere und Wildtiere, insbesondere Heimtiere, Zootiere und Zirkustiere; • Versuchstiere im Sinne des Artikels 2 der Richtlinie 86/609/EWG • Wildtiere, wenn der Verdacht besteht, dass sie mit einer auf Mensch oder Tier übertragbaren Krankheit infiziert sind.	Verordnung (EG) Nr. 1774/2002 Artikel 4, Absatz 1, Buchstabe a) Verordnung (EG) Nr. 999/2001 Richtlinie 86/609/EWG des Rates vom 24. November 1986
2. Weiterhin • spezifiziertes Risikomaterial; • ganze Tierkörper, wenn das spezifizierte Risikomaterial bis zum Zeitpunkt der Beseitigung nicht entfernt worden ist.	Verordnung (EG) Nr. 1774/2002 Artikel 4, Absatz 1, Buchstabe b)
3. Erzeugnisse • die von Tieren gewonnen wurden, denen nach der Richtlinie 96/22/EG verbotene Stoffe verabreicht wurden; • tierischen Ursprungs, die Rückstände von Umweltkontaminanten und anderen Stoffen enthalten, wenn diese Rückstände den gemeinschaftsrechtlich festgesetzten Höchstwert oder, falls gemeinschaftsrechtlich kein Höchstwert festgesetzt wurde, den einzelstaatlich festgesetzten Höchstwert überschreiten.	Verordnung (EG) Nr. 1774/2002 Artikel 4, Absatz 1, Buchstabe c) Richtlinie 96/23/EG des Rates vom 29. April 1996 Gruppe B Nummer 3 des Anhangs I
4. Alles Tiermaterial, • das bei der Behandlung von Abwässern aus Verarbeitungsbetrieben für Material der Kategorie 1 und anderen Anlagen, in denen spezifiziertes Risikomaterial entfernt wird, gesammelt wird, einschließlich Siebreste, Abfall aus Sandfängern, Fett-/Ölgemische, Schlämme und Material aus den Abflussleitungen solcher Anlagen, es sei denn, dieses Material enthält kein spezifiziertes Risikomaterial oder Teile davon.	Verordnung (EG) Nr. 1774/2002 Artikel 4, Absatz 1, Buchstabe d)
5. Küchen- und Speiseabfälle • von Beförderungsmitteln im grenzüberschreitenden Verkehr.	Verordnung (EG) Nr. 1774/2002 Artikel 4, Absatz 1, Buchstabe e)
6. Gemische von Material der Kategorie 1 mit Material der Kategorie 2 oder der Kategorie 3 • oder mit Material beider Kategorien, einschließlich Material, das zur Verarbeitung in einem Verarbeitungsbetrieb für Material der Kategorie 1 bestimmt ist.	Verordnung (EG) Nr. 1774/2002 Artikel 4, Absatz 1, Buchstabe f)

Tab. 2: Zuordnung von tierischen Reststoffen zur Kategorie II gemäß EU Verordnung 1774 (2002)

Material	Weitere Details
1. Gülle sowie Magen- und Darminhalt	Verordnung (EG) Nr. 1774/2002 Artikel 5, Absatz 1, Buchstabe a)
2. Alles Tiermaterial, das bei der Behandlung von Abwässern aus Schlachthöfen ausgenommen Kategorie 1 Material (siehe Tabelle 1), oder aus Verarbeitungsbetrieben für Material der Kategorie 2 gesammelt wird, einschließlich Siebreste, Abfall aus Sandfängern, Fett-/Ölgemische, Schlämme und Material aus den Abflussleitungen solcher Anlagen	Verordnung (EG) Nr. 1774/2002 Artikel 4, Absatz 1, Buchstabe d) Artikel 5, Absatz 1, Buchstabe b)
3. Erzeugnisse tierischen Ursprungs, die Rückstände von Tierarzneimitteln und Kontaminanten gemäß der Richtlinie 96/23/EG enthalten, wenn diese Rückstände den gemeinschaftsrechtlich festgesetzten Höchstwert überschreiten	Verordnung (EG) Nr. 1774/2002 Artikel 4, Absatz 1, Buchstabe c) Artikel 5, Absatz 1, Buchstabe c) Richtlinie 96/23/EG Anhang I Gruppe B Nummern 1 und 2
4. Andere Erzeugnisse tierischen Ursprungs als Material der Kategorie 1, die aus Drittländern eingeführt werden und die bei den in den gemeinschaftlichen Rechtsvorschriften vorgesehenen Kontrollen den tierseuchenrechtlichen Vorschriften für die Einfuhr in die Gemeinschaft nicht entsprechen	Verordnung (EG) Nr. 1774/2002 Artikel 5, Absatz 1, Buchstabe d)
5. Andere als die in Artikel 4 aufgeführten Tiere (also keine Wiederkäuer) und Teile von Tieren, die auf andere Weise als durch Schlachtung für den menschlichen Verzehr sterben, einschließlich Tiere, die zur Tilgung einer Tierseuche getötet werden	Verordnung (EG) Nr. 1774/2002 Artikel 5, Absatz 1, Buchstabe e)
6. Mischungen von Material der Kategorie 2 mit Material der Kategorie 3, einschließlich Material, das zur Verarbeitung in einem Verarbeitungsbetrieb für Material der Kategorie 2 bestimmt ist	Verordnung (EG) Nr. 1774/2002 Artikel 5, Absatz 1, Buchstabe f)
7. Andere tierische Nebenprodukte als Material der Kategorie 1 oder der Kategorie 3	Verordnung (EG) Nr. 1774/2002 Artikel 5, Absatz 1, Buchstabe g)

Tab. 3: Zuordnung von tierischen Reststoffen zur Kategorie III gemäß EU Verordnung 1774 (2002)

Material	Weitere Details
1. Schlachtkörperteile, die nach dem Gemeinschaftsrecht genusstauglich sind, die jedoch aus kommerziellen Gründen nicht für den menschlichen Verzehr bestimmt sind;	Verordnung (EG) Nr. 1774/2002
2. Schlachtkörperteile, die als genussuntauglich abgelehnt werden, die jedoch keine Anzeichen einer auf Mensch oder Tier übertragbaren Krankheit zeigen und die von Schlachtkörpern stammen, die nach dem Gemeinschaftsrecht genusstauglich sind;	Verordnung (EG) Nr. 1774/2002
3. Häute, Hufe und Hörner, Schweineborsten und Federn von Tieren, die nach einer Schlachttieruntersuchung, aufgrund derer sie nach dem Gemeinschaftsrecht für die Schlachtung zum menschlichen Verzehr geeignet sind, in einem Schlachthof geschlachtet werden;	Verordnung (EG) Nr. 1774/2002
4. Blut von anderen Tieren als Wiederkäuern, die nach einer Schlachttieruntersuchung, aufgrund derer sie nach dem Gemeinschaftsrecht für die Schlachtung zum menschlichen Verzehr geeignet sind, in einem Schlachthof geschlachtet werden;	Verordnung (EG) Nr. 1774/2002
5. tierische Nebenprodukte, die bei der Gewinnung von für den menschlichen Verzehr bestimmten Erzeugnissen angefallen sind, einschließlich entfetteter Knochen und Grieben;	Verordnung (EG) Nr. 1774/2002
6. ehemalige Lebensmittel tierischen Ursprungs oder Erzeugnisse tierischen Ursprungs enthaltende ehemalige Lebensmittel, außer Küchen- und Speiseabfälle, die aus kommerziellen Gründen oder aufgrund von Herstellungsproblemen oder Verpackungsmängeln oder sonstigen Mängeln, die weder für den Menschen noch für Tiere ein Gesundheitsrisiko darstellen, nicht mehr für den menschlichen Verzehr bestimmt sind;	Verordnung (EG) Nr. 1774/2002
7. Rohmilch von Tieren, die keine klinischen Anzeichen einer über dieses Erzeugnis auf Mensch oder Tier übertragbaren Krankheit zeigen;	Verordnung (EG) Nr. 1774/2002
8. Fische oder andere Meerestiere, ausgenommen Meeressäugetiere, die auf offener See für die Fischmehlherstellung gefangen wurden;	Verordnung (EG) Nr. 1774/2002
9. bei der Verarbeitung von Fisch anfallende frische Nebenprodukte aus Betrieben, die Fischerzeugnisse für den menschlichen Verzehr herstellen;	Verordnung (EG) Nr. 1774/2002

Fortsetzung

Tab. 3: Zuordnung von tierischen Reststoffen zur Kategorie III gemäß EU Verordnung 1774 (2002)

Material	Weitere Details
10. Schalen, Brütereinebenprodukte und Knickeiernebenprodukte von Tieren, die keine klinischen Anzeichen einer über diese Erzeugnisse auf Mensch oder Tier übertragbaren Krankheit zeigten;	Verordnung (EG) Nr. 1774/2002
11. Blut, Häute, Hufe, Federn, Wolle, Hörner, Haare und Pelze von Tieren, die keine klinischen Anzeichen einer über diese Erzeugnisse auf Mensch oder Tier übertragbaren Krankheit zeigten	Verordnung (EG) Nr. 1774/2002
12. Andere Küchen- und Speiseabfälle als die von Beförderungsmitteln im grenzüberschreitenden Verkehr.	Verordnung (EG) Nr. 1774/2002 Artikel 4, Absatz 1, Buchstabe e)

Tab. 4: Inhaltliche Zuordnung der Bestimmungen der Tierische Nebenprodukte-Beseitigungsverordnung

Regelungsbereich	Regelungsinhalt	Fundstelle
Teil 1 Allgemeine Bestimmungen	Geltungsbereich, Begriffsbestimmungen	§§ 1–2
Teil 2 Spezifische Anforderungen für Küchen- und Speiseabfälle und an Betriebe mit Nutztierhaltung	Küchen- und Speiseabfälle aus privaten Haushaltungen, sonstige Küchen- und Speiseabfälle, Betriebe mit Nutztierhaltung	§§ 3–5
Teil 3 Transport- und Nachweisverpflichtungen	Lagerung, Beförderung und Inverkehrbringen von Gülle, Anzeige und Betriebsregistrierung, Reinigung und Desinfektion, Handelspapiere, Aufzeichnungspflichten	§§ 6–9
Teil 4 Anforderungen an die Verarbeitung, Behandlung und Entsorgung tierischer Nebenprodukte	Abschnitt 1: Verarbeitungsmethoden Abschnitt 2: Anlagen zur Pasteurisierung	§§ 10–11
	Abschnitt 3: Vergärung und Kompostierung von tierischen Nebenprodukten *Unterabschnitt 1: Anforderungen an Biogasanlagen*: Verarbeitung von tierischen Nebenprodukten in einer Biogasanlage, Biogasanlagen, in denen ausschließlich Küchen- und Speiseabfälle eingesetzt werden, Biogasanlagen, in denen ausschließlich Küchen- und Speiseabfälle zusammen mit Gülle, Magen- und Darminhalt, Milch und Kolostrum eingesetzt werden, Biogasanlagen, in denen ausschließlich Gülle, Magen- und Darminhalt, Milch und Kolostrum eingesetzt werden	§§ 12–15

Fortsetzung

Tab. 4: Inhaltliche Zuordnung der Bestimmungen der Tierische Nebenprodukte-Beseitigungsverordnung

Regelungsbereich	Regelungsinhalt	Fundstelle
Teil 4 Anforderungen an die Verarbeitung, Behandlung und Entsorgung tierischer Nebenprodukte	*Unterabschnitt 2: Anforderungen an Kompostierungsanlagen* Verarbeitung von tierischen Nebenprodukten in einer Kompostierungsanlage, Kompostierungsanlagen, in denen ausschließlich Küchen- und Speiseabfälle eingesetzt werden, Kompostierungsanlagen, in denen ausschließlich Küchen- und Speiseabfälle zusammen mit Gülle, Magen- und Darminhalt, Milch und Kolostrum eingesetzt werden, Kompostierungsanlagen, in denen ausschließlich Gülle, Magen- und Darminhalt, Milch und Kolostrum eingesetzt werden	§§ 16–19
	Unterabschnitt 3: Anforderungen an Biogas- und Kompostierungsanlage Untersuchungen und Probenahme bei zugelassenen Anlagen, gemeinsame Anforderungen an Biogas- und Kompostierungsanlagen, Untersuchungen und Probenahme in Biogas- und Kompostierungsanlagen, Untersuchungen und Probenahme in Anlagen zur Pasteurisierung	§§ 20–22
	Unterabschnitt 4: Verwertung von Fermentationsrückständen und Komposten	§ 23
	Abschnitt 4: Anlagen zur Entsorgung tierischer Nebenprodukte als Abfall, Verbrennungsanlagen, Ablagerung auf Deponien	§§ 24–25

Fortsetzung

Tab. 4: Inhaltliche Zuordnung der Bestimmungen der Tierische Nebenprodukte-Beseitigungsverordnung

Regelungsbereich	Regelungsinhalt	Fundstelle
Teil 5 Registrierung und Zulassung	Registrierung und Bekanntmachung der Zulassungen	§ 26
Teil 6 Ausnahmen	Ausnahmen	§ 27
Teil 7 Schlussvorschriften	Ordnungswidrigkeiten, Inkrafttreten	§§ 28–29
Anlagen	Handelspapiere	Anlage 1
	Muster für Aufzeichnungen	Anlage 2
	Probenahme	Anlage 3
	Liste der zur Verarbeitung in Biogas- und Kompostierungsanlagen zugelassenen tierischen Nebenprodukte, soweit die Fermentationsrückstände und Komposte aus den Anlagen zur Verwertung auf Böden bestimmt sind	Anlage 4
	Nummernschlüssel für die Betriebsart	Anlage 5

Stand und Perspektiven der mechanisch-biologischen Abfallbehandlung in Deutschland

Daniel Rohring

Zusammenfassung

Die Arbeitsgemeinschaft Stoffspezifische Abfallbehandlung e.V. ist der Interessenverteter der Betreiber von Mechanisch-Biologischen Abfallbehandlungsanlagen. Alle zwei Jahre werden die Daten aller MBA-/MBS-/MPS-Anlagen in den ASA-Steckbriefen veröffentlicht. Insgesamt bestehen derzeitig 50 Anlagen in Deutschland. Ferner werden in dem neuen ASA-Steckbrief drei Konzepte zur Verwertung der heizwertreichen Fraktion im Detail vorgestellt.

1 Stand der MBA-Technologie

Die ASA ist ein Zusammenschluss von MBA-Betreibern, deren Ursprung im Bundesland Niedersachsen liegt. Das Land Niedersachsen hat durch die Förderung von drei Pilotanlagen Mitte der 90er Jahre die Entwicklung der MBA-Technologie positiv beeinflusst!

ASA-Mitglieder schließen Stoffkreisläufe. So wird z. B. der Energiegehalt der Abfälle genutzt, um Brennstoffe für Industriekraftwerke oder Zementwerke zu erzeugen.

Der Verband feiert im Jahr 2007 sein zehnjähriges Bestehen. Während die MBA-Technik noch eine junge und innovative Technik ist, gibt es die MVA-Technologie schon über 100 Jahre. Darum ist es sicherlich auch verständlich, dass die Technik in ihrer Einführungsphase noch einige Defizite aufweist, die mittlerweile aber nicht mehr von grundlegender Bedeutung sind. Verstärkt wurden die Probleme durch die kurze Umsetzungsfrist der MBA-Konzepte. Zwar war mit der Einführung der TASi 1993 schon klar wohin die Reise geht, aber die gesetzlichen Rahmenbedingungen für die Alternative zur Müllverbrennung, nämlich die Ablagerungsverordnung und 30. BImSchV, sind erst im März 2001 verabschiedet worden. So blieben uns bis zum TASi-Termin, Ende Mai 2005, lediglich vier Jahre für Planung, Ausschreibung, Genehmigung, Bau und Inbetriebnahme.

Bei manchen regionalen MBA-Konzepten wurde die Frage der heizwertreichen Fraktion nicht frühzeitig geklärt, was dazu führte, dass Engpässe in der Verwertung dieser Fraktion aufgebaut wurden und zeitlich begrenzte Zwischenlager eingerichtet werden mussten.

Zurzeit entsteht in Deutschland eine Vielzahl von Kraftwerksprojekten an Industriestandorten, wie z. B. bei der Papier- und Zellstoffindustrie oder Sodawerken, die sich damit unabhängiger von ihren Energielieferanten machen wollen. ASA-Mitglieder sind in vielen dieser Projekte involviert.

Insgesamt werden in Deutschland 25 % der Siedlungsabfälle mittels MBA-Technik vorbehandelt, das sind ca. 6 Mio. t! Durch die Aufbereitung der Abfälle entstehen ca. 3 Mio. t heizwertreicher Fraktionen, die einen Brennwert vergleichbar mit dem von Holz bzw. Braunkohle haben. Mit der daraus produzierten Energie ließe sich schon ein größeres Atomkraftwerk ersetzen. Hinzu kommt, dass die Inhaltsstoffe unseres Brennstoffes zu über 50 % biogenen Ursprungs sind und damit CO_2-neutral.

Somit tragen die MBA Betreiber auch dazu bei, die Klimaschutzziele zu erfüllen!

Bei einem Großteil unserer Mitglieder wird die Behandlung der biogenen Fraktion des Abfalls durch anaerobe Verfahren durchgeführt. Das heißt, der Abfall wird vergoren und das dabei entstehende Gas wird beispielsweise auch in Blockheizkraftwerken in Strom und Wärme umgewandelt. Zu unserem Bedauern überwiegend ohne Einspeisungsvergütung durch das EEG.

Die Reste aus den mechanisch-biologischen Behandlungsverfahren werden auf TASi-konformen Deponien so abgelagert, dass wir nachfolgenden Generationen keine Altlasten hinterlassen und vorhandene Infrastrukturen weiter nutzen können.

Die MBA-Technik hat sich in Deutschland etabliert, aber auch für unsere europäischen Nachbarländer ist diese Technologie mittlerweile sehr interessant geworden!

Wenn man nicht die sehr ambitionierten deutschen Grenzwerte als Maßstab nimmt, lassen sich mit relativ geringen Investitionen die EU-Vorgaben und Richtlinien europaweit schneller umsetzen. Davon profitieren auch deutsche Anlagenbauer.

Wie bereits erwähnt, wurde die ASA vor ca. zehn Jahren gegründet. In dieser Zeit wurden auch die ersten Steckbriefe erstellt. Damals sind sieben Anlagen im sogenannten **MBA-Atlas** vorgestellt worden.

Insgesamt sind 51 Anlagen im Steckbrief veröffentlicht. Die Steckbriefdaten sind von den Betreibern erstellt worden, denen damit auch die Vollständigkeit und Richtigkeit der Daten obliegt.

Nach derzeitigem Kenntnisstand der ASA existieren bundesweit 50 Mechanisch-Biologische Anlagen (MBA) / Mechanisch-Biologische Stabilisierungsanlagen (MBS) / Mechanisch-Physikalische Stabilisierungsanlagen (MPS), die in Betrieb bzw. Probebetrieb sind (siehe nachstehende Tabelle). Zu diesen Anlagen zählen auch solche, deren mechanische Aufbereitung läuft, aber der biologische Teil sich noch im Bau befindet.

Die aufgeführte Tabelle zeigt eine Auflistung der o. g. Anlagen sortiert nach Bundesländern und Status:

Tab. 1: Anzahl der MBA-Anlagen in den einzelnen Bundesländern. (Stand Dez. 2006)

Anzahl der Mechanisch-Biologischen Anlagen (MBA) / Mechanisch-Biologischen Stabilisierungsanlagen (MBS) / Mechanisch-Physikalischen Stabilisierungsanlagen (MPS)				
Bundesland	Anzahl gesamt	Bau	Betrieb	Wird stillgelegt
BB	9	-	9	-
BW	3	-	2	1
BY	1	-	1	-
HE	2	-	2	-
MV	4	-	4	-
NI	11	-	11	-
NW	5	-	5	-
RP	5	-	5	-
SA	1	-	1	-
SH	2	-	2	-
SN	4	1	3	-
TH	3	-	3	-
Gesamt	**50**	**1**	**48**	**1**

In der ASA e.V. sind insgesamt 44 Mitglieder organisiert. Dem Organigramm können Sie die Struktur der ASA entnehmen.

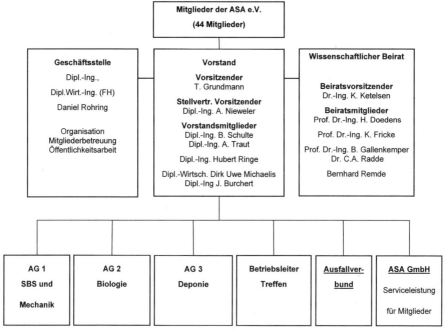

Abb. 1: Organigramm der ASA e.V.

Nach zehnjährigem Bestehen kann die Arbeitsgemeinschaft Stoffspezifische Abfallbehandlung e.V. auf eine respektable Leistung zurückblicken. In der aufgeführten Tabelle haben wir die Meilensteine der ASA e.v. aus den vergangenen zehn Jahren aufgeführt.

Tab. 2: Meilensteine der ASA e.v. seit Gründung

Meilensteine der ASA e.V.	
Zeitraum	
29.06.1995	Gründungsidee
	Herr Dr. Oest (Niedersäsisches Umweltministerium
	Herr Prof. Doedens (Institut für SiedlungsabfälleAH)
23.–24.01.1996	1. Niedersächsische Abfalltage in Bardowick (veranstaltet von der GfA Lüneburg in Zusammenarbeit mit IBA und ISAH) als Vorläufer der Internationalen ASA-Abfalltage
4. November 1997	Gründung der ASA als e.V. mit sieben Mitgliedern in Bardowick
März 1998	2. Niedersächsische ASA-Abfalltage in Oldenburg

15.06.1998	erste ASA-Beiratssitzung in Hannover Mitglieder:
	Prof. Doedens (Vorsitzender), Prof. Gallenkemper, Dr. Ketelsen, Dr. Oest in Lüneburg
	Themen: Reserveverbund und Redundanzen, SBS, orientierende Analysen
21.09.1999	Stellungnahme der ASA zu UBA-Bericht:
	"Ökologische Vertretbarkeit" der mech.-biologischen Vorbehandlung von Restabfällen einschließlich deren Ablagerung (Stand Juli 1999)" als Beitrag zur Anhörung bei den Vorbereitungen zur AbfAblV
2000–2002	Versuche im Rahmen eines BMBF-VE-Vorhabens auf der RABA Bassum zum Einsatz einer RTO
	Mitgliederzahl wurde auf 13 verdoppelt
	Der Abschlussbericht zu den drei Niedersächsischen Anlagen wurde veröffentlicht
	Erste MBA-Steckbriefe wurden unter dem Namen „MBA-Atlas" veröffentlicht.
31.01.2001	Inkrafttreten der Abfallablagerungsverordnung und der 30. BImSchV, Deponieverordnung, Gewerbeabfallverordnung. Startschuss für die MBA-Betreiber ihre Konzepte umzusetzen
November 2001	Wechsel des ASA-Vorsitzes und Verlegung der ASA-Geschäftsstelle nach Ennigerloh
Januar 2002	MBA-Steckbriefe der ASA mit damals 38 bekannten MBA in Deutschland werden veröffentlicht
21.09.2004	Unterzeichnung des ASA-Ausfallverbund-Vertrages von 21 ASA-Mitgliedern
Oktober 2004	Vorlage der ersten Fassung des ASA-Handbuchs "MBA-Betrieb"
2004	Dr. Andre Radde/BMU neues Mitglied im ASA-Beirat
Juli 2005	Gründung der ASA GmbH
31.12.2005	Dr. Oest scheidet aus dem ASA-Beirat auf eigenen Wunsch aus; neue ASA-Beirats-Mitglieder B. Remde/MU Brandenburg und Prof. Fricke/TU Braunschweig
01.–03.02.2006	6. ASA-Abfalltage zum ersten Mal "international"
01.02.2006	Veröffentlichung des ASA-Strategiepapiers "MBA und das Ziel 2020"
23.05.2006	Veröffentlichung des ASA-Strategiepapiers "Neubewertung der Vorgaben der AbfAblV zur Qualität des MBA-Deponats – insbesondere TOC-Eluat"
Oktober 2006	Bundesrat und Bundeskabinett beschließen Novellierung der AbfAblV mit Anpassung der Ablagerungsgrenzwerte für DOC

| November 2006 | Mitgliederversammlung mit dem Bundesumweltminister Sigmar Gabriel in Goslar |

2 Perspektiven der MBA-Technologie

Die ASA e.V. und die MBA-Betreiber sind sich einig, dass die Zukunft mit einer nachhaltigen Ressourcenwirtschaft gestaltet wird. Die Vorteile der MBA-Technologie liegt in der stoffstromspezifischen Behandlung und somit auch in der effektiven Nutzung von Ressourcen.

Diese Vorteile werden auch von der derzeit im Entwurf vorliegenden Studie Ökobilanzierenden Untersuchung thermischer Entsorgungsverfahren für brennbare Abfälle in NRW des Ifeu-Institutes unterstützt. In dieser Studie wird deutlich, dass der Weg einzelner Abfallbehandlungsverfahren ökobilanziell individuell gestaltet werden kann. Es ergeben sich aus den vorhandenen Infrastrukturen die jeweiligen Vorteile für das gewählte Verfahren. So auch für die Herstellung von Ersatzbrennstoffen mit der anschließenden Mitverbrennung.

Die MBA-Technologie ermöglicht eine spezifische Nutzung der Mitverbrennung und ermöglicht somit eine Substitution fossiler Brennstoffe bei der Erzeugung von Dampf und Strom.

Die weiteren Punkte sind der Stellungnahme, „MBA und das Ziel 2020" vom wissenschaftlichen ASA-Beirat, entnommen worden.

2.1 Handlungsoptionen

Zur Erfüllung zukünftiger Aufgabenstellungen und zur Markterweiterung für MBA-Technologien sind neben der Erhöhung der Verfügbarkeit und Betriebssicherheit verschiedene Entwicklungsarbeiten zu leisten:

- Steigerung der Energieeffizienz durch Verringerung des Eigenverbrauches, der stärkeren energetische Nutzung heizwertreicher Komponenten und der Nassorganik sowie Verminderung der Emissionen;
- Weiterentwicklung effizienter Sortier- und Konfektioniertechnologien als Bauteil für die Erzeugung von Produkten zur stofflichen und energetischen Verwertung;
- Entwicklung integrierter Gesamtkonzeptionen;
- Bereitstellung angepasster MBA-Technologien für den internationalen Markt.

2.1.1 Steigerung der Energieeffizienz und Verminderung der Emissionen

Der Schlüssel für die Steigerung der Energieeffizienz liegt vornehmlich in der Steigerung der energetischen Verwertung von heizwertreichen Abfallkomponenten, gefolgt von der anaeroben Nutzung der Nassorganik. Das Einsparpotenzial durch Verringerung des Eigenverbrauches ist dagegen vergleichsweise gering. Emissionsverminderungen resultieren hauptsächlich aus verbesserten energetischen Wirkungsgraden, zum Teil auch durch den Einsatz neuer bzw. modifizierter Behandlungs- und Verwertungstechnologien.

2.1.1.1 Steigerung der energetischen Verwertung heizwertreicher Abfallkomponenten

Im folgenden Abschnitt werden zwei Ansätze zur Umwandlung von MBA-Verfahren aufgezeigt, wie die zurzeit auf die Erzeugung deponiefähiger Produkte ausgerichteten Anlagen auf die Herstellung von Produkten zur energetischen und stofflichen Verwertung von Ersatzbrennstoffen umgerüstet werden können.

- Lösungsansatz 1 zielt auf die Ausschleusung eines höheren Anteils der heizwertreichen Fraktion. Es bedarf lediglich einer Veränderung des Siebschnitts in der Aufbereitung bzw. in der Konfektionierung. Die Verringerung des Siebschnitts der ersten Siebstufe – vor der Biologie – stellt sicher, dass die heizwertreichen aber auch biologisch abbaubaren Fraktionen PPK, Kartonverbundverpackungen und Windeln in die Brennstofffraktion überführt werden. Ergänzend könnte auch der Siebschnitt nach der biologischen Stabilisierung verringert werden.

- Lösungsansatz 2 sieht ergänzend zur Modifikation der Aufbereitungs- und Konfektionierungstechnik eine Umstellung der biologischen Behandlung auf Trocknung, ggf. Integration einer physikalischen Trocknung, vor.

Grundsätzlich eignen sich alle MBA-Aerobtechnologien (Tunnel-, Boxen-, Tafelmietenverfahren), die zurzeit auf die Erzeugung deponiefähiger Produkte ausgerichtet sind, auch zur Trocknung und Herstellung von Ersatzbrennstoffen. Voraussetzung ist ein ausreichender Gehalt biologisch abbaubarer Bestandteile. Durch Modifikation des Belüftungssystems können unbehandelte Restabfälle und Perkolationsrückstände problemlos mit der vorhandenen Technik auf Werte von < 15 % Wassergehalt getrocknet werden. Nur eingeschränkt trifft dies für feste Gärrückstände zu, wegen des oTS-Abbaus in der Vergärung von ca. 40 bis 50 %. Durch ergänzende Zuführung externer Wärme in den Belüftungsprozess, bereitgestellt durch das auf Vergärungsanlagen in der Regel vorhandene BHKW, ist aber auch hier das Trocknungsziel auf < 15 % Wassergehalt erreichbar.

Das durch die Verkürzung des Behandlungszeitraumes freiwerdende Rottevolumen kann zum Teil für die Mitbehandlung (Trocknung) von Teilen der heizwertreichen Fraktion genutzt werden. Eine weitere Nutzungsoption besteht in der Mitbehandlung von Bioabfällen – getrennt von den Restabfällen – zur Erzeugung von Kompost, Sekundärbrennstoff oder aber einem Vorprodukt zur Treibstoffherstellung. Für die beiden zuletzt genannten Verwertungswege besteht das Behandlungsziel in der Trocknung. Neben Bioabfällen kann auch andere Biomasse, insbesondere landwirtschaftliche Produktionsrückstände und Energiepflanzen, mit behandelt werden. Werden Wassergehalte deutlich kleiner 15 % angestrebt, sind physikalische Trockner einzusetzen, ggf. auch ergänzend zur vorhandenen biologischen Trocknung. Besondere Vorteile erwachsen diesen Verfahren an Standorten, an denen nicht genutzte Abwärme anfällt, wie z. B. bei Vergärungsanlagen, Kläranlagen, Deponien sowie Kraftwerken und Müllverbrennungsanlagen ohne Wärmeabnehmer.

Sofern die Marktsituation für Ersatzbrennstoffe und die Verfügbarkeit von Verwertungskapazitäten dies rechtfertigt, könnten MBA auf veränderte "Produktionsziele" umgerüstet werden – ihnen ist somit eine hohe Flexibilität zu attestieren.

2.1.1.2 Entwicklungen bei der Anaerobtechnik

Die Anaerobtechnik nimmt in der Restabfallbehandlung noch nicht den Stellenwert ein, der ihr aufgrund ihrer Energieeffizienz zusteht. Die Ursachen hierfür sind vielschichtig:

- Für Vergärungsanlagen mit nachgeschalteter Aerobstufe sind nach wie vor höhere Investitionskosten zu veranschlagen als für reine Aerobanlagen.
- Die Vergärungstechnologie verfügt im Vergleich zur Aerobtechnik noch nicht über dengleichen Entwicklungsstand und gewährleistet nicht in allen Fällen die geforderte Betriebssicherheit.

Der Einsatz der Vergärungstechnik in der Behandlung fester Abfälle hat in Deutschland allerdings stark zugenommen. Lag der Anteil der Vergärungstechnologie bei der Bioabfallverwertung – hauptsächlich installiert in der 90er Jahren – noch unterhalb 10 % (885 Gesamtanlagen davon 75 Vergärungsanlagen; 810 Kompostanlagen) stieg deren Anteil auf über 25 % bei MBA. Massive Unterstützung hat diese Technologie durch die Aufwertung regenerativer Energien hinsichtlich ihrer nachhaltigen Funktion für den Klima- und Ressourcenschutz erhalten.

Entwicklungsbedarf besteht in folgenden Bereichen:

- Nachrüstung von Anaerobstufen;
- Konfektionierung der festen Vergärungsrückstände zur Herstellung von Produkten zur energetischen und stofflichen Verwertung;

- Art der Biogasverwertung;
- Betriebssicherheit und Verfügbarkeit.

Durch diese Entwicklungs- und Optimierungsarbeiten können die Leistungsfähigkeit der Vergärungstechnologie gesteigert, die betriebswirtschaftlichen Eckdaten verbessert und damit die Bedeutung der Vergärung als Verfahren mit hoher Verwertungsleistung verbessert werden.

Biogasverwertung

Die häufigste Art der Biogasnutzung ist bisher die Verstromung als Kraft-Wärme-Kopplung in BHKWs mit einem Wirkungsgrad, von maximal ca. 40 %elektrisch. Die Nutzung der Wärme beschränkt sich in der Regel auf die Erwärmung des Substrates im Fermenter. Zukunftsweisende Verwertungsformen sollten deutlich höhere Wirkungsgrade aufweisen. Hohe Erwartungen werden an die Brennstoffzellen-Technologie gestellt, die gegenüber BHKWs eine Reihe von Vorteilen aufweist:

- laut Herstellerangaben Gesamtwirkungsgrade von bis zu 90 % und elektrische Wirkungsgrade von knapp 50 %;
- weitgehende Wartungs- und Geräuscharmut;
- gute Abgaswerte, da aufgrund der räumlichen Trennung von Brennstoff und Oxidationsmittel die Entstehung von Schadgasen, wie Stickoxiden, prinzipiell verhindert wird.

Im Rahmen von Demonstrationsvorhaben konnten einige Brennstoffzellen-Typen ihre Einsatzfähigkeit unter Beweis stellen. Aufgrund des noch frühen Entwicklungsstadiums der Brennstoffzellentechnologien sind diese noch sehr kostenaufwändig. Allerdings werden für die Zukunft deutliche Kostenreduktionen erwartet (Bardewyck, 2004).

Weitere Verwertungsoptionen mit hohem energetischem Wirkungsgrad sind:

- die Aufbereitung des Biogases auf Erdgasqualität und dessen Einspeisung ins Erdgasnetz;
- der Betrieb von BHKWs mit Absorptionskälteanlagen;
- die Nutzung der Abwärme von BHKWs zur Trocknung von Abfallstoffen in biologischen oder physikalischen Trocknungsanlagen.

Aerobe Stabilisierung von Vergärungsrückständen in der Flüssigphase (Nassoxidation)

Die aerobe Stabilisierung von Vergärungsrückständen in der Flüssigphase ("Nassoxidation") wird als zweite biologische Behandlungsstufe nach einer Nass-Vergärung angeordnet mit und ohne nachgeschaltete konventionelle Rotte. Von der Nassoxidation werden folgende Vorteile erwartet:

- Kostenvorteile gegenüber der konventionellen Rotte durch vergleichsweise kurze Verweilzeiten;

- Geringere Abluftemissionen, besonders bei der Verwendung sauerstoffangereicherter Luft;

- Verbesserter energetischer Wirkungsgrad durch verringerten Energiebedarf bei der Stabilisierung.

Die Nassoxidation wird bei mehreren MBA mit nassen Anaerobstufen zur Nachbehandlung der flüssigen Gärrückstände großtechnisch umgesetzt. Die erfolgreiche Umsetzung dieser Technologie hätte maßgebliche Auswirkungen auf die Vergärungstechnologie sowohl bei der Bio- als auch bei der Restabfallbehandlung.

2.1.2 Sortiertechnik

Trotz erheblich verbesserter Sortiertechnik ist die getrennte Sammlung von Papier und Pappe, Glas und Bioabfall wegen der Qualitätsanforderungen bezüglich der Hygiene und der Schadstoffbelastungen nicht in Frage zu stellen. (Bilitewski und Janz, 2004, Fricke, 1993; Fricke et al. 2003; Scheffold et al., 2002). Auch kostenseitig sind, bei Betrachtung des Gesamtsystems, keine Vorteile für diese Stoffe zu erwarten (Gunther und Fuhrmann, 2004; MUNLV, 2005) Ein anderes Bild zeigt sich bei der LVP-Sammlung, wo zzt. mehrere Alternativen zur Erfassung und Aufbereitung von Verpackungen diskutiert und erprobt werden (z. B. "Gelbe Tonne plus"; "trockene Wertstofftonne").

MBA-Technologien bieten durch die vorhandene bau- und verfahrenstechnische Infrastruktur gute Voraussetzungen für die Integration der Sortierung von Verpackungsabfällen und ggf. materialgleichen Nichtverpackungsmaterialien.

2.1.3 Entwicklung integrierter Gesamtkonzeptionen – MBA-Standorte als Zentren für die die Produktion erneuerbarer Energien

Weit überwiegend sind MBA auf Deponiestandorten angesiedelt oder befinden sich in deren unmittelbarer Nähe. MBA-Standorte selbst, insbesondere aber in Verbindung mit Deponien, verfügen über eine gut ausgebaute Versorgungs-, Entsorgungs- und Verkehrsinfrastruktur und bieten daher gute Voraussetzungen für die Verarbeitung von Massengütern wie Biomasse und Biomasseprodukten. Werden am MBA-Standort auch Bioabfallkompost- und Vergärungsanlagen betrieben, ergeben sich darüber hinaus zusätzliche Synergien insbesondere für die Biomasseverwertung und den Aufbau von Zentren für die Produktion erneuerbarer Energien aus Biomasse:

- Die vor Ort bestehende Infrastruktur zur Gas- oder Sickerwasserverwertung/ -behandlung bietet ideale Bedingungen für die zusätzliche Installation einer Vergärungseinheit für organische Reststoffe. So können bei bestehenden Gasverwertungsanlagen sinkende Gasmengen aus den Deponien durch Biogas aus der Vergärung von organischen Reststoffen aus der Landwirtschaft bzw. Energiepflanzen kompensiert werden.

- Aus wirtschaftlichen Erwägungen wird zukünftig eher großtechnischen Anlagen zur Verwertung von organischen Reststoffen und Energiepflanzen (Vergärungsanlagen und Biomassekraftwerke) Vorrang gegeben. In Kooperation mit der Landwirtschaft könnten am MBA- bzw. Deponiestandort entsprechend große Einheiten errichtet werden.

- Auch Pelletwerke könnten Bestandteil dieser Energiezentren sein: Land-, Forstwirtschaft und geeignete Gewerbebetriebe liefern Biomasse zur Herstellung von Pellets für Kleinst- und Kleinfeuerungsanlagen, ggf. zwischengelagert und an den Endverbraucher (Gewerbebetriebe, Hausfeuerung), zentral oder dezentral, abgegeben/vermarktet.

- Im Hinblick auf die zukünftig verschärften Anforderungen des Bodenschutzes und durch die Auswirkungen des EEG können neben der landbaulichen Verwertung von Kompost auch energetische Verwertungsansätze zum Tragen kommen. Für Grünabfälle hat dieser Prozess bereits eingesetzt. Bioabfälle und Bioabfall-Vergärungsrückstände werden dann anstelle von Kompost zu Brennstoffen aufbereitet. Erforderlich hierfür ist eine mechanische Aufbereitung und Trocknung.

- Zur Erzeugung sogenannter BTL-Kraftstoffe sind Anlagen mit Verarbeitungskapazitäten von mehreren 100.000 Mg/a erforderlich. Zur Verringerung der Transportleistungen und zum Ausgleich jahreszeitlicher Anfallschwankungen kann die dezentrale Erfassung mit zwischengeschalteten Aufbereitungs- und Trocknungsprozessen sowie einer Zwischenlagerung am MBA-Standort eine geeignete Lösung darstellen (Doedens, 2005).

Alle oben genannten Verfahrensmodifikationen sind in MBA-Verfahren integrierbar oder additiv zu diesen mit Synergieeffekten zu betreiben. Die hiermit in der Regel zusammenhängende Kapazitätserweiterung, bessere Auslastung und Nutzung der Synergieeffekte bieten beste Voraussetzungen für eine Effizienzsteigerung und eine Verbesserung der ökologischen Gesamtbewertung der MBA-Technologie – vor allem aber können hierdurch die ökonomischen Rahmenbedingungen nachhaltig verbessert werden.

Der aktuelle MBA-Steckbrief 2007/2008 kann bei der ASA-Geschäftsstelle angefordert werden.

MBA ZAK Kaiserslautern – erste Betriebserfahrungen mit der mechanischen Vorbehandlung nach dem VM-Press-Verfahren

Michael Greuel

1 Abfallwirtschaftszentrum Kaiserslautern

Die Gründung des Zweckverbandes Abfallwirtschaft Kaiserslautern (ZAK), der je zur Hälfte durch Stadt und Kreis Kaiserslautern getragen wird, erfolgte 1976. Das Entsorgungsgebiet umfasst die Stadt und den Landkreis Kaiserslautern mit ca. 250.000 angeschlossenen Einwohnern. Im Abfallwirtschaftszentrum sind derzeit ca. 70 Mitarbeiter beschäftigt. Seit dem Beginn der Inbetriebnahme der Deponie Kapiteltal im Jahre 1978 hat sich der ZAK mit der Entwicklung und Umsetzung von verschiedensten Abfallbehandlungsverfahren beschäftigt, wie auch die Auflistung der wesentlichen Anlagen am Standort zeigt:

- Deponie mit Gasfassung
- Annahmestelle und Zwischenlager für Sonderabfälle
- Bauschuttaufbereitungsanlage
- Wertstoffhof
- Biomassekraftwerk
- Kaskadenmühle
- VM-Pressanlage
- Methanisierung
- Kompostierungsanlage
- Holzaufbereitungsanlage

Nachfolgend wird nur auf die Teilanlagen, die der MBA zuzuordnen sind weiter eingegangen.

2 MBA Kaiserslautern

Die Ziele der MBA Kaiserslautern bestehen in der umweltgerechten und kostengünstigen Entsorgung von ca. 38.500 Mg/a Restabfall aus den Landkreisen Kaiserslautern und Kusel durch Nutzung bestehender Anlagen am Standort zu einer MBA und unter Einhaltung der Emissionsgrenzwerte der 30 BImSchV.

Der Aufbau der MBA besteht dabei im Wesentlichen aus den Bereichen VM-Pressanlage als mechanische Vorbehandlung, der Methanisierung als Intensivrotte, der Kompostanlage als geschlossene bzw. offene Nachrotte und dem Biomassekraftwerk als Abluftbehandlung für die Aggregatabsaugung der Vorbehandlung/Intensivrotte und Anlage zur Biogasverstromung. Die Teilanlagen im Einzelnen:

2.1 Mechanische Vorbehandlung

Die Anlieferung der Restabfälle erfolgt in den Annahmebereich der VM-Pressanlage. Innerhalb dieser Teilanlage erfolgt durch die VM-Pressanlage die Aufteilung der Restabfälle in eine heizwertreiche Trockenfraktion und eine heizwertarme Feuchtfraktion. Die heizwertreiche Fraktion wird in die energetische Verwertung abgesteuert. Über gekapselte Förderbandanlagen wird die heizwertarmen Feuchtfraktion in die Methanisierung (Intensivrotte) transportiert.

2.2 Intensivrotte

Die Feuchtfraktion wird in einer Vergärungsanlage nach dem Dranco-Prinzip, die ursprünglich 1999 für Bioabfälle errichtet wurde, anaerob behandelt. Das entstehende Biogas aus dem Reaktor der Methanisierung wird dem Biomassekraftwerk zur Energieerzeugung zugeführt. Bei unterschreiten eines AT_4-Wertes von 20 mg O_2/g TS kann der Transport des entwässerten Hydrolyserestes in die Kompostierungsanlage zur Nachrotte erfolgen.

2.3 Nachrotte

Die geschlossene Nachrotte der Hydrolysereste erfolgt in einer Kompostierungsanlage mit 16 Rotteboxen, wovon zehn für Hydrolyserest und sechs für Bioabfall genutzt werden. Nach ca. 7,3 Wochen wird der Hydrolyserest auf die offene Nachrotte ausgetragen. Nach Erreichen der Ablagerungskriterien wird der Hydrolyserest auf die Deponie Schneeweiderhof verbracht. Die Behandlung der erfassten Abluft, die den Anforderungen an die 30. BImSchV unterliegt, erfolgt derzeit über einen sauren Wäscher und nachgeschaltete Containerbiofilter.

2.4 Abluftbehandlung

Die gefasste Hallen- und Aggregatabluft aus dem Bereich VM-Presse und Methanisierung wird dem Biomassekraftwerk zur Abluftbehandlung als Primärluft zugeführt. Die Behandlung der erfassten Abluft aus der geschlossenen Nachrotte sollte gemäß

Konzept über einen sauren Wäscher und Biofilter erfolgen. Zur Minimierung von diffusen Emissionen wird der Hydrolyserest in geschlossenen Containern zwischen den Teilanlagen transportiert.

2.5 Mengenübersicht (Plan 2008)

Für das Jahr 2008 plant der ZAK mit der o. g. Anlagenkonfiguration nachfolgende Abfallmenge zu behandeln (alle Angaben sind ca.-Werte):

Input MBA	38.500 Mg/a
Input Methanisierung	15.400 Mg/a
Input Nachrotte	13.000 Mg/a
Output therm. Verwertung	23.100 Mg/a
Output Biogas	3.850.000 m³/a
Output Deponie	9.750 Mg/a

2.6 Blockfließbild MBA

Aus dem nachfolgenden Blockfließbild können die Verknüpfungen zwischen den einzelnen Teilanlagen entnommen werden:

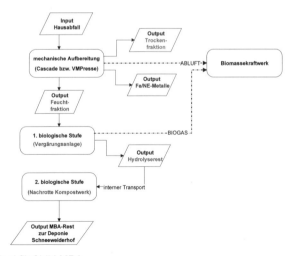

Abb. 1: Blockfließbild MBA

3 Novum VM-Presse

Eine biologische Behandlung der Restabfallmengen aus den Landkreisen Kaiserslautern und Kusel war bei einer Mengenaufteilung, wie sie durch die bisher verwendete Kugelmühle entstand, nicht möglich, da dann die nachgeschaltete Methanisierungsanlage überlastet würde. Aus diesem Grund war der ZAK auf der Suche nach einer einfachen Behandlungstechnik, die den Anteil an heizwertreicher Fraktion vergrößert und somit die zur biologischen Behandlung verbleibende Fraktion verringert. Die VM-Presse reduziert den Anteil der Feuchtfraktion um ca. 33 Ma-%. Durch diese Mengenverschiebung war eine weitere Nutzung der Methanisierungsanlage möglich, um die gesteigerte Abfallmenge zu behandeln. Da das VM-Press-Verfahren in Deutschland bis dato noch nicht eingesetzt wurde, konnte nicht auf entsprechende Betriebserfahrungen zurückgegriffen werden.

3.1 Funktionsweise der VM-Presse

Die von VMpress (Italien) entwickelte Verfahrenstechnik besteht im Wesentlichen aus einem unter Hochdruck arbeitenden Extrudierprozess. Der Abfall wird hierbei durch spezielle zylindrische Extrudierkammern gepresst, die am Zylinderumfang über radiale Bohrungen verfügen. Durch den hohen Druck erfolgt im Ergebnis eine Trennung des Originalabfalls in eine Feuchtfraktion, die über die radialen Bohrungen von der verbleibenden Trockenfraktion abgetrennt wird.

3.2 Leistungsdaten VM-Presse

Am 10.08.2006 wurde zur Ermittlung der Leistungsdaten der VM-Presse ein Test mit folgendem Ergebnis durchgeführt:

Testdauer	740 min.
Input Restabfall	343 Mg
Störungen VMpress	21 min.
Durchsatz VMpress (Soll 30 Mg/h)	39 Mg/h
Störungen Vorbehandlung*	215 min.
Durchsatz Vorbehandlung	28 Mg/h
Verfügbarkeit VMpress	98 %
Verfügbarkeit Vorbehandlung	68 %
Anteil Trockenfraktion	58 Ma-%
Anteil Feuchtfraktion	39 Ma-%
Wasserverlust, Wiegetoleranz	3 Ma-%

Bei den mit * gekennzeichneten Störungen im Bereich der Vorbehandlung handelte es sich überwiegend um Unterbrechungen wegen unregelmäßiger Abfallanlieferung.

3.3 Materialeigenschaften nach VM-Presse (Analyse vom 10.08.2006)

Zur Abschätzung von möglichen positiven oder negativen Auswirkungen auf den nachgeschalteten Prozess waren die Materialeigenschaften der Feucht- und Trockenfraktion von Interesse. Nachfolgend sind einige ausgewählte Analyseergebnisse der Materialeigenschaften aus dem Leistungstest vom 10.08.2006 aufgelistet:

Feuchtfraktion :

TS:	43–47 Ma-%
Hu	4.700–6.000 kJ/kg (OS)
Asche	38–42 Ma-%
Stickstoff, ges.	14.600–16.000 mg/kg (TS)

Trockenfraktion :

TS	61–72 Ma-%
Hu	15.600–17.100 kJ/kg (OS)
Asche	20–28 Ma-%
Chlor, ges.	0,29–1,25 Ma-%
Schüttgewicht	0,4 Mg/m³

In wie weit die o. g. Daten belastbar sind, kann auf Grund der geringen Datenmenge noch nicht abgeschätzt werden. Sollten sich die Werte aber dauerhaft und in geringen Schwankungsbreiten bestätigen, dann lässt sich durch einen relativ einfachen Behandlungsschritt eine ausreichende Aufteilung in eine heizwertarme Feuchtfraktion und eine heizwertreiche Trockenfraktion erreichen. Auch bleibt abzuwarten, wie sich die Materialeigenschaften mit zunehmendem Verschleiß der VM-Presse verändern. Hierzu liegen auf Grund der geringen Betriebsstunden noch keine Erfahrungen vor. Vergleiche mit der bisher über die Kugelmühle hergestellten Feucht- und Trockenfraktion mit dem Material nach der VM-Presse zeigen zudem deutliche Unterschiede in der Zusammensetzung, die insbesondere auf den nachgeschalteten Prozess der Methanisierung Auswirkungen haben kann. Durch weitere Analysen und Vergleiche ist hier ein Wissenszuwachs zu erarbeiten.

4 Erste Betriebserfahrungen MBA mit VM-Presse

Da es sich, wie bereits Eingangs erwähnt, bei der VM-Presse um ein neues Verfahren zur mechanischen Vorbehandlung von Abfällen handelt, liegen keine Vergleichsdaten vor. Erste Analysen zeigen aber positive Materialeigenschaften.

Die Mengenaufteilung von ca. 40 Ma-% Feuchtfraktion zu ca. 60 Ma-% Trockenfraktion scheint stabil.

Der Leistungstest vom 10.08.2006 hat gezeigt, dass die Verfügbarkeit und das Leistungsvermögen der VM-Presse ausreichend hoch sind.

Im Gegensatz zu der Feuchtfraktion aus der bisher verwendeten Kugelmühle stellen sich andere Materialeigenschaften in der Feuchtfraktion nach VM-Presse ein. Der Anteil an langfasrigen Stoffen, wie Textilien und Folien in der Feuchtfraktion nach VM-Presse führt z. B. zu Problemen in der Materialförderung der Methanisierung.

Die Biologie in der Methanisierung arbeitet bei der Zugabe von Feuchtfraktion aus der VM-Presse stabil:

Gasproduktion	250 m³/Mg
Temperatur	48–52 °C
Verweilzeit	48 d
erste AT_4-Werte	12–12,5 mg O_2/kg TS

Das erforderliche C/N-Verhältnis wird durch die Zugabe von z. B. Papierabfällen (C-Quelle) eingestellt.

Der Hydrolyserest aus der Methanisierung ist mit 50–55 % TS in den geschlossenen Nachrotteboxen der Kompostierungsanlage belüftbar.

Nach ca. 7,3 Wochen geschlossener und sechs Wochen offener Nachrotte werden die Ablagerungskriterien zur Ablagerung von Abfällen erreicht.

Eine Zulassung von Ausnahmen nach §16, 30. BImSchV, liegt nicht vor. Damit ist auch die Abluft aus der Nachrotte einer Abluftbehandlungsanlage zuzuführen. Wie Messungen gezeigt haben, sind die bisher verwendeten Biofilter hierzu nicht ausreichend. Der ZAK plant daher die Nachrüstung einer RTO für die Behandlung der Abluft aus der geschlossenen Nachrotte.

Nach derzeitigem Wissensstand sind die bisher aufgetretenen Probleme durch die geänderten Materialeigenschaften lösbar. Damit ist als erste Erkenntnis aus der Inbetriebnahme der MBA mit der Restabfallvorbehandlung über die neu errichtete VM-Pressanlage festzustellen, dass die aus mehreren Anlagenteilen bestehende MBA Kaiserslautern vom Grundsatz funktionsfähig ist, wie die Übergabeparameter zwischen den biologischen Behandlungsstufen bisher zeigen.

5 Zusammenfassung

Die aus mehreren Anlagenteilen bestehende MBA Kaiserslautern ist mit der VM-Presse vom Grundsatz funktionsfähig, die Übergabeparameter zwischen den biologischen Behandlungsstufen können erreicht werden.

Durch die geänderten Materialeigenschaften der Feuchtfraktion aus der VM-Presse besteht Handlungsbedarf bei der Minimierung der wickelnden Folien- und Textilanteile, die in der nachgeschalteten Methanisierungsanlage zu mechanischen Problemen führt und dadurch die Verfügbarkeit der MBA entscheidend herabsetzt.

Zur dauerhaften Unterschreitung der TOC-Grenzwerte ist die Nachrüstung einer RTO im Bereich der Nachrotte geplant.

Planung, Bau und Inbetriebnahme der MBA Kahlenberg – Vorstellung eines LIFE-Projektes

Gerhard Rettenberger

Zusammenfassung

Bei der im Mai 2006 in Betrieb genommenen MBA Kahlenberg werden außergewöhnlich effektiv Schad- und Störstoffe aussortiert und danach in einem Perkolator der Abfall durch Umwälzung und Beregnung in der Weise homogenisiert und selektiv zerkleinert, dass optimale Eigenschaften für die anschließende biologische Trocknung und Stofftrennung entstehen. Hierbei fällt organikreiches Ablaufwassers an, das zur Erzeugung von Biogas genutzt wird. Durch den sehr einheitlichen Trocknungsgrad ergibt sich ein Trockengut, das sich zu einem nahezu zeitlich unbegrenzt lagerfähigen qualitativ überdurchschnittlich hochwertigen Brennstoff aufbereiten lässt. Aufgrund der Fülle an Innovationen, der geringen Emissionen und der erzielten hohen Brennstoffqualitäten wurde der Bau der MBA Kahlenberg von der EU finanziell unterstützt.

1 Einleitung

Der Zweckverband Abfallbehandlung Kahlenberg (ZAK) hat von Oktober 2004 (Grundsteinlegung) bis März 2006 (Beginn Kalt-Inbetriebnahme) eine MBA nach dem vom ZAK entwickelten ZAK-Verfahren für einen Durchsatz von 100.000 Mg/a errichtet. Die Warm-Inbetriebnahme der MBA erfolgte ab Mai 2006. Die MBA Kahlenberg liegt im Süd-Westen Deutschlands in der Nähe von Freiburg.

Aufgrund der innovativen und bisher großtechnisch noch an keinem anderen Standort umgesetzten Technologie wurde der Bau besonders innovativer Bestandteile der MBA Kahlenberg finanziell durch das Finanzierungsinstrument der Europäischen Union, LIFE-Environment gefördert. Hierfür wurde zwischen Dezember 2003 und November 2006 ein die Planung, den Bau und die Inbetriebnahme der MBA Kahlenberg begleitendes Projekt durchgeführt. Das Projekt wird vorgestellt.

2 Beschreibung des ZAK-Verfahrens und der MBA Kahlenberg

2.1 Entwicklungsziele

Das 4-stufige ZAK-Verfahren wurde als wirtschaftliches Verfahren zur Herstellung hochwertiger Brennstoffe aus Abfall bei gleichzeitiger Erzeugung von ausreichend Energie für den Eigenbedarf sowie zusätzlich von Wärme für ein bestehendes Fernwärmenetz über einen Zeitraum von etwa zehn Jahren entwickelt und bei der MBA Kahlenberg erstmalig eingesetzt.

2.2 Verfahrensablauf

Das bei der MBA Kahlenberg eingesetzte ZAK-Verfahren besteht aus den in der Abbildung 1 dargestellten Verfahrensstufen.

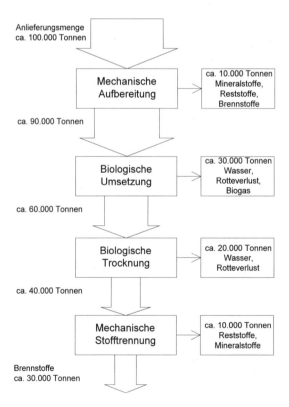

Abb. 1: Stoffströme der MBA Kahlenberg

2.2.1 Mechanische Aufbereitung

Nach der Abfallanlieferung (s. Abbildung 2 und 3) werden in der mechanischen Aufbereitung eine erste Brennstofffraktion sowie alle Schadstoffe und Störstoffe effektiv aussortiert. Durch die effektive Auslese der Schad- und Störstoffe können am Ende des ZAK-Verfahrens sehr hochwertige Brennstoffe gewonnen werden.

Abb. 2:   Anlieferbereich

Abb. 3:   Abfalleintrag im Anlieferbereich

In der mechanischen Aufbereitung wird eine vom ZAK entwickelte Multifunktionssiebtrommel eingesetzt, durch die ein Verzicht auf eine Zerkleinerung und damit eine effektivere Entnahme der unzerstörten Stör- und Schadstoffe möglich ist. In der Mutifunktionssiebtrommel werden durch verschiedene Werkzeuge Abfallsäcke und ähnliche Knäuel geöffnet und der Abfall in drei Fraktionen aufgeteilt. Die Fein- und Mittelfraktion werden getrennt von Schad- und Störstoffen entfrachtet und dem Perkolator zugeführt. Die Grobfraktion wird ausgeschleust.

Für die Schadstoffentnahme werden u. a. leistungsstarke Neodymmagnete für die Entnahme schwach magnetischer Bestandteile, wie z. B. Elektroschrott, Spraydosen oder Batterien eingesetzt.

Durch den Einsatz der Multifunktionssiebtrommel sind die in der mechanischen Aufbereitung als Grobfraktion gewonnenen Brennstoffe sehr hochwertig. Da die am Ende des ZAK-Prozesses erzeugten Brennstoffqualitäten noch besser sind, wird – im Gegensatz zu den meisten herkömmlichen Verfahren – die Menge der ausgeschleusten Grobfraktion dennoch möglichst gering gehalten, was die Qualität weiter erhöht.

2.2.2 Biologische Umsetzung

In der biologischen Umsetzung wird die nach der Schadstoffentnahme verbleibende Mischung aus Fein- und Mittelfraktion sechs Perkolatoren (s. Abbildung 4) zugeführt und dort unter Wasserzugabe kontinuierlich umgewälzt. Der Perkolator ist eine ca. 25 m lange und 4,5 m breite Betonhalbschale mit Horizontalrührwerk und Siebboden.

Abb. 4: Blick in einen Perkolator

Am Ende des Perkolators wird der Feststoff entwässert (s. Abbildung 5). Das Wasser wird gesammelt, mittels speziell angepasster Fördersysteme einer neu entwickelten Behandlungsstufe zur mechanischen Wasserbehandlung zugeführt und anschließend mehreren Anaerobreaktoren (s. Abbildung 6) zugeleitet. In den Anaerobreaktoren werden die organischen Inhaltsstoffe des Wassers zu Biogas vergoren. Das gewonnene Biogas wird in Gasmotoren zur Strom- und Wärmegewinnung eingesetzt. Das Biogas liefert mehr elektrische Energie als die MBA verbraucht. Das Ablaufwasser aus den Anaerobreaktoren wird für einen Teilstrom weiter gereinigt und zum größten Teil wieder zur Bewässerung im Perkolator eingesetzt.

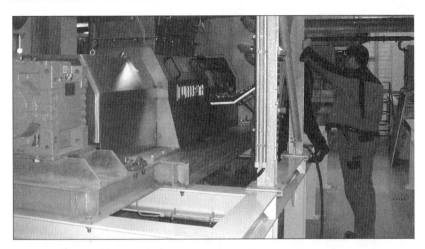

Abb. 5: Entwässerungspresse

Abb. 6: Anaerobreaktoren

Durch die Umwälzung mittels Rührwerk und Beregnung wird der Abfall in der Weise homogenisiert und selektiv zerkleinert, dass optimale Eigenschaften für die anschließenden Verfahrensstufen entstehen.

Durch die Vergärung nur des organikreichen Wassers werden die von Anlagen zur Feststoffvergärung bekannten Nachteile (insbesondere ein aufwändiger Betrieb bei relativ geringen Verfügbarkeiten und ein geruchsintensiver, schwierig zu entwässernder Gärrest) umgangen.

2.2.3 Biologische Trocknung

Durch die Vorbehandlung im Perkolator ist in der biologischen Trocknung eine schnelle und sehr einheitliche Trocknung des Materials möglich. Dies wird durch einmaliges Umsetzen des Trocknungsgutes unterstützt (s. Abbildung 7).

Abb. 7:   Fördersystem auf dem Tunneldach

Der sehr einheitliche Trocknungsgrad führt zu einem Trockengut, das sich zu einem nahezu zeitlich unbegrenzt lagerfähigen Brennstoff aufbereiten lässt.

2.2.4 Mechanische Stofftrennung

Die mechanische Stofftrennung sorgt für eine außergewöhnlich starke Vereinzelung der Stoffströme. Durch anschließende Vermischung können Brennstoffe verschiedener Qualitäten hergestellt werden. Somit ist jederzeit eine Anpassung an die Anforderungen der Abnehmer der Brennstoffe möglich.

In der mechanischen Stofftrennung (s. Abbildung 8) wird der zuvor getrocknete Abfall nach seiner Größe und nach seinem Gewicht aufgeteilt, um so Steine, Sand, Keramik und Glas, sowie Bestandteile mit einem zu hohen Schadstoffgehalt oder einem zu niedrigen Heizwert auszuschleusen und einen qualitativ hochwertigen Brennstoff zu erhalten. Zu diesem Zweck wird der getrocknete Abfall gesiebt. Alle Bestandteile die größer als ca. 2,5 cm sind, werden als Reststoffe abgetrennt, die in einer Müllverbrennungsanlage verbrannt werden müssen, da eine weitere Aufbereitung aufgrund des nur sehr geringen Anteils zu kostspielig wäre.

Abb. 8: Mechanische Stofftrennung

Der Hauptanteil des getrockneten Abfalls ist kleiner als 2,5 cm und wird durch weitere Siebungen in mehrere Fraktionen unterschiedlicher Größe aufgeteilt. Jede dieser Fraktionen wird anschließend nach ihrem Gewicht aufgeteilt, die dabei abgetrennten leichten Bestandteile werden als Brennstoffe ausgeschleust. Die schweren Bestandteile (überwiegend mineralische Stoffe, Sand und Steine: s. Abbildung 9) sind nur wenig belastet und können deponiert oder im Straßenbau verwendet werden.

Die erzeugten Brennstoffe (s. Abbildung 10) sind gut lagerfähig und können vielseitig in der Industrie als Ersatz für fossile Brennstoffe eingesetzt werden.

Abb. 9: Mineralstoffe

Bio- und Sekundärrohstoffverwertung II

Abb. 10: Eine der Brennstofffraktionen

Die mechanische Stofftrennung wurde so flexibel konzipiert, dass durch Stoffstromlenkung innerhalb der mechanischen Stofftrennung jederzeit kurzfristig auf geänderte Anforderungen am Brennstoffmarkt durch entsprechende Qualitätsanpassungen reagiert werden kann. Dadurch ist der wirtschaftliche Absatz der erzeugten Brennstoffe jederzeit gewährleistet.

3 LIFE-Projekt

3.1 Beschreibung

Der Bau der MBA Kahlenberg wurde aufgrund der Fülle an Innovationen, der verfahrenstechnisch bedingt geringen Emissionen und der erzielten hohen Brennstoffqualitäten und damit insgesamt aufgrund der wesentlichen Verminderung an Treibhausgasemissionen von der EU durch das Finanzierungsinstrument LIFE-Environment finanziell unterstützt. Zur Gewährleistung der Umsetzung der Vorteile des ZAK-Verfahrens bei der MBA Kahlenberg wurde ein Forschungsvorhaben zur Begleitung von Planung, Bau, Inbetriebnahme und Probebetrieb durchgeführt.

Titel: ZAK-Verfahren zur wirtschaftlichen Gewinnung hochwertiger, qualitätsoptimierter Sekundärbrennstoffe aus Siedlungsabfall bei Minimierung der Reststoffe und der Treibhausgasemissionen

Laufzeit: Dezember 2003 bis November 2006

Fördernehmer: Zweckverband Abfallbehandlung Kahlenberg, Ringsheim

Partner des Fördernehmers im LIFE-Projekt: Ingenieurgruppe RUK, Stuttgart

Fördernde Institution: European Commission DG
Environment D.1, Brüssel
Förderinstrument: LIFE – The Financial Instrument
for the Environment

3.2 Ermittelte wesentliche Ergebnisse

3.2.1 Technisch

Bau (s. Abbildung 11) und Betrieb (s. Abbildung 12, die Schwankungen sind auf schwankende Anliefermengen zurückzuführen, die Anlage wird mit zum Ende jeden Arbeitstages geleertem Bunker betrieben) einer Anlage nach dem ZAK-Verfahren im großtechnischen Maßstab wurden belegt. Hierbei wurde die Funktionstüchtigkeit des Zusammenspiels der einzelnen Verfahrensstufen bei der großtechnischen Umsetzung demonstriert und die dabei erzielbaren ökonomischen und ökologischen Vorteile nachgewiesen.

Abb. 11: Bau der Perkolatoren (links) und Geländeprofilierung, Februar 2005

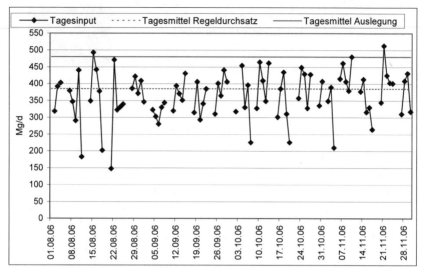

Abb. 12: Tagesinputmengen für August bis November 2006

3.2.2 Ökologisch

Bei der MBA Kahlenberg wurde eine weitestgehende stoffstromspezifische Verwertung des Siedlungsabfalls und damit zusammen mit den verfahrenstechnisch bedingt geringen Emissionen eine deutliche Verringerung der Emission von Treibhausgasen im Vergleich zum heutigen Status erreicht (s. Abbildung 13 und Tabelle 1).

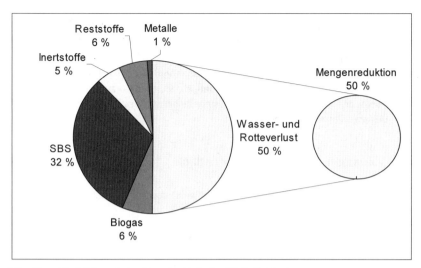

Abb. 13: Stoffströme beim Regelbetrieb der MBA Kahlenberg

Bei der MBA Kahlenberg bleiben von 100.000 Mg angeliefertem Resthausabfall nach der Behandlung lediglich 6.000 Mg nicht weiter verwertbarer Abfall zur Verbrennung in einem MHKW übrig. Diese Verwertungsquote wird durch die Verknüpfung der vier Verfahrensstufen ermöglicht und bisher mit keinem anderen Verfahren erreicht.

Tab. 1: Vergleich der Analyseergebnissen der Inertstoffe mit den Grenzwerten des Anhang 2 der AbfAblV

Parameter	Einheit	Inertstoffe MBA Kahlenberg 0–25 mm	Grenzwerte nach Anhang 2 der AbfAblV	Grenzwertausschöpfung
Feststoffparameter				
$TOC_{Feststoff}$	Masse-%	2,22	18	12,3 %
Eluatkriterien				
Leitfähigkeit	µS/cm	602	50.000	1,2 %
TOC_{Eluat}	mg/l	62,2	300	20,7 %
Nickel	mg/l	0,026	1	2,6 %
Zink	mg/l	0,106	5	2,1 %
Fluorid	mg/l	0,14	25	0,6 %
Ammonium-Stickst	mg/l	10,4	200	5,2 %
AOX	mg/l	0,038	1,5	2,5 %

3.2.3 Ökonomisch

Die Arbeitsplätze, die durch das Verbot der Ablagerung unbehandelter Abfälle bei der am Standort vorhandenen Deponie weggefallen wären, konnten durch den Bau der MBA erhalten werden, zudem wurden neue Arbeitsplätze geschaffen.

Durch die MBA Kahlenberg kann bei einer gesamthaften Betrachtung eine Entsorgung zu geringeren spezifischen Kosten (€/Tonne Abfall) gewährleistet werden als bei Verbrennung der Abfälle in einem Müllheizkraftwerk (MHKW).

Bei der Planung, dem Bau und der Inbetriebnahme der MBA Kahlenberg konnten umfassende Erfahrungen gewonnen werden, die eine Verkürzung von Planung, Bau und Inbetriebnahme und somit eine Kosteneinsparung bei Folgeanlagen nach dem ZAK-Verfahren ermöglichen.

4 Zusammenfassung und Ausblick

Gegenüber herkömmlichen MBA-Verfahren weist das ZAK-Verfahren folgende ökologische Vorteile auf:

- Hohe Ausbeute an Sekundärbrennstoffen
- Geringe Menge an Abfällen zur Beseitigung
- Hohe Vermarktungsfähigkeit der erzeugten Wertstoffe
- Geringes Emissionspotential an Treibhausgasen

Insbesondere durch die weit überdurchschnittliche Einsparung von Primärbrennstoffen ist der Beitrag des ZAK-Verfahrens zum Treibhauseffekt geringer als bei herkömmlichen Verfahren. Hinzu kommt die Einsparung von Treibhausgasemissionen durch die erheblich geringere diffuse Emission aus der MBA gegenüber herkömmlichen MBA-Verfahren.

Die Ziele des ZAK-Verfahrens konnten bei der MBA Kahlenberg bereits nach relativ kurzer Betriebsdauer erreicht werden, als der Betrieb noch durch Änderungen, Reparaturen und Anpassungen geprägt war. Unter stabilen Betriebsbedingungen, mit nur wenigen Eingriffen in den Betriebsablauf ist mit einem noch deutlichern Erreichen der Ziele des ZAK-Verfahrens zu rechnen.

Die Qualität der bei der MBA Kahlenberg in der mechanischen Stofftrennung erzeugten Inertstoffe ermöglicht eine Deponierung oder höherwertige Verwertung während die Sekundärbrennstoffe in einer Papierfabrik als Ersatz für fossile Brennstoffe eingesetzt werden.

Die MBA Kahlenberg hebt sich mit sehr hohem technischem Standard und einem nahezu schmutzfreien Betrieb außerhalb der gekapselten Aggregate sehr deutlich positiv von den herkömmlichen MBA-Verfahren ab, ohne dass dafür höhere spezifische Kosten anfallen, und ist damit hervorragend als Referenzanlage geeignet.

Bei der Planung, dem Bau und der Inbetriebnahme der MBA Kahlenberg wurde eine Vielzahl an Kosteneinsparungsmöglichkeiten ermittelt, die bei der MBA Kahlenberg nicht mehr umgesetzt werden konnten. Zudem wurde bei der MBA Kahlenberg die kostenintensive Prüfung aller verfügbaren Alternativen (Variantenprüfung) in umfassendem Umfang bereits durchgeführt, so dass beim Bauherrn der MBA Kahlenberg und Fördernehmer des LIFE-Projektes (ZAK) Pläne für die optimale Anlagentechnik verfügbar sind. Dies alles wird bei möglichen Folgeanlagen (und natürlich in Zukunft, d. h. nach Ablauf der entsprechenden Abschreibungszeiten, auch bei der MBA Kahlenberg selbst) zu wesentlich günstigeren spezifischen Kosten als bei der MBA Kahlenberg im jetzigen Zustand führen. Die spezifischen Kosten werden für Folgeanlagen wesentlich günstiger sein als die spezifischen Kosten beim Betrieb derzeitiger herkömmlicher MBA-Verfahren.

5 Literatur

Rettenberger, G.; Schneider, R., 2005: ZAK-Verfahren zur mechanisch-biologischen Abfallaufbereitung – Ergebnisse des Demonstrationsbetriebs; in „wlb – Wasser Luft Boden" Nr. 7–8/2005, Vereinigte Fachverlage GmbH, Mainz

Rettenberger, G.; Schneider, R.; Kollete, M., 2006: A new MBT technology optimizes the output of high-caloric fuels; in „waste management world", Ausgabe May/June 2006, PennWell Corporation, London (www.waste-management-world.com)

Merten, M.; Person, G.; Schreiber, M., 2006: Moderne Abfallbehandlung – die MBA Kahlenberg; in „Blickpunkt Kahlenberg", Zweckverband Abfallbehandlung Kahlenberg, Ringsheim

MPS-Anlage Pankow

Doris Michalski

Zusammenfassung

Ausgehend von einer Darstellung der gesamten Situation der Berliner Restabfallentsorgung wird eine der Berliner Behandlungsanlagen, die mechanisch-physikalische Stabilisierungsanlage (MPS) Pankow, in ihrem Verfahrenskonzept näher beschrieben. Das Verfahren beinhaltet die intensive Aufbereitung von Siedlungsabfall, eine thermische Trocknung des Abfalls und die Herstellung von Ersatzbrennstoffen als bedeutendstem Anlagenoutput. Abschließend wird auf den Betrieb der Anlage eingegangen.

1 Die Situation in Berlin

Ebenso wie bundesweit änderte sich am 01.06.2005 auch in Berlin die Entsorgungswelt. Es wurden neue Behandlungsanlagen in den Betrieb genommen und die Deponien geschlossen.

Bis zum 31.05.2005 wurde der durch die BSR eingesammelte Abfall und der Abfall, den Gewerbebetriebe entsorgen wollten, an der MVA Ruhleben und den Deponien der BSR angeliefert und entsorgt. Auf die Deponien gelangte immerhin mehr als die Hälfte des Berliner Abfalls. Insgesamt galt es in Berlin, Entsorgungssicherheit für ca. 1.000.000 Mg Abfall pro Jahr zu schaffen.

Der Berliner Abfall wird nun in einem Anlagenmix entsorgt. An Stelle der Deponien werden Anlagen beschickt, die neu errichtet wurden und über Stoffstromtrennverfahren eine moderne Behandlung gewährleisten.

Dabei trägt die MVA Ruhleben auch nach dem 01.06.2005 die größte Einzelverantwortung für die Entsorgungssicherheit des Landes Berlin. Die MVA muss dauerhaft 520.000 Mg/a Abfälle verbrennen, um den ihr zugeordneten Anteil der Entsorgungspflichten des Landes Berlin zu erfüllen.

230.000 Mg/a werden im Rahmen eines PPP-Modells entsorgt. Die Behandlung erfolgt mittels mechanisch-physikalischer Behandlung in zwei getrennten Anlagen (MPS-Anlagen). Die Anlagen wurden vom privaten Partner der BSR errichtet, von den BSR übernommen und der mit dem privaten Partner gegründeten Betriebsgesellschaft zur Nutzung beigestellt. Der Abfall wird in diesen Anlagen in mehreren Behandlungsschritten im Wesentlichen in die Bestandteile Eisenmetall- und Nichteisenmetallschrott, Inerte und Ersatzbrennstoff aufgetrennt bzw. überführt. Das wesentliche Prinzip der Aufbereitung zu Ersatzbrennstoffen basiert auf einer Trocknung des vorher mechanisch aufbereiteten Abfalls in einer beheizten Trockentrommel. Die nach verschiedenen Sichtungsstufen hergestellten Ersatzbrennstoffe werden anteilig im Kraftwerk Jänschwalde und im Zementwerk Rüdersdorf energetisch verwertet.

Weitere Teilmengen (insgesamt 233.000 Mg/a) werden durch mehrere Dienstleister überwiegend einer mechanisch-biologischen Behandlung zugeführt. Das nach dem Rottevorgang inertisierte Material wird auf Deponien endabgelagert, die abgetrennte und zu Ersatzbrennstoff aufbereitete Hochkalorik ebenfalls anteilig im Kraftwerk Jänschwalde und im Zementwerk Rüdersdorf verwertet.

2 MPS Pankow

2.1 Allgemeine Beschreibung

Die MPS Pankow ist eine von zwei mechanisch-physikalischen Behandlungsanlagen, die von der Firma ALBA errichtet wurden. Während die MPS Pankow vollständig in das Eigentum der BSR übernommen wurde, beträgt der Eigentumsanteil der BSR an der MPS Reinickendorf < 50 %. Beide Anlagen mit einer Kapazität von jeweils ca. 160.000 Mg/a werden durch eine gemeinsame Gesellschaft von BSR und ALBA, der MPS-Betriebsführungsgesellschaft, bewirtschaftet.

Die Genehmigung zur Errichtung der MPS Pankow wurde im August 2004 erteilt. Im Oktober war Baubeginn, im Mai 2006 ging die Anlage in den Betrieb und wurde nach erfolgreicher Leistungsfahrt noch Ende November 2006 durch die BSR übernommen.

Die Anlage befindet sich im Nordosten Berlins in einem Gewerbegebiet und ist über eine Bundesstraße und die Autobahn gut an den Verkehr angebunden.

2.2 Verfahrenskonzept

Das Verfahrenskonzept soll anhand des Materialflusses durch die Behandlungsanlage erläutert werden. Insgesamt lässt sich die Anlage in fünf Betriebseinheiten unterscheiden:

1) Anlieferung und Müllbunker
2) Aufbereitung
3) Trocknung und RTO
4) Sichtung
5) Pelletierung

2.2.1 Anlieferung und Müllbunker

In der MPS Pankow werden vorwiegend gemischte Siedlungsabfälle aus der Hausmüllabfuhr verarbeitet. Nach der Verwiegung im Eingangsbereich erfolgt die Anlieferung im Regelfall über fünf Schleusen in einen Tiefbunker. Für Anlieferspitzen steht ein gesonderter Flachbunker zur Verfügung.

Im Tiefbunker werden die Umschlagarbeiten mit einem automatischen, computergesteuerten Brückenkran mit Mehrschalengreifer durchgeführt.

Der Greifer platziert die Abfälle auf zwei Schubböden. Von den Schubböden können Störstoffe (z. B. Waschmaschinen) mit einem Greifer entnommen und in einem gesonderten Container zur anderweitigen Entsorgung bereitgestellt werden. Die Schubböden fördern in einen Vorzerkleinerer. Der vorzerkleinerte Abfall wird über Förderbänder der mechanischen Aufbereitung zugeführt.

2.2.2 Aufbereitung

Innerhalb der mechanischen Aufbereitung wird der Abfall zur Trocknung vorbereitet bzw. es werden die Abfallbestandteile abgetrennt, für die eine Weiterverarbeitung zu Ersatzbrennstoffen ohne Trocknung vorgesehen ist. Weiterhin erfolgt die Metallentfrachtung und eine separate Abtrennung von Kunststoffen.

Siebdurchgänge

In einer ersten Siebtrommel mit einem Siebschnitt von 160 mm wird der vorzerkleinerte Abfall in zwei volumenmäßig annähern gleiche Stoffströme geteilt. Der Durchgang der Siebtrommel wird, nach Abscheidung der Eisenmetalle durch einen Überbandmagneten und der Abscheidung der Nicht-Eisenmetalle durch einen Wirbelstromabscheider, einer zweiten Siebtrommel zugeführt. Die dort einsetzende Feinklassierung erfolgt bei einem Siebschnitt von 60 mm. Der Durchgang des Siebes gelangt direkt in einen Pufferbunker vor Trocknung.

Siebüberläufe

Der Siebüberlauf der ersten Siebtrommel gelangt zu einem Grobkornwindsichter. Per Luftstrom wird ein Leichtgut erzeugt, welches auf eine Korngröße von 60 mm zerkleinert wird und keiner anschließenden Trocknung bedarf. Es wird am Trockner vorbeigeschleust.

Das Schwergut des Grobkornwindsichters wird, nach Entfrachtung von Eisen- und Nicht-Eisenmetallen, auf 60 mm nachzerkleinert und dem Pufferbunker vor Trocknung zugeführt. Das Schwergut wird vorher über einen Kunststofftrenner geführt. Über Nahinfrarot-Technologie werden Kunststoffe detektiert und ausgeblasen. Auch der hier erzeugte Leichtgutstrom wird – nach Durchlaufen eines weiteren PVC-Trenners – dem Leichtgutzerkleinerer zugeführt und nach Zerkleinerung auf die Korngröße von 60 mm am Trockner vorbeigeführt.

Der Siebüberlauf der zweiten Siebtrommel wird ebenfalls nachzerkleinert und dann in den Pufferbunker vor Trocknung geschleust. Auch dieser Stoffstrom kann einer Kunststoff- und PVC-Trennung unterzogen werden. Beim Einsatz dieser Trenntechnik wird wiederum ein Leichtgutstrom erzeugt, welcher nach weiterer Zerkleinerung am Trockner vorbeigeschleust werden kann.

2.2.3 Trocknung

Das zu einer Korngröße von 60 mm aufbereite und zu trocknende Material wird in einem Zwischenbunker bevorratet. Der Pufferbunker wird mit einem automatischen computergesteuerten Brückenkran bewirtschaftet. Durch vier parallel angeordnete Trogschneckenförderer und eine Dosierschnecke wird das Material dem Trockner zugeführt.

Der Trockner besteht aus einer Drehtrommel, in welcher der Abfall mittels heißem Rauchgas-Brüden-Gemisch im Gleichstromverfahren auf < 10 % Restfeuchte getrocknet wird. Je nach Lastfall liegt die Temperatur im Bereich zwischen 150 °C und 300 °C.

Die aus dem Pufferbuffer abgesaugte Luft wird über einen Filter entstaubt und als Verbrennungsluft genutzt. Das den Trockner verlassende Rauchgas-Brüden-Gemisch gelangt über einen Schwergutaustrag, einen Zyklonabscheider und eine anschließende Entstaubung in die thermisch regenerative Rauchgasreinigung.

Der getrocknete Abfall wird der Sichtung zugeführt.

2.2.4 Sichtung

Der getrocknete Abfall wird über einen Trogkettenförderer einem Spannwellensieb zugeführt. Das Spannwellensieb nimmt die Trennung in die Fraktionen < 6 mm und 6 mm bis 60 mm vor. Beide Teilströme werden durch Sichter jeweils in eine Leicht- und eine Schwerfraktion separiert.

Die Fraktion < 6 mm wird durch ein Sieb in die Teilströme < 2 mm und 2 mm bis 6 mm getrennt. Die abgeschiedenen feinkörnigen Schwerstoffe der Fraktion < 6 mm werden direkt als Inerte ausgeschleust und können der Verwertung zugeführt werden, die flugfähigen Stoffe dieser Fraktion werden weiter in Richtung Pelletierung geführt.

Das flugfähige Material der Fraktion 6 mm bis 60 mm wird ebenfalls, wie das der Fraktion < 6 mm, weiter in die Pelletierung geführt. Eine Nachzerkleinerung auf 20 mm ist erforderlich. Die abgeschiedenen Schwerstoffe werden weiter aufbereitet. Mittels einer Kombination aus Klassierung, Sichtung und optischer Sortierung erfolgt die weitere Trennung in Brennbares und Inertes. Die Inertien werden der Verwertung zugeführt, die Brennstoffanteile wiederum nachzerkleinert und in die Pufferbehälter vor Pelletierung geleitet.

Über einen Altmetallabscheider erfolgt die weitere Entfrachtung von Metallen.

2.2.5 Pelletierung

Das gesichtete Material wird in Pufferbehältern für die anschließende Pelletierung vorgehalten. Durch verschiedene Einstellungen an den Pressen und verschiedene Matrizen können sowohl Fluff als auch Pellets (Weich- und Hartpellets) produziert werden. Es stehen sechs Pelletpressen zur Verfügung. Die Verladung erfolgt in Walkingfloorfahrzeuge.

2.3 Stoffströme

In der MPS Pankow wird Abfall aus der Sammlung der BSR verarbeitet. Der Anlageninput besteht daher im Wesentlichen aus Hausmüll, in dem geringe Teile an hausmüllähnlichem Gewerbeabfall enthalten sind.

Die nachfolgende Tabelle enthält einen Überblick über die erzeugten Outputfraktionen und deren Mengen, exemplarisch für den Berliner Abfall dargestellt.

Tab. 1: Outputfraktionen MPS-Anlage

Anlagendurchsatz 160.000 Mg/a	
Pellets/Fluff	88.000 Mg/a
Inertes	20.000 Mg/a
Eisenmetalle	8.000 Mg/a
Nicht-Eisenmetalle	1.000 Mg/a
Störstoffe	300 Mg/a
Rest	Wasserverluste

Die bisherigen Ergebnisse bestätigen die zunächst theoretisch aufgestellte Stoffstrombilanz.

2.4 Betrieb und Wartung der Anlage

Die Anlage wird im Bereich des Annahmebunkers und der mechanischen Aufbereitung dreischichtig betrieben. Im Regelfall beschränkt sich der Betrieb auf die Tage von Montag bis Freitag.

Ab dem Pufferbunker bis hin zur Pelletierung des aufbereiteten Abfalls wird dreischichtig an allen Tagen der Woche gearbeitet.

Die Wartung der Anlage erfolgt in großen Teilen durch eigenes Personal. Die mechanische Aufbereitung wird momentan in der zweiten Schicht für ca. drei Stunden für Wartungs- und Reinigungsarbeiten stillgesetzt. Weitere Wartungen können samstags erfolgen.

Die Trocknungsanlagen und die Sichtung (einschließlich Abluftreinigungsanlagen) werden wöchentlich für fünf Stunden und 14-tägig für 20 Stunden stillgesetzt. Die 14-tägige Stillsetzung für 20 Stunden ermöglicht u. a. die Inspektion des Trockners, der RTO und die Durchführung von Reinigungsarbeiten in Warmbereichen dieser Anlagenteile.

In der Pelletierung gestattet die Anzahl von sechs Pressen die Wartung bei laufendem Betrieb, da jeweils einzelne Pressen vom Netz genommen werden können.

Der Zeitpunkt der planmäßigen Wartungszyklen ist immer samstags, sofern nicht Ereignisse innerhalb der Reisezeit ein Vorziehen des Wartungsstillstandes erfordern bzw. sinnvoll machen

Ein- bis zweimal pro Jahr wird die 14-Tageswartung um bis zu 48 bzw. 24 Stunden verlängert, um Arbeiten wie bspw. Steinwechsel der RTO oder andere langfristige Arbeiten durchzuführen.

Beratende Ingenieure ♦ Umwelttechnologie ♦ Abfalltechnik ♦ Biomasse

Kompetenz seit 20 Jahren

Internationale Präsenz in Luxemburg (IGLux s.à r.l., Oeko-Bureau) und UK (ORA Ltd.)

Ingenieurgemeinschaft
Witzenhausen
Fricke & Turk GmbH

- Vom Konzept bis zur Planung und Bauleitung
- Öffentlichkeitsarbeit und Bildungskonzepte
- Forschung, Entwicklung und Analysen

Bitte besuchen Sie uns auf unserer Website: www.igw-witzenhausen.de

---

KOMPTECH Vertriebsgesellschaft
Deutschland mbH
D-59302 Oelde, Herrenstraße 7
[t] +49 2522 93 45 - 0
[f] +49 2522 831 841
info@komptech.de

Technology for a better environment

STATIONÄRTECHNIK

KOMPOSTIERTECHNIK

SIEBTECHNIK

ZERKLEINERUNGSTECHNIK

www.komptech.de

… Richtig versichert – Anforderungen an den betrieblichen Versicherungsschutz von mechanischen, biologischen und thermischen Abfallbehandlungsanlagen

Elmar Sittner

Zunächst sei klargestellt, dass es „**den richtigen Versicherungsschutz**" natürlich nicht gibt. Dies liegt schon daran, dass es je nach Betreiber einer Abfallbehandlungsanlage und seiner individuellen Situation völlig verschiedene Anforderungen an den Versicherungsschutz geben kann. Die Frage, die sich stellt, ist also, wie jeder Betreiber für sich selbst herausfindet, welcher Versicherungsschutz **für ihn** richtig ist.

In diesem Beitrag geht es um die Bereiche der Sachversicherung und der Technischen Versicherung mit den dazugehörigen Betriebsunterbrechungsversicherungen.

Darüber hinaus gibt es natürlich noch eine Vielzahl anderer betrieblicher Versicherungen, z. B. Haftpflichtversicherungen, Rechtsschutzversicherungen, D & O-Versicherungen des Managements, Unfallversicherungen für die Mitarbeiter, die aber im Rahmen dieses Beitrages nicht behandelt werden sollen.

1 Sachversicherungen

Die wesentlichen Sachversicherungen einer Abfallbehandlungsanlage sind, wie bei anderen industriellen Anlagen auch, die Feuerversicherung und deren Nebensparten. Die wichtigsten Nebensparten sind die Leitungswasser-, die Sturm/Hagel- sowie die Einbruchdiebstahlversicherung. Daneben gibt es vereinzelt auch Anlagen, die gegen weitergehende Elementarschäden versichert sind. Dies können Versicherungsschutz gegen Hochwasser/Überschwemmung, gegen Erdbeben, gegen Schneedruck und Lawinen oder weitere Elementargefahren sein.

Überwiegend beschränken sich die Betreiber aber auf die Kernversicherungen, d. h. die Versicherung gegen Feuer und in Teilbereichen der Anlage gegen Leitungswasser, Sturm/Hagel. Versicherungsschutz gegen Einbruchdiebstahl spielt überwiegend bei Betriebs- oder Verwaltungsgebäuden eine Rolle.

Bei den Betriebsunterbrechungsversicherungen ist es grundsätzlich so, dass man Versicherungsschutz für jede in der Sachversicherung versicherte Gefahr vereinbaren kann. Standard ist hier aber nur die Feuer-Betriebsunterbrechungsversicherung. Die meisten Betreiber beschränken sich auf diese Betriebsunterbrechungsversicherung. Dies liegt zum einen daran, dass nach einem Feuer die Auswirkungen am gravierendsten sind. Andererseits sind weitere Sach-Betriebsunterbrechungsversicherungen (z. B. Sturm/Hagel, Leitungswasser oder Einbruchdiebstahl) oft allein durch das Vorhandensein einer Maschinen-Betriebsunterbrechungsversicherung überflüssig.

Wo Hochwasser/Überschwemmung versichert wird, sollte man in jedem Fall darüber nachdenken, auch den entsprechenden Versicherungsschutz für Betriebsunterbrechungsschäden zu vereinbaren. Gleichermaßen gilt diese Aussage für weitere Elementargefahren, wie z. B. Erdbeben.

2 Technische Versicherungen

Die Technischen Versicherungen gliedern sich hauptsächlich in die Bereiche Maschinenversicherungen, Elektronikversicherungen und die zugehörigen Betriebsunterbrechungsversicherungen. Die Elektronikversicherungen spielen hier eine untergeordnete Rolle, da man sich damit im Wesentlichen auf die Verwaltungsbereiche beschränken kann.

Es gibt natürlich auch Lösungen, bei denen die gesamte Prozess-, Leit- und Steuertechnik in einem Elektronikversicherungsvertrag versichert ist. Dies ist nicht falsch und kann so gemacht werden.

Mindestens genauso richtig ist es aber, die Prozess-, Leit- und Steuertechnik als anlagenzugehörig zu betrachten und im Rahmen der entsprechenden Maschinenversicherung mitzuversichern. Qualitativ bestehen bei beiden Lösungen dann kaum nennenswerte Unterschiede, wenn die Verträge mit entsprechend vollständigen Bedingungswerken ausgestattet sind.

Allerdings ist es denkbar, dass ein Anlagenbetreiber seine Prozess-, Leit- und Steuertechnik mit geringeren Selbstbehalten versichern möchte, als er dies bei der restlichen Maschinentechnik tut. In diesen Fällen wäre es dann besser, die Prozess-, Leit- und Steuertechnik in der Elektronikversicherung zu versichern.

Die Maschinenversicherung versichert die Anlagentechnik gegen von außen einwirkende Ereignisse sowie innere Betriebsschäden.

Die von außen einwirkenden Ereignisse kommen bei stationären Maschinen nicht ganz so häufig vor. Diese gibt es weitaus häufiger bei mobilen Maschinen. Selbstverständlich kann es aber sein, dass z. B. ein LKW-Fahrer bei der Fahrt durch Betriebsgelände Rohrleitungen herunterreißt, weil er z. B. vergessen hat, die Ladefläche wieder herunterzuklappen (dieser Schaden ist im vergangenen Jahr in einer MBA tatsächlich eingetreten).

Eine Mischung zwischen innerem Betriebsschaden und von außen einwirkendem Ereignis liegt dann vor, wenn z. B. ein befüllter Gärturm einer MBA platzt (dies ist der innere Betriebsschaden) und sich anschließend die Schlammmassen mit zerstörerischer Wirkung durch die (bis dahin noch unbeschädigte) Anlage bewegen (dies ist das von außen einwirkende Ereignis).

3 Betriebsunterbrechungsversicherungen

Bei den Betriebsunterbrechungsversicherungen sei zunächst angemerkt, dass ein solcher Vertrag hinsichtlich der Erweiterung des Versicherungsschutzes einen „Brückenschlag" zu der dazugehörigen Sachversicherung enthalten sollte.

Damit ist gemeint, dass die Verbesserungen des Versicherungsschutzes des Sachversicherungsvertrages auch für den Betriebsunterbrechungsversicherungsvertrag Geltung haben, soweit diese anwendbar sind. Dies erspart einem die Mühe, die gesamten Erweiterungen der Sachversicherungspolice noch einmal abzuschreiben und dann die Besonderheiten für die Betriebsunterbrechungsversicherung zu ergänzen.

Bei den Betriebsunterbrechungsversicherungen werden ferner besonders häufig Fehler bei der Bemessung der Versicherungssumme gemacht.

Die Versicherungssumme in den Betriebsunterbrechungsversicherungen setzt sich aus den durch den Schaden nicht erwirtschaftbaren, eigenen Fixkosten sowie dem entgangenen Gewinn zusammen.

Diese Größen lassen sich anhand der Gewinn- und Verlustrechnung berechnen. Die Berechnung erfolgt, indem man versucht zu ermitteln, wie die Ertragslage und Gewinnsituation des Betriebes ohne den Eintritt des Schadens gewesen wäre. Ohne einen eigenen Sachverständigen ist dies kaum möglich. Daher ist es bei dieser Sparte besonders wichtig, Sachverständigenkosten in den Vertragsumfang einzuschließen. Dies ist allerdings bei der Maschinen-Betriebsunterbrechungsversicherung nicht mit allen Versicherern machbar.

Eine Besonderheit bei der Versicherung von Abfallbehandlungs- und Verwertungsanlagen ist es, dass sich die Versicherungssummen allerdings nicht auf diese Positionen beschränken lassen.

Bei andienungspflichtigen Abfällen gibt es bei einem Schadenfall nicht die Möglichkeit, diese abzulehnen. Der Betreiber muss also dafür sorgen, dass diese Abfälle (zu dessen Entsorgung er verpflichtet ist) anderweitig entsorgt werden. Diese anderweitige Entsorgung über einen längeren Zeitraum kann teuer werden und diese Mehrkosten, die in seiner Versicherungssumme in der Regel nicht enthalten sind, müssen gesondert versichert werden oder aber der Versicherungssumme hinzugeschlagen werden.

Die meisten Versicherer bestehen hier auf einer gesonderten Position, die dann als die sog. Erste Gefahr vereinbart wird.

Vergisst man die Vereinbarung zum Einschluss dieser Mehrkosten (dies gilt sowohl für den Feuer-Betriebsunterbrechungsvertrag als auch für den Maschinen-Betriebsunterbrechungsvertrag), so erfolgt im Schaden auch keine Erstattung dieser Mehrkosten.

Darüber hinaus ist es insbesondere in der Feuer-Betriebsunterbrechungsversicherung wichtig, ausreichende Haftzeiten zu vereinbaren. Während in der Maschinen-

Betriebsunterbrechungsversicherung die Haftzeiten für gewöhnlich zwischen drei und neun Monaten liegen (hier kommt es auch und entscheidend auf die Lieferzeiten von Herstellern für Anlagen oder Anlagenteile an), so ist bei größeren Anlagen immer die Empfehlung angebracht, die Haftzeit für FBU-Schäden mindestens auf 24 Monate, teilweise sogar auf bis zu 36 Monate festzusetzen.

Die Haftzeit ist die Zeit, für die der Versicherer nach einem Schadenfall maximal Entschädigung für Betriebsunterbrechungen leistet.

Bei der Bemessung dieser Haftzeit muss man auch die Zeit für möglicherweise erforderliche Neu- oder Umplanungen der Anlage (zumindest bei Anlagen, die nicht neu sind) sowie die Zeit für die Durchführung eines EU-weiten Ausschreibungsverfahrens einplanen.

In der Maschinen-Betriebsunterbrechungsversicherung ist es ferner empfehlenswert, darauf zu achten, dass der Maschinenversicherungsvertrag die gesamte Anlage und nicht nur einzelne Komponenten umfasst. Grund ist, dass sonst im Schadenfall die Gefahr droht, dass in der Maschinen-Betriebsunterbrechungsversicherung nicht geleistet wird, wenn auch ein in der Maschinenversicherung (und damit auch in der Maschinen-Betriebsunterbrechungsversicherung) nicht versichertes Anlagenteil beschädigt war und die Unterbrechung auch schon aufgrund dieses nicht versicherten Anlagenteiles eingetreten wäre.

In der Maschinen-Betriebsunterbrechungsversicherung darüber hinaus zu erwähnen, ist dann noch die sog. Haftzeitverlängerungsklausel, die dann greift, wenn ein Schaden eintritt und während der Reparaturzeit ein neuerlicher Schaden verursacht wird. Hat man diese Klausel vereinbart, so beginnt ab Eintritt dieses neuerlichen Schadens eine neue Haftzeit. Besonders wichtig ist dies, wenn kurz vor Ablauf der ursprünglichen Haftzeit dieser zweite Schaden eintritt. Allerdings werden bei Vereinbarung dieser Klausel dann auch für den zweiten Schaden erneut die Selbstbeteiligungen abgezogen.

4 Überschneidungen/Doppelversicherungen

Hat man eine Maschinenversicherung und Sachversicherungen abgeschlossen, so muss man darauf achten, dass man nicht bestimmte Gefahren in beiden Versicherungen mitversichert. Die einzige klare Abgrenzung ist hier die Feuergefahr, die in der Maschinenversicherung für stationäre Maschinen regelmäßig nicht versichert wird. Alle anderen, in den entsprechenden Bedingungen wiederzufindenden, Ausschlüsse (z. B. Schäden durch Hochwasser und Überschwemmung) sind auch durch Sondervereinbarung im Maschinenversicherungsvertrag abdingbar.

Sofern das Erfordernis für solche Zusatzdeckungen gesehen wird, muss man sich also entscheiden, ob man den Versicherungsschutz in der Maschinen- oder in der Sachversicherung vereinbaren will.

Leitungswasser- und Sturmversicherungen muss man für die Maschinentechnik aber auf gar keinen Fall abschließen, falls man Maschinenversicherungsschutz vereinbart hat. In diesem Bereich sind am häufigsten die sog. Doppelversicherungen vorzufinden.

Die Maschinen-Betriebsunterbrechungsversicherung bietet Versicherungsschutz für den Unterbrechungsschaden, der einem versicherten Maschinenschaden folgt. Die Systematik ist also ähnlich wie bei der Feuer-Betriebsunterbrechungsversicherung, die ja auch einen entschädigungspflichtigen Feuerschaden als Voraussetzung hat.

Aufgrund der Tatsache, dass es viel häufiger zu Maschinenschäden kommt (dies sind ja sämtliche unvorhergesehen eintretenden Beschädigungen der Maschine, egal ob aus äußerem oder innerem Anlass), ist diese Versicherungsart aber erheblich prämienintensiver als die Feuer-Betriebsunterbrechungsversicherung. Dies gilt zumindest dann, wenn die gesamte Maschinentechnik entsprechenden Versicherungsschutz haben soll.

Man geht in der Regel davon aus, dass ein Maschinen-Betriebsunterbrechungsschaden nicht so lange andauert, wie ein Feuer-Betriebsunterbrechungsschaden. Deshalb liegen hier die üblicherweise vereinbarten Haftzeiten je nach Aggregat und Art der Anlage zwischen drei und maximal zwölf Monaten.

Bei dem oben kurz skizzierten Schadenszenario, bei dem die gesamte Maschinentechnik eines Bereiches durch eine Schlamm-/Wasserlawine zerstört wird, wären solche Überlegungen natürlich falsch gewesen. Ein solcher Schaden kann auch mehrere Jahre andauern und immense Folgekosten verursachen. Hält man daher einen solchen Schaden für denkbar, so ist dieser besser in einer Sach-Betriebsunterbrechungsversicherung (Erweiterung der Feuer-Betriebsunterbrechungsversicherung) aufgehoben, als in der Maschinen-Betriebsunterbrechungsversicherung.

5 Was heißt eigentlich „richtig versichert"?

Richtig versichert zu sein heißt, ausreichend versichert zu sein und günstig versichert zu sein.

Was versteht man aber unter „ausreichendem Versicherungsschutz"?

Nach Ansicht des Verfassers müssen hierzu drei Punkte erfüllt sein:

- Es sind die Verträge abgeschlossen, die zur Abdeckung bestehender versicherbarer Gefahren erforderlich sind.

  Voraussetzung dafür, dass man weiß, welche Gefahren dies sind, ist eine zuvor durchzuführende, eingehende Analyse des Versicherungsrisikos.

- Man vereinbart angemessene Selbsttragungen, z. B. durch Franchisen.
- Man erreicht eine gute Vertragsqualität.

Diese bestimmt sich durch die vereinbarten „Allgemeinen Bedingungen" und die „Besonderen Vereinbarungen".

6 Was bedeutet „günstiger Versicherungsschutz"?

In erster Linie spielt hier das Kriterium der Prämienhöhe eine wesentliche Rolle.

Die Prämienhöhe ist natürlich nur dann ein ausreichendes Kriterium, wenn die Vertragsqualität klar definiert ist und die eingeholten Angebote dadurch vergleichbar sind.

Die Frage, die sich immer wieder stellt, ist, ob es neben der Prämienhöhe noch andere Kriterien gibt, die hier Beachtung finden müssen. Welche Kriterien könnten dies sein?

Fachliche Qualifikation

Die fachliche Qualifikation und die Erfahrung eines Versicherers mit bestimmten Risiken und die daraus resultierende Qualität des angebotenen Services spielt selbstverständlich eine Rolle. Allerdings ist für den Bereich der Abfallbehandlungsanlagen festzustellen, dass dort ohnehin ausschließlich Versicherungsunternehmen (zumindest als führende Versicherer) tätig sind, die über die notwendige fachliche Qualifikation verfügen und dem Kunden insofern auch die notwendigen Dienstleistungen zur Verfügung stellen. Graduelle Unterschiede gibt es natürlich dennoch.

Qualität der Bedingungswerke

Hier sollen (nur beispielhaft) einige Einschlüsse genannt werden, die gute Verträge enthalten und weniger gute Verträge vermissen lassen.

Grundsätzlich sind die meisten Versicherungsnehmer, die keine Erfahrung mit Großschäden gemacht haben, nicht sonderlich sensibilisiert für die Wichtigkeit solcher qualitativer Unterschiede in den Versicherungsverträgen.

Im Erfahrungshorizont der meisten Versicherungsnehmer ist eine Feuerversicherung immer noch eine Feuerversicherung und eine Maschinenversicherung ist eine Maschinenversicherung.

Erst eine eingehende Analyse der Bedingungswerke bringt zu Tage, welche immensen qualitativen Unterschiede hier vorliegen können und welche Auswirkungen das Vorliegen solcher Unterschiede im Schadenfall nach sich ziehen kann.

So gibt es (und dies gilt für die Sachversicherung und die Technischen Versicherungen gleichermaßen) z. B. die Allgemeinen Vereinbarungen eines Versicherungsvertrages. Diese erweitern nicht grundsätzlich den Versicherungsschutz, sondern sie verbessern im Wesentlichen die Position des Versicherungsnehmers im Hinblick auf die Allgemeinen Bedingungen und das Versicherungsvertragsrecht.

Hier kennen wir z. B. folgende Klauseln (die aufgrund des beschränkten Umfangs dieses Beitrages allerdings nicht ausführlich erläutert werden können):

- Erweiterte Anerkennungsklausel: Der Versicherer bestätigt dadurch, dass ihm die risikorelevanten Informationen bekannt sind.
- Verlängerung üblicher Revisionsfristen
- Vereinbarung, dass die Bekanntmachung der Sicherheitsvorschriften im Betrieb zur Erfüllung einer entsprechenden Obliegenheit ausreicht
- Einschränkungen des Kündigungsrechtes/Bestehenbleiben der Leistungsverpflichtung bei Eintreten einer Gefahrerhöhung
- Erlaubnis zur sofortigen Reparatur und zum Aufräumen bei Schäden unter EUR 50.000,00
- Einschränkung der Repräsentanteneigenschaft z. B. auf den oder die Geschäftsführer/Werkleiter

Daneben gibt es je nach Versicherungsgattung im Rahmen der Besonderen Vereinbarungen auch materielle Erweiterungen des Versicherungsschutzes.

Bei den Sachversicherungen können dies z. B. sein:

- Einschluss von Schadensuchkosten
- Einschluss von Regiekosten
- Einschluss von Mehrkosten bei Provisorien
- Kosten für Abfuhr von Müll (z. B. bei einem Bunkerbrand)

    Hintergrund ist, dass Müll nicht als versicherte Sache definiert ist und daher Schäden, die entstehen, wenn lediglich Müll gebrannt hat, nicht mitversichert sind (zumindest nach der Auffassung einiger Versicherungsunternehmen). Nach einem Bunkerbrand kann es z. B. bei einer mechanisch-biologischen Anlage aber durchaus sein, dass der Müll dann nicht mehr durch die Anlage gefahren werden kann, sondern auf anderen Wegen zu entsorgen ist. Diese Mehrkosten sollte man separat in den Vertrag einschließen.

- Gefahrtragungsbeginn

    Für eine Anlage im Probebetrieb oder der Inbetriebnahme ist oft schon vor Gefahrübergang Versicherungsschutz erforderlich (insbesondere bei der Feuer-Betriebsunterbrechungsversicherung).

- Vereinbarung eines möglichst weitgehenden Unterversicherungsverzichtes
- Vereinbarung der Neuwertentschädigung bei Sachen, die sich im Gebrauch befinden und laufend gewartet werden.

Bei den **Technischen Versicherungen** gibt es solche Sondervereinbarungen natürlich auch. Diese enthalten teilweise die gleichen Regelungen wie die Sachversicherung, teilweise enthalten sie Spezialregelungen.

Diese können z. B. sein:

- Mitversicherung von Ausmauerungen/Ausgleitungen
- Einschluss von Transportbändern
- Einschluss der Verkabelung
- Einschluss von Schäden, bei denen dauernde Einflüsse des Betriebes mitgewirkt haben
- Mitversicherung von Mehrkosten für Spezialanfertigungen
- Begrenzung der maximalen Abschreibung im Totalschadenfall auf 50 %

Die Aufzählung lässt erkennen, dass es bei einem Großschaden oder bei einem größeren Schaden bei Fehlen solcher Sondereinschlüsse oder Vereinbarungen zu Lücken im Versicherungsschutz kommen kann oder dass es schlimmstenfalls (z. B. wenn Fehler eigener Mitarbeiter den Schaden begünstigt haben) sogar zur teilweisen oder vollständigen Ablehnung des Versicherungsschutzes kommen kann. Der Kunde, der eine solche Erfahrung gemacht hat, weiß daher einen professionell aufgebauten Versicherungsvertrag besonders zu schätzen.

Auf die immer wieder zitierte Kulanz des eigenen Versicherers zu hoffen, ist zwar möglich, aber immer nur der zweitbeste Weg. Besser ist es, einen Rechtsanspruch auf Versicherungsschutz durch den eigenen Vertrag zu haben. Im Übrigen ist Kulanz, zumindest im Bereich der Millionenschäden, nicht mehr ganz so häufig anzutreffen, wie bei Kleinschäden.

7 Die Wege zum richtigen Versicherungsschutz

Wege zum richtigen (und günstigen) Versicherungsschutz gibt es zunächst einmal mehrere.

Man könnte z. B. selbst Angebote bei Versicherungsgesellschaften einholen und diese Angebote dann selbst vergleichen.

Diesen Weg gehen große Unternehmen, die über eigenes Know-how, z. B. durch eine eigene Versicherungsabteilung, verfügen. Auch firmenverbundene Versicherungsmakler sind früher zu einem solchen Zweck gegründet worden.

Der zweite und sicherlich am weitesten verbreitete Weg ist, einen Versicherungsmakler mit der Durchführung dieser Tätigkeit zu beauftragen.

Die Versicherung großer Abfallbehandlungsanlagen ist allerdings ein sehr spezielles Segment, so dass dem Betreiber nicht sämtliche ca. 15.000 in Deutschland tätige Versicherungsmakler werden helfen können.

Nach Einschätzung des Verfassers gibt es nur wenige Makler, die in diesem Segment wirklich qualifizierte Beratung anbieten können.

Vor dem Vergleich der Versicherungsangebote ist also in diesem Falle die Auswahl des sachkundigen Versicherungsmaklers gestellt.

Darüber hinaus gibt es (was vielerorts aufgrund der geringen Anzahl der vorhandenen Berater unbekannt ist) die Möglichkeit der Beratung über unabhängige Versicherungsberater. Diese dürfen (im Gegensatz zum Makler) nicht vermitteln, d. h. keine Provisionen von Versicherungsgesellschaften annehmen.

Allerdings ist dieser Berufsstand sehr klein. Es gibt nur etwa 200 zugelassene Berater in Deutschland.

Bei den Beratern gilt selbstverständlich das gleiche wie bei den Maklern. Der Berater, der helfen soll, muss es auch können, d. h. er muss über die notwendige Erfahrung bei der Versicherung solcher Anlagen verfügen.

Als letzte, aber aufgrund der geltenden Rechtslage immer wichtiger werdende Möglichkeit sei die öffentliche oder EU-weite Ausschreibung des Versicherungsschutzes genannt.

8 Die Ausschreibung von Versicherungsschutz am Beispiel der EU-weiten Ausschreibung des ASA e. V., Ennigerloh

Zunächst ist zu klären, wann eine solche EU-weite Ausschreibung vorgeschrieben ist.

Diese hat drei Voraussetzungen:

a) Es muss sich um einen öffentlichen Auftraggeber handeln.

   Bei einem kommunalen Regieunternehmen und auch bei einer kommunalbeherrschten Kapitalgesellschaft im Bereich der Entsorgung ist dies aber regelmäßig der Fall.

b) Es muss sich um den Abschluss eines Dienstleistungsvertrages handeln.

   Versicherungsverträge sind Dienstleistungsverträge im Sinne des § 98 GWB.

c) Der gültige Schwellenwert muss überschritten sein.

   Hierzu ist eine Betrachtung der Jahresprämie ohne Versicherungssteuer erforderlich.

Bei zeitlich unbeschränkten Verträgen (dies sind Verträge, die sich von Jahr zu Jahr verlängern, also mit einer sog. in Deutschland üblichen Verlängerungsklausel versehen sind) beträgt dieser Wert EUR 52.750,00 pro Jahr.

Mehrere Verträge, z. B. Feuer-, Feuer-Betriebsunterbrechungs-, Leitungswasser-, Sturm/Hagelversicherungsverträge, werden als Einheit betrachtet.

Vertretbar ist es aber, dass man z. B. Maschinen- und Maschinen-Betriebsunterbrechungsversicherungen gesondert betrachtet und nicht in die Schwellenwertberechnung der Sachversicherung einbezieht.

Es gibt bei der EU-weiten Ausschreibung drei zur Verfügung stehende Verfahren.

Diese sind das Offene Verfahren (steht der öffentlichen Ausschreibung gleich), das Nichtoffene Verfahren (steht der beschränkten Ausschreibung gleich) sowie das Verhandlungsverfahren (vergleichbar mit der freihändigen Vergabe).

Grundsätzlich hat nach Vergaberecht das Offene Verfahren den Vorrang. Allerdings besteht nach Überzeugung des Verfassers im Bereich der komplexen technischen Anlagen die Möglichkeit, das Verhandlungsverfahren zu wählen.

Grund ist, dass der Versicherungsschutz nur unter größten Schwierigkeiten von vornherein so beschrieben werden kann, dass dies die Durchführung des Offenen Verfahrens ermöglicht.

Gegen Ausschreibungen, die in Verhandlungsverfahren durchgeführt worden sind, sind bislang auch keine Einwendungen oder Vergaberügen erhoben worden.

Die Arbeitsgemeinschaft Stoffspezifische Abfallentsorgung e. V., Ennigerloh (ASA) beauftragte schon vor einigen Jahren den Verfasser mit der Konzeption und der Verhandlung von Rahmenverträgen für die Mitglieder in den Bereichen der Sach- und der Technischen Versicherungen.

Diese Verträge wurden Anfang 2005 abgeschlossen und haben einen qualitativ bestmöglichen Versicherungsschutz bei bestmöglichen Prämien zum Ziel.

Im bisherigen Wettbewerb (auch im Rahmen von Ausschreibungsverfahren) haben sich die Rahmenvertragspartner mit den angebotenen Bedingungen und Konditionen in aller Regel durchgesetzt. Lediglich in drei von 18 Fällen gab es bei den Sachversicherungen einen Versicherer (regional tätiges Unternehmen), das bei diesen drei Kunden ein noch besseres Angebot gemacht hat. Diese ASA-Mitglieder haben die Rahmenverträge dann lediglich für den Bereich der Technischen Versicherungen genutzt.

Obschon aus versicherungstechnischer Sicht keine Notwendigkeit besteht, eine Veränderung dieser Rahmenverträge herbeizuführen, haben einige Mitglieder beschlossen, eine gemeinsame EU-weite Ausschreibung durchzuführen.

Grund ist, dass eine Verpflichtung zu der Ausschreibung besteht und in vielen Fällen die Gebietskörperschaft oder die Rechnungsprüfungsämter auf die Durchführung einer solchen Ausschreibung drängen.

Teilweise sind auch lediglich Interimsverträge abgeschlossen worden, die (ohne Verlängerungsklausel) zum 31.12.2007 enden. In diesen Fällen besteht also eine direkte Notwendigkeit, neuen Versicherungsschutz abzuschließen.

Die gemeinsame Ausschreibung der ASA kennzeichnet sich im Wesentlichen durch folgende Punkte:

- Mehrere Mitglieder schreiben gemeinsam Versicherungsverträge aus.
- Die Bedingungswerke der ausgeschriebenen Verträge sind weitestgehend identisch (und bereits markterprobt!).
- Jeder Teilnehmer schließt aber seine eigenen Versicherungsverträge ab.
- Erfahrungen und Know-how im Umgang mit diesem Versicherungsschutz wird auf diese Weise gebündelt.
- Die gemeinsame Ausschreibung soll zu besseren Ergebnissen führen als eine einzelne Ausschreibung.
- Die notwendigen Kosten für externe Beratung (z. B. für die Konzeption des Versicherungsschutzes, die Erstellung der Bedingungsunterlagen und die fachliche Auswertung der Angebote) wird durch gemeinsames Vorgehen deutlich gesenkt.

Die gesamte Ausschreibung wird im Verhandlungsverfahren durchgeführt.

Soweit individuelle Vertragsvereinbarungen getroffen sind, werden die Verhandlungen aber vom jeweiligen Mitglied für sich selbst geführt. Belange, die alle ausschreibenden ASA-Mitglieder betreffen, werden im Vorfeld mit den Bietern gemeinschaftlich erörtert und verhandelt.

Die letztendliche Vertrags- und Vergabeentscheidung fällt jedes Mitglied für sich selbst.

Es bleibt aber Ziel, möglichst für die Bereiche Technische Versicherungen und die Bereiche Sachversicherungen jeweils einen Versicherer/ein Konsortium zu finden, der/das (wie dies bisher auch ist) für alle Mitglieder tätig wird.

Die bisherigen Versicherungsrahmenpartner des ASA e. V. haben bereits angekündigt, sich an der Ausschreibung zu beteiligen.

Die Alternativen der Abluftbehandlung einer MBA aus ökologischer Sicht

Ketel Ketelsen, Florian Knappe, Carsten Cuhls, Steffen Bahn

Zusammenfassung

Für die Behandlung der Abluft einer Mechanisch-Biologischen Restabfallbehandlungsanlage stehen verschiedene Konzepte zur Verfügung, die alle mit unterschiedlichem technischen Aufwand und Aufwand an Betriebsmitteln verbunden sind und sich im Behandlungserfolg und damit den verbleibenden Schadstofffrachten unterscheiden. Es stellt sich die Frage, bei welchen Varianten Aufwand und Behandlungserfolg bzw. Nutzen aus ökologischer Sicht in einem optimalen Verhältnis stehen. Eine nicht energetisch optimierte thermische Nachverbrennung der Abluft (TNV) erweist sich als ungünstig. Erfolgt die thermische Behandlung energie-optimiert mittels RTO, ist dies ökologisch deutlich günstiger und dies vor allem dann, wenn die Energie aus dem Abfallbehandlungsprozess heraus über Vergärung selbst erzeugt wird. Bei einer nicht den gesetzlichen Standards entsprechenden Abluftbehandlung über Biofilter stehen die positiven Effekte aus dem verminderten Energieeinsatz und fehlenden verbrennungstypischen Schadstoffemissionen geminderte Behandlungserfolge gegenüber.

1 Einleitung

In den in Deutschland betriebenen Mechanisch-Biologischen Restabfallbehandlungsanlagen erfolgt die Abluftbehandlung, um die Anforderungen der 30. BImSchV einhalten zu können, über eine Regenerative Thermische Oxidation (RTO), in einigen Anlagen ergänzt um Biofilter für gering belastete Abluft. Eine weitere Alternative ist die einfache thermische Nachverbrennung TNV. Durch diese Abluftbehandlung werden die Emissionen aus dem Abfallbehandlungsprozess minimiert.

Diese Art der Abluftbehandlung erfordert jedoch den Einsatz von Energie. Um die erforderliche Anlagengröße zur thermischen Abluftbehandlung sowie auch den Einsatz fossiler Energie möglichst klein zu halten, ist dieses Konzept mit einem umfangreichen Abluftmanagementsystem verbunden. Um möglichst kleine Abluftvolumina zu erreichen ist ein intensives Umluftsystem teilweise mit Kühlung von Abluftströmen notwendig, das wiederum mit einem deutlich höheren Stromverbrauch verbunden ist.

Dem Behandlungserfolg steht demnach ein entsprechender Aufwand gegenüber. Aus ökologischer Sicht werden die Erfolge in der Minimierung der Schadstoffemissionen aus den Behandlungsanlagen erkauft durch den erhöhten Einsatz von Energieressourcen, deren Bereitstellung zudem ebenfalls mit Umweltfolgen verbunden ist. Zudem verursacht die Siloxanbelastung in der Abluft bei Verbrennung in der RTO Ablagerungen von Siliziumdioxid auf den Wärmeaustauschermaterialien, die die Verfügbarkeit der RTO durch verkürzte Wartungs- und Reinigungsintervalle einschränken.

Der RTO-Variante wurde aus Vergleichsgründen eine Abluftreinigung in einer TNV = thermische Nachverbrennung (nur mit einfacher Wärmerückgewinnung) und eine Abluftreinigung mit einem klassischen Biofilter gegenübergestellt.

Da jedoch zzt. keine MBA im Bereich der Abluftreinigung über eine TNV verfügt, wurden die Betriebs- und Emissionsdaten der TVN über Analogieschlüsse aus vergleichbaren industriellen Anwendungsbereichen abgeleitet.

Es drängt sich also die Frage auf, in welchem Verhältnis dieser Mehraufwand aus ökologischer Sicht zu dem erreichten Nutzen zu sehen ist. Eine derartige Studie wird derzeit im Auftrag der Arbeitsgemeinschaft Stoffspezifische Abfallbehandlung – ASA e.V. durch das ifeu-Institut Heidelberg durchgeführt, deren Abschluss im Frühsommer zu erwarten sind. Erste Ergebnisse werden nachfolgend vorgestellt.

Die Bearbeitung der Aufgabenstellung erfolgte in Zusammenarbeit mit iba Ingenieurbüro für Abfallwirtschaft und Energietechnik Hannover und gewitra Ingenieurgesellschaft für Wissenstransfer Hannover, die die Kenndaten für die verschiedenen Optionen des Abluftmanagements und der Abluftbehandlung erarbeiteten und zur Verfügung stellten.

2 Varianten der Abluftbehandlung

Die wichtigsten Kenndaten zur ökologischen Bewertung sind die unterschiedlichen Betriebsmittelaufwendungen, d. h. der Einsatz an elektrischer Energie und Erdgas sowie die trotz Behandlung verbleibenden Stoffkonzentrationen in der Abluft, die zu verschiedenen Umweltwirkungen beitragen. Je differenzierter und aufwändiger das Abluftmanagement ist, desto höher ist der spezifische Strombedarf. Durch eine partielle Rückführung der Abluft zur Belüftung der biologischen Prozesse lässt sich das Volumen der Abluft, die zur Behandlung abgegeben werden muss, deutlich reduzieren.

Aus der Vielzahl der in Deutschland betriebenen Anlagen zur Mechanisch-Biologischen Restabfallbehandlung wurden verschiedene Typen der Abluftbehandlung gebildet. Auf Basis von Betriebsdaten ließen sich so die Kennwerte der verschiedenen zu vergleichenden Optionen ableiten und zusammenstellen (Tabelle 1).

Tab. 1: Zusammenstellung der untersuchten Systemvarianten

Bereich	Luftmenge / System	Erläuterung
Abluftmanagement	maximal	Einfaches Abluftmanagement
	minimal	Abluftmanagement mit umfassender Mehrfachnutzung, Umluftführung und Kühlung
biologische Behandlung	Rotte	Mehrstufiges rein aerobes Verfahren
	Vergärung / Nachrotte	Kombination aus anaerober und aerober Behandlung
Abluftreinigung	Biofilter	Nur Biofilter mit vorgeschaltetem Sauren Wäscher
	RTO	Gesamte Abluft wird nach Entstickung im Sauren Wäscher nur über RTO gereinigt.
	RTO + Biofilter	Aufkonzentrierte, belastete Abluft, z. B. aus Vorrotte wird über Sauren Wäscher und RTO, die unbelastetere Abluft aus der Nachrotte wird über Sauren Wäscher und Biofilter gereinigt
	TNV + Biofilter	Analog Variante RTO + Biofilter, nur Einsatz einer TNV mit einfacher Wärmerückgewinnung statt einer RTO

Die Variante einfaches Abluftmanagement = maximale Abluftmenge wurde aus energetischen Gründen nur für die Abluftreinigung mit Biofilter (Variante 1) und für die Kombination aus RTO und Biofilter (Variante 2) untersucht. Die Behandlung hoher Abluftmengen mit geringer Belastung (= geringer Energieinhalt = hoher externer Erd-/ Biogasbedarf) in einer RTO oder gar in einer TNV ist energetisch ungünstiger als die ausgewählten Fallszenarien und zudem in der Praxis nicht realisiert und wurde daher im Rahmen dieser Studie nicht untersucht.

Die spezifischen Luftmengen, deren Aufteilung auf RTO und Biofilter, entsprechen den Verhältnissen in ausgewählten charakteristischen MBA-Anlagen. Der angegebene Energiebedarf an Gas und Strom wurde ebenfalls aus aktuellen Betriebsdaten abgeleitet.

Die Belastung im Rohgas und für die Werte für Einzelkomponenten im Reingas wurde aus Einzelmessungen ermittelt, die Reingasbelastung für die Summenparameter C_{Ges}, N_2O, Staub basiert wiederum auf konkreten Betriebswerten der kontinuierlichen Emissionsüberwachung sowie an den geforderten Einzelmessungen (PDCC/F, NH_3, NO_x).

Die spezifischen Kenndaten zu Energieaufwand und verbleibenden Emissionen sind in den nachfolgenden Tabellen und Abbildungen dargestellt.

Da der Schwerpunkt dieser Untersuchung im Vergleich der Abluftreinigungsverfahren liegt, wurde als Bezugsgröße nicht die Tonne Restabfall zur MBA gewählt, sondern die Menge an Feinfraktion, die zur biologischen Behandlung gelangt. Die Konzeption der biologischen Stufe bestimmt maßgeblich den Luftbedarf der MBA und die Belastung der Abluftteilströme. Insofern ist der Aufwand, der zur Realisierung eines aufwändigen, abluftminimierenden Abluftkonzeptes in den biologischen Stufen erforderlich ist, bei der Bewertung der Abluftreinigungsverfahren über den erhöhten Energiebedarf berücksichtigt worden (Abbildung 1).

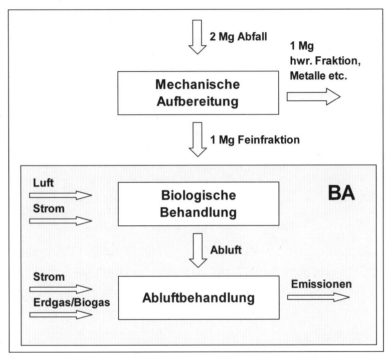

Abb. 1: Bilanzrahmen für die ökologische Bewertung der Abluftreinigung einer MBA

Durch die partielle Rückführung der Abluft in den Prozess wird deren C-Gehalt angereichert, so dass sich der Energiebedarf zur Verbrennung der Abluft entsprechend mindern lässt. Die thermische Behandlung kann entweder über eine RTO oder über eine TNV d. h. eine thermische Nachverbrennung mit technisch einfacher Wärmerückgewinnung unter Einsatz von Erdgas oder Biogas erfolgen. Die RTO unterscheidet sich zur TNV durch eine technisch aufwändigere Wärmerückgewinnung.

Bei relativ einfachem Abluftkonzept in der biologischen Behandlungsstufe fällt das für die Sicherstellung des biologischen Prozesses erforderliche Abluftvolumen mit 11.000 Nm³/Mg$_{BA}$ vergleichsweise hoch, der Einsatz elektrischer Energie für die biologische Behandlung und Abluftreinigung mittels Biofilter dagegen mit ca.

20 kWh/Mg$_{BA}$ entsprechend gering aus. Dieses Konzept der Abluftführung lässt sich mit zwei Modellen der Abluftbehandlung verbinden, einer ausschließlichen Behandlung über Biofilter (Variante 1) und einer Kombination aus RTO und Biofilter (Variante 2). Während der Betrieb des Biofilters mit keinen weiteren nennenswerten Aufwendungen verbunden ist, wird für den Betrieb der RTO zusätzlich Erdgas und Strom benötigt.

Beim Übergang auf die aufwändigen abluftminimierten Abluftkonzepte sinkt der Gasbedarf für die RTO, der Strombedarf für den Betrieb der Rotte steigt gegenüber der Variante 1 dagegen um den Faktor 5 an (Variante 3 und 4). Beim Einsatz einer TNV statt einer RTO steigt der Erdgasbedarf bei ansonsten gleichen Rahmenbedingungen um den Faktor 4 an (Variante 5 gegenüber Variante 3). Bei Einsatz von Biogas aus der eigenen Vergärungsstufe in der RTO bzw. TNV und Nutzung des im eigenen BHKW erzeugten Stroms ändern sich energetisch die Verhältnisse zwar nicht, da das Biogas und der daraus erzeugte Strom jedoch aus nicht-fossilen Energieträgern stammen, fließen sie bei der Ökobilanz nicht direkt mit in die Bewertung ein.

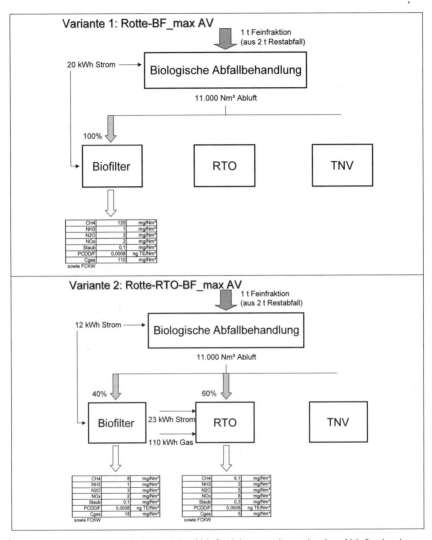

Abb. 2: Untersuchte Varianten der Abluftreinigung mit maximalen Abluftvolumina

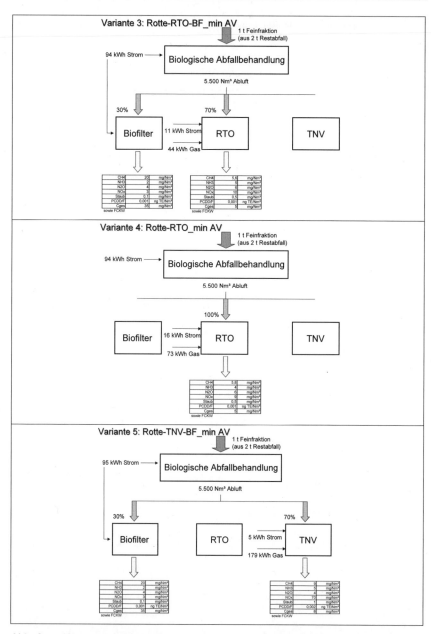

Abb. 3: Untersuchte Varianten der Abluftreinigung mit minimalen Abluftvolumina (Teil 1)

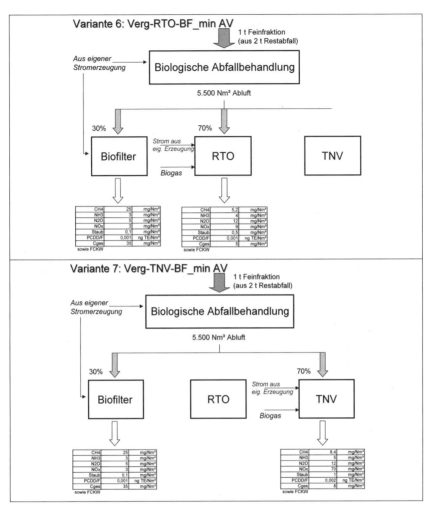

Abb. 4: Untersuchte Varianten der Abluftreinigung mit minimalen Abluftvolumina und einer anaeroben Behandlungsstufe

Wird der Restabfall nicht aerob, sondern anaerob behandelt, entsteht Biogas, das zur Abluftbehandlung eingesetzt werden kann und die Substitution von Erdgas ermöglicht. In die Bilanzierung des Betriebsmitteleinsatzes müssen alle Aufwendungen und Umweltwirkungen einbezogen werden, die mit der Bereitstellung der Energieträger am Einsatzort verbunden sind. Im Falle des Erdgases sind dies bspw. die Verluste bei der Förderung und dem Transport mittels Pipeline. Um die Vergleichbarkeit der aeroben und anaeroben Behandlungssysteme sicherzustellen, musste die Erzeugung der zur Abluftbehandlung benötigten Biogasmenge in die Bilanzierung aufgenommen werden.

In allen Schemata sind die Stoffkonzentrationen genannt, die im Reingas, d. h. nach erfolgter Abluftbehandlung enthalten sind, emittiert werden und zu entsprechenden Umweltwirkungen führen.

Damit sind nicht alle Effekte abschließend beschrieben. Die Weiterentwicklung der Abluftbehandlung von einer ausschließlichen Behandlung über Biofilter hin zu einer thermischen Behandlung zumindest der Abluftteilströme, die über die biologischen Abfallbehandlungsprozesse vergleichsweise hoch organisch belastet sind, verfolgte bestimmte Ziele. Ein wesentliches Ziel waren definierte Abluftbehandlungserfolge, d. h. die thermische Zerstörung der in der Abluft enthaltenen Organik. Diese lässt sich nicht nur an den für die Bilanzierung hier herangezogenen Parametern wie bspw. Methan festmachen.

3 Methode Ökobilanz und vergleichende Bewertung

Auf Basis einer Stoffstromanalyse lassen sich die unterschiedlichen Abluftkonzepte einer MBA aus ökologischer Sicht gegeneinander abwägen bzw. vergleichend bewerten. Hierzu ist es ausreichend, sich auf die Teile zu beschränken, die Einfluss auf das entstehende zu behandelnde Abluftvolumen und dessen Schadstoffbelastung haben. Die vergleichend betrachteten Systemräume umfassen damit die Biologie der MBA, die daraus anfallenden Abluftvolumina, den Energiebedarf für deren Abführung zur Abluftreinigungseinheit und die verschiedenen Abluftreinigungskonzepte mit ihrem unterschiedlichen Energiebedarf und resultierenden Reingasemissionen (vgl. Abbildung 1).

Die Ausgangsbasis für die Wirkungsabschätzung ist die jeweils berechnete Sachbilanz für die Vergleichsszenarien. Sachbilanz und Wirkungsabschätzung wurden mit Hilfe des Software-Tools Umberto®, zur Erstellung von Stoffstrommodellen und Ökobilanzen, berechnet. In Umberto® werden die Umweltbeeinträchtigungen, wie Emissionen und Rohstoffverbräuche der Vergleichsszenarien ermittelt.

Tab. 2: Untersuchte Wirkungskategorien, Indikatoren und berücksichtigte Sachbilanzparameter

Wirkungskategorie	Wirkungsindikator	Berücksichtigte Parameter der Sachbilanz
Beanspruchung fossiler Ressourcen	[ROEÄquivalente]	Erdöl, Erdgas, Braun-, Steinkohle
Ozonzerstörungspotenzial	[R11-Äquivalente]	R11, R12, R114, R113, R22
Klimaänderung (Treibhauseffekt)	[CO_2-Äquivalente]	CO_2 fossil, CH_4, N_2O
Versauerung	[SO_2-Äquivalente]	SO^2, NO_x, NH_3, HCl, HF, H_2S
Terrestrische Eutrophierung	[PO_4-Äquivalente]	NH_3, NO_x
Ozonbildungspotenzial / Photosmog (POCP bzw. NCPOCP)	[NOxkorr Ethen-Äquivalente]	BTX, NMVOC, Methan, Ethanol, Formaldehyd, Hexan, NOx
Humantoxizität (Krebsrisiko)	[Arsen-Äquivalente]	As, Cd, Cr(VI), Ni, BaP Dioxine, Benzol, PCB
Humantoxizität (PM10-Risiko)	[PM10-Äquivalente]	PM10, SO_2, NO_x, NH_3, NMVOC

Die Berechnung liefert zunächst die Ergebnisse der Sachbilanz (Einzelparametern). Die Einzelparameter werden in der Wirkungsabschätzung zu wirkungsbezogenen Kennzahlen zusammengefasst. Hierzu werden die relevanten Einzelparameter, je nach ihrer Umweltwirkung, verschiedenen Umweltproblemfeldern, Wirkungskategorien, zugeordnet (Klassifizierung) und die jeweils in der gleichen Wirkungskategorie aufgeführten Einzelparameter, mit Wirkungsäquivalenzwerten gewichtet bzw. zusammengefasst (Charakterisierung). Dabei wird ein Einzelparameter in äquivalenten Mengen eines Referenzstoffes, z. B. die Treibhauswirkung des Methans in Wirkungsäquivalenten des Kohlendioxids, ausgedrückt.

Für die Bilanzierung der Vergleichsszenarien wurden die in Tabelle 2 dargestellten Wirkungskategorien ausgewählt, mit der die wesentlichen, durch die Abluftbehandlungskonzepte ausgelösten Wirkungen abgedeckt werden.

Die vergleichende ökologische Bewertung der unterschiedlichen Konzepte der Abluftbehandlung erfolgt über zwei Ansätze:

- Bilanzierung der mit der Behandlung der Abluft entstehenden Umweltwirkungen bei gleicher Durchsatzleistung der Abfallbehandlungsanlage
- Bilanzierung der spezifischen Umweltwirkungen der einzelnen Abluftbehandlungskonzepte bezogen auf die Minderung der Zielgröße C_{ges}. bzw. TOC

Da die Studie bei Redaktionsschluss noch nicht abgeschlossen war, können an dieser Stelle nur erste generelle Erkenntnisse dargestellt werden. Weitere Ergebnisse werden im Vortrag vorgestellt.

Die untersuchten Varianten der Abluftreinigung bei MBA führen zu unterschiedlichen Behandlungserfolgen, d. h. Schadstoffkonzentrationen und -frachten in der behandelten Abluft.

Mit der Abluftreinigung nur über Biofilter (Variante 1) lassen sich die in Deutschland geltenden Anforderungen der 30. BImSchV nicht erfüllen.

Um die gesetzlichen Anforderungen zu erfüllen, ist der Einsatz thermischer Verfahren (RTO, TNV) für die Abluftreinigung erforderlich. Um diese Verfahren wirtschaftlich einsetzen zu können, bedarf es eines aufwändigen Abluftmanagementsystems in der MBA. Mit Umsetzung dieser Maßnahmen reduziert sich die Abluftmenge der MBA, zugleich erhöht sich jedoch der Verbrauch fossiler Ressourcen für den erhöhten Stromverbrauch der MBA sowie für den Erdgasverbrauch in der thermischen Abluftbehandlung in RTO/TNV.

Mit anderen Worten: Die Minderung der Schadstoffgehalte in der Abluft erfordert den Einsatz zusätzlicher fossiler Ressourcen mit ihrerseits negativen Umweltwirkungen.

Die Frage, die mit der vorgestellten Studie beantwortet werden soll, lautet daher, welche der untersuchten Abluftkonzepte aus ökobilanzieller Sicht am vorteilhaftesten sind, d. h. die geringsten Umweltwirkungen aufweisen.

Nach ersten vorläufigen Ergebnissen lässt sich erkennen, dass die Varianten mit Vergärung aus Sicht der Schonung fossiler Ressourcen vorteilhaft sind, da kein Fremdbezug von Energie erforderlich ist.

Die Variante Rotte mit Biofilter ohne aufwändiges Abluftmanagement schneidet, trotz hoher Abluftmengen wegen des geringsten Strombedarfs und Wegfalls an Erdgasverbrauch, hinsichtlich des Verbrauchs fossiler Ressourcen am günstigen ab.

Wird eine thermische Behandlung der Abluft mittels RTO durchgeführt, stehen dem mit einem ambitionierteren Abluftmanagement verbundenen größeren Stromverbrauch entsprechend geringere Erdgasverbräuche gegenüber. Die gegenläufigen Effekte heben sich in ihrer Beanspruchung fossiler Ressourcen nahezu auf. Günstiger zeigt sich die Situation dann, wenn hierfür nicht auf Erdgas zurückgegriffen werden muss, sondern auf im Rahmen der Abfallbehandlung erzeugtes Biogas zurückgegriffen werden kann. Der Aufwand zur Erzeugung von Biogas über diesen Weg ist geringer als die Bereitstellung von Erdgas. Es werden keine fossilen Energieträger beansprucht.

Der wesentliche Beitrag zu Klimawirkungen bzw. dem Treibhauseffekt resultiert aus dem Strombedarf, der ganz entscheidend durch das mit der Abluftbehandlung verbundene Abluftmanagement bestimmt wird. Entsprechend günstig schneiden die Konzepte ab, die auf ein ambitionierteres Management verzichten. Wird ganz auf eine thermische Abluftbehandlung verzichtet, werden die Treibhauswirkungen wesentlich über die Methanemissionen bestimmt. Die Variante Rotte mit Biofilter reagiert daher sensibel auf Methanbildung in anoxischen Bereichen der Rotte, da die Methangehalte im Biofilter nicht abgebaut werden. Auf Grund des höheren Erdgasverbrauchs und der höheren NO_x-Emissionen schneiden die Varianten mit einer TNV bei den meisten Umweltwirkungen am ungünstigsten ab.

Über fast alle untersuchten Bewertungskriterien gesehen weist die Variante einer Abluftbehandlung ausschließlich über Biofilter relative Vorteile auf. Ohne eine thermische Behandlung der Abluft entfallen höhere Emissionen an Stickoxiden, mit entsprechend positiven Auswirkungen in den Umweltwirkungen Versauerung, Eutrophierung und Feinststaubemissionen. Hinsichtlich der Umweltwirkungen Photosmog und Ozonabbau ist dagegen eine thermische Behandlung der Abluft wegen der am weitestgehenden Zerstörung der FCKW- und TOC-Verbindungen günstiger zu bewerten.

Bei einem Vergleich der Varianten zeigen sich relative Vorteile für die weniger ambitionierten Abluftmanagementkonzepte, die mit höheren Abluftmengen verbunden sind. Die Minimierung der Abluftmenge mit Anreicherung an Kohlenstoff in der Abluft und der damit erzielbare geringere Erdgasverbrauch in der RTO scheinen sich aus ökologischer Sicht nicht immer zu lohnen.

Bei einer ausschließlichen Abluftbehandlung über einen Biofilter, verbleiben deutlich höhere Organikfrachten in der Abluft als bei allen anderen diskutierten Varianten, in denen zumindest ein Teil der Abluft thermisch behandelt wird. Werden insofern die Abluftbehandlungsoptionen über ihre spezifischen Umwelteffekte auf die Reinigungsleistung für C normiert, verschiebt sich das Ergebnis etwas zu Ungunsten dieser Variante.

Literatur

Knappe, F., Vogt, R.: Vergleichende Bewertung der Umweltauswirkungen verschiedener Abluftreinigungskonzepte einer mechanisch-biologischen Restabfallbehandlung (MBA) aus ökologischer Sicht, Heidelberg Februar 2007. Studie im Auftrag der ASA e. V. (unveröffentlicht)

Deutsche MBA-Technologie als Exportgut für Europa?

Thomas Turk, Wolfgang Müller, Jürgen Hake, Helge Dorstewitz

1 Einleitung

Die Art und Weise der Abfallbehandlung befindet sich in Europa in einer fundamentalen Umbruchphase. Immer offensichtlicher werdende Umweltbelastungen durch den Menschen, die insbesondere durch kurzfristiges und nicht nachhaltiges Wirtschaften verursacht werden, haben einen Umdenkprozess in Gang gesetzt, der auch die Abfallwirtschaft betrifft. So haben sich die führenden Industrienationen im Jahre 1997 in Kyoto verbindliche Ziele zur Verminderung der Treibhausgase gesetzt. Auch zehn Jahre später ist das Thema aktueller denn je und spiegelt sich in den derzeitigen Bemühungen hinsichtlich der geplanten Änderungen der Kfz-Besteuerung wider (Regierungsvorschlag, 2007). Die abfallwirtschaftlichen Aufgaben, die sich daraus ableiten sind:

- Ressourcenschonung durch Recycling;
- Verringerung der Methanemissionen aus Deponien durch Verringerung der abgelagerten Menge an organischer Substanz oder durch Inertisierung bzw. Stabilisierung der organischen Substanz vor der Ablagerung;
- Nutzung der im Abfall enthaltenen Energie zur Verringerung des Bedarfs an fossilen Energiequellen.

Zur Verringerung der Methanemissionen aus Deponien haben die EU-Mitgliedsländer eine Deponierichtlinie verabschiedet, mit der die zukünftig abgelagerten Mengen an organischer Substanz deutlich reduziert werden. Durch geeignete Maßnahmen soll erreicht werden, dass die abgelagerte Abfallmenge spätestens bis 2020 auf 35 % der im Jahr 1995 abgelagerten Menge reduziert wird. Deutschland strebt 2020 ein 100%iges Ende der Deponierung an.

Zum Erreichen dieses Ziels kann in erster Linie die Implementierung von Recyclingsystemen genutzt werden. Eine Verringerung der zu deponierenden Mengen an organischen Abfällen kann durch Papierrecycling und Kompostgewinnung erreicht werden. Im Hinblick auf die Möglichkeit der Energiegewinnung aus Abfällen gewinnt bei der Kompostproduktion die Abfallvergärung immer stärker an Bedeutung, um bei der Verwertung von organischen Abfällen einen doppelten Nutzen zu ziehen:

- Recycling von organischer Substanz und Pflanzennährstoffen;
- Energiegewinn aus nativ organischer Substanz, also aus nachwachsenden Rohstoffen.

Hierzu werden hochqualitative Ausgangsmaterialien benötigt, die insbesondere durch die getrennte Grün- und Bioabfallsammlung gewonnen werden können.

Neben der Einführung von Getrenntsammelsystemen kann durch eine geeignete Behandlung von Abfällen eine Verringerung der Umweltbelastung erreicht werden, die bei deren Behandlung und Ablagerung entstehen. Eine umweltgerechtere Abfallbehandlung kann erreicht werden, indem

- die in Restabfällen enthaltenen organische Substanz inertisiert wird (Abfallverbrennung);
- die abbaubaren organischen Bestandteile vor der Ablagerung weitgehend abgebaut werden (mechanisch-biologische Abfallbehandlung).

Auf Grund der begrenzten Ölreserven und des steigenden Ölbedarfs, der insbesondere durch den zunehmenden Bedarf in wirtschaftlich aufsteigenden Staaten Asiens gefördert wird, wächst auch hier das Interesse an einer energetischen Nutzung der in Abfällen enthaltenen Energie. Die EU-Kommission hat 2005 einen Aktionsplan zur Nutzung von Biomasse erstellt. Hierin wird ausdrücklich darauf hingewiesen, dass Abfälle derzeit nur unzureichend als Energiequellen genutzt werden (EU 2005). Die Kommission arbeitet einen Vorschlag zur Überprüfung der Abfallrahmenvorschriften aus. In Erwägung gezogen werden unter anderem folgende Optionen:

- Förderung von Abfallverwertungstechniken, die die Umweltauswirkungen der Nutzung von Abfällen als Brennstoff vermindern;
- Verfolgung eines Marktansatzes für Tätigkeiten zur Verwertung und Rückgewinnung;
- Entwicklung technischer Normen, damit Recyclingmaterialien als Güter angesehen werden können (was ihren Einsatz für Energiezwecke erleichtert);
- Förderung von Investitionen in energieeffiziente Techniken zur Nutzung von Abfällen als Brennstoff.

Diese Zielsetzung verfolgen MBA-Konzepte, bei denen die heizwertreichen und heizwertarmen Abfallbestandteile voneinander getrennt werden, um sie stoffspezifisch zu verwerten. Durch die Trennung werden die heizwertreichen Abfallbestandteile in eine transportwürdige Form überführt, damit diese in Anlagen mit hohen Wirkungsgraden einer möglichst effektiven Verwertung zugeführt werden können. Die heizwertarmen Abfallbestandteile werden biologisch stabilisiert und von Schadstoffen entfrachtet, damit sie umweltverträglich abgelagert werden können. Da die heizwertarme Fraktion einen hohen Anteil an biologisch abbaubarer organischer Substanz enthält, gewinnt die Vergärungstechnik in jüngster Zeit ein deutlich stärkeres Gewicht. Dies gilt insbesondere für Länder, in denen eine Energiegewinnung aus Abfällen besonders gefördert wird, weil hierdurch die im Vergleich zu Anlagen mit Rottetechnik höheren Investitionskosten mehr als kompensiert werden.

Zur Förderung der Energieerzeugung aus regenerativen Energiequellen wurde seitens der Bundesregierung das Erneuerbare-Energien-Gesetz (EEG) verabschiedet und im Jahr 2004 novelliert, das die Abnahme und Vergütung für elektrische Energie u. a. aus Deponiegas, Klärgas und Biomasse regelt. Die Energieerzeugung aus Bio- und Grünabfällen wird im Gegensatz zur Energieerzeugung aus dem organischen Anteil von Restabfällen durch das EEG vergütet, so dass anaerobe Verfahren bei der mechanisch-biologischen Behandlung von Restabfällen aktuell nur in wenigen Anlagen eingesetzt werden. Die Stromerzeugung aus Restabfällen wird hingegen in anderen Ländern der europäischen Union gefördert, so dass die anaeroben Verfahren in diesen Ländern bei der Behandlung von Restabfällen vermehrt eingesetzt werden. Die Vergütungssätze für die Erzeugung von elektrischer Energie aus Biomasse in verschiedenen europäischen Ländern sind in Tabelle 1 gegenübergestellt.

Tab. 1: Vergütungssätze für Biogas in europäischen Ländern (nach GRAF, 2003; partiell aktualisiert)

	Vergütungsstufen	Vergütung
Österreich	< 0,1 MW[1]	165 €/MWh
	0,1–0,5 MW	145 €/MWh
	0,5–1 MW	125 €/MWh
	> 1 MW	103 €/MWh
Belgien		29,3 €/MWh[2] + 24,8 €/MWh [3)4)]
		60 - 90 €/MWh [5)6)]
Dänemark		80 €/MWh [7]
Deutschland[8]	< 0,15 MW[1]	113,3 €/MWh
	0,15–0,5 WM	97,5 €/MWh
	0,5–5 MW	88,7 €/MWh
	5–20 MW	82,7 €/MWh
Finnland		31 €/MWh [9]
Frankreich		45 - 56 €/MWh [10]
Großbritannien		28 €/MWh[2] + 70 €/MWh [11]
Griechenland		60,6 €/MWh + 1,40 €/kW/Monat [12]
		74,9 €/MWh [13]
Italien		46 €/MWh[14] + 84,2 €/MWh [11]
Niederlande		68 €/MWh [15]
		48 €/MWh [16]
Portugal		61,98 €/MWh
Spanien		68,58 €/MWh
Schweden		24 €/MWh[2] + 10 €/MWh [17]
Schweiz	< 0,5 MW	100 €/MWh [18]

[1] elektrische installierte Leistung; [2] Marktpreis; [3] Prämie; [4] Wallonien; [5] grünes Zertifikat, abhängig vom Gesamtwirkungsgrad der Biogasanlage; [6] Flandern; [7] 10 Jahre; [8] 20 Jahre, Bonus für Wärmenutzung, neue Technologien, Energiepflanzen; [9] als Steuervorteil; [10] durchschnittlich 50 €/MWh, Vergütung in Abhängigkeit von Kontinuität der Einspeisung; [11] grünes Zertifikat; [12] zusammenhängende Inseln; [13] nicht zusammenhängende Inseln; [14] spot electricy price; [15] dezentrale Erzeugung (< 50 MW); [16] anderweitige Erzeugung; [17] < 1.5 MW und 25 % Investitionszuschuss; [18] verhandelbarer erhöhter Tarif bis 1 MW, darüber keine Förderung

2 Stand der Abfallbehandlung in Europa

Zur Beurteilung der Bedeutung, die MBA-Anlagen bei der Behandlung von Restabfällen spielen und zukünftig spielen können, ist der Stand der Abfallbehandlung der einzelnen Staaten differenziert zu betrachten. Spätestens durch die Verabschiedung der EU-Deponierichtlinie ist in allen Staaten ein Handlungsdruck entstanden, der grundlegende Veränderungen bei der Abfallbehandlung bewirken wird. In einigen Staaten wurden bereits vor der Verabschiedung der EU-Deponierichtlinie eigene nationale Gesetze erlassen, um die Ablagerung von unbehandelten Abfällen auf Deponien zu beenden. Diese Staaten schreiben bei der Umsetzung der Deponierichtlinie voran und gehen z. T. deutlich über die EU-Anforderungen hinaus (Abbildung 1). Voranschreitende Länder haben bereits im Jahr 2003 weniger als 30 % ihres gesamten Hausmüllaufkommens auf Deponien abgelagert. Die geringen Ablagerungsquoten wurden zum einen durch hohe Recyclingquoten (Glas, Papier etc.) gefördert. Zum anderen sind voranschreitende Länder entweder durch einen hohen Stellenwert der Bioabfall- und Grüngutverwertung (z. B. Österreich) oder der Abfallverbrennung (Dänemark) gekennzeichnet. Im Hinblick auf die Errichtung von Abfallbehandlungsanlagen sind die Weichen in diesen Ländern weitestgehend gestellt.

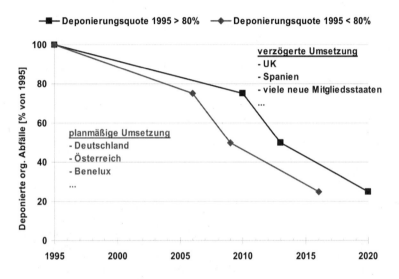

Abb. 1: Zeitplan der Umsetzung der EU-Deponierichtlinie (EU, 1999)

Etwa die Hälfte der alten EU-Staaten weist jedoch noch ein erhebliches Nachholpotenzial auf, da dort zurzeit noch mehr als 50 % des Hausmülls auf Deponien verbracht wird. Insbesondere in Griechenland (EL), Irland (IE), Portugal (PT) und Großbritannien (UK) werden dabei große Mengen an organischer Substanz deponiert, da in diesen Länder nur geringe Mengen an organischer Substanz separat erfasst und durch Kompostierung oder Vergärung verwertet werden.

In den neuen Beitrittsländern spielen Recyclingmaßnahmen derzeit eine noch absolut untergeordnete Rolle. Die Ablagerungsquote lag 2003 im Durchschnitt[1] bei 92,3 %.

Die Frage, welche Abfallbehandlungsmethoden bzw. -technologien in den Ländern zum Zuge kommen wird, die in den kommenden Jahren noch große Anstrengungen

---

[1] Durchschnitt = gewogenes Mittel, dass die Bevölkerungsdichte der Länder berücksichtigt

unternehmen müssen, um die Ziele der Deponierichtlinie zu erfüllen, wird von unterschiedlichen Faktoren bestimmt:

- Kosten der jeweiligen Abfallbehandlung;
- Dauer der Planungs- und Realisierungsphase;
- Akzeptanz von Abfallbehandlungsmethoden;
- Standortgegebenheiten (Bevölkerungsdichte und Abfallaufkommen);
- Erfahrungen, die zum Zeitpunkt der Planung bezüglich einzelner Abfallbehandlungstechniken in anderen Staat vorliegen;
- zu erfüllende Anforderungen, die durch selbst gesteckte Ziele über die Anforderungen der EU-Deponierichtlinie hinausgehen;
- Anreize, z. B. Förderung der Energienutzung aus Abfall.

3 Situation und Perspektiven für MBA in Europa

3.1 Länder mit flächendeckender Abfallbehandlung durch MVA und MBA

Auf Grund nationaler Vorschriften, die Kriterien für die Ablagerung und/oder für die Nutzung heizwertreicher Teilströme von Abfällen definieren, werden Restabfälle in Deutschland, Österreich, den Niederlanden und der Schweiz bereits heute fast flächendeckend behandelt. Die erforderlichen Abfallbehandlungsanlagen wurden inzwischen weitestgehend errichtet.

In Deutschland und Österreich spielte die MBA-Technologie bei der Errichtung der erforderlichen Behandlungskapazitäten eine bedeutende Rolle. Auf Grund der großen Verbreitung der getrennten Bioabfallbehandlung verfügten beide Länder über fundierte Erfahrungen auf dem Gebiet der biologischen Abfallbehandlung. Zur Behandlung von Restabfällen hat sich die Anaerobtechnologie nur in Deutschland durchgesetzt. In Österreich wurden nur MBA mit aerober Behandlung errichtet.

Der Anschlussgrad an Anlagen mit biologischer Behandlungsstufe beträgt in **Österreich** 37,4 %. Weitere 8,2 % sind an Anlagen mit ausschließlich mechanischer Aufbereitung angeschlossen (STEINER, 2005). Damit ist der am Anschlussgrad der Einwohner gemessene Verbreitungsgrad der MBA-Technologie momentan in Österreich am größten. Insgesamt wurden in Österreich 15 MBA und zwei MA gebaut bzw. befinden sich noch im Bau.

In der **Schweiz** und in **Dänemark** hat sich die Müllverbrennung durchgesetzt, da die entsprechenden Abfallbehandlungsstrategien und Vorschriften die MBA-Technologie nicht unterstützen. Biologische Abfallbehandlungsverfahren werden dort nur zur Behandlung von getrennt gesammelten Bioabfällen genutzt. In den **Niederlanden** ist seit 2000 die Ablagerung von brennbaren Restmüllbestandteilen verboten. Bei der Abfallbehandlung wird die Energiegewinnung angestrebt und die Müllverbrennung favorisiert. In den Niederlanden wurden zwei große MBA mit Anaerobtechnologie zur Biogasgewinnung aus der heizwertarmen Abfallfraktion errichtet. Mit 220.000 bzw. 230.000 Mg/a Anlageninput zählen diese beiden Anlagen zu den größten MBA Europas.

3.2 Länder in der Umbruchphase mit ungesättigter Nachfrage nach MBA-Technologie

Die Länder Süd- und Südwesteuropas (Italien, Spanien, Portugal und Frankreich) sind zurzeit die Länder, in denen verstärkt MBA-Technologien errichtet oder veraltete Technologien modernisiert werden. Alle Länder verfügten 2003 noch über eine hohe Quote von Abfällen, die auf Deponien abgelagert wurden.

In **Frankreich** wurden bislang weder Ablagerungskriterien für MBA-Output noch Vorgaben zur energetischen Nutzung heizwertreicher Teilströme definiert. Frankreich verfügt über etwa 70 kleine Kompostanlagen (< 30.000 Mg/a), in denen Restabfall zu Gesamtmüllkompost verarbeitet wird, dessen Absatz auf Grund schwindender Akzeptanz immer schwieriger wird (STEINER, 2006). Es ist davon auszugehen, dass ein Teil dieser Anlagen zukünftig als MBA verwendet wird. Bei den neu errichteten MBA wird primär die Anaerobtechnik verfolgt. Die derzeitige Behandlungskapazität beträgt etwa 370.000 Mg/a und verteilt sich auf sechs Anlagen. Mehrere weitere Anlagen befinden sich zz. in der Planung, Ausschreibung oder Realisierung.

In **Italien** wurden Alternativen zur Deponierung von Abfällen auf Grund extrem geringer Deponiekosten erst in den letzten zehn Jahren vorangetrieben. Teilweise extrem steigende Deponiekosten haben ab 1995 zur Errichtung von MBA mit Rottetechnik geführt. Auf Grund längerer Planungs- und Bauzeiten, höherer Kosten und einer geringeren Akzeptanz in der Bevölkerung wurden deutlich weniger Müllverbrennungsanlagen als mechanisch-biologische Abfallbehandlungsanlagen gebaut. In Italien wurde bei der Errichtung von MBA fast ausschließlich auf die Rottetechnik gesetzt. Der Anteil der Anlagen mit Anaerobtechnik liegt bei etwa 2 % der insgesamt 7.480.000 Mg zur Verfügung stehenden Behandlungskapazität (NEWMAN, 2005). Da die Deponierate immer noch 57 % beträgt, besteht in Italien weiterer Bedarf an Abfallbehandlungsanlagen.

In **Spanien** liegt die Deponierate bei 61 % (2005). Einschließlich der wenigen Anlagen in denen getrennt gesammelter Bioabfall verarbeitet wird, werden etwa 1 Mio. Mg Hausmüll in Kompostwerken verarbeitet, um Kompost zu gewinnen. In den vergangenen fünf Jahren wurden enorme Kapazitäten zur anaeroben Abfallbehandlung errichtet, die sowohl auf eine energetische als auch auf eine stoffliche Nutzung der Abfälle abzielen. Zurzeit werden in 16 Anlagen etwa 2 Mio. Mg Hausmüll pro Jahr verarbeitet. Zwei weitere Anlagen mit zusammen 48.000 Mg pro Jahr werden gerade geplant. Zusätzlich wurden sechs Anlagen errichtet, um getrennt gesammelte Bioabfälle zu vergären. Spanien verfügt im europäischen Vergleich bereits jetzt über die größte Anlagenkapazität zur anaeroben Behandlung von Restmüll. Inklusive der beiden geplanten Anlagen reicht die Kapazität, um 8,7 % des Abfallaufkommens zu behandeln (Abbildung 2). Auch in Spanien, wo die Abfallverbrennung zurzeit keine starke Verbreitung besitzt, besteht weiterhin ein großer Bedarf an Abfallbehandlungsanlagen.

Weitere Zuwachsraten können vermutet werden, da Spanien in seinem nationalen Abfallwirtschaftsplan festgelegt hat, dass 50 % des organischen Hausmüllanteils zukünftig durch Kompostierung behandelt werden soll, während unkontrollierte Deponien geschlossen und saniert werden sollen. Zudem hat die spanische Regierung im August 2005 beschlossen, den Anteil an regenerativer Energie, die in Spanien auch aus Abfall gewonnen werden kann (Tabelle 2), von 19 auf 30,3 % zu erhöhen. Nach KORZ (2005) liegt die elektrische Leistung der Anaerobanlagen bei 500.000 MWh. Eine energetische Nutzung der heizwertreichen Fraktion findet zurzeit nicht statt. Dem gegenüber steht eine Leistung von 920.000 MWh, die in zehn MVA mit einer Gesamtkapazität von 1.500.000 Mg erzeugt werden.

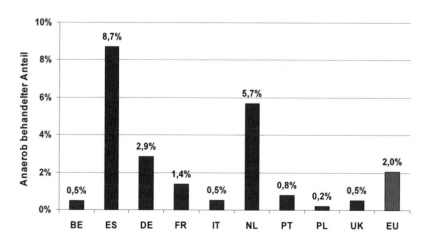

Abb. 2: Bedeutung der Restmüllvergärungsanlagen (Gesamtkapazität) bei der Behandlung von Haushaltsabfällen (inkl. Wertstoffen und Bioabfall) in Europa

Tab. 2: Vergleich der Förderinstrumente für erneuerbare Energie aus Abfall in Europa (UBA, 2005)

Land	EE (1) Ziel bis 2010 von brutto Elektrizitätsverbrauch in %	Stand 2002* in %	Investsubvention	Einspeisetarife	Zertifizierung/ Abnahmeverpflichtung	zusätzlicher Wettbewerbsanreiz	steuerliche Instrumente	Abfall** als EE anerkannt	Abfall** als EE gefördert	Wärme aus Abfall als EE anerkannt	Wärme aus Abfall als EE gefördert
Belgien	6,0	2,3	X	X	X		X	X	X	X	X
Tschechische Republik	8,0	4,6	X	X	X		X				
Dänemark	29,0	19,9	H	X			X	X	X	X	X
Deutschland	12,5	8,1	X	X			X	X	O	O	O
Finnland	31,5	23,7	X				X	X	X	X	O
Frankreich	21,0	13,4	X	X		X	X	X	X	O	O
Griechenland	20,1	6,0	X	X			X				
Irland	13,2	5,4	X			X	X	X	X	X	O
Italien	25,0	14,3	X	H	X		X	X	X	X	O
Luxemburg	5,7	2,8	X	X			X	O	O	O	
Niederlande	12,0	3,6	X	X	X		X	X	X	X	X
Österreich	78,1	66,0	X	X	H		X	X	X	X	O
Portugal	39,0	20,8	X	X			X	X	X	O	O
Schweden	60,0	46,9	X	X			X	X	X	X	O
Schweiz	3,5 TWh***		X	X			X	X	X	X	X
Spanien	29,4	13,8	X	X			X	X	X	X	X
Großbritannien	10,0	2,9	X		X	H	X	X	X	X	X
Ungarn	3,6	0,7	X	X	X	X	X	X	X	X	O
Zypern	6,0	0,0									

(1) EE = erneuerbare Energie
X: heutige Mechanismen
H: historische Mechanismen die verändert werden
O: keine verfügbaren Daten oder keine Regulierung

* Quelle: Eurostat
** organischer Inhalt von Abfall
p=provisorisch
Quelle: Adaptiert und ergänzt in Anlehnung an Stenzel, Foxon and Gross 2003
***TeraWattStunde

4 Fazit

Vor dem Hintergrund wachsender Umweltbelastungen und knapper werdender Ressourcen haben sich die Aufgaben der Abfallwirtschaft grundsätzlich geändert. Bei dieser Neuausrichtung, geht es zunächst darum, Umweltbelastungen zu minimieren, die durch Ablagerung von Abfällen verursacht werden. Dieses Ziel wird schon seit längerem durch Verbesserung der Deponietechnik verfolgt. In fortschrittlichen Ländern wurden außerdem Konzepte entwickelt, durch die bereits im Vorfeld der Deponierung eine deutliche Verringerung der Emissionen erreicht wird. Eine Säule ist die getrennte Sammlung und Verwertung von organischen Abfällen. Die zweite Säule ist die Verringerung und Stabilisierung der im Restmüll verbleibenden organischen Bestandteile durch mechanisch-biologische Abfallbehandlung oder Abfallverbrennung. Die von der EU verabschiedete Deponierichtlinie, die eine deutliche Verringerung der deponierten organischen Abfallmengen vorschreibt, wird dazu führen, dass auch in abfallwirtschaftlich weniger stark entwickelten Ländern, innovative Abfallkonzepte entwickelt und neue Anlagen zur Abfallvorbehandlung errichtet werden.

Vor dem Hintergrund immer knapper werdender Energieressourcen und aktueller Bestrebungen der EU, den Anteil an regenerativer Energie zu steigern, gewinnt die Energiegewinnung aus Abfall an Bedeutung – siehe auch EU-Aktionsplan zur Nutzung von Biomasse (EU, 2005). Nationale Förderinstrumente zur Energiegewinnung aus Abfällen werden in Ländern, die ihre Abfallwirtschaft noch umstellen müssen, mit Einfluss nehmen auf die zu entwickelnden Abfallstrategien und die Wahl der zu errichtenden Abfallbehandlungsanlagen.

Mit dem Fokus, der zunehmend stärker auf die im Abfall enthaltenen Ressourcen gerichtet wird, gewinnt die stoffstromspezifische Abfallbehandlung immer stärker an Bedeutung. In diesem Zusammenhang sind MBA-Konzepte von großem Interesse. Sie haben ihre Leistungsfähigkeit durch Einhaltung der sehr hohen Umweltstandards in Deutschland unter Beweis gestellt. Bei neu errichteten Anlagen werden MBA mit Anaerobtechnologie zukünftig einen höheren Stellenwert besitzen als dies in Deutschland der Fall war. Dies zeigt sich bei der Planung und Errichtung von Abfallbehandlungsanlagen z. B. in Spanien, UK, Frankreich und Griechenland Für die zukünftig noch stärkere Bedeutung von MBA mit Anaerobtechnik sprechen folgende Gründe:

- Anaerobtechnologie ist mittlerweile erprobt und hat sich bewährt;
- Trennung von energiereichen und energiearmen Abfallbestandteilen bietet die Möglichkeit, die hochkalorische Fraktion in Anlagen mit hohem Wirkungsgrad zu verwerten und die niederkalorische Fraktion zur Biogasgewinnung zu verwenden;
- Energiegewinnung aus Abfällen wird in vielen Ländern der EU gefördert;
- MBA besitzen Kostenvorteile gegenüber der Müllverbrennung, insbesondere bei Errichtung kleinerer Anlagen in weniger stark besiedelten Räumen;
- Im Vergleich zu MVA besitzen MBA eine höhere Toleranz gegenüber Schwankungen der Inputmenge und der Abfallzusammensetzung;
- MBA-Technologien besitzen eine höhere Akzeptanz als die Gesamtmüllverbrennung – insbesondere die Anaerobtechnik;
- Kosten für Anaerobtechnologien werden sich bei zunehmender Verbreitung positiv entwickeln.

Da die meisten Länder noch vor der Aufgabe stehen, die neuen EU-Vorgaben zu realisieren, besteht insgesamt ein großer Markt für die anaerobe Restabfallbehandlung. Dies wird an einer Vielzahl von Anfragen aus dem europäischen Raum, wie z. B. aus UK, Frankreich, Türkei und Griechenland deutlich, die derzeit an die Ingenieurgemeinschaft Witzenhausen Fricke und Turk GmbH (IGW) gerichtet werden. Inwieweit die deutschen Anbieter, welche zz. in Europa sehr erfolgreich sind, sich durchsetzen können gegen den zunehmenden Anbietermarkt z. B. italienischer, spanischer und englischer Konkurrenz, wird von der angebotenen Technik auf die in den Zielländern geforderten Rahmenbedingungen abhängig sein. Gerade im Hinblick auf die sehr unterschiedlichen Anforderungen, z. B. an die hygienischen Auflagen im englischen Markt oder den spezifischen Ablagerungsbedingungen des Rottegutes in den verschiedenen Ländern ist verfahrenstechnisch spezifisch zu reagieren. Jeder Anbieter ist hier gut beraten, sich im Vorfeld der Angebote ein umfassendes Bild von den unterschiedlichen Rahmenbedingungen zu machen.

Zudem kommt erschwerend für den traditionellen deutschen Anlagenbau hinzu, dass viele europäische Ausschreibungen als Dienstleistungsaufträge vergeben werden.

Ein regional starker Partner für den Großteil der Leistungen (Betrieb, Finanzierung, Abfuhr etc.) ist in der Regel erforderlich. Zudem ist die Vergabeentscheidung nur im Verhältnis zu den anderen umfangreichen Dienstleistungen von einem ausgereiften und nachhaltigen technischen Konzept abhängig!

Daher ist es fast konsequent, dass z. B. Verfahrensanbieter ihre Umweltabteilung inkl. der MBA-Projekte an Bau- oder Betreiberfirmen veräußern, um in Zukunft diese Verfahren weltweit auch mit den dazu gehörigen Dienstleistungen anzubieten.

Aber auch reine Verfahrensanbieter können zukünftig weiter erfolgreich sein, wenn sie ihre Strategie und Konzepte den jeweiligen Anforderungen des Ziellandes anpassen.

Die jüngste Meldung aus UK., dass ein Konsortium mit deutscher Verfahrensanbieterbeteiligung den zz. in Westeuropa größten Entsorgungsauftrag (4,5 Mrd. €, 1,4 Mio. Mg Siedlungsabfall pro Jahr) für die Stadt Manchester für sich vorentschieden hat, unterstreicht diese Feststellung.

Literaturverzeichnis

ASA, 2005: MBA-Steckbriefe 2005/2006. Arbeitsgemeinschaft Stoffspezifische Abfallbehandlung ASA e.V. (Hrsg.)

ASA, 2006: MBA und das Ziel 2006. Arbeitsgemeinschaft Stoffspezifische Abfallbehandlung ASA e.V. (Hrsg.), http://www.asa-ev.de

ATV, 1990: Anaerobe Verfahren zur Behandlung von Industrieabwässern, Arbeitsbericht des Fachausschusses 7.5, Korresp. Abw. 37 (1990) 10, S. 1247–1251

DE BAERE, L., 2004: Integration of anaerobic digestion in MBT facilities, in: Proceedings of the 1st UK Conference and Exhibition on: Biodegradable and Residual Waste Management, Hrsg.: E. Papadimitriou, E. Stentiford, 18.–19.02.2004, Harrogate

BMU, 2005: Bericht zur Siedlungsabfallentsorgung 2005 Stand – Handlungsbedarf – Perspektiven. Bundesministerium für Umwelt, Naturschutz und Reaktorsicherheit (Hrsg.), http://www.bmu.bund.de/abfallwirtschaft/doc/5989.php

EU, 1999: RICHTLINIE 1999/31/EG DES RATES vom 26. April 1999 über Abfalldeponien. Amtsblatt der Europäischen Gemeinschaften L 182/1

EU, 2005: Mittelung der Kommission – Aktionsplan für Biomasse. http://europa.eu.int

EUROPEAN COMMUNITIES, 2005: Waste generated and treated in Europe. Office for Official Publications of the European Communities, http://europa.eu.int

EUWID, 2007: Viridor Waste als bevorzugter Bieter für Großauftrag in Manchester ausgewählt. Euwid Nr. 7 vom 13.02.2007

GRAF, W., 2003: Biogasoffensive in Österreich dank neuem Ökostromgesetz? Gobal-BIOGAS (2003), 6–7

HÜTTNER, A., T. TURK und K. FRICKE, 2006: Stellenwert der Anaerobverfahren bei der energetischen Biomassenutzung im Abfallbereich. Müll und Abfall, 1, S. 20-27

KORZ, D.J., 2005: Status and Trends of the Residual Waste Treatment Options (Landfilling, Mechanical Biological Treatment and Incineration) in selected EU Member States: Spain.
http://www.orbit-online.net/orbit2005/vortraege/newman-doc.pdf

NEWMAN, D., 2005: Residual Waste Management in Italy, an Overview of Recent History and Future Trends.
http://www.orbit-online.net/orbit2005/vortraege/newman-doc.pdf

NIEWELER und TIMMER, 2005: Einsatz von Sekundärbrennstoffen aus MBA im Heizkraftwerk Bremen-Blumenthal. in: Gallenkemper et al. 2005 (Hrsg.) Münsteraner Schriften zur Abfallwirtschaft, Bd. 8, S. 136–141

STEINER, M., 2005: Stellenwert und Perspektiven der MBA in Europa. In: Bio- und Restabfallbehandlung IX (WIEMER, K. und KERN, M. (Hrsg.), Witzenhausen Institut, S. 321–339

STEINER, M., 2006: Stand der mechanisch biologischen Restabfallbehandlung in Europa. In: ASA, 2006: Mechanisch-biologische Restabfallbehandlung – MBA in der Bewährung, Verlag ORBIT e.V.; S. 71–88

UBA, 2005: Jahresbericht 2004. Umweltbundesamt (Hrsg.), www.umweltbundesamt.de, Rubrik „Publikationen" oder „Presse"

WEILAND, P., 2004: Stand der Technik bei der Trockenfermentation – Zukunftsperspektiven, in: Trockenfermentation – Evaluierung des Forschungs- und Entwicklungsbedarfs, Gülzower Fachgespräche, Band 23, Hrsg.: Fachagentur Nachwachsende Rohstoffe e.V. (FNR), Gülzow

Sind MBA-Anlagen zukunftsfähige Entsorgungsanlagen?

Bernd Bilitewski, Jörg Wagner

Zusammenfassung

Die mechanisch-biologische Anlage ist mit den angetreten Zielen weitgehend gescheitert. Sie ist nicht billiger als die Verbrennung, sie ist auch nicht umweltfreundlicher als die Verbrennung und sie löst das Deponieproblem nicht nachhaltig.

Probleme mit nicht funktionierenden Anlagen, nicht erfüllten Ablagerungskriterien und hohen Zuzahlungen für den Sekundärbrennstoff werden in den nächsten Jahren den Landkreisen und Städten, die sich auf diese Technik eingelassen haben, noch sehr viel Geld kosten.

Zukunftsfähig sind diese Anlagen unter Rahmenbedingungen, die sie auch einzuhalten in der Lage sind, und innerhalb aufeinander abgestimmter Stoffstromkonzepte, die eine umweltfreundliche Entsorgung der entstehenden Stoffströme ermöglichen.

1 Einleitung

Im Jahre 1988 wurde die INTECUS GmbH vom Landkreis Marburg-Biedenkopf beauftragt, die erste moderne mechanisch-biologische Anlage in Deutschland zu entwerfen und in ihrer Genehmigungsplanung zusammen mit einer Deponie genehmigen zu lassen. Diese Anlage ist in einem Schaltbild in der Abbildung 1 dargestellt.

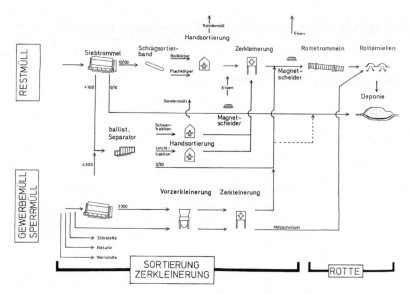

Abb. 1: Maschinenstammbaum zum Entwurf der ersten deutschen MBA in Marburg-Biedenkopf 1988 [1]

Gemäß der Planung sollte diese mechanisch-biologische Anlage als Vorschaltanlage vor der Deponie fungieren und die von der politischen Opposition geforderte Müllverbrennungsanlage abwehren. Ein wichtiges Ziel war die Reduktion der Masse und der Inertisierung des einzubauenden Materials. Bei der Beurteilung der Anlage spielte die Massenbilanzierung eine wichtige Rolle, die in Abbildung 2 dargestellt ist.

Gemäß der Planungsunterlagen und der in Abbildung 2 dargestellten Masse wird deutlich, dass die Deponie in Wirklichkeit bezogen auf die Masse nur sehr marginal entlastet wird.

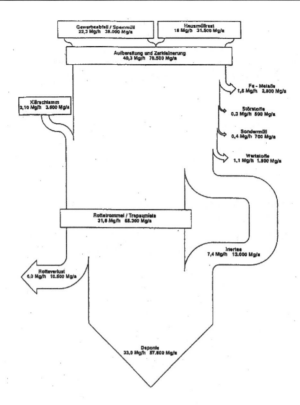

Abb. 2: Entwurf der Massenbilanz der MBA in Marburg-Biedenkopf [2]

Aus gutachterlicher und planerischer Sicht hatte INTECUS vorgeschlagen, die heizwertreiche Fraktion aus dem Rest-, Gewerbe- und Sperrmüll abzutrennen und als Brennstoff einzusetzen. Eine thermische Nutzung selbst von Holz wurde aber politisch verworfen.

2 Die Ziele der modernen MBA und deren Umsetzung

Mit der sich entwickelnden Gesetzgebung wurden die Ziele der modernen MBA eindeutig definiert. Dadurch entstehen in der Regel eine heizwertreiche Fraktion und eine Deponiefraktion mit entsprechenden Anforderungen für die Ablagerung. Bereits die Planung der ersten modernen bundesdeutschen MBA in Marburg-Biedenkopf hat gezeigt, dass die Ergebnisse für die Deponie nur sehr mangelhaft im Vergleich zu den Ergebnissen einer Müllverbrennungsanlage sind. Die Kostenvorteile der MBA in der Vergangenheit beruhten in erster Linie darauf, dass die abzulagernde Fraktion ca. 60–70 % des Output ausmachte und auf der Deponie relativ preiswert abgelagert werden konnte.

Mit der neuen Gesetzgebung sind die Anforderungen an das abzulagernde Material sehr viel schärfer geworden, so dass dieses Deponat nicht mehr mit einer einfachen Rotte hergestellt werden kann.

Inzwischen sind fast 60 MBA mit einer Verarbeitungskapazität von ca. 6,4 Mio. t/a installiert worden. Obwohl in entsprechenden wissenschaftlichen Verbundvorhaben die Ablagerungsfähigkeit des MBA-Deponats untersucht worden ist, konnten keine zuverlässigen Messmethoden zur Bestimmung über die Einhaltung der Einbauqualitäten erarbeiten werden. Bereits in BMBF-Verbundprojekten konnte festgestellt werden, das AT_4 und TOC_{Eluat} eine sehr mäßige Korrelation aufzeigen. Aus diesem Grund wurden vom BWK-Arbeitskreis, dem fast alle namhaften Abfallprofessoren angehörten, der Politik sehr vorsichtige Werte für die Kontrolle der MBA vorgeschlagen. Die Politik hat sich an diese Empfehlung nicht gehalten, sondern die Werte entsprechend verschärft und in die Abfall (AbfAblV) eingebaut.

Erst die Praxis hat erwiesen, dass vor allem der TOC_{Eluat} bei ca. 90 % der Anlagen die bis zum 31.01.2006 zulässigen Werte von 250 mg/l TOC_{Eluat} nicht erreichten. Daher wurde dieser Wert zum 01.02.2007 auf 300 mg/l angehoben und die Werte für das 80. Perzentil des Austrags aus der Nachrotte auf 600 mg/l gegenüber vorher 300 mg/l angehoben. Diese Anhebung ist sicherlich auch der Tatsache geschuldet, dass aus den Ringversuchen mit verschiedenen Laboren eine Streubreite von ± 100 % auf der Basis gleichen Analysematerials erfolgte.

Ein weiterer Punkt ist das heizwertreiche Material aus der MBA. Die heizwertreiche Fraktion wurde und wird von vielen mechanisch-biologischen Anlagen ohne Konzept hergestellt. Wie die Untersuchungen von Frau Dr. Eckhardt [3] gezeigt haben, wird weitgehend am Bedarf und den Einsatzmöglichkeiten von thermischen Anlagen vorbei produziert. Daher ist es nicht verwunderlich, dass Kraftwerke auf Steinkohlenbasis, aber auch Braunkohlekraftwerke sehr zögerlich den Einsatz von Sekundärbrennstoff aus der MBA vornehmen. Es wurde über viele Jahre von den MBA-Betreibern ignoriert, dass die brennstofftechnischen Parameter wie Stückigkeit, Aschegehalt, Chlor etc. für den Einsatz von Bedeutung sind.

Mit der Illusion, dass dieser Brennstoff einen größeren positiven Geldbetrag liefern kann, wurde ein realistisches Szenario verhindert. Bereits in den 80er Jahren war als Lösung herausgearbeitet worden, dass Ersatzbrennstoffe in dafür entwickelten Anlagen möglichst kombiniert mit Industrieanlagen mit hohem Dampfbedarf eingesetzt werden sollten. Daher sind entsprechend große Übermengen an Ersatzbrennstoffen auf dem Markt entstanden, die nur mit großen Zuzahlungen untergebracht werden können. Vor diesem Hintergrund sind die MBA, neben dem in zahlreichen Entsorgungsgebieten durch zögerliche Umsetzung der TASi verursachten Zeitverzug, als wesentliche Ursache der derzeit betriebenen Zwischenlager zu nennen.

Unter den geschilderten Bedingungen sind die mechanisch-biologischen Anlagen mit der Aufbereitung, Ablagerung bzw. Verbrennung der Produkte in den Kosten mit einer Verbrennungsanlage vergleichbar. Die Entwicklungen zeigen, dass dies auch weiterhin so bleiben wird.

3 Ist die MBA zukunftsfähig?

Im gegenwärtigen Rahmen ist die mechanisch-biologische Anlage mit den angetretenen Zielen weitgehend gescheitert. Sie ist nicht billiger als die Verbrennung, sie ist auch nicht umweltfreundlicher als die Verbrennung und sie löst das Deponieproblem nicht nachhaltig.

Insofern werden die Probleme mit nicht funktionierenden Anlagen, nicht erfüllten Ablagerungskriterien und hohen Zuzahlungen für den Sekundärbrennstoff in den nächsten Jahren den Landkreisen und Städten, die sich auf diese Technik eingelassen haben, noch sehr viel Geld kosten.

Im Vergleich zur Restmüllverbrennung ist die MBA weit hinter deren Möglichkeiten zurück geblieben. Sie erfüllt aus Stoffstromsicht lediglich die Funktion einer Vorbehandlungsanlage vor der endgültigen thermischen Entsorgung bzw. der endgültigen Deponierung von Abfällen. Aus diesem Grund werden in Deutschland in den nächsten Jahren zwar in großem Umfang Verbrennungskapazität entstehen, kaum einer wird aber auf die Idee kommen, in eine MBA zu investieren.

Natürlich muss man eingestehen, dass die MBA gegenüber einer Restabfalldeponie einen eindeutigen Vorteil darstellt. Mit der mechanisch-biologischen Behandlung von zu deponierenden Abfällen ist eine über 90%ige Verringerung von bei der Deponierung entstehenden Deponiegas- und Sickerwasseremissionen verbunden. Weltweit werden Entwicklungs- und Schwellenländer auch auf Jahrzehnte hinaus noch eine Abfallwirtschaft betreiben, deren Grundlage die Deponierung von Abfällen ist. Vor dem Hintergrund hoher Gehalte an Organika in den dort anfallenden Abfällen, geringen Möglichkeiten zur Einführung einer getrennten Abfallsammlung und Schwierigkeiten mit dem Umgang komplexer Anlagen sind einfache MBA-Konzepte ein probates Mittel, den organischen Anteil zu deponierender Abfälle zu senken und damit klimaschädigende Emissionen zu verringern. Hier hat die MBA eine nicht zu unterschätzende Zukunft und der Export deutscher Umwelttechnik und insbesondere auch der Export des Wissens, das wir bei der Umsetzung der TASi mit dieser Technologie erlangt haben, eine große Chance.

Grundvoraussetzungen für die Zukunftsfähigkeit von MBA sind aber auch in diesen Ländern Rahmenbedingungen, die durch MBA mit vertretbarem wirtschaftlichen Aufwand auch eingehalten werden können und die Etablierung derartiger Anlagen als Bestandteil aufeinander abgestimmter Stoffstromkonzepte, welche die Verwertung und Beseitigung der entstehenden Stoffströme sicherstellen.

4 Literatur

[1] INTECUS Planungsunterlagen für die Genehmigung einer MBA in Marburg-Biedenkopf 1988

[2] B. Bilitewski, G. Härdtle, K. Marek: Abfallwirtschaft: Eine Einführung, 2. Auflage, Springer Verlag, 1994

[3] S. Eckardt (Dissertation): Anforderungen an die Aufbereitung von Sieldungs- und Produktionsabfällen zu Ersatzbrennstoffen für die thermische Nutzung in Kraftwerken und industriellen Feuerungsanlagen, Beiträge zu Abfallwirtschaft und Altlasten, Band 41, Schriftenreihe des Institutes für Abfallwirtschaft und Altlasten, TU Dresden, 2005.

Steigerung der Wettbewerbsfähigkeit von internationalen MBA- und Kompostierungsanlagen durch den Emissionshandel und CDM

K. Fricke, K. Münnich, T. Bahr, R. Wallmann

1 Einleitung und Problemstellung

Die im Kyoto-Protokoll verankerten „Clean Development Mechanism" (CDM) sind Instrumentarien, die Klimaschutzmaßnahmen in Entwicklungs- und Schwellenländern durch Finanzmittel aus den Industriestaaten fördern. Ein Land, das im Anhang B des Kyoto-Protokolls aufgeführt ist, kann in einem Land ohne Reduktionsverpflichtung emissionsmindernde Projekte umsetzen und die Minderungen in Form von Emissionsgutschriften anrechnen lassen.

Abfallwirtschaftliche Maßnahmen in Entwicklungs- und Schwellenländern können wesentliche Beiträge zum Klimaschutz liefern. Mechanisch-biologische Abfallbehandlungsverfahren bieten in diesem Kontext vielschichtige Optionen:

- Ausschleusung und Verwertung von Sekundärbrennstoffen (RDF);
- Reduktion des Methanbildungspotenzials auf Deponien durch anaerobe und aerobe Vorbehandlung;
- Einsatz der in der MBA hergestellten stabilisierten Feinfraktion als Filtermaterial für die Methangasoxidation auf Deponien.

Im Beitrag werden die grundlegenden Aspekte zur Durchführung von CDM-Projekten im Bereich der mechanisch-biologischen Abfallbehandlung dargestellt sowie eine überschlägige Abschätzung der zu erwartenden Erträge aus dem Zertifikathandel aufgezeigt.

2 Methangasemissionen

2.1 Globale Methangasemissionen

Als Folge der anthropogenen CH_4-Freisetzung hat sich der atmosphärische Methangehalt seit Beginn der Industrialisierung mehr als verdoppelt (von 0,62 ppm auf 1,75 ppm). Die heutige Zunahme beträgt etwa 1 %/a, wobei in den letzten Jahren zum Teil eine deutliche Reduktion der Zunahmerate zu erkennen ist (Abbildung 1).

Bio- und Sekundärrohstoffverwertung II

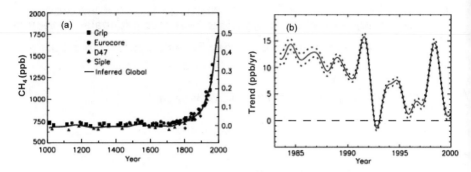

Abb. 1: Entwicklung des Methangehaltes in der Atmosphäre (Quelle: IPCC)

Die weltweit jährlich emittierten CH_4-Frachten werden im IPCC-Bericht von 1996 für die Jahre 1980 bis 1990 auf 375 Mio. t geschätzt, dies entspricht einem Anteil am anthropogenen Treibhauseffekt von rund 20 %. Die größten Methanmengen natürlichen Ursprungs stammen aus Feuchtgebieten (Sumpfgas). Die wesentlichen anthropogenen Quellen sind Reisanbau, Viehhaltung, Erdöl-/Erdgas-Förderung und -Verteilung, Bergbau und Deponien (Tabelle 1 und 2).

Tab. 1: Geschätzte natürliche und anthropogene Methanemissionen weltweit (IPCC, 2001) – Angaben in Mio. t

	Fung et al. (1991)	Hein et al. (1997)	Lelieveld et al (1998)	Houweling et al. (1999)	Mosier et al. (1998)	Olivier et al. (1999)	SAR	SAR[a]
Basisjahr:	1980	-	1992	-	1994	1990	1980	1998
Natürliche Quellen								
Feuchtgebiete	115	237	225[c]	145				
Termite	20	-	20	20				
Ozeane	10	-	15	15				
Hydrate	5	-	10	-				
Anthropogene Quellen								
Fossile Energie	75	97	110	89		109		
Deponien	40	35	40	73	-	36		
Wiederkäuer	80	90[b]	115	93	80	93[b]		
Abfallbehandlung	-	[b]	25	-	14	[b]		
Reisanbau	100	88	[c]	-	25–54	60		
Biomasseverbrennung	55	40	40	40	34	23		
sonstige	-	-	-					
Gesamtmenge	**500**	**587**	**600**				**597**	**598**

a TAR budget based on 1,745 ppb, 2.78 Tg/ppb, lifetime of 8.4 yr, and an imbalance of +8 ppb/yr.
b Waste treatment included under ruminants.
c Rice included under wetlands.

Tab. 2: Geschätzte natürliche und anthropogene Methanemissionen weltweit (1980-1990) und für die Bundesrepublik Deutschland (1990). Quelle: geändert nach IPCC 1996, Enquete Kommission 1994, Umweltbundesamt 1993; zitiert nach Höper 1998

	Weltweite CH_4-Emission		CH_4-Emissionen in Deutschland	
	Mio. t CH_4/a	%	Mio. t CH_4/a	%
Natürliche Quellen	160		0,3-0,4	
Anthropogene Quellen				
Fossile Energieträger	100	27	1,3-2,1	25
Tier	85	23	1,4	19
Tierexkremente	25	7	0,5	7
Reisfelder	65	17		
Biomasseverbrennung	40	11		
Abfallwirtschaft	60	16		35
Summe	375		5,2-7,3	

Quelle: Bayerisches Landesamt für Umweltschutz, 2004, Treibhausgase, http://www.bayern.de/lfu/umwberat/data/klima/treibhaus_2004.pdf

Die Methanemissionen in Deutschland haben im Zeitraum von 1990 bis 2004 um ca. 52 % abgenommen. Der Hauptanteil der Reduktion erfolgte im Bereich der Landwirtschaft, aber auch die Umsetzung der gesetzlichen Vorgaben zur Abfallvorbehandlung sowie die konsequente Fassung und Verwertung der Deponiegasemissionen haben hierzu entsprechend beigetragen.

2.2 Methanemissionen aus Deponien

Eine Abschätzung des gebildeten bzw. emittierten Methanvolumens ist aufgrund der extrem schwankenden Werte des Deponiegasbildungspotenzials und der Halbwertzeit sehr schwierig. Wird angenommen, dass insgesamt etwa 200 m³ Deponiegas aus einer Tonne feuchtem Abfall (nicht vorbehandelter Hausmüll) gebildet werden [Rettenberger, 1996] und dass Deponiegas durchschnittlich zu etwa 50 Vol.-% aus Methan besteht, resultiert ein spezifisches Methanbildungspotenzial von etwa 100 m³ CH_4/t FS Abfall. Humer & Lechner (1997) geben ein spezifisches Methanbildungspotenzial von etwa 80 bis 120 m³ CH_4/t FS-Abfall an und prognostizieren für eine in Betrieb befindliche Hausmülldeponie von 20 m Mächtigkeit in den ersten zehn Jahren einen Methanemissionsfaktor von etwa 340 l CH_4/(m²*d). Durch eine getrennte Sammlung und Verwertung der Bioabfälle ließen sich die Methanemissionen auf etwa 120 bis 160 l CH_4/(m²*d) und durch eine mechanisch-biologische Vorbehandlung des verbleibenden Resthausmülls auf unter 25 l CH_4/(m²*d) reduzieren.

Für Altlasten nach rund 10–15 Jahren geben Humer & Lechner (1997) Methanemissionen von ca. 90–110 l $CH_4/(m^{2*}d)$ an. Diese und weitere Literaturangaben zu Deponiegas bzw. Methanemissionen aus Hausmülldeponien sind in Tabelle 3 zusammengestellt. Laut Fricke et al. (2002) liegt die maximale flächenspezifische Methangasemission bei verschiedenen Prognosebeispielen für MBA-Abfälle unterhalb 3 l CH_4/m^2 und h bzw. 72 l $CH_4/(m^{2*}d)$.

Tab. 3: Methanemissionen aus Deponiekörpern

Methan-Quelle	Flächenbezogene Methanfracht [l CH_4/m^2 d]	Literaturquelle
Aktive Deponie in den ersten 10 Jahren (h = 20 m)	ca. 340	(Humer & Lechner, 1997)
Restabfall nach getrennter Sammlung der Bioabfälle (ersten 10-15 a, h = 20 m)	ca. 120–160	(Humer & Lechner, 1997)
Abfälle aus MBA (h= 20 m)	< 25	(Humer & Lechner, 1997)
Abfälle aus MBA	max. 72	(Fricke et al., 2002)
Stillgelegte Flächen (nach 10-15 Jahren)	ca. 90–110	(Humer & Lechner, 1997)
Ungeordnete Abfalldeponien	ca. 400	(Kightley & Nedwell, 1994)
Untere Wertebereich auf Deponien gemessener Methanemissionen	ca. 300	(Bajic & Zeiss, 2001)

Weltweit werden die jährlichen Methanemissionen aus Deponien auf 35 bis 73 Mio. t geschätzt (Tabelle 1). Die Bedeutung der Methanemissionen eines Schwellenlandes im Verhältnis zu den globalen Methanemissionen wird an den Zahlen aus China deutlich. Die Methanemissionen der chinesischen Deponien betrugen in 1996 rund 9,5 Mio. t, das entspricht umgerechnet rund 200 Mio. t CO_2-Äquivalente (CO_2e), eine Größenordnung vergleichbar mit den chinesischen CO_2-Emissionen aus Verkehr (184 Mio. t) oder privaten Haushalten (333 Mio. t). Demnach sind rund 15 % der weltweiten Methanemissionen aus Deponien chinesischen Ursprungs.

3 Clean Development Mechanism (CDM)

Die im Kyoto-Protokoll verankerten „Clean Development Mechanism" (CDM) sind im Gegensatz zu den bisherigen, überwiegend ordnungsrechtlichen Ansätzen zum Klimaschutz flexible Instrumentarien, die Klimaschutzmaßnahmen in Entwicklungs- und Schwellenländern durch Finanzmittel aus den Industriestaaten fördern. Diese Instrumentarien haben im Gegensatz zu Joint Implementation Projekten in anderen Industriestaaten bzw. Transformationsländern (z. B. osteuropäische Staaten) nicht allein die Erzeugung von Emissionsgutschriften zum Ziel.

Wesentliche Ziele der CDM-Projekte sind:

- Einbeziehung von Entwicklungsländern in weltweite Klimaschutzmaßnahmen;
- Förderung der nachhaltigen Entwicklung in den Entwicklungsländern;
- Technologie- und Investitionstransfer von den Industrieländern in die Entwicklungsländer und
- Erzeugung von Emissionsgutschriften.

Auf Seiten der Gastländer bietet sich die Möglichkeit, ihre Wirtschaftsstrukturen zu modernisieren. Einige Länder wie z. B. Indien oder Brasilien haben daher für die Durchführung von CDM-Projekten besonders günstige Randbedingungen geschaffen. Für die Anbieterländer eröffnet sich die Möglichkeit, neue Geschäftsfelder auf- bzw. auszubauen.

Voraussetzung für CDM-Maßnahmen sind Projekte in Entwicklungsländern, die dort zu einer Verminderung von Treibhausgasen beitragen und sich vom „Business As Usual" abheben. Zu Business As Usual gehören z. B.:

- Projekte, die bereits ohne Einkünfte aus CDM wirtschaftlich hoch attraktiv sind;
- Maßnahmen, die dem Stand der Technik im Gastland entsprechen;
- Maßnahmen, die aufgrund gesetzlicher Vorgaben ohnehin umgesetzt werden müssen.

Derartige Projekte und Maßnahmen sind für CDM nicht zulässig. Vielmehr sollen Projekte umgesetzt werden, bei denen CDM-Maßnahmen zur Realisierungsentscheidung beigetragen haben. Dies ist der Fall, wenn

- eine Maßnahme zwar wirtschaftlich attraktiv ist, aber aufgrund verschiedener Hemmnisse bisher nicht umgesetzt wurde, z. B. wenn sich Investitionsentscheidungen „hinziehen";
- die Möglichkeit, über CDM zusätzliche Einkünfte zu generieren, mit zur Investitionsentscheidung geführt hat;
- Technologien zum Einsatz kommen, die im Gastland nicht dem Stand der Technik entsprechen.

Diese Emissionsminderungen werden im Rahmen eines Zertifizierungsprozesses durch den Executive Board des UN-Klimasekretariats überprüft. Für die erreichte Emissionsminderung werden sogenannte „Certified Emission Reductions (CER)" ausgestellt, die nach Inkrafttreten der Ergänzungsrichtlinie zur EU-Emissionshandelsrichtlinie seit 01.01.2005 auch zur Erfüllung der jeweiligen Emissionsverpflichtung im Rahmen des Emissionshandelssystems eingesetzt werden können. Die CERs können 1:1 in Zertifikate des EU-Emissionshandelssystems (EU Allowances EUA) umgewandelt werden. Die Maßeinheit für CERs und EUAs ist 1 t

CO_2-Äquivalent (CO_2e). Dies bedeutet, dass mit Hilfe der CDM-Projekte auch andere Treibhausgase wie z. B. Methan oder Lachgas in das EU-Emissionshandelsystem mit einbezogen werden können.

Die EUAs werden an der European Energy Exchange gehandelt. Die Marktentwicklung für die EUA war nach dem Start steil nach oben gegangen, zwischenzeitlich lag der Preis bei ca. 30 €. Seit Mitte 2006 sind die Preise aufgrund eines Überangebotes rapide auf Werte unterhalb 2 € gefallen. Langfristig ist aufgrund des aktuellen IPCC-Berichtes vom Februar 2007 und den zu erwartenden verschärften Klimaschutzmaßnahmen innerhalb der EU zu erwarten, dass die Preise wieder steigen, um die im Kyoto-Protokoll eingegangenen Verpflichtungen zur CO_2-Minderung überhaupt erfüllen zu können. Ein Rückgriff auf Emissionsreduktionseinheiten aus CDM-Projekten wird dann notwendig. In einigen EU-Mitgliedstaaten (u. a. Niederlande, Dänemark, Österreich) ist geplant, dieses Instrument auf nationaler Ebene gezielt einzusetzen.

Der derzeitige Marktpreis für CERs für die erste Handelperiode bis Ende 2007 liegt derzeit zwischen 2 und 4 €/t CO_2e und damit bei einem Bruchteil des Preises, der zu Beginn des EUA-Handels an der Börse erzielt wurde. Die Gründe hierfür sind vielschichtig. Einerseits etabliert sich der Markt für CO_2-Zertifikate erst langsam, andererseits ist dieser Markt noch von hoher Volatilität sowie vergleichsweise geringer Liquidität geprägt. Hinzu kommen wetterbedingte geringe Nachfragen, eine hohe Stromproduktion aus Windkraft etc.

Für die Preisentwicklung in den folgenden Jahren ist im Wesentlichen von entscheidender Bedeutung,

- in welchem Umfang die Nachfrage nach CO_2-Zertifikaten (d. h. die CO_2-Emissionen) das Angebot an Zertifikaten (d. h. die europaweite Allokationsmenge) übersteigt;
- die Entwicklung der CO_2-Vermeidungskosten;
- inwieweit Zertifikate von außen über Joint Implementation und Clean Development Mechanism in das Emissionshandelssystem eingeführt werden.

Die Preise für die zweite Handelsperiode notieren deutlich über denen der ersten Handelsperiode. Sie liegen im Bereich von 10 bis 14 €/t CO_2e.

Die Preise der Phase II sind derzeit stark politisch geprägt. Erwartet werden weitere Kürzungen bei den noch nicht durch die EU Kommission kommentierten Entwürfe der NAP II. Preistreibende Gründe sind nach Carbon Solutions Team (2007) leicht gestiegene Gaspreise in UK und Strompreise für 2008 sowie die Kürzungen der EU Kommission, die bei den betroffenen Staaten zu weiteren Kürzungen ihrer NAP II führen werden.

4 Durchführung von CDM-Projekten bei der Verfahren zur Abfallverwertung und -behandlung

Bei der Durchführung eines CDM-Projektes sollte, um die Beantragungsphase zu verkürzen, auf eine anerkannte Methodologie zurückgegriffen werden, d. h. auf eine Methodologie, die im Rahmen eines früheren Projektes eingesetzt wurde und durch die UNFCCC registriert wurde.

Im Rahmen von Kompostierungs- bzw. MBA-Verfahren bietet sich dabei die Methodologie AM0025 (Version 05) „Avoided emissions from organic waste trough alternative waste treatment process" an. Zudem muss bei der Beantragung der Umfang der beantragten CO_2-Reduktion berücksichtigt werden. Bei einer Emissionsreduktion von weniger als 60.000 t CO_2e wird das Projekt als Small-Scale Projekt beantragt, was sich vor allem in Hinblick auf den Umfang der zu erbringenden Nachweise erleichternd auswirkt.

Ein CDM-Projekt mit Anwendung der anerkannten Methodologie AM0025 kann für folgende abfallwirtschaftliche Maßnahmen allein oder in Kombination angewandt werden:

- Biologische Behandlung unter aeroben Randbedingungen,
- Vergasung der Abfälle, um synthetisches Gas herzustellen und zu nutzen,
- Anaerobe Vergärung der Abfälle mit Fassung des Biogases und dessen Verbrennung/Nutzung,
- Mechanische Aufbereitung mit dem Ziel der Herstellung von Ersatzbrennstoffen (Refuse Derived Fuel) und deren Nutzung.

Letzter Punkt der Maßnahmen, die Herstellung und Nutzung von RDF, stellt die wesentliche Neuerung der Methodologie AM0025 dar, die erst in der letzten Version 05 mit aufgenommen wurde. Im Gegensatz zu den übrigen Maßnahmen handelt es sich hierbei nicht um die Reduktion von unkontrollierten Methan- und Lachgasemissionen nach der Ablagerung von unvorbehandelten Abfällen durch einen biologischen Abbau der organischen Substanzen, sondern es soll nur der energetische Gehalt der Abfälle, d. h. auch der nicht nativ organischen Fraktionen genutzt werden.

Der erste Schritt eines CDM-Projektes ist die Erstellung des Project Design Documents (PDD), in dem u. a. die allgemeinen Projektaktivitäten, die Dauer des Projektes, Angaben zum Monitoring sowie die Berechnungen zur Emissionsminderung aufgeführt werden.

Bei der Erstellung des PDD ist die Identifikation des Baseline-Szenarios eine entscheidende Größe. Hier wird beschrieben, wie sich die Methanemissionen zukünftig entwickeln würden, ohne dass Emissionsminderungsgutschriften für eine gewählte Maßnahme vergeben werden. Hierbei müssen die entsprechenden gesetzlichen Vorgaben des Gastgeberlandes in Hinblick auf die Abfallwirtschaft (künftige Fassung von Deponiegas, Maßnahmen zur Erzeugung erneuerbarer Energien, Bioabfallsammlung etc.) berücksichtigt werden. Zudem müssen alternative Szenarien unter Berücksichtigung der örtlichen ökonomischen und technischen Randbedingungen geprüft werden. Hierzu gehören unter anderem:

- Aktivitäten, die nicht Bestandteil des CDM Projektes sind (Kompostierung, Vergärung mit oder ohne energetische Nutzung etc.);
- Herkömmliche thermische Verwertung ohne RDF-Maßnahmen;
- Abfallablagerung auf Deponien
  - mit Fassung des Deponiegases zur Erzeugung und Nutzung elektrischer Energie bzw. thermischer Energie
  - mit Fassung des Gases mit anschließendem Abfackeln
  - ohne Fassung des Deponiegases.

Gemäß Kyoto-Protokoll wird ein Projekt nur dann als CDM-Projekt anerkannt, wenn nachgewiesen werden kann, dass es sich dabei um zusätzliche (additionale) Maßnahmen handelt. Die Emissionsminderung muss höher ausfallen als die Minderungen, die sich im Rahmen des Baseline-Szenarios ohnehin ergeben würden. Die Differenz zwischen den Projektemissionen und dem Baseline-Szenario ist das einzige Kriterium, über das die Zusätzlichkeit des Projektes definiert wird. Die Begründung für die Auswahl des Baseline-Szenarios wird daher bei der Validierung und der anschließenden Registrierung durch das Executive Board der UNFCCC von entscheidender Bedeutung sein.

Die bei der Bilanzierung der Methanemissionen zu berücksichtigenden Einzelgrößen werden im Folgenden kurz beschrieben, umfangreiche Details können der Methodologie AM0025 (Version 05) entnommen werden.

Die zu berechnende Reduktion der Emissionen ergibt sich wie folgt:

$$ER_y = BE_y - PE_y - L_y$$

mit:

ER_y Emissionsreduktion im Jahr (tCO_2e)
BE_y Emissionen des Baseline-Szenarios (tCO_2e)
PE_y Emissionen des CDM Projektes (tCO_2e)
L_y Allgemeine Verluste (tCO_2e)

Die Baseline-Emissionen für den jetzigen Zustand sowie die alternativen Szenarien ergeben sich zu:

$$BE_y = (MB_y - MD_{reg,y}) * GWP_{CH4} + EG_y * CEF_{baseline,\ elec,y} + EG_{d,y} * CEF_d + HG_y * CEF_{baseline,\ therm,y}$$

mit:

$BE_{,y}$ Baseline-Emissionen im Jahr y (tCO_2e)

$MB_{,y}$	Masse an Methan, die in der Deponie im Jahr y entsteht, wenn das Projekt nicht durchgeführt wird (tCH_4)
$MD_{reg,y}$	Masse an Methan, die im Jahr y zerstört wird, wenn das Projekt nicht durchgeführt wird (tCH_4)
GWP_{CH4le}	Global Warming Potenzial von Methan (tCO_2e/tCH_4)
EG_y	Stromverbrauch im Jahr y der entsteht, wenn das Projekt nicht durchgeführt wird und welcher nicht mehr anfällt, wenn das Projekt durchgeführt wird (MWh).
$CEF_{baseline,\,elec,y}$	CO_2-Faktor zur Umrechnung von EG_y (tCO_2/MWh)
$EG_{d,y}$	Strommenge, die im Jahr y durch den Einsatz von Biogas/synth. Gas oder von RDF erzeugt und in das Netz eingespeist wurde (MWh)
CEF_d	CO_2-Faktor zur Umrechnung von $EG_{d,y}$ (tCO_2/MWh)
HG_y	Thermische Energie, die im Jahr y am Standort verbraucht wird, wenn das Projekt nicht durchgeführt wird und die künftig aufgrund der Projektdurchführung nicht mehr anfallen wird (MWh).
$CEF_{baseline,\,therm,,y}$	CO_2-Faktor zur Umrechnung von HG_y (tCO_2e/MJ)

Die Berechnung der jährlichen Deponieemissionen erfolgt mit der Gleichung:

$$MB_y = \varphi \cdot \frac{16}{12} \cdot F \cdot DOC_f \cdot MCF \cdot \sum_{x=1}^{y} \sum_{j=A}^{D} A_{j,x} \cdot DOC_j \cdot (1-e^{-k_j}) \cdot e^{-k_j(y-x)}$$

mit:

MBy	Methanmasse, die in der Deponie im Jahr y ohne die Projektaktivität entsteht (tCH4)
φ	Korrekturfaktor (Vorgabe: 0,9) zur Berücksichtigung von Modellungenauigkeiten
F	Anteil von Methan im Deponiegas
DOC_j	Gewichtsanteil der abbaubaren Kohlenstoffverbindungen in der Abfallart j (tabelliert: 0–0,4)
DOC_f	Anteil an DOC, der zu Gas umgesetzt wird (Vorgabe: 0,7)
MCF	Methan-Korrektur-Faktor (tabelliert: 0,4–1,0)
$A_{j,x}$	Masse der organischen Abfälle in der Abfallart j, die im Jahr x nicht auf der Deponie abgelagert werden (t/a)
k_j	Abbaurate für die Abfallart j (tabelliert: 0–0,231)
j	Abfallart (tabelliert: A = Papier & Textilien; B = Grünabfälle; C = Nahrungsmittelabfälle; D = Holz und Stroh; E = Inertmaterial)
x	aktuelle Jahr der Projektphase: x geht vom ersten Jahr der ersten Antragsphase (x=1) bis zu dem Jahr für das die Emissionen berechnet werden (x=y)
y	Jahr für das die Emissionsrechnung durchgeführt wird

Für die Berechnung ist die Durchführung von Abfallanalysen erforderlich, um die Abfälle den einzelnen Abfallarten A–E zuordnen zu können. Hierfür müssen Proben an mindestens vier Terminen in einem Jahr genommen werden.

Die jährlichen Projektemissionen werden wie folgt ermittelt:

$$PE_y = PE_{elec,y} + PE_{fuel,\,on\text{-}site,y} + PE_{c,y} + PE_{a,y} + PE_{g,,y} + PE_{r,y}$$

mit:

PE_y	Projektemissionen im Jahr y (tCO_2e)
$PE_{elec,y}$	On-Site-Emissionen aufgrund des Stromverbrauchs infolge der Projektaktivitäten im Jahr y (tCO_2e)
$PE_{fuel,\,on\text{-}site,y}$	On-Site-Emissionen aufgrund des Kraftstoffverbrauchs im Jahr y

Bio- und Sekundärrohstoffverwertung II

(tCO₂e)
$PE_{c,y}$ Emissionen während der aeroben Behandlung im Jahr y (tCO₂e)
$PE_{a,y}$ Emissionen aus der anaeroben Behandlung im Jahr y (tCO₂e)
$PE_{g,y}$ Emissionen aus dem Vergasungsprozess im Jahr y (tCO₂e)
$PE_{r,y}$ Emissionen aus der Verbrennung der RDF im Jahr y (tCO₂e)

In der Berechnung der Emissionen infolge des Strom- bzw. des Kraftstoffverbrauchs können vereinfachende Annahmen getroffen werden, die in der AM0025 detailliert beschrieben werden.

Für die Ermittlung der Emissionen während der aeroben Behandlung sind neben den Methanemissionen, die in der Praxis bei nicht ausreichender bzw. nicht gleichmäßiger Belüftung des Abfalls freigesetzt werden können, auch die Lachgasemissionen zu berücksichtigen. In beiden Fällen ist eine vereinfachende Berechnung mit vorgegebenen Emissionsfaktoren bzw. -kenngrößen aus der Literatur möglich.

Bei den Emissionen aus der Vergärung wird davon ausgegangen, dass ein Teil des entstehenden Biogases über Leckagen an die Atmosphäre abgegeben wird. Nur nach detailliertem Nachweis der technischen Einrichtung zur Verhinderung von Leckagen kann auf diese Größe verzichtet werden, andernfalls müssen die Verluste mittels Monitoring ermittelt werden, bzw. es kann auf Standardwerte zurückgegriffen werden. Hinzu kommen die Abluftemissionen durch thermische Beseitigung oder thermische Verwertung des Biogases. Hierzu ist eine Messung der Stickoxid- bzw. Methankonzentrationen sowie der Gasvolumina erforderlich.

Nach der Vergasung bzw. der Verbrennung von RDF können in der Abluft noch sehr geringe Konzentrationen an Stickoxid bzw. Methan vorhanden sein, die im Einzelfall zu ermitteln sind. Entscheidender sind jedoch die CO₂-Emissionen aus der Verwertung fossiler Kohlenstoffverbindungen. Für die Berechnung müssen daher neben der Masse der Abfälle der enthaltene Anteil nicht biogener Kohlenstoffverbindungen sowie die Güte des Ausbrands bekannt sein.

Bei der thermischen Verwertung der RDF ergeben sich die Emissionen $P_{g/r,f,y}$ (tCO₂e) aus der Verbrennung von fossilen Kohlenstoffverbindungen zu:

$$P_{g/r,f,y} = \sum_i A_i \cdot CCW_i \cdot FCF_i \cdot EF_i \cdot \frac{44}{12}$$

mit:

A_i Masse des im Jahr y eingesetzten Abfalls des Typs i (t/a)
CCW_i Kohlenstoffanteil im Abfall des Typs I (-)
FCF_i Anteil des fossilen Kohlenstoffs im Abfall des Typs I (-)
EF_i Ausbrandgüte für den Abfall des Typs I (-)
44/12   Umrechnungsfaktor   (tCO₂/tC)

Die allgemeinen Verluste L_y ergeben sich aus den Emissionen, die durch zusätzliche Transporte der Abfälle entstehen (z. B. durch Schaffung zentraler Umschlagstationen) sowie durch Emissionen im Verlauf der biologischen Behandlung.

5 CDM bei der mechanisch-biologischen Restabfallbehandlung

Beim Einsatz von MBA-Technologien bieten sich folgende CDM-Anwendungsoptionen:

- Ausschleusung und Verwertung von Sekundärbrennstoffen (RDF);
- Reduktion des Methanbildungspotenzials auf Deponien durch anaerobe und aerobe Vorbehandlung;
- Einsatz der in der MBA hergestellten stabilisierten Feinfraktion als Filtermaterial für die Methangasoxidation auf Deponien.

Im Rahmen des von der TU Braunschweig in China initiierten Projektes ist der Einsatz eines mechanisch-biologischen Abfallbehandlungsverfahrens vorgesehen. Die hier getroffenen Aussagen beziehen sich daher auf diese Art der Vorbehandlung, ohne hiermit eine Präferierung der Behandlungsoptionen vorzunehmen.

Ungeachtet des im Vergleich zu Deutschland hohen Aufkommens biologisch abbaubarer Abfallkomponenten und der vermeintlich günstigen Rahmenbedingungen für biologische Verfahren, findet in Entwicklungs- und Schwellenländern die Verwertung dieser Fraktion zu Biogas und Kompost in nennenswerter Größenordnung bisher nicht statt. Auch Verfahren zur mechanisch-biologischen Vorbehandlung von Abfällen vor der Deponierung mit dem Ziel der Massenverringerung und Reduktion der biologischen Aktivität kommen nur sehr eingeschränkt zur Anwendung. Dies ist auf zwei wesentliche Ursachen zurückzuführen:

- Die Kosten für die Verwertung und Behandlung durch den Abfallverursacher werden in der Regel nicht oder nur partiell über Gebühren getragen.
- Schlechte Kompostqualitäten führen zur Schließung der Anlagen.

Die für einen chinesischen Standort vorgesehene integrierte Abfallbehandlungskonzeption zeigt für beide aufgezeigten Problemfelder Lösungsansätze auf:

- Durch Anerkennung der mechanisch-biologischen Restabfallbehandlung als CDM werden Finanzmittel für den Betrieb der mechanisch-biologischen Abfallverwertungs- bzw. Abfallbehandlungsanlage generiert.
- Eine Teilfraktion des MBA-Outputs soll als Methangasoxidationsschicht auf Deponien eingesetzt werden.
- Die Methanoxidationsschicht und deren Monitoring sollen zusätzlich als CDM-Maßnahme registriert werden, wodurch zusätzliche finanzielle Anreize entstehen.
- Durch Verwendung des für die landbauliche Anwendung in der Regel nicht geeigneten Kompostproduktes aus der mechanisch-biologischen Restabfallbe-

handlung als Methanoxidationsfiltermaterial wird ein neuer Verwertungsweg eröffnet.

Bei dem für China vorgesehenen Abfallbehandlungsverfahren handelt es sich um eine mechanisch-biologische Vorbehandlung mit Einbindung der Deponie. Die in der mechanischen Stufe abgetrennte heizwertreiche Fraktion (Grobfraktion) wird in einem ortsansässigen Zementwerk energetisch verwertet. Zum Zeitpunkt der Projektentwicklung war der Einsatz der heizwertreichen Fraktion zur Gewinnung von Energie noch nicht als approved methodology anerkannt, so dass der Erwerb von CER aus diesem Bereich bisher nicht in das Projekt aufgenommen wurde.

Die Feinfraktion, gekennzeichnet durch einen hohen Gehalt an Wasser und biologisch abbaubaren Stoffen, wird biologisch stabilisiert und anschließend deponiert oder für andere Zwecke wie z. B. als Methangasoxidationsfiltermaterial verwertet.

5.1 Vorbehandlung der Abfälle vor Deponierung durch biologische Behandlungsprozesse

Der mögliche mikrobielle Abbaugrad wird maßgeblich von der Qualität der biologisch abbaubaren organischen Substanz (OTS_{bio}) im Abfallgemisch bestimmt. In Deutschland liegt die Höhe des aeroben Abbaus der OTS_{bio} für Restabfälle bei ca. 65 %. Anaerobe Behandlungsprozesse können Abbauraten von ca. 50–55 % erzielen [Fricke et al. 2004]. Das Potenzial anaerob abbaubarer Abfallkomponenten – gleichzusetzen mit dem Methangasbildungspotenzial – wird bei diesen Abbauraten um ca. 80 % reduziert [Müller et al. 1998].

Überschlägig können für die biologische Stufe folgende Emissionsreduktionen angesetzt werden:

Qualität Frischmüll:

- Gasbildungspotenzial: 200 m³/t,
- Methankonzentration: 50 Vol.-%,
- Gebildete Methanmasse: 72 kg/t entspricht 1,51 t CO_2e/t

Ablagerungsprodukt aus MBA:

- Restgasbildungspotenzial: 10–45 m³/t,
- Methankonzentration: 50 Vol.-%,
- Gebildete Methanmasse: 3,6–16,2 kg/t entspricht 0,08–0,34 t CO_2e/t.

Die Emissionsreduktion, die für den CER-Erwerb angesetzt werden kann, liegt damit im Bereich von 1,17–1,43 t CO_2e/t. Unter Annahme eines CER-Marktpreises von 8–12 €/t CO_2e – wie er von den Autoren als mittelfristig realistisch eingeschätzt wird –

würden sich Einnahmen im Bereich von 9–17 €/t behandelten Abfall ergeben. Diese stark vereinfachte Berechnung kann nur die grobe Größenordnung einer möglichen Finanzierung z. B. der Betriebskosten aufzeigen. Wird z. B. eine Einnahme von 10 €/t angesetzt, so bedeutet dies bei einer Anlage mit sehr geringem technischen Standard (Betriebskosten 15 €/t), dass rund 2/3 der Betriebskosten über CER finanziert werden könnten. Bei technisch anspruchsvolleren Anlagen (Betriebskosten 30–70 €/t) verringert sich der Satz um 15–30 %.

Diese Kosteneinsparung kann durch die bei der Stromerzeugung entstehenden Emissionen geringer ausfallen, da insbesondere bei technisch aufwendigeren aeroben Behandlungsverfahren hohe Energieverbräuche anfallen können.

Kommen anaerobe Abfallbehandlungsverfahren zur Anwendung, wird neben der erreichten Emissionsreduktion thermische bzw. elektrische Energie erzeugt, die außer zur Eigenversorgung auch in öffentliche Netze eingespeist werden kann. Überschlägig kann bei der Fermentation von Abfällen ein Biogasertrag von 60–160 m^3/t Frischabfall erzielt werden. Die Methangehalte im Biogas liegen im Bereich von 55–70 Vol.-%. Wird ein mittlerer Heizwert des Biogases von ca. 6 kWh/m^3 angesetzt, ergibt sich ein Energiegehalt von 360–960 kWh/t. Die nutzbare Energiemenge hängt von der Art der Energieerzeugung ab. Bei Erzeugung von ausschließlich elektrischer Energie liegt der Wirkungsgrad bei ca. 25–40 % und steigt bei einer Kraft-Wärme-Kopplung auf 80–90 %. In Abhängigkeit von der Art der anaeroben Behandlung und der Art der energetischen Nutzung beträgt die erzeugbare Energiemenge auf dieser Grundlage 90–384 kWh/t bei Erzeugung von ausschließlich elektrischer Energie bzw. 288–864 kWh/t bei Nutzung der Kraft-Wärme-Kopplung. Hierbei ist zu berücksichtigen, dass in vielen Entwicklungsländern der energetische Nutzungsgrad noch unter den hier genannten Werten liegen kann. Der Energieerzeugung steht der Stromverbrauch des MBA-Prozesses gegenüber. In Abhängigkeit von der eingesetzten Technologie kann mit einem Stromverbrauch von ca. 50–150 kWh/t gerechnet werden. Nach dieser einfachen Berechnung könnten somit – unter der Voraussetzung hoher Wirkungsgrade – zusätzlich über die Energieerzeugung aus Biogas weitere CERs erwirtschaftet werden.

Zur Einschätzung einzusparender CO_2e soll folgende überschlägige Berechnung dienen:

Unter der Annahme eines mittleren Biogasertrages von 70 m³/t Frischabfall und eines mittleren Heizwertes von 6 kWh/m³ ergeben sich 420 kWh/t Abfall. Wird dieses Biogas in einem Kraftwerk mit Kraft-Wärme-Kopplung energetisch genutzt, können bei einem angenommnen Wirkungsgrad von 85 % 357 kWh/t Abfall (1.285 MJ) gewonnen werden. Berücksichtigt man Nutzungsformen herkömmlicher fossiler Energieträger und deren energiespezifischen Ausstoß an CO_2-Emissionen (s. Tabelle 4) so könnten durch anaerobe Abfallbehandlungsanlagen im Vergleich mit Braunkohle 0,14 t CO_2/t Abfall und im Vergleich zu Heizöl 0,1 t CO_2/t Abfall eingespart werden.

Tab. 4: CO_2-Emissionen verschiedener Brennstoffe im Vergleich zu RDF (http://secocoal.com)

Energieträger	Heizwert	Gesamt-CO_2-Emissionen	Gesamt CO_2-Emissionsfaktor	Regenerativer Energieanteil	Spezifische fossile CO_2-Emissionen	Spezifischer fossiler CO_2-Emissionsfaktor
	MJ/kg	in g CO_2/kg	in g CO_2/MJ	%-Energieanteil	in g CO_2/kg	in g CO_2/MJ
Braunkohle	8,6	955	111	0%	955	111
Steinkohle	29,7	2.762	93	0%	2.762	93
Heizöl	35,4	2.620	74	0%	2.620	74
Erdgas	31,7	1.775	56	0%	1.775	56
Ø Sekundärbrennstoff	17,0	900	53	15%	765	45

5.2 Verwertung von Sekundärbrennstoffen (RDF)

In der Vergangenheit wurden mechanisch-biologische Abfallbehandlungsanlagen in Schwellen- und Entwicklungsländern vor allem eingesetzt, um die Umweltauswirkungen der unkontrollierten Gas- und Sickerwasseremissionen, die sich in diesen Ländern als Folge mangelhafter Deponietechnik einstellen, zu reduzieren. Dies bot sich in diesen Ländern vielfach an, da der Anteil an nativ organischen Substanzen im Restabfall zum Teil deutlich höher ist als z. B. in Deutschland. Die Erfahrungen zeigen jedoch, dass mit wachsendem Wohlstand auch in diesen Ländern eine Angleichung der Abfallzusammensetzung an die Verhältnisse in den westlichen Ländern mit einem höheren Anteil an Kunststoffen und Papier erfolgt (s. Rio de Janeiro in Tabelle 5).

Tab. 5: Abfallzusammensetzung (Gew.-%) in ausgewählten Schwellen- und Entwicklungsländern (Literaturzusammenstellung aus Münnich et al., 2002)

	Brasilien Rio de Janeiro		Indien Bangalore	Mexico (2) Mexico City	Georgien Tbilisi	Tunesien gesamt	Deutschland
	Hohes Einkommen	Niedriges Einkommen					
Glas	6,48	2,68	0,2	3,3	2,7	--	8,4
Metall	2,34	2,35	0,1	1,1	2,4	3,36	3,8
Plastik	22,24	17,62	0,9	3,5	2,1	5,58	11,4
Papier	25,56	15,02	1,5	11,9	33,9	14,65	21,8
Organik	40,70	60,78	75,2	59,8	51,4	65,98	36,5
Inertstoffe	1,00	0,10	19,0	20,0	0	1,19	11,4
Rest	1,68	1,45	3,1	0,4	4,8	4,46	7,9

Wird eine heizwertreiche Fraktion von 325 kg/t Frischabfall mit einem mittleren Heizwert von 12.000 kJ/kg angenommen, so ergibt sich ein Energiegehalt von ca. 1.100 kWh/t. Mit den oben genannten Wirkungsgraden ergibt sich die erzeugbare Energiemenge zu 165–220 kWh/t bei Erzeugung von ausschließlich elektrischer Energie bzw. 660–715 kWh/t bei Nutzung der Kraft-Wärme-Kopplung. Auch hier sind die Energieaufwendungen, die zum Abtrennen der heizwertreichen Fraktion erforderlich sind, abzuziehen. Ein Großteil der energetisch verwertbaren Stoffe kann vor der biologischen Behandlung durch einfache mechanische Verfahren bzw. in vielen Entwicklungsländern durch händisches Sortieren abgetrennt werden. Der anzusetzende Energieaufwand ist in diesem Fall sehr gering.

Anhaltswerte zu den beim Einsatz verschiedener Brennstoffe freiwerdenden CO_2-Emissionen können der Tabelle 4 entnommen werden. Zur Erzeugung gleicher Energiemengen wird beim Einsatz von RDF etwa die Hälfte der CO_2-Emissionen im Vergleich zu Braunkohle freigesetzt. Auch im Vergleich zu Heizöl und Erdgas fallen die bei RDF-Nutzung freiwerdenden Emissionen in der Regel deutlich niedriger aus.

Unter Annahme des zu RDF verwertbaren Anteils von 325 kg/t Frischabfall und den Werten aus Tabelle 4 resultiert, dass mit ca. 2 t Frischabfall 1 t Braunkohle bzw. mit ca. 7 t Frischabfall 1 t Heizöl ersetzt werden kann, um unter Annahme gleicher Wirkungsgrade dieselbe Energiemenge zu erzeugen. Die Gesamt-CO_2-Reduktionen ergeben sich dann zu 0,36 t CO_2/t Frischabfall im Vergleich zur Braunkohle bzw. 0,16 t CO_2/t Frischabfall im Vergleich zu Heizöl. Hierbei ist eine evtl. notwendige Aufbereitung der RDF-Fraktion noch nicht berücksichtigt. Entstehende Emissionen müssten in Abzug gebracht werden. Der Methodologie folgend müssen zudem alternative Szenarien – herkömmliche thermische Verwertung ohne RDF-Maßnahmen – unter Berücksichtigung der örtlichen Bedingungen geprüft werden.

Auch wenn in der Methodology AM0025 nicht unmittelbar Anforderungen an die Qualität der RDF aufgeführt sind, ist doch sicherzustellen, dass die Nutzung der RDF auf eine Weise erfolgt, die nicht zu zusätzlichen Emissionen (z. B. von Schwermetallen oder chlororganischen Verbindungen) führt.

In Indien ist ein Projekt in der Umsetzung, das in einer Behandlungsanlage für 500 t/d häuslicher Abfälle täglich 150 t RDF erzeugen soll. Die damit verbundenen Einsparungen an zu deponierendem unvorbehandelten Restabfall führen zu einer Vermeidung von CH_4-Emissionen. Über diese Vermeidung sollen CO_2-Zertifikate generiert werden. Zur Trocknung der Ersatzbrennstoffe sind sowohl Sonnentrockner als auch physikalische (oder biologische) Verfahren vorgesehen. Die energetischen Aufwendungen für eingesetzte Aufbereitungsaggregate sind bei der Ermittlung vermiedener CO_2-Emissionen auf der Sollseite zu berücksichtigen. Zur Ermittlung des Baseline-Szenarios werden theoretische Gasbildungsraten aus Abfällen nach IPCC-Vorgaben berechnet.

Eine weitere Einsatzmöglichkeit alternativer Brennstoffe bietet der Einsatz in der Zementindustrie. Die Zementindustrie ist weltweit für etwa 5 % des anthropogenen CO_2-Ausstoßes verantwortlich. Es wird pro Tonne Zement ca. 1 t CO_2 freigesetzt. In den westlichen Industrieländern ist dies bereits geringer und liegt bei ca. 650–700 kg CO_2/t Zement. Da die Zementherstellung ein sehr energieintensiver Prozess ist, können die Energiekosten für fossile Primärbrennstoffe 20–30 % der Produktionskosten betragen.

Durch den Einsatz von Ersatzbrennstoffen wird einerseits die Emission aus ansonsten verwendeter Kohle oder Öl eingespart und andererseits müssen die eingesetzten Ersatzbrennstoffe nicht anderweitig behandelt werden oder gelangen zur Deponierung.

Aufgrund der hohen benötigten Energiemengen und guter Wirkungsgrade erschließt sich die Möglichkeit, spezifische CO_2-Emissionen über den Einsatz CO_2-neutral bewerteter Sekundärbrennstoffe zu reduzieren.

In modernen Anlagen kann von einem Brennstoffverbrauch von ca. 3.800–4.500 kJ/kg Klinker ausgegangen werden. Nach Tabelle 4 führt dies bei der Verwendung von Heizöl zu einem spezifischen CO_2-Emissionsausstoß von 0,28–0,33 t CO_2/t Klinker. Ausgehend von einer Substitution durch Sekundärbrennstoffe in Höhe von 40–45 % wären demnach 0,11–0,15 t CO_2/t Klinker vermeidbar. Unter Berücksichtigung der oben getroffenen Annahmen und Annahme gleicher technischer Wirkungsgrade, könnten 0,16 t CO_2/t Frischabfall durch Substitution des Heizöls eingespart werden. Zur Fertigung von Klinker würden unter diesen Annahmen 0,28–0,37 t Frischabfall pro Tonne Klinker eingesetzt werden. Die Aufbereitung der Abfälle zu Ersatzbrennstoffen wurde hierbei energetisch nicht berücksichtigt.

Derzeit liegt den Behörden ein Projekt zur Begutachtung vor, in dem der Einsatz von Sekundärbrennstoffen als Ersatz für den klimarelevanten Einsatz fossiler Brennstoffe in der Zementindustrie Indonesiens als CDM-Maßnahme vorgesehen ist. Über einen Zeitraum von zehn Jahren sollen demnach 500.000 t CO_2-Emissionen eingespart werden (http://www.co2-handel.de).

5.3 Einsatz von MBA-Outputmaterial in Methanoxidationsfiltern

In vielen Schwellen- und Entwicklungsländern wird aufgrund mangelnder finanzieller Möglichkeiten eine aktive Entgasung von Deponien nicht umgesetzt. Durch das UNFCCC wurde jedoch in der Zwischenzeit eine Vielzahl an Projekten registriert, die ausschließlich die Gewinnung und Nutzung von Deponiegas zum Ziel haben. Viele Deponien weisen jedoch so geringe Gasemissionen auf, dass eine aktive Entgasung aus wirtschaftlichen Gründen nicht mehr sinnvoll ist. In diesen Fällen stellt der Einsatz einer Methanoxidationsschicht eine kostengünstige Alternative zur Behandlung diffus auftretender Methanemissionen dar. Als Methanoxidationsschichten kommen u. a. Komposte und kompostähnliche Produkte aus der mechanisch-biologischen Abfallbehandlung in Betracht, da derartige Substrate günstige Bedingungen für den Methanoxidationsprozess schaffen und darüber hinaus ohne großen technischen Aufwand vor Ort herstellbar sind.

Überall dort, wo Methan in die aeroben Bereiche der Biosphäre gelangt, findet eine aerobe Oxidation des Methans zu Kohlendioxid und Wasser und eine Assimilation des Methankohlenstoffs in die organische Substanz durch die Aktivität einer Gruppe ubiquitär vorhandener Mikroorganismen statt. Vor allem in aquatischen Ökosystemen und im Boden ist dieser Vorgang seit vielen Jahren bekannt.

Mit Hilfe eines gezielten Aufbaus der Deponieabdeckschicht und durch die Auswahl geeigneter Substrate, können für methanotrophe Mikroorganismen und damit für die Methanoxidation günstige Milieubedingungen geschaffen werden. Zu den Auswirkungen unterschiedlicher Milieubedingungen auf die Oxidationsleistung liegen bereits eine Vielzahl internationaler Untersuchungen vor [z. B.: Boeckx et al. 1996; Bronson et al. 1993].

Der Parameter Wassergehalt im Trägermedium beeinflusst die Methanoxidation auf vielfältige Weise. Einerseits ist die Wechselwirkung mit dem Lufthaushalt bzw. mit der Zufuhr von Methan und Sauerstoff ausschlaggebend, andererseits müssen ausreichend feuchte Milieubedingungen für die methanotrophen Mikroorganismen aufrecht erhalten werden. Bender (1992) berichtet, dass, ähnlich wie bei Boeckx und Van Clemput (1996), die Aktivität der Methanoxidierer unterhalb von 15 % deutlich zurückgeht. Nach Figueroa (1998) werden die höchsten Methanoxidationsraten im Bereich zwischen 40 und 80 % der maximalen Wasserkapazität erreicht. Die Einhaltung einer günstigen Wasserhaltekapazität bei ausreichendem Luftporenvolumen kann durch die Schaffung einer geeigneten strukturellen Beschaffenheit der Methanoxidationsschicht gezielt beeinflusst werden.

Hinsichtlich des Temperatureinflusses zeigen Feldstudien mit Hilfe von Isotopentechniken [Chanton und Liptay, 2000], dass Temperaturen in Bereichen zwischen 5 °C und 35 °C zu einer deutlichen Zunahme der Methanoxidationsraten führen. Wie jedoch die Temperaturerhöhungen sich tatsächlich auswirken, ist umstritten. Boeckx et al. (1996) berichten, dass in Laboruntersuchungen teilweise nur geringe Einflüsse auf die Methanoxidationsrate festzustellen waren. Möglicherweise wird die Temperatursensitivität durch andere Umgebungsbedingungen in der Oxidationsschicht überlagert, wie z. B. durch den Wassergehalt. Stellmacher (2000) dagegen, weist ein deutliches Optimum bei 30 °C nach.

Neben diesen physikalischen Substrateigenschaften sind ein ausreichender Gehalt an Nährstoffen, eine weitgehende Abwesenheit diverser bereits bekannter Inhibitoren sowie eine hinreichende biologische Stabilität erforderlich, um hohe Methanoxidationsraten realisieren zu können.

Die Ergebnisse einer Vielzahl von Forschungsprojekten zeigen, dass das natürliche Potenzial der mikrobiellen Methanoxidation durch das Schaffen geeigneter Milieubedingungen in einer entsprechend gestalteten Deponieabdeckschicht (Methanoxidationssystem) deutlich gefördert werden kann.

In bisherigen Untersuchungen haben sich insbesondere grob strukturierte Komposte für ein Besiedlungssubstrat als besonders geeignet erwiesen. Unter Laborbedingungen konnten in Versuchen von Humer & Lechner (1997, 2001a) etwa 10–13 l CH_4/m^2 h abgebaut werden. Auch Spitzenbelastungen von 25 l CH_4/m^2 h konnten nach mehrtägigen Adaptionszeiten vollständig umgesetzt werden. Das entspricht in einer Flächenbelastung von 1 m^3 Deponiegas pro m^2 und Tag (Methangehalt 60 %), was der Größenordnung der Gasproduktion einer durchschnittlichen Hausmülldeponie gleichkommt.

In eigenen Versuchen im halbtechnischen Maßstab wurde die Eignung von MBA-Abfällen zum Aufbau einer Methanoxidationsschicht untersucht (Bahr, 2003). In einem halbtechnischen Versuchsstand zur Simulation einer Methangasoxidation insbesondere unter feuchtwarmen, tropenähnlichen klimatischen Randbedingungen konnten mit einem Methanoxidationssystem nach dem Aufbau in Abb. 4 maximale Methanoxidationsraten von 21 $l/m^{2*}h$ erzielt werden. Nach einer mehrtägigen Adaptionsphase konnten konstante Methanoxidationsraten von über 21 mol/m^2 d (19,6 l/m^2 h) erzielt werden. Bezogen auf das Volumen der Methanoxidationsschicht ergibt sich hiermit ein Methanabbau von 16,9–17,7 l/m^3 h.

Die untersuchten MBA-Abfälle aus aeroben Behandlungsverfahren entsprechen weitgehend den in anderen Forschungsvorhaben untersuchten Müllkomposten. Verschiedene Rotteausgangsmaterialien und unterschiedliche Behandlungsverfahren liefern naturgemäß Komposte mit unterschiedlichen Qualitätsmerkmalen. Eine Adaption des Rotteprozesses an gewünschte Output-Qualitäten erscheint jedoch bei den verfügbaren Rottetechnologien möglich.

Der hohe Gasporenanteil in MBA-Materialien bewirkt aufgrund der geringen Wärmeleitfähigkeit und nach Ausbildung einer hydrophoben Oberschicht nach Trockenperioden einen günstigen Isoliereffekt gegenüber Einflüssen der Außentemperatur und Austrocknung. Dies trägt zur Aufrechterhaltung konstanter Milieubedingungen für die methanoxidierende Biozönose bei.

Entscheidend sind neben der Wahl eines geeigneten Substrats vor allem die Stärke der Oxidationsschicht und eine gleichförmige Gaszufuhr. Der hauptsächliche Methanabbau innerhalb eines Filterprofils konzentriert sich meist auf einen Bereich von rund 10–30 cm Mächtigkeit, dem sogenannten Methanoxidationshorizont. In diesem Horizont müssen geeignete Milieubedingungen vorherrschen, so dass sich methanotrophe Organismen verstärkt anreichern können.

Insbesondere für wechselwarme Klimate hat sich auch nach eigenen Untersuchungen eine Anfangsschütthöhe von mindestens 120 cm als geeignet erwiesen. Um ein weitgehend gleichmäßiges Anströmen der Methanoxidationsschicht mit Deponiegas zu ermöglichen, ist die Installation einer Gasverteilungsschicht an der Basis der Oxidationsschicht notwendig. Ein begrenzter Eintrag von Feinmaterial aus der Oxidationsschicht in die Gasvereilungsschicht ist für die Funktion der beiden Schichten nicht hinderlich (Humer & Lechner, 2001b). Die Gasverteilungsschicht sollte eine Schichtstärke von etwa 50 cm aufweisen und aus carbonatarmen Schottern bestehen. Einen empfohlenen Aufbau eines Methanoxidationssystems zeigt Abbildung 2.

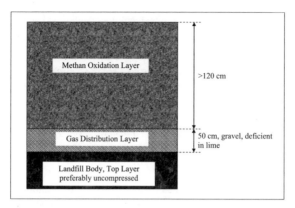

Abb. 2: Empfohlener Aufbau eines Methanoxidationssystems

Mit Hilfe der Laborversuche konnte auch der Einfluss von Starkregenereignissen, wie sie in tropischen Ländern häufig vorkommen, auf die Methanoxidation ermittelt werden. Die Ergebnisse zeigen deutlich die fortschreitende Reduktion der Oxidationsrate mit zunehmender Sättigung des Porenraumes durch das Niederschlagswasser. Bei vollständiger Sättigung kommt der Oxidationsprozess nahezu zum Stillstand. Nach einer Unterbrechung des Regens steigt die Rate bis auf das Niveau wieder an, das vor dem Niederschlagsereignis ermittelt wurde. Ein nochmaliges Niederschlagsereignis hoher Intensität aber kurzer Dauer führte abermals zu einem sofortigen Absinken der Methanoxidationsrate. Aufgrund des vorhergegangenen Niederschlags ist davon auszugehen, dass eine sofortige Übersättigung der Wasserkapazität erreicht war.

Die Ermittlung der Methanoxidationsraten von MBA-Material nach Niederschlägen unterschiedlicher Intensität und Dauer weisen auf einen nur geringen Einfluss von schwächeren Niederschlagsereignissen (geringe Intensität und/oder kurze Dauer) und einen signifikanten Einfluss längerer Starkregenereignisse hin. Hervorzuheben ist jedoch auch hier die schnelle Regenerationsfähigkeit der Methanoxidationsschicht bzw. deren Methanoxidationsleistung.

Auch wenn aufgrund fehlender Freilanduntersuchungen von MBA-Materialien als Methanoxidationsschicht noch keine letztendlich gesicherten Aussagen möglich sind, deuten die Ergebnisse auf eine gute bis sehr gute Eignung geeigneten MBA-Materials als Methanoxidationsschicht auch unter humiden Klimaten hin.

Durch Einsatz geeigneter MBA-Materialien als Methanoxidationsschicht erscheint ein Abbau von 10–20 l CH_4/m^2*h als realistisch.

Um 1 m^2 Methanoxydationsschicht auf einem Altkörper aufzubauen, wird etwa 1 t stabilisiertes MBA-Outputmaterial benötigt, das aus ca. 3 t Hausmüll gewonnen werden kann. Bei einem beispielhaft zu erwartenden Methanausstoß aus einer Altdeponie von ca. 100 l/m^2 d kann mit der angegebenen Oxidationsrate die gesamte Menge

Methan mit einer geeigneten Oxidationsschicht vollständig oxidiert werden. Dies entspricht einem oxidierten Methangasvolumen von 36,5 m³/m²*Jahr bzw. 26,4 kg Methan oder 0,5 t CO_2e/m^{2*}a.

Auch wenn die hier ermittelte Reduktionsrate gering erscheint, so muss berücksichtigt werden, dass die aufgebrachte Methanoxidationsschicht mehrere Jahre ohne Betriebskosten arbeitet. Bei einer angenommenen Wirkungsdauer der Oxidationsschicht von drei Jahren (konservativer Ansatz) liegt die CO_2-Reduktionsleistung bei 1,5 CO_2e/m^{2*} bzw. 0,5 CO_2e/t Frischmüll (Tabelle 6).

Gleichzeitig werden MBA-Reststoffe verwertet, für die es bisher keine hochwertige Absatzmöglichkeit gab.

Von der o. g. Reduktionsleistung muss nach Auffassung der Autoren die Reduktionsleistung „normaler Abdeckschichten" abgezogen werden. Damit wird berücksichtigt, dass nur die sog. „Zusätzlichkeit" der Emissionsminderung gegenüber dem Referenzszenario – hier die „normale Abdeckschicht" – das den Business-as-usual widerspiegelt, vergütet wird.

Für den Einsatz der Methanoxidationsschicht im Rahmen eines CDM-Projektes gibt es bisher noch keine „Approved Methodology" des UNFCCC. Das Problem hierbei besteht in der Ermittlung des Ist-Zustandes der Gasemissionen sowie des Monitorings. Beide Größen sind essenzielle Grundlage der Bilanzierung und damit der Anerkennung als CDM-Projekt. Die Erarbeitung einer Methodologie ist damit auch ein zentraler Punkt des Projektes in China.

6 Erlöse durch CDM

In Abhängigkeit von der Spezifizierung der zu implementierenden MBA-Technologie können die in Tabelle 6 aufgezeigten CO_2-Reduktionen von 1,7 bis 2,5 [$MgCO_2$/Mg Frischabfall] erzielt werden, wobei die Werte nur Größenordnung darstellen können. Die tatsächlichen Reduktionen müssen in Abhängigkeit vom Baseline-Szenario sowie Leistung und Art der eingesetzten MBA-Technologie vor Ort ermittelt werden.

Für die 2. Handelsperiode (NAP II), die für zukünftige CDM-Vorhaben relevant ist, wird für die in Tabelle 6 durchgeführten Berechnungen ein Marktpreis für CERs von 8 bis 14 €/t CO_2e zugrunde gelegt. Die über CDM zu erzielenden „Erlöse" für MBA-Verfahren können auf Grundlage der angenommenen CO_2-Reduktionen eine Größenordnung von 11 bis 30 € je t behandelten Abfalls umfassen. Je nach technischem Standard des zum Einsatz kommenden Abfallbehandlungsverfahrens könnten somit ca. 15 bis 45 % der Betriebskosten durch diese Erlöse finanziert werden.

Tab. 6: Wertebereich der mit den einzelnen Maßnahmen erzielbaren CO_2-Reduktionen

Abfallwirtschaftliche Maßnahme	CO_2-Reduktion [t CO_2/t Frischabfall]	CO_2-Reduktion reduziert um prozessbedingte Eigenverbräuche und Emissionen [t CO_2/t Frischabfall]	Erlöse Marktpreis CER 8 €/tCO_2e	Erlöse Marktpreis CER 14 €/tCO_2e
1 Aerob + Deponierung	1,2–1,4	0,98–1,12[2]	7,84–8,96	12,60–15,68
2. wie 1, zusätzlich mit Energienutzung (Biogas)	0,1–0,14	0,09–0,13[3]	0,72–1,04	1,26–1,82
3. Einsatz als RDF	0,16–0,36	0,14–0,32[3]	1,12–2,56	1,96–5,04
4. Methanoxidationsschicht	0,2–0,6[1]	0,18–0,54[3]	1,28–4,32	2,52–7,56
Summe	1,66–2,50	1,39–2,11	10,98–16,88	18,34–30,10

[1] Methanoxidation gerechnet für 3 Jahre
[2] 20 % Abschlag
[3] 10 % Abschlag

7 Zusammenfassung und Schlussfolgerungen

Abfallwirtschaftliche Maßnahmen in Entwicklungs- und Schwellenländern können wesentliche Beiträge zum Klimaschutz liefern. Mechanisch-biologische Abfallbehandlungsverfahren bieten in diesem Kontext vielschichtige Optionen:

- Ausschleusung und Verwertung von Sekundärbrennstoffen (RDF);
- Reduktion des Methanbildungspotenzials auf Deponien durch anaerobe und aerobe Vorbehandlung;
- Einsatz der in der MBA hergestellten stabilisierten Feinfraktion als Filtermaterial für die Methangasoxidation auf Deponien.

Auf Seiten der Gastländer bietet sich die Möglichkeit, ihre Wirtschaftsstrukturen zu modernisieren. Für die Anbieterländer eröffnet sich die Möglichkeit, neue Geschäftsfelder auf- bzw. auszubauen.

Die Anerkennung von Kompostierungsanlagen und Anlagen zur mechanisch-biologischen Abfallbehandlung als CDM-Projekt bietet eine Möglichkeit zur Finanzierung der Betriebsosten der Behandlungsanlage. Neben Verfahren zur aeroben bzw. anaeroben Abfallbehandlung können nach der überarbeiteten Methodologie zur Anerkennung eines CDM-Projekts erstmalig auch Verfahren zur Herstellung und Nutzung von Ersatzbrennstoffen validiert werden.

Durch Verwendung des für die landbauliche Anwendung in der Regel nicht geeigneten Kompostproduktes aus der mechanisch-biologischen Restabfallbehandlung als Methanoxidationsfiltermaterial wird ein neuer Verwertungsweg eröffnet. Die Abdeckung von Deponien mit sogenannten Methanoxidationsschichten stellt ein geeignetes technisches Verfahren dar, die Restemissionen nicht (oder nicht mehr) aktiv entgaster Deponiekörper dauerhaft zu minimieren.

Derzeit existiert kein validiertes Verfahren zur Bestimmung der Wirksamkeit der Methanoxidationsschicht, das zur Akkreditierung dieser emissionsmindernden Maßnahme als CDM-Verfahren notwendig wäre. Die Entwicklung eines solchen Verfahrens ist Gegenstand eines aktuellen Forschungsvorhabens an der TU Braunschweig.

In Abhängigkeit von der Spezifizierung der zu implementierenden MBA-Technologie können Reduktionsraten zwischen 1,7 bis 2,5 $MgCO_2$/Mg Frischabfall erzielt werden, wobei die Werte nur Größenordnung darstellen können. Die tatsächlichen Reduktionen müssen in Abhängigkeit vom Baseline-Szenario sowie Leistung und Art der eingesetzten MBA-Technologie vor Ort ermittelt werden.

Die über CDM zu erzielenden „Erlöse" für MBA-Verfahren können auf Grundlage der angenommenen CO_2-Reduktionen eine Größenordnung von 11 bis 30 € je t behandelten Abfalls umfassen. Je nach technischem Standard des zum Einsatz kommenden Abfallbehandlungsverfahrens könnten somit ca. 15 bis 45 % der Betriebskosten durch diese Erlöse finanziert werden.

Literatur

Bahr, T. (2003): Eignung von Deponie-Methanoxidationsschichten für den Einsatz in humiden Klimaten, Diplomarbeit, Leichtweiß Institut TU Braunschweig, unveröffentlicht

Bajic, Z.; Zeiss, C. (2001): Methane Oxidation in alternative Landfill Cover Soils. Proceedings from the Solid Waste Association of North America's 24. Annual Landfill Gas Symposium, 2001, Dallas Texas

Bender, M. (1994): Mikrobieller Abbau von Methan und anderen Spurengasen in Böden und Sedimenten, Konstanzer Dissertationen, Bd. 414, Hartung-Gorre Verlag, Konstanz

Boeckx, P., van Cleemput, O. (1996): Methane oxidation in neutral landfill cover soil – Influence of moisture content, temperature, and nitrogen turnover, J. Environ. Qual., 25, 178–183

Bronson, K. F.; Mosier, A.R. (1993): Suppression of methan oxidation in aerobic soil by nitrogen fertilizers, nitrification inhibitors an urease inhibitors. Biological Fertil Soils 17, p.263–268

Chanton, J., Liptay, K. (2000): Seasonal Variation in Methane Oxidation in a Landfill Cover Soil as Determined by an In Situ Stable Isotope Technique, Global Biogeochem. Cycles, 14, 51–60

Figueroa, R. A. (1998): Gasemissionsverhalten abgedichteter Deponien, Economia Verlag, Bonn

Carbon Solutions Team (2007): Preisdeterminanten und Markteinflüsse, Stand 15. Januar 2007

Fricke, K.; Santen, H.; Bidlingmaier, W. (2001): Biotechnological processes for solving waste management problems in economically less developed countries; 8th Intern. Landfill-Symposium Cagliari SICA; Grafiche Galeati, Imola, Italy

Fricke, K; Müller, K.; Wallmann, R.; Santen, H.; Ziehmann, G. (2002): Stabilitätskriterien für biologisch behandelten Restmüll, Konsequenzen für den Bau und Betrieb von MBA-Anlagen und Deponien, Müll-Handbuch, Kennziffer 5616, Erich-Schmidt-Verlag, Berlin

Fricke, K.; Hüttner, A.; Bidlingmaier, W. (2004): Vergärung von Bio- und Restabfällen, Anaerobtechnik, Springer Verlag, Hamburg

Fricke, K., Santen, H.; Wallmann, R. (2005): Comparison of Selected Aerobic and Anaerobic Procedures for MSW Treatment, in: Waste Management – International Journal of Integrated waste Management, Science and Technology, Elsevier, USA

Fung, I., J. John, J. Lerner, E. Matthews, M. Prather, L. P. Steele and P. J. Fraser, 1991: Three-dimensional model synthesis of the global methane cycle. J. Geophys. Res., 96, 13033–13065

Hein, R., P. J. Crutzen and M. Heinmann, 1997: An inverse modeling approach to investigate the global atmospheric methane cycle. Global Biogeochem. Cycles, 11, 43–76

Höper H. (1998): Klimaveränderungen durch Landnutzungsänderungen. In: Lozán J. L., Graßl H., Hupfer P. (Hrsg.): Warnsignal Klima – Wissenschaftliche Fakten. Wissenschaftliche Auswertungen Hamburg

Huber-Humer, M. (2004): Abatement of landfill methane emissions by microbial oxidation in biocovers made of compost, Doctoral Thesis, University of Natural Resources and Applied Life Sciences, Vienna

Humer, M.; Lechner, P. (1997): Grundlagen der Biologischen Methanoxidation – Perspektiven für die Entsorgung von Deponiegas, Wate Reports 05/August 1997, Abteilung Abfallwirtschaft/IWAG, Universität für Bodenkultur, Wien

Humer, M.; Lechner, P. (2001a): Compost covers as a measure for minimisation of methan emissions and leachate from landfills, in Proceeding of the International Conference ORBIT 2001 on Biological proceedings of waste, Rhombos Verlag, Berlin

Humer, M.; Lechner, P. (2001b): Technischer Aufbau eines Methanoxidationssystems für Deponien, KA – Wasserwirtschaft, Abwasser, Abfall, Nr. 4, 48. Jahrgang, S. 501–513

IPCC (1996): Revised 1996 IPCC Guidelines for National Greenhouse Gas Inventories, Vol. 3, Greenhouse Gas Inventory Reference Manual

Kightley, D.; Nedwell, D. B. (1994): Optimising Methane Oxidation in Landfill Cover Soils, The Technical Aspects of Controlled Waste Management, Department of the Environmental, Report No. CWM 114/94 L

Houweling, S., T. Kaminski, F. Dentener, J. Lelieveld and M. Heimann, 1999: Inverse modeling of methane sources and sinks using the adjoint of a global transport model. J. Geophys. Res., 104, 26137–26160

Lelieveld, J. and P. J. Crutzen, 1990: Influences of cloud photochemical processes on tropospheric ozone. Nature, 343, 227–233

Müller, W., K. Fricke, H. Vogtmann (1998): Biodegradation of organic matter during Mechanical biological treatment of MSW prior land filling. In: Compost Science & Utilization, Volumen 6, 3

Mosier, A. R., J. M. Duxbury, J.R. Freney, O. Heinemeyer, K. Minami and D.E. Johnson, 1998: Mitigating agricultural emissions of methane. Clim. Change, 40, 39–80

Olivier, J. G. J., A. F. Bouwman, J. J. M. Berdowski, C. Veldt, J. P. J. Bloos, A. J. H. Visschedijk, C. W. M. van der Maas and P. Y. J. asndveld, 1999: Sectoral emission inventories of greenhouse gases for 1990 on a per country basis as well as on 1☐1. Envir. Sci. Policy, 2, 241–263

Rettenberger, G. (1996): Abschätzung von Deponiegasemissionen über den Gaspfad, Beiträge zur Abfallwirtschaft, Band 4, Eigenverlag der Gesellschaft zur Förderung des Instituts für Abfallwirtschaft und Altlasten e. V., Dresden

SAR, see IPCC, 1996

UNFCCC (2006): Revision to the approved baseline methodology AM0025 "Avoided emissions from organic waste through composting", CDM-Executive Board, UNFCCC/CCNUCC

Durch Prozessregelung zum Rotteerfolg
Ein modellbasiertes Regelungskonzept für biologische aerobe Abfallbehandlungsanlagen auf der Grundlage von Fuzzy Logic

Frank Scholwin

Zusammenfassung

Die Erzeugung eines Produktes mit hoher und vor allem konstanter Qualität und einem gesicherten Absatz ist das Hauptziel des erfolgreichen Betriebes biologischer Abfallbehandlungsanlagen. Dieses Ziel lässt sich nur durch gezielte Beeinflussung des biologischen Abbauprozesses erreichen. Daher wurde eine modellbasierte produktorientierte Regelung (NaviRott®) für die aerobe biologische Abfallbehandlung zur Erreichung dieser Zielstellung entwickelt und ihre Funktion praktisch nachgewiesen.

1 Einleitung

Die Erzeugung eines Produktes mit hoher und vor allem konstanter Qualität und einem gesicherten Absatz ist das Hauptziel des erfolgreichen Betriebes biologischer Abfallbehandlungsanlagen. Die Erfahrungen aus dem Betrieb biologischer aerober Abfallbehandlungsanlagen zeigen jedoch, dass diese konstante Qualität häufig nicht erreicht wird und damit nicht immer der geforderte Standard der Abfallbehandlung sichergestellt werden kann. Die wesentlichen Ursachen aus Sicht der Prozesssteuerung sind:

- Ausbildung von Gradienten im Hinblick auf Materialfeuchte, Temperatur und Sauerstoffversorgung im Material mit der Folge inhomogener biologischer Aktivität im Abfall

- Ignoranz dieser Gradienten durch aktuell angewendete Prozessregelungen und -steuerungen

- Durchführung von Prozesssteuerungen unabhängig vom Fortschritt des Abbauprozesses und ohne Berücksichtigung unterschiedlicher Substratqualitäten am Prozesseingang

Aus diesem Grund wird der Stand der Entwicklung von Prozessregelungen für den aeroben biologischen Abbauprozess von Abfällen als nicht zufriedenstellend angesehen. Wie bei jedem biotechnologischen Prozess stellt hier, neben der Optimierung der Substratzusammensetzung und -eigenschaften vor der Behandlung, die Prozessüberwachung und -regelung die wesentliche Einflussgröße auf die Behandlungsqualität dar.

2 Konzept der Prozessregelung

Es gibt eine Reihe von Ansätzen, den biologischen Abbauprozess zu modellieren. Die meisten Modelle benötigen sehr detaillierte Informationen über die Zusammensetzung des Abfalls (Bertoni et al. 1997, Finger et al. 1976, Hamelers 2002, Haug 1993, Kaiser 1999, Nakasaki et al. 1987, Stombough and Nokes 1996, Straatsma et al. 2000), sind nur für eine sehr eng definierte Substratmischung zuverlässig (Higgins and Walker 2001, Hsieh et al. 1997, Huang et al. 2000, Kishimoto et al. 1987, MacDonald 1995, Seki 2000) oder wurden erstellt, um einen tieferen Einblick in die Zusammenhänge des Prozesses zu gewinnen (Das 1995, Hamelers 1993, Keener et al. 2002). Weder ist ein Modell bekannt, das mit den üblichen, in praktischen Anlagen verfügbaren Informationen über das Eingangssubstrat eine Prozessprognose erlaubt, noch wurde ein Modell entwickelt, um es zur Regelung des Prozesses in Echtzeit zu verwenden.

Aus diesem Grund schien es notwendig, ein Modell zu entwickeln, welches mit sehr wenigen, leicht erfassbaren Eingangsdaten in der Lage ist, den nichtlinearen Prozess des biologischen Abbaues von Abfällen mit ausreichender Präzision zu prognostizieren, um es als Basis für eine Prozessregelung anwenden zu können.

Eine wesentliche Verbesserung der Produktqualität aus der biologischen Abfallbehandlung kann aus Sicht des Verfassers nur durch die Kombination aus einer Prozessregelung mit einem Prozessmodell erreicht werden. Diese Kombination lässt sich am besten in einem operativen Regelungssystem mit Beratungseinrichtung realisieren. Die Struktur des Regelungssystems wird in Abbildung 1 veranschaulicht.

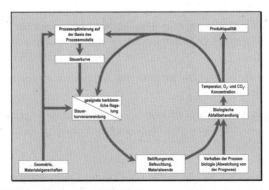

Abb. 1: Struktur des Regelungssystems

3 Prozessmodell

Resultierend aus den theoretischen und praktischen Analysen des Prozesses wurde abgeleitet, dass das Prozessmodell für den biologischen aeroben Abfallbehandlungsprozess:

- hybriden Charakter hat, das heißt die physikalisch-chemischen Wechselwirkungen deterministisch auf der Basis gesicherter Gesetzmäßigkeiten und die Wechselwirkungen mit der Biologie empirisch mit Hilfe von Fuzzy Logic auf der Basis von Labor- und Literaturergebnissen modelliert werden,

- als Qualitätskriterien Abbaugrad und Hygienisierungsdauer anwendet,

- Heterogenitäten durch eine quasi-drei-dimensionale Regionenteilung und deren voneinander getrennte Berechnung berücksichtigt und

- durch wahlweise Modellierung auf der Basis einer leistungsfähigen Prozessregelung oder einer Regelkurvenvorgabe auf die Optimierungsaufgaben, die aus der modellbasierten Regelung resultieren, vorbereitet wird.

Das Grundkonzept wird in Abbildung 2 veranschaulicht. Dem Informationsfluss folgend werden durch das empirische Modell für die biologischen Vorgänge die Abbauaktivität, der Materialabbau und die daraus folgende Wärmefreisetzung berechnet. Auf der Basis dieser Werte werden im deterministischen Modell für die physikalischen Zusammenhänge die Temperaturentwicklung im Abfall und die Entwicklung der Feuchte im Material berechnet.

Um einen realitätsnahen Prozessverlauf zu prognostizieren, wurde auch in das Modell eine Regelung integriert. Sie bestimmt die notwendige Belüftungsintensität, die wiederum auf den nächsten Zeitschritt des Modells und die dann kalkulierten Größen rückkoppelt. Durch diesen Regelkreis im Modell werden sowohl die räumliche als auch die zeitliche Dimension der Prognose realisiert. Einfluss auf den Verlauf des modellierten Prozesses von außerhalb der Modellgrenze haben im Wesentlichen die Materialeigenschaften. Schlüsselgröße ist die Abbauaktivität unter Idealbedingungen. Die Struktur des Modells zeigt Abbildung 2.

Als neue oder modifizierte Einflussgrößen fließen in die Modelle die spezifische Oberfläche, der Dampfdruck über der Materialoberfläche, der Temperaturanstieg am Prozessbeginn, die Wärmeleitfähigkeit und die biologische Aktivität unter Idealbedingungen ein.

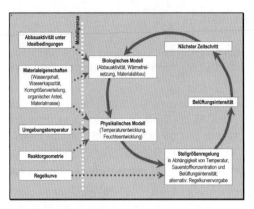

Abb. 2: Struktur des Prozessmodells

Dabei besitzt der Parameter „biologische Aktivität unter Idealbedingungen" die höchste Bedeutung für die Prozessvoraussage. Er wurde aus der Analyse der Kohlendioxidfreisetzung realer Kompostierungsprozesse abgeleitet. Da die Abbauaktivität der Mikroorganismen sehr gut durch die spezifische Kohlendioxidfreisetzung abgebildet werden kann, wurden Daten der spezifischen Kohlendioxidfreisetzung zu verschiedenen Prozesszeitpunkten unter besonders günstigen Prozessbedingungen erhoben. Der Verlauf der Daten wird in Abbildung 3 dargestellt, in der der Prozessfortschritt als zunehmender Abbaugrad aufgetragen ist. Aus diesen gemessenen Daten wird die Abbauaktivität unter Idealbedingungen abgeleitet.

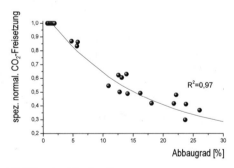

Abb. 3: Abbauaktivität unter Idealbedingungen

Nach Normierung auf einen Startwert von 1 wurde sie SPENK genannt und als neue Größe für den biologischen Abfallbehandlungsprozess eingeführt (Scholwin 2005). Sie wird durch die nachfolgend dargestellte Formel näherungsweise beschrieben.

$$SPENK = -14{,}0615 + 0{,}9145 \cdot e^{\frac{-AG}{15{,}335}} + 14{,}23677 \cdot e^{\frac{-AG}{31434{,}235}}$$

Die Kurve gibt die spezifische Kohlendioxidfreisetzung unter optimalen Bedingungen für die Mikroorganismen wider. Nun muss aber davon ausgegangen werden, dass in der Realität nur selten optimale Bedingungen herrschen und diese Kurve daher nur kurzzeitig erreicht wird. Daher wird davon ausgegangen, dass sich die Abweichungen vom Optimum durch einen Reduktionsfaktor darstellen lassen, der die biologische Aktivität abmindert.

Diese Aufgabe wird vom Kern des Modells realisiert, welches aus einer Datenbasis von 4750 Datensätzen verschiedener Prozesszustände mit Fuzzy Logic Algorithmen (b-cut-Methode) abgeleitet wurde. Resultat dieser Vorgehensweise ist eine 5-dimensionale nichtlineare Funktion für den Reduktionsfaktor, die sich nicht mit nur einer Formel darstellen lässt. Vereinfacht wird in Abbildung 4 nur ein Ausschnitt dieser Funktion, die den Reduktionsfaktor beschreibt, graphisch dargestellt.

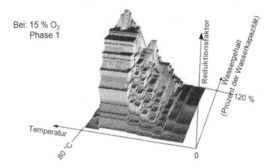

Abb. 4: Nichtlineare Funktion für die Ableitung des Reduktionsfaktors für die Abbauaktivität unter Idealbedingungen

Im Ergebnis der Modellierung hat die Modellvalidierung zu einer sehr guten Übereinstimmung von modellierten Prozessverläufen und real erhobenen Messwerten geführt (Scholwin 2005).

Der auf diesen Erkenntnissen aufbauenden Prozessregelung werden während des Abfallbehandlungsprozesses durch das Beratungssystem, welches das hier skizzierte Modell anwendet, Vorschläge für die Vorgabe der Eingangsgrößen Belüftungsrate, Wendezeitpunkte und Befeuchtungsmengen unterbreitet. Zum anderen werden vom Beratungssystem durch eine Prozesserfolgsprüfung ungünstige Prozesszustände erkannt und mögliche Ursachen für diese Zustände noch vor deren Eintreten ermittelt. Damit wird dem Anlagenpersonal sehr frühzeitig die Möglichkeit gegeben, zu reagieren und einen ungünstigen Verlauf zu vermeiden.

4 Schlussfolgerungen

Die modellbasierte Regelung wurde erfolgreich im Labormaßstab angewendet (Scholwin 2003, Scholwin 2005). Gemessen an der erreichten Produktqualität zeigt die modellbasierte Regelung im Vergleich zu herkömmlichen Regelungsmethoden ein höheres Qualitätsniveau. Es konnten alle mit der Regelung verfolgten Prozessziele erreicht werden. Im Einzelnen sind das:

- Sicherung der Hygienisierung des Produktes
- Sicherstellung einer gleichmäßigen Produktqualität
- Automatische Anpassung der Regelungsstrategie an die Substratzusammensetzung
- Vorausschauende Leistungsoptimierung
- Vermeidung ungünstiger Prozesszustände
- Berücksichtigung der Gradientenbildung in der Abfallpackung
- Verzicht auf umfangreichen zusätzlichen Technikeinsatz und analytischen Aufwand aus ökonomischen Gründen

Zusätzlich lassen sich weitere positive Effekte durch den Einsatz der Regelung erreichen:

- Verminderung des Einsatzes an Strukturmaterial
- Kostensenkung durch optimierte Eingriffe in den Rotteprozess und erhöhte Energieeffizienz
- Optimierung der Anlagenauslastung
- Hilfe zur Erreichung von Immissionsauflagen, damit zusätzlicher Klimaschutz

Aktuell wird das modellbasierte Regelungssystem unter dem Namen NaviRott® für die praxisgerechte Anwendung in einem Technikum weiterentwickelt und steht für unterschiedliche Verfahrenstechniken in der Bioabfallkompostierung zur Verfügung. Darüber hinaus wird die Methodik auf die Reststoffverarbeitung in mechanisch-biologische Anlagen (MBA) übertragen und lässt auch hier deutliche Optimierungspotenziale erwarten.

5 Referenzen

Hinsichtlich der verwendeten umfangreichen Referenzen möchte ich auf die Veröffentlichungen

Scholwin F. (2005): Ein modellbasiertes Regelungskonzept für biologische aerobe Abfallbehandlungsanlagen auf der Grundlage von Fuzzy Logic, Ph. D. Thesis, Bauhaus-Universität Weimar, Lehrstuhl Abfallwirtschaft, Rhombos Verlag, und

Scholwin, F. (2005): Alles unter Kontrolle – Eine neue modellbasierte Regelung der aeroben biologischen Abfallbehandlung unter Nutzung eines Fuzzy Logic Prozessmodells ermöglicht definierte Produkte aus Abfall; in: Müllmagazin 1/2005, S. 40–43 hinweisen.

Ingenieurbüro für Abfallwirtschaft & Energietechnik GmbH

Beratende Ingenieure

Friesenstraße 14, 30161 Hannover
Tel. 0511-34 91 90-50, Fax 0511-34 91 90-99
iba@iba-hannover.de, www.iba-hannover.de

- Abluftbehandlung
- Aufbereitung von Ersatzbrennstoffen
- Biogasanlagen
- Biogasverwertung
- Holzfeuerung
- Kompostierung
- Logistikkonzepte
- Machbarkeitsstudien
- Mechanisch-biologische Abfallbehandlung (MBA)
- Modellierung biologischer Prozesse
- Ökobilanzen
- Sortieranalysen
- Stoffstrommodelle
- Trocknung
- Umwelttechnik
- Vergärung
- Zwischenlagerung / Ablagerung

| ▶ Beratung | ▶ Planung und Ausschreibung | ▶ Bauüberwachung | ▶ Controlling und Projektsteuerung |
| ▶ Verfahrensentwicklung | ▶ Prozesssteuerung | ▶ Anlagen- und Betriebsoptimierung | ▶ Analytik |

weitere Infos: www.iba-hannover.de   Internetportal: www.ivaa.de

 Mitglied der Ingenieurkammer Niedersachsen

IVAA Mitglied im Ingenieurverband Abwasser und Abfall GbR, IVAA.de

Trocknung von Klärschlämmen mit der Nutzung von Abwärme aus Biogasanlagen bzw. Biomassekraftwerken

Ulrich Jacobs

Zusammenfassung

Durch den aktuellen Rückgang der landwirtschaftlichen Verwertung von Klärschlämmen in Deutschland ist der Stellenwert der Klärschlammtrocknung als Vorstufe der thermischen Verwertung wieder gestiegen.

Dabei sind heute Systeme gefragt, die anstelle von Primärenergie Prozessabwärme als thermische Energiequelle nutzen können. Ein sehr großes Potential an bisher meistens ungenutzten Wärmequellen stellen die in zahlreicher Form vorhandenen Biogasanlagen dar. Diese Anlagen befinden sich meistens in ländlichen Räumen und haben üblicherweise nur beschränkte Möglichkeiten ihr Abwärmepotential an den Anlagenstandorten direkt zu nutzen.

Im folgenden Beitrag werden die technischen Voraussetzungen für die einzusetzende Anlagentechnik und die wirtschaftlichen Betriebsbedingungen für die Nutzung von Abwärme aus Biogasanlagen zur Klärschlammtrocknung dargestellt.

1 Einführung

Die Verwertung von Klärschlamm und vergleichbaren Abfallschlämmen ist seit vielen Jahren ein intensiv diskutiertes Thema. Neben sachlichen Informationen und Fakten spielen bei diesem Thema Emotionen eine sehr starke Rolle. Nachdem die landwirtschaftliche bzw. landbauliche Verwertung aufgrund verschärfter Grenzwerte und Vorgaben zukünftig nur noch stark eingeschränkt zur Verfügung steht, bleibt die thermische Verwertung bzw. Beseitigung als der zukunftssichere Königsweg.

Die Verbrennung von mechanisch entwässerten und getrockneten Klärschlämmen erfolgt in Monoverbrennungsanlagen und in Kohlekraftwerken und in Zementwerken. Braunkohlekraftwerke können durch die Ausnutzung von freien Reserven in der Trocknungskapazität der Kohlemühlen mechanisch entwässerte Klärschlämme in größerem Umfang mit verbrennen. Da bei Steinkohlekraftwerken die Trocknungskapazitäten der Kohlemühlen weitaus begrenzter zur Verfügung stehen, sind die Betreiber dieser Anlagen häufig gezwungen auch getrocknete Schlämme mit einzusetzen, um die genehmigten Mengen voll ausschöpfen zu können. Zementwerke können üblicherweise nur getrocknete Schlämme einsetzen.

Ein weiteres Argument für die Kombination Trocknung und Verbrennung ist, dass hiermit das Schlammaufkommen und die Schlammverwertung bzw. die Schlammbeseitigung entkoppelbar sind. Jedes Kraftwerk hat die primäre Aufgabe Strom zu erzeugen. Die Mitverbrennung von Abfallstoffen hat sich grundsätzlich dieser Hauptaufgabe zu unterwerfen. Durch die Genehmigungsauflagen steht den Kraftwerksbetreibern eine spezifische Kapazität für die Mitverbrennung zur Verfügung und aus wirtschaftlichen Gründen wird man bemüht sein, diese Kapazität auch komplett zu verkaufen. Im Falle einer Störung oder einer netzbedingten Abschaltung hat immer der Klärschlammlieferant das Nachsehen. Ein Kraftwerk kann durch die Einbindung in ein Verbundnetz und die daraus resultierende Abhängigkeit nie den Stellenwert einer für einen bestimmten Abfallstoff konzipierten Behandlungsanlage erreichen. Da größere Lagerkapazitäten aus technischen und/oder wirtschaftlichen Gründen nicht zur Verfügung stehen, muss bei einem Ausfall der Verbrennungskapazität der Schlammerzeuger einen alternativen Verwertungsweg suchen, finden und genehmigen lassen.

Das durch die Trocknung von Klärschlämmen entstandene Endprodukt ist als Wertstoff variabel einsetzbar, unbegrenzt lagerfähig und benötigt deutlich weniger Transport- und Lagervolumen. Es ist als Regelbrennstoff in verschiedenen industriellen Feuerungsanlagen einsetzbar. Aus diesem Grund ist die Klärschlammtrocknung in der Bundesrepublik aktuell wieder eine Option für die langfristige Sicherung von Verwertungswegen.

Es befindet sich eine Vielzahl von Trocknungstechniken und -systemen im Markt, von denen zahlreiche Versionen mit mehr oder weniger Erfolg in den letzten Jahren realisiert wurden. Aufgrund der besonderen hohen Anforderungen an das zu trocknende Produkt und der dafür einzusetzenden Anlagentechnik haben sich jedoch nur wenige Systeme als für den Klärschlammeinsatz geeignet gezeigt. Nachdem die klassischen Trocknungsanlagen der letzten Jahre fast ausschließlich mit Primärenergie beheizt wurden, sind heute aus wirtschaftlichen und ökologischen Gründen ausschließlich Systeme gefragt, die zumindest teilweise mit Prozessabwärme beheizt werden können.

2 Klärschlammtrocknung mit Abwärme

Eine direkte Anbindung der Klärschlammtrocknungsanlage an ein nachgeschaltetes Verwertungssystem wäre zumindest für den Betreiber dieser Anlage eine lukrative Lösung. Da aber üblicherweise Kraftwerken ihre erzeugte Wärme komplett und ausschließlich für die Stromproduktion einsetzen, steht hier kein Abwärmepotential zur Verfügung.

Bei Zementwerken gibt es dagegen aus der Klinkerkühlung einen Wärmestrom, der üblicherweise nicht oder nur teilweise produktionsintern genutzt wird. Hier ist die Klärschlammtrocknung auch im großen Maßstab möglich, als erstes realisiertes Beispiel sei hier die Firma Schwenk Zement in Karlstadt genannt, die einen Bandtrockner mit einer Verarbeitungskapazität von über 70.000 t/a betreibt. Ein Trockner in dieser Größenordnung konzentriert eine sehr große Klärschlammmenge auf einen Standort und ist dadurch mit umfangreicher Transportaktivität von Wasser verbunden. Sinnvoller wären kleinere, regionale Lösungen der Trocknung vor Ort und dem anschließenden Transport von getrocknetem Schlamm zu den zur Verfügung stehenden Verwertungsanlagen.

Ein sehr großes Potential an bisher meistens ungenutzten Wärmequellen stellen die zahlreichen Biogasanlagen im Lande dar. Die Novellierung des Gesetzes für den Vorrang von Erneuerbaren Energien EEG im August 2005 hat mit der Einführung des sogenannten NawaRo-Bonus, durch den für Strom, der ausschließlich durch die Nutzung nachwachsender Rohstoffe erzeugt wird, eine erhöhte Vergütung festgeschrieben ist, ein eindeutiges Signal für die verstärkte Nutzung landwirtschaftlicher Produkte zur Energieerzeugung gesetzt. Entsprechend der Intention dieses Bonussystems ist eine deutlich steigende Anzahl von Biogasanlagen in ländlichen Räumen zu beobachten. Gleichzeitig besteht bei diesen Anlagen ein Trend zu größeren Leistungsklassen (installierte Leistung von 500 kW_{el} oder mehr), der durch wirtschaftliche Erwägungen getrieben wird.

Neben der Vergütung des erzeugten Stroms, gibt es bei einer prozessexternen Nutzung der bei der Biogasverstromung anfallenden Wärme nach den Vorgaben des EEG eine zusätzliche Vergütung von zwei Cent pro Kilowattstunde, und dieses kann die Gesamtwirtschaftlichkeit der Anlagen deutlich verbessern.

Der Vorteil, der bei Biogasanlagen im ländlichen Raum durch die unmittelbare Nähe zu den Einsatzstoffen der Anlage gegeben ist, hat jedoch den Nachteil der schlechten Nutzbarkeit der in diesen Anlagen erzeugten Wärmeenergie zur Folge. Bei der Erzeugung von elektrischem Strom, für die bei Biogasanlagen vorzugsweise Motor-BHKWs eingesetzt werden, entsteht gleichzeitig auch ein Wärmestrom mit einem Energieinhalt in vergleichbarer Größenordnung. Als Abnehmer dieser Wärme stehen an den Anlagenstandorten zumeist allein die Wohngebäude und Stallungen zur Verfügung. Hier kann in den Wintermonaten nur ein geringer Bruchteil dieser Energie genutzt werden. In den Sommermonaten besteht zumeist sogar keinerlei Wärmbedarf, so dass hochwertige thermische Energie als Abwärme über Kühler vernichtet wird.

Eine auf das Abwärmepotential von Gasmotoren angepasste Niedertemperatur-Trocknungsanlage ist in der Lage, die zur Verfügung stehende thermische Energie einer Biogasanlage vollständig zur Trocknung von Klärschlämmen einzusetzen. Ideal geeignet für diesen Zweck ist ein Bandtrockner. Aufgrund seiner niedrigen Betriebstemperatur ist er in der Lage Abwärme im Bereich von 80 bis 150 °C direkt zu nutzen.

3 Hygienisierung

Durch die Kombination der Nutzung von Abwärme aus dem Abgas und dem Kühlwasser ist sicherzustellen, dass die Trocknung durch die Erwärmung des Trockengutes auf 80 °C und eine Verweildauer von 30 Minuten in diesem Temperaturbereich auch zu einer Hygienisierung des Schlammes führt.

Die Weiterverarbeitung, der Transport und auch der Einsatz als Ersatzbrennstoff eines mit zu niedriger Temperatur getrockneten Schlammes ist aus Gründen des Arbeitsschutzes und unter Berücksichtigung der Verordnung über Sicherheit und Gesundheitsschutz bei Tätigkeiten mit biologischen Arbeitsstoffen (Biostoffverordnung) nur mit besonderen und sehr aufwendigen Schutzmaßnahmen möglich. Die im Klärschlamm vorhandenen pathogenen Keime werden bei Produkttemperaturen von unter 80 °C nicht abgetötet und da das getrocknete Endprodukt zur Staubbildung neigt, besteht die akute Gefahr einer Infektion über die Atemwege. Als Folge muss damit gerechnet werden, dass erhebliche zusätzliche Arbeitsschutzmaßnahmen notwendig werden.

Gemäß den Vorgaben der Biostoffverordnung ist getrockneter und nicht hygienisierter Klärschlamm der Risikogruppe 2 zuzuordnen und damit sind beim Betrieb der Anlage umfangreiche Schutzmaßnahmen gemäß der Schutzstufe 2 verbunden, wie z. B. die hermetische Abdichtung aller Anlagenteile und die dauernde Ausrüstung des Personals mit Vollschutz. Weiterhin ist zu beachten, dass diese Vorgaben auch beim weiteren Umgang mit dem getrockneten Schlamm gelten, bei der Verladung, dem Transport und dem Einsatz in einer Verwertungsanlage.

Alle sogenannten Kaltlufttrockner und auch die Solartrockner (wenn sie eine Volltrocknung erreichen) unterliegen diesen Vorgaben. Dort liegen die Trocknungstemperaturen weit unter den geforderten Werten und somit überstehen alle Bakterien, Viren und pathogenen Keime den Trocknungsprozess völlig schadlos.

Bisher wird vielerorts relativ großzügig mit dieser Situation umgegangen. Ich möchte hier jedoch sehr deutlich darauf hinweisen, dass der Betreiber der Anlage die alleinige Verantwortung für die Gesundheitsgefährdung seiner Mitarbeiter trägt. Der Arbeitgeber ist gemäß BioStoffV verpflichtet, ausreichende Information über die Gefährdungsbeurteilung zu besorgen, eine Gefährdungsbeurteilung durchzuführen und entsprechende Schutzmaßnahmen zu treffen. Unterlässt er dieses, so macht er sich strafbar.

4 Verarbeitung variabler Schlammqualitäten

Kommunaler Klärschlamm aus ein und derselben Kläranlage unterliegt selbst im Normalbetrieb saisonellen Schwankungen. In Urlaubszeiten, bei Betriebsstörungen und bei Übernahme von Fremdschlämmen kann die Schwankungsbreite erheblich sein. Kritische Aspekte für die Trocknung können starke Änderungen im Asche-, Faser-, Fremdteile- und Trockengehalt sein.

Bandtrockner besitzen, wenn sie über eine geeignete Aufgabe- und Verteilvorrichtung verfügen, einen sehr breiten Anwendungsbereich und sind sogar – wenn entsprechend ausgerüstet – gegenüber Grobteilen unempfindlich. Da das Trockengut während der Trocknung keiner mechanischen Beanspruchung ausgesetzt wird, ist es von geringem Einfluss ob die Schlämme stark klebrig sind oder zu einem Großteil aus Mineralstoffen bestehen. Wichtig für die Sicherung eines gleichmäßigen Trocknungsergebnisses ist, dass die Schüttung auf dem Band absolut homogen und gleichförmig ist.

Beispielhaft sei hier das patentierte Eintragssystem des SCT-Dornier Bandtrockners beschrieben. Es besteht aus einem düsenförmigen Gehäuse, dessen unterer Teil mit zwei übereinander liegenden Lochplatten verschlossen ist. Eine Exzenterschneckenpumpe fördert den Schlamm zu den Anschlussflanschen am oberen Teil des Gehäuses und baut den zur Formgebung erforderlichen Druck auf. Dieser liegt, je nach Schlamm und Trockengehalt, bei 1 bis 3 bar.

Der Schlamm wird durch die obere Lochplatte gedrückt und erhält dadurch eine zylindrische Form. Die Länge der Zylinder wird durch die untere Lochplatte bestimmt. Sie bewegt sich um genau eine Lochteilung hin und her und schert die in der oberen Lochplatte entstandenen Zylinder auf eine definierte Länge ab. Die Geschwindigkeit der oszillierenden Bewegung ist über einen Frequenzumformer regelbar. Eine Verstopfung der Lochplatten kann aufgrund der geringen Plattenstärke nicht vorkommen. Um Ablagerungen auf der oberen Lochplatte zu vermeiden, wird diese während des Betriebes automatisch abgereinigt. Dieser Reinigungszyklus wird automatisch über Druck- und Schichthöhensignale ausgelöst. Mit Hilfe von Pneumatikzylindern wird dazu die obere Lochplatte mit den darauf liegenden Fremdkörpern aus dem Gehäuse herausgefahren, das Material wird durch einen Rakel abgestreift und kann je nach Kundenwunsch auf das Band oder aus dem Trockner heraus gefördert werden.

Aufgrund der selbst reinigenden Funktion ist diese Ausführung das einzige Eintragssystem, welches einen vollautomatischen Trocknerbetrieb ohne Personaleinsatz bei gleichzeitig sehr geringem Wartungsaufwand ermöglicht. Mit einer Referenzanlage wurden mittlerweile in sieben Jahren 56.000 Betriebsstunden erreicht und die über die Jahre dokumentierten Wartungskosten lagen bei weniger als 2.000 Euro pro Jahr.

5 Endproduktqualität

In erster Linie ist die Aufgabevorrichtung verantwortlich für die Form und die Qualität des Endproduktes. Eine Granulierung des Materials sollte hier erfolgen und es ist im weiteren Trocknungsprozess darauf zu achten, dass die einmal erreichte Struktur nicht bereits im Trockner wieder negativ beeinflusst wird. Eine Granulierung kann durch Systeme wie das zuvor beschriebene oder eine Produktrückmischung erreicht werden. Die Rückmischung wird bei einigen Hochtemperaturverfahren systembedingt zur Umgehung der Leimphase benötigt, beim Bandtrockner dient sie ausschließlich zur Herstellung einer für den Trockner geeigneten Struktur.

Da das Endprodukt erst nach der Volltrocknung seine endgültige Stabilität erreicht, sind Trockner mit nur einer Bandebene besser geeignet, ein qualitativ hochwertiges Granulat zu erzeugen. Bei einer Ausführung mit mehreren Ebenen ist der Trockner zwar kompakter, da die mechanische Beanspruchung des Trockengutes durch das Herabfallen auf eine tiefere Ebene in einem mechanisch sehr instabilen Zustand erfolgt, wird jegliche zuvor geschaffene Granulatstruktur wieder zerstört und der Staubanteil im Endprodukt erheblich vergrößert.

Weiteren großen Einfluss auf die Endproduktqualität haben das Austragssystem und die Produktförderung zur Endproduktlagerung. Hier werden häufig aus Kostengründen Förderschnecken eingesetzt, die verschleißanfällig sind und dafür sorgen, dass Granulate gleich wieder auf gemahlen werden.

6 Abluftreinigung

Geruchsemissionen sind bei Klärschlamm nicht vermeidbar, sodass grundsätzlich in allen Trocknungsanlagen eine entsprechende Abluftbehandlung vorzusehen ist. Die Intensität der Gerüche ist neben der Schlammbeschaffenheit von der Temperatur bei der Trocknung abhängig. In der Vergangenheit sind kleine Kaltlufttrockner oft ohne eine Abluftbehandlung realisiert worden. Hier wurde die Trocknerabluft durch einen extrem hohen Luftwechsel so stark verdünnt, dass zumindest in der Umgebung der Anlage keine Gerüche feststellbar waren. Diese Anlagen waren jedoch eher Energievernichtungsmaschinen als Klärschlammtrockner nach dem Stand der Technik. Heute ist eine thermische Trocknung auch im Niedertemperaturbetrieb ohne Abluftreinigung nicht mehr genehmigungsfähig.

Ein aktuelles Projekt aus der Schweiz beweist, dass dieses auch notwendig ist. Dort ist in der Gemeinde Mellingen ein Bandtrockner gebaut worden und der Planer hat in einer umfangreichen Studie vorgegeben, dass aufgrund der geringen Trocknungstemperaturen (50 °C) keine Geruchsemissionen auftreten können. Nach sehr kurzer Betriebszeit haben die geplagten Nachbarn dafür gesorgt, dass die Anlage stillgelegt wurde und heute wird teuer nachgerüstet.

Der Trockner ist grundsätzlich im Unterdruck zu betreiben und auch die geringer belastete Aspirationsluft muss z. B. über einen Biofilter geleitet werden. Die Reinigung der Abluft über eine Kombination aus Wäscher und Biofilter ermöglicht auch einen weitestgehend abwasserfreien Betrieb. Die Trocknerabluft wird zuerst im Wäscher von den Ammoniakbestandteilen befreit und gleichzeitig abgekühlt. Der danach annähernd gesättigte Luftstrom wird mitsamt den enthaltenen Brüden auf einen entsprechend größer dimensionierten Biofilter geleitet in dem alle Inhaltsstoffe biologisch abgebaut werden. Erfolgt die Trocknung abseits und unabhängig von einer Kläranlage, ist diese Lösung trotz höherer Investitionskosten aber mit nur minimalen Abwassergebühren häufig der günstigere Weg.

7 Sicherheit

Die Anforderungen an die Sicherheitsmaßnahmen sind in der Maschinensicherheitsrichtlinie und den dazugehörigen Normen und Verordnungen festgehalten. Dazu ist die seriöse Überprüfung der Trocknungsanlage mit einer Sicherheitsanalyse nach EN 1050 und eine nachweisliche Überprüfung der dabei gewonnenen Maßnahmen erforderlich. Darüber hinaus müssen alle Kenntnisse von sicherheitsrelevanten Vorfällen auf dem Gebiet der Trocknungstechnik und der Stand der Technik, insbesondere jener zur Vermeidung von Explosionen und Bränden, berücksichtigt werden. Durch die Einführung der ATEX Richtlinien für den Bau (ATEX 100a) und Betrieb (ATEX 118) von Anlagen ab dem 1. Juli 2003 werden diese Anforderungen, im Hinblick auf die Prüfung und Zertifizierung aller verwendeten Ausrüstungen (nicht wie bisher nur der elektrischen Bauteile), noch verschärft.

Zur Vermeidung von Staubbildung und Staubablagerung auf Heiz- und Wärmetauscherflächen sollten Bandtrockner zumindest in den hinteren Zonen mit höherem Trockengutanteil nur von oben nach unten durchströmt werden. Nur dadurch ist sichergestellt, dass staubförmige Bestandteile sicher in das Trockengut eingebunden werden. Bei einer Durchströmung von unten wird der Staub unnötigerweise im gesamten System verteilt und es können sich sehr gefährliche Stauablagerungen bilden. Aufgrund des höheren konstruktiven Aufwandes für eine entsprechende Luftführung wird diese sichere aber aufwendigere Lösung nur von wenigen Herstellern angeboten. Die Folge sind Billigsysteme mit höherem Sicherheitsrisiko und einem andauerndem sehr hohem Reinigungsaufwand.

Bei Sicherstellung eines niedrigen Staubanteil und die Vermeidung von direktem Kontakt mit Heizflächen können alle Bandtrockner als vergleichsweise sicher angesehen werden. Daher ist kein konstruktiver Explosionsschutz im Trockner selbst erforderlich. Es empfiehlt sich jedoch, zur Vermeidung von Bränden, eine automatische Feuerlöscheinrichtung zu installieren.

8 Wirtschaftliche Bedingungen für die Klärschlammtrocknung

Die Klärschlammtrocknung bietet regional neben dem ökologischen Vorteil der Massenreduktion und der Verringerung von Emissionen aus Transporten zu bestehenden thermischen Verwertungsanlagen auch wirtschaftliche Vorteile für den Schlammerzeuger durch die geringeren Zuzahlungen bei der Mitverbrennung von Trockengranulat. Die Preise für die Annahme von entwässerten kommunalen Klärschlämmen in deutschen Kraftwerken liegen derzeit zwischen 35 und 45 Euro pro Tonne. Für getrocknete Schlämme werden Preise zwischen 20 und 30 Euro pro Tonne verlangt. Da bei etlichen Kraftwerken die Kapazitäten für entwässerte Schlämme schon ausgelastet sind, wird sich dieses Preisgefälle kurz- bis mittelfristig zugunsten der Trockenschlämme verändern.

Zur Sicherung eines wirtschaftlichen Betriebes sollte als Basisgröße für die weitere Betrachtung eine Trocknungsanlage mit einer Wasserverdampfung von einer Tonne H_2O pro Stunde vorgesehen werden. Diese Anlage ermöglicht die Trocknung von ca. 10.000 Tonnen Klärschlamm mit einem Mittelwert von 22 % TR. Für diese Baugröße und eine Anlage mit der doppelten Trocknungsleistung sind folgend die Trocknungskosten bewertet und dargestellt. Die für die Wärmelieferung der betrachteten Trockner benötigte Prozessabwärme beträgt 0,9 KW bei der kleinen und 1,8 KW bei der größeren Anlage. Die Wärme muss mit einem nutzbaren Temperaturniveau von ca. 150 °C zur Verfügung stehen.

Grundsätzlich benötigt jede Klärschlammtrocknungsanlage unabhängig von der Trocknungsleistung einen vergleichbaren Aufwand für die Peripherie. Es wird eine Schlammannahme, eine Schlammlagerung, Fördereinrichtungen und eine Endproduktlagerung benötigt. Als Investitionsvolumen für die Gesamtanlage sind die folgenden Beträge berücksichtigt worden:

Tab. 1: Investitionskosten für die betrachteten Trocknungsanlagen

	Anlage A	Anlage B
Schlammannahme	50.000,- €	50.000,- €
Schlammlagerung	100.000,- €	120.000,- €
Schlammförderung	50.000,- €	70.000,- €
Endproduktlagerung	100.000,- €	120.000,- €
Gebäude	100.000,- €	150.000,- €
Abluftreinigung	150.000,- €	200.000,- €
Bandtrockner	900.000,- €	1.200.000,- €
Gesamtkosten	**1.450.000,- €**	**1.910.000,- €**

Bei der weiteren Betriebskostenberechnung ist davon ausgegangen worden, dass der Trockner vollautomatisch und mit geringstmöglichem Personalaufwand betrieben werden kann.

Der personalintensivste Anteil bei der Klärschlammtrocknung ist die Annahme des Schlammes und die Dokumentation der Verarbeitungsmengen. Da die Annahmemengen für die Abrechnung mit den Schlammlieferanten verwogen werden sollten, ist eine Waage auf dem Gelände oder in der Umgebung durchaus sinnvoll. Für die Bedienung und regelmäßige Wartung der Trocknungsanlage ist ein Personalaufwand von 30 % der Betriebszeit zu Grunde gelegt worden.

In der weiteren Wirtschaftlichkeitsbewertung sind ausschließlich die zum Betrieb der Anlage notwendigen Kosten für den Betrieb der Trocknungsanlage bewertet worden. Ob dieser Betrieb letztendlich als Lohntrocknung im Auftrage einer oder mehrerer Kommunen als Schlammlieferanten oder als kommunaler Eigenbetrieb kombiniert mit einer ebenfalls von der entsprechenden Kommune betriebenen Biogasanlage durchgeführt wird, ist dabei gleichgültig. Im Fall der Lohntrocknung ist dann natürlich noch ein Wärmepreis bzw. ein Betriebsgewinn mit einzurechnen.

In der folgenden Tabelle sind die Auslegungsdaten der betrachteten Varianten dargestellt. Als Trocknungsaggregat ist jeweils ein SCT-Dornier Bandtrockner in der Standardversion mit modularem Aufbau, einer Trocknungsebene, variabler Durchströmung und mit dem patentierten vollautomatischen Eintragssystem vorgesehen.

Die Abschreibung der Gesamtanlage ist mit 15 Jahren gerechnet. Da auch die Gebäude ausschließlich für die Trocknungsanlage erstellt werden, macht es hier keinen Sinn zwischen Anlagentechnik und Baukörper zu unterscheiden.

Tab. 2: Auslegungsgrundlagen der betrachteten Varianten

	Anlage A	Anlage B
TR-Gehalt Eingang	22 %	22 %
TR-Gehalt Ausgang	90 %	90 %
Wasserverdampfung	1 t/h	2 t/h
Wärmeverbrauch	900 kWh/h	1.800 kWh/h
Stromverbrauch	86 kWh/h	167 kWh/h
Wasserverbrauch	1 m³/h	2 m³/h
Abwasseranfall	2 m³/h	4 m³/h
Betriebszeit	7.500 h/a	7.500 h/a
Personalanwesenheit	30 %	30 %
Kapitalverzinsung	5 %	5 %
Abschreibungsdauer	15 a	15 a

Tab. 3: Spezifische Betriebskosten

	Anlage A	Anlage B
Strom	0,12 €/kWh	0,12 €/kWh
Wasser	1,0 €/m³	1,0 €/m³
Abwasser	1,5 €/m³	1,5 €/m³
Personal	30 €/h	30 €/h
Wartung und sonstige Betriebsmittel	20.000 €/a	30.000 €/a

Bei einwandfreier Funktion und voller Verfügbarkeit ergeben sich für die beiden Varianten folgende Mengenstrukturen:

Tab. 4: Verarbeitungsmengen

Anlage A			
Eintrag in den Trockner	22 % TR	1.324 kg/h	10.006 t/a
Endprodukt	90 % TR	324 kg/h	2.446 t/a
Anlage B			
Eintrag in den Trockner	22 % TR	2.647 kg/h	20.012 t/a
Endprodukt	90 % TR	647 kg/h	4.892 t/a

Bei der Berechnung der resultierenden Trocknungskosten sind hier ganz bewusst die spezifischen Kosten pro Tonne entwässertem Klärschlamm (auch üblicherweise Originalsubstanz genannt) angegeben. Dieses Material fällt in dieser mechanisch entwässerten Form als Reststoff auf kommunalen Kläranlagen an und wird in den allermeisten Fällen so zur Verwertung bzw. Beseitigung abgefahren.

In der folgenden Tabelle sind die spezifischen Kosten für die Trocknung ohne Bewertung eines Wärmepreises und mit einer Vergütung von einem bzw. zwei Eurocent pro Kilowattstunde für die eingesetzte Prozesswärme angegeben.

Des Weiteren ist zur kompletten Bewertung eines Entsorgungsszenarios auch der jeweilige Preis inklusive einer Zuzahlung von 25,- Euro pro Tonne für die thermische Verwertung im Kraftwerk plus 10,- Euro für den Transport zum Kraftwerk angegeben.

Tab. 5: Trocknungskosten

Trocknungskosten pro t Originalsubstanz, Anlage A		mit Endprodukt-Verwertung
ohne Wärmekosten	32,90 €	41,45 €
Wärmekosten 1 Cent/kWh	39,70 €	48,25 €
Wärmekosten 2 Cent/kWh	46,50 €	55,10 €
Trocknungskosten pro t Originalsubstanz, Anlage B		mit Endprodukt-Verwertung
ohne Wärmekosten	22,50 €	31,10 €
Wärmekosten 1 Cent/kWh	29,30 €	37,90 €
Wärmekosten 2 Cent/kWh	36,15 €	44,70 €

Die Ergebnisse zeigen deutlich, dass die kleine Anlage nur ohne die Bewertung eines Wärmepreises zu akzeptablen Verwertungskosten führt. Noch kleinere Einheiten führen zu deutlich höheren Kosten und sind nur in absoluten Grenzfällen und weit ab von alternativen Entsorgungswegen sinnvoll.

Die größere Anlage erreicht in allen Varianten ein gutes und wirtschaftliches Ergebnis. In einer solchen Größenordnung stellt die Klärschlammtrocknung mit der Nutzung von Abwärme auch für einen privaten Betreiber einer Biogasanlage ein sinnvolles und wirtschaftlich zu betreibendes Zusatzgeschäft dar.

Eine wesentliche Grundlage für den erfolgreichen und langfristig sicheren Betrieb einer Klärschlammtrocknungsanlage ist ein stabiles und wartungsarmes System. Jede Betriebsstunde, die aufgrund von Störungen und Reparatur bzw. Reinigungsarbeiten ausfällt, beeinträchtigt das Betriebsergebnis der Anlage.

Die Lüfter, Wärmetauscher, Filter und alle Bereiche des Trocknungsbands müssen einfach und schnell erreichbar sein. Klärschlamm ist äußerst abrasiv und korrosiv. Die Abrasivität resultiert aus dem hohen Anteil an Mineralstoffen (ca. 50 %), die Korrosivität vor allem aus dem mineralsauren Charakter des Klärschlamms. Dieser Tatsache ist bei der Wahl des Trocknungssystems unbedingt besondere Aufmerksamkeit zu widmen. Produktberührende Anlagenteile müssen daher ausnahmslos aus Edelstahl gefertigt sein. Beim Eintragssystem, dem Produktaustrag und dem weiteren Produkthandling dürfen nur verschleißarme Elemente zum Einsatz kommen. Das Trocknungsband muss in der Lage sein einen mehrjährigen Betrieb unbeschadet zu überstehen und sollte daher möglichst aus einem hochflexiblen Edelstahlgewebe bestehen.

Für die Trocknungsanlagen von Klärschlämmen ist heute eine Grundausrüstung des Systems entsprechend dem beschriebenen Stand der Technik unerlässlich, sofern spätere, kostspielige Nachrüstungen vermieden werden sollen. Einem Anlagenbetreiber kann mit Minimallösungen, welche nach kurzer Zeit einen hohen Unterhaltsaufwand erfordern, aber kurzfristig die Vorgaben einer Ausschreibung erfüllen, nicht gedient sein. Die Investition in eine Klärschlamm-Trocknungsanlage soll langfristige Sicherheit bei der Verwertung bzw. Entsorgung von Klärschlämmen garantieren. Dies ist aber nur möglich, wenn man eine erprobte und qualifizierte Technik einsetzt, die auf umfangreichen Referenzen und langjährigen Betriebserfahrungen basiert. Die Kosten der Klärschlammtrocknung werden innerhalb der gewünschten Betriebszeit von mehr als 15 Jahren viel stärker von der Anlagenverfügbarkeit und dem Wartungsaufwand als vom Kaufpreis der Anlage beeinflusst.

9 Dezentrale Klärschlammverbrennung

Die bisher dargestellten Lösungen benötigen eine Biogasanlage oder ein Biomassekraftwerk mit einem in genügender Menge vorhandenen Angebot an Abwärme im vorgegebenen Temperaturniveau und einer vertretbaren räumlichen Anbindung zu den Anfallstellen des zu behandelnden Klärschlamms.

Falls dieses nicht zur Verfügung steht, trotzdem aber eine autonome und langfristig sichere und günstige Lösung verlangt wird, so kann zur Klärschlammtrocknung auch die Abwärme aus der Verbrennung des getrockneten Schlammes genutzt werden. Wie schon beschrieben ist getrockneter Klärschlamm ein hochwertiger Brennstoff, der in einer geeigneten Anlage zur Energieerzeugung einsetzbar ist.

Nachfolgend ist eine analog zum Beispiel B ausgelegte Wirbelschicht Pyrolyse der Firma Kalogeo bewertet worden. Eine solche Anlage wird seit drei Jahren auf dem Gelände der Kläranlage in Bad Vöslau in Österreich erfolgreich betrieben und in einer 2004 veröffentlichten Studie des Österreichischen Umweltbundesamtes wird dieses Verfahren als die günstigste Möglichkeit der dezentralen Monoverbrennung beurteilt.

Tab. 6:   Investitionskosten Wirbelschicht Pyrolyse

Trocknung und Verbrennung	Anlage B
Schlammannahme	50.000,- €
Schlammlagerung	120.000,- €
Schlammförderung	70.000,- €
Gebäude	150.000,- €
Bandtrockner	900.000,- €
Abluftreinigung	100.000,- €
Wirbelschichtofen	3.990.000,- €
Gesamtkosten	**5.380.000,- €**

Bei einer direkten Kombination der Trocknungsanlage mit einer stationären Wirbelschicht ist nur eine Teiltrocknung bis auf ca. 50–55 % TR notwendig. Dadurch wird der Trockner bei dieser Variante kleiner und preisgünstiger, die Abluftreinigung des Trockners kann ebenso deutlich kleiner gebaut werden und auf ein Endproduktsilo kann verzichtet werden. Für die gesamte Anlage ergibt sich gemäß der Aufstellung in Tabelle 6 ein Komplettpreis von 5.380.000,- Euro.

Auf der gleichen Basis wie bei den oben betrachteten Trockner wurde auch für diese Variante eine Betriebskostenkalkulation simuliert. Danach ergibt sich für die dezentrale Monoverbrennung ein spezifischer Preis von:

47,80 €/t Originalsubstanz (22 % TR)

Aufgrund des relativ hohen Investitionsvolumens für die komplette Anlage liegt der Behandlungspreis über den zuvor betrachteten Szenarien. Er bewegt sich aber durchaus im Rahmen von aktuellen Entsorgungsaufwendungen für die thermische Verwertung in Großanlagen und ist umso konkurrenzfähiger je weiter die Entfernung zur nächsten Verwertungsanlage ist. Außerdem bietet die letzte Lösung ein in sich geschlossenes System, bei dem nur noch die Asche als inerter Reststoff übrig bleibt. Da diese Asche auch eine wertvolle Phosphatreserve darstellt, wäre hier auch eine Ablagerung auf einer Monodeponie als zukünftig verwertbarer Rohstoff denkbar. Ansonsten bieten sich auch für die Asche viele Verwertungswege, z. B. in der Ziegelindustrie, in Zementwerken usw.

10 Klärschlammtrocknung als Dienstleistung: Das SWISS COMBI Betreibermodell

Die Idealvorstellung jedes Klärschlammerzeugers ist es, seine Klärschlammentsorgung bzw. -verwertung langfristig zu akzeptablen Kosten sicherzustellen.

Eine sehr aktuelle Lösung der günstigen Schlammverwertung ohne Risiko ist das SWISS COMBI Betreibermodell. SWISS COMBI Technology ist nach unserem Erkenntnisstand der einzige Anlagenbauer im Bereich Klärschlammbehandlung, der bereit ist, das technische Risiko für seine Anlagentechnik über die gesamte Lebensdauer (15 Jahre und mehr) zu übernehmen.

Das Betreibermodell beinhaltet Planung, Genehmigung, Bau und Betrieb einer Trocknungs- oder auch Verbrennungsanlage und die Rückstandsverwertung auf der Basis eines langfristigen Dienstleistungsvertrages. SWISS COMBI liefert alle Planungsleistungen und die gesamte Anlagentechnik inklusive der Finanzierung aus einer Hand und übernimmt für die gesamte Vertragsdauer sowohl das technische wie auch das wirtschaftliche Risiko des Anlagenbetriebes und der Reststoffverwertung, abgesichert durch eine, über die Vertragslaufzeit geltende, Garantieerklärung.

Der Kunde stellt einen Standort möglichst auf einer Kläranlage zur Verfügung und sichert eine definierte Schlammmenge während der Vertragslaufzeit. SWISS COMBI garantiert für die Trocknung und Verwertung der Klärschlämme zu einem vereinbarten und über die Vertragslaufzeit fixierten günstigen Preis. Dabei ist es unerheblich, ob auf dem Standort nur getrocknet und das Trockengut extern verwertet wird oder, ob eine thermische Verwertung als Kombilösung direkt vor Ort erfolgen soll.

Das SWISS COMBI Betreibermodell sichert ein ökonomisch und ökologisch langfristig stabiles Schlammmanagement für eine 10- bis 15-jährige Vertragsdauer. Beispielhaft seien hier die bestehenden Betreibermodelle in den Niederlanden genannt. SWISS COMBI hat dort seit dem Jahr 2000 für einen Vertragszeitraum von 15 Jahren die komplette Verwertung der Klärschlämme aller Kläranlagen in den Provinzen Friesland und Groningen übernommen. Die Schlämme werden zentral in zwei sehr großen Trocknungsanlagen verarbeitet und danach als Ersatzbrennstoff in einem Zementwerk eingesetzt. Es sind insgesamt rund 50 Kläranlagen angeschlossen, und SWISS COMBI ist durch diese Tätigkeiten der größte private Klärschlammverwerter in den Niederlanden geworden. Weitere Betreibermodelle wurden in der Schweiz, in Dänemark, in Frankreich und in Großbritannien organisiert.

11 Fazit

Obwohl die Trocknung von Klärschlämmen von vielen Außenstehenden als unproblematische Anwendung betrachtet wird, beweisen die vielen Anlagen, die nicht die gewünschten Resultate bringen und mit betrieblichen Problemen behaftet sind, das Gegenteil. Gerade hier ist eine reiche Erfahrung und technisches Wissen erforderlich, um Fehlinvestitionen und Enttäuschungen zu vermeiden.

Auffällig ist die einseitige Fixierung vieler Planer auf die reinen Anschaffungskosten, was oft besseren Lösungen im Wege steht und die Hersteller von Anlagen nicht gerade ermutigt, langfristig günstigere, aber am Anfang kostspieligere Lösungen anzubieten.

Der Markt ist voll von billigen und schlecht funktionierenden Klärschlammtrocknern. Ob eine Billigstanlage nur zum Himmel stinkt oder ausschließlich Feinstaub produziert oder das vorgegeben Trocknungsergebnis aufgrund viel zu knapper Auslegung nicht erreicht oder gerade die Gewährleistungszeit übersteht und danach regelmäßig teuer ertüchtigt werden muss, alle diese Beispiele gibt es in Deutschland und scheinbar kümmert es niemanden.

Wir liefern nur Anlagen, die wir auch selbst betreiben würden, wir garantieren beste Qualität als Basis für einen langzeitstabilen und sicheren Betrieb.

Nachhaltige Klärschlammverwertung – Energie- und Nährstoffrückgewinnung mit dem Seaborne-Verfahren in Gifhorn

Volker Schubarth, Maria Schulz

Zusammenfassung

Die Rückführung von Wertstoffen aus Klärschlamm in den Stoffkreislauf ist vor allem unter Berücksichtigung des begrenzt verfügbaren Rohstoffs Phosphor ein wichtiger Aspekt in der zukünftigen Klärschlammverwertung. Die bisherige Nährstoffrückgewinnung durch eine direkte landwirtschaftliche Verwertung wird aufgrund der Schadstoffbelastung nur sehr eingeschränkt realisierbar sein. Die Seaborne-Technologie ermöglicht eine nachhaltige Aufbereitung organischer Rest- und Abfallstoffe. Mit Hilfe chemischer Verfahren werden die im Klärschlamm enthaltenen Energie- und Nährstoffe zurückgewonnen und unbelastete Düngerprodukte erzeugt. Die weltweit erste großtechnische Umsetzung der Technologie mit einer Anlage zur nachhaltigen Klärschlammaufbereitung wird vorgestellt.

1 Veranlassung und Zielsetzung

In Zeiten steigender Kosten für Abfallentsorgung, Energie und Rohstoffe ist die maximal mögliche Rückgewinnung von Energie und Nährstoffen aus Biomasse, vorwiegend aus organischen Reststoffen, nicht nur ein ökonomisch sinnvolles Ziel geworden, sondern aus Gründen des erforderlichen Umwelt- und Klimaschutzes inzwischen auch eine soziale Pflicht. Die anaerobe Vergärung von Biomasse macht zwar den Energiegehalt nutzbar, aber die derzeitige landwirtschaftliche Verwertung von Vergärungsresten stellt sich aufgrund von Flächenmangel, Schadstoffanreicherung, energieintensivem Transport, Geruchsproblemen und fehlender Akzeptanz in der Bevölkerung als immer weniger nachhaltig dar. Dies gilt insbesondere für Klärschlamm aus der Abwasserreinigung.

Die Entsorgungspfade für Klärschlamm sind durch den weitgehenden Wegfall der Deponierung und die begrenzte landwirtschaftliche Verwertung stark eingeschränkt. Die alternative Verwertung durch die Verbrennung hält zwar weitgehend die Schadstoffe aus der Umwelt fern, aber die für die Landwirtschaft wichtigen Nährstoffe werden bei der Verbrennung vernichtet. Innovative Systeme des Biomassemanagements sind somit gefragt, um die aktuellen und künftigen Anforderungen an einen nachhaltigen Umgang mit Klärschlamm und anderen organischen Abfällen zu erfüllen, insbesondere, da Energie, Behandlung und Entsorgung jährlich teurer werden.

Wichtigstes Ziel hierbei ist die Nutzbarmachung, d. h. Rückführung der Nährstoffe in den Stoffkreislauf bei gleichzeitiger Ausschleusung der Schadstoffe.

2   Biomasserecycling mit der Seaborne-Technologie

Die Seaborne EPM AG arbeitet bereits seit 1993 aktiv an der Entwicklung und Realisierung von neuen Methoden zur Behandlung von Biomasse. Im Labor entwickelte chemische Verfahren wurden in internationalen Forschungsprojekten getestet und schließlich in einer Versuchs- und Pilotanlage (Abbildung 1) im halbtechnischen Maßstab umgesetzt. Diese seit dem Jahr 2000 auf dem Firmengelände betriebene Anlage dient der fortschreitenden Entwicklung der innovativen Prozesse und ist gleichzeitig ein wertvolles Instrument bei der Planung von kundenspezifischen Anlagensystemen.

Abb. 1:   Firmensitz und Versuchsanlage in Owschlag/Schleswig-Holstein

2.1   Innovative Verfahrensmodule

Das grundsätzliche Prinzip der Technologie besteht in der Separierung der Inhaltsstoffe durch gezielte chemische Fällungsreaktionen. Aus den abgetrennten Fraktionen werden neue, verkaufsfähige oder unbelastete Produkte hergestellt (Abbildung 2). Die Aufbereitung erfolgt mit den von Seaborne entwickelten, patentierten Prozessmodulen RoHM (Removal of Heavy Metal) und NRS (Nutrient Recycling System) auf der Basis eines anaeroben Fermentationsprozesses. Die Prozesse lassen sich bei Substraten unterschiedlichster Herkunft anwenden, sofern sie anaerob behandelt werden können.

Hauptsächliche Fraktionen nach der Behandlung sind:

- Wasser zur endgültigen Reinigung in der Kläranlage,
- organischer Feststoff zur Nutzung als Brennstoff,
- unbelasteter Dünger zum Einsatz in der Landwirtschaft,
- schwefelreduziertes Biogas zur Verwertung im BHKW und
- eine Schwermetallfraktion zur Entsorgung (bzw. Verwertung).

Die Abtrennung der Schwermetalle im RoHM-Prozess ist eine Voraussetzung, um sowohl unbelasteten Dünger als auch unbedenkliches Substrat für die Rückgewinnung von thermischer Energie durch Verbrennung zu produzieren. Nach einer chemischen Extraktion entfernt der RoHM-Prozess Schwermetalle aus der Biomasse durch Fällungsreaktion mit Schwefel-Ionen aus dem Biogas. Mit diesem Schritt wird ein weiterer positiver Effekt erreicht, weil im Biogas eine Reduzierung der Schwefelwasserstoffkonzentration stattfindet und somit schadstoffarmes Gas für die Energiegewinnung mittels Gasmotor zur Verfügung steht. Mit dem NRS-Prozess werden die ursprünglich in der Biomasse fixierten Pflanzennährstoffe Stickstoff und Phosphor zurückgewonnen und zu einem mit kommerziellen Düngern vergleichbaren Produkt überführt.

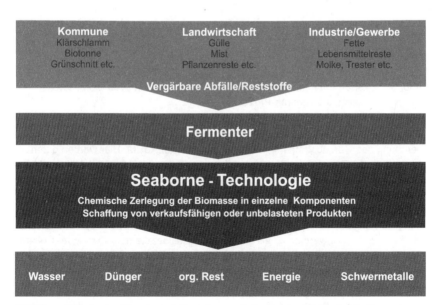

Abb. 2: Prinzip der Biomasseaufbereitung mit der Seaborne-Technologie

2.2 Anlagenkonzept zur Aufbereitung von Biomasse auf Basis der Seaborne-Prozesse

Für die Aufbereitung von Biomasse können auf Basis der Seaborne-Technologie unterschiedliche Anlagenkonzepte zum Einsatz kommen. Die letztendliche Zusammensetzung einer Anlage ist von verschiedenen Faktoren abhängig, wie z. B. den Substrateigenschaften des Ausgangsmaterials oder den Anforderungen des Betreibers an die Qualität der Endprodukte. Beispielhaft wird daher die Verfahrensweise in der Pilotanlage in Owschlag/Schleswig-Holstein mit den Verfahrensmodulen NRS und RoHM im Verbund mit einer Biogasanlage vorgestellt.

Die Aufbereitungskette von der Fermentation bis zu den entstehenden Endprodukten und das Zusammenwirken der eingesetzten Verfahrensmodule sind in Abbildung 3 dargestellt.

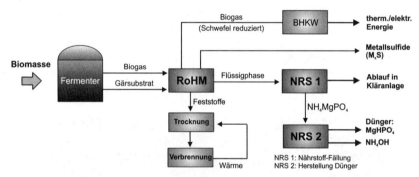

Abb. 3: Verfahrens- und Prozessschema der Aufbereitung von Biomasse auf Basis der Seaborne-Prozesse

Die Biomasse wird unter anaeroben Bedingungen im Fermenter ausgefault. Die Aufbereitung des Gärsubstrates startet im Anlagenmodul RoHM. Hier werden durch Ansäuerung und Zugabe von Wasserstoffperoxid Schwermetalle und Nährstoffe aus den Feststoffen extrahiert und in die Flüssigkeit überführt. Die verbleibenden, in der Menge erheblich reduzierten Feststoffe werden von der Flüssigkeit abgetrennt, getrocknet und verbrannt. Die thermische Energie aus der Verbrennung wird für Trocknungsvorgänge genutzt. Mit Hilfe des Biogases (Schwefelwasserstoffanteil) erfolgt die Fällung der Schwermetalle als Schwermetallsulfide, die über Filter oder Dekanter von der Flüssigphase abgetrennt werden. Das entschwefelte Biogas wird anschließend im Blockheizkraftwerk in elektrische und thermische Energie umgesetzt.

Die weitere Behandlung der mit Nährstoffen angereicherten Flüssigphase findet im NRS-Modul statt. Durch die Einstellung eines gewissen Nährstoffgleichgewichtes und eine pH-Wert-Anhebung fallen die Nährstoffe als Ammoniummetallphosphat aus. Diese Düngervorstufe wird mittels Zentrifuge von der Flüssigkeit abgetrennt. Das Zentrat wird zur Endreinigung in das Klärwerk abgeleitet. Der Rohdünger mit etwa

40 % Restfeuchte wird getrocknet. Die Trocknungstemperatur wird so gewählt, dass sich der Stickstoff in Form des gasförmigen Ammoniaks (NH_3) abspaltet. Die Brüden aus der Trocknung (Wasserdampf + Ammoniak) werden abgekühlt, so dass durch die Kondensation Ammoniakwasser entsteht. Ein Teil der verbleibenden Metall-Phosphat-Verbindung ($MgHPO_4$) wird im Prozesskreislauf geführt. Der rückgewonnene Anteil wird als Düngerrohstoff oder direkt als Dünger verwendet.

3 Klärschlammaufbereitung auf der Kläranlage Gifhorn

Die großtechnische Umsetzung der Seaborne-Prozesse erfolgte in den Jahren 2005 bis 2006 mit dem Bau der Klärschlammaufbereitungsanlage in Gifhorn (Niedersachsen). Zwecks Aufbereitung des auf der Kläranlage Gifhorn anfallenden Klärschlammes wurde vom Abwasser- und Straßenreinigungsbetrieb der Stadt Gifhorn (ASG) eine Anlage nach dem innovativen Seaborne-Verfahren errichtet.

Mit dem Ziel einer optimierten Biogasausbeute werden sämtliche auf dem Klärwerk Gifhorn anfallenden Klärschlämme gemeinsam mit energiereichen Fettsubstraten aus Fettabscheidern aufbereitet. Die Anlage wurde auf dem Gelände der Kläranlage in einer separaten Halle errichtet und ist insgesamt auf eine Verarbeitungskapazität von maximal 140 Kubikmetern Substrat pro Tag ausgelegt.

3.1 Modifiziertes Anlagenkonzept

Das Verfahrenskonzept für die Klärschlammaufbereitung basiert auf den Modulen RoHM und NRS. Der RoHM-Prozess wurde in der von Seaborne entwickelten Form realisiert, für das NRS-Verfahren wurde vom Auftraggeber eine partiell abgeänderte Variante gewählt.

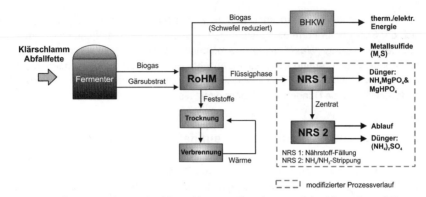

Abb. 4: Prozessschema der Klärschlammaufbereitung auf der Kläranlage Gifhorn

Der Verfahrensablauf entspricht bis zum Prozess der Nährstoffrückgewinnung der Beschreibung zu Abbildung 3 in Kapitel 2.2.

Im weiteren Prozessverlauf wird im NRS-Modul auf die spezifische Gleichgewichtseinstellung der Nährstoffe (N, P, Mg) verzichtet. Es wird Magnesium entsprechend dem vorhandenen Phosphor zugegeben. Durch eine Anhebung des pH-Wertes werden Ammonium- und Phosphationen in Form von NH_4MgPO_4 und $MgHPO_4$ ausgefällt. Ammoniumionen werden nur entsprechend der vorhandenen Menge Phosphationen erfasst. Das Fällungsprodukt wird mittels Zentrifuge von der Flüssigkeit abgetrennt und kann als Düngerrohstoff verwendet werden. Das im Zentrat noch enthaltene Ammonium (NH_4) wird als Ammoniak (NH_3) über Luftstrippung im Gegenstromverfahren abgetrennt. Dafür wird mit Natronlauge ein pH-Wert von > 10 eingestellt und die Temperatur leicht angehoben. Bei der Luftstrippung wird die Prozessluft im Kreislauf geführt und die NH_3-Beladung über eine saure Wäsche entfernt. Bei Verwendung von Schwefelsäure wird Ammoniumsulfatlösung produziert, die ebenfalls als flüssiger Stickstoffdünger abgegeben werden kann.

3.2 Der RoHM-Prozess (Removal of Heavy Metal)

Die Verwertung schadstoffbelasteter Substrate mit dem Ziel der Rückführung der Nährstoffe in den Stoffkreislauf erfordert eine Behandlungsstufe zur Entfernung der Schadstoffe. Dies geschieht im RoHM-Prozess in den Verfahrensschritten Extraktion und Schwermetallfällung (Abbildung 5). Die Extraktion dient der Rücklösung von Inhaltsstoffen aus organischen und anorganischen Feststoffbestandteilen, die nachfolgende Schwermetallfällung und -abtrennung schleust die Schwermetalle aus dem System aus.

Extraktion

Der vorgeschaltete Fermentationsprozess liefert das Ausgangssubstrat für die Extraktion. Dem Substrat wird Schwefelsäure zur Absenkung des pH-Wertes zudosiert. Hierdurch werden vor allem anorganische komplexe Verbindungen aufgelöst und geben Nährstoff- und Schwermetallionen frei. Insbesondere Phosphor geht in Lösung, der häufig im Laufe der Fermentation in anorganischen Verbindungen festgelegt wird. Im weiteren Verlauf erfolgt die Zugabe von Wasserstoffperoxid, das einen oxidativen Aufschluss von organischen Feststoffbestandteilen bewirkt und darin eingebundene Schwermetalle freigibt.

Durch beide Maßnahmen wird der Feststoffanteil im Substrat erheblich reduziert, wobei der organische Feststoffanteil gegenüber dem anorganischen Feststoffanteil erhöht wird. Mittels einer Zentrifuge wird der restliche Feststoff abgetrennt. In Abhängigkeit vom Ausgangsmaterial kann ein zweiter Extraktionsschritt erfolgen. Hierzu wird der abgetrennte Feststoff mit saurem Zentrat aufgeschlämmt und nach einer spezifischen Einwirkzeit wird eine erneute Feststoffabtrennung über Zentrifuge vorgenommen. In Gifhorn hat man sich aus betriebstechnischen Gründen für einen Extraktionsschritt mit längerer Reaktionszeit entschieden.

Der Feststoff wird aus dem System ausgeschleust. Durch Trocknung erhält man einen Brennstoff, der aufgrund des hohen Organikanteils einen guten Brennwert besitzt.

Schwermetallfällung

Das Zentrat mit Schwermetallen und Nährstoffen in gelöster Form wird weiter aufbereitet. Die Abtrennung der Schwermetalle erfolgt über eine Fällung mit Schwefel (S^{2-}). Der Schwefelwasserstoff des Biogases aus der Fermentation wird vorwiegend als Schwefellieferant eingesetzt. Das Biogas wird über Tellerlüfter feinblasig durch die Prozessbehälter geleitet. Die gelösten Schwermetalle verbinden sich mit den Schwefelionen zu Schwermetallsulfiden, die aufgrund ihrer geringen Löslichkeit ausfallen und als feste Bestandteile von der Flüssigkeit abgetrennt werden können. Reicht der Schwefelgehalt im Biogas nicht aus, wird Natriumsulfid dosiert.

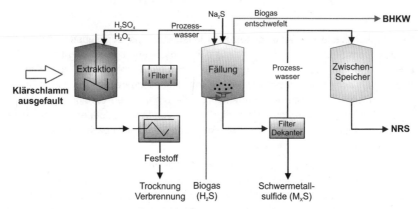

Abb. 5: Prozessschema RoHM-Verfahren (Removal of Heavy Metal) zur Entfernung der Schwermetalle

3.3 Der NRS-Prozess (Nutrient Recycling System)

Nach dem Prozess der Schwermetallentfernung folgt im Zuge der weiteren Aufbereitung des Prozesswassers die Rückgewinnung der Pflanzennährstoffe Stickstoff und Phosphor sowie die Herstellung von Düngerprodukten. In der ersten Prozessstufe (NRS 1, Abbildung 6) wird Phosphor und teilweise Stickstoff durch eine Fällungsreaktion in einen festen Dünger überführt. Die Entfernung des restlichen Stickstoffs geschieht durch eine NH_4/NH_3-Luftstrippung (NRS 2, Abbildung 7) mit anschließender saurer Wäsche zur Bindung des Stickstoffs und Herstellung einer Düngerlösung.

NRS 1: Nährstoffrückgewinnung durch chemische Fällung

Das Prozesswasser aus der Schwermetallfällung wird erwärmt, um die gewünschte chemische Fällungsreaktion zu beschleunigen. Es folgt die Zugabe von Magnesium in Form von Magnesiumhydroxid bis ein mindestens gleiches Molverhältnis von Phosphat- und Magnesiumionen erreicht ist. Die Zugabe von Magnesiumionen ist notwendig, damit eine Fällung von Phosphor und Stickstoffanteilen aus dem Prozesswasser erfolgen kann. Durch die Zugabe von Magnesiumhydroxid wird gleichzeitig eine Anhebung des pH-Wertes erreicht. Die Fällungsreaktion erfordert einen pH-Wert von 8,5 bis 9. Dieser wird durch die Zugabe von Natronlauge erreicht. An einem spezifischen Titrationspunkt werden Ammonium- und Phosphationen in Form einer Mischung bestehend aus NH_4MgPO_4 und $MgHPO_4$ ausgefällt.

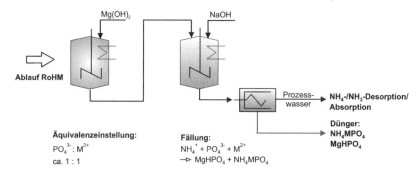

Abb. 6: Prozessschema Verfahrensschritt NRS 1 mit Nährstoffrückgewinnung durch chemische Fällung

Das Fällungsprodukt wird mittels Zentrifuge von der Flüssigkeit abgetrennt und kann als Düngerrohstoff verwendet werden. Das Zentrat wird zur Abtrennung vorhandener Schwebpartikel durch einen Filter geleitet.

NRS 2: Stickstoffrückgewinnung durch NH_4/NH_3-Strippung

Das im Prozesswasser enthaltene Ammonium wird in Form von Ammoniak in einer Desorptionskolonne ausgestrippt (Abbildung 7). Dies erfordert eine pH-Wert-Anhebung auf 10,5 bis 11 und eine Erwärmung des Prozesswassers auf ca. 55 °C. Im Zulauf zur Strippkolonne wird in die Rohrleitung Natronlauge zudosiert und anschließend das Prozesswasser über zwei Wärmetauscher geführt. Das vorgewärmte, alkalische Prozesswasser wird am Kopf der Strippkolonne aufgegeben. Im Gegenstrom zur Flüssigkeit wird wasserdampfgesättigte Luft durch die Kolonne geführt, die das ausgetriebene Ammoniak mit sich führt. Die am Kopf der Strippkolonne austretende ammoniakhaltige Luft wird zur benachbarten Absorptionskolonne geleitet. Eine im Kreislauf geführte Waschlösung aus Schwefelsäure nimmt das Ammoniak auf und es entsteht eine Ammoniumsulfatlösung. Die ammoniakfreie Luft wird zurück in die Strippkolonne geleitet. Aus dem Sumpf der Absorptionskolonne wird die Ammoniumsulfatlösung abgezogen.

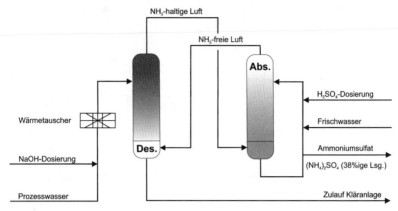

Abb. 7: Prozessschema Verfahrensschritt NRS 2 mit Stickstoffrückgewinnung durch NH_4/NH_3-Strippung

3.4 Technische Daten der Anlage

Die Anlagen- und Maschinentechnik der Seaborne-Technologie ist direkt auf dem Kläranlagengelände in einer separaten Halle installiert (Abbildung 9). Aufgrund der eingeschränkten Platzverhältnisse wurde die Betonsohle der Halle auf zwei alten Klärbecken errichtet. Die Halle ist ausgeführt in Stahlträgerbauweise mit Wand- und Deckenelementen aus Fertigbauteilen. Zwei Rolltore ermöglichen eine vollständige Befahrbarkeit der Halle durch Transport- und Lastenfahrzeuge. Für die Fermentation des organischen Substrates werden die umgerüsteten und sanierten Faulbehälter der Kläranlage genutzt.

Anlagendimension und Aufbereitungskapazität

Hallenabmessungen: Länge: 43 m, Breite: 38 m, Höhe: 9 m

Prozessbehälter: 24 Edelstahlbehälter, 480 m³ Gesamtvolumen
2 Füllkörperkolonnen, 16 m³ Gesamtvolumen

Chemikalienbehälter: 7 Kunststoffbehälter, 70 m³ Gesamtvolumen

Durchsatzleistung: max. 140 m³/d Biomasse (3 % TS),
entspricht 4,2 Mg/d Trockensubstanz

Abb. 8: Seaborne-Anlagentechnik der Klärschlammaufbereitung in Gifhorn

Input – Output

Das Input-Material für den Fermenter (120 m³/d) soll sich zusammensetzen aus 60 m³/d Primärschlamm, 40 m³/d Überschussschlamm und 20 m³/d Abscheiderfett.

Die Auslegung der Anlagenkapazität erfolgte darüber hinaus für einen maximalen Durchsatz von 140 m³/d, um die Möglichkeit zu haben, mehr bzw. zusätzliche Input-Substrate (z. B. Gülle) zu verarbeiten.

Das Input-Substrat wird fermentiert (mesophil, 37 °C; alternativ: thermophil, 55 °C). Der Input zur Seaborne-Aufbereitung entspricht dem Output-Substrat des Fermenters. Es wird vorausgesetzt, dass 50–60 % der organischen Trockensubstanz durch die Fermentation abgebaut werden. Daraus ergibt sich ein TS-Gehalt von 2–3 % für das RoHM-Inputsubstrat.

Tab. 1: Berechnete Input-/Output-Daten der Klärschlammaufbereitung Gifhorn

Input Fermenter	
Biomasse	120 m³/d
Trockensubstanz (TS)	5,50 %
organische Trockensubstanz (oTS)	3,75 %
Stickstoff gesamt ($N_{ges.}$)	1.800 mg/l
Phosphor gesamt ($P_{ges.}$)	1.000 mg/l
Schwermetalle	2,0 mmol/l
Output Seaborne-Anlage	
NP-Dünger (NH_4MgPO_4 / $MgHPO_4$)	1.330 kg/d (60 % TS)
Ammoniumsulfatlösung (($NH_4)_2SO_4$)	1.850 kg/d (38 %)
Trockenbrennstoff	2.500 kg/d (80 % TS) $\triangleq$ 32.375 MJ/d
Biogas	4.500 m³/d (65 % CH_4) $\triangleq$ 104.715 MJ/d
Schwermetallsulfide	21 kg/d (Reinsubstanz)

3.5 Investitions- und Betriebskosten

Nach Schlussrechnung des Projektes haben sich die in Tabelle 2 aufgeführten Kosten für die Seaborne-Anlagentechnik ergeben. Das Umweltministerium des Bundeslandes Niedersachsen hat sich an den Investitionen des Gesamtprojektes mit einer erheblichen finanziellen Fördersumme beteiligt, da dieses Demonstrationsvorhaben weltweit einen Pilotcharakter besitzt und wissenschaftlich begleitet wird.

Tab. 2: Investitionskosten Seaborne-Anlagentechnik der Klärschlammaufbereitung Gifhorn

Gewerk	Kosten netto (inklusive Engineering) [€]	Kostenanteil [%]
Seaborne-Anlagentechnik	3.800.000	100
davon:		
Behälter-, Stahl- und Rohrleitungsbau	1.295.000	34
Maschinen- und Anlagenbau	1.890.000	50
Pumpen und Armaturen	220.000	6
Elektrotechnik, PLS und EMSR-Technik	395.000	10

Tab. 3: Betriebskosten Seaborne-Anlagentechnik der Klärschlammaufbereitung Gifhorn

Kostenfraktion	Kosten netto [€/a]
Investitionskosten	3.800.000
Kapitaldienst (5 % über 15 Jahre)	365.000
Wartung, Instandhaltung etc. (2 % Invest.-Kosten)	76.000
Personal (1 Ingenieur, 1 Techniker)	70.000
Chemikalien und Verbrauchsmittel *(marktpreisabhängig)*	265.000
Elektrische und thermische Energie *(Eigenerzeugung)*	-160.000
Erlöse und Einsparungen *(marktpreisabhängig)*	-305.000
Summe der Jahreskosten	311.000
Spezifische Betriebskosten	0,20 €/kg TS

Die Anlage wurde in den Jahren 2005/2006 fertiggestellt und in Betrieb genommen; insofern existieren noch nicht für alle Kostenfraktionen der Betriebskosten (Tabelle 3) belastbare Zahlen. Die Angaben beruhen teilweise auf aktuellen Preisanfragen, teilweise aber auch auf Schätzungen und sind insofern unverbindlich bzw. als Richtwert anzusehen. Zu berücksichtigen ist auch, dass die Preise für Chemikalien und die

Erlöse für Produkte je nach örtlichen Gegebenheiten, Mengen und Marktpreisentwicklungen deutlichen Schwankungen unterliegen können.

3.6 Erfahrungen aus der Bau- und Inbetriebnahmephase

Im Jahre 2004 wurden die kompletten Leistungen für die technische Ausrüstung der Klärschlammaufbereitungsanlage, unterteilt in vier Losgruppen mit 21 verschiedenen Losen, EU-weit öffentlich ausgeschrieben. Nachdem sämtliche Aufträge vergeben und auch der bauliche Teil der Halle im Februar 2005 fertiggestellt war, konnten die eigentlichen Montagearbeiten für die elementare technische Anlagenausrüstung in Angriff genommen werden.

Abb. 9: Bau der Halle für die Seaborne-Anlagentechnik in Gifhorn

Begonnen wurden die umfangreichen Installationsarbeiten mit der Lieferung und Aufstellung der insgesamt 24 vorgefertigten Prozessbehälter sowie der Montage von Arbeitsbühnen, Rohrbrücken und Rohrleitungen.

Neben der verfahrensgebundenen Projektbetreuung wurde die Seaborne EPM AG auf Basis der HOAI mit der Bauoberleitung beauftragt. Eine nahezu reibungslose Koordination der zahlreichen Einzellose ermöglichte im Oktober 2005 nach neun Monaten Bautätigkeit den Abschluss der Installationsphase und somit den Übergang in die Inbetriebnahmephase der Gesamtanlage.

Im Anschluss an einen Funktionstest mit Brauchwasser wurde die Anlage modulweise mit dem ersten Schlamm beschickt und die Aufbereitungsstufen verfahrenstechnisch eingestellt. Dazu wurden von den Mitarbeitern der Firma Seaborne vor Ort begleitende Kontrollen und Laboranalysen durchgeführt.

Abb. 10: Installation der Prozessbehälter

Bedauerlicherweise haben neben der Insolvenz der beiden größten Auftragnehmer insbesondere unnötig aufgetretene maschinentechnische Mängel (z. B. fehlerhafte Maschinensteuerungen, schadhafte Rührwerkwellen) die Inbetriebnahme- und Einfahrphase beeinträchtigt. Erforderliche Modifikationen und Reparaturen verursachten letztlich eine vermeidbare Projektverzögerung von insgesamt etwa sechs Monaten.

Zeitweise entstanden betriebs- und verfahrenstechnische Schwierigkeiten durch eine unzureichende Qualität des Klärschlammes, hervorgerufen zunächst durch hohe Störstoffmengen und weiterhin durch überhöhte Konzentrationen an Eisen- oder Kalziumionen. Diesbezüglich wurden bzw. werden jedoch geeignete maschinentechnische oder betriebstechnische Maßnahmen auf der Kläranlage getroffen.

Abb. 11: Fertiggestellte Seaborne-Anlagentechnik in Gifhorn

Bei der Inbetriebnahme stellte sich heraus, dass die Qualität der für die Abtrennung ausgefällter Schwermetallsulfide eingesetzten Filtersysteme hinsichtlich der erforderlichen Filterfeinheit und Filtratgüte leider nicht den Produktspezifikationen entspricht.

Entgegen anders lautenden Aussagen von Filterherstellern kommen kontinuierlich betriebene Filtersysteme mit einer Filterfeinheit von ≤ 25 µm bei dieser Anwendung offenbar an die Grenze des technisch Machbaren. Die Abtrennung der Schwermetallsulfide erfolgt deshalb effektiver und sicherer über Zentrifugalkraftabscheidung mit einem vorhandenen Dekanter.

Die Praxis im täglichen Anlagenbetrieb zeigt die maßgebliche Bedeutung der sauberen und effektiven Trennung von Feststoffen und Prozesswasser nach der Extraktion im RoHM-Modul. Ein unreines bzw. mit Feststoffen zu hoch belastetes Zentrat hat Einfluss auf den Wirkungsgrad der nachfolgenden Prozessstufen. Auf die einwandfreie Funktion von Zentrifuge und Flockungshilfsmitteldosierung ist vom Betriebspersonal deshalb routinemäßig besonderes Augenmerk zu richten.

Seit Dezember 2006 wird die neue Klärschlammaufbereitungsanlage vom Betreiber ASG Stadt Gifhorn selbstständig nach eigenem Ermessen gefahren. Eine Führung durch die Anlage kann die Seaborne EPM AG nach vorheriger Terminabsprache möglichen Interessenten jederzeit anbieten.

3.7 Erste Betriebsergebnisse

Die Behandlung im Verfahrensschritt der Extraktion – pH-Absenkung und oxidativer Aufschluss – führt zu einer Reduktion des Gesamt-Feststoffgehaltes im Schlamm. Vor allem der Anteil anorganischer Feststoffbestandteile wird durch Absenkung vom pH-Wert reduziert. Dadurch steigt der Anteil organischer Feststoffe von 61 % beim Schlamm-Input auf 75 % beim entwässerten Schlamm nach der Extraktion (Abbildung 12).

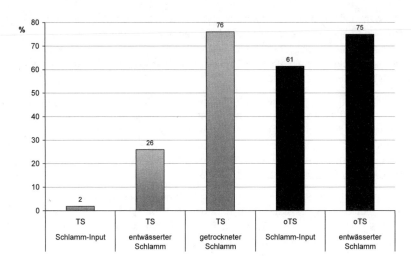

Abb. 12: Trockensubstanz (TS) und Glühverlust (oTS) der Schlammfraktionen im RoHM-Modul

Der Extraktionsschritt im RoHM-Prozess hat die Aufgabe, möglichst viele Nährstoff- und Schwermetallionen von der festen in die flüssige Phase zu überführen. Der Betreiber der Anlage in Gifhorn hat sich für die Durchführung nur eines Extraktionsschrittes bei der Aufbereitung des Klärschlammes entschieden. Abbildung 13 zeigt die Ergebnisse nach einem Extraktionsschritt aus den ersten Versuchsreihen in Gifhorn und im Vergleich Ergebnisse aus Versuchen mit Klärschlamm in der Seaborne-Pilotanlage mit zwei durchgeführten Extraktionen.

Durch einen zweiten Extraktionsschritt kann das Rücklöseergebnis für die problematischen Schwermetalle (Cr, Hg, Pb) erheblich verbessert werden. Die niedrige Rücklöserate von Phosphor in Gifhorn von ca. 60 % ist allerdings nicht durch die einfache Extraktion begründet. Der ungeplante Einsatz von Eisen zur Phosphatfällung bei der Abwasserreinigung führt zu schwer löslichen Eisenphosphatverbindungen. Entsprechend zeigt sich auch ein niedriger Wert für Eisen in Lösung nach einer Extraktion (20 %). Wird kein Eisenchlorid zur Phosphatfällung eingesetzt, liegt der Anteil gelösten Phosphors im Schlamm auch nach lediglich einem Extraktionsschritt bei ca. 90 %. Die Effizienz der Phosphorrückgewinnung wird durch die Eisenionen also deutlich verringert.

Versuche in der Pilotanlage mit Klärschlämmen unterschiedlicher Herkunft haben außerdem gezeigt, dass die Möglichkeit der Rücklösung der Inhaltsstoffe sehr stark vom Ausgangssubstrat abhängt.

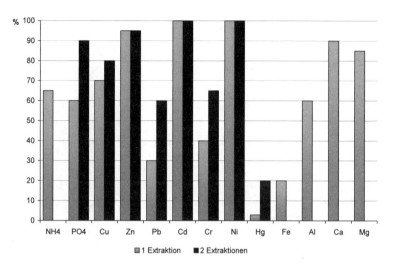

Abb. 13: Anteil der Nährstoffe und Schwermetalle in Lösung nach einer Extraktion (Gifhorn) und zwei Extraktionen (Pilotanlage)

Wichtige Bestandteile des Energiekonzeptes der Klärschlammaufbereitung sind die Biogasproduktion in den Fermentern und der als Brennstoff nutzbare getrocknete Rest-Schlamm, der nach der Extraktion abgetrennt wird (Abbildung 14).

Die Biogasproduktionsentwicklung in den Faultürmen der Kläranlage Gifhorn stellt sich folgendermaßen dar:

- Gasproduktion ohne Fett: 1.300 m³/d
- Gasproduktion mit Fett: 1.800 m³/d

Dieser Wert liegt weit unter den Planungsvorgaben von 4.500 m³/d, da derzeit statt der 20 m³ lediglich maximal 10 m³ Fett am Tag angeliefert werden. Unter der Annahme eines üblichen unteren Heizwertes von H_U = 6 kWh/m³ ergibt sich aus der Gasmenge ein Energiegehalt von 10.800 kWh/d ($\triangleq$ 38.850 MJ/d), der im BHKW zu elektrischer und thermischer Energie konvertiert wird.

Der Heizwert des aus Schlamm produzierten Brennstoffes wird mit H_U = 3,6 kWh/kg veranschlagt. Bei einer Tagesproduktion von 2.500 kg/d (80 % TS) ergibt sich somit eine Energieressource von 9.000 kWh/d ($\triangleq$ 32.375 MJ/d), die über einen Mehrstoffbrennkessel als thermische Energie in das Heizsystem der Anlage eingespeist wird.

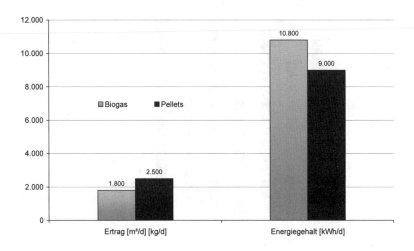

Abb. 14: Energieproduktion im Zuge der Klärschlammaufbereitung in Gifhorn

In beiden Verfahrensschritten des NRS-Moduls werden Stickstoff bzw. Phosphor aus dem Prozesswasser entfernt und in Düngerprodukte überführt. Die Effektivität der Nährstoffrückgewinnung zeigt die Nährstoffreduktion im Prozesswasser (Abbildung 15).

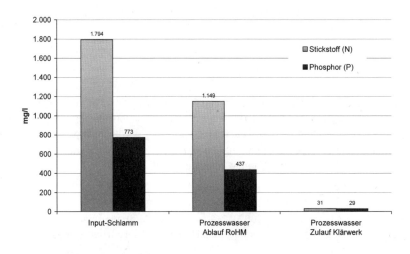

Abb. 15: Entwicklung der Stickstoff- und Phosphorgehalte im Verlauf der Klärschlammaufbereitung

Bei dem Ablauf aus dem Verfahrensmodul RoHM handelt es sich um das Ausgangssubstrat für die Nährstoffrückgewinnung. Im Vergleich zum Input-Schlamm stehen für die Nährstoffrückgewinnung noch 64 % des Gesamt-N und 57 % des Gesamt-P zur Verfügung. Die niedrige Rücklöserate für Phosphor resultiert allerdings – wie bereits erwähnt – aus dem zurzeit auf der Kläranlage Gifhorn vermehrt eingesetzten Eisen-Chlorid-Sulfat in der Abwasserreinigung. Die Behandlung des Prozesswassers im NRS-Modul (Nährstoff-Fällung und NH_4/NH_3-Strippung) führt insgesamt zu einer Reduktion des Stickstoffgehaltes um 97 % und der Phosphorkonzentration um 93 %.

Kleinverbrennungsanlagen für Klärschlamm

Eva Hamatschek, Mario Mocker, Peter Quicker, Rudolf Bogner, Martin Faulstich

Zusammenfassung

Die thermische Verwertung von Klärschlamm erfolgt derzeit hauptsächlich in Großanlagen. Traditionell etabliert sind Monoverbrennungsanlagen, vor allem mit Wirbelschichtfeuerungen. In den letzten Jahren hat sich auch die thermische Nutzung in Kraft- und Zementwerken durchgesetzt. Alternativ bietet die dezentrale Verwertung in Kleinverbrennungsanlagen Vorteile, besonders für den ländlich geprägten Raum, da die bei der Verbrennung erzeugte Energie direkt am Ort der Entstehung für die Schlammtrocknung genutzt und Transportwege vermieden werden können.

Das ATZ Entwicklungszentrum hat zusammen mit der Firma Hans Huber AG ein Konzept zur dezentralen Klärschlammtrocknung mit anschließender thermischer Verwertung entwickelt. Hierbei wird Wärme für den Prozess und elektrische Energie mit einer modifizierten Mikrogasturbine erzeugt. Eine erste Demonstrationsanlage wird im Rahmen eines EU-LIFE Förderprojektes auf dem Gelände der städtischen Kläranlage Straubing umgesetzt. Ein einstimmiges Votum des Stadtrates hat Anfang 2007 hierfür die Voraussetzungen geschaffen. Als Brennstoffe werden Klärschlamm sowie weitere an der Kläranlage anfallende Reststoffe, wie z. B. Rechenrückstände, Grobstoffe aus der Sandfanggutwäsche, Kompostierrückstände bzw. Siebrückstände aus Rotten und Gärrückstände aus anaeroben Behandlungsanlagen zum Einsatz kommen. Die Inbetriebnahme der Anlage ist für das Jahr 2008 vorgesehen.

1 Einleitung

Aus Gründen des vorsorgenden Boden- und Verbraucherschutzes wird die landwirtschaftliche Klärschlammverwertung zunehmend kritisch betrachtet. Die sinkende Akzeptanz in Bevölkerung und Nahrungsmittelindustrie sowie eine mögliche Absenkung der Grenzwerte für diese Art der Verwertung trägt zu einer veränderten Entsorgungssituation bei. Entsprechend war in den letzten Jahren eine deutliche Zunahme der thermisch behandelten Klärschlammmenge zu verzeichnen [1]. Im Jahr 2003 wurden bereits 37 % des in Deutschland angefallenen Klärschlamms thermisch entsorgt [2]. Diese Menge dürfte inzwischen noch gestiegen sein.

Die Behandlung in großtechnischen Monoverbrennungsanlagen stellt hierbei einen langjährig bewährten Entsorgungsweg dar. Eine Steigerung der verfügbaren Monoverbrennungskapazitäten ist mittelfristig allerdings nicht zu erwarten [3]. Müllverbrennungsanlagen werden nach der Umsetzung des Deponierungsverbots vorrangig mit anderen Abfallfraktionen beschickt. Aufgrund der Auslastung dieser Anlagen und der vergleichsweise hohen Behandlungskosten wird die Bedeutung dieser Entsorgungsoption für Klärschlamm wohl weiterhin begrenzt bleiben [3]. Auch die wenigen thermischen Sonderverfahren, die im großtechnischen Maßstab arbeiten, bieten nur beschränkte Behandlungskapazitäten für den anfallenden Klärschlamm [3, 4].

Aus Kosten- und Kapazitätsgründen wird derzeit vor allem eine Ausweitung der Mitverbrennung in Kohlekraftwerken erwartet [5]. Daneben ist ein deutlich steigendes Interesse der Zementwerksbetreiber am Einsatz von Klärschlamm zu verzeichnen [3]. Während in den Kraftwerken auch mechanisch entwässerte Schlämme angenommen werden, erfordert die Verwertung im Zementwerk in der Regel eine Volltrocknung des Klärschlamms. Zur Trocknung kann auch Abwärme aus dem Zementherstellungsprozess genutzt werden. Erste Trocknungsanlagen wurden bereits installiert.

Neben der Behandlung in Großanlagen empfiehlt sich auch die Etablierung von dezentralen Kleinverbrennungsanlagen zur Klärschlammentsorgung. Die Vorteile solcher Anlagen, gerade für den ländlich geprägten, schwach strukturierten Raum, liegen auf der Hand. So werden lange Transportwege vermieden, die sowohl ökologisch als auch ökonomisch nachteilig sind. Die dezentrale Entsorgung erfolgt direkt am Ort des Anfalls, die Energie für die Trocknung wird durch die anschließende Verbrennung erzeugt und fossile Brennstoffe werden zur Trocknung nicht mehr benötigt. Den Betreibern der Kläranlagen bieten dezentrale Lösungen in eigener Obhut langfristige Entsorgungs- und Kostensicherheit.

Neben den genannten Aspekten steht bei der Entsorgung des Abfalls Klärschlamm und dessen energetischer Nutzung auch die darin enthaltene Ressource Phosphor im Blickpunkt. Die Vorräte an wirtschaftlich erschließbaren Phosphaterzen reichen noch für etwa 60 bis 130 Jahre [6]. Da eine direkte Ausbringung des Klärschlamms als Dünger aufgrund der darin enthaltenen toxischen Schwermetalle, persistenten organischen Verbindungen und endokrinen Stoffe [7–9] nicht erwünscht ist, werden derzeit die Forschungsaktivitäten zur Rückgewinnung des Phosphors intensiviert. Die Rückgewinnung aus den Reststoffen thermischer Behandlungsverfahren macht aber nur Sinn, wenn in diesen ausreichend hohe Phosphatkonzentrationen enthalten sind, also nur bei Monobehandlungsverfahren. Da die Kapazitäten großtechnischer Monoverbrennungsanlagen, wie bereits erläutert, begrenzt sind, besitzen dezentrale Kleinanlagen zur Monoklärschlammverbrennung hier einen weiteren Vorteil.

Die vorgenannten Gesichtspunkte gaben den Anstoß zur Konzeption einiger innovativer dezentraler Behandlungsverfahren auf Basis von Pyrolyse, Vergasung oder Verbrennung [4, 10]. Das ATZ Entwicklungszentrum erarbeitete und erprobte das im Folgenden vorgestellte Anlagenkonzept auf Basis der Schlammverbrennung unter Nutzung der so genannten Pebble-Heater-Technologie mit Erzeugung elektrischer Energie durch Einsatz einer modifizierten Mikrogasturbine. Eine erste Demonstrationsanlage zur dezentralen thermischen Klärschlammverwertung wird aktuell zusammen mit der Hans Huber AG auf der Kläranlage der Stadt Straubing in die Praxis umgesetzt.

2 Kleinanlagen zur Klärschlammverwertung – Überblick

Der Bau und der Betrieb von dezentralen Kleinverbrennungsanlagen war aus Gründen der Wirtschaftlichkeit lange Zeit ein Problem. Neuere Entwicklungen bei den thermischen Verfahren und der Emissionsminderung haben hier in den letzten Jahren aber zu einer Veränderung der Situation geführt. Inzwischen existieren einige Anlagen mit Verbrennungskapazitäten ab etwa 1.000 Mg TR/a, von denen zumindest einige einen wirtschaftlichen Betrieb nachweisen konnten.

2.1 Pyrolyse

2.1.1 Thermokatalyse

In einer Versuchsanlage an der Kläranlage Füssen wurde die thermokatalytische Umwandlung von Klärschlamm zu Konvertierungsöl und Konvertierungskohle untersucht [11]. Dieses schon früher im größeren Maßstab untersuchte Verfahren der Niedertemperaturkonvertierung (NTK) arbeitet bei Temperaturen zwischen 320°C und 400°C. Nachteilig erscheint bei diesem Prozess das erzeugte Produktspektrum, das neben den unter günstigen Umständen verwertbaren Produkten Kohle und Öl auch Reaktionswasser, Salze und nicht kondensierbare Gase umfasst, die entsorgt werden müssen. Derzeit erfolgt die erste Umsetzung des Verfahrens im Rahmen einer Förderung im Rahmen des EU-Förderprogramms LIFE.

2.1.2 Pyromex AG

Beim sogenannten Pyromex-Verfahren handelt es sich um ein Hochtemperatur-Entgasungsverfahren, das bereits in Düsseldorf und Neustadt an der Weinstraße umgesetzt wurde. Der Entgasungsprozess des auf 80 % TR vorgetrockneten Schlammes findet in einem mit Strom beheizten Induktionsofen bei 1.200°C–1.700°C unter Sauerstoffabschluss statt. Dabei werden organische Bestandteile in ein CO- und wasserstoffreiches Gas überführt. Es verbleibt ein vorwiegend mineralischer Rückstand. Die Abgasreinigung erfolgt in einem sauren und einem alkalischen Wäscher, deren Waschwässer durch Neutralisation und Fällung der Schwermetalle regeneriert werden [10].

2.1.3 HD-PAWA-Therm (UC Prozesstechnik)

Bei diesem Prozess wird der entwässerte Klärschlamm mit einem Trockensubstanzgehalt von ca. 20 % TR in die Trocknung eingebracht. Nach der Trocknung weist der Klärschlamm 90 % Trockenmasseanteil auf und wird in einem Drehrohrreaktor bei etwa 700 °C pyrolysiert. Das Pyrolysegas gelangt über den Wäscher in das Blockheizkraftwerk und wird dort energetisch verwertet [10]. Auch in diesem Fall entstehen feste Rückstände, Öl und Prozesswasser als Nebenprodukte.

2.2 Vergasungsverfahren

Obwohl die großtechnische Klärschlammvergasung im SVZ Schwarze Pumpe bereits seit Jahren erfolgreich betrieben wird, konnte aufgrund der Komplexität des Prozesses und des schwierigen Einsatzstoffes Klärschlamm bislang erst ein dezentrales Verfahren zur Schlammvergasung bis zur Marktreife entwickelt werden.

2.2.1 Klärschlammvergasung Balingen (Kopf AG)

Eine Vergasungsanlage im Versuchsmaßstab wurde durch die Kopf AG im Oktober 2002 auf dem Gelände der Kläranlage Balingen errichtet. Die Anlage wurde für die Vergasung von 1.100 Mg/a Klärschlamm (85 % TR) ausgelegt und erhielt inzwischen eine Dauerbetriebsgenehmigung [11]. In einem Wirbelschichtreaktor findet bei 900–1.100°C und hohen Verweilzeiten die Vergasung statt. Hierbei sollen die vorhandenen Teere möglichst vollständig gespalten werden. Das gebildete Produktgas wird im Gleichstrom durch Eindüsung von Wasser in der Rohgasquenche und durch Wärmeabgabe an den vorgetrockneten Klärschlamm abgekühlt. Neben der Wärmeabgabe an den Klärschlamm sollen hierbei auch organische Bestandteile, vor allem Teere, im Klärschlamm gebunden und mit diesem in den Wirbelschichtvergaser zurückbefördert werden. Das Gas wird anschließend über einen Staubfilter geleitet und in einem Kühler von Wasser befreit. Das kondensierte Wasser wird über einen Ölabscheider und einen Aktivkohlefilter geleitet und dann in die Abwasserbehandlung zurückgeführt. Das Gas wird in einem ebenfalls neu entwickelten Schwachgasmotor verbrannt. Inzwischen befinden sich weitere derartige Vergasungsanlagen, unter anderem an der Kläranlage Schweinfurt, in Planung.

2.3 Verbrennungsverfahren
2.3.1 Anlage Sande

Im friesischen Sande war seit 1997 eine Verbrennungsanlage für 2.250 Mg TR/a Klärschlamm in Betrieb [13]. Der entwässerte Klärschlamm wurde mit einem Fließbetttrockner auf 85 % TR getrocknet und in einer Zykloidbrennkammer verbrannt, die

Wärme über einen Abhitzekessel genutzt. Die Reinigung der Rauchgase erfolgte über Gewebe- und Herdofenkoksfilter. Im Jahr 2001 wurde die Anlage wegen verschiedener Störfälle außer Betrieb genommen.

2.3.2 Anlage Brønderslev

Im Klärwerk der dänischen Stadt Brønderslev wurde eine Verbrennungsanlage errichtet, die über eine Kapazität von 1.200 Mg TR/a verfügt. Das relativ einfache Anlagenkonzept mit Rostfeuerung und Wärmeauskopplung zur Schlammtrocknung über einen Thermalölkreislauf wurde inzwischen auch in Schweden mehrfach realisiert [14]. Die Trocknung des vorentwässerten Schlammes erfolgt indirekt über ein Bandfördersystem auf 90 % TR. Die notwendige Trocknungsluft wird über den Thermalölkreislauf mit Hilfe der Rauchgaswärme erhitzt und im Kreislauf gefahren. Die aufgenommene Feuchte wird an einem Kondensator niedergeschlagen.

2.3.3 Eco-Dry (Andritz)

Ein Zyklonofen für die dezentrale Verbrennung von Rohschlamm wurde 1998 in Obrigheim vom Abwasser-Zweckverband Elz-Neckar in Betrieb genommen. Die Anlage wurde für eine Kapazität von 1.500 Mg TR/a konzipiert. Die Schlammtrocknung erfolgt bei diesem Verfahren bei etwa 95 °C in einer Wirbelschicht. Hierbei wird ein Granulat als Produkt erzeugt, von dem ein Teilstrom in den Trockner zurückgeführt wird. Inzwischen werden alternativ auch Trommel- und Bandtrocknungssysteme angeboten. Die Verbrennung des Granulats erfolgt in einer Zyklonfeuerung mit ca. 600 kg/h Dampfleistung. Die Rauchgasreinigung besteht aus einem Gewebefilter und einer anschließenden Nasswäsche. Seit 2002 ist die Anlage in Obrigheim bis auf weiteres stillgelegt. Mittlerweile wird für dieses Anlagenkonzept (Andritz „EcoDry") ein Mindestdurchsatz von etwa 4.000 Mg TR/a angegeben [10]. In Eferding (Österreich) befindet sich eine entsprechende Anlage in Betrieb.

2.3.4 Kalogeo (Tecon Enginieering GmbH)

In der gleichen Größenordnung liegt der Durchsatz der sog. Kalogeo-Anlage in Bad Vöslau (Österreich). Der Verbrennungsvorgang erfolgt dort in einem Wirbelschichtofen [10]. Der Klärschlamm wird vor der Verbrennung mittels Solartrocknung auf einen Trockensubstanzgehalt von etwa 60 % eingestellt. Die bei der Verbrennung frei werdende Wärme unterstützt im Winter die Solartrocknung, im Sommer wird in ein Fernwärmenetz eingespeist. Die Abgase werden in einem Trockensorptionsverfahren durch Kalkhydrat als Adsorbens von sauren Schadkomponenten befreit. Anschließend erfolgt durch Eindüsen von Wasser eine schnelle Quench des Gases von 380 °C auf 180 °C, um die Bildung von Dioxinen und Furanen zu unterbinden. In das gekühlte Gas wird Aktivkohle zugegeben, um die Adsorption von Quecksilber zu ermöglichen. Letzter Schritt der Abgasreinigung ist ein Keramikfilter, der die Partikel aus dem Gas entfernt.

2.3.5 Pyrobustor (Eisenmann)

Die Pyrobustor Anlage funktioniert nach einem Zwei-Stufen-Verfahren aus Pyrolyse und Verbrennung, das in einem gemeinsamen, ausmauerungsfreien Drehrohrofen abläuft. Im Detail besteht der „Pyrobustor" aus einer drehbar gelagerten Verbrennungskammer und einer in deren Innenraum gelegenen, drehfest mit ihr verbundenen Pyrolysekammer, beide in Trommelform. Das beim Verschwelungsprozess (Ausschluss von Sauerstoff) entstehende Pyrolysegas wird direkt in die Nachbrennkammer geleitet, während der erzeugte Koks über eine Materialschleuse in die Verbrennungskammer gelangt. Der Wärmebedarf des Pyrolyseprozesses wird durch das bei der Verbrennung entstehende, ca. 750 °C heiße Rauchgas gedeckt.

Der Pyrobustor ist für mittlere bis kleinere Kläranlagenbetreiber konzipiert und kann direkt auf dem Kläranlagengelände installiert werden. Auch bei kleineren Baugrößen mit geringen Durchsätzen (Richtwert ab 300 kg/h Trockengranulat mit ca. 10 % Restfeuchte) soll ein wirtschaftlicher Anlagenbetrieb möglich sein [10].

2.3.6 Awina (Aldavia BioEnergy GmbH)

Diese Verbrennungstechnologie basiert auf einem Vorschubrostsystem. Das Merkmal dieses Feuerungssystems ist die Beschickung des Rostes mit einem Schleuderrad. Dieses läuft je nach gewünschter Wurfweite mit einer geregelten Drehzahl und verteilt den Brennstoff auf dem Verbrennungsrost. Durch die Korngrößenverteilung des Brennstoffs und die Turbulenz im Brennraum soll eine gleichmäßige Verteilung auf dem Verbrennungsrost erfolgen. Das erlaubt die Verbrennung der Feinkornfraktion bereits im Flug, während größere Partikel erst auf dem Verbrennungsrost vollständig ausbrennen. Ein relativ kühles Glutbett soll die NO_X-Bildung und das Ascheschmelzen verhindern. Die Sekundärluft wird je nach CO-Konzentration im Rauchgas über ein zweites Gebläse stufenweise geregelt. Nach Angaben des Herstellers befindet sich eine erste Anlage zur Klärschlammverbrennung in der Planungsphase.

2.3.7 ATZ-Technologie

Auch das ATZ Entwicklungszentrum hat in Zusammenarbeit mit der Firma Hans Huber AG ein dezentrales Verfahren zur thermischen Klärschlammverwertung entwickelt. Hierbei handelt es sich um ein energieautarkes dezentrales Klärschlammverbrennungskonzept mit Stromerzeugung durch eine Mikrogasturbine, das aktuell im Rahmen des EU-Förderprogramms LIFE umgesetzt wird. Nachfolgend wird dieses Projekt mit dem Namen „SLUDGE2ENERGY" vorgestellt.

3 EU-LIFE Projekt „SLUDGE2ENERGY"

3.1 Grundzüge

Durch das Projekt „SLUDGE2ENERGY" soll die energetische Verwertung von Klärschlamm mittels einer effizienten KWK-Anlage im kleinen Leistungsbereich demonstriert werden. Das Projekt wird gemeinsam von den Firmen Hans Huber AG, der Turbec AB (Schweden) und dem ATZ Entwicklungszentrum durchgeführt. Die innovative Schlammbehandlungstechnik soll durch das Demonstrationsprojekt bis zur Marktreife weiterentwickelt werden. Das Verfahren zur Klärschlammverwertung stellt eine umweltfreundliche Alternative zu traditionellen Entsorgungswegen dar. Die Reststoffe aus diesem Prozess eignen sich darüber hinaus als Quelle zur Phosphorrückgewinnung.

Die Stadt Straubing plant, auf dem Gelände der Kläranlage den anfallenden Klärschlamm zu trocknen und anschließend thermisch zu verwerten. Die thermische Verwertung soll durch das ATZ-Verfahren mit Pebble-Heater und Mikrogasturbine erfolgen. Als Brennstoff werden der in Straubing direkt anfallende Schlamm sowie Klärschlämme aus benachbarten kleineren Kläranlagen (Straubinger Modell) eingesetzt. Als weitere Einsatzstoffe können an der Kläranlage anfallende Reststoffe wie beispielsweise Rechenrückständen, Grobstoffe aus der Sandfanggutwäsche, Kompostierrückstände bzw. Siebrückstände aus Rotten und Gärrückstände aus anaeroben Behandlungsanlagen verwendet, deren Eignung im Rahmen des Projekts erprobt werden.

3.2 Verfahrensprinzip

Prinzipiell handelt es sich bei dem hier vorgestellten ATZ-Verfahren um die spezielle Form eines rekuperierten Gasturbinenprozesses.

Ein Schema der energieautarken Anlage wird in Abbildung 1 dargestellt. Kernstück des Verfahrens ist der Einsatz der patentierten Pebble-Heater-Technologie in Kombination mit einer Mikrogasturbine, die die Gewinnung von elektrischer Energie aus der Wärme heißer Rauchgase ohne Installation eines Wasser-Dampf-Kreislaufs ermöglichen. Abbildung 1 zeigt das Funktionsprinzip des ATZ-Verfahrens.

Die Wärme der bei der Verbrennung erzeugten heißen Rauchgase wird über radial durchströmte regenerative Wärmetauscher (sogenannte Pebble-Heater) an komprimierte Umgebungsluft transferiert, die anschließend über eine modifizierte Mikrogasturbine unter Erzeugung von elektrischer Energie entspannt wird. Durch die hohen Wärmerückgewinnungsgrade von bis zu 98 % im Pebble-Heater werden unter bestimmten Bedingungen elektrische Wirkungsgrade um 30 % bei kleinen Baugrößen unterhalb von 1 MW_{el} ermöglicht. Die Anlage ist derzeit auf einen jährlichen Schlammanfall von ca. 1.000 bis 2.200 Mg TR ausgelegt.

Die nach der Stromerzeugung in der entspannten Turbinenabluft verbleibende Abwärme wird, sowohl als Verbrennungsluftvorwärmung, als auch zur Trocknung von Klärschlamm genutzt. Vor der Trocknung des Klärschlamms auf ca. 70 % TR erfolgt die Entwässerung mittels Zentrifugen auf ca. 27 % TR.

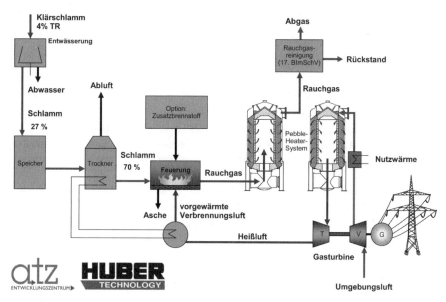

Abb. 1: Thermisches Klärschlammverwertungskonzept nach ATZ-Verfahren

4 Möglichkeiten zur Phosphorrückgewinnung

4.1 Grundzüge

Aufgrund der heute absehbaren Verknappung von Phosphor als Dünger gilt es, nach Wegen und Verfahren zu suchen, die einen ressourcenschonenden Umgang mit dem Rohstoff „Phosphor" sicherstellen. Gleichwohl ist durch jüngere Ereignisse und Erkenntnisse das politische Ziel entstanden, die bisherige Verwertung von phosphorhaltigen Stoffgruppen wie Klärschlamm in Landwirtschaft und Tiermehl in der Tierfutterherstellung aus toxikologischen und hygienischen Gründen weitestgehend einzuschränken. Befürchtungen einer langfristigen Bodenkontamination durch die über den Klärschlamm eingebrachten toxischen Schwermetalle, persistenten organischen Verbindungen und endokrinen Stoffe werden absehbar zu einer merkbaren Verschärfung der Richtlinien auf nationaler und europäischer Ebene führen.

Einen grundsätzlich möglichen Weg aus dem Dilemma einer sinnvollen Kreislaufführung von Phosphor einerseits und einer Vermeidung der damit verbundenen Risiken andererseits zeigen thermische Behandlungsverfahren auf. Bei der thermischen Abfallbehandlung wird der Energieinhalt der brennbaren Bestandteile ausgenutzt, gleichzeitig werden schädliche organische Substanzen zuverlässig zerstört. Phosphor wird in der Regel oxidisch in mineralischen Behandlungsrückständen gebunden. Allerdings müssen noch wirtschaftliche Möglichkeiten zur Abtrennung der ebenfalls in den Rückständen verbleibenden Schwermetalle erschlossen werden.

Die weiter fortgeschrittenen Entwicklungen zur Rückgewinnung von Phosphor beziehen sich hauptsächlich auf Abwasser oder Klärschlamm. Nach der Phosphorrückgewinnung besteht jedoch weiterhin die Entsorgungsproblematik des Klärschlamms.

Die Vorteile der Phosphorrückgewinnung aus Aschen sind darin zu sehen, dass Phosphor in konzentrierter Form (10 %–20 % P_2O_5) vorliegt, organische Schadstoffe komplett zerstört werden und die Aschen problemlos lagerbar sind. Gegenüber der P-Rückgewinnung aus Abwasser bieten Klärschlamm und Klärschlammaschen zudem ein wesentlich höheres Rückgewinnungspotenzial von bis zu 89 % der Zulauffracht [14]. Auch die Kläranlage Straubing plant längerfristig die Phosphorrückgewinnung aus den Aschen der Klärschlammverbrennung.

Verschiedene Möglichkeiten zur Phosphorrückgewinnung aus Klärschlammaschen werden nachfolgend kurz dargestellt.

4.2 BioCon-Verfahren (PM Energi, Dänemark)

Bei diesem Verfahren werden die Klärschlammaschen gemahlen und anschließend mit Schwefelsäure eluiert. Das Eluat wird dann in mehreren hintereinander geschalteten Ionentauschern behandelt. Eine erste Anlage im halbtechnischen Maßstab wurde in Ergänzung der bereits zitierten Verbrennungsanlage in Brønderslev (DK) betrieben [16]. Allerdings wurde die Entwicklung aus wirtschaftlichen Gründen nicht weiter verfolgt [15].

4.3 SEPHOS-Verfahren (TU Darmstadt, Ruhrverband)

Beim derzeit in der Entwicklung befindlichen SEPHOS-Verfahren werden die Aschen mit Schwefelsäure behandelt und die festen Bestandteile (hauptsächlich Sand) abgetrennt. Im Sulfat wird durch Zugabe von Natronlauge der pH-Wert stufenweise gesteigert um Aluminiumphosphat auszufällen. Durch geeignete Verfahrensführung gelingt die Trennung von Schwermetallen. Das entstehende Phosphorprodukt kann beispielsweise als Rohstoff in der elektrochemischen Industrie eingesetzt werden. Weiterhin ist es möglich, Calciumphosphat durch einen weiteren Prozessschritt zu erzeugen, das als Düngemittel wiederverwertet werden kann [17].

4.4 RüPA-Verfahren (RWTH Aachen/ISW)

Im RüPA-Verfahren wird die Auslaugung der Aschen mit Salzsäure bewerkstelligt. Vor der anschließenden Fällung eines Phosphatprodukts sind auch hier die unerwünschten Begleitkomponenten abzutrennen. Im Versuchsstadium wurde die Entfernung von Eisen mit handelsüblichen Komplexbildnern sowie die Reduzierung von Cadmium, Kupfer, Chrom Zink und Blei mittels Ionenaustauscherharzen erfolgreich durchgeführt. Durch anschließendes Anheben des pH-Werts erhält man ein phosphathaltiges Fällungsprodukt, dessen Nutzbarmachung als Pflanzennährstoff derzeit untersucht wird [18].

4.5 Drehrohrofen-Verfahren (BAM)

Bei diesem Verfahren werden die phosphathaltigen Aschen unter geeigneten Bedingungen mit chloridhaltigen Stoffen gemischt und einer nachfolgenden thermischen Behandlung unterworfen. Dadurch können die umweltrelevanten Schwermetalle in die entsprechenden Chloride überführt werden, die bei Temperaturen > 1000°C verdampfen und so aus dem Stoffstrom ausgeschleust werden [19].

4.6 Eisenbadreaktorverfahren (ATZ Entwicklungszentrum)

Vom ATZ Entwicklungszentrum wurde ein zweistufiges schmelzmetallurgisches Verfahren zur Klärschlammentsorgung unter gleichzeitiger Gewinnung eines phosphathaltigen Düngemittels vorgeschlagen, bei dem die reduzierende Wirkung eines kohlenstoffhaltigen Eisenbades ausgenutzt wird [16]. Arbeitsaggregat ist ein bodenblasender Konverter (OBM-Konverter), wie er auch zur Herstellung von Oxygenstahl verwendet wird. Als Besonderheit wird dieser Konverter mit einer speziellen Nachverbrennungstechnik betrieben. Das Verfahren ist prinzipiell auch zur Behandlung von Aschen aus der Klärschlammverbrennung geeignet, wobei allerdings zusätzliche Energie in Form von Kohle oder kohlenstoffhaltigen Abfällen bereitgestellt werden muss. Außerdem sind für einen wirtschaftlichen Betrieb verhältnismäßig große Abfallmengen von 50.000–100.000 Mg/a notwendig.

5 Ausblick

Aus Gründen des vorsorgenden Umwelt- und Gesundheitsschutzes ist eine Abkehr von der landwirtschaftlichen Klärschlammverwertung geboten. Als einzige sinnvolle Entsorgungsalternative rückt nun die thermische Klärschlammbehandlung in den Mittelpunkt des Interesses. Neben dem zu erwartenden Ausbau der Mitverbrennungskapazitäten in Kohlekraftwerken kommt auch dezentralen Verfahren eine wachsende Bedeutung zu. In jüngster Zeit sind hierzu einige interessante Entwicklungen zu verzeichnen.

Das ATZ Entwicklungszentrum und die Hans Huber AG bringen derzeit ein Verfahren zur dezentralen thermischen Verwertung von Klärschlamm unter gleichzeitiger Gewinnung elektrischer Energie zur Marktreife. Kernstück des Verfahrens ist die Kombination der Pebble-Heater-Technologie mit einer Mikrogasturbine. Für die Erstanlage ist eine elektrische Leistung von 100 kW vorgesehen. Die Behandlungskapazität liegt bei ca. 2.500 Mg TR/a. Die Installation einer derartigen Anlage bietet den Klärwerksbetreibern Unabhängigkeit vom Entsorgungsmarkt und langfristige Kostensicherheit.

Zusätzlich besteht die Möglichkeit der Rückgewinnung von Phosphor aus den Aschen der Verbrennung. Hierzu existieren bereits mehrere Verfahren. Weiterer Entwicklungsbedarf besteht jedoch für die Abtrennung der ebenfalls in den Rückständen verbleibenden Schwermetalle, für die noch wirtschaftliche Verfahrensweisen erschlossen werden müssen.

Literatur

[1] Quicker, P., Faulstich, M.: Ersatzbrennstoffmarkt – Mengen und Kapazitäten, in: Sächsisches Informations- und Demonstrationszentrum Abfalltechnologien Freiberg (Hrsg.): Tagungsband zu den 5. Sächsischen Abfalltagen, Freiberg, 15.–16.03.2005

[2] Durth, A., Schaum, C., Meda, A., Wagner, M., Hartmann, K.-H., Jardin, N., Kopp, J., Otte-Witte, R.: Ergebnisse der DWA-Klärschlammerhebung 2003, KA – Abwasser Abfall 2005 (52) Nr. 10, S. 1099–1107

[3] Hanßen, H., Rothsprack, J.: Perspektiven der thermischen Klärschlammverwertung, KA – Abwasser Abfall 2005 (52) Nr. 10, S. 1126–1133

[4] Quicker, P., Mocker, M., Faulstich, M.: Energie aus Klärschlamm, in: Faulstich, M. (Hrsg.): Verfahren & Werkstoffe für die Energietechnik, Band 1 Energie aus Biomasse und Abfall, Sulzbach-Rosenberg 2005, S. 53–76

[5] Quicker, P., Faulstich, M.: Perspektiven der Klärschlammverbrennung – Mono- oder Co-Verbrennung, in: Wiemer, K., Kern, M. (Hrsg.): Bio- und Restabfallbehandlung VIII, biologisch – mechanisch – thermisch, Witzenhausen 2004, S. 422–442

[6] Cornel, P.: Rückgewinnung von Phosphor aus Klärschlamm und Klärschlammaschen, Nachrichten aus dem Institut für Technische Chemie – Geo- und Wassertechnologie 2002 (1) Nr. 3, S. 102–114

[7] Thomé-Kozmiensky, K.-J.: Klärschlamm darf nicht auf den Boden & Verantwortungsbewusster Umgang mit dem Boden, Vorwort und Vortrag zur Tagung „Verantwortungsbewusste Klärschlammverwertung", Berlin, 20.–21.02.2001, Tagungsband S. 3–201

[8] Hahn, J.: Ausstieg aus der landwirtschaftlichen Klärschlammverwertung – eine notwendige Harmonisierung im vorsorgenden Umweltschutz, Bodenschutz 2000 (3), S. 72–73

[9] Gehring, M.: Bedeutung endokriner und organischer Schadstoffe im Klärschlamm, VDI-Seminar „Klärschlamm/Tiermehl/Altholz/Biogene Abfälle", München, 12.–13.02.2004

[10] Kügler, I., Öhlinger, A., Walter, B.: Dezentrale Klärschlammverbrennung, Bericht BE-260, Umweltbundesamt GmbH, Wien, 2004

[11] Stadlbauer, E. A., Bojanowski, S., Frank, A., Schilling, G., Lausmann, R., Grimmel, W., Untersuchungen zur thermokatalytischen Umwandlung von Klärschlamm und Tiermehl, KA – Abwasser, Abfall 2003 (50) Nr. 12, S. 1558–1562

[12] Siebzehnte Verordnung zur Durchführung des Bundes-Immissionsschutzgesetzes (Verordnung über die Verbrennung und die Mitverbrennung von Abfällen – 17. BImSchV) vom 14. August 2003 (BGBl. I S. 1633)

[13] Hermann, T., Goldau, K., Daten zur Anlagentechnik und zu den Standorten der thermischen Klärschlammentsorgung in der Bundesrepublik Deutschland, Umweltbundesamt, 2004

[14] Arbeitsbericht der ATV-DVWK-Arbeitsgruppe AK-1.1 „Phosphorrückgewinnung", KA – Abwasser, Abfall 2003 (50) Nr. 6, S. 805–814

[15] mündliche Firmeninformation Krüger A/S, IFAT 2005, München, 2005

[16] Kull, R., Maier, J., Scheffknecht, G., Systematische Untersuchung zur Rückgewinnung von Phosphor aus Klärschlammaschen unter besonderer Berücksichtigung von Feuerungsparametern, Programm Lebensgrundlage Umwelt und ihre Sicherung (BWPLUS), Zwischenbericht, Insitut für Verfahrentechnik und Dampfkesselwesen, Universität Stuttgart, Februar 2005

[17] Berg, U., Schaum, C., Recovery of Phosphorus from sewage sludge and sludge ashes – applications in Germany and North Europe, 1. Ulusal aritma çamurlari sempozyumu, Izmir, Mart 2005

[18] Pinnekamp, J., Köster, S., Beier, S., Montag, D., Gethke, K., Fehrenbach, H., Knappe, F.: Verfahren der Klärschlammentsorgung und Phosphorrückgewinnung, in: Pinnekamp, J., Friedrich, H. (Hrsg.): Klärschlammentsorgung: Eine Bestandsaufnahme, FiW Verlag, Aachen, 2006, S. 137–170

[19] Kley, G., Köcher, P., Brenneis, R.: Möglichkeiten zur Gewinnung von Phosphor-Düngemitteln aus Klärschlamm-, Tiermehl- und ähnlichen Aschen durch thermochemische Behandlung, in: Umweltbundesamt, Institut für Siedlungswasserwirtschaft der RWTH Aachen (Hrsg.), Tagungsband zum Symposium „Rückgewinnung von Phosphor in der Landwirtschaft und aus Abwasser und Abfall, Berlin, 06.–07.02.2003, S. 7/1–7/16

[20] Faulstich, M., Günther, C., Kühn, M., Nutzung von phosphorhaltigen Abfallfraktionen in industriellen Produktionsprozessen – Phosphatrückgewinnung im Eisenbadreaktor, in: Umweltbundesamt, Institut für Siedlungswasserwirtschaft der RWTH Aachen (Hrsg.), Tagungsband zum Symposium „Rückgewinnung von Phosphor in der Landwirtschaft und aus Abwasser und Abfall, Berlin, 06.–07.02.2003, S. 7/1–7/16

Entsorgungswege, Klärschlammmengen und Entsorgungskosten im europäischen Vergleich

Karl-Georg Schmelz

Zusammenfassung

Derzeit werden etwa 60 % der gesamten in der EU anfallenden Klärschlämme landwirtschaftlich oder landschaftsbaulich genutzt. Die Kosten für die bodenbezogene stoffliche Verwertung sind zum Teil deutlich geringer als die Kosten für die thermischen Entsorgungswege. Ein Verbot der stofflichen Klärschlammverwertung auf EU-Ebene würde die Kosten der Klärschlammentsorgung um etwa 40 % ansteigen lassen. Auch die Einführung eines Hygienisierungsgebots würde die Kosten für die Klärschlammbehandlung drastisch ansteigen lassen. Aus diesem Grund wird ein Hygienisierungsgebot einen starken Rückgang der stofflichen Verwertung zugunsten der thermischen Entsorgung zur Folge haben.

1 Klärschlammanfall und -entsorgung in der EU

Die folgende Tabelle 1 stellt die in Europa im Jahr 2003 angefallenen Klärschlämme in Mg TR pro Mitgliedsstaat der EU dar. Die Zahlen wurden dem Bericht der Europäischen Kommission für die Periode 2001 bis 2003 entnommen [1]. Für einige Mitgliedstaaten fehlen die Angaben. Deutlich wird, dass in Deutschland (DE) die größte Klärschlammmenge anfällt (rund 2,17 Mio. Mg TR) gefolgt von Großbritannien (UK) Spanien (ES), Frankreich (FR) und Italien (IT). In allen anderen Mitgliedstaaten fallen in Bezug auf die Gesamtmenge deutlich geringere Klärschlammmengen an.

Tab. 1: Klärschlammanfall in der EU in Mg TR im Jahr 2003 [1]

EU-Mitgliedsstaat	Schlammanfall in Mg TR (2003)
Deutschland (DE)	2.172.196
Großbritannien (UK)	1.360.366
Spanien (ES)	1.012.157
Frankreich (FR)	910.255
Italien (IT)	905.336
Niederlande (NL)	550.000
Portugal (PT)	408.710
Schweden (SE)	220.000
Tschechien (CZ)	211.000
Finnland (FI)	161.500
Dänemark (DK)	140.021
Österreich (AT)	115.448
Belgien (BE)	99.592
Griechenland (GR)	79.757
Slowakei (SK)	54.940
Ungarn (HU)	52.553
Irland (IE)	42.147
Slowenien (SL)	9.400

Um die zeitliche Entwicklung der Klärschlammmengen in den einzelnen Mitgliedsstaaten darzustellen, werden in Abbildung 1 die angefallenen Klärschlammmengen der Jahre 1999 und 2003 gegenübergestellt. Es zeigt sich, dass bei den Mitgliedsstaaten, die bereits einen sehr hohen Anschlussgrad der Bevölkerung an die öffentliche Abwasserbehandlung erreicht haben, die Klärschlammmengen etwa gleich bleiben oder sogar leicht sinken (z. B. Deutschland, Dänemark, Schweden, Niederlande). In fast allen anderen Mitgliedstaaten steigt die Klärschlammmenge im Vergleich von 1999 zu 2003, was auf einen Ausbau der Abwasserreinigung in diesen Staaten schließen lässt.

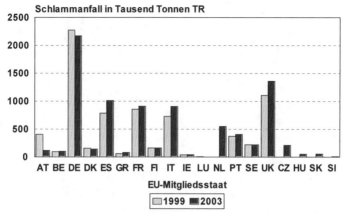

Abb. 1: Klärschlammanfall in der EU in den Jahren 1999 und 2003 [1]

Auch die Darstellung in Abbildung 2 gibt durch die Gegenüberstellung der Einwohnerzahlen und der angefallenen Schlammmengen (aus dem Jahr 2003) einen Hinweis auf den Anschlussgrad der Bevölkerung an die öffentliche Abwasserentsorgung.

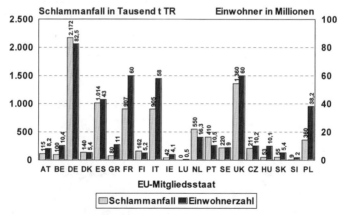

Abb. 2: Klärschlammanfall und Einwohnerzahlen in der EU im Jahr 2003 [1]

Die folgende Darstellung (Abbildung 3) ist durch eine Auswertung zur Klärschlammentsorgung in den einzelnen Mitgliedsstaaten der EU aus verschiedenen Quellen [2, 3, 4] entstanden. Teilweise mussten die Anteile der einzelnen Entsorgungswege aus früheren (z. B. aus dem Jahr 2000) oder auch späteren Jahren (z. B. aus dem Jahr 2005) auf die Schlammmengen des Jahres 2003 übertragen werden.

Bio- und Sekundärrohstoffverwertung II

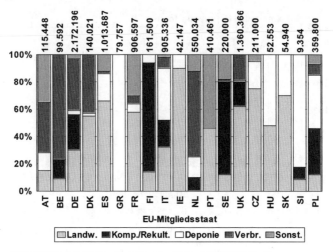

Abb. 3: Klärschlammanfall und -entsorgung in der EU [2, 3, 4]

Für die einzelnen Mitgliedsstaaten ergeben sich teilweise große Unterschiede in den vorherrschenden Entsorgungswegen. Während z. B. in Griechenland (GR) der gesamte anfallende Klärschlamm deponiert wird, findet in Großbritannien (UK) eine intensive stoffliche Nutzung in der Landwirtschaft oder dem Landschaftsbau statt. Teilt man den gesamten in der EU anfallenden Klärschlamm auf die verschiedenen Entsorgungswege auf, ergibt sich eine fast 60prozentige stoffliche Verwertung. Dies entspricht in etwa dem Anteil der stofflichen Verwertung in Deutschland, wie Abbildung 4 zeigt.

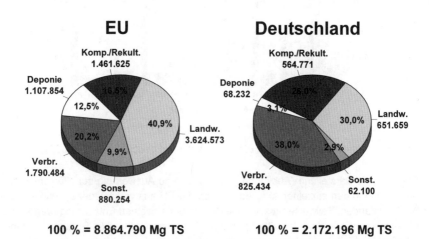

Abb. 4: Klärschlammanfall und -entsorgung in der EU und in Deutschland

802

2 Kosten der Klärschlammentsorgung

2.1 Kosten der Klärschlammentsorgung in Deutschland

In der folgenden Abbildung 5 werden die Entsorgungskosten für Klärschlamm in Deutschland als Preisspanne je Entsorgungsweg und in Abhängigkeit vom Feststoffgehalt für die gängigsten Entsorgungswege dargestellt. Die Angaben beziehen sich auf das Gewicht der abgegebenen Klärschlammmenge als Originalsubstanz, d. h. einschließlich des im Klärschlamm noch enthaltenen Wassers, da in der Regel das Gewicht als Abrechnungsgrundlage dient. Die angegebenen Preise verstehen sich als Nettopreise, die der Klärschlammerzeuger für die Entsorgung (einschl. Transport) aufwenden muss. Sie entsprechen den Marktpreisen der Jahre 2005/2006.

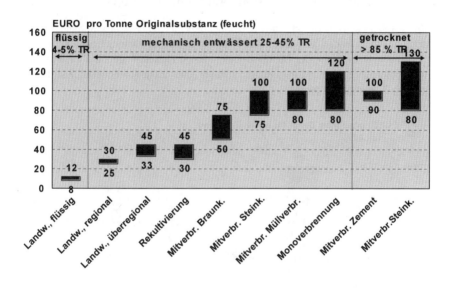

Abb. 5: Kosten der Klärschlammentsorgung in Deutschland

Streng genommen müsste ein Preisvergleich der verschiedenen Entsorgungswege auf die Feststoffmasse (Trockenmasse) des entsorgten Klärschlamms, also auf Mg TR, bezogen werden. Da diese Größe in der Praxis jedoch kaum verwendet wird, zudem dann – für einen realistischen Vergleich – die Kosten für die Entwässerung und die Trocknung mit einbezogen werden müssten, wird hier nur der Vergleich der Kosten pro Tonne Originalsubstanz (Mg OS) angeführt. Für die meisten Entsorgungswege spielt der Feststoffgehalt bei mechanisch entwässertem Schlamm ohnehin nur eine untergeordnete Rolle.

Abbildung 5 bestätigt den bekannten Sachverhalt, dass die Kosten für die thermischen Entsorgungswege höher sind als für die stoffliche Klärschlammverwertung. Deutlich wird auch, dass die Mitverbrennung vor allem in Braunkohlekraftwerken schon relativ günstig angeboten wird und die Kostendifferenz zu den stofflichen Verwertungswegen in die überregionale Landwirtschaft bzw. den überregionalen Landschaftsbau nicht mehr allzu groß ist. Den teuersten Entsorgungsweg für mechanisch entwässerte Klärschlämme stellt die Monoverbrennung dar. Dabei ermöglicht allein diese Verbrennungsmethode eine (spätere) Phosphor-Rückgewinnung aus der anfallenden Asche. Bei den Mitverbrennungsalternativen wird der hohe Phosphorgehalt der Klärschlammasche durch die anderen Aschen so stark verdünnt, dass eine (spätere) Rückgewinnung des Phosphors sich nicht lohnen wird.

2.2 Kosten der Klärschlammentsorgung in Europa

Es ist relativ schwierig, aktuelle Kostenangaben für verschiedene Klärschlammentsorgungswege in den Mitgliedsstaaten der EU zu recherchieren. Über Kontakte zur Schlammarbeitsgruppe der EUREAU II-Kommission konnten jedoch für die gängigsten Entsorgungswege aktuelle Kosten (Stand 2006) zusammengestellt werden. Abbildung 6 zeigt das Ergebnis.

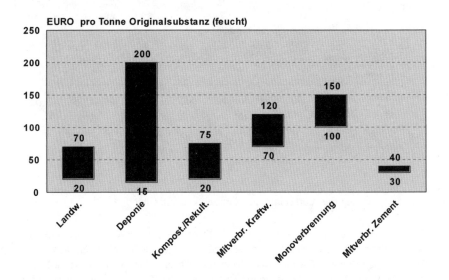

Abb. 6: Kosten der Klärschlammentsorgung in Europa

Abbildung 6 zeigt Kostenspannen für die Verwertung von mechanisch entwässertem Schlamm. Im Vergleich zu den Kostenangaben aus Deutschland (Abbildung 5) wird deutlich, dass die Spannen für die einzelnen Verwertungswege größer werden. Das liegt daran, dass in unterschiedlichen Mitgliedstaaten bestimmte Verwertungswege sehr günstig bzw. sehr teuer angeboten werden. Beispielsweise ist eine Deponierung in Ungarn für ca. 15,- €/Mg OS möglich, dagegen wurde aus Luxemburg ein Preis von 200,- €/Mg OS genannt.

Um eine Vorstellung dafür zu erhalten, wie viel Geld insgesamt in der EU für die Klärschlammentsorgung ausgegeben wird, erfolgt eine Abschätzung entsprechend Tabelle 2. Als Einheitspreise (EP) wurden mittlere Preise entsprechend Abbildung 6 angenommen. Die Schlammmengen für die einzelnen Verwertungswege ergeben sich aus Abbildung 4. Für die „sonstigen" Entsorgungswege, die in der EU immerhin fast 10 % der Gesamtmenge ausmachen, wurde ein etwas höherer mittlerer Preis von 75,- €/Mg OS angenommen, da es sich hierbei meist um neuere Entwicklungen im Bereich der thermischen Verfahren (z. B. Vergasungsverfahren, Pyrolyse) handelt. Um auf die entsorgte Originalsubstanz-Schlammmenge zu kommen, wurde vereinfachend ein mittlerer Feststoffgehalt von 25 % TR angenommen (entspricht etwa dem Austragsfeststoffgehalt von Bandfilterpressen oder Zentrifugen). In der Summe ergibt sich ein Betrag von ca. 2,2 Mrd. € pro Jahr.

Tab. 2: Geschätzte Gesamtkosten für die Klärschlammentsorgung in der EU

	Mittl. EP €/Mg OS	Menge Mg TR/a	Menge Mg OS/a (bei 25 % TR)	Kosten €/a
Landwirtschaft	45,-	3.624.573	14.498.293	652.423.142
Verbrennung	90,-	1.790.484	7.161.936	644.574.229
Deponie	75,-	1.107.854	4.431.415	332.356.152
Komp./Rekult.	55,-	1.401.625	5.846.500	321.557.482
Sonstiges	75,-	820.254	3.521.017	264.076.242
SUMME	-	8.864.790	35.459.160	2.214.987.247

3 Konsequenzen eines Hygienisierungsgebotes

3.1 Technische Auswirkungen

Der größte Teil der Klärschlämme, die in Deutschland bodenbezogen stofflich verwertet werden (Landwirtschaft, Landschaftsbau), durchläuft auf den Kläranlagen folgenden Behandlungsweg:

Der Rohschlamm der Kläranlage wird in einem Speicher / Vorlagebehälter / Voreindicker gemischt, gesammelt oder gespeichert. Damit wird die wichtige gleichmäßige Beschickung der Faulbehälter sichergestellt.

Der Rohschlamm wird in den Faulbehältern bei i. M. 37 °C und Aufenthaltszeiten von mehr als 20 Tagen stabilisiert. Dabei wird etwa die Hälfte der organischen Substanz des Rohschlammes abgebaut und in nutzbares Biogas umgewandelt.

Der ausgefaulte Schlamm wird in einem Silo / Nacheindicker / Vorlagebehälter gesammelt.

Der ausgefaulte Schlamm wird anschließend entweder direkt flüssig in der Landwirtschaft oder nach vorhergehender Entwässerung in der Landwirtschaft oder dem Landschaftsbau verwertet.

Die Forderung nach einer Hygienisierung der Klärschlämme für eine bodenbezogene stoffliche Verwertung kann u. a. durch folgende zusätzliche Behandlungstechniken erreicht werden (grundsätzlich sind weitere Behandlungsmethoden möglich):

Durch eine **Rohschlammhygienisierung**. Dabei wird der Rohschlamm vor der Faulung für mind. eine Stunde auf mindestens 70 °C erhitzt. Damit weiterhin eine gleichmäßige Beschickung der Faulbehälter möglich bleibt, müssen für die Erhitzung mindestens zwei Behälter vorgesehen werden. Um die Wärmeenergie weitestgehend zu nutzen und den Schlamm wieder abzukühlen, werden Schlamm-Schlamm-Wärmetauscher eingesetzt. Die weitere Behandlung und Verwertung kann dann wie bisher erfolgen.

Durch eine **Nachkalkung des stabilisierten, entwässerten Schlammes**. Da eine Erhitzung des gesamten stabilisierten Schlammes wenig sinnvoll ist (Wärmeenergie anschließend nicht mehr nutzbar) kommt als kostengünstigere Variante nur die Nachbehandlung des entwässerten Schlammes mit Branntkalk in Frage. Dazu wird dem Schlamm nach der Entwässerung z. B. über einen Doppelwellenmischer eine so große Kalkmenge zugemischt, dass die Temperatur und der pH-Wert kräftig ansteigen und eine sichere Hygienisierung erreicht wird. Auftretende Ammoniakemissionen müssen ggf. durch eine Abluftbehandlung erfasst und behandelt werden. Die Frage der Hygienisierung und direkten Verwertung von ausgefaultem Flüssigschlamm bzw. von aerob stabilisiertem Flüssigschlamm (wird von einer Vielzahl kleinerer Kläranlagen praktiziert, die keine Faulung besitzen) in der Landwirtschaft wäre damit allerdings nicht gelöst. Dieser Weg würde bei höheren Hygieneanforderungen entfallen, d. h. alle Schlämme müssten zunächst entwässert und danach, wie oben beschrieben, durch Nachkalkung hygienisiert werden.

3.2 Finanzielle Auswirkungen

Um die finanziellen Auswirkungen eines Hygienisierungsgebots abschätzen zu können, werden zunächst einige Randbedingungen festgelegt:

Rohschlammanfall: 80 g TR/EW·d, bei 4,0 % TR etwa	2,0 l/EW·d
Faulschlammanfall: 55 g TR/EW·d, entspricht etwa	20 kg TR/EW·a
entwässerter Faulschlamm (bei 25 % TR):	80 kg OS/EW·a

Bei einer konventionellen Faulung und anschließender Entwässerung auf 25 % TR (z. B. über eine Zentrifuge) fallen je Einwohnerwert (je Einwohner) jährlich etwa 80 kg entwässerter Klärschlamm an.

3.2.1 Kosten für eine Rohschlammerhitzung

Für die Abschätzung der Investitionen müssen zunächst einige Festlegungen getroffen werden. Ausgehend von Kosten für eine konventionelle Faulungsanlage in Höhe von 600,- bis 800,- €/m³ Faulraumvolumen und Zusatzkosten in Höhe von 20 bis 30 % dieser Kosten für die komplette Anlage zur Rohschlammhygienisierung ergeben sich die folgenden Investitionen:

- Größe der Kläranlage: 50.000 EW
- Rohschlammanfall: 2,0 l/EW·d * 50.000 EW = 100 m³/d
- Faulzeit: 25 d
- Faulraumvolumen: 25 * 100 = 2.500 m³
- Kosten Faulungsanlage: 700 €/m³ * 2.500 m³ = 1,75 Mio. €
- Kosten Hygienisierungsanlage: 25 % * 1,75 Mio. € = ca. 450.000 €

- Kapitalkosten: ca. 50.000 €/a

Zu den Kapitalkosten müssen die (grob geschätzten) Betriebskosten hinzugerechnet werden:

- Energiekosten (Erhitzung, Pumpen etc.): ca. 100.000 €/a
- Erhöhter Betriebs-/Wartungsaufwand: ca. 25.000 €/a
- Erhöhte Instandhaltungs-/Reparaturaufwand.: ca. 25.000 €/a

Es ergeben sich damit Mehrkosten von ca. 200.000 €/a

Bei einer Kläranlagengröße von 50.000 EW und einem spezifischen Schlammanfall von 80 kg OS/EW·a ergeben sich **Zusatzkosten in Hohe von ca. 50,- €/Mg OS**. Bezogen auf den Preis für die landwirtschaftliche Verwertung (25,- bis 45 €/Mg OS, siehe Abbildung 5) bedeutet dies mehr als eine Verdopplung der Kosten.

3.2.2 Kosten für eine Kalkzugabe nach der Entwässerung

Die Investitionen für eine Anlage zur Faulschlammhygienisierung durch Nachkalkung des entwässerten Schlammes betragen für eine 50.000 EW Kläranlage geschätzt etwa 100.000 €, die Kapitalkosten dafür etwa 10.000 €/a. Zusätzlich fallen folgende

Betriebskosten an:

- Kalkbedarf ca. 250 kg CaO pro Tonne entwässertem Klärschlamm
- Kalkkosten ca. 100 € pro Tonne incl. MwSt. = 25 € pro Tonne entw. Klärschlamm
- Zus. Entsorgungskosten: 25 % Mehrmenge durch die Kalkzugabe

Weitere Betriebskosten werden vernachlässigt.

Bezogen auf die zu entsorgende feuchte Schlammmenge (50.000 EW; 80 kg/EW·a) ergeben sich folgende Mehrkosten:

- Kapitalkosten 10.000/(50.000*0,08)   ca. 2,50 €/Mg OS
- Kalkkosten   ca. 25,00 €/Mg OS
- Zusätzliche Entsorgungskosten (45,- €/Mg OS): ca. 11,25 €/Mg OS

SUMME   ca. 38,75 €/Mg OS

3.2.3 Kosten der stofflichen Klärschlammverwertung mit Hygienisierung im Vergleich zur thermischen Entsorgung

Es ist nicht davon auszugehen, dass der Entsorgungspreis für die landwirtschaftliche oder landschaftsbauliche Verwertung von hygienisiertem Schlamm gegenüber dem heutigen Preis sinken wird. Für die Gegenüberstellung in Abbildung 7 werden als Grundlage folgende Einheitspreise festgelegt:

- Landwirtschaftliche Verwertung: 35,- €/Mg OS
- Kompostierung/Rekultivierung: 40,- €/Mg OS
- Mitverbrennung in Kraftwerken: 65,- €/Mg OS
- Monoverbrennung: 100,- €/Mg OS

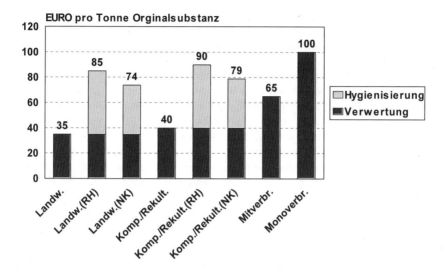

Abb. 7: Vergleich der Verwertungskosten mit/ohne Hygienisierung (RH: Rohschlammhygienisierung; NK: Hygienisierung durch Nachkalkung)

Abbildung 7 zeigt deutlich, dass die Zusatzkosten für eine Hygienisierung (RH = Rohschlammhygienisierung; NK = Nachkalkung) die Kosten für die stoffliche Verwertung soweit in die Höhe treiben, dass eine thermische Entsorgung ohne Hygienisierung (hier: Mitverbrennung im Kraftwerk) günstiger ist. Angesichts der z. T. erheblichen Investitionen, die für die Hygienisierung des Schlammes auf den Kläranlagen erforderlich werden sowie der weiterhin unsicheren gesetzlichen Entwicklung (z. B. EU-Klärschlammrichtlinie) werden sich die Kläranlagenbetreiber sehr genau überlegen, ob eine Nachrüstung zur Hygienisierung erfolgen soll. Wahrscheinlicher wird sein, dass die stoffliche Verwertung zugunsten der thermischen Entsorgung, kurzfristig vor allem zugunsten der Mitverbrennung, stark zurückgehen wird. Die wertvolle Ressource Phosphor geht in diesem Fall verloren (s. o.).

4 Konsequenzen eines Verbots der bodenbezogenen stofflichen Verwertung

Das Verbot einer bodenbezogenen stofflichen Klärschlammverwertung bedeutet, dass alle Schlämme thermisch entsorgt werden müssen. Im folgenden Text sollen nur einige Aspekte der technischen und finanziellen Auswirkungen kurz angerissen werden.

4.1 Technische Auswirkungen

Ein Verbot der bodenbezogenen stofflichen Klärschlammverwertung würde vor allem die vielen kleineren Kläranlagen treffen. Denn gerade bei diesen Kläranlagen wird heute noch in großem Umfang die landwirtschaftliche Flüssigschlammverwertung praktiziert. Hier müssten zukünftig alle Schlämme entwässert werden, da sowohl die Transportfähigkeit als auch die Förderbarkeit in die Verbrennungslinien gegeben sein muss. Eine Entwässerung mit mobilen Zentrifugen bzw. Leihzentrifugen oder ein Flüssigschlammtransport zur nächsten größeren Kläranlage mit Schlammentwässerung wäre erforderlich. Abgesehen von den zusätzlichen Kosten für die Entwässerung und Schlammwasserbehandlung entstehen nicht zu vernachlässigende Umweltbelastungen durch den zusätzlichen Energieverbrauch und die zusätzlichen Straßentransporte.

4.2 Finanzielle Auswirkungen

Wenn man davon ausgeht, dass keine zusätzliche Klärschlammdeponierung erfolgen soll, müsste die gesamte Klärschlammmenge, die bisher landwirtschaftlich und landschaftsbaulich verwertet wird, verbrannt werden. Dies bedeutet in erster Linie zunächst höhere spezifische Entsorgungskosten. Hinzu kommen die unter 3.1 angesprochenen Zusatzkosten für Entwässerung, Schlammwasserbehandlung und Transporte. Ein weiterer Kostenfaktor ist der im Klärschlamm enthaltene Düngewert, der der Landwirtschaft komplett verloren geht und z. B. durch Mineraldünger ersetzt werden müsste.

Um eine Größenordnung für die finanziellen Auswirkungen eines Verbots der bodenbezogenen stofflichen Klärschlammverwertung für die EU abzuschätzen, wurden in Tabelle 3 die Verwertungswege „Landwirtschaft" und „Kompostierung/Rekultivierung" aus Tabelle 2 (s. o.) durch „Verbrennung" ersetzt und die Einheitspreise entsprechend angepasst. Für die Kosten der Klärschlammentsorgung in der EU würde sich eine Kostensteigerung von ca. 2,2 Mrd. € auf ca. 3,1 Mrd. € (rund 40 %) ergeben. Abbildung 8 stellt das Ergebnis dieser überschlägigen Berechnung graphisch dar.

Tab. 3: Geschätzte Gesamtkosten für die Klärschlammentsorgung in der EU ohne stoffliche Verwertung

	Mittl. EP €/Mg OS	Menge Mg TR/a	Menge Mg OS/a (bei 25 % TR)	Kosten €/a
Verbrennung	90,-	3.624.573	14.498.293	1.304.846.370
Verbrennung	90,-	1.790.484	7.161.936	644.574.229
Deponie	75,-	1.107.854	4.431.415	332.356.152
Verbrennung	90,-	1.401.625	5.846.500	526.185.000
Sonstiges	75,-	820.254	3.521.017	264.076.242
SUMME	-	8.864.790	35.459.160	3.072.037.993

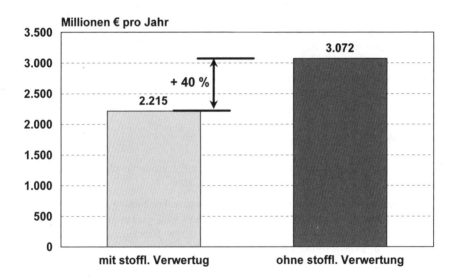

Abb. 8: Klärschlammentsorgungskosten in der EU mit und ohne stoffliche Verwertung

5 Fazit und Ausblick

Derzeit werden etwa 60 % der gesamten in der EU anfallenden Klärschlämme landwirtschaftlich oder landschaftsbaulich genutzt. Die Kosten für die bodenbezogene stoffliche Verwertung sind zum Teil deutlich geringer als die Kosten für die thermischen Entsorgungswege. Ein Verbot der stofflichen Klärschlammverwertung auf EU-Ebene würde die Kosten der Klärschlammentsorgung um etwa 40 % ansteigen lassen. Zukünftige Regelungen sollten daher – unter Voraussetzung der Sicherstellung entsprechender Qualitäten – weiterhin eine bodenbezogene stoffliche Verwertung ermöglichen.

Nach der deutschen Klärschlammverordnung von 1992 sind keine konkreten Hygieneanforderungen für die landwirtschaftliche Klärschlammverwertung zu erfüllen. Aufbringungseinschränkungen (z. B. auf Obst- und Gemüseanbauflächen und Dauergrünland) und die Verpflichtung zur unverzüglichen Einarbeitung nach Aufbringung auf die Ackerflächen haben sich bewährt und bisher zu keinerlei Schadensfällen geführt. Ein Hygienisierungsgebot würde bedeuten, dass zusätzliche Maßnahmen auf den Kläranlagen erforderlich werden, z. B. eine Rohschlammerhitzung oder eine Nachkalkung des entwässerten Schlamms. Die dadurch verursachten zusätzlichen Kosten sind so hoch, dass sie praktisch zu einer Verdopplung der Kosten für die stoffliche Klärschlammverwertung führen würden. Damit wird die stoffliche Verwertung teurer als die thermische Entsorgung, beispielsweise in der Mitverbrennung. Aus Sicht der Kläranlagenbetreiber sind zusätzliche Investitionen für eine Hygienisierung vor dem Hintergrund einer unsicheren Rechtslage (u. a. die angekündigte neue EU-Klärschlammrichtlinie) äußerst kritisch zu beurteilen. Aus diesem Grund wird ein Hygienisierungsgebot einen starken Rückgang der stofflichen Verwertung zugunsten der thermischen Entsorgung zur Folge haben.

6 Literatur

[1] 4. Bericht der Europäischen Kommission zur Klärschlammrichtlinie (DIRECTIVE 86/278/EEC ON SEWAGE SLUDGE), 2006

[2] Ulrich Wieland: „Wasserverbrauch und Abwasserbehandlung in der EU und den Beitrittsländern", EUROSTAT – Statistik kurz gefasst, Umwelt und Energie, Thema 8–13/2003, ISSN 1562-3092, Katalognummer: KS-NQ-03-013-DE-N, Europäische Gemeinschaften, 2003

[3] „Survey of legislative and stakeholder position on sludge in Member States – September 2006", interner Bericht der EUREAU-2-Kommission, unveröffentlicht

[4] Persönliche Mitteilungen von verschiedenen Mitgliedern der Sludge-Working-Group der EUREAU-2-Komission

Eckpunkte der Novelle der Klärschlammverordnung

Claus-Gerhard Bergs

Vorbemerkung

Das Bundesumweltministerium hat in einem Eckpunktepapier und anlässlich einer Expertentagung am 06. und 07.12.2006 Vorschläge unterbreitet, mit denen einerseits die Weichen für eine langfristig angelegte Klärschlammverwertung gestellt, andererseits aber auch die Belange des vorsorgenden Bodenschutzes berücksichtigt werden sollen. Um sowohl den Belangen der Kreislaufwirtschaft als auch den Bodenschutzbelangen zu entsprechen, schlägt das Bundesumweltministerium eine deutliche Absenkung von Schadstoffgrenzwerten vor. Die Vorschläge des „Eckpunktepapieres" orientieren sich daher eng an dem, was in qualitativer Hinsicht bei den Klärschlammbelastungen derzeit realisierbar ist. Durch die beabsichtigten Grenzwerte soll auch der Anreiz zur weiteren Schadstoffminderung bestehen bleiben. Daneben soll die Eigenverantwortung der Klärschlammabgeber durch vertrauensbildende Maßnahmen (Anreize für Entsorgungsfachbetriebe und Güte-/Qualitätssicherung) gestärkt werden.

Ursprünglich sollte die Neufassung der Klärschlammverordnung unter Berücksichtigung der Vorgaben der Novelle der EG-Klärschlammrichtlinie erfolgen; bedauerlicherweise wurde die Richtliniennovelle mehrfach verschoben. Grund war zunächst die vorgezogene Bearbeitung der „Thematischen Strategie Bodenschutz", deren Ziele konsequenterweise auch mit den Regelungen einer novellierten Klärschlammrichtlinie (und einer eventuellen Bioabfallrichtlinie) abzugleichen sind.

Im Rahmen der Beratungen zur Novelle der Abfallrahmenrichtlinie wurde von der Kommission erneut angekündigt, nunmehr alsbald einen Vorschlag für die Neufassung der Klärschlammrichtlinie vorzustellen.

1 Landwirtschaftliche Klärschlammverwertung

In Deutschland fielen in 2004 rd. 2,2 Mio. Tonnen (Trockensubstanz) Klärschlamm aus kommunalen Abwasserbehandlungsanlagen an. Hiervon wurden rd. 60 % in der Landwirtschaft (ca. 30 %) und im Landschaftsbau zu Düngezwecken eingesetzt und damit stofflich verwertet. Grund für den Klärschlammeinsatz in der Landwirtschaft und dem Landschaftsbau sind insbesondere die Phosphorgehalte des Klärschlammes. Die insgesamt in kommunalen Klärschlämmen enthaltenen Phosphate könnten rechnerisch 15–20 % des Phosphatbedarfs der Landwirtschaft abdecken.

Bio- und Sekundärrohstoffverwertung II

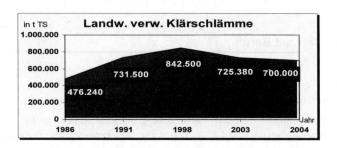

Abb. 1: Quelle: Bericht des BMU an die EG-Kommission gem. Richtlinie 86/278/EWG vom 29.10.2004

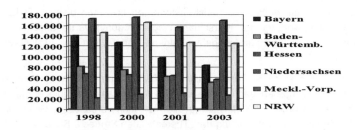

Abb. 2: Entwicklung der Verwertung nach Ländern

Die Schwermetallgehalte der Klärschlämme sind seit Anfang der 80er Jahre z. T. um über 90 % gesunken; ebenso konnten die Gehalte bei relevanten organischen Schadstoffen deutlich reduziert werden.

**Entwicklung der
Schadstoffgehalte in kommunalen Klärschlämmen
Schwermetalle**

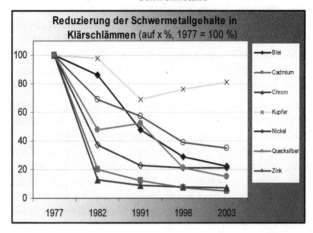

Abb. 3: Entwicklung der Schadstoffgehalte in kommunalen Klärschlämmen – Schwermetalle

2 Aktuelle Überlegungen zur Neufassung der Klärschlammverordnung

Seit dem 1. Juli 1992 gilt die derzeitige Fassung der Klärschlammverordnung – also seit mittlerweile fast 15 Jahren. Bei verschiedenen Bestimmungen der Verordnung hat sich Änderungsbedarf aufgestaut, dem nunmehr entsprochen werden soll.

Bundesumweltminister Gabriel hat entschieden, dass die Anforderungen zu überprüfen und zu verschärfen sind.

Mit der beabsichtigten Novelle der Verordnung soll eine sowohl den aktuellen Belangen des Bodenschutzes als auch den Belangen der Kreislaufwirtschaft und Ressourcenschonung entsprechende Regelung in Kraft gesetzt werden.

Die Erfahrungen der vergangenen Jahre mit den Preiskapriolen bei verschiedenen Rohstoffen lehren, dass wir auch mit der Ressource Phosphor sparsam umgehen sollten – Verknappungen sind kurzfristig nicht zu erwarten, längerfristig aber auch nicht auszuschließen. Gerade die Phosphate mit geringen Schadstoffgehalten (Cadmium) dürften in vergleichsweise kurzer Zeit zur Neige gehen.

Klärschlämme kommunaler Herkunft stellen daher eine Phosphorreserve dar, auf die wir nicht leichtfertig verzichten sollten.

Die bislang vorliegenden Ergebnisse der gemeinsamen Förderinitiative des Bundesforschungs- und des Bundesumweltministeriums zur Phosphorrückgewinnung zeigen, dass dieser Weg gegenwärtig noch keine ökonomisch sinnvolle Alternative zum Einsatz von Rohphosphat ist. Die direkte Nutzung der Klärschlämme als Phosphorreserve stellt demnach den wirtschaftlicheren Weg zur Nutzung der Nährstoffressource Phosphor dar. Andererseits geben die Schadstoffgehalte im Klärschlamm nach wie vor Anlass für eine kritische und permanente Überwachung.

Die nachfolgenden Vorschläge für eine grundlegende Überarbeitung der Klärschlammverordnung liegen auf der Linie des Bundesratsbeschlusses 313/02 vom 26.04.2002 über die „Zukunft der landwirtschaftlichen Verwertung von Klärschlamm". Die Länder forderten darin die Bundesregierung u. a. auf, die Schadstoffgrenzwerte angemessen zu senken, aber auch Technologien zur Rückgewinnung schadstoffarmer Phosphate aus Abwasser/Klärschlamm zu fördern. Das Bundesumweltministerium hat die wesentlichen Vorschläge für eine Änderung der Klärschlammverordnung in einem „Eckpunktepapier" (Neufassung der Klärschlammverordnung – Ressourcen nutzen, Böden schonen) mit Datum vom 21.11.2006 veröffentlicht und u. a. auf der BMU-Homepage eingestellt (www.bmu.de). Die Eckpunkte wurden u. a. im Rahmen einer Expertenanhörung am 06. und 07.12. zur Diskussion gestellt.

Das BMU hält eine Klärschlammverwertung demnach unter den folgenden Rahmenbedingungen für vertretbar;

1. Grundsätzliches Festhalten an dem umweltpolitischen Ziel, dass es **längerfristig zu keiner (wesentlichen) Schadstoffanreicherung** in Böden u. a. durch Düngemaßnahmen, also auch durch Klärschlammdüngung, kommt. Die Durchsetzung dieses Ziels bei der Klärschlammverwertung sollte schrittweise in Anpassung an den Stand der Technik erfolgen. Mit den vorgeschlagenen Grenzwerten erfolgt bereits der entscheidende Schritt in Richtung des langfristig angestrebten Zieles.

Tab. 1: Grenzwertvorschläge – Schwermetalle (in mg/kg TS)

Parameter		Blei	Cadm.	Chrom	Kupfer	Nickel	Quecks.	Zink
Vorschlag	Novelle 2007	100	2	80	(600)	60	1,4	(1.500)
Geltende AbfKlärV		900	10	900	800	200	8	2500
„Gute Qualität und sichere Erträge", Juni 2002, Bodenart „Lehm"		60	0,9	45	70	45	0,5	390

2. Die Parameter **Kupfer und Zink,** die gleichzeitig auch essentielle Spurennährstoffe für Pflanzen sind, wären gesondert zu bewerten, sofern es keine Anhaltspunkte für ein Übermaß und damit erhebliche Bodenanreicherungen sowie toxische Wirkungen auf Mikroorganismen gibt.

3. Einführung eines (Schlamm-)Grenzwertes für Benz-a-Pyren von 1 mg/kg TS. Prüfung der Einführung eines (Schlamm-)Grenzwertes für die polyzyklischen Moschusverbindungen „Tonalid", „Galaxolid" (HHCB, AHTN) und für Organozinnverbindungen (MBT, DBT; nicht TBT) sowie DEHP. (Hinweis: Analysevorschriften für Moschusverbindungen und für zinnorganische Verbindungen werden derzeit durch CEN erarbeitet.)

Tab. 2: Grenzwertvorschläge – organische Schadstoffe (in mg/kg TS; Dioxine = ng/kg TS)

Parameter	PCB	Dioxine	AOX	B(a)P	DEHP	Moschus	MBT + OBT
Vorschlag Novelle	0,1 je Kongener	30 ng	400	1	100?	15? 10?	0,6?
AbfKlärV	0,2 je K.	100 ng	500	-		-	-

Aufgrund der aktuellen Vorkommnisse bei sog. „Bioabfallgemischen" und bei aus dem Ausland importierten Klärschlämmen wird zudem geprüft, ob für PFT ein Grenzwert festzulegen ist oder ergänzende Nachweispflichten erforderlich sind.

4. Schaffung von **Vereinfachungsmöglichkeiten** (u. a. vereinheitlichte Datenerhebung über Umweltstatistikgesetz (UStatG) und AbfKlärV).

5. Schaffung der Möglichkeit zur Teilnahme der Betreiber der Abwasserbehandlungsanlagen an einer **anerkannten Gütesicherung**
(Maßstab für die Anerkennung von Güte-/Qualitätssicherungsinstitutionen wären die entsprechenden Anforderungen, die in dem Bund/Länder-Papier „Hinweise zum Vollzug der Bioabfallverordnung" niedergelegt sind).
Bei Teilnahme an Systemen der Güte-/Qualitätssicherung könnte auf regelmässige Dioxin- und PCB- Untersuchungen verzichtet werden. Voraussetzung: Besonders niedrige Belastungen in den vergangenen zehn Jahren.
Zudem: Befreiung von Voranzeige der Klärschlammaufbringung und Verzicht auf (Wiederholungs-) Bodenuntersuchungen.

6. Prüfung der Einführung von Anforderungen an die **Material"hygiene"** (Salmonellen) oder erweiterte Auflagen an Einarbeitung/Anbaueinschränkungen.

7. Harmonisierung der **Boden(grenz)werte** für Schwermetalle mit der Bundesbodenschutzverordnung und der Bioabfallverordnung.

8. Redaktionelle **Klarstellungen**
(u. a. Definition Klärschlammkompost, Gartenbau; Einbeziehung der Kalkgehalte bei der Ermittlung der Schadstoffbelastungen);

9. **Erweiterung des Anwendungsbereiches** der qualitativen Anforderungen der Klärschlammverordnung auch auf Flächen außerhalb von Landwirtschaft und Gartenbau.

Grenzwertregelungen für Nonylphenol und Lineare Alkylbenzolsulfonate [LAS] werden aus fachlicher Sicht nicht für zwingend gehalten, da diese Verbindungen entweder im Boden sehr schnell abgebaut werden oder sich die bereits erreichten Reduzierungen der Klärschlammbelastungen aufgrund von Anwendungsbeschränkungen dieser Stoffe weiter fortsetzen werden. Zu prüfen ist die Eignung von Biotestverfahren, um die Relevanz von Klärschlammzufuhr auf Mikroorganismen zu bewerten.

Parallel zur Fortführung der bodenbezogenen Klärschlammverwertung von Klärschlämmen guter Qualität wird auch weiterhin die gemeinsam von BMBF, BMU und BMELV getragene „Förderinitiative Kreislaufwirtschaft für Pflanzennährstoffe, insbesondere Phosphor" unterstützt. Ziel der Initiative ist es, Impulse für die Nutzbarmachung der in organischen Materialien (Klärschlämme, aber auch tierische Nebenprodukte, wie Knochen und Tiermehle) enthaltenen Pflanzennährstoffe als Ausgangsstoff für Düngemittel und für innovative Verfahren zu geben.

3 Klärschlammentschädigungsfonds

Rechtsklarheit besteht mittlerweile hinsichtlich der Frage, ob die Regelungen der Klärschlamm-Entschädigungsfondsverordnung verfassungsgemäß sind. Mit seinem am 10.08.2004 bekannt gegebenen Beschluss vom 18. Mai 2004 hat das Bundesverfassungsgericht die Verfassungsbeschwerden von zwei Abwasseranlagenbetreibern und vier Kommunen, die sich gegen die Einrichtung eines abgabenfinanzierten Entschädigungsfonds für Schäden, die durch die landbauliche Verwertung von Klärschlamm entstehen könnten, als unbegründet zurückgewiesen. Das Bundesverfassungsgericht hat festgestellt, dass die Beitragspflicht für den Klärschlamm-Entschädigungsfonds nicht in verfassungswidriger Weise in Grundrechte eingreift. § 9 Düngemittelgesetz und die Klärschlamm-Entschädigungsfondsverordnung verstoßen auch nicht gegen die Gewährleistung der gemeindlichen Selbstverwaltung nach Art. 28 Abs. 2 Grundgesetz. Damit hat das Bundesverfassungsgericht die Position des Bundes bestätigt, der immer von der Verfassungsmäßigkeit des Klärschlamm-Entschädigungsfonds ausgegangen ist.

Ein Beleg dafür, dass die Klärschlammverwertung zu keinen akuten Schäden führt, ist die Tatsache, dass weder der lange bestehende freiwillige Entschädigungsfonds noch der seit 1999 existierende gesetzliche Entschädigungsfonds bisher Schadenersatzleistungen leisten musste.

4 Grenzwertüberlegungen auf der EU-Ebene

Von Verzögerungen geprägt sind die Arbeiten an der Novellierung der aus dem Jahr 1986 stammenden EU-Klärschlammrichtlinie. Bereits 1999 wurden erste Arbeitsentwürfe besprochen, es soll 2007 nunmehr der erste Richtlinienvorschlag vorgelegt werden. Dieser war zwischenzeitlich als Bestandteil der „Thematischen Strategie Bodenschutz" vorgesehen.

Die wesentlichen Eckpunkte in einem nach wie vor aktuellen Arbeitspapier aus dem Jahr 2000 sind folgende:

- Zunächst soll der Anwendungsbereich der Richtlinie künftig auch auf sonstige Flächen (Landschaftsbau, Parkflächen etc.) ausgeweitet werden.

- Für Klärschlämme sieht das EU-Papier ein zeitlich gestaffeltes Stufenkonzept für die zulässigen Schadstoffgehalte vor (vgl. Anhang, Tabelle 3). Dabei waren bereits für 2005 Höchstgehalte vorgesehen, die deutlich unter den derzeit noch zulässigen Werten der 1986er Richtlinie liegen. Die auf lange Sicht (ca. 2025) vorgesehenen Werte werden in der Bundesrepublik Deutschland schon jetzt weitgehend eingehalten.

- Die EU-Vorstellungen für die Richtlinien-Novelle beinhalten auch Überlegungen für Grenzwerte für organische Schadstoffe. Neben den in Deutschland geregelten Dioxinen/Furanen, PCB und AOX sollen ggf. auch zusätzlich LAS, DEHP, Nonylphenol und PAKs geregelt werden. Dies würde – auch für Deutschland – eine deutliche Verschärfung der Bestimmungen für die Klärschlammverwertung bedeuten (vgl. Anhang, Tabelle 4).

- Daneben soll die Häufigkeit der Schadstoffuntersuchungen in Abhängigkeit von den seitens der jeweiligen Kläranlage zur Aufbringung vorgesehenen Menge gestaffelt werden.

Zusätzlich hierzu hat die EG-Kommission in einer Ende 2003 veröffentlichten Unterlage die Erwartung geäußert, dass die Qualität der Klärschlämme künftig so verbessert wird, dass prinzipiell 75 % der Schlämme für eine Verwertung in Frage kommen. Die Beratungen über eine aktualisierte EG-Klärschlammrichtlinie sollen nunmehr 2007 auf der Grundlage eines Richtlinienentwurfes wieder aufgenommen und die novellierte Richtlinie könnte im Jahr 2008 oder 2009 in Kraft gesetzt werden.

5 Ausblick

Hinsichtlich der Zukunft der landwirtschaftlichen Klärschlammverwertung kann derzeit die Aussage getroffen werden, dass sich die Anforderungen künftig erheblich verschärfen werden – aktuell insbesondere auf Grund nationaler Vorgaben. Akute

Gefährdungen von Böden durch Klärschlämme bestehen nicht, so dass die rechtlichen Neuregelungen ohne zeitlichen Druck erarbeitet werden können.

Offensichtlich hat es auch die EG-Kommission mit der Novelle der Klärschlammrichtlinie nicht besonders eilig, obwohl die bisherigen Grenzwerte noch erheblich über den in Deutschland gültigen Werten liegen und diese – zumindest nach dem aktuellen Stand der Abwassertechnik – auf längere Sicht als nicht vertretbar anzusehen sind.

Anhang

Tab. 3: Grenzwertvorschläge (EG) für Schwermetalle im Klärschlamm zur landwirtschaftlichen Verwertung[a]
(Grenzwerte können alternativ auf Trockenrückstand oder auf Phosphorgehalt bezogen werden)

Schwermetall	Grenzwerte (mg/kg TS)		Zielwerte[1]	
	Richtlinie 86/278/EWG	Vorschlag	Mittelfristig (ca. 2015)	Langfristig (ca. 2025)
Kadmium	20–40	10 (250)	5	2
Kupfer	1000–1750	1000 (25000)	800	600
Quecksilber	16–25	10 (250)	5	2
Nickel	300–400	300 (7500)	200	100
Blei	750–1200	750 (18750)	500	200
Zink	2500–4000	2500 (62500)	2000	1500
Chrom	-	1000 (25000)	800	600

[a] Stand: Arbeitspapier der EU vom 27.04.2000

[1] 90 % der Schlämme, die landwirtschaftlich verwertet werden, sollen mittel- bzw. langfristig die „Zielwerte" unterschreiten.

In Klammern: Auf den Phosphorgehalt bezogene Grenzwerte

Tab. 4: EU-Diskussionswerte für organische Schadstoffe im Klärschlamm bei landwirtschaftlicher Verwertung[a]

Schadstoff	(mg/kg TS)
AOX	500
AS	2600
DEHP	100
Nonylphenol[1]	50
PAK (9)	6
PCB (7)[2]	0,8
PCDD/-F (TE)	100 ng

[a] Stand: Arbeitspapier der EU vom 27.04.2000
[1] Nonylphenol und Nonylphenoletoxylat
[2] Summe der PCB-Kongenere 28, 52, 101, 118, 138, 153 und 180.

Erfahrungen aus Brandschäden von Zwischenlagern – Wie muss Abfall/EBS zwischengelagert werden?

Wolfgang Bräcker

Zusammenfassung

In Zwischenlagen für unbehandelte oder teilbehandelte Abfälle ist es wiederholt zu Bränden gekommen. Als Brandursache stellte sich vielfach Selbstentzündung in Folge biologischer Prozesse heraus.

Zur Brandverhütung und zur Brandbekämpfung sind im Vorfeld umfangreiche bauliche sowie organisatorische und betriebliche Maßnahmen erforderlich.

Das Einwickeln von Abfällen in folienumwickelten Ballen hat sich auch aus Brandschutzgründen als positiv herausgestellt.

Bestehende Lager sollten umgehend auf ihren Brandschutz hin geprüft und erforderliche Maßnahmen schnellstmöglich ergriffen werden.

1 Allgemeines

Seit dem 01.06.2005 dürfen auf Deponien nur noch Abfälle abgelagert werden, die die Zuordnungswerte der Abfallablagerungs- [AbfAblV, 2002] und der Deponieverordnung [DepV, 2004] einhalten. Da zu diesem Zeitpunkt die Behandlungskapazitäten nicht ausreichten, wurden mehrere Zwischenlager für unbehandelte und heizwertreiche Abfälle errichtet („Notfallzwischenlager"). Weitere Zwischenlager existieren oder sind geplant für die Zwischenlagerung von Abfällen während Ausfallzeiten von Behandlungsanlagen („Ausfallzwischenlager") oder als logistische Zwischenlager, um qualitative oder quantitative Schwankungen des Abfallaufkommens vor einer Behandlungsanlage kompensieren und so die Anlage gleichmäßiger auslasten zu können („Logistiklager"). Insgesamt waren in Niedersachsen folgende Zwischenlager in Betrieb, im Bau oder in Planung:

Tab. 1: Abfallzwischenlager in Niedersachsen (aus: Erhebung des Niedersächsischen Umweltministeriums, Stand 15.08.2006)

	Anzahl	Massen [Mg]
Notfallzwischenlager	8	
Logistikzwischenlager (Bereitstellung und heizwertreiche Fraktion)	6	
Zwischenlager gesamt	14	
Genehmigte Masse		5.000–200.000
Zwischengelagerte Masse		0–60.500
Im Genehmigungsverfahren		7.000–30.000

Zu „Notfallzwischenlagern" geben ein Erlass des Niedersächsischen Umweltministeriums [MU, 2004] und zu „Logistik-" und „Ausfallzwischenlagern" die AbfallwirtschaftsFakten 10 [NLÖ, 2004] Hinweise zu den genehmigungsrechtlichen und technischen Anforderungen.

Nachdem im Herbst 2005 in drei Zwischenlagern in Niedersachsen Brände aufgetreten sind und es auch außerhalb Niedersachsens zu Bränden in Abfallzwischenlagern kam, hat das Niedersächsische Umweltministerium die Zentrale Unterstützungsstelle Abfallwirtschaft und Gentechnik beim Staatlichen Gewerbeaufsichtsamt Hildesheim beauftragt, die zu diesem Zeitpunkt vorliegenden Erkenntnisse zu den Brandursachen in AbfallwirtschaftsFakten darzustellen und in Abstimmung mit den für den vorbeugenden und abwehrenden Brandschutz zuständigen Landesministerien Empfehlungen zum Brandschutz zu geben. Diese wurden als AbfallwirtschaftsFakten 13 veröffentlicht und zwischenzeitlich als AbfallwirtschaftsFakten 13.1 [GAA Hildesheim, 2006] fortgeschrieben. Sie sind verfügbar auf der Internetseite der Staatlichen Gewerbeaufsichtsverwaltung Niedersachsens (www.gewerbeaufsicht.niedersachsen.de). Deren Inhalt wird nachfolgend dargestellt.

2 Situation der Brände

In einem Fall wurde auf der Oberfläche des bis zum 31.05.2005 beschickten Deponieabschnittes unbehandelter Abfall zwischengelagert. Die Zwischenlagerfläche war an der Basis mit einer 50 cm dicken mineralischen Schicht versehen. Die Lagerung fand geschüttet in einer Miete für Hausmüll und in einer zweiten Miete für Sperrmüll statt. Der Abfall wurde mittels Kompaktor verdichtet.

Der Brand entstand im Bereich der Sperrmüllmiete. Die Flammenerscheinung und der anschließend festgestellte Zustand der Abfälle deuten darauf hin, dass ausströmendes Deponiegas, das aus dem unterlagernden Deponiekörper den gut durchlässigen Sperrmüllbereich mit hoher Methankonzentration durchströmte, wesentlich zum Brandgeschehen beigetragen hat. Das Feuer wurde erfolgreich durch Abdecken mit Boden bekämpft.

In einem weiteren Fall handelte es sich ebenfalls um ein Zwischenlager, das auf der Deponieoberfläche angelegt wurde. Der unbehandelte Siedlungsabfall wurde auf eine 50 cm dicke mineralische Schicht geschüttet und mittels Kompaktor verdichtet. Die Randbereiche waren steil und offensichtlich weniger stark verdichtet. Insbesondere in diesem Randbereich brannte der Abfall. Zur Brandbekämpfung wurde der Abfall mit Großgerät umgesetzt und mit Wasser gelöscht.

Im nächsten Fall wurden heizwertreiche Abfälle auf einer asphaltierten Fläche zwischengelagert. Diese Abfälle wurden zunächst in offene Ballen gepresst und in zwei Halden mit je rd. 1500 m³ aufgesetzt.

Nach rd. drei Monaten Lagerzeit wurde in der zuerst errichteten Halde ein Schwelbrand festgestellt, der durch Selektieren des Brandherdes unter gleichzeitigem Ablöschen durch die Feuerwehr an einer weiteren Ausbreitung gehindert werden konnte. Die in diesem Zusammenhang ausgebreiteten Abfälle wurden als Sofortmaßnahme mittels Kompaktor verdichtet. Anschließend sollten die Abfälle zur weiteren Zwischenlagerung in mit Folie umwickelte Ballen gepresst werden. Diese Maßnahmen waren bereits angelaufen.

In der Zwischenzeit wurde regelmäßig die Temperatur in der zweiten Halde mittels Sonde überwacht, ohne dass die Brandgefahr rechtzeitig erkannt worden ist. Nach einer Lagerzeit von wiederum ca. drei Monaten brannte auch dieses Zwischenlager. Dieser Brand deutete sich auch bei einer Begehung wenige Stunden vor dem Ausbruch noch nicht an.

Das Feuer breitete sich schnell über weitere Bereiche des Zwischenlagers aus. Es griff trotz geringer Entfernung aber nicht auf das benachbart zwischengelagerte, mittels Kompaktor verdichtete Material über. Die vorhandene Brandschneise von 5 m erwies sich jedoch für die Arbeit der Feuerwehr als zu gering. Der Brand wurde mit Wasser gelöscht. Der Abfall wurde umgelagert und die Brandnester wurden nachgelöscht.

Das nachfolgende Photo zeigt, wie die Flammen zwischen den einzelnen Ballen hervortreten. Am linken Bildrand sind die mit Kompaktor verdichteten heizwertreichen Abfälle zu erkennen.

Abb. 1: Photo: Schaumburger Wochenblatt vom 14.12.2005

Ein Zwischenlager, in dem heizwertreiche Abfälle mit nur relativ geringer Verdichtung in Mietenform eingebaut waren, brannte zweimal. Einmal konnte durch Temperaturmessungen innerhalb der Miete der in Folge biologischer Prozesse über mehrere Wochen stattfindende Temperaturanstieg deutlich beobachtet. Beim zweiten Mal kam es bereits kurz nach der Anlieferung von Abfällen zum Brand. Sofern keine Brandstiftung vorliegt, kann dieser Brand auf chemische Prozesse zurückgeführt werden, die von bestimmten Abfällen ausgelöst worden sein können.

Es zeichnete sich ab, dass einerseits bei einer lockeren Lagerung von Abfällen auf der Deponie in Folge von Gaswegsamkeiten ein schnelles und konzentriertes Austreten von Deponiegas stattfinden kann und andererseits auch in den heizwertreichen Abfällen erhebliche biochemische Umsetzungsprozesse stattfinden können, die zu einer Selbstentzündung führen können, wie sie aus „Heustockbränden" in der Landwirtschaft bekannt sind.

Die Tatsache, dass sich im ersten Fall der Brand ausschließlich auf den Sperrmüllbereich, nicht aber auf den Hausmüllbereich erstreckte, und das Feuer in den beiden anderen Fällen nicht auf die verdichtet gelagerten Abfälle übergriff, lässt zunächst darauf schließen, dass die Gefahr bei einer mit Kompaktor verdichteten Lagerung von Abfällen ähnlich gering einzuschätzen ist, wie die Gefahr von Deponiebränden, wie sie früher hin und wieder bei der Ablagerung unbehandelter Abfälle auftraten.

In einem Lager, in dem heizwertreiche Abfälle in folienumwickelten Ballen zwischengelagert werden, kam es nach einer Lagerdauer von ca. zwei bis drei Monaten wiederholt zu Glimmbränden in einzelnen Ballen. Die Rechteckballen wurden in einer stationären Anlage gewickelt. Aufgrund der großen Menge von bis zu 500 Ballen pro Tag, lief die Wicklung im Dreischichtbetrieb. Da die Einlagerung im Zwischenlager nur am Tage stattfand, mussten die Ballen kurzfristig zunächst im Bereich der Wickelanlage gelagert werden. Durch das zusätzliche Absetzen und Aufnehmen der

Ballen war die Gefahr von Beschädigungen der Folienumwicklung deutlich größer als bei Anlagen, bei denen die Ballen von der Wickelanlage direkt ins Zwischenlager gelangen. Das Lager befindet sich auf einer als Deponiebasis hergerichteten Fläche. Sie ist unterteilt in maximal 2000 m² große Abschnitte. Die Lagerhöhe beträgt bis zu 9 m.

Die Brände traten in oberen Ballenlagen auf. Die brennenden Ballen befanden sich oberhalb von Dränagen des Deponiebasisabdichtungssystems bzw. nach stärkerem Wind an der Luvseite innerhalb der Mieten.

Die Erfahrungen aus der Landwirtschaft mit der Lagerung von Heu zeigen, dass in mit Folien umwickelten Ballen ein biochemischer Abbauprozess zwar beginnt, aber nicht mit so hohen Temperaturen abläuft, dass es zu einer Selbstentzündung kommen kann. Positive Erfahrungen an zahlreichen Abfallzwischenlagern mit folienumwickelten Ballen bestätigen auch für diesen Anwendungsbereich den Vorteil dieser Lagerform. Da bisher nur dieser eine Fall bekannt ist, in dem Abfälle wiederholt in folienumwickelten Ballen brannten, ist davon auszugehen, dass in diesem konkreten Fall einzelne oder mehrere besonders ungünstige Randbedingungen vorlagen. Nach Auffassung des hinzugezogenen Sachverständigen kann die Brandursache u. a. in einem durch das gut durchlässige Auflager und die Mietenhöhe von 9 m begünstigten Kamineffekt gesehen werden. Von den unteren Ballenlagen erwärmte Luft steigt nach oben erwärmt die oberen Ballenlagen zusätzlich.

Aufgrund des jeweils sehr langsamen Brandfortschritts konnten die glimmenden Ballen jeweils mittels Spezialbagger separiert und gelöscht werden.

3 Allgemeine brandschutztechnische Anforderungen

Die allgemeinen brandschutztechnischen Anforderungen ergeben sich aus der Niedersächsischen Bauordnung [NBauO].

Der o. g. Erlass des MU und die AbfallwirtschaftsFakten 10 beinhalten auch entsprechend der unterschiedlichen technischen Konzepte und Betriebsweisen der Lager allgemeine brandschutztechnische Anforderungen:

Notfallzwischenlager:

Um ... die Brandgefahr ... zu minimieren, ist der Abfall lagenweise mittels Kompaktor verdichtet einzubauen.

Ausfallzwischenlager:

Es ist zu prüfen, ob das Ausfallzwischenlager brandschutztechnischer Maßnahmen bedarf. Die ggf. erforderlichen und geplanten Maßnahmen sind von einem Sachverständigen in einem Brandschutzgutachten darzustellen.

Logistikzwischenlager:

Die Zwischenlagerung von Restabfällen bedarf einer Reihe brandschutztechnischer Maßnahmen. Die zu diesem Zweck erforderlichen und geplanten Maßnahmen sind von einem Sachverständigen in einem Brandschutzgutachten darzustellen.

4 Empfehlungen

4.1 Baulicher Brandschutz

Die nachfolgenden Empfehlungen beziehen sich auf die Lagerung von Abfällen im Freien.

Um das Ausmaß eines Brandes räumlich zu begrenzen, sollten die Abfälle in <u>Lagerabschnitten</u> gelagert werden, die eine Fläche von 2000 m² nicht überschreiten. Diese Lagerabschnitte sollten entweder untereinander mindestens 10 m voneinander entfernt angelegt oder es sollten Brandwände nach DIN 4102 Teil 3 [DIN, 1977] vorgesehen werden, die mindestens 1 m über die maximale Lagerguthöhe reichen und an den offenen Seiten des Lagers die Lagertiefe um mindestens 0,5 m überschreiten.

Die Lagerabschnitte sollten unter Berücksichtigung der Wurfweite von CM-Strahlrohren in <u>Lagerblöcke</u> von maximal 20 x 20 m, d. h. 400 m² unterteilt werden und von mindestens zwei Seiten zugänglich sein. Die Anforderungen an die Trennung der Lagerblöcke entsprechen denen der Lagerabschnitte.

Lagerblöcke können zu Lageblockreihen oder -gruppen zusammengefasst werden, wie z. B. in [MORAVEC]:

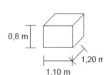

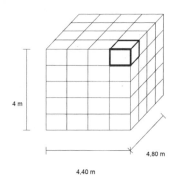

Abb. 2:   Ballen   Abb. 3:   Lagerblock

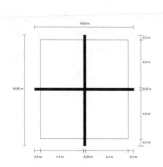 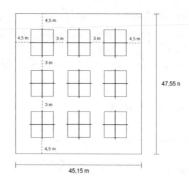

Abb. 4: Lagerblockgruppe Abb. 5: Aufteilung eines Lagerabschnitts

Der Verband Kunststofferzeugende Industrie e. V. (VKE) nennt folgende Maße für die Trennung von Freilagern zu Grundstücksgrenzen und Nachbargebäuden [VKE 1994]:

Tab. 2: Mindestbreite von Freiflächen

Abstand zu Außenwänden, die als Brandwand ausgeführt sind oder feuerbeständig ohne Öffnungen sind	0 m
Abstand zu Feuer hemmenden Außenwänden (F30-AB) ohne Öffnungen	5 m
Abstand zu sonstigen Außenwänden	10 m

4.2 Branderkennung und -meldung

Es muss sichergestellt sein, dass Brände in ihrer Entstehungsphase erkannt und gemeldet werden, um sie rechtzeitig bekämpfen zu können. Die auf der Anlage Beschäftigten sollten daher jederzeit über Einrichtungen (z. B. Funk oder Handy) verfügen, mittels derer sie Brände an eine betriebsinterne, ständig besetzte Feuermeldestelle melden können.

In unübersichtlichen Lagern, während der Arbeitsruhe und nachts erscheinen mehrmalige Kontrollen durch Werkschutz oder Wachpersonal erforderlich.

4.3 Brandbekämpfung

Zum Lager sollten zwei Zufahrten vorgesehen werden, um auch bei ungünstiger Windrichtung einen Zugang zum Lagerbereich jederzeit und ohne Atemschutz zu ermöglichen.

Die Feuerwehrzufahrten sollten ebenso wie die Aufstellflächen ausreichend dimensioniert sein (siehe DIN 14090 [DIN, 2003]). Sie sollten durch Hinweisschilder (DIN 4066 [DIN, 1997]) mit der Aufschrift "Feuerwehrzufahrt" bzw. "Fläche für die Feuerwehr" gekennzeichnet werden. Die Hinweisschilder sollten so angebracht werden, dass sie von öffentlichen Verkehrswegen aus sichtbar sind.

Wegen der meist hohen Brandbelastung, der Gefahr der schnellen Brandausbreitung und der Großräumigkeit kommt der Löschwasserversorgung bei Lagerbränden eine besondere Bedeutung zu. Je nach Lagerart und Lagergut kann die notwendige Löschwassermenge die Richtwerte des DIN/DVGW-Regelwerkes, Arbeitsblatt W 405, deutlich überschreiten. Die Kunststofflager-Richtlinie [KLR, 1998] nennt eine erforderliche Löschwassermenge von 96 m³/Stunde über einen Zeitraum von zwei Stunden.

Nach der Richtlinie des VKE [VKE, 1994] wird eine Wassermenge als ausreichend angesehen, wenn für je 100 m² Fläche des größten Brandabschnittes eine Wasserlieferung von mindestens 200 l/min bei einem Fließdruck von mindestens 3 bar vorhanden ist. Das bedeutet für eine Lagerfläche von 2000 m², dass 4000 l/min benötigt werden.

Dobbelstein [DOBBELSTEIN 1993] schlägt für die Dimensionierung des Löschwasserbedarfs folgende Formel vor:

$V_{LW} = 1,5 \times A_{BA}$

V_{LW} = maximal eingesetzte Löschwassermenge [m³]

A_{BA} = Brandabschnittsfläche [m²]

Benutzt man die vorher genannte Brandabschnittsgröße, so ergeben sich für die Brandbekämpfung erforderliche Löschwassermengen von mindestens 3000 m³. Zu dieser Menge sollte nach Meinung von Dobbelstein ein Zuschlag von 50 % für die notwendige Bindung des frei werdenden Chlorwasserstoffgases hinzugerechnet werden.

Der Verband der Sachversicherer (VdS) ist der Meinung, dass es am sichersten und am schnellsten ist, das Löschwasser über ausreichend dimensionierte Rohrleitungen (Ringleitung DN 150) mit daran angeschlossenen Hydranten im Abstand von nicht mehr als 80 m untereinander zu entnehmen. Die Hydranten sollten in der Regel als Überflurhydranten ausgebildet und vor Verschmutzung sowie Eis und Schnee freigehalten werden. Für die Ersthilfe bei Entstehungsbränden sollten für die Mitarbeiter geeignete Schlauchleitungen und Wasseranschlussmöglichkeiten vorhanden sein.

4.4 Löschwasserrückhaltung

Das Löschwasser wird durch den Abfall verunreinigt und kann Grund- und Oberflächenwasser gefährden. Vielfach wird Schaum zur Brandbekämpfung eingesetzt, der ebenfalls zu einer Gewässerbeeinträchtigung führen kann. Werden Abfälle auf befestigten Flächen außerhalb gedichteter Deponiebereiche gelagert, ist daher auf die Möglichkeit einer ausreichenden Löschwasserrückhaltung zu achten [LöRüRL]. Das Rückhaltevolumen sollte auf die maximale Löschwassermenge abgestimmt sein. Bodenabläufe sollten frei zugänglich sein, um sie auch im Brandfall reinigen und so eine ordnungsgemäße Ableitung des Löschwassers sicherstellen zu können.

4.5 Organisatorische und betriebliche Maßnahmen

Bei Einrichtungen mit einer erheblichen potenziellen Brandgefährdung sind eine Reihe organisatorischer Maßnahmen üblich wie

- Bestellung eines Brandschutzbeauftragten,
- Aufstellung einer Brandschutzordnung (DIN 14096 Teil 1 bis 3 [DIN, 2000 a)–c)]),
- Aufstellung eines Alarmplanes,
- Aushang einer Alarmordnung und
- Bereithaltung von Feuerwehrplänen (DIN 14095 Teil 1 [DIN, 1998]) und Einsatzplänen.

Diese organisatorischen Maßnahmen sollten auch bei Abfallzwischenlagern getroffen werden. Darüber hinaus kann nach den Empfehlungen des VKE ein Einlagerungsplan eine zusätzliche Hilfe zur Orientierung und Gefahrenabwehr sein. Er sollte die Aufteilung der Lagerflächen und die Art und die Menge der gelagerten Stoffe (z. B. Listenführung im Betriebsbüro) enthalten, um im Brandfall die aktuelle Lagermenge schnell ermitteln zu können. Der Plan ist ständig fortzuschreiben und außerhalb des Lagers an einer jederzeit erreichbaren Stelle aufzubewahren.

Neben der üblichen Ausbildung und Unterweisung der Belegschaft zu Maßnahmen des Brandschutzes empfiehlt es sich, mit der örtlichen Feuerwehr gemeinsam Lösch- bzw. Brandschutzübungen durchzuführen.

Auf regelmäßigen Brandschauen können Mängel frühzeitig erkannt und so Gefahrenquellen beseitigt werden.

In Bezug auf eine Selbstentzündung hat sich das Einwickeln von Abfällen in Folien als günstig erwiesen. Auch aus diesem Grund hat das Niedersächsische Umweltministerium festgelegt [MU, 2006], dass grundsätzlich die nicht nur kurzfristige Lagerung heizwertreicher Abfälle künftig ausschließlich in folienumwickelten Ballen zugelassen werden darf. Zum Einwickeln sollten bevorzugt Wickelstretchfolien eingesetzt werden, da das Schweißen und Schrumpfen von Folien eine besondere Gefahrenquelle darstellen kann, weil es bei lokaler Überhitzung zur Entzündung der Abfälle führen kann.

Sofern im Zwischenlager Feuer- und Heißarbeiten durchgeführt werden müssen, sollte hierfür die schriftliche Genehmigung des für das Lager Verantwortlichen eingeholt werden.

Im Zwischenlager sollte das Rauchen untersagt werden.

Fahrzeuge, die sich im Zwischenlager bewegen (z. B. Gabelstapler), sollten regelmäßig gewartet werden (insbesondere Kraftstofftanks und -leitungen, Auspuff, elektrische Anlagen und Sicherheitseinrichtungen). Dieselbetriebene Gabelstapler sollten mit Funkenfängern ausgestattet sein.

Sofern das Entstehen von Methan im Zwischenlager nicht ausgeschlossen werden kann, sollten nur explosionsgeschützte Fahrzeuge eingesetzt werden.

Fahrzeuge sollten nicht im Lager abgestellt werden.

Sofern möglich sollten die Abfälle hinsichtlich ihrer stofflichen Zusammensetzung getrennt gelagert werden. Dies betrifft insbesondere die Lagerung von PVC.

Für weitergehende Informationen wird auf die aufgeführte Literatur verwiesen.

4.6 Sofortmaßnahmen bei bestehenden Lagern

Es wird empfohlen zu prüfen, ob Brandschutzgutachten vorliegen und die bisherigen Erkenntnisse aus den Bränden in den vorliegenden Gutachten bereits inhaltlich berücksichtigt wurden. Mit den verantwortlichen Personen der örtlichen Feuerwehren sollten zeitnah Begehungen stattfinden, damit sie sich mit der Situation vor Ort vertraut machen können.

Es sollte in kurzen Intervallen der Methangehalt und die Temperatur im Zwischenlager gemessen werden. Die Temperatur kann über eine größere Anzahl von Sonden oder mittels Wärmebildkamera gemessen werden. Mit diesen Temperaturmessungen werden jedoch nur die oberflächennahen Bereiche erfasst. Werden Temperaturen von deutlich über 50 °C gemessen, sollten vorbeugend die weitergehenden Maßnahmen zum Brandschutz in enger Abstimmung mit dem Brandschutzbeauftragten und der örtlichen Feuerwehr abgestimmt werden.

Abfälle sollten ausschließlich entweder in mit Folie umwickelten Ballen oder mittels Kompaktor verdichtet gelagert werden. Bei der Verdichtung ist auch auf eine ausreichende Verdichtung der Ränder des Lagers zu achten.

Bei der Lagerung von Abfällen auf der Deponieoberfläche sollte dafür Sorge getragen werden, dass kein Deponiegas in die Abfälle gelangen kann. Dies kann entweder durch eine Abdichtung und/oder eine räumlich gezielte Gasabsaugung unter dem Zwischenlager geschehen. Im Falle einer Abdichtung ist für eine geordnete Entwässerung von belastetem Wasser zu sorgen.

Die bisherigen Brände erstrecken sich i. W. auf Zwischenlager mit geschütteten, unzureichend verdichten Abfällen und auf Ballenlager mit Ballen ohne Folienumwicklung. Geschüttete Abfälle sollten daher erforderlichenfalls nachverdichtet werden. Zwischenlager mit nicht mit Folie umwickelten Ballen sollten unverzüglich einer brandschutztechnischen Untersuchung unterzogen werden und ggf. unter Bereithaltung von Löschmitteln rückgebaut werden.

Lager sollten stets so angelegt werden, dass für die Feuerwehren ein ausreichender Arbeitsraum vorhanden ist.

Im Brandfall müssen kurzfristig für Nachlöscharbeiten größere Abfallmengen umgelagert werden. Hierfür sollten vorab geeignete Flächen in Abstimmung zwischen Anlagenbetreiber und der zuständigen Behörde ausgewählt werden.

5 Literatur

AbfAblV, 2002: Abfallablagerungsverordnung – Verordnung über die umweltverträgliche Ablagerung von Siedlungsabfällen (AbfAblV) vom 20. Februar 2001 (BGBl. I Nr. 10 vom 27.02.2001 S. 305) zuletzt geändert am 24. Juli 2002 durch Artikel 2 der Verordnung (BGBl. I Nr. 52 vom 29.07.2002 S. 2807)

DepV, 2004: Deponieverordnung – Verordnung über Deponien und Langzeitlager (DepV) vom 24. Juli 2002 (BGBl. I Nr. 52 Seite 2807) zuletzt geändert am 12. August 2004 durch Artikel 2 der Verordnung zur Änderung der Verordnung (BGBl. I Nr. 44 vom 24.08.2004 S. 2190)

NBauO, 2005: Niedersächsische Bauordnung (NBauO) in der Fassung vom 10. Februar 2003 (Nds. GVBl. S. 89), zuletzt geändert durch Art. 1 des Gesetzes vom 23. Juni 2005 (Nds. GVBl. S. 208)

MU, 2004: Erlass des Niedersächsischen Umweltministeriums vom 27.05.2004 (Az.: 37-62800/05/2) „Umsetzung der Abfallablagerungsverordnung: Technische Anforderungen an „Notfallzwischenlager", nicht veröffentlicht

MU, 2006: Erlass des Niedersächsischen Umweltministeriums vom 21.07.2006 (Az.: 37-62800/5/2) „Umsetzung der Abfallablagerungsverordnung: Genehmigung von Zwischenlagern für heizwertreiche Abfälle", nicht veröffentlicht

NLÖ, 2004: AbfallwirtschaftsFakten 10: „Eckpunkte für technische Anforderungen an Restabfallzwischenlager", Niedersächsisches Landesamt für Ökologie, November 2004, www.gewerbeaufsicht.niedersachsen.de

GAA Hildesheim, 2006: AbfallwirtschaftsFakten 13.1: „Brandschutz in Abfallzwischenlagern", Staatliches Gewerbeaufsichtsamt Hildesheim – Zentrale Unterstützungsstelle Abfallwirtschaft und Gentechnik, März 2006, www.gewerbeaufsicht.niedersachsen.de

KLR, 1998: Richtlinie über den Brandschutz bei der Lagerung von sekundären Rohstoffen aus Kunststoff (Kunststofflager-Richtlinie – KLR) vom 21. Januar 1998 (Nds. MBl. 11/1998 S. 431)

LöRüRL, 2001: Richtlinie zur Bemessung von Löschwasser-Rückhalteanlagen beim Lagern wassergefährdender Stoffe (Löschwasser-Rückhalte-Richtlinie – LöRüRL) vom 28.2.2001 (Nds.Mbl. 16/2001 S. 359)

DIN, 1977: DIN 4102 Teil 3, Ausgabe:1977-09, Brandverhalten von Baustoffen und Bauteilen; Brandwände und nichttragende Außenwände, Begriffe, Anforderungen und Prüfungen

DIN, 1997: DIN 4066, Ausgabe:1997-07, Hinweisschilder für die Feuerwehr

DIN, 1998: DIN 14095, Ausgabe:1998-08, Feuerwehrpläne für bauliche Anlagen

DIN, 2000 (a): DIN 14096-1, Ausgabe:2000-01, Brandschutzordnung – Teil 1: Allgemeines und Teil A (Aushang); Regeln für das Erstellen und das Aushängen

DIN, 2000 (b): DIN 14096-2, Ausgabe:2000-01, Brandschutzordnung – Teil 2: Teil B (für Personen ohne besondere Brandschutzaufgaben); Regeln für das Erstellen

DIN, 2000 (c): DIN 14096-3, Ausgabe:2000-01, Brandschutzordnung – Teil 3: Teil C (für Personen mit besonderen Brandschutzaufgaben); Regeln für das Erstellen

VdS, 1973 (a): Verband der Sachversicherer – VdS: Zweites Merkblatt für die Lagerung von PVC (Polyvinylchlorid) Rohstoffen, Halbzeugen, Fertigwaren, VdS 2003 1/73

VdS, 1973 (b): Verband der Sachversicherer – VdS: Erläuternde Bemerkungen zum „Zweiten Merkblatt ...", VdS 2004 1/73

VdS, 1974: Verband der Sachversicherer – VdS: Richtlinien für den Brandschutz in kunststoffverarbeitenden Betrieben, VdS 2020 10/74

VdS, 1977: Verband der Sachversicherer – VdS: Sofortmaßnahmen bei Korrosionsschäden nach Abbrand von PVC und anderen halogenhaltigen Stoffen, VdS 2016 9/77 Brandschutztechnische Anforderungen an Kunststofflager 51

VdS, 1988: Verband der Sachversicherer – VdS: Brandschutz im Betrieb, VdS 2000 5/88

VdS, 1988: Verband der Sachversicherer – VdS: Brandschutz im Lager, VdS 2199 2/88

VKE, 1994: Verband Kunststofferzeugende Industrie e. V. (VKE): „Brandschutztechnische Richtlinien für die Lagerung von Sekundärrohstoffen aus Kunststoff"; Frankfurt, Juni 1994

Moravec, Oliver (1993): „Brandschutztechnische Anforderungen an Kunststofflager"; Essen, Dezember 1993 (nicht veröffentlicht)

Dobbelstein, Wilhelm Josef (1993): Kunststoffrecycling – Welche Verfahren des Recycling von Kunststoffen sind oder werden in absehbarer Zukunft eingeführt? Ergeben sich daraus neue Gefahrenmomente für die Feuerwehr und wie ist diesen gegebenenfalls zu begegnen?, Hausarbeit zur Staatsprüfung für den höheren feuerwehrtechnischen Dienst, 05/1993 (nicht veröffentlicht)

Weitere Literaturhinweise in *A*bfallwirtschafts*F*akten 13.1: „Brandschutz in Abfallzwischenlagern" (www.gewerbeaufsicht.niedersachsen.de).

Abfallzwischenlager in der Praxis
– Technik, Brandschutz und Kosten am Beispiel der Deponie "Kirschenplantage" (Anaeroblager)

Hans-Andreas Krieter

Zusammenfassung

Die *Abfallentsorgung Kreis Kassel* betreibt auf der Deponie "Kirschenplantage" ein Abfallzwischenlager für Hausmüll und hausmüllähnliche Gewerbeabfälle. Die genehmigte Kapazität beträgt 120.000 Mg. Das Zwischenlager wurde auf einem in Betrieb befindlichen Abschnitt der Deponie errichtet, damit die vorhandene Infrastruktur (Basisabdichtung, Sickerwasser- und Gasfassung) genutzt werden kann. Der Einbaubetrieb erfolgt unter den gleichen Bedingungen wie bei einem Regelbetrieb einer Deponie für Siedlungsabfälle. Das Zwischenlager wird dementsprechend als Anaeroblager betrieben.

Für den Rückbau des Abfalls müssen Maßnahmen zur Reduzierung der Geruchsemissionen ergriffen werden. Hierzu ist das Abfallzwischenlager auf aerobe Verhältnisse umzustellen. Dies soll unter Einsatz einer aktiven Belüftung bei gleichzeitiger Ablufterfassung durchgeführt werden.

1 Veranlassung

Seit dem 01.06.2005 hat sich im Landkreis Kassel die Situation bei der Entsorgung von Hausmüll sowie von Gewerbe- und Baustellenabfällen stark verändert. Aufgrund der unerwarteten Insolvenz der Firma Herhof Anfang 2005, von der auch der Landkreis Kassel betroffen war, standen kurzfristig keine Möglichkeiten zur Verfügung, diese Abfälle zu beseitigen. Aus diesem Grund wurde die Errichtung und der Betrieb eines Abfallzwischenlagers auf der Deponie "Kirschenplantage" für einen Zeitraum von zunächst drei Jahren beantragt und mit Datum vom 12.05.2005 durch das Regierungspräsidium Kassel genehmigt.

Die Inbetriebnahme eines Zwischenlagers war insofern erforderlich, weil auf dem Abfallwirtschaftsmarkt kurzfristig nur begrenzte Kontingente zur externen Entsorgung beschafft werden konnten. Diese Kontingente wurden mit nicht anderweitig verwertbaren Gewerbe- und Baustellenabfällen und auch mit Hausmüll ausgeschöpft. Nur diejenige Hausmüllmenge, für die keine Entsorgungskapazität zur Verfügung stand, wurde im Abfallzwischenlager auf der Deponie "Kirschenplantage" zwischengelagert.

Obwohl mittlerweile die Entsorgung bzw. Verwertung der im Landkreis Kassel anfallenden Abfälle auf mehrere Firmen und Anlagen verteilt wurde, ist nach derzeitiger Einschätzung der Betrieb von Abfallzwischenlagern weiterhin erforderlich, da die gesamte Abfallmenge, die sich derzeit in den Abfallzwischenlagern befindet, nicht zusätzlich zum Regelabfallaufkommen entsorgt werden kann.

Die *Abfallentsorgung Kreis Kassel* ist daher auch weiterhin auf das Abfallzwischenlager auf der Deponie "Kirschenplantage" angewiesen, weshalb der Betrieb des Zwischenlagers als Langzeitlager bis zum 31.05.2012 beantragt und genehmigt wurde, wobei jedoch kein Abfall länger als drei Jahre im Zwischenlager verbleiben darf.

Seit dem 15.06.2006 wird das Abfallzwischenlager auf der Deponie "Kirschenplantage" lediglich als sogenanntes Notfalllager betrieben, um Entsorgungssicherheit bei Ausfall externer Entsorgungsanlagen zu gewährleisten.

2 Betrieb

Das Abfallzwischenlager wurde innerhalb der derzeit betriebenen Ablagerungssektoren 3 und 4 der Deponie "Kirschenplantage" errichtet (Abbildung 1). Diese Deponie entspricht in ihrer technischen und organisatorischen Ausstattung allen Anforderungen der TA-Siedlungsabfall und der Ablagerungs- bzw. der Deponieverordnung. Die Deponie "Kirschenplantage" ist sowohl als Entsorgungsfachbetrieb gemäß Entsorgungsfachbetriebeverordnung als auch nach EMAS II gemäß Öko-Auditverordnung zertifiziert.

In dem Zwischenlager dürfen maximal 120.000 Mg nicht besonders überwachungsbedürftige Abfälle abgelagert werden. Die Qualität der Abfälle entspricht derjenigen, die bis zum 31.05.2005 eingehalten wurde. Überwiegend handelt es sich hierbei um Hausmüll und hausmüllähnliche Gewerbeabfälle (AVV 20 03 01). Insgesamt werden jedoch nur solche Abfälle zwischengelagert, die der Abfall- und Gebührensatzung des Landkreises Kassels entsprechen und für die auch eine Verwertungsmöglichkeit, beispielsweise in einem Müllheizkraftwerk, gegeben ist.

Ausgenommen von der Zwischenlagerung sind all jene Abfälle, die vollständig die Deponieklasse II, Anhang 1 AbfAblV erfüllen. Diese Abfälle werden örtlich getrennt vom Zwischenlager, im Ablagerungssektor 4, deponiert.

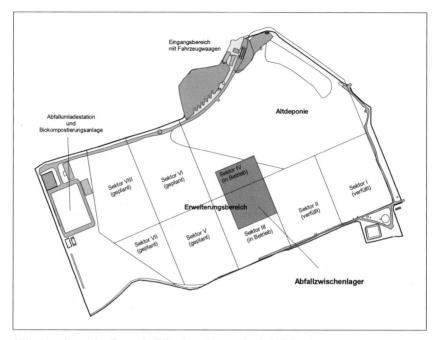

Abb. 1: Lageplan Deponie "Kirschenplantage" mit Abfallzwischenlager

Die Geometrie des Zwischenlagers wird durch die genehmigte Form des Deponiekörpers (Böschungsneigungen und Deponieendhöhe gemäß Planfeststellungsbeschluss) und durch das freie, nutzbare Deponievolumen, welches an eine Basisabdichtung angeschlossen ist, vorgegeben.

Der Aufbau des Zwischenlagers erfolgte auf einer Teilfläche eines in Betrieb befindlichen des Ablagerungssektors auf einer Grundfläche von ca. 15.000 m². Die Abmessungen betragen ca. 100 m x 150 m, wobei eine Lagerungshöhe von bis zu 12 m vorgesehen ist.

Die Aufstandsfläche des Zwischenlagers besteht aus einer 25 cm dicken Schicht aus gasgängigem Schottermaterial. Hierbei kommt ein Natursteinmaterial mit einem Durchlässigkeitsbeiwert von $k \geq 1 \times 10^{-3}$ m/s zum Einsatz. Alternativ wird Gleisschotter 22,3/64 mm eingesetzt. Das Schottermaterial dient sowohl als gas- und sickerwassergängige Trennschicht zum bisherigen Abfallkörper als auch als gut sichtbare, dauerhaft beständige räumliche Abgrenzungsmöglichkeit für den Rückbau.

Der Abfalleinbau erfolgt nach dem Stand der Deponietechnik im Dünnschichtverfahren mit einem Kompaktor (Einsatzgewicht 32 t) im sogenannten Schrägabwärtseinbau (s. Abbildung 2). Um zu gewährleisten, dass kein Abfall länger als drei Jahre zwischengelagert wird („First In – First Out"), erfolgt die Verfüllung nicht flächig über die gesamte Grundfläche des Zwischenlagers, sondern in Arbeitsstreifen von ca. 30 m Breite.

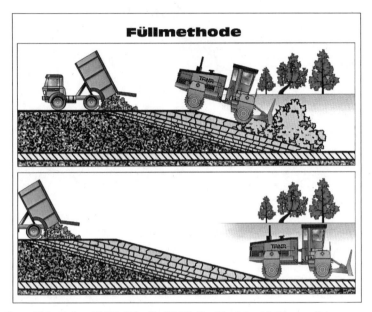

Abb. 2:   Einbau des Abfalls [Grafik: TANA Oy, Vaajakoski, Finnland]

Zur Reduzierung der Emissionen wird der Einbaubereich auf eine Arbeitsfläche von ca. 200 m² beschränkt und arbeitstäglich mit geschreddertem Sperrmüll (AVV-Nr. 20 03 07) abgedeckt. Eine Tagesabdeckung mit Boden oder bodenähnlichen Materialien ist wegen der vorgesehen Belüftungsmaßnahmen im Zuge des Rückbaus nicht sinnvoll. Der Zwischenlagerungskörper wird erst nach Erreichen der Endhöhe mit einer mindestens 0,5 m mächtigen Abdeckung aus bindigem Boden überschüttet (s. Abbildung 3).

Da das Abfallzwischenlager im Bereich des Ablagerungssektor 3 bzw. 4 betrieben wird, können zur Gas- und Sickerwasserfassung die vorhandenen Einrichtungen genutzt werden.

Die Errichtung und der Betrieb des Zwischenlagers führen nicht zu einem höheren Sickerwasseraufkommen, da der Abfall innerhalb eines aktuell betriebenen Ablagerungssektors zwischengelagert wird. Dieser Ablagerungssektor verfügt über eine Basisabdichtung, die gewährleistet, dass das Sickerwasser gefasst und über Transportleitungen der Sickerwasserreinigungsanlage zugeführt wird. Die Menge und die Zusammensetzung des Sickerwassers weichen nicht von der des derzeitigen Sickerwassers ab, so dass das Abwasser aus dem Abfallzwischenlager nach dem Stand der Technik gereinigt werden kann.

Das Zwischenlager kann über neun vertikale Gasbrunnen entgast werden. Die Gasabsaugung erfolgt über Leitungen, die bereits im Herbst 2004 an das Deponiegassystem angeschlossen wurden und sich im derzeitigen Müllkörper, also unterhalb des Zwischenlagers befinden. Das Deponiegas bzw. das abgesaugte Gasgemisch, das beim Rückbau des Zwischenlagers anfällt, wird über die vorhandenen Gasbrunnen und Deponiegasanlagen entsorgt.

3 Rückbau

Beim Öffnen einer Deponie muss durch das Entweichen der im Deponiekörper vorhandenen Gase mit Geruchsbelästigungen gerechnet werden. Diese Geruchsemissionen sind im Wesentlichen auf die im Deponiekörper herrschenden anaeroben Verhältnisse zurückzuführen. Zur Minimierung der Geruchsbildung ist es daher sinnvoll, das Abfallzwischenlager vor dem Öffnen auf aerobe Verhältnisse umzustellen.

Um den Abfall im Zwischenlager von der anaeroben in die aerobe Phase zu überführen, ist daher vor dem Rückbau des Abfalls die gezielte Zuführung von Luft in den Deponiekörper erforderlich.

Das Grundprinzip der Aerobisierung besteht in der Belüftung des Abfalls und der Abluffterfassung. Die aerobe Stabilisierung hat das Ziel, das Abfallzwischenlager möglichst schnell in einen biologisch stabilisierten, emissionsarmen Zustand zu überführen. Durch die Belüftung kommt es zu einer deutlichen Abnahme des Methangehaltes durch Verdünnung und mikrobiologische Methanoxidation. Aufgrund des aeroben Abbaus ist mit einer Temperaturerhöhung im belüfteten Bereich zu rechnen.

Zur Durchführung der Belüftung werden in einem Abstand von etwa 3 m mit dem Bagger Luftlanzen in den Abfallkörper des Zwischenlagers hineingedrückt. Die Luftlanzen bestehen aus gelochten oder geschlitzten Stahlrohren, die mit einer Spitze versehen sind. Mit Hilfe eines Druckluftkompressors wird dann Luft mit einem Überdruck von ca. 2 bar über Schlauchleitungen, die an die Luftlanzen angeschlossen sind, in den Deponiekörper eingeblasen. Gleichzeitig wird über die im Zwischenlager vorhandenen Deponiegasbrunnen das im Abfall befindliche Gasgemisch abgesaugt und der Deponiegasmuffel zur schadlosen Beseitigung zugeführt.

Die Druckluftzuführung und die Absaugleistung sind dabei so einzustellen, dass einerseits Deponiegas aus dem Zwischenlager nicht in die Atmosphäre entweicht und andererseits der Deponiekörper unter dem Zwischenlager nicht übersaugt wird. Die in der Deponiegasverdichterstation (= Absaugstation) installierte Mess- und Regeltechnik gewährleistet hierbei, dass kein explosives Gasgemisch den Verdichtern und Verbrennungseinrichtungen zugeführt wird.

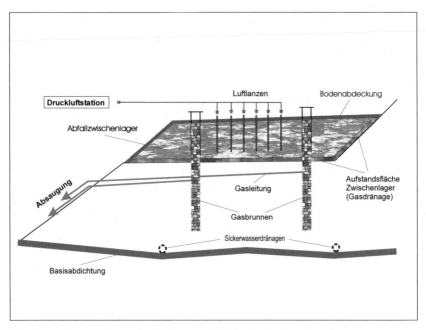

Abb. 3: Schematische Darstellung der Belüftung des Zwischenlagers

Etwa zwei Wochen vor dem eigentlichen Rückbau wird mit den Belüftungsmaßnahmen begonnen. Hierfür wird der vorgesehene Rückbaustreifen in einer Arbeitsbreite von ca. 6 m mit Luftlanzen bestückt. Beim Beginn der Baggerarbeiten werden die Luftlanzen aus diesem Arbeitsbereich entnommen und in den nächsten Arbeitsstreifen umgesetzt. Der Abfall kann dann abgebaggert und auf einen Container-Lkw verladen werden. Die Luftlanzen werden entsprechend dem Arbeitsfortschritt umgesetzt. Die tägliche Rückbauleistung ist dabei so zu bemessen, dass eine ausreichende Belüftungsdauer des Abbaufeldes gewährleistet ist.

Während des Rückbaus kommen Maschinen zum Einsatz, die mit einer Schutzbelüftungsanlage ausgerüstet sind. Die Schutzbelüftung ist mit Hydrozyklonfilter, einer Feinstaubfilterung und einem Aktivkohlefilter ausgestattet und filtert sowohl die von außen angesaugte Luft als auch die Luft innerhalb der Kabine. Die Schutzbelüftungsanlage übertrifft die Vorschrift der Berufsgenossenschaft BGI 581 (Fahrerkabinen mit Anlagen zur Atemluftversorgung auf Erdbaumaschinen und Spezialmaschinen des Tiefbaues), so dass sogar die BG-Regeln für Arbeiten in kontaminierten Bereichen (BGR 128) eingehalten werden können, obwohl dies hier nicht erforderlich ist.

Gemäß BGR 127 – Sicherheitsregeln für Deponien – findet die BGR 128 für den Regeldeponiebetrieb keine Anwendung. Ein regulärer Deponiebetrieb liegt auch beim Rückbau des Zwischenlagers vor, weil der Abbaubereich vor dem Rückbau durch betriebstechnische Maßnahmen so belüftet wird, dass der Abfall hinsichtlich seiner Emissionen in den Zustand versetzt wird, den er bei Anlieferung (also bei Einlagerung in das Zwischenlager) hatte. Insoweit unterliegt das Personal durch die Rückbauarbeiten auch keiner höheren Gefährdung als im Regelbetrieb der Deponie.

Somit sind alle baulichen/technischen und organisatorischen Maßnahmen für den Arbeitsschutz der Mitarbeiter gewährleistet.

4 Brandschutz

Der Abfalleinbau erfolgt, wie im Deponiebetrieb üblich, mittels Müllkompaktor im Dünnschichtverfahren. Diese Betriebsweise bewirkt einen hohlraumarmen Einbau und trägt somit zur Verringerung des Brandrisikos bei.

Die Abdeckung der Oberfläche und der Flanken wird aus Brandschutzgründen mit bindigen Böden in einer Stärke von ca. 0,5 m ausgeführt. Das hierdurch ggf. anfallende Oberflächenwasser wird seitlich (über die Böschung) abgeleitet und am Böschungsfuß dem Sickerwasserfassungssystem zugeführt.

In der Rückbauphase werden zur (geruchsmäßigen) Stabilisierung des Abfalls Belüftungsmaßnahmen durchgeführt. Infolge einer übermäßigen Zuführung von Luft könnte es hierbei zu einer Temperaturerhöhung durch verstärkte biochemische Umsetzprozesse kommen, die zu einem Brand im Zwischenlager führen kann.

Um dies zu verhindern, wird die Luft nur mit geringem Druck über eng zusammenstehende Luftlanzen dem Abfall zugeführt. Gleichzeitig wird die Temperatur im Zwischenlager an zwei Messstellen überwacht und das abgesaugte Gas auf seinen Gehalt an Kohlenmonoxyd (CO) überwacht. Hierfür ist zusätzlich der Einsatz eines Deponiegasmesssystems zu Erfassung des CO-Gehaltes im Deponiegas vorgesehen. Dieses speziell für den Betrieb auf Mülldeponien entwickelte Analysesystem soll das abgesaugte Deponiegas der neun im Zwischenlager befindlichen Gasbrunnen überwachen, um bei einem Vorhandensein bzw. Anstieg der CO-Konzentration frühzeitig einen entstehenden Deponiebrand erkennen und Gegenmaßnahmen ergreifen zu können.

Im Übrigen gilt der für die Deponie "Kirschenplantage" bestehende Brandschutzplan.

5 Emissionen – Immissionen

Da die Deponie "Kirschenplantage" und das auf ihr errichtete Abfallzwischenlager sich in einer Entfernung von ca. einem Kilometer von der nächsten Bebauungslage befindet, mussten im Rahmen des Genehmigungsverfahrens umfangreiche Emissions- und Immissionsprognosen erstellt werden.

Das Abfallzwischenlager wird innerhalb der derzeit in Betrieb befindlichen Ablagerungssektoren betrieben. Der Abfalleinbau in das Abfallzwischenlager erfolgt unter den gleichen Bedingungen und mit denselben Maschinen wie in den Jahren zuvor. Da sich durch den Betrieb des Zwischenlagers die Betriebsflächen gegenüber dem bisherigen Deponiebetrieb verringern, führt dies gemäß dem Emissionsgutachten zu einer Verbesserung der Emissionssituation um 400 GE/s.

Um potenzielle Geruchsemissionen zu verhindern, wird das Abfallzwischenlager vor dem eigentlichen Rückbau durch Belüftungsmaßnahmen gezielt von der anaeroben in die aerobe Phase überführt. Hierdurch ergibt sich eine Verbesserung der Emissionssituation um ca. 470 GE/s gegenüber dem Deponiebetrieb im Jahr 2003.

Die auf die Emissionsprognose aufbauende Immissionsprognose ermittelt Geruchswahrnehmungshäufigkeiten von 0,4 bis 0,6 %, die durch den Betrieb eines Abfallzwischenlagers entstehen können. Nach der Definition der Geruchsimmissionsrichtlinie (GIRL) sind Wahrnehmungshäufigkeiten von kleiner als 2 % als geringe (irrelevante) Geruchsbelastungen einzustufen.

Aufgrund der erstellten Emissions- und Immissionsprognosen werden durch den Betrieb und den Rückbau des Abfallzwischenlagers keine schädlichen Umwelteinwirkungen bzw. erhebliche Nachteile in der Umgebung der Deponie "Kirschenplantage" erwartet.

Um die Emissionen während der Betriebszeit des Zwischenlagers gering zu halten, wird der zwischengelagerte Abfall über die vorhanden Gasbrunnen aktiv besaugt. Das abgesaugte Deponiegas wird der Deponiegasmuffel bzw. Verwertungsanlage zugeführt. Zur Überwachung des Emissionsverhaltens wird der endabgedeckte Bereich des Zwischenlagers mittels tragbarem Flammenionisationsdetektor kontrolliert. Hierbei dürfen gemäß Genehmigungsbescheid maximal Methangasemissionen von 500 ppm auftreten.

6 Kosten

Die nachfolgende Kostenaufstellung (Tabelle 1 und 2) zeigt, dass die Zwischenlagerung von 120.000 Mg Abfall auf der Deponie "Kirschenplantage" spezifische Kosten in Höhe von

$$\frac{440.000 € + 560.000 €}{120.000 Mg} = 8,34 \ €/Mg \quad \text{verursacht.}$$

Tab. 1: Kosten zur Errichtung/Betrieb des Zwischenlagers

Aufstandsfläche	Materiallieferung u. Einbau	30.000 €
Grundvermessung	Zwischenlagerfläche	2.500 €
Kompaktor	Vorhaltung	151.200 €
	Kraftstoff	108.000 €
	Bedienung	75.600 €
Tagesabdeckung	Schreddern von Sperrmüll	31.500 €
	Transport (intern)	13.680 €
Bodenabdeckung	Liefern u. Einbau	24.750 €
FID-Messungen		2.770 €
EINBAUKOSTEN	**Summe**	**440.000 €**

Die Errichtung und der Betrieb des Zwischenlagers wird nicht zu einem höherem Sickerwasseraufkommen führen. Insoweit entstehen hier auch keine zusätzlichen Kosten.

Für den Rückbau des Zwischenlagers werden insgesamt 560.000 € veranschlagt, wie die nachfolgende Tabelle 2 zeigt.

Tab. 2: Rückbaukosten Abfallzwischenlager „Kirschenplantage"

Abdeckboden (Rückbau)	Planierraupe einschl. Bedienung (psch.)	1.650 €
Kettenbagger (16 to) mit Schutzbelüftung	Vorhaltung	90.000 €
	Kraftstoff	64.800 €
	Bedienung	75.600 €
Lkw für Containeraufnahme	Einsatzkosten einschl. Kraftstoff	54.720 €
	Schutzbelüftung	16.000 €
Belüftung (Aerobisierung)	Druckluftstation (Kompressor, Adsorptionstrockner, Druckluftbehälter, Schaltschrank, Container mit Zu- und Abluft)	68.000 €
	Wartung Druckluftstation	5.100 €
	Strom	76.530 €
	Leitungen, Verteiler, Lanzen	20.000 €
	Erstinstallation (psch.)	5.000 €
	Personalaufwand f. Umbau	32.400 €
Brandschutz	CO-Überwachung (Deponiegasanalyse)	12.000 €
Emissionen	Emissions-/Immissionsprognose	15.000 €
	Emissionsmessungen (begleitend)	18.000 €
Aufstandsfläche (Rückbau)	Planierraupe einschl. Bedienung (psch.)	2.000 €
Sonstiges	Unvorhersehbares u. zur Aufrundung	3.200 €
RÜCKBAUKOSTEN	**Summe**	**560.000 €**

7 Literatur

Rettenberger, Urban-Kiss, Schneider, Göschl, Kremsl: Deponierückbau an der Deponie Burghof in Vaihingen/Enz-Horrheim. „Korrespondenz Abwasser", 42. Jahrgang, Heft 2/1995, Seite 196 bis 205

Rettenberger, G: Untersuchungen zur Charakterisierung der Gasphase in Abfallablagerungen. Stuttgarter Berichte zur Abfallwirtschaft, Bd. 82, Kommissionsverlag Oldenbourg Industrieverlag GmbH, München, 2004

Langzeitlagerung Salzgitter

Christoph Lünig

Zusammenfassung

Am Standort des Entsorgungszentrums Salzgitter werden derzeit drei Arten von Zwischenlagerung betrieben. Seit dem 01.06.2006 haben sich die Richtlinien für die Lagerung von Abfällen ständig verändert. Insbesondere der Brandschutz hat an Bedeutung gewonnen. Aus den aktuellen Betriebserfahrungen haben sich die Anforderung an Personal und Lagerung verändert. Diese Erfahrungen werden auch Auswirkungen auf die Genehmigung und Errichtung von neuen Zwischenlagern haben. Die Zwischenlagerung von Abfall wird auch in den nächsten Jahren ein Wegbegleiter in der Abfallbranche sein.

1 Ausgangssituation

Das Entsorgungszentrum Salzgitter betreibt zurzeit am Standort Salzgitter folgende Zwischenlager für Abfälle:

- ein Notfallzwischenlager mit einer Kapazität von ca. 20.000 t
- ein logistisches Zwischenlager (Kurzzeitlager) mit einer Kapazität von ca. 20.000 t
- ein Langzeitzwischenlager mit einer Kapazität von ca. 200.000 t

In Juni 2005 wurde aufgrund der nicht ausreichenden Entsorgungskapazitäten mit der Zwischenlagerung von Abfällen begonnen. Der Genehmigungsantrag wurde bereits im Oktober 2004 erarbeitet und im Dezember 2004 eingereicht.

Es wurde bereits frühzeitig erkannt, dass die Verbrennungskapazitäten mit Inkrafttreten der Deponieverordnung und der damit verbundenen Verschärfung der Ablagerungswerte nicht ausreichen würden und somit Zwischenlager benötigt werden.

Die rasante Entwicklung des Entsorgungsengpasses besonders bei den Verwertungsabfällen und die hierfür fehlenden Verbrennungskapazitäten führten dazu, dass das logistische Zwischenlager von 10.000 auf 20.000 t bereits im Oktober 2005 erweitert wurde. Zusätzlich wurde im November noch ein weiteres Notfallzwischenlager mit einer Kapazität von 20.000 t auf der noch vorhandenen Ablagerungsfläche errichtet.

In dem Zeitraum vom 01.06.2005 bis zum 01.08.2006 wurden am Standort Salzgitter über 38.000 t Abfall zwischengelagert.

Davon wurden 20.000 t in Rechteckballen verpresst und in Folie eingewickelt. Und weitere 10.000 t im Notfallzwischenlager ebenfalls verpresst und eingewickelt. Die zeitweise durchgeführte lose Lagerung von Abfall, für die das Notfallzwischenlager ausgelegt ist, wurde durch ballierte Abfälle ersetzt, da hierdurch eine Minimierung der Brandgefahr erfolgte. Derzeit werden nur noch Siebfraktionen kurzzeitig zwischengelagert.

2 Entscheidung zur Langzeitlagerung

Schon nach kurzer Betriebszeit stellte sich heraus, dass die für zwölf Monate zwischengelagerten Abfälle aufgrund der Engpässe in der Verbrennung nicht nach zwölf Monaten rückgeführt werden konnten, ohne das eine erneute Ballierung erfolgte.

Die Zwischenlager am Standort Salzgitter werden im Auftrage der BKB AG betrieben und innerhalb der BKB zur Stoffstromsteuerung eingesetzt.

Temporär anfallende Abfallspitzen könnten bei der derzeitigen Marktlage aufgefangen werden und zu späteren Zeitpunkten in Verbrennungsanlagen eingesteuert werden. Als Element der räumlichen – zeitlichen Entkoppelung von Transport-/ Abfallmenge spielt die Vorhaltung eigener Kapazitäten zur Zwischenlagerung auch für die BKB AG im Stoffstrommanagement eine wichtige Rolle. Die Zwischenlagerung von Abfallmengen besitzt für die BKB AG vor allem Bedeutung hinsichtlich

- der kurzfristigen Überbrückung von geplanten oder ungeplanten Anlagenstillständen allgemein
- der Vergleichmäßigung von Anlieferungsspitzen allgemein sowie
- der Sicherung der Durchsatzkapazitäten und des spezifischen Qualitätsanspruches der Neubauanlagen an die Abfallmengen.

Die aufgeführten Punkte gewinnen aufgrund der allgemein angespannten Marksituation an Bedeutung.

Mit der Planung des Langzeitlagers am Standort Salzgitter wurde im November 2005 begonnen. Die Einreichung der Genehmigungsunterlagen erfolgte im Februar 2006 und bereits im September 2006 konnten die ersten Teilflächen in Betrieb genommen werden.

Bei der Planung des Zwischenlagers spielte die Lagerungsart und Lagerungsmenge eine wesentliche Rolle. Durch die Lagerungsart und Lagerungsmenge wird die Anlagentechnik bestimmt. Da im Langzeitlager nur Abfälle zur Verwertung eingelagert werden dürfen, musste eine Klassifizierung der Abfälle im Vorfeld erfolgen. Neben dem Bau der Zwischenlager erfolgte auch noch eine Anpassung der Anlagentechnik.

3 Konzeption des Langzeitlagers

3.1 Aufbau der Lagerfläche und des Entwässerungssystems

Das Zwischenlager wird gemäß den Anforderungen der DepV an eine Deponie der Deponieklasse II errichtet.

Oberhalb der geologischen Barriere verfügt das Basisabdichtungssystem über folgenden Aufbau:

- mineralische Dichtungsschicht, d = 50 cm mit $k \leq 5*10^{-10}$ m/s
- Kunststoffdichtungsbahn (PEHD, BAM-zugelassen, $d \geq 2,5$ mm)
- mineralische Drainageschicht als Flächendrainage, $d \geq 0,30$ m mit $k \geq 1*10^{-3}$ m/s, Körnung 16/32

Die als Ablagerungsfläche dienende Deponiebasis wurde dachprofilartig ausgebildet. Der Abstand zwischen den einzelnen Drainageleitungen beträgt jeweils 30 m.

Die Drainageleitungen wurden jeweils an eine im Randbereich verlaufende Sammelleitung angeschlossen. Diese Sammelleitung wurde außerhalb des Dichtungsbereichs verlegt. Der Anschluss an die Sammelleitung erfolgt über Schächte. Diese dienen gleichzeitig zur Wartung und Kontrolle der angeschlossenen Rohrleitungen.

Das Wasser fließt über die Sammelleitungen ins Rückhaltebecken. Das in dem Rückhaltebecken gesammelte Wasser wird bezüglich der Inhaltsstoffe überprüft und in Abhängigkeit von der festgestellten Schadstoffbelastung entweder

- ohne weitere Behandlung der Vorflut zugeführt
- in den vorhandenen Kanal zur städtischen Kläranlage eingeleitet oder
- bei entsprechend hoher Schadstoffkonzentration, der deponieseitigen Sickerwasserbehandlungsanlage übergeben.

Eine erhöhte Belastung des aus dem Ablagerungsbereich abgeleiteten Wassers ist dann nicht auszuschließen, wenn es zu besonderen Ereignissen wie Bränden oder sonstigen unbeabsichtigten Beschädigungen der Abfallballen im Ablagerungsbereich kommen würde. Abfließendes Lösch- oder Niederschlagswasser, welches in unmittelbarem Kontakt mit dem Abfall gekommen ist, wird voraussichtlich über erhöhte Schadstoffgehalte verfügen.

3.2 Herstellung eines ebenen Ballenauflagers

Die Basis der Ablagerungsfläche für Ballen wurde aus entwässerungstechnischen Gründen als Faltwerk hergestellt. Demnach erfolgt bei einem Firstabstand von 30 m alle 15 m ein ausgeprägter Neigungswechsel. Für die Stapelung der Ballen wird jedoch eine in sich ebene, möglichst flach geneigte Auflagerfläche benötigt.

Für die Herstellung entsprechend geeigneter Auflagerflächen ist es erforderlich, oberhalb der mineralischen Flächendrainage definiertes gebrochenes mineralisches Material einzubauen. Die Dicke dieser Schicht variiert zwischen den First- und Kehlbereichen, wodurch die erforderliche Ebenheit bei gleichmäßigem Gefälle erzielt werden kann.

Das für die Verwendung vorgesehene Material wird über eine hohe Durchlässigkeit ($k \geq 1*10^{-4}$ m/s) verfügen und unterstützt damit zusätzlich die Flächendrainage.

4 Verfahrenstechnische Beschreibung der Ballierung und Einlagerung von Abfall

4.1 Klassifizierung

Der zur Langzeitlagerung vorgesehene Abfall wird im vorhandenen Eingangsbereich der Entsorgungszentrum Salzgitter GmbH erfasst und verwogen.

Die Abfälle werden anschließend im Anlieferbereich entladen und von visuell erkennbaren Stör- und Schadstoffen befreit.

Das stör- und schadstoffentfrachtete Material wird dem vorhandenen Vorzerkleinerer zwecks Aufschluss von Gebinden und zur Zerkleinerung zugeführt. Der auf diese Weise vorzerkleinerte Abfall wird in eine vorhandene Siebtrommel gefördert und der Klassierung nach der Korngröße bei einer Lochweite von ca. 60 mm unterzogen (siehe Abbildung 1).

Der Siebunterlauf (< 60 mm, organische/wasserhaltige Inhaltsstoffe, abrasive mineralische Komponenten) wird in vorhandenen Containern erfasst und der weiteren externen Verwertung zugeführt. Der von organischen Inhaltsstoffen entfrachtete und an heizwertreichen Komponenten angereicherte Sieböberlauf (> 60 mm, i. W. Holz, Kunststoff, Papier, Kartonagen etc.) wird der vorhandenen Kanalballenpresse aufgegeben, zu Rechteckballen verpresst und mit Draht/Garn abgebunden.

Die Ballenabmessungen betragen ca. 1.100 mm x 1.100 mm x 1.200 mm. Das Ballengewicht liegt je nach Ballengröße bei ca. 600 bis 1.400 kg je Ballen.

Im Anschluss an die Verpressung werden die Abfallballen auf einer vorhandenen Wickelanlage mehrlagig in Kunststofffolie (LLDPE-Linear Low Density Poly-Ethylen) verpackt.

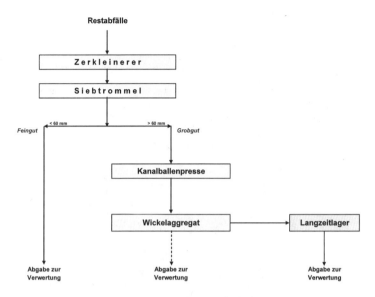

Abb. 1: Abfallvorbehandlung in vorhandenen Anlagen

Auf diese Weise wird der Abfall gegen Umwelteinflüsse (z. B. Niederschläge und Luftsauerstoff) abgeschirmt. Der Balleninhalt kommt weder mit Luft noch mit Feuchtigkeit in Berührung. Im Inneren der Ballen laufen nach Verbrauch des enthaltenen Sauerstoffs keine weitergehenden chemisch-physikalischen Prozesse ab. Der Austritt von Emissionen (Sickerwasser, Staub- und Geruchsemissionen) aus den Ballen wird sicher verhindert.

4.2 Handhabung der verpackten Abfallballen

Die in Rechteckballen verpressten, mit Draht oder Garn abgebundenen und in Kunststofffolie mehrlagig gewickelten Abfälle (Grobgut > 60 mm) werden von einem Gabelstapler/Radlader mit Ballenzange übernommen und in Verbindung mit innerbetrieblichen Transportfahrzeugen (LKW) in das Langzeitlager transportiert bzw. alternativ auf bereitgestellte LKW geladen und direkt der Verwertung zugeführt.

Zur Einlagerung/Auslagerung kommen je Arbeitstag ca. 200 bis 500 Ballen (gewichtsabhängig). Diese werden in Chargen von je 20 Ballen (entsprechend 1 Anhängerladung) zum Einbauort im Langzeitlager transportiert. Das Aufsetzen der Abfallballen im Langzeitlager wird mit einem Bagger inkl. Ballenzange vorgenommen.

4.3 Lagerkonzept

Die Flächennutzung des Ballenlagers ist so gestaltet, dass das Lager insgesamt 17 Brandabschnitte mit gleicher Breite (B ca. 30 m), aber unterschiedlichen Längen (L ca. 30 bis ca. 120 m) beinhaltet. Siehe Abbildung 2.

Die Lagerung der Abfälle erfolgt in bis zu 2000 m² großen Lagerabschnitten, in denen die Ballen in acht Lagen eingestapelt werden.

Die belegte Fläche im Langzeitlager beträgt in Summe ca. 36.400 m². Davon entfallen auf die Brandschutzgassen ca. 6.900 m² sowie auf die Abfallbelegung 29.500 m². Die maximale Zwischenlagerfläche beträgt 200.000 t.

Das Lager wird nach dem Prinzip First in First out betrieben.

Zwischen den einzelnen Brandabschnitten werden Brandschutzwälle aufgeschüttet, die ein Übergreifen von Flammen in den nächsten Lagerabschnitt verhindern sollen. Der Hauptbrandschutzwall ist statisch so bemessen, dass die Feuerwehrfahrzeuge zur Brandbekämpfung diesen Wall befahren können.

Die Auffüllung der Brandschutzwände wird sukzessive mit der Balleneinlagerung vorgenommen.

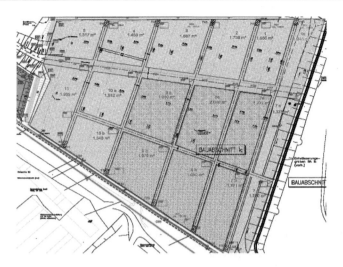

Abb. 2: Lageplan des Langzeitlagers

4.4 Brandschutz

Im Vorfeld wurde mit den Genehmigungsbehörden und der städtischen Feuerwehr der Stadt Salzgitter ein Brandschutzkonzept entwickelt und abgestimmt. Die bereits gesammelte Erfahrung aus dem logistischen Zwischenlager floss mit in die Konzeptentwicklung ein.

Folgende Bestandteile waren im Brandschutzkonzept mit enthalten

- Einbeziehung des Rückhaltebeckens in die Löschwasservorhaltung
- temperaturmäßige Überwachung der eingelagerten Ballen
- interbetriebliche Koordination von Abläufen für den Brandschutz wie Vorhalten von Pumpen, Installation von Rohrleitungen, Vorhaltung von Löscheinrichtungen, Vorhalten von Löschschaum
- Schaffung von Zufahrtswegen in den jeweiligen Belegungsbereichen
- Errichtung von Brandschutzwällen

Durch diese wesentlichen Bestandteile des Brandschutzkonzeptes und die Erkenntnis, dass eingewickelte Ballen eine geringe Brandgefahr haben, wurde der Lagerung in dieser Form zugestimmt.

4.5 Rückbau der Lagerabschnitte

Der Rückbau aller bestehenden Zwischenlager kann nur sichergestellt werden, wenn der Nachweis geführt wird, dass ausreichende Kapazitäten mit Ablauf der Lagerung vorhanden sind.

Wird ein Zwischenlager für eine Verbrennungsanlage von 200.000 t betrieben und geht man davon aus, dass diese Anlage zum Zeitpunkt der Errichtung eine Auslastung von 80 % hat, können maximal pro Jahr 40.000 t aus einem Zwischenlager zurückgeführt werden.

Folglich muss bei der Genehmigung der Lagerung berücksichtigt werden, welche Menge zwischengelagert werden darf.

Bei der Errichtung des Langzeitlagers am Standort Salzgitter konnte durch die vorhandenen und der sich im Bau und Planung befindlichen Anlagen der BKB AG dieses sichergestellt werden.

5 Erfahrungen und Änderungen bei der Einlagerung

5.1 Erfahrungen

Aufgrund der starken Frequentierung des Langzeitlagers wurden täglich zwischen 300 bis 500 Ballen eingestapelt. Mit Inbetriebnahme der Lagerflächen standen auch die Hallen und die dafür erforderliche Anlagentechnik zur Verfügung. Bei der Herstellung der Ballen traten keine nennenswerten Probleme auf. Bei dem Transport der Ballen von der Produktion ins Langzeitlager mussten jedoch die Ballen ein zweites Mal angefasst werden, um sie auf den LKW zu verladen und ein drittes Mal, um sie einzustapeln. Hierbei traten einige Beschädigungen an der Folie auf. Jedoch konnte durch die enge Lagerung der Ballen ein Wasserzutritt ausgeschlossen werden.

Am 27.12.2006 wurde gegen 17.00 Uhr ein Schwelbrand im Langzeitlager festgestellt. Mit einem Großeinsatz an Feuerwehr und Maschinen des Entsorgungszentrums Salzgitter konnte der Schwelbrand nach fünf Stunden gelöscht werden.

In den darauf folgenden Tagen ereigneten sich noch einige weitere Schwellbrände, die jedoch ohne weitere Feuerwehreinsätze durch das Entsorgungszentrum Salzgitter ausgebaut wurden.

5.2 Mögliche Brandursachen

Für die Entwicklung eines optimalen Brandschutzkonzeptes für das EZS-Zwischenlager sind zunächst die möglichen Ursachen für die in den letzten zwei Monaten eingetretenen Brände zu ermitteln.

Bei einem Vergleich mit anderen Abfallzwischenlagern sowie der örtlichen Lage der eingetretenen Brände ist festzustellen, dass im Unterschied zu anderen Lagern im vorliegenden Fall aufgrund der luftdurchlässigen Drainage und der vertikalen Öffnungen zwischen den gestapelten Ballen ein starker Kamineffekt vorliegt.

Aus der Aufzeichnung der Brandbereiche ist ersichtlich, dass entweder im direkten Nahbereich einer Drainageleitung oder im Außenbereich ein Brandherd detektiert wurde. Die Brände traten in der Regel ein bis zwei Tage nach einem stärkeren Windereignis auf. Insbesondere die Brände im Randbereich stehen im direkten Zusammenhang mit der vor dem jeweiligen Brand herrschenden Windrichtung.

Darüber hinaus ist zu berücksichtigen, dass die Brandherde nicht im unteren Bodenbereich der Miete, sondern bisher in der 4. oder 5. Ballenlage aufgetreten sind.

Die o. g. Vorgänge können wie folgt begründet werden:

1. Während des Windereignisses dominiert zunächst der Abkühlungsprozess der in den Ballen ablaufenden exothermen Reaktionen.
2. Gleichzeitig wird aber zusätzlicher Sauerstoff (erforderlich für Glimmnestbildung) über nicht auszuschließende Beschädigungen der Ballenfolie in vereinzelte Ballen eingetragen.

3. Die anaerobe Reaktion in den oberen Ballen (4./5. Lage) wird durch Abführung der Wärme der exothermen Reaktionen in den unteren Ballen begünstigt, so dass ggf. kritische Temperaturen mit Selbstentzündung eintreten.
4. Bei Abflauen des Windes tritt ein „Temperaturstau" ein, der analog Pkt. 3 eine Selbstentzündung begünstigt.

Unter Berücksichtigung der o. g. Erkenntnisse muss daher für die bereits vorhandenen Lagerbereiche (Nr. 7–9) als auch für die neuen Lagerbereiche eine Unterbindung des Kamineffekts über die vorhandene Drainage sichergestellt werden.

Insgesamt ist festzustellen, dass unter Berücksichtigung

- der Stoffeigenschaften,
- der Art der „neuen" und „alten" Lagerung,
- der vorhandenen und der vorgesehenen Brandbekämpfung im Betriebsbereich,
- der vorliegenden brandschutztechnischen Infrastruktur sowie
- unter Einhaltung der in diesem Brandschutzkonzept angegebenen brandschutztechnischen Maßnahmen

das Brandrisiko im Bereich des Zwischenlagers deutlich minimiert wird und ein – nicht zwingender Weise auszuschließendes – Brandereignis sicher beherrschbar ist.

6 Änderungen des Brandschutzkonzeptes

Durch die neuen Erkenntnisse wurde das Brandschutzkonzept völlig überarbeitet.

Nachfolgend werden einige Punkte mit zusätzlichen Maßnahmen des Brandschutzkonzeptes vorgestellt:

- Temperaturmessungen innerhalb des Ballenlagers (zur Überwachung der Temperaturentwicklung in den Mieten werden in der Phase der Erstellung der Mieten Temperaturfühler installiert).
- Punktuelle Ausleuchtung des Ballenlagers.
- Organisatorische Maßnahmen, wie Aktualisierung der Feuerwehrpläne (erfolgt derzeit), Bestimmung eines Brandschutzbeauftragten und von Brandschutzhelfern, Schulung der Brandschutzhelfer und Mitarbeiter.
- Es findet arbeitstäglich stündlich eine Begehung des Ballenlagers durch das EZS-Personal statt. Außerhalb der Arbeitszeiten übernimmt ein Wachdienst die Überwachung des Lagers.
- Aufgrund des derzeitigen 24-Stunden-Betriebes und des Einsatzes von Wachdiensten am Wochenende kann von Seiten EZS sichergestellt werden, dass

Brände kurzfristig an die Berufsfeuerwehr der Stadt Salzgitter weitergemeldet werden.

- Es existiert ein Qualitätssicherungsplan, der garantiert, dass keine Ballen im Lager eingestapelt werden, deren Folie zerstört ist
- Von der EZS wurde ein interner Einsatzplan erarbeitet. Er regelt das genaue Vorgehen wie Einsatz einer Sirene, Bestimmung EZS-interner Einsatzleiter, die Zuständigkeiten des Personals sowie den Einsatz der Maschinen.

Zusätzlich wurde das Einlagerungskonzept verändert. Die Minimierung des Kaminzugeffekts im Alt-Lagerbereich wird durch das Abdecken des Dach- und Randbereichs der jeweiligen Teillagerflächen 7–9 gewährleistet.

In den Neubereichen werden innerhalb der Brandabschnitte (max. 2000 m²) ca. 400 m² Lagerflächen eingerichtet, die untereinander durch eine 6,5 m breite Brandschutzgasse getrennt sind. Die Einlagerung der Ballen erfolgt ebenfalls liegend. Einzelne Ballenlagen werden zur Sicherstellung der Standfestigkeit (um eine halbe Ballenlänge/-breite) versetzt aufgeschichtet. Aufgrund des hohen Eigengewichtes und der Verformbarkeit der Ballen tritt im Bereich der Auflage eine Anpassung an die Auflagefläche ein.

Das Entsorgungszentrum Salzgitter sieht in den Neubereichen vor, vorerst sechs Lagen Ballen, d. h. ca. 7 m Höhe übereinander zur Lagerung aufzustapeln. Mit der Freimeldung an die zuständige Behörde, dass die exothermen Prozesse in den eingelagerten Ballen der jeweiligen Brandabschnitte (max. 2000 m²) zum Erliegen gekommen sind, und von diesen keine Brandgefahr ausgeht, sollen die 6,5 m breiten Brandschutzgassen ebenfalls mit reaktionsarmen Ballen aus dem Kurzzeitlager verfüllt werden. In diesem Zuge soll die Lagenanzahl bis auf acht Lagen ausgedehnt werden.

Zur Unterbindung des Kaminzugs wird unterhalb des Ballenlagers eine Folie eingezogen.

Mit der Umsetzung dieses Brandschutzkonzeptes wird derzeit erfolgreich die Einlagerung am Standort fortgesetzt.

Zerkleinern

Fördern

Sieben

Separieren

Lagern

www.vecoplan.de

Von der Einzelmaschine bis zur schlüsselfertigen Anlage

Zur Aufbereitung von Ersatzbrennstoffen,
Haus- und Gewerbemüll und
zur Sortierung von Wertstoffen

Von der Vorzerkleinerung über die Siebung und Sortierung bis zur Nachzerkleinerung und Fördertechnik: Alles aus einer Hand. Planung, Projektierung und Realisierung.

World Wide – World Class

VECOPLAN Maschinenfabrik GmbH & Co.KG · D-56470 Bad Marienberg · Tel. +49-0-2661-6267-0

Das Rohstoffpotential von Altdeponien aus wirtschaftlicher Sicht

Michael Bachmann, Dieter Cordes

Zusammenfassung

Für einen Teil der spätestens am 31.05.2005 geschlossenen Altdeponien ist vor dem Hintergrund des gesetzlichen Rahmens eine Entlassung aus der Nachsorge praktisch ausgeschlossen. So mancher Altstandort entwickelt sich dabei langfristig zu einem nicht zu unterschätzenden Kostenfaktor. Der geordnete Rückbau ist dabei eine Maßnahme mit der eine Belastung zukünftiger Generationen sicher vermieden werden kann. An konkreten Daten einer niedersächsischen Deponie wurde beispielhaft deren Zusammensetzung analysiert und im wirtschaftlichen Kontext bewertet. Dabei wird deutlich, dass bereits jetzt eine Überprüfung der Standorte erforderlich ist, um vorhandene Potentiale abschätzen zu können.

1 Einführung

Der Deponiebau in Deutschland hat in den letzten Jahrzehnten eine rasante Entwicklung durchgemacht. Im Zuge der Einführung gesetzlicher Regelungen (u. a. der TA Siedlungsabfall 1992) lag der Fokus zunächst auf der Standortfrage und auf dem Basisdichtungssystem. Mit dem Ende der Abfalleinlagerung am 31.5.2005 in Altdeponien rückte die Oberflächenabdichtung und Rekultivierung sowie letztlich die Nachsorge in den Blickpunkt des Interesses.

In kaum einer anderen Branche unterlagen dabei technische Details derart intensiven Betrachtungen über Funktion und Haltbarkeit. Man versuchte und versucht Zeiträume von mehreren hundert Jahren in die ingenieurtechnische Planung mit einzubeziehen. Gerade im Zeitalter der Globalisierung wird jedoch deutlich mit welcher Geschwindigkeit sich Veränderungen auf allen gesellschaftlichen und damit auch wirtschaftlichen Ebenen vollziehen, sodass Prognosen über derartige Zeiträume kaum Bestand haben können. Deutlich wird dies u. a. am Umgang mit dem Abfall selbst. Zunächst war Abfall etwas, dem man sich möglichst schadlos entledigen wollte. In den letzten Jahrzehnten wurde aus Abfall immer mehr ein Wertstoff zur thermischen oder stofflichen Verwertung und damit ein Wirtschaftsgut.

Altdeponien sind dabei i. d. R. in Zeiten entstanden, in denen man sich nicht mehr benötigter Stoffe aller Art entledigen wollte. Viele Bestandteile des damals eingelagerten Materials sind heute zwar Wertstoffe, doch zeigt sich aus Erfahrungen mit Deponierückbaumaßnahmen, dass nur wenige Stoffe direkt verwertet werden können. Sind Altdeponien vor dem Hintergrund steigender Rohstoffpreise Wertstofflager der Zukunft oder eine heute kaum zu überschauende Belastung nachfolgender Generationen? Für uns war dies Anlass für die folgende Bestandsaufnahme aus wirtschaftlicher Sicht am konkreten Beispiel einer niedersächsischen Deponie.

2 Altdeponien

Mit der endgültigen Schließung von Altdeponien im Jahre 2005 schien ein Kapitel deutscher Abfallentsorgungsgeschichte beendet. Die unter den verschiedensten Rahmenbedingungen gewachsenen Altstandorte wurden oder werden in Vorbereitung auf die Nachsorgephase mit einer endgültigen Oberflächenabdichtung versehen. Damit sollten die größten Investitionen getätigt und der Standort auf dem Weg in die nachsorgefreie Zukunft sein.

Betrachtet man nunmehr die Nachsorgekosten vor dem Hintergrund des gesetzlichen Rahmens, so entwickelt sich so mancher Altstandort in der Nachsorgephase dagegen zu einem nicht zu unterschätzenden Kostenfaktor.

Die Nachsorgekosten resultieren zunächst aus den erforderlichen Wartungs-, Pflege- und Überwachungsarbeiten. Diese sind solange durchzuführen bis keine relevanten Emissionen mehr aus dem Deponiekörper austreten. Letztlich sollen die in der Nachsorgephase regelmäßig durchzuführenden Kontrollen entscheiden, ob und wann die Deponie aus der Nachsorge entlassen werden kann. Die Festlegung des Zeitraumes der Nachsorgephase obliegt dabei der zuständigen Behörde. Gemäß DepV ist eine Sicherheitsleistung für Deponien der Klassen I bis IV für mindestens 30 Jahre zu kalkulieren.

Auf der Grundlage des heutigen Kenntnisstandes ist die Festlegung des jeweiligen Nachsorgezeitraumes für eine Deponie jedoch nur unter gewissen Vorbehalten möglich. Nachsorgekostenberechnungen sind daher auch regelmäßig zu überarbeiten und auf der Grundlage neuer Regelungen und Kenntnisse zu überprüfen. Bisher wurde in der Regel davon ausgegangen, dass der Nachsorgezeitraum einerseits in einer betriebswirtschaftlich sinnvoll zu betrachtenden Zeit enden muss, andererseits jedoch mindestens so lange anzusetzen ist, wie relevante Emissionen aus dem Deponiekörper austreten können, bzw. relevante Vorgänge im Deponiekörper zu erwarten sind (Setzungen, Deponiegasbildung, Anfall von Sickerwasser, Bildung erhöhter Temperaturen etc.). Dieser Ansatz wird durch § 13 der Deponieverordnung (DepV) bestätigt. Jedoch bestehen bei Altdeponien genau da nach unserer Auffassung erhebliche Risiken für den Nachsorgepflichtigen und die Allgemeinheit. Altdeponien wurden zwar im Rahmen der gesetzlichen Vorgaben gesichert, sodass in Zukunft keine relevanten Beeinträchtigungen zu erwarten sind. Dieses gilt jedoch nur solange die Sicherungssysteme auch intakt sind. Die Feststellung, dass keine relevanten Emissionen mehr austreten, belegt zunächst mal nur das Funktionieren der Abdichtungssysteme. Das Schadstoffpotential innerhalb einer Altdeponie bleibt jedoch bei vollständiger Abdichtung weitestgehend erhalten, da die Inhaltsstoffe einem externen Einfluss weitgehend entzogen wurden. So ist hinsichtlich des Gefährdungspotentials keine relevante Veränderung innerhalb von 30 Jahren zu erwarten. Mit welcher Begründung sollte also ein Altstandort nach diesem Zeitraum aus der Nachsorge entlassen und damit sich selbst überlassen werden?

KRÜMPELBECK (2000) kam im Rahmen einer Untersuchung von Abfalldeponien der 70er bis 90er Jahre im Rahmen einer detaillierten Bewertung der Deponieemissionen zu dem Schluss, dass die gegenwärtig zur Verfügung stehenden rechtlichen Rahmenbedingungen nicht ausreichen, um festzulegen unter welchen Bedingungen die Nachsorge als beendet angesehen werden kann und dass ein sich selbst überlassen alles andere als erstrebenswert sei. Aus den erhobenen Befunden leitet KRÜMPELBECK (2000) weiterhin die Forderung nach einem kontrollierten und möglichst umfassenden Frachtenaustrag in einem überschaubaren Zeitraum ab, um eine Belastung zukünftiger Generationen zu vermeiden. Zu einem gleichen Schluss kommen HEYER et al. (2006), deren Vorschläge für quantitative Kriterien zur Entlassung aus der Nachsorge nicht mit dem Ansatz der Konservierung des Abfallkörpers durch Kapselung und Austrocknung vereinbar sind.

Vor diesem Hintergrund ist aus heutiger Sicht die Dauer des Nachsorgezeitraumes und damit auch die Dauer der kostenverursachenden Maßnahmen, die im Laufe der Zeit durchgeführt werden müssen, völlig offen. Die derzeit erstellten Kostenprognosen und auch die kalkulierten Rückstellungen beziehen sich i. d. R. lediglich auf einen dreißigjährigen Nachsorgezeitraum.

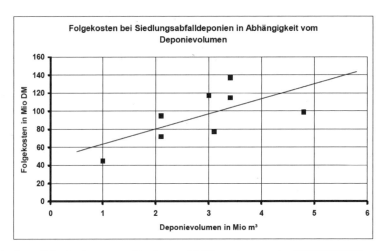

Abb. 1: Folgekosten von Siedlungsabfalldeponien nach BURKHARDT et al. (1997)

Für die Angabe konkreter Zahlen wurde sowohl auf bislang veröffentlichte Kostenprognosen als auch auf eigens durchgeführte Erhebungen im Rahmen der Projektarbeit zurückgegriffen. Demnach werden die Nachsorgekosten bei Deponien dieser

Größenordnung mit durchschnittlich 200.000 € bis 400.000 € pro Jahr beziffert. Dagegen existieren bei Altdeponien z. T. noch erhebliche Rückstellungen in den von BURKHARDT et al. (1997) genannten Größenordnungen für Folgekosten bei Siedlungsabfalldeponien in Abhängigkeit vom Deponievolumen zwischen rund 30 und 70 Mio. €.

Letztlich können sich aus dem Vorgenannten hinsichtlich der in Zukunft auftretenden Kosten für eine Altdeponie nur drei Szenarien ergeben:

1. Die Wartungs,- Pflege- und Überwachungsarbeiten werden auf unbestimmte Zeit fortgesetzt. Die Kosten sind nur in der ersten Zeit durch die vorhandenen Rückstellungen gedeckt, sodass diese in der Folgezeit von der Allgemeinheit zu tragen sind.

2. Die Altdeponie wird kontrolliert und gezielt hinsichtlich ihrer Schadstoffe entfrachtet. Kosten und Zeitrahmen einer solchen Maßnahme sind kaum zu kalkulieren und mit erheblichen Risiken verbunden.

3. Die Altdeponie wird zurückgebaut. Mit dieser Maßnahme wird eine sichere Lösung geschaffen und eine Belastung zukünftiger Generationen vermieden. In letzter Konsequenz bleibt auch im Falle der Möglichkeit zu Punkt 1, wenn eine Entlassung aus der Nachsorge nicht erfolgen kann, als wirkliche Lösung nur der geordnete Rückbau übrig.

Rückbau bedeutet auf der Grundlage der heutigen Gesetzgebung nicht mehr eine einfache Umlagerung, wie dies in der Vergangenheit möglich war. Rückbau bedeutet heute Abfallbehandlung und Abfallverwertung. Die Verwertung verursacht dabei nicht nur Kosten sondern kann teils kostenneutral erfolgen oder auch mit Einnahmen verbunden sein. Im Blick auf die vergangene und prognostizierte zukünftige Entwicklung der Abfallbranche scheint es im Wesentlichen von der Wahl des Zeitpunktes abzuhängen, wann ein qualifizierter Rückbau aus wirtschaftlicher Sicht am ehesten in Frage kommt.

An konkreten Daten einer niedersächsischen Deponie wird im Folgenden beispielhaft deren Zusammensetzung analysiert und anschließend im wirtschaftlichen Kontext bewertet.

3 Abfallzusammensetzung von Altdeponien

Die Grundlage für eine derartige Betrachtung bildet die möglichst genaue Kenntnis über Art und Menge der eingelagerten Deponieinhaltsstoffe. Zwar existieren hierzu Angaben über mittlere Zusammensetzungen verschiedener Autoren, doch liefern diese allenfalls groben Anhaltspunkte. Zu verschieden sind die regionalen Randbedingungen, die die Befüllungsgeschichte maßgeblich beeinflusst haben. Altdeponien sind nur begrenzt mit einander vergleichbar. Jede Deponie hat ihr eigenes Profil, das sich innerhalb ihrer Betriebszeit verändert hat. So hing zum Beispiel die Zusammensetzung des Gewerbemülls mancherorts maßgeblich von einigen wenigen Großbetrieben ab, die sich ganz spezifischer Stoffe entledigten.

Tab. 1: Typische Zusammensetzung von unbelastetem Hausmülls (Gew.-% trocken) div. Autoren

Stoffgruppe	Niedersachsen (Brammer 1995)	Bayern 1995/96 (Glöckl 1998)	Magdeburg (Panning 2002)	Bayern (Weigand/Marb 2005)
Papier, Pappe	7,6	7	13	7,7
Verbund (Material + Verpackung)	10,2	7	3	7
Metalle (Fe + Nfe)	5,5	3	5	2,4
Glas	9,2	3	12	4,4
Kunststoffe	10,7	8	10	7
Textilien	1,3	4	4	3,7
Sonderabfälle	0,3	1	1	0,4
Organik		28	32	22,5
Hygieneprod.				14,7
Rest		14	7	1,1
Holz / Knochen	0,8		2	1,2
Mineralien	2,2		4	2,8
8–40 mm	48,6	25		14,2
< 8 mm	3,5		8	10,9

Die uns zur Verfügung stehenden Daten stammen von einer niedersächsischen Deponie mit einem Gesamtvolumen von 3,2 Mio. m^3 und einer Oberfläche von rund 35 ha. Die Anlage wurde von 1974 bis zum Jahre 2002 betrieben. Die Abbildungen 2 und 3 zeigen die Abfallzusammensetzung für die Jahre 1974 bis 1990 und 1995 bis 2001. Deutlich wird dabei, dass die Anteile an Hausmüll, Sperrmüll und Gewerbeabfälle in den ersten 25 Jahren im Großen und Ganzen wenig schwanken und im Mittel 85 % der Gesamtabfallmenge ausmachten. In den Jahren 1995 bis 2001 ging dieser Anteil auf 71 % zurück. Insbesondere die Gewerbeabfallmengen schrumpften von vormals 33 % auf 5 bis 20 %.

Zusammenfassend wurde daraus die folgende Zusammensetzung ermittelt:

- 38 % Hausmüll
- 26 % hausmüllähnlicher Gewerbemüll
- 14 % Sperrmüll
- 10 % mineralische Abfälle
- 12 % Reststoffe

Bio- und Sekundärrohstoffverwertung II

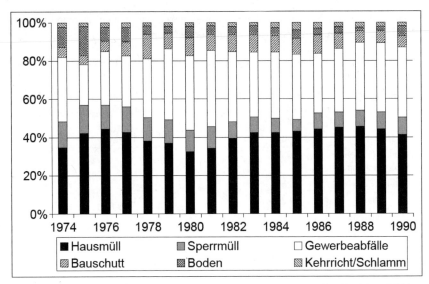

Abb. 2: Ergebnis der Auswertung der Müllzusammensetzung für die Jahre 1974

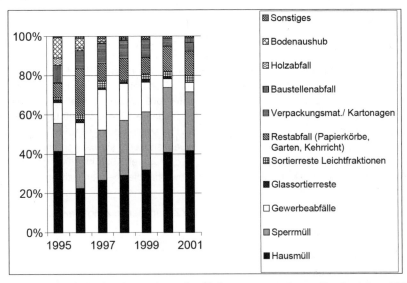

Abb. 3: Ergebnis der Auswertung der Müllzusammensetzung für die Jahre 1995 bis 2001

Über die Zusammensetzung dieser Abfallgruppen liegen keine standortspezifischen Daten vor. Bekannt ist, dass der Gewerbeabfall von vielen verschiedenen Anlieferern stammt und damit ein Vorherrschen bestimmter Stoffe nicht zu erwarten ist. Zur weiteren Auswertung wurden daraufhin die durch das Witzenhausen-Institut durchgeführten Studien herangezogen, die im Rahmen der Abfallsortierung die mittlere Zusammensetzung von Hausmüll, Sperrmüll und Gewerbeabfälle untersucht haben (s. Tabelle 2).

Tab. 2: Mittlere Zusammensetzung von hausmüllähnlichem Gewerbeabfall, Sperrmüll und Hausmüll (Gew.-% trocken) nach KERN et al. (2001)

Abfall/Stoff	Hausmüll-ähnlicher Gewerbeabfall	Sperrmüll	Hausmüll
Holz (Möbel)	12,2	41	1,6
Glas	3,8	0,4	6,9
Kunststoffe	11,7	3,6	5,8
Metalle	2,6	9,7	3,8
Verbundstoffe	12,5	22,3	6,9
Textilien (Leder, Gummi)	1,8	0,8	2,6
Papier/Pappe/Karton	7,4	2,9	14,3
Mineralische Fraktion	12,2	2,4	-
Organik/Bio- und Grünabfälle	8,3	2,4	29,6
Schlamm	2,5	-	-
Windeln	-	-	5,5
Feinmüll	-	-	14
Sonstige Abfälle	25	14,5	9

Im Rahmen der Kostenanalyse sind die einzelnen Fraktionen hinsichtlich ihrer Separierbarkeit und Verwertbarkeit zu beurteilen. Dabei kann auf die bislang publizierten Erfahrungen mit abgegrabenen Altabfällen verschiedener Deponierückbauprojekte zurückgegriffen werden. Detaillierte Angaben zu verschiedenen Deponien finden sich bei RETTENBERGER (1998). Als stofflich verwertbare Fraktionen werden Metalle, Steine, Kunststoffe und evtl. Glas genannt. Thermisch verwertbar sind Holz und die sogenannte Leichtfraktion aus z. B. Textilien und Papier. Nicht verwertbar ist die im Zuge der Aufbereitung anfallende Feinfraktion (< 40 mm). Aus den vorliegenden Daten des Projektbeispieles ergeben sich somit die in Abbildung 4 dargestellten verwertbaren und nicht verwertbaren Anteile.

Verwertbare Anteile

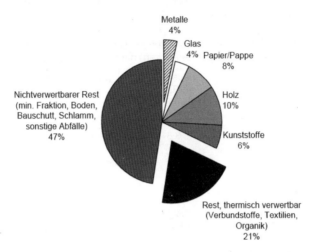

Abb. 4: Ergebnis der Auswertung der im Rahmen eines Rückbaus verwertbaren Fraktionen

4 Kostenbewertung der separierbaren Fraktionen

Metalle

Die Verwertung von Metallen erscheint vor dem Hintergrund der aktuellen Preisentwicklung auf dem Markt der Altmetalle besonders geboten. Im Zuge der historisch einmaligen Preiserhöhungen bei den Rohstoffen auf der Beschaffungsseite (s. Abbildung 5), sind in der letzten Zeit auch die Ankaufspreise für Altmetalle erheblich gestiegen. So lagen z. B. die Preise für Kupferschrott am 04.07.2007 zwischen 3.500 €/t und 4.500 €/t, für Aluminiumschrott wurden Preise zwischen 850 €/t und 2.050 €/t und für Altzink ca. 1.900 €/t genannt. Auch Stahlschrott hat sich in den letzten Jahren zu einem heftig umworbenen Rohstoff entwickelt. Lagen die Preise im Jahr 2003 noch unter 100 €/t sind heute zeitweilig Preise über 200 €/t Realität. Allein für Mischschrott (ungeshreddert) liegt der Ankaufspreis im Schrotthandel derzeit bei über 100 €/t. Im Zuge eines Deponierückbaus lassen sich somit derzeit auch ohne eine Trennung der Altmetalle Erlöse aus der Mischschrottverwertung von mindestens 100 €/t erzielen. Lassen sich beim Rückbau der hier betrachteten Altdeponie rund 80 % der Metalle als Mischschrott zurückgewinnen, so betragen die zu erwartenden Erlöse rund 15 Mio. €.

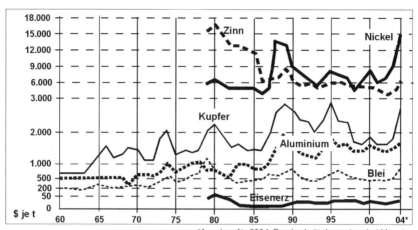

Abb. 5: Preisentwicklung Primärrohstoffe

Steine und mineralische Stoffe

Die Verwertbarkeit von Steinen und mineralischen Stoffen hängt unmittelbar von deren Schadstoffgehalten ab. Ohne die Notwendigkeit eines Stoffrecyclings wurden in den 70er und 80er Jahren vielfach mineralische Stoffe eingelagert, die nach heutigen Gesichtspunkten wiederverwertbar sind. Bei entsprechender Aufbereitung ist eine Teilverwertung der Stoffe zu erwarten, die kostenneutral erfolgen kann. Die übrigen höher belasteten Anteile sind auf entsprechende Deponien zu verbringen. Sie verursachen Kosten die zumindest in der Größenordnung von neu zu schaffendem Deponieraum bei rund 15 € pro m³ liegen. Geht man davon aus, dass 2/3 der Stoffe kostenneutral verwertet werden können, so würde die Deponierung im Falle der Beispieldeponie Kosten von 1,6 Mio. € verursachen.

Kunststoffe

Erfahrungen beim Rückbau der Deponie Burghof durch RETTENBERGER (1998) zeigen, dass eine Aussortierung und Aufbereitung der Kunststoffe in einer für die Wiederverwertung akzeptablen Form grundsätzlich möglich ist. Die dabei gewonnenen Kunststoffe bestanden zu 100 % aus einer Mischung aus PE und PP. Legt man den EUWID-Preisspiegel für Altkunststoffe aus dem Herbst 2006 zugrunde, so lagen die Preise für Ballenware PE oder PP-Folien bei über 200 €/t. Eine Rückgewinnung von 80 % der abgelagerten Kunststoffe würde im Falle der betrachteten Altdeponie ein Erlös von ca. 46 Mio. € bedeuten.

Glas

Die Aussortierung von Glas ist mit Hilfe von optoelektrischen Verfahren möglich. Dabei ist zu erwarten, dass ein Großteil des Glases in der Feinfraktion (< 40 mm) vorliegt und im Zuge des Rückbaus nicht erfasst werden kann. Lassen sich zumindest 50 % des Glases zurückgewinnen, so entstünden bei den derzeitigen Preisen keine Kosten bei der Verwertung.

Holz und Leichtfraktion

Holz und die sogenannte Leichtfraktion, die u. a. aus Papier, Textilien, Gummi oder Leder besteht, können thermisch verwertet werden. Als mittlerer Heizwert werden von RETTENBERGER (2001) Werte zwischen 18 und 20 MJ/kg genannt. Zurzeit herrscht noch ein Überangebot an Abfall, der für EBS-Kraftwerke zur Verfügung steht. So überstieg 2006 das vorhandene Potential an Ersatzbrennstoffen in Deutschland die Aufnahmekapazität der Industrie um das Dreifache. ALWAST et al. (2006) gehen davon aus, dass Angebot und Nachfrage von EBS erst für 2011 bis 2013 ausgeglichen sein werden. Danach entstünden die ersten Überkapazitäten was zu einem deutlichen Nachgeben der Abnahmepreise führen müsste.

Feinfraktion/Rest

Die Feinfraktion von Siedlungsabfalldeponien kann einen sehr hohen Anteil der Gesamtzusammensetzung ausmachen. RETTENBERGER (1998) ermittelte beim Rückbau der Deponie Burghof, dass 49 Gew.-% der rückgebauten Masse in der Fraktion 0–20 mm vorlagen und nennt Werte der Fraktion < 40 mm für Siedlungabfalldeponien in Westdeutschland, die zwischen 60 und 70 Gew.-% liegen. Betrachtet man die Zahlen der Deponie Burghof genauer, so beträgt der Anteil aus Gießereisand, Erdaushub und Schlämme, die alle dieser Fraktion (< 20 mm) angehören, bereits 31 Gew.-%. Genau der Anteil dieser Stoffe ist in der betrachteten Beispieldeponie mit lediglich 10 Gew.-% deutlich geringer, sodass auch der Anteil der Feinfraktion insgesamt geringer ausfallen müsste. In der Gesamtanalyse des hier betrachteten Standortes im Verbund mit den publizierten Erfahrungen aus diversen Rückbauprojekten lässt sich hier eine Feinfraktion < 40 mm von rund 50 Gew.-% vermuten.

Bestehende Untersuchungen zeigen, dass zwar der Anteil an organischer Substanz in der Feinfraktion hoch doch die biologische Aktivität (Atmungsaktivität) dagegen äußerst gering ist. Eine weitere Inertisierung dieser Fraktion kann somit i. d. R. entfallen und eine unmittelbare Deponierung ist möglich. Die entstehenden Kosten liegen dann in der Größenordnung von neu zu schaffendem Deponieraum bei rund 15 € pro m³. Somit wäre die Beseitigung der Feinfraktion hier mit Kosten von ca. 20 Mio. € verbunden.

5 Rückbaukosten

Neben den im Zuge eines Deponierückbaus auftretenden Kosten und erzielbaren Erlösen, die sich aus dem Stoffbestand ergeben, stellen die anfallenden Kosten des Rückbaus selbst inklusive Aufbereitung die wesentliche Kostengröße dar. In der Literatur finden sich zahlreiche Rückbauprojekte von verschiedenen Deponietypen für die auch die dabei angefallenen Kosten offengelegt wurden. Jüngst veröffentlichte RETTENBERGER (2001) aus eigenen Erfahrungen stammende spezifische Kosten für einen Deponierückbau ab etwa 13 €/m³ rückgebautes Deponievolumen, die folgende Kostenfaktoren enthalten:

- Aushub incl. Geruchsstabilisierung
- deponieinterner Transport der Altabfälle zur Aufbereitungsanlage
- Aufbereitung der Altabfälle (Zerkleinerung und Fraktionierung)
- deponieinterner Transport der nicht verwertbaren Fraktionen zum Einbaubereich
- verdichteter Einbau der nicht verwertbaren Fraktionen
- Arbeits- und Nachbarschaftsschutz

Intensiviert man die Aufbereitung hinsichtlich der Rückgewinnung der Metalle und Kunststoffe, so sollte bei Altdeponien der hier betrachteten Größe und Optimierung aller Prozesse ein Rückbau für 22 €/m³ spezifisches Volumen möglich sein. Damit entstünden für die Beispieldeponie Rückbaukosten von rund 70 Mio. €.

6 Bewertung

Stellt man die im Rahmen dieser überschlägigen Betrachtung ermittelten Beträge der Kosten, Erlöse und Einsparungen gegenüber, so entsteht für die hier betrachtete Deponie das folgende Gesamtbild (Tabelle 3):

Tab. 3: Gegenüberstellung der Erlöse/Einsparungen und Kosten

	Erlöse/Einsparungen Mio. €	Kosten
Altmetallverwertung	15	
Kunststoffverwertung	46	
Glasverwertung	0	0
Steine, mineralische Fraktion		1,5
Holz und Leichtfraktion		112 / 28**
Feinfraktion		20
vorhandene Rückstellungen	60*	
Rückbau und Aufbereitung		70
Summe	**121**	**204 / 120****

* Gesamtrückstellungen inkl. Rückstellungen für ein endgültiges Oberflächenabdichtungssystem bei vorhandener temporärer Oberflächendichtung
** Kosten für die thermische Verwertung von EBS bei 60 €/t und 15 €/t

Deutlich wird dabei, dass der günstigste Zeitraum für einen Rückbau der betrachteten Deponie unmittelbar von den Kosten für die Verwertung der Holz- und Leichtfraktion abhängt. Erst bei einem Abnahmepreis von 15 €/t wäre im betrachteten Beispiel eine nahezu kostenneutrale Beseitigung der Altdeponie möglich. Dabei muss als zweite Voraussetzung auf den Bau eines endgültigen Oberflächenabdichtungssystems verzichtet werden. Hierdurch würden die zur Errichtung des endgültigen Oberflächenabdichtungssystems zurückgestellten Mittel frei. Bei einer Haldendeponie mit einer Oberfläche von 35 ha und Kosten von 55 €/m² stünden rund 20 Mio. € zusätzlich zu den Rückstellungen für die Nachsorge für den Rückbau zur Verfügung.

Die o. g. Analysen und Annahmen entstammen der überschlägigen Betrachtung an einer Altdeponie und sind selbstverständlich nicht übertragbar. Zu verschieden sind die lokalen Gegebenheiten der Standorte hinsichtlich ihrer Inhaltsstoffe sowie der kommunalen und übrigen Verwertungsmöglichkeiten vor Ort. Letztlich soll der Beitrag im Rahmen dieses Forums dazu anregen, Altdeponien einer konkreten standortbezogenen Prüfung zu unterziehen, um zu klären, ob und wann ein Rückbau aus wirtschaftlicher Sicht geboten ist.

7 Literatur

BURKHARDT, G. (1997): Deponienachsorge und Deponiefolgekosten

RETTENBERGER, G. (1998): Rückbauen und Abgraben von Deponien und Altablagerungen. Verlag Abfall aktuell, 1998, ISBN 3-9806505-1-0

WORM, R. & RAKETE, M. (1998): Umlagerung und Sanierung einer Altdeponie Müll und Abfall 1998, Heft 6 Seiten 393–394

BOGON et al. (2000): Betriebswirtschaftliche Gesamtkostenrechnung für Deponien unter Berücksichtigung von mechanisch-biologischer Abfallbehandlung; Auswirkung vorhandener Deponiekapazitäten auf Planungsentscheidungen für MBA. 3. Niedersächsische Abfalltage – Stand der Technik der MBA – März 2000 in Oldenburg

KRÜMPELBECK, I. (2000): Untersuchungen zum langfristigen Verhalten von Siedlungsabfalldeponien. Dissertation Bergische Universität – GH Wuppertal.

KERN, M.; SPRICK, W.; Glorius, T. (2001): Regenerative Anteile in Siedlungsabfällen und Sekundärbrennstoffen. In: Reformbedarf in der Abfallwirtschaft. Karl. J. Thomé-Kozmiensky (Hrsg.).

RETTENBERGER, G. (2001): Deponierückbau als Alternative zur Sanierung?. Fachhochschule Trier

BAYRISCHES LANDESAMT FÜR UMWELTSCHUTZ (Hrsg.) (2003): Zusammensetzung und Schadstoffgehalte von Siedlungsabfällen. – Augsburg.

BARDT, H. (2006): Die gesamtwirtschaftliche Bedeutung von Sekundärrohstoffen. IW-Trends – Vierteljahresschrift zur empirischen Wirtschaftsforschung aus dem Institut der deutschen Wirtschaft Köln; 3/2006

ALWAST, H.; GASSNER, H.; NICKLAS, C. (2006): Marktentwicklungen für die Abfallbehandlung und Zwischenlagerung von Abfällen. Müll und Abfall Nr. 3

HEYER, K.-U.; HUPE, K.; STEGMANN, R.; WILLAND, A. (2006): Deponienachsorge – Dauer und Vorschläge für quantitative Kriterien zur Entlassung aus der Nachsorge. Müll und Abfall Nr. 2

Untersuchungen zur Verteilung des Wassers im Deponiekörper nach Infiltration

Norberth Kloos, Gerhard Rettenberger, Jean-Frank Wagner

1 Einleitung

Nach der Umsetzung der EU-Richtlinie in Form der Deponieverordnung ist es erlaubt, eine Infiltration von Wasser auf dem Deponiekörper unter Zuhilfenahme technischer Mittel vorzunehmen. Die gesetzlichen Regelungen zur Wasserinfiltration finden sich in der Deponieverordnung (DepV) vom 24. Juli 2002 (Anonym (2002)). Verschiedene Untersuchungen haben in teils langjährigen Forschungen gezeigt, dass der Wassergehalt im Deponiekörper von entscheidender Bedeutung für mikrobiologische Abbauprozesse ist. Die Erfahrungen der vergangenen Jahre zeigen, dass nach der Aufbringung der Oberflächenabdichtung eine Austrocknung des abgelagerten Abfalls (Mumifizierung) stattfindet. Seit Juni 2005 muss auf allen Deponieabschnitten, die nach der TA-Siedlungsabfall Hausmüll abgelagert hatten, die Ablagerung beendet werden und der Deponieabschnitt mit einer Oberflächenabdichtung versehen werden.

Als Konsequenz hieraus, folgt eine Verminderung des Wassergehalts innerhalb des Deponiekörpers und eine Verschiebung der Nachsorge auf unbestimmte Zeit. Wenn wie im diesem Fall gewünschte biologische Vorgänge innerhalb des Deponiekörpers aufgrund mangelnder Feuchtigkeit zum Erliegen kommen, bietet es sich an, kontrolliert Wasser zu infiltrieren, um die biologischen Vorgänge zu optimieren. Der Abbau organischer Restbestandteile in Hausmülldeponien ist im Sinne der „Reaktor Deponie" ein wichtiger und gewünschter Prozess. Er bildet sowohl die Grundlage für eine effiziente Gasverwertung als auch für eine möglichst kurze Nachsorgephase.

Somit ist das Ziel aller präventiven Maßnahmen, wie auch der kontrollierten Wasserbefeuchtung und Bewässerung, den Deponiekörper schnellstmöglich in den stabilisierten Zustand zu führen.

Der Ursprung der Infiltrationssysteme ist so alt wie die Bodenkultur der Menschheit und diente ursprünglich zur Bewässerung der Felder, um bessere Erträge zu erzielen. Wie auch im Bewässerungslandbau können die in der Deponietechnik eingesetzten technischen Systeme zur Befeuchtung und Bewässerung horizontale oder vertikale Infiltrationssysteme sein (vgl. Abbildung 1).

Horizontale Infiltrationssysteme

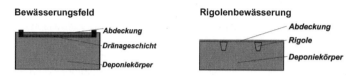

Vertikale Infiltrationssysteme

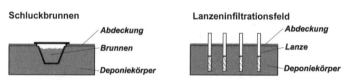

Abb. 1: Prinzip der Infiltrationssysteme

Grundsätzlich sollen die Bewässerungssysteme gewährleisten, dass der Deponiekörper homogen durchfeuchtet wird. Weil sich die Deponien in ihren standortspezifischen Eigenschaften aber unterscheiden und zudem in sich inhomogen sind, steht man bei Planung, Errichtung und Betrieb von Infiltrationsanlagen vor Problemen, die nur durch weiterführende Untersuchungen erfolgreich angegangen werden können.

Standortspezifische Eigenschaften, die die Wasserverteilung unterhalb einer Infiltrationsanlage beeinflussen, lassen sich zum Teil durch Modellierung theoretisch nachkonstruieren. Hierfür ist aber Kenntnis der Verhältnisse im Untergrund unabdingbar. Problem ist dabei außerdem: Durch die mangelnde Homogenität des Deponiekörpers wird ein Modellansatz nie die Wirklichkeit, sondern immer nur eine mögliche Verteilung darstellen. Alternativ ist denkbar, eine direkte Momentaufnahme der Verhältnisse im Deponiekörper selbst durch Bohrungen zu gewinnen. Großer Nachteil dieser Bohrungen ist aber die Schaffung neuer Wasserwegsamkeiten, die anschließend direkte Auswirkungen auf die bzw. Verfälschungen der Untersuchung zur Folge haben. Somit können diese zwei genannten möglichen Untersuchungsmethoden nur mit großem technischen Aufwand bzw. hoher Ungenauigkeit eingesetzt werden, um die Probleme der Infiltrationstechnik bezogen auf eine homogene Durchfeuchtung anzugehen. Eine weitere Möglichkeit bieten die geophysikalischen Untersuchungsmethoden. Hierbei wird auf die zu ermittelnden Daten durch die physikalischen Eigenschaften im Untergrund geschlossen. Somit lässt sich beispielsweise mittels der Gleichstromgeoelektrik die Wasserverteilung indirekt über ihren elektrischen Widerstand zweidimensional oder dreidimensional qualitativ graphisch nachvollziehen.

2 Grundlagen des geoelektrischen Verfahrens

„Spätestens seit der Untersuchung von Archie (Militzer & Weber 1985) wurde das Potenzial des Geoelektrik-Verfahrens zur quantitativen Grundwasserprospektion erkannt und gewinnt seither zunehmend an Bedeutung..." (Mohnke et al. (2006)). „Die Gleichstromgeoelektrik gehört zu den geophysikalischen Verfahren, die mit technisch erzeugten stationären Feldern arbeiten..." „Über zwei geerdete Stromelektroden A und B erfolgt die Einspeisung von Gleichstrom in den leitfähigen Untergrund..." (vgl. Abbildung 2).

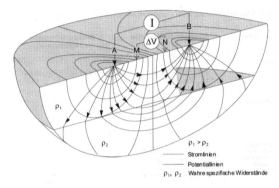

Abb. 2: Prinzip der Widerstandsmessung mit einer Vierpunkt-Anordnung (Lange (2005))

„Dabei baut sich ein räumliches Potenzialfeld auf, das von den Leitfähigkeitsstrukturen beeinflusst wird..." „Aus der Potenzialdifferenz zwischen den Sonden M und N und der Stromstärke zwischen den Elektroden A und B ergibt sich nach dem Ohmschen Gesetz ein elektrischer Widerstand..."(Lange (2005)). Dieses Prinzip der Vierpunktanordnung liegt allen Verfahren der Gleichstromgeoelektrik zugrunde. Wenn die Elektroden vermehrt werden und durch eine Steuereinrichtung automatisiert angesteuert werden, spricht man von der Multielektroden-Geoelektrik. „Im Verlauf der letzten zehn bis 15 Jahre hat eine rapide apparative Weiterentwicklung in der Anwendung geoelektrischer Verfahren stattgefunden. Mit Multieelektroden-Apparaten ist es möglich, hundert und mehr Elektroden anzusteuern und damit den Messfortschritt erheblich zu beschleunigen. Mit einer elektrischen Widerstands-Tomographie (ERT) kann ein Untersuchungsobjekt schnell und einfach flächendeckend (2D und 3D) erkundet werden..."(Mohnke et al. (2006)). Somit ermöglichen mehrkanalige Apparaturen und Multielektrodenanordnungen einen einfach zu bedienenden, prozessgesteuerten Messablauf. „Multielektrodenanordnungen sind Gruppen von Metallspießen, die auf geradlinigen Profilen äquidistant angeordnet werden..." (Lange (2005)): Die Abbildung 3 soll beispielhaft den Messablauf und die Lage der X- bzw. Z-Koordinaten in einer zweidimensionalen Sondierungsskalierung mit einer Wenner

Elektrodenkonfiguration darstellen. Die ermittelten zweidimensionalen scheinbaren spezifischen Widerstände werden „Pseudosektion" genannt (Lange (2005)). „Die Bezeichnung „Pseudo" besagt, dass es sich weder um wahre Tiefen noch um wahre spezifische Widerständen handelt. Bei starken Widerstandskontrasten, geneigten Schichtgrenzen und insbesondere beim Einsatz asymmetrischer Konfigurationen (Pol-Dipol, Dipol-Dipol) können die Lagebeziehungen extrem verzerrt sein. Die Auswertung solcher Messergebnisse erfolgt durch zweidimensionale Modellrechnungen. Dafür stehen Programme für die Modellierung durch Vorwärtsrechnung und für die Inversion zur Verfügung..." (Lange (2005)). Die Wahl von Elektrodenanordnung, Elektrodenanzahl und Elektrodenabstand ist immer ein Kompromiss und wird in Abhängigkeit von den zur Verfügung stehenden Messinstrumenten definiert. Die Größe des Kompromisses wird durch die Aufgabenstellung und die damit in Beziehung stehende, geforderte Genauigkeit und durch die Dauer der Einzelmessungen bestimmt.

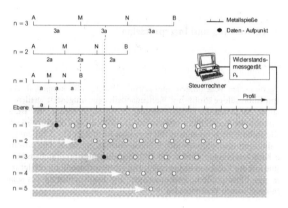

Abb. 3: Messprinzip einer Werner-Sondierungsskalierung (Lange (2005))

In der durchgeführten Untersuchung wurde eine Multigradienten Elektrodenanordnung mit insgesamt 72 Elektroden aufgebaut. Der Elektrodenabstand betrug für die inneren 42 Elektroden 1,5 Meter, die äußeren 20 Elektroden wurden mit einem Elektrodenabstand von 3 Metern aufgebaut. Somit ergab sich eine maximale Auslage von 120 Meter.

3 Durchgeführte Untersuchung

Der Lehr- und Forschungsbereich Abfalltechnik der Fachhochschule Trier sowie der Lehrstuhl für Geologie der Universität Trier konnten mit Unterstützung des Bergischen Abfallwirtschaftsverbands bis jetzt insgesamt drei Messkampagnen auf der Deponie Leppe durchführen.

Um die Eignung der Multielektroden-Geoelektrik zu überprüfen, wurde auf der Deponie Leppe eine zweitägige Beispielmessung durchgeführt. In Abbildung 4 ist unter anderem die Lage der Infiltrationsfelder innerhalb der Deponie in einer 2D Darstellung aufgezeichnet. Die einzelnen Infiltrationsfelder wurden jeweils einmalig mit 10 m³ Deponiesickerwasser bewässert. Anschließend wurden mit ca. zweistündigem Abstand Messungen durchgeführt. Hierbei sollte unter Deponiebedingungen überprüft werden, ob und wie die Gleichstrom-Geoelektrik Sickerwasserströme auflösen kann. „Unter der Vorraussetzung, dass die Infiltrationsstellen bekannt sind und das Sickerwasser direkt oder indirekt für eine Veränderung der Widerstände verantwortlich ist, lassen sich in erster Näherung die Veränderungen des Widerstandsbildes unterhalb des Infiltrationsfeldes im Zeitablauf auf das infiltrierte Wasser zurückführen". Dabei konnten zwei wesentliche Punkte schon während der ersten Orientierungsmessung festgestellt werden.

1) Die untersuchten Bereiche der Hausmülldeponie Leppe wiesen für die geoelektrischen Verfahren verhältnismäßig hohe elektrische Leitfähigkeiten auf (0 bis 100 Ω*m). Dies lässt sich damit erklären, dass die untersuchten Bereiche langjährigen Infiltrationsmaßnahmen ausgesetzt wurden und damit, dass wässerige Lösungen schon in geringen Mengen in den Poren zu einer drastischen Erhöhung der Leitfähigkeit führen. Der Ladungstransport wird dabei von den Ionen der im Wasser gelösten Salze übernommen.

2) Das eingesetzte Messsystem schlug an den Stellen aus, an denen auch eine Veränderung physikalisch erwartet wurde.

Mit den so neu gewonnen Erkenntnissen konnten zwei weitere Messkampagnen geplant und durchgeführt werden. Unter anderem wurden unterschiedliche Infiltrationsmedien mit unterschiedlichen elektrischen Leitfähigkeiten und unterschiedliche Infiltrationsmengen ausprobiert. Mit diesen Infiltrationsversuchen sollen Informationen bezüglich der Messauswirkungen und Interpretationen des Datensetzens ermittelt werden.

4 Erste Ergebnisse der Untersuchung

Beispielhaft für alle Untersuchungen ist in Abbildung 4 der Widerstandsverlauf von 93 Stunden nach einer Infiltrationsmaßnahme farblich dargestellt. Vor der eigentlichen Infiltration wurde im Untersuchungsgebiet zwei Monate nicht infiltriert. Danach wurde 14 Stunden vor der Infiltration jede Stunde ein Datensatz aufgezeichnet und anschließend 10 m³ Deponiesickerwasser mit einer elektrischen Leitfähigkeit von 1.400 µS in dem Infiltrationsfeld 2 einmalig infiltriert. Nach 46 Stunden wurde dieser Vorgang wiederholt, wobei Betriebswasser mit einer elektrischen Leitfähigkeit von 862 µS infiltriert wurde. Die daraus resultierenden Datensätze mussten dann mit Hilfe einer Inversionssoftware SensInv2D (Version: V3.0; Geotomagraphie) aufbereitet werden.

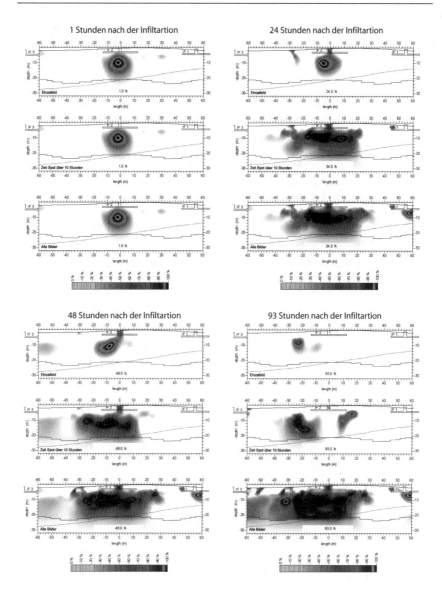

Abb. 4: Darstellung des Infiltrationsverlaufs nach der 1., 24., 48. und 93. Stunde. Es werden drei Darstellungsarten für jede dargestellte Stunde präsentiert (Einzelbilder, Zeitspot über 10 Stunden und Alle Bilder)

Wobei jeder Datensatz nach der Infiltration ins Verhältnis gesetzt wurde zum Mittelwert der 14 Stunden vor der Infiltration. Die einzelnen Datensätze nach der Inversion wiesen sowohl Bereiche auf, die eine Erhöhung der Widerstände darstellten (Ergebnisse ≥ 1) als auch Bereiche, die eine Verminderung des elektrischen Widerstandes zeigen (Ergebnisse ≤ 1). Die daraus resultierenden Ergebnisse, die kleiner als eins sind, wurden dann eingefärbt und sind in „Einzelbilder" (vgl. Abbildung 4) dargestellt. Somit werden hier nur die Bereiche ersichtlich, die eine Verminderung des elektrischen Widerstandes aufweisen, der mit dem infiltrierten Wasser in Verbindung gebracht werden kann. Um die gesamte Veränderung bis zur jeweiligen Stunde aufzuzeigen, wurden die Darstellungen „Alle Bilder" in Abbildung 4 gewählt. Wobei jedes Bild einer Stunde folienartig über die vorigen in einem Bildbearbeitungsprogramm montiert wurde. Die Darstellung „Zeitspot über zehn Stunden" entspricht anders als bei „Alle Bilder" der Folienansicht der letzten zehn Bilder bis zur jeweiligen Stunde. Die Farbskala ist eine prozentuale Darstellung der Ergebnisse unter 1 zur jeweiligen Stunde. Somit bedeuten „-100 %" maximaler Ausschlag zur jeweiligen Stunde und „-80 %" achtzig Prozent des maximalen Ausschlags. „0 %" entspricht keine Veränderung oder mathematisch ausgedrückt 1.

Um die in Abbildung 4 dargestellten Ergebnisse zu verstehen, wurde eine Modellierung durchgeführt. Der farbliche Ausschlag in Abbildung 5 ist das Ergebnis eines Modellansatzes.

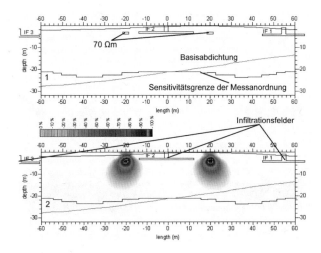

Abb. 5: Bild 1: 2D Schnitt unterhalb der Elektrodenauslage mit Lage der Basisabdichtung und Sensitivitätsgrenzen. Außerhalb der zwei markierten 70 Ω*m Bereiche weist der modellierte Datensatzes 100 Ω*m auf
Bild 2: Lage der Infiltrationsfelder und Darstellung des modellierten Datensatzes nach der Inversion und Einfärbung

Dabei wurden zwei Datensätze künstlich erstellt. Der eine weist an jeder Stelle des Datensatzes 100 Ω*m auf. Der andere weist an den beschrifteten Bereichen abweichend 70 Ω*m auf. Somit wurde eine lokale Verminderung des Widerstandes simuliert. An Hand dieser Modellierung ist in Abbildung 5 zu erkennen, dass die gewählte Einfärbung der Daten keine punktgenaue Auflösung darstellt, sondern eine gewisse Verfälschung verursacht. Eine Deponie stellt keinen homogenen Körper dar, sondern ist eine heterogene Ansammlung von unterschiedlichen Stoffen. Da der elektrische Widerstand zum größten Teil von den vorhandenen Stoffen abhängig ist, kann auf Deponien kein absoluter Zusammenhang zwischen Feuchte und Veränderung gebildet werden. Somit musste die Einfärbung der Farbskala so ausfallen, dass nicht nur der maximale Ausschlag zur Geltung kommt. Dieser Kompromiss musste eingegangen werden, damit auch Bereiche mit niedrigeren Ausschlägen innerhalb der Darstellung nicht von den maximalen Ausschlägen in der jeweils dargestellten Stunde überlagert werden und somit nicht erkannt werden.

5 Diskussion

Der hier vorgestellte Auswertungsalgorithmus macht keine quantitative Aussage über den Wassergehalt an einer bestimmten Stelle des untersuchten Gebiets möglich. Die Auswertungsbilder können Verzerrungen beinhalten, bedingt durch die gewählte Einfärbung, durch physikalische Eigenschaften des Messverfahrens und durch Auswirkungen der Inversionssoftware. Dies lässt sich am besten mit der Brechung von Lichtstrahlen durch ein Milchglas vergleichen. Auch hier bekommt der Betrachter hinter dem Glas nur ein verzerrtes Bild der Wirklichkeit widergegeben. Wie in Abbildung 3 ersichtlich, werden die Aussagen durch die Inversionssoftware mit zunehmender Tiefe immer ungenauer. Grund dafür ist, dass die zur Verfügung stehenden Messpunkte, um die Inversionsrechenschritte durchführen zu können, abnehmen. Trotzdem lässt sich auf einfache und kostengünstige Weise eine qualitative Aussage über die laterale Wasserverteilungsleistung eines Infiltrationsfelds treffen. Eingeschränkt gilt dies auch für die Verteilung in vertikaler Richtung. Auch wenn Einzelbilder keine eindeutige Aussage vermitteln, so wies doch die statistische Häufung von Einfärbungen an der gleichen Stelle auf den Bildern (Abbildung 4 Darstellung "Alle Bilder"), bzw. die Darstellung des zeitlichen Verlaufes (Abbildung 4 "Zeitspot über 10 Stunden") ein klares Bild der direkten und indirekten Auswirkungen der Infiltrationsmaßname auf den Deponiekörper. Mit den mehrmonatigen Untersuchungen auf der Deponie Leppe konnte die Grundlage geschaffen werden, um weiterführende Untersuchungen durchführen zu können. Um den Auswertungsalgorithmus zu kalibrieren, ist ein Versuchsfeld in halbtechnischem Maßstab an der Universität Trier geplant. Um die Auswirkung der Lokalität bzw. Infiltrationstechnik zu beurteilen, sind weiterführende Untersuchungen nötig. Im Frühjahr 2007 werden weitere Untersuchungen auf der Deponie Leppe durchgeführt, die die offenen Fragen zum Teil beantworten sollen. Parallel dazu suchen wir zurzeit weitere Deponien die Infiltrationsanlagen betreiben, um unsere Untersuchung zu vervollständigen.

6 Literatur

Anonym (1993): Dritte Allgemeine Verwaltungsvorschrift zum Abfallgesetz. Technische Anleitung zur Verwertung, Behandlung und sonstigen Entsorgung von Siedlungsabfällen (TA Siedlungsabfall). Veröffentlicht im Bundesanzeiger Nr. 99a vom 19.05.1993.

Anonym (2002): Verordnung über Deponien und Langzeitlager. Deponieverordnung – DepV. vom 24. Juli 2002 (BGB1. I, S. 2807).

Lange (2005): Gleichstromgeoelektrik; in Knödel, K., Krummel, H., Lange, G., Handbuch zur Erkundung von Deponien und Altlasten, Bd. 3 Geophysik. Springer-Verlag, Berlin, S. 128–173

Militzer, H. & Weber, F. (1985): Angewandte Geophysik, 2, Geoelektrik, Geothermik, Radiometrie, Aerogeophysik. Springer, Wien; Akademie, Berlin

Mohnke, O., Schmalholz, J. und Yaramanci, U. (2006): in Nüesch, R., Berichtsband zum Workshop 2006, Innovative Feuchtemessung in Forschung und Praxis, Aedificatio Verlag, Karlsruhe, S. 105–111

Die Novellierung der Abfallrahmenrichtlinie – Eckpunkte der deutschen Position

Frank Petersen

1 Einführung

Zwischen den Mitgliedstaaten und der Kommission besteht seit langem Einigkeit, dass die Abfallrahmenrichtlinie (AbfRRL)[1] dringend der Novellierung bedarf[2]. Die Kommission hatte sich bereits in der am 27.05.2003 verabschiedeten Mitteilung zur thematischen Strategie für Abfallvermeidung und -recycling (Strategie)[3] mit den Problemen der europäischen Abfallpolitik auseinandergesetzt und Änderungen des europäischen Abfallrechts angekündigt. Nachdem mit der Novelle der EG-Abfallverbringungsverordnung[4] der erste Schritt letztes Jahr abgeschlossen werden konnte, legte die Kommission am 21.12.2005 mit der Endfassung der Strategie[5] erstmals einen Novellierungsvorschlag zur AbfRRL[6] vor.

Die Beratungen der Strategie sind im Rat mittlerweile abgeschlossen. Demgegenüber befinden sich die Beratungen der AbfRRL im Rat und Parlament gegenwärtig in einer ersten Entscheidungsphase. Während das Plenum des Europäischen Parlaments über die Novelle bereits in einer ersten Lesung im Februar beschlossen hat[7],

---

[1] RL 75/442/EWG des Rates vom 15.07.1975 über Abfälle (ABl. EG Nr. L 194 S. 47), zuletzt geändert durch Entscheidung 96/350/EG vom 25.05.1996 (ABl. EG Nr. L 135, S. 32).

[2] Entschließung des Rates vom 24.02.1997 über eine Gemeinschaftsstrategie für die Abfallbewirtschaftung (97/C 01), ABl. EG Nr. C 76 S. 1 v. 11.03.1997.

[3] Mitteilung der Kommission, Eine thematische Strategie für Abfallvermeidung und -recycling, KOM (2003) 301 final.

[4] Verordnung (EWG) Nr. 259/93 des Rates vom 01.02.1993 zur Überwachung und Kontrolle der Verbringung von Abfällen in der, in die und aus der Europäischen Gemeinschaft (ABl. EG Nr. L 30, S. 1), zuletzt geändert durch VO (EG) 2557/2001 v. 28.12.2001 (ABl. EG Nr. L 349, S. 1).

[5] Mitteilung der Kommission, Eine Thematische Strategie für Abfallvermeidung und -recycling, KOM (2005) 666 final.

[6] Vorschlag der Kommission KOM für eine Richtlinie des Europäischen Parlaments und des Rates über Abfälle, KOM (2005) 667 final.

[7] Seit Januar 2006 berät die Ratsgruppe Umwelt unter Vorsitz Österreichs über die Strategie; am 09.03.2006 fand eine erste politische Aussprache zur Strategie im Umweltministerrat statt, eine gemeinsame Entschließung des Umweltministerrates ist für den 26.06.2006 angestrebt. Die AbfRRL wurde hingegen erst teilweise anberaten. Das Europäische Parlament hat die Beratung zur Strategie und zum Richtlinievorschlag im Industrieausschuss am 19.04.2006, im Umweltausschuss erst am 03.05.2006 aufgenommen. Der Beschluss des federführenden Umweltausschus-

nähern sich die Beratungen im Umweltrat ebenfalls der Zielgeraden. Die deutsche Präsidentschaft hat sich das Ziel gesetzt, in dem am 28. Juni 2007 stattfindenden Umweltministerrat zu einem gemeinsamen Standpunkt der Mitgliedstaaten zu gelangen.

Dabei sind die deutschen Ausgangspositionen der Fachöffentlichkeit bereits bekannt gemacht worden. Bereits vor Initiative der Kommission hatte das Bundesumweltministerium eigene Vorschläge zur Novellierung der Abfallrahmenrichtlinie erarbeitet und der Kommission übersandt[8]. Diese Positionen wurden von der Bundesregierung gebilligt und in die unter Vorsitz Österreichs und Finnlands stattfindenden Verhandlungen eingebracht. Nunmehr, in der Funktion der Präsidentschaft, gilt es für die Bundesregierung allerdings stärker die Moderatorenrolle im Diskussionsprozess einzunehmen – ohne freilich die deutschen Positionen aus dem Blick zu verlieren.

2 Strategische Ausgangslage und ausgewählte Problembereiche

2.1 Ausgangspunkt: EG-Abfallstrategie und EG-Abfallrahmenrichtlinie

Mit der Strategie hat die Kommission eine durchaus brauchbare Diskussionsgrundlage vorgelegt, zu der der Rat bereits Schlussfolgerungen verabschiedet hat. Die Bundesregierung hat sich im Rat für einfache, aber wirkungsvolle Regelungen eingesetzt. Wichtig sind EU-weit fortentwickelte hohe Entsorgungsstandards, besonders bei der Verwertung von Abfällen[9]. Nutznießer wird neben der Umwelt die nationale Industrie sein, die über solche Technologien bereits verfügt und diese Innovationen auch über unsere nationalen Grenzen hinweg offerieren kann[10].

Entscheidend ist indes die Umsetzung der Strategie durch die Novellierung der Abfallrahmenrichtlinie als rechtlich bindende Grundlage des Kreislaufwirtschafts- und Abfallgesetzes. Die Verflechtung zwischen nationaler und europäischer Rechtslage ist gerade anhand verschiedener EuGH-Urteile immer wieder deutlich geworden. Mit der Vorlage ihres Vorschlags zur Novellierung der Abfallrahmenrichtlinie hat sich die Kommission eindeutig für eine behutsame Weiterentwicklung der alten Rechtslage entschieden. Viele, die auf fundamentale Änderungen etwa im Bereich der Abgren-

---

ses über die gestellten 622 Änderungsanträge liegt seit dem 15.12.2006 vor. Das EP hat am 12.02.2007 über die Änderungen Beschluss gefasst. (Dokument 6242/07)

[8] Vgl. Petersen, ZUR 2005, 561 ff.; ders. AbfallR 2006, 103 ff.

[9] S. dazu die Koalitionsvereinbarung: „*CDU/CSU und SPD werden auf europäischer und nationaler Ebene der umweltverträglichen Kreislaufwirtschaft neue Impulse geben. Wir brauchen in Europa ein einheitlich hohes Umweltschutzniveau mit anspruchsvollen Standards für die Abfallentsorgung, um Umweltdumping durch Billigentsorgung Einhalt zu gebieten.*"

[10] Vgl. zu den Diskussionen zur Recyclingstrategie *Grunenberg*, AbfallR 2004, 14 ff; *Jaron*; AbfallR 2004, 8; *Stengler*, AbfallR 2004, 230 ff.; *Petersen*, NVwZ 2004, 34, 41.

zung Verwertung/Beseitigung, auf eine Stärkung der Kommunen oder eine stärkere Liberalisierung gehofft haben, dürften enttäuscht sein. Im Sinne der Rechts- und Planungssicherheit und der gewachsenen Rechtsstrukturen in der OECD, EG und in den Mitgliedstaaten ist dieser Weg aber richtig. Allerdings hat der Entwurf auch viele Schwächen, da er nicht alle Rechtsprobleme konsequent angeht und notwendige Leitentscheidungen nicht selbst trifft, sondern in Ausschüsse verschiebt, sowie den Mitgliedstaaten notwendige Entscheidungsbefugnisse entzieht und ein Übermaß an Bürokratie schafft[11]. An diesen Punkten hat die Bundesregierung mit eigenen Vorschlägen angesetzt. Sie hat auch in der Funktion der Präsidentschaft ein besonderes Augenmerk auf diese Aspekte und sich in Vorschlägen vom 20.02.2007 entsprechend positioniert[12]. Die wichtigsten Problembereiche werden nachstehend erläutert.

2.2 Der Abfallbegriff: Bewegliche Sache – Abgrenzung zu Nebenprodukten – Ende der Abfalleigenschaft

Die Kommission möchte in ihrem Vorschlag den Abfallbegriff in seinen Kernelementen zu Recht unangetastet lassen. Dennoch muss dringend klargestellt werden, dass der Abfallbegriff sich nur auf bewegliche Sachen bezieht[13], um die durch das Van-de-Walle-Urteil des EuGH[14] aufgeworfenen Rechtsprobleme – Stichwort „Altlastensanierung nach Abfallrecht" – rechtssicher zu lösen[15]. Der von der Kommission vorgeschlagene Anwendungsausschluss für „unausgehobene kontaminierte Böden" greift zu kurz, da er davon abhängt, dass die kontaminierten Böden von anderem – qualitativ gleichwertigem[16] – Gemeinschaftsrecht erfasst sind. Ein solches ist jedoch noch nicht in Sicht, denn es ist unklar, ob, wann und mit welchem Inhalt eine Bodenschutzrichtlinie erlassen wird[17]. Der unter der finnischen Präsidentschaft diskutierte Vorschlag, der alle „unbeweglichen Sachen" aus dem Anwendungsbereich der Abfallrahmenrichtlinie ausschließen will, hatte zumindest im Ergebnis das deutsche Anliegen aufgegriffen. Vor dem Hintergrund der unterschiedlichen Rechtstraditionen besteht aber zum Begriff der „Beweglichkeit" bei einigen Mitgliedstaaten noch Informa-

---

[11] Petersen, AbfallR, 2006, 102 ff.; ders. ZUR 2005, 2561 ff.

[12] Dokument DS 149/07

[13] Vorschlag der Bundesregierung vom 31.08.2006, Art. 3 a); Petersen, AbfallR 2006, 102, 103; ders. ZUR 2005; 561, 563.

[14] EuGH, C-1/06, „Van de Walle"

[15] Vgl. zur Kritik insbes. Petersen/Lorenz; NVwZ 2005, 257, 263; Versteyl, NVwZ 2004, 1297 ff.; Bergkamp, Env. Liability 2004, 171 ff.; Dieckmann, AbfallR 2004, 280 ff.; ders., AbfallR 2005, 171 ff.

[16] Vgl. zur Rechtsqualität anderer „Rechtsvorschriften" EuGH C-114/01, Avesta Polarit", Rn. 40 ff.

[17] S. dazu den Entwurf der Kommission vom 22.09.2006 (KOM (2006) 232 endg.; zu den langwierigen Planungen der Kommission eine BodenschutzRL vorzulegen vgl. Petersen/Lorenz, NVwZ 2005, 257, 263; s. auch Mitteilung der Kommission „Hin zu einer spezifischen Bodenschutzstrategie" (KOM (2002) 179 endg.

tionsbedarf. Eine Kompromissmöglichkeit könnte darin bestehen, den Begriff der unbeweglichen Sachen durch verständliche, von allen Rechtsordnungen akzeptierte Regelbeispiele zu erläutern. In diesem Sinne nimmt der vorliegende Präsidentschaftsvorschlag in Art. 2 Abs. 2 b) nunmehr ganz allgemein „Land (in situ) einschließlich unausgehobener kontaminierter Böden und Gebäuden, die dauerhaft mit dem Land verbunden sind" vom Anwendungsbereich der Richtlinie aus.

Darüber hinaus muss die Abfallrahmenrichtlinie die Abgrenzung zwischen Abfällen und Nebenprodukten sowie die Frage der Dauer der Abfalleigenschaft rechtlich regeln. Beide Problembereiche betreffen den Vollzug des Kreislaufwirtschafts- und Abfallgesetzes im Kern[18] und sollten im Kontext des EG-Rechts gelöst werden. Bislang sieht der Entwurf der Kommission zur Problematik der Nebenprodukte keinerlei Lösung vor – sie soll erst später in unverbindlichen, kommentierenden „guidelines", die letztlich allein die vorhandene EuGH-Rechtsprechung kommentieren, erarbeitet werden. Hier ist aber – auch nach großer Mehrheit der Mitgliedstaaten – eindeutig eine rechtlich klare Regelung erforderlich, die sich an der vorhandenen EuGH-Rechtsprechung[19] ausrichten sollte. Bedingung für die Anerkennung von Nebenprodukten wäre danach im Wesentlichen, dass sie ohne Aufarbeitung in rechtmäßiger Weise verwendet werden können und dies sicherstellt ist[20]. Die Kompromisslinie geht dahin, die im Diskussionsprozess erörterten Einzelelemente, die auf der deutschen Linie liegen, zu präzisieren und den Konkretisierungsmechanismus – guidelines sowie abfallscharfe Präzisierung durch Komitologieverfahren – zu klären. In diesem Sinne hat die deutsche Präsidentschaft in Art. 3 a) einen Vorschlag zugrunde gelegt, der sich in vier Einzelbedingungen eng an den EuGH-Entscheidungen orientiert[21] und sowohl von der Kommission im Komitologieverfahren als auch von den Mitgliedstaaten implementiert werden kann.

Auch die Dauer der Abfalleigenschaft muss präzise geregelt werden. Maßgebliche rechtliche Bedingung sollte sein, dass die Abfälle die Verwertungsverfahren komplett durchlaufen haben, und dass die produzierten Stoffe bei bestimmungsgemäßer Verwendung Umwelt und Gesundheitsschutz sicherstellen[22]. Natürlich wird man keine

---

[18] Vgl. Weidemann/Neun, AbfallR 2006, 158; Petersen, ZUR 2005, 561, 563 m. w. N.

[19] S. EuGH, C- 418/ 97 und C-419/97, „ARCO Chemie", R. 52 ff.; EuGH, C-9/00, „Palin Granit"; EuGH, C-114/01, "Avesta Polarit", Rn. 36; EuGH, C-457/02 für den Wiedereinsatz von Nebengestein im Bergbau; Vgl. EuGH, C-235/02, "Saetti u. Frediani" zur Anerkennung von Petrolkoks als Nebenprodukt sowie EuGH C-121/03 sowie C-416/02 zur Abfalleigenschaft von Tierkörpern und Jauche.

[20] Vorschlag der Bundesregierung vom 31.08.2006, Art. 3 a) aa); Petersen, AbfallR 2006, 102, 104; ders. ZUR 2005; 561

[21] Die kumulativ zu erfüllenden Kriterien beinhalten: Der weiterer Gebrauch des Gegenstandes muss gewiss sein, der Gegenstand kann ohne weitere Vorbehandlung (außerhalb normaler industrieller Behandlung) verwendet werden, der Gebrauch erfolgt innerhalb eines Produktionskreislaufs innerhalb oder außerhalb der Ursprungsproduktion und der Gebrauch ist rechtmäßig und erfüllt die relevanten Produkt- und Umweltschutzbestimmungen.

[22] Vorschlag der Bundesregierung vom 31.08.2006, Art. 3 a) bb); Petersen, AbfallR 2006, 102, 104; ders. ZUR 2005; 561, 563; vgl. dazu die Ansätze aus der Rechtsprechung auch BVerwG, NVwZ

konkrete abfallartenspezifische Regelung in der Richtlinie verlangen können. Es ist aber zumindest jeweils ein rechtlicher Leitsatz erforderlich, der eine kohärente Weiterentwicklung des Abfallrechts gewährleistet und einen verbindlichen Maßstab für die Kommission, die Mitgliedstaaten und nicht zuletzt auch den EuGH bildet. Nach intensiven Diskussionen im Umweltrat sieht der gegenwärtige Verhandlungstext jeweils Leitsätze vor, die sich inhaltlich stark an die deutschen Vorschläge annähern. Auch hier geht die Vorstellung der deutschen Präsidentschaft in Art. 3 c) dahin, die einzelnen Elemente stärker zu präzisieren, insbesondere die Kohärenz mit den Umweltschutzregelungen der AbfRRL sicherzustellen, und den Konkretisierungsmechanismus in gleicher Weise wie bei den Nebenprodukten zu klären.

2.3 Die Entsorgungshierarchie

Der Kommissionsvorschlag sieht keinerlei Regelung zur abfallrechtlichen Entsorgungshierarchie vor und bleibt daher hinter der geltenden Rechtslage zurück. Dieses Regelungsdefizit ist sowohl vom Europaparlament wie auch von allen Mitgliedstaaten erheblich kritisiert worden und hat eine politische Debatte über die Ausgestaltung der Hierarchie entfacht[23]. So zeichnet sich mittlerweile ab, dass die bislang in der Abfallrahmenrichtlinie vorgesehene dreistufige Hierarchie in fünf Stufen (Vermeidung – Wiederverwendung von Abfällen – stoffliche Verwertung – sonstige (u. a. energetische) Verwertung – Beseitigung) ausdifferenziert werden soll. Da eine große Mehrheit der Mitgliedstaaten, aber auch von Mitgliedern des Europäischen Parlaments, für die fünfstufige Hierarchie eintritt, befindet sich Deutschland, das an sich nach wie vor eine Dreistufigkeit für ausreichend hält, in einer Minderheitenposition. Die Kompromisslinie der Bundesregierung geht dahin, die fünfstufige Hierarchie jedenfalls als Grundsatzprinzip im Sinne eines „guiding principle" zu akzeptieren, bei dessen Anwendung aber besonderes Augenmerk auf die ökologischen, technischen, wirtschaftlichen Auswirkungen zu legen und eine situationsangemessene, flexible Handhabung zu sichern[24]. Diese Linie, die auch von vielen Mitgliedstaaten unterstützt wird, hat sich nunmehr auch die deutsche Präsidentschaft in ihrem Vorschlag zu Art. 7 a) zu Eigen gemacht. Sie hat sich im Rahmen der angelaufenen Beratungen inzwischen verfestigt.

2.4 Die Abgrenzung Verwertung – Beseitigung

Der Vorschlag der Kommission zur Abgrenzung zwischen der Verwertung und der Beseitigung von Abfällen orientiert sich an der Substitutionsrechtsprechung des

---

1999, 111; Schlussanträge des Generalanwalts Alber in den verbundenen Rechtssachen EuGH, C-418/97 und C-419/97, EuGH, C- 444/00, „Mayer-Parry" und EuGH, C-457/02, „Niselli", Rn. 52.

[23] Zum Diskussionsstand *Petersen*, AbfallR 2006, 103 f.

[24] Vorschlag der Bundesregierung vom 31.08.2006, Art. 1 a) (neu).

EUGH[25]. Allerdings bezieht er – anders als der EuGH in seinem Luxemburg-Urteil[26] – die Verbrennung von Abfällen in einer MVA grundsätzlich in den Kreis der energetischen Verwertung mit ein, da er auch Substitutionseffekte außerhalb der Verwertungsanlage dieser zurechnet. Diese Öffnung ist gerade für Deutschland von erheblicher Bedeutung. Die deutsche Rechtsprechung geht – ganz anders als der Vollzug der Länder, der die Maßgaben des Luxemburg-Urteils außergewöhnlich locker auslegt[27] – davon aus, dass MVA wie SVA auf Grundlage der EuGH-Rechtsprechung grundsätzlich keinen Verwerterstatus haben, wenn nicht die Substitution von Brennstoffen in der Anlage selbst erfolgt[28]. Aus Sicht der Bundesregierung – und übrigens auch der Länder – ist die von der Kommission vorgeschlagene Substitutionsformel grundsätzlich sachgerecht[29].

Allerdings statuiert der Kommissionsvorschlag mit der Neufassung der Gruppe R1 des Anhangs II der Richtlinie eine Rückausnahme, nach der die Verbrennung von Abfällen in Müllverbrennungsanlagen nur dann als Verwertung gewertet werden kann, wenn ein Effizienzquotient von 60 % bzw. 65 % erreicht wird. Dieser Wert ist kritisch, denn er scheint nach gegenwärtiger Berechnung für solche Anlagen als erreichbar, die nicht nur Strom, sondern auch Abwärme produzieren. Die zusätzliche Produktion von Abwärme scheitert jedoch häufig am jeweiligen Standort. Auch unter den anderen Mitgliedstaaten stößt die Formel auf starke Vorbehalte. Hintergrund sind sowohl die Nachteile, die südliche Länder aufgrund der Formel erleiden würden, da bei ihren MVA die Kraft-Wärme-Koppelung und Verstromung wenig praktiziert wird, als auch Zweifel an der Tauglichkeit der Formel. Diskutiert wird auch die politische Tragweite der Abgrenzungsentscheidung. Die Anerkennung eines Verwerterstatus für europäische MVA kann die grenzüberschreitende Konkurrenz der MVA untereinander eröffnen und unter Umständen zu einer Gefährdung der Kernaufgaben der Daseinsvorsorge führen[30]. Ob der von der Ratspräsidentschaft Finnlands vorgelegte Vorschlag, die Formel schlicht zu streichen, weiterhilft, erscheint indes zweifelhaft, überlässt er doch die Frage, ob eine MVA einen Verwerterstatus haben kann, weiterhin der Interpretation durch die Rechtsprechung. Die deutsche Präsidentschaft hat diese Frage daher noch einmal im Rahmen eines Expertenworkshops erörtert und sich aufgrund der dort gewonnenen Erkenntnisse entschlossen, die Energieeffizienzformel R1 des Anhangs II wieder in die Diskussion einzuführen.

---

[25] vgl. EuGH, C-6/00, „ASA"; EuGH, C-228/00, „Belgische Zementwerke"; EuGH, C-458/00, „Luxembourg".

[26] EuGH, Rs. C-458/00.

[27] Vgl. etwa die „Konsenserklärung" zwischen dem Umweltministerium NRW mit den Betreibergesellschaften der dort ansässigen MVA vom 14.09.2005.

[28] Vgl. nur OVG Saarland, Urteil vom 22.08.2002 (3 R 1/03); VGH Baden-Württemberg, Urt. vom 21.03.2006 (10 S. 790/03.

[29] Vorschlag der Bundesregierung vom 31.08.2006, Art. 3 g).

[30] Vgl. *Petersen*, AbfallR 2006, 102, 107.

Die Beratungen in der Ratsarbeitsgruppe erweisen sich allerdings gegenwärtig noch als schwierig, da etwa die Hälfte der Mitgliedstaaten teilweise aus politischen, teilweise auch aus abfallwirtschaftlichen Gründen MVA als Beseitigungsanlage ansieht. Indessen können die umwelt- und abfallwirtschaftlichen Probleme der Formel durchaus durch gesonderte Regelungen gelöst werden, wenn man den Verwertungsbegriff in Teilbereichen von seinen strengen Rechtsfolgen trennt (s. u.). Es bleiben freilich standortbezogene Probleme der südlichen Mitgliedstaaten bestehen, da diese bisher die Energieauskopplung aus MVA kaum optimiert haben. Dies muss die Akzeptanz der Formel allerdings nicht prinzipiell in Frage stellen. Der konkrete Grad der Energieeffizienz (60/65 %) könnte nämlich auch auf politischer Ebene ausgehandelt werden.

2.5 Die Normierung von Umweltstandards im Verwertungsbereich

Zu kurz kommt im Kommissionsvorschlag leider das deutsche Kernanliegen, EG-weit Umweltstandards im Abfallbereich zu verstärken. Die durch den „weiten" Verwertungsbegriff geschaffenen Probleme des Standarddumpings und der Auszehrung der nationalen Entsorgungsstruktur können nur durch Einführung hoher Standards gelöst werden. Die Kommission setzt insoweit eindeutig auf das Anlagengenehmigungsverfahren, das sich am Instrument der IVU-Genehmigung orientieren soll. Die Genehmigung kann jedoch für kleinere Verwertungsanlagen viel zu aufwendig sein. Zudem geht die anlagenbezogene Genehmigungsprüfung am Kernproblem der Abfallverwertung – dem Schadstofftransfer in Produkte – vorbei[31]. Es sollten vielmehr Umweltstandards eingeführt werden, die sich nicht nur auf die anlagenbezogenen Risiken (Emissionen aus Anlagen), sondern auch auf die im Abfallbereich existenten stoffbezogenen Risiken (Schadstofftransfer vom Abfall ins Produkt) beziehen. Deutschland hat dazu einen europaweit geltenden Maßstab der „Besten verfügbaren Techniken zur Abfallbewirtschaftung" vorgeschlagen[32], der inhaltlich dem im Kreislaufwirtschafts- und Abfallgesetz bereits definierten Stand der Technik entspricht und schon Maßstab für die verschiedenen deutschen Verwertungsverordnungen ist. Die Konkretisierung der stoffbezogenen Anforderungen nach dem Maßstab der „Besten verfügbaren Techniken zur Abfallbewirtschaftung" sollte primär Aufgabe der Kommissi-

---

[31] Vgl. Art. 3 der IVU-RL, der nur anlagenbezogene Risiken erfasst; s. dazu auch die Grundpflichten in § 5 BImSchG; die abfallbezogene Grundpflicht des § 5 Abs. 1 Nr. 3 BImSchG bezieht sich nur auf die in der Anlage entstehenden Abfälle; vgl. *Jarass*, BImSchG, 5. Aufl., 2002, § 5, Rn. 73; die über § 6 Abs 1 Nr. 2 BImSchG als Genehmigungsvoraussetzungen zu prüfenden „anderen öffentlich-rechtlichen Vorschriften" müssen ebenfalls anlagenbezogen sein; *Jarass*, a. a. O., § 6, Rn. 10 m. w. N.

[32] S. dazu bereits Art. 6 Abs. 1 der WEEE-RL: „Die Mitgliedstaaten stellen sicher, dass die Hersteller oder in ihrem Namen tätige Dritte im Einklang mit den gemeinschaftlichen Rechtsvorschriften Systeme für die Behandlung von Elektro- und Elektronik-Altgeräten einrichten und hierbei die besten verfügbaren Behandlungs-, Verwertungs- und Recyclingtechniken einsetzen".

on sein. Diese sollte bereits in der Abfallrahmenrichtlinie selbst verpflichtet werden, für relevante Entsorgungswege und Abfallarten entsprechende Tochterrichtlinien zu normieren[33]. Die deutschen Vorstellungen sind bereits vom Europäischen Parlament beschlossen worden. Leider stößt der Vorschlag in den Diskussionen der Ratsarbeitsgruppe immer noch auf etwas Skepsis einiger Mitgliedstaaten, da hiermit für viele Staaten rechtlich und umweltpolitisch Neuland betreten wird. Die deutsche Ratspräsidentschaft wird den Vorschlag in geeigneter Weise weiter thematisieren.

2.6 Die Hausmüllautarkie

Vor dem Hintergrund des erweiterten Verwertungsbegriffes muss besondere Sorgfalt auch dem Schutz der nationalen Entsorgungsstrukturen gelten[34]. Solange es keine europaweiten Verwertungsstandards gibt, können Abfälle zur Verwertung nach wie vor grenzüberschreitend in Dumpingstrukturen exportiert werden. Dieses Risiko besteht auch für Abfall aus privaten Haushaltungen. Um die kommunalen Entsorgungsstrukturen ausreichend zu schützen, sollte entsprechend Art. 3 Abs. 5 der novellierten EG-Abfallverbringungsverordnung eine „Hausmüllklausel" eingeführt werden, nach welcher die Entsorgungsautarkie nicht nur für Abfälle zur Beseitigung, sondern auch für gemischte Abfälle aus privaten Haushaltungen gilt. Hierdurch können die Überlassungspflichten im Bereich der privaten Haushalte (§ 13 Abs. 1 KrW-/AbfG) rechtlich abgesichert werden[35]. Die befürchtete Rekommunalisierung des europäischen Abfallrechts ist mit einer derartigen Änderung daher nicht verbunden.

Die deutschen Vorschläge sind bei den Mitgliedstaaten auf große Sympathie gestoßen. Vor dem Hintergrund der noch ungelösten Frage einer präziseren Abgrenzung zwischen energetischer Verwertung und Beseitigung der Abgrenzung (s. zur Diskussion über die Energieeffizienzformel) gibt es sogar Vorschläge einiger Mitgliedstaaten, über gemischte Abfälle aus privaten Haushaltungen hinaus noch weitere Abfallarten, wie etwa hausmüllähnliche Gewerbeabfälle oder sogar jedwede verbrennbaren Abfälle in die Entsorgungsautarkie einzubeziehen. Die Kommission hat hierzu indes bereits deutlich gemacht, dass sie einer derartigen Ausweitung über den Hausmüllbereich hinaus vor dem Hintergrund der Beschränkungen der Warenverkehrsfreiheit nicht zustimmen wird.

Vor dem Hintergrund der Diskussion über den Verwerterstatus von MVA ist jedoch auch das Importproblem von einigen Mitgliedstaaten vorgebracht worden. Es wird befürchtet, dass bei einer Öffnung der MVA für die Verwertung auch fremde Abfälle

---

[33] Vorschlag der Bundesregierung vom 31.08.2006, Art. 3 o) und Art 7; *Petersen*, AbfallR 2006, 102, 107; *ders*. ZUR 2005; 561, 566.

[34] Zu den Möglichkeiten und Grenzen, die kommunalen Entsorgungsstrukturen zu schützen s. *Petersen*, in: *Dolde* (Hrsg.), Umweltrecht im Wandel, Berlin 2001, S. 575 ff.

[35] Vorschlag der Bundesregierung vom 31.08.2006, Art. 10; *Petersen*, AbfallR 2006, 102, 109; *ders*. ZUR 2005; 561, 568; noch weitergehend in den Bereich der hausmüllähnlichen Gewerbeabfälle *Gaßner*, AbfallR 2006, 13 ff.

in die nationalen Anlagen strömen und dort die eigenen Abfällen in Beseitigungsstrukturen, wie etwa Deponien, abdrängen könnten. Die Probleme sind insbesondere bei einem starken Gefälle der Entsorgungspreise durchaus nicht von der Hand zu weisen. Der Art. 10 ist daher von der deutschen Präsidentschaft um eine Importschutzklausel erweitert worden: Führt der Import von verwertbaren Abfällen in eine MVA dazu, dass nationale Abfälle aus den dafür an sich vorgesehen nationalen Verwertungseinrichtungen in Beseitigungswege (etwa Deponien) verdrängt werden, kann der Mitgliedstaat dem Import widersprechen.

2.7 „Better legislation"?

Schließlich müssen viele Regelungen hinsichtlich ihres Bürokratieaufwandes überarbeitet werden. Die von der Kommission – entgegen dem eigenen Anliegen einer „better legislation" [36] – vorgeschlagene Erweiterung von Abfallwirtschaftsplänen auf Abfälle zur Verwertung sowie die Erweiterung ihres Mindestinhaltes führt ohne erkennbaren Gewinn an Umweltschutz eindeutig zu mehr Bürokratie. Sie sollte in ihrer Stringenz daher überdacht und überarbeitet werden. Aus dem gleichen Grund sollte die Erarbeitung von Abfallvermeidungsprogrammen durch die Mitgliedstaaten nicht obligatorisch sein, sondern möglichst in das Ermessen der Mitgliedstaaten gestellt werden. Zweckmäßiger erscheint die Normierung eines konkreten Vermeidungsinstruments, wie es die Bundesregierung mit einem europarechtlichen Grundsatz der Produktverantwortung vorgeschlagen hat[37]. Auch die – ohne jede Mengenschwelle ausgestalteten – Genehmigungsvorbehalte für Entsorgungsanlagen bedürfen der Überarbeitung. Bei einer Vereinfachung des Verfahrensrechts sollten auch die Möglichkeiten für eine stärkere Privilegierung von EMAS- oder gleichwertig zertifizierten Betrieben stärker in die Prüfung einbezogen werden. Die Elemente des Bürokratieabbaus sind im Präsidentschachaftsvorschlag ebenfalls enthalten und noch Gegenstand einer intensiven Diskussion.

3 Fazit

Der Novellierungsprozess zur AbfRRL geht in diesem Halbjahr in eine wichtige Phase. Dabei geht es nicht nur um die inhaltliche Klärung weitreichender konzeptioneller Fragen des europäischen Abfallrechts, die etwa mit dem Abfallbegriff, der Abgrenzung zwischen Verwertung und Beseitigung und der Entsorgungshierarchie verbunden sind, sondern auch um die Auslotung von Kompromisslinien zwischen den einzelnen Mitgliedstaaten, deren Anwendung des Abfallrechts stark von eigenen natio-

---

[36] Mitteilung KOM (2005) 535; vgl. Mitteilung der Kommission, Eine thematische Strategie für Abfallvermeidung und -recycling, KOM (2003) 301 final S. 8.

[37] Vorschlag der Bundesregierung vom 31.08.2006, Art. 5 bis (neu).

nalen Bedürfnissen geprägt ist. Es ist in den vergangenen Diskussionsrunden indes bereits gelungen, in vielen Bereichen ein gemeinsames Problemverständnis und gemeinsame Ansätze für die Lösung der abfallrechtlichen Probleme zu finden. Hierauf aufbauend richtet die deutsche Präsidentschaft ihre Anstrengung darauf, im Rahmen eines gemeinsamen Standpunktes im Juni zu gemeinsam getragenen Regelungen zu kommen, um die AbfRRL zu einer kohärenten, zukunftsfähigen Rechtsgrundlage für das europäischen und nationale Abfallrecht zu entwickeln.

Chancen und Risiken bei der Rekommunalisierung von Entsorgungsleistungen

Hartmut Gaßner

Zusammenfassung

Die Rekommunalisierung von Entsorgungsleistungen stellt bei Auslaufen von Entsorgungsverträgen mit privaten Dritten neben einer erneuten Ausschreibung eine der den öffentlich-rechtlichen Entsorgungsträgern zur Verfügung stehenden Möglichkeiten der Aufgabenerfüllung dar. Der mit einer Rekommunalisierung verbundene Aufwand ist – jedenfalls dann, wenn es um die Aufgabe des Einsammelns und Beförderns von Abfällen geht – nicht zu unterschätzen. Die Rekommunalisierung bietet aber auch Chancen hinsichtlich der flexiblen und eigenverantwortlichen Durchführung der Aufgaben der Abfallentsorgung. Laufen Entsorgungsverträge aus oder rückt eine Kündigungsmöglichkeit näher, sind die öffentlich-rechtlichen Entsorgungsträger auf Grund des in den Gemeindeordnungen verankerten Wirtschaftlichkeitsgebots verpflichtet zu prüfen, ob eine Neuausschreibung oder die Durchführung der Abfallentsorgung in Eigenregie die wirtschaftlichere Alternative ist. Die in der öffentlichen Diskussion gebrauchten Schlagworte der „Verstaatlichung" und der „Entprivatisierung" gehen so an der Sache vorbei.

1 Was ist Rekommunalisierung

Die Durchführung der Abfallentsorgung ist gemäß § 13 ff. KrW-/AbfG Aufgabe der öffentlich-rechtlichen Entsorgungsträger, die sich hierbei gemäß § 16 Abs. 1 KrW-/AbfG beauftragter Dritter bedienen können. Läuft ein Vertrag mit einem beauftragten Dritten aus oder rückt eine Kündigungsmöglichkeit näher, sind die öffentlich-rechtlichen Entsorgungsträger aus dem in den Gemeindeordnungen der verschiedenen Bundesländer verankerten Wirtschaftlichkeitsgebot heraus verpflichtet zu prüfen, in welcher Weise die Aufgabe der Abfallentsorgung zukünftig am wirtschaftlichsten erfüllt werden kann. Der Begriff der Rekommunalisierung im Entsorgungsbereich bezeichnet so den Verzicht auf eine erneute Ausschreibung von Entsorgungsleistungen und die Erfüllung dieser Aufgaben in Eigenregie. Insoweit sind die in der öffentlichen Diskussion verwandten Begriffe der „Verstaatlichung" und der „Entprivatisierung" irreführend. Denn die Drittbeauftragung nach § 16 Abs. 1 KrW-/AbfG beinhaltet keine materielle Privatisierung. Die Entsorgungsverantwortung obliegt vielmehr, mit Ausnahme der Abfälle zur Verwertung aus dem gewerblichen Bereich, seit jeher den öffentlich-rechtlichen Entsorgungsträgern, zuvor den entsorgungspflichtigen Körperschaften. Der Begriff der Rekommunalisierung bezeichnet so lediglich Rücknahme der Erfüllung einer nach wie vor öffentlichen Aufgabe in Eigenregie.

Unter dem Begriff der Rekommunalisierung wird zum Teil auch die Übertragung von Überwachungsaufgaben von den Landesbehörden auf die Kommunen erfasst. Hiermit hat sich der Sachverständigenrat für Umweltfragen auseinandergesetzt und auch Kritik geübt. Die Frage, inwieweit diese Überwachungsaufgaben auf Kommunen übertragen werden sollten und welche Überwachungsdefizite damit einhergehen, ist aber streng zu trennen von der Rückführung von Aufgaben der Daseinsvorsorge.

In jüngerer Zeit gibt es eine ganze Reihe von Beispielen für die in vorgenanntem Sinne zu verstehende Rekommunalisierung. Zu nennen sind hier beispielsweise der Rhein-Sieg-Kreis, der Rheins-Hunsrück-Kreis oder die Stadt Bergkamen. Andere öffentlich-rechtliche Entsorgungsträger wie z. B. der Südbrandenburgische Abfallzweckverband beabsichtigen ebenfalls eine Rekommunalisierung durchzuführen. Dass die Rekommunalisierung in letzter Zeit verstärkt ins Blickfeld rückt, hängt auch mit der Privatisierungswelle in den 90er Jahren zusammen. Damals entschieden sich viele öffentlich-rechtliche Entsorgungsträger, z. B. Aufgaben der Abfallentsorgung nicht mehr selbst durchzuführen, sondern Entsorgungsbetriebe zu veräußern, und private Dritte mit ins Boot zu holen. Da diese Entsorgungsverträge zumeist für Laufzeiten zwischen 10 und 20 Jahren ausgeschrieben wurden, stellt sich in jüngerer Zeit verstärkt die Frage, ob an der Drittvergabe solcher Entsorgungsleistungen festgehalten oder ob die Aufgabenerfüllung künftig (wieder) in Eigenregie durchgeführt werden soll.

2 Gründe für die Rekommunalisierung

Die Gründe, über eine Rekommunalisierung nachzudenken, sind vielfältig. Zunächst ist darauf hinzuweisen, dass nach der Rechtsprechung des EuGH schon eine minimale Beteiligung privater Dritter ausreicht, um die Inhouse-Fähigkeit der Beteiligungsgesellschaft einer Kommune entfallen zu lassen. Hält der öffentlich-rechtliche Entsorgungsträger Geschäftsanteile an einer Beteiligungsgesellschaft, die Aufgaben der Abfallentsorgung durchführt, stellt sich somit die Frage, ob er die Geschäftsanteile an dieser Gesellschaft zurückkaufen soll, um die Inhouse-Fähigkeit dieser Gesellschaft als Eigengesellschaft wieder herzustellen. Werden Aufgaben der Abfallentsorgung hingegen von einem privaten Dritten durchgeführt, an dem der öffentlich-rechtliche Entsorgungsträger nicht beteiligt ist, so können z. B. Unzufriedenheit mit dem bisherigen Dienstleistungserbringer hinsichtlich Preis oder Leistungen oder die marktbeherrschende Stellung einzelner Anbieter dazu führen, eine Rekommunalisierung verstärkt in Erwägung zu ziehen. Zum Teil werden auch eine höhere Flexibilität bei der Leistungserbringung, also die Möglichkeit, das Leistungsspektrum ohne vergaberechtliche Bindungen kurzfristig zu ändern, oder arbeitsmarktpolitische Erwägungen in die Betrachtung einbezogen. Nicht zu verkennen ist aber auch, dass das Selbstbewusstsein der kommunalen Betriebe hinsichtlich ihrer Leistungsfähigkeit stärker wird. Nachdem nun der 01.06.2005 und damit das Ende der Deponierung unvorbehandelter Abfälle überstanden ist und zum Teil schwierige Entwicklungsprozesse abgeschlossen werden konnten, trauen sich viele öffentlich-rechtliche Entsorgungsträger zu, neue Aufgaben zu meistern.

3 Der Weg zur Rekommunalisierung

Bei der Rekommunalisierung ist zwischen der Rekommunalisierung einzelner Aufgaben und der Rekommunalisierung der Abfallentsorgung insgesamt zu unterscheiden.

Hat z. B. ein Eigenbetrieb, der die Aufgaben des Einsammelns und Beförderns der Restabfälle selbst durchführt, einen privaten Dritten mit der Schadstoffsammlung beauftragt, so ist die Erfüllung der Schadstoffsammlung in Eigenregie anstatt der Neuausschreibung sicherlich ohne größere Schwierigkeiten zu bewerkstelligen. Für diejenigen öffentlich-rechtlichen Entsorgungsträger, die umfassend von der Möglichkeit der Drittbeauftragung Gebrauch gemacht und keinen eigenen Abfallwirtschaftsbetrieb mehr haben, die also lediglich das Vertragsmanagement, Verwaltungsaufgaben und den Gebühreneinzug wahrnehmen, gestaltet sich die Rekommunalisierung schwieriger. Der insoweit entstehende Aufwand ist nicht zu unterschätzen. Der Weg zur Rekommunalisierung kann dabei grob wie folgt skizziert werden:

Zunächst ist im Vorfeld des Auslaufens von Verträgen bzw. des Heranrückens der Kündigungsmöglichkeit bestehender Verträge zu prüfen, welche Vor- und Nachteile eine Rekommunalisierung im Vergleich zur Neuausschreibung bietet. Ein wesentlicher Bestandteil der Abwägung dieser Vor- und Nachteile ist eine Wirtschaftlichkeitsanalyse, in der die Kosten der Aufgabenerfüllung in Eigenregie den zu erwartenden Kosten bei Fremdvergabe gegenübergestellt werden. Dieser Entscheidungsprozess nimmt einige Zeit in Anspruch und muss rechtzeitig begonnen werden. Die politischen Entscheidungsträger sollten frühzeitig eingebunden werden, nachdem ein inhaltliches und zeitliches Konzept für den Entscheidungsprozess erarbeitet wurde.

Hat sich der öffentlich-rechtliche Entsorgungsträger für die Rekommunalisierung entschieden, sind nicht nur die Verträge zu kündigen, vielmehr sind auch die entsprechenden Organisationsstrukturen für die künftige Aufgabenwahrnehmung zu schaffen. Soll z. B. ein Eigenbetrieb entstehen, ist die entsprechende Betriebssatzung zu erlassen, möglicherweise ist eine GmbH oder auch eine Anstalt öffentlichen Rechts zu gründen. Zu entscheiden ist, an welchem Standort der Betriebshof weiter betrieben werden oder entstehen soll. Es sind Organisationsdiagramme, Stellen- und Tourenpläne zu erarbeiten. Des Weiteren ist zu prüfen, ob ein Betriebsübergang nach § 613 a BGB vorliegen wird, Stellenausschreibungen sind durchzuführen und die notwendigen Sachmittel, wie z. B. Fahrzeuge und Abfallbehälter – wiederum unter Durchführung europaweiter Vergabeverfahren – sind zu beschaffen. Letztlich ist auch das Satzungsrecht des öffentlich-rechtlichen Entsorgungsträgers anzupassen.

4 Kommunalwirtschafts- und Vergaberecht

In kommunalwirtschaftsrechtlicher Hinsicht ist die Rekommunalisierung unproblematisch möglich. Die Aufgabenwahrnehmung in Eigenregie ist den Gemeindeordnungen der verschiedenen Bundesländer zur Folge nicht als wirtschaftliche Betätigung einzuordnen. Auch das Vergaberecht findet keine Anwendung, weil der öffentlich-rechtliche Entsorgungsträger diese Aufgabe selbst durchführt und somit gerade keine Leistungen am Markt vergeben werden.

5 Steuerrecht

Entscheidet sich der öffentlich-rechtlich Entsorgungsträger dafür, die Leistungen der Abfallentsorgung künftig in hoheitlicher Rechtsform zu erbringen anstatt einen privaten Dritten zu beauftragen, so entsteht auf Grund der steuerlichen Privilegierung der Hoheitsbetriebe in § 4 KStG ein Vorteil, da u. a. keine Umsatzsteuer anfällt. Andererseits ist auch kein Vorsteuerabzug möglich. Vom BDE wird dieses Steuerprivileg im Zusammenhang mit der sich verstärkt abzeichnenden Rekommunalisierung heftig angegriffen. Der BDE hat sich an die EU-Kommission gewandt, von vielen Experten wird schon seit längerer Zeit erwartet, dass das Steuerprivileg für Aufgaben der Abfallentsorgung fallen könnte. Das Ergebnis dieser Diskussion ist allerdings als offen zu bezeichnen. Die öffentlich-rechtlichen Entsorgungsträger, die eine Rekommunalisierung in Betracht ziehen, sollten ihre Entscheidung über die Rekommunalisierung jedenfalls nicht auf Grund steuerlicher Erwägungen treffen.

6 Rechtsformen

Entscheidet sich der öffentlich-rechtliche Entsorgungsträger dafür, die Aufgaben der Abfallentsorgung künftig wieder selbst wahrzunehmen, stehen ihm verschiedene Rechtsformen zur Verfügung. Er kann die Aufgaben entweder in Eigenregie, als Amt oder Regiebetrieb wahrnehmen. Für Aufgaben der Abfallentsorgung steht auch die Rechtsform des Eigenbetriebes zur Verfügung. In Bayern, Nordrhein-Westfalen, Niedersachsen, Rheinland-Pfalz, Schleswig-Holstein und Sachsen-Anhalt ist es möglich, Anstalten öffentlichen Rechts zu gründen, in einigen weiteren Bundesländern ist die Schaffung der Rechtsform der Anstalt öffentlichen Rechts in Planung.

Des Weiteren besteht die Möglichkeit, die Aufgaben der Abfallentsorgung in der privaten Rechtsform der GmbH zu erbringen. Welche der vorgenannten Rechtsformen im Einzelfall vorteilhaft ist, ist in den Entscheidungsprozess über die Vor- und Nachteile der Rekommunalisierung einzubeziehen.

7 Wirtschaftlichkeitsanalyse

Die Wirtschaftlichkeitsanalyse hat in der Regel mit einer Bestandsaufnahme zu beginnen und die derzeitigen Kosten und Einsparpotenziale aufzuzeigen. Teil der Wirtschaftlichkeitsanalyse ist eine Prognose für die Zukunft, in der die zu erwartenden Fremdkosten auf der Grundlage einer realistischen Marktabschätzung zu ermitteln sind. Den Fremdkosten gegenüberzustellen sind die prognostizierten Eigenkosten. Hierzu gehören die Kosten für den Aufbau der Organisation, aber auch die Kosten für den Aufbau des Fuhrparks, des Betriebshofs, der Sozialräume, der Werkstatt etc. Zu berücksichtigen sind die Personalkosten, der mit der Rekommunalisierung verbundene Verwaltungsaufwand, die Kundenbetreuung, Gemeinkosten etc.

8 Betriebsübergang

Im Vorfeld der Entscheidung der Rekommunalisierung ist auch zu prüfen, ob es zu einem Betriebsübergang gemäß § 613 a BGB kommen wird, ob also Arbeitnehmer des bisher beauftragten Dritten Anspruch darauf haben, vom öffentlich-rechtlichen Entsorgungsträger weiter beschäftigt zu werden. Insoweit ist auf mehrere Urteile des Bundesarbeitsgerichts aus dem Jahr 2006 zu verweisen, die sich mit der Neuvergabe von Aufträgen bzw. der eigenwirtschaftlichen Nutzung von Betriebsmitteln befassen.

9 Tarifrecht

Zu prüfen hat der öffentlich-rechtliche Entsorgungsträger im Zuge der Rekommunalisierung auch Fragen des Tarifrechts. Von der gewählten Rechtsform ist es abhängig, ob die Aufgabenerfüllung auch unter Anwendung eines anderen Tarifvertrages als des TVöD erfolgen kann.

10 Beschaffungen

Die Beschaffung der sachlichen Mittel, die im Fall der Rekommunalisierung benötigt werden, also insbesondere die Anschaffung von Fahrzeugen und der Betriebsausstattung, hat regelmäßig im Wege europaweiter Vergabeverfahren zu erfolgen. Die Übernahme von Fahrzeugen und Betriebsausstattung vom bisherigen Entsorger ist nur dann ohne Probleme möglich, wenn dies in den ursprünglich abgeschlossenen Verträgen so festgelegt wurde. Fehlen entsprechende Vereinbarungen, stellt die Übernahme von Fahrzeugen und Betriebsausstattung vom bisherigen Entsorgungsunternehmer eine Beschaffung am Markt dar, die dem Vergaberecht unterliegt. Im Übrigen kann die Übernahme des Betriebshofes des bisherigen Entsorgungsunternehmens zu einem Betriebsübergang nach § 613 a BGB führen.

Kurzfristige Verbringung von Abfällen ins Ausland vor dem Hintergrund der novellierten Verbringungsverordnung

Andreas Kersting

1 Die Novelle der Verbringungsverordnung

Die neue europäische Verordnung über die Verbringung von Abfällen – VO (EG) Nr. 1013/2006 vom 14.06.2006 des Europäischen Parlaments und des Rates über die Verbringung von Abfällen (im Folgenden: VVA[1]) – ersetzt die alte EG-Abfallverbringungsverordnung VO (EG) Nr. 259/93 (im Folgenden: EG-AbfVerbrV) aus dem Jahre 1993.

Die VVA wurde, nachdem die Kommission bereits im Jahre 2003 einen Vorschlag zur Überarbeitung der EG-AbfVerbrV vorgelegt hatte, am 12.07.2006 verkündet und ist am 15.07.2006 in Kraft getreten. Während die EG-AbfVerbrV mit Wirkung vom 12.07.2007 aufgehoben wird, sind die wesentlichen Bestimmungen der VVA ab dem 12.07.2007 anzuwenden. Von diesem Zeitpunkt an gilt die VVA unmittelbar in allen EU-Mitgliedsstaaten, soweit in der VVA nicht für bestimmte Mitgliedsstaaten spezielle Übergangsregelungen vorgesehen sind.

Die VVA ist dann auf alle neuen Notifizierungsverfahren anzuwenden. Für am 12.07.2007 laufende Notifizierungsverfahren sind in der VVA Übergangsregelungen vorgesehen, wonach die „alte" EG-AbfVerbrV fortgilt, soweit die zuständige Behörde am Bestimmungsort eine Empfangsbestätigung vor dem 12.07.2007 ausgestellt hat, vgl. Art. 62 Abs. 1 der VVA.

Zu erwarten sind die zeitnahe Novellierung des deutschen AbfVerbrG sowie die Novellierung der Muster-Verwaltungsvorschriften der LAGA. Hinsichtlich des AbfVerbrG liegt mittlerweile ein entsprechender Gesetzentwurf vor (Stand: 27.02.2007).

1.1 Regelungsbereich der VVA

Von dem in Artikel 1 Abs. 1, Abs. 2 der VVA geregelten Regelungsbereich der Verordnung sind **grundsätzlich alle Arten von Abfällen** erfasst. Wie die EG-AbfVerbrV

---

[1] Diese Abkürzung geht auf den Titel der VO (EG) Nr. 1013/2006 zurück und hat sich in der nationalen Abfallrechtsliteratur bereits durchgesetzt. Vgl. zur Verwendung der Abkürzung etwa *Dieckmann*, Die neue EG-Abfallverbringungsverordnung, ZUR 2006, 561, 561 [Fn. 3]; *Kropp*, Die neue Verordnung über die Verbringung von Abfällen, AbfallR 2006, 150, 150 ff.

enthält aber auch die VVA eine Reihe von Ausnahmen, die in Art. 1 Abs. 3 der VVA geregelt sind. Diese Ausnahmen decken sich inhaltlich in weiten Teilen mit denen der EG-AbfVerbrV, teilweise finden sich punktuelle Änderungen, teilweise aber auch Ergänzungen. Hinzugekommen ist etwa eine Ausnahme bezüglich solcher Stoffe, die unter die VO (EG) Nr. 1774/2002 fallen. Dies betrifft tierische Nebenprodukte, die nicht für den menschlichen Verzehr geeignet sind. Sie unterliegen damit in jedem Fall nicht der VVA, so dass es keiner Klärung im Einzelfall bedarf, ob es sich insoweit überhaupt um Abfälle handelt.

Die VVA regelt grundsätzlich **Verbringungen von Abfällen im Sinne von grenzüberschreitenden Transporten**. Der Verbringungsbegriff wird – erstmalig – in Art. 2 der VVA unter Ziffer 34 Buchst. a) definiert als „Transport von zur Verwertung oder Beseitigung bestimmten Abfällen, der erfolgt oder erfolgen soll (...) zwischen zwei Staaten". Alternativ dazu sind in Art. 2 Ziffer 34 Buchst. a) der VVA weitere Abfalltransporte mit Auslandsberührung angeführt, die ebenfalls vom Verbringungsbegriff erfasst sind. Kennzeichnend für den Verbringungsbegriff der VVA ist also die Auslandsberührung während des Transports. Den Begriff des „Transports" von Abfällen definiert die VVA in Art. 2 Ziffer 33 als deren „Beförderung (...) auf der Straße, der Schiene, dem Luftweg, dem Seeweg oder Binnengewässern", was verdeutlicht, dass es auf die Art des gewählten Transportmittels nicht ankommen soll. Obwohl die VVA in Art. 2 Ziffern 1 bis 35 daneben noch zahlreiche weitere Begriffsbestimmungen enthält, sind – gerade in der praktischen Anwendung maßgebliche und dabei oftmals problematische – Begriffe wie „Abfälle", „gefährliche Abfälle", „Verwertung" oder „Beseitigung" nicht in der VVA selbst definiert. Die VVA verweist insoweit vielmehr auf die Begriffsbestimmungen in der Richtlinie 2006/12/EG bzw. in der Richtlinie 91/689/EWG.

1.2 Präventives Verbot der Verbringung mit Erlaubnisvorbehalt

Für den grenzüberschreitenden Abfalltransport unter Beteiligung (nur) von EU-Mitgliedsstaaten gilt auch unter dem Regime der VVA gemäß Art. 3 ff. der VVA grundsätzlich ein generelles Verbot mit Erlaubnisvorbehalt, um die behördliche **Vorabkontrolle** einer geplanten Abfallverbringung zu ermöglichen. Die Abfallverbringung bedarf in den meisten Fällen der Zustimmung mehrerer Behörden im Sinne von behördlichen Genehmigungen bzw. Erlaubnissen, die ggf. nach schriftlicher Notifizierung der geplanten Verbringung, also vorheriger Anzeige bzw. Meldung, und Durchführung eines entsprechenden behördlichen Notifizierungsverfahrens erteilt werden. Das nunmehr für alle notifizierungspflichtigen Verbringungen einheitliche Verfahren basiert insoweit auf einem behördlichen **Einstimmigkeitsprinzip**[2].

Die VVA beinhaltet allerdings auch **Erleichterungen/Ausnahmen** von diesem prä-

---

[2] Vgl. auch *Oexle*, Neue Entwicklungen des Abfallexportrechts, in: Frenz/Schinck (Hrsg.), Die neuen abfallrechtlichen Pflichten, 2. Aachener Abfall- und Umweltforum, Berlin 2006, 143, 148.

ventiven Verbot mit Erlaubnisvorbehalt. Dies betrifft zunächst bestimmte **nicht gefährliche Abfälle zur Verwertung**, vor allem solche der „Grünen" Abfallliste des Anhangs III der VVA. Diese Abfälle können ohne vorherige Durchführung eines Notifizierungsverfahrens verbracht werden. Vergleichbare Bestimmungen enthielt die EG-AbfVerbrV ebenfalls. Die VVA regelt nunmehr erstmals auch Ausnahmen für Abfälle, die in geringer Menge (bis maximal 25 kg) lediglich zum Zwecke einer Laboranalyse verbracht werden, wobei neben Abfällen zur Verwertung auch solche zur Beseitigung von der Ausnahme erfasst sind (vgl. Art. 3 Abs. 4 der VVA). Eines Notifizierungsverfahrens bedarf es auch in diesen Ausnahmefällen nicht. Gemäß Art. 18 Abs. 1 der VVA i. V. m. Art. 3 Abs. 2 der VVA besteht jedoch beim Transport aller nicht notifizierungspflichtigen Abfälle grundsätzlich eine Pflicht zum Mitführen des ausgefüllten Formulars nach Anhang VII der VVA. Gemäß Art. 3 Abs. 2 der VVA ist das Mitführen dieses Formulars allerdings nur bei verbrachten Abfallmengen von mehr als 20 kg erforderlich. Die in Art. 18 der VVA geregelte Dokumentations- und Mitführungspflicht soll ein Mindestmaß an Überwachung und Kontrolle sicherstellen, vgl. Erwägungsgrund 15 der VVA.

Erstmals existiert mit Art. 15 der VVA auch eine (ergänzende) Regelung über die Verbringung von Abfällen zur **vorläufigen Verwertung und zur vorläufigen Beseitigung**, worunter vornehmlich bestimmte Austauschmaßnahmen und Ansammlungen bzw. bestimmte Vermischungen, Rekonditionierungen und Lagerungen von Abfällen zu verstehen sind, vgl. Art. 2 Ziffern 5 und 7 der VVA in Verbindung mit den Anhängen IIA und IIB der Richtlinie 2006/12/EG.

Wie ihre Vorgängerin sieht die VVA auch eine – hier nicht näher aufgegriffene – **Kontrolle des Verbleibs der Abfälle** vor, indem sie zur Anzeige des Beginns der Verbringung und zur Vorlage entsprechender Belege verpflichtet.

Differenzierte Regelungen über die Abfallverbringung in **Drittstaaten**, aus Drittstaaten oder unter Berührung von Drittstaaten sieht die VVA in Art. 31 f. und Art. 34 ff. vor, darunter zahlreiche Ausfuhrverbote, worauf hier ebenfalls nicht weiter eingegangen werden kann.

1.3 Vorabkontrolle durch einheitliches behördliches Notifizierungsverfahren

1.3.1 Allgemeines

Während sich die Vorschriften zur Kontrolle des Verbleibs von Abfällen im Rahmen der Verbringung nicht wesentlich von den diesbezüglichen Bestimmungen der EG-AbfVerbrV unterscheiden, war das Kernstück des europarechtlichen Verbringungsrechts, die Vorabkontrolle durch das behördliche Notifizierungsverfahren, erheblichen Änderungen unterworfen.

Insbesondere die Bestimmungen über den **Ablauf** des regelmäßig durchzuführenden Notifizierungsverfahrens – inklusive der Stellung der am Notifizierungsverfahren beteiligten Behörden – haben sich im Vergleich zur EG-AbfVerbrV verändert. Dem Grundsatz nach existiert unter dem Regime der VVA nurmehr **ein einheitliches Notifizierungsverfahren für alle Abfälle**, welches bei jeder beabsichtigten Abfallverbringung einzuleiten ist. Unterschiedliche Verfahren, wie noch in der EG-AbfVerbrV enthalten, finden sich nicht mehr.

Neu geregelt wurden in der VVA aber auch die bereits angesprochenen **Ausnahmen vom Notifizierungsverfahren**. Derzeit sind neben den bereits angesprochenen Abfällen zur Beseitigung oder zur Verwertung in geringer Menge (nicht mehr als 25 kg), die für eine Laboranalyse bestimmt sind, von der Notifizierungspflicht insbesondere solche **Abfälle zur Verwertung** befreit, die sich **auf der „Grünen Abfallliste" des Anhangs III der VVA** befinden, vgl. Art. 3 Abs. 2. Soweit es sich jedoch um *gefährliche* Abfälle im Sinne des Anhangs III der Richtlinie 91/689/EWG handelt, gilt auch für die in Anhang III aufgeführten Verwertungsabfälle ausnahmsweise die Notifizierungspflicht, wie sich aus Art. 3 Abs. 3 der VVA ergibt. Vgl. insoweit auch den derzeit unbesetzten Anhang IVA der VVA. Weitere mögliche Ausnahmen betreffen u. a. Gemische aus zwei oder mehr Abfällen der „Grünen Abfallliste", die nicht als Einzeleintrag eingestuft sind. Für derartige Gemische ist Raum im Anhang IIIA der VVA vorgesehen, der bisher jedoch noch nicht ausgefüllt wurde, weshalb Anhang IIIA der VVA derzeit unbesetzt ist. Weil nur in Anhang IIIA aufgeführte Gemische aus Abfällen der „Grünen Abfallliste" von der Notifizierungspflicht befreit werden, bedürfen Gemische aus Abfällen jener Liste grundsätzlich der Notifizierung.

1.3.2 Ablauf des Notifizierungsverfahrens

Im **Vorfeld** eines jeden regelmäßigen Notifizierungsverfahrens bedarf es zunächst des Abschlusses eines jedenfalls für die Dauer der Verbringung geltenden, wirksamen **Vertrages** zwischen dem Notifizierenden und dem Empfänger der Abfälle; Gegenstand muss die Verwertung oder Beseitigung der Abfälle sein. Dies sieht Art. 5 Abs. 1, Abs. 2 der VVA grundsätzlich vor. Eine Ausnahme gilt gemäß Art. 5 Abs. 5 der VVA nur für Verbringungen zwischen zwei Einrichtungen, welche derselben juristischen Person zuzurechnen sind. Zudem ist im Vorfeld die Hinterlegung einer **Sicherheitsleistung** oder der Abschluss einer entsprechenden **Versicherung** erforderlich, vgl. Art. 6 der VVA.

Der Ablauf des eigentlichen regelmäßigen Notifizierungsverfahrens gemäß der VVA stellt sich anschließend wie folgt dar:

(1) Einleitung durch Notifizierung

Die für die Antragstellung gemäß Art. 2 Nr. 15 vorrangig zuständige Person, in erster Linie der Erzeuger der Abfälle (vgl. Art. 2 Ziffer 15 der VVA), hat unter Verwendung der neuen amtlichen Formulare (vgl. Anhänge IA, IB der VVA) ihren Antrag mit allen erforderlichen Unterlagen bei der dafür zuständigen Behörde einzureichen.

Die Antragstellung, die in Art. 4 ff. der VVA geregelt ist und mit der das Notifizierungsverfahren beginnt, hat gemäß der VVA zwingend bei der zuständigen Behörde desjenigen Mitgliedsstaates zu erfolgen, in dem sich der **Versandort** – der Ort des Beginns des Transportvorgangs – befindet. Damit gilt im europäischen Recht der Abfallverbringung nunmehr verpflichtend das Prinzip der sogenannten „Behördennotifizierung", welches bislang in Deutschland bereits praktiziert wurde. Die früher gemäß EG-AbfVerbrV teilweise vorgesehene sogenannte „Personennotifizierung" unmittelbar gegenüber der zuständigen Behörde am Bestimmungsort ist hingegen in der VVA nicht mehr vorgesehen.

Art. 27 VVA sieht vor, dass die erforderlichen Unterlagen in einer Sprache für die betroffenen zuständigen Behörden bereitzustellen sind, die für diese „annehmbar" ist, wobei eine zuständige Behörde vom Notifizierenden verlangen kann, die Unterlagen in einer Sprache vorzulegen, welche für diese Behörde „annehmbar ist".

(2) Prüfung und Weiterleitung der Unterlagen

Die zuständige Behörde des Versandortes prüft gemäß Art. 7 Abs. 1 der VVA zunächst, ob die Notifizierung vollständig und auch im Übrigen ordnungsgemäß erfolgt ist. Gelangt sie insoweit zu einem positiven Ergebnis, übermittelt die zuständige Behörde des Versandortes gemäß Art. 7 Abs. 1 der VVA das Original des Antrags an die zuständige Behörde am Bestimmungsort der Abfälle, behält selbst eine Kopie des Antrags ein und übersendet ggf. weitere Kopien an die Behörden von Durchfuhrstaaten. Dies gilt jedoch nicht, soweit die Behörde am Versandort bereits jetzt gemäß Art. 7 Abs. 3 der VVA i. V. m. Art. 11, 12 der VVA einen Einwand gegen die beabsichtigte Verbringung erhebt.

Die Weiterleitung hat nebst einer entsprechenden Bestätigung an die notifizierende Person verpflichtend binnen dreier Werktage ab Eingang der Notifizierung zu erfolgen, Art. 7 Abs. 1, soweit der Antrag vollständig und auch sonst ordnungsgemäß eingereicht wurde – und soweit die Behörde am Versandort nicht bereits innerhalb dieser Frist Einwände erhebt. Erhebt die Behörde gemäß Art. 7 Abs. 3 der VVA einen Einwand schon kurz nach der Antragstellung, kommt es zur Beendigung des Notifizierungsverfahrens allein aufgrund der ablehnenden Entscheidung der Behörde am Versandort, also ohne eine Beteiligung weiterer Behörden.

Des Weiteren besteht gemäß Art. 7 Abs. 2 der VVA für die Behörde am Versandort eingereichten Unterlagen die Möglichkeit, ggf. Nachforderungen an den Notifizierenden zu stellen und die Ergänzung der Unterlagen zu fordern, woraufhin das Verfahren ebenfalls nicht fortgesetzt wird, wenn auch nur vorläufig. Insoweit ist es für den Notifizierenden unter zeitlichen Gesichtspunkten bedeutsam, der zuständigen Behörde am Versandort nach Möglichkeit von vorneherein alle wesentlichen Informationen und Unterlagen zu übermitteln. Weil die VVA in ihrem

Anhang II abschließend[3] regelt, welche Nachforderungen die zuständige Behörde insoweit insgesamt stellen kann, dürfte sich jedenfalls in Eilfällen die Stellung eines „offensiven" Antrag, dem alle überhaupt in Betracht kommenden Informationen und Unterlagen beigefügt sind, empfehlen. Eine Nachforderung ist dann ausgeschlossen.

(3) Übergang des Verfahrens auf die Behörde am Bestimmungsort; Empfangsbestätigung

Falls die Unterlagen von der Behörde nach Prüfung der Vollständigkeit und Ordnungsgemäßheit weitergeleitet werden, geht das Notifizierungsverfahren in den Verantwortungsbereich der am **Bestimmungsort** zuständigen Behörde über.

Diese prüft zunächst erneut die Vollständigkeit der Antragsunterlagen sowie die Ordnungsgemäßheit des Antrags im Übrigen (vgl. Art. 8 Abs. 1, 2 der VVA). Gelangt sie dabei zu einem insoweit positivem Ergebnis, muss sie gemäß Art. 8 Abs. 3 der VVA innerhalb von drei Tagen nach Vorliegen der ordnungsgemäß abgeschlossenen Notifizierung die sogenannte „Empfangsbestätigung" erteilen und entsprechende Kopien an andere beteiligte Behörden übersenden. Dies gilt allerdings nur, soweit nicht die zuständige Behörde am Bestimmungsort bereits jetzt Einwände gegen die Abfallverbringung erhebt.

(4) Sachentscheidung aller beteiligter Behörden innerhalb einer 30-Tage-Frist

Mit der Erteilung der Empfangsbestätigung beginnt gemäß Art. 9 der VVA eine **30-Tage-Frist**, innerhalb derer alle am Notifizierungsverfahren beteiligten Behörden in der Sache entscheiden und ihre jeweilige Entscheidung dem Notifizierenden auch übermitteln müssen. Eine verfahrensabschließende Entscheidung ist gemäß Art. 9 Abs. 1 der VVA möglich im Sinne einer (**antragsgemäßen) Zustimmung** ohne Auflagen (Art. 9 Abs. 1 Buchst. a)), aber auch im Sinne einer **Zustimmung unter Auflagen** im Sinne des Art. 10 VVA (Art. 9 Abs. 1 Buchst. b)); sie ist überdies denkbar als **ablehnende Entscheidung in Form der Erhebung eine Einwandes** gemäß Art. 11 und Art. 12 der VVA (Art. 9 Abs. 1 Buchst. c)).

Die VVA sieht beispielsweise den Einwand vor, dass es sich bei den für die Verbringung vorgesehenen Abfällen um **gemischte Siedlungsabfälle aus privaten Haushaltungen** (Abfallschlüssel 20 03 01) handelt, der sowohl für derartige Abfälle zur Beseitigung als auch für derartige Abfälle zur Verwertung gilt. Letzteres folgt aus der Fiktion des Art. 3 Abs. 5 der VVA. Danach werden gemischte Sielungsabfälle mit der Abfallschlüssel-Nummer 20 03 01, die (auch) in privaten Haushaltungen eingesammelt wurden, von der Verordnung generell wie

---

[3] Ebenso *Oexle*, Neue Entwicklungen des Abfallexportrechts, in: Frenz/Schinck (Hrsg.), Die neuen abfallrechtlichen Pflichten, 2. Aachener Abfall- und Umweltforum, Berlin 2006, 143, 149.

Abfälle zur Beseitigung behandelt, unabhängig davon, ob sie zu einer Beseitigungs- oder zu einer Verwertungsanlage verbracht werden sollen. Mit dieser Fiktion soll ganz allgemein die Hausmüllautarkie gesichert werden, indem bei jeder Verbringung von Hausmüll grundsätzlich alle Einwandsmöglichkeiten offen stehen, welche die VVA ansonsten nur in Bezug auf Abfälle zur Beseitigung eröffnet.[4] Damit kann auch bei zur Verwertung bestimmten Abfällen der „Hausmüll-Einwand" gemäß Art. 11 Abs. 1 Buchst. i) der VVA erhoben werden.

Weitere Einwände gegen die Verbringung von Abfällen zur Beseitigung, die wie bisher sehr weit reichen, sind in Art. 11 der VVA geregelt. Weitere Einwände gegen die Verbringung von Abfällen zur Verwertung finden sich in Art. 12 der VVA. In Bezug auf die letztgenannten Einwände ist noch die ausdrückliche Aufnahme des sogenannten „Ökologie-Einwands"[5] hervorzuheben, der eine bedeutsame Änderung zum Schutze nationaler ökologischer Standards in Anlehnung an die EuGH-Entscheidung *EU-Wood-Trading*[6] beinhaltet. Gemäß Art. 12 Abs. 1 Buchst. c) der VVA kann die zuständige Behörde am Versandort einer Verbringung von Abfällen zur Verwertung widersprechen, falls etwa die vorgesehene Verwertung nicht mit den nationalen Vorschriften zur Abfallverwertung des Versandstaates im Einklang steht. Ein entsprechender Einwand ist insbesondere dann möglich, wenn im Ausland weniger strenge Bestimmungen in Bezug auf die Verwertung von Abfällen gelten als im Versandstaat. Unterschreitet also eine Verwertungsanlage in demjenigen Mitgliedsstaat, in dem sich der Empfangsort befindet, wesentlich die rechtlichen Anforderungen, die im Versandstaat gelten, kann die Abfallverbringung von der zuständigen Behörde des Versandortes grundsätzlich untersagt werden. Allerdings sieht Art. 12 Abs. 1 Buchst. c) der VVA auch gewisse Einschränkungen vor. So kann eine Behörde sich beispielsweise nicht auf den „Ökologie-Einwand" berufen, wenn die Entsorgung in der Anlage des Empfängerstaates unter rechtlichen Bedingungen erfolgt, die denen im Versandstaat weitgehend entsprechen, vgl. Art. 12 Abs. 1 Buchst. c) Ziffer ii) der VVA.

Weil sich die in der VVA geregelten Einwände bezüglich der Verbringung von Abfällen zur Verwertung von den Einwänden im Hinblick auf Abfälle zur Beseitigung unterscheiden, ist im Einzelfall eine entsprechende Differenzierung der Abfallarten für die Frage der einschlägigen Einwand-Regelung erheblich.

Während den zuständigen Behörden am Versand- und am Empfangsort grundsätzlich die Erhebung sämtlicher in der VVA geregelten Einwände möglich ist, können sich die beteiligten Behörden von Durchfuhrstaaten nicht auf alle Ein-

---

[4] Vgl. *Dieckmann*, Die neue EG-Abfallverbringungsverordnung, ZUR 2006, 561, 565.

[5] Vgl. BMU, a. a. O., S. 2. Zur Spezialität dieses Einwandes gegenüber Art. 12 Abs. 1 Buchst. a) der VVA vgl. *Oexle*, Neue Entwicklungen des Abfallexportrechts, in: Frenz/Schinck (Hrsg.), Die neuen abfallrechtlichen Pflichten, 2. Aachener Abfall- und Umweltforum, Berlin 2006, 143, 149; *Kropp*, Die neue Verordnung über die Verbringung von Abfällen, AbfallR 2006, 150, 156 [Fn. 68].

[6] EuGH, Urteil v. 16.12.2004, Rs. C-277/02, via http://curia.europa.eu.

wände berufen, vgl. Art. 11 Abs. 2, 12 Abs. 2 der VVA.
Die jeweilige behördliche Entscheidung ist gemäß Art. 9 Abs. 1 der VVA zu begründen, wobei auch insoweit die 30-Tage-Frist gilt. Die jeweiligen Entscheidungen der Behörden am Versand- und am Bestimmungsort müssen **ausdrücklich und schriftlich** ergehen. Nur ggf. beteiligte Behörden von Durchfuhrstaaten können die Zustimmung in Ausnahme dieser neuen Regel stillschweigend erteilen, vgl. Art. 9 Abs. 1 Satz 2 der VVA.

Ein **Erlöschen** von Zustimmungen aufgrund Zeitablaufs ist möglich, vgl. Art. 9 Abs. 4, Abs. 5 der VVA. Der **Widerruf** einer erteilten Zustimmung ist gemäß Art. 9 Abs. 8, Abs. 9 der VVA unter näher bestimmten Voraussetzungen zulässig.

1.3.3 Ordnungsgemäße Verbringung

Eine **ordnungsgemäße Verbringung** setzt demnach das Vorliegen schriftlicher Zustimmungen sowohl der zuständigen Behörde des Versandortes als auch der des Bestimmungsortes voraus sowie und ggf. das zusätzliche Vorliegen der schriftlichen oder stillschweigenden Zustimmung der Behörden von Durchfuhr-Mitgliedsstaaten. Ein Einwand darf nicht erhoben sein. Die behördlichen Zustimmungen müssen auch noch gemäß Art. 9 Abs. 4, 5 der VVA gültig sein, zudem müssen die Vorgaben des Art. 16 der VVA im Hinblick auf das Begleitformular/die Begleitformulare eingehalten werden (vgl. Art. 9 Abs. 6).

Werden Verbringungen von Abfällen hingegen ohne Notifizierung aller betroffenen zuständigen Behörden oder ohne Zustimmung aller betroffenen zuständigen Behörden vorgenommen, handelt es sich gemäß Art. 2 Ziffer 35 Buchst. a), b) der VVA um sogenannte „**illegale Verbringungen**". Gleiches gilt für Verbringungen, bezüglich derer behördliche Zustimmungen durch Täuschung erschlichen wurden, vgl. Art. 2 Ziffer 35 Buchst. c) der VVA. Illegale Verbringungen sind gemäß Art. 2 Ziffer 35 Buchst. d) der VVA auch solche, die sachlich von den Notifizierungs- oder Begleitformularen abweichen. Darüber hinaus werden auch Verbringungen, die gemeinschaftlichen oder internationalen Regelungen zur Verwertung oder Beseitigung oder bestimmten Artikeln der VVA bzw. deren Anlagen widersprechen, als illegale Verbringungen angesehen (vgl. Art. 2 Ziffer 35 Buchst. e) bis g) der VVA).

Besteht ein **Dissens** zwischen beteiligten zuständigen Behörden, etwa bezüglich der Abfalleigenschaft oder der Einstufung von Abfällen, ist gemäß Art. 28 der VVA jeweils von der aus Rechtsfolgensicht „strengeren" Behördenauffassung auszugehen.

Die Existenz einer Dissensregelung verdeutlich einmal mehr eine **wesentliche Änderung der VVA gegenüber der EG-AbfVerbrV:** Keine der beteiligten zuständigen Behörden verfügt mehr über eine herausgehobene Stellung im Verfahren, keine Behörde ist „Herrin des Verfahrens".[7] Auch ist keine Erteilung einer einheitlichen Verbringungsgenehmigung mehr möglich, welche Zwischenentscheidungen anderer Behörden enthält. Stattdessen sieht die VVA gleichrangig nebeneinander stehende, selbständige Entscheidungen aller beteiligten zuständigen Behörden vor, weshalb – jedenfalls bei einem für den Notifizierenden positiven Ergebnis – **mehrere behördliche Einzelerlaubnisse** erforderlich sind, wie dies unter dem Regime der EG-AbfVerbrV nur für Abfälle der „Gelben Liste" vorgesehen war.

Aus Sicht der beteiligten zuständigen Behörden ist dies zu begrüßen, weil diesen grundsätzlich in jedem Verbringungsfall eine **eigene maßgebliche Entscheidungsgewalt** zukommt. Insoweit beinhaltet die VVA eine Ausweitung behördlicher Kompetenzen. Für den Notifizierenden kann das neugestaltete Notifizierungsverfahren aufgrund dessen jedoch mit zusätzlichen Erschwernissen einhergehen, sieht er sich doch gleich mehreren Entscheidungsträgern gegenüber.

1.3.4 Der „Hausmüll"-Einwand

Eine insbesondere für die **Verbringungspraxis** bedeutsame Neuerung der VVA, auf die an dieser Stelle deshalb noch einmal kurz gesondert einzugehen ist, stellt der bereits angesprochene spezielle „Hausmüll-Einwand" dar.

Dieses neue Instrument ermächtigt die Behörden, bestimmte unerwünschte Abfallverbringungen zu verhindern. Die am Notifizierungsverfahren beteiligten zuständigen Behörden des Versand- und des Empfangsorts können diesen Einwand unabhängig davon erheben, ob es sich bei den zu verbringenden Abfällen um solche zur Verwertung oder solche zur Beseitigung handelt, vgl. Art. 11 Abs. 1 Buchst. i) der VVA, auch in Verbindung mit Art. 3 Abs. 5 der VVA. Mit Erhebung des „Hausmüll-Einwands" können die Behörden die Verbringung von Abfällen verhindern, soweit es sich um gemischte Siedlungsabfälle aus privaten Haushaltungen mit der Abfallschlüsselnummer 20 03 01 handelt. Der Einwand dient also der Stärkung der Hausmüllautarkie. Weitergehender Voraussetzungen soll die Erhebung des „Hausmüll-Einwands" offenbar nicht bedürfen. Es genügt zur Versagung, dass es sich bei zu verbringenden Abfällen um gemischte Siedlungsabfälle aus privaten Haushaltungen handelt. Die Verbringung wird verhindert, wenn nur eine zuständige Behörde den Einwand erhebt.

Im Unterschied zu Art. 3 Abs. 5 der VVA schließt Art. 11 Abs. 1 Buchst. i) der VVA seinem Wortlaut nach Abfälle von anderen Erzeugern als privaten Haushaltungen, die zusammen mit gemischten Siedlungsabfällen eingesammelt werden, nicht ausdrücklich ein. Dies wirft die Frage auf, ob Art. 11 Abs. 1 Buchst. i) der VVA gleichwohl unter systematischen Gesichtspunkten entsprechend weit zu verstehen ist. Zudem werden hinsichtlich des Art. 11 Abs. 1 Buchst. i) der VVA insbesondere das

---

[7] Vgl. auch *Dieckmann*, Die neue EG-Abfallverbringungsverordnung, ZUR 2006, 561, 564.

wohl fehlende Erfordernis einer gesonderten Rechtfertigung sowie die Erstreckung des „Hausmüll-Einwands" auch auf Abfälle zur Verwertung vor dem Hintergrund des europäischen Primärrechts durchaus kritisch beurteilt.[8]

2 Kurzfristige Verbringung von Abfällen gemäß der VVA

2.1 Regel-Notifizierungsverfahren

In Anwendung des soeben zusammenfassen dargestellten Regel-Notifizierungsverfahren ist die sehr kurzfristige Verbringung allenfalls dann möglich, wenn die mit Erteilung der Empfangsbestätigung laufende **30-Tages-Frist** nicht auch nur von einer beteiligten Behörde ausgeschöpft wird, sondern von allen Behörden eine schnelle Entscheidung herbeigeführt wird. Zum zeitnahen Erlangen einer Empfangsbestätigung dürfte eine **offensive Informationspolitik** des Notifizierenden gegenüber den beteiligten zuständigen Behörden führen, die behördliche Nachforderungen von vorne herein ausschließt, ohne die beteiligten Behörden jedoch mit unerheblichen Informationen zu „überfrachten".

Zur Beschleunigung des Notifizierungsverfahrens dürfte auch die Nutzung der grundsätzlich gemäß Art. 26 Abs. 1, Abs. 2, Abs. 4 bestehenden Möglichkeit beitragen, Unterlagen nicht bzw. nicht nur per Post, sondern (auch) **per Fax oder per E-Mail** (ggf. mit digitaler Unterschrift, elektronischer Signatur oder elektronischer Authentifizierung gemäß der Richtlinie 1999/93/EG) zu übermitteln. Selbst die Erstellung und Mitführung der gemäß Art. 16 Buchst. c) und Art. 18 der VVA beim Abfalltransport mitzuführenden Unterlagen in elektronischer Form ist grundsätzlich möglich, vgl. Art. 26 Abs. 3 der VVA.

2.2 Kurzfristige Änderungen

Will der Notifizierende nach erfolgreicher Durchführung des Notifizierungsverfahrens die Einzelheiten bzw. Bedingungen der Verbringung kurzfristig erheblich ändern – etwa von der ursprünglich vorgesehenen Abfallmenge, dem Transportweg, der Beförderung, dem Zeitpunkt der Verbringung oder dem Transportunternehmen abweichen – hat er die beteiligten zuständigen Behörden ebenso wie den Empfänger der Abfälle unverzüglich davon zu unterrichten. Sofern dem Notifizierenden dies möglich ist, hat die **Unterrichtung** der Behörden noch vor Beginn der Verbringung zu erfolgen.

Grundsätzlich besteht neben dieser Unterrichtungspflicht des Notifizierenden die weitergehende Pflicht, im Falle der erheblichen Änderung ein **neues Notifizierungsverfahren** zu betreiben. Diese Pflicht zur erneuten Notifizierung entfällt allerdings bei

---

[8] Vgl. etwa *Diekmann*, Die neue EG-Abfallverbringungsverordnung, ZUR 2006, 561, 565, m. w. N.

kurzfristigen erheblichen Änderungen, soweit alle beteiligten Behörden der Ansicht sind, eine erneute Notifizierung sei nicht erforderlich.

Ist aufgrund der erheblichen Änderungen jedoch erstmals die Zuständigkeit von Behörden betroffen, die nicht am Notifizierungsverfahren beteiligt waren, bedarf es in jedem Fall eines neuen Notifizierungsverfahrens. Kurzfristige Änderungen der Durchführung einer Verbringung in Abweichung von der Notifizierung sind demnach nur möglich, wenn nur die Zuständigkeit bereits am Notifizierungsverfahren beteiligter Behörden betroffen ist und jene Behörden kurzfristig übereinstimmend zu dem Schluss gelangen, dass die vorgesehenen Änderungen keine erneute Notifizierung erfordern.

2.3 Sammelnotifizierung; kurzfristige Änderungen bei Sammelnotifizierung

Gemäß Art. 13 der VVA besteht in Abweichung vom regulären Notifizierungsverfahren, das nur für eine Verbringung von Abfällen gilt, die Möglichkeit der sogenannten Sammelnotifizierung. Bei positiver Entscheidung aller zuständigen Behörden deckt diese **mehrere Verbringungen** ab. Kumulative Voraussetzung ist, dass die zu verbringenden Abfälle im Wesentlichen ähnliche physikalische und chemische Eigenschaften aufweisen und zum gleichen Empfänger sowie zur gleichen Anlage verbracht werden, wobei der im Notifizierungsformular angegebene Transportweg grundsätzlich stets der gleiche sein muss.

In Fällen, in denen sich hinsichtlich einer Verbringung, die von einer Sammelgenehmigung erfasst ist, „unvorhergesehene[...] Umstände" ergeben, weshalb vom Transportweg abgewichen werden muss, besteht dem Grundsatz nach lediglich eine **Mitteilungspflicht** des Notifizierenden gegenüber den betroffenen zuständigen Behörden. Wird diese erfüllt, darf die Verbringung grundsätzlich in Abweichung vom ursprünglichen Transportweg durchgeführt werden, ohne dass es insoweit eines eigenständigen Notifizierungsverfahrens bedarf. Soweit die unvorhergesehenen Umstände dem Notifizierenden bereits vor Beginn der Durchführung eines Verbringungsvorganges bekannt sind, hat er dies nach Möglichkeit vor Beginn der Verbringung den betroffenen zuständigen Behörden mitzuteilen.

Ist allerdings eine Änderung des Transportweges erforderlich, welche die Zuständigkeit von Behörden betrifft, die nicht schon mit der Sammelnotifizierung befasst waren, darf die Verbringung unter entsprechender Mitteilung des geänderten Transportweges (ohne eigenständiges Notifizierungsverfahren) nur dann vorgenommen werden, wenn die Änderung dem Notifizierenden nicht bereits vor Beginn der Verbringung bekannt war. Bei Kenntnis der entsprechenden Umstände vor Verbringungsbeginn seitens des Notifizierenden bedarf es im Falle der Berührung der Zuständigkeit *anderer* als der am Sammelnotifizierungsverfahren bereits beteiligten Behörden hingegen stets eines eigenständigen (neuen) Notifizierungsverfahrens.

2.4 Vorabzustimmungen

Eine weitere Abweichung vom Regel-Notifizierungsverfahren sieht Art. 14 der VVA vor, der es der zuständigen Behörde am Bestimmungsort der Abfälle ermöglicht, zeitlich begrenzte und jederzeit widerrufliche Vorabzustimmungen zu erteilen, soweit in den Zuständigkeitsbereich der Behörde am Bestimmungsort auch spezielle Verwertungsanlagen fallen. Eine Vorabzustimmung gemäß Art. 14 der VVA ist stets **anlagenbezogen**.

2.5 Bilaterale Abkommen für Grenzgebiete

Art. 30 der VVA sieht die Möglichkeit bilateraler Abkommen für Grenzgebiete vor, welche die grenzüberschreitende Abfallverbringung zum Gegenstand haben, wenn es die bestimmte geografische oder demografische Situation erfordert. Diese Möglichkeit besteht auch für Abfalltransporte, bei denen Versand- und Bestimmungsort in demselben Mitgliedsstaat liegen, der Transport selbst jedoch durch einen anderen Mitgliedsstaat erfolgt.

3 Fazit

Die Novelle des europäischen Abfallverbringungsrechts trägt zumindest in formeller Hinsicht zur Vereinheitlichung des Verfahrens bei. Inwieweit Verbringungen künftig kurzfristig – oder sogar kurzfristiger als bisher – durchgeführt werden können, wird wesentlich vom Zusammenspiel der nunmehr kumulativ für das Notifizierungsverfahren zuständigen Verwaltungsbehörden abhängen, will man schon jetzt einen Ausblick in die Zukunft wagen. Ein „Miteinander" der Behörden im Sinne von Abstimmungen und im Sinne eines ständigen Informationsaustauschs dürfte in diesem Zusammenhang für alle Beteiligten ein schnelleres Verfahren gewährleisten, als wenn Behörden verschiedener Mitgliedsstaaten sich allein auf die ihnen obliegende Entscheidung beschränken, ohne Kooperation zu betreiben.[9] Ebenso dürfte eine offensive Informationspolitik der Notifizierenden zur Beschleunigung des Verfahrens beitragen, werden auf diese Weise doch entsprechende behördliche Nachforderungen vermieden. Auch wird sich anbieten, die Möglichkeit der Sammelnotifizierungen – soweit möglich – zu nutzen, ebenso wie es sich als dienlich erweisen dürfte, anlagenbezogene Vorabzustimmungen einzuholen, soweit dies möglich ist.

---

[9] Die VVA soll auch dazu beitragen, einheitliche Ausgangsbedingungen auf möglichst hohem Schutzniveau zu schaffen. So wird in Erwägungsgrund 22 der VVA die Schaffung gemeinsamer Standards – insbesondere für bestimmte Abfälle und bestimmte Recyclinganlagen – als ein Fernziel der Verordnung angegeben.

Die gewerbliche Sammlung von Abfällen aus privaten Haushaltungen: Eine Bedrohung für die öffentlich-rechtlichen Entsorgungsträger?

Ermbrecht Rindtorff

Kurzfassung:

Die „gewerbliche Sammlung", also die Erfassung von Abfällen zur Verwertung aus privaten Haushaltungen durch Private, tritt allmählich aus ihrem Schattendasein heraus. Grund hierfür sind insbesondere der technische Fortschritt bei den Verwertungsmöglichkeiten sowie geänderte ökonomische Rahmenbedingungen bei bestimmten Wertstoffen (PPK, Glas), aber auch eine sich verändernde Lesweise der einschlägigen gesetzlichen Regelungen. Einer umfassenden Ausweitung stehen jedoch noch eine nicht unbeträchtliche Rechtsunsicherheit sowie gesetzlich abgesicherte Interessen der öffentlich-rechtlichen Entsorgungsträger entgegen.

1 Einführung

Bis vor wenigen Jahren gehörte zu den gesicherten Erkenntnissen der Abfallwirtschaft, dass der öffentlich-rechtliche Entsorgungsträger umfassend für die Entsorgung von Abfällen aus privaten Haushaltungen zuständig war. Gesetzlich ausgenommen hiervon waren nur Verpackungsabfälle sowie weitere, wirtschaftlich aber nicht bedeutsame Tätigkeiten, nämlich die Verwertung von Abfällen auf Grundlage einer gemeinnützigen oder einer sogenannten „gewerblichen Sammlung".

Zur Erinnerung:

Gemäß § 13 Abs. 1 Satz 1 KrW-/AbfG sind Erzeuger oder Besitzer von Abfällen aus privaten Haushaltungen gehalten, diese dem öffentlich-rechtlichen Entsorger zu überlassen, dieses, wie das Gesetz formuliert, „abweichend von § 5 Abs. 2 und § 11 Abs. 1", also den dort normierten Pflichten eines Abfallbesitzers oder Abfallerzeugers, seine Abfälle selbst zu verwerten bzw. diese, wenn eine Verwertung nicht stattfindet, zu beseitigen.

Von der Andienungs- und Überlassungspflicht kennt das Gesetz Ausnahmen, nämlich u. a. diejenige der sogenannten „gewerblichen Sammlung" (§ 13 Abs. 3 Nr. 3 KrW-/AbfG). Unzulässig wird sie, wenn ihr „überwiegende öffentliche Interessen" entgegenstehen.

Ursache für die fehlende wirtschaftliche Bedeutung der „gewerblichen Sammlung" war zum einen, dass die Möglichkeiten der Verwertung von Abfällen aus privaten Haushaltungen sowohl aus technischen als auch ökonomischen Gründen begrenzt waren. Zum anderen war aber auch das Verständnis des Begriffs „gewerbliche Sammlung" sehr eng. Das „Leitbild" war, wie es ein abfallrechtlicher Kommentar plakativ und gleichzeitig kritisch formuliert, dasjenige des „durchs Land fahrenden Altstoffhändlers"[1], nicht aber dasjenige eines modernen Entsorgers, der in Konkurrenz zum öffentlich-rechtlichen Entsorger tritt.

Erst seit etwa 2001 wird dieses Verständnis kritisch hinterfragt und gleichzeitig zum Gegenstand von gerichtlichen Auseinandersetzungen. Dieses hat auch einen ökonomischen Hintergrund. Immer häufiger gibt es Abfälle, die einen Marktwert haben.

Die nunmehr sich stellende Frage ist, ob der Begriff nicht weit mehr ermöglicht als nur eine mehr oder weniger spontan sich gestaltende Sammlung von Altstoffen.

Was bei einem weiteren Begriffsverständnis möglich ist, zeigt sich im Land Berlin. Dort ist die gewerbliche Sammlung von Glas, PPK soweit von trockenen Abfällen, die durch eine erweiterte Gelbe Tonne („ALBA Gelbe Tonne Plus") erfasst werden, seit geraumer Zeit Realität. Die Grundlage hierzu sind auch nicht „spontane" und vertragslose Sammelaktionen, sondern langfristig abgeschlossene entgeltliche Verträge mit der Wohnungswirtschaft. Genannt seien die folgenden Zahlen: Im September 2006 waren etwa 279.000 Wohneinheiten mit etwa 500.000 Einwohnern an dieses Sammelsystem angeschlossen. Ein weiterer Ausbau des Sammelsystems auf 400.000 Wohneinheiten bzw. 720.000 Einwohner, dieses bis zum Sommer 2007, ist geplant.

Von besonderem Interesse ist, dass über die gewerbliche Sammlung Positionen geschaffen werden, die es ermöglichen, auch nach Ende einer Beauftragung durch DSD die Erfassung von gebrauchten Verkaufsverpackungen fortzusetzen und den neuen Beauftragten – derzeit rechtlich unbeanstandet – an der Aufnahme seiner Tätigkeit zu hindern[2].

2   Rechtsfragen

Auch im Jahre Sechs der gerichtlichen Auseinandersetzungen über die Frage, unter welchen Voraussetzungen eine gewerbliche Sammlung zulässig ist, sind die beiden zentralen Fragen immer noch nicht abschließend geklärt, nämlich zum einen, ob der Begriff der „gewerblichen Sammlung" auch eine auf Dauer angelegte entgeltliche Tätigkeit umfasst, und zum anderen, unter welchen Voraussetzungen eine „gewerbli-

---

[1] Frenz, Kreislaufwirtschafts- und Abfallgesetz, Kommentar, 3. Auflage, § 13 Rn. 451

[2] EUWID, Re Nr. 1/2 v. 09.01.2007: Streit um Altglas: Berlins Grüne fordern Einschreiten des Senates gegen BSR

che Sammlung" unter Hinweis auf „überwiegende öffentliche Interessen" durch die „zuständige Behörde" unterbunden werden kann.

2.1 Gewerbliche Sammlung: Auch auf Grundlage entgeltlicher Verträge?

Explizit gegen die Einbeziehung einer entgeltlichen Tätigkeit hat sich das OVG Schleswig-Holstein in einem Urteil aus dem Jahre 2001 ausgesprochen[3]. Als offen sieht dieses das OVG Bautzen in einem Beschluss aus dem Jahre 2005 an[4]. Anzumerken ist jedoch, dass die Entscheidung nur vorläufig und im Rahmen des Eilrechtsschutzes erging. Ein Urteil steht noch aus.

In seiner Entscheidung weist das OVG Bautzen auch darauf hin, dass die Frage eine EU-rechtliche Bedeutung haben könnte. Dieses ist in der Tat richtig, wie ein Briefwechsel zwischen der EU-Kommission und der Bundesrepublik aus den Jahren 2003 und 2004 belegt. Dort hatte die Kommission die Position vertreten, dass es zwar für Verwertungsabfälle auch aus privaten Haushaltungen – ganz EU-rechtskonform – keine umfassende Andienungs- und Überlassungspflicht gäbe, die Praxis jedoch eine andere sei. Der Bundesrepublik gelang es jedoch, die Einleitung eines Vertragsverletzungsverfahrens zu verhindern, dieses u. a. unter ausdrücklichen Hinweis darauf, dass es wegen der Möglichkeit einer „gewerblichen Sammlung" einen umfassenden Anschluss- und Benutzungszwang für Abfälle aus privaten Haushaltungen gar nicht gäbe[5]. Es ist kaum vorstellbar, dass hiermit nur eine gewerbliche Altkleidersammlung verstanden sein soll.

Die Gerichte werden mit hoher Wahrscheinlichkeit auch die Entstehungsgeschichte der Regelung prüfen. Die maßgebliche Fassung entstammt den Arbeiten des Ausschusses für Umwelt, Naturschutz und Reaktorsicherheit. Auszugsweise seien seine Überlegungen wie folgt wiedergegeben[6]:

> „§ 13 fordert eine Überlassung von Rückständen nur insoweit, als der Erzeuger oder Besitzer zur Verwertung oder Entsorgung selbst – auch unter Einschaltung eines Dritten (§ 16) – nicht in der Lage ist ... Die Beschränkung der Überlassungspflichten auf den Bereich der notwendigen Daseinsvorsorge trägt dem Verursacherprinzip Rechnung; darüber hinaus wird ein Motivationsanreiz sowie der erforderliche Freiraum für Eigeninitiativen zur Entwicklung der Kreislaufwirtschaft und Sicherung der Inlandsentsorgung geschaffen".

---

[3] Schleswig-Holsteinisches Verwaltungsgericht, Urteil vom 26.03.2001 – 4 A 100/99 mit allerdings einer sehr kursorischen Begründung; ausdrücklich offen gelassen wird diese Frage nunmehr in seinem Urteil vom 23.02.2006 – 12 A 147/04

[4] OVG Bautzen, Beschluss vom 24.01.2005 – 4 BS 116/04

[5] siehe EUWID, Re Nr. 24 v. 08.06.2004, S. 7: „Vorwurf der Behinderung gewerblicher Papiersammler besteht nicht mehr".

[6] BT-Drucks. 12/7284, zitiert nach bundestag.de

Die Gesetzesbegründung scheint insoweit für eine eher weite Auslegung zu sprechen.

2.2 „Überwiegende öffentliche Interessen"

Ebenfalls ungeklärt ist die Frage, unter welchen Voraussetzungen „überwiegenden öffentlichen Interessen" einer gewerblichen Sammlung entgegenstehen können.

Den bisherigen verwaltungsgerichtlichen Entscheidungen ist zu entnehmen, dass dieses auf jeden Fall dann der Fall ist, wenn der öffentlich-rechtliche Entsorgungsträger in seinem Bestand, seiner Funktionsfähigkeit oder seiner betriebswirtschaftlichen Funktionsfähigkeit ernsthaft gefährdet ist[7]. Ungeklärt aber ist, wo genau die „Erheblichkeitsschwelle" liegt, welche Gebührenveränderungen im Einzelnen dem Gebührenzahler zuzumuten sind und welche Anpassungsmaßnahmen der öffentlich-rechtliche Entsorgungsträger auf sich nehmen muss. Auch wenn die Frage, ob überwiegende öffentliche Interessen vorliegen oder nicht, gerichtlich voll überprüfbar sind und der Behörde insoweit kein gerichtlich nicht überprüfbarer Beurteilungsspielraum zusteht, wird es noch einige Zeit brauchen, bis wenigstens die Leitlinien ausreichend geklärt sind.

3 Aussichten

Die gewerbliche Sammlung von Abfällen kann, wie die Situation im Land Berlin zeigt, zu nicht unbeträchtlichen Verschiebungen bei der Entsorgung von Abfällen aus privaten Haushaltungen führen. Darüber hinaus gestattet sie den Entsorgern, eine Position gegenüber den „Systembetreibern" i. S. d. VerpackV aufzubauen. Wer einmal auf Grundlage langfristiger Verträge den Behälter „im Hof" aufgestellt hat, lässt sich, wie sich in Berlin zeigt, nicht so leicht vertreiben. Da kann der Neubeauftragte noch so sehr „Gewehr bei Fuß" stehen[8].

Eine Einführung gegen den Willen der zuständigen Abfallbehörde kann jedoch vor dem Hintergrund der recht erheblichen Rechtsunsicherheit, dieses in zentralen Fragen der „gewerblichen Sammlung" mit ganz erheblichen Schwierigkeit verbunden sein. Erfolgreich war die „gewerbliche Sammlung" daher nur dort, wo es einen Konsens über ihre Sinnhaftigkeit gab. Ob dieses so bleiben wird, hängt wesentlich von der Entwicklung der Rechtsprechung in den nächsten Jahren ab.

---

[7] zusätzlich zu den bereits genannten Entscheidungen: BVerwG, Urteil vom 16.03.2006 – BVerwG 7 C 9.05

[8] siehe den in Fn. 2 zitierten Artikel, in dem sich u. a. findet: „Rhenus, der neue DSD-Partner im betroffenen Ausschreibungsgebiet, steht nach Aussage von Vorstand Michael Viefers weiter „Gewehr bei Fuß", den DSD-Auftrag komplett zu erfüllen."

Der öffentlich-rechtliche Entsorgungsträger ist gut beraten, wenn er sich wenigstens sicherheitshalber auf eine mögliche Konkurrenz vorbereitet. Hierzu gehört ein ausreichendes Maß an Kundenfreundlichkeit und entsprechender rechtlicher Absicherung, um in den Bereichen, die für eine gewerbliche Sammlung von besonderem Interesse sind, einer möglichen Abwanderung vorzubeugen.

Die gerichtliche Auseinandersetzung ist im Ernstfall mit Sicherheit die schlechtere Lösung. Zu beachten ist, dass der öffentlich-rechtliche Entsorgungsträger bzw. die zuständige Abfallwirtschaftsbehörde immer in einem „Kontext" tätig sind, zu dem auch die Wohnungswirtschaft mit ihren ganz eigenen Interessen gehört.

Verzeichnis der Autoren

Apfelbacher, Andreas, Dr.	Forschungszentrum Karlsruhe Postfach 36 40, 76021 Karlsruhe
Bachmann, Michael, Dr.	Böker und Partner Wöhlerstraße 42, 30163 Hannover
Bagin, Wolfgang, Werksleiter	Landkreis Böblingen, Abfallwirtschaftsbetrieb Parkstraße 16, 71034 Böblingen
Bahn, Steffen, Dipl.-Ing.	iba Ingenieurbüro für Abfallwirtschaft und Energietechnik GmbH Friesenstraße 14, 30161 Hannover
Bahr, Tobias, Dipl.-Geoökol.	Technische Universität Braunschweig Leichtweiß-Institut für Wasserbau, Abteilung Abfallwirtschaft Beethovenstraße 51a, 38106 Braunschweig
Bardt, Hubertus, Dr.	Institut der deutschen Wirtschaft Köln Forschungsstelle Ökonomie/Ökologie Gustav-Heinemann-Ufer 84–88, 50968 Köln
Beckmann, Michael, Prof. Dr.	Bauhaus Universität Weimar Lehrstuhl Verfahren und Umwelt Coudraystraße 11 C, 99423 Weimar
Bergs, Claus-Gerhard, Dr.	Bundesministerium für Umwelt, Naturschutz und Reaktorsicherheit Referat WA II 4 Postfach 12 06 29, 53048 Bonn
Bilitewski, Bernd, Prof. Dr.-Ing.	Technische Universität Dresden Institut für Abfallwirtschaft und Altlasten Pratzschwitzer Straße 15, 01796 Pirna INTECUS GmbH Abfallmanagement und umweltintegratives Management Pohlandstraße 17, 01309 Dresden
Bogner, Rudolf, Dipl.-Ing.	Hans Huber AG Maschinen- und Anlagenbau Industriepark Erasbach A1, 92334 Berching

Böhm, Reinhard, Prof. Dr.	Universität Hohenheim Institut für Umwelt und Tierhygiene 460b Garbenstraße 30, 70599 Stuttgart
Bojanowski, Sebastian, Dipl.-Ing. (FH)	Fachhochschule Gießen-Friedberg Wiesenstraße 14, 35390 Gießen
Bräcker, Wolfgang	Staatliches Gewerbeaufsichtsamt Hildesheim Zentrale Unterstützungsstelle Abfallwirtschaft und Gentechnik (ZUS AWG), Dezernat 32; Abfallwirtschaftliche Beratung Hindenburgplatz 20, 31134 Hildesheim
Buchheit, Michael, Dipl.-Ing.	Biokompost Betriebsgesellschaft Donau-Wald mbH BBG Donau-Wald Gerhard-Neumüller-Weg 1, 94532 Außernzell
Cordes, Dieter, Dr.	Böker und Partner Wöhlerstraße 42, 30163 Hannover
Costa Gomez, da, Claudius, Dr.	Fachverband für Biogas e. V. Angerbrunnenstraße 12, 85356 Freising
Cuhls, Carsten, Dr.-Ing.	gewitra mbH Ingenieurgesellschaft für Wissenstransfer Betriebsstätte Nord Zur Bettfedernfabrik 1, 30451 Hannover
Dehoust, Günter	Öko-Institut e. V. Rheinstraße 95, 64295 Darmstadt
Dorstewitz, Helge, Dipl.-Ing.	Ingenieurgemeinschaft Witzenhausen Fricke & Turk GmbH Bischhäuser Aue 12, 37213 Witzenhausen
Edelmann, Werner, Dr.	arbi GmbH Lättichstrasse 8, 6340 Baar / Schweiz
Faulstich, Martin, Prof. Dr.	TU München – Wissenschaftszentrum Straubing Lehrstuhl für Technologie biogener Rohstoffe Petersgasse 18, 94315 Straubing ATZ Entwicklungszentrum Kropfersrichter Straße 6-10, 92237 Sulzbach-Rosenberg
Fiedler, Astrid, Dipl.-Wirtsch.-Ing. (FH)	Fachhochschule Gießen-Friedberg Wiesenstraße 14, 35390 Gießen

Verzeichnis der Autoren

Fricke, Klaus, Prof. Dr.	Technische Universität Braunschweig Leichtweiß-Institut für Wasserbau, Abteilung Abfallwirtschaft Beethovenstraße 51a, 38106 Braunschweig
Fürniß, Beate	Forschungszentrum Karlsruhe (FZK) Institut für Technikfolgenabschätzung und Systemanalyse (ITAS) Postfach 36 40, 76021 Karlsruhe
Gaßner, Hartmut, Rechtsanwalt	Gaßner, Groth, Siederer & Coll. EnergieForum Berlin Stralauer Platz 34, 10243 Berlin
Gönner, Tanja, Ministerin	Umweltministerium Baden-Württemberg Kernerplatz 9, 70182 Stuttgart
Greuel, Michael, Dipl.-Ing.	Nixhütterweg 123, 41466 Neuss
Hake, Jürgen, Dipl.-Ing.	Ingenieurgemeinschaft Witzenhausen Fricke & Turk GmbH Bischhäuser Aue 12, 37213 Witzenhausen
Hamatschek, Eva, Dipl.-Wirtsch.-Ing.	ATZ Entwicklungszentrum Kropfersrichter Straße 6–10, 92237 Sulzbach-Rosenberg
Hartmann, Kilian, Dr.	DLG e. V. Fachzentrum Land- und Ernährungswirtschaft Eschborner Landstraße 122, 60489 Frankfurt/Main
Hegner, Thomas, Dipl.-Ing.	Nehlsen Contracting GmbH & Co. KG Kap-Horn-Straße 3, 28237 Bremen
Heinemann, Sebastian, Dipl.-Wirtsch.-Ing.	BKB Aktiengesellschaft Abteilung Markt Schöninger Straße 2–3, 38350 Helmstedt
Heinz, Andreas, Dr.	Europäische Kommission DG Energy and Transport Rue Demot 24, 1040 Brüssel / Belgien
Hoffmeyer, Peter, Dipl.-Ing.	Präsident des Bundesverbandes der Deutschen Entsorgungswirtschaft (BDE) Nehlsen AG Furtstraße 14–16, 28759 Bremen

Hornung, Andreas, Dr.	Forschungszentrum Karlsruhe Postfach 36 40, 76021 Karlsruhe
Hossain, Sajjad M., Dipl.-Ing. (FH)	Fachhochschule Gießen-Friedberg Wiesenstraße 14, 35390 Gießen
Hüttl, Reinhard F., Prof. Dr.	Brandenburgische Technische Universität Cottbus Lehrstuhl für Bodenschutz und Rekultivierung Konrad-Wachsmann-Allee 6, 03044 Cottbus
Jacobs, Ulrich, Dipl.-Ing.	SC Technology GmbH Reiherstieg 13 B, 23734 Grömitz
Jager, Johannes, Prof. Dr.	Technische Universität Darmstadt Fachgebiet Abfalltechnik – Institut WAR Petersenstraße 13, 64287 Darmstadt
Janz, Alexander, Dipl.-Ing.	Technische Universität Dresden Institut für Abfallwirtschaft und Altlasten Pratzschwitzer Straße 15, 01796 Pirna
Jung, Gottfried, Dr.	Ministerium für Umwelt, Forsten und Verbraucherschutz Kaiser-Friedrich-Straße 1, 55116 Mainz
Junge, Thomas-Erik	Bürgermeister der Stadt Kassel Stadt Kassel Rathaus / Obere Königstraße 8, 34117 Kassel
Kaiser, Friedhelm	MVV Energie Industrial Solutions West GmbH Beethovenstraße 210, 42655 Solingen
Kälber, Stefan, Dipl.-Ing.	Forschungszentrum Karlsruhe (FZK) Institut für Technikfolgenabschätzung und Systemanalyse (ITAS) Postfach 36 40, 76021 Karlsruhe
Kanngießer, Antje, Dr.	Schnutenhaus & Kollegen Rechtsanwälte Reinhardtstraße 29 B, 10117 Berlin
Kappler, Gunnar, Dipl.-Umweltwiss., Dipl.-Wirtsch.-Ing.(FH)	Forschungszentrum Karlsruhe (FZK) Institut für Technikfolgenabschätzung und Systemanalyse (ITAS) Postfach 36 40, 76021 Karlsruhe
Kehres, Bertram, Dr.	Bundesgütegemeinschaft Kompost e. V. Von-der-Wettern-Straße 25, 51149 Köln

Kern, Michael, Dr.-Ing.	Witzenhausen-Institut für Abfall, Umwelt und Energie GmbH Werner-Eisenberg-Weg 1, 37213 Witzenhausen
Kersting, Andreas, Dr.	Baumeister Rechtsanwälte Piusallee 8, 48147 Münster
Ketelsen, Ketel, Dr.-Ing.	iba Ingenieurbüro für Abfallwirtschaft und Energietechnik GmbH Friesenstraße 14, 30161 Hannover
Kloos, Norberth, Dipl.-Ing. (FH)	Fachhochschule Trier Lehr- und Forschungsbereich Abfalltechnik Schneidershof, 54293 Trier Universität Trier – Lehrstuhl für Geologie Fachbereich Geographie/Geowissenschaften Behringstraße, 54296 Trier
Knappe, Florian, Dipl.-Geogr.	ifeu-Institut Heidelberg GmbH Wilckensstraße 3, 69120 Heidelberg
Knäpple, Hans-Jörg, Rechtsanwalt	Fachanwalt für Verwaltungsrecht Sonnenstraße 19, 78073 Bad Dürrheim
Krähling, Hermann, Dr.	tecpol Technologieentwicklungs GmbH Camp Media Expo Plaza 3, 30539 Hannover
Krause, Susann	Umweltbundesamt, Fachgebiet III 3.2 Wörlitzer Platz 1, 06844 Dessau
Krieter, Hans-Andreas, Dipl.-Ing.	Abfallentsorgung Kreis Kassel Eigenbetrieb des Landkreises Kassel Wilhelmshöher Allee 19a, 34117 Kassel
Kunick, Manfred, Dipl.-Ing.	Universität Kassel Fachgebiet Landschaftsökologie und Naturschutz Nordbahnhofstraße 1a, 37213 Witzenhausen
Lahl, Uwe, Dr.	Bundesministerium für Umwelt, Naturschutz und Reaktorsicherheit Referat IG I 3 Postfach 12 06 29, 53048 Bonn
Lamp, Helmut, Vorstandsvorsitzender	Bundesverband BioEnergie e. V. (BBE) Godesberger Allee 142–148, 53175 Bonn

Lange, Stephan, Dipl.-Ing.	Forschungszentrum Karlsruhe (FZK) Institut für Technikfolgenabschätzung und Systemanalyse (ITAS) Postfach 36 40, 76021 Karlsruhe
Leible, Ludwig, Dr.	Forschungszentrum Karlsruhe (FZK) Institut für Technikfolgenabschätzung und Systemanalyse (ITAS) Postfach 36 40, 76021 Karlsruhe
Lemke, Joachim, Dr.	KPP Kraftwerk Peute Projektmanagement GmbH & Co. KG Oberwerder Damm 1–5, 20539 Hamburg
Löbbert, Franz Josef	IT IS AG Opalstraße 19, 84032 Altdorf
Lorbach, Dirk, Dr.	Infraserv Höchst GmbH Industriepark, Gebäude C526, 65926 Frankfurt
Lotze-Campen, Hermann, Dr.	Potsdam-Institut für Klimafolgenforschung (PIK) Postfach 60 12 03, 14412 Potsdam
Lücke, Wolfgang, Prof. Dr.	Georg-August-Universität Göttingen Abteilung Agrartechnik Gutenbergstraße 33, 37075 Göttingen
Lünig, Christoph, Dipl.-Ing.	EZS Entsorgungszentrum Salzgitter GmbH Diebesstieg 50, 38229 Salzgitter
Meisgeier, Gerd, Dr.	BioFert GmbH Schlackenstraße 4, 07318 Saalfeld
Michalski, Doris, Dr.-Ing.	Berliner Stadtreinigungsbetriebe AöR Vorstandsbüro Ringbahnstraße 96, 12103 Berlin
Mocker, Mario, Dr.	ATZ Entwicklungszentrum Kropfersrichter Straße 6–10, 92237 Sulzbach-Rosenberg
Müller, Kathrin, Dipl.-Ing.	ATZ Entwicklungszentrum Kropfersrichter Straße 6–10, 92237 Sulzbach-Rosenberg
Müller, Ute, Dipl.-Ing.	ITU GmbH Alstertwiete 3, 20099 Hamburg

Müller, Wolfgang, Dr.-Ing.	Ingenieurgemeinschaft Witzenhausen Fricke & Turk GmbH Bischhäuser Aue 12, 37213 Witzenhausen
Münnich, Kai, Dr.	Technische Universität Braunschweig Leichtweiß-Institut für Wasserbau, Abteilung Abfallwirtschaft Beethovenstraße 51a, 38106 Braunschweig
Ncube, Sokesimbone, Dipl.-Ing.	Bauhaus Universität Weimar Lehrstuhl Verfahren und Umwelt Coudraystraße 11 C, 99423 Weimar
Nelles, Michael, Prof. Dr.	Universität Rostock Lehrstuhl für Abfall- und Stoffstrommanagement Justus-von-Liebig-Weg 6, 18059 Rostock
Nieke, Eberhard, Dipl.-Wirtsch.-Ing.	Forschungszentrum Karlsruhe (FZK) Institut für Technikfolgenabschätzung und Systemanalyse (ITAS) Postfach 36 40, 76021 Karlsruhe
Niessing, Silvia, Dr.-Ing.	Universität Kassel Fachgebiet Ökologie und Naturschutz Nordbahnhofstraße 1a, 37213 Witzenhausen
Oldhafer, Nils, Dipl.-Ing.	u & i – umwelttechnik und ingenieure GmbH Wöhlerstraße 42, 30163 Hannover
Pawlytsch, Stephan, Dipl.-Ing.	4waste GmbH Kaubendenstraße 16, 52078 Aachen
Petersen, Frank, Dr.	Bundesministerium für Umwelt, Naturschutz und Reaktorsicherheit Alexanderplatz 6, 10178 Berlin
Plass, Ludolf, Dr.-Ing.	Lurgi AG Lurgiallee 5, 60295 Frankfurt am Main
Plepla, Karl-Heinz	Nehlsen Contracting GmbH & Co. KG Kap-Horn-Straße 3, 28237 Bremen
Prechtl, Stephan, Dr. rer. nat.	ATZ Entwicklungszentrum Kropfersrichter Straße 6–10, 92237 Sulzbach-Rosenberg

Pretz, Thomas, Prof. Dr.	RWTH Aachen Institut für Aufbereitung und Recycling Wüllnerstraße 2, 52062 Aachen
	Ingenieurgesellschaft pbo Altstraße 54, 52066 Aachen
Probst, Thomas, Dr. rer. nat. habil., Dipl.-Chem.	Bundesverband Sekundärrohstoffe und Entsorgung (bvse) Hohe Straße 73, 53119 Bonn
Quicker, Peter, Dr.	ATZ Entwicklungszentrum Kropfersrichter Straße 6–10, 92237 Sulzbach-Rosenberg
Raussen, Thomas, Dipl.-Ing.	Witzenhausen-Institut für Abfall, Umwelt und Energie GmbH Werner-Eisenberg-Weg 1, 37213 Witzenhausen
Reimelt, Stephan, Dr.-Ing.	Lurgi AG Lurgiallee 5, 60295 Frankfurt am Main
Rettenberger, Gerhard, Prof. Dr.-Ing.	Fachhochschule Trier Lehr- und Forschungsbereich Abfalltechnik Schneidershof, 54293 Trier
	Ingenieurgruppe RUK Prof. Dr.-Ing. G. Rettenberger und Dipl.-Ing. S. Urban-Kiss GbR Auf dem Haigst 21, 70597 Stuttgart
Reulein, Jürgen, M.sc. agr.	GETproject GmbH & Co. KG Russeer Weg 149a, 24109 Kiel
Richter, F.	Forschungszentrum Karlsruhe Postfach 36 40, 76021 Karlsruhe
Rindtorff, Ermbrecht, Rechtsanwalt, Steuerberater	Schwarz Kelwing Wicke Westphal Rechtsanwälte Notare Steuerberater Kurfürstendamm 220, 10719 Berlin
Rohde, Clemens, Dipl.-Ing.	Technische Universität Darmstadt Fachgebiet Abfalltechnik – Institut WAR Petersenstraße 13, 64287 Darmstadt

Rohring, Daniel, Dipl.-Ing., Dipl.-Wirtsch.-Ing.	Geschäftsstelle der ASA e. V. im Hause der Abfallwirtschaftsgesellschaft des Kreises Warendorf mbH Westring 10, 59320 Ennigerloh
Scheffer, Konrad, Prof. Dr.	Universität Kassel Fachgebiet Grünlandwissenschaft und Nachwachsende Rohstoffe Steinstr. 19, 37213 Witzenhausen
Schlotter, Ulrich, Dipl.-Biol.	tecpol GmbH CampMedia Expo Plaza 3, 30539 Hannover
Schmeisky, Helge, Prof. Dr.	Universität Kassel Fachgebiet Landschaftsökologie und Naturschutz Nordbahnhofstraße 1a, 37213 Witzenhausen
Schmelz, Karl-Georg, Dr.-Ing.	Emschergenossenschaft / Lippeverband Kronprinzenstraße 24, 45128 Essen
Scholwin, Frank, Dr.-Ing.	Institut für Energetik und Umwelt gGmbH Torgauer Straße 116, 04347 Leipzig
Schöner, J.	Forschungszentrum Karlsruhe Postfach 36 40, 76021 Karlsruhe
Schöttle, Ernst, Dr.	Raiffeisen-Warengenossenschaft Jameln eG Bahnhofstraße 37, 29479 Jameln
Schubarth, Volker, Dipl.-Ing.	Seaborne EPM AG Mooshörner Weg, 24811 Owschlag
Schulz, Maria, Dipl. Agr. Biol.	Seaborne EPM AG Mooshörner Weg, 24811 Owschlag
Seifert, Helmut, Prof. Dr.	Forschungszentrum Karlsruhe Postfach 36 40, 76021 Karlsruhe
Selinger, Adrian, Dr.	EBARA Corporation Zurich Branch Thurgauerstrasse 40, 8050 Zürich / Schweiz
Siechau, Rüdiger, Dr.	Vorstandsvorsitzender des Verbandes Kommunale Abfallwirtschaft und Stadtreinigung, VKS im VKU Stadtreinigung Hamburg Bullerdeich 19, 20537 Hamburg

Sittner, Elmar	Risikomanagement und Versicherungsberatung Handelsplatz 2, 04319 Leipzig
Stadlbauer, Ernst A., Prof. Dr.	Fachhochschule Gießen-Friedberg Wiesenstraße 14, 35390 Gießen
Steiner, Christian, Dr.	EBARA Corporation Zurich Branch Thurgauerstrasse 40, 8050 Zürich / Schweiz
Thiel, Stephanie, Dipl.-Ing.	Thomé-Kozmiensky Ingenieure Dorfstraße 51, 16816 Nietwerder
Thomé-Kozmiensky, Karl J., Prof. Dr. Dr. h. c.	Thomé-Kozmiensky Ingenieure Dorfstraße 51, 16816 Nietwerder
Tumiatti, V.	Sea Marconi® Technologies Via Ungheria 20, 10093 Collegno / Italien
Turk, Thomas, Dipl.-Ing.	Ingenieurgemeinschaft Witzenhausen Fricke & Turk GmbH Bischhäuser Aue 12, 37213 Witzenhausen
Wachendorf, Michael, Prof. Dr.	Universität Kassel Fachgebiet Grünlandwissenschaft und Nachwachsende Rohstoffe Steinstraße 19, 37213 Witzenhausen
Wagner, Jean-Frank, Prof. Dr.	Universität Trier Lehrstuhl für Geologie Fachbereich Geographie/Geowissenschaften 54286 Trier
Wagner, Jörg, Dipl.-Ing.	INTECUS GmbH Abfallwirtschaft und umweltintegratives Management Pohlandstraße 17, 01309 Dresden
Wallmann, Rainer, Dr.	Ingenieurgemeinschaft Witzenhausen Fricke & Turk GmbH Bischhäuser Aue 12, 37213 Witzenhausen
Weishaar, Hans G., Dipl.-Ing.	STH Engineering GmbH Industriestraße 18, 34260 Kaufungen
Wengenroth, Kurt, Dr.	B+T Energie GmbH Marburger Straße 3, 35418 Buseck

Wiemer, Klaus,
Prof. Dr.-Ing.

Universität Kassel
Fachgebiet Abfallwirtschaft und Altlasten
Nordbahnhofstraße 1a, 37213 Witzenhausen

Witzenhausen-Institut für Abfall, Umwelt und Energie GmbH
Werner-Eisenberg-Weg 1, 37213 Witzenhausen

Winkelmann, Ronny,
Dipl.-Ing.

Fachagentur Nachwachsende Rohstoffe e. V.
Fachbereich Flüssige Bioenergieträger
Hofplatz 1, 18276 Gülzow

Wittmaier, Martin, Dr.

Institut für Kreislaufwirtschaft
Neustadtswall 30, 28199 Bremen

Zachäus, Dirk, Dr.-Ing.

BKB Aktiengesellschaft
Abteilung Markt
Schöninger Straße 2–3, 38350 Helmstedt